# 社会性与人格发展

第 5 版

【美】戴维·谢弗 著

陈会昌 等译

人民邮电出版社

北 京

**图书在版编目（CIP）数据**

社会性与人格发展（第 5 版）/（美）谢弗 著；陈会昌 等译．

- 北京：人民邮电出版社，2012.6（2016.4 重印）

ISBN 978-7-115-27625-4

Ⅰ．①社…　Ⅱ．①谢…②陈…　Ⅲ．①儿童心理学：人格心理学　Ⅳ．① B844.1

中国版本图书馆 CIP 数据核字（2012）第 057709 号

David R. Shaffer

**Social and Personality Development**, 5th edition

ISBN 0-534-60700-4



**社会性与人格发展（第 5 版）**

◆ 著　　[美] 戴维·谢弗

译　　陈会昌 等

策　划　刘 力　陆 瑜

责任编辑　刘丽丽

装帧设计　陶建胜

◆ 人民邮电出版社出版发行　北京市崇文区夕照寺街 14 号 A 座

邮编　100061　电子邮件　315@ptpress.com.cn

网址　http：//www.ptpress.com.cn

电话　（编辑部）010-84937150　（市场部）010-84937152

（教师服务中心）010-84931276

三河市李旗庄少明印装厂印刷

新华书店经销

◆ 开本：850×1092　1/16

印张：38.5

字数：720 千字　2012 年 6 月第 1 版　2016 年 4 月第 3 次印刷

著作权合同登记号　图字：01-2007-5561

ISBN 978-7-115-27625-4/F

定价：88.00 元

**本书如有印装质量问题，请与本社联系　电话：(010) 84937153**

# 内容简介

本书是一本优秀的“发展的”教材，全面地向读者介绍了社会性与人格发展研究的当前情况，注重将理论、研究和实践相结合；内容有趣、全面，文笔简洁、语言精练，通俗易懂。

本书共14章，前3章介绍了社会性与人格发展研究的取向和研究工具，包括对研究方法论、经典理论和现代理论的回顾。第4~10章主要讲社会性与人格发展的“产品”，包括情绪发展、亲密关系的建立、自我发展、成就、性别类型化与性别角色的发展、攻击性与反社会行为、利他与道德发展。第11~13章讲人在其中获得发展的“生态”背景和环境，包括家庭以及电视、电脑、学校和同伴群体的重要影响。第14章进行了简单的总结，提醒读者学以致用。

# 简要目录

# 目　录

# 译者序

心理学有很多个分支，其中，普通与实验心理学、神经心理学、发展心理学、行为遗传学是几个最重要、最基础的分支。发展心理学是探讨一个人从胎儿期到生命结束、整个生命全程的心理发展过程和规律的科学，它是心理学各分支中把基础学科和应用学科联系起来的桥梁和纽带，与各应用学科有普遍的联系。

人的发展（human development）可以分为三大方面：生理发展或称身体发育、认知发展、社会性与人格发展。生理发展，包括脑、感觉、知觉和运动能力等的发展，是人的心理发展的基础；认知发展，也称一般能力或智力发展，是人赖以认识周围的物理环境和社会环境、学习科学知识、掌握劳动本领、进行发明创造的基本条件；社会性与人格发展，则是每个人作为独特个体、适应社会环境、与周围人交往与合作的必要条件。

本书的英文名称是 Social and Personality Development，可译为“社会性与人格发展”。人格发展（或称个性发展）容易理解，而社会性发展，是国外学者在上世纪 70 年代以后提出的概念，它是一个和人格发展互相交叉的概念。“社会性”与“人格”这两个概念所包含的外延中，都会涉及到情绪、情感、自我概念、气质、动机、道德品质等内容，但是人格侧重从个体角度，考察每个人身上与众不同的、稳定的特征，社会性则侧重从人际关系角度探讨每个人在与别人互动时所表现出来的特征。

例如，婴儿在多大时会对旁边的成人微笑（社会性微笑），这是典型的社会性特征；而一个成年人在看一部情节哀伤的电影时是泪流不已还是无动于衷，则主要反映的是人格特征。

本书把 social development 译为“社会性发展”，这强调的是，一个人从生物人变为社会人过程中形成的各种特征，在港台译著中，有人把这个术语译为“群性”，意义是相同的。

本书作者戴维·谢弗是美国佐治亚大学的心理学教授，从上世纪 90 年代以来，他所编著的《发展心理学》、《社会性与人格发展》等教科书在北美各高等学校影响颇大，使用者众多，尤其在社会性与人格发展方面，教材本来就不多，而谢弗教授是此领域的研究者，又多年兼任人格领域世界顶级的几种学术刊物的副主编，对该领域研究进展了如指掌，因此保证了本书的科学性。其次，作者在理论上的中立立场，对本领域“最好的研究”的追求，对发展“过程”和“背景”的重视，使本教材在理论上兼顾各流派，材料的选择力求最新最快。第三，作者写作的宗旨是写出“令人感兴趣、观点正确、内容新、文笔简洁、语言精炼、学生容易理解”的教材。第四，本书借助当前网络信息交流的优势，通过网络加入许多附属参考资料，帮助读者进一步学习和阅读。

根据以上几个特点，我认为，本书是一本堪称优秀的发展心理学教科书。它最适当的读者对象，是高等院校心理学专业的研究生和本科生，中等师范学校、幼儿师范学校的师生及从事儿童和青少年研究与教育的人员。同时，它可作为当前如雨后春笋般涌现的各类早期教育机构、幼儿教育机构教师的培训教材，也可以作为关心子女成长、特别是关心子女"情商"的广大家长的参考读物。

本书由我和我的部分研究生合作翻译，各章的翻译者和校对者如下：

第 1 章，陈会昌译

第 2 章，陈会昌译

第 3 章，郭俊彬（博士）译，陈会昌校

第 4 章，张云运（博士）、高雯（博士）译校

第 5 章，陈会昌译

第 6 章，王树青（博士）译，张晓（博士）校

第 7 章，李秀勋（硕士）译，陈会昌校

第 8 章，彭晓明（硕士）译，张光珍（博士）校

第 9 章，夏美萍（硕士）译，陈会昌校

第 10 章，谷传华（博士）、王茜（博士）译，陈会昌校

第 11 章，贾秀珍（硕士）译，李秀勋校

第 12 章，高雯译，张云运校

第 13 章，张光珍、梁宗保（博士）译校

第 14 章，梁宗保、张光珍译校

全书最后由我本人统稿，除第 1、2、5 章由我本人翻译外，其他各章，在研究生翻译和校对的基础上，我均对照原文进行了逐字逐句的订正。尽管我从 1979 年读研究生开始，从事儿童社会性与人格发展领域的研究与教学 30 余年，对本领域比较熟悉，但由于在专业术语译名上各有所好，也难免有疏漏，甚至错讹之处，欢迎业内人士和广大读者指正。

**陈会昌**

**2012 年 1 月 16 日 北京学知园**

# 序

我曾在本书第一版序言中表达过这样一种意见：针对社会性与人格发展的研究已有多年，希望我的书能够反映这一事实。显然，这个前提是正确的，非常正确，实际上，过去26年间发生的信息爆炸已使本书的早期版本变得非常陈旧。

本次我修订《社会性与人格发展》的目的是全面地向读者介绍这门学科当前的情况，反映发展研究者所贡献的最优秀的理论、研究和实践。在多年教学实践中，我尽力选择严格以研究为基础、同时又令人感兴趣、观点正确、内容更新快、文笔简洁、语言精炼、学生容易理解的教科书。我认为，一本好的教材不应该高高在上，而应该像和读者交谈那样，期待着读者的兴趣、问题和关注的东西，把学生当做学习过程的积极参与者来对待。一本好的"发展的"教材也应强调发展变化的过程，这样学生在学完一门课之后，才能深刻理解所学课程和教材上讲到的发展问题的复杂性。最后，一本好教材应该是与实际密切相关的，它指出要求学生掌握的那些理论和研究可以应用在大量现实生活环境中。这正是本版修订时我所要达到的目标。

## 哲　学

对待像社会性与人格发展这样一门博大精深的学科，需要一定的哲学观。我的哲学可以归结为以下几点：

- *我强调理论，同时相信理论上的折衷主义。*这样做的原因很简单：现在社会性与人格发展研究已是相当成熟的学科，它之所以有这样的发展，是因为为数众多的研究者提出理论并系统地验证他们提出的理论假设，告诉我们很多关于发展中的儿童的知识。这一研究领域的理论非常丰富，我们将一一回顾，它们都曾经以重要方式，对人们理解社会性与人格发展做出过贡献。所以，本书并不想让读者相信，某一个理论是"最好的"。精神分析、行为主义、认知发展理论、社会信息加工理论、习性学理论、生态学理论、社会文化理论与行为遗传学理论（还有几种与发展所强调的问题联系不太紧密的理论），都是值得尊重的。
- *有关人类发展的最好的知识来自系统的研究。*要教好这门课，老师必须让学生确信理论和系统研究的价值。虽然达到这一目标的途径很多，但我把当代发展心理学与其"前科学"的产生时期作对比，然后讨论并阐述多种方法论取向，学者们用这些方法来检验理论并回答与发展中的儿童和青少年相关的重要问题。我认真地给学生解释，为什么在社会性与人格发展研究中没有一种方法是"最好的"，同时我反复强调，最可信的知识都是可以用一定方法重复验证其结果的知识。

- *我极力倡导“过程”取向。*我对众多人类发展教材的最大意见是，只描述发展，而不解释发展为什么会发生。近来年，研究者越来越关注怎样查明并解释发展过程，即导致人们发生变化的生物因素和环境因素，这正是本书要反映的。我自己的“过程”取向基于这样的观念：如果学生知道并理解了导致发展的原因，就更可能记住什么东西在什么时候得到了发展。
- *我极力主张“背景”取向。*发展研究者最重要的经验之一是，儿童、青少年是在影响他们各方面发展的历史时代和社会文化背景中成长的。关于这些背景的影响，我强调以下三种途径：第一，在全部教材中贯穿着对跨文化比较的讨论。其次，学生不仅乐于了解其他文化和各族裔亚文化中人们的发展，而且跨文化研究能帮助他们理解，为什么人类如此相似又如此不同。第三，对于像家庭、邻居、学校和同伴群体这些直接背景影响，本书做了如下处理：(1）前 10 章里，贯穿了社会性与人格发展的各个方面；(2）在第 11~13 章，作为几个重要的问题对他们进行了单独讨论。
- *人类发展是一个整体过程。*每个研究者可能集中考察某种特殊问题，如身体发育、认知发展、情绪发展、道德推理的发展等，但发展不是支离破碎的，而是整体性的。人一方面是生理上的人，有认知能力、有社会特性和有情感的人，同时“自我”的上述每个成分又都依赖于其他领域的发展。显然，这是一本很“专业”的书，其重点只集中在发展的社会性和情绪方面。但是，在本书将要讲到的社会性与人格发展的每个方面，我尽力通过强调生物、认知、社会和环境影响的交互作用，绘出一幅发展中的人的全面的肖像画。
- *发展心理学教材应该是反映最新知识的可供学生使用的资料库。*我选择了 600 多种最近的研究报告和综述（都是第 4 版以后出版的），保证我写的东西，包括学生课外阅读的资料，能够反映当前我们对一个或多个话题的认识。但我也尽量避免许多教材共有的倾向，不会因为一些研究比较陈旧就忽略它们。社会性与人格发展方面的很多“经典”研究在教材里都占有显著地位，一方面强调那些重要的突破，另一方面也说明我们关于发展中的人的知识是怎样建立在早期的这些研究和思想基础上的。

## 内　容

虽然本书没有正式分为几个部分，但还是可以按这种方式来看它。前 3 章（大概可以称为第一部分）讲本学科的取向和本专业的工具，包括研究方法论（第 1 章）、对社会性与人格发展的经典理论（第 2 章）和现代理论（第 3 章）的回顾。本书的一个重要特征是，对每一种研究方法和主要理论传统的贡献和局限性都作了分析。

第 4 章到第 10 章可以看做第二部分，讲的主要是社会性与人格发展的“产品”

或结果，包括情绪发展（第 4 章），亲密关系的建立及其对后期发展的作用（第 5 章），自我的发展（第 6 章），成就（第 7 章），性别类型化与性别角色的发展（第 8 章），攻击性与反社会行为（第 9 章），利他与道德发展（第 10 章）。

本书第三部分讲人在其中获得发展或被称为“生态”的背景和环境。这一部分的重点有作为社会化代理人的家庭（第 11 章）和家庭之外的四种重要影响：电视、电脑、学校（第 12 章）和儿童的同伴群体（第 13 章）。

最后是一个简单的结语（第 14 章），用以提醒读者，人的社会性与人格发展中的核心主题和过程是什么。我希望学生能把这些知识牢记在心，用它们指导自己与成长中的人交流，哪怕他们会忘记学过的很多很多研究，但是这些重要的指导原则却始终散发着光芒。

## 本版的新内容

第 5 版在看待理论、实证和实践问题上有很多重要变化，增加了一些当今最前沿的论题。概括来说，这些变化有：(1) 增强了对文化、亚文化和历史影响的注意，特别强调了经济发展落后对儿童发展的影响；(2) 更加强调了在发展中生物因素与环境因素的交互作用；(3) 强调并反复说明了发展结果取决于人与其社会环境间的“良好匹配”；(4) 更加强调良好的同伴关系与高质量的友谊的重要性（以及作为社会化代理人的家庭与同伴之间的相互作用）；(5) 扩展了青少年期发展的内容。实证研究文献做了大幅度的更新，过去 10 年间发表的文献占有很大比例，其中大部分是 1998 年以后发表的，当时本书第 4 版正在出版中。

总之，每一章都做了认真的修订和更新，增加了反映本学科当前趋势的新论题。为了加入新增的内容，我精简了或重新组织了原有的一些论题，有些情况下，放弃了那些已被新证据证明过时了的内容。下面所列的是一部分内容变化的例子：

- 扩展了自然观察法的内容，新增了微观发生学设计（第 1 章）。
- 增加了关于进化论的内容（第 3 章）。
- 扩展了非共享环境对社会性与人格发展影响的内容（第 3 章）。
- 新增了一章关于情绪发展的内容，该章包括情绪表达、情绪再认 / 知识与情绪调节的发展，并强调了所有这些情绪能力怎样对儿童社会能力发挥作用（第 4 章）。
- 增加了文化对情绪表达的影响（第 4 章）。
- 扩展了气质、气质对发展的影响（第 4 章）。
- 介绍了文化对依恋影响的新研究（第 5 章）。
- 更密切地关注了关于敏感的养育方式与安全依恋的研究（第 5 章）。
- 在养育对社会性与情绪发展的作用方面做了明显的更新（第 5 章）。
- 对拜伦 - 科恩（Baron-Cohen）的生物学的“心理理论”进行了讨论（第 6 章）。

- 介绍了向青少年期转变期间（及以后）自尊稳定性方面的新研究（和结论）（第 6 章）。
- 新增了一节关于文化与亚文化对自尊的影响（第 6 章）。
- 介绍了关于女青少年参加体育活动改善身体形象和自尊的研究（第 6 章）。
- 介绍了近期关于儿童的类 - 特质推理（trait-like reasoning）尚不具备特质推理的功能的新研究（第 6 章）。
- 在儿童成就归因的发展方面做了较多更新（第 7 章）。
- 新发现表明，在表扬成功、培养掌握成就取向方面正确和错误的途径（第 7 章）。
- 增加了文化对成就影响的内容（第 7 章）
- 增加了一节关于创造力和特殊才能的新内容（第 7 章）。
- 关于自尊的性别差异的新发现（第 8 章）。
- 在性别类型化成就领域，增加了在期望效应与成绩不良方面，什么人（在女孩中）最容易受影响，什么人受影响最小这方面的新研究（第 8 章）。
- 扩充了激素对性别类型化和性取向影响的内容（第 8 章）。
- 关于儿童中期心理双性化的可能的负面影响的新研究（第 8 章）。
- 参加锻炼可以帮助学生确定自己的性别角色取向（第 8 章）。
- 关于预防和减缓青少年期的性活动，提倡安全性活动，避免意外怀孕这些方面的新研究（第 8 章）。
- 扩充了关于在学校儿童欺负、被欺负的特征，被欺负与暴力行为的关系的内容（第 9 章）。
- 增加了一节新内容，介绍攻击性的稳定性和不稳定性，儿童表现出攻击性的五种发展轨迹（第 9 章）。
- 增加有关父母教养方式是雄性激素与攻击性之间联系的中介因素这一问题的新资料（第 9 章）。
- 关于邻居的特点怎样鼓励或遏止攻击性的新研究（第 9 章）。
- 扩充了父母冲突导致儿童攻击性的内容（第 9 章）。
- 气质对强制性家庭环境怎样影响儿童起重要作用的证据（第 9 章）。
- 团伙与参加团伙的新内容（第 9 章）。
- 新增一节关于在学校预防攻击性和暴力行为的项目的新内容（第 9 章）。
- 关于儿童气质与早期同情心的新资料（第 10 章）。
- 关于从亲社会推理预测亲社会行为的追踪研究的新发现（第 10 章）。
- 扩充了关于学步期与学前期出现的早期良心表现的内容（第 10 章）。
- 对“父母效应”、“儿童效应”以及家庭社会化转换模型的介绍（第 11 章）。
- 新增了关于父母行为控制与心理控制之间关系的新内容（第 11 章）。
- 增加了家庭生活多样性的内容，包括用捐献精子生出的儿童的养育问题和结果（第 11 章）。

- 新的关于简单继父母和复杂继父母家庭情况与子女发展结果的内容（第 11 章）。
- 关于使子女更多地和父亲相处，对母亲就职的儿童发展带来的良好结果所起的作用的新研究（第 11 章）。
- 新增了关于防止儿童虐待策略的专栏（第 11 章）。
- 关于电视暴力与攻击性，特别是这种关系中的社会–认知相关的新追踪研究资料（第 12 章）。
- 新增了关于儿童看电视与健康的内容（第 12 章）。
- 关于观看教育电视节目的长期影响的新资料（第 12 章）。
- 关于计算机辅助教学促进和未促进学习成绩情况的新证据（第 12 章）。
- 引人注目的关于暴力电脑游戏的潜在破坏性影响的新资料（第 12 章）。
- 确证了参加学校课外活动与良好发展结果之间联系的新发现（第 12 章）。
- 关于不同教学风格对儿童社会性–情绪发展（以及学习成绩）有不同影响的新证据（第 12 章）。
- 较多地增加了哈里斯关于同伴影响的理论内容（第 13 章）。
- 假装游戏中跨文化变量的新研究（第 13 章）。
- 关于青少年团伙的潜在积极影响和消极影响的新资料（第 13 章）。
- 新增了一节关于早期约会及其发展机能的内容（第 13 章）。
- 扩充了关于父母对同伴交往作用的内容（第 13 章）。
- 扩充了文化对同伴接纳的影响的内容（第 13 章）。
- 成功地交朋友策略中与社会–认知相关的新资料（第 13 章）。
- 新增了关于跨性别友谊的内容（第 13 章）。
- 近期关于低质量、非支持性友谊的后果的研究（第 13 章）。
- 扩充了关于同伴发起的不良行为中的文化变量的内容（第 13 章）。

## 写作风格

我的目标是写一本这样的教材：把读者看做正在与我进行讨论的积极参与者。在写作上我尝试采用相对非正式的、脚踏实地的方式，更多地通过提问、思考问题和其他大量练习来激发学生的兴趣和参与积极性。多数章节我已在我的学生中预先进行过尝试性教学，他们给我提了许多有益的意见，还举了一些类似的例子和轶事，我在介绍和讲解复杂理论时曾经用过这些例子。因为有我的学生–批判者的帮助，我准备写这样一本书，它内容浩繁、具有挑战性，读起来更像是一个故事而不是一部百科全书。

## 本书特色

本次第5版写作中特别考虑到了本书作为教材的教育特色。重在激发学生对教材的兴趣，鼓励他们参与到学习中去，使教材更容易掌握，主要特点表现在以下方面：

- 新设计。具有吸引力的新设计使本书看上去更鲜亮，更“开放”，增强了照片、图片和其他说明的效果。
- 大纲和每章小结。每章开头都有一个大纲和简要介绍，使读者知道本章将要讲的内容。另外每章都有一个小结，总结了各章的重点内容和关键术语，使读者能快速浏览每一章的重点。
- 小标题。书中使用了大量的小标题，使教材内容井然有序，分成容易掌握的小块。
- 术语表。术语表提供了书中以异体字出现的400多个关键术语的定义。完整的术语表位于书的结尾处。
- 专栏。每章都有三四个专栏吸引读者注意重要问题、思想和应用。专栏的目的是对所选论题进行更详细、更个人化的检验，同时激发读者去思考相关问题、争论和实践。有很多专栏是本版新加的内容，原来的专栏大多根据现有的新研究成果作了认真的更新。所有专栏分成五种类型：(1)文化影响，涉及文化、亚文化和其他社会环境对所选的儿童青少年发展论题的影响（如“文化对愤怒和羞怯表现的影响”）；(2)研究焦点，讨论能说明发展原因或个体差异原因的研究或一系列相关研究（如“女孩怎样比男孩更具攻击性”）；(3)当前争论，介绍当前的热点争论问题（如“同伴是否比父母更重要”）；(4)发展问题，涉及各种发展性的重要话题或过程（如“家庭不稳定、无家可归与儿童发展”）；(5)应用性发展研究，集中讨论利用我们已知的知识使发展最优化（如“提高养育者的敏感性和安全的母子依恋”）。所有这些专栏都认真地编排到了各章中，用来强调教材的核心论题。
- 说明。本书中有大量照片和图表。虽然这些图表经过认真设计，力求减轻读者的视觉疲劳，引起学生的兴趣，但它们绝不仅仅是装饰品。所有视觉材料，包括偶尔出现的漫画，都是为了说明重要原理和结果，由此深化本书的教学目标。
- 带测验库的教学指导手册（0-534-60701-2），戴维·谢弗编写。其中每一章都有一个教学大纲，InfoTrac 学院版的术语搜寻；网络注释；大约80个多重选择测验，每章有20个对/错选择题。这20道题是从教学指导手册中选出来的，学生可进行网上测验。这些测验题可以作为教学手册的恰当标志，它们还有电子版（in Examview，0-534-60702-0）。
- 本书的互联网地址。关于发展问题的更多信息，可登录 Wadsworth Psychology Study Center：http：//psychology.wadsworth.com，上面有供学生用的每章的网上测验。

- 为 WebCT or Blackboard Web Tutor 提供的网上教学工具箱。工具箱已预先载入内容，用购本书时包装里附带的密码免费获取工具箱。工具箱包括 Shaffer's Book Companion Web Site 中的全部内容，以及详细的 WebCT 或 Blackboard 产品的管理说明。

## 致 谢

像本书这样大的工程，总会有很多人在书的筹划和制作过程中给予了巨大的帮助。我特别向以下专家表达我的感激之情，他们在审读第 5 版书稿的过程中提出了很多建设性的、充满智慧的意见：

Peggy DeCooke，Purchawse College，SUNY；
Margaret Dempsey，Tulane University；
Catherine Durbin，Northwestern University；
Livia Gilstrap，University of Colorado at Colorado Springs；
Bridget Kelsey，University of Oklahoma；
David McDowell，University of Rochester；
Maureen smith，San Jose State University；
Lorraine Taylor，University of North Carolina，Chapel Hill.

再次感谢 Pam Riddle，他在佐治亚大学帮助我整理和准备手稿，感谢 Pat Harbin，他帮助我准备教学指导手册。我向这两位不辞辛劳的同行表示深深的谢意。

Wadsworth 出版公司的同仁在本书第 5 版出版过程中表现出了高超的技术和专业精神，我再次向他们致谢。我最要感谢的是本书编辑 Sheryl Rose，感谢她所做的认真严谨、技术高超的编辑工作；感谢认同本书出版的 Sarah Harkrader；感谢 Patrick Devine 为本书所做的天才的、充满创造力的设计工作；感谢 Linda Sykes，她负责的照片使本书内容显得更生动有趣；感谢 Hockett 编辑服务中心的索引工作者 Christina Palaia 和 Rachel Youngman，他们整合了上述很多人的努力，使本书得以顺利出版。

最后，编辑 Michele Sordi 在我开始本书第 5 版的写作时就跟我合作，她对本次工作价值的肯定和在提供资源方面做出的努力极大地促成了本书的完成，在此对她表示深深地赞赏。

# 1 概　论

- 普适父母机——一项思想实验
- 从历史角度看社会性与人格发展
- 关于人类发展的问题和争论
- 研究方法
- 查明关系：相关设计与实验设计
- 发展研究设计
- 跨文化比较
- 附言：做一个发展研究的明智受益者

至今我还记得我是怎么决定选心理学专业的。在初一第一学期的时候，我曾经有点想学医学、化学、动物学和海洋学，但是不能肯定是哪个学科。我侄女的出生可能是促使我走上心理学这条路的最重要的事件，它早在那个意义重大的秋季注册日之前的第 18 个月就发生了。

这个小女孩让我着了迷。我发现在她 18 个月的时候，她就很善于和别人交流了，令人印象非常深刻。让我迷惑不解的是，在她 5 个月的时候，她跟我就挺熟了，可是 9 个月后，我放暑假回家，她对我却很警觉。这个正学步的小姑娘能说出很多物品、
2 动物和人的名字，特别是电视里的人物，她特别喜欢某些人，尤其是她妈妈和奶奶。在我看来，她在以自己的方式“变成一个人”，这激起了我的兴趣。

对成长中的儿童从事了近 30 年的研究以后，我更加确信，我所谓的“变成一个人”的过程，在某些方面是很不寻常的。我们来看起始点。新生儿往往被父母看成是可爱的、想搂抱的、讨人喜欢的，同时又是一无所知的、依赖别人的、偶尔闹人的小生灵。新生儿没有预先形成的想法和概念；不会说话；不遵守人制定的规则；有时候他们好像是为下一次吃奶而活着。不难理解，为什么约翰 · 洛克把新生儿说成是“白板”，他们可以接受任何类型的经验。

伊尔文·柴尔德（Irvin Child，1954，p. 655）指出，无论儿童有多少种行为选择，他 / 她总是会被引导在一个相当窄的范围内形成自己的实际行为，这些行为符合该群体的习俗和标准。的确，英国儿童学习说英语，法国儿童学法语。犹太儿童不吃猪肉，印度人不吃牛肉，基督教徒则认为所有这些东西都可以吃。美国儿童知道，将来有一天，他们要积极参与领导人选举；约旦和沙特阿拉伯儿童知道，他们的酋长说，当酋长是与生俱来的权利。在美国某些地方长大的儿童可能喜欢广场舞蹈或乡村音乐，而生活在另一些地方的儿童则喜欢 hip-hop 音乐或打击乐。一些儿童被允许质疑父母提出的要求，另一些儿童从小就被教导说，要无条件地听大人的话。总之，儿童是按照他们所在的文化、亚文化和家庭的要求，形成了他们的行为方式和方向。

我在前面提到的“变成一个人”，更多地被说成**社会化**（socialization）——儿童习得其他社会成员认为重要的和恰当的观念、行为和价值观的过程。每一代人的社会化都至少有三种方式。第一，社会化意味着要调节行为。对强奸、抢劫和谋杀的惩罚不是遏止这些可憎行为的最重要办法。我们中的每个人都可能在外面走路时抢某个人的钱包，从中拿几块钱而不会被抓。但是为什么我们不去袭击一个弱小的女子，也不去干那些风险低但是为社会所不齿的行为呢？大概是因为对反社会行为的控制在很大程度上是一种个人方式，它产生于我们与父母、教师、同伴和其他社会化机构互动中形成的对错观。第二，社会化过程有助于促进个人的成长。当儿童与他们
3 所在文化中的其他人互动、变得越来越像那些人的时候，就习得了很多知识、技能、动机和抱负，这些使他们能在社会上有效地活动。第三，社会化使社会秩序得到延续。社会化的儿童变成社会化的成人，又把他们学到的东西教给自己的孩子。

每学年的第一堂课上，我都让学生用 50 个词写出自己选择社会性与人格发展课

程的原因。一位理解力很强的大二学生写道："我想知道，为什么我们大家彼此这么相像，同时我们之间又如此不同。"显然，人类在一些方面彼此相像是因为属于同一物种、分享共同的进化遗产、经历一个相似的发展路径。另外，生活在任何文化或亚文化中的人们都被鼓励接受相似的标准和价值观。当然，下面的话也是对的，世界上没有两个人完全一样，我们中间的每个人都有自己独一无二的人格。为什么会这样？一个重要的原因是，除了同卵双生子之外，我们中间的任何两个人都不具有完全相同的基因。导致我们的"唯一性"的第二个重要原因是，每一个个体，即便是在同一个家庭长大的同卵双生子，在成长过程中都有不同的经历（有时是令人惊讶地不同）。所以社会性与人格发展所表现出来的远比遗传程序显露的或文化对个体的影响多得多。我们将要讲到，社会影响、文化影响和生物影响长期、复杂地相互作用，它使我们在某些方面相似，而在其他许多方面彼此非常不同。

## 普适父母机——一项思想实验

乔恩斯、亨德里克和爱泼斯坦（Jones，Hendrick，& Epstein，1979）曾经描述了一项有趣的思想实验，它涉及到本书将要讲到的主要问题。他们给这项假想实验起名为"普适父母机"（Universal Parenting Machine）并作了如下描述：

> 假设六个婴儿一出生就被放进一台"普适父母机"。为了使这个假想更生动，我们假设三个婴儿是男性，三个是女性。这台普适父母机是……装载着先进机械和技术的设备，它从婴儿一出生就能满足所有婴儿的生理需要，并且一直到成熟。普适父母机的最显著特点是其设计使得这些婴儿在 18 岁以前除了彼此之间互相接触之外，不和其他人接触。也就是说，他们不知道世界上还存在别的人。

现在请想象，普适父母机的创造是在我们的技术能力范围之内的。让我们假设，普适父母机可以创造出当代"伊甸园"，里面到处是花草树木，鸟语花香，有光亮透明的圆顶房子，我们的实验儿童生活在自然的光声中，感受到日月星辰的运动。换句话说，请想象，我们给了他们一个与真实世界相似的令人愉悦的场所，但它缺乏一个重要特征：我们忽略了其他所有人，也就是文化。我们只让这六个婴儿生活在这种环境中，对于他们的发展，我们有很多问题要问，比如：

- 一个最基本的问题：这些孩子会和别的孩子互动，然后变成社会人吗？如果他们会这样，我们就要问另外几个问题。
- 这些孩子会爱别人、依赖别人或形成稳固的友谊关系吗？
- 这些孩子会说话吗？或者会用别的有效方法交流复杂想法吗？

4 ✦ 这种环境能提供儿童需要的刺激、使他们的智力得到发展并能够表达复杂的思想吗？

✦ 这些孩子能形成性别角色、成为在性方面成熟的人吗？

✦ 这些孩子会产生对自己成就的自豪感吗（假设他们能取得一些对自己有意义的成就）？

✦ 这些孩子们的互动是友善的（在团结、合作和利他精神指引下）还是好战的（敌对和攻击）？

✦ 这些孩子会形成善与恶、好与坏的标准来指导他们日复一日的互动吗？

这项实验结果如何？很难说，因为这样的研究从来没有做过，而且根据现行的伦理原则也不可能做。但这是一项思想实验，在我们有关社会性与人格发展的知识的帮助下，没有任何东西能妨碍我们推测可能的结果。

社会化的人是习得了被其所在文化认为恰当的观念、价值观和行为的人。一个儿童怎么实现社会化？一种观点认为，儿童被他所在的文化影响着。仅从字面意思上看，我们可以预测，在不存在社会结构的情况下，那六个实验儿童顶多会变成不完全的人。然而硬币的背面是，文化是由人来形成的。所以也可以设想，这六个儿童以充分的主动性互相交往，形成强有力的感情纽带，创建他们自己的小文化，设立一套规则来约束他们的交往。虽然这种假设看上去不可能，但至少有一个案例，那是第二次世界大战时在德国集中营里由一些犹太战争孤儿组成的小群体。在没有成人指导的情况下，他们形成了自己的“社会”（Freud & Dann，1951）。我们将在第13章详细介绍这种令人感兴趣的“只有同伴”的文化。

我们当然不敢肯定，在普适父母机抚养下的婴儿会像年幼的战争孤儿那样建立相同的社会秩序。而且，那些战争孤儿在年纪很小的时候曾经在成人社会中生活，所以他们几乎不能为我们实验中的儿童最后会变成哪种类型的人提供什么证据。那么，关于我们的实验结果，我们要依靠什么来做出预测呢？一种可能性是查看已有的社会性与人格发展理论，看能从中得出什么。

现在有几种理论可以来检验，其中每种理论都做出了关于儿童及其发展途径的 5
假说。本章的下一节，我们就要把这几种论述了人类本性和人类发展特点的理论加以比较和对照。我们的理论观点可见第 2 章和第 3 章，在这两章我们要深入探讨关于社会性与人格发展的几种经典理论和现代理论。

一旦我们有机会检验这些主要的理论，我们的焦点就要转移到社会性发展的一个最重要的方面：儿童最早的人际关系。你们可能已经注意到，很小的婴儿就会缠在妈妈身边，如果离开这个亲密同伴，他们马上就会表现出不高兴。这种亲密关系是怎样影响婴儿对陌生人的反应的？为什么以及在什么情况下婴儿离开妈妈或另一个亲密成人会悲伤？这些问题将在第 4 章详细探讨。第 5 章学习另一个重要问题：如果儿童在两三岁前没有形成对成人的安全依恋，或没有形成积极的社会敏感性，在儿童身上会发生什么。对所有这些问题——特别是最后一个问题的回答，可以提供关于普适父母机养育的儿童会怎样发展的一些猜测。

在人际互动以及寻求他人的注意和赞同方面，人与人之间是很不相同的。一些人可以说是孤独者，另一些人则对人友好，喜欢社交。这两类人在社交性上有所不同，或者说他们对别人在场、注意和接纳自己的重视不同。能力是人与人之间差异的另一个方面。有些人获得成就时非常自豪，取得成就的动机也很强。另一些人对自己能不能取得成就或将来能取得什么成就好像并不太关心。那六个实验儿童会看重别人是否在场，是否注意和赞同自己吗？他们会形成成就动机吗？回顾一下影响儿童社交性、成就动机和成就行为的因素，这些会帮助我们做出回答。而这也正是第 6 章和第 7 章要讨论的话题，其中要探讨自我和一个人成就意向的发展。

前面曾经说，在选择实验儿童的时候，是按照性别做了平衡的（三男三女）。到最后，在性别方面他们会有什么分化吗？在他们身上是否形成了男人气和女人气，并且从事不同的活动？他们会不会成为性成熟的人？我们有理由预测，对所有这些问题，回答都是“肯定的”，在性别上如此，在其他生物属性上也如此。但是我们应该记住，性别角色和性别行为肯定会受到社会价值观和风俗的影响。因此，这六个实验儿童的性别类型化和性行为可能既有赖于他们的生物特性，也依赖于他们所创建的社会秩序。性别类型化和性别角色行为将在第 8 章中详细讨论。

前面我曾问过，我们的六个实验儿童之间的互动是友好的还是好斗的。在一般家庭环境中长大的儿童，这两种行为都会有。但是别忘了，由普适父母机提供的社会化经验很难与一般家庭相同。如果我们拥有关于在正常环境中成长的儿童的攻击性和利他行为发展的一些资料，就可以对这些儿童在互动中的积极与消极特征从教育的角度做出一些猜测。影响儿童攻击性与反社会行为的因素将在第 9 章讨论。利他性与亲社会行为（慷慨、助人与合作）将在第 10 章讨论。

当然，人类能在有秩序的社会中共同生存的原因之一是，他们有各种法律与道
德规则，这些规则可以帮他们分清对错和指导日复一日的互动。儿童是怎样知道这 6

些道德原则的？父母、教师、同伴和其他社会化机构在儿童道德发展中起着怎样的作用？对这些问题的回答可以提供一些暗示，告诉我们普适父母机养大的儿童的道德规则将会如何发展。道德发展将是第10章的重点。

由于我们的实验儿童是由机器养育的，所以他们不会生活在一个由爸爸、妈妈和几个兄弟姐妹组成的核心家庭中。缺乏家庭关系和家庭影响对他们的发展会产生什么样的影响？在第11章关注了社会化的代理人家庭之后，也许我们能得到关于这个问题的一些启示。

虽然家庭从儿童期到青少年期都对年轻人的发展有巨大影响，但这只是在其他社会代理人开始施加影响之前的事情。例如，当婴儿和学步儿童的妈妈因工作把他们放在某种日托中心的时候，他们就要频繁地处在变换的养育者和新玩伴中间。即使这些学步儿童一直在家里长大，只要他们形成了对电视和电脑技术的兴趣，很快就能了解很多关于外部世界的事情。在西方社会，到六七岁时，小孩都要走出家门去学校，这使得他们必须适应新的权威人士——学校老师的要求，并且跟像他们一样的其他小朋友有效地互动。看电视、玩电脑和正式地上学读书会以任何有意义的形式对人的品质产生影响吗？游戏伙伴和同伴群体对儿童、青少年的社会性与人格发展有明显影响吗？回答这些问题对我们的实验儿童显然很重要，因为他们是在没有电子媒体、除了同伴也没有其他人的环境里长大。这样，我们关于社会性与人格发展的观点将在深入讨论了“家庭之外”的主要社会化代理人——电视、电脑和学校（第12章）以及儿童的同伴群体（第13章）之后做出总结。

总之，没有人能确切地指出在普适父母机世界里长大的儿童最后是怎样的。毕竟没有实证资料可以用来证明什么。我们在本书里没有详细交待那些假设儿童的未来会怎样，但是你们可能希望记住他们，从教育角度猜想一下他们的未来，像我们一样，检验一下社会性与人格发展的主要理论，对收集的过去80年当中关于成长中的儿童与青少年的研究资料作一番回顾。讨论一开始，我们将先简要介绍一下科学家是怎样对社会化过程感兴趣的，他们为什么把能从理论上给人启发的实证研究作为优先选择的方法来获得关于人类发展的知识。

## 从历史角度看社会性与人格发展

### 前现代化时期的儿童期

儿童期和青少年期并非一直如当今我们所知道的那样，被视作特殊而敏感的时期。在有文字记载的历史的早期，儿童很少有什么权利，大人们也并非总是很重视他们的生活。例如，考古学研究显示，公元前7000年以前，儿童往往被当做宗教祭品被杀死。有时被埋在建筑物的墙壁里面，使这些建筑更“结实”（Bjorklund &

Philadelphia Museum of Art. See page 537 for complete credit.

**图片 1.1** 中世纪的儿童通常穿戴的像个小大人，有时也会像一个小大人一样被对待。

Bjorklund，1992）。直到公元 4 世纪前，罗马的父母还能合法地以各种名义杀死其有残疾的、私生的或不想要的婴儿，即使这种杀婴行为后来被宣布为非法，但不想要的婴儿仍会被抛弃在荒郊野外而死去，或长到儿童期时被卖为奴隶（de Mause，1974）。

历史学家菲利普·艾利斯（Philippe Aries，1962）分析了中世纪以来欧洲的文 7
献和绘画，得出结论说，在 1600 年以前，欧洲很少有或没有我们所谓的儿童期的概念。中世纪的儿童一直被耐心抚养到能自己吃饭、穿衣、洗澡，但父母很少溺爱他们（Aries，1962；deMause，1974）。儿童在 6 岁左右时，开始穿小尺寸的大人衣服，在商店里或在田野上，在成人（往往是关系密切的成人）旁边劳作，或在聚会上和成人一起饮酒寻欢。除了婴儿和学步期儿童被排除在犯罪罪责之外，中世纪的法律在对待儿童和成人的犯罪上没有什么区别（Borstelmann，1983；Kean，1937）。

在 17~18 世纪，人们对儿童和儿童养育的态度开始发生变化。当时的宗教领袖说，儿童是上帝造物中的弱者，他们应该免受成人野蛮及不道德行为的侵害，同时，也要改变他们自己的难以教化的、顽皮的行为。达到这一目标的方法之一就是把儿童送到学校。起先，办学校的目的是使儿童有教养，让他们接受道德和宗教教育，但是后来人们意识到，还应该交给儿童一些辅助技能，如读书写字，使这些天真孩童变成“仆人和劳工”，为社会提供“好劳力”（Aries，1962，p. 10）。至此，儿童仍被看成是家庭的所有物，但社会不希望父母虐待他们的子女，希望他们给孩子更多的温暖和爱（Aries，1962；Despert，1965）。

## 作为研究对象的儿童：婴儿传记

系统地研究儿童的第一缕曙光可以追溯到 19 世纪末期。此时，具有不同学术背景的研究者开始观察他们自己子女的发展，并以**婴儿传记**（baby biographies）的名义出版了这些文献。

最著名的当属查尔斯·达尔文所写的婴儿传记，这是记录他儿子的早期发展的
8 日记（Darwin，1877；同时参见 Charlesworth，1992）。达尔文对儿童发展的好奇心源于他早期的进化论。很简单，他相信年幼的、未经教化的婴儿与尚未进化成人的远祖有很多相同特征，并且他提出了*复演说*（现在已受到质疑）：个体从一个单细胞发育成为无比复杂、能够思维的年轻人，这一过程重复着人这一物种的全部进化史，说明了“人的复演”。因此达尔文和很多他的同时代的人都把婴儿传记看做回答人类进化过程这一问题的手段。

很遗憾，婴儿传记还远远不足以作为科学著作。很多人为写婴儿传记所做的观察是在不严格的时间间隔里做的，而且不同的婴儿传记作者强调的自己孩子的行为也是不同的。因此，很多婴儿传记所提供的资料无法比较。加之婴儿传记研究中的观察者一般都是为孩子感到自豪的父母，他们可能选择性地记下那些令人高兴的、正面的事情，而忽略了那些令人不快的、负面的情节。到头来，几乎每一部婴儿传记都是以对某个孩子的观察为基础的，这就使人很难知道，以一个案例为基础得出的结论适不适合其他所有儿童。

虽然婴儿传记有这些缺陷，但它是向正确方向迈出的第一步。像达尔文这样的大科学家也曾写过关于儿童发展的著作，仅仅这一事实就足以说明，人类发展是多么具有科学价值的论题。

**图片 1.2** 发展心理学的奠基人之一，美国心理学家 G. 斯坦利·霍尔（1844~1924）。

## 儿童心理学的产生

所有学术领域的教科书一般都要推举一位该学科的“奠基人”。在发展心理学领域，有几位影响巨大的先驱者可以获得这一荣誉。迄今为止，作为奠基人在发展心理学中被提及最多的是 G. 斯坦利·霍尔（G. Stanley Hall）。

霍尔清楚地意识到只研究一个儿童的婴儿传记的缺陷，于是，他于 19 世纪末收集了更多被试的数据。他对儿童思维特点尤其感兴趣，因此他编制了一个常用的研究工具——问卷，来“发现儿童心理的内容”（Hall，1891）。他发现儿童对周围事件的理解在整个儿童期增长很快，但年幼儿童的“逻辑”并不怎么符合逻辑。霍尔后来写了一部影响很大的著作《青少年期》（1904），这是呼吁把青少年期看成一生中的一个独特时期的首部著作（见专栏 1.1）。这是首次对成长中的年轻人进行的大规

## 专栏1.1 文化影响

9

### “发现”青少年期

虽然现代所谓的儿童期的概念起源于大约1700年，但是青少年期被正式看做一生中的独特时期却是较晚的事情，大约在上世纪初（Hall，1904）。具有讽刺意味的是，西方社会的工业大潮可能对青少年期的被“发现”起了主要作用。由于大量移民涌入工业国家，并开始从事那些先前由儿童和青少年来做的工作，年轻人因此变成了经济上的负债而不是父母财富，正像有人所说的：“从经济上看是无价值的，但从情感上衡量是无价的”（Zelizer，转引自Remley，1988）。此外，工业操作的日趋复杂使受过教育的劳动力更容易被录用，所以到19世纪末，法律开始禁止童工，并强制要求他们入学读书（Kett，1977）。于是青少年突然变成了要花很多时间和同伴相处、而不能和成人在一起的群体。由于他们整天徘徊在朋友中间，形成了自己丰富多彩的“同伴文化”，慢慢地，十几岁的人就被看做与众不同的一类人，他们不属于天真无邪的儿童期，但他们又没准备好要承担成年人的责任（Hall，1904）。

第二次世界大战后，随着推迟结婚和因追求大学及研究生教育而推迟就业的中学毕业生大量增加，青少年期得到了扩展。如今，青年人把成为上班族的时间推迟到二十五六岁以后已根本不稀奇（Hartung & Sweeney，1991；Vobejda，1991）。我们可能把这种“延长的青少年期”看成社会所默认的，因为社会需要员工接受更专业化的训练，以及追求自身的职业发展（Elder，Liker，& Cross，1984）。

有趣的是，世界上很多种文化并不把青少年期看成一个独特阶段。例如，圣·劳伦斯·艾斯基莫斯遵循许多无文字社会的传统，认为男孩与男人相区别（或女孩与女人相区别）（Keith，1985）就是生育能力是否成熟。另外一些文化对人生的描述比我们更复杂。东非的阿拉沙人（Arasha）把男人至少划分成六个有意义的年龄阶段：青年、年轻勇士、年长勇士、年轻长者、年长的长者、退休的老人。

在一些文化中，向成年期的过渡开始于青春期，此时社会期望青少年承担起成人的责任。

年龄在不同时代和不同文化下具有不同意义，这一事实反映了本书已提到并将反复论及的一个基本原理：在某一历史或文化背景下的人类发展路径与另一时代或文化背景下的发展路径是不同的，而且是有本质不同的。除了我们的生物因素与人类种族的联系之外，我们在很大程度上是我们所生活的时代和地区所造就的。

模科学研究，因此，斯坦利·霍尔被视为发展心理学的奠基人（White，1992）。

大约在霍尔采用问卷研究儿童思维的同时，欧洲一位年轻的神经学家尝试以一种不同的方法探索心理并揭示其内容。这位神经学家的方法非常独特，他所发现的东西使他提出了关于儿童和儿童期的革命性理论。这位神经学家就是西格蒙特·弗洛伊德，他的理论即精神分析理论。

在很多科学领域，新理论往往是原有理论的改进或修正。但是在弗洛伊德时代，还很少有关于人类行为的“原有”理论可以拿来修正。弗洛伊德是一个真正的先驱者，他根据自己对患各种情绪失调的病人所做的成千上万的治疗记录和观察，提出了精神分析理论。

弗洛伊德在理论上的高度创造性和异端性引起了很多注意。他的早期理论著作出版后不久，《国际精神分析学报》便创刊，其他研究者开始报告他们对弗洛伊德思想的检验结果。到20世纪30年代中期，弗洛伊德的许多著作已被翻译成其他文字，精神分析理论的影响已遍及全世界。多年来，弗洛伊德的理论被证明是富于启发性的，它不断引发许多新的研究，并促使其他研究者去扩展弗洛伊德的思想。显然，直到弗洛伊德1939年逝世，儿童发展一直是一个活跃的、进步很快的领域。

## 理论在科学研究中的作用

弗洛伊德的著作和其他学者对这些著作的反应证明了理论在关于人类发展的现代科学研究中的作用。虽然理论是个气势恢宏的术语，但理论是人人都有的东西。如果我问你，为什么男人和女人在婴儿期很相像，但是到了成年期看起来又有很大
10 不同，你会毫不迟疑地做出回答。在回答中你会说出或至少反映出你所认可的关于性别差异的理论。所以，**理论**（theory）并不是别的什么东西，它只是理论家描述和解释某些方面的经验的一系列概念和命题。在心理学领域，理论帮助我们描述各种各样的行为方式，并解释这些行为为什么会发生。

科学理论是见诸于公众的权威性表述，它说明了某一专业领域的研究者认为正确的科学观念（Miller，2002）。科学理论的好处在于，它能帮助我们组织那些内容广泛的观察和事件。请想象，如果一位研究者没有一套概念和理论来组织他拼命收集的数据和事实，那他的生活会是什么样子。有可能，这个人会被淹没在大量毫无联系的事实当中，变成一个缺少“大画面”的琐事专家。因此，对于发展科学（或其他科学学科）来说，理论非常重要，每一种理论为我们提供了一个“镜头”，透过它，我们能够解释有关成长中的个体的无数个特定观察结果。

一个好的理论有什么特点？一般来说，一个好的理论应该是简练的或者说是**简约的**（parsimonious），应该能广泛解释各种现象。一个由少数几条原理组成、能解释大量经验观察结果的理论，比那种需要用很多概念和陈述来解释相同数量（或数量较少）的观察结果的理论有用得多。其次，好的理论是**可证伪的**（falsifiable），它可对

未来发生的事件做出预测，使该理论可以被支持或被否证。根据**可证伪性**（falsifiability）标准，好的理论是**启发性的**（heuristic），意思是说，它们在已有知识基础上提出可检验的**假设**（hypothesis），如果假设被后来的研究证实，即可带来对所考察现象的更充实的理解（见图 1.1）。

如今已经有好几个“好的”理论对我们理解社会性与人格发展做出了贡献，在第 2 章和第 3 章，我们将批判性地介绍几种影响较大的理论。我们会看到，每一种理论都对人类的本性、人的发展路径和发展原因做出了不同的解释。在讨论这些理论之前，我们先看看它们在哪些基本问题上的观点不同。

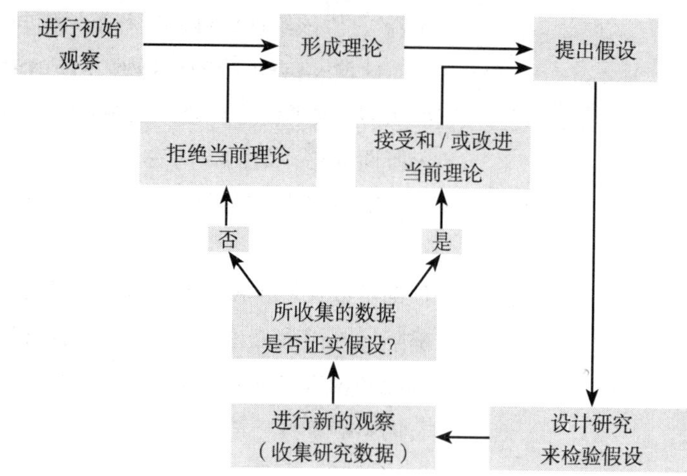


**图 1.1** 理论在科学研究中的作用

ORIGINAL SIN

## 11 关于人类发展的问题和争论

发展理论家至少在以下五个问题上存在不同的意见：

1. 儿童是性本善还是性本恶?
2. 对人的发展，天性（生物因素）和教养（环境因素）哪个起主要作用?
3. 儿童是积极参与到发展过程中去，还是被动接受社会和生物影响?
4. 发展是连续的还是不连续的?
5. 发展的最显著方面是所有人类表现出来的“共同的东西”，还是每个人表现出来的特定性的、个体式的发展?

INNATE PURITY

### 关于人类本性的早期哲学观

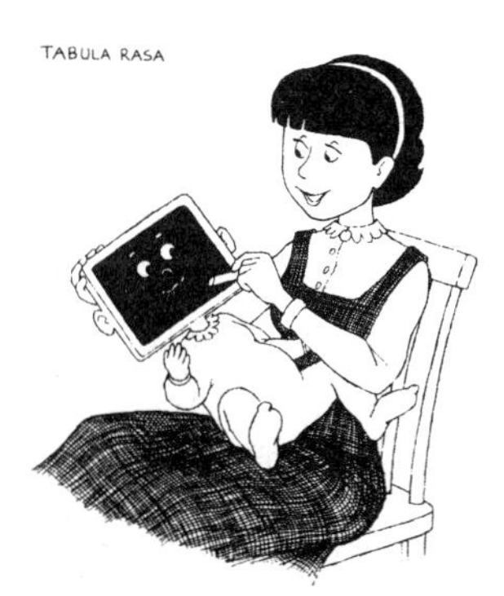


我们是哪种类型的动物? 对这个问题，经过几个世纪的争论，社会哲学家得出了不同的结论，托马斯·霍布斯（Thomas Hobbes，1651/1904）提出了**原罪说**（original sin），即认为儿童天生是自私的自我中心主义者，必须由社会控制；让·雅克·卢梭（Jean-Jacques Rousseau，1762/1955）提出了**性本善**（innate purity）说——儿童天生就有直觉的对错感，他们常常被社会误导。对儿童养育来说，这两种观点显然大不相同。原罪说认为，父母必须积极地控制其以自我为中心的子女，而性本善说则把儿童看做“高尚的未开化者”，应该给他们自由，尊重他们与生俱来的积极倾向。

约翰·洛克（John Locke，1690/1913）提出了另一种关于儿童和儿童养育的观点，他认为，婴儿的心灵是一块**白板**（tabula rasa），凭借经验来涂鸦。换言之，儿童生性无所谓善恶，他们如何发展全仰仗怎样被养育。洛克像霍布斯一样，主张严格地教育儿童，使儿童养成好习惯，而不要学到社会不认可的怪癖和行为。

说到这三种哲学观，如今在社会性与人格发展的现代理论中，三种观点的每一种都可以在一种或几种理论中有所反映。虽然你可能从中找不到关于人类本性的明确陈述，但是理论家通常强调儿童特性的积极或消极方面，或者，这些特性的积极方面和消极方面是否取决于儿童的经验。这些关于人类本性的观点是重要的，因为它们影响着每一种发展理论，特别是这些理论所说的关于儿童养育的观点。

## 天性对教养

发展理论中，争论最久的一个问题是**天性对教养**（nature versus nurture）。人究竟是遗传和其他生物性偏好的产物，还是由其所成长的环境来塑造？这两种观点针锋相对：

> 主要是遗传造就了人，而不是环境……几乎所有的痛苦和所有的欢乐都不是因为环境……人的差异来自其赖以出生的细胞的差异（Wiggam，1923，p. 42）。

12

> 给我十几个健康的婴儿，好好抚养他们，让他们在我指定的环境里生活，我保证把从中随机选出的任何一个培养成我选择的任何类型的专家——医生、律师、艺术家、商人、首领，甚至乞丐和小偷，而不论他的才能、倾向、脾性、能力、适应性及其祖先的种族。天生的能力、才能、气质、心理建构、行为特征，这些东西根本不存在（Watson，1925，p. 82）。

当然，还有一种中间立场，大多数现代发展研究者都持有这种立场。他们认为，天性和教养的贡献孰大孰小，要看所说的是发展的哪个方面。如今，发展研究者一般都同意这种观点：人的所有复杂属性，如智力、气质和人格都是生物因素与环境影响长期交互作用的最终产物（参见 Plomin et al.，2001）。他们建议我们少考虑天性对教养问题，多想想这两种影响怎样结合起来，相互作用共同导致发展变化。

## 主动性对被动性

理论上争论的第三个话题是**主动性 / 被动性**（activity/passivity）问题。儿童是好奇的、积极的，这在很大程度上决定着周围的人怎样对待他们吗？或者相反，儿童是被动的，社会把其影响强加在他们身上？想一想这两种针锋相对观点的含义。如果儿童真的是绝对可造就的，完全受抚养者的任意摆布，那么，那些最终变得没什么出息的人以渎职罪起诉他们的监护人就没有什么不对。的确，美国年轻人有时会用这一逻辑起诉父母的失职。你也许可以预期律师会帮父母辩护。律师肯定会说，父母想尽一切办法想把孩子教育好，可是子女没有任何积极反应。这个例子的含义是说，年轻人在决定其父母怎样对待他们方面起着积极作用，他们在创建自己的成长环境方面与父母共同承担着责任。

下面两章将要讲到，在主动性 / 被动性问题上存在一种中间立场，人们更愿意指导一个积极的儿童，而不是一个消极的儿童。这种“中间地带”的观点指出，用儿童与环境间的一种连续的*互惠互动*（*互惠决定论* reciprocal determinism）可以对人的发展做出最好的解释：环境影响着儿童，但儿童的习惯与行为也影响着环境。意思是说，儿童积极地参与创建影响自身成长与发展的环境。

## 连续性对不连续性

请想一想发展变化的概念。你是否认为我们经历的变化是逐渐发生的？或者说，这些变化会突然发生？

在**连续性 / 不连续性**（continuity / discontinuity）问题的一端是连续性理论，它把人的发展看做分小步发生的一个累加过程，而不是突然变化。它像图 1.2A 显示的那样，用一条平滑的增长曲线表示发展变化。反之，不连续性理论把通向成熟的道路描绘成一系列突然发生的变化，每一次变化都把儿童推向一个新的、更高的机能水平。这些水平或“阶段”很像图 1.2B 显示的，是一条不连续的生长曲线。

连续性 / 不连续性问题的第二个方面涉及发展变化究竟是量的变化还是质的变化。量变是程度上的变化。例如，儿童长得越来越高；每长一岁，他们跑得更快一点；他们学习到越来越多的关于周围世界的知识。相反，质变是类型的变化——与 

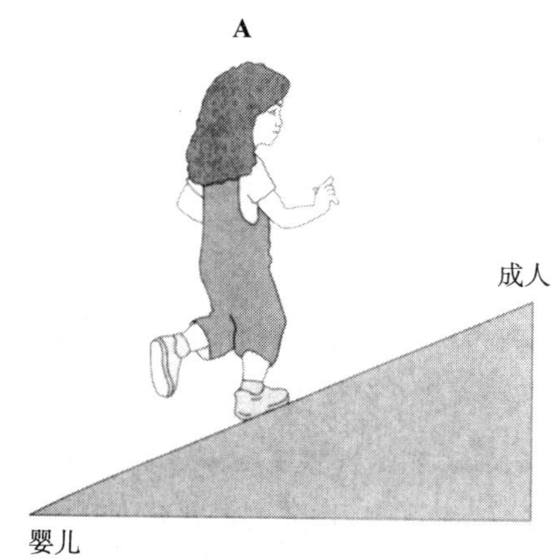

**图 1.2**　连续性理论和不连续性（阶段）理论描绘的发展曲线

原来的样子相比，个体发生了本质上的改变。从蝌蚪向青蛙的变化就是质变。同样，从不会说话的婴儿到话说得很好的学前儿童，这是质变；性成熟的青少年和刚进入青春期的同学相比，也是质的不同。连续性理论家一般认为发展变化是逐渐发生的、量的变化；而不连续性理论家则认为，这些变化是突然发生的、质的变化。不连续性理论家认为，人的发展要经过一系列**发展阶段**（developmental stage）。每个阶段可能都表示在一个更大发展序列中的一个不同时期——在生命全程中以一起出现的并形成一种共生模式的一套能力、动机、行为和情绪为特征的一段时间。同时，每个阶段都与前一个阶段和后一个阶段有质的不同。相反，连续性理论家则把发展看成是一个可加的过程，它是逐渐发生的，根本没有什么阶段可言。

连续性/不连续性问题的争论还有第三个方面：早期发展与后期发展是紧密地联接着，还是生命早期发生的变化很少影响到后期结果？连续性即表明早期发展与后期发展是紧密联接的。那些反对发展阶段概念的人认为，这种联接本质上具有跨时间的稳定性。举例来说，假如攻击性强的学步儿童自然而然地变成了爱打架的小学生和青少年，好奇心特别强的学前儿童后来被看做创造性较高的成人，这种连续性就得以证明。如果每个相继阶段的那些代表性的能力被看做是来自前一阶段，即使是一个认为发展要经历有本质差异的不同阶段的理论家也可看到发展的连接（或连续性）。

有趣的是，社会往往赋予连续性/不连续性问题以不同的地位。例如，亚洲太平洋的一些国家，用来描述婴儿特性的一些词语从来不用于描述较年长的儿童；成人说的词汇，如智力或愤怒，也从来不用来描述婴儿（Kagan，1991）。这些文化中的人把人格看成是不连续的，婴儿被看做与成人截然不同的人，无法用相同的人格维
14 度对婴儿做出判断。相反，北美和北欧国家的人们则更倾向于认为发展是一个连续过程，他们从婴儿气质中寻找成人人格的萌芽。

综上所述，关于发展的连续性与不连续性的争论是非常复杂的。其中包括发展变化是逐渐的还是突然发生的，是量变还是质变，以及它与早期发展是否有联接。

## 发展是普遍性的还是特定性的

最后，理论家们常常在这样一个问题上存在意见分歧，即发展的主要方面究竟是**普遍性**（universal）的（即正常的发展结果是每个人都会表现出来的）还是**特定性**（particularistic）的（人与人之间，发展的趋势和结果有不同）。阶段论者一般认为，他们提出的发展次序可应用于所有文化中的所有正常人，因此是普遍适用的。例如，所有正常人都在11~14个月时开始使用语言，都会经历5~7岁所需的认知上的变化，在10岁前后进入性成熟期，在中年期出现老化的信号（如出现皱纹，某些感觉能力衰退）。根据这种观点，对于发展的最重要问题所有人都会表现出共同的普遍方式。

另一些理论家则认为，只重视发展的普遍性是不完整的。为什么呢？因为这样

## 专栏 1.2 发展问题

**在主要发展问题上，你持有何种立场？**

1. 儿童是
   a. 必须对他们的消极或自私的冲动加以控制的人。
   b. 天性无所谓善恶的人。
   c. 生而具有很多积极倾向、较少消极倾向的人。
2. 生物影响（遗传、成熟）与环境影响（文化、父母教育方式、学习经验）被认为都对发展起作用。总起来说，
   a. 生物因素比环境因素起的作用大。
   b. 生物因素和环境因素同等重要。
   c. 环境因素比生物因素起的作用大。
3. 人基本上是
   a. 在决定自己的能力和特质方面起主要作用的积极的生物。
   b. 是消极的生物，其特征要么由社会影响（父母和其他重要的人，外部事件）塑造，要么由人不可掌控的生物因素所决定。
4. 发展的进程
   a. 通过一系列阶段，个体相当突然地从一个早期阶段进入一个很不相同的阶段。
   b. 通过一些微小的进步连续地发展，没有突然的变化或不同的阶段。
5. 像攻击性或依赖性这样的特质
   a. 在儿童期出现，随年龄增长，在很大程度上保持稳定。
   b. 在儿童期出现，但是往往会在以后就消失了，或让位于其他完全不同的特质。
6. 对发展中的人来说，较好的比喻是
   a. 一部越来越复杂的机器，其零件(行为、情绪、能力)变得越来越多而且精细。
   b. 一个实体，不能将其比作多个零件的组合，很像一粒种子随着时间变化而开出花朵。

你对每一题的回答是：

___ ___ ___ ___ ___ ___
1 2 3 4 5 6

---

做忽视了造成独特个体的许多因素。一种文化中的发展路径和另一种文化中的发展路径可能差异巨大。即使在一种文化中，在不同的亚文化或族群间、家庭与家庭之间、个人与个人之间，发展结果也不相同。因此，这些主张“特定性”的理论家认为，人类可能（实际也正是）在不同方向上发展，并不像阶段理论家们让我们相信的那样具有普遍性。

这些就是以不同方式解决问题的各种不同理论关于发展所争论的主要问题。你可以通过回答专栏 1.2 中的问卷来查明你自己的立场。第 3 章最后的表 3.3 说明了主要的发展理论家怎样回答这些问题，你可以把他们关于人类发展的论点和你自己的看法作比较。

本章的下一节我们将聚焦于“专业工具”——研究方法和设计，发展研究者用它们来检验其理论，以便更好地理解儿童、青少年的社会性与人格发展。

# 研究方法

当侦探要破案时，他们先收集证据，提出猜测，然后对线索进行详细考察，或者进一步收集材料，直到他们的某个猜测被证明。要破解社会性与人格发展的秘密，很多时候要付出与此相似的努力。研究者必须非常认真地观察他们的研究对象，分析他们收集的资料，利用这些资料得出人是如何发展的结论。

本节重点讨论研究者用来收集成长中的儿童与青少年资料的方法。首先我们要理解，为什么发展研究者把收集所有这些资料看得非常重要。然后讨论几种探索事实的方法的优缺点，看看这些技术怎样被用来考察发展变化。

15

## 科学方法

我们说对社会性与人格发展的研究是一项科学事业，这一说法是当之无愧的，因为当代发展心理学工作者采纳了被称为**科学方法**（scientific method）的价值体系，用它来指导自己理解所研究的事物。科学方法与其说是方法，不如说更多的是态度或价值观。态度指的是，首先研究者必须是客观的，其思想的真实性必须由观察（或资料）来决定。

几个世纪前，霍布斯、洛克和卢梭这样的人文哲学家曾经发表他们对儿童和儿童教育的观点，当时的人们似乎把这些观点看成了事实。社会公众认为，伟大的心灵必定具有高深的见解。很少有人会向知名学者提出质疑，因为科学方法还没有成为评价智慧或知识的重要标准。

我们不是要批评早期的人文哲学家。实际上，发展心理学家（和儿童）都已经从中受益，他们的思想改变了社会及人们看待、对待和培育下一代的方式。然而，伟大的心灵偶尔也会产生一些蹩脚的思想，如果这些思想不加批判地被接受，特别是在人如何对待人的问题上，那就可能造成很大的伤害。科学方法的价值就在于它有助于保护科学界和整个社会免受错误推理之害。这种保护来自于，对各种理论观点的真实性的评价，不是根据理论家的科学、政治或社会声望，而是根据客观记录。这意味着，必须以平等的态度客观地评价所有的理论家的思想，当有证据证明受欢迎的一些观点不正确时，就要放弃它们。

16

## 收集资料：发现事实的基本策略

无论我们想研究社会性发展的哪一方面，新生儿的情绪反应、小学生友谊的发展或少数青少年使用毒品的原因，我们都得找到对其加以测量的途径。好在当今研究者已经拥有了大量可靠的用于测量行为、检验关于人类发展的假设的程序。但是不管使用哪种技术，从科学上来说，凡是有用的测量方法必须具有两个特征：**信度**

(reliability)和**效度**(validity)。

若一项测量在不同时间和不同情境下都是稳定的，它就是*可信的*。假如你进入一个班级，记录每个学生以攻击方式对待别人的次数，而后你的研究助手采用相同的方式观察了相同的学生，但得到的结果却和你不一致。或者，你在某个星期里测量了每个儿童的攻击性，但是在后来的一个星期，你又以相同方法测量了相同儿童的攻击性，两次结果很不相同，显然，你的观察测量是不可信的，因为它得到的是非常不一致的信息。对科学研究目标来说，要可信而有用，那么你的测量就必须使不同的独立观察者在分别测量儿童攻击性时得到可比较的值(*评价者信度*)，且对个体儿童的两次测验(间隔一段时间)分数相近(*时间上的稳定性*)。

如果一次测量所测到的正是所要测量的东西，它就是有效的。你大概可以理解，为什么在强调一项测量必须有效之前，必须先强调它的信度和测量的一致性。但是信度本身并不能保证效度。例如，一项可信的观察程序，所要观察的是儿童的攻击性，但是，如果观察者把身体表现出的所有力量行为都简单地分类为攻击行为，那么关于攻击行为就可能得到不准确的、过于膨胀的观察值。很多幅度比较大的滑稽动作只是以嬉闹方式表达快乐，不带有任何伤害和攻击意向，这些行为容易被研究者错误理解。显然，研究者必须确保，他们正在测量的正是他们所要测量的属性，在此之后，我们才认为他们所收集的资料和做出的结论是可以相信的。

为了说明信度和效度在心理测量中的重要性，让我们来看看测量社会性与人格发展的几种方法。

### 自我报告法

发展心理学者用于收集数据、检验假设的三种常见方法分别是访谈、问卷(包括心理测验)和临床法。这三种方法的相似之处是每种方法都要求参与者回答研究者提出的问题，其不同之处是，研究者对待每个参与者的方式有区别。

**访谈和问卷** 使用访谈或问卷技术的研究者要求儿童(或他们的父母)回答一系列问题，内容涉及发展的以下方面，如儿童的情感、观念和行为特征。用问卷(以及大多数心理测验)收集数据时，只需把问题印出来，让参与者做书面回答即可；而访谈则要求参与者对研究者提出的问题做口头回答。如果研究程序属于**结构访谈**(structured interview)或**结构问卷**(structured questionnaire)，则要求所有参与研究的人以相同顺序回答同样的问题。这种标准化或结构化形式的目的是以相同方式对待每个人，以便把不同参与者的反应进行比较。

请看一个应用访谈技术的有趣例子，该项目中幼儿园儿童、小学二年级和四年级儿童要回答 24 个问题，以评价他们有关男人和女人社会刻板印象的知识(Williams, Bennett & Best, 1975)。每个问题都要对一个简短故事做出反应，故事中的核心人物，要么用社会刻板印象中描述男性的形容词(*如攻击性的，有力量的，强壮的*)，要么 17

用社会刻板印象中描述女性的形容词（如情感丰富的，敏感的）。儿童的任务是指出故事中的人物是男人还是女人。威廉姆斯和他的助手发现，即使幼儿园儿童也已经能说出故事中的人物是男孩还是女孩了。也就是说，这些 5 岁儿童就知道性别的社会刻板印象，从幼儿园到小学二年级，儿童的思维越来越符合社会刻板印象。这些结果的含义之一是，既然幼儿园儿童就已经根据社会刻板印象来思维，那么关于性别的社会刻板印象必定在很早就开始显示出来了。

访谈和问卷有一些非常显著的缺陷。首先，这两种方法都不适合太年幼的儿童，因为他们不能阅读，语言理解能力也有限。第二，研究者肯定希望他们得到的回答是诚实的、准确的，而不仅仅是回答者以受赞许的方式对自己的描述。举例来说，很多儿童不愿意承认他们从妈妈钱包里偷拿了钱，或者和邻居家的孩子一起玩“医生”游戏。显然，不准确的或不真实的反应会导致错误的结论。研究者肯定还会千方百计地保证用相同方式向不同年龄的参与者解释问题；那么，在某个研究中观察到的年龄趋势所反映的可能是儿童理解和沟通能力的差异，而不是儿童的情感、思维和行为方面的真实变化。第三，对成长中的儿童及其父母（或老师）同时进行访谈的研究者可能难以决定儿童和成人谁的报告更准确，因为儿童关于他们自己的情感或行为的描述与别人的描述往往不同。

虽然有这些缺点，但结构访谈和问卷还是很好的方法，它们可以在短时间里获得大量有用的信息。当访谈人员询问被访谈者，他们对提出的问题知道什么的时候，这两种方法都特别有用。因为对这样的询问，社会所期望的反应可能就是做出真实、准确的回答。例如，在性别的社会刻板印象研究中，年幼儿童可能认为，每个问题对他们来说都是挑战或难题，因此他们很想做出正确的回答，充分表达出自己对男人和女人的了解。在这种情况下，结构访谈就是评价儿童性别知觉的最好方法。

**临床法** **临床法**（clinical method）与访谈技术有密切关系。研究者往往会向参与者提出一个任务或提出某种类型的问题，然后请他们回答，以此来检验假设。参与者做出反应之后，研究者就会提出第二个问题或提出一个新问题，用以澄清参与者最初的回答。这样的问题一直持续下去，直到研究者收集到验证假设所需要的信息为止。在研究开始阶段，对所有参与者问的问题都相同，但随着他们做出的回答，研究者所问的下一个问题可能就不同了。由于参与者的回答往往会不同，所以可能没有两个参与者被问到的问题完全一样。正因如此，临床法把每个研究对象看做是唯一的。

著名的瑞士心理学家让·皮亚杰就曾运用临床法考察儿童的道德推理和一般智力发展。皮亚杰的资料中，很多是他和儿童个人之间的对话。下面是皮亚杰考察儿童道德推理的一个小例子（Piaget，1932/1965，p. 140），从中可以看出，儿童对说谎的想法和成人很不相同。

**皮亚杰：**你知道什么是说谎吗？ 18

**克莱：**就是你说的不是真话。

**皮亚杰：**二加二等于五是谎话吗？

**克莱：**是，是谎话。

**皮亚杰：**为什么？

**克莱：**因为那是不对的。

**皮亚杰：**一个说二加二等于五的孩子知道那是不对的，还是他犯了错误？

**克莱：**他犯了错误。

**皮亚杰：**那么，如果他犯了错误，是他在说谎话吗？

**克莱：**是的，他说谎了。

和结构访谈一样，临床法能在较短时间内收集较大量的信息。支持这种方法的人还提出了这一方法的另一优点，即灵活性。在根据研究对象最初的回答进行追问的时候（就像上面皮亚杰的例子），往往能获得对这些回答的更深刻的理解。但是灵活性同时也是临床法的缺点。要把被问到不同问题的被试的回答进行直接比较，即使不是不可能，也是非常困难的。而且，对被试的这种非标准化的处理方式，很可能会存在这样的问题，即研究人员先前的理论倾向影响到他所追问的问题以及对回答的解释。由于采用临床法得出的结论部分地依赖于研究者对问题的主观解释，因此人们总是希望用其他研究方法来验证这些结果。

### 观察法

研究者通常喜欢直接观察人们的行为，而不是问对方关于这些行为的问题。许多发展心理学家喜欢采用的一种方法是**自然观察**（naturalistic observation），在普通的、日常的（即自然的）状态下观察人们的行为。如果是观察儿童，这意味着要到家里、学校、公园或游戏场所认真记录所发生的事情。研究者不大可能记录所发生的每一个事件，他们往往只检验关于一种行为，如合作或攻击行为的特定假设，而且专注于这种行为。自然观察法的一个优势是容易在婴儿和学步儿中实施，我们无法通过需要口头技能的方法对这些对象进行研究。观察技术的最大优势是，它是唯一可以告诉我们人在日常生活中如何行事的方法（Willems & Alexander，1982）。

**图片 1.3** 当采用自然观察法时，儿童因观察者在场而表现出与平时不同的行为的倾向，这是研究者必须解决的一个问题。

自然观察也有一些局限性。首先，有些行为是很少发生（如英勇援救行为）或社会不期望的（如公开的性活动或偷窃），不可能由陌生观察者在自然环境里直接观察。其次，在自然环境里很多事件是在同一时间发生的，这些事件中的任何一个（或几个事件结合起来）都可能影响到人的行为。这使人们很难查明被试行为的原因或行为的发展趋势。再次，仅仅因观察者在场，可能使人的行为与他们不在场时不同。当儿童身边有一个观察者时，他们可能会“夸张地表演”，父母可能表现出他们最好的行为，尽力克制自己，比如，不会因孩子犯错误而打孩子。因为这些，研究者常常尽量降低**观察者影响**（observer influence），其方法是：(1）从隐藏的位置对被试
19 录像；(2）开始收集“真实”资料前在该环境中待一段时间，使被观察的人习惯于他们在场，从而行为更自然。

几年前，玛丽·哈斯凯特和雅涅·基斯特纳曾经做了一项优秀的自然观察研究，比较未受虐待的学前儿童与受到父母虐待的儿童的行为，受父母虐待的儿童是经由儿童保护机构查明的（Haskett & Kistner，1991）。研究者首先定义了他们要记录的行为的样例，包括人们期望的行为，如友好地打招呼与合作游戏；以及人们不期望的行为，如攻击行为和直呼名字。当 14 名受虐待儿童和 14 名未受虐待儿童在托儿所与同伴一起玩游戏时，对他们进行观察。观察采用**时间取样**（time-sampling）法：在三天当中，在游戏时间段对每个儿童观察 10 分钟。为尽量降低观察者的影响，他们在观察的时候站在游戏区域外面。

结果是令人忧虑的。如图 1.3 所示，和未受虐待儿童相比，受虐待儿童很少发起社会互动，而且有些社交退缩。当和同班互动时，受虐待儿童比未受虐待儿童更多地出现攻击行为和其他不良行为。而未受虐待儿童常常忽视受虐待儿童发起的积极社会互动，因为他们不愿意跟他们一起玩。

总之，哈斯凯特与基斯特纳的观察研究显示，受虐待儿童是缺乏吸引力的玩伴，他们不受同伴喜欢，甚至被同伴拒绝。但是在一般情况下，自然观察很难准确地指明这些结果的原因。受虐待儿童的不良行为是否导致了同伴的冷遇和拒绝？还是同伴拒绝导致了受虐待儿童的不良行为？两种情况都可能解释哈斯凯特和基斯特纳的发现。

有什么办法能使观察者去考察在自然环境里人们不期望看到的不寻常行为或不希望的行为呢？一种方法是在实验室进行**结构观察**（structured observations）。在结构观察研究中，每个被研究者都要置身于可能引发所考察行为的情境中，研究者在暗中观察（采用隐蔽的摄像机或单向镜），看被观察者是否表现出该行为。以莱昂·库金斯基（Kuczynski，1983）的研究为例，他让儿童答应帮他完成一个令人厌烦的任务，然后让儿童单独待在房间里做这件事，房间里放着吸引人的玩具。这种方法可以使库金斯基确定，

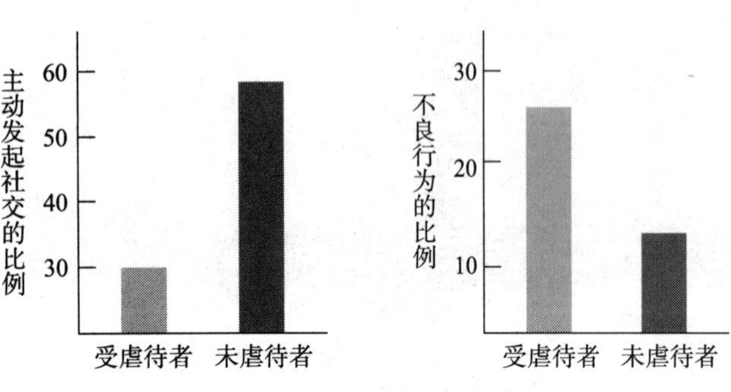


**图 1.3** 受虐待和未受虐待儿童的社交主动性和不良行为比较

当年幼儿童认为没人会看见他们所做的犯规行为时，他们是否会违反完成任务的承诺（这是一些儿童表现出来的人们不希望看到的行为）。

结构观察在考察很少发生或在自然环境中不会公开表现出来的行为时，是一种最切实可行的方法。除此以外，这种方法还使样本中的每个被研究者都面临相同的 20
诱发刺激，他们有平等机会表现出目标行为，而这种环境在日常生活中不一定是真实的。当然，结构观察的主要缺点是，被研究者不一定总能像他们在日常生活中一样，对人为设计的实验室情境做出反应。

### 个案研究

本节已介绍的所有收集资料的方法，包括结构访谈、问卷、临床法和行为观察，都可以运用在**个案研究法**（case study）当中，汇集单个人发展的详细资料。在准备个人化的记录或“个案”中，研究者一般收集研究对象的多种信息，如家庭背景、社会经济地位、健康情况、学习或工作经历以及在心理测验中的表现。个案记录中的很多信息都来自于对被研究者的访谈和观察，但是所问的问题和进行的观察都不是标准化的，因此个案之间会有很大差异。

19 世纪和 20 世纪初的婴儿传记就是个案研究的实例，弗洛伊德也对他的临床患者做过很多精彩的个案研究。他在分析这些个案时指出，不同的患者往往说出相似的事件和经历，这些经历在患者成长过程中起着重要作用。弗洛伊德从这些观察中提醒人们，在人的发展过程中必然存在着所有人共同经历的重要里程碑。他持之以恒地观察患者，倾听他们的生活经历，最后得出结论，在患者的生活经历中，每个转折点都与早期发生的事件有重要的联系。他从一个又一个谜一般的资料中，建构出一种对人类发展的全面解释，即我们今天所说的精神分析理论。

虽然弗洛伊德和其他很多发展心理学家通过使用个案研究法取得了很大的研究进展，但这种方法还是有致命弱点的。例如，由于不同个案所问的问题不同，所做的测验不同，又在不同环境下进行观察，所以很难把它们作比较。个案研究还缺乏可推此及彼的一般化（或概化）特征：即从少数人身上得到的结论不能推及到大多数人身上。一种反复听到的对弗洛伊德理论的批评就是，这一理论是从不能代表一般人群的情绪障碍患者的生活经历中归结出来的。由于这些原因，从个案研究得出的任何结论都要采用其他研究方法加以检验。

### 人种学方法

**人种学方法**（ethnography）是常用于人类学领域的一种特殊观察方法，在那些希望了解文化对成长中的儿童、青少年的影响的学者中，该方法越来越多地被使用。为了收集资料，人种志学者往往在他们所研究的文化或亚文化社会中居住几个月甚至几年。他们所收集的资料一般都是五花八门、内容广泛的，大多来自自然观察、

**图片 1.4** 研究者到某文化社区居住，参与社区生活的所有方面，试图理解文化的影响。

与该文化中的人的谈话笔录以及研究人员对这些事件的最初的解释。最终要把这些资料汇总为该文化社区的白描式肖像画，并从中得出结论：该社区的独特价值观和传统对儿童、青少年发展的一个或几个方面有怎样的影响。

通过与某社区成员密切而长期的接触，从中得出一种文化或亚文化的详尽全貌，显然可以使人们更深入地了解该社会的传统和价值观，而仅仅
通过几次访问，由旁观者进行少量的 21
观察，进行几次访谈却不能做到这一点（LeVine et al.，1994）。如果研究者希望了解多元社会中少数族裔儿童和青少年面临的文化冲突以及其他发展方面的挑战，那么，这种对文化和亚文化的描述就非常有效（Segal，1991；Patel，Power & Bhavnagri，1996）。虽然有这些明显的优势，但人种学方法是一种高度主观化的方法，使用这种方法的研究者所持文化价值观和理论倾向可能使他对经历到的事情做出错误的解释。此外，人种学方法的结论只适合于所研究的文化和亚文化，不能推广到其他背景或文化群体。

表 1.1 对已经介绍过的数据收集方法做了简要总结。下一节我们将介绍研究者怎样设计一项研究来检验假设，查明发展的连续性和变化。

## 查明关系：相关设计与实验设计

科研人员在决定他们要研究什么之后，必须形成一个研究计划或研究设计，使他们能够查明各个事件和各个行为之间的联系，并且发现因果关系。研究者使用的研究设计一般有两大类：相关设计与实验设计。

### 22 相关设计

在**相关设计**（correlational design）中，研究者收集信息，确定所考察的两个或多个变量之间是否存在有意义的关系。如果研究者要检验一个确定的假设（而不是进行初步探索性研究），他们就要查明这些变量之间是否存在假设中所假定的相关。在这种情况下，研究者不以任何方式设置或操纵被研究者的环境。相关研究者把人

**表 1.1** 六种常用研究方法的优点和局限性

| 方 法 | 优 点 | 局限性 |
|---|---|---|
| | **自我报告** | |
| 访谈和问卷 | 以较快的方式收集较多的信息；标准化格式使研究者可以直接比较不同被试提供的资料。 | 数据的收集可能不准确，被试回答可能不太诚实，或反映的只是回答者的言语技能和对问题的理解力。 |
| 临床法 | 把被试看做独特个体的灵活方法；自由式探查可以保证被试能理解所问问题的意义。 | 因所有被试的处理方式不同，得出的结论可能不可信；灵活探查取决于研究者对被试反应的主观解释；只适合于语言表达能力强的被试。 |
| | **系统观察** | |
| 自然观察 | 可研究自然环境中真实发生的行为。 | 所观察的行为可能受观察者在场的影响；难以观察到不寻常行为和社会不期望行为。 |
| 结构观察 | 在标准化情境中儿童有平等机会表现出目标行为；是观察不常发生和社会不期望行为的好办法。 | 人为设计的情境不能反映儿童在真实环境中的行为。 |
| 个案研究 | 一种包容性强的方法，可利用多种来源的资料得出有关一个被研究者的推论和结论。 | 所收集的资料因个案不同而不同，也可能不准确、不真实；从一个人的个案得出的结论可能带主观性，不能应用到其他人。 |
| 人种学方法 | 比简短的观察和访谈研究能提供更多关于文化观念、价值观和传统的丰富描述。 | 结论可能因研究者的价值观和理论观点而出现偏差；结果不能推广到所研究群体和背景之外。 |

们看做是自然的，由自然生活经验“操纵”的，然后试图确定，人们日常生活经验中的各种变量是否跟他们的行为或发展模式中的差异有关。

为了说明怎样用相关法做假设检验，我们来看一个简单的理论。该理论指出，年幼儿童从电视中学到很多东西，并且会模仿所看到的电视人物的行为。根据这一理论，我们可以判断，儿童所看的表现暴力和攻击行为的电视节目越多，日后他对同伴表现出来的攻击行为就越多。当我们选取了要研究的儿童样本之后，下一步就要为检验上述假设而测量我们认为相关的两个变量。为了评价儿童所看电视中攻击性节目的多少，我们可能采用访谈或自然观察法，确定儿童都看了什么节目，计算一下节目中暴力和攻击行为的数量。为了测量儿童自己对同伴做出的攻击行为的数量，我们可能在一个游戏场所观察所选样本，看每个儿童对同伴表现出敌意、攻击行为的多少。现在我们已经收集了数据，可以检验假设了。

变量之间有关系或没有关系，可以通过运用统计方法计算**相关系数**（correlation coefficient）来确定。相关系数（$r$）提供了关于两变量间关系强度和方向的数学估计值。其范围在 +1.00 和 –1.00 之间。$r$ 的绝对值告诉我们两变量之间关系的强度。相关系数 –0.70 和 +0.70 的强度相等，两个值都强于 0.50 的中度相关。0.00 的相关说明两个

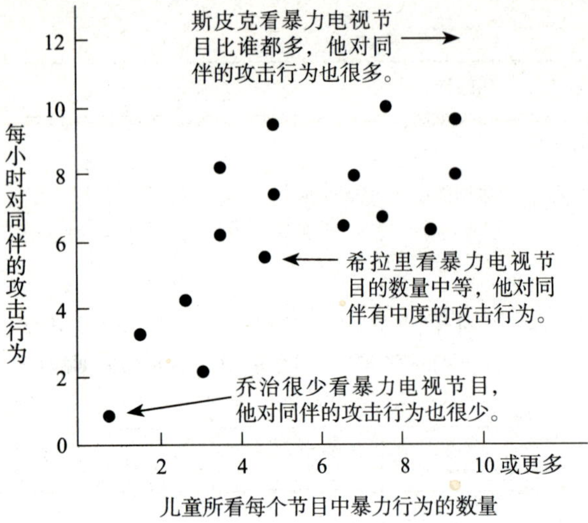


**图 1.4** 儿童观看暴力电视节目的多少与对同伴做出攻击行为的多少之间关系的散点图。每个点代表一个儿童观看的暴力节目的多少（横轴）和对同伴攻击行为的多少（纵轴）。尽管相关不大，但我们可以看出，观看较多暴力节目的儿童通常会对同伴做出较多的攻击行为。

变量之间没有关系。

相关系数前面的正负号表明关系的方向。如果是正号，就说明当一个变量值增加时，另一个变量值也会增加。举个例子，身高和体重呈正相关，如果儿童长得比较高，一般来说体重就比较重（Tanner，1990）。负相关表明一种反向关系：一个变量增加时，另一个变量减小。比如，在小学生中，攻击性和声望就呈负相关：表现出较多攻击行为的孩子，在同伴里的声望就较低（Crick，1996；LaFontana & Cillessen，2002）。

现在我们来看儿童观看暴力电视与攻击行为之间关系的假设。几位研究者做了和我们的设计相似的研究（Liebert & Sprafkin，1988），结果显示，两个变量之间有中度的正相关（0.30~0.50）：观看较多暴力电视节目的儿童对同伴的攻击行为多于观看较少暴力电视节目的儿童（见图 1.4）。

这些相关研究能否说明看暴力电视节目导致了较多攻击行为呢？回答是：不能！虽然我们已经查明看暴力电视节目与攻击行为之间有相关关系，但是这种关系的因果方向根本不清楚。说爱攻击的儿童喜欢看暴力电视节目，这也是一种可能的解
23 释。另一种可能性是，看电视与攻击行为之间的联系是由我们没有测量的第三个变量导致的。也许是父母在家里经常打架（我们没测量的变量）使孩子变得更具攻击性，并且也使孩子喜欢看暴力电视节目。如果真是这样，那么后两个变量就会相关，虽然它们之间并不互为因果。

总之，相关设计是一种用途很广的设计方式，它可以查明我们想考察的且可以测量的任意两个或多个变量之间有统计意义的关系。但其主要局限性是它不能清楚地证明某个东西导致了另一个东西。那么，研究者怎样查明各种行为或人的发展的其他方面的因果关系呢？一种办法是做实验。

## 实验设计

和相关设计不同，**实验设计**（experimental design）可以准确地评价两个变量之间的因果关系。让我们再回过头来看儿童观看暴力电视节目是否导致了儿童的攻击性。为检验这一假设（或任何其他假设）而做一项实验室实验，我们会把儿童带到实验室，把他们分成不同的处理组，然后记录他们对每种不同处理的反应。

被试接受的不同处理就是实验中的**自变量**（independent variable）。为了验证我们做出的假设，我们把被试观看电视节目类型作为自变量（或处理方式）。让一半儿童

观看包含有一个或几个角色以暴力或攻击方式对待别人的电视节目，另一半儿童看的电视节目中很少有或没有暴力情节。

儿童对电视的反应则成为我们实验中的数据，称作**因变量**（dependent variable）。因为我们假设的核心是儿童的攻击性，所以我们希望测量，儿童在看了两种类型的电视节目之后，他们在攻击性方面的表现如何（即因变量）。之所以称之为“因变量”是因为它的值“依赖于”自变量。在本例中，我们假设，后来的攻击性（因变量）表现将会是，看暴力电视节目的儿童（自变量的一种水平）比看非暴力电视节目的儿童（自变量的第二种水平）攻击性更强。如果我们是严谨的实验者，并且仔细地控制了可能影响儿童攻击性的其他所有因素，那么，我们所得到的结果就能使我们做出确切的结论：观看暴力电视节目导致了儿童攻击行为的增多。

多年前，有人曾做过一项实验，它很像我们上面所说的实验（Liebert & Baron，1972）。该研究中，5~9 岁儿童中的一半看了 3 分半钟的暴力片段，从电视剧《铁面无私》中剪接而成，其中有两段互殴、两段枪战和刺杀场面。其余儿童看的是 3 分半钟非暴力但令人激动的田径比赛。所以自变量是儿童所看的节目内容。然后，把每个孩子带到另一个房间，让他坐在一个箱子旁边，箱子后面有通向另一个房间 24
的铁丝网。箱子上的绿色按钮上写着“帮助”，另一个红色按钮上写着“伤害”，两个按钮之间有一个白灯。实验员说，隔壁房间有一个孩子马上就要玩转手柄游戏，他一玩，箱子上的白灯就亮。告诉孩子，灯亮时按下“帮助”按钮，他就可以帮助另一个孩子更容易地转动手柄，或者按下“伤害”按钮使手柄变得特别烫手。确认被试理解了这些指令后，实验员离开房间。在接下来的几分钟里，白灯亮 20 次，也就是，每个被试有 20 次机会去帮助或伤害另一个孩子。每个孩子按下“伤害”按钮的总次数就被作为其攻击性的测量指标，也就是研究中的因变量。

结果很明确地显示，虽然选择助人更便利，但如果儿童看了暴力电视节目，那么不管男孩还是女孩，都更多地按“伤害”按钮（攻击行为）。这说明，仅仅 3 分半钟的暴力电视节目就能导致儿童对同伴做出更多攻击行为。尽管他们从电视里看到的攻击行为和他们自己表现出来的不相同。

当学生们在课堂上讨论这个实验时，总是有人会对这样的结果解释提出质疑。一个学生做了另外的解释：“看暴力电视节目的孩子们可能比看田径比赛的孩子本来就更具有施虐性。”就是说，他认为**混淆变量**（confounding variable），即儿童施虐倾向的原有水平，决定着他们伤害同伴的意愿，而自变量（电视节目的类型）根本就没起作用。他说的对吗？我们怎能知道两种实验条件下的儿童在影响他们伤害同伴意愿的某些重要方面上没有差别？

这个问题带来了关于**实验控制**（experimental control）的重要问题。为了做出自变量与因变量之间存在因果关系的结论，实验者必须保证，其他所有变量都不会对被控制的因变量产生影响，就是说，每种实验条件是同等的。平衡这些无关因素的一种方法是，像莱波特和拜伦（Liebert & Baron，1972）那样，把儿童随机分配到不同处理组中去。随机化的概念，或称**随机分配**（random assignment），意思是参加实验的每个被试都有平等机会被分配到每种实验处理或实验条件下。把被试分配到特定处理组可借助一种无偏向的方法来实施，如抛硬币法。如果处理组真是随机分配的，那么，在两个或多个实验条件下，被试在可能影响他们在因变量上的行为的任何特征上的差异，都可能是微不足道的：所有这些“混淆的”特征都被随机分布到每种条件下，使组与组之间达到平衡。由于莱波特和拜伦把儿童随机分配到不同实验条件下，他们就能肯定，看暴力电视节目的儿童并不比看非暴力节目的儿童具备更强的施虐倾向。所以，他们就理所当然地做出结论说，前一组儿童更具攻击性是因为他们看的电视节目中，暴力和攻击行为是核心主题。

### 实验室实验的局限性

很显然，实验法的最大优势就是能得出一件事导致另一件事的结论。批评实验室实验的人则认为，严密控制的实验室环境往往是人为的、不真实的，儿童在这种环境中的所作所为和他们在自然环境中的行为差别很大。尤里·布朗芬布伦纳告诫说，对实验室实验的严重依赖，使发展心理学变成了“儿童在陌生环境与陌生成人在一起表现出陌生行为的科学”（Bronfenbrenner，1977）。罗伯特·麦克尔也指出，实验可以告诉我们，什么东西可能导致发展变化，但是却不一定能发现在自然生活条件
25 下实际上导致这些变化的是什么（McCall，1977）。所以，从实验室实验中得出的结论不一定能应用到现实世界中去。专栏 1.3 中，我们介绍了实验工作者对这种批评的回应，并会介绍实验室中得到的结果的**生态效度**（ecological validity）这一概念。

## 自然实验（或准实验）

有很多问题不能用实验法进行研究，或因伦理原因而无法得到研究。比方说，我们想探讨早期社会剥夺对婴儿社会性与情绪发展的影响，但是我们不能要求一些父母把孩子锁在阁楼上两年，以得到我们所需要的数据。道理很简单，让儿童接受任何可能对他们的生理、心理健康造成负面影响的实验处理，都是不合伦理的。

不过，我们可以采用**自然实验（或准实验）**[natural（or quasi）experiment] 来达到我们的研究目的，采用这种方法，我们观察发生在实验对象身上的自然事件的结果。所以，假如我们能够找到一组在一两岁时待在条件很差的机构、很少与养育
26 者接触的儿童，就能把他们的社会性与情绪发展与从小在家中养育的儿童相比较。这种比较可以提供早期社会剥夺对儿童社会性与情绪发展影响的有用信息（第 5 章对这种自然实验作了较详细的介绍）。自然实验中的“自变量”就是研究对象所经历的事件（如我们的例子中机构儿童所经历的社会剥夺）。“因变量”是我们想要研究的任何结果（如上述例子中儿童的社会性与情绪发展）。

有必要注意的是，进行自然实验的研究者既不对自变量加以控制，也不按随机

专栏1.3 关注研究

## 评价现实生活中的因果关系：田野实验

我们怎样才能更肯定地说，在实验室实验中得出的结论也能应用到现实生活中去呢？一种途径是在自然环境中做类似的实验，即**田野实验**（field expenriment），来获取该结论的有力证据。这种方法结合了自然观察和严格控制的实验的优点。而且被试一般也不会认为他们在参加“陌生的”实验，因为他们参加的所有活动都是日常活动。可以说，他们甚至没意识到自己在被观察，或是参加了一项实验。

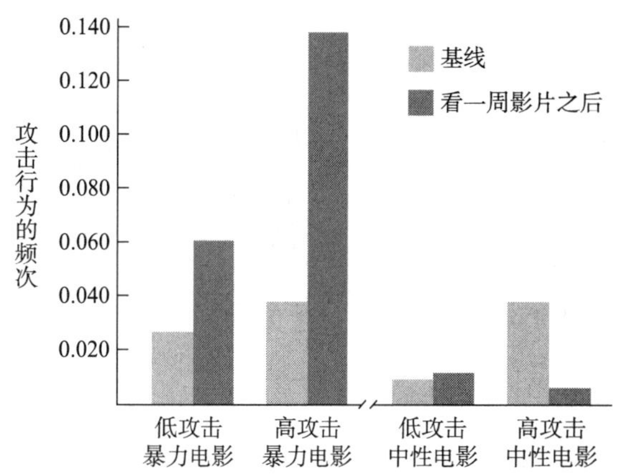


基线条件和看一周暴力影片或中性影片后，低攻击和高攻击男孩表现出的身体攻击行为频次

让我们来看一项田野实验（Leyens et al.，1975），它所要验证的假设是，较多地受暴力媒体影响可能使人变得更具攻击性。被试是比利时的违法少年，他们都住在为男性青少年设立的某小型安全机构的房舍里。实验开始前，研究人员观察了样本中每个男孩的攻击水平。把这些初始评价作为**基线**，为的是假如以后攻击水平增加了，研究者能测出来。基线观察显示，住在该机构四座房舍里的男孩可以分为两个亚群体：两个房舍中的男孩攻击性较强，另两个房舍中的男孩攻击性较弱。实验开始后的第一周，每天晚上，每个亚群体中的一个房舍里的男孩观看暴力电影，像《雌雄大盗》和《十二金刚》，另一房舍的男孩观看中性影片，如《老爸的未婚妻》和《美国丽人》。在看电影的一周里，每天两次（午饭时和晚上看完电影后）记录各房舍男孩身体攻击和言语攻击的情况，在看电影之后的一周内，每天一次（午饭时）记录其攻击情况。

这项田野实验最惊人的结果是，每晚看暴力电影的两个亚群体的青少年，其身体攻击明显增加了。由于这些暴力电影中有很多身体攻击的情节，这些情节显然刺激了看电影男孩的相似反应。但是如图所示，暴力电影在原来攻击性水平较高的青少年身上激发了更多的攻击行为。非但如此，看暴力电影也使原来高攻击性的男孩的**言语攻击**更多——这种影响在看电影的一周和看完电影之后的一周里一直有所表现。

在比利时进行的田野实验结果与莱波特和拜伦（1972）在实验室研究中得出的结论是一致的，接触媒体暴力确实能增加攻击行为。实验室的发现也被田野研究的结果证实，即在自然环境中，媒体暴力对那些原来就具攻击性的观众的影响更大[参见弗里德里希和斯特恩对幼儿园儿童所做研究的相似结果（Friedrich & Stein，1973）]。

原则把被试分配到不同处理条件下，他们只是观察自然发生的结果和事件。那么，在没有严格的实验控制的情况下，我们很难确定，什么因素对所发现的组间差异起作用。例如，假设在社会机构中的儿童的情绪发展比在家庭长大的儿童差，这些儿童所经历的社会剥夺是造成这一差异的原因吗？还是说这些儿童在其他方面与在家庭长大的儿童有差别（例如他们在婴儿期生病更多；营养更差），因此发展结果更差？

**表 1.2** 各种研究设计的优缺点

| 设　计 | 程　序 | 优　点 | 局　限 |
| --- | --- | --- | --- |
| 相　关 | 在研究者不干预的情况下收集关于两个或多个变量的资料。 | 可在自然状态下考察变量之间关系的强度和方向。 | 不能确定变量间的因果关系。 |
| 实验室实验 | 操纵被试环境的某些方面（自变量），测量它们对被试行为（因变量）的影响。 | 可以查明变量之间的因果关系。 | 在人为情况下获得的资料可能不可推广到真实生活中去。 |
| 田野实验 | 操纵自变量并测量它对自然情境下因变量的影响。 | 可以查明因果关系并且把结果推广到现实生活中去。 | 在自然环境中实施的实验处理可能效果不大并且难以控制。 |
| 自然实验（准实验） | 人们生活在真实的环境中（自然的生活），在这种条件下收集这些人的行为资料。 | 可以考察在实验中很难或不可能模拟的自然事件的影响；可提供关于因果关系的强有力的线索。 | 不能对自然事件加以严密控制，也不能随机分配被试，使研究者不能得出确定的因果关系。 |

没有随机分配被试、没有控制可能因处理组的不同而变化的其他因素（如营养条件），我们不能肯定，社会剥夺就是这些儿童不良情绪发展结果的决定因素。

尽管自然实验不能确切地说明因果关系，但这种方法还是有其用武之地的。因为它能告诉我们，自然发生的事件有可能影响经历过这些事件的人们，因此可以提供关于因果关系的某些有意义的线索。

表 1.2 总结了我们讨论过的各种研究设计的优缺点。下面我们将关注探索发展的连续性和变化的更独特的研究设计。

27

## 发展研究设计

社会性发展研究者不仅对考察儿童在一个时间点上的行为感兴趣，而且他们希望知道，儿童的情感、思维、能力和行为怎样随着时间而发展或变化。我们能否设计研究来勾画出这种发展的趋势图？让我们先来简要介绍四种设计：横断设计、追踪设计、序列设计和微观发生学设计。

### 横断设计

**横断设计**（cross-sectional design）就是在同一时间点上，对年龄不同的各个儿童组进行考察。例如，一位研究者想考察在儿童 6 岁、8 岁和 10 岁的时候，当给他们提供机会让其把自己的私人物品（如糖果和钱）分给穷孩子时，他们是不是随着年龄增长越来越慷慨。通过比较不同年龄组儿童的反应，研究者即可查明慷慨行为随年龄发生的变化（参见第 10 章关于该主题的回顾），或者查明想考察的任何发展变化。

横断设计的一个重要优势是，研究者可以在短时间内从不同年龄被试中获得资料。例如，研究者不必花 4 年时间，来考察从 6 岁到 10 岁儿童的慷慨行为是否会增多，他只要从不同年龄儿童中取样，在同一时间对所有样本加以测量即可。

### 年龄群效应

可是在横断研究中必须注意，每个年龄水平上的人是来自不同年龄群的不同的人。所谓*年龄群*，就是指年龄相同，在成长中处于相似的文化环境或经历过相同历史事件的一群人。横断比较中总会涉及不同的年龄群，这一点意味着，在研究中发现的任何与年龄有关的效应，不一定都是年龄或发展决定的，可能是因为处于不同年龄群的个体的其他特征造成的。例如，早期的横断研究非常一致地发现，年轻成人的智力测验分数高于中年人的分数，中年人的分数又高于老年人。但是智力真如这些发现所说的，随着年龄增长逐渐下降吗？不一定！后来的研究（Schaie，1986，1990）揭示出，人的智力测验分数在一生中保持着相当的稳定性，早期研究实际测量了一些很不同的东西：如在受教育方面的年龄群差异。在早期的横断研究中，老年人读书较少，这可以解释为什么他们的智力测验分数低于中年人和年轻人样本。他们的测验分数并不是逐渐下降的，而是在任何时候都低于与之比较的年轻成人。所以说，早期的横断研究发现了**年龄群效应**（cohort effect），而不是真正的发展变化。

横断比较虽然有这个重要局限，但仍是发展心理学者最常使用的设计方式。因为它有省时省力的优点；我们当年就可以从不同年龄的人群中取样，把研究做完。另外，如果我们没有合理理由认为，我们所考察的不同年龄群在成长过程中的经历有太大差别的话，就能得出有效的结论。比方说，假如我们比较了前面提到的 6 岁、8 岁和 10 岁儿童的慷慨行为，我们可能觉得，从 6 岁到 10 岁这四年间，历史或主流文化并没有发生重大变化。在研究当中必须注意，如果尝试做出关于多年发展变化的结论，那么年龄群效应可能是个主要问题。

### 个人发展资料 28

横断法还有一个值得注意的局限性，它不能告诉我们有关个体发展的任何东西，因为研究中每个人都只在一个时间点被观察。因此，横断研究不能对“我的孩子什么时候能变得更慷慨”或“两岁时攻击性强的儿童到 5 岁时攻击性还强吗”这样的问题作出回答。要解决这类问题，研究者必须采用追踪设计进行另一种比较。

## 追踪设计

在**追踪设计**（longitudinal design）中，同一批被研究者在不同时间被重复观察。比如，如果研究者想查明慷慨性是否随年龄而发展，他可能在儿童 6 岁时给儿童提供一个表现慷慨行为的机会，之后，当这些儿童长到 8 岁和 10 岁时，再对他们的慷慨性做出相似的评价。

追踪研究的时间可以很长，也可能比较短。研究者可能关注发展的一个方面，如慷慨性，也可以关注很多方面。通过重复测量相同的被研究者，研究人员可以评价样本中每个人的各种特征和发展变化模式的稳定性。其次，通过寻找大多数或全部被试的共同之处，研究者还可查明一般发展趋势。此外，在一段时间里对一些儿童进行追踪，有助于研究者查明发展中个体差异的基础，尤其当其发现早期经历导致较大差异的时候。

几项引人注目的追踪研究对儿童追踪了几十年，并且考察了发展的很多方面（如 Kagan & Moss，1962；Newman et al.，1977）。但是，大多数追踪研究在方向和范围上都是比较谨慎的。例如，霍维斯和麦瑟逊（Carolee Howes & Catherine Matheson，1992）所做的研究，对 1 岁和 2 岁儿童的假装游戏进行观察，在之后 3 年里每隔半年就重复观察一次。霍维斯和麦瑟逊想根据儿童所玩游戏在认知上的复杂性来查明以下问题：（1）随着年龄增长游戏是否变得越来越复杂；（2）儿童是否在游戏复杂性上有差异；（3）儿童游戏的复杂性能否预测他们与同伴交往的能力。毫不奇怪，所有儿童的游戏在三年时间里都变得越来越复杂，同时在每个观察点上，游戏复杂性都表现出个体差异。此外，游戏复杂性跟社会交往能力之间也存在着很明确的关系：在任何一个年龄点，玩更复杂游戏的儿童，到 6 个月后的下一个年龄点，对别人都比较友好，攻击性也较少。所以这项追踪研究显示，假装游戏的复杂性随着年龄增长逐渐增强，而且它还可以预测儿童今后与同伴的社会交往能力。

追踪研究有不可否认的优势，同时也有一些缺点。首先，追踪研究非常费钱费时，尤其是在研究必须持续若干年的情况下。其次，人们对社会性与人格发展的理论与研究的关注热点也会经常发生变化，所以，一个长时间的追踪项目，开始时选择的问题看起来是非常引人注意的，但是到了研究结束的时候，可能就变得价值不大了。**选择性流失**（selective attrition）也是追踪研究的一个问题：儿童可能搬家、生病，因重复的测验而厌烦，或者父母因这样那样的原因不同意孩子继续参加研究。这使得样本越来越小，变成一个**缺乏代表性的样本**（nonrepresentative sample），它只
29 能为所考察的发展问题提供较少的信息，而且从那些没有搬家的健康儿童和在长时间研究中始终保持合作态度的儿童中得到的结论可能也有局限性。

学生们很容易就能发现的，持续时间很长的追踪研究的另一个缺点是**跨代问题**（cross-generational problem）。追踪研究中的儿童一般是从一个年龄群中选取的，他们将和其他年龄群经历不同的文化、家庭和学校环境。例如，20 世纪 30 年代和 40 年代开始几项追踪研究，但自此之后时代发生了怎样的变化啊。在这个双职工的年代，很多幼儿都要去托儿所和幼儿园，而过去则不是这样。现在的家庭规模比过去小，它意味着现代儿童的兄弟姐妹较少。现在的家庭，搬家也比上世纪 30~40 年代更频繁，所以当代儿童比起过去的儿童可能要接触更多样的人群和地点。现在的儿童不

**图片 1.5** 20 世纪 30 年代（左）和 20 世纪 90 年代（右）的娱乐活动

这两幅图片说明，20 世纪 30 年代长大的儿童，其经验与当代儿童很不相同。许多人认为跨代的环境变化可能限制了纵向研究结论的推广。

管住在什么地方，他们都是在电视和电脑座椅前长大的，而在上世纪 30~40 年代不存在这样的影响。因此，过去时代的儿童生活在一个非常不同的世界，我们不能肯定，那时儿童的心理发展路径与今天的儿童完全相同。换句话说，环境的跨代变化可能限制了追踪研究的结论只适用于参加研究并慢慢长大的被试群体。

我们已经了解了横断设计和追踪设计的优缺点。有没有可能把这两种设计的优 30
点结合起来呢？第三种发展的比较——**序列设计**（sequential design）正是要达到这个目的。

## 序列设计

序列设计通过选择不同年龄的研究对象，在一段时间里追踪这些不同的年龄群，从而把横断设计与追踪设计的长处结合起来。假如我们想考察儿童从 6 岁到 12 岁道德推理的发展。我们可以从 2005 年开始测试一个 6 岁儿童的样本（1999 年出生的年

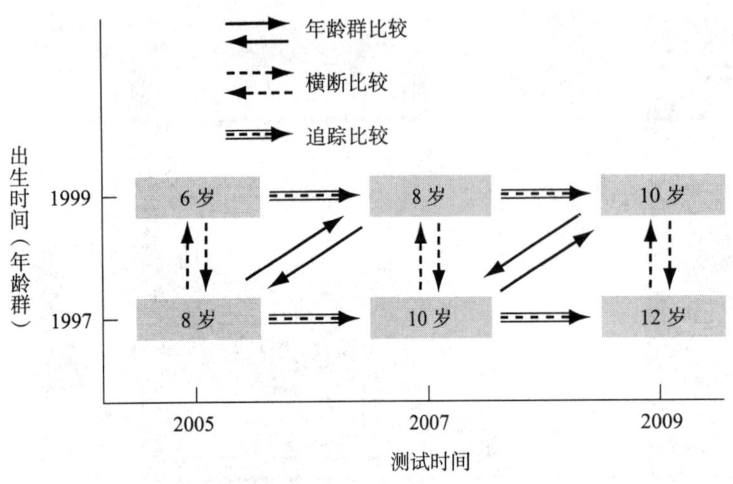


**图 1.5** 序列研究实例。在 4 年时间里，对 1997 年出生和 1999 年出生的两个儿童样本进行追踪观察。此设计可查明年龄群效应。在年龄群效应不存在的情况下，研究者可对任何发展变化的强度和方向做出最有说服力的结论。

龄群），再测一个 8 岁儿童的样本（1997 年出生的年龄群）。之后，我们将在 2007 年和 2009 年测试这两个群体的推理能力。图 1.5 说明了这一研究计划。

序列设计主要有三个优点。第一，通过比较出生在不同年代但年龄相同的儿童的道德推理，确定年龄群效应是否影响着研究结果。如图 1.5 中显示的，通过比较两个 8 岁和 10 岁样本的道德判断，可以评价年龄群效应。如果两个样本没有差别，就可以说，年龄群效应不存在。从图中还可看出序列设计的第二个主要优点：在一项研究中同时做了追踪比较和横断比较。在这两种比较中，如果推理的年龄趋势相似，我们就可以确信，它们代表了道德推理能力的真实发展。第三，序列设计比一般追踪设计效率更高。在上述例子中，虽然我们只追踪了 4 年，但是却相当于对儿童道德推理发展追踪了 6 年。若是最初取 6 岁儿童样本进行一项普通追踪比较，必须经过 6 年的追踪才能得到相似的信息。显然，把横断设计与追踪设计相结合胜过了其中任何一个单独设计。

## 微观发生学设计

横断设计、追踪设计和序列设计都只能考察发展变化的大概轮廓，而不能查明这些发展变化为什么发生、怎样发生。近期，很多研究儿童认知发展的人们喜欢采用**微观发生学设计**（microgenetic design）来说明发展变化的过程是怎样的。它的逻辑很清晰：把即将发生某种发展变化的儿童置于可以导致这种变化的环境，让儿童反复体验，同时，在这种变化发生时对其行为进行监控。

认知理论家已经应用这种方法发现了儿童怎样凭借新的、更有效的策略来解决
31 问题。通过密集地观察并认真分析儿童在几小时、几天或几周时间段内的问题解决行为，研究者查明了儿童各种能力的进展，如认知能力（Siegler & Svetina，2002）、算术技能（Siegler & Jenkins，1989）、记忆（Coyle & Bjorklund，1997）以及语言技能（Gershkoff-Stowe & Smith，1997）。微观发生学设计虽然是一种新方法，但它非常有望查明不同经历在社会性与人格发展中能起到促进作用，尤其是以下领域：自我概念和自尊的发展，社会认知（对他人行为的理解，形成对别人的印象），关于道德问题的推理，关于性别角色的看法，等等。

**表 1.3** 四种发展研究设计的优点和局限性

| 设 计 | 程 序 | 优 点 | 局限性 |
|---|---|---|---|
| 横 断 | 在同一时间点观察不同年龄（或年龄群）的人们。 | 发现年龄差异，找出发展趋势，省时省力。 | 年龄趋势可能反映的是年龄群之间的无关差异，而不是真实的发展变化；在个体发展方面不能提供任何资料，因为每个被试仅在一个时间点被观察 |
| 追 踪 | 在一段时间里对同一个年龄群重复进行观察。 | 可提供个体发展的资料；可揭示早期经验与后期结果间的联系；可发现随着年龄增长，人在哪些方面保持稳定，哪些方面发生了变化。 | 比较耗时费力，开支较大；被试的选择性流失可能导致一个非代表性样本，因而限制结论的可推广性；跨代变化局限了对正在研究的年龄群的结论。 |
| 序 列 | 随时间变化重复考察不同的年龄群从而把横断法与追踪法结合起来。 | 可把真实的发展趋势与年龄群效应分开；发现一个年龄群经历的发展变化是否和另一个年龄群经历的变化相似；比追踪法花费的财力和时间少。 | 比横断研究花费的财力和时间多；虽然是最有效的设计，仍存在着所发现的发展变化能否推广到所研究的年龄群以外的范围问题。 |
| 微观发生 | 在发展变化可能发生的较短时间内对儿童进行密集观察。 | 在变化发生时对其进行密集观察可揭示该变化怎样发生和为什么会发生。 | 密集发生的经验引发的变化可能不十分典型，并且导致的变化不能持续较长时间。 |

对微观发生法的一种批评是，儿童接受到的刺激其发展的密集经验，并不能反映他们将会在真实世界中面临的问题，而且他们身上产生的变化不一定能在长时间里得以持续。因此，研究者一般会采用微观发生学设计来考察已知的在思维和行为方面会发生的与年龄相关的变化。他们的日标是，通过研究儿童*正在发生的变化*，查明这些变化*怎样*或*为什么*发生。

为了帮助你们回顾和比较四种主要的发展研究设计，表 1.3 简要总结了四种主要的设计及其优缺点。

## 跨文化比较 32

发展心理学家在发表他们的新发现或新结论时常会犹豫不决，除非他们已经考察了足够多的人并肯定他们的“发现”是可信的。但是他们赖以做出结论的，往往是在某一时间点生活在某一文化或亚文化的被研究者，很难确信这些结论能否适用于下一代人，或当前生长在其他社会或亚文化中的人们（Lerner，1991）。如今，研究发现跨样本、跨情境的可推广性已经成为一个重要问题，对于理论工作者来说，这意味着，在人类发展中存在着“普适性”——所有儿童从婴儿到成人的过程中共同拥有一些事件和结果。

跨文化研究指的是对不同文化、亚文化、人种和种族的被试在发展的一个或多个方面进行观察、测验和比较。这种研究服务于很多目的。例如，它能使研究者查明，从一种社会背景（如美国白人中产阶级儿童）得出的儿童发展方面的结论，是否也适用于生长在其他社会或同一社会不同社会经济背景下（如美国拉丁族裔或经济贫困家庭）的儿童。所以，**跨文化比较**（cross-cultural comparison）可以避免研究结果的过度推广，它是查明人类发展中是否存在真正的“普适性”的唯一途径。

现在，从事跨文化研究的很多人不是在寻找相似性，而是在寻找*差异*。他们意识到，人是在不同的社会和亚文化中成长的，对很多问题都有自己独特的看法，如管教孩子的适当时间和方法，适合男孩和女孩参与的活动，儿童期结束的时间和成人期开始的时间，对待不同年龄的人的态度，还有生活中的许多其他问题（Fry，1996）。研究者还意识到，来自不同文化的人心目中的世界、情绪表达方式、思维和解决问题的方式也很不相同。因此，除了聚焦发展的普遍性外，跨文化研究还显示，人的发展受到文化背景的很大影响（见专栏 1.4 中对性别角色的文化多样性的生动介绍）。

你是否惊讶，发展心理学工作者在他们的研究中竟采用了如此之多的方法和设计？研究方法的多样性是一大优势，因为采用一种程序获得的结果可以用另一种程序来验证或否证。提供多来源的*聚合证据*有一种重要作用，它向人们证明，一项研究获得的发现是真实的“发现”，而不仅仅是用收集初始数据的方法和设计获得的、人为制造出来的东西。所以，对于考察儿童和青少年来说没有“最好的方法”，上述所有方法对理解社会性与人格发展都起着重要的作用。

## 附言：做一个发展研究的明智受益者

到这里你可能觉得奇怪：“我为什么需要了解这么多发展研究者从事研究的方法？”这是一个情理之中的问题，选修这门课程的大多数学生都会找别的工作，而不会从事对成长中的儿童或青少年的科学研究。

我的回答很直白：选择像这门课这样的课程，主要目的固然是为了认真地回顾
33 该学科的理论和研究，但它们也应该有助于你们去评价将来可能遇到的相关信息。而且你们肯定会接触到这样的信息。即便你不会读学术刊物，但因为你将要做一个教师、学校行政人员、护士、见习管理人员、社会工作者，或者做与成长中的人有关的其他专业人员，你肯定会从大众媒体如电视、报纸、杂志中接触到这类信息。你怎么知道你读到的那些看起来引人注目的、重要的新发现值不值得认真对待？

这是一个重要问题，因为有关社会性与人格发展的新信息，在它们赖以为基础的研究数据在专业刊物上发表（假如研究者做了该研究的话）的前几个月甚至几年，可能就被大众媒体传播了。另外，在我们学科，发展研究者向有影响的专业期刊所投的稿件中，只有不到 30% 被认为有发表价值。所以很多媒体报道的以研究为基础

## 专栏 1.4　文化影响

### 对性别角色的跨文化比较

跨文化比较最有价值的一点在于，它能告诉我们，一种发展现象是不是普遍适用的。来看男性和女性在我们社会中的角色。在我们的文化中，从传统来看，男性所需的特质有独立、果断和支配。相比之下，社会期望女性更善于照顾别人和更敏感。这样的男性角色和女性角色是普遍适用的吗？两性的生物差异必然会导致行为上的性别差异吗？

若干年前，人类学家玛格丽特·米德（Mead, 1935）比较了新几内亚岛上三个部落社会中的人的性别角色。她的观察令人深思。在阿拉佩什部落，男人和女人都要学习我们所说的女性角色，他们善于合作，很少表现出攻击性，对别人的需要敏感。相反，曼都古莫部落的男人和女人都表现出敌意、攻击和对别人的情绪反应不敏感——按西方标准是典型的男性特点。第三个部落查姆布利人则表现出与西方社会相反的特征：男性比较被动，情感上富于依赖性，对别人敏感；而女性却表现出支配、独立和果断！

不同文化中男性和女性的角色可能有令人惊讶的不同。

米德的跨文化比较显示，文化的教化原则对男人和女人典型行为模式的影响可能和生物差异同样重要，甚至更重要。所以我们非常需要像米德这样的跨文化比较。缺少了这样的比较，我们就可能犯错误，认为在我们的社会中正确的东西在其他任何地方也是正确的。在文化比较的帮助下，我们才能更好地理解生物学和环境对人的发展的贡献。

的“戏剧性”新发现，在其他科学工作者看来并不具有戏剧性，甚至没有发表价值。

即使媒体文章确实以发表在学术刊物上的论文为依据，其研究内容和结论也经常被误用。举个例子，网络上有人根据已发表的文章宣称，有明显的证据证明“酗酒是遗传导致的”。我们将在第 3 章讲到，比起原作者所做出的结论，这一说法太具戏剧性了。另一家大都会报纸以“日托对儿童的伤害”为题介绍了一本声望很高的 34
杂志《发展心理学》上发表的一篇文章。但是该报纸上的文章根本没搞清楚，研究者（Howes，1990）的结论是这样的：质量非常低的日托可能会伤害一些学前儿童的社会性与智力发展，但是大多数进入了良好的日托中心的幼儿，并没有受到不良影响。（关于日托及其对成长中的儿童的影响问题将在第 5 章深入讨论。）

我的意思并不是说，你永远不要相信你读到的东西；我只是提醒你们，对媒体（和杂志）发表的文章持怀疑态度，并且运用本章所讲的研究方法知识对其做出评价。你们可以这样提出问题："那些资料是怎样收集的？研究是怎样设计的？由于研究者采用的收集资料的方法和研究设计上（相关对实验，横断对追踪）的局限性，得出的结论适当吗？有没有设立恰当的控制组？研究结果是否经过同行专家评审？在权威刊物上发表了吗？"请不要认为发表的文章就不会受到批评。发展学科的很多论文和学位论文都是因学生在先前发表的研究中找到问题和缺陷而写出来的。所以请花点时间好好读一读并评价一下与你的专业及你的父母角色有关的已发表的报告，这样不但能帮你更好地理解别人的研究和结论，而且你还可以给文章作者写一封信、打一个电话或发一封电子邮件，讨论遗留的问题和疑问。

总之，你必须做一个知识丰富的受益者，这样才能获得社会性与人格发展研究所能提供的知识之外的更多东西。我们关于研究方法的讨论就是为了达到这些目标，扎实地掌握了这些知识可以帮你正确地评价你遇到的研究，不仅是这本书中的研究，而且包括你接触的、很多其他来源的研究。

## 本章要点

- 社会化是儿童学会其他社会成员认为重要的和恰当的观念、行为和价值观的过程。社会性与人格发展是社会、文化和生物因素长期、复杂相互作用的结果，它使人们在某些方面相似，但在另一些方面又很不相同。

### 普适父母机——一项思想实验

- 普适父母机是一项思想实验，儿童在其中和同伴一起生长，但没有父母，没有主流文化。该实验提供了一个令人感兴趣的背景，以此来思考正常的社会性与人格发展的过程和结果。

### 从历史角度看社会性与人格发展

- 和当代儿童相比，中世纪的儿童很少得到权利和保护。到 17~18 世纪，出现了人文主义的儿童观，此后不久，一些父母开始在**婴儿传记**中记录他们子女的成长。在 1900 年以前，对人的发展的科学研究仍未出现。此后，斯坦利·霍尔在美国，西格蒙特·弗洛伊德在欧洲，分别收集资料并提出了关于人的发展的**理论**。其他研究者相继提出假设并进行研究，评价并扩展了早期的理论。
- 理论是对所做观察给出描述和解释的一系列概念和命题。**简约的**、**可证伪的**和富于**启发性的**理论是好的理论。

### 关于人类发展的问题和争论

- 关于人类发展的理论在以下五个问题上有不同观点：（1）性本善还是性本恶（相应的有**原罪说**、**性本善**和**白板说**）；（2）**天性对教养**问题；（3）**主动性对被动性**问题；（4）**连续性对不连续性**问题；（5）发展的最重要方面是**普遍性**的还是**特定性**的。

### 研究方法

- 当今的发展心理学工作者遵循**科学方法**，用客观资料检验他们的思想正确与否。研究者认可的方法必须具有**信度**和**效度**。如果一种方法可得到一致的、可重复的结果，则是可信的；如果能准确地反映本想测量的东西，则是有效的。

✦ 在社会性与人格发展领域，最常用的收集资料方法有自我报告、观察法、个案研究和人种学法。自我报告包括标准化的程序，如能把研究对象作直接比较的**结构访谈**和**结构问卷**；也有较灵活的方法，如**临床法**，它能获得每个被试的情感、思维和行为的个人化的详细资料。

✦ **自然观察**是在自然环境中对儿童和青少年进行观察，而**结构观察**是研究者在实验室引发他们所要考察的行为。

✦ **个案研究**运用访谈、观察和个体回答问题所得的测验分数，以及从教师、父母那里得到的个人信息，对单个的儿童或青少年进行深入考察。

✦ 最初由人类学家采用的**人种学方法**是一种描述性的方法，研究者以参与者身份深入到文化和亚文化背景中进行观察。他们认真观察社区成员，做谈话笔记，最后根据这些信息，勾画出关于群体价值观和传统及其对儿童与青少年影响的白描式肖像。

### 查明关系：相关设计与实验设计

✦ 研究者用来查明他们所考察的变量之间关系的研究设计主要有两种。**相关设计**是在自然状态和不加干预的情况下对变量之间的关系进行检验。**相关系数**用于估计变量之间关系的强度和方向。但相关研究不能查明变量之间是否存在因果关系。

✦ **实验设计**可解释因果关系。实验者操纵一个（或多个）**自变量**，对其他**混淆变量**进行**实验控制**（通常通过对被试的**随机分配**），观察所操纵的变量对**因变量**的影响。实验可在实验室进行，也可在自然环境中进行**田野实验**，它可提高结果的**生态效度**。实验者不能操纵和控制的事件的影响可通过**自然实验（准实验）**进行考查。但由于缺乏对事件的控制，准实验难于做出因果结论。

### 发展研究设计

✦ 用于考察发展变化的研究设计有**横断设计**、**追踪设计**和**序列设计**。横断设计在同一时间点对不同年龄组进行比较，它简便易行，但不能告诉我们个人的发展，另外，如果研究所发现的年龄趋势是由**年龄群效应**导致的而不是真正的发展变化，则其结果可能被误用。

✦ **追踪设计**是在同一批被研究者逐渐长大的过程中重复对其进行考察，以查明发展变化。它可发现发展的连续性、变化性和个体差异，但追踪设计存在**选择性流失**问题，它会导致一个**非代表性的样本**。另外，**跨代问题**也使得长时间的追踪研究结论可能只适用于所研究的特殊年龄群。

✦ **序列设计**把横断设计与追踪设计结合起来，帮助研究者利用二者之所长，判定哪些是真实的发展趋势，哪些是年龄群效应。

✦ **微观发生学设计**是在发展变化正常出现时，对其进行密集的考察，以查明这些变化怎样发生和为什么会发生。

### 跨文化比较

✦ **跨文化研究**是对来自不同文化或亚文化的被研究者的一个或多个方面进行比较，目前这种研究变得越来越重要。只有把来自多种文化的人进行比较，才能查明普遍适用的发展模式，同时揭示出受社会背景严重影响的其他方面。

# 2 社会性与人格发展的经典理论

- 精神分析理论
- 行为主义（或社会学习）理论
- 皮亚杰的认知发展观

“真理只存在于理论中，而不在实践中。”——无名氏 37

“没有什么东西比一个好的理论更有用。”——科特·勒温

在第 1 章里，我只简单地谈到了理论，把理论称为描述和解释人的经验的一系列概念和命题。我们也曾提到，每个人都是“理论家”，我们中的每个人都有自己的观点，它们反映了我们在许多问题、观察和事件中的看法。理论对当今的发展研究者有多重要呢？理论是如此重要，致使当代很多学者认为，离开理论，知识就不能进步。举例来说，当一位发展研究者向其他发展研究者介绍自己时，他们常常会提到:（1）他感兴趣的领域（如婴儿情绪发展）;（2）指导其研究的理论观点。所以，一个发展研究者的职业认同，部分取决于他喜欢什么理论。

本章我们关注较早期的那些关于人类社会性与人格发展的影响巨大的思想——在 1975 年以前指导大多数研究且其影响持续至今的理论。首先简要介绍弗洛伊德的精神分析理论，这一理论把人描述成与生俱来的生物本能的奴仆，本能在整个儿童期逐渐成熟，而且对“我是谁”和“我将变成什么样的人”起着决定作用。回顾弗洛伊德理论并把它与后期精神分析理论作比较之后，我们将介绍一种完全不同的观点，行为主义和社会学习理论，该理论贬低生物因素对发展的作用，把儿童看做“白板”，受他们所处的社会化环境的极大影响。最后，我们介绍让·皮亚杰的认知发展观，一种交互作用主义的理论，认为生物因素（成熟）和环境经验共同推动智力发展，同时影响着社会性与人格发展的所有方面。

本章将介绍的三种理论观点，每一种都既有优势也有弱点。社会性与人格发展的新理论（在早期思想基础上建立起来的模型）正在不断地出现。第 3 章我们将介绍这些新理论中的几种，重点介绍关于社会性与人格发展理论中强调生物因素作用的模型（行为遗传学和进化观）、强调环境作用的模型（生态系统论），以及强调认知的（社会文化理论，社会信息加工理论）模型。

下面，我们从弗洛伊德的精神分析流派开始对“经典”理论的回顾。

## 精神分析理论

除了进化论者查尔斯·达尔文以外，很难想出哪个理论家对西方思想界的影响超过了西格蒙特·弗洛伊德，一位 1856 年出生、1939 年逝世的维也纳医生。这位富于革命性的思想家对以往关于人类本性的观念提出了挑战，他提出，人在很大程度上是被意识不到的动机和冲突所驱动的，人格则受早期生活经验的影响。本节我们先介绍弗洛伊德富有魔力的关于人的发展的**心理性欲理论**（psychosexual theory），然后把他的理论与他最著名的追随者埃里克·埃里克森的理论加以比较。

## 38 弗洛伊德的心理性欲理论

**图片 2.1** 弗洛伊德（Sigmund Freud，1856~1939）提出的精神分析理论改变了我们对儿童发展的看法。

弗洛伊德对人类本性的看法从本质上来说源于托马斯·霍布士的原罪说。他的精神分析理论的核心是，人被强大的、必须满足的生物欲望驱动。什么欲望呢？是社会所不期望的欲望！弗洛伊德（1940/1964）把新生儿比作一口“沸腾的大锅”——一种与生俱来的自私的动物，被两种**本能**（instinct）无情地驱动着，这两种本能分别是**生的本能**（Eros）和**死的本能**（Thanatos）。生的本能一词借自希腊神话中的爱神（Eros），它是指向维持生命的活动，如吃、喝、性和满足其他生理需要的活动，以此求得生存。死的本能则是一种破坏力，它以纵火、斗殴、凶残的攻击、谋杀和自虐（指向自己的伤害）等方式得以表达。

弗洛伊德曾经是一个神经科实习医生，他关于人的发展的理论来自他对情绪障碍病人生活经历的分析。他给病人治疗时，为了减轻患者的神经症和焦虑，经常运用催眠、自由联想（让患者迅速说出自己的想法）和梦的解析，因为这些方法能够发现患者**压抑**（repressed）（即尽力排除在意识之外）的**无意识动机**（unconscious motives）。通过分析那些被压抑的动机和事件的原因，弗洛伊德归结出，人的发展是一个冲突的过程：作为生物人，我们有必须满足的性和攻击本能，而其中大部分需要是不符合社会期望的，必须加以限制。弗洛伊德认为，父母在孩子出生后前几年对这些性与攻击欲望的控制，对儿童行为和性格的形成起着重要作用。

### 人格的三种成分

弗洛伊德的心理性欲理论认为，人格的三种成分本我、自我和超我逐渐发展，并组成一个五阶段的心理性欲发展的连续过程。**本我**（id）是刚出生时表现出来的全部东西。它的唯一机能是要满足天生的生物本能，而且它总是试图立刻让这些需要得到满足。你不妨想想，小婴儿看上去的确是“完全本我”的。只要饿了或尿了，他们就会哭闹，直到需要得到满足，一点儿也不懂得忍耐。

**自我**（ego）是人格的有意识的、理性的成分，它反映出儿童逐渐出现了理解、学习、记忆和推理能力。自我的机能是为满足本能冲动寻找现实途径，一个两岁大的孩子饿的时候，他怎样得到吃的东西呢？他找到妈妈，说“面包”。随着自我的逐渐成熟，儿童就能更好地控制非理性的本我，寻找比较现实的方式满足自己的需要。

但是，即使用现实方式满足需要，也并不是总能被接受。一个 3 岁孩子很可能会在两顿饭之间饿了，去偷着吃甜点，结果被大人抓住。人格的第三种成分叫做**超我**（superego），它是良心的领地。儿童在 3~6 岁期间逐渐能够把父母的价值观和标准内化（变成自己的价值观和标准），超我开始形成（Freud，1933）。超我一旦出现，儿童就不再需要成人告诉他们什么是好坏，他们能意识到自己的过失，并且为自己的不道德行为感到羞愧和耻辱。因此，超我像一个内部督察官，它监督着自我，让自我为本我的不合期望的冲动寻找一个出口。

### 心理发展阶段

弗洛伊德认为，性是最重要的本能，因为他发现，病人的心理失调往往和被压抑的儿童期的性冲突有关。但是，年幼儿童真是有性欲的人吗？弗洛伊德的回答是肯定的（Freud，1940/1964），他所说的性是广义的，围绕着一些活动，如吮吸手指和大便，而我们从不认为这些活动跟性欲有关。弗洛伊德认为，随着性本能的逐渐成熟，性欲的焦点会从身体的一个部位转移到另一部位，每一次转换都带来心理发展的一个新阶段。表 2.1 简要描述了弗洛伊德的心理性欲发展的五个阶段。

弗洛伊德理论引起最大争议的就是他所说的**性器期**（phallic stage）——发生在 39
3~6 岁的一个阶段，此时，男孩对父亲、女孩对母亲产生敌意，男孩对母亲、女孩对父亲产生乱伦欲望，希望他们成为自己的性伙伴。这种暧昧关系状态（不是有意说笑话），对男孩，被称为**恋母情结**（Oedipus complex；俄狄浦斯情结）；对女孩被称为**恋父情结**（Electra complex；伊莱克拉特情结）。弗洛伊德认为，儿童直到感到自己完全摆脱了乱伦欲望，并明确了他们与同性别父母的竞争之前，都会存在由这种敌对冲突滋生的焦虑。本书第 8 章和第 10 章将要讲到，这种**自居作用**（identification）过程是一种根本机制，它使儿童获得“男人气”或“女人气”的同一性，形成强有力的内化良心或超我。

**表 2.1**　弗洛伊德的心理性欲发展阶段

| 阶　段 | 年　龄 | 描　述 |
|---|---|---|
| 口唇期 | 0~1 岁 | 性本能集中于口部，婴儿从口部动作如吸吮、咀嚼和咬东西中获得快乐。喂养非常重要，如断奶过早或过于突然，可能导致以后渴望与配偶密切接触和过分依赖配偶。 |
| 肛门期 | 1~3 岁 | 大小便成为满足性本能需要的基本手段。大小便训练导致儿童与父母的冲突。父母营造的情绪氛围可能有长远影响。如果孩子因为“突然”大便而被惩罚，可能会变得抑制、肮脏或挥霍。 |
| 性器期 | 3~6 岁 | 快乐来自对生殖器的刺激。男孩对母亲、女孩对父亲产生乱伦欲望（称为男孩的恋母情结和女孩的恋父情结）。由这种冲突导致的焦虑使儿童形成内化的性别角色特征和以敌对的同性别父母为参照的道德标准。 |
| 潜伏期 | 6~11 岁 | 性器期的创伤导致性冲突被压抑，性欲望转向学校的学习和精力充沛的游戏中。随着儿童在学校习得越来越多的解决问题能力和内化的社会价值观，其自我和超我逐渐得到发展。 |
| 生殖期 | 12 岁及以后 | 青春期的到来引发性欲望的重新觉醒。青少年必须学习怎样以社会接受的方式表现这些欲望。如果心理发展健康，成熟的性本能将通过结婚和养育孩子得到满足。 |

弗洛伊德认为，父母在孩子心理性欲发展的每个阶段都要正确对待孩子。性需要的满足过多或过少，都可能使儿童感到困惑，不知道哪些行为是被允许的，哪些行为是被禁止的。最终，儿童可能会**固着**（fixate）在那些行为上（即表现出发展的停滞），并且在一生中都会保留某些方面。例如，一个婴儿的吮吸手指行为受到严厉惩罚，于是，吮吸手指产生的冲突，就可能使他长大成人后表现出口唇期固着行为，如大量吸烟和性生活中的口交等。弗洛伊德认为，儿童早期的经验和冲突可能会困扰我们很多年，影响我们成人后的兴趣、活动和人格。

## 弗洛伊德理论的贡献与批评

你认为弗洛伊德的思想有多少合理性？你是否认为我们所有人都被性和攻击本能驱使着？还是说，弗洛伊德认为无比重要的性冲突不过是其病人所生活的维多利亚时代性压抑的反映？

40 如今只有少数发展心理学工作者是弗洛伊德理论的追随者。没有多少关于口唇期、肛门期和性器期冲突的证据能够可信地预测一个人的后期人格（Bem，1989；Crews，1996）。造成这种现象的一个原因，可能是弗洛伊德关于人的发展的学说是基于他所选择的较少的情绪失调成人，而他们的经历并不适用于大多数人。

但是，我们不应该因为弗洛伊德的理论有点像奇谈怪论就断然拒绝他的所有思想。弗洛伊德的最伟大贡献可能是他关于*无意识动机*的概念。当心理学进入 19 世纪中叶的时候，研究者只是单方面地关注*意识*经验，如感觉过程和知觉错觉等。是弗洛伊德首先站出来，指出当时的研究者考察的只是冰山的山尖，人的心理经验的绝大部分位于意识知觉的水平之下。弗洛伊德值得赞赏的第二点是，他十分关注早期经验对后期发展的重要性。该怎样看待早期经验，至今还在争论，但现在已很少有研究者怀疑早期经验可能有长远影响。弗洛伊德的第三个贡献是，他研究了在我们生活中起着重要作用的爱、恐惧、焦虑和其他作用很大的情绪，为此我们真应该感谢弗洛伊德。遗憾的是，生活的这些方面往往被一些强调或关注可观察行为和理性思维过程的发展心理学工作者忽视。

综上所述，弗洛伊德不愧为一位伟大的先驱者，他勇敢地在黑暗中驾船穿过前人从未抵达、航行图上亦无标记的水域。在这一过程中，他改变了我们对人类的看法。

Jon Erikson

**图片 2.2** 埃里克·埃里克森（Erik Erikson，1902~1994）在他的心理社会发展理论中，强调社会文化对人格的决定性作用。

## 埃里克森的心理社会发展理论

弗洛伊德越来越广为人知，他也有了很多追随者。但弗洛伊德的学生们并不都赞同他的观点，他们最终试着修改他的一些思想，并成为影响广泛的理论家。在这些新弗洛伊德主义的学者中，最著名的就是埃里克·埃里克森。

### 埃里克森与弗洛伊德的比较

埃里克森同意弗洛伊德的许多观点，但二人之间有两点最大的不同。第一，埃里克森强调，儿童是主动的、好奇的探索者，他们努力适应周围的环境，而不是生物欲望的奴隶，被他们的父母塑造。埃里克森被人们说成是一位“自我”心理学家，因为他相信，人在其生活的每一阶段都必须应对生活现实（通过自我的机能），以顺利地适应现实，表现出正常的发展方式。所以在埃里克森的理论中，自我远不止是本我和超我需求的仲裁人。

埃里克森与弗洛伊德的第二点根本不同是，埃里克森很少提到性的本能欲望，但比弗洛伊德更多地强调文化的影响力。显然，埃里克森的思想受他自己曲折人生的影响。他生在丹麦，在德国长大，青少年时期有很长时间在欧洲游荡。在接受了职业训练之后，埃里克森来到美国，他曾经研究了大学生、作战的士兵、南方的公民权利工作者和美国印第安人。埃里克森在形形色色的社会群体中发现了发展的相似性和差异，因此，他强调社会文化对发展的影响并提出自己的**心理社会理论**（psychosocial theory）就毫不为奇了。

### 人生中的八个危机

埃里克森认为，人在其生活道路上面临着八个危机或冲突。每一次的冲突都有
其出现的时间，它是由人们在一生中某个特定时间所体验的生物成熟与社会要求决 41
定的。人必须妥善地处理好每一次冲突，才能为圆满解决下一个冲突做好准备。表 2.2 简要描述了埃里克森的八个危机（或心理社会阶段），同时列出了弗洛伊德理论中与之相应的心理性欲阶段。需留意的是，埃里克森的发展阶段并不像弗洛伊德的那样，在青少年期或成年初期就结束了。埃里克森认为，青少年和年轻成人遇到的困难和问题，跟养育孩子的父母遇到的问题很不同，跟中年人和老年人遇到的问题也不同，父母及中老年人要尽力做下一代人的良师益友，为家庭和社会不断地做出贡献，理
解生活的意义和他们在自然秩序中的位置。对这种观点，当代大多数发展心理学家 42
都十分赞同（参见 Sheldon & Kasser，2001）。

对第一个心理社会阶段**信任对不信任**（trust versus mistrust）的分析，有助于说明埃里克森的思想。弗洛伊德强调出生后第一年内婴儿的口部活动，而埃里克森认为，母亲的喂养行为对孩子的人格有长期影响。他指出，对婴儿今后发展来说，最重要的不仅是母亲的喂养行为，而且还有她对婴儿所有需要的整体反应性。婴儿要形成基本的信任感，要求其最初的养育者为他提供食物，解除他的不舒适，他需要人时来到他身边，他笑的时候也回之以笑，对他表现出温情和疼爱。如果婴儿身边的亲

表 2.2 埃里克森和弗洛伊德提出的发展阶段

| 大约年龄 | 埃里克森的阶段 | 埃里克森的观点：重要事件和社会影响 | 弗洛伊德的相应阶段 |
|---|---|---|---|
| 0~1 岁 | 信任对不信任 | 婴儿必须对满足他们基本需要的人产生信任感。如果养育者在照料中拒绝或易变，婴儿就会把周围世界看成充斥着不可信任和不可靠的人的危险之地。母亲和最初的养育者是最重要的社会代理人。 | 口唇期 |
| 1~3 岁 | 自主性对羞愧和怀疑 | 儿童必须学会“自主”——自己吃饭、穿衣、保持清洁等等。不能形成这种独立性将使儿童怀疑自己的能力，觉得羞愧。父母是重要的社会代理人。 | 肛门期 |
| 3~6 岁 | 主动性对内疚感 | 儿童努力地成长并想承担他们力所不能及的责任。他们的目标和活动有时和父母、家人对他们的要求发生冲突，这些冲突可能使他们感到内疚。要圆满解决这一危机需要一种平衡：儿童一方面要保持主动性，一方面不与别人的权利、特权或目标发生冲突。家庭是重要的社会代理人。 | 性器期 |
| 6~12 岁 | 勤奋对自卑 | 儿童必须掌握重要的社会技能和学习技能。在这一时期，儿童把自己与同伴相比较。非常勤奋的儿童能掌握社会技能和学习技能，因此产生自我确定感。学不会这些东西将导致自卑感。教师和同伴是重要的社会代理人。 | 潜伏期 |
| 12~20 岁 | 同一性对角色混乱 | 这是儿童期和成熟期之间的过渡时期。青少年必须回答“我是谁”的问题。他们必须形成基本的社会同一性和职业同一性，否则将对自己作为一个成人应承担的角色而迷惑。同伴群体是主要的社会代理人。 | 早期生殖期 |
| 20~40 岁 | 亲密对孤独 | 这一阶段的基本任务是发展扎实的友谊关系，产生对另一个人的爱与亲密感（或分享的同一性）。如果没有能力形成友谊和亲密关系，就会产生孤独感和隔离感。爱人、配偶和亲密朋友（无论男女）是重要的社会代理人。 | 生殖期 |
| 40~65 岁 | 繁衍感对停滞 | 在这一阶段，成人面临的任务是在工作、供养家庭中成为能干的人，或努力满足年轻人的需要。“繁衍感”的标准是由人所处文化确定的。不能或不愿承担这些责任的人会变得停滞和/或自我中心。配偶、子女和文化标准是重要的社会代理人。 | 生殖期 |
| 65 岁以后 | 自我整合对失望 | 老年人回顾自己的一生，要么把自己的一生看做有意义的、多产的和愉快的经历，要么因未兑现承诺和没达到目的而失望。一个人的生活经历，特别是社会经历，将会决定这一最后生活危机的结果。 | 生殖期 |

人对孩子忽视、拒绝或反应不及时，孩子就会认为别人都是不可信的。果真如此吗？在第 5 章和第 13 章我们将看到，与养育者建立起不信任、不安全关系的婴儿，他们长大后跟同伴很少形成亲密的、互相支持的友谊关系，往往出现冲突的、不和谐的关系。

## 埃里克森理论的贡献与批评

很多人喜欢埃里克森的理论胜过弗洛伊德的理论，因为他们只是不相信人是被性本能支配的。一位喜欢埃里克森的分析家强调，他提出的有理性的、适应性的天性观点很容易让人接受。埃里克森还指出，人们记忆中的或当前正经历的许多社会冲突和个人两难情境，都是容易预见到的，或者能够求助于他们认识的有影响的人。

看来，埃里克森的确在他的八个心理社会阶段中抓住了人生中的许多核心问题。从以下将要讨论的问题中，我们很容易理解这些问题怎样激发了埃里克森的思想：婴儿情绪发展（第 4 章和第 5 章），儿童期自我概念的发展与青少年期的同一性危机（第 6 章），友谊与玩伴关系对社会性与人格发展的影响（第 13 章）（还可参见 Sigelman & Rider，2003，有关埃里克森对成人发展领域的贡献的讨论）。另一方面，埃里克森的理论也因其对发展原因解释的含混不清而受到批评。究竟什么样的必要经验能使儿童在学步期形成自主性，在学前期形成主动性，或在青少年期形成稳定的同一性呢？为什么早期的信任感对后来的自主性、主动性或勤奋性这样重要？对这些重要问题，埃里克森自己也不清楚。所以说，埃里克森的理论是对人的社会性和情绪发展的一种*描述性*观点，它不能充分地解释发展怎样发生和为什么发生。

## 今天的精神分析理论

精神分析学家曾经并至今仍然对社会性与人格发展领域产生深刻的影响，而弗洛伊德和埃里克森只是众多精神分析学家中的两位（Tyson & Tyson，1990）。其他人如凯伦·霍尼（Karen Horney，1967）曾向弗洛伊德关于发展中的性别差异的思想提出挑战，她也成为女性心理学这一学科的公认的创始人。与弗洛伊德同时代的阿尔弗雷德·阿德勒（Alfred Adler，1929/1964）首次提出，*兄弟姐妹*（和兄弟姐妹之间的竞争）对社会性与人格发展起着不可忽视的重要影响——第 11 章将对这一论断进行详细讨论。美国精神分析学家哈里·斯塔克·沙利文（Harry Stack Sullivan，1953）集中论述了青少年前期的*密友关系*（即亲密朋友）是之后生活中恋人关系的一个阶段（见第 13 章关于这一问题以及友谊对社会性和人格发展的其他贡献的讨论）。虽然这些理论的研究重点各有不同，但这些新弗洛伊德思想都比弗洛伊德更加强调*社* 43
*会性*对人格发展的贡献，而较少提及性本能的作用。

精神分析理论虽然贡献巨大，但如今只有少部分发展研究者坚持这种观点。研究者舍弃精神分析理论（尤其是弗洛伊德的理论）的一个原因是，其理论命题很难检验和证实。假如我们想检验弗洛伊德理论的一个基本命题：健康的人格表现为其心理能量均衡地分布在本我、自我和超我中。我们怎样检验？我们可以用客观测验选出“心理健康”的被试，但是却没有可以测量心理能量或本我、自我和超我强度的工具。很重要的一点是，精神分析的许多论断除了用访谈或临床法考察外，没有别的方法可以测量，遗憾的是，这些方法耗费时间和财力，而且是发展研究中最缺乏客观性的方法。

当然，发展研究者舍弃精神分析理论的主要原因是还有别的更令人感兴趣的理论。下面我们就转向受很多研究者赞赏的理论，即*行为主义*或*社会学习*流派。

## 行为主义（或社会学习）理论

第 1 章我们提到，一位学者曾声称，他能把十几个健康的婴儿训练成他所选择的任何一种人，医生、律师、乞丐等等，不论其背景和血统如何。多么大胆的说法！它意味着教育等于一切，而天性或遗传的天资不起任何作用。说这话的人就是极力主张学习在人的发展中起重要作用的约翰·华生，众所周知的**行为主义**（behaviorism）心理学的创始人（Horowitz，1992）。

### 华生的行为主义

华生的行为主义（1913）的一个基本出发点是，要做出关于人的发展的结论，需要对外显行为进行观察，而不是思考那些看不见的无意识动机或认识过程。另外，华生认为，在外部刺激和观察到的反应［称为**习惯**（habits）］之间学习到的良好的联结是人发展的建筑材料。华生和约翰·洛克一样，把婴儿看做一块白板，任凭经验往上面涂鸦，儿童没有生而有之的倾向性。华生是一个社会学习论者，他相信，儿童怎样成长，归根结底取决于他的成长环境和父母以及生活中的其他重要人物怎样对待他。根据行为主义的观点，像弗洛伊德（和其他人）所说的儿童成长要历经一系列由生物成熟决定的阶段是错误的。发展是一个连续的行为变化过程，它受到人的独特环境的影响，而且人与人之间可能有巨大差别。

为了证明儿童是多么地具有可塑性，华生向人们展示了婴儿的恐惧和其他情绪反应是习得的，而不是与生俱来的。例如，华生曾和罗莎丽·雷诺（Watson & Raynor，1930）给 9 个月大的阿尔伯特看一只温顺的白鼠。阿尔伯特的反应一开始很积极，他朝着白鼠爬过去，跟它一起玩，就像之前他和一只小狗和一只兔子一起玩一样。两个月后，华生慢慢地引发他的恐惧反应。每次阿尔伯特一爬向白鼠，站在他身后的华生就用锤子敲一根铁棍。阿尔伯特最终把 44
白鼠和大声的噪音联系起来，并且开始害怕这只毛茸茸的小白鼠了吗？是的，阿尔伯特的确是这样的，这说明恐惧是容易习得的。

**图片 2.3** 约翰·华生（John B. Watson，1878~1958），行为主义创始人，第一位社会学习理论家。

华生关于儿童被社会环境塑造的观点带给父母们无情的信息——他们要为孩子变成什么样的人负责。华生（1928）警告做父母的人，他们应该从孩子刚刚出生就训练孩子，如果要让孩子养成好习惯，就不要溺爱孩子。该怎样对待孩子呢？他写道：

> ……就当他们是年轻的成年人……你的行为总是客观、温和而坚定。不要拥抱、亲吻孩子，不要让他们坐在你腿上……早上跟他们握握手。如果孩子很好地完成了一项困难任务，就轻轻拍一下他的头……不出一个星期，你就知道做到完全客观……（又温和）有多容易……你会因为过去那

种多愁善感、温情脉脉的对孩子的方式感到惭愧（pp. 81–82）。

自华生以来，有几种理论试图解释我们怎样从社会经验中学习并形成华生所说的“人的发展大楼上的砖瓦”的习惯。其中，有一位理论家在推进行为主义的发展上比任何人的贡献都大，他就是 B. F. 斯金纳。

## 斯金纳的操作学习理论（激进行为主义）

斯金纳（Skinner，1953）对动物进行研究之后，发现了非常重要的学习形式，他相信，这些学习形式是有机体形成大多数习惯的基础。斯金纳的发现很简单，无论人还是动物，都会重复那些带来愉悦结果的动作，压抑那些带来不喜欢的结果的动作。所以，如果白鼠踩踏杆而得到一粒可口食物，它就会再去踩踏杆。用斯金纳的理论来说，自由地踩踏杆的反应叫操作，使这一动作加强（即以后出现该动作的可能性增多）的一粒食物叫做**强化物**（reinforcer）。与此相似，如果一个女孩的父母经常用奖励强化她的友善行为，她就会养成对痛苦的玩伴表现出同情的习惯。而一个十几岁的男孩会勤奋学习，是因为这种行为在小学高年级能得到好处。另一方面，会抑制某种反应或降低它未来出现的可能性的结果，叫做**惩罚**（punisher）。如果一只白鼠原来踩踏杆得到强化，而现在突然在每次踩踏杆时受到一次很疼痛的电击，那么它踩踏杆的动作就会消失。同样道理，一个十几岁的女孩每次晚回家都受到惩罚，她就会记得按时回家。

斯金纳和华生一样，也相信我们每个人养成的习惯都来自我们独特的**操作学习**（operant-learning）经验。一个男孩的攻击行为可能一次又一次地得到强化，因为同伴“屈服”于他的武力，等于强化了他的行为。另一个男孩可能变得不爱攻击他人，因为同伴用主动回击抑制（惩罚）了他的行为。由于不同的强化和惩罚经验，这两个孩子最终会向不同方向发展。根据斯金纳的理论，没必要说在儿童发展中有一个“攻击的阶段”或人身上存在着“攻击本能”。相反，他主张，儿童习得的大多数习惯，构成人格并使我们每个人各不相同的反应，是由其结果塑造的自由表现出来的操作。所以，斯金纳的操作学习理论声称，人的发展方向在很大程度上取决于外部刺激（强化和惩罚），而不决定于内部力量，如本能、驱力或生物成熟。

如今的发展心理学者赞同的观点是，人的行为可能有很多方式，在一生中的不同时间，人的各种习惯可能会因为其积极或消极后果而出现或消
45 失（Gewirtz & Pelaez-Nogueras，1992）。很多人都认为斯金纳过分强调了由外部刺激（强化和惩罚）塑造的操作行为，忽视了认知对社会学习的重要作用。阿尔伯特·班杜拉就是这样一位批评者，他提出了如今被广泛称道的社会认知理论。

**图片 2.4** B. F. 斯金纳（B. F. Skinner，1904~1990）提出了社会学习理论，强调外部刺激对控制人的行为的作用。

## 班杜拉的认知社会学习理论

以研究动物为基础来解释人的社会学习，这样的基础足够坚实吗？班杜拉认为不是这样（Bandura，1977，1986，1992）。他同意斯金纳所说的，操作条件反射是一种重要的学习方式，特别是对动物来说。但班杜拉认为，人是有认知能力的动物，是积极的信息加工者，人和动物不一样，人会思考行为与后果之间的关系，他们认为将会发生什么要比他们实际体验到发生的事件起着更大的作用。请想一想你自己作为一个学生的情形。你上学要花钱、花时间，还要面临很多让你不满意的要求。但是你却能容忍这些投入和不愉快，因为你期望，一旦获得学位会得到更大的回报。你的行为并不是被即时后果塑造的，如果是那样的话，很少有学生能经受大学的考试和辛苦。你坚持做一名学生，因为你考虑了接受教育的长远利益，并且决定在短时期内付出精力与金钱。

班杜拉的认知理论把**观察学习**（observational learning）视作发展过程中的一个核心因素。观察学习是一种很简单的学习，是指通过观察别人（称为榜样）的行为而学习。一个两岁孩子只是看姐姐怎样做，就学会了接近并爱抚家里的宠物狗。一个 8 岁孩子听见父母以蔑视的口气谈论一个少数民族群体，他可能就学会了以非常消极的态度对待这个群体（还给这些人起贬损的绰号）。如果在观察中没有认知过程参与，观察学习就不会发生。如果我们要在以后模仿观察行为，就必须认真地注意榜样的行为、对观察的行为加以领会或编码，然后把这一信息储存到记忆中（以图像或语言信号方式）。你们在专栏 2.1 中可以看到，儿童不需要强化也照样能学习。

班杜拉为什么在其社会学习理论中强调观察学习呢？答案很简单，因为这种主动的认知形式使幼儿能在各种背景下很快学会成千上万的新反应，在这些背景下，“榜样”根本没教他们什么，只是由着自己的兴趣做事罢了。其实，儿童可能会注意、记住和模仿很多榜样表现出来的但是被人们禁止的行为，如骂人、吸烟或两顿饭之间吃零食等。所以班杜拉认为，儿童只要“睁开双眼（加上竖起耳朵）”就能不断地学习到社会期望的和不期望的行为，而且班杜拉丝毫不奇怪，人的发展是以各种方式快速进行的。

Albert Bandura

**图片 2.5** 阿尔伯特·班杜拉（Albert Bandura，1925~）在他的社会学习理论中强调了学习的认知方面。

### 模仿与观察学习的发展趋势

班杜拉的观察学习理论假设，一个观察者能够建构起榜样行为的表象或其他**符号表征**（symbolic representations），然后利用这些中介物再现他所看到的东西。这些能力最早是在什么时候出现的？儿童从什么时候开始通过观察学习来掌握一些重要的新技能？观察学习的特征如何随时间而变化？对这些问题，班杜拉没有提到过，但其他一些研究者报告了相应的研究，并且提供了一些答案。

**专栏 2.1　研究聚焦** 46

## 无需强化的非练习（观察）学习

1965 年，班杜拉作出了一个后来被认为很激进的陈述：儿童能够仅仅通过观察一个社会榜样的行为而学习，无需自己先表现出某行为或者因为表现出这个行为而受到强化。这种“非练习的”学习显然跟斯金纳的理论不一致，后者认为，人必须先表现出一个反应并得到强化，才能习得该行为。

班杜拉做了一个现已成为经典的实验来证明他的观点。让幼儿园儿童看一部短片，短片中一个成人榜样对一个塑料充气玩偶做出非同寻常的攻击行为，一边用一个木棒打玩偶，一边大声喊道：“真棒”，用皮球砸向玩偶，同时喊道“梆！梆！”等等。实验条件有三种：

1. 榜样－奖励条件下的儿童看到第二个成人进来给那个攻击性的榜样糖果和饮料，以奖励她的“冠军行为”。
2. 榜样－惩罚条件下的儿童看到第二个成人进来，斥责攻击玩偶的榜样。
3. 无后果条件下的儿童只看到了榜样的攻击行为。

看完短片后，每个孩子被单独留在一间游戏室，里面有一个充气玩偶和榜样用过的打玩偶用的道具。隐藏的观察者记录了儿童模仿榜样做出的一个或多个非同寻常的攻击行为。观察揭示出了儿童表现出他们看到的行为的意愿有多强。下图显示了这一“表现”测验的结果。值得注意的是，在榜样－奖励和无后果条件下，儿童模仿的攻击行为多于看到榜样因攻击而受罚的儿童。这一发现很像班杜拉所说的那种非练习学习。

但是还有一个重要问题。前两种条件下的儿童从观察榜样身上学到的行为是否比看到榜样受惩罚的儿童更多？为了查明这一点，班杜拉又做了一项测验，看三组孩子们究竟学到了多少。这次，只要他们模仿出能回忆起来的榜样行为，就都能得到一些小饰品和水果汁。如图右侧所显示的，这次的“学习测验”揭示出，三种条件下的儿童从观察榜样中学习到了相同数量的行为。这说明，榜样－惩罚组的儿童在前面的“表现测验”模仿出较少的榜样行为，是因为他们觉得自己也会因为打玩偶而受惩罚。当给他们提供奖励后，他们就比开始表现出了更多的模仿行为。

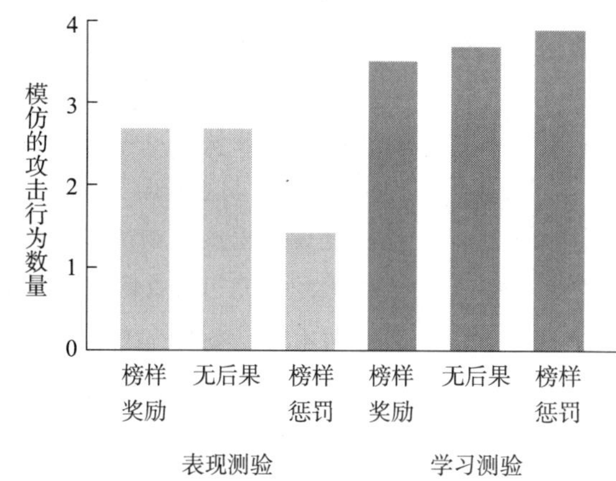


榜样－奖励、无后果和榜样－惩罚三种条件下，儿童在表现测验和学习测验中模仿攻击行为的平均数。据：Bandura, 1965, Journal of personality and Social Psychology, 1, 589-595. Copyright 1965 by the American Psychological Association. Adapted by Permission.

总之，把儿童通过观察学习到什么与他们表现出这些行为的意愿区别开来，这一点很重要。很明显，观察学习不一定需要强化——通过形成表象和口头描述也能使观察者模仿出榜样行为。可是榜样受到的强化或惩罚可能会显著地影响到观察者是否表现出他通过观察已习得的行为。

**模仿与观察学习的产生** 新生儿就能模仿一些运动反应，如伸舌头（Kaitz et al.，1988）、像成人榜样一样移动他们的头（Meltzoff & Moore，1989）、模仿高兴和悲伤的表情（Field et al.，1982；另参见专栏2.2），但是这些早期出现的模仿能力很快就消失了，可能只是一些无意识的偶然反射（Abravanel & Sigafoos，1984；Vinter，1986）。6~12个月之间，自发性的模仿开始出现并且越来越确定（Piaget，1951）。一开始，在儿童能够模仿前，榜样必须出现而且必须连续表现出一个动作。9个月时，一些婴儿可以模仿24个小时之前看到的非常简单的玩玩具的动作（Meltzoff，1988b）。这种**延迟模仿**（deferred imitation），即在榜样行为出现后的某个时间点重复表现出该行为的能力在第2年里迅速发展。在一项研究中，接近一半的14个月
47 大的婴儿可在24小时之后模仿出从电视中看到的榜样的动作（Meltzoff，1988a）。两岁时，婴儿如果能够理解榜样做出某行为的原因，他们就能模仿比较复杂的、有目的的行为。如果两岁儿童按照顺序仔细看榜样打开盒盖找到一个玩具的行为，他们就能在后来自己打开盒盖拿出玩具；但是，如果他们看到同一个榜样打开盒子但什么也没拿到，就不大可能模仿出榜样的行为（Carpenter，Call，& Tomasello，2002）。

看来，延迟模仿是发展的一个重要里程碑，它说明儿童已能建构自身经验的符号表象，然后从记忆中提取这些信息，再现过去发生的事件。所以14~24个月的婴儿应该能够通过观察身边人的行为而从事大量的学习了。但是，他们会利用新习得的模仿能力吗？

是的，他们的确会利用。列昂·库金斯基和他的同事（Kuczynski et al.，1987）请一些母亲记录了她们12~20个月的婴儿和25~33个月的学步儿对父母和同伴榜样的模仿和延迟反应。结果非常有意思。两个年龄段的儿童模仿榜样的次数大体相同，但是在模仿内容上有明显的年龄差异。12~20个月的婴儿喜欢模仿情感表达，如笑和愉快，以及其他高强度的动作，如跳、来回摇头和拍桌子。相形之下，25~33个月的儿童更喜欢模仿工具性的行为，如干家务和自我照料。他们的模仿还带有较多的自我指导特点，较大的学步儿好像在积极地尝试做以下事情：（1）学习榜样表现出来的技能；（2）弄明白他们看到的事件。比如，12~20个月的婴儿在模仿管教行为时，只是简单地模仿口头禁令和身体动作，如拍巴掌，而且这些反应大多是指向自己的。年龄大一些的学步儿则更多地模仿出整个情节，

Cathy Watterson/Meese Photo Research

**图片2.6** 到两岁时，学步儿童已经通过模仿年长社会榜样的适应行为习得了个人和社会技能。

比如训练他们守纪律的人采用的教育方法，而且这些反应往往指向另一个人、一只狗或一个娃娃。所以在 2~3 岁之间，观察学习变成了一种重要工具，儿童利用它学习到基本的个人能力和社交能力，同时更深入地理解了大人希望他们遵守的规则和规矩（还可参见 Want & Harris，2001）。

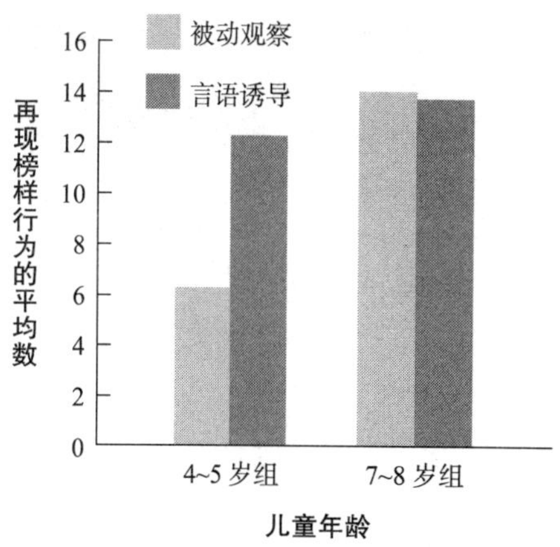


**图 2.1**　年龄和言语指导对儿童重现社会榜样行为的影响。（资料来源：Adapted from "Age and Verbalization in Observational Learning," by B. Coates and W. W. Hartup, 1969, *Developmental Psychology*, 1, 556-562. Copyright © 1969 by the American Psychological Association. Adapted by permission of the authors."）

**观察学习的后期发展：语言中介的使用**　学前儿童很快地学会了语言，能跟别人熟练地交谈，但他们还不能像年长儿童那样，凭借语言符号帮助自己记住榜样行为的顺序。考特和哈图普在一项研究中（Coates & Hartup，1969）让 4~5 岁和 7~8 岁儿童看一个短片，片中一个成年人做出一些不寻常的行为，如用枪射击一座石塔，从两腿间扔出一个沙包。对于每个年龄组的一半儿童，在影片中的人物做出动作时，要求他们描述这一动作（言语诱导条件）；对于另一半儿童，只让他们看，不给出任何指导（被动观察条件）。如图 2.1 所示，事后 4~5 岁言语诱导组儿童比被动观察组儿童再现了更多的榜样行为，但 7~8 岁儿童两种条件下再现的榜样行为大体相同。这一结果说明，对于 7~8 岁儿童，即使不要求他们用言语描述榜样的行为，他们也会利用言语符号来描述他们所看到的东西。这 48
一研究的重要意义是，学前儿童只能从社会榜样身上学到较少的东西，因为他们和学龄儿童不同，不能很快生成**语言中介**（verbal mediators），而这种语言中介有助于他们保持所看到的事物。

## 社会学习中的交互决定作用

早期的学习理论受华生的**环境决定论**（environmental determinism）的影响很大：年幼无知的儿童被看做环境影响的被动接受者——他们将要变成什么样的人，取决于父母、教师和其他社会教育机构的培养。班杜拉（1986，1989）就这一观点提出了不同意见，强调儿童和青少年的主动性，他认为人能以多种方式对自己的发展做出贡献。例如，观察学习就要求观察者主动地去注意社会榜样表现出的行为，对其编码并记住它。儿童还能自由选择他们想观察的对象，所以，他们有想从别人那里学到什么的一些发言权。

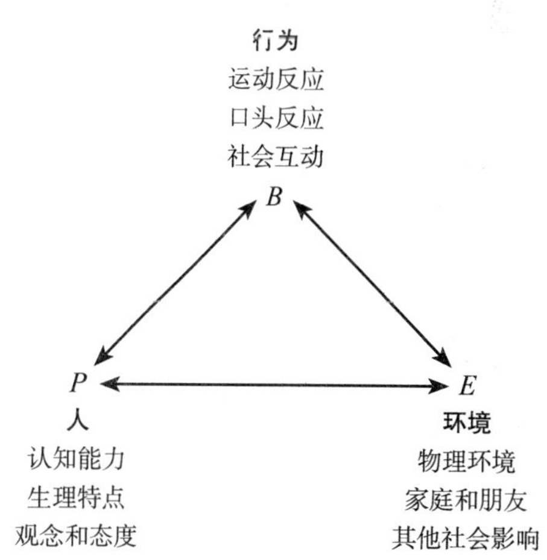


**图 2.2**　班杜拉的交互作用模型。（资料来源：Adapted from A. Bandura, 1978, "The Self System in Reciprocal Determinism." *American Psychologist*, 33, 344-358. Copyright © 1978 by the American Psychological Association.）

班杜拉（1986）提出**交互决定论**（reciprocal determinism）来说明他的观点，他认为，人的发展反映了人（P）、人的行为（B）和环境（E）之间的交互作用（如图 2.2）。班杜拉和早期行为主

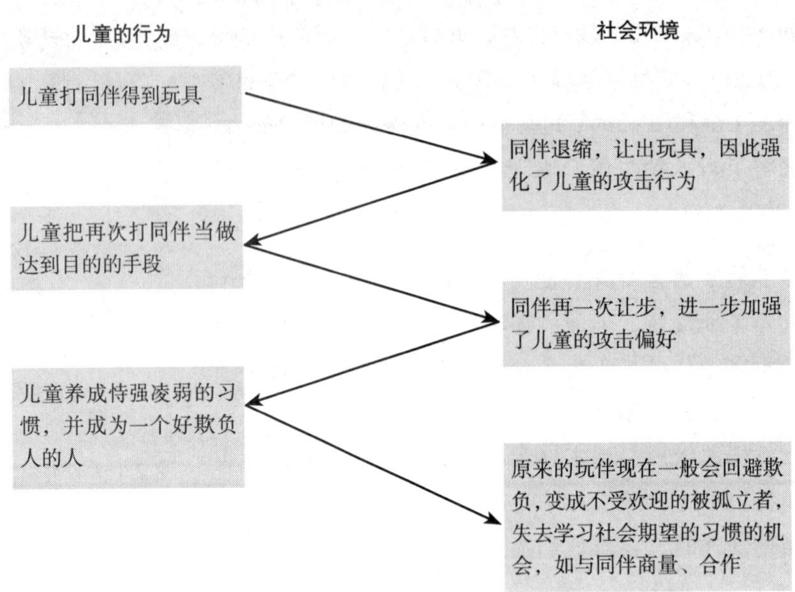


**图 2.3** 交互决定论：假设儿童既受环境影响也影响环境的例子。

义者不同，早期行为主义者坚持环境塑造了儿童及儿童的行为。班杜拉和他的合作者（主要是 Richard Bell，1979）提出，人、行为与环境之间的关系是双向的，所以，儿童自己的行为结果会影响环境。我们来看一个例子。

假设一个 4 岁男孩发现，他能靠打另一个孩子得到一个他喜欢的玩具。在这种情况下，得到玩具是一个满意的结果，它强化了这个孩子的攻击行为。但是这里的强化物是男孩通过自己的攻击行为得到的。不但打人行为因得到了玩具而被强化，而且连游戏环境的特征也改变了。以后打人者变得越来越多地欺负同伴，而那个被打的孩子则变得越来越“屈服”于暴力（如图 2.3）。

综上所述，认知社会学习理论把发展看做儿童与其环境之间的持续的双向交互作用过程。儿童所经历的情境或“环境”肯定会影响他们，但儿童的行为也影响着环境。其含义是，儿童会主动参与到环境中，进而形成影响儿童成长与发展的环境。

## 社会学习理论的贡献与批评

社会学习观的主要贡献也许在于其提供了大量关于成长中的儿童和青少年的丰富
49 资料。社会学习理论是精确的、可测量的（Horowitz，1992）。凭借严密控制的实验来看被试怎样对各种环境影响做出反应，社会学习理论已经开始了解，成长中的人怎样和为什么形成了情感依恋、获得性别角色、结交朋友、学会遵守道德规则，以及跨越整个儿童期和青少年期的这样那样的变化。在本书中我们将要讲到，社会学习理论对我们了解社会性与人格发展的许多方面做出了不可磨灭的贡献（Grusec，1992）。

社会学习理论重视外显行为及其直接原因，这对临床治疗和教育实践也很有启发意义。例如，现在我们可以运用行为矫正技术快速消除很多问题行为，在这种治疗中，行为治疗师（1）找到导致不良行为习惯的强化物，并将其消除；（2）对符合社会期望的行为加以培养和强化。像欺负人、骂人等不良行为，只需几天或几周就能得以矫正，而不用像精神分析治疗师那样，花数月甚至数年去探查儿童的无意识，寻找导致这些敌意行为的内心冲突。

虽然有这些优点，但很多人认为社会学习理论对社会性与人格发展的解释过于简单化了。我们不妨看看它对个体差异的诠释。它假设，每个人走的是不同的发展道路，因为没有两个人是在完全相同的环境中长大的。对此持不同意见的人则指出，每个人都是带着某些足以使他 / 她作为“个体”的其他东西来到这个世界的，这就是其独特的遗传素质。所以，社会学习理论忽视了重要的生物因素的作用，把发展中的个体差异问题过度简单化了。

我们将在第 3 章讨论另外一些批评者的观点，他们可能赞成行为主义者所说的，发展在很大程度上取决于发展的环境。然而，这些*生态系统论者*认为，以如此强大的力量影响着发展的“环境”是一系列的社会系统（如家庭、社区和文化），这些环境系统之间（同时跟个体之间）以一种复杂的、在实验室里不可能引发的方式相互 50
作用着。他们的观点是，只有在*自然环境*中考察儿童和青少年，我们才能查明环境是怎样真实地影响发展的。

第三种批评意见是，虽然近期强调儿童在发展过程中主动作用的认知取向的学习理论很热门，但一些批评者指出，没有一个学习理论家充分重视了*认知*对发展的影响。持这种意见的人，或者说“认知发展”观的拥护者相信，儿童的心理能力经历了一系列质的变化（或阶段），而这一点是行为主义者完全忽略的。此外，他们还强调，儿童身上的环境印记以及他们对环境做出的反应，在很大程度上取决于他们的**认知发展**（cognitive development）水平。下面让我们转到这一观点，看看它告诉了我们什么。

## 皮亚杰的认知发展观

在帮助我们理解儿童思维这一方面，没有一位理论家的贡献超过让·皮亚杰（1896~1980），这位瑞士学者从 20 世纪 20 年代开始研究儿童的智力发展。皮亚杰真是一位非凡的人物。他在 10 岁时就发表了第一篇论文，其内容是关于很少见的、患白化病麻雀的行为。他最初的兴趣是动物对周围环境的适应，并于 1918 年获得动物学博士学位。之后，他的兴趣转到了*认识论*（考察知识起源的一个哲学分支），他希望能把自己的两种兴趣结合起来。皮亚杰认为，心理学可以做到这一点，因此他来到巴黎，在阿

**图片 2.7** 瑞士学者让·皮亚杰（Jean Piaget，1896~1980）提出的认知发展理论对我们理解社会性与人格发展有许多重要启示。

尔弗雷德·比奈的实验室谋得一个职位，致力于第一个标准化智力测验的研究。他的这份工作对其职业生涯有深刻影响。

用测验法来考察心理能力，是根据儿童正确回答问题的数量和类型来评估一个人的智力。但是，过了不久，皮亚杰就发现，他对儿童*不正确*回答的兴趣超过了对正确回答的兴趣。他首先发现，同样年龄的儿童做出的错误回答的类型也大致相同。但是为什么会这样呢？于是皮亚杰采用他早期做精神病临床治疗时学会的临床法，对儿童的错误概念提出追问，他发现，年幼儿童答错问题并非是由于他们的智力比年长儿童差，而是因为二者的思维过程完全不同。之后，皮亚杰建立了自己的实验室，并花了 60 年时间探索儿童的智力发展过程，致力于揭示儿童的思维是怎样从一种模式（或阶段）向另一个模式演进的。

## 皮亚杰关于智力与智力发展的观点

皮亚杰（1950）受其生物学背景的影响，把智力定义为帮助有机体适应周围环境的一种基本生命过程。他所说的适应指有机体能够应对情境的要求。例如，一个饥饿的婴儿抓住一个奶瓶放进嘴里就是适应行为，一个青少年在旅行的时候成功地看懂地图，或在需要的时候换一个轮胎都是适应行为。随着儿童的逐渐成熟，他们形成了越来越多的复杂的“认知结构”，从而更好地适应周围环境。

### 认知（智力）图式

认知结构，或皮亚杰所称的**图式**（schemes），是用于解释某些方面的经验的思维或动作的组织方式。例如，一个 3 岁儿童说，太阳是活的，因为它在早上的时候升起，
51 天黑的时候落下去。这么大的孩子是在非常简单的认知图式基础上进行思维操作的，即会动的东西就是活的。婴儿期形成的一些最早的图式只是一些简单的动作习惯，如触碰、抓握和拿起，这些动作确实被证明是适应性的。一个充满好奇心的婴儿能把伸手臂（触碰）的动作跟用手抓的动作结合起来，通过探索他能抓到的一切感兴趣的东西而满足他的好奇心。像这样简单的**行为图式**（behavioral schemes），就能使婴儿把玩一个玩具，转动一个旋钮，打开一个盒子，以此来掌控他们的环境。到婴儿期快结束的时候，儿童能进行心理表征，形成像视觉映像这样的**符号图式**（symbolic schemes）。进入小学不久，儿童的图式就变成**运算图式**（operational schemes），运算图式采用的是内部心理活动或“脑的动作”方式（如加减法），它使儿童能对信息进行心理操控，并以符合逻辑的方式思考日常生活中遇到的问题。无论什么年龄的儿童，总要运用他们已有的认知图式来理解周围的世界。其结果是，幼儿和年长儿童建构起完全不同类型的认知图式，因此他们对相同对象和事件的解释和反应往往大相径庭。

## 建构图式：皮亚杰关于智力机能的观点

儿童是怎样形成较复杂的图式并得到智力进步的？皮亚杰认为，婴儿并不像一些哲学家说的那样，天生就有关于现实世界的知识和想法。儿童既不是简单地接受别人传递给他的信息，也不是被动地让成人教给他们怎样思考。皮亚杰把儿童看做**建构者**（constructivist），他们在自己经验的基础上创建出对周围环境的全新的理解。儿童是怎样做的呢？靠的是他们的好奇心和主动探索。儿童会看他们周围有什么东西，他们用拿到的物品做试验，他们把不同的事件连接或联系起来，当他们现有的理解（或图式）无法解释自己经历的事物时，他们会感到迷惑。

按照皮亚杰的说法，儿童之所以能建构新图式，是因为他们具有与生俱来的两种智力机能，分别是组织和适应。**组织**（organization）是儿童把原有图式与新的、较复杂的智力结构结合起来的过程。比如，一个学步儿起先认为凡是会飞的都是“鸟”。后来他慢慢知道，好多东西都会飞，但不是鸟。于是他把这些知识组织到新的、更复杂的结构层次中去，如下图所示：

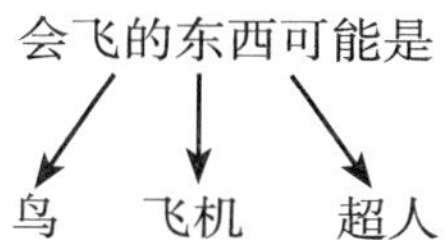


皮亚杰认为，组织是天生的、自动的：儿童不断地把他们现有的图式组织到较高层次的系统或结构中去。

组织的目的是为了下一步的适应过程。顾名思义，**适应**（adaptation）指调整自己，以便适合于环境要求的过程。皮亚杰认为，适应通过两种互补的活动进行，这两种活动分别是同化和顺应。

为了说明适应机能，再来看看那个认为太阳是有生命的 3 岁孩子。他的这种想法不是从大人那儿学来的，它显然是儿童根据自己的生活经验建构起来的。毕竟很多会移动的东西都是有生命的。一旦儿童形成了这种理解，他们就把凡是会移动的对象看做是有生命的，也就是说，儿童用现有的认知结构来解释新经验，皮亚杰把这一过程称作**同化**（assimilation）。但是，慢慢地，儿童遇到一些会移动但肯定没有生命的东西，如一个纸飞机，爸爸给他叠成这个飞机之前，它只是一张报纸；再 52
如一个上发条的玩具，除非你给它上发条，否则它就不会动。于是，儿童原有的理解和现在要理解的事实之间就出现了矛盾［（或用皮亚杰的术语来说，叫做**失衡**（disequilibriums）］。在这种情况下，他原来的“那些－会移动的－东西－是－有生命的”这一图式就非得加以修改了。儿童受到启发，必须把这些不一致的经验加以调和，使之达到**顺应**（accommodation），即把现有的图式加以改变，使之能够提供一种对所见到的事件的更好解释（也许会得出结论，只有靠自己的力量移动的东西才是有生命的）。

所以图式的演化是贯穿一生的。皮亚杰认为，我们是不断地依靠同化和顺应的互补过程来适应环境的。起先，我们尝试用现有的认知结构来理解新经验或解决问题（同化）。但是，我们常常发现，用原来的图式解决不了这些问题，这促使我们去修正它们（顺应），把它们与相关图式互相整合（组织），提供一个与现实更“匹配”的图式（Piaget，1952）。生物成熟也发挥着重要作用：由于脑和神经系统的成熟，儿童进行复杂认知活动的能力逐渐增强，这帮助他们更好地理解所经验到的东西（Piaget，1970）。于是，充满好奇心的、主动的儿童一直在形成新的图式，把知识加以重组，不断取得进步，使他们以全新方式对老问题进行思考，推动他们从认知发展的一个阶段进入下一个更高阶段。

## 认知发展的四个阶段

皮亚杰提出了认知发展的四个主要时期（或阶段）：感知运动阶段（0~2 岁），前运算阶段（2~7 岁），具体运算阶段（7 岁 ~11、12 岁），形式运算阶段（11~12 岁及以后）。皮亚杰称这些阶段是**恒定的发展顺序**（invariant developmental sequence），即所有儿童必定按照上述的顺序发展。不可能发生阶段的跳跃，因为必须在前一阶段的基础上才能顺利进入下一阶段，新的阶段代表着一种更复杂的思维方式。

### 感知运动阶段（出生 ~ 大约 2 岁）

**感知运动阶段**（sensorimotor stage）发生在 0~2 岁，发展研究者称之为婴儿期。其主导的认知结构是行为图式，婴儿开始协调其感觉输入与运动反应，以适应和理解环境，从而使得这种认知结构得到发展。

出生后的前两年，婴儿从只具有少量知识反应性的人成长为有意识的问题解决者，他们学会了大量知识和本领，这些知识涉及到自己、亲人以及日常生活环境中的物品和事件。可以说，婴儿的认知发展是巨大的，皮亚杰把感知运动时期又分成了六个亚阶段（见表 2.3），这六个阶段描述了婴儿从一个反射机体向能思考的机体的逐渐演进。

**有意向的行为或目标导向行为的发展** 度过出生后的前 8 个月，婴儿开始操纵物品，发现自己能让有趣的事情发生。但是，这些发现是渐次发生的。皮亚杰认为，**新生儿**（neonate）出生时只具备少量的反射（如吸吮反射、抓握反射）反应，这些反射帮助他们满足生物需要，如饥饿时的觅食。在满月之前，婴儿的活动局限于他们与生
53 俱来的反射，他们一边把新对象同化到这些反射图式中（如吸吮一个物品而不是奶头），一边使他们的反射适应新对象。

最早的协调的习惯动作出现在 1~4 个月，这时的婴儿偶然发现，他们做出的一些动作（如吸吮手指，嘴里发出咕咕声）能使他们满足，因此不断地重复这些动作。

这些反应被称为**初级循环反应**（primary circular reaction），它们都是指向婴儿自身的。说它们“初级”，是因为它们是婴儿身上出现的最早的习惯动作，“循环”则是因为它们给婴儿带来的快乐引发婴儿不断重复这些动作。

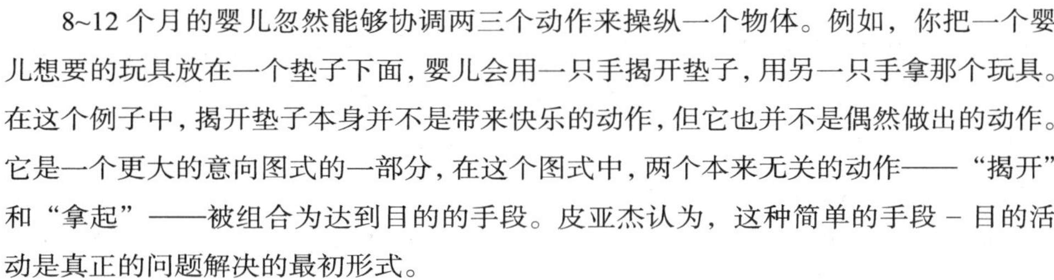

一个婴儿让他的嘴与一个玩具的形状相吻合。

4~8 个月时，婴儿又偶然发现，他们能使有趣的事情发生在外部客体上（例如，挤压一个橡皮鸭子发出嘎嘎的叫声）。这些反应称为**次级循环反应**（secondary circular reaction），仍然因为它们带来快乐而使婴儿不断地重复它们。这些简单的习惯对社会性与人格发展来说有多重要？按照皮亚杰的说法，前 4 个月的婴儿在渐渐了解自己身体的局限和能力，而 6 个月左右的婴儿则意识到，外部的物体和他们的“生理自我”是分离的。因此，了解“自我”和“非我”之间的差别就被看做人的同一性或自我概念发展的第一步。

8~12 个月的婴儿忽然能够协调两三个动作来操纵一个物体。例如，你把一个婴儿想要的玩具放在一个垫子下面，婴儿会用一只手揭开垫子，用另一只手拿那个玩具。在这个例子中，揭开垫子本身并不是带来快乐的动作，但它也并不是偶然做出的动作。它是一个更大的意向图式的一部分，在这个图式中，两个本来无关的动作——“揭开”和“拿起”——被组合为达到目的的手段。皮亚杰认为，这种简单的手段 – 目的活动是真正的问题解决的最初形式。

在 12~18 个月，婴儿开始用物品做实验，尝试发明一些新方法来解决问题或重复一个有趣的结果。例如，一个婴儿原来会挤压橡皮鸭子让它嘎嘎叫，现在，他可能把鸭子扔到地上，用脚踩，或用枕头压，看看这些做法是否会产生相同的效果。这些尝试 – 错误的探索性图式，称为**三级循环反应**（tertiary circular reaction），它是真正的好奇心出现的信号。

最值得注意的发展发生在 18~24 个月期间：儿童开始把他们的行为图式内化，建构起心理符号或映像。18~24 个月的婴儿好像突然就能够用心理方式解决问题，而不再需要做尝试 – 错误的实验了。从皮亚杰和他的儿子劳伦特的互动中，可以看到这种**内部实验**（inner experimentation）能力：

> 劳伦特坐在桌前，我把一些碎面包放在他前面够不着的地方。又在孩子右边放了一根 25 厘米长的小棍。起先，劳伦特想抓面包……后来他不抓了……劳伦特看了看面包，他没有动，又看了一眼那根小棍，忽然抓起小棍去够面包……终于把面包弄到了自己身边（Piaget，1952，p. 335）。

显然，劳伦特有一个重要的顿悟：小棍可以用来延长他的手臂，够到远处的东西。在这个例子中，没有发生尝试 – 错误实验，劳伦特的“问题解决”是在内心的信号水平上发生的。

**模仿的发展**　模仿激起了皮亚杰的兴趣，因为他和班杜拉一样，把模仿看做高适应性的活动，看做一种手段，婴儿运用这种手段主动参与到社会交流中，并把很多新的技能添加到他们的行为技能宝库之中。但是根据皮亚杰自己的观察，8~12 个月以前的婴儿不会模仿由榜样表现出的新奇动作（在相同年龄，他们自己的行为中出现
54 了明显的意向性）。而且 8 个月大婴儿的模仿图式是非常不清晰的。假如你弯曲、伸直手指，婴儿可能会用张开、合上整个手掌来模仿你（Piaget，1951）。有意模仿在 8~12 个月期间越来越准确，前面曾提到，满周岁以后的最重要成绩是精细的延迟模仿，即复制出他人早些时候做出的动作的能力。显然，这种延迟模仿能力意味着，婴儿已经具备了把自己的经验转换为各种符号表象的能力，这种能力将促进他们的观察学习。

新生儿能否模仿简单的面部表情和运动反应？近期有什么新发现？我们在专栏 2.2 中探讨了这一被皮亚杰忽略了的现象，并讨论了其可能的适应意义。

**客体永久性的发展** 感知运动时期更显著的成绩是**客体永久性**（object permanence）的发展，即客体在看不见或无法被其他感觉所感知时仍然被认为存在。如果你摘下手表，用咖啡杯把它扣住，你依然很清楚，手表还存在。对我们来说，客体是永远存在的，离开了视线并不等于离开内心。

皮亚杰认为，婴儿起先并没有意识到这些基本的生活事实。直到第四个月的时候，
55 婴儿还不会寻找消失了的物体。他们会对一个看到的东西感兴趣，但如果这个东西被垫子盖住，他们很快就失去了对该物品的兴趣。这可能是因为他们认为，那个东西进入到垫子里，失去了其自身的特征（Bower，1982）。4~8 个月时，婴儿会寻找部分被掩盖或藏在透明盖子下面的感兴趣的东西，但他们还是不能找完全被掩藏的物体，这说明，在他们眼里，消失了的东西就不再存在。[1]

皮亚杰指出，婴儿在 8~12 个月时开始出现客体概念。但是客体永久性还远没有形成，皮亚杰这样描述 10 个月的杰奎琳：

> 杰奎琳坐在一个床垫上，周围没有什么东西干扰或吸引她……我从她手里拿走玩具鹦鹉，连续两次把它藏在她左面（A 点）的床垫下面，两次杰奎琳都马上寻找并找回了鹦鹉。然后，我又从她手里拿回玩具，在她注意到的情况下，慢慢地把鹦鹉移动到她右边，藏在垫子下面（B 点）。杰奎琳看见了这次移动……但是在鹦鹉消失（在 B 点）的那一刻，她转向左边，到原来的地方（A 点）去找（1954，p. 51）。

杰奎琳的反应是这个年龄的典型反应。在寻找一个消失的物体时，8~12 个月的婴儿通常是到原来找到过的地方去找物品，而不是到他们最后看见物品的地方去找。换句话说，儿童的行为似乎是由物体曾经被找到的地方决定的，由此可见，她不是

1 但是皮亚杰的结论引起了激烈的争论。现在，很多研究者认为，即使很小的婴儿也知道物体仍然存在；他们只是忘记了物体在什么地方，假如那些物体被掩藏超过一两秒的话 (参见Bjorklund, 2000的综述).

## 专栏 2.2　当前的争论

### 新生儿能模仿吗

研究者曾经认为，婴儿在 6 个月之前不能模仿另一个人的动作（Piaget，1951）。但是 20 世纪 70 年代初的几项研究发现，不到 7 天的婴儿就能模仿成人的几种面部表情，如伸舌头、张嘴、闭嘴、噘嘴（表示悲伤），甚至表现出高兴的样子（Field et al.，1982；Meltzoff & Moore，1977；Reissland，1988；参见下列图片）。

一些批评者不承认这些表情反应，认为它们是人为造出来的。婴儿皱眉头、张嘴、吐舌头也许是因为他们与成人面对面的互动使他们很激动（Olson & Sherman，1983）。或许他们在用自己的嘴探索那些特别有趣的东西（Jones，1996）。也有人认为，这也许是成人在下意识地模仿婴儿的表情。很难在 3~4 个月时引发这些早期“互相匹配”的表情（Abravanel & Sigafoos，1984）。一些人把婴儿这种有限的模仿能力说成是一种不随意的反射图式，它随着年龄增长而消失（像其他很多反射一样），以后被随意的模仿所取代（Kaitz et al.，1988；Vinter，1986）。

但是安德鲁·梅尔佐夫（Meltzoff，1990b；Meltzoff & Moore，1992）坚定地认为，婴儿早期的模仿表现是随意的模仿反应。他说，这是因为出生后几天的婴儿经常在短暂的延迟之后，模仿出成人的表情，即使成人不再做出该表情。在梅尔佐夫看来，这些模仿反应是可能的，因为婴儿模仿在成人脸上“看到”的面部动作，在自己脸上做出“感觉”到的动作。

无论我们把婴儿早期模仿能力叫做模仿、探索或反射，它都能温暖养育者的心，帮他们树立起信心，相信自己和孩子有了一个好的开始。我们将在第 4 章看到，很小的婴儿就具备了另外一些与生俱来的特征，它们可以引发与养育者充满温情的社会接触，促进他们的社会性与人格的健康发展。因此，新生儿模仿表情的能力也发挥着同样重要的机能，它的确具有很高的适应性。

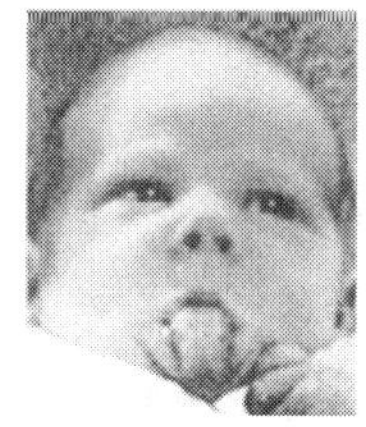
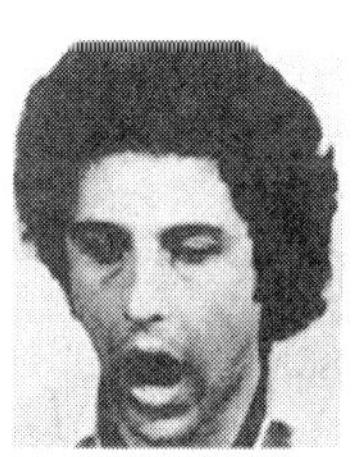
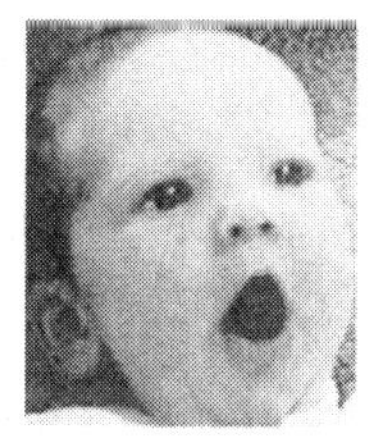

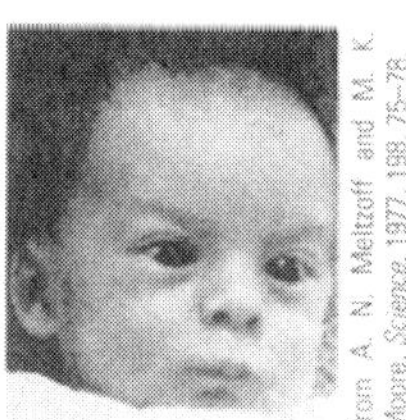

From A. N. Meltzoff and M. K. Moore, *Science*, 1977, 198, 75–78.

2~3 周婴儿模仿吐舌头、张嘴和噘嘴的录像截图。

把物体看做是独立于自己活动而存在的。

婴儿的客体概念在 12~18 个月期间向前发展了。此时，婴儿能够追随可见物体的移动，到最后看到物体的地方去寻找物体。但是客体概念还不完全，因为儿童还不能从心理上做出推断，而这对于想象和理解看不见的位置移动是非常必要的。假如你把一个诱人的玩具藏在手中，接着把手移到一块挡板后面，把玩具放在那儿。然后把手移回来，张开你的手，让儿童找那个玩具。那么，12~18 个月的婴儿会到他们最后看到玩具的地方，也就是你的手中去找玩具，而不是到挡板后面去找。

**表 2.3** 感知运动时期各亚阶段的智力发展

| 亚阶段 | 解决问题或得到有趣结果的方法 | 模仿技能 | 客体概念 |
|---|---|---|---|
| 1. 反射活动（0~1 个月） | 练习和顺应与生俱来的反射 | 模仿少量面部表情和大肌肉动作[1] | 跟踪移动的客体但忽略其消失 |
| 2. 初级循环反应（1~4 个月） | 重复指向自己身体的有趣动作 | 重复自己的被亲人模仿的行为 | 有意地注视客体消失的地方[2] |
| 3. 次级循环反应（4~8 个月） | 重复指向外部客体的有趣动作 | 同亚阶段 2 | 寻找部分被隐藏的客体 |
| 4. 次级图式的协调（8~12 个月） | 把动作组合起来解决简单问题（最早出现的意向性） | 在经历一些粗糙的尝试模仿之后，最终形成模仿新反应的能力 | 寻找和发现未看见其消失过程的隐藏客体，是客体永久性概念出现的最早迹象 |
| 5. 三级循环反应（12~18 个月） | 通过实验寻找解决问题或重复有趣结果的新方法 | 对新反应进行系统模仿；对简单运动动作的延迟模仿 | 寻找并发现看到其消失过程的客体 |
| 6. 运用心理合并发明新手段（18~24 个月） | 在内部符号水平上解决问题，儿童使用领悟法的最早证据 | 对复杂行为序列的延迟模仿 | 寻找并发现未见其消失过程的隐藏客体，客体永久性完全形成 |

1. 对面部表情的模仿显然是天生的能力，与 1 岁前出现的随意模仿没有联系。
2. 现在很多研究者相信，客体概念可能很早就已出现，皮亚杰的研究低估了婴儿对客体的知识（参见 Bjorklund，2000）。
资料来源：Adapted from T. M. Field, R. Woodson, R. Greenberg, & D. Cohen, 1982, “Discrimination and Imitation of Facial Expressions by Neonates.” *Science*, 218, 179-181; also A. N. Meltzoff & M. K. Moore, 1977, “Imitation of Facial and Manual Gestures by Human Neonates.” *Science*, 198, 75-78.

到 18~24 个月的时候，儿童开始能够想象未看见的位置变换，同时用这种心理推理指导他们寻找消失了的物体。到这时候，客体概念完全形成了。

客体概念对社会性发展来说有什么意义？我们将在第 5 章讲到，它在婴儿最初的真实的情感依恋发展中起着非常重要的作用。一些认知理论家（如 Schaffer，1977，1990）指出，在婴儿未形成关于周围亲人的“永久性”概念之前，不可能与这些人形成紧密的情感联系。要跟一个随时会从视野中消失的“不再存在”的人建立有意义的持久关系毕竟很困难。

综上所述，儿童在感知运动时期所取得的智力上的发展是非常显著的。在短短两年时间里，婴儿从一个只会反射、几乎不能走动的孩子，变成了一个有意识的思想者，他会自己在周围走动，能在头脑里解决一些问题，形成简单的概念，还能把他们的很多想法跟周围的亲人交流。表 2.3 简要总结了两岁前智力发展的主要成就。

### 前运算阶段（大约 2~7 岁）

进入**前运算阶段**（preoperational stage），儿童越来越善于建构并应用心理符号

（词和映像）对他们接触到的物品、情境和事件进行思考。虽然在符号推理方面取得 56
了进步，但皮亚杰对前运算智力的描述仍然主要集中在儿童思维的局限性和不足上。他之所以称这一阶段为“前运算”阶段，是因为他认为学前儿童还没有学会**认知操作**（cognitive operation），即像加减法这样的内部心理活动，它使儿童能符合逻辑地进行思维。在我们对这一智力发展阶段进行讨论的时候，将再次关注前运算思维对社会性与人格发展的意义。

**符号机能与假装游戏**　前运算阶段早期（2~3 岁）的一个特征是，儿童越来越多地运用**符号机能**（symbolic function），这是用一种东西，如一个词或一件物品表示或象征别的东西的能力。比方说，2~3 岁儿童因为能够使用词或映像表示他们的经验，所以他们颇善于对过去的事件进行重新建构，对不再出现的客体进行思考或者比较。

前运算阶段早期的另一个标志是，凭借符号机能的发展，玩假装游戏的次数和复杂性都有显著的增加。学步儿经常假装成妈咪、超级英雄之类的人物，还用道具武装这些人物，如鞋盒或一根棍子，用来表示与角色有关的物品，例如婴儿床或激光枪。当学前儿童沉浸在他们的假想世界中时，偶尔会受到父母的关注，皮亚杰则把假装游戏看做一系列严肃的活动——可以促进儿童社会性、情绪与智力发展的活动。有足够的证据可以支持皮亚杰的观点。例如，在婴幼儿时期，很多孩子有“假想的玩伴”，他们与假想伙伴玩的游戏帮助他们实践许多社会规则，如友好地跟别人互动，支持和安慰朋友等（Gleason，2002；Gleason，Sebanc & Hartup，2000）。此外， 57
玩很多假装游戏的儿童与较少玩这种游戏的儿童相比更富于创造性，在社会性方面更成熟，而且（如果他们常玩有同伴的游戏）在同伴中更受欢迎（Connolly & Doyle，1984；Howes & Matheson，1992）。最后，游戏使儿童可以表达困扰着他们的情感或重新解决情绪冲突，因而促进了情绪的健康发展（Fein，1986）。举个例子，假如詹妮因午饭时不吃豌豆而受到责备，她就可以在游戏中责备她的娃娃太挑食，劝说娃娃“健康饮食”，把豌豆吃掉，从而获得一种控制感。以游戏方式解决这些情绪冲突可能是一种影响儿童对权威的理解，懂得他们必须遵守的规则的重要因素（Piaget & Inhelder，1969）。

所以永远不要说游戏没有用的话。虽然儿童玩游戏是因为快乐，而不是因为游戏会培养他们的技能，但是玩游戏的孩子直接影响了自己的社会性、情绪和智力发展，游戏中时时刻刻享受自己。在这个意义上，游戏确实是儿童的工作，是一系列严肃的活动。

**前运算推理的不足**　虽然儿童的符号机能和假装游戏具有适应性特点，但皮亚杰在说到前运算思维时，还提到了其很多局限性。皮亚杰认为最大的不足是儿童的**自我中心主义**（egocentrism），这是一种从自己角度看世界、很难认识到别人的不同观点的倾向。皮亚杰用儿童对不对称的三个山头的认识来说明这一点（见图 2.4）。他问儿童，坐在对面的孩子会看到什么场景，而不

**图 2.4** 皮亚杰的三山问题。处于前运算阶段的幼儿是自我中心的，他们不能判断另一个人的观点，往往认为另一个孩子眼里的山头就是自己眼里的山头。

是自己会看到什么。结果发现，3~4 岁儿童大多会说，另一个孩子看到的恰恰是自己看到的山头。皮亚杰把这种表现解释为，儿童不能站在别人的角度考虑问题。

假如儿童不能正确地进行*知觉观点采择*或不能对别人看到和听到什么做出推断，那么，他们势必难以正确地进行*概念观点采择*，也就是说，不能正确地推断别人的情感、思维和动机。我们将会介绍，学前儿童往往只依据自己的观点看问题，不能对别人的动机、意向和愿望做出正确判断；他们常常认为，自己知道的事情，别人也知道（Hala & Chandler，1996；Ruffman et al.，1993）。其次，幼儿的自我中心还可帮助我们理解，为什么儿童有时候会那样无情、自私、不考虑别人，不愿互相帮助。如果这些“不敏感的”幼儿认识不到自己的行为带给别人什么感受，他们就体验不到怜悯和同情，而怜悯和同情可以压抑反社会行为，增加善良行为。本书第 9 章和第 10 章详细讨论儿童的攻击性、利他和道德发展的时候，将会探讨儿童认知能力（即他们的共情能力和角色承担技能）与社会行为之间的关系。

在 4~7 岁期间，自我中心倾向有所减弱，在和别人共同了解大小、形状、颜色这些知觉特征的基础上，儿童能更准确地对客体进行分类。皮亚杰把 4~6 岁儿童的思维说成是**“直觉”思维**（intuitive thought），因为他们对客体和事件的理解集中在单一的、最显著的*知觉*特征上，也就是事物的外显特征上，而不是进行符合逻辑和理性的思考。

知觉推理显然有不足，这在皮亚杰著名的守恒研究中看得很清楚（Flavell，1963）。在一项守恒实验中，先让儿童看两个同样大小的杯子里的水，直到每个孩子
58 都说出“两个杯子里的水一样多”。然后，儿童看见实验员把一个较高的、口径较小的杯子里的水倒进一个比较矮的、口径较大的杯子里。之后问儿童，当把水从高杯子倒进矮杯子以后，两个杯子里的水一样多吗（见图 2.5）？小于 6、7 岁的儿童大多会说，较高、较细的杯子里的水比较矮、较粗杯子里的水多。这些儿童关于液体的思维明显是一种**聚焦**（centered）知觉特征的思维，他们知觉到的显著特征是圆柱体的高度，圆柱体较高，水就比较多。用皮亚杰的术语来说，前运算阶段的儿童还不能**守恒**（conservation）：他们还认识不到，一种物质的特性（如容积或体积）在其表面形式发生变化之后仍然保持不变。

前运算阶段的儿童为什么不能守恒呢？这很简单，因为他们的思维还不是*运算*思维。皮亚杰认为，要达到守恒，必须具备两种认知操作，一种是**可逆性**（reversibility），这是一种从心理上逆转或反向操作的能力。处于直觉思维水平的儿童不能把一个动作的方向逆转过来，因此，他们还想不到，如果把水从比较矮的、宽口杯子中倒回

液体：

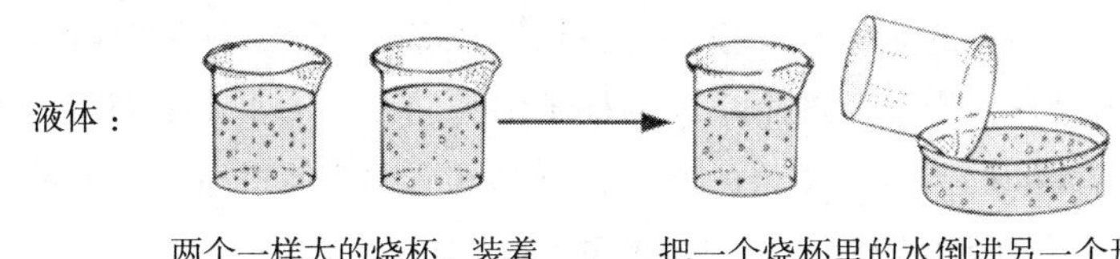

两个一样大的烧杯，装着同样多的水，儿童说出两个杯子里的水一样多。

把一个烧杯里的水倒进另一个形状不同的杯子里，使两个杯子里的水看上去不一样高。

能守恒的儿童知道，每个杯子里装的水一样多（液体守恒一般在 6~7 岁得到发展）。

容积（可变形的物质）：

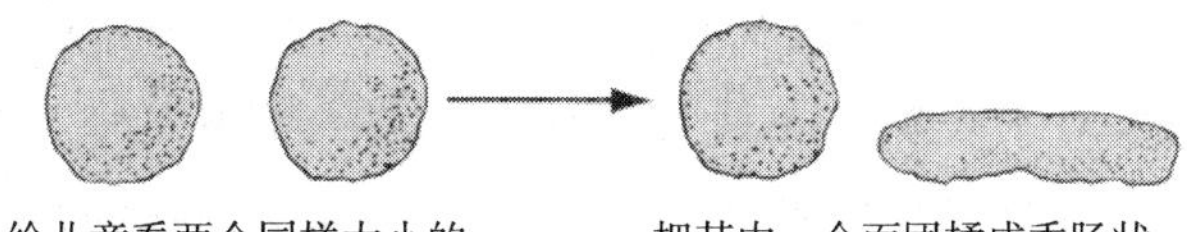

给儿童看两个同样大小的面团。儿童说出两个面团的面一样多。

把其中一个面团揉成香肠状。

能守恒的儿童知道，当把面团揉成香肠状之后，其中的面的多少不变（产生这种守恒能力的平均年龄为 6~7 岁）。

**图 2.5**　皮亚杰的两个著名的守恒问题

到原来的较高的、窄口杯子里，水还是原来那么高。第二，儿童必须摆脱其聚焦思维才能明白，知觉到的外表可能具有欺骗性。皮亚杰认为，当儿童学会一种叫做**补偿**（compensation）的认知操作之后，他们就能“去中心”，因为这种补偿操作使人能够同时关注一个问题的几个方面。处于直觉阶段的儿童在解决液体守恒问题时，还不能同时注意高和宽两个方面。因此他们还不明白，液体宽度的增加可以补偿高度的减少，使液体的绝对数量保持不变。

让我们想一想幼儿的直觉推理对社会性与人格发展的意义。3~5 岁的幼儿已经知道他自己是男孩还是女孩，而且知道每个人都可以按照其性别来分类。但是这时幼儿关于性别的思维是自我中心的且被外表支配的。例如，一个 4 岁男孩可能会说，如果他真的愿意，他可以变成一个妈妈；或者认为，如果一个女人剪短头发、穿上男人衣服，干一份男人的活儿（如建筑工），她就是一个男人（McConaghy，1979；Slaby & Frey，1975）。这些现象说明学前儿童还不具备性别概念的守恒。第 8 章将要讲到，性别守恒对性别角色发展来说是一种重要的属性，它在 5~7 岁期间开始形成，而此时他们已能对一些“非社会性”属性（如液体和容积）守恒了。

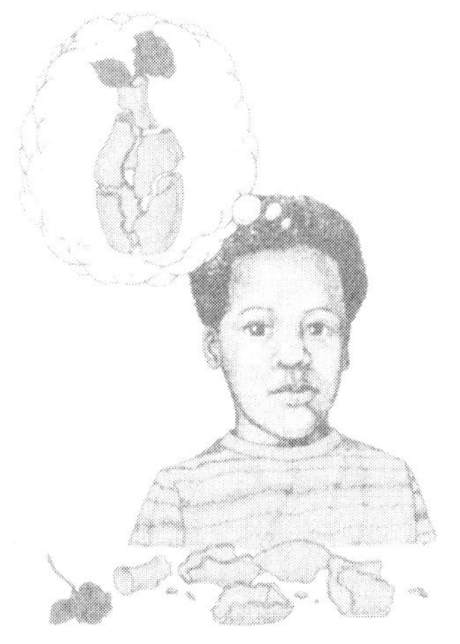

可逆性是一种重要的认知操作，在儿童中期得到发展。

59 ### 具体运算阶段（大约 7~11 岁）

根据皮亚杰的理论，进入**具体运算阶段**（concrete-operational stage）的儿童很快地习得了各种认知操作，并在思考他们所见所闻的客体、事件和其他经历过的事情时应用这种新技能。前面曾讲过，认知操作是一种内部心理活动，它使儿童能对映像和符号加以修改和重组，得出符合逻辑的结论。例如，可逆性使儿童能在心里把一个动作翻转过来，认识到倒进宽杯子里的水的外形变化了，但如果把它倒回到原来的杯子里，水还是那么多。处于具体运算阶段的儿童现在凭借这种认知操作明白了，两个不同的杯子装着同样多的水；他们运用了逻辑，而不是依据迷惑人的外形得出结论。所以，对思维中的客体进行操作的能力使 7~11 岁儿童远远超越了前运算阶段死板的聚焦思维。

**关系逻辑的发展** 前运算思维有一个特点，儿童能凭借把自己的技能和特性与别人比较来增强其自我概念，这是对关系和关系逻辑的较好的理解。你还记得体育老师说的“按照高矮排成一队”吗？对于具体运算阶段的儿童来说，这个要求非常容易做到，因为他们现在已经有了**序列**（seriation）能力，这是一种从心理上把事物按可计量的维度，如高度和重量来排列的能力。相比之下，前运算阶段的儿童在完成要求从心理上排序的任务时成绩很差，他们很难满足体育老师提出的要求。

与序列有密切关系的是**传递**（transitivity）概念，这是对一个系列中的各组成部分的关系进行准确推理的能力。比方说，詹妮比苏珊高，苏珊比约瑟芬高，那么，詹妮肯定比约瑟芬高。这样的推理对我们来说很容易，但是皮亚杰发现，具体运算阶段之前的儿童还不大会进行传递推理。

但是，具体运算阶段儿童的传递推理一般只局限于*以物理方式出现的真实物品*，7~11 岁儿童还不能把这种关系逻辑运用到像代数中使用的 x、y、z 之类的抽象符号上。皮亚杰之所以把这一阶段命名为*具体运算*，正是因为他的研究揭示出，7~11 岁儿童还不能用他们的操作图式来对抽象概念或假设命题进行符合逻辑地思考，这些东西会扰乱儿童关于现实的概念。让我们来看看皮亚杰为什么得出这样的结论。

## 形式运算阶段（11~12 岁及以后）

到 11~12 岁，许多儿童开始进入皮亚杰智力发展的最后一个阶段：**形式运算**（formal-operational stage）阶段。前面曾说过，具体运算虽是心理操作，但它是针对经验的物质方面进行的，它可以对可感知的物品和事件进行符合逻辑的思考。相形之下，形式运算是对想法和命题进行的心理操作，它跟实际的或可观察的事物没有联系。形式运算可以对没有现实基础的假设过程和事件进行符合逻辑的推理。

**对假设命题的反应** 看一个少年是否已经进入形式运算阶段的一个办法是，给他出一个足以干扰他对现实世界看法的思维问题。具体运算阶段，儿童的思维是和客观的真实物品分不开的，一遇到假设命题他们就会感到困难。他们甚至认为不可能对不存在的事物和不会发生的事件进行逻辑思考。而形式运算阶段的青少年喜欢思考假设的东西，做出一些不寻常的创造性的反应。专栏 2.3 中讨论了当儿童思考一个想象的假设命题时，具体运算思维和形式运算思维之间的不同。

60 **假设演绎推理：对答案和解决方案的系统探索** 形式运算阶段的青少年解决问题的方式越来越系统化和抽象，很像科学工作者的**假设演绎推理**（hypotyetico-deductive

## 专栏 2.3　研究聚焦

### 儿童对假设命题的反应

皮亚杰（1970）认为，具体运算是跟现实相联系的。可以预期，大多数 9 岁儿童会对思考一个不存在的东西或不可能发生的事件感到困难。而进入形式运算阶段的青少年就有能力去思考一个假设命题，并对其进行逻辑推论。皮亚杰的研究发现，很多形式运算的青少年都喜欢这类认知难题。

几年前研究者让一组具体运算阶段的儿童（9 岁，四年级）和一组处于或正接近形式运算的少年（11~12 岁，六年级）完成下面的任务：

> 假如给你第三只眼睛，你可以选择身体的任何部位安置这只眼睛。请画一张画来说明你要把这只“多出来的”眼睛放在什么地方，然后告诉我你为什么把它放在那儿。

所有 9 岁儿童都把第三只眼放在前额上、两只眼睛之间的上方。似乎这些儿童是根据他们的具体经验来完成这一任务的：所有人的眼睛都在脸中部的位置。把第三只眼画在两眼中间的一个男孩说，因为“(希腊神话中的）独眼巨人的眼睛就在这儿”。对这只眼睛所放位置的解释颇有点不可思议，请看几个例子：

> 吉姆（9 岁半）：我愿意我的两只眼睛旁边有一只眼，如果有一只眼看不见了，我还能用两只眼睛看。
>
> 维基（9 岁）：我希望有另一只眼，这样我就能看你三次。
>
> 塔尼亚（9 岁半）：我希望有第三只眼，这样能看得更清楚。

相形之下，形式运算阶段的年长儿童的反应则五花八门，跟他们从前见到过的事情毫无关系。他们对这种假设情境的想象更丰富，对把它放在某个独特位置的解释也更富于想象力。下面是几个例子：

> 肯（11 岁半）：（把眼睛画在头顶一绺头发的上面）我可以让这只眼睛旋转，看所有方向。
>
> 约翰（11 岁半）：（把眼睛画在左手心）我能看见周围的所有角落，看见我能从饼干桶里拿出什么样的饼干。
>
> 托尼（11 岁）：（把第三只眼画在紧靠其嘴的地方）我希望第三只眼在我嘴里，因为我能看见我正在吃什么。

在询问对“三只眼”的看法时，9 岁组的很多儿童认为这有点愚蠢，没意思。一个孩子说“这有点傻，没有人有三只眼。”但 11~12 岁儿童很乐意完成这样的作业，并且缠住老师，让她在学期的剩余时间再布置一些“像眼睛作业那样”“好玩的”作业（Shaffer, 1973）。

这项研究的结果与皮亚杰的理论基本一致。处于或正在接近形式运算阶段的年长儿童比具体运算阶段的儿童更可能对假设命题做出合乎逻辑的和创造性的反应，而且他们更喜欢这种推理。

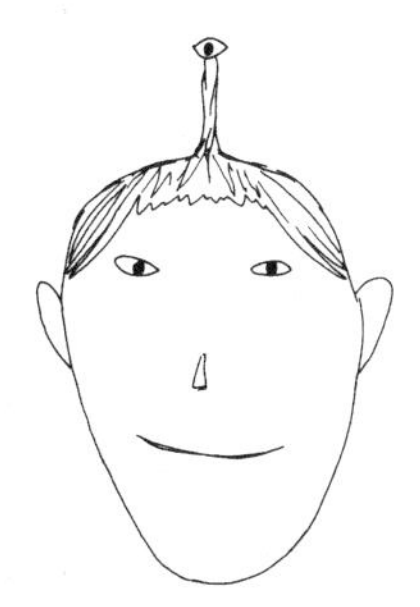

塔尼亚、肯和约翰对“第三只眼”问题的回答。

reasoning）。通过皮亚杰著名的钟摆问题（Inhelder & Piaget，1958），我们很容易把形式运算推理与年幼儿童的推理做比较。用长度不同的绳子，一端栓上重量不同的小锤，另一端栓一个钩子挂起来。被试的任务是探索钟摆摆动快慢（即在给定时间内摆动的次数）受什么因素影响。是绳子的长度、小锤的重量、对小锤的推力还是小锤下落的高度？还是有两个或多个因素共同起作用？

要解决这个问题，首先须确定四个因素中哪个对钟摆摆动快慢起作用，然后一个一个地检验所有的“假设”，可用的方法是每次改变一个因素并让其他因素保持不变。形式运算的人会凭借这种系统方法，提出假设，检验假设，最后发现，钟摆摆动快慢只和一个因素有关，即绳子的长度。相反，9~10 岁的具体运算阶段儿童不能提出假设并检验各种可能性，因此不能得出合乎逻辑的结论。他们往往在检验一个变量（例如绳子的长度）时不使其他变量（重量）保持不变；他们可能会发现，栓着重些的小锤且绳子短些的钟摆，比栓轻些的小锤和绳子长些的钟摆摆动更快，从而得出错误的结论，说绳子的长度和小锤的重量都会影响钟摆摆动的快慢。

总之，形式运算的推理是理性、系统而抽象的，形式运算者能够对人的想法和可能性进行合乎逻辑的思考，就像对真实的客体和事件那样。

61 **形式思维的个人结果与社会结果** 形式运算思维是一种有力的工具，它使青少年在多个方面（有些是好的有些是不好的）发生了变化。好的方面：如同我们将在第 6 章将要讲到的，形式运算为思考人生的各种机会、形成稳定的同一性、更好地理解别人的观点和行为原因铺平了道路。形式运算的人还能在面临重要的、可选择的行动，以及思考行动可能对本人和别人产生的结果时做出艰难的个人决策（见第 10 章，道德推理的发展）。所以，认知方面的发展确实为社会性与人格发展的其他方面打下了基础。

不好的方面：形式运算与青少年的某些痛苦经历可能有关系。年幼儿童一般会接受现实，听从权威者的意见，但形式运算的青少年可能会想象一些假设的、与当前现实不同的情境，他们会质疑一切事情——从父母对他们选择朋友的限制，到国家是否应该在有如此多的人处于饥寒交迫中时花巨款来探索宇宙空间和建立导弹防御系统。青少年在现实世界中发现的不合逻辑和不尽如人意的现象越多，他们的挫折感就越强烈，甚至把他们的反叛和不满指向对这些不完美状况负有责任的人（如父母和政府）。皮亚杰（1970）把这种认为事情“应该”怎样的完美主义倾向看做青少年新习得的抽象推理能力的正常发展结果，他认为，形式运算是“代沟”产生的基本原因。

按照皮亚杰的观点，青少年非常关注自己和自己的思想，他们实际表现出了比
62 小学时更严重的自我中心主义。大卫·艾尔金德（Elkind，1967，1981）发现，青少年往往表现出两种类型的“自我中心”。其一是**假想观众**（imaginary audience）现象，指青少年常常感到自己“站在舞台上”，身边的每个人都在关注他，评判着他的行为

和外貌。因此一个十几岁的女孩花很长时间化妆，拼命掩盖脸上的几个青春痘，因为她确信，如果约会时让男朋友看见她脸上的青春痘，男朋友就会拒绝跟她约会；具有同样自我意识的男孩可能在约会时转过脸去，因为他确信，女朋友关注的目光说明，他用的漱口水让他失败了。

青少年自我中心的第二种表现，艾尔金德称之为**个人神话**（personal fable），这是一种认为自己和自己的想法具有唯一性的观念。例如，一个初恋失败的十几岁男孩会觉得，在人类历史上没有人经历过他这样的巨大痛苦。个人神话还可以帮助我们理解为什么青少年会做出许多冒险行动。因为他们是独一无二的，不大可能因为吸食可卡因和从事不安全的性行为而受到伤害：不良后果可能更多地发生在别人身上，而不是自己身上。

**图片 2.8** 这个女孩可能觉得，别人都像她一样关心她的容貌和行为。这就是青少年自我中心的一种表现——假想观众现象。

艾尔金德认为，青少年自我中心的两种表现形式在刚开始掌握形式运算时有所增强，随着年龄增长逐渐减弱，理想主义开始退潮。但研究资料和他的观点并不完全一致。有研究发现，青少年从吸毒、醉酒驾驶以及像中年人一样做出无保护的性行为中体会到同样程度的危险，这就向青少年感到自己是唯一的和不会受伤害的观点提出了质疑（Beyth-Marom et al.，1993）。的确，有很多青少年的冒险行为明显反映了他们追求激情体验的愿望，而不是觉得自己不会受伤害（Arnett & Balle-Jensen，1993）。而且假想观众现象在 13~15 岁青少年中比在 15 岁以上青少年中更明显，而 13~15 岁青少年往往还处于具体运算水平，他们所表现出来的更多是这一水平上的自我意识（Gray Hudson，1984；O'Connor & Nikolic，1990），这和艾尔金德所预期的情况正相反。因此，一些发展研究者现在认为，青少年身上出现的自我关注现象，与形式运算思维之间的关系不大，而与社会观点采纳技能的发展关系较密切（第 6 章将要讨论），这种技能使青少年了解别人怎么看他们，应该怎样对别人的行为做出回应（Lapsley et al.，1986；Vartanian & Powlishta，1996）。从这一角度看，青少年的自我中心主义其实并不是太“自我中心”。

## 皮亚杰理论的贡献和批评

皮亚杰和弗洛伊德、华生一样，也是一位富于改革精神的叛逆者。他在心理测量工作者中是不受欢迎的，因为他声称，他们的智力测验只能测出儿童知道什么，不能告诉我们儿童智力的最重要方面，即儿童是怎样思考的。此外，皮亚杰大胆地探索了一个不可观察的、内部的概念“认知”，而这在那些赞成行为主义传统的心理学者看来是不能接受的（Beilin，1992）。

大约 20 世纪 60 年代，时代发生了明显变化。不仅皮亚杰的早期理论和研究被认可，用来探索儿童思维，而且他早期对儿童道德发展的研究（见第 10 章的深入讨论）被广泛应用来创立一个全新的发展领域——**社会认知**（social cognition）研究。近期的社会认知理论家，如劳伦斯·柯尔伯格和罗伯特·塞尔曼都认为，随着儿童年龄增长，他们逐渐建构起对物理世界的精确理解；对以下社会问题形成了更复杂的思想，包括性别差异、道德价值观、人的情绪的重要性、友谊的意义和责任以及
63 社会生活的其他方面。社会认知是本书第 6 章重点关注的问题，人的社会认知能力与社会性和人格发展的各方面之间的关系，也将在本书中进行讨论。

皮亚杰的理论对教育也有很大影响。例如，众所周知的*发现教学法*所依据的就是，年幼儿童并非像成人那样思维，如能让他们在熟悉的环境中亲自体验学习，他们就能学得更好。所以，在皮亚杰理论指导下的课堂上，一个学前教师可能呈现给学生不同数量的实物，让儿童堆叠、涂色、排序，用这种方法给儿童讲授不同的概念。不难想象，像数这样的新概念，最好的讲授方法就是让充满好奇心的、主动的儿童，应用他们现有的图式，自己做出批判性的“发现”。

在行为科学家中，皮亚杰是一个无可争议的天才，他的工作为我们考察人类发展产生了深刻而持久的影响（Fischer & Bidell，1998；Flavell，1996），但是他的许多观念现在遇到了挑战。例如，皮亚杰认为认知发展必然经历普遍适用的、顺序不变的阶段，这一论断在理论上和研究上都受到了质疑（Bjorklund，2000）。俄罗斯发展心理学家列夫·维果茨基（1978）在其*社会文化理论*中，探讨了*文化*（观念、价值观、传统和社会群体的技能等）是怎样在代际间传递的。维果茨基不把儿童说成是独立的探索者，而是认为认知随*社会性活动*的进行而发展，儿童在这种活动中，通过与更有知识的社会成员进行合作性的对话，逐渐学会了新的思维和行为方式。维果茨基不承认所有儿童都要经历相同的认知发展阶段的说法。因为儿童掌握的新技能需要他们与更有能力的社会成员互动，这些技能是文化特定性的，而不是普遍适用的认知结构。所以，按照维果茨基的观点（本书第 3 章将对其进行详细探讨），皮亚杰忽视了社会文化对人的发展的影响。

尽管有这样那样的批评，但是今天无人会质疑皮亚杰关于社会性与人格发展部分取决于认知发展的论断。原因很简单，在过去半个世纪中，社会性发展研究者一再地发现，社会性与情绪方面的很多重要发展都发生在皮亚杰所说的儿童认知发展阶段。皮亚杰的理论虽然有缺陷，但它为理解发展过程中的很多变化提供了有价值的框架。在发展心理学领域，皮亚杰理论不愧为“经典”。

## 本章要点

- 本章介绍了社会性与人格发展的三种"经典"理论：精神分析理论、行为主义（或社会学习理论）以及皮亚杰的认知发展观。

### 精神分析理论

- 精神分析理论起源于西格蒙特·弗洛伊德的**心理性欲理论**，该理论称人是由与生俱来的性与攻击本能（**生的本能**和**死的本能**）驱动的，社会必须对这些本能加以控制。人的很多行为反映了受**压抑**的**无意识动机**。弗洛伊德提出了心理性欲发展的五个阶段：口唇期、肛门期、性器期、潜伏期和生殖期。在这一发展过程中，人格的三种组成部分，即**本我**、**自我**和**超我**开始出现并逐渐地整合在一起。
- 弗洛伊德对 3~6 岁儿童所经历的**性器期**与**恋母情结**、**恋父情结**的描述引起了激烈的争论。根据弗洛伊德的观点，父母必须小心地处理这一阶段的性冲突，防止孩子**固着**于不成熟的活动而出现发展停滞。
- 埃里克·埃里克森的**心理社会理论**修正并扩展了弗洛伊德的理论，他较少关注性本能，而更多地强调社会文化对人的发展的影响。根据埃里克森的理论，人的发展先后经历八个心理冲突：从婴儿期的**信任对不信任**到老年期的自我整合对失望。如果得以健康发展，每种冲突都必然得到解决，并促成某种特质的产生（如信任）。

### 行为主义（或社会学习）理论

- 学习理论，或**行为主义**理论，由约翰·华生提出，他认为，婴儿好像一块**白板**，他们养成的**习惯**是其社会经验的结果。发展是一个连续过程，根据人所处环境的不同，发展可沿不同方向前进。斯金纳扩展了华生的理论，他认为，儿童做出相应行为，然后受到**强化**或**惩罚**，形成**操作**条件反射，从而构成了儿童的发展。与此不同的是，阿尔伯特·班杜拉的认知社会学习理论把儿童看做积极的信息加工者，他们通过**观察学习**很快地形成了很多新习惯。班杜拉不接受华生的**环境决定论**，他认为儿童有能力创造影响其发展的环境（**交互决定论**）。

### 皮亚杰的认知发展观

- 皮亚杰的智力发展理论对社会性与人格发展有很多重要意义。皮亚杰认为，智力活动是基本的生活机能，它帮助儿童适应周围环境。他把儿童看做主动的、富于创造性的探索者（即建构者）。他们不停地建构着能表征其所知的**图式**，并通过**组织**和**适应**不断修改这些图式。通过组织，儿童把现有知识纳入更高层的图式中。适应是调整自己以便与环境相匹配的过程，它通过**同化**和**顺应**来实现。
- 皮亚杰认为，智力发展要经过**次序不变**的四个阶段，可总结如下：
  - **感知运动阶段（0~2 岁）**：出生前两年，婴儿凭借对客体的动作，"知道"并理解客体和事件。儿童为适应周围环境而创建的**行为（或感知运动）图式**最终被内化，形成心理符号（或**符号图式**），它使儿童获得**客体永久性**，表现出**延迟模仿**，无须尝试－错误就能在心理水平上解决简单问题。
  - **前运算阶段（约 2~7 岁）**：进入**前运算阶段**的儿童越来越多地使用符号推理，并且开始在游戏活动中创造性地使用词和映像。2~7 岁儿童对他们所生活的世界越来越了解，但他们的思维与成人相比仍有缺陷。皮亚杰把学前儿童说成是非常**自我中心**的：他们从自己的角度看一切事物，很难了解从别人的角度看问题是什么样的。而且他们的思维带有聚焦性：当遇到新事物时，他们往往盯住其中最明显或最突出的一个知觉特征。结果，这种**直觉思维**使儿童难以解决**守恒**问题，因为守恒要求儿童对出现的几方面信息同时进行评价。
  - **具体运算阶段（约 7~11 岁）**：进入**具体运算**阶段的儿童可以对具体的实物、事件和经验进行合乎逻辑的、系统的思考。他们可以完成算数操作，并且在心理上把身体动作和行为次序加以**逆转**。这些**认知操作**的掌握使儿童能够守恒、排序，进行传递推理。但具体运算的儿童还不能对假设命题进行合乎逻辑的思考，因为这种命题扰乱了他们关于现实的概念。

- **形式运算阶段（11~12 岁以后）**：形式运算思维是理性的、抽象的，很像科学家的**假设演绎推理**。在这一阶段，青少年可以“对思维进行思维”，像操作真实客体与事件一样操作思想。这些新出现的认知能力可以解释为什么青少年会如此地理想主义，而且表现出**假想观众**和**个人神话**这样的思维方式。
- 虽然皮亚杰正确地描述了智力发展的一般**顺序**，但一些研究者对皮亚杰提出的、发展按一定阶段进行的观点提出质疑，还有人批评他忽视了社会文化影响。即使存在这些缺陷，皮亚杰的理论对我们理解认知发展仍有不可磨灭的贡献，他的理论被广泛应用于教育中，帮助人们开拓出**社会认知**领域，并且为社会性与人格发展的其他方面提供了很多启发。

# 3

# 社会性与人格发展的近期理论

- 现代进化论
- 行为遗传学：个体差异的生物基础
- 生态系统论：一种现代环境论观点
- 现代认知观
- 理论和世界观

66 设想我们回到了 1974 年，一个新学期的第二周，我们正在上社会性与人格发展的第一堂课。复习了关于儿童发展的精神分析理论和行为主义理论之后，教授介绍了皮亚杰的认知发展理论，她称之为儿童发展方面的“新观点”。皮亚杰的理论确实是一个全新的视角。儿童毕竟不是被动地由生物本能或环境塑造的，而是在自身发展过程中起重要作用的*主动的*个体。而且，皮亚杰没有片面强调天性或教养，而是把发展说成是生理成熟和个体经验的复杂的交互作用，这种相互影响是有好奇心的、积极主动的孩子们所具有的，且自己能够创造出来。

在 20 世纪 70 年代早期，皮亚杰的理论被公认为是社会性与人格发展理论的“新观点”。但是，过去 30 年出现了几个新理论，它们对早期的理论是一种挑战、扩展或深化。这些新理论有的强调生物影响，有的则更多地关注环境或认知归因对社会性与人格发展的影响。但是我们在回顾这些理论时将会看到，他们都认识到了皮亚杰所提到的两个观点：(1) 个体发展是主动的而非被动的，(2) 发展源于天性和教养的复杂交互作用。

在本章的前两节，我们将介绍两种“生物学”理论。第一种理论有强烈的进化论倾向，非常强调遗传属性，这些属性是物种成员共有的特征，使人与人很*相像*（也就是说，它们使人有大体一致的发展结果）。相形之下，第二种理论，或称*行为遗传学*观点，主要想查明每个人与生俱来的独特基因组合怎样使个体之间产生*差异*。

## 现代进化论

人类发展的生物学理论有着悠久而辉煌的历史。弗洛伊德的精神分析理论显然带有一种强烈的生物学色彩。不仅是弗洛伊德理论中的动机成分先天本能，而且性本能的*成熟*也被认为决定了社会性与人格发展的过程（或至少决定了发展的阶段）。

有趣的是，行为主义者华生持有极端的环境决定论，这在一定程度上是对弗洛伊德和当时其他主要生物决定论者的回应。这些学者中最具影响力的要数阿诺德·格塞尔（1880~1961），他认为人类发展主要是一种生物成熟的过程。格塞尔认为孩子们很像植物，简单地开花结果，随着时间的推移展现其基因设置好的模式；至于父母如何教养孩子则被认为一点都不重要。

尽管今天的发展心理学家大多反对格塞尔的极端观点，然而生物因素对人类发展起着重要作用的观点在**习性学**（ethology）中仍然富有活力。习性学考察行为的进化基础以及这些进化行为对物种生存和发展的影响（Archer，1992）。该学科的起源可以追溯到查尔斯·达尔文。但是，现代习性学起源于康拉德·洛伦兹和尼克·廷伯根这两位欧洲动物学家，他们关于动物的研究集中揭示了进化过程和适应性行为之间的某些重要联系。下面我们将简要介绍经典习性学的核心理论及其对人类发展的意义。

## 经典的习性学理论 67

根据洛伦兹（1937，1981）和廷伯根（1973）的观点，各类动物的成员生来就具备一系列由“生物程序”设定好的行为。这些行为：(1) 是进化的产物，(2) 与其生存环境相适应。例如，许多鸟类刚出生就具有跟随母鸟（即印刻反应，它使小鸟免受天敌侵害并能找到食物）、建巢、鸣叫等本能行为，这些由生物程序决定的行为特征被认为是达尔文所说的**自然选择**（natural selection）的结果，即在进化过程中，与缺乏这些适应性行为特征的鸟相比，具有“适应性”行为基因的鸟更可能生存下来，并把基因传给下一代。然后过了一代又一代，决定适应性行为的基因将在该物种中普及，几乎成为该物种所有个体成员的特征。

因此，习性学家集中研究先天或本能的反应，这种反应是：(1) 种族成员所共有的；(2) 它们指引个体沿着相似的路径发展。我们如何研究这些适应性行为及其对发展的意义？为什么人类习性学家总是偏好研究自然情境中的个体？很简单，因为他们认为，只有在人或动物赖以发展并日渐适应的自然环境中进行观察，才能更好地查明并理解那些塑造了人或动物发展过程的先天属性（Hinde，1989）。

## 习性学与人类发展

我们很容易在动物中观察到促进生存的本能反应，但人类会真正显示这类行为吗？如果显示，那这些先天的程序性反应又怎样影响人类的发展呢？

人类习性学家，如约翰·鲍尔比（1969，1973）认为，儿童会表现出各种各样的程序性行为，并且每种反应相应地促成一种特定的经验，这种经验帮助个体正常地生存和发展。比如，人类婴儿的哭泣被认为是一种天生的能使养育者迅速赶来的“痛苦信号”。人们认为婴儿用大声哭喊来传递他们的不适，人类学家认为养育者也偏好于对此类信号做出反应。因此，婴儿哭喊声的适应性意义在于：(1) 确保婴儿的基本需要（如饥、渴、安全）得到满足；(2) 确保婴儿通过建立社会情感依恋，与其他人充分接触，进而形成人际联系（Bowlby，1973）。

尽管习性学家极力批评学习理论家对人类发展的生物基础的忽视，但他们也很清楚，没有学习，人的发展不会有很大进步。例如，婴儿的啼哭可能是一种增强人际接触的本能信号，这种信号促使人类的情感依恋出现。但是，这些情感依恋并不是简单地自动发生的。在婴儿对一个经常照看他的人表现情感依恋行为之前，他必须首先学会从其他陌生面孔中辨别出熟悉的面孔。据推

**图片 3.1**　啼哭是吸引养育者注意的痛苦的信号。

测，这种适应性的区分学习的意义，可以追溯到人类进化历史中游牧部落居无定所、没有房子的那个时期。当时，婴儿依赖亲人、害怕陌生人是相当重要的，如果他面对一张陌生面孔而不哭泣，就很容易成为野兽猎食的目标。

68 从另一方面来看，自身承受各种生活压力（如长期病痛、抑郁、不幸的婚姻，甚至孩子特别任性）的一些养育者可能忽视婴儿，婴儿的啼哭很少引起他们的注意。这种婴儿不可能与养育者形成强烈的情感依恋，而且在将来会很害羞，对他人的情感反应很淡漠（Ainsworth，1979，1989）。这些婴儿从其早期经验中获得的信息是，他最亲近的人不可靠、不可信。因此，他可能变成混乱型婴儿，怀疑养育者，而且以后也可能认为其他人（如老师、同伴）同样不可信，尽量避而远之。

个体的早期学习经验有多重要呢？像弗洛伊德一样，习性学家认为学习经验非常重要。他们认为，许多特征和行为的发展都有一个“关键期”。关键期是生命过程中很短的一个时期，期间正在发展的机体对特定的环境影响非常敏感并做出反应。非关键期期间，同样的环境事件或影响对个体的发展就没有持久效应。尽管关键期的概念似乎确实能解释动物发展的某一方面，如雏鸟的印刻行为，但许多人类习性学家认为，用敏感期这一术语描述人类发展更准确些。**敏感期**（sensitive period）是指特定能力或行为出现的最佳时期，在这一时期，个体对环境影响相当敏感。与关键期相比，敏感期的时间界定并不十分严格，或者说很难进行确切地界定。某种发展很可能不在敏感期内出现，因而想促进其发展就显得更困难。

一些习性学家认为，生命的前三年是人类社会性、情感依恋发展的敏感期（Bowlby，1973）。在前三年里，我们很容易形成亲密的情感联结，如果在此期间我们很少或者没有机会形成情感联结，以后我们会发现，结交一个亲密朋友，或跟他们建立亲密的情感联结很困难。显然，对人类情感生活来说，这是一个既耐人寻味又有争议的观点，我们将在第 5 章详细考察这种早期社会性及情感发展的长期影响。

总之，习性学家很清楚地认识到，早期经验对我们的影响很大，但是这又提醒我们，人生来就是有遗传天性的动物，与生俱来的很多特征会影响我们的各种学习经验。

## 现代进化论

像习性学家一样，现代进化理论的倡导者也对描述自然选择如何使我们形成适应性特质、动机和行为感兴趣。但是，进化理论家对进化过程做的假设与习性学家不同。回想一下习性学观点，它认为先天的适应性行为保证了个体的生存。现代进化论者则不这样看，他们认为，先天的、适应性动机和行为确保的是个体基因的存活和延续。这看上去只是略有区别，但却是很重要的区别。一位父亲在火灾中救了自己的四个孩子，而自己却不幸被烧死，习性学家很难解释这个人的牺牲现象，因为父亲的无私不可能使他自己活下来。但进化论者认为，父亲的动机和行为是高度适应性行为，为什么呢？因为他的孩子们携带有他的基因，而且四个孩子比他自身有更多的机会去繁殖下一代。因此，从现代进化论观点来看，父亲的行为确保了其 69
基因（或者确切地说，携带其基因的孩子们）的生存和延续，即使他死于火灾也在所不辞。

让我们来看看人类进化历史怎样导致了人类在婚配偏好方面的性别差异（Buss，1995）。一般来说，男性一生中会生成上亿个精子，相对于卵子来说，这已相当充足。因此，如果男性想要延续并保持他们的基因，那么从进化论来看，他们通过使许多女人受精来迎合这种无意识的生物性动机是合理的。此外，男人应该寻找年轻、有吸引力的伴侣，因为这样的女人具有繁殖力、性感，容易生育后代。女人们应该和男人一样对保存自己的基因和延续后代感兴趣。但是女人只能生育很少的后代，而且她对后代的投资相当大（必须抚养、哺育、教育子女），她会更倾向寻找一个有资源（如财富、权力）并且心理健康（如善良、有爱的能力）的男性，以资助她保护和养育自己的孩子。

有趣的是，男人和女人的择偶偏好真的证实了上面的说法。与女性相比，全世界的男性都更愿意寻找年轻的、有吸引力的配偶，而女性则更愿意寻找年龄稍大，对她有感情的资源充裕的善良男性（Buss，1995；Myers，1999）。因此，现代进化论者认为，保护和最大化我们遗传给子孙后代的基因数这一无意识动机能够很好地解释择偶偏好的性别差异。（当然，也可能有其他解释。作为一个练习，你可以试着用本章或前面几章的理论来解释这一现象）。

还有另一种观点：与其他物种相比，人类发育较慢，在相当长的一段时间里都处于不成熟中，需要他人的照顾和保护。现代进化论者把这种较长的不成熟期看做

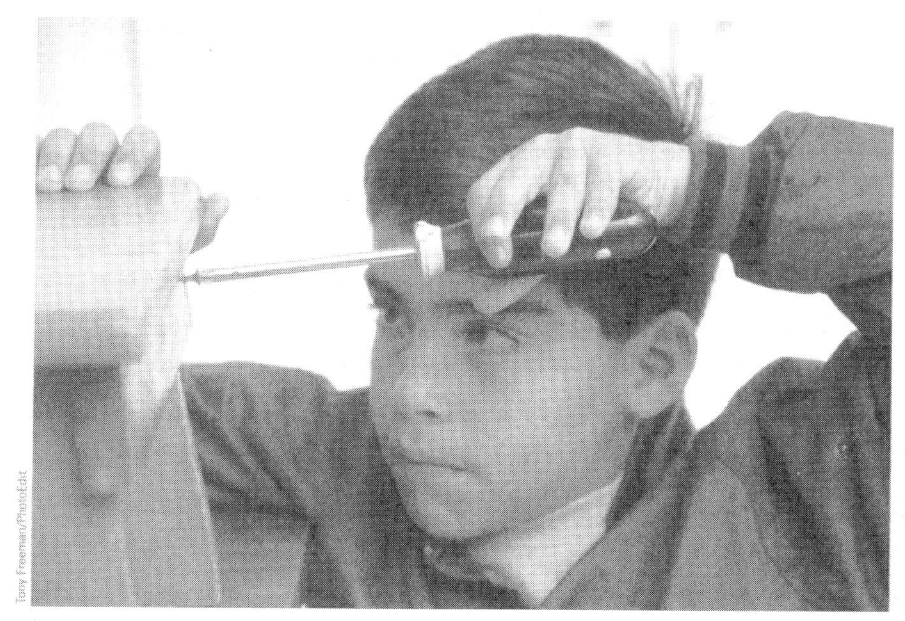


**图片 3.2**　人类的成熟比其他动物缓慢得多，其进化优势在于使人能学会很多身体技能、动作技能、认知技能和社会技能，以创造他们所需的环境。

70 一个必经的进化适应过程。与其他物种相比，人类必须靠智慧生存。因而拥有一个大容量的、功能强健的大脑，这本身就是一种进化适应，人类利用工具来改造周围环境以满足自己的需要。他们也用复杂的规则和社会习俗来创造文化，每一代人必须学会这些规则和习俗，以便在社会系统中生存繁衍。因此，较长的发展期，由成人（尤其是热衷于保护和遗传自己基因的有血缘关系的亲戚）提供保护，是具有适应性的，这使青年一代获得所需的各种身体能力和认知能力、知识及社会技能，成为现代人类文化中富有创造力的成员（参阅 Geary & Bjorklund，2000；Bjorklund & Pellegrini，2002，了解更多关于人类较长成熟期的适应性价值）。

## 进化论的贡献及对其的批评

如果这本教材写于 1974 年，它就不会包含进化论的观点了。虽然习性学早在 20 世纪 60 年代便已形成，早期的习性学家也对动物行为进行了研究，但只是在最近二三十年里，习性学或现代进化论的倡导者才尝试把进化论观点用于解释人类发展，而且他们的许多假设仍然被认为是推测性的（Lerner & von Eye，1992）。尽管如此，进化论观点的支持者已经为发展心理学做了很重要的贡献，它使我们认识到每个儿童都是一个生物性个体，生来具有许多适应性的、遗传决定的程序性特征，这些特征将会影响其他人对该儿童的回应，因而促进儿童的发展。此外，习性学家在方法论上也做出了重要贡献，他们向我们展示了以下方法的价值：（1）在自然的、日常的环境中研究人类发展；（2）把人类的发展同其他物种的发展作比较。

我们将在第 5 章详细讨论一个非常复杂的习性学观点：婴儿是先天的社会性生物，他们自从出生之日起就具有相当强的促进和维持社会关系的能力。这个观点同行为主义和皮亚杰的自我中心论的观点形成强烈对比，行为主义者把新生婴儿的心理描述为白板，皮亚杰认为“非社交性”的婴儿只带着少数几种基本反射能力来到这个世界。进化论者也认为人类以某些方式进化，这些方式预先安排了我们将发展和显示一些亲社会动机，如**利他性**（altruism），这种利他性有助于社会公益，并使我们和谐地生活、工作。专栏 3.1 介绍了一些观察研究，它们表明利他行为的某些方面是有生物学基础的。

有人批评进化论的方法就像精神分析理论一样，我们很难对其进行测量。我们如何证明各种动机、特殊习惯和行为是天生的、适应性的或者说是进化历史的产物呢？这些问题很难被证实。哈佛大学古生物学家斯蒂芬·杰伊·古尔德（Stephen Jay Gould，1978）批判道，所有的进化论者都在用“假想的故事”来解释各种形式的社会行为如何因其适应性价值而被自然选择。假想的故事是一种听起来合理，实际上也可能正确，但没有实证支持的说法（专栏 3.1 对群体背景下利他性的解释可以看做是一种假想故事）。这对于自身缺乏实用科学模型的重要特征、那些容易把自己转借到假想故事名下的理论是一种强烈的批判，实用科学模型不可能是伪造的。进化论

## 专栏 3.1　研究聚焦

### 利他是人类本性的一部分吗

达尔文的“适者生存”观似乎反对利他是一种天生的动机。许多人把达尔文的观点解释为，那些把自己的需要置于他人需要之上且有能力、能自理的个体最有可能生存下来。果真如此的话，进化过程将选择自私、利己主义动机作为人类天性的基本组成部分，而非利他主义。

马丁·霍夫曼（Hoffman，1981）向这一观点提出了挑战，列举了数个理由来表明“适者生存”的概念实际上意味着利他行为。他的观点基于这样的假设：只有人类的遗传基因使人具有社会外向性且与合作性的社会群体共同生活，人类才能躲避天敌，并满足自己的基本需要。如果这一假设成立，那些合作、利他的个体将最有可能活得长久并将“利他基因”遗传给后代。而离群索居的个体将死于饥荒，被猛兽吃掉，或死于其他无法单独应对的自然灾害。这样，经过几千代之后，自然选择就促使人类形成了利他这种天生的社会性动机。也许，“社会性”所具有的巨大生存价值使利他、合作以及其他社会性动机比竞争、自私等更可能成为人类本性的成分。

争论婴儿是否会自发地帮助别人显然很可笑。然而霍夫曼认为，即使刚出生的婴儿也能够识别并体验他人的情绪。这种能力，也就是**共情**（empathy，也译作“同理心”），被认为是利他的一种重要特质，因为一个人在提供帮助之前必须识别出他人正体验到压力。所以霍夫曼认为，至少共情这一利他的先决条件在婴儿呱呱坠地时就已出现。

霍夫曼的观点建立在一项实验（Sagi & Hoffman，1976）基础之上。在实验中，让出生不到 36 个小时的婴儿听：(1) 另一个婴儿的哭声；(2) 电脑模仿的婴儿啼哭；(3) 什么也不听（一片寂静）。听真实哭声的婴儿很快也哭起来，并表现出踢打等激烈的身体反应，还扮鬼脸。听模拟哭声和什么也没听的婴儿的反应则较少，他们似乎并没有感到不安。（马丁和克拉克于 1982 年做的另一项研究也证实了以上发现）。

霍夫曼认为，人类的哭声有自己的独特性，那些听到其他婴儿的啼哭并且体验到对方压力（即与之产生共情）的婴儿也会有压力感。当然，仅凭这一发现还不能下定论说人利他是出于本性。但它确实表明共情能力在出生时就有所表现，并为利他行为的发展提供了生物基础。

---

也被批判为事后追溯或对发展的“事后”解释。我们很容易运用进化概念来解释已经发生的事情，但这些理论能够预测将来发生的事情吗？许多发展研究者认为它们不能。

其他理论（尤其是社会学习理论）认为，即使某些动机或行为的基础是生物性的， 71
这些先天反应也会很快因学习而改变，所以花费大量时间去考虑它们先前的进化论意义是无益的。一些受基因影响的很强的属性也很容易因经验而改变。比如，与别的鸟类叫声（如鸡）相比，小鸭更爱听母鸭的叫声，习性学家说这种行为是天生的、适应性的，而且是野鸭进化的产物。吉尔伯特·高特莱（Gilbert Gottlieb，1991）的研究显示，如果在小鸭从蛋壳里孵出之前给它们听鸡叫声，那么出生后，这些小鸭则爱听鸡叫。在这个例子中，小鸭出生前的经验胜过了先天遗传。当然，人类比鸭具有更强的学习能力，因此，许多评论家认为，在形成人类行为或特性的过程中，文化学习经验很快掩盖了先天进化机制。如阿尔伯特·班杜拉（Bandura，1973）在比较人类和动物的攻击行为时得出的结论：

> 人类［和动物不同］，人不靠听觉、身体姿势或嗅觉信号来传达攻击或和平意图。人有一套相当复杂的交流系统——语言——来控制攻击性。国家领袖能……更好地通过语言技巧来捍卫自身，以免遭受灾难性暴力，而不是通过咬牙切齿、怒发冲冠的方式来达到目的，尤其是一些高层领导人。

尽管受到了一些批判，进化论观点对发展科学来说也是相当有价值的。他们对生物过程的重视为学习理论过分偏重环境提供了一种健康的平衡砝码，而且他们也
72 使众多发展心理学家相信，应在行为发生的自然环境中寻求发展的原因。

现在让我们转向日益流行的第二种现代生物学观点——行为遗传学。

## 行为遗传学：个体差异的生物基础

近年来，许多学科的研究者提出一个问题：“是否某些能力、特质和行为模式非常依赖于人们所遗传的特定的基因组合？如果有，这些属性可能被个体经验所改变吗？”研究这一课题的学者被称为行为遗传学者。

在进一步考察**行为遗传学**（behavioral genetics）领域之前，我们先揭开一层神秘面纱。虽然行为遗传学者认为发展是一种过程，在此过程中，**基因型**（genotype）（个体所遗传的一组基因）被表达为**表现型**（phenotype）（个体可观察的特征和行为），但这些基因并非一成不变地被遗传下来。大多数行为属性是先天遗传倾向和后天环境影响长期而复杂地相互作用的结果。举个例子，如果在同样的环境中长大，一个携带有高个子基因的儿童几乎必定比那些携带有矮个子基因的儿童高。但是，如果前者在生命早期营养不良，而后者营养很好，那他们长大后的身高也许差不多。因此，行为遗传学家认为，即使像体型这类看起来受遗传因素影响极强的属性，也常常因环境影响而改变。

行为遗传学家与习性学家、现代进化论者都对发展的生物性基础感兴趣，那他们有何不同呢？答案相当简单。如前所述，进化论观点的支持者研究某一物种中所有成员共有的、使其彼此相像的属性（也就是关注导致共同发展结果的属性）。相比之下，行为遗传学者集中关注某一物种内成员间变异的生物学基础。他们主要考察人们通过遗传获得的独特基因组合怎样形成个体之间的差异。现在让我们看看他们所用的研究方法。

## 估计遗传影响的方法

行为遗传学者主要用两种方法来估计遗传对行为的影响：*选择性育种*和*家庭研究*。每种方法都试图查明各种属性的**遗传力**（heritability）——考察由遗传因素所引起的某种特质或行为的差异量。

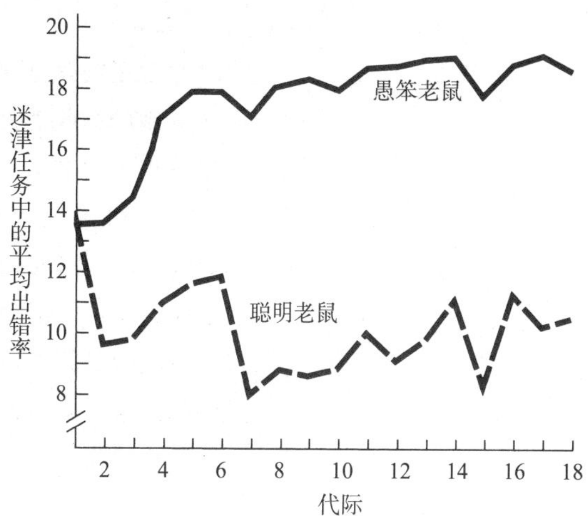


**图 3.1**　近亲繁殖的聪明老鼠和愚笨老鼠在 18 代繁殖中走迷宫的成绩。（*资料来源*：Plomin et al.，2001.）

### 选择性育种

一些研究者通过巧妙地控制动物基因型来寻找各种行为属性的遗传因素，目的是试图“培养”这些属性。**选择性育种实验**（selective breeding experiment）的一个典型例子是特里昂（R. C. Tryon，1940）考察老鼠的迷津学习能力的实验。他先让许多老鼠走一个复杂的迷宫，犯错误少的老鼠被划分为“聪明型”，犯错误多的被划分为“愚笨型”。然后，在连续几代的繁殖中，他让聪明型和聪明型老鼠互相交配，愚笨
73 型和愚笨型老鼠互相交配。他还控制了老鼠生活的环境，以排除环境对迷津学习成绩差异的影响。如图 3.1 所示，在之后几代中，聪明鼠和愚笨鼠的迷津学习成绩的差异显著增大。显然，老鼠的迷津学习成绩受基因组合的影响。其他研究也用这种类似的选择性育种技术对老鼠、兔子、鸡等进行研究，证明基因对活动水平、情绪性、攻击性和性驱力等属性有影响（Plomin et al.，2001）。

**图片 3.3**　同卵双生子具有完全相同的基因型，因此是研究基因对人格和社会行为可能有多大影响的丰富资源。

### 家庭研究

因为人们不能很信服地接受选择性育种实验得出的结论，人类行为遗传学开始采用家庭研究法。在典型的家庭研究中，把生活在同一家庭中的人加以比较，看其在一种或几种属性上的相似程度。如果我们所探索的这些属性是可遗传的，那么生活在同一环境中的两个人应该因其**血亲关系**（kinship）（他们具有相同基因的程度）的远近而表现出不同程度相似性。

如今两种家庭（血亲关系）研究法比较常用。一种是**双生子设计**（twin design），或称**双生子研究**（twin study），这类研究提出的问题是：“在相同环境中长大的同卵双胞胎是否比相同环境下长大的异卵双胞胎在各种特性上都更相像？”。如果基因影响我们所讨论的属性，那么同卵双生子应该更相像，因为他们有 100% 的共享基因（相似性 = 1.00），而异卵双生子只有 50% 的共享基因

（相似性 = 0.50）。

第二种常用的家庭研究称为**收养设计**（adoption design），主要考察同收养家庭没有血亲关系的被收养儿。研究遗传影响的学者会问“被收养的孩子是跟与其拥有50% 共享基因（血亲水平 = 0.5）的亲生父母相似，还是跟与其拥有共享环境的养父母相似？”如果收养儿童和亲生父母在气质或人格上很相像，那么基因也必定对这类属性起决定作用，即使亲生父母并没有养育他们。

家庭研究也可以帮助我们考察环境对各种能力和行为的影响程度。例如，两个没
74 有基因关系的收养儿童在同样的家庭环境中长大。他们之间的血亲关系以及他们和养父母之间的血亲关系均为0。因此，没有理由认为这两个孩子很相像或同养父母很相像，除非共同的环境对所考察的属性有一定的影响。另外一种可用以推断环境影响的研究方式是，比较生活在同一家庭环境中的同卵双生子和生活在不同家庭环境中的同卵双生子。不管是在一起长大还是分开养育，同卵双生子的血亲关系均为 1，如果共同长大的双生子在某属性上比分开长大的更相像，我们便可推论环境对某属性有影响。

## 估计基因和环境的影响

行为遗传学者凭借一些合理而简单的数学运算来检验：（1）是否一种特质受遗传影响；（2）遗传与环境在多大程度上可以解释个体在某特质上的差异。当研究一个人是否表现出某种特质（如吸毒或临床抑郁症）时，研究者计算和比较**一致率**（concordance rate）——两个人（如同卵双生子和异卵双生子，父母和他们的养子女）中一人显示该特质时，另一人也显示该特质的百分比。假设你想考察男性的同性恋是否受遗传影响，你可能要研究双生子中的男同性恋，不管是同卵双生子还是异卵双生子，追踪他们以确认是否都是同性恋。如图 3.2 所示，在这类研究中，同卵双生子的一致率相当高（56 个同性恋同卵双生子中有 29 个其兄弟也是同性恋），而异卵双生子的一致率较低（54 个同性恋异卵双生子中有 12 个其兄弟也是同性恋）。这证实了基因型确实对男性的性取向有影响。但是因为同卵双生子在性取向上并不是完全一致，我们也可推论经验（即环境影响）必定也影响他们的性取向，尽管他们具有相同的基因。

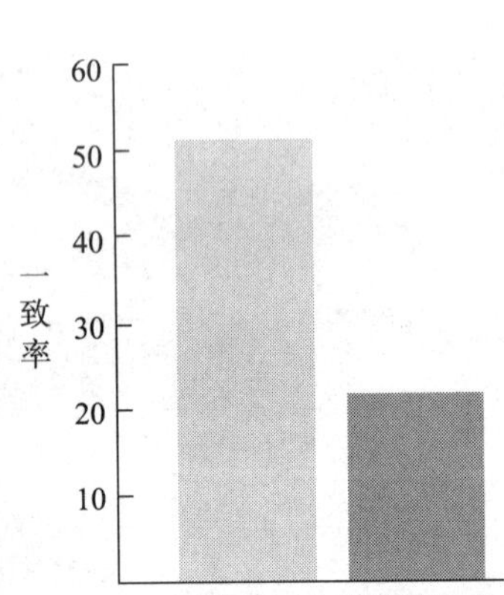


**图 3.2** 110 名男性双生子中同性恋的一致率。根据同卵双生子之间的高一致率，我们可以推断基因影响性取向。但只有一半同卵双生子表现出一致，也表明环境特征影响到性取向。（资料来源：Adapted from Bailey & Pillard，1991.）

对那些可以用数值来衡量的连续特质（如攻击性、智力），行为遗传学家通过计算相关系数来估计遗传的影响，而不用一致率。比如，在一项关于 IQ 的研究中，用相关系数描述双生子的 IQ 分数是否有系统的相关。相关度越高，表示 IQ 值越接近，即如果双生子中一个聪明，另一个也聪明；一个愚笨，另一个也愚笨。

如前所述，行为遗传学研究总是告诉我们基因和环境共同影响发展。这一点很容易被证实，有人对 112 942 对儿童、青少年或成人的智力分数（IQ）进行家庭研究，结果如表 3.1 所示。我们将关注双生子（包括同卵双生子和

异卵双生子）之间的相关系数，用以说明行为遗传学家是如何估计三种因素如何造成个体智力成绩方面的差异。

### 基因影响

表 3.1 中很清楚地显示了基因对 IQ 的影响。基因上更相近的一组人其 IQ 相关更高，当两者是同卵双生时，相关度最高。但是，遗传的影响到底有多大呢?

行为遗传学家用统计技术来计算某一遗传特质的变异量。这个指数叫做**遗传力系数**（heritability coefficient），用如下两个双生子的数据来计算：

$$H = (r_{\text{同卵双生}} - r_{\text{异卵双生}}) \times 2$$

该公式表示：某属性的遗传力等于同卵双生子相关系数与异卵双生子相关系数 75
之差的两倍（Plomin，1990）。

现在来看基因对个体智力分数差异的影响。根据表 3.1 中一起抚养的双生子数据，我们可作这样的估计：

$$H = (0.86 - 0.60) \times 2 = 0.52$$

该结果表明，IQ 的遗传力为 0.52，从 0（完全不遗传）到 1（完全遗传）的尺度量表来说，该值处于中间位置。我们可以得出结论，在这些共养双生子中，遗传因素对 IQ 分数的影响处于中等水平。但是，似乎这些人在该特质上的大多数差异是受非遗传因素影响的，即受环境影响，同时也说明我们在测量该特质的时候可能有误差（没有完美的测量）。

有趣的是，根据表 3.1 中的数据，我们也可以计算两种环境影响的大小。

**表 3.1**　由包含四种相似性水平的家族研究得到的智力测验分数的平均相关系数

| 血亲关系（相似性） | 一起抚养（在同一个家庭） | 分开抚养（在不同家庭） |
|---|---|---|
| 没有亲缘关系的兄弟姐妹（相似性 = 0.00） | +0.34 | –0.01[a] |
| 收养父母与收养子女（相似性 = 0.00） | +0.19 | — |
| 异父（或异母）的兄弟姐妹（相似性 = 0.25） | +0.31 | — |
| 生父母与子女（相似性 = 0.50） | +0.42 | +0.22 |
| 同胞兄弟姐妹（相似性 = 0.50） | +0.47 | +0.24 |
| 双生子 | | |
| 异卵双生（相似性 = 0.50） | +0.60 | +0.52 |
| 同卵双生（相似性 =1.00） | +0.86 | +0.72 |

[a] 表示随机选取的分开抚养的没有亲缘关系的兄弟姐妹间的相关。

资料来源：From Bouchard & McGue，1981.

### 非共享环境影响（NSE）

这是一些个体所独有的经历，和其他家人不一样的生活经验，它们使家庭成员之间互不相同（Rowe & Plomin，1981；Rowe，1994）。在表 3.1 中**非共享环境影响**（nonshared environmental influence）体现在哪里呢？我们看到，一起长大的同卵双生子的 IQ 分数并不完全一样，他们的基因完全相同，且在同一个家庭环境中长大，但其相关系数为 0.86。这个相关很高，却还是小于完全相关 1。因为同卵双生子基因相同且在同一家庭环境中长大，所以一起长大的同卵双生子的差异必定是由于他们经验的差异造成的。他们可能受到朋友的不同对待，也可能双生子中的一个人喜欢智力测验和其他智力游戏，另一个不喜欢。既然一起长大的同卵双生子差异的唯一影响因素是他们的不同经验，我们就可以用以下公式计算非共享环境的影响（Rowe & Plomin，1981）：

$$NSE = 1 - r\text{（共养同卵双生子）}$$

76 所以非共享环境对个体 IQ 差异的影响率（即 1 – 0.86 = 0.14）是可以测量到的，尽管很小。我们将会看到，非共享环境对其他属性，尤其是人格特质有很大的影响。

### 共享环境影响（SE）

共享环境是生活在同一家庭环境中的人们共同享有并促使他们彼此相似的一些经验。表 3.1 显示，无论同卵双生子还是异卵双生子（还包括没有亲缘关系的个体），在一起生活比分开生活的孩子在智力上显示出了更大的相似性。生长在同一个家庭可能提高儿童的智力相似度，这可能是因为父母对所有孩子给予同样的关注模式，并采用几乎相同的方法来促进孩子们的智力发展（Hoffman，1991；Lewin et al.，1993）。

计算**共享环境**（shared environment）对某一特质影响的公式如下：

$$SE = 1 - (H + NSE)$$

这一公式显示：共享环境对某一特质的影响等于 1（该特质的总变异）减去遗传变异率（$H$）和非共享环境影响（NSE）。我们发现 IQ 的遗传变异率在共养双生子例子中为 0.52，非共享环境影响率为 0.14，因此共享环境对个体 IQ 差异的影响率［SE = 1 –（0.52 + 0.14）= **0.34**］是中等的、有意义的。

还要注意，虽然遗传力系数对计算基因对人的各种特质之影响是有意义的，但这些统计数字有时是很难理解的，容易产生混淆和误解。在专栏 3.2 中，我们将进一步考察遗传率能告诉我们什么，不能告诉我们什么。

## 专栏 3.2　当前的争论

### 关于遗传力估计的常见误解

遗传力系数是一个有争议的统计值，人们对它了解不多且经常误用。其中最大的误解是人们认为遗传力系数能告诉自己是否遗传了某种特质。这种理解是不正确的。当谈到某种特质的遗传力时，我们是指人们在该特质上的差异与所遗传的基因差异之间的相关程度（Plomin，1994）。为了说明可遗传并不是天生就有，请想想我们每个人天生都有两只眼睛。你同意吗？但是眼睛的遗传力却是 0，因为每个人都有两只眼睛，在“有眼睛”这件事上没有个体差异（除了某些环境事件的影响，如意外事故）。

在解释遗传力系数时，我们必须认识到，对遗传力的估计仅适用于群体而不针对个体。如果你研究了许多 5 岁双胞胎儿童的身高，并估计身高的遗传力系数为 0.70，你可能是指 5 岁儿童身高差异的最主要原因在于他们拥有不同的基因。由于遗传力系数对每个个体并不能说明什么，所以下这样的结论：0.70 的遗传力系数表明弗雷迪・珍妮有 70% 的身高是遗传的，另外 30% 反映了环境的影响，这显然是不正确的。

我们也应注意，遗传力估计仅用于在某种特定的环境背景下，某一特定群体中的个体所表现出来的某一特质。当用于不同环境中长大的群体时，遗传力系数有着本质的差别。比如，设想我们把一群同卵和异卵双生子放在穷困的孤儿院里抚养，他们每人的小床周围都有围栏，不让他们看见其他婴儿和成人照料者，不让他们之间有社会性接触。以往的研究（第 5 章将会讲到）发现，如果测量这些婴儿的合群性，我们将会发现他们之间稍微有些差异，而从本质来看，这些婴儿整体上比普通家庭抚养大的孩子缺乏合群性。从其早期环境中社会刺激的匮乏，我们可以顺理成章地推出这一结果。但是，由于这些双生子经历了同样的剥夺环境，他们在合群性上表现出细微差异的唯一原因就是他们先天遗传倾向的差异。在这一样本中，合群性的遗传力系数实际上可能接近 1.0——远高于研究在家里抚养大的孩子时所发现的系数 0.25~0.40（Plomin，1994）。

最后，人们总是假定受基因影响的特质不会因环境影响而改变。这也是一个错误的假设！比如在第 5 章我们将看到，孤儿院婴儿的社交抑郁可以通过把他们安排在积极反应的充满社会性刺激的收养家庭里而得到根本性改变。假设可遗传的东西不能改变（就如一些批评家针对社会性和智力低下者所下的定论）就是在犯一个潜在的令人遗憾的错误，这个错误也是由于人们对遗传力系数的含义存在着普遍的误解造成的。

总之，“可遗传的东西”与“天生就有的东西”不是一回事，因不同群体和不同环境而变化的遗传力估计也无法告诉我们关于个体发展的信息。虽然遗传力估计对于确定人们在某些特质上表现出的差异是否具有遗传基础是有用的，但它并未提供关于儿童发展变化的信息，也不应被用来作为制定公共政策的依据，从而约束儿童发展或损害其利益。

## 遗传对人格和心理健康的影响

心理学者一般会认为，构成人格的相对稳定的习惯和特质是由环境塑造的，但是家庭研究和其他追踪研究却揭示出，人格的许多核心维度是受基因影响的（Loehlin，1992；Plomin，1994）。例如，**内向和外向**（introversion / extroversion）（表示人的害羞、退缩、交往局促程度以及对外和社交程度的特质）像 IQ 一样显示了中等遗传水平（Martin & Jardine，1986）。

另一个可能受遗传影响的重要属性是**共情关注**（empathic concern）。共情能力高的人能认识到他人的需要并关注他人的幸福。在专栏 3.1 中我们已经看到，新生儿听见其他婴儿的不安反应，自己也会变得不安。这一发现显示，共情能力可能是天生的。但是共情关注的个体差异有生物学基础吗？

确实有。早在 14~20 个月时，同卵双生子对不安同伴的关注已经显得比异卵双生子更相像（Zahn-Waxler，Robinson，& Emde，1992）。到了中年，即使同卵双生子已分开很多年，在共情能力的得分上仍然很相似（$r = 0.41$），而异卵双生子之间却不相关（$r = 0.05$），因此可以说这种属性是遗传特质（Matthews et al.，1981）。事实上，这项成人双生子研究的实施者注意到，“如果共情能促使利他动机，我们的研究将为利他行为的个体差异提供一种遗传性的基础（p. 246）”。

77 ### 基因的影响有多大?

遗传基因对人格的有多大影响？观察家庭成员之间的人格相似性就会得出一些
结论，如表 3.2 所示。与异卵双生子相比，同卵双生子在人格综合测验中更相像。如
果我们用双生子的数据来估计基因对人格的贡献率，就可以得出结论说，许多人格
78 特质有中度的遗传（如该例中 $H = 0.40$）。当然，中等遗传率的意义还表示人格也受
环境因素的强烈影响。

### 环境影响人格的哪些方面？

传统上，发展研究者认为人们所共享的家庭环境对人格的形成有很大影响。现在我们再来看看表 3.2，看我们是否能用这一逻辑发现一些问题。例如，我们注意到，没有基因联系的个体，即使生活在同一家庭环境中，他们在综合人格测验中也几乎不相像（$r = 0.07$）。因此，家庭成员所共享的家庭环境的诸方面对人格发展的影响必

**表 3.2** 三种血亲水平的家庭成员的人格相似性

| | 血亲水平 | | | |
|---|---|---|---|---|
| | 1.00（同卵双生子） | 0.50（异卵双生子） | 0.50（非双生兄弟姐妹） | 0.00（同一家庭养育的无血缘关系的兄弟姐妹） |
| 人格属性（几种人格特质的平均相关） | 0.50 | 0.30 | 0.20 | 0.07 |

资料来源：J. C. Loehlin, “Fitting Heredity-Envionment Models Jointly to Twin and Adoption Data from the California Psychological Inventory.” *Behavior Genetics*, 1985, 15, 199-221. Also J. C. Loehlin & R. C. Nichols, *Heredity, Environment, and Personality*. Copyright © 1976 by the University of Texas Press.

定不大。

那么环境怎样影响人格呢？根据行为遗传学家（David Rowe，Robert Plomin，1981，Rowe，1994）的观点，对人格影响最大的是*非共享环境*，是它造成了个体之间的*差异*。在一个普通家庭中有许多非共享经验。如父母常常以不同方式教养儿子和女儿，对待第一个孩子与之后孩子的方式也不同。同胞由于接受了不同的教养方式，他们会经历不同的环境，这种环境将会增加他们在人格的许多方面的差异程度。同胞之间的互动提供了另一种非共享资源。例如，年长的孩子习惯支配年幼的弟妹，这种家庭经验使年长的孩子可能逐渐变得自信和有支配欲。但是对于年幼的孩子来说，这是一种支配性环境，可能促成他消极、容忍和合作等人格特征的发展。

**非共享环境影响的测量**　怎样测量非共享环境的影响呢？丹尼斯·丹尼尔斯及其同事（Daniels，1986；Daniels & Plomin，1985）曾经用一个简单的方法，询问一对一对青少年期的兄弟姐妹，父母和老师对待他们的态度是否不一样，在生活中是否经历过其他不一样的经历（如，在同伴中受欢迎程度不同）。结果发现，兄弟姐妹们确实报告了一些差异，重要的是，他们所报告的父母教养方式和其他经历越不同，他们的人格特征越不相似。尽管诸如此类的相关研究没有证实经验的差异*导致*人格差异，但研究确实表明，对发展影响最大的环境可能是非共享经验，它们对每个家庭成员是唯一的（Dunn & Plomin，1990）。

人们难免会问：兄弟姐妹之间有不同的经验，是因为他们有不同的基因吗？换一种方式来说，儿童的基因特征可能影响其他人对他们的反应吗？如与一个没有多大魅力的哥哥相比，一个外表可爱的弟弟更容易被父母和同伴们区别对待吗？尽管基因确实在某种程度上对兄弟间的个体差异有影响（Baker & Daniels，1990；Pike et al.，1996；Plomin et al.，1994），然而我们有充分的理由相信，每个人的高度个人化、唯一化的环境，不完全来自不同的基因。对此我们从何而知呢？

最重要的线索来自同卵双生子研究。因为同卵双生子的基因型完全匹配，他们之间的任何*差异*必定是由于非共享环境的影响。确实，同卵双生子报告了环境的差异，这些差异对他们的人格和社会适应有重要意义。例如，最近的研究发现，如果双胞胎中的一个受到父亲或母亲的优待（NSE），或者同老师建立了亲密的联系（NSE），那么与他的双胞兄弟或姐妹相比，他就会较少表现出情感上的不安（Crosnoe 79
& Elder，2002）。父母对待同卵双生子的方式越不同，他们在人格和社会行为上越不相似（Asbury et al.，2003）。很明显，这些非共享环境影响不能归于双生子的基因差异，因为同卵双生子有相同的基因型！这就是为什么计算非共享环境影响的公式（$1 - r_{\text{一起抚养的同卵双生子}}$）是有意义的，因为它是以环境影响为基础，而不是以基因影响为基础的。

基于这些事实，我们回过头来看表 3.2。你会发现同卵双生子在许多人格特质上的平均相关只有 0.50，这表示同卵双生子在某些方面相像，而在其他方面不像。用公式来计算 NSE（1 – 0.50 = 0.50），它表明非共享环境对人格的影响很大，至少和基因一样。

总之，家庭环境对人格的影响确实很重要，但这并不仅仅是因为它对所有家庭成员有一种标准影响，使他们很相像。确实，在许多社会化的重要领域内，父母对待所有孩子的方式很像，而且对他们的教养也很相似（Hoffman，1991）。例如，父母常常示范并鼓励每个孩子遵循同样的道德观念、宗教和政治以及价值观。对这些和其他许多心理特征来说，共享环境对兄弟姐妹间相似性的影响力常常与基因的影响力同样重要，甚至更重要（Hoffman，1991，1994；Plomin，1990）。但是谈到许多其他基本人格特质的形成时，人们拥有的非共享经历（和基因的影响相比）对表现型的影响更大（Plomin et al.，2001；Reiss et al.，2000）。

## 遗传对行为失调和精神疾病的影响

心理疾病有遗传基础吗？基因是否决定了某些人的异常行为或反社会行为？在 30 年前这些观点看起来是荒谬的，但现在看来这两个问题的答案却十分肯定。

我们来看**精神分裂症**（schizophrenia）的证据，精神分裂是以逻辑思维、情感表达和社会行为严重紊乱为特征的一种精神病，它一般出现在青少年后期或成年早期，几项双生子精神病研究表明：同卵双生子之间平均有 0.46 的患病一致率，而异卵双生子只有 0.14 的一致率（Gottesman & Shields，1982）。此外，亲生父母是精神分裂症的孩子，即使在早期被另一个家庭收养，他们患精神分裂症的风险仍然很高（Loehlin，1992）。这些研究是精神分裂受遗传影响的有力证据。

近年来，遗传对一些异常行为和状态（如酗酒、犯罪、违规、抑郁、亢奋、燥狂症和精神错乱）的影响也越来越明确（Baker et al.，1989；Plomin et al.，2001；Rowe，1994）。现在，你的近亲中可能有人被诊断为酗酒、神经病、躁狂症或精神分裂症，但这并不表示你或你的孩子会出现这些问题，有精神分裂症的父母所生的孩子中，仅有 5~10% 被确诊为精神分裂症。一对同卵双胞胎中即使有一个患严重精神分裂，另一个也只有一半的可能会患精神分裂，而对于其他的这类心理疾病，可能性仅为 0.5%。

既然同卵双生子在精神病和行为失调方面常常不一致（即不相像），那么环境必定是这些问题的非常重要的贡献者。换句话说，人们并不是遗传了行为失调症，而
80 是遗传了出现这种病的或行为失调模式的先天倾向。即使当一个儿童的家族史表明，这种由基因决定的先天倾向性可能存在，也要由一种或更多的压力情境（如拒绝型父母、学业上的一次或多次失败、父母离婚造成家庭破裂）来引发这种失调（Plomin & Rende，1991；Rutter，1979）。这些后来的发现让我们有理由相信，可能在某一天，很多遗传病的预防会变成可能，而我们需要：（1）研究更多的引发这些病症的潜在环境因素；（2）努力研发预防或治疗技术，这将会帮助“高危”发病人群在面临环境压力时能维持情绪稳定。

## 遗传和环境共同影响发展

在回顾了一些文献，学习了行为遗传学怎样估算遗传对各种特质的影响之后，我们可以明确，遗传和环境都以一种重要的方式影响我们的认知能力、人格和心理健康。但它们是怎样影响的呢？从上面的讨论中，你可能会得出这样的认识：遗传和环境是相互独立的影响源，这很像 35 年前所描述的那样，而那时发展研究者们正陷于天性对教养之争。今天，行为遗传学家们认为，基因确实会影响我们可能经历的环境类型（Plomin et al.，2001；Scarr & McCartney，1983）。它的影响至少有以下三种方式：

### 被动基因型与环境之间的相关

根据桑德拉·斯卡尔和凯斯琳·麦卡特尼（Sandra Scarr& Kathleen McCartney，1983）的观点，父母为孩子提供的家庭环境部分地受父母自身基因型的影响。因为父母也为孩子提供基因，所以，孩子所生存的环境与他们自身的基因型是相互关联的（很可能是匹配的）。

举个例子来说明**被动基因型－环境相关**（passive genotype/environment correlations）的作用。先天具有运动员素质的父母可能会营造一种运动型的家庭环境，他们鼓励孩子玩运动型游戏，参加体育运动。孩子除了在运动型环境中被养育之外，也可能遗传了其父母的运动型基因，这使他们对运动型教育环境非常敏感。因此，运动员父母的孩子可能因遗传和环境的共同影响而喜欢运动，而且这两种影响紧密相连。

### 唤起基因型与环境之间的相关

我们前面指出，非共享经历对人格的影响很大，它使个体之间产生差异。儿童所经历的环境有差异，是源于他们遗传了不同的基因，从而诱发了同伴的不同回应吗？

斯卡尔和麦卡特尼（Scarr & McCartney，1983）提出的**唤起基因型－环境相关**（evocative genotype/environment correlations）假定，儿童遗传到的一些特征会影响别人对他们的行为。例如，爱笑的、主动的婴儿比忧郁、消极的婴儿受到更多的注意和社会性刺激。老师更喜欢漂亮的学生，而不喜欢相貌平凡的学生。很显然，别人对儿童的反应（和对儿童遗传特征的反应）是环境影响，它们在儿童人格的形成过程中起着重要作用。于是我们再一次看到了遗传和环境的共同影响：遗传影响人格发展所依赖的社会环境特征。

### 主动基因型与环境之间的相关 81

斯卡尔和麦卡特尼还提出，儿童所偏好和寻找的环境是那些与他们的遗传素质最协调的环境。比如，一个生来外向的孩子经常邀请朋友到自己家，热衷于社交聚会，喜欢参与社会性活动。相比之下，一个生性羞涩、内向的孩子可能尽力避免大型社交聚会，而选择一些诸如收集纸币等可以单独进行的活动。因此，**主动基因型－环境相关**（active genotype/environment correlations）是指，具有不同基因型的人会为自己选择不同的“环境场所”，这些场所对他们将来的社会性、情感和智力发展有很大影响。

### 基因型与环境的相关怎样影响发展

根据斯卡尔和麦卡特尼（Scarr & McCartney，1983）的观点，主动、被动和唤起基因型影响的相对重要性在人的发展过程中会不断变化。在出生后的前几年中，婴儿、学步儿和学前儿童不能随便去邻居家，不能随意选择朋友和创建环境。他们的大多数时间处在父母为其创建的家庭环境里，因此被动基因型和环境的交互影响在生命早期十分重要。但是一旦儿童到了入学年龄，离开家而参与到学校生活中，他们突然间变得更自由，可以自由地选择自己的兴趣、活动、朋友和穿着。因此，随着儿童的成长，主动基因型和环境创建的交互起着越来越大的作用（见图 3.3）。最后，唤起基因型与环境的交互作用一直都很重要，因为人的遗传特征和行为方式终身都会影响他人对自己的反应。

如果斯卡尔和麦卡特尼的理论有可取之处的话，那么基本上所有的兄弟姐妹（除了同卵双生子）都应该随着时间的推移越来越不相像，因为早年父母强加给他们相似的家教环境，后来他们开始自己积极选择不同的环境。这个观点确实有很多证据支持，生活在同一个家庭中的一对毫无血亲关系的收养儿童，在早期和童年中期确实显示出了一些行为和学业成绩上的相似性（Scarr & Weinberg，1978）。由于这些收养儿童之间的基因型不同，而且与养父母的基因型也不同，他们的相似性必定是因为他们共有的收养环境。而到青少年晚期，基因毫无关联的兄弟在智力和人格上便不再相像，这可能是因为他们各自选择了不同的环境，这种环境继而导致他们沿着不同的发展路径发展（Scarr & McCartney，1983；Scarr et al.，1981）。即使是基因型有 50% 相同的异卵双生子，在青少年期和成人期也不再像儿童期那样相似（McCartney，Harris，& Bernieri，1990）。很明显，异卵双生子的那部分不同基因使他们选择了不同的环境，随着时间的推移这种环境使他们越来越不相像。相比之下，同卵双生子一生中都表现出一些显著的相似性。同卵双生子不仅从他人那里获得相似的反应，而且相同的基因型也促使他们倾向于选择相似的环境（即朋友、兴趣和活动），这种环境继而对双生子产生相似的影响，使他们随着时间的推移一直

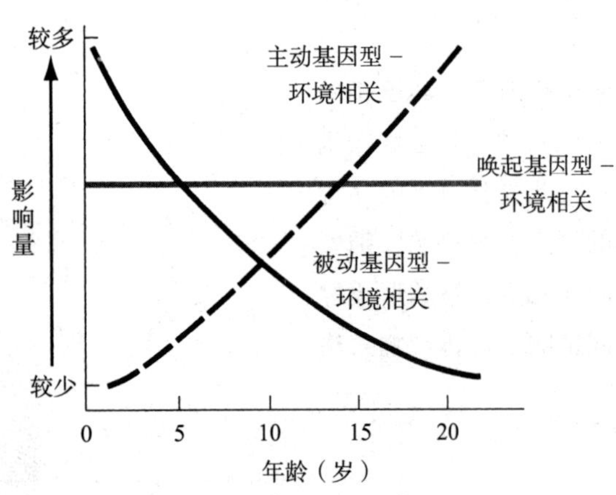


**图 3.3** 被动、唤起和主动基因型与环境的相关所产生的影响随年龄增长而变化。

相像。即使分开教养的同卵双生子，如果其相同基因使他们偏好寻求相似的环境和经验，那么他们在某些方面也会很相似。让我们看一个实例。

82 **分开抚养的同卵双生子**　托马斯・包查尔德等人（Bouchard et al.，1990；Farber，1981）研究过 30 多对分开抚养的同卵双生子，他们在不同的家庭环境中长大。奥斯卡・斯托尔和杰克・尤菲就是其中的一对。奥斯卡生活在纳粹统治的欧洲，由其母亲抚养长大，是一位天主教徒。在二战期间他参加了希特勒青年运动，现在是德国一家工厂的管理人员。杰克，一家商店的主人，在地球另一边的一个加勒比海国家的犹太家庭长大，十分憎恨纳粹分子。现在杰克是一个政治自由人士，而奥斯卡则非常保守。

Robert Buroughs

**图片 3.4**　杰克・尤菲（左）和奥斯卡・斯托尔（右）

像包查尔德所研究的每对分开抚养的同卵双生子一样，奥斯卡和杰克在某些重要方面有差异。一个更自信、外向、更具攻击倾向，或许他们信奉的宗教或政治信仰（像杰克和奥斯卡那样）不同。但更值得注意的是：所有这些双生子都显示了许多惊人的相似性。比如，作为年轻人，杰克和奥斯卡都在运动方面特别出色，都不擅长数学。他们有相同的怪癖，都有点心不在焉。还有一些小事情，比如他们都喜欢吃辛辣食物，爱喝甜酒，习惯在手腕上戴橡胶带，习惯在上厕所前、上厕所后都冲马桶等。

分开抚养的同卵双生子为什么会有这样大的差异，又为什么会有这么多方面彼此相像呢？主动基因影响的概念能帮助我们解释这些离奇的相似性。当我们知道双生子在不同环境中长大时，我们倾向于认为这些环境之间的差异很大，而实际差异并没有我们想象的大。实际上，分开抚养的同卵双生子是有着生命联系的人，他们在长大的过程中很可能接触到许多相同的物体、活动、教育经验和历史事件。因此，如果同卵双生子本能地选择环境中相似的方面加以特别关注，如果他们的"不同"环境给他们提供了一定的相似经历，他们会从这些经历中创建相似的小环境，它使这些双胞胎在习惯、爱好、能力和兴趣上有很大的相似性。

为什么分开长大的双生子会不同呢？斯卡尔和麦卡特尼（1983）认为，这些双生子也应该在一些特征上有差异，因为他们后天的环境差别很大，从而阻止了他们建立相似的小环境。奥斯卡・斯托尔和杰克・尤菲的例子就很典型。他们在许多方面相像，因为分开抚养环境允许他们获取一些相同的经验（如运动、数学课程、辛辣食品、橡胶带子），这些环境使基因相同的同卵双生子形成相似的习惯、爱好和兴趣。但是，他们难免会在政治思想上不同，因为他们的社会政治背景（纳粹统治的欧洲和宽松的加勒比）差别太大了，这阻止了他们形成同样的后天小环境，使他们不能在政治上完全相同。

## 专栏 3.3 当前的争论

### 家庭教育要“好”还是只需“一般化”?

**对还是错?**

**在一般家庭里,父母的教育对儿童发展有重要影响。**

第 2 章曾讲到,约翰·华生(1928)主张父母对孩子要严格,因为他认为,父母有权利塑造孩子的未来。桑德拉·斯卡尔(1992)不同意这一观点,她认为父母没有权利以他们认为合适的方式塑造孩子。在一定程度上,斯卡尔的观点与华生完全相反。她认为,人是通过使之对各种环境做出反应的方式获得发展的,并且:

1. 在人们所生活的多样的家庭环境中,儿童会以正常的、适应性的方式得到发展。
2. 特殊的育儿方式不会引起儿童发展结果的大变化。
3. 只有那些严重偏离正常范围的家庭环境(如父母使用暴力、侮辱性语言或忽视孩子)才可能严重限制孩子的发展并导致不适应的结果。

斯卡尔假设,不同的孩子以略有不同的方式对典型的(或平均的)家庭环境做出反应,这在很大程度上归因于他们基因的不同。但是斯卡尔也认为,一个孩子或成人的发展受其所激发的他人(不是父母)反应以及其为自己建构的小环境的影响,父母的教养行为对发展的影响很小——假如这些教养行为“很一般”(仅提供了人发展所需的正常环境)的话。因此,与华生主张的父母要严格教育相反,斯卡尔认为,父母只需要提供一个“人们所期望的平均水平的环境”,就能促进孩子的健康发展,同时也履行了自己作为有效监护人的职责。她说:

> 儿童的发展对父母是否带他们去看球赛或参观博物馆的依赖,并不像对遗传基因的依赖那样,儿童发展靠的是充分的机会,他们只需有一个*一般化*的环境支持其发展,使他们成为应该成为的人即可(Scarr,1992,p.15,斜体字为本书作者所加)。

## 行为遗传学取向的贡献及对其的批评

行为遗传学是一个相对较新的学科,它正强烈影响着科学工作者看待人类发展的方式。例如,我们现在知道,先前被认为是由环境塑造而成的许多属性,其实在
83 某种程度上也受基因的影响。正如斯卡尔和麦卡特尼所述,我们是“基因引导的天性和教养共同塑造的产物”(1983,p. 433)。实际上,基因可能对人的发展施加很多影响,它们影响我们的经验,进而影响我们的行为。她们的观点给我们一个启发:先天确定的许多“环境”对发展的影响在一定程度上反映的是遗传的结果(Plomin,1990;Plomin et al.,2001)。

当然,并不是所有的发展研究者都同意基因是“天性和教养”这两者的“组织者”(Gottlieb,1996;Wachs,1992;参见专栏 3.3 关于教养行为的讨论)。学生们常常反对斯卡尔和麦卡特尼的理论,因为她们的理论似乎有基因决定环境的意味。其实这

你怎样看斯卡尔的这些观点？一些发展心理学者很快就对它提出了批评。比如戴安娜·鲍姆琳德（Baumrind，1993）指出，刚好属于斯卡尔所说的“一般化”范围内的不同教养方式，使儿童和成人的发展结果产生了很大差异。在她自己的研究中，鲍姆琳德一再地发现：在学习成绩和社会调节方面，“高要求——高应答”的父母教育出来的儿童和成人，要强于那些只提出中等要求、孩子只做出中度应答、但在各个教养维度均属正常范围的父母教育出的儿童和成人。鲍姆琳德强调，儿童是主动的个体，他们在一定程度上改造着自己的环境，但这并不意味着，父母在影响孩子的环境、进而促进（或阻止）适应性结果方面无能为力。鲍姆琳德担心，告诉父母只要“一般化”会减少他们在促进孩子竞争力方面的投入，孩子则会发现，父母没有承担自己教育孩子的责任。在她看来，这是很不幸的。研究表明，那些意识到自己对促进子女适应性发展负有责任的父母，总能教育出有能力、适应良好的儿女；而那些投入精力少的父母，教育出来的孩子的适应性较差。因此，鲍姆琳德得出结论：斯卡尔提出的“一般化”，其实并不够。

另外一些评论者（如 Jackson，1993）担心，如果决策者接受了斯卡尔的观点，可能不利于公共政策的制定。尤其是，如果我们接受了斯卡尔关于“人们期望的平均水平的环境”是所有孩子都需要的，用来激发其受基因影响的发展潜力的环境，那就没有必要去帮助那些经济贫困儿童，使他们得到更好的发展了。杰克逊（1993）指出，旨在促进非洲和美洲（及其他地区）人认知和情绪发展的很多干预项目已经取得了显著成果。如果我们认为这样的干预没有必要，就像斯卡尔所说的那样，我们就无法再为约 25%~30% 的美洲儿童（这还不算世界许多其他国家的儿童；参见 Baumrind，1993）的福利而奋斗了。

关于教养方式影响的这些争论表明，行为遗传学者（斯卡尔）和环境决定论者（鲍姆琳德、杰克逊）对发展持有迥然不同的观点。在这一点上，争论很难平息，本书在很多地方会讲到，教养方式确实对儿童和成人的发展结果具有重要影响，许多发展心理学者都建议，父母对孩子的教育要比“一般化”好得多才行。

---

并非该理论的本意。斯卡尔和麦卡特尼是这样说的：

1. 不同基因型的人可能引发他人对自己不同的反应，可能为自己选择不同的小环境。
2. 但是，人们引发的反应和选择的小环境并不依赖特定的人、情境和他所生活的环境。例如，一个儿童先天倾向于友好和外向，但如果他和自己隐居的父亲一起住在阿拉斯加荒野，那么这种天性就很难显现。这个儿童在这样一种离群索居的环境中可能变成一个羞涩、保守的人。

总之，基因型和环境共同起作用，导致了发展变化和发展结果的多样性。虽然基因对我们可能经历的环境的某些方面产生了一些影响。但是特定环境又限制了表现型，这些表型可能来自一个特定的基因型（Gottlieb，1991，1996）。唐纳德·海博（Donald Hebb，1980）当初说的“行为 100% 由遗传决定，同时 100% 由环境决定”，此话并不过分，因为这两者的影响复杂地交织在一起。

有些新观点值得注意，它们批评行为遗传学取向只是关于发展如何展开的一种描述性观点，没有对发展做出完整而明确的解释。持这种观点的一个原因是，我们对基因如何发挥影响所知甚少。基因被编码，产生蛋白质和氨基酸，并不会产生智力或社会性这些属性。我们现在已经知道，基因通过影响我们怎样引发他人对我们的行为或我们自己的经历来间接地影响行为，但对于基因怎样、为什么驱使我们偏好某种刺激或偏好某种令自己满意的行为，我们仍然知之甚少（Plomin & Rutter, 1998）。此外，行为遗传学家只是宽泛地使用环境这一术语，很少直接测量环境的影响或把环境对人的行为造成的影响具体化。因此有人提出这样的疑问：行为遗传学并没有真正解释发展，只是假设“非具体化的环境，通过基因以不知明的方式，塑造了我们的能力、行为和特征”（Bronfenbrenner & Ceci, 1994；Gottlieb, 1996）。

环境到底怎样影响儿童和青少年的能力、行为和特征呢？什么是环境影响？环境的影响在哪个年龄段最重要？这是本书将要回答的问题。回想一下，我们曾经简单地介绍过一种环境论的观点（第 2 章的社会学习观点），它凭借实验室实验来描述儿童和青少年如何从经验中学习。现在让我们来看一个截然不同的环境论观点，这种观点批判社会学习理论过分强调实验室研究，认为只有研究自然状态下的人，才能理解环境究竟怎样影响发展。

84

## 生态系统论：一种现代环境论观点

**图片 3.5** 尤里·布朗芬布伦纳（Urie Bronfenbrenner, 1917~）在其生态系统论中描述了多层次的环境系统如何影响儿童和青少年的发展。

设想在一次讨论中，“环境论者”们聚在一起讨论这样一个问题：“你们所说的环境是什么？”我们刚批评了行为遗传学对这个问题的回答比较含糊，有趣的是，社会学习理论者也好不到哪里。行为主义者华生和斯金纳把环境看做是推动人发展的任何一种或多种外界影响力。后来的社会学习论者，如班杜拉（1986, 1989）提出，不仅环境影响人的发展，人也能影响环境，从而驳斥了极端机械化的观点，但他们对环境的描述还是有些模糊。

相比之下，尤里·布朗芬布伦纳（1979, 1989）的**生态系统论**（ecological systems theory）提供了一种令人振奋的新视角来看待人的发展，它对环境影响做了精细的分析。此外，因为它也承认，一个人先天的生物特征和外界环境共同影响发展，所以，我们称之为**生物生态理论**（bioecological theory）更合适（Bronfenbrenner & Morris, 1998）。

布朗芬布伦纳（1979）首先提出，自然环境是一个人发展的主要影响源——这一点常被实验室研究者们忽视（或根本不理睬），这些研究者在高度人为的实验情境中研究发展。然后他继续把“环境”（或称自然生态）

定义为“一套嵌套结构，一层套一层，像一组俄罗斯套娃”（p. 22）。换句话说，发展中的个人处于中心，被几层环境系统所包围，从直接环境（如家庭）到更远的环境，如文化（如图 3.4）。这些系统，层与层、层与个体之间相互作用，最终影响人的发展。 85

## 布朗芬布伦纳提出的发展环境

### 微系统

布朗芬布伦纳的最内层环境，称**微系统**（microsystem），指个体周围环境中的活动和互动。对大多数婴儿来说，微环境仅指家庭。自然环境随着儿童被送往托儿所、

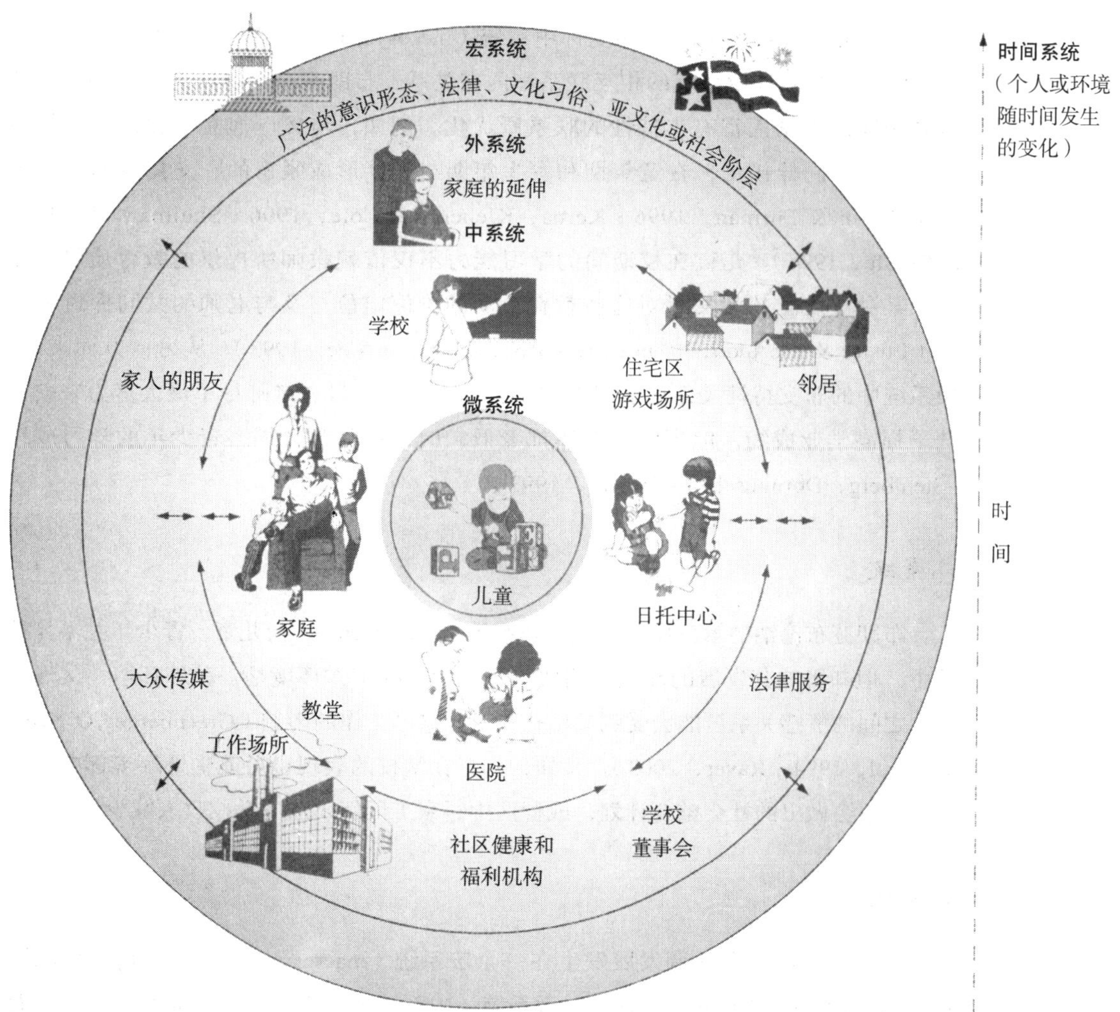


**图 3.4**　布朗芬布伦纳提出的由不同层次结构组成的生态环境模型。微系统指儿童与直接环境之间的关系；中系统指微系统之间的关系；外系统指儿童不参与其中，却对他们产生影响的社会环境；宏系统指影响广泛的文化意识形态。

幼儿园，与邻居同伴玩耍，加入青年团体等逐渐变得复杂。儿童不仅被微环境中的人影响，他们自己的生物性和社会性特征，如习惯、气质、心理特征及能力等也影响同伴的行为。例如，一个易怒的或脾气暴躁的婴儿可能会使父母疏远，甚或在父母之间制造矛盾、破坏父母的婚姻关系（Belsky，Rosenberger，& Crnic，1995）。微环境中两个人之间的互动可能受第三方影响。例如，父亲影响母婴关系：婚姻幸福的母亲，和自己的爱人建立了亲密的支持性关系，通常会更有耐心，对自己的孩子更加敏感。而那些婚姻关系紧张、从配偶那里得不到支持的母亲就不会这样，她们会觉得自己在单独养育孩子（Cox et al.，1989，1992）。因此对发展来说，微环境是动态的，每个人既影响系统中的他人，也被系统中的他人影响。

### 86 中系统

布朗芬布伦纳的第二层环境称**中系统**（mesosystem），指的是家庭、学校及同伴群体等这类微环境系统的相互联系和内在关系。布朗芬布伦纳认为，发展可能被微系统间的紧密而富有支持性的联系所优化。例如，与父母建立了和谐关系的孩子很容易被同伴接受，在童年期和青少年期与同伴形成紧密的、支持性的友谊关系（Gavin & Furman，1996；Kerns，Klepec，& Cole，1996；Shulman，Elicker，& Sroufe，1994）。儿童在校期间的学习能力不仅依赖教师所提供的教育质量，而且在某种程度上依赖父母对这些教育活动的价值定位，及与老师的共同探讨和合作（Luster & McAdoo，1996；Stevenson，Chen，& Lee，1993）。从另一方面来讲，微系统中的非支持性关系可能引发困难，如，尽管父母和老师尽了最大努力来鼓励孩子提高学业成绩，但当同伴群体都贬低它时，这常常会损害青少年的学习成绩（Steinberg，Dornbusch，& Brown，1992）。

### 87 外系统

布朗芬布伦纳的第三层环境或称**外系统**（exosystem），指儿童、青少年并不身处其中，但却影响其发展的环境。例如，儿童父母的工作环境是一种外环境，父母和子女之间的情感关系可能会受到父母是否喜欢自己工作的影响（Greenberger, O'Neal，& Nagel，1994；Raver，2003）。又如，儿童在学校的表现也可能受外环境影响，如学校董事会做出的社会整合计划，或社区中一家工厂倒闭造成学校收入减少等。

### 宏系统

布朗芬布伦纳也强调发展发生在一个**宏系统**（macrosystem）中，即处在文化、亚文化或社会阶层关系的背景中，微系统、中系统和外系统都受其影响。宏系统是一个影响广泛的意识形态系统，它规定了成人应该怎样对待儿童，儿童应受怎样的教育，儿童应该追求什么样的目标。这些价值观具有文化差异（在不同的亚文化和社会阶层之间也存在差异），而且可能极大地影响儿童在家庭、邻里、学校和所有其他可能直接或间接影响儿童的场合中的经验。例如，在那些反对体罚儿童、主张以非暴力方式解决人际冲突的文化中（宏系统），虐待儿童的事件发生的概率（微系统）就相当低（Belsky，1993；Gilbert，1997）。

最后，布朗芬布伦纳的模型中还有一个时间维度，或称**时间系统**（chronosystem），它指的是发生在儿童身上或发生在任何一个生态环境中、可能直接影响发展的那些变化。例如，青春期所出现的认知和生理变化，就可能增加青少年和父母之间的冲突（Paikoff & Brooks-Gunn，1991；Steinberg，1996）。环境变化的影响也依赖于另一个长期存在的变量：儿童的年龄。例如，父母离异对任何年龄的孩子都会造成打击，但青少年对这些强烈情感冲击的体验比年幼儿童要少，因为他们很少像年幼儿童那样，把自己看成是父母离婚的原因（Hetherington & Clingempeel，1992）。

## 生态系统论的贡献及对其的批评

我们在这里已经简要地涉及了生态学观点，并将在全书中探讨其主张。可能你已经看到，它对环境（和环境影响）做出了比学习理论家更丰富的描述。我们每个人都生活在特定的微系统中，这些微系统和中系统相联系，并与更大的外系统和宏系统紧密联系。在有限的实验室环境中研究环境影响，对生态环境论者来说几乎没有意义。相反，他们认为，只有观察发展中的人与不断变化的自然环境间的相互作用，才能理解人怎样影响环境并被环境所影响。

布朗芬布伦纳对环境影响的深入分析向我们展示了，儿童和青少年可以通过多种方式获得发展。假设一位职业母亲很难与其气质困难型的孩子建立一种愉快的关系。从其微系统水平来看，成功的干预可能是父亲成为一个更敏感的合作者，多承担一些照顾孩子的琐碎事务，鼓励母亲对孩子更敏感、更有耐心（Cowan，Powell，& Cowan，1998）。从外系统来看，如果社区在成人教育课中安排父母如何抚养孩子的课程，或者，如果社区中遇到麻烦的父母可以表达他们的想法，得到别人的情感支持，从别人那里学会如何引发孩子的愉快反应等，这些都有助于母亲（和父亲） 88
改善同孩子之间的关系（Lyons-Ruth et al.，1990）。在宏系统水平上，父母在产假期间能否得到薪酬等类似的社会政策可能是一个重要的干预因素，不仅能使职业父母花更多时间解决抚养孩子的问题（Clarke et al.，1997），而且也传达了这样一种态度，即整个社会认为，家庭问题的解决和孩子的健康幸福同样重要（Bronfenbrenner & Neville，1995）。

生态系统论虽然很有说服力，但它缺乏对人发展的完整描述。布朗芬布伦纳把这个理论看成是一种生物生态学模型，但它确实没说出生物性对发展的具体影响。发展心理学者感谢生态系统观点描述了自然环境的复杂性，自然环境影响人的发展并被人的发展所影响。在我们能够完全理解环境对人发展的影响之前，我们仍然必

**图片 3.6** 关于教养方式的课程是一种可以帮助父母与孩子建立更和谐的关系的外系统。

Spencer Grant/Photo Researchers

须了解儿童和青少年是如何加工环境信息，以及如何从自身经历中学习的。因此，生态系统论是对发展领域的一个重要的补充，它并不能取代其他发展理论。

## 现代认知观

本节我们要介绍两个有影响的认知理论，至此我们对人类发展的最新观点的阐述也结束了，它们是：维果茨基的社会文化理论和社会信息加工理论。

### 维果茨基的社会文化理论

我们在第 2 章讲到了皮亚杰的认知发展理论，它认为儿童发展要经历普遍的、相对稳定的一些认知阶段，这些阶段对儿童社会性与人格发展起着重要作用。为了从一个新的、更具优势的视角来看皮亚杰的理论，我们来考察一种近年来引起研究者极大兴趣的新的认知发展观，即俄国发展心理学家维果茨基的**社会文化理论**（sociocultural theory）（Vygotsky，1934/1962，1930~1935/1978；亦可参见 Rogoff，1990，1998；Wertsch & Tulviste，1992）。维果茨基是一个活跃在 20 世纪二三十年代的学者，当时皮亚杰的理论正在形成之中，他的观点被说成是“新的”，是因为代表这些观点的著作新近才在西方国家翻译出版，并开始在许多重要方面影响西方思想。维果茨基 38 岁时死于肺结核，当时他的理论并没有完整地发展成型。但是，他给我们留下了重要的思考素材，他强调：（1）人类发展发生在一个特定的社会文化背景中，这一特定文化背景影响发展的方式；(2) 儿童的许多重要人格特征和认知能力都是从其与父母、老师以及其他有能力的同伴的社会互动中获得的。

Archives of the History of American Psychology

**图片 3.7**　列夫·维果茨基（Lev Vygotsky，1896~1934）的社会文化理论把人的发展看做是由社会调节的过程，该过程因文化的不同而不同。

### 89 文化在智力发展中的作用

维果茨基（1930~1935/1978）主张，婴儿生来具有几种基本的心理机能：注意、感觉、知觉和记忆，这些最终被文化转变成新的、更复杂的心理过程，他称之为高级心理机能。比如记忆，儿童早期的记忆能力受生物性的局限，只能生成映像和印象。但是，每种文化都会提供给儿童一些**智力适应工具**（tools of intellectual adaptation），使儿童更好地应用他们的基本心理机能。因此，现代社会的儿童通过记笔记来进行有效地记忆，而在没有文字的社会中，儿童可能学会其他记忆方法，如在绳子上打结来表示要记住的事物，或把绳子缠在手指上提醒自己要做的事情。这种由文化传递的记忆方法和其他文化工具教会儿童如何运用他们的心理机能，也就是教会了他们怎样思考。由于每种文化还会传递特定的观念和价值观，所以文化也教会儿童思考什么。

总之，维果茨基主张，即使个体在隔绝状态下进行认知加工，也会自然地带有社会文化性质，因为认知加工受到文化传递给个体的观念、价值观和智力适应工具的影响。因为这些价值观和智力工具具有很大的文化差异，所以维果茨基认为，智力发展的阶段和内容并不像皮亚杰所说的那样，是“普遍适用的”。

### 早期能力的社会起源

维果茨基同意皮亚杰的一些观点，如儿童是充满好奇心的探索者，他们积极参与学习和发现新的规律。但是，他不像皮亚杰那样强调自发探索，而是强调社会对个人发展的重要性。

根据维果茨基的观点，儿童做出的很多真正重要“发现”发生在合作或合作性的对话情境中，对话的一方是技能熟练的老师，他给出示范和语言指导，另一方是初学者，他先理解老师的指导，然后内化这些信息，从而调节自己的行为。

维果茨基认为，**合作（指导）学习**［collaborative（guided）learning］大多发生在儿童的**最近发展区**（zone of proximal development），他用这个术语来区分一个学习者能独立完成的任务，以及在更有能力的伙伴的指导、鼓励下完成的任务。为了详细说明维果茨基所说的合作学习，我们设想一个四岁的男孩想学习用塑料球棒击球，但不管他怎样努力，爸爸投来的球他总是击不中。爸爸发现他的眼睛总是不看球而且胳膊离身体太近，于是爸爸知道了，如果没有别人的帮助，儿子成不了下一个庞兹（美国棒球巨星 Barry Bonds）。那么父亲怎样帮助儿子成为一个更好的击球手呢？

促进认知发展和掌握其他能力的社会合作的一个重要特征是提供了**脚手架**

（scaffolding），即更有能力的专家型伙伴，根据新手的当前能力，细心地调整对新手的支持和帮助，让新手能从中受益，增强对问题的理解。因此，当那位爸爸观察到儿子因眼睛未追踪球而击不中球时，可能先支一个球座，把球固定住。在鼓励儿子把球击出很远之前，先让儿子站在球座前，给出口头指导（如“挥起手臂”、“抬头”、“看球”）。

Bob Daemmrich/Stock Boston

**图片 3.8** 根据维果茨基的观点，如果儿童得到更有能力的搭档的指导和鼓励，就能更容易地习得一种新技能。

维果茨基认为，儿童在合作学习中的角色是掌握口头指导语，并用其来指导自己的活动。因此，当四岁的小男孩练习了几十次击球之后，他的**个人言语**（private speech）中就出现了这样的话：“挥起手臂”，“看球”。等男孩学了几次以后，爸爸会给他新的、更复杂的言语指导（如“击球时转动髋部”），进一步培养儿子的技能。在男孩不断改进技术的过程中，他会把这些新的指导变成自己的语言（自己大声说出来）。经过几次这样的对话（或信息交流）后，男孩就慢慢把这些指导内化，形成了 90
关于怎样击球的清晰的言语表征。这时，他就已准备好用这种个人言语指导自己去击打运动中的球了。

需要注意的一点是：合作学习是社会学习的一种形式，但却与社会学习理论家所强调的学习类型显著不同。它不是依靠可见的强化物塑造出新反应，也不仅仅靠观察来学习（虽然老师对新技能或活动的演示可使其语言指导更清晰）。相反，指导学习更多地是一种思维和行动方面的“学徒关系”，初学儿童在父母、教师、哥哥姐姐及技能更强的同伴指导下，日复一日，亲自动手，参加诸如做饭、打猎、收庄稼、解题、打棒球等活动，学会大量有文化意义的技能（Rogoff，1998）。因此，通过教导者向学习者的社会传递才能发生的合作（指导）学习，显然是非常有意义的社会化过程，而这一点似乎被社会学习理论者忽视了。

## 社会文化理论的贡献及对其的批评

维果茨基的社会文化理论为我们看待人的发展提供了一个新视角，他强调了其他理论家所忽视的具体社会化过程的重要性。根据维果茨基的观点，儿童的意识、能力和人格发展是通过以下活动完成的：（1）同技术熟练的同伴一起参与在其最近发展区内的任务，进行合作对话；（2）把技术熟练的老师所说的话内化成自己的言语。随着社会对话被转变成个人言语，最终变成**内部言语**（inner speech），儿童将与文化相符合的思维方式和问题解决方式或智力适应工具，从有能力的老师的语言转化成自己的思维。

维果茨基不像皮亚杰那样强调认知发展的普适性的顺序（也称之为可促进社会性和人格发展的普遍适用的阶段），维果茨基的理论引导我们考察发展过程中的文化差异。这些差异反映在儿童不同的文化学习经验中，例如，西方文化中的儿童通常独立地解决难题和成人所提供的其他智力挑战任务：这是一种在高度结构化的西方课堂里独立地掌握学习技能的经验准备。相比之下，在某些澳洲和非洲的狩猎社会中，儿童从小就被鼓励要合作，掌握复杂的空间推理能力，这使他们能够形成生活必需的搜寻和捕获猎物的能力。一种文化中的问题解决取向或认知能力没有必要比另一种文化中的更好或更先进，它们代表着不同的发展形式，因为它们能使儿童成功地适应自己文化的价值观和传统（Rogoff，1998；Vygotsky，1978）。

维果茨基重点强调合作学习，这使许多人（尤其对教育感兴趣的发展研究者）以新的眼光看待同伴的作用，把同伴看做社会化过程的动因。教育情境中的研究的确显示，与单独学习相比，同伴合作学习能使儿童更快地掌握重要的课程，而且使 91
他们更喜欢所学的知识（Azmitia，1992；Brown，1997；Johnson & Johnson，1989）。此外，从合作学习中学到最多东西的儿童，往往是能力较差的孩子，显然他们从技能熟练的儿童那里学到了很多（Azmitia，1988；Tudge，1992）。合作学习不但在学习上对儿童有好处，而且我们在第 12 章还要讲到，它也有助于促进种族之间的和谐，提高学习障碍儿童和有其他特殊需要的儿童的社会支持和自尊。

对维果茨基的批评有哪些吗？维果茨基的许多著作现在只是从俄文翻译成了其他语言（Wertsch & Tulviste，1992），他的理论还没有像皮亚杰理论那样受到集中而详尽的研究。但是，他的一些观点已经受到挑战了。如芭芭拉·罗戈夫（Barbara Rogoff，1990，1998）认为，维果茨基所强调的那种在很大程度上依赖各种语言指导的指导性学习可能在某些文化中不适用，或者在某些形式的学习中可能不如其他方法有用。在澳洲学习打猎的儿童，或者在东南亚学习种植、照看和收获庄稼的儿童，可能更多地从观察和实践中学习，而不是从语言指导和鼓励中受益（见 Rogoff et al.，1993）。其他研究者也发现，同伴合作解决问题并不总是对合作者有利。如果能力较强的合作者对他所知道的技能并不十分自信或不能使其指导适应同伴的理解水平，则可能有损任务成绩（Levin & Druyan，1993；Tudge，1992）。维果茨基的理论将来可能还会引发各种批评，但他提示我们，认知发展和社会性发展：（1）并不像某些理论家所认为的那样“普遍适用”；（2）只有把发展置于文化和社会背景中来研究，才能更好地理解发展，这些观点对研究人的发展来说，还是相当有价值的。

## 社会信息加工理论（或归因理论）

关于社会性与人格发展的最后一个“主要理论”源于认知理论家、社会心理学家和社会性发展研究者的贡献，他们关注：（1）人们怎样加工信息，怎样解释经验；（2）这些解释怎样影响人们的社会行为和人格发展。今天，许多发展心理学家把这种观点称为**社会信息加工理论或归因理论**［social information-processing（or attribution theory）］。

### 社会信息加工理论的前提

社会信息加工理论把人比作一个积极的社会信息加工者，他们不断对自己和他人的行为做出解释，或者**归因**（causal attributions）。这些“归因”理论家认为，儿童对自己或他人的印象及其社会经验的看法会改变，变得越来越深刻和抽象，因为他们越来越善于推论别人行为的原因。但是，社会信息加工理论家和皮亚杰的观点不同，他们中很多人认为，认知发展过程和社会信息加工过程是连续的、逐渐进步的过程，不具有阶段性。

归因过程理论可以追溯到社会心理学家弗里茨·海德（Heider，1958），他认为，人具有两种动机，一是对世界形成一致性认识的需要，二是发出指令掌控周围环境的需要，进而成为“自我命运的主宰”。为了满足这些需要，一个人必须能够预测人们在变化的情境中可能怎样做，并且理解他们为什么这样做。

海德认为，试图解释那些引人注目的行为的人，要么把它归于内部原因（如人
92 格特征或行为倾向），要么归于外部原因（如引发行为的情境，或对行为做出应答的情境）。这是一个重要的区分，因为我们对自己或他人行为的各种归因会影响我们对该行为的反应。来看下面的例子。

一个 10 岁男孩正穿过操场，突然一个飞碟打中了其后脑勺。他环顾四周，发现只有一个同学，这个同学正在因为刚才发生的事而嘲笑他。这个男孩可能对其同学的行为做出哪种归因呢？他可能把这种嘲笑归因为，这个同学故意拿飞碟打他，于是他把同学的行为归于内部（或素质性的）原因，如攻击性。结果，男孩很生气，以拒绝或反击方式做出回应。但如果该同学对他被飞碟击中表示关心，而且还有另一个同学正准备接飞碟，这个男孩就会认为，这次伤害不是故意的，他会把它归于外部（情境性的）原因，如飞碟被风吹偏了方向。做出这种归因后，受害者可能就不生气了，也不会像认为同学故意伤害自己那样采取行动。

总之，社会信息加工理论者认为，人的经验对社会行为和人格发展的意义更多地取决于人对这些经验的归因，而不是人们有什么样的经验。换句话说，人的心理和行为在很大程度上是人对社会经验进行解释（即社会信息加工）的产物，而不是对这些经验的客观特征的反映。这一观点的意义在于：人们之所以对同样的经历做出不同反应，是因为人们对同样的经验做出的归因不同。

海德和其他早期归因论者（如 Kelly，1973）都是研究成人归因的社会心理学家，对发展心理学理论并不十分感兴趣。但是，一旦考察清楚了成人归因的规律，下一步就要研究儿童如何解释社会行为，寻找并确定儿童的归因与成人的归因有何不同，归因为什么会随着年龄增长而改变。为了给这方面的研究增加一点趣味，我们来看看，

儿童是如何意识到人具有稳定气质或特质的，这是一个里程碑，对儿童形成对自己和同伴的印象有重要影响。

### 特质归因

如果让你描述一下自己或你的一个熟人，你可能说出你或同伴身上的几种心理品质，如友好、正直和聪明之类的**特质**（trait）。但是，年龄不满 8 岁或 9 岁的儿童很少对自己和他人做特质归因。为什么呢？早期的观点认为（Secord & Peevers，1974），如果要用特质术语来描述自己或他人，儿童必须：（1）知道人们能够引发各种不同行为；（2）知道这些行为一般都是由某种意图而引发的；（3）知道某个人可能在不同时间、不同情境中以一致的、可预测的方式行事。

有趣的是，即使很年幼的儿童也理解人是因果关系的动因，人往往有目的地采取行动，从而达到某种结果。两岁的学步儿经常在自己的语言中表露出他们对因果关系和目的性的认识（如"我打开它［电视］，因为我想要看）。让两岁儿童回忆两周前看过的事情，他们更多地回忆起有因果关系的事件，而不太能回忆起非因果关系的事件（Bauer & Mandler，1989；Miller & Aloise，1989）；如果他们能理解榜样行为的目的（意图），则能更好地模仿榜样的行为（Carpenter，Call，& Tomasello，2002）。3 岁儿童已能懂得，行动者会为了达成一个目标而努力，而不想失败（Shultz
& Wells，1985；Stipek，Recchia，& McClintic，1992）。学前儿童的归因错误大多是 93
因为他们认为，多数人的行为是有意的。因此，不满 6、7 岁的儿童不能区分故意和非故意行为，无论是一个意外事故，还是产生了行为者无法预见的后果的行为（Nelson - LeGall，1985；Schultz & Wells，1985）。

但是，知道一种行为者引发了一个可预见的、有目的的结果，并不足以表明该行为者具有稳定的特质。归因理论者认为，要理解某人表现出来的一种特质，必须先：（1）知道行为者的行为是发自内心地做出来的，而不是因为环境所迫；（2）作出如下的推理：这种发自内心的意愿具有跨时间、跨情境的稳定性。

### 对类特质归因的理解

既然学前儿童常常做倾向性归因，认为一个人的行为反映了他的个人动机或意图（内部原因），他们为什么不用心理建构，或者说特质，来描述自己或同伴呢？斯蒂芬·罗莱和戴安娜·卢布尔（Rholes & Ruble，1984）的一项研究提供了一种解释。

在罗莱和卢布尔的研究中，先让 5~10 岁的儿童听几个故事，故事中人物行为的一致性有所变化。一些人物的行为在不同时间里导致了高度一致的结果，而另一些人物的行为导致了不一致的结果。早期研究（Kelley，1973）发现，成人常常凭借**一致性图式**（consistency schema）对那些在不同时间和不同情境表现出一致行为的人做出类特质的归因。下面是一个"高度一致性"故事的例子，读到这个故事的人会把主人公的行为归因为他能力强。

昨天山姆的投球几乎百发百中，过去他每次投篮也几乎都能投中。

在5~10岁儿童听完这样的一致性（或不一致）故事后，让他们对主人公的行为既做倾向性归因，又做情境性归因，同时回答一系列问题，来确定他们是否把角色的特质看成其行为结果的稳定原因。例如，在投篮故事中可能问儿童：“你认为山姆以后会投进多少球？”（时间稳定性）或“山姆还擅长多少种其他投掷游戏？”（情境稳定性）

**图片 3.9** 虽然5岁儿童知道哥哥能修好自行车（特质归因），但他还不能用特质词（如机械技能）形容哥哥，因为他还不知道，哥哥具有修理其他东西的机械技能。

罗莱和卢布尔发现，如果行为是高度一致的，那么即使5、6岁的儿童也能对主人公的当前行为作出特质性归因。但是当问及一些预测性问题时，不满9岁的儿童似乎不能肯定，人的特质是在不管什么情况下都保持稳定的。因此，5~8岁的儿童会认为山姆现在擅长打篮球，但不会意识到，山姆现在或将来在其他同类项目上的知觉运动技能不错。

总之，年龄小于8、9岁的儿童不能用“类特质”的词来形容自己和他人，这不是因为他们不能作特质性归因（像归因论者最初认为的那样），而是因为他们不能肯定这些特质的稳定性。换句话说，年幼儿童与年长儿童对特质的看法不同，他们认为许多特质（尤其是消极特质）会改变，随着年龄的变化会变得更积极（Lockart, Chang, & Story, 2002）。如果他们听到老师说某个同学“聪明”，因为他在最近的测验中得了最高分，他们可能把这个词看成是对这个同学成绩的评价，并不意味着他内在的智力水平高（Alvarez, Ruble & Bolger, 2001；Rholes & Ruble, 1984）。相比之下，类特质词对9岁儿童更有意义，他们能用“聪明”这样的词来简单明了地表达自己的看法，即，在一种情况下聪明的人，在其他同类情境中也会表现出同样的
94 特质（也很聪明）。对特质意义的理解是个体感知能力的一个重大进步，它使人能够自信地预测，那些被认为具有某些特质的同伴在复杂多变的社会情境中会怎样做事。

## 社会信息加工观点的贡献及对其的批评

在此我们只是简要地提到了一些社会信息加工理论的观点。后面我们还会反复讲到，它的观点为我们理解一些重要的社会性发展问题做出了重要贡献，这些问题包括自我概念和自尊的发展（第6章），成就动机（第7章），性别角色社会化（第8章）和攻击行为的个体差异（第9章），道德行为（第10章），同伴接纳/受欢迎

(第 13 章)等。社会信息加工理论的核心内容——发展中的个体是积极的信息搜寻者，对他们产生影响的常常是他们对自己社会经验的解释，而不是这些经验的客观特征——已被认为是一种重要的理论观点。

在批评意见方面，有人认为，社会信息加工理论未对影响儿童归因发展变化的因素作清晰的解释。例如，为什么不满 8、9 岁的儿童不理解特质性特征具有跨时间和跨情境的稳定性，因此不能推断出心理特质的存在？社会信息加工理论者这样回答，年幼儿童在解释自己和他人行为的原因时，在随时间和环境变化比较角色的行为时，不具备足够的经验来理解一致性概念和持久的心理特质(Rholes & Ruble，1984)。我们将在第 6 章讲到，社会经验确实对类特质归因的发展有贡献，但这个“社会经验”假设仍然留下很多未解的问题。比如，哪些社会经验最可能促进哪些人的类特质归因的发展？社会信息加工观点对此并未做出回答，而且对有关儿童社会认知发展的其他一些重要问题也未做回答。

关于类特质归因的发展还有一些不同的解释。例如，第 6 章将讲到，受皮亚杰影响的一些学者认为，儿童很少做特质归因是因为他们的认知不成熟；高度自我中心的儿童缺乏角色采择能力，显示出自我中心思维，受事物表面特征的限制，这些都阻碍了他们对行为做出预测和理解行为的跨时间(或跨情境)一致性，而这些恰恰是作出稳定的特质归因所需要的。有研究者(如 Eder，1989)发现，即使 3~5 岁的学前儿童也常常意识到熟知的同伴的行为的规律性，但是，他们还不知道用什么词汇来形容他们所觉察到的这种初步的“特质”。尽管社会信息加工理论对理解儿童社会性和人格发展来说是有价值的补充，但它没有对发展背后的机制提供完整的解释。因此，我们只能说信息加工理论补充了前面介绍的其他理论，而不能取代其他理论。

## 理论和世界观 95

现在我们已经对关于人发展的主要理论做了回顾，我们怎样把它们加以比较呢？一种办法是把这些理论归成类，因为每种理论都是建立在更一般的哲学假设或世界观基础上的。通过考察这些不同的理论所包含的基本假设，我们就能认识到它们之间有多大分歧。

早期的发展理论主要基于两种大的世界观(Overton，1984)。第一种是**机械论模型**(mechanistic model)，它把人比作机器，认为人好像一组零件(行为)，可以被分解，就像机器可以拆成不同的部分；其次，人是被动的，人的变化主要是因为外界环境的影响(就像机器靠外部能源来运行)；第三，随着零件(特定的行为模式)的增加或减少，人也逐渐地或连续地发生变化。相比之下，**机体论模型**(organismic model)把人比作植物和其他生命有机体。首先，人是完整的生物，不能被简单地看成是一组零件；其次，人在发展过程中是主动的，在内部力量（如本能或成熟）的指导下得到发展；第三，人经历不同的（非连续的）阶段而逐渐成熟。

哪些理论家选取了哪种模型？显然，早期的学习理论者，如华生和斯金纳赞同机械论观点，他们认为人类是受环境事件塑造的被动接受者，他们用刺激和反应来分析人类的行为。班杜拉的社会学习理论主要是机械论的，但是它提出了重要的机体论假设，即人是积极的生物，既影响环境也受环境影响。相形之下，弗洛伊德和埃里克森的精神分析理论，还有以皮亚杰的观点为基础的认知发展理论家主要以机体论模型为依据：在周围环境的影响下，人会经历一系列不连续的阶段而得到发展，受自身内在力量所指引，就像种子最终会开花结果那样。习性学和行为遗传学也被归为机体论模型，他们把人类描述成具有先天生物倾向的、积极的、整体的生物。虽然这两种理论都把发展看成连续的，而不是阶段性的，但习性学家认为，当一种新的适应行为在其敏感期内出现时（这是一个机体论观点），有些发展过程可以被打断，或非连续地发展。

最近出现了另一种更宽泛的世界观：**环境论模型**（contextual model），而且它被许多发展研究者所接受（Lerner，1996）。环境论模型认为，发展是人和环境动态交互作用的产物。人类在发展过程中是主动的（符合机体论模型），环境也是主动的（符合机械论模型）。发展可能既有普遍的方面，也有因文化、时代或个人因素而特有的方面。潜能既以连续性又以非连续性的形式存在，而且发展可能沿着不同的路径进行，这取决于内部力量（天性）和外界影响（环境）之间的复杂的交互作用。

我们所提到的理论中没有一个是与环境论模型完全吻合的，但有些理论与之比较接近：信息加工理论者把儿童和青少年描述为环境信息输入的积极加工者，这个过程中的信息加工能力是受成熟和他们所经历的各种社会文化经验所影响的（注意，维果茨基的社会文化理论也持相同观点）。虽然他们基本上把发展看成是连续而非阶段性的，但许多信息加工理论者承认，某些发展领域的变化可能是不平衡的，而且在智力或社会信息加工能力方面的质变也并非不存在。

布朗芬布伦纳的生态系统论也选择了环境论的世界观。他的确做过符合机械论的假定：人受到从家庭到社会等各种环境的影响。但他敏锐地意识到，儿童和青少
96 年是积极的个体，随着成熟而变化。儿童和青少年的行为以及受生物影响的属性影响着他们生活的环境，反过来这些环境也影响着他们的发展。因此，他认为，发展是主动的人与不断变化的“积极的”环境之间的动态交互作用，正是基于此，生态系统论被划为环境论。

表 3.3 总结了我们所回顾的每种理论的哲学假设和世界观基础。请把专栏 1.2 的观点和这些理论观点加以比较，看看能否清晰地界定你自己对人的本质和发展特征所持的“世界观”。

虽然我们粗略地把几种主要的发展理论分为生物派、环境派和认知派，但我们应该明白，每种模型（除了华生和斯金纳的激进的行为主义）都承认多种因素的影响，

**表 3.3**　八种主要的发展观的哲学基础

| 理论 | 主动的人对被动的人 | 发展的连续性对非连续性 | 天性对教养 | 世界观 |
|---|---|---|---|---|
| 精神分析理论 | 主动论：儿童受先天本能驱使（或在别人帮助下）产生社会希望的发展结果。 | 非连续：强调性心理的发展阶段（弗洛伊德）或者心理社会发展的阶段（艾里克森）。 | 强调二者：生物力量（本能、成熟）促进性心理阶段和心理社会危机的出现；父母后天教养行为影响这些阶段的结果。 | 机体论 |
| 学习理论 | 被动论：儿童是被环境塑造的（但班杜拉认为发展中的人也影响环境）。 | 连续：强调构成人格的习得反应（习惯）的逐渐增长。 | 天性：环境影响而非生物影响决定发展过程。 | 机械论 |
| 皮亚杰的认知发展理论 | 主动论：儿童积极建构对自我、他人及其所适应的环境的更复杂的理解。 | 非连续：强调不同认知阶段的质的变化。 | 强调二者：儿童生来需要适应环境；他们在一个能提供许多适应性挑战的环境中发展。 | 机体论 |
| 习性学观点 | 主动论：人生来具有生物决定性行为，促进适应性发展结果的出现。 | 既连续又不连续：强调适应行为的不断增加，但也强调一些适应行为在敏感期突然出现（或不出现）。 | 天性：强调生物程序性的适应行为，但承认对成功的适应来说适合的环境（受同伴先天生物倾向影响）很重要。 | 机体论 |
| 行为遗传学 | 主动论：由于受基因决定的特征的影响，我们诱发他人对自己的反应，我们自己选择环境。 | 连续：基因型和环境的持续的相互作用，影响着发展方式。 | 强调二者：强调天性，但认为基因对发展所赖以发生的环境有重要的影响。 | 机体论 |
| 生态系统论 | 强调二者：人积极地影响环境，并受环境影响。 | 既连续又不连续：强调不断变化的个人和环境的相互作用导致发展的质变。但是，非连续的个人事件或环境事件（如青春期来临，父母离异）也能导致突然的质变。 | 教养：强调环境对发展的影响，但也认为儿童身上那些由生物性决定的特质影响环境。 | 环境论 |
| 现代认知观点<br>维果茨基<br>社会信息加工理论 | 主动论：儿童积极获取环境信息来回答问题，解释自己或他人行为的原因，获得本文化所接纳的特征和思维方式。 | 连续：强调不断地获得加工社会信息的能力和其他具有文化价值的属性。 | 教养：发展所需的能力受个体社会文化经验的重要影响。但是，一些信息加工理论者承认生物成熟使年长儿童和青少年更快速地加工信息。 | 环境论 |
| 我的观点（回顾专栏 1.2） | ________ | ________ | ________ | ____ |

而不是片面强调某种因素。换句话说，所有的当代理论家都很清楚生物因素、认知
发展和环境影响复杂地交织在一起，而且发展的某一方面的变化会对其他领域的发 97
展产生重要影响。请看下面的例子。

是什么因素决定着一个人在同伴中受不受欢迎呢？如果你说社会技能很重要，那么你是对的。社会技能，如热情、友好和合作的意愿，所有这些都受后天环境影响，

这些特征是受欢迎儿童经常表现出来的特征。然而，我们将在第 13 章看到，一些受基因影响的属性，如容貌的吸引力和进入青春期的年龄对社会生活有非常现实的影响。例如，早熟的男孩比晚熟的男孩拥有更良好的同伴关系。但是还有一点要注意，在学校表现良好、聪明的儿童比那些智力一般或低于一般水平的男孩更受同伴欢迎，后者的表现很少受人称赞。

因此，一个人的受欢迎程度不仅取决于社会技能，而且还依赖于认知能力和身体特征。这个例子说明发展不是碎块性的，而是**整体性的**（holistic perspective）——人是集生物性、认知和社会性于一身的个体，自我的每个方面都不同程度地依赖着
98 其他领域的发展变化。这种整体观可能是当今人类发展研究的主旋律，本书的各个章节都将会围绕这一观点来阐述。

你可能有点奇怪，为什么没有人希望你选择一个主要理论，而拒绝其他理论呢？每种理论都强调了发展的不同方面，再加上认识到人类发展是整体性的发展，所以许多发展研究者都成为了*折衷主义者*：认为没有一种理论能解释社会性和人格发展的所有方面，每种理论对我们了解发展中的儿童和青少年都有帮助。本书其余章节的撰写就采取了折衷方案，借用多种理论，整合它们的贡献，构勒出一张统一的、整体性的个体发展蓝图。

## 本章要点

- 本章探讨了社会性和个性发展领域的几种新近观点，这些理论是对第 2 章所回顾的三个经典理论的挑战、充实和扩展。

### 现代进化论

- 进化论观点如**习性学**认为，人天生具有许多适应性特征，它们在**自然选择**的过程中不断进化，保证了生存，并指引着发展。习性学家认为人受经验的影响，主张如果提供有利的环境条件，特定的适应性特征在**敏感期**内最有可能得到发展。现代进化论者考察了预选择动机：如利他以及其他不是确保个体存活而是确保基因延续的行为。

### 行为遗传学：个体差异的生物基础

- 行为遗传学研究**基因型**和环境如何影响个体**表现型**的变异。我们可以采用*选择性育种实验*研究动物，但人类行为遗传学家必须设计家庭研究（通常是**双生子设计**或**收养设计**），根据**血亲水平**不同的家庭成员间的相同点和差异来估计各种特质的**遗传力**。遗传对许多特质的影响通过评价**一致率**和**遗传力系数**来估计。行为遗传学家还可以确定一种特质的变异量有多少归因于**非共享环境影响**和**共享环境影响**。
- 家庭研究表明人们所继承的基因会影响其智力成绩、内向性 / 外向性和共情关注等人格的核心维度，甚至**精神分裂症**、神经失常、酗酒、犯罪等变态行为。但是这些复杂的特质不仅受遗传影响，也受环境影响。
- 行为遗传学家试图解释遗传和环境如何共同影响了发展过程中的变化。最近的一个模型提出基因以三种方式影响我们可能经历的环境：**被动基因型 – 环境相关**、**唤起基因型 – 环境相关**和**主动基因型 – 环境相关**。但是行为遗传学方法被批评为不完整的理论，它只是描述而没有解释基因或环境如何影响我们的能力、行为

和特征。

## 生态系统论：一种现代环境论

✦ 尤里·布朗芬布伦纳的生态系统论把发展看成是不断变化的个体与环境交互作用的结果。布朗芬布伦纳认为发展所发生于其中的自然环境实际上包括几个相互作用着的背景或系统——**微系统**、**中系统**、**外系统**和**宏系统**——这些系统也受到**时间系统**的影响；也就是说受到个体或其他环境背景随时间而发生的变化的影响。这种对环境与人相互作用的详细阐述导致了许多新的有助于发展的干预方法的出现。

## 现代认知观

✦ 维果茨基的**社会文化理论**认为，儿童的心理、技能和人格是由于他们掌握了与文化有关的**智力适应性工具**才得到发展的。儿童在与技能更熟练的同伴的合作性对话中，在**最近发展区**内通过逐渐内化同伴的指导并完成任务而获得文化信仰、价值观和问题解决策略。当技能更熟练的同伴恰当地提供**脚手架**时**合作学习**最有效。儿童从中受益，并开始独立完成任务。

✦ 社会信息加工理论家认为，儿童对其社会经验的反应多数依赖于他们对自己及他人行为的理解和**因果归因**。这一重要见解已经得到相关研究的一致支持，它对我们理解许多社会性发展观有重要帮助。但是，社会信息加工理论对其所提出的现象并未做出完整的解释，因而最好把它看做其他理论观点的补充而非替代。

## 理论与世界观

✦ 理论可以按其所依据的世界观划分类别。当逐步认识到人类发展的异常复杂性及**整体性特征**后，更多的发展心理学家开始热衷于用**环境论模型**取代指导学习理论的**机械论模型**和阶段论所依赖的**机体论模型**。大多数现代发展心理学家在理论上采取折中态度，他们认识到，没有一种理论能对人类发展做出充分的解释，每一种理论都对我们理解发展中的人有重要帮助。

# 4 情绪发展与气质

- 情绪和情绪发展概述
- 分化情绪的表现和发展
- 识别和理解他人情绪
- 学会调节情绪
- 情绪能力、社会能力和个人适应
- 气质与发展

两个 18 个月大的孩子，凯琳和切莉都各自拉着妈妈的手，耐心等待进入圣诞老人商品店。一看到这些还在蹒跚学步的孩子，圣诞老人就马上走过去，弯下腰，先“嗬！嗬！嗬！”了几声，然后很威胁性地问道：“你们这一年是好孩子吗？”切莉明显受了惊吓，很害怕，她呜咽着转身跑过去抱妈妈，结果差点向后摔了跟头。凯琳虽然也是小心翼翼的，但是她也非常好奇。她目不转睛地看着圣诞老人，然后看着妈妈，妈妈对她说，“对圣诞老人说是的，我很乖，我想得到一个圣诞节的布娃娃。”然后凯琳转身走近圣诞老人，允许他把自己抱起来放在膝盖上。 101

显而易见，这两个学步儿在面对这个穿着红外套、说话大声又长着大胡子的陌生人时有着截然不同的情绪反应。切莉心烦意乱，向妈妈寻求安慰；而凯琳虽然害怕却显得更有兴趣，她先看着妈妈来寻求澄清和指导，然后就开始自己探索这一情境。为什么两个孩子对于同样的新奇体验会有如此不同的反应呢？

在本章，我们将通过回顾儿童情绪发展的文献来探讨这一问题。首先我们会介绍儿童的情绪体验和表达，以及他们识别和解释他人情绪的能力随年龄发展如何变化和提升。之后我们会考察儿童如何开始调节和控制自己的情绪，对儿童来说这是一项意义重大的成就，因为这使得他们能够更有效地和他人交往，同时达成其他各种个人目标。

当然，并不是每一个人都会表现出相同的情绪发展模式，有的父母有多个孩子，他们通常会觉得每个孩子从一出生时对待日常事件的情绪反应就很不相同。在过去 40 年中，社会发展心理学家了解到这些家长的看法是完全正确的：婴儿的确在情绪和行为反应方式或者气质上存在差异。当我们探索儿童表现出的气质差异和影响气质的遗传及环境因素时，我们将会理解在解释儿童对新异刺激和日常生活事件表现出不同反应时，早期的气质特征为什么现在会被许多发展心理学家视为成人人格的重要组成部分。

## 情绪和情绪发展概述

在我们开始探讨发展中个体的情绪活动之前，我们首先要问：“什么是情绪？”我的学生对这一问题的典型回答是“我们对经验的感受”或者“我们表现出的所有积极和消极情感”。发展心理学家不会同意这样的定义，而是认为情绪不仅代表一种“感受”。他们认为**情绪**（emotion）是由多种成分构成的：

1. 感受（通常具有积极或消极的特点）。
2. 相关的生理反应，包括心率的变化、皮肤电反应（即汗腺活动）、脑电波活动等。
3. 认知，引发或伴随感受和生理变化的认知活动。
4. 目标，或采取行动的愿望，如趋利避害、影响他人的行为、交流需求或愿望等行动。

举一个简单例子来说明情绪的上述四个成分。假设当一个男孩看到他三岁生日收到的礼物卡车时神采飞扬。他的这种非常积极的感受伴随着心率加快和可能的认
102 知活动——“我得到了我想要的”，并且这些“快乐”的伴随成分会驱动他马上去接近玩具（或向满足他愿望的人表达感谢）。

## 情绪和情绪发展的两种理论

很多理论家对情绪发展及其适应性意义做过论述，其中有两种理论的影响最大。第一种取向是**分化情绪理论**（discrete emotions theory），这一理论具有深厚的进化论背景，可以追溯到1872年的查理·达尔文，他提出人类的大部分基本情绪是具有适应价值的进化产物（见 Darwin，1965）。例如，婴儿在尝到苦味溶液时表现的厌恶可能是一种先天反射，使其拒绝或呕吐不喜欢的食物，这种反射能保护婴儿远离受污染的食物；新生儿在饥饿或者不舒服时的啼哭会传达给养育者信息，说明婴儿不适、需要养育者照料，这样就能促进婴儿的幸福感（Saarni，Mumme，& Campos，1998）。和达尔文一样，当代分化情绪理论的支持者（例如，Lzard，1991）依然认为，人的许多基本情绪都是人类进化史的产物。每种“分化”的情绪（例如，悲伤与愤怒）都伴随着一系列特定的表情（和身体）反应，并且在生命早期就表现明显（见图 4.1）。

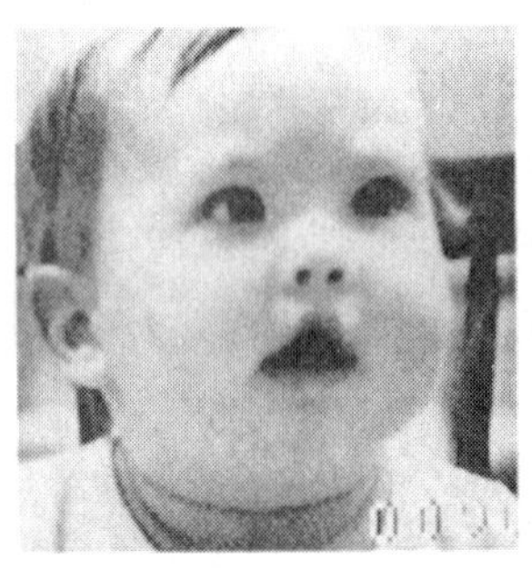

兴趣：眉毛扬起，嘴张圆，唇可能噘起。

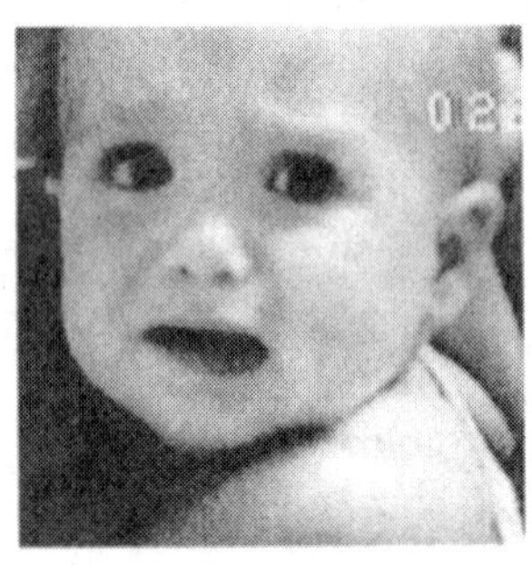

害怕：嘴缩进，眉紧皱，眼睑收缩。

厌恶：舌伸出，上嘴唇抬高，皱鼻子。

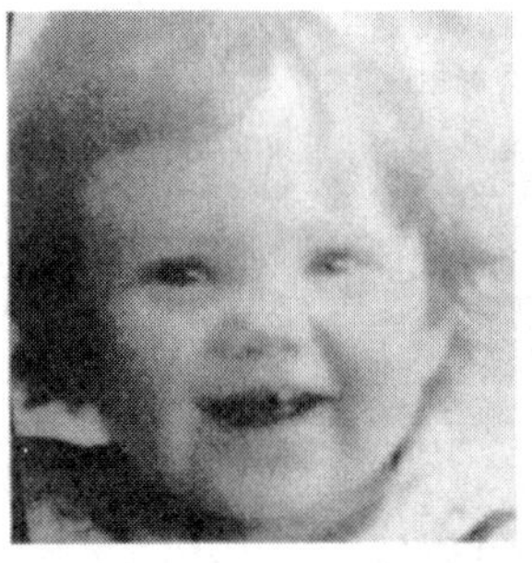

快乐：眼睛发亮，脸颊鼓起，嘴呈笑状。

悲伤：嘴角下撇，双眉中间部分抬起。

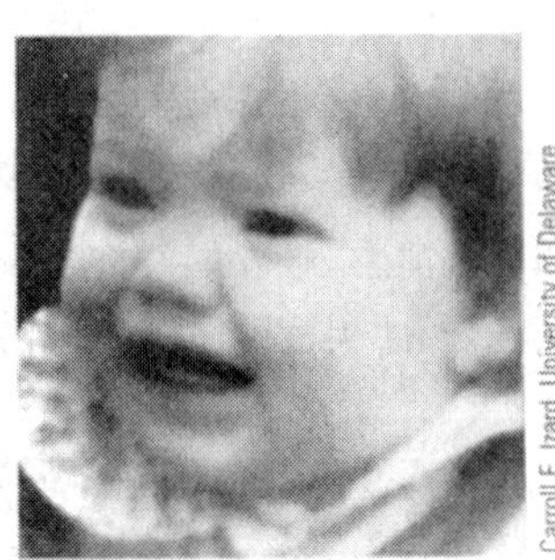

Carroll E. Izard, University of Delaware

愤怒：嘴呈方形张开，双眉向中间紧皱，两眼瞪着前方。

**图 4.1** 婴儿的各种表情

相形之下，对情绪发展持**机能主义理论**（functionalist approach to emotions）的学者认为，新生儿和小婴儿不能表现出分化情绪；他们的情绪生活主要是由泛化的积极（兴奋）或消极（悲伤）体验组成的（Campos et al.，1994；Sroufe，1995）。机能主义理论家还提出，情绪最基本的目的是影响行为并引发指向目标的行动（Campos et al.，1994），他们还强调环境对情绪发展的影响。当新生儿胳膊被束缚或者接受注射时，她可能会因为体验到的挫折和疼痛变得极度悲伤。但是在与他人交往（即社会经验）2~3 个月后，婴儿才能理解是别人造成了自己的悲伤。这时候她可能会看着或者转向那个人，通过脸变得通红、扭动、踢打或者其他行为来表达自己的愤怒（而不是悲伤），以消除引发自己疼痛或不舒服的原因，或者引发其他人的安抚反应。如果她成功，她的这种愤怒表达就确实是“功能性”的了（Saarni，Mumme，& Campos，1998）。 103

机能主义理论家还强调，对环境的成功适应常常需要儿童控制他们的情绪，而不是随意表达他们的情绪。采取一些直接、强制性的行动，可能是两岁儿童应对惹恼自己的玩伴的权宜之计，但是无论成人还是其他儿童，都不可能长时间不加约束地随意表达愤怒，持续表现这种行为的儿童可能会发现自己很孤立，或者发现没有人愿意和他一起玩。确实，儿童情绪发展的一个非常关键的方面是学会调节情绪，以维护社交上的和谐和达到重要的目标。正如我们即将看到的，随着儿童逐渐了解到在特定情境下表达某些情绪是被允许的或不被允许的，情绪表达也就随年龄增长越来越表现出社会适宜性。

现在，让我们通过考察情绪在婴儿期和学步期的分化顺序，来开始我们对儿童情绪发展的探索。

## 分化情绪的表现和发展

在我的课上，我常常使用理论家们曾争论不休的问题来开始关于情绪发展的讨论。这些问题是：婴儿有情感吗？他们能像年长儿童或成年人那样表现出特定情绪，如快乐、悲伤、害怕和愤怒吗？大多数刚做父母的人都会这么想。在一项研究中，超过半数拥有 1 个月大婴儿的母亲说，她们的孩子表现出至少 5 种互不相同的情绪：感兴趣、惊奇、喜悦、愤怒和害怕（Johnson et al.，1982）。这些资料似乎与分化情绪理论的看法非常一致，也就是人类的许多基本情绪都是先天的。但是有批评家质疑，他们认为这仅仅是因为那些为孩子感到自豪的妈妈们从孩子脸上看出了太多的东西罢了。我们怎能知道婴儿是否能够体验特殊的情绪呢？

特拉华大学的凯罗尔·伊扎德（Carroll Izard）和他的同事通过录像记录了婴儿在某些情境中的反应，如看见别人手抓冰块、玩具被拿走、与母亲分离一段时间后看到母亲回来等，以此来研究婴儿的情绪表达（Izard，1982，1993）。伊扎德的实验程序中安排了对婴儿所经历的事情毫不知情的评估者，请他们依据婴儿的表情判断婴儿正在体验到何种情绪。这些研究发现，观察同一种表情的不同评估者一致地从婴儿表情中判断出了同一种情绪（回顾图 4.1）。此外，婴儿以可预测的方式对特殊类型的经验做出反应。例如，柔和的声音和新异的视觉呈现可能引发婴儿的微笑
104 或者兴趣，而注射或其他的疼痛刺激会引发小婴儿的悲伤和较大婴儿的愤怒（Izard，Hembree，and Huebner，1987）。婴儿还能用声音表达情绪。例如，2 个月大的婴儿感到舒适时经常会发出咕咕声，在对某些东西感兴趣或者高兴时会因为兴奋而“突然出声”，父母把这些信号解释为婴儿的积极情绪，并通过与婴儿说话或玩游戏的方式来延长婴儿的积极情绪（Keller & Scholmerich，1987）。

有趣的是，成人通常能够从面部表情判断婴儿正在体验的是何种积极情绪（例如，感兴趣还是喜悦），但是只根据表情线索来判断特定的消极情绪（如害怕与愤怒）就困难得多（Izard et al.，1995；Matias & Cohn，1993）。多数研究者均认为，婴儿可以通过面部表情和声音表达一系列感受，而且随着年龄增长，每种表达逐渐成为识别某种特定情绪的标志（Camras et al.，1992；Izard et al.，1995）。

## 第一年中分化情绪的发展顺序

在生命的第一年里，各种情绪相继出现。婴儿一出生就能表现出感兴趣、痛苦、厌恶和满意（以早期的微笑为指标）等面部表情。而愤怒、悲伤、喜悦、惊奇和害怕等**初级（或基本）情绪**［primary（or basic）emotion］是在 2~7 个月之间才出现的（Izard et al.，1995）。这些初级情绪可能具有牢固的生物学基础，因为所有正常儿童表现出这些情绪的年龄大致相同，并且在所有的文化中都具有相同的表现和解释（Camras et la.，1992；Izard，1993）。但是在表现那些刚出生时并不具备的情绪之前，婴儿需要某种学习（或者认知发展）。最能诱发 2~8 个月大婴儿的强烈惊喜的因素是，他们发现自己能够在某种程度上掌控物体和事件。当这些习得性期望不一致时（例如当某人或某事物阻碍他实施控制的时候），可能导致 2~4 个月的婴儿愤怒，导致 4~6 个月的婴儿悲伤（Lewis，Alessandri，& Sullivan，1990；Sullivan，Lewis，& Alessandri，1992）。

当然，任何一种初级情绪从最初出现之后，其表现形式和功能都会随着时间发生相当大的变化。首先，我们从一种积极情绪“快乐”着手讨论这些变化，之后再探讨愤怒、悲伤和害怕之类消极情绪的发展。

## 快乐这一积极情绪的发展

如前所述，婴儿最初的快乐（或满意）信号是一种初级阶段的微笑，最初只是吃饱后的反应或者对看护者提供的轻摇、轻拍和高声调这类抚慰刺激的反应。实际上，

这些微笑被认为是因生理状态变化（紧张缓解）带来的反射性反应，而不是社会刺激或者社会互动带来的变化（Sroufe & Waters，1976）。

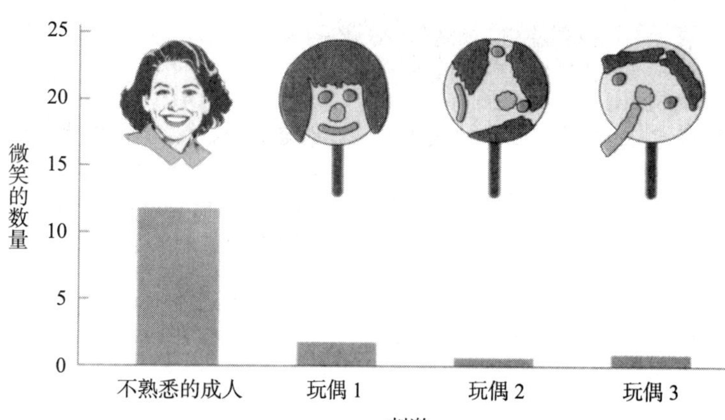


**图 4.2**　3 个月的婴儿对一个不熟悉的成人和 3 种带人脸图形的手指玩偶的微笑。婴儿看上述四个对象的时间相同，但对真人微笑的次数明显更多。（资料来源：Ellsworth, Muir & Hains, 1993.）

6~19 周时，婴儿开始出现**社会性微笑**（social smile），在与看护者的互动中最为常见。看护者可能因婴儿的积极情绪而开心，用微笑回应婴儿，同时继续做出让婴儿感到高兴的事情（Malatesta & Haviland，1982）。3 个月时，与向他们呈现的其他有趣、生动的玩偶相比，婴儿更可能对一个真人微笑（Ellsworth，Muir，& Hains，1993；见图 4.2）。当 3~6 个月的婴儿愉快地看着微笑的或与之互动的看护者时，他们会逐渐地表现出脸颊上提、舒展的（即较大的）微笑，这被视为婴儿开始能够与一个陪伴者分享积极情感的标志（Legerstee & Varghese，2001；Messinger，Fogel，& Dickson，2001）。

105　随着年龄增长微笑变得越来越“社会化”，但即使是很小的婴儿也可能对他们操纵和控制玩具或者环境时出现的其他鼓励因素表现出微笑和（后来的）大笑。在一项研究中，给 2 个月大的婴儿手臂上粘上细线。实验组的婴儿只要移动手臂就会演奏音乐，而“控制组”婴儿会不时地听同样的音乐，但音乐与手臂移动没有关系。研究结果令人惊讶：与那些手臂运动和音乐演奏无关的婴儿相比，能够引发音乐演

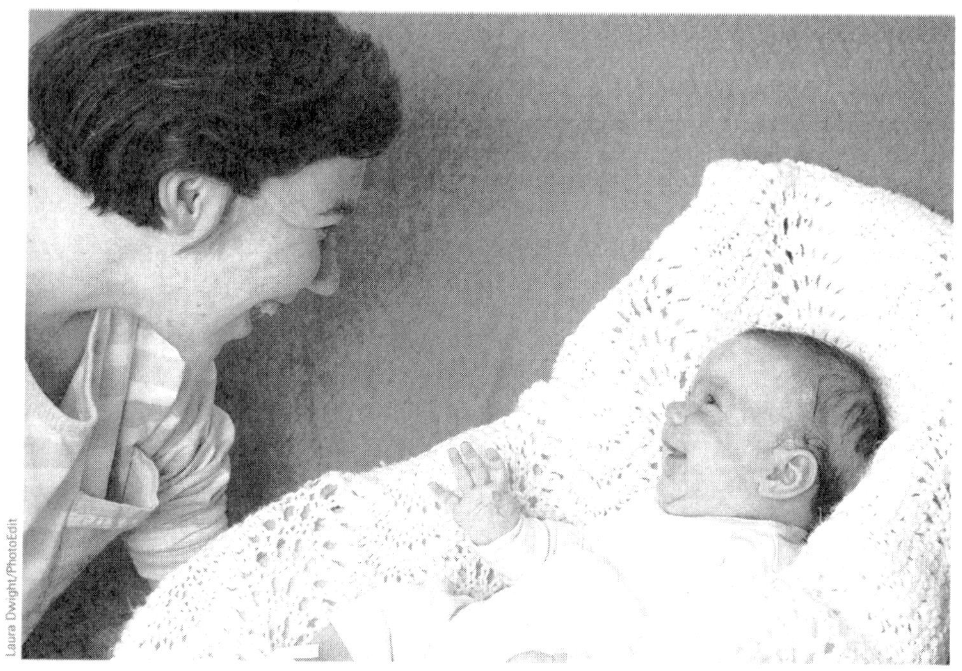


**图片 4.1**　婴儿的社会性微笑是吸引成人注意的信号。

## 专栏 4.1 应用发展研究

### 克服陌生人焦虑：对医生和儿童看护人员的有益提示

学步儿童一进医生诊室就放声大哭，使劲抱住父母不放手。那些仍然记得第一次来诊所经历的小孩子可能表现出“打针焦虑”而不是陌生人焦虑，但是，许多孩子只是害怕接近一个可能会扎或刺他们或以非同一般的、令人痛苦的方式摆弄他们的医生。幸好，看护者和医务人员（或其他陌生人）可以采取一些办法来降低婴儿或学步儿在这类情境中的恐慌。对此我们可以提出哪些建议呢？

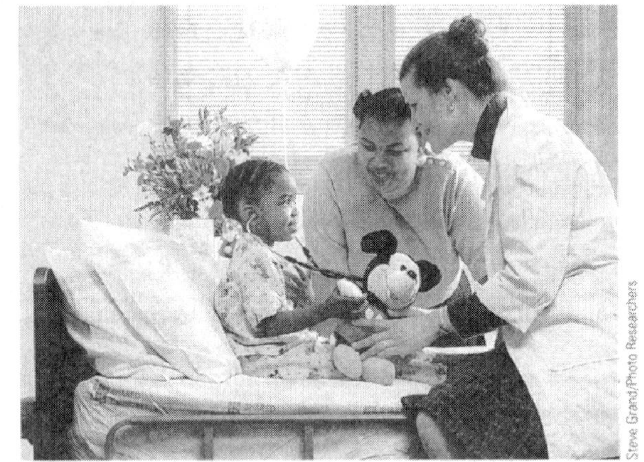

大多数学步儿会对一个提供玩偶的友善的陌生人作出积极反应，即使陌生人是个医生。

1. **有熟人陪在身边。**当与其母亲或其他亲密陪伴者分开时，婴儿对陌生人的反应会更消极。大多数 6~12 个月的孩子坐在母亲膝盖上时不会特别警惕陌生人的接近；但是，如果婴儿坐在离母亲几尺的地方看到陌生人在靠近，他们就会呜咽或大哭起来（Morgan & Ricciuti，1969；Bohiln & Hagekull，1993）。如果小患者们不必与看护者分离，那么医生和护士就可以期望得到他们更积极的反应。
2. **让陪伴者对陌生人做出积极反应。**当看护者热情地问候陌生人或者用积极的声调与婴儿谈论陌生人的时候，婴儿的陌生人焦虑就出现得较少（Feinman，1992）。这些行为使得婴儿通过社会参照得出结论：既然妈妈和爸爸很喜欢他，那陌生人可能没有什么可怕的。这样做没什么损害，在把注意力转到孩子身上之前，医务人员和看护者可先进行一段愉快的对话。
3. **使周围环境更“熟悉”。**熟悉的情境比陌生情境

奏的婴儿在音乐演奏期间笑得更多（Lewis，Alessandri，& Sullivan，1990）。第一组婴儿会如此快乐并不是因为好听的音乐，而是因为他们能够让音乐出现。

到 6、7 个月的时候，婴儿会对家人表露最开心的微笑，面对来访的陌生人则会表现出焦虑而不是快乐。这时的婴儿通常会使用微笑和其他积极情感信号作为一种社交的表现，与家人分享快乐，或试图延续积极的互动（Saarni，Mumme，& Camos，1998；Weinberg & Tronick，1994）。

## 消极情绪的发展

虽然新生儿会对饥饿、疼痛和其他各种不适刺激表现出痛苦，但特定的消极情

更不容易引发陌生人焦虑。例如，10 个月的婴儿在家里就很少会对陌生人特别敏感，但是面对陌生实验室中的陌生人，他们的反应就特别消极（Sroufe，Waters，& Matas，1974）。让现在的医生到家里出诊不太现实，但是医生可以把诊室布置得像小孩子的家，可以在墙角放一辆漂亮的小汽车，在墙上贴卡通画，或者买一两个填充玩具供孩子玩。婴儿对陌生情境的熟悉性也很重要：如果陌生人在孩子进入陌生房间后一分钟就出现，绝大多数（90%）10 个月的婴儿都会表现出心烦意乱，但是，如果有 10 分钟时间可以熟悉环境的话，只有一半的孩子会对陌生人的到来有消极反应（Sroufe，Waters，& Matas，1974）。给医生的建议是：留出几分钟时间先让婴儿或学步儿熟悉诊室，之后医护人员再进去，这时儿童见到医生就不会那么难受了。

4. **做一个敏感的、不唐突的陌生人。**婴儿对陌生人的反应取决于陌生人的行为（Sroufe，1977）。如果陌生人起初与婴儿保持一定距离，然后一边微笑着，说着话，递给婴儿一个熟悉的玩具或者跟孩子一起玩熟悉的游戏，一边慢慢接近婴儿，情况就会好得多（Bretherton，Stolberg，& Kreye，1981；Sroufe，1977）。如果陌生人像敏感的看护者那样，从婴儿那里得到暗示，也会有所帮助（Mangelsdorf，1992）。宝宝喜欢他们能够控制的陌生人！介入的陌生人如果快速地接近并把自己强加于儿童（例如，在婴儿还没来得及适应时就试图抱起婴儿），可能没什么好结果。
5. **尽量让自己看起来不那么陌生。**陌生人焦虑在一定程度上取决于陌生人的体貌特征。杰罗姆·凯根（Jernme Kagan，1972）认为，婴儿在日常生活中会对所遇到的面孔形成心理表征或图式，他们最可能害怕那些外表与自己现有表征不相似的人。所以穿着消毒白大褂、脖子上挂着听诊器的医生（或者带着尖帽子看上去像女巫的护士）会让婴儿和学步儿特别警觉！许多儿科医生可能无法改变让婴儿警觉的某些身体特征（例如大鼻子或者面部疤痕），但是他们可以把让婴儿害怕的医疗器具隐藏起来，把白大褂换成“正常”服装，这样有助于小患者把他们看成普通人。如果与小孩子建立和善关系是重要前提的话，那么发型奇特或戴有鼻环的保姆同样需要注意这条建议。

绪在 6 个月之后才开始出现。在打针、不能掌控玩具或遭遇其他事情时，2 个月大的婴儿的脸上有时会出现憋红脸的愤怒（与一般的痛苦不同），这些愤怒反应在 6 个月 106
时逐渐变强烈（Izard et al.，1995；Lewis，Alessandri，& Sullivan，1990；Sullivan & Lewis，2003；Sullivan，Lewis，& Alessandri，1992）。

悲伤显现出了相似的发展轨迹，2~6 个月的婴儿在某些引发愤怒反应的相同情境中（例如在治疗中感觉疼痛时或失去控制感时，见 Izard et al.，1995；Lewis，Alessandri，& Sullivan，1990）会显得很悲痛。如果不能得到看护者的积极回应，对婴儿来说更容易引起其悲伤反应。在一项研究中，让母亲在与婴儿互动的过程中表现一种安静、不愉快的表情。结果婴儿会因为母亲“安静的脸”而悲伤（以及偶尔的愤怒）（Tronick et al.，1978）。同样，慢性抑郁症患者养育的 2~3 个月的婴儿经常出现悲伤情绪；这些婴儿似乎在配合养育者的抑郁症状，随着时间的延续会变得越来越闷闷不乐，社交反应迟钝（Campbell，Cohn，& Meyers，1995；Field，1995）。

为什么愤怒和伤心会随年龄增长而增加呢？学习和认知发展在其中可能发挥了重要的作用。由于小婴儿逐渐认识到自己能控制周围环境中的物体和人，他们开始在丧失控制时表现出消极反应（Sullivan & Lewis，2003）。例如，起初能够通过舞动手臂打开音乐的2~6个月大的婴儿，随后当他们舞动手臂不能打开音乐时，他们常常会变得愤怒（有时会伤心）（Lewis，Alessandri，& Sullivan，1990；Sullivan，Lewis，& Alessandri，1992）。到了3~4个月，婴儿期望看护者能对自己发出的社交请求做出回应（Van Egeren，Barratt，& Roach，2001），如果违背了他们习得的期望，例如母亲的“冷面”或者严肃的抑郁表情不仅会使一个婴儿悲伤，也足够让她伤心。
107 大一点的婴儿能识别出造成痛苦或者阻碍目标的人，并且随着时间发展，他们会对带来伤害和挫折的人表达更直接、更强烈的愤怒。

### 恐惧和恐惧反应

恐惧是最晚出现的初级情绪（Witherington，Campos，& Hertenstein，2001）。小婴儿偶尔会因大声的、突然的噪音或者身体位置的突然改变而受到惊吓，但是能清楚地表明婴儿认为某人、某物或某种情境对自己有威胁（因此他们会恐惧）的反应到6~7个月才出现。

大部分7~8个月的婴儿表现出两种特殊的恐惧。为了说明第一种恐惧，请想象8个月大的比利坐在一个安静房间的地板上，这时妈妈带一个陌生人进入房间。陌生人突然走近他，弯下腰说：“喂，比利！你好吗？”如果比利和许多8个月大的婴儿一样的话，他会盯视陌生人一会儿，然后转身哭着爬向妈妈。

这种对陌生人的警惕反应，就是**陌生人焦虑**（stranger anxiety），它与一个熟人接近时婴儿表现的微笑、咿呀语和其他问候式的积极反应大相径庭。直到形成了最初的情感依恋关系并且能够对短暂未来有足够理解力的时候，婴儿才能对陌生人表现出积极反应（Schaffer & Emerson，1964）。对陌生人的警惕（常常也混杂着对陌生人的兴趣）在8~10个月时达到顶峰，在1~2岁期间其强度逐渐降低。在专栏4.1中，我们讨论了最有可能发生陌生人焦虑的情境，并介绍了医务人员和儿童看护者如何利用这些知识，避免儿童在他们的办公场所突然感到害怕。

108 在与母亲或者其他依恋对象分离时，许多已经建立情感依恋的婴儿也会表现出明显的不适表现。举例来说，10个月的托尼因为看到妈妈穿上外套、拿起提包准备出门购物而大哭，而15个月的多利斯会跟着妈妈走到门口，呜咽着求她别离开。这些反应都体现了儿童的**分离焦虑**(separation anxiety)。分离焦虑一般出现在6~8个月，在14~18个月时达到顶峰，在婴幼儿期，分离焦虑的频率和强度逐渐降低（Kagan，Kearsley，& Zelazo，1978；Weinraub & Lewis，1977）。但是，即使学龄儿童甚至青少年，他们在与所爱的人长时间分离时都会有焦虑和抑郁的表现（Thurber，1995）。

为什么婴儿会害怕陌生人，害怕与最初的看护者及其他陪伴者分离呢？为什么这些问题在 6~8 个月时才出现？许多学者对这些问题进行了探讨，其中两种观点得到了实证研究的支持。进化理论家（Bowlby，1973）认为，婴儿面对的许多情境是一种关于危险的自然线索，这些情境在整个人类进化史中曾经频繁地与危险相联系，使恐惧和回避已成为生物学意义上的程序化行为。婴儿遇到这种危险情境时，他们能轻易地从熟悉事物中识别出陌生物、陌生面孔（古代可能是吃人的动物）、陌生环境和与家庭成员分离后的“陌生”情境，从而自然而然地表现出恐惧。与这一进化论的观点相一致，婴儿在陌生的实验室情境中对分离和陌生人表现的恐惧反应比在家里表现出的恐惧反应多得多；实验室的陌生情境能放大婴儿对平时遇到陌生人和忍受分离时的担忧。进化论观点还能解释分离焦虑的跨文化差异。在许多非工业化国家，婴儿与母亲睡在一起，始终保持着亲密接触，他们开始抗拒分离的年龄比西方国家的孩子早 2~3 个月（Ainsworth，1967）。为什么呢？因为这些婴儿极少与养育者分离，因此任何分离都使他们感到奇怪并引发恐惧。

认知发展理论家把陌生人焦虑和分离焦虑视为婴儿知觉和认知发展的自然结果。杰罗姆·凯根（Jerome Kagan，1972，1976）认为，6~10 个月的婴儿已经完全形成了以下稳定图式：（1）熟悉的陪伴者的面孔；（2）这些陪伴者在家里可能的位置（如果他们现在不在眼前的话）。婴儿会对与看护者的图式不同的陌生人脸的突然出现感到不安，因为他们不能解释这个人是谁或者熟悉的看护者出了什么状况。凯根还提出，7~10 个月的婴儿在家中不会特别抗拒分离，因为他们会认为，看护者离开起居室去了一个熟悉场所，如厨房。但是一旦看护者拎起包走出大门破坏了这个“熟悉的脸在熟悉的地方”这一图式，婴儿便不能轻易解释看护者的去向了，此刻他们就可能哭泣。与这一观点一致的是，在家中被观察的婴儿更可能在看护者走向不熟悉的门（如通向地窖的门）而不是熟悉的门时开始抗议（Littenberg，Tulkin，& Kagan，1971）；在分离期间，安静玩耍的 9 个月大的婴儿寻找母亲并发现母亲不在他们所想的位置后，马上会变得非常不安（Corter，Zucker，and Galligan，1980）。

总之，陌生人焦虑和分离焦虑是复杂的情绪反应，它们部分源于婴儿对陌生人和物的一般性恐惧（进化观点），以及他们不能对陌生人是谁以及熟悉陪伴者发生了什么事情做出解释（认知发展观点）。需要指出的是，婴儿对分离和陌生人的反应有明显不同：有的婴儿对这些事情几乎无动于衷，而另外一些就好像被吓坏了一样。109
为什么差异如此巨大呢？我们将在本章和第 5 章讲到，发展研究者认为，在恐惧方面的个体差异常常反映了婴儿在气质和依恋关系质量或安全感上的差异。

## 自我意识情绪的发展

从第 2 年末直到第 3 年，婴儿开始表现出像尴尬、羞愧、内疚、妒嫉和骄傲这样的**次级情绪**（secondary emotions）或**复杂情绪**（complex emotions）。这些情感反应常常被称为**自我意识情绪**（self-conscious emotions），因为这样的情绪都会妨碍或促进个体的自我意识发展。迈克尔·刘易斯（Michael Lewis，1998）认为，只有当儿童能在镜子里或者照片上认出自己时，尴尬这种最简单的自我意识情绪才会出现（这是自我参照发展的一个重要标志，将在第6章详细讨论）；而像羞愧、内疚和骄傲这样的自我评价情绪，不仅需要自我认识，还需要儿童对评价自己行为的规则和标准有所理解才行。

大多数已有的证据与刘易斯的观点一致。例如，因为过度赞扬或被要求在陌生人面前“卖弄”而感到非常尴尬的学步儿童，往往具有清晰的自我认识（Lewis et al.，1989）。3岁左右，当儿童能用好与不好评价自我的表现时，他们在成功地完成一项困难任务后，会表现出明显的骄傲（微笑、喝彩，或者大喊“我成功了”），而在没能完成一个简单任务时感到羞愧（目光向下看，很消沉的样子，还常常嗫嚅着“我不擅长这个”）（Lewis，Alessandri，& Sullivan，1992；Stipek，Recchia，& McClintic，1992）。幼儿在规定时间内未能完成某一任务或达到某一标准时，可能表现出一种评价性尴尬，这种情绪常以尴尬的笑，揪自己的衣襟和盯视讨厌的事物为特征（Alessandri & Lewis，1996）。评价性尴尬来自对个人表现的消极评价，这种尴尬带来的压力比被他人注意引起的“简单”尴尬要大得多（Lewis & Possibly，2002）。评价性尴尬仅仅是一种程度较轻的羞愧吗？可能如此，刘易斯和拉姆塞（Lewis & Ramsay，2002）报告说，体验到评价性尴尬的幼儿不像羞愧的孩子那样眼睛向下、撇着嘴；在研究中没能成功应对挑战的4岁儿童，要么表现出评价性尴尬，要么表现出羞愧，但是二者不会同时出现，这说明二者是不同的情绪。

**图片 4.2** 3岁儿童能评价自己的行为，并体验到自我评价性的情绪，如在违规或失败时感到羞愧。

有研究者对羞愧和内疚进行了明确的区分。内疚意味着一个人未能在某个方面对别人尽到义务；感到内疚的儿童可能会关心自己的错误造成的人际后果，并且尽力接近他人，弥补自己的伤害行为（Higgins，1987；Hoffman，2000）。相反，羞愧则更多地是关注自己而不是基于对他人的关心。不管是源于违反道德、个人失败还是社交失误，羞愧会使儿童（消极）关注自己，并且可能会促使他们隐藏自己、回避他人（Tangney & Dearing，2002）。

### 父母对自我意识情绪的影响

父母能明显地影响儿童对特定的自我意识情绪的易感性。例如，亚历山德里和刘易斯（Alessandri & Lewis，1996）观察了母亲对4~5岁的孩子在拼图游戏中成功或失败时的反应。正如所料，儿童一般会对自己的成功表现出

骄傲，对失败表现出羞愧。但是他们表现出骄傲或羞愧的强度，很大程度上取决于
母亲对结果的反应。那些看重消极结果的母亲会对孩子的失败提出批评，其子女常 110
常会在失败后产生较严重的羞愧，在成功后表现出较低水平的骄傲。相反，对孩子的成功做出积极反应的母亲，她们的孩子对取得的成功感到更骄傲，对未能成功达到目标的偶然情况表现出较少的羞愧。

来看另一种有趣的来自父母的影响。明显地违反常规和道德都可能让儿童感到内疚或羞愧，或者二者兼有。但是父母对违规的反应可能决定儿童会感到内疚还是羞愧。如果父母轻视他们（克莱尔，你怎么这么坏，这么愚蠢，这么没脑子，等等），儿童则更倾向于感到羞愧；但如果父母批评错误行为并指出原因，告诉孩子这样做会对别人造成怎样的伤害，同时鼓励他们做一些力所能及的事情来弥补伤害，儿童就更可能感到内疚而不是羞愧（Hoffman，2000；Tangney & Dearing，2002）。

起初，学步儿童和幼儿初期的儿童最可能在成人在场时表现出自我评价性情绪（Harter & Whitesell，1989；Stipek，Recchia，& McClintic，1992）。迈克尔·刘易斯（Lewis，1998）指出，年幼儿童最初的自我评价反映了他们如何看待父母或生活中其他重要的人关于自己的评价。很多学前儿童在还不能把各种规则和评价标准完全内化时，就已经能够为自己在缺乏外在监督情况下的行为感到骄傲、羞愧或者内疚（Bussey，1992；Harter & Whitesell，1989）。

## 情绪表达的后期发展

在生命的前几年，主要的分化情绪都已经出现，至少以尚不成熟的形式出现了。在儿童期发生巨大变化的是引发各种情绪的情境或事件。例如，我们将在第 7 章和第 8 章看到，儿童焦虑和恐惧的原因从不能直接解释或应对的威胁（真实的或想象的）转变为重要的现实生活事件，比如，应对学业挑战或者渴望与同伴建立良好关系而被同伴接纳。第 9 章将讲到，儿童社会认知能力的变化如何影响有可能激怒他们或引发攻击行为的情境。第 10 章将探讨，随着儿童把越来越多的规则、道德规范和行为标准加以内化，并越来越多地监督和评价自己（或他人）的行为，他们体验到骄傲、内疚、羞愧和诚恳地关心他人利益等复杂情绪的能力就会逐渐增强。

一般认为，在儿童达到性成熟、从儿童期向青少年期转变时，他们会越来越喜怒无常，体验到的消极情绪也会猛增。这种儿童情绪的变化值得在此加以讨论。有一些证据支持了这样一种观点，即从青春期初期到中期，个体日常体验到的消极情绪变多而积极情绪变少，“心境”的这种下降趋势在青少年中期趋于稳定（Larson & Lampman Petraitis，1989；Larson et al.，2002；见图 4.3）甚至回升（Carstensen et al.，2000；Mroczek & Kolarz，1998）。绝大多数青少年能很好地应对这种情绪变
化，并且保持良好的适应，但是，严重的和亚临床症状的抑郁在青少年早期确有增 111
加（Wichstrom，1999），在一项研究中发现，它影响了 15~20% 的青少年。

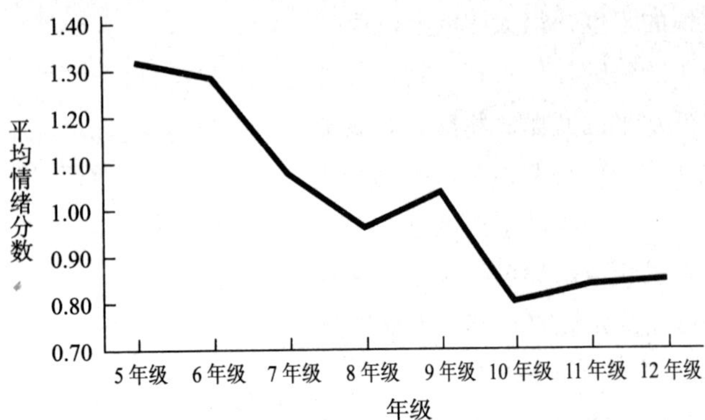


**图4.3** 青少年初期和中期这8年中的平均情绪分数。尽管从5年级到10年级该分数呈下降趋势，但始终为正数。这一平均分表明，青少年的积极心境多于消极心境。（资料来源：Larson，Moneta，Richards，& Wilson，2002.）

为什么青少年早期的消极情绪会突然增多？伴随性成熟产生的心理和激素的变化可能增加了喜怒无常和情绪不稳定（Buchanan，Eccles，& Becker，1992；Udry，1990）。但是，许多研究者认为，青少年与父母和老师之间的日常冲突以及生活中其他压力事件的突然增加，是青少年早期积极情绪体验减少的主要原因。与这种生活压力观一致的是，父母与子女在个人责任和自我管理事件上的冲突在青少年早期至中期达到顶峰，在随后的整个青少年期逐渐下降（Laursen，Coy，& Collins，1998；Smetana & Gaines，1999）。因此，随着家庭内冲突的逐渐减少，青少年情绪下降的趋势也趋于平稳。拉尔森等人（Larson，2002）在最近的一项追踪研究中发现，生活压力是青少年情绪的良好预测因子：在青少年期的任何年龄，经历较多生活压力的青少年体验到的积极情绪较少。

## 识别和理解他人情绪

随着儿童的成熟，他们不仅体验和表现出越来越多样化的情绪，而且在识别他人情绪、恰当地解释自己和他人情绪的原因和功能方面有很大提高。获得关于情绪的知识是情绪发展的一个重要标志，它有助于儿童对他人的感受做出判断，调节自己的行为以达到目标（例如，对悲伤的同伴表示同情而不是讥笑或愤怒）。儿童对情绪的理解在婴儿期和学步期还很有限，在幼儿和小学期间的发展非常迅速。

### 对情绪的早期识别和解释

婴儿最早在什么时候能注意他人的情绪并做出反应呢？他们从出生或者出生后不久就能对特定言语信号做出反应，这点可能让我们很吃惊。在专栏3.1中，我们已看到，新生儿在听到另一个婴儿哭之后会自己也哭起来，这是他们对另一个婴儿悲伤的回应。在整个第一年里，世界各地的父母都用高声调跟婴儿说话，即伴随“快乐”等积极情绪的音调（Fernald & Mazzie，1991；Grieser & Kuhl，1988），甚至出生2天的婴儿也会更关注成人交流中使用的高声调言语，对“平缓”言语的注意则相对较少（Cooper & Aslin，1990；Kaplan et al.，1996）。

关于婴儿何时开始识别和解释他人的面部表情尚存争论。3个月的婴儿更喜欢看快乐面孔的照片，而不是中性的、伤心或愤怒面孔的照片（La Barbera et al.，1976；Kuchuk，Vibbert，& Bornstein，1986），但是他们的注视偏好可能仅仅反映了他们视觉分辨能力的大小，而不一定意味着这么小的婴儿能解释像“高兴”、“愤怒”或“伤心”等多种表情（Nelson，1987）。然而，也有证据表明，小婴儿确实会特别留意更自然真实的情绪表达并且做出恰当的反应。例如，3 个月的婴儿不仅能在母亲的面部表情伴随着相应语调时分辨出母亲的高兴、悲伤或愤怒情绪，而且能对母亲的 112
快乐表情做出积极回应，并因为母亲的愤怒或悲伤而情绪低落（Haviland & Lelwica，1987；Montague & Walker-Andrews，2001）。

### 社会参照

在 7~10 个月期间，婴儿识别和解释情绪表达的能力表现得更明显（Soken & Pick，1999），在这段时间里，婴儿开始留心父母对不确定情况的情绪反应，并用这些信息调节自己的行为（Feinman，1992）。这种**社会参照**（social referencing）随着年龄增长越来越常见（Walden & Baxter，1989），并很快从父母扩展到其他人。例如，在接近 1 岁时，如果周围的陌生人微笑，婴儿就会接近并摆弄不熟悉的玩具，但是如果陌生人表现出令人害怕的表情，婴儿就回避这些玩具（Klinnert et al.，1986）。在一项研究中，12 个月大的婴儿甚至会从电视片断里获得社会参照，他们在看到电视中引起一个成人恐惧反应的物体之后，也会对这一物体做出回避或消极反应（Mumme & Fernald，2003）。对 12 个月大的婴儿来说，与面部表情传递的信息相比，情绪的语调表达似乎传递了一样多或者更多的信息（Mumme，Fernald，& Herrera，1996）。也有一些研究怀疑这些情绪信号是否不应该被解释为命令（例如:“不许碰”），而是婴儿自身主动的信息寻求（Baldwin & Moses，1996）。但是在 1~2 岁期间，学步期儿童经常会在对新的物体或环境做出评价之后看向他们的陪伴者，这就表明他们把别人的情绪反应作为评价自己判断准确性的信息来源（Hornik & Gunnar，1988）。

### 情绪、情绪理解和早期社会性发展

在生命第一年里，婴儿只是表现出初级情绪，对他人的感受的理解也很简单，但是我们要认识到，婴儿的情绪能力对其早期社会性发展有非常重要的意义。婴儿的情绪表达起到了一种沟通作用，可能对养育者的行为产生影响。例如，悲伤的哭泣能够召唤来亲密的陪伴者。微笑或感兴趣的表情是养育者确信孩子想要甚至渴望与他们建立社会关系的早期暗号。其后，恐惧和伤心的表情可能意味着婴儿感觉不安全或感到忧郁沮丧，需要人关注或安抚。愤怒可能显示婴儿想要陪伴者停止所有令其心烦的事情，而喜悦则促进养育者继续正在进行的交往，或者表明了婴儿接受新挑战的意愿。所以说婴儿的情绪是有适应意义的，因为这些情绪促进了社会接触，并帮助养育者调节自己的行为来符合婴儿的需要和目标。从另一方面讲，婴儿的情绪表达促进婴儿和他们的亲密陪伴者“相互了解”（Tronick，1989）。

婴儿逐渐显露的识别和解释他人情绪的能力也是一个重大进步，它使婴儿能够在各种情境下推测自己的感受和行为。“社会参照”的好处在于，婴儿能够用这种方法迅速获得知识。例如，哥哥或姐姐对家养小狗的快乐反应暗示婴儿这个“软毛球”是朋友，而不是不会说话的怪物。母亲痛苦的表情和声音告诉婴儿，某人手里的刀子是一种应当躲避的工具。如果表情丰富的看护者频繁将婴儿的注意转向环境的重要方面或者表达他们对婴儿关于物体或事件的评价的感受，那么他们的情绪表现中包含的信息将会以重要的方式影响儿童对周围环境的理解（Rosen，Adamson，& Bakeman，1992）。

## 113 识别他人情绪的后期发展

3 岁以前，婴儿在识别和形容图片中人物的表情或木偶的面部表情时表现很差（Widen & Russell，2003）。他们要么不能识别别人的面部表情，要么把大多数情绪都说成是“高兴”。也许这仅仅反映了 2~3 岁的婴儿还没学会（或不能提取）形容各种情绪的词语，因为即使 18 个月大的孩子也能参照别人的情绪表达作出一些恰当的行为推论。例如，在列帕邱利和高普尼克的一项研究中（Repacholi & Gopnik，1997），当 18 个月大的孩子看到一个女人一想到吃饼干就露出厌恶表情时，他们就知道，当有生蔬菜和饼干两种食物时，她更喜欢吃生蔬菜，而不是像自己那样更愿意吃饼干。

3~5 岁期间，儿童在正确识别和形容别人（或木偶）的简单面部表情方面做得越来越好（Denham，1986；Widen & Russell，20033）。3 岁儿童能正确形容高兴的表情，但是经常用“高兴”描述其他积极情绪，如惊奇。3~4 岁期间，儿童开始用“伤心”（或愤怒）来形容消极情绪。到 4、5 岁时，“恐惧”（形容害怕）越来越常见，并且对其的使用更准确（Widen & Russell，2003）。但是，即使 5 岁的儿童都极少用“惊奇”或“厌恶”来形容情绪，儿童一直到小学早中期才能正确地形容这些情绪以及如骄傲、羞愧和内疚等更复杂的情绪。

有一点需要特别注意，面部线索并不是儿童用来识别他人情绪的唯一依据。托马斯·布恩和约瑟夫·库宁厄姆（Boone & Cunningham，1998）发现，让 4 岁、5 岁和 8 岁的儿童观看成人跳舞，他们都能从成人跳舞时富有表现力的身体运动中看出成人是快乐、悲伤、愤怒还是恐惧。即使 5 岁儿童也能从富有表现力的身体运动中区别出跳舞者是悲伤、恐惧还是快乐；而 8 岁儿童则拥有和成人一样的技能，能正确地识别舞者富有表现力的运动中所暗含的全部四种情绪。

## 对情绪原因的理解

从幼儿期到小学阶段，儿童对他人在一定情境中的情绪的理解迅速提高。测量

**图 4.4** 儿童情绪理解力的测量。给儿童讲简短的、附有图画的故事，让儿童说出故事主人公的情绪。
（资料来源：Michaelson & Lewis，1985.）

儿童对情绪原因理解的常用方法是，给他们呈现如图 4.4 所示的附有照片或图画的小故事，然后让儿童说出故事主人公的感受，或选出代表故事主人公感受的面部图。即使 3 岁儿童也已能很好地理解像生日宴会这样的积极事件可能引发高兴，到了 4 岁，他们就能意识到如“小狗走丢了”这样的事情可能让主人公伤心（Denham，Zoller，& Couchoud，1994；Michaelson & Lewis，1985）。但是，在学前晚期或小学初期之前，儿童还不善于识别引发愤怒、惊奇或厌恶的情境。

一些研究者认为，故事判断法可能低估了幼儿对消极情绪的理解。例如，理查德・费布斯等人（Richard Fabes，1988，1991）发现，3~5 岁的儿童对幼儿园同伴的消极情绪（如悲伤、愤怒等）的理解好于对积极情绪（愉快）的理解。近期研究表明，当父母与 2~5 岁儿童讨论情绪时，他们对消极情绪原因的讨论比积极情绪多得多（Lagattuta & Wellman，2002）。在早期儿童对积极情绪的理解是否好于对消极情绪的理解这一问题上虽有争议，但是大家基本上都同意以下观点：（1）儿童在幼儿 114
阶段学习了大量导致各种初级情绪的原因，（2）直到小学高年级甚至初中，儿童才有足够的能力说出那些引发骄傲、内疚、羞愧、羡慕、嫉妒及其他复杂情绪的情境或状况（Saarni，Mumme，& Campos，1998）。

### 情绪理解的其他标志

有趣的是，即使 4~5 岁儿童也已经能够理解一个人当前的感受（特别是伤心这样的消极情绪），这可能是源于他们对过去事件的反省（Lagattuta & Wellman, 2001）。在一项研究中，给儿童讲关于一个名叫玛丽的女孩的故事，故事中说玛丽心爱的兔子被狗追丢了，再也没有找到。很久以后，玛丽看到了一些令她想起兔子的
115 事物（如兔子照片或者令人讨厌的狗），然后问儿童："为什么玛丽现在感到伤心？"极少有 3 岁儿童能够正确回答，但是超过 80% 的 4 岁儿童和 100% 的 5 岁儿童意识到是因为出现了兔子的提示物，它使玛丽想起了兔子的丢失，并再次因这一不愉快的事件而悲伤（Lagattuta，Wellman，& Flavell，1997）。

随着小学生能使用个人信息、情境信息和过去的经历来理解和揭示情绪，他们在情绪理解发展过程中出现了阶段性的突破。例如，5~7 岁期间，儿童能同时理解两种相容的情绪（我很高兴去迪斯尼乐园，遇见米老鼠让我特别激动）（Harter，1999）。8 岁儿童懂得，同样的情境（快速接近的一条温顺大狗）能在不同的人身上引起两种不同情绪（恐惧和快乐）（Gnepp & Klayman，1992）。6~10 岁期间的儿童知道，他们自己或他们认识的人会对同一情境产生积极或消极情感（如，约翰在晚会上很开心，可是因为亨利没被邀请，他又有点伤心）（Brown & Dunn，1996；Harter，1999）。

值得注意的是，儿童情绪理解的后期发展与儿童在皮亚杰的守恒任务中成功地将两个或更多因素加以整合（例如，液体的高和宽）是同步的，可能它们在一定程度上依赖于同样的认知发展。当然，社会经验也同样重要。例如简·布朗和朱莉·邓恩（Brown & Dunn，1996）发现，能够理解冲突情绪的 6 岁儿童，在儿童早期就开始与父母讨论情绪的原因。显然，这些讨论为他们分析自己跟兄弟姐妹或同伴冲突时的复杂感受提供了准备。

## 学会调节情绪

从婴儿期开始，成功调节自身情绪的能力就是一项非常重要的技能，这一技能不仅对实现个人目标非常关键，而且还影响人的社会交往特征及其社会关系、婚姻关系的类型。**情绪自我调节**（emotional self-regulation）包括控制情绪和把情绪唤醒调节到适宜的强度水平来达到个人目标的能力。对情绪的适宜调节包括掌控自己感受、伴随感受的生理反应、情绪有关的认知（例如，思考如何解释产生情绪的情境），以及情绪相关的行为（例如，面部表情），思考下面这个能展现所有情绪调节成分的情境：

> 比利被一个鲁莽的大个子同学塞恩撞倒，擦伤了膝盖。我们并不清楚事故的原因，但应该不是故意的。然而，比利的第一反应就是愤怒。他不希望打架，

> 可是仍想要让塞恩明白，他的粗心给别人带来了伤害，以后应当多注意。因此比利不得不抑制自己的愤怒（调节感受）和唤醒水平（调节生理），把注意集中在“伤害的发生可能只是一个意外”这样的观念上（调节情绪相关的认知），这个意外不需要通过粗话和愤怒的表情（调节情绪相关的行为）来解决，因为粗活和愤怒可能会挑起比利所不希望的打架。

这种调节对于学步儿、大多数幼儿以及很多小学低年级儿童来说，都是无法做到的，更不要说那些特别容易被各种事件或经历（如饥饿、窒息、疼痛、大声）引 116
发情绪、也特别依赖养育者安抚的婴儿了。显然，情绪自我调节的出现是一个长期且受多种因素综合影响的过程，深受家庭内外积累的经验的影响。

## 情绪和情绪自我调节的早期社会化

在出生后的头几个月，养育者会控制婴儿接触过度刺激的事件，通过摇晃、轻拍、举起、轻唱或给过度活跃的婴儿一个橡皮奶嘴等方式调节婴儿的情绪唤醒（Campos，1989；Rock，Trainor，& Addison，1999）。但是在 6 个月前后，婴儿在调节消极情绪方面有所进步。例如，6 个月的婴儿能让身体远离不愉快的刺激，或通过吮吸自己的拇指、橡皮奶嘴的方式，减少一些消极唤醒（Mangelsdorf，Shapiro，& Marzolf，1995）。有趣的是，6 个月的男孩比女孩更难调节消极唤醒，他们更多地以消极情绪来引起养育者的注意（抚慰）（Weinberg et al.，1999）。

父母会更迅速地调节婴儿的消极情绪而非积极情绪，积极情绪是他们普遍喜欢并尽力促进的（Denham，1998）。当一位妈妈与 7 个月的婴儿玩耍时，她会努力表现开心、感兴趣和惊奇，从而为孩子提供积极情绪的榜样（Malatesta & Haviland，1982）。母亲会有选择地对孩子的反应做出回应；在婴儿最初的几个月里，母亲会不断注意婴儿表达出的兴趣或惊奇，而对婴儿的消极情绪较少做出回应（Malatesta et al.，1986）。通过基本的学习之后，婴儿会表现出较多的积极情绪和较少的消极情绪——慢慢地他们就会习惯如此了。

但是，在一种文化中被许可的情绪在另一种文化中可能不被认可。美国父母喜欢给孩子提供刺激，直到孩子达到兴奋的顶峰。相反，非洲中部的古希（Gusii）和阿卡（Aka）部落的养育者极少与婴儿面对面地玩耍，他们让婴儿尽可能处于平静、放松状态（Hewlett et al.，1988；LeVine et al.，1994）。所以，美国儿童慢慢知道，只要情绪是积极的，充分表达情绪就没问题；而古希和阿卡的婴儿则学会了既要抑制积极情绪，也要抑制消极情绪。

将近 1 岁时，婴儿学会了用其他方法缓解消极情绪，如身体摇晃、啃咬东西和离开不愉快的人或事件（Kopp，1989；Mangelsdorf，Shapiro，& Marzolf，1995）。到 18~24 个月时，学步儿童能够尽力控制引发不愉快的人或物（如机械玩具）

（Mangelsdorf，Shapiro，& Marzolf，1995）；他们还能凭借与陪伴者说话、玩玩具或对使自己失望的东西转移注意力等方式，应对不得不等待食物或礼物时体验到的挫折感（Grolnick，Bridges，& Connell，1996）。观察发现，这个年龄的学步儿在主动抑制自己的生气或伤心时，会皱眉或抿嘴唇（Malatesta et al.，1989）。但是即使 18 个月的学步儿，也难以调节各种害怕情绪（Buss & Goldsmith，1998）；感到恐惧的学步儿童会以各种方式吸引养育者注意、获得养育者的抚慰（Bridges & Grolnick，1995）。

## 调节情绪的认知策略的出现

到了 18~24 个月，学步儿童开始谈论情绪，这些关于自己和他人情绪原因和结果的对话，大大促进了学步儿的情绪理解和情绪自我调节。有趣的是，父母向 2~5
117 岁儿童谈论的积极情绪和消极情绪一样多，其中，关于消极情绪的讨论，更多地集中在消极情绪的原因、消极情绪与其他心理状态和目标的关系，以及怎样调节上（Lagattuta & Wellman，2002）。然后，幼儿仍会继续学习控制强烈的消极情绪，这种强烈的消极情绪是破坏性的、惹人厌的，并且会影响他们与父母、兄弟姐妹和同伴的交往，干扰人际目标或社会目标的实现。

与父母谈论情绪，有助于幼儿形成情绪自我调节的认知策略。父母常用的一种方法是，让孩子把注意力集中在积极事件上（在打预防针之前，让孩子看墙上色彩鲜艳的挂画），转移对无法控制的紧张刺激的注意，或者用其他方法帮助孩子理解惊吓、沮丧或失望等体验（Thompson，1994，1998）。这些支持性的干预措施就是维果茨基所说的指导意见的一种形式，应当帮助幼儿自己习得有效的情绪调节策略。3~6 岁儿童开始采用认知策略，能越来越好地调节消极情绪，例如，把注意力从令人害怕的事件上转移（“我怕鬼，把眼睛闭上！”），想高兴的事来克服不愉快的想法（“妈妈走了，等她回来，我们一起去看电影”），或者换一种方式来理解引发悲伤的原因（“他[电影中的演员]没死……那只是假的。”）（Thompson，1994）。

上述的情绪调节都是关于怎样抑制自己的情绪以及相关行为，但是适应性调节有时也包括维持和加强情绪而不是抑制它。例如，儿童学会用表现出愤怒来对抗欺负（Thompson，1994），还有第 10 章将要讲到的，父母会注意（并想办法维持）儿童在把别人惹哭或违反规则之后的不安。为什么呢？因为他们希望帮助孩子重新解释自己的不安：（1）对被欺负者产生共情，并表现出关心；（2）对自己的违规感到内疚，以后不再这样做（Dunn，Brown，& Macguire，1995；Kochanska，1991）。

需要维持和加强的另一种情绪是对自身成就的自豪感，它是健康的成就感和学习上的积极自我概念发展的促进因素（见第 7 章对该观点的进一步探讨）。所以，有效的情绪调节的内涵是抑制、保持或加强情绪唤醒的能力，以更好地应对我们面临的挑战和遇到的人（Buss & Goldsmith，1998；Thompson，1994）。

## 学习和遵守情绪表达规则

**图片 4.3**　父母跟孩子谈论情绪有助于儿童理解自己和别人的情感。

每个社会都有一套**情绪表达规则**（emotional display rules）来说明
各种情绪在各种情境中应当或不应当
表达（Gross & Ballif，1991；Harris，
1989）。以美国为例，人们希望儿童
118 在收到祖母的礼物时表达开心和感
激，但是，如果礼物是一件内衣的话，
他们则要尽量抑制失望。这些情绪的
"操作编码"是儿童为了与其他人交
往并让别人满意所必须学会使用的规
则。

淡化某种情绪的能力是儿童学会遵从某种文化的表达规则时必须掌握的重要技能，而这种对文化的顺从往往需要一点欺骗或伪装。换句话说，表达规则不仅要求儿童抑制实际体验到的不被接受的情绪，而且还要把它替换成在当时情境下合乎规则要求的情绪（例如，在收到生日礼物内衣时显得开心而不是失望）。

3 岁左右，儿童开始表现出掩饰真实感受的能力。例如，迈克尔·刘易斯等人（Lewis，Stanger，and Sullivan，1989）发现，因为偷玩了不让玩的玩具而撒谎的 3 岁儿童，表现出轻微的痛苦迹象（慢放录像时能观察到）；但是，他们掩饰感受的能力足以让不知情的成人无法把他们和如实报告自己没有偷玩玩具的儿童区别开来。每过一年，幼儿表现与内心感受不同的外在情绪的能力都会有提高（Peskin，1992；Ruffman et al.，1993）。但即便是 5 岁儿童在掩饰真实情感或说服对其谎言有所怀疑的人时，都还做不到游刃有余（Polak & Harris，1999）。

在整个小学阶段，儿童越来越多地了解到社会认可的情感表达规则，学到越来
越多的在各种情境下应当表达哪些情绪（和不应当表达哪些情绪）的知识（Jones，
Abbey & Cumberland，1998；Zeman & Shipman，1997）。也许因为父母对女孩施加
了更大压力，要求其在特定社会情境中"举止良好"，所以女孩对规则的顺应比男孩
更积极，技能也更强（Davis，1995）。而且，在亲子互动中强调积极情绪的母亲和忽 119
视消极情绪的母亲，其子女掩饰失望及其他消极情绪的能力更强（Garner & Power，
1996;Jones，Abbey，& Cumberland，1998）。相反，在家中频繁接触消极情绪的儿童，
不管消极情绪是否指向儿童本身，他们都常常表现出难以自我调节的消极情绪（Davies
& Cummings，1994；Eisenberg et al.，2001；Maughan & Cicchetti，2002）。

但是，即使在最好的环境下，儿童要完全掌握简单的情绪表达规则也需要一些时间。图 4.5 显示，很多 7~9 岁的儿童（特别是男孩）在收到一份不喜欢的礼物时，

## 专栏 4.2 文化影响

### 表达愤怒和羞愧的文化差异

近年来，帕梅拉·科尔、卡罗尔·布鲁施和巴布·塔芒（Cole，Bruschi & Tamang，2002）报告了一项跨文化研究，比较了三种文化（美国、尼泊尔布拉曼人和尼泊尔塔芒人）中儿童对引发愤怒和羞愧的不愉快情境的反应方式。结果发现，尼泊尔的两种文化属于集体主义文化：强调尊重权威、维持社会和谐和为集体利益放弃个人目标。在这两种文化中，羞愧的体验和表达显示出个人为群体利益而屈从权威的价值感和愿望。而愤怒在亚洲的集体主义社会中是不被推崇的，因为愤怒是自我主张和威胁权威与社会和谐的信号。相反，生活在个人主义文化中的美国儿童，崇尚个人的自主性、自我表达和追求个人目标。美国社会能够容忍那些为了捍卫自己的权益而以社会可接受的方式（非敌意方式）来表达的愤怒。美国人经常认为羞愧有害于自尊，因而不像集体主义文化的人那样推崇羞愧。

这些包罗万象的文化价值观确实影响了儿童对引发愤怒或羞愧的情境的反应吗？为了回答这一问题，科尔和她的同事给8~12岁的布拉曼儿童、塔芒儿童和美国小学儿童讲述了几个需要思考的故事。其中一个是这样的：

> 你正在做作业，父亲坐在你身边。你想要用橡皮，而橡皮在父亲手边。于是你过去拿橡皮，这时父亲打了一下你的手，说道："别拿走，先等我用完了！"

在听完每个故事之后，询问儿童，如果这种情形发生在他们身上，他们感受如何，会有什么表现。儿童用可供选择的面部表情图画来作答，这些表情有愤怒、羞愧、开心和中性表情（"好吧"）。

为了察看这一有趣结果，我们先来看三种文化中最年长的被试（11~12岁）所表达的羞愧和愤怒，他们有较多时间同化他们所属文化的情绪表达规则。如图所示，与尼泊尔两种集体文化下的儿童相比，美国儿童面对这些情境更可能表达愤怒情绪。塔芒儿童表达出更多的羞愧，布拉曼儿童几乎不表达愤怒或羞愧

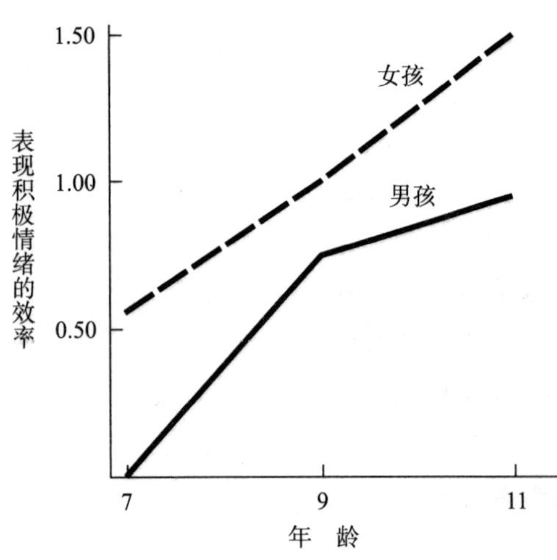


**图 4.5** 随着年龄增长，儿童收到不喜欢的礼物时表现积极情绪的能力逐渐增强。（资料来源：C. Saarni，1984.）

仍然不能掩饰失望。很多12~13岁儿童在被同伴嘲笑时，不能很好地抑制愤怒（Underwood et al.，1999）；在一个受尊敬的成人阻碍他们实现其计划时也会如此（Underwood，Coie，& Herbsman，1992）。

在集体主义文化下，人们会较早地、较好地遵从该文化所要求的情绪表达规则。例如日本人和尼泊尔的布拉曼人，他们的文化抑制个人主义，强调维持社会和谐，把社会规则的需要放在个人需要之上（Cole & Tamang，1998；Matsumoto，1990）。在专栏4.2中我们还可看到，儿童被允许和禁止表达的情绪具有很大的文化差异。但是，无论文化规定的情绪表达规则如何，这些关于怎样恰当地表达情绪的规定，都能帮助成长中的儿童"适应"社会，为社会进步而努力工作。在美国这

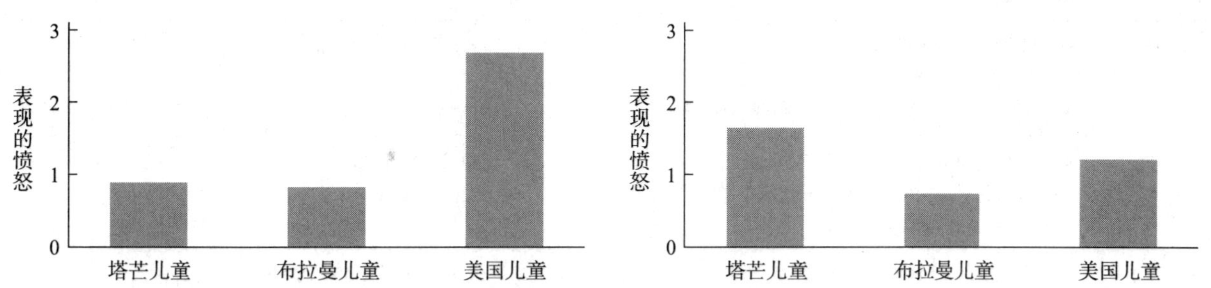


比较三种文化下的儿童对引发情绪的情境的反应。（资料来源：Adapted from Cole, Bruschi, & Tamang, 2002.）

（或任何其他情绪）。当问儿童为什么这样反应时，愤怒的美国儿童的典型回答是："你可以拿着橡皮，但你也犯不着打我！"当塔芒儿童为自己的不恰当行为（"我冷不防地抢了橡皮"）感到自责时，他们表现出较多的羞愧感，其典型回答是说一些类似"为什么要生气？"的话。布拉曼儿童说，自己既不会愤怒也不会羞愧，其典型表现是对自己生气，他们认为在橡皮故事中表达愤怒是错误的，因为"父亲给了我生命，（我应该）安静坐好。"为什么尼泊尔塔芒儿童比同年龄的布拉曼的羞愧感更强呢？科尔等人（2002）认为，塔芒儿童与布拉曼儿童的地位差异能解释这一问题。塔芒人在尼泊尔的社会地位比布拉曼人低得多。因此，塔芒儿童自责的表达方式可能反映了他们对自己的无权和服从角色的认同，这种角色与他们处于劣势少数群体的较低社会地位相一致。

这项研究显示，来自不同社会（以及来自同一社会不同亚群体）的人对什么是恰当的和不恰当的情绪表达有不同看法。虽然所有人都拥有体验和表达人类固有情绪的能力，但是能够表达何种情绪、在何种情境下表达等问题，因每个社会群体的价值观和外显表达规则的不同而在不同的群体之间存在很大差异。

样的个人主义社会里，儿童拥有自由表达情绪的自由，但是对情绪表达规则的遵从
还是会不断增多，这在很大程度上是因为儿童总是希望得到赞扬，避免批评（Saarni， 120
1990；Zeman & Garber，1996），掌握了这些情绪编码的儿童，一般被老师和同伴认
为更受欢迎和更有能力。

## 情绪能力、社会能力和个人适应

前面我们已经考察了儿童情绪表达、对自己和他人情绪的理解以及情绪调节能力的发展趋势（可见表 4.1 中的简单回顾），下面我们转入另一个有趣的问题：这些方面的发展对儿童的社会能力、社会地位和个人适应有多重要？

研究这些问题的发展心理学家认为，情绪能力对儿童的**社会能力**（social

**表 4.1** 情绪发展概述

| 年龄 | 情绪表达 / 调节 | 情绪理解 |
| --- | --- | --- |
| 0~6 个月 | ✦ 出现所有的初级情绪<br>✦ 积极情绪受到鼓励因而表现最多<br>✦ 靠吸吮或眼光离开看到的东西而调节情绪 | ✦ 能分辨高兴、生气和悲伤等表情 |
| 7~12 个月 | ✦ 生气、害怕和悲伤等初级情绪的表现增多<br>✦ 婴儿用摇晃身体，盯着某物发呆，离开不愉快的刺激物等方式进行情绪自我调节 | ✦ 对别人初级情绪的理解有进步<br>✦ 出现社会参照 |
| 1~3 岁 | ✦ 出现次级（自我意识）情感<br>✦ 情绪自我调节继续发展，学步儿能够离开令其烦恼的刺激或试图掌控它们 | ✦ 学步儿开始能说出情绪并伪装出各种情绪<br>✦ 社会参照的应用更广泛 |
| 3~6 岁 | ✦ 调节情绪的认知策略开始出现并逐渐精细化<br>✦ 出现一些掩饰情绪行为和遵从情绪表达规则的行为 | ✦ 分辨和理解初级情绪原因的能力开始出现<br>✦ 根据别人的身体动作理解所表现的情绪<br>✦ 懂得一个人在同一时间可能产生两种互不排斥的情绪<br>✦ 意识到回忆过去的事件可能引发情绪 |
| 6~12 岁 | ✦ 对情绪表达规则的遵从有所改进<br>✦ 自我意识情绪与“好的”、“有能力”的行为标准的内化更紧密地联系起来<br>✦ 自我调节策略（包括恰当地增强情绪力度的策略）富于变化且更复杂 | ✦ 懂得不同的人对同一事件可能体验到不同情绪<br>✦ 懂得一个人可以同时体验到互不相容的或混杂的情绪<br>✦ 对自我意识情绪原因的理解有进步 |
| 13~18 岁 | ✦ 随着激素变化和青春期来临以及青少年在家庭内外与他人争论的增多，消极情绪增加 | ✦ 情绪理解力得到全面进步 |

competence）发展是非常重要的，社会能力即在与别人保持积极关系的社会交往中
121 实现个人目标的能力（Rubin，Bukowski，& Parker，1998）。**情绪能力**（emotional competence）具有三种成分：*情绪表达*，指经常表达积极情绪、较少表达消极情绪；*情绪知识*，指正确分辨他人的情绪和导致这些情绪的原因的能力；*情绪调节*，把情绪唤醒的体验和情绪表达的强度调节到恰当水平，以便成功实现个人目标的能力（Denham et al.，2003）。研究发现，情绪能力的上述三种成分中的每一种都与儿童的社会能力相关。例如，经常表达积极情感、很少愤怒或伤心的儿童，比经常表现出愤怒、悲伤或喜怒无常的儿童更容易得到老师的表扬和喜爱，他们的同伴关系也更好（Hubbard，2001；Ladd，Birch，& Bubs，1999；Rubin，Bukowski，& Parker，1998）。在情绪理解测验上得分高的儿童，在教师评价的社会能力上的得分一般也较高，他们的社交技能使他们能轻松地与同学交朋友和建立积极关系（Brown & Dunn，1996；Dunn，Cutting，& Fisher，2002；Mostow er al.，2002）。在调节情绪（尤其是愤怒）上有困难的儿童常常会被同伴拒绝（Rubin，Bukowski，& Parker，1998），并且出现过分冲动、缺乏自控、不恰当的攻击行为、焦虑、抑郁和社交退缩等适应问

题（Eisenberg，Cumberland et al.，2001；Gilliom et al.，2002；Maughan & Cicchetti，2002）。

近来，苏珊妮·登厄姆和她的同事（Denham et al.，2003）进行了一项追踪研究，测量了 3~4 岁儿童情绪能力的三个成分，试图查明早期情绪发展的哪个或哪几个方面与儿童在幼儿期出现的社会能力有明显相关。对情绪表达性，采用时间取样进行测量：观察记录年龄为 3~4 岁的儿童在 24 个 5 分钟时间段里表现出积极或消极情绪的次数。通过测量儿童识别木偶在 8 个生活情境中（如拿到一个冰激凌；做了恶梦之后等等）体验到的情绪的能力来评估情绪知识。最后，情绪自我调节由母亲报告的儿童调节不良的次数，以及上面提到的在儿童积极和消极情绪的时间取样观察中出现的失控行为的例数来考察。在儿童 3~4 岁时对社会能力进行测量，之后，等他们进入学前班再评价一次。评估包括幼儿园教师和保育员提供的对儿童合作性和对同伴感受的敏感性的评定，还包括来自同伴的喜欢程度的评价。

研究结果很复杂但是非常有意义。在 3~4 岁，儿童的情绪表达能够预测他们的情绪知识和情绪调节。也就是说，比起那些较少表达积极情绪的儿童，积极情绪表达占主导的儿童一般对情绪了解更多，能更好地调节情绪。但是，只有情绪调节能够预测儿童的社会能力，根据幼儿园保育员的评价，情绪自我调节能力强的儿童，社会能力也较强，他们比调节不良的儿童更受同伴喜爱。但是到学前班的时候这种情况就不同了，这时情绪表达能力（即较多地表达积极情绪）和情绪知识都能强有力地预测儿童在学前班的社会能力，而情绪自我调节的作用则退居其次了。

这些结果令人感兴趣并不是因为它们作为一幅更宏观的画面有很多特别之处，而在于：儿童早期所测量的情绪能力的三个方面，对儿童社会能力的产生并且最终
对他们的社会适应具有潜在的意义。年幼儿童慢慢懂得了人们期望他们怎样表达特 122
定情绪，抑制或调节少量的不符合社会期望的情绪，懂得了他人表达的情绪的意义，懂得了作为接受者应该怎样对这些信号做出回应，所有这一切都是至关重要的。学会这些，对他们顺利度过儿童期、青少年期和整个一生都起着重要作用。

## 气质与发展

在情绪表达、情绪理解和情绪自我调节的发展上，我们在不同儿童身上看到了一些相同点。但是，在情绪机能上还存在一些显著的差异。回想本章开头的那个场景：切莉和凯琳这两个学步儿童，对同一个想引起他们注意的、突然闯入的大胡子陌生人（圣诞老人）表现出了明显不同的情绪反应。切莉表现出的强烈的陌生人焦虑与凯琳略带警惕的好奇心形成了鲜明对比。这些差异属于情绪早期社会化的差异吗？根据迄今所了解到的信息，我们怀疑，或许凯琳的父母比切莉的父母谈论了更多关于情绪原因的内容，在帮助她发展情绪调节的策略方面发挥了更积极的作用。回想

一下，这两个学步儿童寻求妈妈帮助的方式有何不同：切莉抓牢妈妈寻求保护，凯琳看着妈妈寻求关于圣诞老人的信息（社会参照）。第 5 章我们将会看到，学步儿童对于圣诞老人的不同反应很可能反映了情感联结安全性的差异，也就是说，两个女孩对母亲的依恋类型不同。但是，两个女孩在情绪和行为上的差异还可能反映了其他方面的特点，最有可能的是天生的气质差异。

## 气质及其测量

父母和带小孩的人都知道，每个婴儿都有截然不同的“秉性”。在婴儿的人格方面，研究者集中探讨了**气质**（temperament）的各个方面，玛丽·罗斯巴特和约翰·贝特斯（Rothbart & Bates，1998）把气质定义为情绪、动机和注意反应以及自我调节方面的*先天个体差异*（第 109 页的斜体字），许多气质特点被认为是成人人格的情绪和行为构件。这里说的情绪和行为差异是指什么呢？不同的研究者对气质进行定义或测量的方式不同，但很多人都认可下面的 6 个维度，它们对婴儿气质的个体差异做了很好的描述（Rothbart & Bates，1998）。

1. *恐惧性痛苦（恐惧）*——面对新情境或者新异刺激表现出犹疑、悲伤和退缩。
2. *易怒性痛苦*——当愿望落空时发怒、啼哭，表现出痛苦（有时被称为“沮丧/愤怒”）。
3. *积极情感*——经常微笑、大笑，愿意接近他人，跟他人一起玩（有人称之为“善交际性”）。
4. *活动水平*——大肌肉运动（例如踢打，爬行）的多少。
5. *注意广度/持久性*——儿童关注感兴趣的东西和事件的时间。
6. *节律性*——身体机能（如吃饭、睡觉和肠胃功能）的规律性和可预测性。

请注意，婴儿的气质反映了两种消极情绪（恐惧和易怒）和四种积极情绪。这
123 六种气质成分的前五种对于描述学前儿童和稍年长儿童的气质同样有效（Rothbart & Bates，1998）。

某些气质维度的变化需要一段时间才能显现，它们肯定受到生理成熟和经验的影响（Rothbart et al.，2001）。例如，恐惧性痛苦直到 6~7 个月的时候才出现，注意广度的变化在早期就有所表现，但在接近 1 周岁时才变得非常显著。此时，因为大脑前额叶的成熟，婴儿调节注意的能力才真正有所增强。

### 气质的测量

测量婴儿和稍年长儿童的气质变化有不同的方法和途径，但是最常用的方法是采用专门设计用来评定特殊气质特征的问卷，向了解儿童和能够概括其行为特点的

成人询问。例如，在玛丽·罗斯巴特编制的《婴儿行为问卷》中（Infant Behavior Questionaire，IBQ），让父母描述宝宝对着吸尘器的声音哭（恐惧性痛苦）、等待奶瓶时哭（易怒性痛苦）、微笑和大笑（积极的情感）、扭动或踢打（活动水平）等行为的频率（使用 7 点量表，1 = 从来不，7 = 经常如此）。罗斯巴特编制的《儿童行为问卷》（Child Behavior Questionaire，CBQ）采用了类似的项目，其设计更具年龄适应性，通常由家长、教师或者日常看护者填写，用以评估从学步年龄到小学低年级期间儿童的气质变化。CBQ 中的标准题目要求成人报告儿童对大噪音、大动物等的恐惧（恐惧性痛苦）、他们发脾气（易怒性）和从一个房间跑到另一个房间（活动水平）等情况。像 IBQ 和 CBQ 这样的测量工具的主要优势在于，填问卷的成人了解孩子在各种情境中的行为和情绪反应（Rothbart & Bates，1998）；该问卷的一个不足是，填问卷的人尤其是父母的报告并非完全客观。

有些研究者愿意采用实验室观察法评定气质（准确地说是他们感兴趣的气质成分），在这种情境中可能观察到有趣的气质变化。如果想要考察恐惧性痛苦的变化（或者一些标志抑制行为的信号），研究者会让儿童置身于陌生人或不熟悉的玩具中，这些玩具可以移动、发出噪音或者包含了一些不确定因素，同时记录儿童对这些物体和情境的反应（Kagan，1992）。实验室观察也有重要的缺陷：（1）这种测量可能受到即时因素的较大影响，比如，儿童在特殊日子里的心境；（2）它们只能反映一两个气质特征，而不能反映整体气质差异，但是，主张实验室评估的研究者认为，这种方法更客观，主观偏见较少（Kagan，1998）。

## 遗传和环境对气质的影响

### 遗传影响

许多研究者认为，“气质”这个术语意味着导致个体行为差异的一种生物基础，它受遗传影响，具有跨时间的稳定性（Buss & Plomin，1984；Rothart & Bates，1998）。行为遗传学通过比较同卵和异卵双生子来查明遗传影响。在 6 个月左右，同卵双生子已经比异卵双生子在活动水平、易怒性和积极情感这样的气质特征上具有更多的相似之处（Braungart et al.，1992；Emde et al.，1992；见图 4.6）。在婴儿期和学前期，多数气质特征具有中等遗传力（Goldsmith，Buss & Lemery，1997），这表明许多重要的气质成分受基因影响。

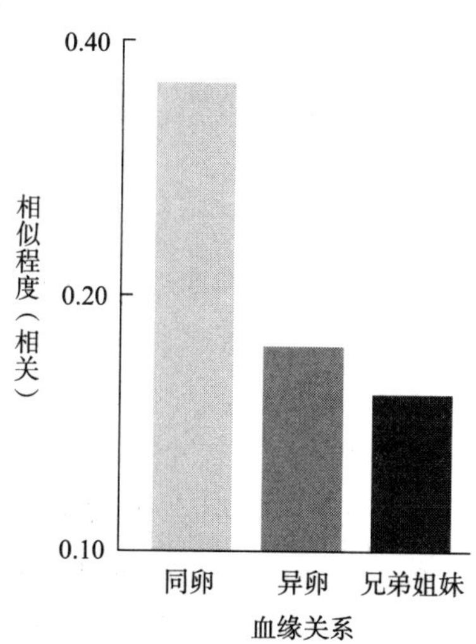


**图 4.6** 在婴儿期，同卵双生子、异卵双生子和同胞兄妹的气质相关。

### 124 环境影响

气质特点只具有中度的遗传力这一事实，意味着环境同样影响儿童的气质。环境的哪些方面最重要呢？新近的研究表明，兄弟姐妹共享的家庭环境最显著地影响诸如“微笑 / 积极情感”这类积极气质特点，而共享环境对易怒性和恐惧性痛苦这种消极气质特点的影响较小，因为共同生活的兄弟姐妹在这些方面并不相同（Goldsmith，Buss & Lemery，1997；Goldsmith et al.，1999）。相反，消极气质特点更多地受到非共享环境的影响，兄弟姐妹不共享的这些环境累积在一起，造成了他们气质上的不同。只要父母注意到了孩子之间的早期行为差异，并调整了对他们的抚养方式，这种情况就很容易发生。例如，如果一位母亲发现，与 3 岁的女儿詹妮弗当初相比，小儿子吉米更回避陌生人，因此她可能不让吉米接触很多陌生人，多让他独自活动，从而使吉米比姐姐更孤僻和社会抑制（Park et al.，1997）。

## 气质的稳定性

早期气质的稳定性如何呢？一个 8 个月大时会因陌生面孔而高度不安的恐惧型儿童，在 24 个月的时候可能对陌生人担忧吗？在 4 岁时会逃避新的玩伴吗？追踪研究表明，以活动水平、易怒性和“积极情感 / 社会性”命名的一些气质成分在婴儿期、儿童期甚至有时候到成年初期都具有中等程度的稳定性（Caspi & Sliva，1995；Lemery et al.，1999；Pedlow et al.，1993；Ruff et al.，1990）。新西兰的一项追踪研究发现，在 3 岁时测量的一些气质成分不仅在 3~18 岁期间保持相对的稳定，而且能够预测被试在反社会倾向上的个体差异，以及他们在 18~21 岁时的人际关系和家庭关系（Caspi & Sliva，1995；Henry et al.，1996；Newman et al.，1997）。这些发现解释了为什么许多发展研究者认为气质是成人的人格基础。但是，并不是所有人的气质都具有这样的稳定性。

我们来看杰罗姆·凯根及其同事在追踪考察他们称为**行为抑制性**（behavioral inhitition）的气质特点时的发现。行为抑制性是一种对陌生人或陌生情境表现出退缩的倾向（Kagan，1992；Sindman et al.，1995）。在 4 个月的时候，抑制的儿童会对一个色彩鲜艳的小汽车这样的物体大惊小怪，表现出大肌肉运动，他们常常对非抑制儿童完全不会担忧的环境表现出高度的生理唤醒（例如高心律）。在 21 个月进行测验的时候，被划分为抑制型的儿童遇到陌生人、陌生玩具和情境时，会相当害羞，有时候甚至会害怕；而大部分非抑制儿童非常适应这些事件。在 4 岁、5 岁半和 7 岁半的测验中，抑制的儿童仍然很少与陌生的成人和同伴交往，在参与一种有危险的活动（例如在平衡木上行走）时，他们比非抑制性儿童更谨慎。不仅如此，抑制型的婴儿和学步儿童还会在学龄期表现出过分担忧（例如担心被绑架）（Kagan et al.，1999），在青少年期表现出害羞和社交焦虑（Schwartz，Snidman & Kagan，1999）。

因此，行为抑制性是一种具有中度稳定性的特性，它可能有深厚的生物根源。研究者已经发现，对新奇事物过度反应的婴儿，其大脑右半球（消极情绪中心）比大脑左半球表现出更强的脑电活动，而对新奇事物反应不甚激烈的婴儿并没表现出相反的模式，而是其左右半脑的脑电活动没有明显差异（Calkins，Fox & Marshall，1996；Fox，Bell & Jones，1992）。而且，在婴儿期被划分为抑制或非抑制的儿童，125 10~12 岁时还表现出同样的生理反应模式差异（Woodward et al.，2001）。家庭研究则清楚地表明，行为抑制是一种受遗传影响的特征（DiLalia，Kagan & Resnick，1994；Robinson et al.，1992）。但是，凯根等人（1998）和其他研究者（Kerr et al.，1994；Pfeifer et al.，2002）都发现，最抑制和最不抑制的儿童是位于行为抑制性连续体两端的儿童，他们表现出了长期的稳定性，而其他多数儿童随年龄增长，其抑制水平表现出了很大波动。[1] 后来的研究表明，遗传对气质的影响常常受到环境影响的调节。有趣的是，亚历山大·托马斯和斯蒂拉·切斯在其经典追踪研究（从婴儿期到成年期的气质类型稳定性）中得到了相同的研究结论。

## 早期气质表现与后期发展

托马斯和切斯（Thomas & Chess，1997；Thomas，Chess & Birch，1970）在他们早期的报告中指出，可以通过聚类的方式预测婴儿气质的某些方面，形成几种大的气质类型。在他们的“纽约追踪研究”中，141 名婴儿中的大多数可以被归为三种气质类型中的一类。

1. **容易型气质**（easy temperament）（样本的 40%）：容易相处的儿童脾气好，通常表现出积极心境，具有求新性和适应性。他们的行为习惯有规律而且可预测。
2. **困难型气质**（difficult temperament）（样本的 10%）：困难型儿童表现活跃、暴躁，行为习惯不规律。他们对日常生活中的变化常常反应过度，对陌生人或环境的适应很慢。
3. **慢热型气质**（slow-to-warm up temperament）（样本的 15%）：这些儿童不大活跃，略显忧郁，对陌生人和环境的适应较慢。但是，与困难型儿童不同，他们对新奇事物的反应适度，而不是报以激烈、消极的反应。例如，他们可能用转头来拒绝拥抱，而不是踢打或者大叫。

其余儿童不属于上述三种类型，表现出了自己独特的气质类型。

### 气质类型与儿童的适应

显然，这几种大的气质类型可能随年龄增长而持续下去，并且会影响一个孩子

1　这并不等于说高抑制或高度非抑制的气质是一成不变的。Marcie Pfeifer 等人（2002）发现，一个在学步期被划为极端抑制的儿童，在儿童中期会表现出较轻的抑制性，转而被划入抑制 – 非抑制维度的中间区域，这并非罕见。但是，被划分为该特性某一极端（如高抑制性）的儿童，以后不会走向另一极端（Kagan, 1998）。

Bob Daemmrich/Stock Boston

**图片 4.4** 如果父母对困难型婴儿缺乏耐心并施以暴力，那么他们更可能保持困难型气质。

在以后生活中对各种环境的适应。例如，困难型的儿童比其他儿童更有可能存在学校适应问题，他们在与兄弟姐妹或同伴的交往中非常易怒，具有攻击性（Rubin et al.，2003；Stams，Juffer & van Ijzendoorn，2002；Thomas，Chess & Korn，1982）。大约一半的慢热型儿童表现出各种适应问题，因为他们在遇到新活动和挑战时犹豫不决，这可能使他们被同伴忽视或拒绝（Chess & Thomas，1984）。

## 儿童抚养与气质 126

这些观察结果是否意味着早期的气质类型很难变化，并且在很大程度上决定了我们的人格和社会适应呢？答案是否定的。托马斯和切斯（Thomas & Chess，1986；Chess & Thomas，1984）发现，早期气质特点有时能、有时不能延续到以后的人生阶段（Cojhen et al.，1998）。换句话说，气质是可以改变的，有一个因素可能会影响气质的变化，这就是儿童的气质类型与父母教养方式之间的**“良好匹配”**（“goodness-of-fit” model）。让我们来看看什么是气质与抚养之间的良好匹配。脾气大、对新事物难以适应的困难型婴儿和学步儿童，经过一段较长的时间可能会变得不太易怒，而且适应性变好了。但前提是，其父母在坚持让孩子遵守规则时保持冷静，在约束和限制孩子的同时，让孩子以一种更快乐的方式对新规则做出反应。许多接受这种耐心、敏感养育的困难型婴儿，到儿童期或青少年期不再被划为困难型儿童（Bates et al.，1998；Chess & Thomas，1984）。但是，对一个好动、易怒且拒绝关注的孩子，家长很难保持耐心和敏感。许多家长对这样的孩子发火、失去耐心、一味要求并惩罚孩子（van den Boom，1995）。令人遗憾的是，这些特点和行为与一个困难型儿童构成了“不良匹配”，孩子会对父母的暴力或惩罚报以更大的暴躁和反抗。如果父母常常对困难型儿童缺乏耐心、发怒、呵斥并对他们施以暴力，他们就可能在以后继续表现成困难型，并表现出行为问题（Chess & Thomas，1984；Rubin et al.，2003）。

在“理想”气质和与特殊气质特点相关的发展结果方面有大量的文化差异。专栏 4.3 简要介绍了儿童和青少年在羞怯感的发展上存在的一些文化差异。

专栏 4.3 文化差异

### 害羞是否属于社会性缺陷取决于文化

在美国，害羞、内向的儿童被认为是有社会性缺陷的。他们面临被同伴忽视甚至拒绝的危险，这一结果可能导致自尊心低下、沮丧和第 13 章中将要讨论的其他适应问题。而且害羞的青少年和年轻人也不能很好地适应社会，他们常常不够大胆和果断，错过许多机会，在结婚、生子和个人事业方面明显落后于不害羞的同伴（Caspi，Elder & Bem，1988）。

相反，许多亚洲文化很重视被美国人认为是害羞和抑制的行为。例如在中国，害羞、内敛的儿童被教师认为是成熟的（Chen，Rubin & Li，1995），他们比活跃、果断的儿童更受同伴的欢迎，这与美国和加拿大的情况截然相反（Chen，Rubin & Sun，1992）。多数西方儿童偶尔在教室表现的喧闹行为（美国教师认为是正常的），在泰国可能被教师说成是行为失调，他们希望学生内敛、恭敬、听话（Weisz et al.，1995）。

在与害羞有关的结果方面，不同的西方文化之间也存在差异。例如，瑞典人对于害羞的看法比美国人更积极，他们喜欢害羞、内敛，而不是大胆、武断或引人注目的古怪行为。因此，害羞对于瑞典男人来说并不是缺点。和害羞的美国男人一样，害羞的瑞典男人结婚、有孩子都要晚于不害羞的同伴；但是，害羞并不会像在美国那样限制他们的事业发展（Kerr，Lambert & Bem，1996）。那瑞典女人怎么样呢？害羞不会影响她们建立亲密关系，害羞的瑞典女孩和不害羞的同伴一样，在相似的年龄结婚、生子。但是，与普遍接受过良好教育、嫁给一位成功男士的美国妇女不同，害羞的瑞典妇女比不害羞的同伴上学少，丈夫的收入少，这意味着害羞可能使她们处于经济上的不利地位。为什么害羞的瑞典女孩会比不害羞的同伴受教育少呢？玛格丽特·科尔（Kerr，1996）认为，瑞典教师较多地鼓励害羞的男学生继续上学。因此，与不害羞的女性同伴或害羞的男孩相比，害羞的瑞典女孩不能主动接近教师寻求指导，因此其受教育的机会较少。

因此，与害羞有关的后果可能因文化不同而不同（即使在同一文化中，也因性别而不同）。显然，与另外一些气质特点相比，某些气质特点与一种特殊的文化价值观和传统能“更好的匹配”。由于文化传统普遍不同，我们可以推断，没有哪种气质类型在所有文化中都是最适应的。

## 本章要点

### 情绪与情绪发展概述

- 一种情绪就是一种复杂的建构，由体验（积极的和消极的）、生理反应、引发或伴随体验和生理变化的认知以及使人采取行动的目标和期望组成。
- **分化情绪理论**认为，人类的每一种情绪都伴随着面部和身体的一套特定反应；这些情绪状态是人类进化的产物，在生命早期就已出现。相反，**机能主义理论**认为，情绪是随着时间的变化而发展的，其目的是为了推动人去采取行动以达到某个目标。

### 分化情绪的出现和发展

- 人类婴儿显然是一种有情感的动物。初生婴儿就显示出感兴趣、痛苦、厌恶和满足等表情，其余的**初级情绪**则出现在出生后的 6 个月左右。

- 6~10 周的婴儿开始显露出**社会性微笑**，随着年龄增长其表现越来越多。2 个月婴儿的笑容显示他们为能掌控玩具和事件而高兴；6~7 个月时，婴儿向他们的最亲密的陪伴者显露出最强的社会性笑容。
- 生气和悲伤（从一般性的痛苦中分化出来）最早出现在 2 个月左右，在 1 周岁之前，这两种情绪作为分化情绪越来越容易辨别。恐惧一般在 6~7 个月时开始出现。早期显露的恐惧有两种类型，即**陌生人恐惧**，或**陌生人焦虑**，以及和养育者分离时感到不适，或称**分离焦虑**。
- **次级情绪**，或**自我意识情绪**，如窘迫、骄傲、害羞和羞愧，在第二年或第三年开始出现，此时，他们的认知发展取得了标志性的进步，出现了自我认识，并且掌握了评价自己行为的标准。
- 引发特定情绪的情境随着儿童的发展而变化。青少年初期，消极情绪增多，反映了青春期激素的变化以及日常生活中与父母、教师争论的增多。

### 识别和理解他人情绪

- 在第一年里，婴儿根据表情辨别情绪和获取信息的能力有很大的进步。7~10 个月婴儿表现出**社会参照**，使他们知道在各种不确定情境中应该产生什么样的情绪和行为。
- 3~5 岁期间，儿童越来越善于根据表情和体态分辨他人的初级情绪。
- 儿童逐渐能够理解各种情绪产生的原因以及引发这些情绪的情境和事件。四五岁的儿童已经能知道，现在的情绪可能源于对过去事件的回忆。6~10 岁的儿童越来越理解，对同一个事件，不同的人可能产生不同的情绪，同一个人可能同时体验到两种或两种以上的情绪。

### 学会调节情绪

- **情绪自我调节**指人为了达到自己的目标，把情绪的强度调节到恰当水平的过程。
- 小婴儿几乎完全依靠成人抚慰他们和调节他们的痛苦。将近一岁时，婴儿学会了调节消极情绪的简单方法，学前儿童在父母和其他成人帮助下，形成了一些认知策略，用以减弱（有时是加强）其情绪唤醒，以便达到他们的目标。
- 情绪调节能力的增强帮助儿童遵从符合文化要求的**情绪表达规则**。世界各地的人们都能体验到人类的所有情绪，但是各种情绪的表露方式和表露情绪的情境却有很大的文化差异。

### 情绪能力、社会能力与个人适应

- **情绪能力**由三种成分组成：（1）情绪表达力，（2）情绪理解力，（3）情绪自我调节能力。
- 早在学前期，情绪能力的三个方面就已与儿童的**社会能力**和个人适应能力相联系。

### 情绪与发展

- **气质**的许多方面都受到遗传影响。环境对气质也有重要影响，其中，共享环境对气质的积极方面有较大影响，而非共享环境对气质的消极方面影响较大。
- 活动水平、易怒性、恐惧性痛苦和**行为抑制性**等气质成分随着年龄变化而具有中度稳定性，并可预测成人人格的变化。处于气质维度两个极端的人们，其气质最稳定。
- 不同的气质特征可以组合为可预测的类型，如**容易型**、**困难型**和**慢热型**。困难型和慢热型的儿童是否会出现较多的适应问题，依赖于其父母的养育方式与他们自身气质是否实现了良好匹配。

# 5

# 亲密关系的建立及其对未来发展的意义

- 什么是情感依恋
- 婴儿怎样对他人产生依恋
- 依恋安全性的个体差异
- 影响依恋安全性的因素
- 作为依恋对象的父亲
- 依恋与后期发展
- 无依恋的儿童
- 母亲就业、日托与早期情绪发展

130 1960年，约翰·鲍尔比发表了一篇文章描述一些15~30个月的学步儿的行为，他们因为生病住院治疗而和母亲长时间分离。这些生了病的儿童在其他方面都很正常，据鲍尔比介绍，在住院期间他们的行为都经历了三个时期：

1. 起先是反抗期（protest phase），儿童哭叫、让妈妈回来，试图回到妈妈身边，拒绝临时看护者的照料。这一时期的持续时间，从几小时到一周多。
2. 第二是绝望期（despair phase），儿童看上去不再对与妈妈重聚抱什么希望。他们的情感冷漠，对玩具和他人都不感兴趣，陷入深深的悲伤状态。
3. 第三是冷漠期（detachment phase），许多孩子看上去“恢复”了对玩具和临时看护者的兴趣，但他们跟自己妈妈的关系却发生了变化。妈妈来医院探望时，他们的态度冷淡，妈妈离开时也不反抗。这些孩子跟妈妈之间的情感联系似乎中断了。

后来，海因尼克和威斯特海莫（Heinicke & Westheimer，1965）重复了鲍尔比的观察研究，他们考察的是2~3岁儿童，这些孩子被父母寄养在民办托儿所里，时间从两周到三个月不等。

鲍尔比还提出了第四个分离期：人际关系的持久退缩期（permanent withdrawal from human relationships），它发生在与母亲分离时间较长，或在与母亲分离的同时又失去了临时依恋对象的情况下，如护士和保姆。在这两种情况下，儿童往往会失去与人交往的兴趣。他们仍然能主动与他人交往，但变得自我中心，注意力常常在人、绒毛玩具和其他无生命的东西之间变换。

激发鲍尔比研究的是本章后面将要介绍的一些早期著作，例如有的研究发现，在孤儿院和其他福利机构长大、与最早的养育者分离的儿童，常常不能和任何人形成良好的情感联系，会陷入抑郁和绝望状态，对别人反应迟钝，甚至不想活下去（Spitz，1945，1949）。这些研究启示鲍尔比，婴儿和最初养育者之间亲密的感情联系或依恋的形成，可能是社会性与人格正常发展必不可少的先决条件。他本人后来对住院学步儿的观察支持了这一结论，即依恋形成之后相当长的时间内，它仍然在儿童的生活中发挥重要作用，损害这种关系的任何因素（如长时间与亲密的人分离）都会带来痛苦和绝望，导致消极的发展结果。

本章我们将评价上述及其他关于早期情感联系对儿童社会性与人格发展起重要作用的观点。我们先看一看婴儿和养育者怎样建立起亲密关系，接着讲一讲早期依恋在两个方面的重要作用。第一，有大量证据证明，婴儿与养育者形成的依恋在其质量或安全性方面是不同的，情感依恋的类型对儿童的短期和长期发展都有重要意义。第二，我们将介绍那些与最初的养育者很少或没有接触、对任何人都未表现出依恋的婴儿的发展进程。最后，我们来讨论一个重要的、引起广泛争议的实际问题：
131 年幼儿童可能因遭受情绪上的痛苦而不能得到最好的发展，那么，他们的父母是否应该工作？在孩子早期的几年时间里是否应该不断变换看护人？

## 什么是情感依恋

虽然婴儿从刚出生起就能和别人交流他们的很多情感，但是，当他们开始对养育者形成情感依恋时，他们的社会生活将会发生相当重要的变化。什么是情感**依恋**（attachment）？约翰·鲍尔比（Bowlby，1969）用这一术语描述人与生活中特定人物之间的强烈的情感联系。鲍尔比认为，安全依恋的人能从与对方的互动中获得快乐，面临压力和不确定的情况时，只要有依恋着的人在场，就会觉得舒适。所以，10 个月的麦克尔可能用以下方式来表现他与妈妈的依恋关系：把他最开心的笑容送给妈妈，当他焦躁、不适或害怕时，对着妈妈大哭，或爬向妈妈。

### 依恋是互惠关系

鲍尔比强调，亲子依恋是一种互惠关系，婴儿依恋父母，父母也依恋婴儿。

当父母与孩子形成亲密的依恋关系时，他们显然有一种对孩子的渴望，尽管人们有时很难理解父母为什么对**新生儿**（neonate）投入这么多情感。很多年前，我的一个同班同学，当他听我们的教授讲自己是如何被刚刚出生的儿子所吸引时，不解地说道：

> “为什么你会有那样的感觉？新生婴儿流口水、吐奶、让人操心、大哭小叫，常常把尿布和垫子尿湿，还整日整夜地需要人照顾。婴儿会带来这么多不愉快的事，为什么学习理论没有预言父母会不喜欢他们呢？”

**图片 5.1** 安全依恋的儿童与养育者的互动较多并试图保持亲密关系。

© Ellen Senisi/The Image Works

从 35 年前的那天起，社会性发展研究者开始理解父母如何被新生儿所吸引。即使在宝宝出生前，他们就已经对宝宝充满眷恋，他们幸福地谈论孩子，为孩子的降生做宏伟的计划，当妈妈感觉到宝宝在踢腿时，用听诊器听见宝宝的心跳时，通过 B 超看见孩子的影像时，他们会表现出从未有过的喜悦（Grossman et al.，1980）。20 世纪 70~80 年代的大量研究指出，父母在孩子刚刚出生的几小时内跟孩子的密切接触（最好是皮肤与皮肤的接触）将会很快变成**情感上的联结**（emotional bonding），而且这种在很早的“敏感期”建立的亲子情感联结比后来形成的情感联结更强烈、更持久（Klaus & Kennell，1976，1982）。

这一“敏感期”假设与传统观点不同，它很快就引起了其他研究者的评价。后来的研究告诉我们，与新生儿进行密切接触可以强化父母对孩子的积极情感，帮助他们与孩子共同拥有一个良好开端，尤其是在妈妈年龄较小、经济贫困、对自己和对照料婴儿知之甚少的情况下（Eyer，
132 1992）。但是也没有明确的证据证明，如果父母没有跟新生儿进行早期

接触，以后就不能跟孩子建立亲密关系。反而有相反的证据：大多数养父母都相当满意地表示，他们与收养的孩子建立起了非常亲密的情感联系，虽然他们与这些被收养的婴儿在出生后几天甚至几周内都没有接触过（Levy-Shiff，Goldschmidt & Har-Even，1991；Rutter，1981）。实际上，收养家庭中亲子之间的安全依恋程度和非收养家庭差不多，甚至更高（Stams，Juffer & van Ijzendoorn，2002；Singer et al.，1985）。

总之，婴儿与养育者之间的安全依恋并不是在出生后几小时（或几天）内形成的，而是在几个月的时间里，通过亲子互动慢慢形成的。也没有理由能够证明，那些在孩子刚出生时没有与孩子进行皮肤接触的父母就不能跟孩子建立起充满爱和温暖的关系。

## 同步互动与依恋

对依恋形成有重要影响的一个因素是**同步活动**（synchronized routines），它是在孩子出生后的头几个月里，婴儿与养育者一起确立的。在4~9周期间，婴儿一般要开始使劲盯着妈妈的脸看，显出对妈妈的脸很感兴趣（Lavelli & Fogel，2002）。到2~3个月时，婴儿开始理解一些简单的社会性事件。如果在一个3个月大的婴儿觉醒和关注的状态下，妈妈对着孩子微笑，孩子就会高兴地报以大笑，并期待妈妈给出一个有意思的回应（Lavelli & Fogel，2002；Legerstee & Varghese，2001）。反之，若社会期望不能实现，就像在“冷面”实验程序中那样，让妈妈一直冷冷地看着孩子，2~6个月的婴儿一开始仍会朝妈妈微笑，试图重新引起她的注意，但如果妈妈还没有反应，孩子就要哭了（Moore，Cohn & Campbell，2001）。所以，即使是很小的婴儿，也希望在其自身的体态表情与养育者之间有某种程度的“同步”，婴儿的这些期望是最初几个月里，促进他们跟周围亲人面对面互动变得越来越和谐、越复杂的重要原因（Stern，1977）。

形成同步互动的条件是养育者细心地留意婴儿的状态，当婴儿的表现处于活跃中时，要提供游戏和刺激。但是，当过分激动或疲劳的婴儿显得烦躁，传达出“别玩这个了，我需要离开这些激动场面，平静一会儿”的信号时，就不要再继续下去了。爱德华·特罗尼克（Tronick，1989，p. 112）描述了一个妈妈跟孩子一起玩躲猫猫游戏时的同步互动场面：

> ……当游戏达到紧张“顶峰”的时候，婴儿忽然离开了妈妈身边，开始吃手，表情呆呆地盯着地板看。妈妈停下来，坐在后面看他……过了一会儿，孩子带着邀请的神情转向妈妈。于是妈妈靠近孩子，微笑着，用细细的、夸张的声调说：“哦，现在你又回来了！”孩子也报以微笑，嘴里咿咿呀呀地说着什么。他们在一起爬了一会儿，婴儿又一次开始吃手，并且把目光移向别处。妈妈又开始等着。（很快地）婴儿又转向妈妈，他们彼此用大笑互相致意。

请注意，在这种简单但同步的互动中，有很多信息得到了交流。激情的婴儿用转过头和吃手指来表达出“喂！我需要放松一点，调节我的情绪状态。”妈妈则用耐心的等待告诉他，“我知道了”。当他又把头转向妈妈时，妈妈微笑着告诉他，她很高兴他回来，婴儿则以微笑回应，并兴奋地跟她说话。当一两分钟后，婴儿过度兴奋时，妈妈就等他再次平静下来，孩子则在第二次转向妈妈时，用大笑表达他对妈妈的谢意。显然，这不仅是两个人的互动，而是对互动中任何差错的及时修正。

**图片 5.2**　早期情感与行为的同步性是预测婴儿与养育者之间强烈的、互相满意的依恋关系的最好指标。

133 同步互动对建立情感联系很重要吗？我们可以把同步互动跟冲突的、非同步的互动相比较。如果上例中的妈妈在孩子转过头去的时候缺乏耐心，仍然试图通过不停地跟孩子说话来吸引注意，并且不断出现在孩子的视线内。那么，根据特罗尼克的研究（Tronick，1989），孩子将会出现痛苦的表情，把头伸得更远，甚至推开妈妈的脸。妈妈侵入性的举动像是在说“别怕羞，来跟我玩吧！”婴儿的拒绝反应则像是在说“不要！你先等等，让我歇会儿吧！”。和前面所说的那种充满感情的同步互动相比，这种互相忽视的、有误差的互动，对妈妈和孩子来说，无疑都少了很多快乐。

总之，婴儿在赢取别人的感情方面发挥着重要作用，他们通过对外界友好反应的回应以及凭借刚刚出现的、对敏感的亲人行为的同步互动做到这一点。丹尼尔·斯腾（Stern，1977）指出，婴儿与养育者之间的同步互动在一天内可以出现几次，它是情感依恋发展的重要影响因素。婴儿在跟反应敏感的亲人持续不断的互动中，了解了这个人是怎样的人，他怎样去控制这个人的注意（Keller et al.，1999）。养育者当然也应该更好地理解婴儿发出的信号，学会调整自己的行为，很好地捕捉并保持婴儿的注意。随着养育者和婴儿有规律的互动，他们成为更好的玩伴，其关系就越来越令双方满意，并最终形成一种强烈的互惠依恋（Isabella，1993；Isabella & Belsky，1991）。

## 婴儿怎样对他人产生依恋

在宝宝出生后不久，很多父母就对孩子形成了情感依恋，但是婴儿则不然，他们要形成对他人的真正依恋，需要一定的时间来做准备。很多理论都解释了婴儿怎样和为什么跟身边的人形成情感联系。在介绍这些理论之前，我们先讨论婴儿和亲人形成依恋关系的几个阶段。

## 依恋的最初发展

许多年前，鲁道夫·沙菲尔和佩吉·埃莫森（Schaffer & Emerson，1964）考察了一些苏格兰婴儿情感依恋的发展，这些婴儿的年龄从刚出生不久到 18 个月。每个月对妈妈进行一次访谈，考察的问题有：（1）孩子在与亲人分离的 7 种情况下（如把孩子放在婴儿床上，把孩子交给一个陌生人等）怎样做出反应；（2）婴儿的分离反应指向哪些人。如果婴儿与某人分离时确实表现出哭闹行为，就判定他依恋此人。

134 沙菲尔和埃莫森发现，婴儿与养育者形成亲密关系要经历以下三个阶段：

1. **非社交性阶段**（asocial phase）（0~6 周）。6 周前的婴儿在某种程度上是非社交性的，无论是社会性刺激还是非社会性刺激都能引起他们的愉快反应，很少有什么刺激会引起他们的不满。在这一阶段结束时，婴儿开始对微笑面孔等类社会性刺激显示出偏爱。
2. **未分化的依恋阶段**（phase of indiscriminate attachments）（6 周到 6~7 个月）婴儿喜欢有人陪伴，但在某种程度上是未分化的：他们对人的微笑比对仿真生命如会说话的木偶更多（Ellsworth，Muir，& Hains，1993），而且不管谁把他们放下，他们都会表示不满。虽然 3~6 个月的婴儿只会对着最熟悉的人大笑，而且当熟悉的人照顾他们时，他们能很快平静下来，但是任何人（包括陌生人）关注他们，他们都很高兴。
3. **特定性依恋阶段**（phase of specific attachment）（大约 7~9 个月）。此时，婴儿只在一个特定的人（通常是妈妈）离开时才会着急。此时婴儿已经会爬，他们会跟在妈妈身后爬，尽量靠近妈妈，妈妈回来时，他们会寻求妈妈的疼爱。他们也开始警惕陌生人。沙菲尔和埃莫森认为，这一时期的婴儿已经形成了真正的最初的依恋。

对养育者形成的安全依恋有另一种重要结果：它能促进探索行为的发展。玛丽·爱因斯沃斯（Ainsworth，1979）认为，依恋对象是探索行为的**安全基地**（secure base），婴儿能从这个安全基地出发，自如地到别处去探险。所以，当具有安全依恋的朱安跟妈妈一起到邻居家去的时候，他可能会不时地看看妈妈是否还在沙发上坐着，只要能看见妈妈，他就敢在起居室的各个角落到处探索。但是如果妈妈去了卫生间，朱安就会警觉起来，不再继续探索了。这看上去好像有点自相矛盾，婴儿必须依赖另一个人，才能自信地去做一些独立的事情。

4. **多重依恋阶段**（phase of multiple attachment）。在沙菲尔和埃莫森的研究中，大

> 约一半婴儿在形成最初的依恋之后的几个星期内开始对其他人产生依恋，其他人包括爸爸、哥哥姐姐、祖父母或平时看护他的保姆。到 18 个月时，只有很少的婴儿会只依恋一个人，一些婴儿可能对 5 个或更多的人产生依恋。

沙菲尔和埃莫森起初认为，婴儿多重依恋的对象是分层次的，处在顶端的是婴儿最喜欢的人。但是以后的研究证明，婴儿的每个依恋对象发挥着不同的作用，婴儿最喜欢什么人要看是什么情境。比方，在烦躁不安和受到惊吓时，大多数婴儿都喜欢妈妈陪伴。但是他们大多喜欢和爸爸一起玩耍，也许是因为爸爸和孩子待在一起的时间里大多是在玩“游戏”（Bretherton，1985；Lamb，1981）。后来沙菲尔（1977）得出结论，“对好几个人形成依恋并不意味着对每个人的感情有深有浅，一个婴儿形成依恋的能力并不像一块蛋糕一样被切成几块。爱，即使对婴儿来说，也是没有限制的。”（p. 100）

## 依恋理论

如果你养过小猫或小狗，你就知道宠物对喂它们的人会有特殊的反应和依赖。人类的婴儿也是如此吗？发展心理学家对此已争论了很久，下面分别对影响较大的 135
四种依恋理论进行介绍。

### 精神分析理论：因为你喂我，所以我爱你

在弗洛伊德看来，小婴儿是“口部发达”的生物，他们的满足感来自吸吮和嚼东西，他们对任何为其提供口部快感的人产生依恋。因此，妈妈最可能因为喂奶而使口唇期的婴儿得到快乐，按照弗洛伊德的逻辑，母亲是婴儿最初的安全基地和表达情感的对象，尤其是在母亲能够温和而充分地喂奶的情况下。

埃里克·埃里克森也认为，母亲的喂奶行为会影响婴儿依恋的强度和安全性。但是他指出，母亲对婴儿所有需要的总体反应性比喂奶本身更重要。埃里克森认为，养育者对婴儿需要的持续不断的敏感性能培养婴儿对他人的信任感，反之，缺乏敏感性的或前后不一致的养育方式将会导致不信任。他还指出，婴儿期没有对养育者形成信任感的婴儿，他们在今后一生中都可能回避与他人建立相互信任的密切关系，或者对这种关系表示怀疑。

在我们回顾喂养行为与依恋关系的研究之前，需要先看一看另一种认为喂养非常重要的观点，即学习理论。

### 学习理论：奖励导致爱

出于很不相同的原因，一些学习理论家也认为，婴儿会对喂养并满足其需要的

Martin Rogers/Stock Boston

图片 5.3 哈洛研究中所用的“铁丝”妈妈和“布”妈妈。即使是由铁丝妈妈喂食的小猴也会依附在布妈妈身边。

人产生依恋。喂养之所以被认为重要有两个原因（Sears，1963）。首先，它能诱发心满意足的婴儿的很多积极反应（微笑、咕咕声），从而增强养育者对婴儿的爱恋。其次，喂养过程中妈妈有机会提供给孩子一切可能的舒适感，如食物、疼爱、温柔的抚摸、温情、抚慰的话语、背景的变换、一块干尿布等等，一下子就能给予所有这一切。慢慢地，婴儿就把妈妈和愉快或快乐的感觉联系起来，妈妈就成了最有价值的人。妈妈（或其他养育者）一旦成为一种**次级强化物**（secondary reinforcer），婴儿就会依附于她，此时婴儿会在必要时对她做各种事情（笑、哭、咕咕说话、咿呀学语、跟随），以吸引妈妈的注意，或者把这个有价值的、对自己有好处的人留在身边。

喂养究竟有多么重要？哈里·哈洛和罗伯特·齐默曼研究了喂养和感觉刺激对幼猴依恋发展的重要性，并于 1959 年发表了其研究结果。实验中的小猴子从出生第一天就离开母猴，在 165 天的时间里由两个代理母亲抚养他们。从图片 5.3 中可以看到，两个代理母亲都有头和用金属丝编织的身子，但是一个代理母亲（“布妈妈”）身上裹着泡沫塑料，外面包着厚厚的绒布。一半的小猴由这个温暖舒适的布妈妈喂养，另一半则由一个比较不舒服的“铁丝妈妈”喂养。

他们所考察的问题很简单：这些小猴是依恋于喂养它们的妈妈，还是会更喜欢 136
那个柔软、令人想拥抱的布妈妈？结果根本不用比较！即使是由铁丝妈妈喂养的小猴，也更喜欢布妈妈，它们每天待在布妈妈身边的时间超过 15 个小时，而待在铁丝妈妈身边的时间只有一小时左右（大部分是喂奶的时间）（见图 5.1）。当见到会走路的玩具熊而受到惊吓时，所有的小猴都跑到布妈妈身边。哈洛和齐默曼的经典研究无可争辩地说明，对小猴的依恋形成来说，舒适的接触比喂食或减轻饥饿有更重要的影响。

很明显，喂养对人类婴儿并不比对婴猴更重要。沙菲尔和埃莫森（1964）曾经询问母亲采用的喂养方法（有规律地按时间间隔喂养还是根据孩子的需要喂养）以及给孩子断奶的年龄。他们发现，母亲给孩子喂养的充分与否并不能预测婴儿对母亲依恋的质量。其中 39% 的婴儿并没有与经常给他们喂食、洗澡、换尿布的人之间形成依恋关系！

**当前的观点** 现在我们已经很清楚，无论对于猴子还是对于人类，喂养都不是依恋的最基本影响因素。但仍有学习理论家辩驳说，强化是情感依恋的形成机制（Gewirtz

& Petrovich，1982）。他们的观点经修正后，和埃里克森的观点很接近：能吸引婴儿的人，是那些能对其所有需要做出反应，并且给他们带来快乐和好处的人。无独有偶，沙菲尔和埃莫森（1964）发现，母亲行为中有两个方面可以预测婴儿依恋的特点，一个是母亲对孩子行为的反应性，另一个是母亲给孩子提供的刺激总量。如果母亲可靠并恰当地对孩子的要求做出反应，并且经常跟孩子一起玩，她们的孩子大多会对其形成亲密的依恋。

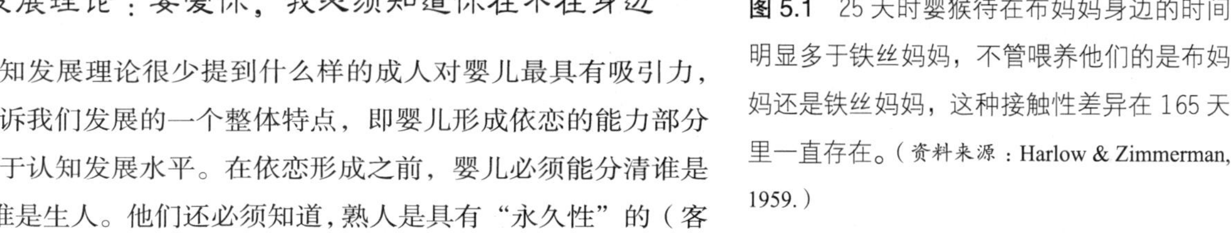


**图 5.1**　25 天时婴猴待在布妈妈身边的时间明显多于铁丝妈妈，不管喂养他们的是布妈妈还是铁丝妈妈，这种接触性差异在 165 天里一直存在。（资料来源：Harlow & Zimmerman, 1959.）

## 认知发展理论：要爱你，我必须知道你在不在身边

认知发展理论很少提到什么样的成人对婴儿最具有吸引力，但它告诉我们发展的一个整体特点，即婴儿形成依恋的能力部分地取决于认知发展水平。在依恋形成之前，婴儿必须能分清谁是熟人，谁是生人。他们还必须知道，熟人是具有“永久性”的（客体永久性），因为，要跟一个会经常从视野中消失的人建立稳定关系毕竟是比较难的（Schaffer，1971）。最早的依恋出现在 7~9 个月，这不是偶然的，这时婴儿正好进入皮亚杰感知运动阶段的第四个亚阶段，开始寻找和发现他们见过但又隐藏起来的东西。

巴里·莱斯特（Lester et al.，1974）检验了这个假设，他们先测试了 9 个月婴儿的客体永久性，然后让他们分别与妈妈、爸爸和陌生人短暂地分离。结果发现，在客体永久性测验中得高分的婴儿（处于第四个或更高的亚阶段），只在跟妈妈分离时着急，而得分低的婴儿（处于第三个或更低的亚阶段），无论跟谁分离都不着急。看
起来，只有那些认知发展较好的 9 个月大的婴儿才形成了最初的依恋（对他们的妈 137
妈）。这一发现意味着，依恋这一重要的情绪发展标志，其形成的早晚部分地取决于婴儿的客体永久性水平。

## 鲍尔比的习性学理论：我生来就能与他人建立关系并爱他人

关于情感依恋，习性学家提出了一种带有强烈进化论色彩的解释。习性学观点的主要假设是，包括人类在内的一切物种出生时就带有一些天生的行为倾向，它们以各种方式确保物种在进化过程中的生存。约翰·鲍尔比（1969，1980）起先是弗洛伊德精神分析理论的支持者，但后来他相信，许多与生俱来的行为都是预先设计好的，目的就是为了促进婴儿与养育者之间的依恋。依恋关系具有适应意义，它使幼仔免受天敌和自然灾难的伤害，并满足它们的需要。习性学家认为，早期依恋的长远目标是使每一代都能生存繁衍，以保证物种的生存。

**习性学观点的起源**　有趣的是，依恋的习性学理论是受动物研究的启示而提出的。

**图 5.2** 很多物种的幼仔都具有“丘比特娃娃”效应，即外表可爱，容易引起养育者的注意。（资料来源：Lorenz，1943.）

1937 年，康拉德·洛伦兹报告，大多刚出壳的小鹅会跟随任何移动的对象，母鹅、一只鸭子甚至一个人，他把这种行为称作**印刻**（imprinting）。洛伦兹还发现：（1）印刻是自动产生的，用不着教给幼禽怎样跟随；（2）印刻只发生在禽类出壳不久后很短的关键期里；（3）印刻是不可逆转的，一旦它们跟随了某一特定对象，就将保持对它的依附。

洛伦兹因此得出结论，印刻是一种适应性反应。幼禽如果跟随它们的母亲，得到母亲提供的食物和保护，它们就能生存。而那些走失的幼禽就会饿死或被天敌猎食，也就无法把基因传给下一代。这样，经过很多代之后，印刻反应就变成了与生俱来的**预适应特征**（preadapted characteristic），它让幼禽依附于母亲，增大了其生存的机会。

**人类的依恋** 虽然人类婴儿不像小鹅那样生来就对母亲有印刻行为，但他们身上也有一些天生的特征能帮助他们保持与人的接触并引起养育者的注意。例如，洛伦兹（1943）指出，婴儿的“丘比特娃娃”特征（大脑门、丰满的脸颊、柔软浑圆的脸，见图 5.2）很容易引起养育者的疼爱。托马斯·阿利赞同这一观点（Alley，1981），阿利发现，成人认为婴儿面孔和身体的素描画比 2 岁多、3 岁多和 4 岁幼儿的素描画更可爱。看来稚气可爱的面容有助于激起他人的积极关注，从而促进情感依恋的形成。而且婴儿越讨人喜欢，妈妈和其他亲人就越喜爱他们并做出积极反应（Barden et al.，1989；Langlois et al.，1995）。然而，可爱并不是形成安全依恋所必需的，因为大部分相对不可爱的婴儿也与他们的养育者形成了安全的依恋关系（Speltz et al.，1997）。

大部分婴儿不仅长了一副“可爱的”面孔，而且他们的很多天生的反射也显得很可爱（Bowlby，1969）。婴儿的吸吮反射和抓握反射就是这样，它们使爸爸妈妈确信宝宝很愿意跟他们亲密地呆在一起。微笑本是对任何愉快刺激的反射，后来成
138 了向养育者发出的特定的信号，像咕咕声、因兴奋而红光满面以及咿呀声也是如此（Keller & Scholmerich，1987）。3~6 个月的婴儿越来越经常用鼓起的面颊和开口笑（或大笑）来回应养育者，好像在说，他们愿意跟她分享积极情感（Messinger，Fogel & Dickson，2001）；父母则往往把婴儿的社会性的大笑理解为“我的宝宝很高兴，我是个有能力的养育者。”所以，一个微笑的婴儿能使父母和其他亲人在以后更愿意照料这个快活的小家伙。

最后，鲍尔比认为，在正常情况下，成人只是以生物学意义上事先安排好的方式亲切地回应婴儿发出的信号。他指出，成人很难做到对婴儿的急切哭声置之不理或对婴儿的大笑视而不见。总之，人类婴儿和他们的养育者都是以进化来的、令人愉悦的方式回应彼此，以形成亲密的依恋关系，从而保证婴儿的生存（最终是物种

的生存）。

这是不是说依恋是自动形成的？不是的，依恋并非自动形成！鲍尔比指出，依恋是逐渐形成的，父母越来越能准确理解婴儿发出的信号，并做出恰如其分的反应。婴儿则意识到父母会怎么样，怎样才能调控他们的行为。但是观察表明，如果妈妈深陷抑郁或爸爸被不幸福的婚姻困扰，婴儿预先的信号得不到令人满意的回应从而慢慢减弱，这一过程就会走上歧途。所以鲍尔比认为，人类从生物学意义上就准备好了要形成亲密依恋，他强调，除非每个当事人意识到应怎样对另一人的行为做出恰当的反应，否则安全的情感联结就难以形成。

### 四种理论的比较

虽然上述四种理论在很多方面有所不同，但是每种理论还是给了我们一些启发。显然，喂养活动对人类依恋的形成并不像精神分析理论家起初认为的那么重要，但弗洛伊德强调，如果我们想知道婴儿怎样形成依恋的话，就应该更多地了解母婴互动的情况。埃里克·埃里克森和学习理论家在弗洛伊德早期理论的基础上提出，养育者对婴儿情感依恋的形成起着重要作用。可想而知，婴儿一定会把给予自己很多舒适回应的亲人看做可信的、值得爱的人。习性学家可能同意这一观点，但是他们增加了一条，婴儿是依恋形成的主动参与者，他们身上有预先的反应，推动他们与依恋对象互动。最后，认知理论家提出，情感依恋形成的早晚与婴儿的认知发展水平有关。所以，非要给哪种理论贴上“正确”的标签而忽略其他理论是毫无意义的，因为每一种理论都有助于我们理解婴儿怎样与他们的亲人形成依恋关系。

## 依恋安全性的个体差异

在家中养育的婴儿与养育者之间形成的依恋关系显然有着质的差别。一些婴儿在其依恋对象身边会感到非常舒适、放松，另一些婴儿却非常焦虑，不能确定下一步他将面临什么。当父母把婴儿留给保姆时，一些婴儿表现得极其悲伤或生气（或二者都有），另一些婴儿对这样的分离相对较适应，他们会很快平静下来，玩手里的玩具，或者跟保姆待在一起（见专栏 5.1，其中提到的一些办法可以帮助父母和其他养育者使婴儿和学步儿在面临无法避免的分离时更具有忍耐性）。在依恋关系中，为 139
什么一些婴儿看上去很安全，另一些却显得不那么安全呢？儿童早期依恋的安全性对后期发展有影响吗？要回答这些问题，研究者必须首先寻找测量依恋安全性的方法。

专栏 5.1 应用发展研究

## 抚平分离带来的痛苦

在某种程度上，大多数父母必须把他们的婴儿和学步儿送到一个不熟悉的环境（如托儿所或日托中心），或者交给一个陌生人（如保姆）待几个小时。父母怎样才能在不得不与孩子分离的情况下，让孩子感到更容易忍受分离呢？下面提三条简单的建议：

1. **为分离提供一个解释** 认知发展理论家告诉我们，如果婴儿不知道养育者去了哪里，什么时候回来，这是让他们最着急的事情。因此，为分离提供一个解释很重要。如果学步儿的妈妈走之前花几分钟时间告诉孩子她现在要离开，很快就会回来，那么孩子在陌生环境里哭得就比较少，玩得也就更积极（Weinraub & Lewis，1977）。简单的解释比冗长的解释效果更好（Adams & Passman，1981），也不需要提前几天告诉学步儿。事实证明，两岁儿童如果提前知道了要分离，他们就会提前担心；和那些分离之前才知道要分离的孩子相比，他们在真的分离之后表达更多的不满，更少积极地参与游戏（Adams & Passman，1980）。
2. **提供一些家里的留念物** 习性学家告诉我们，卷入一个**陌生人**和一个**陌生地方**的分离最容易引起不安。分离时如果稍大一点的婴儿和学步儿身边有一些从家里带来的物品，如一个绒布小动物，或一条小毯子，他们就不那么难受了（Passman & Weisberg，1975）。给学步儿一张妈妈的高度清晰的照片（或现场有的其他替代看护者），也能帮助孩子对必要的分离做出比较积极的反应（Passman & Longeway，1982）。
3. **选择一个负责的替代看护者** 所有的发展心理学者都建议，在选择替代看护者时，要选那些喜欢孩子、对孩子的需要非常敏感的人。8个月以后的婴儿初次被交给一个不认识的保姆时，都会很明显地焦躁不安，但他们能否适应这种情境，还要看保姆的行为（Gunnar et al.，1992）。假如保姆是以“临时看护人”的态度自居，只是把孩子安顿好，然后做自己感兴趣的事情，那么，多数婴儿和学步儿就会继续发出痛苦的信号。如果保姆像“玩伴”似的，给孩子玩具玩，吸引孩子的兴趣，多数婴儿和学步儿就能很快地平静下来，加入到游戏中（Gunnar et al.，1992）。就是说，比起那些认为自己的任务是及时满足孩子的基本需求，因此把电话和冰箱放在首位的人来说，那些很享受跟孩子互动的人是再好不过的选择。

如果学步儿带着他们喜欢的玩具，如果保姆更像一个玩伴而不是临时看护人，那么必要的分离还是比较容易忍受的。

## 测量依恋的安全性

最常用的测量 1~2 岁婴儿与母亲及其他养育者的依恋质量的技术是玛丽·爱因斯沃斯设计的陌生情境程序（Ainsworth et al.，1978）。其**陌生情境**（Strange Situation）由 8 个情节组成（见表 5.1），试图模拟：（1）在有玩具的情况下养育者与婴儿的自然 140
互动（考察婴儿是否把养育者看成是自由探索的安全基地）；（2）与养育者短暂分离并遇到一个陌生人（陌生人往往给婴儿带来压力）；（3）重聚情节（考察一个处于压力下的婴儿能否从养育者那里得到安抚，重新回到安心状态，接着去玩玩具）。通过记录并分析一个婴儿对这 8 个情境的反应，包括探索活动、对陌生人和分离的反应，特别是与亲人重聚时的行为，一般就可以把他对养育者的依恋划分为以下四种之一。

1. **安全依恋**（secure attachment）。大约 65% 的 1 岁北美婴儿属于这一类型。安全依恋的婴儿单独和妈妈在一起时主动探索，分离时烦躁不安。妈妈回来时一般会高兴地叫妈妈，如果非常不安，常会和妈妈进行身体接触，以抚平忧伤。当妈妈在场时，这些婴儿与陌生人友好相处。
2. **拒绝型依恋**（resistant attachment）。约 10% 的婴儿属于这种“不安全”的依恋类型。这类婴儿在妈妈在场时紧靠着妈妈，很少有探索行为。妈妈离开时他们非常悲伤，但是妈妈回来时，他们的行为有些矛盾：他们靠近妈妈，但是对妈妈把他们单独留下的行为感到生气，而且拒绝妈妈发起的身体接触。即使妈妈在场，拒绝型婴儿对陌生人也非常警觉。
3. **回避型依恋**（avoidant attachment）。约 20% 的 1 岁婴儿属于这种“不安全”依恋。他们和妈妈分离时很少悲伤，他们离开妈妈身边，即使妈妈想引起其注意，他们也不理睬妈妈。回避型婴儿一般能和陌生人交往，但偶尔会像回避与忽视妈妈一样回避并忽视陌生人。

**表 5.1**　陌生情境的 8 个情节

| 情境 | 事　件 | 记录的潜在依恋行为 |
|---|---|---|
| 1 | 实验员向母亲和婴儿介绍游戏室，然后离开。 | |
| 2 | 妈妈坐下，婴儿玩游戏。 | 母亲是否被作为安全基地 |
| 3 | 陌生人进入，坐下，与母亲交谈。 | 陌生人焦虑 |
| 4 | 母亲离开，如果婴儿不安，陌生人安抚婴儿。 | 分离焦虑 |
| 5 | 母亲回来，问候婴儿，如果婴儿烦躁就安抚他，陌生人离开。 | 重聚行为 |
| 6 | 母亲离开游戏室。 | 分离焦虑 |
| 7 | 陌生人进入并安抚婴儿。 | 接受陌生人安抚的能力 |
| 8 | 母亲回来，问候婴儿，如果需要就提供安抚，尝试引起婴儿对玩具的兴趣。 | 重聚行为 |

注：除了第 1 个情节，所有的情节都持续 3 分钟，尽管对于极度不安的婴儿，分离情节可能被缩短，重聚情节可能被延长。

4. **混乱型/迷惑型依恋**（disorganized/disoriented attachment）。这是后来发现的依恋类型，美国婴儿中有5%属于这种类型，陌生情境对他们造成的压力最大，是一种最不安全的依恋（NICHD Early Child Care Research Network，2001b）。它显示出一种拒绝型与回避型依恋的古怪结合，反映了对养育者靠近与回避的矛盾（Main & Solomon，1990）。与妈妈重聚时，他们可能茫然、冷淡；也许会走近妈妈，
141 但妈妈要把他们拉近时，又突然跑开；也许在两次重聚情境中表现出两种不安全依恋类型。

**测量问题**　在不同研究样本中，绝大多数婴儿都可以被划分到爱因斯沃斯等人描述的上述四种类型中。但是陌生情境程序也受到一些批评。例如，尤里·布朗芬布伦纳（Bronfenbrenner，1979）指出，陌生情境的高度"陌生性"（很快地进入陌生环境、陌生人、突然与养育者分离）可能引发了夸张的反应，它并不能说明婴儿平时在家里的真实行为，也不能说明婴儿与养育者的真实特点。另一些人指出，爱因斯沃斯等人划分的四种不连续的"类型"带有人为的痕迹，如果把婴儿放在一个连续维度，如对养育者依恋的安全性上来考察依恋的差异，可能更好些（Waters et al.，1995）。或者，也可以在一些与依恋有关的行为维度上考察个体差异，如寻求接近、生气和拒绝安抚等（Fraley & Spieker，2003；另可参阅 Cassidy，2003 及 Sroufe，2003 对这种意见的批评）。另外，有一点很令人遗憾，陌生情境很难用于测量两岁以上儿童的依恋特征，因为大孩子已能应对与养育者的短暂分离（很少感到压力），并能面对一个陌生人。

在测量婴儿和学步儿依恋的安全性方面，尽管陌生情境仍然是应用最广泛的，但用来评价年长儿童、青少年和成人依恋表征的另一些方法也已经产生。**依恋的Q分类**（Attachment Q-set）测量就是这样一种方法，它适用于对1~5岁儿童依恋的测量。这种测量工具请父母和经过训练的观察者根据某些行为与儿童在家中表现出的行为之间的相似程度，对90种有关依恋行为的描述进行分类，如"最像"、"最不像"等。测量所得的总分可以反映儿童与养育者之间的依恋安全性（Waters et al.，1995）。Q分类法也可以用来表明儿童的依恋属于哪种"类型"，这种测量与陌生情境程序的结果一般是吻合的（Pederson & Moran，1996）。还有一些方法以青少年和成人为对象，如**成人依恋访谈**（Adult Attachment Interview，AAI），访谈中被访者回忆儿童早期与父母的关系和情感方面的问题，根据被访者的报告，把他们关于依恋关系的心理表征划分为安全、回避/摆脱、拒绝/过分关注等类型（Hesse，1999；Main & Goldwyn，1994）。

这些测量年长儿童和成人的依恋及依恋表征的方法非常实用，它们帮助我们去考察一些令人感兴趣的问题。例如，婴儿最初的依恋特征随着时间变化是否稳定？儿童早期的依恋能否预测其后期与他人，如配偶和自己孩子所形成的依恋关系类型？本章后面我们将提到这些问题，并讨论早期的安全或不安全依恋经历对一个人以后生活结果可能产生的影响。

## 依恋中的文化因素

在不同文化中，婴儿和学步儿被划分为各种依恋类型的比例也不同，这种情况反映了文化因素在儿童养育中的作用。例如，德国北部地区的父母有意识地鼓励婴儿独立，而不鼓励亲密和缠人的接触。这也许可以解释，为什么德国婴儿在重聚时表现出的回避依恋特征比美国婴儿更明显（Grossman et al., 1985）。在日本等文化中，以强烈的分离焦虑和陌生人焦虑为特征的拒绝型依恋比较多。因为在日本，父母很 142
少把婴儿交给替代养育者看护（Takahashi，1986）。在以色列婴儿中这种依恋类型也比较多，因为在农场集体养育的孩子睡在“婴儿房”，晚上由替代养育者管理，婴儿父母都不在（Aviezer et al.，1999）。

西方研究者一般把这些发现解释为，依恋关系和依恋安全性的意义具有跨文化普适性，依恋分类中的文化变异只是说明了不同文化的不同养育方式会导致婴儿安全依恋和不安全依恋比例的不同（van Ijzendoorn & Sagi，1999；Waters & Cummings，2000）。但是，另一些研究者不同意这种说法，他们认为，不同文化对安全或不安全行为的界定是不同的。

例如，日本母亲对婴儿的反应与西方母亲非常不同（Rothbaum，Pott et al.，2000；Rothbaum，Weisz et al.，2000）。与美国母亲相比，日本母亲跟婴儿的接触要多得多，并且尽量预先估计到婴儿的所有需要，而不是简单地对孩子的哭声做出反应。和美国母亲相比，日本母亲强调社会常规较多，而不太重视孩子的探索，她们希望孩子在自己怀里**撒娇**（amae），一种彻底依赖母亲并相信母亲的爱和放任的状态。由于这种育儿方式，日本婴儿在分离时慌乱不安、重聚时紧缠着妈妈就不足为奇了，根据陌生情境技术，这些行为被划分为不安全依恋的表现。但是，树立健康的撒娇观念在日本被认为是具有很强适应性的，是健康依恋的特征，因为它是具有文化价值的群体取向发展的一个阶段，日本儿童通过学会满足他人需要、合作、实现群体目标，从而与他人形成相互依赖的关系（Rothbaum，Weisz et al.，2000）。相比之下，西方社会的健康、安全依恋的标准是，鼓励婴儿离开那些看护并保护着他们的养育者，探索周围环境，成为独立自主的人，追求个人目标。

但是不要产生误解，大多数日本婴儿（以及所有文化中的婴儿）在陌生情境程序中都被评价为安全依恋，而不是不安全依恋。但是在日本婴儿中，依赖性、强烈的分离焦虑和陌生人焦虑并不一定反映严重的情绪不安，西方社会认为同样的行为代表了不安。看来依

**图片 5.4**　尽管不同文化下的儿童养育传统不同，但是在全世界范围内，安全依恋都要比不安全依恋普遍。

Keren Su/Stone/Getty

恋中具有普遍性的东西是，全世界的父母都希望自己的孩子在和别人的关系中感到安全，大多数父母都尽力培养孩子符合本文化价值的安全性（Posada et al.，1995；Rothbaum，Pott et al.，2000）。但是，我们所了解的关于安全与不安全依恋起源的很多东西都是根据欧洲和北美的研究得出的。牢记这种局限性，让我们来看看研究者所了解的婴儿是怎样形成安全或不安全依恋的。

## 影响依恋安全性的因素

在可能影响婴儿形成的依恋类型的许多因素中，包括养育质量、家庭特点和情绪氛围以及婴儿自己的气质。

### 143 养育质量

玛丽·爱因斯沃斯（Mary Ainsworth，1979）认为，婴儿对母亲（或其他亲密他人）依恋的质量在很大程度上取决于婴儿所受到的关注。根据她的**养育行为假说**（caregiving hypothesis），安全型依恋婴儿的妈妈从一开始就必须是敏感的、反应性的养育者，而且她们确实是这样的。回顾了 66 项研究的一篇综述归纳了那些婴儿属于安全型依恋的母亲所表现出来的特点，见表 5.2（De Wolff & van Ijzendoorn，1997）。此外，安全型婴儿和学步儿的母亲是有**悟性**（insightfulness）的人，她们知道孩子各种情绪和行为产生的原因，这种能力使她们能对孩子的需要和所担忧的事情做出恰当的反应（Koren-Karie et al.，2002）。所以，如果养育者想让自己的孩子在跟自己的互动中获得舒适和快乐，并形成安全型依恋，她必须对孩子有积极的态度，能够理解、欣赏并敏感地回应孩子的需要和目标，与孩子进行同步互动，给孩子提供丰富的刺激和情绪上的帮助。

**表 5.2** 促进安全的母婴依恋的养育方式

| 特　征 | 具体表现 |
|---|---|
| 敏感性 | 对婴儿发出的信号做出富于提示性的、恰当的反应 |
| 积极态度 | 对婴儿表达积极的情感和喜爱 |
| 同步性 | 与婴儿进行平稳、互惠的互动 |
| 亲　密 | 母亲和婴儿做同一件事时，进行有意义的互动 |
| 支　持 | 及时地参与婴儿的活动，并提供情感上的支持 |
| 刺　激 | 经常把自己的行为指向婴儿 |

注：养育行为的六个方面彼此具有中等相关。
资料来源：De Wolff and van IJzendoorn，1997。

表现出拒绝型而非安全型依恋的婴儿往往具有易激惹和反应迟钝的气质特点（Cassidy & Berlin，1994；Waters，Vaughn & Egeland，1980）；但更可能的是其父母的养育方式不一致——对孩子反应热心还是无动于衷，取决于他们自身的情绪，而且他们大部分时间里不作出反应（Ainsworth，1979；Isabella，1993；Isabella & Belsky，1991）。婴儿为了应对这样的自相矛盾的养育者，会不顾一切地通过使劲缠着妈妈、哭喊和其他依恋行为来得到妈妈的情感支持和安慰，当这一切努力都无济于事时，他们就会变得生气或怨恨。

至少有两种养育方式会使婴儿有可能形成回避型依恋。爱因斯沃斯等人( Isabella，1993 ）发现，一些回避型婴儿的妈妈经常很急躁，对孩子发出的信号反应不及时，她们经常对孩子表达消极情感，很少从母婴交往中获得快乐。爱因斯沃斯认为（ 1979 )，这些妈妈既刻板又自我中心，她们常常拒绝自己的孩子。但是有时候，回避型婴儿的妈妈会是那种热心过度的人，她们不停地与孩子说话，给孩子提供太多的刺激，甚至孩子不想要了还会提供刺激（ Belsky，Rovine & Taylor，1984 ; Isabella & Belsky，1991 )。婴儿可能以适应性的方式回应这样的母亲，他们学会了回避母亲，因为母亲不喜欢他，或者是把难以承受的刺激施加在他身上。与拒绝型婴儿努力得到情感支持不同，回避型婴儿学会了什么也不做（ Isabella，1993 )。

玛丽·曼因指出，形成了混乱 / 迷惑型依恋的婴儿对养育者既想接近又害怕，因为养育者以往对其忽视或体罚的场景在他们心中留下了阴影（ Main & Solomon， 144
1990 )。的确，婴儿在重聚时的接近 / 回避（或冷漠）行为都是很容易理解的，因为他们过去多次经历过被接纳和被虐待，被惊吓或被忽视，他们不知道是应该接近养育者以获取安慰，还是离开养育者而得到安全。已经有研究支持了曼因的理论：虽然在任何研究样本中都能偶尔地观察到混乱 / 迷惑型依恋，但这些婴儿通常是受到体罚的孩子（ Carlson，1998 ; Carlson et al.，1989 )，而且这些婴儿的妈妈往往表现出让孩子“害怕”的行为，例如吓唬孩子说要打他，或者把孩子当作一个无生命的娃娃一样粗暴地对待（ True，Pisani & Oumar，2001 )。这种接近与回避的古怪结合加上重聚时的悲伤，也是那些妈妈患有严重抑郁症的婴儿所特有的，这些妈妈有时会虐待或忽视她们的孩子（ Lyons-Ruth & Jacobvitz，1999 ; Murray et al.，1996 ; Teti et al.，1995 )。

## 什么人会成为不敏感的养育者

有几种个人特征会使父母易于形成非敏感性的教养方式，从而导致孩子形成不安全依恋。例如，如果婴儿最初的养育者在临床上被诊断为抑郁症，则婴儿肯定会无例外地形成某种类型的不安全依恋（ Radke-Yarrow et al.，1985 ; Teti et al.，1995 )。抑郁的父母常常忽视婴儿发出的社会性信号，他们难以和婴儿建立起令人满意的、同步的关系。婴儿在养育者缺乏反应的情况下也往往变得抑郁，并且很快就开始和养育者的抑郁综合症相匹配，甚至在与其他不抑郁的成人交往时也会如此（ Campbell，Cohn & Meyers，1995 ; Field，1995 )。

另一类容易成为缺乏敏感性的养育者，往往是那些自身在童年期就缺乏爱、被忽视和被虐待的人。这些过去曾被虐待的养育者，往往一开始会带着美好的想法，发誓绝不像小时候父母对待自己那样对待孩子，但是他们常常希望自己的孩子很“完美”，且喜欢自己。所以，当孩子哭闹、发脾气、漫不经心时（所有婴儿都会这样），这些情感上不安全的父母就会产生自己再次被拒绝的感受（ Steele & Pollack，1974 )。他们可能会收回对孩子的爱（ Biringen，1990 ; Crowell & Feldman，1991 )，有时会忽视甚至虐待孩子。

第三，那些意外怀孕的和不想要孩子的成人特别容易变成缺乏敏感性的养育者，他们的孩子可能在发展的各方面受到不好的对待。在捷克斯洛伐克进行的一项追踪研究中（Matejcek，Dytryck & Schuller，1979），比起那些年龄相同、婚姻和社会经济地位相仿但从未要求过堕胎的妈妈，那些意外怀孕、要求堕胎但被拒绝的妈妈对孩子的爱更少。虽然那些“想要的”和“不想要的”孩子出生时身体都很健康，但是在九年的追踪中，那些父母不想要的孩子比那些父母想要的孩子更多地去医院看病，就读于较低的年级，家庭生活不稳定，同伴关系较差，更容易发脾气，表现出更多反社会行为。对这些孩子在成人初期的追踪观察告诉我们更多的事实：与父母“想要的”同伴相比，这些过去曾是父母“不想要的”孩子，现在对他们的婚姻、工作、朋友关系、一般心理健康都不满意，而且更多地因为心理障碍而去治疗（David，1992，1994）。此外，这些父母不想要的孩子的哥哥和姐姐（他们是父母想要的）总体来说在心理发展方面受到了好得多的照料。这一发现说明，这些父母不想要的儿童在社会性与情绪方面的缺陷，是由于父母不想要他们，而不是由于父母的养育能力（David，Dytrych & Matejeck，2003）。很明显，如果父母不打算认真地养育一个孩子，他们就不会非常敏感地对待他，也不会努力促进孩子的发展。

145

## 养育者敏感性的生态学解释

当然，亲子互动都是在一个非常广阔的生态背景下发生的，生态环境会影响养育者如何对孩子做出反应。例如，缺乏敏感性的父母更多地是那些在健康、法律或经济上有问题的养育者，毫不奇怪，不安全依恋的出现比例在那些贫穷家庭中最高，因为在这样的家庭中得不到充分的健康护理（Murray et al.，1996；MICHD Early Child Care Research Network，1997）。

养育者与其配偶的关系也可能对亲子互动产生很大影响。和那些社会经济地位相似但婚姻幸福、互相信赖的父母相比，那些在孩子出生前婚姻不幸福的父母更可能会：（1）在孩子出生后做一个不敏感的养育者；（2）在提到他们的孩子和父母角色时很少表现出积极态度；（3）很少能与婴儿和学步儿形成安全的关系（Cox et al.，1989；Howes & Markman，1989）。从另一个角度看，拥有幸福婚姻的夫妇往往能在做一个好爸爸、好妈妈的过程中互相支持，在婴儿已经显露出易激惹和反应迟钝等倾向的情况下，这种积极的社会支持尤其重要。乔伊·贝尔斯基发现（Belsky，1981），具有情绪问题的“处于危险中”的新生儿（指标是对社会刺激反应迟缓和情绪易激惹），*只有在其父母婚姻不幸福的情况下*，才不能跟他们的父母同步互动。由此可见，一个风雨飘摇的婚姻是一个危险的环境因素，它可能会干扰和阻碍亲子之间形成安全的情感依恋。

好在我们有一些方法可以帮助那些处于危险中的父母成为一个更敏感、更具反应性的养育者。专栏 5.2 中介绍了两项以此为目的的研究。

### 专栏 5.2　应用发展研究

#### 促进养育者的敏感性和安全型母婴依恋

前面讲到，患抑郁症的父母、经济贫困的父母和缺乏社会支持的父母容易变成缺乏敏感性的养育者，他们的婴儿也容易与他们形成不安全依恋。近年来，有些发展研究者设计了干预实验，看他们能否帮助处于危险中的养育者变成更敏感的父母，希望这些母亲和她们的孩子之间形成安全的情绪联系。在一项干预中，一位从事社会服务的专业人员对一些抑郁的、遭受贫困的母亲进行了常规访问，她先跟这些母亲建立友好的、支持性的关系，然后帮助改进这些母亲的互动技能，教她们怎样诱发孩子的积极反应，还鼓励这些母亲每周参加一次父母培训班。得到这些支持的母亲，其孩子与没有参加这些活动的抑郁母亲的孩子相比，在智力测验中得分高，也更可能形成安全依恋（Lyons-Ruth et al.，1990）。

第二项研究是在荷兰进行的（van den Boom，1994），对象是经济上贫困的母亲，而且她们还有极易激惹的婴儿，这种容易激惹的气质特征可能干扰或阻碍母婴之间的同步互动，使婴儿很难形成安全依恋。在这些婴儿 6 个月的时候，随机选出一半母亲参加了为期三个月的干预活动，其余的母亲作为控制组，不接受干预。干预措施包括帮助母亲改进她们的养育行为，使之更符合孩子的需要，符合孩子的独特气质特征，以便在婴儿身上激发更积极的反应，促进母婴之间更好的互动。在干预的后期，在游戏和日常看护情境中对母亲和孩子进行观察，评价母亲的敏感性和婴儿的社会反应性。在婴儿 1 周岁时，采用陌生情境程序评价了这些婴儿对母亲依恋的安全性。

研究结果非常明确。在干预结束的时候，干预组的母亲比控制组的母亲对孩子更关心、更敏感、反应性更强，其婴儿也比控制组母亲的婴儿更善于社会交往，更喜欢探索，啼哭也较少。在 1 周岁时，干预组母亲的婴儿中，有 63% 与母亲形成了安全依恋，而控制组婴儿中只有 22% 形成了安全依恋。而且这些影响还持续到以后（van den Boom，1995）。在干预结束 9 个月后，干预组的母亲比控制组母亲更敏感地跟孩子一起游戏。此时，她们已经 18 个月大的孩子，有 74% 对母亲表现出安全依恋，而相形之下，控制组的孩子中，安全型依恋的比例只有 26%。到这些孩子 3 岁半时，用 Q 分类法对他们的依恋安全性进行评价。结果，干预组孩子的安全性仍然高于控制组儿童。

这些干预实验无可争议地说明，养育者的敏感性是可以培养的，而且这种敏感性与依恋的安全性有因果关系。

## 婴儿的气质 146

前面讲了，父母要对婴儿形成什么样的依恋类型负责。但是，因为两个人互动才能形成依恋关系，因此我们可以设想，婴儿也可能影响到母婴情绪联结的质量。婴儿身上表现出来的巨大气质差异真的会影响依恋类型吗？杰罗姆·凯根（Kagan，1984，1989）对此深信不疑。他认为，陌生情境真正测量的是婴儿气质的差异，而不是依恋的特征。他用自己的观察阐明了这一观点，他发现，1 岁婴儿分别被划分为安全型、拒绝型和回避型依恋的比例，与托马斯和切斯所说的容易型、困难型、慢热型气质类型在儿童中所占的比例大体吻合（见表 5.3）。二者之间的这种联系可能说明了某些问题。凯根认为，困难型气质的婴儿会极力拒绝日常活动的变化，对新事物感到惶恐，所以当他们面临陌生情境时，会感到压力，不能对母亲的安慰做出积极反应，因此被划分为拒绝型。相形之下，一个对人友好的、容易教养的婴儿很容易被划分为安全型，而那些害羞的、“慢热”的婴儿，在陌生情境中会显得冷漠和退缩，因此可能容易被划分为回避型。按照凯根的**气质假说**（temperament hypothesis），婴儿是其依恋类型的第一设计者，此角色并不属于养育者。也就是说，儿童表现出的依恋行为反映了他们的气质。

**表 5.3** 托马斯的气质类型与爱因斯沃斯依恋分类的比较

| 气质类型 | 婴儿比例 | 依恋类型 | 婴儿比例 |
|---|---|---|---|
| 容易型 | 60 | 安全型 | 65 |
| 困难型 | 15 | 拒绝型 | 10 |
| 慢热型 | 23 | 回避型 | 20 |

资料来源：Ainsworth, Blehar, Waters, & Wall, 1978; Thomas & Chess, 1977.

## 气质能否解释安全依恋

虽然像易激惹和消极情绪性这样的气质成分的确可以预测一定的依恋行为（如分离时的强烈不满），而且对婴儿依恋的质量起一定作用（Goldsmith & Alansky，1987；Kochanska & Coy，2002；Seifer et al.，1996），但学界多数专家都认为凯根的观点过于绝对。例如，很多婴儿对一个亲人表现出安全依恋，而对另一个亲人则表现为不安全依恋——如果依恋分类仅仅反映了儿童相对稳定的气质特征的话，我们就不会看到这种情况（Goossens & van IJzendoorn，1990；Sroufe，1985）。另外，从专栏 5.2 中我们已经知道，气质困难的荷兰婴儿的母亲经过训练之后，变得更耐心、敏感、具反应性，多数这样的婴儿都形成了安全依恋而不是不安全依恋，这一发现证明，敏感的养育和依恋特征之间有因果关系（van den Boom，1995）。不仅如此，一篇回顾了 34 项研究的综述揭示出，可预测不敏感的养育行为的那些母亲特征，如
生病、抑郁和其他生活压力，与不安全依恋的明显增加有关（见图 147
5.3）。而且，儿童身上的一些问题，如早熟、生病和其他心理障碍对依恋特征并没有实质性的影响（van IJzendoorn et al.，1992）。

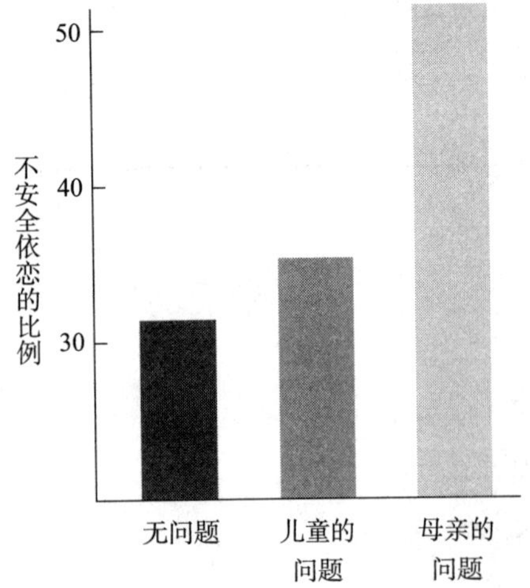


**图 5.3** 母亲与儿童的问题对依恋影响的比较。

最后还要提到的一点是，近期对同卵双生子和同性别的异卵双生子的研究发现，70% 的同卵双生子和 64% 的异卵双生子与他们的养育者形成了相同类型的依恋（即要么都安全要么都不安全）（O’Connor & Croft，2001）。这些发现有两层重要含义，首先，同卵双生子依恋类型的共同性比例并不高，显示遗传（包括受遗传影响的气质特征）对儿童依恋最多也只有中度的影响。其次，因为多数双生子在依恋类型上具有共同特征，那么，共享环境（如与一个同样敏感或不敏感的养育者互动）必然对双生子依恋的共同点起不可忽视的作用（支持此结论的更多证据参见 Bokhorst et al.，2003）。

虽然上面引用的研究结果看起来都更加支持爱因斯沃斯的养育行为假说，而不支持凯根的气质假说，但我们还是应该认真看看专

专栏 5.3　研究聚焦

### 养育行为与气质对婴儿依恋的交互影响

格拉吉娜·科罕斯卡（Kochanska，1998）曾在 1998 年检验了关于母婴依恋的一个整合性理论，该理论认为：(1) 养育行为质量是婴儿形成安全或不安全依恋的最重要决定因素；(2) 婴儿气质，在婴儿表现为不安全依恋的情况下，是其形成的不安全依恋类型的较好预测因子。科罕斯卡首先在婴儿 8~10 个月时，测量了母亲的养育行为质量（母亲对婴儿的反应性，母婴间积极情绪的同步性）。她还测量了婴儿的气质，如恐惧性的紧张。恐惧的儿童在面临新的、不确定的情境时容易表现出强烈的紧张，与凯根所说的行为**抑制**的儿童很相似。相比之下，不恐惧的儿童无论对陌生情境、陌生人还是分离情境，都比较镇定，很像凯根所说的**非抑制**儿童。之后，在婴儿 13~15 个月时，科罕斯卡采用陌生情境技术评价了婴儿对母亲依恋的类型。这样，她从得到的资料中就可以比较，对婴儿依恋的安全性和依恋类型来说，究竟养育行为重要，还是婴儿的气质重要。

这项研究获得了两个非常令人关注的结果。第一，正如该整合性理论所预期的，显然养育行为质量（而不是婴儿气质）可以预测婴儿与母亲形成的是安全依恋还是不安全依恋，积极的、反应敏捷的养育行为与安全依恋相关。但是，养育行为的质量不能预测不安全依恋婴儿所表现出来的依恋**类型**。

那么，什么因素可以预测不安全依恋的类型呢？婴儿的恐惧可以预测！根据该整合性理论和我们对恐惧－不恐惧维度的了解，可以预测，气质上恐惧、具有不安全依恋的儿童，往往表现出**拒绝型**依恋，气质上不恐惧的不安全依恋儿童则往往表现为**回避型**依恋。

这些发现显示，无论是养育行为假说还是气质假说都有些夸大其词。其实，科罕斯卡的研究结果和托马斯和切斯的**良好匹配模型**相当吻合：安全依恋是由于婴儿所接受的养育行为与婴儿自身气质之间的良好匹配而形成的，不安全依恋则是因为高压力的或缺乏灵活性的养育者不能顺应孩子的气质特征而导致的。所以，养育者的敏感性能够很好地预测依恋安全性的一部分原因在于，敏感的养育行为是养育者的一种能力，可以使自己的行为适合于婴儿气质（van dcn Boom，1995）。

栏 5.3 中介绍的研究，这一研究有力地说明，敏感的养育行为与安全依恋之间有重要关系，同时，儿童的气质对婴儿形成的依恋类型也有影响。

到现在为止，我们只是强调了婴儿对母亲依恋的质量。你是否会想，婴儿与母亲之间的依恋对他们与父亲的依恋有没有影响？下一节我们将探讨这一问题，看看父亲对孩子的社会性与人格发展产生怎样的影响。

## 作为依恋对象的父亲 148

1975 年，迈克尔·兰博提出，父亲是儿童发展中“被遗忘的奉献者”。他是对的。直到 20 世纪 70 年代中期，父亲一直只被认为在生物意义上起点作用，而在婴儿和学步儿的社会性和人格发展方面无足轻重。父亲在儿童早期发展中的作用被忽视或低估的原因之一，是他们花在孩子身上的时间和精力比妈妈少得多（Belsky, Gilstrap & Rovine, 1984; Parke, 1995）。其实，父亲和母亲一样着迷于新生儿（Nichols, 1993），在孩子 1 周岁以前，他们越来越多地参与照顾孩子（Belsky et al., 1984），父亲平均每天花将近 1 小时的时间和他们 9 个月大的婴儿互动（Ninio & Rinott, 1988）。如果婚姻幸福，那么父亲将会很积极地参与养育婴儿，对养育孩子抱有更积极的态度（Belsky，Gilstrap，& Rovine，1984；Cox et al.，1989，1992）；如果妻子鼓励他们成为孩子生活中的一个重要部分，他们也会这样做（DeLuccie，1995；Palkovitz，1984）。

## 作为养育者的父亲

如果父亲对养育孩子持积极态度，花较多时间和孩子在一起，而且又是一个敏感的养育者，那么他们的孩子就会在 7~12 个月时形成对父亲的安全依恋（van IJzendoorn & De Wolff，1997）。作为孩子的陪伴者，爸爸和妈妈有什么不同呢？在澳大利亚、以色列、印度、意大利、日本和美国进行的研究揭示出，在所有这些国家，妈妈和爸爸在婴儿生活中发挥着不同作用。妈妈更多地抱孩子、抚慰孩子，与孩子说话较多，与孩子玩藏猫猫之类的传统游戏较多，此外也较多地满足孩子的生理需要。爸爸则更多地提供游戏性的生理刺激，经常发起不寻常的、意想不到的游戏逗孩子开心。尽管大多数婴儿在害怕时希望有母亲陪伴，但父亲仍是婴儿选择游戏伙伴的首选（Lamb，1997；Roopnarine et al.，1990）。

图片 5.5 “游戏伙伴”只是爸爸的多种角色之一。

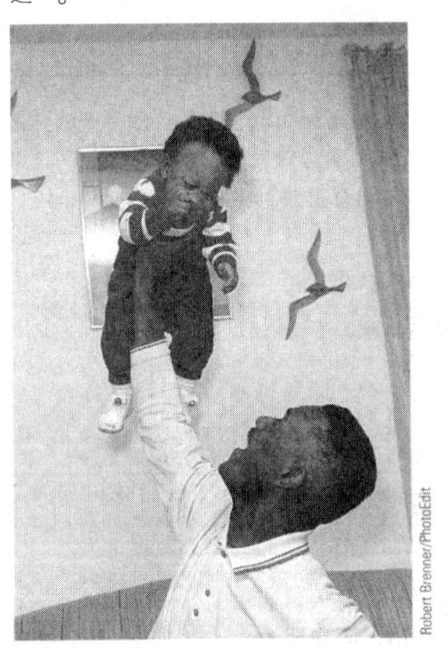


但是，游戏伙伴只是现代父亲所承担的多种角色之一，尤其是在妻子上班，他们必须承担一些照料孩子的任务时（Grych Clark，1999；Pleck，1997）。那么，爸爸应该做哪种类型的养育者呢？他们当中很多人在照料孩子方面都是（或很快变成为）熟练的、名副其实的内行，包括换尿布、洗澡，孩子哭的时候哄孩子等等。一旦父亲变成了孩子依恋的对象，他们就开始发挥安全基地的作用，孩子以他们为基地去探索环境（Hwang，1986；Lamb，1997）。所以，父亲是陪伴孩子的相当好的多面手，他们可以发挥妈妈发挥的任何作用。

## 父亲是情绪安全性和其他社会能力的促进者

很多婴儿都和妈妈、爸爸形成了相同类型的依恋（Fox, Kimmerly & Schafer，1991；Rosen & Rothbalm，1993），但也有不少孩子对父母中的一个人形成了安全依恋，对另一人却形成了不安

全依恋（van Ijzendoorn & De Wolff，1997）。例如，玛丽·曼因和多娜·韦斯顿（Main
& Weston，1981）曾采用陌生情境技术测量了 44 个学步儿对母亲和父亲的依恋特征，
结果发现，其中 12 个孩子对父母都形成了安全依恋，11 个孩子对妈妈形成安全依恋，
对爸爸形成不安全依恋，另有 10 个孩子对妈妈形成不安全依恋，但是对爸爸形成安 149
全依恋。

在儿童社会性与人格发展方面，父亲起到了什么作用？回答这个问题的一种方法是，把那些与父亲形成安全依恋的孩子的社会行为，跟那些与父亲形成不安全依恋的孩子的社会行为进行比较。曼因和韦斯顿做了这样的比较，她们让前述四种类型的学步儿一个一个地在实验室里见一个小丑打扮的、态度友好的陌生人，小丑先花几分钟时间尝试跟孩子玩耍，然后在房间里转来转去，最后，门口一个人叫小丑出去，小丑假装哭。小丑离开后，对孩子进行观察，评价孩子：（1）是否愿意跟小丑建立积极的关系（如果害怕和哭就得低分）；（2）情绪冲突表现（表现出情绪困扰，如像个胎儿那样蜷缩在地板上，或以跟人说话的方式对着墙喃喃自语）。图 5.4 显示了这个陌生人测验的结果。其中，与爸爸妈妈两个人都形成安全依恋关系的孩子是最具社会反应性的一组。结果还发现，与妈妈的依恋和与爸爸的依恋具有同等重要性，与父母中至少一人形成安全依恋的孩子，比与父母都形成不安全依恋的孩子，对小丑的态度更友好些，情绪困扰也较轻。后来的另一些研究显示，和那些只对父母中的一人安全依恋或对父母都无安全依恋的孩子相比，对父母都安全依恋的孩子的焦虑和社交退缩行为较少，能较好地适应入学时遇到的困难（Verschueren & Marcoen，1999）。对父亲形成安全依恋的儿童，表现出较好的情绪自我调节能力，较强的同伴交往能力，问题行为较少，在儿童期和青少年期的违法行为也较少（Cabrera et al.，2000；Lieberman，Doyle，& Markiewicz，1999）。如果跟父亲建立起安全的、支持性的联系，即使父亲离开了这个家，其子女仍能得到好处（Black，Dubowitz，& Starr Jr.，1999；Coley，1998）。所以，父亲不仅在儿童发展的很多方面（也许是所有方面）都发挥着重要作用，而且对父亲的安全依恋，似乎可以补偿因不安全的母

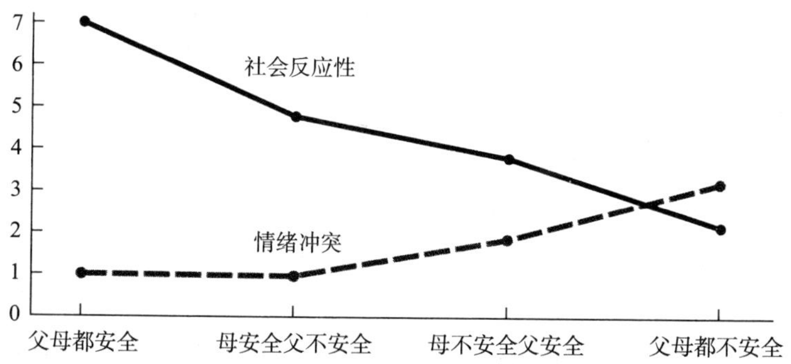


**图 5.4**　比较对父母依恋安全性不同的四组儿童的社会反应和情绪冲突。（资料来源：Main & Weston，1981.）

子依恋造成的情感伤害（Weston，1981；Verschueren & Marcoen，1999）。

## 依恋与后期发展

精神分析理论（Erikson，1963；Freud，1905/1930）和习性学理论（Bowlby，1969）都认为，婴儿从安全依恋中获得的温情、信任和安全性将为以后的心理健康发展打下基础。言外之意，不安全依恋可能预言了今后不太乐观的发展结果。

### 安全与不安全依恋的长期影响

现有的文献有一定的局限性，因为这些资料大多集中在婴儿对母亲的依恋上，但是似乎婴儿只要形成了安全依恋，就会有较好的发展结果。例如，在12~18个
150 月形成了安全依恋的婴儿与形成了不安全依恋的婴儿相比，两岁时其解决问题的能力也较强（Frankel & Bates，1990），其符号游戏更复杂，更具创造性（Pipp，Easterbrooks & Harmon，1992），表现出较多积极情绪，较少消极情绪（Kochanska，2001），作为游戏伙伴更受孩子们欢迎（Fagot，1997；Jacobson & Wille，1986）。婴儿期形成混乱/迷惑型依恋的儿童，更容易成为富于敌意和攻击性的幼儿和小学生，更可能受到同伴拒绝（Lyons-Ruth，Alpern & Repacholi，1993；Lyons-Ruth，Easterbrooks & Cibelli，1997）。

对安全依恋和不安全依恋儿童的一些追踪研究也描绘了相似的图景。例如，埃弗雷特·沃特斯及其助手（Waters et al.，1979）在某些儿童15个月时测量了他们的依恋特征，之后在这些儿童3岁半时，在幼儿园对他们进行了观察。早期对母亲形成安全依恋的儿童，很多都成了幼儿园里的社交领头人物：他们经常主动发起游戏活动，对其他儿童的需要和情感比较敏感，也很受同伴欢迎。研究人员形容这些儿童富于好奇心，自我导向，并且渴望学习。相形之下，在15个月时形成不安全依恋的儿童，他们在社交和情绪方面都比较退缩，不敢加入其他孩子的游戏活动，缺乏好奇心，对学习不感兴趣，而且缺乏能力去达到自己的目标。这些儿童长到11~12岁和15~16岁时，对他们参加夏令营时的活动表现进行追踪观察，发现在婴儿期和学步期形成安全依恋的儿童比当初形成不安全依恋的儿童的社会技能更强，有更多亲密朋友（Englund et al.，2000；Elicker，Englund & Sroufe，1992；Shulman，Elicker & Sroufe，1994）。新近对其他样本的研究也得出了一致的结论，与那些安全依恋的同伴相比，早期形成不安全依恋或现在正处于不安全依恋的儿童，在整个儿童期和青少年期都缺乏迎接挑战的热情（Moss & St-Laurent，2001），同伴关系较差，亲密朋友较少，违纪行为（如在学校不遵守纪律）较多，其他心理症状也多（Allen et al.，1998；Carlson，1998；DeMulder et al.，2000；Schneider，Atkinson & Tardif，2001）。

所以，儿童早期依恋的特征可能会影响他们很多年。其中一个原因是，依恋在时间上往往是比较稳定的。在中产阶级样本中，大多数儿童（一个美国样本的 84% 和一个德国样本的 85%）在小学时所经历的依恋类型和他们婴儿期所形成的依恋类型相同（Main & Cassidy，1988；Wartner et al.，1994）。另外，生活在稳定家庭的大量青少年和年轻成人，继续表现出他们在婴儿期所形成的对父母的依恋类型（Hamilton，2000；Waters et al.，2000）。

## 依恋特征为什么能预测后期发展

早期形成的依恋为什么能长时间保持稳定呢？依恋怎样塑造了人的行为并影响未来的人际关系特点呢？

### 依恋是关于自我和他人的心理作用模型

约翰·鲍尔比（1980，1988）和英格·布雷泽尔顿（1985，1990）对早期依恋的稳定性和长期影响作出了一种有趣的解释。他们认为，当婴儿持续地与最初的养育者互动时，他们会形成一个**内部心理作用模型**（internal working models）——对他们自己和对他人的认知表征，用于解释各种事件，并形成关于人际关系特征的预期。敏感而反应性强的养育者使儿童得出结论，人们是可依赖的（关于他人的积极心理作用模型）。而缺乏敏感性的、忽视或虐待孩子的养育者则导致不安全和缺乏信任（关 151
于他人的消极心理作用模型）。这听起来很像埃里克·埃里克森早期关于信任重要性的思想，但是习性学家的理论又向前迈进了一步。他们提出，婴儿还形成了关于自我的心理作用模型，其基础是婴儿在需要时引发他人注意和抚慰的能力。所以，当养育者对婴儿的要求做出迅速、恰当的反应时，婴儿就认为，"我是可爱的"（关于自我的积极心理作用模型）。可是，当婴儿发出的信号总是被忽视或误解时，它就使婴儿觉得"我是不值得爱的，让人讨厌的"（对自我的消极心理作用模型）。也许这两个模型会共同影响儿童最初形成的依恋的特征以及他们对未来人际关系的预期。他们形成了什么样的预期呢？

关于这一"心理作用模型"理论的近期版本见图 5.5。如图所示，对自己和养育者建构起积极心理作用模型的婴儿应该：（1）形成安全的最初依恋；（2）有自信可以去探索环境，迎接挑战；（3）以后会和朋友、配偶建立安全的、相互信任的关系。对自我的积极模型和对他人的消极模型相结合（可能的结果是婴儿能有效地引起一个不敏感、过分打扰的养育者的注意），可以预期婴儿会形成回避型依恋，并"消除"亲密情感联系的重要性。消极自我模型和积极他人模型的组合（结果是婴儿有时能但更多时候不能引起注意以满足他们的需要），可能导致拒绝型依恋和带有安全情感联系的"消极自我

| 他人模型 | 自我模型：积极的 | 自我模型：消极的 |
|---|---|---|
| 积极的 | 安全型（最初的安全型依恋） | 消极自我评价（最初的拒绝型依恋） |
| 消极的 | 摆脱（最初的回避型依恋） | 恐惧（最初的混乱/迷惑型依恋） |

**图 5.5**　根据关于自我和他人的积极或消极心理作用模型得出的四种亲密情感关系分类。（资料来源：Bartholomew & Horowitz，1991.）

评价”。最后一种是消极自我模型和消极他人模型的结合，将导致混乱 / 迷惑型依恋，经常“害怕”自己在亲密关系中被伤害（无论在肉体上还是在情感上）（Bartholomew & Horowitz，1991）。

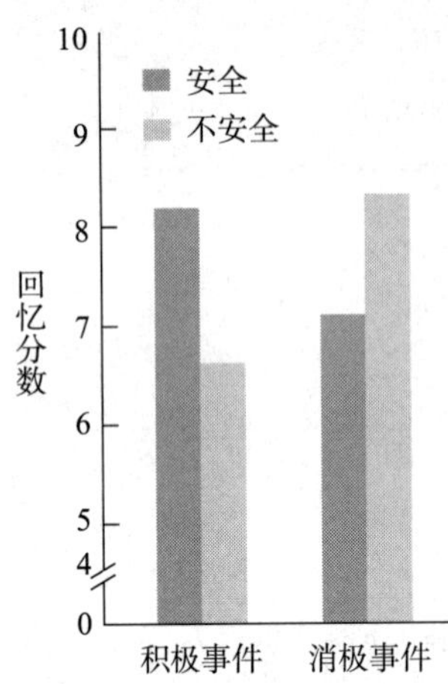


**图 5.6** 不同心理作用模型的儿童回忆积极事件与消极事件的比较。（资料来源：Based on means in Table 1, p. 113, in J. Belsky, B. Spritz, & K. Crnic, “Infant Attachment Security and Affective-Cognitive Information Processing at Age 3.” *Psychological Science*, 7, 1996, 111-114.）

乔伊·贝尔斯基、贝基·斯普里茨和凯斯·克尼克（Belsky，Spritz & Crnic，1996）率先做了相关研究，发现婴儿期形成了安全依恋和不安全依恋的儿童具有不同的信息加工方式，他们形成了完全不同的关于自我和他人的内部心理作用模型。这几位研究者让 3 岁儿童看玩偶表演的积极事件和消极事件，积极事件如赠送一件生日礼物，消极事件如饮料洒了一地。他们预期，婴儿期形成了安全依恋的儿童希望生活中有快乐的事情，参与到这些事情中并牢牢记住它们；但婴儿期形成了不安全依恋的儿童会希望并倾向于回忆起比较消极的事件。在这项研究中，安全依恋和不安全依恋的儿童在对积极和消极事件的注意上并没有差别，但是如图 5.6 所示，安全依恋的儿童更多地回忆起积极事件，而不安全依恋的儿童更多地回忆起消极事件。这一结果是可信的，因为研究控制了组间的气质差异。这一结果意味着什么？鲍尔比作出了恰当的理论概括，安全依恋和不安全依恋者所存在的内部心理作用模型差异将会为后期发展打上烙印。

### 养育者依恋的心理作用模型

有趣的是，养育者也会在个人生活经历基础上形成对自己和他人的心理作用模型。目前有几种方法可以测量成人的心理作用模型，这些方法要么是通过成人依恋访谈，让他们回忆自己儿童期的依恋经历，然后对这些回忆做详尽分析；要么是用纸笔报告来考察他们现在对自己、他人以及人际关系的看法（Bartholomew
152 & Horowitz，1991；Main & Goldwyn，1994）。这些方法可以有效地把成人按图 5.5 进行分类。那么，父母本人的心理作用模型会影响其婴儿形成的依恋类型吗？

答案是肯定的。我们来看彼得·弗纳基等人的研究（Fonagy et al.，1991），他们在孩子出生前，测量了一些英国母亲的依恋关系的心理作用模型，并以此来预测其孩子与她们建立的安全或不安全依恋类型，结果正确预测率达到 75%。后来，在加拿大、德国、荷兰和美国进行的研究也报告了类似的结果（Benoit & Parker，1994；Das Eiden，Teti & Corns，1995；Steele，Steele & Fonagy，1996；van Ijzendoorn，1995），这些研究发现的母婴心理作用模型的匹配率达到 60~70%。导致这种心理作用模型相匹配的一个原因是，对自己和他人形成积极心理作用模型的母亲，更可能提供敏感、反应性强和非打扰的养育行为，从而促成了婴儿的安全依恋（Aviezer et al.，1999；Slade et al.，1999；van Bakel & Riksen-Walraven，2002）。另一个原因是，与那些具有不安全依恋表征的母亲相比，具有安全依恋表征的母亲从与婴儿的互动中体验到了更多的快乐和愉悦（Slade et al.，1999），而且这两个因素可能相互独立地影响婴儿形成的依恋类型（Pederson et al.，1998）。

似乎关于亲密关系的认知表征可能会一代一代地往下传。鲍尔比（1988）曾经提出，心理作用模型一旦在生命早期形成，就会逐渐稳定下来，成为人格的一部分，并不断地影响着人们一生中亲密情感关系的特征。

### 依恋是终生不变的吗

虽然早期心理作用模型可以持续很久，早期形成的安全的情感依恋也有很明显的优势，但是不安全依恋的婴儿，其未来生活也不一定全是凄凉黯淡的。本章前面曾提到，和其他人，比如父亲（也许是祖父母或托儿所老师）形成的安全关系，也可以弥补因为和母亲形成不安全依恋所造成的不良后果。

我们还要注意一种情况，假如妈妈需要去上班，又生了一个要求过分关注的孩子，或经历了生活压力（如婚姻出现问题，患抑郁症，生重病或经济困难），使母子之间的互动方式发生转变，原来的安全依恋可能变成不安全依恋（Lewis，Feiring & Rosenthal，2000；Waters et al.，2000）。鲍尔比使用*心理作用模型*这个术语的原因之一就是要强调，儿童对自我和他人的认知表征以及亲密的情感联系是动态的、可变的，既可能变好，也可能变坏，后期与养育者、好朋友、恋爱对象或配偶的关系使得这种变化必然发生。

总之，安全依恋史并不能保证以后生活的积极适应；早期形成的不安全依恋也不能说明今后的结果肯定不好（Thompson，1998）。但我们不应该低估安全依恋的适应意义。如果一个孩子在早期形成的是安全依恋，那么即使他在幼儿期因遭遇一种或多种生活压力而发展不良，到了小学阶段，他们会比那些早期不安全依恋的儿童更可能恢复其正常心理能力，表现出良好的社交技能和自信心（Sroufe，Egeland & Kreutzer，1990）。

## 无依恋的儿童

有些婴儿在一两岁以前与成人接触很少，没有对任何人产生依恋。这些遭受社会剥夺的儿童有时是在家里，由一些虐待和忽视孩子的家长养育，更多地是在人手不足的社会福利机构长大，他们只有在被喂食、换尿布或洗澡时才能见到保育员。153
这样的早期经历会给他们带来什么结果呢？

### 婴儿期和儿童期社会剥夺的后果

20 世纪 40 年代，一些医生和心理学者开始研究在极端社会剥夺条件下生活的婴儿。在当时的福利机构，一个保育员看护 10~20 个婴儿的情况并非罕见。保育员除了给他们洗澡、换尿布和喂食时把奶瓶放在枕边之外，很少和他们互动，婴儿往往躺在互相分隔的婴儿床上，栏杆上挂着的一片片尿布将他们和周围环境完全分离。按照今天的标准，这些孩子绝对是被忽视的。

在这种条件下养育的儿童，在前三个月到六个月看起来完全正常，他们用哭声引起注意，对保育员微笑，喃喃自语，在被抱起时做出恰当的姿势。但在六个月以后，他们的行为发生了变化。此时他们很少哭，很少发出咕咕声和咿呀声；保育员抱他们时，他们显得僵硬，不能很好地做出适宜的身体姿势；他们常常显得忧郁，对社会接触缺乏兴趣（Goldfarb，1943；Provence & Lipton，1962；Ribble，1943；Spitz，1945）。下面是对这样一个婴儿的描述：

> 他的镇定令人印象深刻，他显得很孤独，缺乏活力……他从不把头转向成人来减轻痛苦……他不提出任何要求……当你主动地、再三地努力和他进行社会交流时，他变得有了点反应和活力……和主动，但只要成人稍微不主动，他就重新陷入忧郁中……你若把着他的手，他能向前走一点，但是他自己不会向前走（Provence & Lipton，1962，pp. 134–135）。

当这些福利机构的儿童长到小学生和中学生时会怎么样？答案在一定程度上取决于他们在福利机构待了多长时间。威廉·高尔德法伯（Goldfarb，1943，1947）比较了出生第一年待在孤儿院之后被收养和前三年待在孤儿院之后被收养的儿童。他在这些孩子 3 岁半、6 岁半、8 岁半和 12 岁时对他们进行访谈、观察和测验，发现在孤儿院待三年的儿童，其发展的所有方面都滞后于那些在孤儿院只待一年的儿童。他们的 IQ 测验分数更低，社会性不成熟，更依赖成人，语言技能差，容易出现攻击和多动这样的行为问题。到青少年早期，他们变得不合群，跟同伴或收养家庭成员的相处较困难。

1990 年，罗马尼亚的政治和社会转型后，一些儿童从该国孤儿院被领养到美国、英国和加拿大。后来，这些儿童出现了很多不适应行为，引起了人们的关注。这些儿童在罗马尼亚时，20~30 个人住一个房间，每 10~20 个儿童配一个保育员，他们大多数时间躺在婴儿床上来回摇晃，没有任何来自人的爱抚，也不和任何人一起玩（Fisher et al.，1997）。在这类孤儿院待 8 个月或更长时间的婴儿表现出了饮食障碍和生理问题，他们中大多数有退缩行为，在日后无法与同伴进行良好的互动。在一项研究中，多数被收养的罗马尼亚儿童与收养者建立起了依恋关系，尽管他们形成不安全依恋的比例明显高于从小由亲生父母养育的同龄儿童（Chisholm，1998）。但是
154 另一些研究者发现，相当多的孤儿院长大的罗马尼亚儿童被收养后表现出**反应性依恋障碍**（reactive attachment disorder），他们不能对收养父母形成安全依恋，即使收养父母具有安全的心理作用模型也无济于事（Marcovitch et al.，1997）。这些儿童表现出的依恋困难可以帮助我们解释，为什么他们经常表现出好动、惹麻烦，并且在童年期很少有亲密朋友。

**图片 5.6** 在单调的、保育人员缺乏的福利机构长大的儿童显露出了很多不正常的发展迹象。

H. Bradner/The Image Works

## 早期剥夺为什么是伤害性的

今天已没有人怀疑早期社会剥夺具有长期效应，但是在为什么会有这样的效应上，仍有不同意见。**母亲剥夺假说**（maternal deprivation hypothesis）的一些支持者（Bowlby，1969；Spitz，1965）认为，儿童在人手不足的孤儿院不能得到正常发展，是因为他们缺乏可以与之形成依恋的、来自妈妈的温暖和疼爱的照料。虽然这种观点流行甚广，但很多观察却不能很好地解释母亲剥夺假设。例如，在俄罗斯、中国和以色列，对人员充足的福利机构的研究揭示出，由多个反应敏锐的保育员养育的婴儿发育很正常，后来到了儿童期，他们和那些在家里长大的孩子的适应能力一样好（Bronfenbrenner，1970a；Kessen，1975；Oppenheim，Sagi & Lamb，1988）。同样，扎伊尔的俾格米人的婴儿出生后在好几个养育者的看护下长大（Tronick，Morelli & Ivey，1992）。所以，在人员不充足的福利机构长大的婴儿受到的伤害似乎并不是因为缺乏对母亲的单一依恋所致。

遭受社会剥夺的婴儿发展不正常，仅仅是因为他们与那些对其发出的社会信号做出反应的人很少有社会接触吗？**社会刺激假说**（social stimulation hypothesis）的拥护者认为如此，他们指出，在多个养育者看护下长大的中国、俄罗斯、以色列和俾格米婴儿发展正常，说明婴儿需要跟反应性的陪伴者持续地互动，无论养育者是一个人还是几个人，这样才能得到正常的发展。这类刺激可能非常重要，因为它往往在一定程度上取决于婴儿自己的行为：人们经常在婴儿啼哭、微笑、咿呀学语、打饱嗝或凝视自己时过来照料他们。婴儿自己的行为与养育者之间的这种联系可能使婴儿相信，他能掌控社会环境，这是形成对自我的积极心理作用模型的重要因素。当婴儿施展这种“掌控”并得到了他人的关注和疼爱时，他就形成了对他人的积极心理作用模型，而且变得对他人更友好。

来看看遭受社会剥夺的婴儿的情况。他们可能发出了很多信号，但很少从负担过重或疏忽大意的养育者那里得到回应。这些儿童从他们的早期经历中学到了什么呢？可能他们了解到，他们要吸引别人注意的努力是徒劳的（关于自我的消极心理作用模型），对别人不用做任何事情（关于他人的消极心理作用模型）。最终，他们形成一种**习得性无助**（learned helplessness），干脆停止了引发他人反应的努力（Finkelstein & Ramey，1977）。为什么遭受社会剥夺的婴儿往往会变得非常被动、退缩、缺乏兴趣，原因可能正在于此。

## 儿童能从早期社会剥夺中恢复过来吗

幸好，遭遇社会剥夺的（或受虐待的）婴儿和学步儿，如果把他们安置在可从敏感负责的养育者那里得到很多关注的家庭里，他们就能克服早期形成的许多障碍（Clarke & Clarke，1976；O’Connor et al.，2000）。如果儿童从小没有受过虐待，且在1岁末的时候被一对受过良好教育、富足的夫妇收养，或收养父母本人具有积极的（安全的）依恋关系心理作用模型，那么恢复效果就会特别好（Dozier et al.，2001；Stams，Juffer & van Ijzendoorn，2002）。例如，奥德利·克拉克和捷涅特·哈尼斯（Clark & Hanisee，1982）研究了一组亚洲孤儿，他们在来到美国之前分别生活在孤儿院、收养家庭和医院。他们当中很多是战争孤儿，早期经历过营养不良或生过各种各样的疾病。虽然这些孩子经受过残酷的环境，但是他们取得的进步令人惊讶。在具有丰富刺激的中产阶级收养家庭生活了两三年之后，这些被收养的亚洲儿童在标准化智力测验和社会成熟性两方面都取得了高于平均数的成绩。

但是从另一方面看，在一些早期遭受虐待的或较晚被收养的儿童身上表现出的无法消除的缺陷和反应性依恋障碍也表明，婴儿期和学步期是形成安全情感联系和这种联系所促进的其他能力的敏感期。这些缺陷可以彻底痊愈吗？我们真的不知道（参见O’Connor et al.，2000）。我们只知道，特别严重或持续时间很长的逆境可能需要更长时间来恢复，而且需要更强有力的干预措施，而不仅仅是把儿童安置在一个富裕的家庭里。幸好，最近有人设计出一种*依恋疗法*，其目标是在儿童心里建立起通向收养父母的情感桥梁，形成更积极的、关于他人的心理作用模型，看起来很有希望。一项研究发现，85%的遭遇严重障碍的儿童，经过依恋治疗之后，形成了对养育者的安全情感联系（尽管这一成功率在遭遇反应性依恋障碍的青少年中非常低）（DeAngelis，1997）。所以我们希望有更多新的、改进型的干预方案被设计出来，在儿童刚刚显露出反应性依恋障碍时马上进行干预，使这些长期遭受逆境的儿童战胜缺陷。

# 母亲就业、日托与早期情绪发展

近年来，一个重要问题被提上议事日程，即我们的婴儿、学步儿和学前儿童在哪里度过他们的时光。他们是否应该待在家里由父母抚养，他们能否在日托中心得到良好发展？目前有六成多的婴儿、学步儿和学前儿童的母亲走出家庭从事至少是非全职的工作（National Research Council and Institute for Medicine，2000）。越来越 156
多的儿童受到多种形式的养育。在美国，有大约 40% 的婴儿和学步儿由父母抚养，21% 由其他亲属抚养，4% 在家中由保姆抚养，14% 去家庭托儿所，31% 被送到较大型的托儿中心（Scarr，1998）。[1]

和在家中由父母抚养相比，那些被送到家庭式托儿所和日托中心的婴儿是否在心理上受到不良影响？到目前为止的研究显示，他们一般没有受到不良影响（Ahnert，Rickert，& Lamb，2000；NICHD Early Child Research Network，1997，2000，2001a，2001b，2003a）。实际上，高质量的日托中心还可以促进那些来自不利环境的儿童的社会反应性和智力发展。这些儿童本来有出现问题行为的危险，并且有这样那样的发展迟缓（Love et al.，2003；Ramey & Ramey，1998）。另外，一项从 1991 年开始持续至今、针对 1153 名受到变换式养育的儿童的、大型及控制严密的追踪研究显示，无论是儿童进入日托的年龄，还是他们受到的抚育类型的数量，都不会以任何简单方式与他们对母亲的依恋质量或他们的情绪健康相关（NICHD Early Child Research Network，1997）。关注这项大型追踪研究的原因之一是，它发现在 4 岁半以前受到较长时间的变换式养育的儿童，和那些很少在家庭之外被养护的儿童相比，可能更具攻击性、更不顺从（NICHD，2003a）。但是，这种“养育数量”效应并不很明显，而且没有在其他控制严密的研究中发现（Love et al.，2003）。

遗憾的是，这些泛泛的概括并不能告诉人们完整的情况。让我们来看两个因素，看它们怎样使婴儿和学步儿很好地适应母亲上班和进入日托中心。

## 变换式养育的质量

表 5.4 列出的是专家提出的针对婴儿和学步儿的高质量日托的最重要特征（Burchinal et al.，2000；Howes，1997）。遗憾的是，和很多欧洲国家相比，变换式养育的质量在美国很不均衡。相当数量的美国婴儿和学步儿，要么由未经培训的保姆看护，她们不了解发展心理学知识；要么被送到不符合基本的卫生和安全标准的、无执照的家庭式托儿所或日托中心（Scarr，1998）。

高质量的养育有多重要？很显然，如果不安全依恋的儿童（或遭遇其他不良发

1　这些比例的总和超过100%，因为有9%的美国儿童受到超过一种的抚养方式，例如，上午被送到托儿中心，其余时间由母亲抚养。

表 5.4 婴儿和学步儿的高质量日托的特征

| | |
|---|---|
| **物质环境** | 市内环境清洁，光线好，通风；户外游戏区有护栏，面积大，无危险；有适合儿童年龄的器械，如滑梯、秋千、沙箱等。 |
| **儿童 / 保育员比例** | 每个成年保育员看护 3 个婴儿，或 4~6 个学步儿。 |
| **保育员特征 / 资格** | 保育员须接受过儿童发展和急救方面的培训，应该热情，善于表达情感，对儿童的需要反应及时。保育员最好比较稳定，以便婴儿和学步儿可以和她们建立良好关系，甚至形成依恋关系。 |
| **玩具 / 活动** | 玩具和活动适合儿童的年龄；婴儿和学步儿经常能够得到指导，即使在室内自由游戏时也应有人指导。 |
| **家庭联系** | 父母总是受到欢迎，保育员自由地和父母探讨孩子的进步。 |
| **执照** | 日托的开办获得州政府的执照，理想情况下，受到全国家庭日托服务中心或全国早期儿童项目研究院认证。 |

展结果的儿童）受到高质量的日托养育，即使这种日托式养育开始得非常早，儿童所遭遇的危险性也很小。凯根等人（Kagan et al.，1978）发现，在 3 个半月到 5 个半月就进入高质量的、大学附属的日托中心的婴儿，不但对母亲形成了安全依恋，而且在两岁以前，他们在社会性、情绪和智力成熟方面，高于背景相似但在家中养育的婴儿。在瑞典进行的一项研究报告了相似的积极结果，因为瑞典的日托中心由政
157 府补贴并严密监控，一般都是高质量的（Broberger et al.，1997）。而且瑞典婴儿越早进入高质量的日托，他们在 6~8 年后的小学和初中时的认知、社会性和情绪发展就越好（Andersson，1989）。对美国质量不同的日托中心的研究表明，早期进入高质量日托中心可以在一定程度上预测他们 3~4 岁半时良好的社会性、情绪和（尤其是）智力结果（如语言技能、入学准备等），而低质量的日托则与很多消极结果相关（Burchinal et al.，2000；Howes，1997；Love et al.，2003；NICHD Early Child Care Research Network，2000，2001a，2003b）。

遗憾的是，受到最差和最不稳定的日托看护的儿童往往是因其父母自己的生活状况复杂、面临重重压力，这种情况限制了他们作为父母的敏感性，减少了他们对孩子生活和学习活动的参与（Fuller，Holloway，& Liang，1996；Howes，1990）。因此，一个儿童在日托中心进步缓慢往往是因为其家庭生活失调，在这样的家庭中父母根本没有教育孩子的热情，所以孩子受到的也是很不乐观的变换式养育（NICHD Early Child Care Research Network，1997，1998a）。下面我们进一步分析这一观点。

## 父母教养方式与父母对工作的态度

根据路易斯・霍夫曼的研究（Hoffman，1989），母亲关于参加工作和带孩子的

态度无论对孩子的社会性和情绪健康，还是对其就业状况都很重要。如果母亲的就业状况与她们出去工作或当好全职主妇的愿望一致，她们作为养育者就会感到很幸福（Harrison & Ungerer，2002；NICHD Early Child Care Research Network，1998b）。所以，如果母亲想出去工作，那么强迫她待在家里照顾孩子就没有什么意义了，这会使她产生敌意、抑郁，对带孩子缺乏兴趣。

母亲出去工作有什么影响吗？对这个问题没有一个简单的答案。有的研究者发现，在孩子出生后的前九个月母亲出去工作，将使孩子
158 面临不安全依恋的危险。另一项研究中指出，孩子在 3 岁时还面临入学准备测验分数低的危险（Barglow，Vaughn，& Molitor，1987；Belsky & Rovine，1988；Brooks-Gunn，Han，& Waldfogel，2002）。但是我们不能过分相信这样的发现，因为其母亲早早参加工作的多数孩子还是形成了安全依恋，特别是其母亲愿意工作，而她本人又是一个敏感的养育者时（Belsky & Rovine，1988；Harrison & Ungerer，2002）。

Jim Whitmer/Stock Boston

**图片 5.7**　高质量的日托中心对儿童的社会性、情绪和智力发展有很多益处。

即使儿童受到很不乐观的变换式养育，但是他们的发展结果还是取决于其受到的父母的教育（NICHD Early Child Care Research Network，1997，1998b，2001a，2001b，2003a）。如果参加工作的母亲对工作和对做母亲二者都抱积极态度，发展结果可能就比较好（Belsky & Rovine，1988；Crockenberg & Litman，1991）。如果其丈夫赞同她参加工作，并帮助她做好母亲，这样对发展结果也有很大的帮助（Cabrera et al.，2000）。总之，父母对教育孩子的态度和他们在家中养育孩子的质量，对婴儿和学步儿发展的影响远远大于儿童所受到的变换式养育所带来的影响（Broberg et al.，1997；NICHD Early Child Care Research Network，1997，1998a，2001）。

关于母亲参加工作、变换式养育和儿童早期社会性与人格发展，我们可以得出什么结论呢？把上述研究发现结合起来，我们可以看出：（1）母亲参加了工作，但在家中受到敏感、反应性照料的儿童，其情绪发展不会受到太大影响；（2）即使儿童受到的父母教育很不乐观，但高质量的变换式养育可以帮助儿童免于不安全性情绪（或其他不良后果）。刺激丰富的、高质量的日托可起到这种保护作用，它帮助儿童在社会性和智力方面更具有反应性，从而促使父母变得对孩子更敏感、反应更迅速（Burchinal et al.，2000；NICHD Early Child Care Research Network，1999）。最后的分析表明，如果儿童面临着不敏感的父母养育和糟糕的变换式养育的*双重危险*，那么，母亲工作和日托最可能导致不良情绪（和其他消极的）后果（NIDHD Child Care Research Network，1997）。

## 怎样帮助参加工作的父母

那么，怎样帮助参加工作的父母与他们的婴儿、学步儿建立并维持安全的联结，

**表 5.5** 现代工业化国家的父母假期政策

| | |
|---|---|
| 加拿大 | 母亲有 15 周 55% 工资的产假。另有 10 周的父母假，可由父亲或母亲享用。 |
| 芬兰 | 母亲有 18 周 70% 工资的产假。另有 26 周 70% 工资的父母假，可由父亲或母亲享用。 |
| 德国 | 母亲有 14 周 100% 工资的产假以及两年半的部分工资的假期。 |
| 瑞典 | 母亲享有 14 周 80% 工资的产假，母亲或父亲另享有 38 周 60% 工资的假期，还可享有另外 6 个月的相似工资的福利假期。 |
| 英国 | 母亲享有 6 周 90% 工资的产假和 12 周较低比例工资的假期，另有 13 周可由父亲或母亲享用的无薪假。 |
| 美国 | 在拥有 50 人或 50 人以上公司工作的员工可享有 12 周无薪产假。 |

资料来源：Kamerman，2000.

并促进孩子的发展呢？一项允许父母休假看护孩子的全国性政策迈出了正确的一步。十几年前，美国国会通过了《家庭和医疗假期法案》，该法案保证有 50 或 50 名以上员工的公司的雇员，可以拥有 12 周*无工资*的假期，用于看护她们的婴儿，而不会因此丢掉其职位。但是这项法案：（1）不适用于近一半的美国员工，因为他们在只有 50 人以下员工的公司工作（Kamerman，2000）；（2）与其他许多工业化国家指定的慷慨的父母假期政策相比，显得太吝啬（见表 5.5）。

关于母亲产假影响的一份早期报告揭示出，较长假期比短假期的好处更多。在美国，与请 2 个月产假的母亲相比，请 4 个月产假的母亲和孩子互动时的消极情感
159 更少（Clark et al.，1997）。长假的好处最明显地体现在患抑郁症或其婴儿具有困难气质的母亲中：如果产假延长到 4 个月，这些母亲会更积极地照料自己的婴儿，并且更敏感地与婴儿面对面的互动。长假使抑郁的母亲更多地照料自己的婴儿并做一个更自信的母亲，也使她们有更多的时间与难养育的婴儿形成父母与婴儿气质特征之间的“良好匹配”。遗憾的是，很多母亲得不到 4 个月的无薪假期，因此一些研究者和儿童权利保护者建议 1993 年通过的《家庭和医疗假期法案》应该修正，向所有的、任何规模的企业中的员工提供 4~6 个月的带有部分薪金的假期（Clark et al.，1997；Kamerman，2000）。

一种行之有效的有关日托中心的全国性政策也同等重要或更加重要。当前，中产阶级家庭是最直接地感受到日托压力的家庭。高收入家庭有能力为高质量的日托付费；许多低收入家庭儿童接受的补偿性（或其他带有资助性质的）教育往往比中产阶级家庭可支付的日托质量更高（Scarr，1998）。同时，无论来自什么社会背景，父母都会尽力寻找有能力的保姆或质量高的、有短期补偿的日托机构，这在一定程度上是因为美国政府不能像许多欧洲国家那样，为所有公民提供日托资助并对其质量进行严格监控。据桑德拉·斯卡尔的调查（Scarr，1998），很多公司都争做《职业妇女》杂志每年评出的前 100 名对家庭最友好的公司，不少大公司的老板都在工作地点办起了日托中心。爱德华·齐格勒（Zigler & Finn-Stevenson，1996）提出，已

经在所有社区建立的公立学校应该以比较便宜的方式为学前儿童提供日托服务，其经费开支由国家、州、本地财政和家长共同筹措。齐格勒指出，美国已有 400 多个学校把儿童养育纳入了它们的教育规划。但是，这些由公司和公立学校所做的努力还不普遍，也不会很快成为国家政策。所以在具备多种选择之前，美国大多数参加工作的父母仍然要继续面对挑战，寻找好的、他们支付得起的变换式养育方式。

## 本章要点

### 什么是情感依恋

✦ 婴儿一般在 1 岁以内会对他们的亲人形成情感联结。这些**依恋**是互惠关系，对婴儿的依恋对象（父母和其他亲人）来说，他们也会对婴儿形成依恋。如果父母的行为与婴儿的社会信号相符合并形成**同步活动**，那么，父母与婴儿形成的**最初的情感联结**会非常强大。这种细腻的互动给父母和婴儿带来快乐，并促进了强大的双向依恋的形成。

### 婴儿怎样对他人产生依恋

✦ 婴儿要通过一个**非社交性阶段**和一个**未分化的依恋阶段**，之后在 7~9 个月时形成真正的依恋，即**特定性依恋阶段**。产生依恋的婴儿变得更富于好奇心，把依恋对象当作**安全基地**来探索环境。婴儿最后进入**多重依恋阶段**，对一个以上的人形成感情联结。

### 依恋理论

✦ 由于研究发现喂食对依恋形成所起的作用远小于*精神分析*和*学习理论模型*的预期，因此这两种理论受到质疑。*认知发展学说*认为依恋在一定程度上取决于认知发展，该理论已得到一些支持。*习性学理论*认为，人类具有**预适应特征**，它预先决定了人会形成依恋，近年来该理论越来越受到追捧。上述所有理论对我们理解婴儿依恋都做出了贡献。

### 依恋安全性的个体差异

✦ 爱因斯沃斯的**陌生情境**被广泛应用来评价 1~2 岁儿童依恋的安全性，**依恋的 Q 分类法**和**成人依恋访谈**也是用途很广的方法，可用于评价年长儿童、青少年和成人的依恋表征。依恋可以划分为四种类型：**安全型**、**拒绝型**、**回避型**和**混乱 / 迷惑型**。

✦ 四种依恋类型的分布因文化的不同而不同，这反映了父母养育行为的文化差异，但世界各地的父母都希望他们的婴儿形成安全依恋，而且世界各地形成安全依恋的婴儿都多于其他任何一种依恋类型的婴儿。

### 影响依恋安全性的因素

✦ 敏感、反应迅速和有**悟性**的养育行为与安全依恋的发展有关，而忽视、热心过度和虐待等养育行为可预测不安全依恋的形成。因此，**养育行为假说**得到了充分的支持。幸好，那些可能促成不安全依恋的父母，可以通过培训变成更敏感、反应更迅速的养育者。

✦ 婴儿自身特点和气质特征也可能通过影响养育者与婴儿的互动而影响婴儿依恋的质量。**气质假说**认为，依恋只不过是婴儿气质的反映，这显然有些言过其实。

✦ 现在，一些发展研究者赞同一种整合理论，该理论认为，养育行为在很大程度上决定了依恋的安全与否，儿童气质主要影响因不敏感的养育行为而形成的不安全依恋的类型。

### 作为依恋对象的父亲

✦ 很多婴儿在形成对母亲的依恋之后，很快就形成了对父亲的依恋。父亲敏感的养育行为会促进安全依恋，不敏感的养育行为会导致不安全的父子依恋。虽然父亲在养育孩子的所有方面都很精通，但他们往往扮演着婴儿和学步儿的玩伴的角色。

### 依恋与后期发展

✦ 婴儿期的安全依恋可预测儿童期的智力、好奇心和社交能力。其原因之一是，婴儿形成了关于自己和他人的**内部心理作用模型**，该模型在时间上是稳定的，它在之后很多年依然会影响儿童对人的反应以及对困难的反应。父母的心理作用模型跟其子女的模型有密切关系；依恋表征往往会一代一代往下传。但是儿童的心理作用模型是可以改变的，过去安全依恋的经历不能保证以后生活中适应良好；不安全依恋也不一定预示着不良生活结果。

### 无依恋的婴儿

✦ 一些婴儿在早期很少与养育者接触，他们没有对任何人形成依恋。无论猴子还是人，如果在婴儿期遭受社会剥夺，都会变得退缩、缺乏兴趣并且（对人类）在以后出现智力缺陷、行为问题和反应性依恋障碍。这样的问题主要来源于缺乏反应迅速的社会刺激（**社会刺激假说**），其次是得不到母亲的养育（**母亲剥夺假说**），这些儿童往往具有很强的复原能力，可以克服原来的很多缺陷。但是，对那些早期不利环境严重化和被延长的儿童来说，像依恋治疗之类的特殊干预措施往往很必要。

### 母亲就业、日托与早期情绪发展

✦ 婴儿与出去工作的母亲的日常分离和被送到日托中心，往往会妨碍婴儿形成安全依恋，或者削弱已形成的安全依恋的质量。但很少有证据表明母亲出去工作或变换式养育会产生破坏性的影响，除非儿童面临着不敏感养育和低质量日托的双重危险。

✦ 良好的家庭假期政策和针对所有父母的可承受的、高质量的日托，对外出工作又希望改进其子女社会性、情绪与智力发展的母亲来说，是最大的支持。

# 6

# 自我与社会认知的发展

- 自我概念的发展
- 自尊：自我的评价成分
- 我要成为什么样的人？同一性的形成
- 社会认知的另一面：了解他人

163 **我是谁？**

我是一个自由人，一个美国人，一个美国参议员，一个民主党人，一个自由主义者，一个保守派，一个德克萨斯人，一个纳税人，一个农场主，一个商人，一个消费者，一位父亲，一个选举人，我既不像过去那样年轻，也没有我想的那么老，我就是以上这些身份的杂乱组合体。

——林登·约翰逊，美国参议员和第37届总统（引自Gordon，1968）

你会怎样回答“我是谁”这个问题？虽然成年人并不都像上面提到的美国前总统林登·约翰逊那样看待自己，但大学生经常在回答中提到一些他们最看重的人格特征（如诚实、友善）、他们在生活中可能扮演的一些角色（例如学生、同学的辅导者、医院志愿者）以及他们的宗教观和道德观、未来的志向、可能的政治倾向等等。在给出这些回答的时候，他们其实是在描述心理学家称之为**自我**（self）的这个令人困惑的概念。

虽然没有人比你自己更了解自己，但毫无疑问，你对自己的了解多数来自你与他人的接触和交往经验。当一个大二学生告诉我们，他是友好的和精力充沛的人，活跃于社团、青年共和党以及校园的基督教运动中时，他是在讲述他过去与他人和其所属群体的交往经验，而这些是他个人同一性的重要决定因素。许多年前，社会学家查尔斯·库利（Charles Cooley，1902）和乔治·赫伯特·米德（George Herbert Mead，1934）提出，自我概念在社会互动中得到发展，并在一生中经历许多变化。库利使用**镜像自我**（looking-glass self）这个术语来强调个体对自己的了解是他人对其态度的反映：一个人的自我概念是从社会这面镜子里看到的自己的影像。

库利和米德认为，自我的发展与社会的发展完全纠缠在一起，它们总是同时出现，缺少任何一方，另一方也不能向前发展。新生儿体验到的人和事可能只是简单的“印象流”，在意识到自己的存在是独立于日常遇到的物体和个体之前，他们是绝对没有“自我”概念的。一旦婴儿明白了自我与非我之间的这种重要区别，他们将与亲人建立互动规则（即社交中发展），同时也认识到他们的行为会引起预期中他人的某种反应。换句话说，儿童从他人对自身需求的反应方式中获得了关于“社会自我”的信息。米德（Mead，1934）的说法是：

> 自我有一种根本不同于生理器官的特性。自我并非与生俱来的，而是在社会性发展过程中出现的。也就是说，自我是特定个体的自我，是个体与整体的社会性发展过程的关系，以及这一过程中个体与其他个体关系的共同结果。

婴儿在出生时真的没有自我意识吗？本章第一节将探讨该问题。在这一节中，我们会探索从婴儿期到青少年期自我概念的发展。接着，我们会讨论儿童和青少年是如何评价自我以及建构自尊的。然后，我们将焦点转向青少年面临的主要发展障碍：建立一个坚定的、未来定向的自我或同一性的需要，这一任务持续到成年初期。最后，我们将探讨发展中的儿童对于他人和人际关系的认识，同时你也将看到，这一与自我概念发展相平行的**社会认知**（social cognition）很好地阐述了库利和米德的观点： 164
个性与社会性发展是复杂地纠缠在一起的。

当然，自我发展的其他几个方面涉及更广的范围，它们本身都是重要的研究主题。例如，第 7 章会讲到，充满好奇心的婴儿和学步儿是怎样着迷于周围事物；如果他们能让一件事情发生，他们会感到多么骄傲，这种骄傲将会发展为强烈的成就动机和有助于取得学业成就的自我概念。除此之外，我们都形成了关于自己和他人的一些观念：我是男的或女的，我是个亲社会或反社会的人，我是个有道德的人或不道德的人。当前关于这些主题的研究非常广泛，因此每个方面都可以独立成章（见第 8~10 章）。

现在回到起点，看看儿童是如何认识自我的。

## 自我概念的发展

婴儿从什么时候开始把自己与他人、客体和周围发生的事件区分开？从什么时候开始意识到自己的独特性？年幼儿童使用哪类信息来诠释自我？他们的自我形象和自我价值感是怎样随时间而改变的？这些问题就是我们在回溯从婴儿期到青少年期的**自我概念**（self concept）发展时要考察的。

### 自我的出现：分化、区分和自我认识

像米德一样，许多发展心理学家认为婴儿出生时并没有自我意识。精神分析理论家玛格丽特・马勒等人（Mahler，Pine，& Bergman，1975）把新生儿比作“蛋壳中的小鸡”，他们没有理由能把自己和周围环境区分开。别忘了，儿童的种种需要都通过周围亲人来得到满足，他们只是“待在那儿”，没有自己的特性。

相比之下，另一些发展心理学家（Brown，1998；Meltzoff，1990a）则认为，新生儿就有能力区分自己和周围的环境。例如，当新生儿听到另一个婴儿哭声的录音时会哭，而听他们自己哭声的录音却不哭，这说明新生儿刚出生就能区分自己和他人（Dondi，Simion，& Caltran，1999）。而且，新生儿始终把自己的手放到嘴边，就像专栏 2.2 中所说的，他们似乎能利用**本体感受的反馈**（proprioceptive feedback），模仿出养育者的一些表情。安德鲁・梅尔佐夫（Andrew Meltzoff，1990）认为，这些观察表明：

> 小婴儿拥有一种胚胎的“身体图式”。（尽管）这种身体图式是（随时间）发展而来的，但某些身体图式的核心在婴儿早期阶段就作为一种“心理的原始存在”而表现出来（p. 160）。

当然，对于这些观察有各种解释（许多人认为这些现象仅仅是反射），要清楚地确定婴儿最早在什么时候拥有自我意识绝非易事。但是，几乎每个人都同意，这一能力最早出现在前两三个月中（Samuels，1986；Stern，1995）。回想一下皮亚杰（和其他人）关于婴儿早期认知发展的描述。在前两个月里，婴儿练习他们的反射图式，以自己的身体为中心重复一些令他愉快的动作（如嘬手指、挥动手臂）。换句话
165 说，他们正在熟悉自己的身体能力。三个月时，婴儿看到电视监视器里正踢动的腿时，就已能根据这些动作的方向性空间线索和本体感受来决定他看到的腿是不是自己的（Rochat，& Morgan，1995）。从第 4 章中我们也知道，2~3 个月的婴儿喜欢通过踢腿或伸胳膊来产生有趣的视觉和声音现象（通过系在移动物体或视听设备上的绳子。Lewis，Alessandri，& Sullivan，1990；Rovee-Collier，1995）。甚至 8 周大的婴儿就能在 2~3 天内记起如何使这些有趣的事情发生；如果绳子断开，不能施加控制了，他们会更猛烈地拉或踢身边的东西，会显得非常痛苦（Lewis，Alessandri，& Sullivan，1990；Sullivan，Lewis，& Alessandri，1992）。因此，2 个月大的婴儿已经展现出了有限的**个人作用感**（personal agency），至少可以做出那些使自己感到快乐的动作。

总之，新生儿能否真正区分自己和周围的环境这一问题仍然尚待解答。但即使不能区分，他们在前一两个月中似乎也知道了自己身体的局限性，其后不久，他们就能区分这种“身体自我”和他们能控制的外部客体（Samuels，1986）。因此，如果 2~4 个月的婴儿会说话，那么他们可能会这样回答“我是谁”这个问题，比如说“我是一个观察者，一个吃东西的人，一个伸手拿东西的人，一个乱抓东西且能使某些事情发生的人”。

### 自我认识

一旦婴儿知道了自己的存在（独立于他人和客体），就会想进一步知道他是谁或他处于什么状态（Harter，1983）。婴儿从什么时候感觉到自己有独特的身体特征？从什么时候建立了明确的自我形象，并把自己看做一个随时间变化而具有永恒存在感的客体？

回答这些问题的一个办法是使婴儿接触关于自我的某些视觉表征（例如让他们看关于自己的录像或照镜子），观察婴儿如何对这些影像作出反应。此类研究发现，4~5 个月的婴儿似乎把自己的脸作为熟悉的社会刺激（Legerstee，Anderson，& Schaffer，1998；Rochat & Striano，2002）。例如，玛利亚·雷格斯蒂等人（Legerstee at al.，1998）发现，通过观看录有自己和同伴动作的录像，5 个月大的婴儿能准确地

区分自己和同伴的影像，因为他们更喜欢注视同伴的脸（这对他们来说是新奇的和有趣的）而非自己的（大概他们认识自己的脸，因此不感兴趣）。这么小的婴儿怎样区分自己的脸和别人的脸呢？一种解释是，婴儿（至少在西方社会）经常从镜子里看见自己，此时通常有养育者在身边，与他们一起玩社会性的游戏（Fogel，1995；Stein，1995）。这些经验让婴儿有充足的机会把自己由运动产生的本体性感受信息与镜子中人物的行动相匹配，从而区分自我和身边的另一个人，因为其他人的活动跟自己的不一样（Legerstee，Anderson，& Schaffer，1998）。

在以后的几个月里，婴儿能更好地区分自己和其他人的视觉表征，意识到其他人是潜在的社会伙伴。在一项研究中（Rochat & Striano，2002），让 9 个月的婴儿看自己的录像表演或者是正在模仿婴儿动作的成人录像，发现这些 9 个月的婴儿更注意看模仿的成人而不是自己。不仅如此，他们常常把成人看做玩伴，对其微笑，或当录像停止和模仿停止时，试图重新让录像中的人继续活动。

但是，幼小婴儿在区分自我和他人时表现出来的值得注意的技能可能只是代表了他们的视觉辨别力，而不是任何意识的或认知性的注意——镜中或录像中的自我影像就是“我”。那么，我们怎样确定，婴儿能否真正建构一种随时间发展而稳定的自我形象（认识到“嗨，那就是我！”）呢？

166 麦克尔·路易斯和杰妮·布鲁克斯－冈（Lewis & Brooks-Gunn，1979）考察了儿童**自我认识**（self-recognition）的发展。他们让婴儿的妈妈用脂粉悄悄地在婴儿鼻子上涂一个红点（假装擦了擦婴儿的脸），然后把他们抱到镜子前。如果婴儿有关于他们自己脸的图式且认识镜子里的影像就是自己的话，应该很快会注意到鼻子上新出现的红点，并且去摸或擦自己的鼻子。对 9~24 个月大的儿童进行这个**胭脂测验**（rouge test）时，较小的孩子没有表现出自我认识：他们往往什么也不做，或者试图去擦镜子里人鼻子上的红点。在 15~17 个月的孩子身上可以看到自我认识的迹象，而 18~24 个月大的孩子，多数会摸自己的鼻子，明显地意识到自己的脸上多了一个奇怪的红点。他们清楚地知道镜子里的那个孩子是谁（Asendorph，Warkentin，& Baudonniere，1996）！

**图片 6.1**　能认出镜中的影像是“我”，这是自我发展中的一个重要里程碑。

有趣的是，游牧部落的婴儿虽然没有照过镜子，但他们与城市长大的婴儿在同一年龄开始表现出胭脂测验中显示出的自我认识（Priel & deSchonen，1986）。而且，许多 18~24 个月大的儿童甚至能从最近的照片中认出他们自己，并经常用人称代词（我）或者自己的名字来称呼照片中的影像（Lewis & Brooks-Gunn，1979）。但这么小的孩子还没有充分意识到自我是一个随时间发展而稳定的实体。3 岁半以前的儿童在看完关于自己的录像或照片的 2~3 分钟之后，他们不能找到一块悄悄贴在自己头上的闪光彩纸（Povinelli，Landau，& Perilloux，1996）。虽然他们已经表现出一定的自我认识，但还不能发现彩纸，因为他们的自我概念局限于**当前的自我**（present self），还不能领会过去发生的事情对他们现在的意义。相比之下，4 岁和 5 岁的儿童在短暂延迟后能很快地找到头上的彩纸，但如果录像描述的事件发生在一个星期之前，他们就不能找到。这些年龄稍长的学前儿童已经形成了**持久的自我**（extended self）的概念：他们认识到随时间的发展自我是稳定的，（1）最近发生的事件对现在是有意义的，但是，（2）一周后，他们在录像中看到头上有彩纸时，就不再认为在自己头上了，因为这件事发生在很久以前（Povinelli et al.，1999；Povinelli & Simon，1998）。

## 认知和社会性对于自我认识的贡献

为什么 18~24 个月的儿童突然认识到镜中或照片中的熟悉影像是“我”？回想一下，在这个年龄，学步儿正在内化他们的感知运动图式、建构其心理表征，至少在当前形成一个关于自己身体和面部特征的清晰影像。如果心理年龄达到了 18~20 个月，即使有严重智力缺陷的儿童也会在胭脂测验中表现出自我辨认的能力（Hill & Tomlin，1981）。

认知发展水平对自我认识固然重要，但社会经验也很重要。高尔顿·盖洛普（Gallup，1979）发现，除非在完全社会隔离的环境中长大，通常情况下，青春期的黑猩猩很容易就能在镜子中认出自己（胭脂测验显示）。与正常黑猩猩相比，在社会隔离中长大的黑猩猩在照镜子时，好像它们正看着另一只黑猩猩！因此，术语镜像自我可能不仅适用于人类，也适用于黑猩猩：“社会镜子”中的影像使正常黑猩猩形成了某些自我意识，而缺少这些经历的黑猩猩不能获得准确的自我形象。

对人类自我意识的形成起到贡献和帮助作用的一种社会经验是儿童对主要养育者的安全依恋。桑德拉·皮帕等人（Pipp at al.，1992）对 2~3 岁的儿童实施了一个复杂的自我了解测验，这个测验既评定了儿童对自己名字和性别的意 167
识，也评定了自我认识。如图 6.1 显示，两岁的安全型依恋儿童的测验得分要高于其不安全型依恋的同伴，3 岁大的安全型依恋和不安全型依恋的儿童在自我了解上的差异更大。

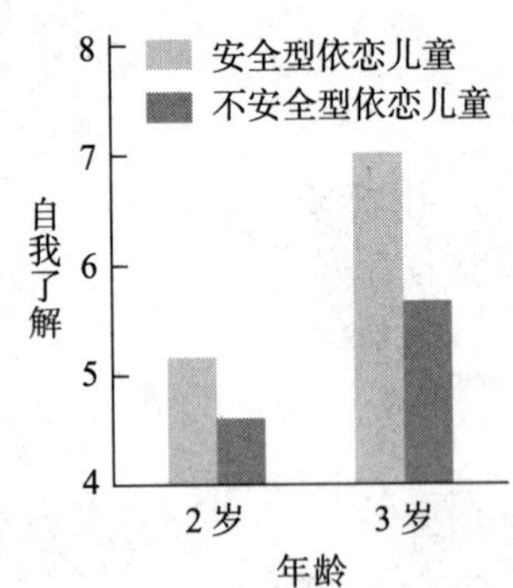


**图 6.1** 不同年龄和依恋类型下，儿童自我了解测验的平均得分。（资料来源：Pipp, Easterbrooks, & Harmon, 1992.）

父母通过提供描述性信息（“你是一个大女孩”；“你是一个多么聪明的男孩”）和评价儿童的行为（“那是错的，傻瓜；大男孩不会抢小妹妹的玩具”），帮助儿童扩展他的自我概念。父母也会与孩子谈论他们一起经历的有意义的事件，例如到动物园或迪斯尼乐园的旅行。在这些谈话中，父母一般会问“上周我们去哪里了？这次旅行中你最喜欢的事情是什么？”这些信息交流帮助年幼儿童把他们的经验组织到故事情节中，使他们回忆起对其个人有重要意义的事情——发生在我身上的事情（Farrant & Reese，2000）。这些最初在成人的帮助下共同建构的自传体记忆可以说明自我随时间发展是稳定的，因此有助于儿童逐渐形成一种持久的自我感（Povinelli & Simon，1998）。

### 自我认识的社会和情绪结果

自我认识的获得为几种新的社会性和情绪能力做好了准备。例如，在第 4 章中，我们看到经历自我意识情绪（例如尴尬）的能力依赖于自我认识。而且，已经达到自我参照里程碑的学步儿童很快就会变得更乐于交往和具有更好的社交技能。他们现在很愿意模仿玩伴的活动（Asendorph & Baudonniere，1993；Asendorph，Warkentin，& Baudonniere，1996），甚至会偶尔合作（一个儿童控制把手以便另一个儿童可以从容器中取得玩具），从而达到共享的目标（Brownell & Carriger，1990）。

### 类别自我的出现

一旦学步儿童表现出准确的自我认识的迹象，他们对人们之间存在的差异也变得更敏感，并开始根据这些维度将自己分类，这种分类称为**类别自我**（categorical self）（Stipek，Gralinski，& Kopp，1990）。年龄、性别以及像好 – 坏这样的评价性维度是学步儿童纳入其自我概念的首要的社会分类，如:“我是个大男孩，不是小娃娃”或“珍妮是个好女孩”。

有趣的是，年幼儿童甚至意识到了种族和民族的分类，尽管他们还要过一段时间才能正确地将自己分类。例如，3~5 岁的土生美国儿童能容易地区分照片中的印第安人和白人，但不能精确地区分自己最像哪一类人（Spencer & Markstrom-Adams，1990）。在非裔美国学前儿童中也可以看到一种相似的“错误认同”现象，他们表现出一种明显的白人偏好，很少将积极特质与黑人或非裔美国人联系在一起（Cross，1985；Spencer，1988）。但是，这些“错误认同”和倾向白人的偏见不一定意味着少数族裔的儿童没有意识到自己的种族，或他们对自己的种族过份挑剔，因为少数族裔儿童经常同时表现出一种倾向白人的情感和非常积极的自我概念（Spencer & Markstrom-Adams，1990）。相反，少数族裔儿童表现出来的所谓“错误认同”可能只是反映了同白人儿童相一致的针对少数群体的消极刻板印象（Bigler & Liben，1993），同时也反映了他们想把自己与他们认为的最优势的群体联系在一起（Spencer & Markstrom-Adams，1990）。

## 我是谁？学前儿童的反应

> 我三岁了，和爸爸、妈妈、哥哥杰森和姐姐莉萨住在一个大房子里。我有一双蓝眼睛，在我的房间里有一只橙黄色的小猫和一台电视。我认识所有的ABC 听力字母:A，B，C，D，E，F，G，H，J，K，L，O，M，P，Q，X，Z。我真的跑得很快。我喜欢比萨，在幼儿园我有一位好老师。我能数到 10，想听
> 我数吗？我喜欢我的小狗斯基佩尔。我能爬到架子上……我很强壮。看，我能 168
> 举起这把椅子！（Harter，1999，p. 37）

这些陈述其实是把几个 3~4 岁孩子对"我是谁"的反应组合了起来，它很好地阐释了为什么许多发展心理学家主张：学前儿童的自我概念是具体的、物理性的，几乎没有任何心理方面的自我意识。注意，这些学前儿童根据他们的身体特点（我有一双蓝眼睛），他们的爱好（我喜欢比萨），他们的拥有物（我的房间里有一台电视），以及他们能完成并感到自豪的动作（例如，跑得很快，爬到架子上）来解释自我。相比之下，这么小的孩子很少用到心理方面的描述，例如"我很友好"或"我乐于助人"（Damon, & Hart, 1988; Harter, 1999）。即使听起来像是对特质（例如，我真的很强壮）的描述，通常也是指在特定环境中的身体能力（我能抬起这个椅子），而不是在与其他儿童比较之后评价自己有多强壮。

对于这些发现，埃里克·埃里克森一点也不会感到惊奇。在他的心理社会发展理论中，埃里克森（1963）指出，2~3 岁的孩子正努力变得独立或自主，而 4~5 岁的儿童已经形成了自主感，他们学习新技能，达到重要目标，并对他们的成就感到骄傲。埃里克森认为，如果学前儿童主要根据自身的活动和身体能力来认识自己，那么这是他们健康成长的迹象。因为基于活动的自我概念反映了一种主动性，他们将来在学校必须学习一些新课程时需要这种主动性。

### 早期"心理"自我概念的证据

但是，并不是每个人都认为，学前儿童的自我概念仅限于表面特征，而不具备任何"心理上的"自我意识。瑞贝卡·埃德尔（Eder, 1989, 1990）发现，如果让 3.5~5 岁的孩子对需要较少言语技能的迫选陈述问题做出反应，而非开放式的"我是谁"，那么他们能很快从心理维度，如社交性上描绘自己（例如，在两个句子"我喜欢自己玩"与"我喜欢跟朋友一起玩"中做出选择）。而且，在不同维度上他们对自己的描述也不同，随时间发展，这些自我描述是稳定的（Eder, 1990）。尽管学前儿童还不明白"友善的"、"身体强壮的"或一个"成功者"意味着什么，但埃德尔的研究显示，早在儿童能使用特质词表达这类知识之前，他们就有了关于心理自我的最初概念。

**图片 6.2** 学前儿童已经意识到他们的行为模式和爱好，并使用这一信息来形成关于自我的早期心理描述。

## 儿童的心理理论和私人自我的出现

当成人思考"自我"的时候，他们知道，自我包括别人看得见的**公开自我**［public self（or me）］，以及别人不知道的、内在的、具有反思特征的**私人自我**［private self（or I）］。年幼儿童能意识到这种公开自我和私人自我吗？这种区分意味着儿童有一种**心理理论**（theory of mind），即理解人们有愿望、想法和意图之类的心理状态，这些心理状态并不总是能与别人分享或被理解，且常常会指导他们的行为。

### 对心理状态的早期理解

获得心理理论的第一步是，意识到自己和他人是有生命（而不是无生命）的客体，其行为反映了目标和意图。很明显，两个月大的婴儿就已经有了某些进步，他 169
们更可能重复人类的而不是无生命物体表现出来的简单姿势，表明婴儿可能已经分辨出人的模型（Legerstee，1991）。到 6 个月时，婴儿知觉到人的行为是有目的的，知道人在对待其他人和无生命物体时的行为是不同的。例如，6 个月大的婴儿看到一个大人在对屏幕后面的隐蔽刺激物讲话，他们期望当屏幕撤走时会出现另一个人，但如果是出现了非生命物体，婴儿就会感到很奇怪。相反，如果那个大人操纵了隐蔽刺激物，6 个月大的婴儿就期望看到一个物体，这时如果出现了一个人，他也会感到很奇怪（Legerstee，Barna，& DiAdamo，2000）。到 9 个月时，婴儿表现出大量的**共同注意**（joint attention），经常指向物体、事件，或把养育者的注意引向物体或事件，这显示出他们知觉到社会性伙伴能理解或分享自己的观点和意图（Tomasello，1999）。到 12~14 个月时，婴儿能追随成人的眼睛，找到成人正在看的物体，还会朝他们看的东西发出声音，或用手指着它（Brooks & Meltzoff，2002）。到 18 个月时，学步儿童已经知道，人的愿望能影响行为，并能正确地推论出别人的愿望。如果一个孩子见到过某个女人一想起吃饼干就表现出厌恶情绪，那么他就知道，当允许在各种零食中做出选择时，这个女人更愿意吃蔬菜，而不是儿童所喜欢的饼干（Repacholi & Gopnik，1997）。

在 2 岁到 3 岁之间，儿童经常谈论感情和愿望这样的心理状态，甚至会对不同心理状态之间的联系表现出一定的理解。例如，他们知道，想要饼干的孩子，如果得到了饼干就会高兴；反之，没得到就会不高兴（Moses，Coon，& Wusinich，2000；Wellman，Phillips，Rodriguez，2000）。2~3 岁的孩子也意识到：（1）他们可能知道别人不知道的某些事情（O'Neill，1996）；（2）人们不能实际观察到他们的思想（Flavell，Miller，& Miller，1993）。但是，即使 3 岁的孩子也会注意人的心理和私人自我的出现，他们对建构性的和解释性的心理产物，如观念和推论等有一种初步的理解。有人称他们是**愿望理论**（desire theory），因为他们认为人的行动一般反映了其愿望，但还没有理解，一个人的想法可能也会影响其行为（Cassidy，1998；Wellman & Woolley，1990）。

3~4 岁的儿童形成了**信念－愿望心理理论**（belief-desire theory），根据这一理论，他们认识到，像我们成人一样，信念和愿望是不同的心理状态，二者分别或共同影响一个人的行为（Wellman，Cross，& Watson，2001）。因此，一个 4 岁的孩子如果在打闹时打碎了花瓶，为了想办法消除妈妈想惩罚他的愿望，他会极力让妈妈相信他是无意打碎花瓶的（“我不想那样做，妈妈，那是个意外”）。

### 信念－愿望心理理论的起源

很小的孩子会把愿望看做是最重要的行为决定因素，因为他们自己的行动经常由愿望引发，于是便认为他人的行为也反映了相似的动机。3 岁的儿童对信念有一种非常奇怪的看法，认为信念是人们共有的对现实的正确反应。他们不能像年长儿童和成人那样，意识到信念仅仅是对现实的解释，人与人的信念可能不同，信念也可能是不正确的。来看儿童对如下故事的反应，这是一个**错误信念任务**（false-belief task），可用来评价儿童对人们持有不正确的信念以及受错误信念影响的理解：

山姆把一些巧克力放在蓝碗橱里，然后出去玩了。当他不在时，妈妈把巧克力移到了绿碗橱里。山姆回来后，他想吃巧克力。他要到哪里去找呢？

3 岁的孩子会说“在绿碗橱里”。他们知道巧克力在哪里，而且对他们来说，信念是对现实的反映，所以他们假设山姆在想吃巧克力的愿望驱动下会在正确的地方
170 找到巧克力。相比之下，4~5 岁儿童表现出信念－愿望的心理理论：这时他们理解了信念仅仅是现实的心理表征，而现实可能是不正确的，也是他人不可能共享的；因此，他们知道山姆会在蓝碗橱里找巧克力，因为山姆认为巧克力在那里，而不是到他们所知道的巧克力所在的绿碗橱里寻找（Wellman & Woolley，1990）。

一旦儿童理解了人们是在错误信念的基础上行动的，他们就会使用这一知识，通过说谎或其他欺骗手段，使自己得到好处。玩藏物游戏的 4 岁儿童（不是 3 岁），会自发地设置错误线索，极力误导对方对物品所在位置的判断（Sodian et al.，1991）。这些 4 岁儿童可以明确地区分公开自我和私人自我，因为他们知道，自己的欺骗性公开行为（错误线索），可能会导致对方产生一种错误信念，而不同于自己知道的关于物体正确位置的私人知识。

年幼儿童并不是没有能力认识到错误信念或其隐含的意义。例如，3 岁儿童能分辨想象的描述或这样的知识：故事中的一个人物是在伪装，他说出的不正确信念确实与现实不相符（Cassidy，1998；Wellman，Hollander，& Schult，1996）。而且，如果在藏物游戏中，他们曾经与成人合想出一种欺骗方法，那么他们在其他错误信念任务上的成绩也会有显著提高（Hala，& Chandler，1996）。但是，在 3 岁到 4 岁之间，儿童一般会对心理生活形成更丰富的理解，区分信念与愿望，明确分辨作为知情者的私人自我与在他人面前呈现的公开自我。这些发展有多重要呢？戴维・布约克兰德（Bjorklund，2000）指出，如果儿童不会解读心理，不能认识到公开表现不一定反映隐密的现实，他们就不能得出关于自己和他人行为的有意义的心理推论，并且人类表现出的复杂社会互动和合作活动就根本不可能实现。

### 心理理论是怎样产生的

儿童在生命早期怎样建构心理理论？一种观点认为，当婴儿要通过语言分享

意义时，可能只是出于生物性的准备或动机去获得关于心理状态的信息（Meltzoff，1995）。如专栏 6.1 所阐释的，有人认为心理理论是进化的产物，人类大脑有特殊模块，它们使儿童建构关于自己和他人心理活动的丰富理解。

即使人类生理上倾向于形成一种心理理论，仍有许多促进发展的社会经验。例如，假装游戏是促使儿童思考心理状态的活动。当学步儿童和学前儿童策划让一个物体代表另一个物体，或扮演假装的角色（例如警察和小偷）时，他们逐渐意识到人类心理的创造性潜能，知道了信念仅仅是影响正在进行的活动的心理结构，即使它们并不代表现实（正如他们在假装游戏中那样）（Hughes & Dunn，1998；Taylor & Carlson，1997）。年幼儿童也有充分的机会从家庭讨论中了解心理是如何产生的，这些讨论集中于动机、意图、信念和其他心理状态（Jenkins et al.，2003）。近年来的研究表明，母亲越经常与他们的婴儿、学步儿童和学前儿童谈论心理状态，儿童日后在错误信念任务和心理理论任务上的成绩就会越好（Meins et al.，2002；Ruffman，Slade，& Crowe，2002）。而且，兄弟姐妹之间的互动可能也有帮助。一些研究者发现，有哥哥或姐姐的学前儿童在错误信念任务上的成绩更好，他们能比其他儿童更
快地获得信念－愿望的心理理论（见 Ruffman et al.，1998）。年长的哥哥、姐姐可能 171
提供给儿童更多玩复杂的假装游戏的机会，使他们更多地参与到欺骗性的互动中——这些经历说明，信念不需要反映现实，同样可以影响自己和他人的行为。但是，在错误信念任务上做得很好的学前儿童也与大量成人进行互动，这意味着当儿童获得心理理论时，他们是多个老师的学徒（Lewis et al.，1996）。

### 文化影响

不同文化中的儿童在学前阶段都能对心理如何运转形成如此丰富的理解吗？显然不是。秘鲁胡宁省盖丘亚族人的 8 岁儿童仍很难理解信念有可能是错误的（Vinden，1996）。为什么呢？可能因为盖丘亚人不经常谈论自己或他人的心理状态。他们大多是日出而作、日落而息、靠土地生存的农民，而为了过上富足生活也不需要经常反思自己或他人会感受到或相信什么。他们的语言中，描绘心理状态的词语很少，他们的民间故事中，与心理状态相关的内容非常贫乏。与此类似，新几
内亚部落的青少年也不能回答西方社会 5 岁儿童很容易掌握的关于他人想法的问题 172
（Vinden & Astington，2000）。因此，4 岁时就建立起信念－愿望心理理论并不是普遍现象，在那些对其出现缺乏社会支持的文化中可能会延迟。

## 儿童中期和青少年期的自我概念

一旦儿童形成了心理理论，并能正确地区分公开自我和私人自我，他们的自我描述就会从各种身体、行为和其他外在特征中走出来，去概括稳定的内在特征——

## 专栏 6.1 当前争论

### 心理理论是在生物学上编程的吗

一些理论家认为，自我意识和复杂心理理论中隐含的能力是人类进化的产物，是我们的社会智力和文化发展的基础（Baron-Cohen，1995，2000；Mitchell，1997）。人类的祖先大概已经发现理解信念、愿望和其他心理状态具有高度的适应性，因为这种“解读心理”的能力有助于人类形成分工合作，也使人类能够更加准确地评价那些有可能威胁到自己的生存的竞争群体的动机。

西蒙·巴龙–科恩（Baron-Cohen，1995）提出，人类拥有专门用于解读心理的大脑模块。一个模块是**共享注意机制**（SAM），它在9~18个月时形成，使两个或更多的个体知道他们在注意同一件事情。另一种机制是心理理论模块（TOMM），大约在18~48个月之间形成，它使儿童能分辨和解释意图、愿望及信念这样的心理状态。

有证据表明，信念–愿望心理理论的发展可能反映了具体领域的加工技能，它与正常智力是不同的。例如，大约85%的智力正常的4岁儿童和较年长的智力迟钝个体会解决错误信念问题。但是，有**孤独症**的儿童缺乏（延迟出现）共同注意和对错误信念的理解，即便这些孤独症孩子在其他智力任务上可能做得很好（Baron-Cohen，2000）。孤独症是一种严重的精神失调；受其影响的孩子不能很容易地与他人共享注意，他们似乎生活在他们自己的世界里，难以进行大多数形式的社会互动。巴龙–科恩认为，孤独症儿童缺乏心理理论模块（TOMM），在解读心理方面表现出完全的缺陷或**心理盲目性**。想象一下，如果你缺乏理解他人动机和愿望的能力，或不能认识到别人可能会设法欺骗你，那么与他人交往将会是多么混乱和令人恐惧的事情！智力达到大学教授水平的孤独症女性坦普尔·格兰丁（Temple Grandin，1996）表示，她必须努力建立一个记忆库，来弥补自己解读心理技能的缺乏，在记忆库中有关于人们在特定情境中怎样做、以及可能表达什么情绪的信息。虽然她能理解简单的情绪，如生气和高兴，但她从来不能准确地读懂罗密欧和朱丽叶的故事。

巴龙–科恩关于心理理论的生物模型提出之后就引来了众多争议。争论之一是，有人不同意孤独症儿童的心理解读问题是由于他们缺乏专门的心理理论模块，而认为他们的心理盲目性可能源于共享注意的缺陷，因此，他们跟父母、兄弟姐妹谈论心理状态意义的经验很少。这种假设得到了某些失聪儿童研究的支持，这些儿童直到儿童晚期和青少年早期还不能很好地理解错误信念（Peterson & Siegal，2000），特别是当他们的父母没有使用符号语言，以及很少与他们谈论愿望、信仰和意图时（Woolfe，Want，& Siegal，2002）。相对来说，与失聪父母打手势的失聪儿童经常以手势语与父母谈话，他们获得心理理论的能力很少延迟。

其次，并非所有关于自我意识或心理理论的能力都是人类独有的。例如，黑猩猩在胭脂测验中表现出自我认识能力；猿能跟随另一只猿对物体的注视来分享注意，通过喊叫和手势进行交流，通过合作以获得资源。但是，约瑟夫·科尔和麦克尔·托马塞罗（Call & Tomasello，1999）发现，大猩猩和黑猩猩不能完成非语言的错误信念任务，这样的任务4~5岁儿童能完成，并且，这么大的儿童还能完成其他错误信念任务，标志着他们获得了一种信念–愿望的心理理论。因此，可以想象人类具有某些类似TOMM的东西，这有助于解释只有人类才能表现出丰富的社会认知能力，但还有待进行更多的研究来对该论断进行适当的评价。

特质、价值观、信念和思维方式（Damon & Hart，1988；Harter，1999）。从儿童中期到青少年前期，自我描述更抽象或“心理”化，我们从下面这两个对“我是谁”的回答中可以看出来（Montemayor & Eisen，1977，pp. 317-318）：

**9岁：**我叫布鲁斯。我的眼睛是蓝色的，头发是褐色的。我喜欢体育！我家有七口人。我的视力特别好。我有很多朋友。我住在……我有一个七英尺高的叔叔。我的老师是V小姐。我喜欢打冰球！我差不多是班上最聪明的男生。我爱吃……我喜欢学校。

**11岁半：**我叫A。我是一个人……一个女孩……一个诚实的人。我不太漂亮。我学习一般。我是一个不错的大提琴手。我比同年龄的人长得要高一些。我喜欢几个男孩……我不时髦。我游泳游得特别好……我努力做个有用的人……总的来说我还不错，但我缺乏个性。有几个女生和男生不太喜欢我。我不知道男生们是否喜欢我……

注意，9岁儿童连续说出了一系列的身体特征作为自我的重要方面（例如，棕色头发、蓝眼睛）。但是，与那些更年幼的儿童相比，他的自我描述更多是心理方面的，因为他说出了自己的爱好（“我喜欢体育”“我喜欢学校”）、人际关系（“我有许多朋友”“我的教师是……”），并且偶尔也提到自己的心理特质（“我差不多是班上最聪明的男生”）。对于小学生来说，同伴关系变得非常重要，他们很关注那些能巩固其同伴地位的行为和特质：

（问）你是一个怎样的人？（答）我很友好。（问）为什么这是重要的？（答）如果你不友好，其他孩子就不喜欢你。（Damon & Hart，1988，p. 60）

现在比较一下9岁儿童和11岁半的青少年前期儿童的自我描述。年龄较大的女孩仍旧关注同伴关系（“我喜欢几个男孩”；“有几个女生和男生不太喜欢我”）。但是，她的自我描述主要是关于其稳定的人格或其性格品质和特质（例如，诚实、不时髦、有用、有些敏感）。而且，年长儿童的自我概念并不全是积极的（Harter，1999）。儿童越来越多地把自己与他人（主要是同伴）相比较，承认自己在某些方面有缺陷（例如“我不太漂亮”“我学习一般”）。

## 青少年期的自我

现在来看一个17岁青少年的自我描述：

我是一个人……一个女孩……一个个体……我是双鱼座的。我是一个忧郁的人……一个优柔寡断的人……一个有野心的人。我是一个有很强求知欲的人……我很孤独。我是一个美国人（上帝帮助了我）。我是民主党党员。我是一

> 个自由主义者。我是个激进分子。我保守。我是一个假自由主义者。我是一个无神论者。我不是一个容易被归类的人（也就是说，我不想被归类）（Montemayor & Eisen，1977，p. 318）。

乍一看，这个自我描述似乎与上面 11 岁半儿童的描述 173
没什么不同：两人都描述了他们最明显的人格特征，而且在他们的社会生活中有点消极（“……不是很喜欢我”对“我孤独”）。不过，在 17 岁青少年的自我描述中，我们看到了更多的价值观或思想意识方面的东西（例如，民主党员、激进分子、无神论者），以及一些明显不一致的其他描述（例如，“我是自由主义者……我保守”；“我是美国人［上帝帮助了我］……我是一个无神论者”）。

自我描述中的不一致是青少年的典型特征，他们能意识到，在所有情境中他们不可能是同一个人，这个事实让他们感到迷惑，甚至气恼。苏珊·哈特和安妮·曼苏尔（Harter & Monsour，1992）询问 13、15 和 17 岁的青少年，让他们描述当与（1）父母、（2）朋友、（3）恋人、（4）老师和同学在一起时，自己是什么样的。然后，让每一个被试对四个自我描述加以分类，挑出不一致的地方，并说明对此他们感到多么混乱和不安。如图 6.2 所示，13 岁的青少年报告的不一致较少，而且这些不一致也没给他们带来太多困扰。相比之下，15 岁的青少年列举出了许多相对立的特质，并且经常受其困扰。一个 15 岁的青少年说她与朋友在一起时很高兴，但在家里就感到很压抑：“我真的认为我自己是快乐的——想往那个方向发展，因为我认为那才是真正的自我，但我与家人在一起时感到压抑，这让我很痛苦。”（Harter & Monsour，1992，p. 253）这些 15 岁的青少年似乎感到，在他们身上有几个不同的自我，他们更关注发现“真正的我”。有趣的是，对于自我描述中的不一致感到最困惑的青少年是那些有错误行为表现的人，他们表现出与自己性格不相符的

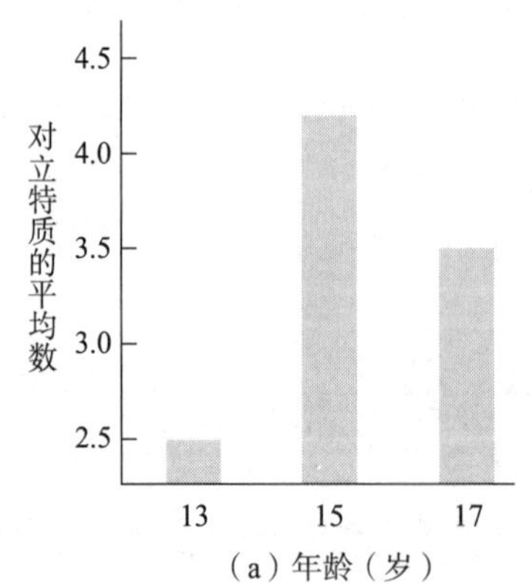


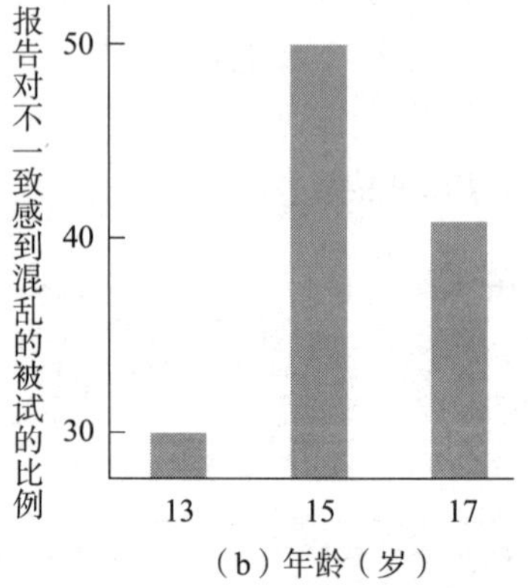


**图 6.2** 13、15 和 17 岁的青少年所报告的对立特质的平均数（图 a），以及 13、15 和 17 岁的青少年对这些自我描述中的不一致感到混乱和迷惑的百分比（图 b）。（资料来源：Harter & Monsour，1992.）

行为，以图改善他们的形象或赢得父母、同伴的认同。遗憾的是，最经常表现出**虚假自我行为**（false self-behavior）的青少年对自己真正是谁最缺乏自信（Harter et al., 1996）。

较年长的青少年较少对自我描述的不一致感到困惑，他们会把不一致的成分整合进一个更高级、更连贯的自我观念中。例如，17 岁的男孩可能会认为在与父母和同学的互动中感到自信和轻松，但如果没有很多的约会经验，那么在约会中就会感到紧张；或者也可以用“情绪化”来解释他在某些场合跟朋友在一起会很兴奋，但在其他情境中则易怒。哈特和曼苏尔认为,认知发展是这种自我知觉产生变化的基础，特别是形式运算能力，包括把“受欢迎”和“易怒”之类的抽象特质加以比较，并最终把它们整合进“情绪化”这样的一般概念中。

总之，从儿童期到青少年期，个体的自我概念变得更心理化、更抽象，连贯、整合的自我描述更多。可以说，青少年变成了一个头脑复杂的自我理论家，能反省和理解其人格的运作方式。

最后还有很重要的一点：这里呈现的自我概念发展的综述大多来自西方工业社会中所做的研究，这些社会重视独立性，把个人特征看做个体的人格特点。但是， 174
从专栏 6.2 可以看到，这种以西方人为中心的“自我”观，不可能完全反映世界上许多集体主义社会中的人的经历。

# 自尊：自我的评价成分

随着儿童的发展，他们不仅能越来越好地理解自己，建构更复杂的自我描述，而且他们也开始评价那些感知到的自身的品质。这种自我评价叫“自尊”。高自尊的儿童对他们是哪类人感到满意，他们能认识到自己的优点，也承认自己的缺点（并希望克服它们），而且他们对自己表现出来的特征和能力持积极态度。相比之下，低自尊的儿童对自己不太满意，他们常常固着于自己的不足，而不是自己的优点。

## 自尊的起源

儿童对他们自己及其能力的评价是自我最重要的方面，这会影响到儿童行为的所有其他方面以及他们的心理健康。自尊是怎样产生的？儿童在什么时候第一次确立了一种现实的自我价值感？

这些问题很难回答，鲍尔贝（1988）的“心理作用模型”理论（第 5 章）为此提供了一些有意义的线索。这个理论预测，安全型依恋的儿童建构了一个积极的自我心理作用模型，非安全型依恋儿童的自我心理作用模型则不是太积极。与非安全型依恋儿童相比，安全型依恋的儿童应该很快就会开始更满意地评价自己。这一理

## 专栏 6.2 文化影响

### 文化对自我概念的影响

完成下面的量表，说明你对每个问题的同意或不同意的程度。

1 2 3 4 5 6 7

完全不同意 完全同意

____1. 我尊敬与我接触的权威人物。

____2. 被挑选出来接受表扬或奖赏，我会感到很舒适。

____3. 我的幸福依赖于我身边的人是否幸福。

____4. 对我来说在班上大声说话不是问题。

____5. 在做教育 / 职业计划时，我应当考虑父母的建议。

____6. 独立于他人的同一性对我来说很重要。（Singelis，1994）

自我概念的哪些方面受到重视，这在不同文化中有很大变化。在西方社会，例如美国、加拿大、澳大利亚和欧洲的工业化国家［被称为**个人主义社会**（individualistic society）］，人们重视竞争和个人主动性，强调人与人之间的不同。相比之下，许多亚洲文化（例如印度、日本和中国）被认为是**集体主义**或**公共社会**（collectivest or communal society），人们之间更多地是合作和相互依赖，而不是竞争和独立，并且他们的同一性与其所属的群体（例如家庭、宗教组织和社区）而不是与自己的成就和个人特征紧密相联（Triandis，1995）。东亚文化（例如中国、韩国和日本）中的人更看重谦虚，而把重视个人利益看做是不正常和适应不良的（Markus & Kitayama，1994；Triandis，1995）。的确，日语中关于“我”的词语都不会脱离社会环境（Cross，2000）。

从较年长的美国和日本青少年对“我是谁”问卷的回答中可以清楚地看到，人们的自我概念的性质和内容存在跨文化差异（Cousins，1989）。问卷让他们先评价自己在个体 / 个人主义方面（例如，“我诚实”；“我聪明”）的特征和在社会 / 关系方面（例如，“我是一个学生”；“我是一个好儿子”）的特征。然后，让被试在五个反应上，标出他们认为最具自我描述性的和

175 论得到了证实。在比利时的一项近期研究中，研究者考查 4~5 岁孩子的自我价值感，让他们通过手上的玩偶来回答问题。例如，你（玩偶）喜欢和这个孩子一起玩吗？这个孩子是一个好（坏）男孩 / 女孩吗？在描述自己时，与母亲具有安全联结的儿童不仅比非安全型依恋的儿童认为自己更友好（通过玩偶），而且幼儿园老师也评定其能力较强，具有较高的社交技能（Verschueren，Marcoen，Schoefs，1996）。此外，那些与双亲都具有安全型依恋关系的孩子的自我描述中的积极方面最多（Verschueren & Marcoen，1999），并且 8 岁时的再次评定证明这一趋势随时间发展具有稳定性（Verschueren，Buyck，& Marcoen，2001）。因此，似乎到 4 岁或 5 岁（可能更早）时，儿童已经建立了一种早期的、有意义的自尊感，这种自尊感受到依恋历史的影响，也是对教师如何评价他们能力的一种合理而准确的反应。

对他们的自我概念来说最重要的一项。

这一研究的结果显示，多数美国学生的核心自我描述（59%）是个体 / 个人主义特征，而这些同样的特征在日本青少年的核心自我描述中只占 19%。日本学生比美国学生更多地列举社会 / 关系特征作为他们自我概念中值得注意的成分。在发展趋势方面，与青少年前期的个体相比，较年长的日本和中国青少年较少根据个人主义特征对人加以区分，而美国青少年随着年龄增长则更多地进行这类区分（Crystal et al., 1998）。研究还表明，亚裔美国青少年比欧裔美国青少年更强调他们的社会同一性和与他人的联系，即使这些亚裔美国青少年的家庭移民到美国后，仍保留了许多集体主义价值观（Chao，2001；Fuligni，Yip，& Tseng，2002）。

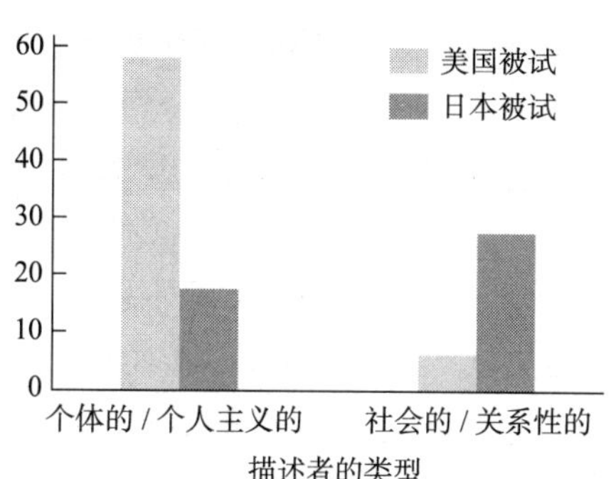


美国和日本学生在对“我是谁”问卷的回答中，将个体 / 个人主义特征和社会 / 关系特征列举为自我概念的核心维度的平均百分比。（资料来源：Cousins，1989.）

在个人主义和集体主义的连续体上，你处于哪个位置？如果你像大多数来自个人主义社会的人，那么你可能更大程度地同意问题 2、4 和 6（独立性和个人所关心的事情）的表述，而来自集体主义社会的人通常会更容易同意问题 1、3、5 的表述（相互依赖性和公共关注的事情）。

可见，个体所处文化的传统价值观和信念能明显影响自我概念的特征。而且，本书后面将会讲到，个人主义和集体主义的文化和价值系统之间的区别，对于个体看待和评价成就、行为、攻击、利他和道德发展方式等自我的方面都有潜在影响。

## 儿童期自尊的成分

当成年人思考自尊这个问题时，脑子里会出现一个整体的自我评价，这一整体评价是基于我们在几个不同生活领域所表现出来的优缺点的。这对儿童来说也同样正确，儿童首先评价他们在许多不同领域的能力，然后把这些印象整合进一个整体的自我评价中（Harter，1996；Marsh & Hattie，1996）。

苏珊·哈特（Harter，1982，1996，1999）提出了一个儿童期自尊的等级模型，如图 6.3 所示。为了验证她的模型，她让儿童完成一份《儿童自我知觉

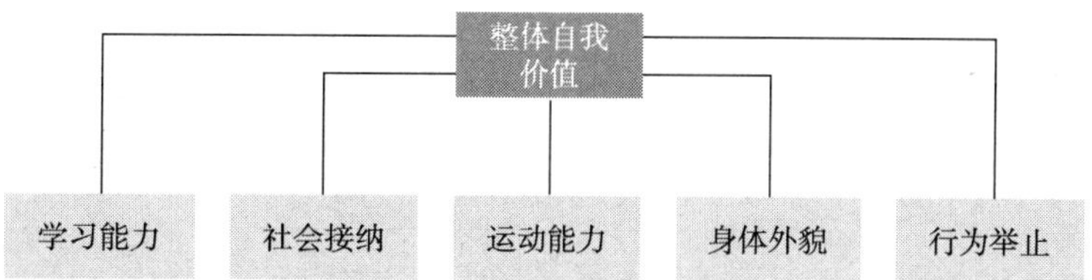


**图 6.3**　自尊的多维度等级模型

量表》，在该量表中，他们在五个领域内评价自己：学习能力、社会接纳、身体外貌、运动能力和行为举止。他们也表明了自己的整体自我价值感或整体自尊。进行评定时儿童需说明与每个能力领域（和整体自我价值）相关的句子描述是否符合他们自身的情况（见图 6.4）。

176 哈特认为，4~7 岁的儿童有膨胀的自我，因为他们倾向于在所有领域内积极地评价自己。某些研究者认为，这些非常积极的评定反映了儿童想要被他人喜欢或擅长各种活动的愿望，而不是建立了一种坚定的自我价值感（Eccles et al.，1993；Harter & Pike，1984）。但是，4~7 岁儿童的自我评价并非完全不现实，因为自我评价与儿童的成就测验分数，以及同一能力领域的教师评定均呈中度相关（Marsh，Ellis，& Craven，2002；Measelle et al.，1998）。

大约从 8 岁开始，儿童对自己能力的评价开始较多地反映他人对自己的评价（Harter，1982；Marsh，Craven，& Debus，1998）。如果社会能力的个人评定由同伴来证实，让同伴评定其同学的社会能力；具有较高运动自尊的儿童更经常地在团体性运动中被选拔出来，并且与那些感到自己缺乏身体能力的同学相比，体育老师评价他们具有更好的身体能力。综合来看，这些结果表明，自我知识和自尊可能在很大程度上依赖于他人对我们行为的感知和以何种方式做出反应。查尔斯·库利（Cooley，1902）对此做过绝妙的阐释，提出了“镜像自我”这个术语来解释我们如何建构自我形象。

但是，哈特（1986）也发现，儿童在评定各种能力的重要性时存在差异。而且，如果青少年在自己认为是最重要的领域中评定自己很有能力，那么其总体自我价值
177 也可能是最高的。因此，年长儿童的自尊似乎依赖于他们觉得别人会怎样评价自己，

| 项目 | 非常符合 | 有点符合 | | | | 非常符合 | 有点符合 |
|---|---|---|---|---|---|---|---|
| 学习能力 | 1 | 2 | 有些人很难正确回答学习中的问题。 | 但 | 另一些人几乎总能正确回答问题。 | 3 | 4 |
| 社会接纳 | 1 | 2 | 有些人觉得很难交朋友。 | 但 | 另一些人觉得交朋友很容易。 | 3 | 4 |
| 运动能力 | 1 | 2 | 有些人在提到体育运动时，觉得自己不擅长。 | 但 | 另一些人在各类体育运动中都做得很好。 | 3 | 4 |
| 身体外貌 | 1 | 2 | 有些人喜欢自己的外表。 | 但 | 另一些人不喜欢自己的外表。 | 3 | 4 |
| 行为举止 | 1 | 2 | 有些人通常会因为他们所做的事情而惹上麻烦。 | 但 | 另一些人通常不会做那些给他惹麻烦的事情。 | 3 | 4 |
| 整体自尊 | 1 | 2 | 有些人对自己很满意。 | 但 | 另一些人经常对自己感到不满意。 | 3 | 4 |

**图 6.4** 哈特的儿童自我知觉量表中的样题。每个方框中的数字表明儿童对题目做出反应后得到的分数。（资料来源：Harter，1988.）

以及他们决定怎样评价自己（Harter，1990）。

## 青少年期的自尊

到青少年早期，一个人的自我价值感变得更加分化，且更多地集中于人际关系方面。苏珊·哈特及其同事（1998）提出了术语**关系自我价值**（relational self-worth）来描述他们的发现：在不同的关系背景下，青少年经常感觉到他们的自我价值会有些不同（例如，与父母，与老师，与男同学，与女同学）。显然，所有这些方面的关系自我价值对个体的整体自尊都有贡献，但某一方面对一些青少年比对其他青少年更重要。因此，一个青少年如果把自己看做特别聪明的人，又得到老师的充分支持和赞扬，那么即使同伴认为他很讨厌，他仍可能拥有较高的整体自尊；另一个青少年即使在与父母和老师的关系中体验到较低效能感，如果她以非常肯定的方式看待与同伴交往的能力，那么她也可能拥有同样高的整体自尊。这又一次说明，自我评价不仅依赖于他人如何评价我们，还在于我们怎样评价自己（也就是说，我们把关系自我价值中的哪类关系和什么方面看做是自我概念中最重要的）。

由于人际关系变得越来越重要，我们会发现，新的关系维度，如浪漫关系的吸引力和亲密关系的质量，成为青少年整体自尊的一个非常重要的影响因素（Masden et al.，1995；Richards et al.，1998），这些因素会以不同的方式影响男生和女生的自我评价（Thorne & Michaelieu，1996）。拥有高自尊的女孩经常是那些拥有支持性朋友关系的个体，而男孩更可能从他们能有效影响朋友的能力中获得高自尊。低自尊的女孩通常缺乏朋友的支持和赞同，而男青少年低自尊的一个主要影响因素是缺乏确立浪漫关系的能力，也就是说，他们不能赢得或维系女孩的喜爱。

## 随时间发展自尊是稳定的吗

人的自我价值感是稳定的吗？在 8 岁时表现出较高自尊的儿童，到青少年期是否仍然有良好的自我感觉？青少年期的压力和困难使大多数青少年对自己的能力产生怀疑，因而削弱了他们的自尊，这是一个合理的解释吗？

埃里克·埃里克森（Erikson，1963）同意这种观点。他认为，青少年经历了与青春期有关的许多身体、认知和社会变化，结束了儿童期，并开始探索稳定的成人同一性，这时他们经常会感到混乱，自尊会表现出一定程度的下降。一些追踪研究考察了儿童和青少年对自己在特定领域中能力的知觉，例如学业、社会接纳、身体技能 / 运动、外貌等等。

**图片 6.3**　在青少年期，友谊质量成为自尊的最重要决定因素之一。

Jeff Greenberg/Photo Researchers

178 研究发现，儿童和青少年的能力信念从小学、初中到高中确实在逐渐降低（Fredricks & Eccles，2002；Jacobs et al.，2002），在青少年早期，某些领域中（如学业、运动能力）有明显下降（Cole et al.，2001）。对自己能力估计的降低，可能反映了较年长儿童的自我评价更现实，他们发现自己在一个或几个能力领域中并非尽如人意。那么，大多数人在青少年初期是否表现出埃里克森所说的自尊的突然混乱和下降呢？

关于这一问题，一些小样本研究得出了不一致的结果。有几个研究报告了从儿童期到青少年期过渡中整体自我价值在明显下降，而另一些研究并没有报告这样的下降趋势，甚至发现，青少年期个体的自尊是逐渐增加的（Robins et al.，2002）。但是，近来对更大、更具代表性样本的研究发现，埃里克森的观点可能是正确的，青少年早期的许多人经历了自我价值的降低。例如，理查德·罗宾斯等人调查了 30 多万 9~90 岁个体的整体自尊，发现 9~20 岁期间，男女的自尊都出现了明显的下降趋势。随后，从成年早期到大约 65 岁，自我价值感逐渐恢复和增加，老年人的自尊又开始下降。

但在我们确认青少年期是自我价值感的危险期这个结论之前，先来看关于 50 多项自尊研究的**元分析**（meta-analysis）结果。该分析发现，在儿童期和青少年早期，自尊的时间稳定性最低，到青少年晚期和成年早期，自尊变得逐渐稳定（Trzesniewski，Donnellan，& Robins，2003）。这些数据显示，在儿童向青少年期转变的方式上表现出了巨大的个体差异：许多青少年表现出了自尊的丧失，而其他一些人可能没有经历很大波动，甚至可能出现了自我价值的增加。当那些经历多重压力的孩子进入青少年期后，自尊可能会降低——那些从小学向更严格的初、高中过渡的青少年，他们是最年轻和最没有能力的学生，要应对青春期的变化，开始约会，或许还要应对家庭变动，例如搬迁到另一个城市或父母离婚，这些事件都赶到一块儿了（Gray-Little & Hafdahl，2000；Simmons et al.，1987）。因为女孩比男孩成熟得早，她们更可能同时经历升学与青春期的变化。而且，与男孩相比，女孩在青少年期更可能对自己的身体和外貌感到不满（Leadbeater et al.，1999；Rosenblum & Lewis，1999），这有助于解释为什么在青少年期女孩比男孩更容易变得情绪低落（Wichstrom，1999；Stice & Bearman，2001），为什么女孩比男孩在自我价值感上表现出更大程度的降低（Robins et al.，2002）。（专栏 6.3 列出了关于改善女孩身体形象和形成健康自尊的建议。）

但是不要误解，大多数青少年都在努力应对其自尊所经历的变化。而且要记住，虽然肯定会有上下波动，但在青少年期自尊确实能表现出某些有意义的时间稳定性（Trzesniewski，Donnellan，& Robins，2003）。因此，那些青少年期时拥有比较高的自我价值感的孩子，在青春期结束时会获得正常水平的自尊，当他们成功地解决了成年初期的发展挑战时，自尊会逐渐增加（Robins et al.，2002）。

专栏 6.3 研究聚焦

### 女青少年参加的体育活动和自尊

研究者对儿童身体发展的研究发现，青春期之前，男孩和女孩在身体力量和能力上几乎是等同的。进入青春期后，男孩大肌肉的力量继续增加，而女孩的肌肉力量稳定或开始下降。这些性别差异部分归因于生物因素：男青少年有更多肌肉和更少脂肪，他们比女青少年拥有更高的男性性激素含量（如睾丸激素）（Tanner，1990）。但是这些生物差异不能解释许多女青少年大肌肉力量的降低，甚至此时她们正在长高和变重（Smoll & Schutz，1990）。似乎到青春期之后，人们一直是鼓励女孩不要太顽皮，要更多地对传统的（更不活跃的）女性活动感兴趣，而且，青少年期身体活动的缺乏是其身体力量下降的主要影响因素。在那些一直处于高度活跃状态的女运动员身上并没有看到身体力量的下降（Whipp & Ward，1992）。

1972 年联邦法律禁止联邦基金协会的性别歧视，颁布法案 IX 的一个目的是鼓励女孩在青少年期和成年早期更多地积极参与运动。这个法律导致了女大学生的运动项目基金明显增加，中学女生的运动项目在过去 20 年中也有了很大发展。像耐克这样的私营公司已经开始用运动型女孩的诉求“如果你让我参加运动……”来打广告，接着列举参加运动对健康和社会带来的各种益处，其中一点就是提高自尊感。

后一个主张有什么根据吗？为了获得证据，里奇曼和沙菲尔（Richman & Shaffer，2000）编制了一个问卷来测量大学一年级女生在中学时参与正式和非正式体育活动的情况，同时让被试填写如下问卷：(1) 自尊水平，(2) 身体能力感，(3) 身体形象，(4) 拥有果敢和竞争力等健康的男性特征。

这些结果支持了耐克运动广告中的主张。首先，女孩在中学时参加体育运动与她们日后的自尊有明显的关系：较早、较多参与体育运动的女孩在进入大学后，其自我价值感也较高。进一步的分析显示，早期的体育活动对女大学生的自尊显然有积极影响，具体反映在以下结果中：(1) 参与运动往往会认为自己的身体能力较强、较好的身体形象、较好的男性特征（如果敢性），(2) 这些方面的发展又与大学时的自尊有正相关（或起到明显地促进作用）。

当然我们应当谨慎地解释这些相关数据。这些结果与下面的假设相一致：在青少年期，女孩参加体育活动有助于自我价值感的增加。但这只在某种程度上是正确的，体育运动确实可以促进身体能力、更满意的身体形象以及良好的个人特质（如果敢性）的发展。同时这些结果也意味着，如果教师和教练员强调和设计更好的测量方式，说明正式和非正式体育活动会带来身体和心理益处，而不是仅仅强调竞技性运动的结果或过分关注那些缺乏体育活动能力的女孩的身体缺陷，那么，对大多数女孩来说，体育课和正式的群体体育活动将更加有益。

## 父母和同伴对自尊的影响

### 父母教养方式

父母在儿童自尊的形成过程中起重要作用。正如我们在第 5 章中看到的，在儿童早期，父母教养的敏感性明显地影响到婴儿和学步儿童建构积极或消极的自我心

179 理作用模式。而且，高自尊的小学儿童和青少年，其父母都会提供给他们温暖和支持，父母为他们设立明确的行为标准，允许他们在做决定时表达自己的意见，并以身作则地对他们施加影响（Coopersmith，1967；Isberg et al.，1989；Lamborn et al.，1991）。在中国台湾、澳大利亚、美国和加拿大，高自尊和这种关怀及民主的教养方式之间的关系是一致的（Scott，Scott，& McCabe，1991）。虽然这些儿童教养研究是相关研究，我们仍不能确定是温暖、支持的父母教养导致了高自尊，但很容易想象有这样一种因果关系。当然，与那些冷漠的、高控制型的父母告诉孩子说“你的无能让我感到厌烦”相比，告诉孩子：“你是一个好孩子，我相信你会遵守规则和做出正确决定”更易于促进高自尊。

### 同伴影响

早在5、6岁时，当儿童使用**社会比较**（social comparison）信息来分辨自己在各个领域比同伴做得好还是坏时，他们就开始认识到自己和同伴之间的差异（Pomerantz et al.，1995）。例如，他们看一下彼此的试卷，问“你有几处没答？”或在赢了赛跑后说“我比你跑得快”（Frey & Ruble，1985）。随年龄增长，这种比较增多并且变得
180 更敏感（Pomerantz et al.，1995），特别是在强调竞争和个人成就的西方文化中，社会比较在儿童形成感知能力和整体自尊时起重要作用（Altermatt et al.，2002）。有趣的是，以色列集体农场社区中的孩子，在同伴比较中并不这么强烈关注关于自己的评价，这可能是因为在集体农场中非常强调合作和协调（Butler & Ruzany，1993）。

在青少年期，同伴对自尊的影响更加明显（Harter，1999）。从父母和同伴那里得到充分及稳定社会支持的青少年，一般会表现出较高的自尊，问题行为较少（DuBois et al.,2002b）。回想一下，对青少年自我评价影响最大的是与特定亲密朋友的关系质量。当人们进入成年初期，回顾对他们有明显影响的以及影响其自尊的生活经历时，他们最常提到的是与朋友和恋人在一起的经历，甚至比提到的与父母和家庭成员在一起的经历还要多（Mclean & Thorne，2003；Thorne & Michaelieu，1996）。

## 文化、种族和自尊

与来自个人主义国家（如美国、加拿大和澳大利亚）的同龄人相比，来自中国、日本和韩国这些集体主义社会的儿童和青少年，其自我报告的整体自尊水平稍低（Harter，1999）。这是为什么呢？这些差异似乎反映了，集体主义社会和个人主义社会在强调个人成就和自我提高时的侧重点不同。在西方社会，人们经常竞相追求个人目标，并为他们的个人成就感到骄傲（甚至吹嘘）。相对来说，集体主义社会中的人们更强调相互依赖而不是独立性。他们重视谦逊，很少出风头，他们的自我价值来源于对所属群体（如家庭、团体、班级，甚至全社会）做出的贡献。虽然承认个人弱点和承认自己有改进的需要，可能会降低在传统的自尊测量上所测出的自我价

值感，但它会使集体主义社会中的儿童自我感觉良好，因为这样做可能被他人看成是谦虚和对集体利益负责任（Heine，Lehman，Markus，& Kitayama，1999）。

这些也反映了多元文化社会中，人们在自尊上的种族差异。来看美国的研究结果：在小学阶段，处于不利地位的非裔和西班牙裔儿童，逐渐意识到消极的种族刻板印象，甚至可能会经历一些来自成人和同伴的偏见，因此与同龄的欧裔儿童相比，他们常表现出较低的自尊水平；相比之下，亚裔小学儿童一般会报告与欧裔儿童同样高或稍高的自尊（Twenge & Crocker，2002）。但是，到青少年期情况发生了某些变化。这时，非裔和西班牙裔青少年可能表现出与欧裔青少年同等甚至稍高的自尊（Gray-Little & Hafdahl，2000；Twenge & Crocker，2002），尤其是如果他们得到了来自父母的充分支持，被鼓励认同自己和对自己的种族群体和文化传统感到骄傲时（Caldwell et al.，2002；Umana-Taylor，Diversi，& Fine，2002）。

有趣的是，亚裔美国青少年比欧裔同龄人表现出了较低的自尊（Twenge & Crocker，2002）。这个结果可能是因为，许多亚裔美国家庭保留了一些传统的集体主义价值观（Chao，2001），也包括一些习惯，如一个人应当谦虚、尊重父母权威，愿意让个人动机和关注点服从整个家庭的利益。

我们已经介绍了成长中的儿童和青少年怎样了解自我，以及如何评价自我以获 181
得自尊感，下面我们转向自我发展的另一个重要方面：形成一个稳定的、以未来为导向的个人同一性。

## 我要成为什么样的人？同一性的形成

埃里克·埃里克森（1963）认为，青少年面对的主要发展障碍是建立**同一性**（identity），一种关于自己是谁，要朝哪个方向发展，以及社会上何处适合自己等坚定的、一贯的认识。要形成同一性，就必须抓住时机，做出许多重要选择：我想从事什么职业？我信奉什么宗教、道德和政治观念？我是一个男人还是女人？社会上哪里适合我？这些问题都是青少年所担心和考虑的，当他们思考自己现在是谁以及努力决定"我能或应当成为哪种自我？"时，埃里克森使用术语**同一性危机**（identity crisis）来形容青少年感受到的混乱感甚至焦虑。

你能想起自己在青少年时代曾受到这些问题的困扰吗：你是谁？你应当是什么样的人？你可能成为什么样的人？你还没有解决这些同一性问题并仍在寻找答案吗？如果是这样，这会让你感到不正常或不适应吗？

詹姆斯·玛西亚（1980）设计了一个结构访谈，通过访谈，研究者把青少年分别归入四种同一性状态：同一性的扩散、早闭、延缓和获得。依据是他们是否已经探索了各种选择，并对职业、宗教意识形态、性取向和一套政治价值观念做出了坚定投入。这些同一性状态如下所述：

1. **同一性扩散**（identity diffusion）：被划为“扩散”的人还没有思考和解决同一性问题，没有计划将来的生活方向。*例如*，“我真的没有太多地思考宗教问题，我想我并不清楚自己信仰什么。”
2. **同一性早闭**（identity foreclosure）：被划分为“早闭”的人获得了一种同一性，但获得这种同一性时没有经历“危机”，即没有经历什么是最适合自己的选择过程。*例如*：“我父母是浸礼教徒，因此我也是一个浸礼教徒，这就是我成长的方式。”
3. **同一性延缓**（identity moratorium）：处于这一状态的人正经历埃里克森所谓的同一性危机，积极地思考有关生活选择的问题，并寻求答案。*例如*：“我正在评价我的信仰，希望能弄清对我来说什么是正确的。我喜欢天主教教育中的许多说法，但我也对其中一些内容产生怀疑。我一直信奉－神论，想知道它能否解答我的困惑。”
4. **同一性获得**（identity achievement）：获得了同一性的人已经选择了特定的目标、信仰和价值观，解决了同一性问题。*例如*：“经过对我的宗教和其他宗教的心灵探索，我最后知道了我信仰什么和不能做什么。”

## 同一性形成的发展趋势

埃里克森假定，同一性危机在青少年早期出现，大多在 15~18 岁期间得以解决，但他的年龄标准可能过分乐观了。当菲利普·梅尔曼（Meilman，1979）测量 12~24 岁男性的同一性状态时，他发现了一个明确的发展进程。但如图 6.5 所示，大多数 12~18 岁的人处于同一性扩散或早闭状 182
态，直到 21 岁及以后，多数被试才达到延缓状态或者获得了稳定的同一性。

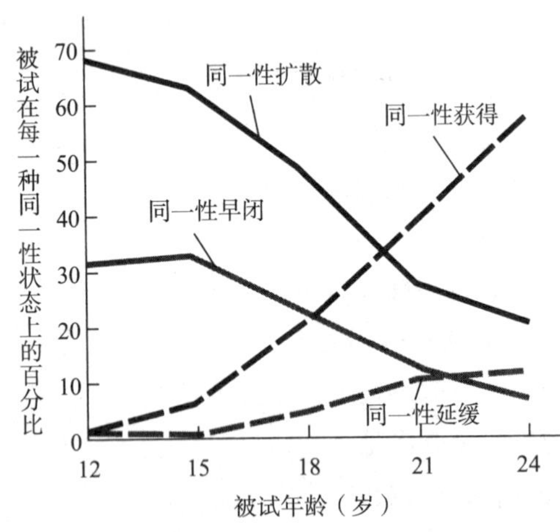


**图 6.5** 随年龄增长，被试在玛西亚所提出的四种同一性状态上的百分比。注意：同一性危机的解决时间比埃里克森所假定的晚很多，只有 4% 的 15 岁儿童和 20% 的 18 岁儿童获得了一种稳定的同一性。（*资料来源*：Meilman，1979.）

女性的同一性形成过程与男性有什么不同吗？在大多数方面没有什么差异（Archer，1992；Kroger，2000）。女孩获得明确的同一性的进程大致与男孩相同（Streitmatter，1993）。但是，有人发现了一个有趣的性别差异：虽然女大学生与男生一样都关心获得职业同一性，但是她们更关注同一性中的性特征、性别角色以及家庭和职业目标之间的平衡等方面（Archer，1992；Kroger，2000）。

从这一研究可以推断，同一性形成需要很长时间。直到青少年晚期（大学阶段），许多年轻的男性和女性才从扩散和早闭状态向延缓状态转变，继而获得一种同一感（Waterman，1982；Kroger，2000）。但这决不是同一性形成过程的结束。许多成人仍旧在为获得同一性而挣扎，或者在思索先前生活中已有答案之后，重新开始思考他们是谁的问题（Waterman & Archer，1990）。例如，离婚可能引起家庭主妇重新考虑婚姻对女人来说意味着什么，也重新提出其他方面的同一性问题。

获得同一性的过程是很曲折的。例如，萨利·阿切尔（Archer，1982）评定了 6~12 年级的学生在四个领域内的同一性状态：职业选择、性别角色态度、宗教信仰和政治意识形态。只有 5% 的青少年在四个领域内都处于同样的同一性状态上，95% 的学生在这四个领域中处于两种甚至三种状态。因此，青少年可能在一个领域中获得了稳定的同一感，而在其他领域仍处于探索状态。

## 同一性形成是一个多么痛苦的过程

或许埃里克森使用术语“危机”描述青少年对同一性的积极探索是不合适的，因为处于同一性延缓状态的青少年并非都承受着很大的压力。玛西亚和他的同事（1993）发现，这些积极的同一性探索者比处于早闭和扩散状态的同龄人对自己和自己的未来感觉更好。但埃里克森也是正确的，他把同一性获得描绘为一种非常健康的和适应性的发展，因为与其他三种同一性状态的人相比，同一性获得者确实具有较高的自尊，较少不自在，专注于个人关心的事（Adams，Abraham，& Markstrom，1987；O’Connor，1995）。而且，埃里克森将稳定的同一性获得看做是成年初期的个体在面对**亲密对孤独**（intimacy versus isolation）阶段的心理危机时，与另一个人建立真正的亲密关系（或共享同一性）的先决条件。这个说法也是正确的，在大一和大二时表现出成熟同一性状态的大学生，一年以后往往会确立亲密关系，而那些处于扩散状态的大学生一年后却很少能与他人建立亲密关系（Fitch & Adams，1983；Peterson et al.，1993）。因此，确立稳定的个人同一性的确是一个重要的里程碑，可帮助人们做好心理准备，使其持续一生地投入到积极心理适应和深入、可信的感情生活中。

同一性探索中最痛苦（或“类似危机”）的是，个体长期不能建立同一性。埃里克森认为，没有明确同一性的个体，当他们无目的地漂泊，陷入扩散状态时，最终会变得情绪压抑和缺乏自信。或者，他们可能完全陷入埃里克森称为**消极同一性**（negative identity）的状态中，变成“败家子”、“违法者”或“失败者”。为什么呢？因为对于这些失败的心灵来说，变成不被人所期望的人总比完全没有同一性要好（Erikson，1963）。的确，处于扩散状态的许多青少年非常冷漠，表现出对未来的无助感，甚至会自杀（Chandler et al.，2003；Waterman & Archer，1990）。以低自尊进入高中
183 的其他青少年经常会卷入违法犯罪活动中，并将他们偏常的自我形象看成是能增进自我价值的东西（Loeber & Stouthamer-Loeber，1998；Wells，1989）。因此，似乎少数青少年和年轻成人最终都经历了所谓的同一性危机。

图片 6.4　采取“消极同一性”有时会提高处在同一性扩散状态时的青少年的自尊。

## 个人、社会和文化对同一性形成的影响

青少年获得同一性的过程至少受到四个因素的影响：认知发展、教养、学校教育和社会文化大环境。

### 认知的影响

认知发展在同一性获得中起重要作用。已经具备了稳固的形式运算思维的青少年，能够进行关于假设的逻辑推理，此时能更好地想象和预期将来的同一性。因此，与智力较不成熟的同伴相比，他们更可能提出和解决同一性问题（Boys & Chandler，1992；Waterman，1992）。

### 教养的影响

青少年与父母的关系也能影响其同一性的形成进程（Grotevant & Cooper，1998；Markstrom-Adams，1992）。处于扩散状态的青少年会比其他状态的人较多地感到被父母忽视或拒绝，并且他们与父母的关系疏远（Archer，1994）。如果最初没有机会认同父母的形象和表现出父母想要的品质，青少年可能很难建立自己的同一性。在另一个极端，处于早闭状态的青少年经常会过度亲近父母，有时也会害怕遭到具有控制欲望的父母的拒绝（Berzonsky & Adams，1999）。早闭青少年可能从来不怀疑父母权威或感受不到建立独立同一性的需要。

相比之下，容易进入同一性延缓和获得状态的青少年，在家里有牢固的爱的基础，同时有相当多行使自己权利的自由（Grotevant & Cooper，1986，1998）。例如，在家庭讨论中，这些青少年体验到了亲密感和相互尊重，感到他们可以自由地表达与父母不同的意见、行使个人权利。因此，爱和民主的教养方式可以帮助儿童获得一种强烈的自尊感，也与青少年期健康和适应性的同一性相联系。



### 学校教育的影响

上大学能帮助人们形成同一性吗？回答是既能也不能。上大学迫使一个人设定职业目标，做出稳定的职业投入（Waterman，1992），但大学生在确立坚定的政治和宗教同一性上经常落后于已工作的同龄人（Munro & Adams，1977）。一些大学生在某些领域中（最明显的是宗教）会从同一性获得状态倒退到延缓甚至扩散状态。但我们不要对大学环境有太多不满，因为像大学生一样，如果许多成年人受到人或环

境的影响,如对旧的观点提出挑战并提供了新的选择,那么他们日后也要重新思考“我是谁”的问题（Kroger，2000）。

### 文化历史的影响

最后，同一性形成还会受到社会历史大环境的强烈影响（Bosma & Kunnen，2001），埃里克森本人也强调过这一点。青少年在经过认真探索之后，应当选择自己的个人同一性，这种看法是 20 世纪的工业社会所独有的（Cote & Levine，1988）。和过去的几个世纪一样，当前的许多非工业化社会中的青少年只是简单地接受他人所期望的成人角色，没有进行任何心灵的探索或实验：农民的儿子还是农民；渔夫的子女还是渔夫（或是嫁给渔夫），等等。但是，对世界上的许多青少年来说，玛西亚所谓的同一性早闭可能是通向成年期的最具适应性的路线。而且，青少年追求的特定生活目标，在任何年代都必定受到他们所在社会价值观以及可做选择的限制（Bosma & Kunnen，2001；Matsumoto，2000）。

## 少数族裔青年的同一性形成

除所有青少年都要面对的同一性问题之外，少数族裔群体的成员还必须建立**种族同一性**（ethnic identity）——个人对种族群体及其价值观和传统的认同（Phinney，1996）。这并不是一件容易的事。如前所述，一些少数族裔儿童甚至会首先认同文化中的多数种族群体，很明显他们想要与社会上处于最优势地位的群体交往（Spencer & Markstrom-Adams，1990）。一个西班牙青少年曾这样说：“我记得我没说自己是个西班牙人。我的朋友是白人和东方人，我试图努力适应他们。”（Phinney & Rosenthal，1992，p.158）年幼儿童对其亚文化传统并非一无所知，例如，墨西哥裔美国学前儿童可能学会了像墨西哥式握手这种与文化相关联的行为，但是直到大约 8 岁，他们才能充分理解自己的种族是什么，意味着什么，以及种族划分是一个人的终身特质（Bernal & Knight，1997）。

在青少年期形成积极的种族同一性的过程也如同职业或宗教同一性的形成那样，具有同样的步骤或状态（Phinney，1993）。较年幼的青少年经常说，他们认同自己的种族群体，因为父母和群体中的其他成员影响了他们（早闭状态），或者他们并没有仔细想过这个问题（扩散状态）。但在 16~19 岁期间，许多少数族裔青少年转向种族同一性的延缓或获得阶段。一个墨西哥裔美国女孩这样描述她的延缓状态，“我想知道我们做什么，我们的文化与其他文化有什么不同。参与节日和文化活动能帮助我更多地了解自己的文化和我自己”（Phinney，1993，p.70）。与那些只是把自己分类为少数族裔，仍处于种族同一性扩散和早闭状态的同伴相比，获得了种族同一性的少数族裔青少年一般会表现出较高的自尊，学业适应较好，与父母的关系较好，并得到了其他种族同伴较好的评价（Chavous et al.，2003；Phinney，1996；Phinney，Ferguson，& Tate，1997；Yip & Fuligni，2002）。

185 有时，人们会遇到与种族同一性相关的问题：面对他人偏见性的评论，或者因为他们的种族受到歧视时（Caldwell et al.，2002；DuBois et al.，2002a；Ogbu，1988）。当遇到亚文化与主流文化之间的价值观相冲突，且亚文化团体的成员（特别是同伴）阻碍同一性探索，而这种同一性又与其群体传统相冲突，少数族裔青少年也要面对痛苦的同一性问题。事实上，所有北美的少数族裔对过分倾向于白人的群体成员都有相应的称谓：本土美国人为“苹果”（外红内白），西班牙裔美国人为“椰子”，亚裔美国人为“香蕉”，非裔美国人是“奥利奥夹心饼干”（白心黑人）。显然，少数族裔青少年必须解决他们的价值冲突，以确定在内心他们自己究竟是谁。

有趣的是，混血青少年和白人收养家庭中的跨种族被收养者有时会面对更大的冲突。这些青少年可能会感受到在少数族裔同伴和白人同伴之间进行选择的压力。例如，在获得非裔美国人和白人双重同一性时会遇到社会障碍（DeBerry，Scarr，& Weinberg，1996；Kerwin et al.，1993）。在斯卡尔的明尼苏达跨种族收养研究中，大约一半的跨种族被收养者在 17 岁时表现出了某些社会不适应迹象。虽然他们的外在是非裔美国人，但他们往往把白人看做是自己的主要参照群体。因此，他们的不适应反映了以下事实：（1）他们不准备在非裔美国人群体中有效地发挥作用；（2）作为一个黑人努力去适应白人的生态环境，他们可能会面临一些偏见和歧视（DeBerry，Scarr，& Weinberg，1996）。但是，与那些保持更多的种族扩散取向的人相比，对白人或非裔美国人参照群体的强烈认同可以预测更好的适应结果。因此，这是另一种迹象：建立某种种族同一性或参照点，对少数族裔成员来说是一个适应性的发展结果。

**图片 6.5** 形成积极的种族同一性对少数族裔青少年来说是一种适应性的发展。

Jonathan Nourok/PhotoEdit

怎样帮助少数族裔青少年形成积极的种族同一性，获得更满意的适应结果呢？从学前期开始，他们的父母就可以发挥重要作用：（1）教给他们群体的文化传统，形成种族自尊心；（2）让他们准备好建设性地处理自己可能遇到的偏见和价值冲突；（3）成为关心和支持他们的朋友（Bernal & Knight，1997；Caldwell et al.，2002；Caughy et al.，2002；Hughes & Chen，1999）。从学前早期开始，促进儿童对种族多样性的理解和评价（Burnette，1997），努力向所有人提供平等的受教育机会和就业机会（Spencer & Markstrom-Adams，1990），通过这些措施，学校和社区也能给青少年很大帮助。

# 社会认知的另一面：了解他人

生活在社会中就需要与他人进行适当的互动，而且，如果我们知道自己的社交伙伴在想什么或有什么感受，并预测他们可能做出怎样的行为，这样的互动可能会更和谐（Heyman & Gelman，1998）。心理学的研究告诉我们，学前儿童是正在成长中的心理学家，但他们仍需要很多知识才能了解他人的人格和行为倾向。儿童关于 186
他人知识的发展（关于他人特征的描述和对他人思想和行为的推断）可能是社会认知研究中最大的领域，其中有许多问题有待回答。例如，儿童使用哪类信息来形成对他人的印象？这些信息随时间发展是怎样变化的？儿童掌握了什么技能才能解释个人知觉上的这种变化？这些问题我们将在下面讨论。

## 个人知觉发展的年龄趋势

与描述自己一样，7~8 岁之前的儿童可能使用那些同样具体的、可观察的术语来描绘他们认识的人（Livesley & Bromley，1973；Ruble & Dweck，1995；见专栏 6.4）。例如，5 岁的詹妮说："我爸爸很高大。他的腿上有很多毛，而且吃芥末酱。讨厌！我爸爸喜欢狗——你呢？"这还称不上是对人格的描述！即使幼儿确实会用一些心理学术语来描述别人，也常常只是涉及很一般的特质，例如"他很好""她很小气"，他们用这样的特质词来描述和评价的不过是别人眼前所表现出的行为，而不是一个人持久的品质（Rholes & Ruble，1984；Ruble & Dweck，1995）。

这并不等于说，学前儿童不会对一个人表现出来的内在特质做出评价。正如本章前面讲过的，甚至 18 个月的孩子就已经知道他人的行为反映了其目标和欲望，他们偶尔能正确地解释这些心理状态，并适当地做出反应（Repacholi & Gopnik，1997）。3~5 岁时，儿童知道他们最亲密的同伴在各种不同情境中通常是怎样行动的（Eder，1989）。幼儿已经知道他们的同伴在学业能力和社会技能上是不同的；而且，
他们确实能选择聪明孩子作为学术竞赛的队员，选择社交技能好的孩子作为游戏活 187
动的伙伴（Droege & Stipek，1993）。

5~6 岁的孩子更多地意识到同伴表现出来的*行为一致性*，例如，他们认识到，在课堂练习中做得好的男孩可能以后也做得好。而且他们也开始进行其他类型的类特质的推论，这种推论主要建立在他们对愿望和动机这些能解释他人行为的主观心理状态的理解上。例如，一个 5 岁的儿童在听到有关一个经常分享的儿童和一个很少分享的儿童的故事时，他能正确地推断出，将来第一个孩子有分享的*动机*，是慷慨的（与自私相对）；而第二个孩子没有分享的动机，是自私的（Yuill & Pearson，1998）。因此，5 岁孩子（而非 4 岁）认为，先前行为上的个体差异预示着以后不同的行为动机。而且，如果让研究中的儿童分辨具有相反特质的儿童在面对同一结果

## 专栏 6.4 发展问题

### 儿童和青少年中的种族分类和偏见

因为学步儿童和学前儿童倾向于根据可观察的特征来定义其他人，并把人们归入不同类别，所以，即使 3~4 岁的儿童也已经学会了种族分类，能使用像黑人、白人这样的标签来说明不同的人或黑人和白人的照片。在澳大利亚、加拿大和美国所做的研究显示，到 5 岁时，许多白人儿童已经拥有了某些种族刻板印象的知识（Bigler & Liben，1993），至少对黑人和美国土著表现出了某些偏见（Aboud，2003；Black-Gutman & Hickson，1996；Doyle & Aboud，1995）。

有趣的是，父母往往认为自己的孩子大多没有注意到种族多样性，并认为父母把他们的偏见传递给孩子时，这些孩子就会出现有偏见的态度和行为（Burnette，1997）。但是，研究结果却表明，年幼儿童的种族态度经常与其父母和同伴的态度无关（Aboud，1988；Burnette，1997）。因此，种族歧视的起因更多是认知的，而不是社会性的，这反映了自我中心的少年根据皮肤颜色（和其他的种族划分的相关身体特征），僵化地将人们分类，他们强烈地支持自己所属的群体，但不一定过分敌对其他种族群体的人（Aboud，2003）。

儿童进入具体运算阶段后，思维更具灵活性，其偏见会慢慢减弱。8~9 岁儿童的种族宽容度反映了他们对种族群体更现实的评价，与学前期的想法相比，这时的他们认为群体外的人们更可接受，而对自己群体的人却更不满意（Doyle & Aboud，1995；Teichman，2001）。但是，社会力量在维持或加强种族偏见中起着重要作用。戴莎·布拉克－古特曼和费伊·希克森（Black-Gutman & Hickson，1996）发现，欧裔澳大利亚儿童对当地土著的偏见在 5~9 岁期间逐渐降低，然后在 10~12 岁之间增强，会回到 5~6 岁时的水平！由于 10~12 岁的儿童不再受 5~6 岁儿童的自我中心主义和僵化分类图式的限制，其偏见的增加明显地反映出了成人态度的影响，即许多欧裔澳大利亚人对土著人感到厌恶。但是，青少年早期偏见的增强可能也反映了这一事实：个人同一性问题变得越来越重要。因此，赞扬自己群体的优点和强化其他群体的缺点是巩固个体的群体同一性和增进自我价值的一种方式（Teichman，2001）。

时可能表现出来的情绪，那么对于动机的思考和做出类特质的行为预测之间的联系会更明显。5 岁的儿童（而非 4 岁）有能力做出恰当的情绪推断，例如，慷慨的孩子与其他孩子分享了她的生日蛋糕后会感到高兴，而自私的孩子很小气，不愿做出分享，因此与别人分享她的生日蛋糕会让她感到“难过”（见 Heyman & Gelman，1998，对 5~6 岁儿童的研究得到了相似的结果）。

儿童到 5~6 岁时似乎就能从心理意义上来思考人的特质。但是，为什么他们没有使用许多特质词来描述熟悉的人呢？可能是因为他们没有真正理解，人格特质表
188 示一个人的行为具有跨时间、跨情境的一致性。来看下面的例子。给儿童讲一个故事，故事里的孩子分享或者拒绝分享玩具给没有玩具的同伴，然后让儿童预测故事里的孩子在将来的同样环境中会分享多少玩具。即使 5 岁的儿童也能说出，与不分享的孩子相比，分享玩具的孩子在以后会分享更多的玩具。如果给儿童一些描述词，

包含多个种族的群体讨论有助于促进对不同亚文化传统的理解，并防止偏见的形成。

一些发展心理学家认为，对父母和教师来说，反对种族偏见的最好方式是公开谈论种族多样性的有利性以及偏见的有害影响，这种教育应从学前期开始，因为孩子对自己群体的强烈认同和偏见的早期迹象经常在此时扎根（Burnette，1997）。马萨诸塞州西部的公立学校实施了一项特别有效的项目，从三方面进行干预：

1. **教师培训**。教师接受四个月的课程培训，定义种族偏见，探索教育者和儿童是如何显露出偏见的，并提供在学校控制种族偏见的指导。
2. **青少年群体**。不同种族的儿童在七周时间里，与最初遇到的种族同伴谈论各自亚文化的价值观和传统。然后，被试在混合种族群体中交往七周以上，谈论他们的不同观点，以及设计彼此相处的策略。
3. **父母群体**。每个月一次，学生的父母参与到班级中，更多地了解种族偏见，轻松自在地与孩子谈论种族多样化问题。

这个项目建立在以下理念基础上：要反对种族偏见，关键是真诚地与儿童谈论，而不是回避问题或掩盖问题。必须坚定地采取措施，因为偏见态度一旦形成，就很难在有限的干预下发生变化，例如，在课堂中多使用多元文化的教材和材料（Bigler，1999）。发展心理学者沃尼·麦克罗伊（Mcloyd，引自 Burnette，1997，p. 33）指出，“种族歧视由来已久，要克服它，人们需要付出很大努力，必须不气馁、开放、诚实和公正。”

他们能选择恰当的特质词“大方”（或小气）来描述故事人物。但是不难想象，这些类特质的推断属于评价性推理而不是类特质推理。5 岁的孩子可能会想：他跟人分享，那很好；因此将来他会做一些好事，分享是好的。如果需要指出这个儿童是大方的还是小气的，5 岁的孩子会选大方，因为大方是好的特质。他们还能做出恰当的类特质的预测，认为故事中被评价为好孩子的人物，以后还会做好事，而不是首先推断故事人物是个大方的孩子，现在的大方（一种稳定的特质）预示着以后也会大方。

后来，珍妮特·阿尔瓦雷兹等人（Alvarez et al.，2001）验证了这一假设，他们让 5~6 岁和 9~10 岁的儿童接触一些故事情境，然后向他们提问题。例如，在给儿童讲的故事中，一个孩子与其他孩子分享玩具或拒绝分享玩具。然后让他们预测在以后的相似情况下，儿童可能分享多少玩具（例如，没有，很少，许多，非常多）。同时让他们说明主人公的行为是好的还是坏的，并评定好（或坏）的程度（有点好 / 坏，

相当好 / 坏，非常好 / 坏）。最后，挑选一种特质（大方对小气）来描述人物的行为，之后，他们指出人物表现出该特质的程度（例如有点大方，相当大方，非常大方）。结果很明显，两个年龄的儿童都做出了恰当的行为推论，即故事中跟别人分享的儿童比不分享的儿童在将来会分享更多的玩具。但这些推理的基本依据在不同年龄是不同的。对 5~6 岁的儿童来说，对故事人物行为好坏的评价能预测在将来分享多少玩具的评定，但是，他们对故事人物大方或自私程度的评定并不能预测将来分享多少玩具。9~10 岁的孩子正好相反，对故事人物将来分享的评定反映了他们对人物大方或自私程度的评定，而非他们对行为好坏的评价。

总之，5~6 岁儿童把特质当做对他人行为的评价标签［例如，一个分享的孩子被认为是大方的，因为他是好人（在将来也会做好事）］，而不是对不同时间和情境中非常稳定的品质的描述。另一项研究也获得了支持这一观点的证据，该研究显示，与 7~10 岁的孩子相比，5~6 岁的孩子认为，特质，尤其是消极特质，随时间发展是不稳定的（更多在他们自己的个人控制之下）（Lockhart，Chang，& Story，2002）。

## 儿童中期和青少年期的知觉变化

前面引用的研究结果显示，在儿童中期的某些时间点，儿童开始把别人看做是具有稳定的性格特征（即特质）的人。已有文献明确地证明了这一点。7~16 岁的儿童较少凭借具体特质，而较多地凭借心理描述词来形容朋友和家庭成员。这些变化在卡尔·巴伦鲍依姆（Barenboim，1981）的研究中有很好的解释，他让 6~11 岁儿童描述三个他们最熟悉的人。6~8 岁儿童没有简单列举出亲密同伴表现出的行为，而是常常在行为维度上比较别人，做出这样的描述，如“比利比杰森跑得快”或“在我们班，她画画最好”。如图 6.6 所示，这类**行为比较**（behavioral comparisons phase）的使用在 6~8 岁之间增加，在 9 岁后快速下降。行为比较的一个结果是，儿童更多地意识到同伴行为的一致性，最终把它们归于一个人具备的稳定**心理结** 189
**构**（psychological constructs phase）或特质。因此，一个 10 岁儿童，先前描述她熟悉的同学是班上画画最好的，现在可能会说这个熟悉的同伴很有艺术细胞，以此来表达同样的印象。图中还可以看到，8~11 岁儿童对这些心理特质的使用在快速增加，而这一时期的行为比较则快速下降。最终，儿童开始在重要心理维度上把人们加以比较和对比，作出这样的评论，如“比尔比泰德更害羞”或“苏茜是我们班上最有艺术细胞的同学”。虽然 11 岁

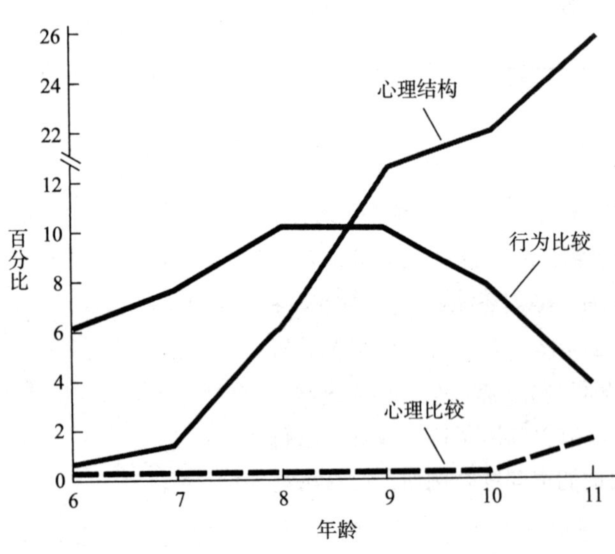


**图 6.6** 6~11 岁的儿童从行为比较、心理（类特质）结构和心理比较上进行描述的百分比。（资料来源：Barenboim，1981.）

儿童在描述他人时很少能进行这些**心理比较**（psychological comparisons phase）（见图 6.6），但在巴伦鲍依姆的第二项研究中，绝大多数 12~16 岁的青少年都能在明确的心理维度上比较他们的同伴。

14~16 岁的青少年不仅知道用性格倾向的相似性和差异来刻画他们熟悉的人，也开始认识到许多情境因素（例如，疾病、家庭冲突）能使一个人表现出与自己性格不相符的行为（Damon & Hart，1988）。他们此时将人们看做是有不同人格特质组合的独特个体，能分析个人多样性和经常不一致的特质是怎样结合在一起的，而且在建构他们自己的自我概念时也是如此。例如，托德可能注意到朱安妮塔有时会夸大她的能力，但有时又会对自己很没有信心，他可能会整合这些似乎矛盾的印象，推断出朱安妮塔基本上是没有安全感的，推断出对方的吹嘘背后就隐藏着这种不安全感。因此，从青少年中期到晚期，年轻人正在成为有经验的人格理论家，变得很精于注意其熟悉同伴的内心和外部行为，从而理解他们做事情的真正动机。

为什么儿童的自我概念和对他人的印象会随年龄增长变得越来越抽象，越来越条理越清晰？为一澄清这些主题，在讨论社会力量如何直接或间接地促进社会认知的发展之前，我们先来考察两种认知观点。

## 社会认知发展理论

### 有关社会认知的认知理论

最经常用来解释社会认知发展趋势的两种认知理论是皮亚杰的认知发展理论和罗伯特·塞尔曼的角色承担理论。

**认知发展理论**　认知发展理论家认为，儿童看待自己和他人的方式在很大程度上依赖于他们的认知发展水平。回想一下，3~6 岁的前运算阶段儿童的思维一般集中在刺激物和事件的最明显的知觉特征上。因此，3~6 岁儿童以非常具体的、可见的词语来描述同伴，如他们的外表和所有物、他们的好恶、他们能做出什么行为。这些都不会让一个皮亚杰主义者感到惊奇。

7~10 岁儿童的思维有许多变化，因为这些少年进入了皮亚杰所说的具体运算阶段。他们的自我中心倾向变得不太明显，而且脱离了知觉上的假象，开始认识到，不管外表怎么变，物体的某些特征保持不变（守恒）。这些超越了知觉外表、能推测 190
潜在稳定性的能力，可能会帮助我们解释，为什么那些积极地把自己跟同伴相比较的 7~10 岁的儿童，能够使自己和他人的行为协调一致，并使用心理结构或特质来描述这些行为。

到 12~14 岁时，儿童进入了形式运算阶段，能更富于逻辑性和系统性地思考抽象概念。虽然心理特质概念本身就很抽象，但它是建立在具体的、可观察的行为规律之上的，这或许能解释，为什么较年长的具体运算阶段的儿童能对这些概念词进行思考。但是，特质维度更具有心理推断性或抽象性，很少涉及具体参照物。因此，可以使用维度术语进行思考，并能在这些维度连续体上评判某个人的能力（这是进行心理比较所必需的），就意味着一个人能操作抽象概念，具备了形式运算能力（O'Mahoney，1989）。

皮亚杰理论认为，儿童在 6~8 岁时开始进行行为比较，在 11~12 岁时进行心理比较，但是他的认知发展理论明显低估了年幼儿童的社会认知能力。例如，我们已经看到，由信念驱动的 4 岁儿童已经能够很好地理解信念和愿望这些主观心理状态。并且，到 5 岁时（在皮亚杰理论中仍处于前运算阶段），儿童能使用他们关于心理的知识和他们对行为规律的观察，对人将来的行为做出某些很准确的推论和预测（Alvarez et al.，2001；Yuill & Pearson，1998）。显然，一般认知发展有助于社会认知的发展，这是认知发展理论的拥护者所主张的。但是，罗伯特・塞尔曼（1980）认为，能够成熟地理解自我和他人，意味着某方面认知能力的提高，即**角色承担技能**（role taking）的发展。

**塞尔曼的角色承担理论** 塞尔曼（1980；Yeates & Selman，1989）认为，儿童一旦具备了区分自己观点和他人观点的能力，并且懂得了这些互相矛盾的观点之间的关系，他们就能更深刻地理解自己和他人。塞尔曼假定，要"了解"一个人，必须能推测他的观点，理解他的思想、情感、动机和意向，简言之，了解导致其行为的内因。不具备这种技能的儿童，只能根据外部特征来描述他所熟悉的人，即他们的外貌、活动和所拥有的东西。

为了探索角色承担技能的发展，塞尔曼让儿童对有关人际关系的两难困境做出解释。其中一个例子是这样的（Selman，1976，p. 302）：

> 霍莉是个 8 岁大的女孩，她喜欢爬树，是周围邻居里最好的爬树能手。有一天，当她想从一棵树上下来时，不小心摔了下来，但没有摔伤。爸爸看见了这一情境，很担心，他让霍莉以后再也别爬树了，霍莉答应了。过了几天，霍莉和她的朋友们碰见了肖恩，肖恩的小猫被卡在一棵树上，下不来，必须立即采取措施，不然小猫就有可能会摔下来。在场的人里只有霍莉一个人能够爬上树把小猫救下来，但她想起了对爸爸的承诺。

图片 6.6 罗伯特・塞尔曼（1942~）强调角色承担技能发展和人际理解发展之间的关系。

为了评定儿童怎样理解霍莉、霍莉爸爸和肖恩的观点，塞尔曼询问儿童以下问题：霍莉知道肖恩此时对小猫的感受吗？如果爸爸发现霍莉又爬树了，他会怎么想？如果让爸爸知道自己又爬树了，那么霍莉认为爸爸会做什么？假如你处在这种情况下，你会怎么做？通过分析儿童对这些问题 191
的回答，塞尔曼推断出角色承担技能的发展是阶段性的，如表 6.1 所示。

从表中可以看出，儿童从主要是自我中心的个体［除了自己的观点似乎不了解其他任何观点（阶段 0）]，发展为有经验的社会认知理论家，能同时考虑几个观点，并将每个观点与大多数人所采取的观点相比较（阶段 4）。很明显，这些角色承担技能呈现出了一个真正的发展序列。41 个男孩在 5 年时间里接受重复测验，其中有 40 个都表现出了从一个阶段向另一个阶段的稳定进展，而且不会跳过某些阶段（Gurucharri & Selman，1982）。角色承担技能按一个特定顺序发展可能是因为，它与皮亚杰认知阶段的不变序列有密切关系（Keating & Clark，1980）：前运算阶段的儿童处在塞尔曼角色承担的第一或第二个水平（阶段 0 或 1），多数具体运算阶段的儿童处在第三或第四个水平（阶段 2 或 3），形式运算阶段的儿童大约平均地分布在角色承担的第三和第四个水平（阶段 3 或 4）。

## 角色承担和对关系的思考

当儿童获得了角色承担技能后，他们对人际关系的意义和特征的理解开始起变
化。我们来看不同年龄的儿童如何看待*友谊*的意义。处于塞尔曼的自我中心阶段（阶 192
段 0）的学前儿童认为，自己跟身边玩伴之间的任何快乐互动都会使这些玩伴具备

**表 6.1** 塞尔曼社会观点采择的阶段

| 角色承担的阶段 | 对霍莉两难困境的典型回答 |
|---|---|
| **自我中心或无差别化观点**（约 3~6 岁）<br>儿童意识不到任何与自己不同的观点。认为自己所想的就是霍莉要做的，也是其他人同意的。 | 认为霍莉会去救小猫。当问到霍莉爸爸对她违背诺言会做何反应时，儿童回答“他会高兴，因为他喜欢小猫”。儿童自己喜欢小猫，就假设霍莉和她爸爸也喜欢小猫。 |
| **社会信息角色承担**（约 6~8 岁）<br>儿童认识到别人的观点可能跟自己不同，但认为出现不同观点只是因为这些人接受了不同信息。 | 当问到霍莉的爸爸会不会因为她再次爬树而生气时，儿童回答：“如果他不知道霍莉为什么要爬树，他就会生气。但如果他知道了霍莉为什么要爬树，就会原谅她，因为她有充分的理由。” |
| **自我反省的角色承担**（约 8~10 岁）<br>儿童知道，即使接受了同样的信息，自己和别人的观点也可能不同。他们能考虑到别人的观点，懂得别人有权坚持自己的看法，因此能预料别人对他们行为的反应。但儿童还不能同时考虑到自己的观点和别人的观点。 | 如果问霍莉是否会爬树，儿童回答：“会，她知道爸爸能理解她为什么这样做。”儿童做出这种回答的主要依据是，霍莉的爸爸考虑到了霍莉的观点。但是如果问，霍莉的爸爸愿不愿意霍莉爬树救小猫，儿童往往回答，“不愿意”。这表明，儿童已能推测爸爸的看法，能够想到爸爸会担忧女儿的安全。 |
| **相互的角色承担**（约 10~12 岁）<br>儿童能同时考虑到自己和别人的观点，而且知道别人也会这么做。儿童还能想到第三者的观点，并且推测每个当事人（自己和别人）对对方的意见将做出什么反应。 | 儿童能考虑到无关的第三者的观点，对霍莉两难困境的结果做出描述，说他们知道霍莉和她爸爸两个人是怎样考虑对方的想法的。例如：“霍莉想把小猫救下来，因为她喜欢小猫，但是她知道她不应该爬树。霍莉的爸爸已经告诉霍莉不要再爬树了，但是他不知道小猫的事。” |
| **社会的角色承担**（约 12~15 岁或者更大的年龄）<br>青少年把别人的意见与他们所在的社会系统的意见（即大多数人的看法）加以比较来理解别人的观点。亦即，他们希望别人考虑到并推断出社会群体中多数人面临这种事件时所持的观点。 | 当问到霍莉是否应该因为爬树而受到惩罚时，青少年会说“不”，并认为仁慈地对待动物可以证明霍莉的行为是正当的，而且大多数爸爸懂得这个道理。 |

资料来源：Selman，1976.

“朋友”的资格。因此，5 岁的查恩把泰里当做亲密朋友，只是因为“他住在隔壁，和我一起玩”（Damon，1977）。

共同活动依然是 6~8 岁儿童友谊的主要基础（Hartup，1992）。但此时儿童已经步入了塞尔曼的第 1 个阶段，懂得了别人不一定知道自己怎样想，他们开始把朋友看成“能帮我做一些好事情”的人。在这一阶段，友谊往往是单方的，因为儿童没有感到太大的需要回报的压力。并且，如果一个朋友不能迎合儿童的需要（例如，谢绝了在后院露营的邀请），那她很快就不再是朋友。

在塞尔曼的第 2 个阶段，8~10 岁的儿童懂得了应该了解朋友需要什么，开始把友谊看做是建立在相互信任基础上的互惠关系，两个朋友可以彼此关心、表达友好和交流情感（Selman，1980）。共同活动不再是做朋友的充分条件；当儿童知道自己和同伴的兴趣和观点是多么相似或不同时，就懂得了朋友只是在心理上和自己相似。

到青少年早期，许多人已经步入塞尔曼的第 3 或第 4 个阶段。虽然他们仍旧把朋友看做心理上相似的人，彼此喜欢、信任和帮助，但他们关于友谊职责的概念扩大了，强调亲密的思想和感情的交流（Berndt & Perry，1990）。他们期望朋友能维护自己，对自己忠诚，在他们需要的时候会时刻准备着提供亲密的情感支持（Berndt & Perry，1990；Buhrmester，1990）。

随着角色承担技能的发展，儿童的友谊概念逐渐从单方面、自我中心的、把朋友作为“对我有益的人”的观点，改变为一种和谐、互惠的观点，一方真正地理解另一方，分享对方的情感和美好生活，并希望对方回报给自己同样的关心。因为他们以更稳定的亲密性和人际理解为基础，所以与年幼儿童相比，年长儿童和青少年的亲密关系被认为更重要、更稳定和更持久（Berndt，1989；Berndt & Hoyle，1985；Furman & Buhrmester，1992）。

表 6.2 简要概括了本章已讨论的儿童对自我和他人认识的变化，这些变化显然受到认知发展的影响。但本章小结中也指出，社会认知的发展也受到儿童和青少年拥有的社会互动和社会经验的重要影响。

## 社会因素对社会认知发展的影响

许多发展心理学者想知道，儿童自我意识的发展和他们对别人的理解，是否像认知理论家所假设的那样，与认知发展有密切关系。有研究表明，儿童的角色承担能力与其皮亚杰任务测量和智商测验的成绩有关（Pellegrini，1985），但对儿童来说，即便其自我中心特征表现得越来越少，是个智力成熟者，但却可能不是个好的角色承担者（Shantz，1983）。因此，一定有其他非认知因素影响到角色承担技能的发展，对儿童社会认知发展有其独特影响。那么，皮亚杰所说的社会经验会起重要作用吗？

**社会经验是角色承担的影响因素** 皮亚杰（1965）曾指出，小学儿童的游戏互动促

**表 6.2**　自我和社会认知发展的里程碑

| 年龄（岁） | 自我概念 / 自尊 | 社会认知 |
|---|---|---|
| 0~1 | 能区分自我和外部环境<br>出现个人力量感<br>能分辨自己和他人的面孔 | 分辨熟人和生人<br>喜欢熟悉的养育者（依恋对象） |
| 1~2 | 出现自我认识<br>类别自我的发展 | 知道别人按照愿望和意图来行动<br>以社会性维度对他人加以分类 |
| 3~5 | 自我概念强调身体特征、所有物和行动<br>自尊感出现<br>形成信念 – 愿望心理理论，出现私人自我 | 对人的印象主要基于行动和具体特征<br>种族刻板印象和偏见态度出现<br>建立在共享活动上的友谊 |
| 6~11 | 自我概念逐渐强调人格特质<br>自尊主要建立在一个人的学业、身体和社会能力基础上 | 对人的印象以别人表现出来的特质（心理结构）为基础<br>种族偏见态度减弱<br>友谊主要建立在心理相似性和相互信任基础上 |
| 12 以上 | 友谊和浪漫的相互吸引开始影响自尊<br>全面而抽象的自我概念反映了人的价值观和思想意识<br>获得了同一性（青少年期和成年早期之后） | 对人的印象建立在他人性格倾向的相似和不同之处（心理比较）<br>在社会影响下，种族偏见态度可能会降低或增强<br>友谊建立在忠诚和亲密的分享基础上 |

进了角色承担技能和成熟的社会判断的发展。按照皮亚杰的说法，儿童在一起游戏时，
193 假装不同的角色，他们会更多地意识到自己想法和同伴想法之间的不同。在游戏中
出现冲突时，为了能接着往下玩，儿童必须学会协调自己和同伴的观点（即达成妥协）。
因此，皮亚杰认为，与同伴进行地位平等的交往，对社会观点选择和人际理解的发
展起着重要作用。

研究不仅一致地支持了皮亚杰的观点，而且也表明同伴交往的一些形式可能比另一些能更好地促进人际理解的发展。具体来说，詹妮丝 · 尼尔森和弗朗西斯 · 阿波德（Nelson & Aboud，1985）指出，朋友之间的意见不一致特别重要，因为儿童一般对朋友比对熟人更坦白、更诚实，从而有更强的解决与朋友争论的动机。因此，与朋友不一致比与熟人不一致更可能提供理解不同观点所需的信息。当 8~10 岁儿童讨论存在不一致意见的人际问题时，朋友是他们更重要的伙伴，朋友也更可能充分地解释他们自己观点的原因。这些讨论结束后，意见不同的朋友之间可以更好地相互理解，而意见不一致的熟人之间则没有出现这样的结果（Nelson & Aboud，1985）。可见，朋友

**图片 6.7**　同伴之间的意见不一致是角色承担技能和人际理解发展的重要影响因素。

Robert Brenner/PhotoEdit

194 之间地位平等的交往对角色承担技能和人际理解的发展特别重要。

**社会经验是个人知觉的一个直接影响因素** 同伴之间的社会交往在促进角色承担技能发展的同时，还*间接*影响到个人知觉，同时这也是一种*直接经验*，通过交往，儿童可以知道别人是什么样的。换句话说，儿童与同伴交往的经验越多，他就越希望努力理解同伴，并且能*更熟练地*评价同伴行为背后的原因（Higgins & Parsons，1983）。

人缘好坏是测量社会经验的一个方便指标，与那些不受欢迎的同伴相比，人缘好的儿童可能跟更多的同伴交往（LeMare & Rubin，1987）。因此，如果儿童与同伴交往的直接经验的多少会对其社会认知判断产生影响，那么人缘好的儿童在社会理解测验上应当比人缘差的同伴做得更好，*即使他们的角色承担技能相差无几*。这正是杰基·格内普（Gnepp，1989）所发现的，她研究了人缘好和人缘差的 8 岁儿童，在面对一个不熟悉儿童的行为表现时，对该儿童进行特质推理的能力。似乎社会经验（以人缘好坏为指标）和认知能力（角色承担技能）都以各自的方式影响儿童理解他人的能力。显然，库利（1902）和米德（1934）的观点是对的，他们认为社会认知和社会经验紧密相联，二者并行不悖，相互联系，缺一不可。

## 本章要点

### 作为一种思想认识

- ✦ **自我**产生于社会互动，它在很大程度上反映的是别人对我们的反应（即**镜像自我**）。**社会认知**的发展涉及到儿童对自我和他人的理解是如何随年龄而发展的。

### 自我概念的发展

- ✦ 尽管有些不一致的地方，但大多数发展心理学家认为婴儿出生时没有**自我概念**，在最初的 2~6 个月中才逐渐区分自己和外部环境，这时他们获得了一种**个人力量感**，并学会（从照镜子的经验中）分辨自己和别人的脸。
- ✦ 18~24 个月时，学步儿童开始通过**胭脂测验**，表现出真正的**自我认识**——这个里程碑依赖于认知发展和与同伴在一起的社会经历。最初的自我认识为学步儿童提供了**当前的自我**这一概念的证据，并逐渐发展出**持久的自我**的概念，或随时间发展**稳定的自我**。学步儿童也根据社会上的重要维度，如年龄和性别，来将自己分类，形成**类别自我**。
- ✦ 尽管学前儿童知道他们在许多情境中一般会如何行动，在不需要言语技能的情况下能根据心理维度将自己分类，但 3~5 岁儿童的自我描述一般是很具体的，大多集中于他们的身体特征、所有物和他们从事的活动。
- ✦ 在 3~4 岁之间，儿童的**心理理论**从**愿望理论**向**信念－愿望理论**发展，更像成人的心理运行模型的观念。一旦儿童达到了这一里程碑（假装游戏以及与父母、兄弟姐妹和其他成人讨论心理状态，对此起促进作用），他们便能更准确地区分**私人自我**和**公开自我**，更好地准备对自己和别人的行为做出有意义的心理性的推论。
- ✦ 在儿童中期，他们开始根据内在的持续的心理特征来描述自己。青少年拥有更整合、更抽象的自我概念，不仅包括他们的倾向性品质（即特质、态度和价值观），还包括这些特征如何彼此相互作用以及在不同情境中如何影响其行为等方面的知识。但是，经常表现出的**错误的自我行为**让青少年对他们真正是谁感到困惑。

✦ 在**个人主义社会**中自我概念的核心方面一般是人们的个人特征，而在**集体主义社会**中则是人们的社会或关系特征。

### 自尊：自我的评价成分

✦ **自尊**是我们对自我价值所作的判断，从生命早期开始形成，这时婴儿在与养育者的互动中形成了关于自我的积极或消极的心理作用模式。到 8 岁时，儿童的自我评价能更精确地反映别人对他们的身体、行为、学业和社会能力的评价。在青少年期，**关系自我价值感**和一些新的维度，如浪漫关系的吸引和亲密关系的质量，也成为整体自尊的重要影响因素。在青少年期自尊经常会下降，特别是对那些同时经历大量新的生活压力的青少年来说。直到成年初期和中期，自尊才会恢复和逐渐提升。

✦ 温暖、敏感和民主的教养方式会促进儿童自尊的发展，冷漠而高控制的父母教养方式则会降低自尊。在小学阶段，同伴通过**社会比较**影响彼此的自尊。对青少年来说，对自我价值影响最大的因素是同伴关系的质量，尤其是与亲密朋友和浪漫伴侣的关系。

✦ 与个人主义社会中的同龄人相比，生活在认为自我批评是好行为的集体主义社会中的儿童和青少年，一般表现出较低的整体自尊水平。在小学阶段，非裔和西班牙裔美国儿童比欧裔和亚裔儿童报告的自尊水平要低。但是，非裔和西班牙裔美国青少年报告的自尊水平却往往高于其他族裔的青少年，特别是当周围人鼓励他们要对自己的种族和文化传统引以为自荣时。

### 我要成为什么人？同一性的形成

✦ 青少年期最具挑战性的一项任务是通过形成稳定的**同一性**来解决**同一性危机**，以便承担成年初期的责任。许多大学生从**扩散**和**早闭**状态向**延缓**状态发展，并最终达到**同一性获得**状态。同一性形成是一个崎岖而艰难的过程，经常会持续到成年期。

✦ 探索同一性的过程并不像埃里克森所认为的那样危机重重。同一性获得和延缓是健康的心理状态。如果同一性形成过程中存在危机，那就会长期不能形成同一性，因为陷入扩散状态的青少年经常会接受**消极同一性**，并表现出不健康的心理适应。

✦ 认知发展、父母提供关心和支持并鼓励子女自我表达，以及让青少年寻找自己适当位置的文化环境，这些都会促进健康同一性的形成。对少数族裔青少年来说，获得积极的**种族同一性**可以促进其他生活领域中同一性的健康发展。

### 社会认知的另一面：了解他人

✦ 尽管学前儿童并没有忽视他人的内在品质，能做出一些准确、适当的类特质推理，但 7~8 岁以前的儿童更可能用他们描述自我的那些具体、可观察的词语来描述朋友和熟人。当他们在明显的行为维度上比较自己和他人时，会更多地把自己的行为和别人的行为相协调（**行为比较**阶段），后来便开始依靠稳定的心理行为或特质来描述这些行为（**心理结构**阶段）。当开始在朋友和熟人之间进行**心理比较**时，即使是较年幼的青少年，他们对他人的印象也变得更抽象。在 14~16 岁时，青少年变成更有经验的“人格理论家”，他们懂得，许多情境因素能使人做出与自己的品质不相符的行为。

✦ 儿童社会认知能力的发展一般与认知发展相联系，特别是**角色承担**技能的出现：为了真正“了解”一个人，人必须能推测他的观点，理解他的思想、感情、动机和意图。但是，社会互动，尤其是与朋友或同伴进行地位平等的交往，是影响社会认知发展的重要因素。社会互动通过促进角色承担技能的发展间接地起作用，并且以更直接的方式提供给儿童需要了解的有关他人的经验。

# 7 成就

- 成就动机的概念
- 对个体成就的早期反应：从掌控到自我评价
- 成就动机理论与成就行为
- 文化和亚文化因素对成就的影响
- 家庭和家庭成员对成就的影响
- 创造力和特殊天赋

父亲：戴维，你妈妈跟我说，你的作文不大好，老师说你在故事写作不肯用功。你有什么要说的么？ 197

**儿子（九年级学生）**：啊，爸爸……我不喜欢语文课，我也不擅长编故事。

**父亲**：不是吧！你在描述露营经历，讲你怎么钓到了鱼儿，又全都给跑掉了的时候，你的想象力是多么栩栩如生啊！我觉得你要再加把劲儿，把你的想法和体验写出来。

**儿子**：但是我真的不想写这种东西，写作对我来说并不重要。

**父亲**：孩子，生活中的每个人都不得不做一些自己不愿意做的事情。想想看，如果你的主管分派给你一项任务，而你却说，“啊，老板，我真不愿意干这个活儿……我不擅长这个。”你又能在这个岗位上待多久呢？为了取得成功，你必须迎接挑战，尽力征服它。圆满完成任务，不管它是不是你自愿选择的，这真的会激发你的自信，让你觉得只要自己用心，什么事情都能办到。所以，下次你写作文的时候，我希望你认真对待，尽你的全力做到最好，任何人都能做到。你说呢？

**儿子**：那……好吧。不过你可别指望出现奇迹啊！

**父亲**：哦，我不奢望你成为海明威……不过如果你肯去写，我知道你有能力构思出比同年级大多数人好的短篇故事或散文。如果你认真对待的话，还可能会喜欢上写作呢。

你过去是否也曾和家长或者老师有过这样的对话？我的很多学生都说有过，这并不奇怪。社会化最基本的目标之一，就是促使儿童追求重要的目标，努力达成这些目标并因成功感到自豪。高中和大学期间，我曾和父母进行过多次这种对话（上面就是一个例子），讨论写散文、背林肯总统的《葛底斯堡演说》之类的作业有何价值。我觉得做这些事情都是浪费时间、毫无用处，但父母都认为，谁也不能保证什么东西将来会有用，不论对什么任务我都应该竭尽全力，因为圆满完成学业有助于建立自信，而这一点是我在生活中取得任何成功都必须的。

我父母的观点在西方社会许多成年人中都存在。他们常常鼓励儿童自力更生、甚至勇于竞争，无论参加什么活动都要做好，简而言之，要成为“成功者”。但并不是所有的文化都认为竞争获胜、个人成功是“成就”内涵的最佳指标。尽管成就的含义因社会的不同而有一定差异，但是一项对30种文化的调查显示：世界各地的人都看重自立、尽责、乐于努力工作以达成重要目标等个人特质（Fyans et al.，1983）。

这些重要的特质都是可以教化的么？社会学习理论者认为是可以的，而其他人的观点则有所不同。多年以前，精神分析学者罗伯特·怀特（Robert White，1959）提出，从婴儿期开始，人类就受内在动力驱使，去“征服”他们的环境，影响或成功地应对这个世界的人与物。从婴儿的动作中，我们可以看出这种**掌握动机**（mastery motivation）：我们可以看到，婴儿会努力去转动旋钮、打开橱柜、摆弄玩具，取得成功时还会表现出喜悦（怀特使用 effectance motivation 来描述婴儿的掌握需要，不过今天多数的发展心理学者都使用 mastery motivation 一词)(Busch-Rossnagel，1997)。
198 即便是心理迟滞的婴儿和学步儿，也会为了掌握的乐趣而主动寻求挑战(Hausen-Corn，1995)。值得注意的是，怀特的观点与皮亚杰非常相似。皮亚杰认为，儿童受内在动力驱使，通过同化新的经验，进而顺应这些经验来达到对环境的适应。

如果所有的婴儿都是掌握定向的，并因自己对环境的影响而体验到满足，那么为什么学龄儿童在追求成就的努力程度上存在如此大的差异呢？是否存在所有儿童必然要获得的“成就动机”？儿童的自我意象和对成败的预期会怎样影响他们的抱负与成就？什么样的家庭环境、社会因素可能促进（或阻碍）成就行为？这些就是本章要讨论的主要问题。

## 成就动机的概念

在学校作业、音乐课、在社区棒球队中所打的位置方面，之所以有的孩子比别的孩子更努力，原因之一在于他们的**成就动机**（achievement motivation），即努力在挑战性的任务中获得成功、高标准地完成任务的主动性方面有所不同。在不同的文化中，成就动机有着不同的表现。西方工业社会倾向于个人主义文化，其成就动机是根据能够跟某种优秀标准进行比较的个人（而且往往是竞争性的）成就来推断的。大多数关于成就动机发展的研究都是在西方社会进行的，反映了一种以欧洲为中心的成就观。相反，来自集体主义社会的人会认为，成就动机反映的是，愿意通过努力去达成那些能够促进社会和谐、使他们所属群体的社会福利最大化的目标（见 Triandis，1995）。

不过，无论人生活在哪种文化中，“成就”的概念都意味着儿童需要进行某些学习。他们需要知道在各种特定领域或情境中，哪些表现是可以接受的，哪些是不可以接受的；而一个成功者还需要学会用这些标准来评价自己的成就。虽然人们普遍公认“个体的成就倾向这一特质主要是后天习得的”，但不同的理论家对这一概念的看法仍有不同。

### 成就的动机观

大卫·麦克莱兰（David McClelland et al.，1953）认为儿童具有**成就需要**（need for achievement，*n* Ach）。他们把它定义为一种“习得的动机，每当可以根据某种评判标准评价个体的行为时，就驱使个体去竞争并努力获取成功”（p. 78）。换句话说，“高成就需要”者学会了因自己达到或超过高标准而感到自豪，在面对新的挑战时，正是这种自我实现感驱使他们努力工作、争取成功、力求有出众的表现。

麦克莱兰测量成就动机的方法如下：作为“创造性想象”测验的一部分，他要求被试分析四张图片，并就每张图片写一个故事。这四张图片显示人们在工作或学习，但其情境很模糊，可以表现多种主题（见图片 7.1）。统计个体在四个故事中使用的与成就有关的语句，就可以确定他的成就需要（前提假设是，被试会把自己和自己的动机投射到其主题中
199 去）。比如，一个高成就需要者看到图片 7.1 后可能会说，这些人为了一项将要给医学科学带来革命性突破的研究，已经连续工作了数月；而一个低成就需要者则可能会说，员工们很高兴看到一天的工作就要结束了，他们可以回家放松一下了。

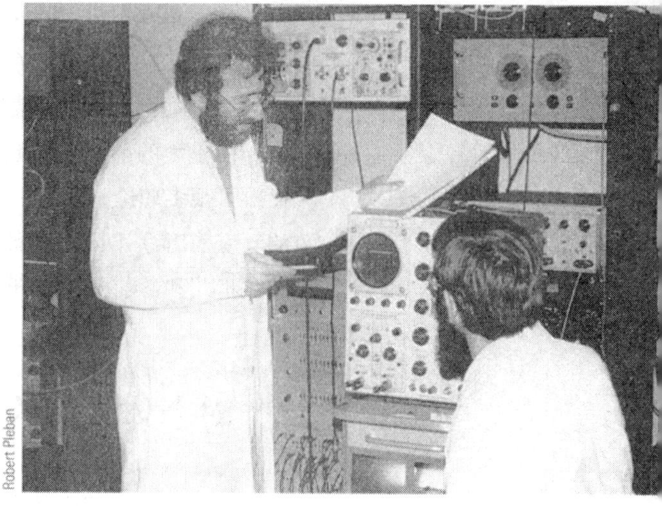


图片 7.1 大卫·麦克莱兰等人用这类场景来测量成就动机。

## 成就的行为观

与麦克莱兰的观点不同，沃恩·克兰达尔（Vaughn Crandall）等人从行为角度而非动机角度来定义成就。他们认为，“成就是指在评判标准可操作化的情境中，任何旨在希望其能力表现能够得到认可或避免不认可的行为”（Crandall，Katkovsky & Preston，1960，p. 789）。在克兰达尔等人看来，不存在唯一的、基本的、适用于所有成就任务的成就动机。相反，他们认为在不同的技能领域（如艺术、学校作业、运动），儿童的努力程度也会不同，这取决于他们对每个领域的重视程度，以及他们对获得成功并因此得到赏识的渴望程度。

请注意，在“是什么强化了成就行为”这一问题上，麦克莱兰和克兰达尔有明显不同。麦克莱兰认为，由个体的高成就带来的个人自豪感具有强化作用（并将维持成就行为），因为它满足了胜任或成就等内在需要。而克兰达尔等人则认为，在解释为什么人们会努力达到严格的标准时，并不需要讨论那些必须满足的内在需要。相反，他们认为成就行为不过是一组工具性反应，旨在赢得重要他人，如父母、老师、同伴的认可（或避免其责备）。

哪种观点正确呢？或许都正确。苏珊·哈特（Susan Harter，1981）发现，有些儿童的确把成就任务当作一种手段，使自己认为自己更具备某种能力［**内部定向**（intrinsic orientation），与麦克莱兰成就需要的观点很接近］，而别的儿童之所以努力，主要是为了赢得外在的激励，如分数、奖品、社会认可［**外部定向**（extrinsic orientation），其他理论家称为“社会成就”］。哈特用一份 30 个项目的问卷，考查儿童进行各种活动的原因是内在的（我喜欢有挑战性的任务；我喜欢独立解决问题）还是外在的（我做事是为了得到高分，赢得老师的认可等），以测定他们的成就定向。她的研究表明，比起外部定向的儿童，内部定向的儿童更有可能喜欢有挑战性的问题，而不是简单的问题，并且认为自己能高度胜任学校作业。的确，受内在动机驱动的人会真正享受他们达成目标的工作过程，而不是把这些努力当作负担（Deci，Koestner，& Ryan，

2001；Harakiewicz，1998）。即便在需要寻求帮助才能完成任务的时候，内部定向的儿童也更喜欢间接帮助（提供线索），以便自己能够体验找到解决方案的个人满足感；而外部定向的儿童则宁愿从别人那里得到解决方案（Nelson-LeGall & Jones，1990）。

在小学的前几年，西方社会的儿童已经在成就定向上有了很大的不同。学者们提出了很多理论，用来解释在面对挑战时，小学儿童（实际上青少年和成人也是如此）
200 的反应有哪些不同，为什么会不同。但是在讨论这些理论观点之前，让我们先来看看学步儿和学前儿童在开始评价自己的成就时所走过的发展历程。

## 对个体成就的早期反应：从掌控到自我评价

前面提到，即便是婴儿，也会从“掌控”一个新玩具或者造成其他有趣的后果当中获得乐趣。但是，他们何时第一次获得评价标准，并开始把自己造成的结果评判为“成功的”或“失败的”呢？他们几岁的时候开始懂得，在与同伴的竞争中成功或失败的意义？西方式的成就定义中，这些都是非常重要的问题，它将高成就者描述为：能够根据评判标准对自己的表现进行可靠的评价，在面对新的挑战时经常会努力超过别人。

德波拉·斯蒂佩克等人（Stipek，Recchia，& McClintic，1992）对 1~5 岁的儿童进行了一系列研究，考察儿童何时具备一定的能力，可以根据行为标准来评价自己的成就，对于成就动机而言，这是一种核心的能力。斯蒂佩克在研究中让儿童从事有明确的成就目标的活动（比如，把木钉敲进钉板，玩智力游戏，用保龄球击打塑料瓶），并对他们进行观察。这些任务都是结构化的，儿童要么能够做到，要么不能，从而可以观察他们对成功或失败的反应。其中的一个研究让 2~5 岁的儿童与同伴比赛搭积木，并记录他们对胜败的反应。根据这些研究，斯蒂佩克等人发现，儿童学习在成就情境中评价自己，要经过三个阶段，我们称之为*因掌控而快乐*、*寻求认可*和*使用标准*。

- *阶段 1：因掌控而快乐*。在两岁之前，就能明显地看到婴儿和学步儿因具备掌控力而高兴，显示出怀特（1959）所说的掌控动机。不过，他们并不会去寻求别人对其成功的关注，或者寻求认可；他们在失败时也并不感到烦恼，而是转移目标，尝试去掌控其他玩具。此时他们还没有根据界定成败的行为标准来评价他们造成的结果。
- *阶段 2：寻求认可*。接近两岁时，学步儿开始预期别人会怎样评价自己的表现。他们在掌控一项任务时会寻求认可，失败时能预期到会受到责备。比如，年仅两岁的儿童在某项任务上成功时，常常会微笑、把头和下巴抬得高高的，并说出“我做到了”之类的话，以唤起实验者对其成就的关注。同时，两岁儿童在未能完成任务时，常常会远离实验者，像是要避免受到责备。因此，似乎两岁的儿童已经能够把自己造成的结果评价为掌控成功或不成功，并且已经认识到他们可以预期成功后会得到认可，失败后会受到责备。

✦ *阶段 3：使用标准*。这一重要的突破发生在 3 岁左右。这时，儿童开始更独立地对自己的成功或失败做出反应。他们似乎已经开始采用客观的标准来评价自己的表现，不再过分依靠别人来告诉自己何时做得好、何时做得不好。处在阶段 3 的儿童似乎能够在成功时体验到以自我为中心的*自豪感*（而不仅仅是快乐），在未能达成目标时体验到*羞愧*或*评价性尴尬*（而不仅仅是失望）（亦见 Lewis，Alessandri，& Sullivan，1992；Lewis & Ramsay，2002）。

年幼儿童对竞争会有怎样的反应呢？在 33 个月大之前，这些竞争者既不会因赢 201
而喜，也不会因输而悲。对于 24~33 个月的儿童而言，最重要的是成功地完成（掌控）他们的个人任务。相比之下，33~41 个月的儿童如果能第一个完成（并赢得竞赛）任务时，会表达出更多的积极情感。到了 42~60 个月，当宣布某某赢了的时候，输了的就会放慢速度或者停止努力，显然他们理解游戏的竞赛本质，一旦对手“赢了”，自己就没有必要再忙着做完了。不过，在竞赛中“输了”的学前儿童很少会有羞愧的反应。所以，似乎对 3.5~5 岁的儿童来说，赢了固然可喜，输了也通常不会被明确地解释为失败。

简言之，婴儿受掌控动机的引导，从他们日常的成就中获得乐趣；两岁的儿童开始预期别人对其表现的认可与责备；而 3 岁及更大的儿童则能根据界定成败的行为标准来评价自己的成就，并能根据其行为符合这些标准的程度，体验到自豪感或羞愧 / 评价性尴尬。当然，斯蒂佩克的工作仅着眼于年幼儿童对结果所持反应的常模趋势，并未涉及成就动机发展的*个体差异*。针对这一问题，我们现在来看主要的成就理论。这些模型试图解释，为什么不同的人会采取不同的成就定向，以及这种对定向的选择对他们未来的成就将产生怎样的影响。

## 成就动机理论与成就行为

对我们理解成就动机和成就行为贡献最大的理论是麦克莱兰 / 阿特金森的成就需要模型和较近期的归因（或社会信息加工）取向。在这一节，我们将比较这两种重要观点的异同。

### 成就需要理论

第一个重要的成就理论是“成就需要”取向，这一动机模型起源于卫斯理大学

**图片 7.2** 大卫·麦克莱兰（1917~1998）提出的成就动机理论指导了20世纪50年代和60年代关于儿童成就倾向的研究。

的大卫·麦克莱兰及其同事的开创性工作，后来由密歇根大学的约翰·阿特金森（John Atkinson）进行了修正。

### 麦克莱兰的成就动机理论

1938年，亨利·莫雷（Henry Murray）出版了《探索人格》（Explorations in Personality），这本教材对研究人类行为的学生产生了深远影响。莫雷提出了对人的需要加以分类的一种人格理论。他讨论了人的28种基本需要，比如性需要、合群需要、养育需要，也包括成就需要。他把成就需要定义为“尽可能又快又好地做事的渴望或倾向”（p. 164）。

卫斯理大学的麦克莱兰及其同事读了莫雷的著作，开始对成就动机的发展感兴趣。麦克莱兰（McClelland et al.，1953）把成就需要看做一种习得的动机，像所有其他社会性动机一样，是基于与某类特定行为相伴随的回报或惩罚而获得的。如果儿童经常因为独立、勇于竞争、成功而受到强化，因失败而受到
责备，他们的成就动机会越来越强。反之，如果儿童在日常的生活和努力中，并不 202
经常被鼓励自立、勇于竞争、高度胜任，就很难形成强烈的成就动机。总之，个体成就动机的强度取决于他们受到的“成就”训练。麦克莱兰等人认为，儿童受到的成就训练的性质，会因其所处的文化、社会阶层、父母对独立和成就价值的态度的不同而不同。

卫斯理大学的研究团队所面临的第一个任务就是找到一种测量成就动机的方法。他们需要一种工具，能够在可操作评判标准的情境中，测量个体对竞争和优胜的渴望强度。

麦克莱兰等人决定采用故事写作技术，因为他们相信，一个人潜在的真实动机可以在其幻想世界（梦、愿望、无端的想法、白日梦）中得到反映。他们很快发现，当人们就模糊的工作或学习场景写故事时，所表现出来的成就想象的数量有很大的差别。那么，下一步就要验证这一方法的有效性：即该方法可以证实，成就需要得分高的人真的会成为高成就者，而得分低的人的成就则较为普通。

**成就动机与成就行为的关系** 在成就动机和成就行为之间，存在某种有意义的联系吗？早期的回答是肯定的。20世纪50年代进行的许多研究都表明，在成就需要上得分高的大学生，其总平均成绩高于得分低的学生，并且渴望从事地位更高的职业（Bendig，1958；McClelland et al.，1953；Minor & Neel，1958）。由此看来，与在成就动机测验中得分低的人相比，在麦克莱兰对成就需要的测量中表现出强烈成就渴望的人，的确取得了更高水平的成就。

**成就社会** 如果在某个时代，一种文化中出现了大量的高成就者，会有什么结果？是否这种文化将大步前进，出现明显的技术或经济进步？

麦克莱兰（1961）在《成就社会》（The Achieving Society）一书中，对这一假设进行了直接的检验。麦克莱兰用非常有趣的方式评估了23个国家的平均成就需要。他只是把各个国家的小学课本搜集起来，用他评定儿童写故事的方法，对这些课本中的故事进行成就想象的评分。这些课本之所以选作儿童学习之用，就是因为它们代表了这个国家的主流文化，就这一点来说，它们是衡量任何特定时代小学儿童受到的成就训练数量的相当好的指标。麦克莱兰对20世纪20年代和1950年的课本进行了取样，他想看看能否根据20世纪20年代某国的课本中出现的成就想象的数量，预测该国随后的经济增长。

不出所料，麦克莱兰（1961）发现，一个国家20世纪20年代的课本中成就主题的数量和该国在1929~1950年期间经济生产率的增长之间，存在显著的正相关（$r$ =0.53）。虽然这一相关与他的假设一致，但这并不一定意味着一个社会的成就需要会影响它随后的经济增长。另一种假设是：20世纪20年代已经在增长的经济，导致了该国20世纪20年代对成就的关注和它随后的经济增长。但是如果先前的经济增长是原因，那么该国1929年至1950年的经济增长应该与其1950年课本中成就主题的数量存在高相关，但是*并没有观察到这种关系*。因此，麦克莱兰跨文化的研究资料表明，成就动机先于经济增长，一个国家的平均成就需要是它未来经济成就的晴雨表[1]（McClelland，1961）。 203

**麦克莱兰理论存在的问题** 虽然麦克莱兰的工作似乎表明，无论在个体水平还是群体（或文化）水平上，成就动机都是成就行为的可靠预测因素；但是，其他研究者在重复验证他的发现时却遇到了困难。比如，弗吉尼亚·克兰达尔（Virginia Crandall，1967）发现，在她所回顾的研究中，只有不到一半的研究显示高成就需要儿童的表现优于低成就需要的同龄人。其他研究（见Winter，1996的综述）显示，麦克莱兰成就需要的测量指标对于未来的创业活动，如建立企业方面的成就的预测，要好于科学或职业方面。最后，约翰·阿特金森（1964）发现，成就多的人（高成就者）与成就很少的人（低成就者），在成就情境中往往有不同的*情绪反应*：高成就者迎接新的挑战，而低成就者则表现出畏惧。为什么成就动机常常无法预测成就行为？是不是还有别的、竞争性的动机，使得成就情境对一些人而言如此具有威胁性，以致妨碍了他们的表现？阿特金森认为是这样的，我们来看看他对麦克莱兰理论的修正。

## 阿特金森对成就需要理论的修正

阿特金森（Atkinson，1964）概述了他的成就动机理论，他认为：

1 另一项研究的结果强化了这一结论：39个国家1950年所用课本的成就需要得分，可以预测这些国家1952年至1959年期间的经济增长）。

除了争取成功的一般倾向［称为**追求成功的动机**（motive to achieve success，Ms），或成就动机］之外，还有一种避免失败的一般倾向［称为**避免失败的动机**（motive to avoid failure，$M_{af}$）］。成就动机可以描述为成功时做出自豪反应的能力，避免失败的动机可以理解为失败时做出羞愧和尴尬反应的能力。当这种倾向在个体身上被唤起时（只要他的表现会受到评价并且很有可能会失败，它就会被唤起。），就会导致个体出现焦虑和退出该情境。（p. 244）

因此阿特金森认为，个体趋近或回避成就活动的倾向，取决于两种竞争性动机的相对强度。一个人如果愿意接受新的挑战并成就颇丰，那么他力求成功的动机就显著强于避免失败的动机（即 $M_s > M_{af}$）。相反，对于回避挑战、无所建树的低成就者，避免失败的动机就强于其力求成功的动机（即 $M_{af} > M_s$）。因此，在阿特金森的理论中，个体的成就动机（$M_s$）与成就行为的关系明显地受避免失败的动机（$M_{af}$）的影响。

**它值得完成吗？特定目标的价值** 阿特金森还认为，个体对其可能取得的成功所赋予的价值，是成就行为的一个重要决定因素。弗吉尼亚·克兰达尔（Virginia Crandall，1967）同意这一观点。她指出，儿童可以在许多领域取得成就，包括学业、运动、业余爱好、家务劳动、交友等。儿童主动给自己设定高标准，并努力实现这些目标，这可能部分地取决于达成这些目标或赢得别人对自己所付出努力的赏识所具有的**成就价值**（achievement value）。

204 约尔·雷诺（Joel Raynor，1970）通过对心理学导论课学生开展的一项有趣研究，检验了这一假设。让每个学生完成麦克莱兰成就需要的想象测验（代表 $M_s$）和焦虑问卷，后者是一项客观的纸笔测验，用于测定个体在被评价时感受到的焦虑（代表 $M_{af}$）。还要求学生判断，他们认为自己的心理学导论课与其未来的职业有多大关联（因而有多重要）。雷诺的主要预期是：成就动机较高的学生（即那些 $M_s > M_{af}$ 的人），如果认为课程与其未来有关（高价值），则比认为无关（低价值）时在心理学导论课中的表现要好得多。

表 7.1 显示了研究的结果。正如所料，$M_s > M_{af}$ 的学生（上面一排）如果认为导论课与其未来职业有关，则其成绩显著地更高。显而易见，当一个人把自己可能达

**表 7.1** 心理学导论课的平均 GPA，它是成就相关的动机和课程与未来职业关联性的函数

| | 课程与个体未来的关联 | |
|---|---|---|
| **成就特征** | **低** | **高** |
| $M_s > M_{af}$ | 2.93 | 3.37 |
| $M_{af} > M_s$ | 3.00 | 2.59 |

注：平均 GPA 是根据 4.00 等级制进行计算的，A=4，B=3，C=2，D=1，E=0。

资料来源：From Raynor，1970. Reprinted by permission of the American Psychological Assn.

成的目标看做有价值的或重要的，成就动机就更有可能预测显著的成就。还应当注意到，对于 $M_{af} > M_s$ 的被试，如果他们认为心理学导论课与其职业有关，其成绩反而会更低。因此，正如阿特金森设想的，对失败的高度恐惧实际上会阻碍人们达成有价值的目标。

由此可见，决定一个人在成就情境中表现的因素，远不止是其成就需要的绝对水平。为了预测一个人面对挑战时会何去何从，了解（1）此人对失败的恐惧（$M_{af}$）和（2）感知到的成功的价值（这一认知变量因人而异、因成就领域而异，是成就行为的一个关键性影响因素）也是很有助益的。

**我能成功吗？预期在成就行为中的作用** 最后，阿特金森（1964）提出，另一个认知变量，我们对“如果为达成目标而努力，会成功还是会失败”的预期，也是成就行为的一个关键性影响因素。他认为，比起看不到达成目标的希望，当人们感到成功在望时，更有可能会努力工作。这种**成就预期**（achievement expectancies）有多重要呢？非常重要，这一点我们可以通过下面的例子加以说明。如果我们回顾大量文献，就会发现智商与学业成绩有中到高度的相关，聪明学生的表现通常要好于智商中等或较低的学生（Neisser et al.，1996）。但是，智商较高、学业预期较低的学生，其成绩不如智商较低、预期较高的学生，这种情况也并不少见（Battle，1966；Crandall，1967；Phillips，1984）。换句话说，对成功和失败的预期是成就行为的有力影响因素；预期会成功的儿童通常真的会成功，而预期会失败的儿童则不会花费时间和精力来追求他们所认为的“力所不及”的目标（Dweck，2001；Heckhausen & Dweck，1999）。

**小　结** 阿特金森的成就需要理论是对之前的麦克莱兰理论的重要修正和扩展。后者认为，成就行为的个体差异主要可以归因于人们表现出的成就动机（成就需要）的总体水平。阿特金森的理论也可归入动机模型。他认为，个体努力工作以达成各种目标的主动性，取决于两种与成就相关的动机，即追求成功的动机（Ms）和避免失败的动机（$M_{af}$）的相对强度。但阿特金森也指出，在决定我们为成功付出的努力
和实际的成就方面，对成功（或失败）的预期和目标的价值这两个认知变量与动机 205
变量是同等重要的。

最近，社会信息加工理论家更加广泛地关注影响成就的认知因素，特别是成就预期的起源。现在让我们看看，归因观点是怎样看儿童的成就倾向的。

## 维纳的归因理论

在整本书中，我们都指出：如果婴儿和学步儿有足够的机会来控制其环境，也就是说，如果他们能够调节其敏感的陪伴者的行为，以满足其他目标，如成功操控与其年龄相适宜的玩具，他们会倾向于认为自己是有能力的，能够掌控很多东西。

那么对于儿童的成就预期和他们如何对其成功或失败来进行评价来说，这种个人控制感到底有多重要呢？

伯纳德·维纳（Bernard Weiner，1974，1986）提出了成就的归因理论。他认为，影响个体成就行为的极为关键的因素是，他怎样解释以前的成功和失败，以及他是否认为自己能够控制这些结果。维纳认为，人类是主动的信息加工者，会对得到的信息进行过滤，并对其成就结果作出解释或**因果归因**（causal attributions）。他们都会进行哪些类型的归因呢？虽然不会总是使用这些准确的标签，但维纳认为，人们可能会把自己的成功或失败归于下面四个原因之一:（1）自己的能力（或缺乏能力），（2）付出努力的多少，（3）任务的难度（或容易度），（4）运气（可能是好的，也可能是坏的）的影响。

需要注意的是，其中的两个原因，即能力和努力，是内部原因或个体的特征；而另外两个，即任务难度和运气则是外部的或环境的因素。这种对原因的归类方式所依据的“内部－外部”维度，源自此前弗吉尼亚·克兰达尔对于**控制点**（locus of control）这一人格维度的研究（Crandall，1967）。内控型的人会认为，发生在自己身上的事情应该归因于个人。如果有一次作文得了优，他们会把它归因于自己出众的写作才华或自身的努力（内部原因）。外控型的人相信，与自身的能力或努力相比，结果更多地取决于运气、宿命、其他人的行为。他们可能会说，得优是因为运气好（老师碰巧喜欢这一篇）、容易得分或其他外部原因。克兰达尔认为，内控型有利于成功：儿童要想追求成功，成为高成就者，就必须相信自己能够产生积极的结果。外控型儿童不会努力追求成功或成为高成就者，因为他们认为自己的努力并不一定能决定其结果。

儿童的控制点经常是通过智力成就责任问卷来进行测量的。这一量表有 34 个项目，考查个体对好结果或坏结果的原因的感知。每个项目都描述了一种与成就有关的经历，并要求儿童选出该经历的原因（一个外部原因和一个内部原因）（项目实例见图 7.1）。儿童选择的“内部”反应越多，其在内控型上的得分就越高，很少选择内部反应的儿童则归为外控型。

莫林·芬德利和哈里斯·库珀（Findley & Cooper，1983） 206
对 100 多项研究进行回顾后发现，内控型学生的确获得了更好的成绩，而且在标准化学习成绩测验中的表现通常要优于外控型学生。一项对美国少数族裔学生进行的大型研究显示，儿童关于内部控制的观念对其学习成绩的预测作用，要好于其成就需要得分、父母的教养方式、他们所处的课堂类型和教学风格（Coleman et al.，1996）。这证实了克兰达尔的设想，即把自己的成功归因于个人努力有利于成就行为。

那么，维纳的理论和克兰达尔早期关于控制点的想法有何

1. 如果老师让你通过升级考试，可能是
   ______ a. 因为她喜欢你
   *______ b. 因为你的表现
2. 当你在学校取得好成绩时，更有可能是
   ______ a. 因为你为这次考试下过功夫
   *______ b. 因为考试很简单
3. 如果你读了一个故事却记不住，通常是
   ______ a. 因为故事写得不好
   *______ b. 因为你对这个故事不感兴趣

* 表示对每个项目实例的“内部”反应。

**图 7.1** 智力成就责任问卷的项目实例。

（资料来源：V. C. Crandall，*Intellectual Achievement Responsibility Questionnaire*. Wright State University School of Medicine，Yellow Springs，Ohio.）

不同呢？答案很简单：维纳认为，这四种可能的成就归因在稳定性这一维度上也有所不同。能力和任务难度是相对稳定或不易改变的。如果你现在有较强的口头表达能力，那么明天你的这种能力也大致相同；如果某种特定的言语问题特别难，那么类似的问题也可能是这么难。相反，个体在任务上所付出努力的多少、运气所起的作用，则随着情境的变化而变化或不稳定。因此，维纳把四种可能的成就归因根据因果控制点、稳定性维度进行分类，如表 7.2 所示。

K. Cavanagh/Photo Researchers

**图片 7.3**　如果儿童相信他们的成功可以归因于个人，他们就更有可能成为高成就者。

## “稳定性”和“控制点”的归因对未来成就行为的影响

为什么说在对因果归因进行分类时，同时考虑因果控制点和稳定性是很重要的？这不过是因为每一种判断都会导致不同的结果罢了。根据维纳的观点，正是稳定性维度决定了成就预期：把结果归于稳定的原因，比起归于不稳定的原因，会导致更强的预期。比如，把成功归因于你能力强，会使你自信地预期未来还会有类似的成功。如果你把同样的成功归于不稳定的、随着情境不同而不同的原因（如努力或运气），那么你对未来的成功就不会那么自信了。相反，把失败归于我们无能为力的稳定的原因（如能力不足或任务难）也会导致较强的消极预期，使得我们预料未来还会有类似的失败。反之，把失败归于不稳定的原因（如努力不够）则使提升成为可能，从而导致较积极的预期。

如果说对成就结果的稳定性认知决定了成就预期，那么因果控制点又起什么作 207
用呢？根据维纳的观点，对结果的内控或外控的判断决定了该结果对于感知者的价值。当把成功归于内部原因，如工作努力或能力强时，成功是最有价值的；如果我们是因为外部原因，如运气好或任务出奇地简单而成功，那么很少会有人感到自豪。而把失败归于内部原因（尤其是能力不足），则会损害我们的自尊，并减弱我们今后

**表 7.2**　维纳对成就归因的分类（以怎样解释糟糕的考试成绩为例）

| | 因果控制点 | |
|---|---|---|
| | **内部原因** | **外部原因** |
| **稳定原因** | 能力<br>“我对数学毫无办法。” | 任务难度<br>“这次考试出奇地难，而且题目太多了。” |
| **不稳定原因** | 努力<br>“我应该更多努力学习，而不是出去听演唱会。” | 运气<br>“真倒霉！好像每道题都跟我错过的那些课的内容有关。” |

为成功而努力的动力。很明显，如果我们认为自己在某一门功课上毫无能力，那么努力学习以改变糟糕的成绩就显得徒劳了；这门课程会一下子显得不那么有价值或重要了，而且我们还会想放弃它。但是，如果我们能把糟糕的成绩归于外部原因，如运气不佳或考试极难（或含糊），那么这一失败就不会使我们感到非常自责，也不一定会破坏我们对这门功课价值的认识。

根据维纳的观点，我们把成功归因于能力强是具有适应性的，因为这种内部的、稳定的归因会使我们感到自己做的事情有价值，并使我们预期自己会重现这些成功。相反，把失败归因于努力不够（而非能力不足）更具适应性，因为努力是不稳定的，它使我们更有可能相信，将来只要我们更加努力，就会做得更好。

总之，维纳的归因模型与阿特金森的理论相似，都强调成就预期和成就价值这两个认知变量的重要性。但是，维纳的理论看重认知变量。对成就结果的控制点的认知可能会影响我们对这些成功或失败的评价；而我们对这些结果之稳定性的归因则可能会影响我们的成就预期。综合来看，这两种判断（预期和价值）决定了我们今后从事类似的成就相关活动的主动性（动机）（对维纳理论的概略图解见图 7.2）。

### 成就相关动机的年龄差异

如果你觉得维纳的理论有点太认知化、太抽象，不能解释年幼儿童表现出的成就归因，那么你的感觉是对的。在大约 7 岁之前，儿童是不现实的乐观主义者，认为自己有能力在任何任务上取得成功，即便是那些他们过去反复失败的任务（Stipek & Mac Iver，1989）。幼儿园和小学老师对这种满怀希望的乐观主义的形成起着重要作用：她们通常给孩子们提出容易达到的目标，更多地表扬儿童的努力而不是完成的效果，从而使孩子们相信自己能够做很多事情，通过努力可以变得“聪明”（Rosenholtz & Simpson，1984；Stipek & Mac Iver，1989）。到 5 岁时，儿童已能清楚地意识到任务难度和能力的关系，比如，他们知道对于同一项任务来说，聪明些
208 的儿童会觉得任务简单（Heyman，Gee，& Giles，2003）。不过，即便是 7 岁的儿童，依然倾向于把付出的努力等同于能力。比如，约翰用四个小时来完成任务，宙斯做同样的事情只用了两个小时，他们会说约翰比宙斯聪明；或者，他们会认为如

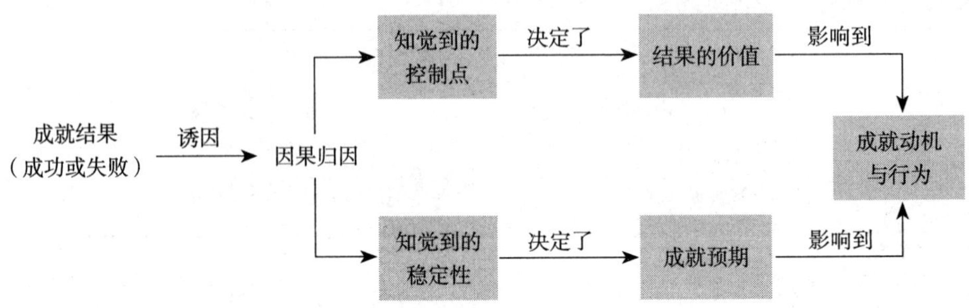


**图 7.2** 维纳成就归因理论示意图

果两个孩子的努力程度相同，就会达到相同的效果（见 Nicholls & Miller，1984；Nicholls，1989）。当对一个在学业上不怎么用功成绩却很好（意味着能力强）的儿童的故事进行回忆时，年幼儿童倾向于把该儿童误记为他很努力（Heyman，Gee &Giles，2003）。实际上，年幼儿童似乎持有**能力增长观**（incremental view of ability）。他们相信能力是可以改变的而非稳定的，通过更加努力和大量练习，他们可以变得更聪明、更有能力（Droege & Stipek，1993；Dweck & Leggett，1988）。

当然，成人一般认为努力和能力是*逆向关联的*。也就是说，如果达到同样的结果，约翰付出的努力是宙斯的两倍，那么他的能力肯定不如宙斯。而且根据维纳（1982，1986）的研究，与年幼儿童相比，青年人认为随着时间推移能力是更稳定的。那么，儿童何时开始区分能力和努力呢？他们何时开始趋向于**能力的实体观**（entity view of ability），认为能力是固定的或稳定的特质，不易受努力或练习的影响呢？研究显示，许多 8 到 12 岁的儿童开始区分努力和能力（Nicholls & Miller，1984；Pomerantz & Ruble，1997）。这在一定程度上是由于他们认知的发展，尤其是同时在多个维度上对物体、事件、结果进行分类的具体运算能力的发展。

不过，社会经验，尤其是学校经验的不断变化也大大影响了儿童关于能力和努力的看法。小学老师渐渐地越来越强调对*能力*的评价；他们评定的分数反映的是学生所做工作的质量，而不再是他们付出努力的多少。在这些表现评价之外，还有各种竞赛，如科学展览、拼字比赛、闪光卡竞赛等，它们也重视学生工作的速度、质量而非数量。而且，小学高年级学生常常根据老师对其能力的评价，把自己归入不同的“能力群体”（Rosenholtz & Simpson，1984；Stipek & Mac Iver，1989）。因此，所有这些训练，加上儿童越来越多地根据社会比较评价自己的能力（Altermatt et al.，2002；Pomerantz et al.，1995），就使得小学生开始区分努力和能力，逐渐开始对自己的成功和失败进行维纳理论所说的因果归因。

有趣的是，也是在小学后期（4 到 6 年级），很多学生不再那么看重学习成绩，并形成相当消极的学业自我概念。这一趋势在初中和高中期间变得更明显（Butler，1999；Jacobs et al.，2002；Seidman et al.，1994）。下面将讲到，儿童开始区分能力和努力以及接受能力的*实体观*是导致这些趋势的主要因素。

## 德威克的习得无助理论

所有的儿童在努力征服挑战时都难免会有失败，但是他们对失败的反应却不尽相同。在维纳归因理论的基础上，凯罗尔·德威克（Carol Dweck）及其同事试图查明，为什么有些儿童面对失败仍然坚持不懈，最终达成他们的目标；另一些儿童失败时就会放弃努力、“认输”。他们发现，这两类儿童解释其成就结果的方式迥然不同。

有些儿童是**掌握定向**（mastery-oriented）的：他们喜欢把成功归因于自己能力强，而把失败的责任外化（“那次考试含糊不清、不公平”）或归于他们容易克服的

不稳定因素（“如果我再努力一些，就会做得更好”）。这些学生之所以被称为“掌握
209 定向”，是因为他们面对失败仍然会继续坚持，相信继续努力会最终获得成功。虽然他们把自己的能力看做稳定的特质，不会天天波动（这使他们对重新取得成功充满自信），但他们还是认为，失败以后只要更加努力，自己的胜任力最终就会提高（增长观）。因此，掌握定向的儿童有很强的“掌控”新挑战的动机，无论此前他们在类似任务上成功还是失败（见图 7.3）。

另一些儿童常常把自己的成功归因于不稳定的因素，如工作努力或运气；他们不认为自己能力强，也不会因此感到自豪和自尊。他们常常把自己的失败归于稳定的、内在的原因，即他们的能力不足，这使他们对未来成功形成了较低预期，并且导致放弃。德威克认为，这些儿童表现出一种**习得无助定向**（learned helplessness orientation）：如果把失败归于能力不足这一稳定的因素，儿童就会认为，他不用再做什么努力（能力的实体观），他会感到受挫，觉得没有任何理由可以让他去尝试改进。因此，他不再努力并表现出无助（见图 7.3）。

值得注意的是，失败后选择放弃的儿童之所以这么做，要么是认为：（1）自己无法控制自身的能力，要么是认为（2）能力是一种不变的特性，与努力程度无关。为了查明哪种观念对习得无助定向影响最大，伊娃·波梅兰茨和戴安娜·鲁伯尔（Pomerantz & Ruble，1997）首次评估了 2~5 年级学生对其能力的控制力的观念（如，

**掌握定向**

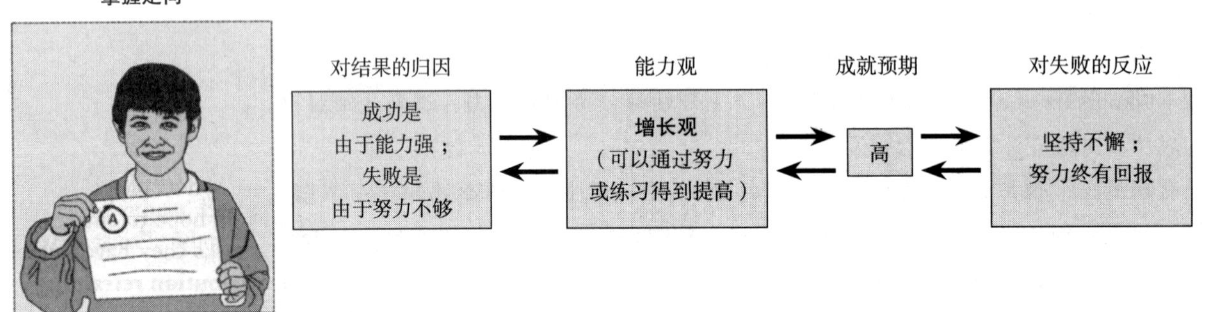


**习得无助**

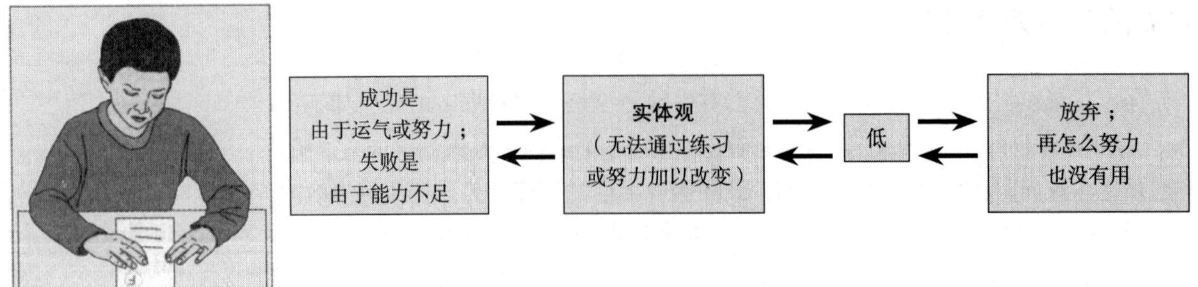


**图 7.3** 掌握定向和习得无助的特点。

你能改变你的聪明程度吗？）和他们关于“能力是一种不同于努力程度的特性”的观念（如，一个孩子努力而另一个不努力，他们怎么会得到一样的分数呢？）。这些儿童随后完成一些很难的记忆任务，最初他们会失败，但他们接下来完成这些任务时的努力程度会被记录下来。结果很明确，“能力不足是无法控制的”这一观念能最 210
好地预测面对失败时的认输和放弃努力。但是，在那些同时也认为“能力是一种不同于努力程度的个人特性”的儿童中，这种表现缺陷是最严重的。波梅兰茨和鲁伯尔认为，“这可能是因为把能力既看做不可控制的又看做（不变的）特性的儿童，会觉得（失败后）努力也是徒劳，只会显得自己无能”（p. 1177）。

需要指出的很重要的一点是，表现出习得无助定向的儿童，不仅仅是班级中那些能力最差的成员。相反，即便是天赋很高的学生也会采用这种不正确的归因方式，它一旦形成，就会随着时间推移而持续，并最终破坏他们在那些感到无助的学科上的成绩（Fincham，Hokoda，& Sanders，1989；Phillips，1984；Ziegert et al.，2001）。

### 习得无助是怎样形成的

根据德威克的观点（Dweck，1978），如果家长和老师在孩子成功时表扬他学习努力，失败时却责备他能力不足，就会在无意间促进习得无助定向的形成。即便是 4~6 岁的儿童，如果惩罚或责备他们失败的方式使得他们怀疑自己的能力，也会促使他们开始形成习得无助定向（Burhans & Dweck，1995；Ziegert et al.，2001）。相反，如果家长和老师在儿童成功时表扬他努力想出有效的问题解决策略，失败时强调他不够努力，儿童就会认为，自己的能力还可以，只要再努力一下，就会做得更好，而这正是掌握定向的儿童所持有的观点（Dweck，2001）。在一个设计巧妙的实验中，德威克和她的同事（1978）证实，在 5 年级学生解决不熟悉问题时，如果老师采用导致习得无助的评价模式，就会致使他们把自己的失败归因于能力不足，而那些接受掌握定向评价模式的同学则会把他们的失败归因于不够努力，即“我需要继续努力”。这一实验用不到一个小时的时间就造成了这些存在巨大差异的归因方式，也就意味着：来自家长和老师的同样的评价性反馈模式，常常数月乃至数年而不变，它们对小学（和更大的）学生中很常见的“习得无助”和“掌握”，这两种相反定向的形成起到很大的作用。

### 帮助无助者获得成功

一遇到挫折就放弃，显然不是成人所鼓励的成就定向。怎样做才能帮助这些“无助”的儿童，在他们曾失败的任务上坚持不懈呢？根据德威克的观点，一种有效的训练方式是**归因再训练**（attribution retraining），说服儿童把自己的失败归于他们可以改变的、不稳定的原因，即不够努力，而不是继续认为它们源于能力不足这一不容易改变的因素。

## 专栏 7.1 应用发展研究

### 当心：表扬可能是危险的

德威克和她的同事认为，要想促进掌握定向，预防习得无助定向，表扬儿童成就的方式还是有对错之分的。由于掌握定向的儿童倾向于把成功归因于他们的能力强，似乎表扬他们“真聪明”、“真擅长”这项任务就是认可其成就的最佳方式了。但是，德威克（Dweck，2001）认为，从长远来看，这种**个人（或特质）表扬**［person（or trait）praise］是有害的。当儿童成功完成任务时，经常说他们“擅长这个”或者“聪明”，那么在面对挑战时，他们对**成绩目标**（performance goal）的兴趣会超过学习新东西的兴趣。这就是说，他们希望做好，主要是为了显示他们有多聪明！随后的一次失败很快就会破坏这一成绩目标，会使儿童认为“我并没有那么聪明”，并认输、表现出无助。相反，德威克认为，成功时得到**过程表扬**（process praise），即表扬他们为形成有效的问题解决策略而付出的努力，儿童会变得对**学习目标**（learning goal）更感兴趣。也就是说，在面对新的挑战时，他们会把提高自身能力（而非炫耀自己的聪明）看做最重要的目标。这样，随后在新问题上的一次失败便不会很快破坏学习目标。如果儿童希望完成这个任务并提高自身能力的话，那么只要告诉他“需要继续努力，想出更有效的策略”即可。

梅丽莎·卡明斯和凯罗尔·德威克（Kamins & Dweck，1999）在对幼儿园儿童进行的一项实验中检验了这些假设。实验中，每个孩子都要扮演一个在几项任务上取得成功的角色，比如完成了智力题、搭积木、盖房子。每次成功之后，告诉一些儿童他们做得非常好，并对他们的成功进行个人表扬（我真为你感到骄傲；你真的很擅长这个）。其他儿童则被告知他们做得非常好，并因其成功受到过程表扬（你真努力；你发现了一个很好的方法）。然后，让儿童评价自己（如，你有多好……多聪明？）和成功后的感受（5 点量表，从非常伤心到非常高兴）。为了测定以后在面对失败时的坚持性，儿童又扮演了完成另外两项任务（即画画

---

德威克（1975）让一些在数学难题上经历了一系列失败之后而变得“无助”的儿童接受两种“疗法”中的一种，以检验其假设。在总共 25 次的治疗期间，一半儿童接受完全成功疗法，做他们可以解决的问题，并因为他们的成功而获得代币。另一半接受归因再训练，在 25 次治疗中，他们所经历的成功几乎与上一组的儿童一样多，但在预先设定的几次失败后，每次都告知他们做得还不够快，应该继续努力。这显然是在力图使儿童相信，失败反映的是不够努力而非能力不足。这种疗法真的有效吗？是的，千真万确！实验的最后，接受归因再训练的“无助”儿童在他们最初失败过的数学难题上有了很大改进；而且当他们失败时，通常会把这一结果归因
211 于不够努力，进而会竭尽全力。相反，接受完全成功疗法的儿童并未表现出这种改进，他们在最初做过的问题上失败后仍会放弃。可见，仅仅让表现出无助的儿童看到他们是可以成功的还远远不够。为了减轻习得无助，必须让儿童学会对自己的失败做出更具建设性的反应，认为只要自己更加努力就能克服这些困难。

我们还能做得更好些吗？当然。我们可以采取措施预防习得无助的形成。家长

和算术）的角色。其中会告诉儿童他们犯了错误，之后让他们选择是继续完成成功过的任务，还是完成犯了错的任务。

结果很明确。如图所示（a和b），因其成功而受到过程表扬的儿童对自己的评价更积极（如更聪明、更擅长这项任务），对其成功的感受也好于受到个人表扬的儿童。很明显，这些幼儿认为非常努力这一信息，比“你真的很擅长这个”之类的具体个人表扬更能代表其能力。此外，我们从图（c）可以看到，得到过程表扬的儿童比得到个人表扬的儿童更有坚持性，他们会选择尚未完成的任务，好像学习目标或提高自身技能是他们的主要目的。相比之下，受到个人表扬的儿童更倾向于选择他们成功过的任务，好像他们对显示自己的能力、不被小看（成绩目标）比获得新的技能更感兴趣（亦见 Mueller & Dweck，1998，五年级学生在适合其年龄的挑战上有类似表现）。

可见，为了促进掌握定向，预防习得无助，表扬儿童成就的方式的确有对错之分。正如德威克所说的，

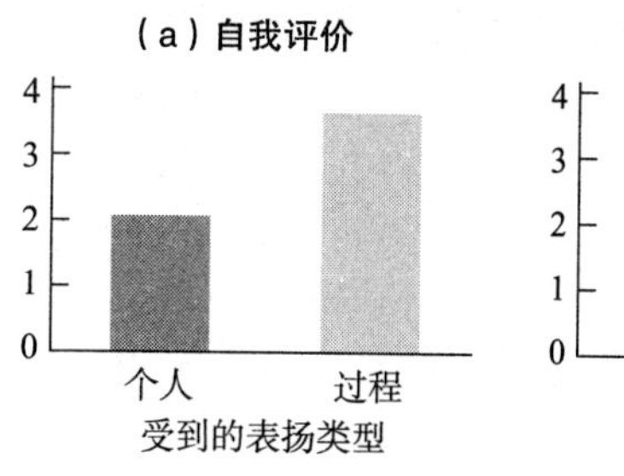


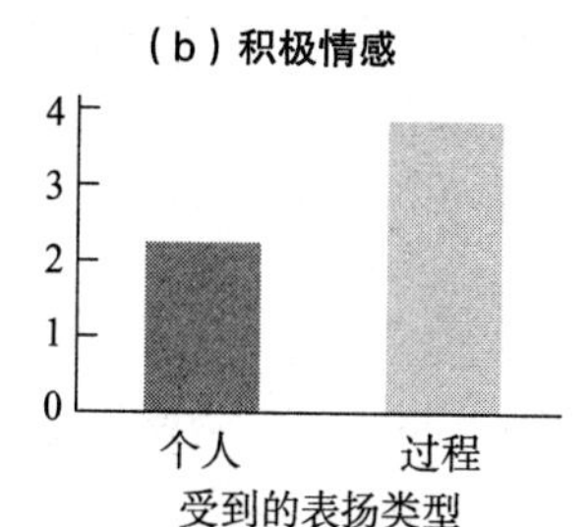


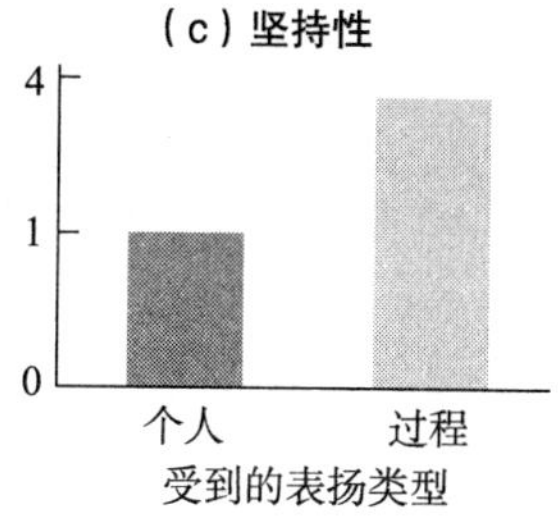


对个人能力、成功后的感受、在失败过的任务上继续坚持的主动性进行评价的平均值。注：数字越大，表示感知到的能力越强（a），对个人成功的感受越积极（b），越倾向于选择做失败过的任务（c）。（资料来源：Kamins & Dweck，1999.）

过程表扬强调儿童的努力及其想出的成功策略，它在提升儿童感知到的能力（或自我效能感），鼓励他们继续坚持最初未能完成的挑战上要优于个人表扬。

和老师可以在这些预防工作中起主要作用，他们只需表扬孩子显著的成就，并且注意不要暗示失败反映了能力不足，不要伤害他们的自尊就可以了（Burhans & Dweck，1995）。不过，正如专栏 7.1 中的研究所显示的，表扬成功的方式也有对错之分。成功时简单地告诉儿童“你真聪明”，实际上弊大于利。

## 对成就理论的反思

我们介绍了四种主要的成就理论，有一点应该是很清楚了：儿童的成就倾向所包含的远不止是与生俱来的掌握动机或普遍的成就需要。显然麦克莱兰等人做出了重要贡献。他们揭示出，人们在成就动机方面有明显的差异，并且提出了这种动机是怎样形成的。不过他们认为成就动机是一种普遍的特质，可以预测个体对所有成就任务的反应，现在看来这一观念是言过其实了。阿特金森对成就需要理论进行了修正，指出存在竞争性的“避免失败的动机”，它会使人们回避挑战性任务，以避免

因失败而带来的尴尬。当然，阿特金森的模型也开辟了重要的新领域。它强调与成就相关的认知，即个体对成功的预期和成功的价值是成就行为的重要影响因素。维纳的归因理论源于此前克兰达尔有关控制点的工作，它阐明了我们对成就结果的解释或因果归因会怎样影响我们的成就预期和感知到的成败经验的价值。最后，德威克的习得无助理论把我们带回到起点：它揭示了根深蒂固的归因风格会怎样影响儿童，在最初未能完成的挑战性任务上坚持不懈。正如我们在第 5 章回顾了各种依恋理论之后所总结的，把任何一个理论奉为“正确的”，而忽视其他理论都是不恰当的。上述每个理论都有助于我们理解：为什么在面对挑战时，儿童的反应会有这么大的差别。

## 文化和亚文化因素对成就的影响

### 个人主义和集体主义的成就观

现在已经有充分的证据表明，儿童的文化传统会影响其成就定向。在个人主义社会，如美国、加拿大、西欧国家，对儿童的教养鼓励独立、张扬个性，给予他们很多追求个人（通常也是高创造性的）目标的自由。相反，非洲、亚洲和拉丁美洲的集体主义社会则强调，维持社会和谐以及追求个体所处社会网络中的其他成员所崇尚的或使得社会福利最大化的重要性（Berry et al.，1992；Triandis，1995）。这些不同的文化价值观会怎样影响人们对成就任务的反应呢？

212 先来看一项跨文化研究，它要求人们在可以获知社会规范的情况下，对视觉刺激做出正确判断（Berry，1967）。被试包括北极的爱斯基摩人，一群来自个人主义社会的人，受地理因素限制，他们靠狩猎、捕鱼为生；塞拉里昂的滕内人，来自集体主义社会，他们靠共同努力种植、收获、配给唯一的作物（大米）为生。要求来
213 自两种文化的人比较长度不同的几根线。每次比较时，都给被试呈现 1 条标准线和 8 条测试线。被试的任务是选择和标准线长度相同的测试线。每次判断之前，实验者都会提供虚构的群体规范，告诉被试：“大多数滕内人（爱斯基摩人）都说这条线（错误的选项）和标准线长度相等。”每次测试，作为虚构的群体规范的错误线都与正确线之间相隔 5 条线（见图 7.4）。被试的选择与人为规范的距离作为实验中的从众指标。总的从众分数，由各次试验中被试的选择偏离正确线的条数简单相加而得到。

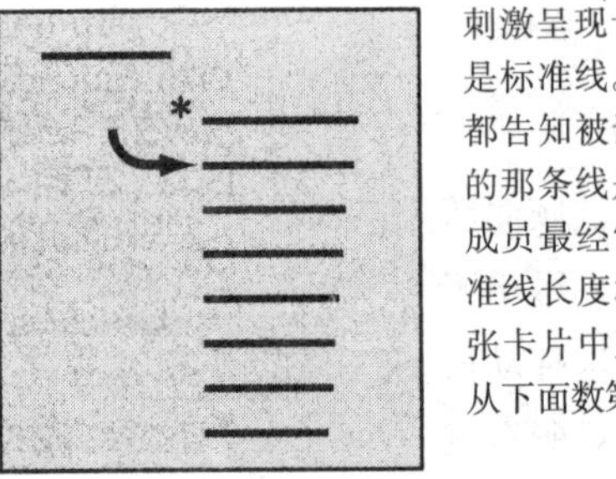

刺激呈现卡顶端的那条是标准线。每次试验中都告知被试，星号所示的那条线是参照群体的成员最经常认为的和标准线长度相等的线。这张卡片中正确的选项是从下面数第二条。

**图 7.4** 测量遵从群体规范的一种普遍方法。

（资料来源：Berry，1967.）

正如所料，贝里发现，大多数滕内人遵从了人为的群体规范，而爱斯基摩人则不理睬规范信息而选择了正确的线（或非常接近正确的线），显示出他们的独立性。一个滕内人的

回答解释了其从众的文化根源："当滕内人做出选择时，我们都必须同意这一决定，这就是我们说的合作"（Berry，1967，p. 147）。爱斯基摩被试在做出判断时很少说话，不过在拒绝群体规范、选择与正确线接近的线时，他们的脸上有时会掠过一丝自信的微笑。

在个人利益与群体利益相对立的混合动机情境中，儿童成就定向的文化差异表现得尤为明显。在混合动机游戏中，为了挣到足够的积分、学分等以赢得有价值的奖励，被试可以选择竞争还是合作；但他们不知道，任何游戏者要想赢得奖励，最佳途径是所有人尽早开始合作，并持续合作直到他们达成目标。来自集体主义社会（墨西哥）的儿童被教育要学会合作，他们在这类混合动机任务中的表现明显地优于其更具竞争性的墨西哥裔和欧裔美国同龄人（Kagan & Masden，1971，1972）。事实上，在混合动机情境中，许多7~9岁的儿童的竞争性已经很强，以至于当他们发现自己无法赢得奖励时，竟会设法去降低同伴的得分（在个人竞赛中明显地以"击败"他人为目标）。

可见，来自不同文化的人对成就的看法的确不同。对来自个人主义文化的人来说，个人成功和显示出个人价值是判断一个人是否有成就的最普遍的指标。相反，来自集体主义社会的人，其成就意味着一个人必须抑制个人主义，与同伴或同事同心协力为群体利益而工作。这并不能说明集体主义社会的人之间没有竞争。比如在中国，由于父母要求自己的孩子在学校表现要好，而且只有不到10%的优秀学生才有机会接受高等教育，所以学业竞争相当激烈。但是，虽然孩子们在学业上竞争，但他们在学校力求超过别人的一个重要理由是为了光耀门楣（一种集体主义的目标），而且同伴群体（正是那些与他们竞争的人）的存在有助于增强其对学业成就的需求，并且将来同伴群体还会与他一起，作为一个团队来共同努力以促成更好的学习成绩（Chen et al.，2000；Chen，Chang，& He，2003）。

当然，个人主义与集体主义，只是不同文化下影响儿童成就定向的诸多观念和价值观之一。另一个例子是，人们在怎样看待努力和成就的关系方面也存在明显的文化差异：与美国妈妈相比，中国和日本妈妈相信孩子付出努力的多少对其学习成绩的影响，要比先天智力的影响大得多（Stevenson & Lee，1990）。换句话说，亚洲 214
父母比美国父母更倾向于接受能力的增长观，这一观点似乎会在他们的孩子身上得以延续，从而防止亚洲儿童出现无助行为。在第12章讨论"教育和学校的影响"这一主题时，我们会更详细地探讨这一有趣的文化差异。

## 成就的种族差异

许多文献综述都显示，在成就方面，至少在学习成绩这一研究最集中的领域，存在明显的种族差异。虽然在任何种族内部都存在极大的个体差异，但非裔、印第安人和拉美裔美国儿童在学校所获得的等级评定，以及在标准化学习成绩测验中的得分低于他们的欧裔美国同学，而亚裔美国学生（尤其是近期的移民）在学校的表现要优于欧裔美国学生（Chen & Stevenson，1995；Fuligni，1997；Slaughter-Defoe et al.，1990）。怎样解释这些种族差异呢？

最初的一个假设是，学习成绩的种族差异反映了智力的群体差异。事实上，来自低成就少数族裔的学生，其智力测验成绩的确不如欧裔或亚裔学生（Neisser et al.，1996）。但是研究也表明，有一部分种族差异（或许是很大部分）其实是潜在的社会阶层效应，在条件相当的环境中成长的少数族裔和主流民族的学生，在智力测验中的得分大致相同（Brooks-Gunn，Klebanov，& Duncan，1996；Scarr & Weinberg，1983；Waldman，Weinberg，& Scarr，1994）。

成就的种族差异的另一个解释是，在低成就少数族裔的学生中，有很大比例的人的社会经济背景较差。我们将会看到，这一因素与较差的学习成绩有关。换句话说，这种观点认为，学校成就的种族差异跟智商的种族差异一样，很大程度上反映的是社会阶层效应。与这一观点相一致，夏洛特·帕特森等人（Patterson et al.，1990）发现，家庭收入（社会经济地位的一个指标）的差异比种族本身能更好地预测非裔美国学生和白人学生的学习能力（亦见 Greenberg et al.，1999）。但是，*即便是控制了社会阶层因素*，非裔美国学生的学习成绩仍然不能像他们的白人同学那样好。这是为什么？

这当然不是因为他们的父母不看重教育或学习成绩。非裔美国父母和拉美裔美国父母（如果不是更看重的话）似乎和欧裔美国父母一样看重教育（Galper，Wigfield，& Seefeldt，1997；Steinberg，Dornbusch，& Brown，1992），而且实际上他们可能更重视家庭作业、能力测验和延长教学日的价值（Stevenson，Chen，& Uttal，1990）。如今许多发展心理学者都相信，父母对教育价值所持态度的差异并不如以下因素对学术成就上的种族差异造成的影响大，这些因素是：（1）教养方式上的微妙的亚文化差异；（2）学业的同伴认可方面的种族差异；（3）关于学业表现的社会刻板印象所造成的消极影响。

### 教养方式的种族差异

不同种族间教养方式的微妙差异会对儿童的成就倾向产生很大影响，即便被研究的家庭的社会经济地位相同。比如，埃尔斯·莫尔的研究（Moore，1986）发现，在监控孩子对一项困难的认知任务的反应时，来自中产阶级家庭的非裔美国母亲和欧裔美国母亲存在明显的不同。总的来说，来自欧裔美国家庭的儿童似乎会享受测验的过程，而来自非裔美国家庭的儿童则不然，他们经常很快地回答问题，似乎想
215 摆脱某种不愉快的体验。这些截然不同的反应，似乎和母亲在监控孩子的问题解决过程时所用的教养方式有关。与非裔美国母亲相比，欧裔美国母亲会给予大量的正面鼓励。她们会开玩笑以缓解紧张，当孩子出现一点进步时常常会为之欢呼，好像在传达这样一种态度，即“战胜困难是令人开心的”。相反，非裔美国母亲则倾向于

催促孩子往前走，当孩子没有进步的时候就会表现得有些不悦（或许会传达给孩子这样的信息，即“应对挑战就会有不被认可的风险”），而且她们对孩子表现的评价也比欧裔美国母亲消极。或许，这就是为什么她们的孩子在问题解决过程中会感到不太舒服。总之，莫尔的发现表明，即便不同种族背景的儿童都成长在优越的家庭中，仍然可能存在教养方式的微妙差异，进而导致学习成绩的种族差异（对此的进一步讨论见 Alexander & Entwisle，1988；Bradley et al.，2001a，2001b；Slaughter-Defoe et al.，1990）。

有趣的是，亚裔美国学生所受到的严格的教养方式，与莫尔所观察的中产阶级非裔美国母亲更相似，而不是白人母亲的教养方式。但是，这种严格的、高控的教养方式，加上对教育的极端强调以及许多亚裔美国父母为自己孩子设定的极高的成就标准，实际上促进了学业上的成功。为什么？很可能是因为，亚裔美国家庭保留了家庭的原生文化中的某些集体主义价值观。特别需要指出的是，亚裔美国儿童必须对长辈保持尊敬和服从，而长辈则有义务把他们训练成能担负社会责任的、有能力的人（Chao，1994，2001）。

### 同伴群体的影响

同伴也是影响小学、中学儿童和青少年的重要因素，他们有时会促进、有时会妨害父母鼓励学业成就的努力。对许多低收入的非裔和拉美裔美国学生而言，妨碍学习成绩的同伴压力尤为严重。劳伦斯·斯腾伯格等人的研究（Steinberg et al.，1992）发现，许多低收入地区的非裔和拉美裔美国儿童的同伴文化会显著地妨碍学习成绩，而欧裔和亚裔美国儿童的同伴群体则更倾向于重视和鼓励学习成绩。在一些城市的贫民区学校，如果学习好的非裔美国学生因其学习好而被看做“像白人那样行事”，就会有被非裔美国同伴排斥的风险（Ford & Harris，1996；Fordham & Ogbu，1986）。

另一方面，如果父母重视教育，努力促进学习成绩，孩子会倾向于与赞同这些价值观的同伴交往。安德鲁·福里格尼（Fuligni，1997）对拉美裔、东亚裔、菲律宾裔、欧裔移民家庭进行研究后发现，移民家庭的青少年在学校得到的等级评定高于本土出生的美国青少年，虽然他们的父母受教育程度并不高，且在家里也经常不说英语。为什么？因为这些学生的父母强烈认同学习的价值，这一价值观又被他们的朋友所强化，这些朋友经常和他们一起学习、分享课堂笔记、鼓励他们在学校有好的表现。这种同伴对父母价值观的支持，也会促进有才能的非裔美国学生（Ford & Harris，1996）和处于青少年期之前和青少年期的中国学生（Chen，Chang，& He，2003；Chen，Rubin，& Li，1997）的学习成绩，而且对于任何背景的学生的学业成就都是一个有力的影响因素（Ryan，2001）。很明显，如果一个人从父母和同伴那里获得的价值观信息不矛盾，则容易保持对学业目标的专注。

最后，专栏 7.2 中介绍的研究指出，消极的社会刻板印象可以通过一种微妙的方

## 专栏 7.2 研究聚焦

### 看不见的威胁：社会刻板印象怎样影响学习成绩

一个黑人和一个白人学生肩并肩坐在大学的英语课堂上。他们都来自中产阶级家庭，都进入了一流的高中，而且在那里获得了很好的成绩。但是现在，这个黑人学生因不及格而面临退学，而白人学生则没有。为什么他们的表现会如此不同呢？

克劳德·斯蒂尔（Steele,1997）认为，答案与遗传、教养方式、社会阶层或家庭功能障碍方面的种族差异无关。在他看来，任何种族的任何成员，如果被人用“黑人智力低”、“拉美人懒惰”之类的社会刻板印象来形容，就往往会在测验情境中体验到**社会刻板印象的威胁**（stereotype threat）：他们会隐隐地怀疑关于其所属群体的社会刻板印象会不会是真的，会害怕自己具有该消极社会刻板印象所指的那些特质。这种社会刻板印象的威胁一旦被唤醒，就会产生破坏性的焦虑，削弱这些学生在测验情境中全神贯注、竭尽全力的能力（Wheeler & Petty，2001）。因此在斯蒂尔看来，一个受过污蔑的少数族裔学生，即便他公开声明那种消极社会刻板印象是错的，也还是会受到它的影响。

为了检验他的理论，斯蒂尔和约书亚·阿隆森（Steele & Aronson，1995）让女青年参加了一项极难的言语技能测验。测验之前，告诉她们这些问题是：（1）用来评估她们的能力（这可能会在受污蔑的少数族裔中诱发社会刻板印象的威胁）；（2）仅仅出于研究者的兴趣（没有社会刻板印象的威胁）。如图所示，当认为能力受到评估时，非裔美国人表现较差；而在测验被描述为非评价性的练习时，她们的表现就好得多，跟白人学生一样好。在另一项研究中，斯蒂尔和阿隆森发现，只需让黑人学生在试卷上标明自己的种族，就足以诱发社会刻板印象的威胁，并破坏其测验表现。

有趣的是，6~10 岁的儿童，尤其是那些来自被贬低群体的儿童，会越来越注意他人的刻板看法。而且，在这些意识到别人认为他们学习能力不足、受到贬低的 6~10 岁儿童中，已经表现出社会刻板印象的威胁效应。当他们认为测验是用于鉴定其能力（威胁情境）时，会比认为是单纯的练习（无威胁情境）时在认知任务上表现得差（McKown & Weinstein，2003）。

因此，似乎从儿童中期开始，社会刻板印象的威胁就妨碍了受贬低的少数族裔的学生，并成为智力和

式，破坏某些少数族裔学生的学习成绩，即便是成就动机较高、能力也较强的学生也不例外。

216 

## 成就的社会阶层差异

除了归属于特定的种族，儿童所处的社会阶层或**社会经济地位**（socioeconomic status，SES），即他们在根据地位和权力分层的社会中所处的位置，也是存在差异的。在西方社会，最普遍的对家庭所处社会阶层的测量指标（家庭收入、父母职业的声望、父母受教育水平）都是基于家庭当前或以前的成就。因此在这些文化中，社会阶层很明显是一个与成就相关的概念。因此，研究发现，与来自较低社会经济阶层的儿

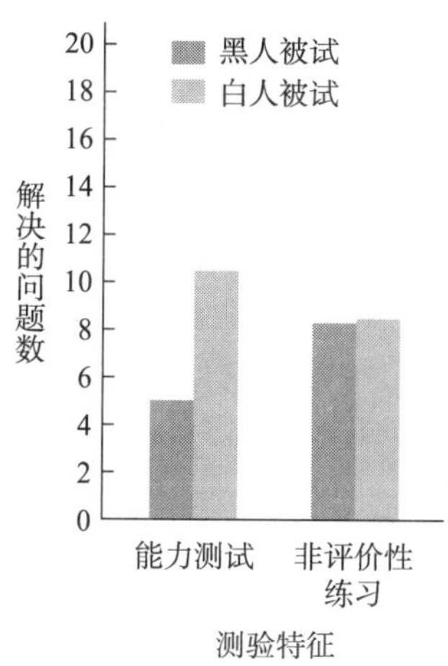


在一项高难度技能测验中的平均成绩，以种族、测验特征为自变量。当非裔美国学生认为他们所做的测验可能会导致自己被贴上无知的标签时，他们在心理能力测试中会表现得较差。（资料来源：Steele & Aronson，1995.）

学习成绩的最重要的影响源。问题还不止这些。约书亚·阿隆森等人发现（Joshua et al.，2002），在学业方面体验到社会刻板印象威胁的学生，会变得极其灰心，事实上他们会对学校或社会刻板印象涉及的教学领域产生不认同，逐渐认为它们对自己的前途来说不那么重要。进而这种不认同会关闭许多职业选择的大门，甚至导致退学。怎样克服这种对有害社会刻板印象的易感性呢？

斯蒂尔支持这样一些项目，让被贬低的少数族裔学生和白人学生定期地共同学习、讨论个人和社会问题，并参与各门功课的学习小组。这些跨种族的合作项目可以避免自发的种族隔离，从而帮助少数族裔学生认识到：来自不同种族的学生都必须经常付出努力去掌握课程，没有哪个种族或民族成员的智力生来就低于其他种族或民族——这一观念无疑会缓和社会刻板印象造成的威胁。有趣的是，参与这一项目的黑人和白人大学生的总平均成绩都有提高，黑人学生的提高尤为显著（Steele，引自 Woo，1995）。斯蒂尔还认为，学校可以通过如下措施进一步降低社会刻板印象的威胁：(1) 终止仅仅设定一些最低目标的补救性项目，(2) 减少对某些赞助性行动计划的依赖，它们可能会以微妙的方式传递给少数族裔学生这样的信息：没有帮助，他们就无法参与竞争或成功。斯蒂尔说，如果存在唯一的原则，那么它就是“挑战（少数族裔学生），而不是援助他们。挑战表明了对他们（自身）潜力的信任”（引自 Woo，1995）。

童相比，来自中产阶级和上层阶级的儿童的成就需要得分较高，更有可能在学校表 217
现良好，或许也就不足为奇了（见 Bradley et al.，2001b；Patterson，Kupersmidt，& Vaden，1990；Schoon et al.，2002）。来自贫困家庭的儿童尤其可能在学业上表现不佳，而且贫困对成就行为的影响似乎是累积性的。追踪数据显示，儿童和青少年在贫困条件下生活的时间越长，他们的学习成绩也越差，而且越有可能在成年初期从事不太体面、地位较低的职业（Duncan & Brooks-Gunn，1997，2000；Schoon et al.，2002）。

和成就的种族差异一样，成就的社会阶层差异最初也被归于智力的群体差异。中产阶级和上层阶级的儿童，其智力测验得分确实高于较低阶层和蓝领阶层儿童（Neisser et al.，1996），因而意味着来自较高社会经济阶层的儿童可能存在“智力优势”，进而导致其较好的学习成绩。但是，当前大多数理论家都认为，在解释学习成绩的社会阶

## 专栏 7.3 应用发展研究

### 有效补偿式干预的秘诀

过去30年间对补偿式教育项目开展的评估一致得出如下两个结论：如果（1）让贫困儿童在生命早期长时间接受补偿式教育，并且（2）设法让父母更多地参与到孩子的学习活动中去，那么效果会有显著的改善。

#### 父母参与的重要性

无论是哪种形式的补偿式教育项目，当它们以这样或那样的方式让贫困儿童的父母参与其中时，几乎总是更为有效。现在，很多发展心理学者支持通过**两代干预**（two-generation interventions）让父母参与其中。这种干预不但给贫困儿童提供高质量的学前教育，同时也给其父母提供社会支持、有关教养孩子和其他家庭问题的知识、摆脱贫困所需的教育和职业训练（Ramey & Ramey，1998）。

维多利亚·塞茨和南希·阿普菲尔（Seitz & Apfel，1994；Seitz，Rosenbaum，& Apfel，1985）对刚刚生下第一个孩子的赤贫母亲进行了一项干预。其他的贫困母亲及其第一个孩子则不接受干预，作为控制组。10年之后，塞茨等人（1985）追踪了这些家庭的第一个孩子。他们发现，接受了补偿式干预的孩子，其学习成绩正常的可能性比未接受者**大得多**，而留级、需要昂贵的补救式服务如特殊教育的可能性则要**小得多**。而且还不止这些。还有一种**扩散效应**：在学习成绩方面，"干预组"和"控制组"被试的弟弟妹妹表现出与第一个孩子恰好相同的差异，虽然这些被试的弟弟和妹妹都是**干预结束以后才出生的**（Seitz & Apfel，1994）。很明显，这一家庭干预使得接受干预的贫困母亲更多地参与到孩子的生活中去，并使其养育更为自信和有效。这一变化不仅使接受了刺激丰富的学前养育的第一个孩子受益，而且他们之后所有的孩子也都会从中获益。它确是一种有效的干预。（亦见Ryan et al.，2002，另一个两代干预的例子是，贫困的蓝领父母接受了该项目提供的养育技能训练和儿童养育服务后，孩子的智力有很大提高。）

#### 早期干预的重要性

对提前教育和其他类似项目的批评是，它们开始得太晚（通常在3岁以后），持续时间太短，难以产生持久影响。的确，那种从婴儿期就开始且持续多年的干预，在智力和学习成绩上可以产生更持久的效果。

卡罗来纳初学者计划（Carolina Abecedarian Project）就是这样一个项目（Campbell & Ramey，1994，1995；Campbell et al.，2001）。参与项目的儿童来自接受福利救济的家庭，其母亲在智力测验中得分远低于平均值。这一计划提供激发性的日间养护和（后期）补偿式教育，从被试6~12周大时开始，持续到5岁，

层差异方面，教养方式、家庭生活中与阶层相关的差异可能比智力更重要。有人主张（而且被不断验证），经济贫困会产生心理上的痛苦，这种对生活状况的强烈不适感和不满意感会使收入较低的成人急躁、易怒，从而降低他们的敏感性和支持性，从而使作为教育过程的直接参与者或监控者对儿童（或青少年）学习活动的参与程度降低（Conger et al.，1992；Conger，Patterson，& Ge，1995；McLoyd，1998）。此外，收入较低的父母往往自身所受教育较少，他们可能既没有知识，也没有钱，不能给孩子提供适合其年龄的书籍以及其他能够促进学习兴趣和应对学校挑战的教育性玩具、

针对贫困儿童及其父母的两代家庭干预所带来的改变，可以使家庭中的所有孩子受益。

每周5天，每天8个小时。其他来自同样的贫困家庭的儿童没有参与该计划，作为控制组。在随后的21年里，每隔一定时间就对这两组高风险儿童的发展加以评估，定期进行智力测验和学习成绩测验。结果是令人震惊的。从18个月时开始，参与该项目的儿童的智力测验得分就超过了控制组，这一优势一直保持到21岁。这表明，开始得非常早的、高质量的学前干预具有持久的收益。它们也会产生持久的教育收益，因为从三年级以后，参与项目的儿童的各科学习成绩都超过了控制组。芝加哥一个类似的早期干预项目中，在小学前两三年接受了额外的补偿式教育服务的学生，比那些在入学时补偿式教育便停止的学生的成绩更好，他们三年级和七年级时的数学、阅读成绩高出大约半个等级（Reynolds & Temple，1998）。所以，帮助贫困儿童完成向结构化课堂环境转变扩展的补偿式教育应该是最有效的。

初学者计划和芝加哥计划之类的两代家庭干预和长期项目，实施起来非常昂贵，而且有批评认为，不值得因向所有贫困家庭提供这种服务而付出这么高昂的代价。但是，这种态度可能是小聪明、大糊涂。因为，维多利亚·塞茨等人（1985）发现，强调高质量日托的扩展式两代干预能够自我补偿：（1）它们可以使更多的父母摆脱整天看护小孩，而出去工作，减少他们对社会援助的需要；（2）它们为认知发展所提供的基础，可以使大多数贫困儿童免于在学校接受昂贵的特殊教育服务，这一节省本身就证明了干预的花费是值得的（Karoly et al.，1998）。而且如果我们想到在人生的晚些时候会逐渐增长的长期经济收益：从高度成功的干预中毕业的从业成人会比贫困的非参与者交纳更多的税，需要较少的社会援助，较少需要靠刑事机关的公共开支供养，那么投入到补偿式教育中的每一元的净收益都很可观。

游戏和体验（Duncan & Brooks-Gunn，2000；Klebanov et al.，1998）。最后，低收入家庭的邻居往往也是贫困（或经济不利）的，因而缺乏集体感、凝聚力、邻里间的相互支持，而且没有图书馆，也没有能给孩子提供刺激和丰富的活动的学前儿童及青少年项目，以促进其好奇心和对成就的兴趣（Duncan & Brooks-Gunn，1997；Kohen et al.，2002）。不过，如果低收入父母发现了激发儿童的途径，读书给他们听，传授新的技能，提供许多与其年龄适宜的挑战让他们来完成，那么这些孩子在学业上也会有好的表现，并对学习表现出与中产阶级儿童一样多的内在兴趣（Bradley et al.，2001b；DeGarmo，

Forgatch，& Martinez，1999；Gottfried，Fleming，& Gottfried，1998）。

哪些措施可以用来改善美国贫困儿童的教育前景，并改善其职业前景呢？20 世纪 60 年代，林登·约翰逊总统与贫困作斗争的最持久的遗产就是各种学前期**补偿式干预**（compensatory interventions）了（最有名的是提前教育计划，即 Head Start）。其目标是：（1）补偿非常贫困的儿童在入学时通常会表现出的认知劣势（例见 Stipek & Ryan，1997）；（2）使他们达到与其中产阶级同伴大致相当的状态。对一些较好的补偿式干预的长期追踪显示，它们很少能持久提高贫困儿童的智力。但是，这并不意味着这些项目失败了，因为项目的参与者与其他社会经济地位较低的非参与者相比，更有可能对学校持积极态度，达到学校的基本要求，从高中毕业，较少留级，较少需要昂贵的特殊教育服务（Barnett，1993；Darlington，1991）。专栏 7.3 中是对一些较有效的补偿式教育项目的考查，我们会看到：现在已经有足够的理由相信，补偿式教育的效果在将来会更好（Ramey & Ramey，1998）。

218 总之，一个人的成就倾向会受到他所处的文化、亚文化、社会经济阶层中盛行的教育、态度和价值观的影响。但是，在任何文化、种族或社会经济群体内部，都存在显著的个体成就差异，这些差异受到家庭和家庭生活差异的重大影响。

## 家庭和家庭成员对成就的影响

近年来，研究者确认了影响儿童掌控感、成就动机和成就行为的三个重要的家庭因素：儿童的依恋特征、家庭环境的特点、父母的教养方式，这些方式可以促进或抑制儿童成功的意愿。

### 依恋特征与成就

在第 5 章，我们回顾了有关“对母亲的安全型依恋会促进掌控行为”的一部分证据。回想一下：在 12 个月到 18 个月时对主要养育者形成了安全依恋的婴儿和学
219 步儿，比不安全型依恋者更可能在两岁时成功解决问题，他们在大约 3 到 5 年后上小学时，表现出较强的好奇心、自立和解决问题的渴望。刚入学时属于安全型依恋的孩子，在整个儿童中期直到青少年期都比不安全依恋的同伴更自信，在学校表现更好，即便是在控制了其他已知的可能影响学习成绩的因素，如智商、社会阶层以后，也是如此（Jacobsen & Hofmann，1997）。事实上，平均来说安全型依恋的儿童并不比不安全依恋的同伴智力更高，但是他们似乎更渴望把自己的能力应用于他们遇到的挑战中去（Belsky，Garduque，& Hrncir，1984；Moss & St-Laurent，2001）。因此，儿童显然需要一位慈爱的、敏感的家长提供“安全基地”，使他们在冒险和寻求挑战时感到安心。

## 家庭环境

年幼儿童探索未知、获得新技能、解决问题的倾向，还依赖于家庭环境的特征
和它所提供的挑战。贝蒂·凯德维尔和罗伯特·布拉德利开发了 **HOME 调查**（Home
Observation for Measurement of the Environment inventory），它要求研究者对婴儿、学
步儿或学前儿童进行入户访谈，详细查明家庭环境中到底有多少挑战（Caldwell &
Bradley，1984）。HOME 量表的婴儿－学步儿版有 45 个陈述，每个都以“是”（该陈 220
述符合这个家庭）或“否”（该陈述不符合这个家庭）记分。为了获得信息，研究者会：
（1）让孩子的母亲描述她日常生活的内容及其育儿方式；（2）在她和孩子交往时对
她进行仔细观察；（3）记录父母给儿童提供的玩具的种类。他们将收集到的这 45 项
信息分成 6 个类别或分量表，见表 7.3。而后在每个分量表上都得到一个分数，在这
6 个分量表上得分越高，家庭环境的挑战性越大。

**表 7.3** HOME 调查（婴儿版）的分量表和项目实例

| **分量表 1：父母的情绪和言语反应（11 个项目）** | |
|---|---|
| 项目实例 | 父母对孩子的发声或言语作出言语反应。<br>父母的言语有针对性、清晰、能听得到<br>父母抚慰或亲吻孩子至少一次。 |
| **分量表 2：避免限制与惩罚（8 个项目）** | |
| 项目实例 | 访问期间，父母没有用手打孩子或打孩子的屁股。<br>访问期间，父母没有责骂或批评孩子。<br>访问期间，父母干涉或限制孩子的次数不超过三次。 |
| **分量表 3：物理环境与时间的组织性（6 个项目）** | |
| 项目实例 | 孩子每周在户外活动至少四次。<br>孩子的游戏环境是安全的。 |
| **分量表 4：提供适宜的游戏材料（9 个项目）** | |
| 项目实例 | 孩子有一个推拉玩具。<br>父母提供与其年龄适宜的促进学习的物品：风铃、桌椅、高脚婴儿椅、游戏围栏等。<br>访问期间，父母提供玩具给孩子玩。 |
| **分量表 5：父母对儿童的卷入（6 个项目）** | |
| 项目实例 | 父母做家务时跟孩子说话。<br>父母安排孩子的游戏时间。 |
| **分量表 6：日常接触多样性刺激的机会（5 个项目）** | |
| 项目实例 | 父亲每天提供一些照料。<br>在孩子房间里放 3 本以上的书。 |

资料来源：Bradley & Caldwell，1984.

**表 7.4** 12 个月时的家庭环境特征与 5 到 9 年后儿童的小学学习成绩

| 12 个月时家庭环境的特征 | 学习成绩 | |
|---|---|---|
| | 平均或较高（前 70%） | 较低（后 30%） |
| 激发性 | 20 人 | 10 人 |
| 非激发性 | 6 人 | 14 人 |

资料来源：van Doorninck et al.，1981.

家庭环境的特征能预测儿童的成就行为吗？为了查明这一点，威廉・冯・多宁克（William van Doorninck et al.，1981）访问了 50 个 12 个月大的婴儿所在的贫困家庭，并使用 HOME 调查把这些家庭环境分为丰富刺激的（HOME 分数较高）和缺乏刺激的（HOME 分数较低）。5~9 年后，他们又追踪调查了这些儿童的标准化学习成绩测验分数和在学校所得到的等级评定。从表 7.4 中可以看到，12 个月时的家庭环境特征能够预测儿童多年后的学习成绩。2/3 的来自丰富刺激家庭的儿童后来在学校表现相当好，而 70% 的来自缺乏刺激家庭的儿童则做得很差。在全美范围内一项大型的多种族追踪研究中，布拉德利等人发现（Bradley et al.，2001a），如果所生活的家庭在 HOME 调查中得分较高，那么在整个儿童期直到青少年期，所有种族
221 和社会阶层的儿童在学业上的表现（跟得分一般或较低比起来）都比较好。丰富刺激的家庭环境不仅能够促进良好的学习成绩，还可以促进对成就的内部定向——强烈渴望寻求和迎接挑战以满足对于胜任和掌握的个人需要（Gottfried，Fleming，& Gottfried，1998）。因此，虽然掌握动机的种子可能真如怀特和皮亚杰所说的那样，是与生俱来的，但发现和问题解决的愉悦感却最有可能在那些给孩子提供了许多与其年龄适宜的挑战、并鼓励其去掌握它们且富于刺激的家庭中得到发展（Bradley et al.，2001a）。

当然，父母对孩子的要求及其对孩子成就的反应方式也会影响孩子的成就意愿。现在我们来看一些可能促进（或妨碍）健康成就导向的教养方式。

## 教养方式与成就

哪种教养方式能够促进成就动机的发展呢？在《成就动机》一书中，麦克莱兰等人（McClelland et al.,1953）认为,那些强调**独立性训练**（independence training）（自己独立做事）并热情地强化这种自立行为的父母,会对成就动机的发展产生积极影响,研究也证实了这一点（Grolnick & Ryan，1989；Winterbottom，1958）。但是，需要指出的很重要的一点是，成功地促进自主性和自立的发展所需要的决不仅仅是把儿童孤立出去，让他自己完成目标。与维果茨基关于合作学习的重要性的观点相一致，一项追踪研究发现，如果父母细心地辅助孩子，使得他们能够成功征服那些没有适度的父母指导就不可能征服的挑战，那么这些两岁儿童在 3 岁时，在成就情境中会感到最舒适，动机也最强（Kelly，Brownell，& Campbell，2000）。

事实上，其他研究者（如 Rosen & D'Andrade，1959）发现，直接的**成就训练**（achievement training），给孩子设定高但可以达到的标准，并强调把事情做好，也会促进成就动机的发展。儿童可能不时地需要一些有益的线索（即父母的一点辅助），才能把他们的能力发挥到极致并达到很高的目标。不过很重要的一点是，父母不要

给予太多指导，因为他们应该使儿童相信，征服了挑战的人是他自己而不是父母（Grolnick et al.，2002）。这种应对困难时表现良好的经历会自我强化，有助于儿童把挑战性任务看做内在兴趣。

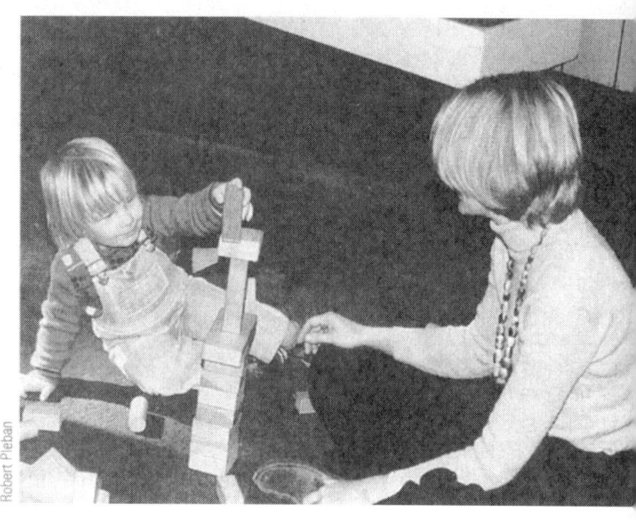


**图片 7.4** 鼓励成就、对儿童的成功给予热情回应的父母，会养育出喜欢挑战的征服定向的儿童。

最后，对儿童完成任务之后的表扬（或批评）方式也很重要。主动迎接挑战并表现出高成就动机的儿童，其父母通常表扬他们的成功，又不过分指责偶然的失败；相反，
222 回避挑战并表现出低成就动机的儿童，其父母对其成功的认可来得比较迟缓（或采取就事论事的方式），并倾向于指责或惩罚他们的失败（Burhans & Dweck，1995；Kelly，Brownell，& Campbell，2000；Teeven & McGhee，1972）。

由此可见，高成就动机儿童的父母具有以下三个特征：（1）他们对孩子热情、接纳，能及时表扬儿童的成就；（2）他们设定孩子要达到的标准，并监控其进程，确保他真的做到了，通过这种方式提供非干涉性的指导和控制；（3）他们允许孩子拥有一定的独立和自主权，在决定怎么做才能最好地迎接挑战、实现预期时，允许他们发表自己的看法。戴安娜·鲍姆琳德（Baumrind，1973）把这种热情、严格而又民主的教养方式称作**权威型教养方式**（authoritative parenting）。她和其他一些研究者都发现，这种方式能够造就小学儿童和青少年对于成就的积极态度和优良的学习成绩，无论在西方（Glasgow et al.，1997；Lamborn et al.，1991）还是亚洲（Chen，Dong，& Zhou，1997；Lin & Fu，1990）。[作者注：有些研究者报告，对于中国学生和第一代美籍华人学生，当他们的父母更加严格和高控，而非权威型的时候，他们的成绩会更好，（见 Chao，2001）。在第 11 章讨论教养方式的种族差异时，我们将详细讨论这一问题。]

如果在孩子完成家庭作业时，父母以积极的方式给予鼓励和支持，他们就很可能会喜欢新的挑战并对征服它们充满信心（McGrath & Repetti，2000）。相反，父母也可以破坏儿童的学校表现和成就动机，表现在以下方面：（1）漠不关心、疏于指导；（2）高度控制，不停地唠叨其家庭作业，成绩好了就给予实物奖励，成绩不好就持续不停地数落（Ginsburg & Bronstein，1993）。

下面我们来讨论另一项与成就相关的、不同儿童和青少年表现出差异的特质：“创造力和创造性成就”，并以此结束我们的讨论。

## 创造力和特殊天赋

智商超常的人，虽然其人生通常有好的结果，但真正做出杰出成就的却是凤毛麟角。杰出的成就者不仅是某方面的专家，他们还是革新者，通常被认为是有创造

（a）

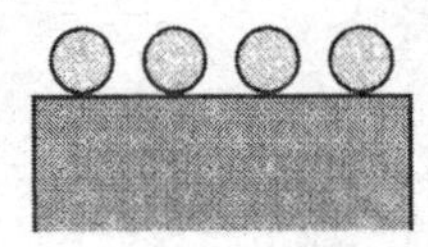

独特的："脚和脚趾头"
普通的："桌子上放了些东西"

（b）

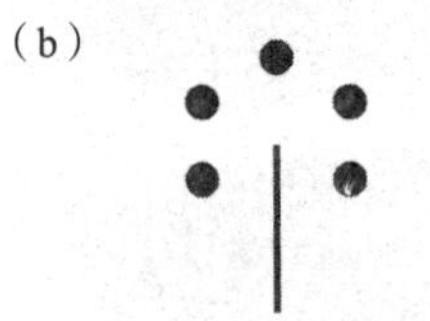

独特的："棒棒糖炸开变成碎片"
普通的："花朵"

（c）

独特的："飞毯上的两个干草堆"
普通的："两个圆顶小屋"

**图 7.5** 你富有创造力吗？简述你在这三张图上分别看到了什么。每一个图下面都给出了独特的和普通的反应的例子，它们引自一项对儿童创造力的研究。（资料来源：Wallach & Kogan，1965.）

力的人。事实上，在使莫扎特、爱因斯坦、皮亚杰、比尔·盖茨这样的人做出开创性成就方面，创造力比高智商更重要。

什么是**创造力**（creativity）呢？对这一问题的回答历来存在严重的争议。不过几乎每个人都同意，创造力是指产生新奇的想法、创新的解答（这些想法不仅新奇或怪异，而且适用于当前问题并受到他人高度评价）的能力（Simonton，2000；Stèrnberg，2001）。现在，心理学家强调人人都有创造的潜能。不论是科学家、艺术家、企业家、售货员，他们都或多或少的具有创造力（Klahr & Simon，1999）。研究者也普遍同意，创造力包含了更多的发散思维而非聚合思维。**聚合思维**（convergent thinking）需要人们给出问题的正确（或最佳）答案（如，22 个二角五分的硬币是多少钱？），而这正是 IQ 测验所测查的。相反，**发散思维**（divergent thinking）则需要个体对不存在唯一正确答案的问题做出多种解答。图 7.5 是发散思维的一种图形测量工具，言语测验可能会要求你列出用 BASEBALL 中的字母可以组成的所有单词，而现实测验项目则可能会要求你想出普通物体，如软木塞或晾衣夹的用途，越多越好（Runco，1992；Torrance，1988）。

编制出恰当的测验以后，研究者很快发现：发散思维只与智商存在中度相关 223
（Simonton，2000；Sternberg & Lubart，1996），而且其受儿童共享家庭环境（即父母教养方式）的影响要大于基因的影响（Plomin，1990）。具体来说，在发散思维上得分高的儿童，其父母鼓励他们对知识的好奇心，给他们很多自主权去选择自己的兴趣并加以深入探索（Harrington，Block，& Block，1987；Runco，1992，2000）。因此，发散思维是一种不同于一般智力的认知技能（不过大多数真正的创造者，其智力都至少处于平均水平），而且是可以培养的。不过，儿童和青少年时期的发散思维只与后来的创造性成就存在中度相关（Feldman & Goh，1995；Runco，2000）。显然，发散思维有助于产生创造性的解决方案，但是仅用它来解释创造力则是不全面的（Amabile，1996；Simonton，2000）。

## 多成分观：斯腾伯格和卢巴特的投资理论

请想一想，你认为有创造力的人有什么样的特征？你很可能把他们看做智者。但他们也很有可能表现出好奇心强、非常灵活，热爱自己的工作，在别人不会建立联系的概念之间建立联系，还可能会有一点不循正统、不守成规甚至离经叛道。这种"创造性综合征"或许并非偶然，现在许多研究者普遍相信，创造力是由许多个人因素和情境因素共同产生的（Amabile，1996；Simonton，2000）。

这种多元的观点是罗伯特·斯腾伯格和托德·卢巴特（Sternberg & Lubart，1996）**创造力投资理论**（investment theory of creativity）的核心主题。斯腾伯格和卢巴特认为，高创造力的人乐于在思想领域进行"低买高卖"活动。"低买"指他们把自己投资于新奇的（或不受欢迎的）想法或计划，而且最初会遇到阻力。但是有创造力的人面对这种怀疑的时候仍会坚持不懈，从而形成高价值的产品，这时就可以“高价卖出”，继而转向下一个新奇、不流行但是有增值潜力的想法。

斯腾伯格和卢巴特认为，个体是否愿意投资于原创性的计划并得到创造性的解答，取决于六种不同的、互相关联的资源的可用性：

1. *智力资源*。斯腾伯格和卢巴特（1996）认为，有三种心智能力对创造力而言尤为重要。一种是*发现需要解决的新问题*或以新的视角看待老问题的能力。其次是*评估*自己想法的能力，以确定哪些值得去努力，哪些不值得努力。第三，必须能够*使别人相信*这些新奇想法的价值，从而得到别人的支持，使这些新想法得到发展。这三种能力都很重要。如果个体无法评估自己的新奇想法或使别人相信其价值，这些想法也就不大可能结出创造性的果实。
2. *知识*。一个儿童、青少年或成人必须熟悉他所选择的领域的发展现状，如果他打算像开创性的艺术家、音乐家或科学展览的获胜者那样对其加以改造的话。正如霍华德·格鲁伯（Gruber，1982，p. 22）所说，“灵感只光顾那些有准备的头脑”。
3. *认知风格*。立法式的认知风格——即偏好以*自己选择的新奇*、发散的方式进行
224 思考——对创造力而言也很重要。它也有助于从广阔的、全局的视角进行思考，既见树木，又见森林，这有助于确定哪些想法是真正新颖的、值得去追求的。
4. *人格*。此前的研究表明，与高创造力联系最为紧密的人格变量是合理地冒险、面对不确定或模糊不清的情况仍坚持不懈，以及能够拒绝随波逐流并追求那些最终会赢得认可的想法的自信心。
5. *动机*。人们很少能做出创造性的工作，除非他们对自己力图完成的东西充满热情，并关注于工作本身而非可能的回报（Amabile，Hennessey，& Grossman，1986）。开创性的奥运会体操运动员奥尔加·科尔布特对此做了精彩的诠释：“如果体操项目不存在，那么我就会把它发明出来”（Feldman，1982，p. 35）。这并不是说赢得奥运会金牌与科尔布特小姐的成功毫不相干，奖牌和其他激励的确可以表明社会看重什么样的目标，并鼓励人们去从事创新性的事业。但是，如果儿童感受到的压力过大，或过于关注回报以至于使他们失去了对自己所追求的事物的内在兴趣，那么创造就真是一种痛苦了（Deci，Koestner，& Ryan，2001；Simonton，2000）。
6. *支持性的环境*。对国际象棋、音乐或数学方面有特殊天赋的儿童进行的多项

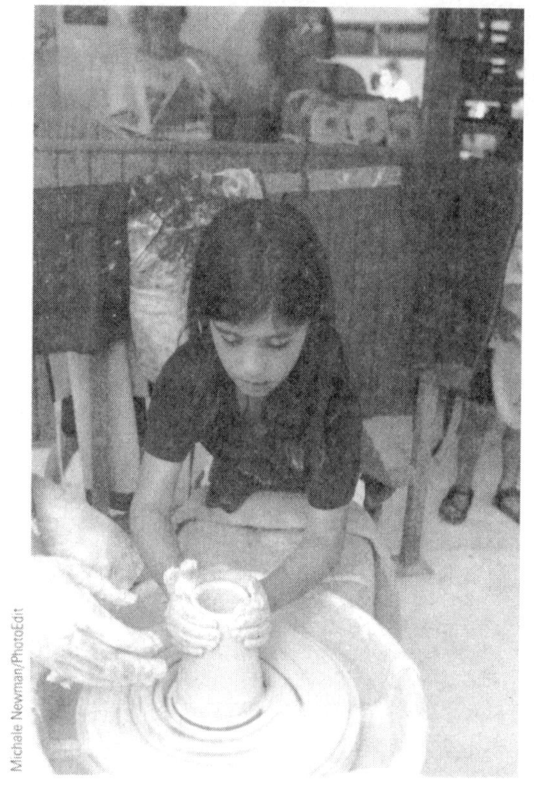
Michale Newman/PhotoEdit

**图片 7.5** 创造性儿童的父母会鼓励他们对知识的好奇，并允许他们深入探索自己的兴趣。

研究都表明，这些“天才”儿童很幸运，他们的环境滋养了他们的天赋并对其成就加以赞许（Feldman & Goldsmith，1991；Hennessey & Amabile，1998；Monass & Engelhard，1990）。创造性儿童的父母通常鼓励孩子的智力活动，接纳孩子个性（Albert，1994；Runco，2000）。他们能很快认识到自己孩子的非凡天赋，经常会寻求专业教练或家庭教师的辅导，从而促进其发展。此外，一些社会比另一些社会更重视创造力，而且会投入大量的财力和人力以开发创造的潜能（Simonton，1994，2000）。如果奥尔加·科尔布特所在的俄罗斯不是如此看重体操的话，那么她的非凡天资恐怕难以得到施展。

### 对投资理论的检验

如果投资理论是正确的，那么一个人可支配的创造性资源越多，他对问题做出的创造性解答也应该越多。卢巴特和斯腾伯格（Lubart & Sternberg，1995）在一项对青少年和成人的研究中检验了这一假设。他们采用一套问卷、认知测验和人格测量工具，测查了六种创造性资源中的五种（未测量环境）。然后，要求被试解答写作（编故事“章鱼的运动鞋”）、艺术（画一副表达“希望”的画）、广告（为球芽甘蓝设计一个广告）、科学（怎样检测出我们中的外星人？）等方面的创新性问题。最后，由评分一致性很高的评审小组对这些解答中包含的创造力进行评定。

结果支持了投资理论：五种创造力资源都与被试的创造力得分存在中度到高度的相关，而且那些被评定为最具创造力的被试，在所有五种创造力资源上的得分都较高。可见，创造力的确反映了诸多因素的共同作用，而不是专属于某种占优势的认知特点，如发散思维。

## 在课堂教学中激发创造力

教师怎样才能在课堂上促进创造力的发展呢？遗憾的是，当前大多数针对有天赋学生的教育方案都专注于丰富和加快对于传统学科的掌握，除了提供背景知识以
225 外，很少对提高创造力做点什么（Sternberg，1995；Winner，1997）。霍华德·加德纳（Howard Gardner，1999；Checkley，2001）认为，存在多达九种的不同的智力，其中大多数都没有在学校得到很多重视。他的思想作为理论框架，主张通过丰富所有儿童在各种非传统领域［如空间智力（通过雕刻或绘画）、肌肉运动－身体智力（通过跳舞或体育运动）和语言智力（通过讲故事）］的经验来提高创造力。目前尚不清楚这些努力是否真的能够提高创造力，不过在鉴别那些在传统学科上一点也不出众，却具有特殊天赋的学生上，它们已经成功了（Ramos-Ford & Gardner，1997）。

创造力的投资理论提出了许多培养创造潜能的可能方法。如果老师能够给予学

生更多的自由，让他们自己来设计自己的学科计划或科学实验，并允许他们对任何与众不同的兴趣进行深入探索，那么他们就能更接近能够培养好奇心、冒险、坚持、内在兴趣和关注于学习过程（而不是关注于得到及格的分数之类表现）的那种家庭环境。减少对事实性记忆和获得正确答案（聚合思维）的强调，更多地强调探讨存在许多可能答案的复杂问题，也会有助于提高学生的发散思维能力、对模糊性的容忍度，能促成创造性解答的全局式分析风格。遗憾的是，目前促进儿童创造潜能的努力都是在婴儿期进行的，而且尚不清楚哪种方法最为有效。但是，我们回顾的这些研究显示，当儿童对某种不寻常或者非传统的兴趣表现出不同一般的热情时，父母和教育者应该更热情一些。通过提供这种支持（如果可能的话还可以与专家接触），我们或许能够帮助未来的革新者发展其创造潜能。

**图片 7.6** 鼓励孩子发展那些在学校通常不受重视的“多元智力”的教育方案，常常可以鉴别出隐藏的天赋，还可能会促进创造力的发展。

## 本章要点

✦ 社会化的一个基本目标，就是根据儿童与生俱来的**掌握动机**，鼓励他们追求重要的目标并为其成就而自豪。

### 成就动机的概念

✦ 对**成就动机**的概括存在非常不同的方式。麦克莱兰把它看做一种习得的、为完成任务和成功而努力的动机（即**成就需要**，或 *n* Ach）。这种观点把高成就者描述为**内部定向**。但是，行为主义理论家则认为，成就动机是一种获取社会认可及其他外部奖励的需要；因此，他们认为高成就者是**外部定向**的。

### 对个体成就的早期反应：从征服到自我评价

✦ 婴儿受征服动机的引导，从他们日常的成就中获得乐趣。到两岁时，学步儿就开始预期别人对其表现的认可或责备，3 岁及更大的儿童则能够根据评判标准来评价自己的成就，还会根据其达到这些标准的程度，体验到真正的自豪或羞愧。对于 3.5 岁到 5 岁的儿童，赢得竞赛固然是极大的幸福，但是输了也还没有被看做“失败”。

### 成就动机理论与成就行为

✦ 有研究检验了麦克莱兰的成就需要理论，证实了人们在成就动机（n Ach）方面存在可靠的差异。但是，麦克莱兰认为这一普遍的动机可以预测所有情境中的成就行为的观念则是言过其实了。

✦ 阿特金森对成就需要理论进行了修正。他指出存在两种影响成就行为的、互相竞争的动机：**追求成功的动机**（$M_s$）和**避免失败的动机**（$M_{af}$）。阿特金森还开辟了新的领域，他强调：**成就预期**和**成就价值**这两种成就相关的认知是成就行为的重要影响因素。

- 维纳的归因理论源于此前有关控制点的研究，它关注于我们对成功或失败的**因果归因**，它们会怎样影响我们的成就预期和感知到的成功（或失败）的价值。
- 德威克的理论确认了两种相反的成就定向。**掌握定向**的儿童和青少年会把他们的成功归于稳定、内在的因素（如能力强），把他们的失败归于不稳定的因素（努力不够），并持有**能力增长观**；因而，他们会感到很有能力并且会努力去克服失败。相反，**习得无助定向**的儿童则往往在一次失败之后就不再努力，因为他们表现出**能力的实体观**，并把失败归因于能力不足，而他们对此无能为力。常常被责备能力不足的儿童和常常感到被迫选择**成绩目标**而非**学习目标**的儿童，就有可能形成习得无助。习得无助的儿童如果（通过**归因训练**）认识到，他们的失败能够而且往往应该归于努力不够之类的不稳定因素，而这些因素是他们通过继续努力能够克服的，他们就会变得更加趋向于掌握定向。父母和老师通过表扬儿童的成就来预防习得无助的形成，不过**过程表扬**要比**个人表扬**有效得多。

### 文化和亚文化因素对成就的影响

- 个体的文化传统会明显地影响其成就定向。来自集体主义社会的人们被教导要抑制个人主义，为了所在社会群体的更大福利而工作。相反，来自个人主义社会的人们则被教导要更自立，并强调个人成功是成就的指标。
- 学习成绩随着种族和**社会经济地位**（SES）而变化。教养方式的微妙差异、破坏性的同伴影响和**社会刻板印象的威胁**，都对低成就少数族裔学生不良的学习成绩有所影响。
- 无论什么种族，来自贫困背景的儿童都面临着学习成绩差的危险。**补偿式干预**，尤其是**两代干预**开始得很早、至少贯穿了整个学前阶段的干预，能够显著减少贫困儿童面临的学业风险。

### 家庭和家庭成员对成就的影响

- 对主要养育者形成了安全型依恋的婴儿和学步儿，很可能会成为好奇心强、寻求挑战的学前儿童，随后在学校也有良好的表现。
- 使用 **HOME 调查**进行的研究表明，丰富刺激的家庭环境可以给年幼儿童提供多种与其年龄适宜的挑战，和对于战胜这些挑战的鼓励和支持，从而促进今后的学习成绩。
- 早期的**独立性训练**和**成就训练**都会促进成就动机的发展，尤其是当父母热情地表扬其成功，又不过分指责其偶然失败时。集这些教养方式于一身（**权威型教养**）的父母，培养出的儿童会在学业上取得显著的成就。

### 创造力和特殊天赋

- **创造力**是产生受到别人高度评价的新奇想法和革新解答的能力。它与一般智力无密切联系，也不受基因型的太大影响，却能够通过父母鼓励孩子的好奇心，给他们深入探求自己兴趣的自由而得以培养。最初的观点把创造力等同于**发散思维**，但发散思维对个体创造性成就虽有贡献却无法完全解释。
- 最近出现的多成分观，如**创造力投资理论**认为认知、人格、动机和环境等多种资源共同促进了创造性的问题解决。由于存在实证支持，加上对促进创造力发展所提供的建议，这一理论看起来很有前景。

8

# 性别差异、性别角色发展与性

- 男性与女性的区分：性别角色标准
- 关于性别差异的一些事实与误解
- 性别定型的发展趋势
- 性别定型理论与性别角色发展
- 心理上的雌雄同体：21 世纪的一种预示
- 性特征与性行为

228 儿童的性别对于他们的发展有多重要呢？许多人会说“非常重要！”通常，父母最先知道的是孩子的性别，当这些初为人父母者自豪地打电话告诉亲友孩子出生了时，大多数亲友最先问的问题是“男孩还是女孩？”（Intons-Peterson & Reddel，1984）。实际上，给孩子贴上不同的性别标签往往是最快最直接的。在医院的育婴室或者产房，如果新生儿是个儿子，父母经常会称呼他为“大家伙”或者“虎子”，并且，他们通常会谈论婴儿的哭、踢、抓闹。相比之下，新生的女孩儿更多地被称为“糖心”或者“甜心”，并且被形容成柔弱的、招人喜欢的、可爱的（Maccoby，1980；MacFarlane，1977）。父母通常会为新生儿祈福，并给他们取一个反映其性别的名字。在西方社会，儿童立刻就会被蓝色或者粉红色的衣服装扮起来。玛玮丝·海瑟林顿和萝丝·帕克（Hetherington & Parke，1975，pp. 354-355）向我们描述了发展心理学家做实验时所面对的一个难题，“他们不想让观察者知道他们观察的是男孩还是女孩”：

> 即使是刚出生几天的一些女孩，当被带到实验室来时，她们的小辫子上或者几乎还是光秃的脑袋上都会扎着粉红色的蝴蝶结……另一种隐藏婴儿性别的尝试是让母亲给婴儿穿上罩衫，但女孩们穿着粉红色的罩衫，而男孩们穿着蓝色的罩衫，“你会相信那些皱皱巴巴的罩衫吗”？

当父母为孩子提供“与性别匹配”的发式、衣服、玩具时，性别教化就一直在进行着（Pomerleau et al.，1990）。父母与儿子或女儿玩耍的形式不同，对儿子和女儿做出反应的期望也不同（Bornstein et al.，1999；Caldera，Huston，& O'Brien，1989）。显然，儿童的养育者把性别看做一种重要属性——此属性可以决定养育者怎样对宝宝做出回应。

**图片 8.1** 性别角色的社会化早在父母给他们的婴儿提供“适合性别”的衣服、玩具和发式时就开始了。

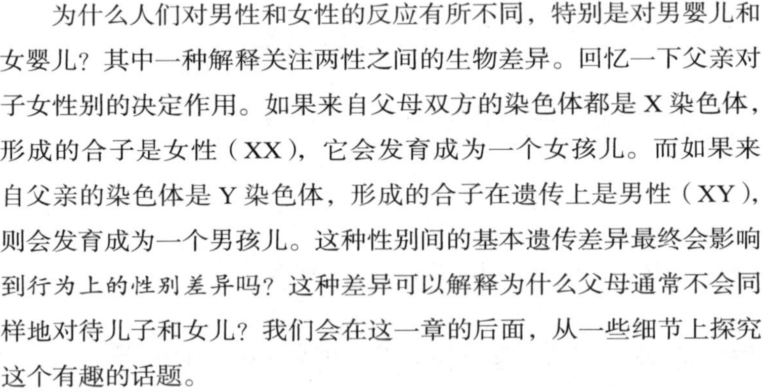

为什么人们对男性和女性的反应有所不同，特别是对男婴儿和女婴儿？其中一种解释关注两性之间的生物差异。回忆一下父亲对子女性别的决定作用。如果来自父母双方的染色体都是 X 染色体，形成的合子是女性（XX），它会发育成为一个女孩儿。而如果来自父亲的染色体是 Y 染色体，形成的合子在遗传上是男性（XY），则会发育成为一个男孩儿。这种性别间的基本遗传差异最终会影响到行为上的性别差异吗？这种差异可以解释为什么父母通常不会同样地对待儿子和女儿？我们会在这一章的后面，从一些细节上探究这个有趣的话题。

除了生物遗传方面的性别差异，还有更多其他方面的性别差异。在这个世界上，绝大多数社会都期望男性与女性的行为表现是不同的，他们要承担不同的角色。为了符合这些期望，儿童必须知道他是一个男孩还是女孩，并且必须把这种信息整合进他的自我概念中。本章，我们将集中讨论这一有趣的、受到争议的主题，即**性别定型**（gender typing），通过这一过程，儿童不仅形成性别同一性，还习得了其所在文化认可的、适合于自身性别的动机、价值观和行为举止。

本章开始，我们先简要介绍人们通常所认为的在认知、人格和社会行为方面确实存在的性别差异。许多关于性别差异的说法被认为是没有事实根据的虚构或神话，另一些说法则有真实的成分。之后，我们要介绍性别定型的发展趋势，了解到在上幼儿园之前幼儿就能意识到性别角色的社会刻板印象，并且表现出符合性别定型的行为。儿童怎样在这么小的年龄就学习到如此多的关于性别与性别角色的知识？我 229
们将回顾几个有影响的理论，这些理论具体说明了生物因素、社会经验与认知发展可能通过共同发挥作用或者相互作用来影响性别定型过程。在考察了传统性别角色在当今社会中已不再适用这一新观点之后，我们将简要介绍自我概念中的另一个重要方面：作为性个体的自我。

## 男性与女性的区分：性别角色标准

在进入大学之时，多数人已经了解了很多关于男性与女性的事情。事实上，如果让你和你的同学写下男人与女人心理上最不相同的 10 个方面，每个人都能轻而易举地写出来。而大家说的最多的就是：哪种性别的人更善于表达情绪？更爱干净？更具有竞争性？更爱说刻薄话？

**性别角色标准**（gender-role standard）指的是那些更适合某一性别成员的价值观、动机或者行为。总的来看，一个社会中的性别角色标准描述了社会期望男性与女性怎样去行事，反映了我们用以区分每种性别并对他们做出回应的性别刻板印象。

在很多社会中，包括我们自己的社会在内，女性性别角色标准和社会刻板印象往往与她们的生育者角色分不开。女孩一般被鼓励担当一种**表现型角色**（expressive role），即仁慈、照顾人、合作、更能体会别人的需要等（Parsons，1955）。我们假定，这些心理特质为女孩成为妻子或者母亲做好了准备（延续家庭功能、养育后代）。相反，男孩被鼓励担当一种**工具型角色**（instrumental role），作为一个传统的丈夫和父亲，男性将面临养育家庭、保护家人免受伤害的任务。因此，年幼的男孩被期望成长为具有支配性、果断、独立且具有竞争性的人。在几乎所有类型的社会中都发现了相似的规则和角色模式。当然，并不是所有社会都是这样（Wade & Tavris，1999；Williams & Best，1990）。在另一个大型的研究项目中，赫伯特·巴里、玛格丽特·贝肯和伊尔温·柴尔德（Barry，Bacon，& Child，1957）分析了 110 个非工业化社会中的性别定型习俗，寻找社会化过程中在 5 个特质上存在的性别差异：

**表 8.1**　在 110 个社会中，5 个特质在社会化中表现出的性别差异

| 特　质 | 男孩、女孩面临的社会化压力（在各个社会中所占的百分比） | |
|---|---|---|
| | 男　孩 | 女　孩 |
| 照顾性 | 0 | 82 |
| 顺从性 | 3 | 35 |
| 责任性 | 11 | 61 |
| 成就性 | 87 | 3 |
| 自主性 | 85 | 0 |

注：在每个特质上，两个百分比加起来并不等于 100，这是因为一些社会中，男孩和女孩在这个特质上面临的压力并没有什么区别。例如，在所得到的数据中，有 18% 的社会在养育方面对两性的要求并没有区别。

资料来源：Barry，Bacon，& Child，1957

照顾性、顺从性、责任性、成就性和自主性。如表 8.1 所示，成就与自主性更多地被用来鼓励男孩，照顾性、责任性和顺从性则较多地被用来鼓励女孩（也见 Best & Williams，1997）。

在现代工业化社会中，儿童也面临强大的性别定型的压力，但在压力程度与应对方式上与非工业化社会的儿童有所不同。（例如，在许多西方社会中，父母对子女成就的强调是大致相同的；Lytton & Romney，1991.）此外，表 8.1 中的发现并不是说女孩的自主性不受赞同或可以接受男孩的不顺从性。实际上，对男孩和女孩来说，巴里等人所探究的所有五种特质都是受到鼓励的，但是对不同特质的强调程
230 度取决于儿童的性别（Zern，1984；也见 Pomerantz & Ruble，1998）。这表明，社会化的第一个目标是鼓励儿童获得那些品质，成为表现好、对社会有用的成员。第二个目标（也是许多成人认为的很重要的目标）是使儿童“性别定型”，这是通过向女孩强调关系取向（或表现型的）的品质，以及向男孩强调个人主义（或工具型的）品质而实现的。

由于文化规范规定了女孩应该担任一种表现型的角色，男孩担当一种工具型角色，我们可能认为，女孩和女人实际上表现出了表现型特质，男孩与男人则拥有工具型特质（Broverman et al.，1972；Williams & Best，1990）。如果你认为，随着对女性权益的关注，越来越多的女性变成了劳动力，这些性别刻板印象已经逐渐消失了，那么你还需要再慎重考虑一下。虽然 20 世纪后半叶已经发生了一些变化，在性别角色以及规范方面（至少在西方社会中）越来越强调性别间的平等（Botkin，Weeks，& Morris，2000；Eagly，Wood，& Diekman，2000），但青少年与年轻人仍然认可许多传统的性别刻板印象，并且对那些表现出刻板印象品质的男人与女人更加偏好（Bergen & Williams，1991；Twenge，1997；可以在专栏 8.1 中测试一下你自己）。例如，在最近的一项研究中，大学生（Prentice & Carranza，2002）认为女人应该友好、甜美、热情、富于情绪表达和有耐心，而不是倔强、傲慢、富于威胁性、飞扬跋扈。相反，男人应该是理性、有雄心、果断、体格健壮、个性分明的领导者，决不应该是情绪化、容易受骗或软弱的、寻求支持的人。这些假想的（或被偏爱的）性别差异有事实依据吗？让我们来看看具体情况到底如何。

## 关于性别差异的一些事实与误解

法国的一句古老的格言“万物皆不同”反映了我们都知道的一个事实：男性与女性在解剖结构上是存在差异的。与女性相比，成年男性一般要高一些，重一些，肌肉也更发达。女性相信她们的寿命更长些。虽然这些生理差异非常明显，但是，心理功能方面的性别差异却不像我们大多数人所认为的那样清楚。

## 专栏 8.1　发展问题

### 你表现出男性或女性特点了吗

某些调查（如 Ruble，1983；Williams，Satterwhite，& Best，1999）让大学生对下面这些行为方式或者个人特质做出评价，看看哪些特征代表了“典型”的男性特征，哪些特征代表了“典型”的女性特征。作为一个练习，请用下面的这个量表来评价你自己，看看你在多大程度上表现出了下面的每个特质。（要诚实、坦白回答，答案不分对错。）

量表：

| 1 | 2 | 3 | 4 | 5 |
|---|---|---|---|---|
| 确实不像我 | 有些不像我 | 既不像我也像我 | 有些像我 | 确实像我 |

| 特　质 | | 特　质 | |
|---|---|---|---|
| 1. 主动的 | ________ | 17. 注意别人的感受 | ________ |
| 2. 爱冒险的 | ________ | 18. 考虑周全的 | ________ |
| 3. 攻击性的 | ________ | 19. 创造性的 | ________ |
| 4. 有雄心的 | ________ | 20. 好奇的 | ________ |
| 5. 爱竞争的 | ________ | 21. 他人取向的 | ________ |
| 6. 支配性的 | ________ | 22. 性感的 | ________ |
| 7. 独立的 | ________ | 23. 有艺术修养的 | ________ |
| 8. 好的领导 | ________ | 24. 易激动的 | ________ |
| 9. 有数学能力的 | ________ | 25. 有同情心的 | ________ |
| 10. 果断的 | ________ | 26. 亲切的 | ________ |
| 11. 呆板的 | ________ | 27. 迷人的 | ________ |
| 12. 坦率直言的 | ________ | 28. 优雅的 | ________ |
| 13. 持久的 | ________ | 29. 敏感的 | ________ |
| 14. 自信的 | ________ | 30. 心软的 | ________ |
| 15. 强大的 | ________ | 31. 机智的 | ________ |
| 16. 坚强的 | ________ | 32. 体谅人的 | ________ |
| ∑特质 1~16 | ________ | ∑特质 17~32 | ________ |

特质 1~16 通常是与男性有关的一些特质，特质 17~32 通常是与女性有关的一些特质。把你在每一列特质上的总分相加。本章后面讨论男子气、女子气和双性化的时候会回过头来看这个例子。

## 性别之间的真实心理差异

埃莉诺·麦考比和凯罗尔·杰克林（Maccoby & Jacklin，1974）在回顾了 1500 多项比较性别差异的研究后，得出结论：传统的社会刻板印象很少有事实基础。只有四种较小但可信的性别差异得到了研究的一致支持：

1. 言语能力。女孩比男孩拥有更出色的言语能力。女孩比男孩早说话，言语技能的发展也较早（Bornstein & Haynes，1998）。在整个儿童期与青少年期，她们在阅读理解测试以及流利地演讲方面保持着不大但一贯的言语优势（Halpern，1997，2000；Hedges & Nowell，1995）。
2. 视觉 / 空间能力。在**视觉 / 空间能力**（visual/spatial abilities）测验中，男孩的表现优于女孩，他们善于做出视觉 / 空间推断，也善于对图画信息进行心理操作（见图 8.1）。男性在空间能力上具有中等程度的优势，这种优势在 4 岁之前就已出
231 现，并且持续一生（Levine et al.，1999；Liben et al.，2002；Voyer，Voyer，& Bryden，1995）。
3. 数学能力。从青少年初期起，男孩们就在数学推理测验中始终表现出略好于女孩的优势（Halpern，1997，2000；Hyde，Fennema，& Lamon，1990；见图 8.2）。女孩在计算技能上胜过男孩；但是男孩的数学问题解决策略比女孩多，这使他们能够在学业倾向测验（SAT）中的复杂的文字问题、地理和数学部分超过女孩（Byrnes & Takahira，1993；Casey，1996）。在那些高数学成就者中，男孩在

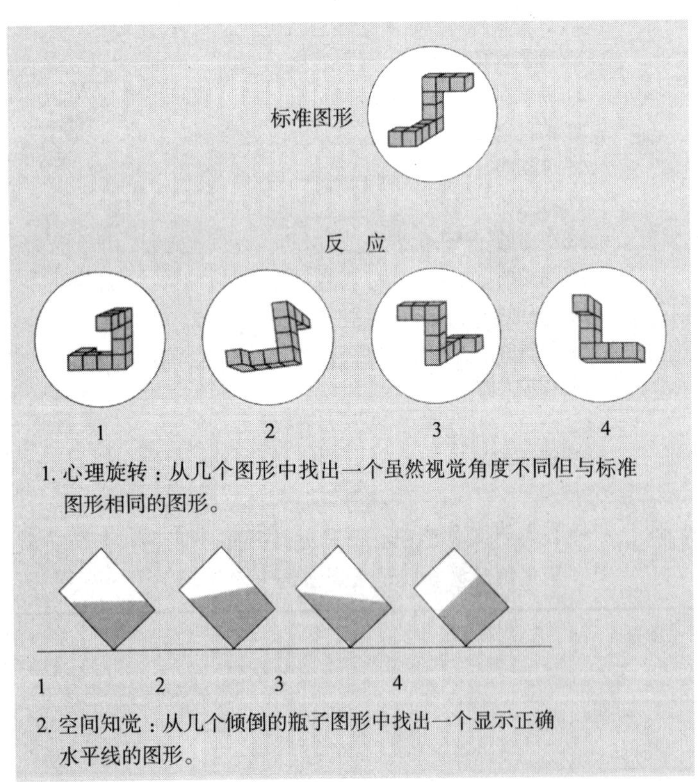


**图 8.1** 存在性别差异的两种空间任务。（资料来源：Linn & Petersen，1985.）

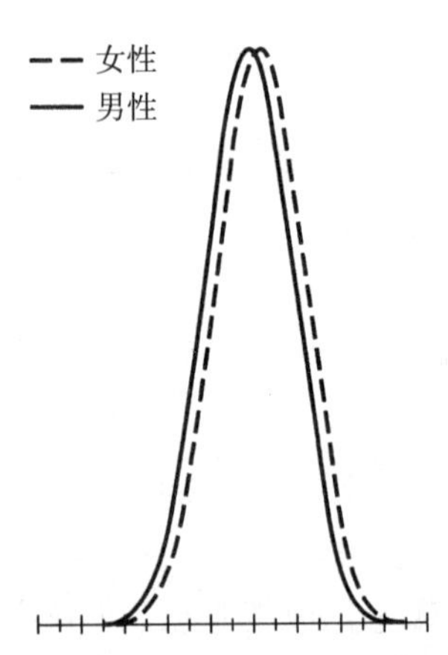


图 8.2 这是两条分数分布曲线，一条是男性的，一条是女性的，它们显示了性别间能力差距的大小，这种性别差异得到了多项研究的证明。男性和女性的平均成绩差别不大，两性的分数分布有相当大的重叠。（资料来源：Hyde，Fennema，& Lamon，1990.）

数学问题解决方面的优势体现得最明显，与女性相比，更多的男性拥有超凡的数学才能（Stumpf & Stanley，1996）。在算术推理上的性别差异似乎可以归因于视觉 / 空间能力与问题解决策略上的性别差异（Casey，Nuttall，& Pezarris，1997）。但是，社会舆论（男孩与女孩所接收到的关于他们各自能力的一些信息）也能影响他们的数学、言语和视觉 / 空间推理技能。

4. *攻击性*。男孩比女孩更具有攻击性（身体攻击和言语攻击），两岁时这种差异就开始出现，到了青少年期，男孩参与暴力犯罪活动的危险性是女孩的 10 倍（U.S. Department of Justice，1995）。但是，女孩比男孩更可能表现出对别人的隐 232
蔽的敌意，比如冷落、忽视他人，试图削弱别人的社会关系或社会地位（Crick，Casas，& Mosher，1997；Crick & Grotpeter，1995）。

*其他性别差异*：批评者很快就对麦考比和杰克林的综述研究提出了批评，说她们用来搜集和统计结果的程序使她们低估了实际存在的更多的性别差异（Block，1976；Huston，1983）。后来的一些研究结合了几项研究的结果，对性别差异的可靠性进行了更准确的估计，提出了在人格与社会行为方面的另一些性别差异：

5. *活动水平*。甚至在出生以前，男孩的身体活动就比女孩多（DiPietro et al.，1996），他们在整个儿童期都保持更高频率的活动，特别是在与同伴交往时（Eaton & Enns，1986；Eaton & Yu，1989）。男孩表现出来的高活动水平可以帮助人们理解，为什么他们比女孩更可能发起和接纳许多非攻击性的、推搡摔打的游戏（Pellegrini & Smith，1998）。
6. *害怕、胆怯和冒险*。从出生后第一年起，在不确定的情境中，女孩就比男孩表现出更多的恐惧和胆怯。在这些情境中，她们比男孩更小心翼翼、优柔寡断、不敢承担风险（Christopherson，1989；Feingold，1994）。
7. *发展的脆弱性*。从胎儿期起，在面临产前以及围产期的危险与疾病影响方面，男孩比女孩更脆弱（Raz et al.，1994，1995）。男孩也比女孩更可能表现出各种各样的发展问题，包括阅读障碍、言语缺陷、多动、情绪失调、智力迟滞（Halpern，1997；Henker & Whalen，1989）。
8. *情绪表达性 / 敏感性*。在婴儿期，男孩与女孩在情绪表达方面并没有多大差别（Brody，1999）。但是从学步期开始，男孩就比女孩更多地表达愤怒情绪，女孩则更多地表达其他各种情绪（Fabes et al.，1991；Kochanska，2001）。与两岁男孩相比，两岁女孩会使用更多的情绪词（Cervantes & Callanan，1998），学前儿童的父母更多地（与对儿子相比）对女儿谈论一些情绪以及跟情绪有关的事件（Kuebli，Butler，& Fivush，1995）。这种对情绪、情感进行反思的社会支持可以帮助解释，相对于男孩与男性，为什么女孩与女性可以比较深刻而强烈地说出她们的情绪，可以更自在地表达她们的感受（Diener，Sandvik，& Larson，1985；Fuchs & Thelan，1988；Saarni，1999）。

图片 8.2 男孩比女孩玩更多的追跑打闹游戏。

关于移情敏感性之性别差异的证据比较复杂。女孩或女性一致地认为她们自己（并且也由他人评定）比男孩或男性更善于照顾人，更富有同情心，移情能力更强（Cohen & Strayer，1996；Feingold，1994）。但是以引发移情（同情）为目的的实验室研究（让儿童体验别人的痛苦与不幸）所得结果揭示，男孩对别人的不幸表现出来的面部痛苦、关注及生理唤醒与女孩一样多（Eisenberg & Fabes，1998；Fabes，Eisenberg，& Miller，1990）。在自然情境下，人们发现男孩 233
对宠物和长辈表现出来的爱与关心与女孩一样多（Melson，Peet，& Sparks，1991）。

9. *顺从*。早在学前期，当面对父母、老师和其他权威人物的要求时，女孩就比男孩表现得更顺从（Feingold，1994；Maccoby，1998）。当劝告别人遵从自己时，女孩主要靠技巧和提出礼貌的建议，男孩虽然也能机智得体并且表现出友好的合作，但和女孩相比，他们更主要凭借过分的要求或控制策略（Leaper，Tennenbaum，& Shaffer，1999；Strough & Berg，2000）。
10. *自尊*。在整体自尊方面，男孩略优于女孩（Kling et al.，1999）。这种差异在青少年期更加显著，并且持续整个成年期（Robins et al.，2002）。

在回顾有关“真实的”性别差异的根据时，我们必须保持头脑清醒，这些数据资料反映的是群体的平均水平，它们可能反映了特定个体的行为，也可能没有反映。例如，性别可以解释儿童表现出来的蓄意攻击行为中的约 5% 的变异（Hyde，1984），其余 95% 的变异缘于人与人之间除性别差异之外的其他变异。另外，依麦考比和杰克林所说，言语能力、空间能力与数学能力方面的性别差异并不是很大，但对处于能力分布的两个极端区域（非常高或者非常低）的人群来说，这种差异非常明显（Halpern，1997，2000），在其他区域的人群中就不很明显（Stetsenko et al.，2000）。例如，在以色列女性在数学能力测验中表现较好，有时甚至超过男性；因此她们在技术培训与技术型职业中的机会更多（Baker & Jones，1992）。这些发现显示，大多数性别差异并不存在生物必然性，文化及其他社会影响对男性与女性的发展有重要作用（Halpern，1997）。

那么，我们该对性别心理差异下什么样的结论呢？虽然当前学者们还会经常争论哪些性别差异是真正存在的和有意义的（Eagly，1995；Hyde & Plant，1995），但是大多数发展心理学者都赞同这一点：*男性与女性在心理上的相似远远多于不同*，即便在说服力很强的文献中得出的性别方面的最大差异也只是中等程度的。因此，不能简单地根据性别准确地预测人的攻击性、数学技能、活动水平或情绪的表达性。

只有计算群体水平的时候，才能发现性别差异。

## 文化方面的误解

当今的多数发展心理学者认同的另一个结论是麦考比和杰克林的一个观点（Maccoby & Jacklin，1974），她们指出，许多（可能是大多数）性别角色刻板印象是没有事实基础的"文化方面的误解"。表 8.2 列出了被人们广泛接受的这些"误解"。

为什么这些不准确的说法一直大行其道？麦考比和杰克林是这样解释的（1974）：

> 对这些长期流行的"误解"，一个……可能的解释是，这些刻板印象具有强
> 大的影响力。这里必须说到一个古老的真理：如果人们相信了对一个群体的一 234
> 般概括，只要这个群体的某一个人按人们期望的去做，别人就会记住他的行为，人们的观念就会得到证实和加强；当这个人的所作所为与别人期望不一致时，他的行为方式就会被忽视，人们的一般看法还是会受到保护……（这种）已被文献清楚论证过的（选择性注意）……过程……导致了这些虚构的东西继续流传，它们终究会在否定证据的不断冲击下逐渐消失（p. 355）。

换句话说，性别角色刻板印象是深深印刻于头脑中的一些认知图式，我们用它们来解释两性的行为，经常发生歪曲（Martin & Halverson，1981；也见专栏 8.2）。人们甚至用这些图式对婴儿的行为分类。在一项研究中（Condry & Condry，1976），让大学生看一段录像，告诉他们录像中的 9 个月的婴儿是一个女孩（"Dana"）或一

**表 8.2**　关于性别差异的一些缺乏依据的观念

| 观念 | 事实 |
|---|---|
| 1. 女孩比男孩更加具有"社交性"。 | 两性对社会刺激都同样感兴趣，对社会强化物的反应性相同，都善于学习社会榜样。在一定年龄阶段，男孩确实比女孩花更多的时间与同伴在一起。 |
| 2. 女孩比男孩更容易"受影响"。 | 大多数有关儿童从众的研究都没有发现性别差异。但是，有时候男孩比女孩更容易接受与自己的价值观相冲突的同伴群体的价值观。 |
| 3. 在简单的重复性任务中，女孩比男孩表现得好，而在需要高水平的认知过程参与的任务中，男孩表现得好。 | 有关证据不支持这一说法。在死记硬背的学习、概率学习和概念学习中，不存在性别差异。 |
| 4. 男孩比女孩更加具有"分析性" | 除了我们已经讨论过的，在认知能力上存在的中等程度的性别差异外，男孩和女孩在分析测验和逻辑推理上不存在性别差异。 |
| 5. 女孩缺乏成就动机 | 这种差异不存在！或许女性缺乏成就动机这一说法只是因为女性的成就动机指向不同的目标。 |

资料来源：Maccoby & Jacklin，1974.

## 专栏 8.2 研究聚焦

### 性别刻板印象会影响儿童对相反信息的解释吗

麦考比和杰克林（Maccoby & Jacklin，1974）提出，一旦人们习得了某种性别刻板印象，他们就容易关注并记住与这些社会刻板印象一致的信息，而不容易记住与社会刻板印象不一致的信息。凯罗尔·马丁和查尔斯·哈尔弗森（Martin & Halverson，1981）同意这种观点，他们认为性别刻板印象是一种根深蒂固的图式或朴素理论，人们用它来组织和表征一些经验。这些性别刻板印象对儿童（或成人）的认知过程至少会产生两个重要影响：（1）对记忆的组织效应，使得与图式一致的信息比与图式不一致的信息更容易被记住；（2）扭曲效应，与性别刻板印象不一致的信息在记忆过程中会变得与性别刻板印象一致。例如，当看见一个女孩在厨房做饭（性别一致信息）的时候，人们比较容易就记住了这个信息，而当一个男孩做出相同的行为（性别不一致信息）的时候，人们就不太容易记住。如果人们看见男孩做饭，他们可能会扭曲这个信息使它与性别刻板印象一致——可能记住这个人是个女孩而不是男孩，或者重构男孩的行为，认为他是在修炉子而不是在煮饭。

马丁和哈尔弗森（Martin & Halverson，1983）对5~6岁的儿童进行了一项有趣的研究，验证了他们的假设。在第一阶段，给每个儿童呈现16张图片，有一半图片描绘的是与性别一致的活动（例如一个男孩在玩卡车），另外一半图片呈现的是与性别不一致的活动（例如一个女孩在砍木头）。一周之后，测查儿童对这些图片的记忆。

实验结果非常有趣。儿童能够很容易地回忆起那些描绘性别一致活动的图片。但是当图片中主人公的行为与其性别不一致的时候，儿童经常扭曲图片内容，称主人公的性别与他们回忆起来的活动一致（例如，他们可能会说自己看见的是一个男孩在砍木头而不是女孩）。正如所料，儿童对对自己所做判断的自信程度在活动与性别一致的情境中比较高，而在活动与性别不一致情境中比较低，这表明儿童很难记住与性别刻板印象相反的信息。但有趣的是，当儿童扭曲性别与活动不一致的情境的时候，他们对主人公性别的判断（不正确），跟他们正确判断性别与活动一致情境中主人公的性别时一样肯定。因此，似乎儿童倾向于扭曲与性别刻板印象不一致的信息，来使它们与性别刻板印象一致，对他们来说，这些被扭曲了的记忆就是真实情况。

为什么不准确的性别刻板印象会一直存在呢？我们发现，人们很难回忆违背这些成见的信息。事实上，我们经常扭曲信息使得它们与我们最初的（不准确的）信念一致。

---

个男孩（“David”）。当这些大学生观察儿童时，让他们解释婴儿（他或她）对诸如泰迪熊或玩偶盒的反应。结果，他们对婴儿行为的印象显然依赖于他们对婴儿性别的假定。例如，当这个婴儿童被假定是男孩时，如果婴儿对玩偶盒的反应很强烈，大学生们就说他“很生气”；而当这个婴儿被假定为女孩时，就说她“很害怕”。

无论是对男孩还是女孩，如果他们还未形成持久的性别角色刻板印象，或形成了不清楚的性别刻板印象，都会对其产生重要影响。我们将在下一节讨论这些误解所带来的一些更消极的后果。

## 文化误解能解释能力（和就职机会）的性别差异吗

1986年，菲利普·高尔德伯格（Goldberg，1986）让一些女大学生判断几篇科学论文的优点，事先告知她们这些论文的作者是男性（“约翰·麦凯”）或者是女性（“琼·麦凯”）。虽然原稿是一模一样的，与被告知这些文章是由男性所写的时候，参与者判断的论文质量更高相比。

这些年轻女性反映出一种普遍存在于很多社会中的观念，即女孩与女性在数 235
学与自然科学的学习或在需要这些知识的职业上缺乏能力（Eccles et al.，2000；Tennebaum & Leaper，2003）。上幼儿园和小学一年级的女孩已经认为她们的数学成绩不如男孩；在整个小学阶段，儿童越来越把阅读、艺术与音乐作为女孩擅长的领域，而数学、自然科学、体育以及操作实验课则更适合男孩（Eccles，Jacobs，& Harold，1990；Eccles et al.，1993，2000）。另外，一项对多种职业中女性与男性从业者所占百分比的调查结果揭示，女性较多地在需要言语能力（如图书馆科学、基础教育）的领域中工作，较少在其他职业领域，尤其是需要数学与自然科学背景的理工与其他技术领域（如工程学）（Eccles et al.，2000；National Council for Research on Women，2002），这些不平衡现象在欧洲社会中也可见（Deandre，2002）。我们怎样解释这些显著的性别差异呢？是由在言语、数学或者视觉 / 空间能力方面存在的较小的性别差异造成的？还是性别角色刻板印象制造了一种**自我实现预言**（sef-fulfilling prophecy）——它是否促进了认知表现上的性别差异并引导男孩与女孩沿着不同的职业路径发展？当前，许多发展心理学者赞同后面的这种观点。让我们看看近期的一些研究。

### 家庭影响

父母常以不同的方式对待儿子和女儿，这可能导致了能力和自我知觉方面的性别差异。杰奎琳·艾克尔斯（Jacquelynne Eccles）等人进行了许多研究，试图查明为什么女孩容易在数学与自然科学课程上表现得退缩，并且较少出现在与数学、自然
科学有关的职业领域中。她们发现，父母对两性在数学能力上的不同期望的确变成 236
了自我实现的预言。具体如下：

1. 父母受性别刻板印象的影响，甚至在孩子们接受正式的数学教育之前，就期望儿子在数学上的表现超过女儿。美国、日本和中国台湾的母亲都认为，男孩比女孩的数学能力更强（Lummis & Stevenson，1990），父母的这种观念随着儿童的逐渐长大而不断增强（Frome & Eccles，1998）。
2. 父母把儿子在数学上的成功归因于能力，把女儿的成功是归结于努力（Parsons，Adler，& Kaczala，1982）。这种归因进一步地强化了女孩缺乏数学才能这一观念，她们只有通过刻苦努力才能得到好成绩（亦见 Pomeranz & Ruble，1998）。

3. 儿童慢慢地接收了父母的观念，男孩感觉更自信，女孩则往往低估自己的一般学习能力（Cole et al.，1999；Stetsenko et al.，2000），特别是不相信自己能精通数学（Fredricks & Eccles，2002；Jacobs & Eccles，1992）。
4. 由于怀疑自己缺乏能力，女孩开始对数学缺少兴趣，不重视数学，很少选择数学课。与男孩相比，她们中学毕业后，也不大愿意从事跟数学有关的职业（Benbow & Arjimand，1990；Jacobs et al.，2002）。

简而言之，那些期望女儿对数学望而却步、在数学中苦苦挣扎的父母，他们的期望往往能够实现。艾克尔斯和其同事的研究发现，女孩在数学上的实际表现比男孩差，是因为父母（以及女孩们）对女孩期望较低。甚至当男孩和女孩在数学能力倾向测验中表现得同样好，在数学上获得一样的成绩时，父母的低期望对女孩自我知觉的消极影响也是明显的（Eccles，Jacobs & Harold，1990）。父母认为女孩擅于学语言，男孩在体育与自然科学方面更有能力，这种观念也可以解释在这些领域方面的兴趣与能力的性别差异（Eccles et al.，2000；Fredricks & Eccles，2002；Tennenbaum & Leaper，2003）。

### 学校影响

一些特定科目上，教师对男孩和女孩能力的高低也存在一些性别刻板印象。例如，六年级的数学老师认为，男孩在数学上更有能力而女孩则更努力（Jussim & Eccles，1992）。甚至这些老师经常会为了嘉奖女孩的努力，而给她们与男孩一样或者高一些的分数（Jussim & Eccles，1992）。这些微秒的信息暗示，女孩必须更努力才能在数学上获得成功。这使许多女孩相信，她们最好将自己的才能引向其他与数字较少相关的领域，如音乐和语文，这些才更适合自己。

总之，关于认知能力性别差异的一些缺乏根据的看法可以真正地解释我们已讨论过的、与性别有关的一些较小的能力差异，并最终说明了多数女性不会从事科学领域的职业或者需要数字化技能的职业。显然，艾克尔斯所描述的那些事实不是不可以避免的。例如，对性别角色态度与行为持有非传统观念的父母，他们的女儿在数学与自然科学方面的成就并不会随着年龄增大而下降，而那些来自传统家庭的女孩则表现出这种下降趋势（Updegraff，Mchale，& Crouter，1996）。在过去十几年中，研究者做出了一定的努力来教育父母、老师以及辅导员，告诉他们这些没有根据的性别刻板印象会削弱有才能的女学生的教育与职业热情。有证据证明，这些努力已经取得了一定实效。在最近的一项追踪研究中，艾克尔斯等人（Fredricks & Eccles，2002；Jacobs et al.，2002）发现，到 12 年级时，女孩同男孩一样重视数学并且认为
237 自己和男孩一样擅长数学（虽然两种性别的人对自身数学能力的评价与数学重要性的评价都有下降趋势）。在当今美国社会，虽然女性在科学和工程领域的从业者中只占 23%，但是在 1999 年，女性获得了所有法学学位的 40%，医学学位的 30%，工程

与自然科学领域内所有学位的近 40%（Smith，2000）。而在 1970 年，相应的百分比为：法学 9%，医学 5%（Bianchi，1995）。因此，当越来越多的女性在政治、专家型职业、科学、高技能行业以及最终在所有其他职业上取得成功时，我们有理由相信，对女性能力的许多制约性成见最终会土崩瓦解。反对这种趋势等于浪费一种具有无穷价值的资源：超过世界总人口一半的女性的能力与努力。

下面，我们将讨论性别定型过程，看看为什么男孩和女孩对自己的看法如此不同，并且常常选择担当不同的角色。

## 性别定型的发展趋势

传统的性别定型研究集中在三个独立又相互联系的主题：（1）**性别同一性**（gender identity）的发展，即认识到自己是男孩或女孩且性别是不可改变的属性；（2）**性别角色刻板印象**的发展，或者关于男性和女性应该是什么样子的看法；（3）**行为的性别定型模式**的发展，即相对于那些被认为是异性的活动，儿童偏好同性别的活动。

### 性别概念的发展

形成性别同一性的第一步是区分男女，并且把自己归到其中一类。六个月婴儿就能通过声调的差异来判别女性与男性的话语（Miller，1983）；到 1 岁时，他们能准确区别男性和女性的照片（女人是长头发的），开始把男性与女性的声音和面孔相匹配，以检验他们的多通道知觉[1]（Leinbach & Fagot，1993；Poulin-Dubois et al.，1994）。

在 2~3 岁期间，儿童开始说出他们所知道的有关性别的知识，他们获得并且正确使用诸如“妈妈”和“爸爸”以及（稍晚些时候）“男孩”和“女孩”的称谓（Leinbach & Fagot，1986）。在 2.5~3 岁时，几乎所有的婴儿都能准确地知道自己是男孩还是女孩（Thompson，1975），虽然对他们来说，理解性别的永久性还需要较长时间。例如，许多 3 到 5 岁的儿童认为，如果他们真的想的话，男孩能够做妈妈，女孩可以做爸爸，或者认为，一个人变换衣服与发式后可以变成另一性别的人（Fagot，1985b；Marcus & Overton，1978）。一般来说，儿童大约在 5~7 岁期间开始懂得性别不可改变，因此，多数年幼儿童在他们进入小学时，才对自己将来是男孩还是女孩拥有了稳定的同一性。

---

1　多通道知觉：通过一种感觉通道（说、看）来识别一个已为其他感觉道（听觉或听）所熟悉的刺激的能力。

## 性别角色刻板印象的发展

大约在开始意识到自己是男孩或女孩的同时，学步儿童开始形成性别角色刻板印象。黛娜·库恩等人（Kuhn et al.，1978）先向 2.5 岁到 3.5 岁的儿童出示一个男性玩偶（“麦克尔”）和一个女性玩偶（“丽莎”），然后询问儿童两个玩偶中的哪一个
238 会做一些符合性别刻板印象的活动，如做饭、缝衣、玩娃娃、卡车、火车、说话多、亲吻、打架、爬树等。男孩和女孩都认为女孩说话多、不打人、常常需要帮助、喜欢玩娃娃，并且喜欢帮助妈妈干一些做饭和打扫卫生之类的家务。这些年幼儿童觉得男孩喜欢玩汽车、喜欢帮助父亲、喜欢搭建一些物体，并且爱说“我打你”。在这些 2~3 岁的儿童中，那些对性别刻板印象了解最多的孩子，能根据别的孩子的照片正确地判断他们是男孩还是女孩（Fagot，Leinbach，& O’Boyle，1992）。因此，对性别标签的理解似乎加速了性别定型的过程。

在学前期与小学初期，儿童对适合男孩和女孩的玩具、活动和成就领域了解得越来越多（Serbin，Powlishta，& Gulko；1993；Welch-Ross & Schmidt，1996）。最终，小学儿童认识到，男孩和女孩在心理方面的差异很大，他们首先知道的是自己这种性别的一些积极特质和另一性别的一些消极特质（Serbin，Powlishta，& Gulko，1993）。10 岁到 11 岁时，儿童对人格特质的成见可与成人相比。在一项著名的跨文化研究中，德博拉·贝斯特及其同事（Best et al.，1977）发现，英国、爱尔兰及美国的四年级与五年级的儿童一般都认定，女性是脆弱的、情绪化的、软心肠的、世故的以及充满感情的，男性是野心勃勃的、果断的、冒险的、支配的和残忍的。后来的研究揭示，由全世界许多国家的男性和女性参与者评定的这些相同的人格维度（以及许多其他的维度）可以有效地来描述男性和女性特征（Williams，Satterwhite，& Best，1999）。

儿童会怎样对待学习到的这些性别角色的模式？他们认为必须要遵从这些社会刻板印象吗？许多 3~7 岁的儿童认为是这样的。他们经常像幼小的本性别第一主义

J. Kramer/The Image Works

Lawrence Migdale/Photo Researchers

**图片 8.3** 在 2.5~3.5 岁时，儿童知道男孩和女孩偏好不同的活动，他们已经开始玩符合性别刻板印象的游戏。

者那样推理，把性别角色标准看做不可违反的共通规则（Biernat，1991；Ruble & Martin，1998）。请看一个 6 岁儿童对一个喜欢玩娃娃的的男孩乔治的反应：

> （*你认为人们为什么不让乔治玩娃娃？*）他应该只玩男孩玩的东西，现在他玩的东西是女孩们玩的……（*如果乔治想玩，他可以玩芭比娃娃吗？*）不行，先生！……（*乔治应该做什么呢？*）他应该停止玩娃娃而开始玩"特种部队"（*为
> 什么一个男孩可以玩特种部队而不能玩芭比娃娃呢？*）因为如果一个男孩玩芭 239
> 比娃娃，他会受到人们的取笑……并且，即使他试着多玩芭比娃娃来讨女孩喜欢，女孩也不会喜欢他（Damon 1977，p. 255，斜体字为本书作者加）。

为什么年幼儿童会如此地不容忍性别角色违规呢？可能是因为，在他们 3~7 岁期间，与性别有关的问题对他们非常重要。毕竟，这个时候他们很坚定地把自己归为了男孩或女孩，并开始怀疑他们会一直是男孩或者女孩。因此，他们可能夸大性别角色刻板印象，好"让他们获得清楚地认识"，并与自己的男性或女性自我意象相匹配（Maccoby，1998）。

但是到 8~9 岁时，儿童对性别的看法变灵活，性别主义偏向减弱了（Blakemore，2003；Levy，Taylor，& Gelamn，1995；Mchale et al.，2001）。请看，9 岁的詹姆斯对人们有义务遵守的道德规则与习俗上而非义务上的性别角色标准作了如下的清楚区分：

> （*你认为他的父母应该做什么？*）他们应该……给他卡车和别的玩具，看看他会不会玩那些东西。（*若是……他一定要玩娃娃会怎么样呢？你认为他们会惩罚他吗？*）不会。（*会怎么样？*）这又不是在做坏事。（*为什么不是坏事呢？*）因为……如果他打破窗户，并且他一直那样做，他们会惩罚他，因为你不应该打破窗户。但是如果你想玩娃娃的话，你可以玩娃娃。（*区别是什么呢？……*）那是，打破窗户是你不应该做的。而如果你玩娃娃，你可以玩，但是男孩通常不会这样。（Damon 1977，p. 263，斜体字为本书作者所加）

但是，小学生口头上说男孩女孩可以有跨性别的兴趣，参加跨性别的活动，并不一定意味着他们赞同那样做。如果询问他们是否会跟一个涂口红的男孩或者一个踢足球的女孩交朋友，并评价性别角色逆反时，小学儿童（和成人）可以适当地容忍女孩的角色逆反。但是，参与者（特别是男孩）对那些尝试着像女孩那样装扮和行为的男孩比较苛刻，把这些违反性别角色的行为看得和违反道德规则一样坏。这显示，遵从性别角色让男孩承受了较大的压力（Blakemore，2003；Levy，Taylor，& Gelman，1995）。

### 文化影响

虽然西方个人主义社会中 8 到 10 岁的儿童对许多违反性别刻板印象行为的看法变得更灵活，但在其他地方，类似情况可能不会很明显。在中国台湾这样的集体主

义社会，强调保持社会的和谐以及符合社会的期望，人们鼓励儿童去接受和遵从适宜的性别角色模式。因此，与来自西方个人主义社会的同龄人相比（以色列城郊儿童），8~10 岁的中国台湾儿童对违反性别角色的行为的接受程度要低（特别是男孩）（Lobel et al.，2001）。

### 青少年如何看待性别刻板印象

在青少年早期，儿童从小学进入初中，他们对男性与女性可能表现出的特质，以及自己可能拥有的爱好与职业兴趣的看法越来越灵活变通（至少对西方的青少年是这样）。但是很快，性别角色模式再次变得不易变通，男孩和女孩对由男性或女性表现出来的跨性别行为举止都表现出一种强烈的不能容忍的态度（Alfieri，Ruble，& Higgins，1996；Sigelman，Carr，& Begley，1986；Signorella，Bigler，& Liben，1993）。怎样解释这种性别偏见的再次回转呢?

显然，青少年对跨性别举止行为之所以日益不能忍受，很大程度是由于一个更强的**性别激化过程**（gender intensification）。当一个人进入青春期时，遵从性别角
240 色的压力不断增加，与这种压力相关的性别差异扩大（Boldizar，1991；Galambos，Almeida，& Petersen，1990；Hill & Lynch，1983）。男孩开始看到更男性化的自己，女孩则更强调她们女性特征的一面（Mchale et al.，2001）。为什么会发生性别强化?父母影响是其中一个因素：当儿童进入青少年期，母亲越来越多地和女儿共同活动，父亲则更多地与儿子共同活动（Crouter，Manke，& Mchale，1995）。但是，同伴影响可能更重要。例如，青少年不断地发现，要想成功地与异性约会，他们必须遵从传统的性别规则。一个假小子似的且对此没有意识的女孩，到了青春期可能会发现她必须在穿着上更“女性化”，行为举止也更“女性化”，才能吸引男孩。而男孩会发现，如果他表现出一种更明显的“男性化”形象，才会比较受欢迎（Burn，O’Neil，& Nederend，1996；Katz，1979）。让青少年遵从传统角色的社会压力甚至可以帮助解释为什么当儿童进入青春期时,认知上的性别差异有时会变得更显著（Hill & Lynch，1983；Roberts et al.，1990）。在中学后期，青少年对他们作为年轻男性与女性的认同感更深刻，对性别的思考再一次变得比较灵活（Urberg，1979）。但是即使成人也可能不容忍那些公然不顾性别角色模式的男性（Levy，Taylor，& Gelman，1995）。

## 性别定型行为的发展

评定儿童行为“性别适宜性”的最普遍的方法，是观察他们喜欢跟谁在一起玩，玩什么。玩具偏好的性别差异出现得很早，甚至早在儿童建立基本的同一性之前，或者在他们能够正确指称各种“男孩玩的”、“女孩玩的”玩具之前就出现（Blakemore，Larue，& Olejnik，1979；Fagot，Leinbach，& Hagan，1986；Weinraub et al.，1984）。14~22 个月的男孩通常更喜欢卡车与汽车，这个年龄的女孩更愿意玩娃娃和柔软的玩具（Smith & Daglish，1977）。18~24 个月的学步儿童经常会拒绝玩跨性别的玩具，甚至在没有其他玩具可玩时也会这样（Caldera，Huston，& O'Brien，1989）。

### 性别分化

儿童很早就发展出了对同性别玩伴的偏爱。在托儿所时，两岁大的女孩就已经偏爱和其他的女孩子一起玩（La Freniere，Strayer，& Gauthier，1984），并且在 3 岁前，男孩们往往会选择男孩而非女孩作为同伴。这种**性别分化**（gender segregation）现象已经在多种文化中被观察到（Leaper，1994；Whiting & Edwards，1988），随着儿童年龄增长，它逐渐变得明显。在 6.5 岁之前，儿童与同性同伴在一起的时间是他们与异性同伴在一起时间的 10 倍多（Maccoby，1998），当一个年幼儿童与异性同伴在一起玩时，通常会有至少一个同性别同伴在场（Fabes，Martin，& Hanish，2003）。小学儿童与青少年前期的儿童一般认为，跨性别的交往比较没趣，他们对异性同伴比对同性同伴有更消极的行为举止（Underwood，Schockner，& Hurley，2001）。有趣的是，年幼儿童认识到，仅仅因为其他儿童的性别就在玩偶或玩卡车游戏中排斥他是错误的（Killenet al.，2001），但他们却还是经常这样做。埃兰·斯鲁夫及其同事（Sroufe et al.，1993）发现，那些坚定地保持性别界线，避免与“敌人”结伴的 10 到 11 岁儿童，大多被看做是有社会能力的和受欢迎的，而那些违反性别分化规则的儿童，则不受欢迎以及适应不良。事实上，那些偏好跨性别友谊的儿童可能受到同伴的拒绝（Kovacs，Parker，& Hoffman，1996）。但是，当青春期的社会性与生理性事件激发了对异性同伴的兴趣时，性别界线与对异性同伴的偏见会下降（Bukowski，Sippola，& Newcomb，2000；Serbin，Powlishta，& Gulko，1993）。

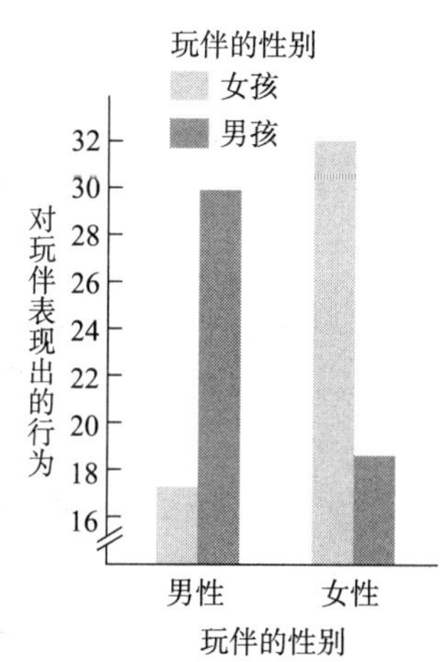


**图 8.3**　到 33 个月大的时候，学步儿童已经偏爱同性别的玩伴。男孩较多地与男孩交往，较少与女孩交往，女孩对女孩比对男孩更友好。

（资料来源：Jacklin & Maccoby，1978.）

241 为什么会发生性别分化呢？埃莉诺·麦考比（Maccoby，1998）认为，这在很大程度上反映了男孩与女孩游戏风格之间的差异，男孩女孩游戏的不相容性源于男孩雄性激素水平的增高，该激素促进了活跃和粗犷的行为。在一项研究中（Jacklin & Maccoby，1978），成人观察者让成对的同性别和异性别的学步儿童待在一个有很多有趣玩具的游戏室，并记录了他们在一起玩或者单独玩的频率。如图 8.3 所示，男孩与男孩之间有更多的社交互动，女孩与女孩有更多的社交互动。同性别的玩伴之间的互动更活跃、更积极。相反，在异性玩伴中，女孩往往回避男孩。男孩往往过于吵闹、专横，不适应女孩的喜好，女孩不喜欢追跑嬉闹，喜欢通过礼貌地协商、而不是要求或炫耀武力来解决与同伴的争端（亦见 Martin & fabes，2001；Moller & Serbin，1996）。成人一般希望女孩安静、文雅地玩，如果她们像男孩那样大声喊叫就要受到（男孩和女孩的）批评（Blakemore，2003）。

认知和社会认知的发展也影响到儿童越来越明显的性别分化。当学前儿童声称他们自己是男孩或女孩，开始获得性别刻板印象时，他们就开始偏爱自己所属的那一性别群体，而把异性同伴看做有很多缺点的异类（Martin，1994；Powlishta，1995）。实际上，那些对性别持有较多社会刻板印象的儿童，在游戏活动中很可能保持性别分化，即便有异性朋友的话，也很少（Kovacs，Parker，& Hoffman，1996；Martin，1994）。

### 性别定型行为的差异

在许多文化中，包括美国文化中，男性和男性性别角色的地位比较高（Blakemore，Berenbaum，& Liben，in Preparation；Turner & Gervai，1995），在遵循适合于性别的行为准则方面，男孩比女孩面临更大压力（Bussey & Bandura，1992；Lobel & Menashri，1993）。可以想象，一位父亲可能给他一岁的女儿买一辆卡车玩，但是，男孩的父亲则可能会拿走儿子的玩具娃娃（Snow，Jacklin，& Maccoby，1983）。男孩比女孩更快地对性别定型玩具产生偏好。例如，朱蒂·布拉克莫尔等人（Blakemore et al.，1979）发现，两岁男孩很明显地喜爱适合性别的玩具，但是一些两岁的女孩可能就不是这样。在3~5岁时，男孩（1）比女孩们更可能说他们不喜欢异性别的玩具（Bussey & Bandura，1992；Eisenberg，Murray，& Hite，1982）；（2）比起一个喜欢女孩游戏的男同伴，他们甚至可能更喜欢一个喜欢“男孩”玩具的女玩伴（Alexander & Hines，1994）。

在4~10岁之间，男孩和女孩都更清楚地意识到大人对他们的期望，并且会遵从这些文化规则（Huston，1983）。但是女孩比男孩更可能保持对跨性别玩具、游戏及活动的兴趣。约翰·理查德森和卡尔·辛普森（Richardson & Simpson，1982）曾记录750个5~9岁儿童的玩具偏好（如他们在给Santa Claus的信里所表达的那些），他
242 们发现，这些孩子的大多数要求明显是性别定型的，但我们可以从表8.3看到，女孩比男孩更多地索要“异性的”玩具。至于他们的实际性别角色偏好，不少女孩希望自己是男孩，当今近一半的女大学生声称，她们小时候曾经是假小子（Bure，O'Neil，& Nederend，1996）。但是对一个男孩来说，如果希望自己是女孩，则是不正常的

（Martin，1990）。

为什么女孩在儿童中期受到男性的一些活动以及男性化角色的吸引，原因可能有几个。首先，她们逐渐意识到男性化的行为受到较高的重视，女孩想要成为所谓的“最好的”（或者至少是除了二等公民外的某种人），可能是很自然的（Frey & Ruble，1992）。其次，女孩比男孩有更大的回旋余地参与一些跨性别的活动；女孩做“假小子”可以，但是如果一个男孩被称为“女孩气的男孩”，则标志着要受到嘲弄与排斥（Martin，1990）。最后，快速移动的男性化游戏与“动作”玩具比女孩玩物（娃娃、娃娃房子、杯碟、洗刷器皿）有趣一些，这些女孩玩物是鼓励她们形成照顾性、表达性取向的。想象 5 岁女孩吉娜在圣诞节收到圣诞老人的一个“有机械装置的汽车间”（包括加润滑油的架子、气泵、汽车、工具及零部件）时的反应，她会发出快乐的尖叫。当打开包装，拿出这件玩具时，吉娜和她的三个姐妹（年龄为 3 岁、5 岁和 7 岁）会立即丢下她们的玩具娃娃、娃娃房子和未打开的其他礼物，围在一起玩这个奇异的、激起人无限兴趣的玩具。

**表 8.3**　向圣诞老人索要具有“男子气”和“女子气”的礼物的男孩和女孩的百分比

| | **提出要求的男孩的百分比** | **提出要求的女孩的百分此** |
|---|---|---|
| **男子气礼物** | | |
| 车 | 43.5 | 8.2 |
| 运动设备 | 25.1 | 15.1 |
| 空间 / 时间型玩具（建筑材料、钟等） | 24.5 | 15.6 |
| **女子气礼物** | | |
| 娃娃（成年女性） | 0.6 | 27.4 |
| 娃娃（宝宝） | 0.6 | 23.4 |
| 家用物品 | 1.7 | 21.7 |

*资料来源*：Richardson & Simpson，1982.

虽然女孩很早就对男性化的游戏有兴趣，但是大多数女孩到了青少年早期会逐渐偏爱（或者至少遵从）许多适于女性角色的规则。为什么呢？可能是由于生物、认知及社会性方面的一些原因。青春期的到来，使她们的身体呈现出女性的休态特征（*生物发育*），如果女孩希望吸引异性同伴，她们会深感必须变得更“女性化”（Bure，O'Neil，& Nederend，1996；Katz，1979）。其次，这些女青少年逐渐形成了形式运算和高级的角色承担技能（*认知发展*），这有助于解释，为什么她们会变得：（1）对自己不断变化的身体特征的自我意识增强（Von Wrirht，1989）；（2）越来越关注人们对她们的评价（Elkind，1981；请记住*假想观众*这一现象）；（3）更遵从女性角色的社会规范。

## 性别定型中的亚文化因素

对性别定型过程中的社会等级与种族变量的研究虽然不多，但已有的研究揭示出：（1）中产阶级的青少年（但不是儿童）和社会经济地位较低的同伴相比，持有较灵活的性别角色态度（Bardwell，Cochran，& Walker，1986；Canter & Ageton，1984）；（2）非裔美国儿童比欧裔美国儿童持有较少的女性性别刻板印象（Bardwell，Cochran，& Walker，1986；亦见 Leaper，Tennenbaum，& Shaffer，1999）。

**表 8.4** 性别定型过程

| 年 龄 | 性别认同 | 性别刻板印象 | 性别定型行为 |
|---|---|---|---|
| 0~2.5 岁 | ✦ 开始出现区分男性和女性的能力并逐渐提高<br>✦ 儿童能够准确地标榜自己是男孩或女孩 | ✦ 一些性别刻板印象出现 | ✦ 出现性别定型的玩具 / 活动偏好<br>✦ 开始喜欢同性别的玩伴（性别分离） |
| 3~6 岁 | ✦ 开始谈论性别（意识到一个人的性别是不变的） | ✦ 出现对兴趣、活动和职业的性别刻板印象并且变得比较固定 | ✦ 对性别定型游戏 / 玩具的偏好更强，男孩尤其如此<br>✦ 性别分离加剧 |
| 7~11 岁 | | ✦ 出现人格特质和成就领域的性别刻板印象。<br>✦ 性别刻板印象不再那么绝对 | ✦ 性别分离继续增强<br>✦ 男孩的性别定型游戏 / 活动偏好持续增强，女孩开始对一些男孩活动感兴趣 |
| 12 岁往后 | ✦ 性别认同更加明显，反映了性别强化的压力 | ✦ 在青少年早期对跨性别行为的厌烦增加<br>✦ 到了青少年后期，性别刻板印象在大多数方面比以前灵活 | ✦ 在青少年早期，参与性别定型活动的倾向加强，反映了性别分化加剧<br>✦ 性别分化不那么明显了 |

研究者把性别定型过程中的这些社会等级与种族差异归于教育与家庭生活的差异。例如，来自中产阶级家庭的人一般在教育与职业选择方面拥有较多的机会，这或许能解释，为什么他们最终对男人和女人应该扮演的角色持有比较灵活的态度。比起欧裔美国儿童，非裔美国儿童较多生活在*单亲家庭*，*母亲在外面工作*（U. S.
243 Bureau of the Census，2001）。因此，在非裔美国年幼儿童中观察到的较少的女性社会刻板印象，可能只是反映了一个事实：他们的母亲比欧裔美国人的母亲更可能在父母的角色中同时担起男性的工具性功能和女性的表达性功能（Leaper，Tennenbaum，& Shaffer，1999）。

最后，在哪些活动与职业更适于男性与女性的观念上，在“反正统的”或“先锋派”家庭中（这类家庭的父母极力倡导平等的性别角色态度）长大的儿童确实比来自传统家庭的儿童具有较少性别刻板印象（Weisner & Wilson-Mitchell，1990）。但是，这些“反正统”家庭中长大的儿童也具有一些传统的性别刻板印象，他们与传统家庭的儿童有一样的性别定型的玩具与活动偏好。

总之，性别角色的发展速度非常快（Ruble & Martin，1998；表 8.4 对此做了概括）。到儿童入学时，他们早已意识到自己的基本性别身份，形成了许多关于性别的刻板印象，并开始偏好适合于性别的活动和同性别的玩伴。在儿童中期，他们知道了更多关于*心理品质*的性别刻板印象，他们的知识日益丰富，对性别角色的思考变得更加灵活。但是，他们的*行为*，尤其是男孩，会变得更性别化，他们更加远离异性。令人感兴趣的是，这些变化为什么这么快就发生了？

## 性别定型理论与性别角色发展

有一些理论可以用来解释性别差异与性别角色发展。有的理论强调两性生物差异的作用，有的理论强调社会对儿童的影响。有的理论关注社会对儿童做了什么，有的则强调当儿童努力理解性别及其所有含义时，他们对自己做了什么。下面将简要介绍两种生物学的观点，以及几种偏向"社会性"的观点取向，如精神分析理论、社会学习理论、认知发展理论和性别图式理论。

### 进化论 244

"从前有一个名叫克丽丝的婴儿…（她）到一个美丽的小岛上去定居……（那里）只有男孩和男人，克丽丝是唯一的女孩。克丽丝在这个岛上过着幸福的生活，但是她从来没有看见另一个女孩或者女人"（Taylor，1996，p. 1559）。克丽丝会变成什么样子呢？

当玛丽安娜・泰勒（Taylor，1996）让 4~8 岁的儿童说出克丽丝的玩具偏好、职业抱负及人格特征时，他们会把一些刻板化的女性特征赋予她，虽然事实上她成长在一个男性化的环境中，从未看见一个女孩或女人。换句话说，学前儿童与小学低年级儿童表现出一种*本质偏见*，认为克丽丝作为一个女孩的生物学身份可以决定她将变成什么样子。在这个研究中，只有 9~10 岁的儿童才初步意识到，克丽丝所处的男性环境可能会影响她的活动、抱负和个性特点。

这种趋于表现出一种类似本质偏见的生物学视角是进化论取向。进化论心理学家（Buss，1995，2000；Kenrick & Luce，2000）主张，在人类历史过程中，男人和女人面临不同的进化压力，这些压力与自然选择过程一起，造成了男性与女性的根本差异，决定了劳力上的性别分工。例如，在第 3 章，我们曾介绍进化理论家怎样解释男人和女人为了保留他们的基因而偏爱不同的择偶策略。对男性来说，他们只需要提供精子以产生后代，通过与多个伴侣配对，并生育许多孩子来确保他们的基因得以延续。相反，女性要达到同样的目标必须投入更多，在每一个子女出生之前，先要怀胎九月，还要常年抚育每个孩子，才能保证她们的基因得以保留。为了成功地抚育孩子，女性逐步进化成和蔼、温柔以及善照顾他人（表达性的特点）的个体，她们偏爱那些对她们和气、能给她们提供资源（食物和保护）、能保证孩子生存的男性。相反，男性越来越具有竞争性、果断性和进取性（工具性特质），因为这些特质会增加其成功吸引配偶并获得资源的机会。

根据进化理论家的观点（Buss，1995，2000），在整个进化史中，男性和女性可能在心理上具有很多方面的相似性，但是他们在面临任何一个适应问题时，都会表现出很大的不同。例如，男性在视觉 – 空间知觉方面更优越。空间技能是狩猎的基本技能，如果狩猎者不能预估其梭镖（或火箭和箭）的运动轨迹以射中移动的动物，他们就只能得到很少的猎物。因此，提供生存必需的食物的压力可以保证男性（猎物供应者）比女性获得更强的空间技能。

### 对进化论取向的批评

进化论对性别差异与性别定型过程的解释已受到严厉的批评。它主要适用于在各种文化中一致存在的性别差异，却忽视了特定文化或特定历史时期存在的性别差异（Blackmore，Berenbaum，& Liben）。另外，**社会角色假说**（social-roles hypothesis）的观点认为，心理上的性别差异并不反映生物进化过程中逐渐形成的素质。差异的出现是源于以下因素：（1）文化所赋予男性与女性的角色（例如，供养者与持家者）；（2）一致的社会化实践活动促使男性和女性发展了恰当地承担各自角色所需的特质（例如，果断性和养育性）（Eagly，Wood，& Diekman，2000）。许多生物学取向的理论家采取一种较温和的、非极端的立场，认为生物与社会影响相互作用，共同决定人的行为与角色偏好。

245 性别间的哪些生物差异可能是重要的呢？首先，男性有一个 Y 染色体，这是所有女性都没有的基因。其次，两性在激素平衡方面是不同的，与女性相比，男性雄激素水平浓度较高（睾丸素），雌激素水平浓度较低。根据最著名的性别定型的相互作用理论，这些与性别有关的生物因素，与那些重要的社会影响一起引导男孩和女孩向不同的行为模式与性别角色发展。现在让我们来仔细领会这种有影响的理论。

## 莫尼与艾尔哈德的生物社会理论

### 性别差异与性别角色发展概览

约翰·莫尼与安科·艾尔哈德（Money & Ehrhardt，1972）向我们描述了大量关键时期和事件，它们会影响一个人最终的男性角色或女性角色偏好。第一次关键事件发生在孕期，即儿童从父亲那里继承的是 X 染色体还是 Y 染色体。怀孕六周以后，发育中的胚胎只有一个尚未分化的生殖腺，性染色体决定这种结构变成男性的睾丸还是女性的卵巢。如果是 Y 染色体，那么生殖腺会发育为睾丸，否则就发育为卵巢。

新形成的生殖腺继而决定了第二次关键事件。一个男性胚胎的睾丸分泌两种激素：促进男性生殖系统发展的睾丸激素和抑制女性生殖器发展的缪氏抑制物。如果没有这些激素，胚胎会发育出女性生殖系统。

第三个关键期，怀孕三至四个月后，睾丸分泌的睾丸激素可以正常地促进阴茎与阴囊的发育。如果没有睾丸激素（如正常的女性那样），或假如男胎儿遗传了一种罕见的病症，**睾丸雌性化综合征**（testicular feminization syndrome，TFS），那么他的机体就会对男性性激素不敏感，形成女性的外生殖器（阴唇和阴蒂）。睾丸素也会改变脑与神经系统的发展。例如，它对男性的大脑发出信号，使它停止周期性的激素分泌，以使其不会在青春期经历月经周期。

婴儿一出生，社会因素就会立即发生作用。父母与其他人给婴儿贴上各种标签，根据他 / 她的外生殖器对孩子做出反应。如果婴儿的生殖器异常，被错误地认为是另一性别的成员，这种不正确的标签会影响他 / 她将来的发展。例如，如果一个生物学意义上的男性一贯被说成是“女孩”，并且受到女孩的对待（可能是一个患有 TFS 综合征或具有女性外生殖器的男孩），在 2.5~3 岁时，他会获得女孩的性别身份（而不是生物特点）。最后，当大量的激素释放，刺激生殖系统的发展，第二性征出现，性欲开始发展的时候，生物因素在青春期再一次现身。这些事件，连同个体早期的作为一名男性或女性的自我概念一起，为成人的性别同一性与性别角色偏好提供了基础（见图 8.4）。

## 性别角色发展受到生物性影响的证据

生物因素对男性和女性的行为有多大的影响呢？为了回答这个问题，我们必须先来看看研究者所发现的一些遗传与激素的影响。

**遗传影响**　遗传因素会导致人格、认知能力以及社会行为等方面显示出性别差异。例如，科林 · 赫特（Hutt，1972）怀疑男孩中较常见的几种发育失调可能是 **X 连锁隐性特征**（X-linked recessive disorder），因为他们的母亲是携带者（如果基因是 XX 的女性，要表现出这种障碍，她们必须从父母那里分别继承一个隐性基因）。此外，**青春期来临的时间**（timing of puberty），是受基因型调节的一种生物变量，对视觉 / 空间表现能力有一定影响。在某些视觉 / 空间任务上，那些成熟晚的男孩和女孩都比与他们同性别的早熟者表现好。据称是因为缓慢的成熟促进了大脑右半球的不断特异化，右半球正是执行空间能力的功能区（见 Newcombe & Dubas，1987）。但是，后来的研究 246

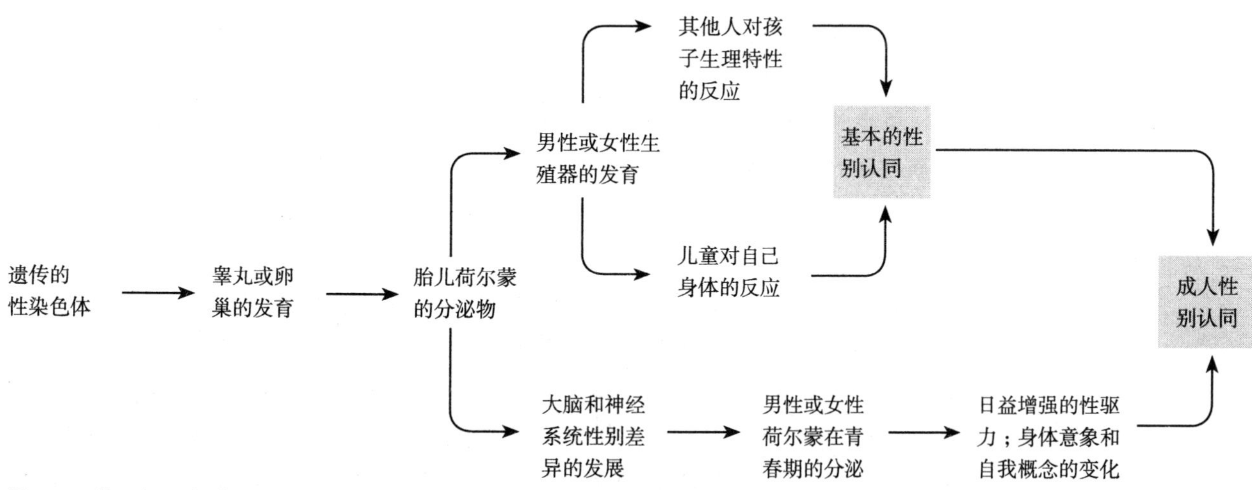


**图 8.4**　莫尼与艾尔哈德关于性别定型的生物社会理论中提到的关键事件。（资料来源：Money & Ehrhardt，1972.）

指出，比起青春期来临的时间，男孩和女孩的空间能力，更多地是受他们早前参与的空间活动以及其自我概念的影响（Levine et al., 1999；Newcombe & Dubas，1992；Signorella，Jamison，& Krupa，1989）。特别是，拥有很强的男性化自我概念以及拥有较多空间玩具与活动的丰富经历，能促进男孩与女孩的空间能力，而拥有很少的空间活动经历以及较强的女性化自我概念，可能会抑制空间能力的发展。

**图片 8.4** 经常玩视觉/空间玩具的女孩在空间能力测验中表现较好。

我们的男性化和女性化自我概念与我们所遗传的基因之间的联系究竟有多密 247
切？来自青少年双生子的行为遗传学研究结果表明，基因型可以解释人们男性化自我概念变异的 50%，但是它所解释的女性化自我概念的变异仅为 0~20%（Loehlin，1992；Mitchell，Baker，& Jacklin，1989）。这说明，虽然基因能决定人的性别，并且可能对性别定型的发展结果有影响，但是人的男性化和女性化自我概念的变异，至少有一半要归于环境影响。

**激素影响** 在对那些出生前暴露在“错误”的荷尔蒙环境中的儿童进行的研究发现，生物因素对发展的影响更加明显。在知道影响后果之前，一些有生育问题的母亲服用了含有孕激素的药物，它们在身体内被转化为男性荷尔蒙睾丸激素。另外一些患有**先天性肾上腺增生**（congenital adrenal hyperplasia，CAH）的儿童有一种遗传的缺陷，这促使他们的肾上腺从孕期开始就产生异常高水平的雄性激素。这些情况通常对男性没有影响，但是女性胎儿则经常因此而男性化，虽然她们有 XX 的遗传基因和女性的内部器官，但是她们出生时常具有与男孩相似的外部生殖器官（例如，一个看起来像阴茎的很大的阴蒂和一个像阴囊的连成一体的阴唇）。

莫尼与艾尔哈德（Money & Ehrhardt，1972；Ehrhardt & Baker，1974）已经追踪研究了几个**双性化女性**（androgenized females），她们的外部器官接受了手术整形，之后就被作为女孩抚养。与她们的姐妹以及其他女孩们相比，更多双性化女孩是假小子，她们经常和男孩一起玩，她们对男孩玩具与活动的偏爱胜之于传统女性喜爱的活动（也见 Berenbaum & Snyder，1995；Servin et al.，2003）。作为青少年，他们开始约会的时间要晚于其他女孩，并且认为婚姻应该延迟到她们确立职业以后。高达 37% 的人描述他们自己是同性恋者或者双性恋者（Money，1985；也见 Berenbaum，2002）。双性化女性在空间能力测试中也比大多数女孩和妇女表现得更好一些，这进一步表明，早期所受男性荷尔蒙的作用可能对女性胎儿大脑的“男性化”

产生影响（Berenbaum，1998；Resnick et al.，1986）。实际上，瑞典的一项新近研究揭示了一种剂量－关联效应：那些具有较多严重 CAH 症状的女孩（遭受了更多男性荷尔蒙作用的人）表现出了对男性化玩具与职业的强烈兴趣（Servin et al.，2003）。虽然有一个怀疑论者认为，其他家庭成员会因为女孩异常的生殖器而在其早期生活中做出一些不同的反应，更多地像对待男孩那样对待那些女孩。但是对这些女孩的父母所进行的访谈表明他们没有这样做。（Ehrhardt & Baker，1974）。即使女孩出生前接触的睾丸激素（由其母亲产生）水平正常，这种正常范围内的变异也与女孩在三岁半时的游戏行为相关：那些在出生前遭受了较高水平的睾丸素作用的女孩，比起那些在出生前受到较低水平睾丸素作用的同龄女伴来说，对男性化玩具与活动有更强烈的偏好（Hines et al.，2002）。因此我们必须认真地考虑这些可能性，即：（1）男性与女性之间的某些差异可能是受荷尔蒙调节的；（2）出生前所接触的男性性激素水平会影响到女性的态度、兴趣以及活动。

### 社会标签的影响及其证据

虽然生物性的影响力可能引导男孩和女孩参与不同的活动，发展起不同的兴趣，莫尼与艾尔哈德（1972）认为，社会标签的影响也是重要的。实际上它是如此重要，以至于能修改甚至颠倒生物上的倾向性。其实，这种备受争议的观点得到了莫尼双性化女孩研究的一些支持。

回忆一下莫尼对双性化女孩的研究，她们出生时内部生殖器官正常，但是她们

Rick Smolan/StockBoston

**图片 8.5** 性别角色行为往往取决于人的文化背景。这个男孩像秘鲁的许多男孩一样，平时要洗衣服，做家务。

## 专栏 8.3 当前争论

### 生物因素决定命运吗

当生物学的性别和社会身份发生冲突的时候，哪个会占上风？下面这个例子是关于一个同卵双胞胎男孩的故事，他的阴茎被损坏了，做了包皮环切手术也无法治愈（Money & Tucker，1975）。父母在听取了医生的意见并考虑了可能的选择之后，决定给儿子做外科手术，把儿子身上所有外显的男性特征物都切除。手术之后，这个家庭开始把这个孩子当作一个女孩来养，改变了她的发型，给她穿上镶褶边的上衣、裙子等衣服，给她买女孩的玩具，教给她一些女孩的行为方式，比如坐着小便。莫尼描述说，到这个孩子 5 岁的时候她与其双胞胎哥哥就已经很不一样。按照她自己的说法，她知道自己是个女孩，比她哥哥更爱整洁，更讲究。在这个例子当中，人为改造的性别和性别角色社会化过程似乎战胜了先天的生物学性别，是这样的吗？

米尔顿·戴蒙德和凯斯·西格蒙德森（Diamond & Sigmundson，1997）追踪了"布鲁斯"变成"布伦达"的过程，发现了一个比较曲折的结局（参见 Colapinto，2000，是关于该案例的一篇引人注目的文献，其中摘录了对这个人及其父母、哥哥和同伴的访谈）。几乎从一开始，"布伦达"（和她的双胞胎哥哥）就报告说，她从未适应过这些女孩的玩具和衣服。布伦达偏爱哥哥的玩具，喜欢把物品拆开看个究竟。布伦达不知道她出生的时候是个男孩，到 10 岁的时候，她怀疑自己不是一个真正的女孩。她不仅喜欢女孩，而且经常和男孩打架，"虽然我觉得自己有点怪异……但是我不想承认"（pp. 299-230）。由于她的外表看起来是男性，所以遭到了同伴的拒绝，这使她付出了代价。她持续承受着必须表现出更多女性化的行为并不断求助于外科医生来给自己造一个阴道，以成为一个完全女性的压力。在经历了几年的内部混乱和自杀想法之后，14 岁的她拒绝了阴道手术，不再服用雌性激素，选择了乳房切除手术，开始服用雄性激素，并进行外科手术再造了阴茎。他变成了一个英俊的年轻男性（现在叫"大卫"），非常受欢迎，他跟女孩约会，25 岁的时候结婚了，他报告说，对于自己好不容易获得的男性身份，他很激动（Colapinto，2000）。或许我们可以回到这种观点上来，即早期的性别角色社会化过程会起作用，生物因素也会起作用。

生物因素起作用的第二个证据是多米尼加共和国

---

248 外部生殖器像男孩的阴茎和阴囊。过去，一些双性化女孩在出生时被称为男孩并作为男孩抚养，直到他们的异常被察觉到。莫尼（1965）报告，假如在 18 个月之前进行性别变更手术，这种身份的发现与矫正（通过手术和性别重设）会减少适应问题。但是在 3 岁以后，性别重设是非常困难的，因为这些遗传上的女性已经经历了延长的男性性别定型过程，并且已经给自己贴上了男孩的标签。这些数据使莫尼得出这样的结论，性别同一性的确立在儿童 18 个月到 3 岁之间存在一个"关键期"，如专栏 8.3 所阐述的，把头三年称作敏感期可能是更准确的，因为其他研究者已经宣称，在某种条件下，在青少年后期确立新的同一性也是可能的。但是莫尼的发现表明，早期社会标签过程以及性别角色社会化在决定一个儿童的性别同一性与角色偏好方面起着非常突出的作用。

的 18 个在生理上属于男性的人，但是他们的遗传条件（TFS 综合征）使得他们在出生以前对雌性激素不敏感（Imperato-Mcginley et al., 1979）。出生的时候，他们的生殖器不太明显，被当作女孩来抚养。但是，到了青春期，由于雄性激素的影响，他们开始长胡子，外表变得男性化了。按照莫尼和艾尔哈德的关键期假设，整个儿童期都被当作女孩来抚养的人能适应男性的生活吗？

令人吃惊的是，这 18 个人当中有 16 个似乎能接受从女性到男性的转变，能适应男性生活方式，包括与异性建立关系。有一个人保留了女性身份和性别角色，另一个人向男性身份转变，但是仍然穿着裙子。传统观点认为，3 岁前的社会化过程对后期的性别角色发展起着关键作用，显然，该研究向这种观点提出了置疑。它显示，激素影响比社会影响更重要。

但是，茵佩拉托－麦金利的结论也受到了挑战（Ehrhardt, 1985）。因为他们没有提供个体怎样被养育的信息，很可能多米尼加的父母知道 TFS 综合征在他们那里很普遍，所以在这些人年幼的时候，父母对他们的养育不同于对其他女孩的养育。此外，这些由女孩变成男孩的人，他们的生殖器外表看起来可能有些不正常。在多米尼加，人们有到河里洗澡的风俗，这或许给这些人提供了机会，让他们把自己和正常女孩（和男孩）作比较，使他们意识到自己“与众不同”。因此，这些人接受的并不完全是女性化的养育，或许从来没有把他们自己完全当作一个女孩来看待。我们不能想当然地假设，他们后来能接纳男性角色是因为激素的作用。一项对新几内亚山姆比亚部落进行的研究发现了被当作女性抚养的男性 TFS 患者，研究结果表明，社会压力，即有关他们不能生孩子的说法，对其青春期后的性别转换影响最大（Herdt & Davidson, 1988）。

还有一个加拿大男孩，他的阴茎在包皮环切手术中受到损坏，从 7 个月的时候就开始被当作女孩来抚养，现在已经成人了，对于她的女性性别身份，她觉得很坦然（Bradley et al., 1998）。显然，生物因素不是决定性的，社会影响对一个人的性别认同也很重要。

对生殖器异常的这些个体进行的研究似乎告诉我们以下结论：人的生物特征预先决定了一个人成为男性还是女性；对于性别认同感的建立来说，3 岁前可能是敏感期但不是关键期；生物特征和社会身份都不能完全解释性别角色的发展。

**文化影响**　大多数社会提倡男性的工具性特质与女性的表达性特质，这使一些理论家得出结论：传统的性别角色是事件自然状态的一部分，是生物进化史的一种产物（Buss, 1995, 2000）。但是，在不同的文化中，人们对男孩与女孩的期望存在非常大的差异。例如，在塔希提岛，男性与女性只有很少的不同；其本土语言中甚至缺乏性别的代名词，大多数名字男孩和女孩都可以使用（Wade & Tavris, 1999）。可以回想一下玛格丽塔·米德（1935）对新几内亚的 3 个部落的研究。阿拉巴的男性与女性均被教化为具有合作性的、非攻击性的，以及对他人需要敏感的人。这种行为模式在西方文化中会被认为是“表达性的”或者“女性化的”。与之相反，在蒙杜古马部落，男性与女性都被期望在人际关系中是果敢的、进取的以及情绪平和的——一种西方标准下的男性化行为模式。最后，德昌布利部落则表现出了一种与西方社

会相反的性别角色的发展模式：男性是消极的、情绪依赖的以及社交敏感的，但是
女性却是支配的、独立的、果敢的。因此，这三个部落中的一些成员发展了与其文
249 化一致的社会性性别角色，其中没有出现常见于西方社会中的那种女性/表达性－男
性/工具性的匹配模式。很明显，社会压力对性别定型有很重大的影响。

总之，莫尼与艾尔哈德的生物社会理论强调了早期生物性发展的重要性，它们影响了父母和其他社会监护人在一个孩子出生时给他贴上怎样的标签，并且这也可能比较直接地影响了他们的行为。但是，这一理论也认定，儿童是作为男孩还是女孩而被社会化强烈地影响到其性别角色的发展。简而言之，生物力量与社会力量是相互作用的，但是它们具体怎样相互作用呢？

250 **心理生物社会观** 戴安娜·哈尔彭（Halpern，1997）提出了一种**心理生物社会模型**（psychobiosocial model），来解释天性和教养怎样共同影响性别定型的发展。哈尔彭赞同莫尼和艾尔哈德的观点，胎儿期受男性或女性激素的影响，开始形成男性与女性的大脑组织。例如，它们使男孩更容易接受空间性活动，女孩对温和的言语交流更敏感。这些经分化的敏感性，与他人关于男孩与女孩适合做什么的观念一起，致使男孩可能（并且事实也如此）接受比女孩更广泛的空间经验，而女孩则较常接触到言语游戏活动（Bornstein et al.，1999）。

根据认知神经科学领域的最新进展，哈尔彭提出，男孩与女孩所拥有的不同的早期经验会影响他们尚未成熟的、具有高度可塑性（即易改变的）的大脑神经通路。虽然遗传密码对大脑发育有一些限制作用，但它没有提供具体的“线路”，大脑的精密结构受个体早期经验的影响很大（Johnson，1998）。因此，根据哈尔彭（1997）的观点，男孩比女孩获得了更多的早期空间经验，所以可能在负责空间功能的大脑右半球形成更丰富的神经路径，这反过来又使男孩更易于接受空间活动并形成空间技能。相反，女孩可能在负责言语功能的大脑左半球形成丰富的神经联结，因此更易于接受言语活动并获得言语技能。于是，从心理生物社会观来看，天性与教养相互作用，密不可分。用哈尔彭的话说，即“生物因素与环境因素是不可分的，他们如同相互连接的、共用一个心脏的孪生子一样”（p. 1097）。

生物社会理论与心理生物社会模型二者都没能详细说明对儿童的性别认同与性别定型行为模式有重要影响的社会过程。现在让我们转向性别定型的社会理论，第一个就是西格蒙特·弗洛伊德的精神分析理论。

## 弗洛伊德的精神分析理论

第2章曾讲过，弗洛伊德认为性欲（性冲动）是生来就有的。但是，他认为一个人对特定性别角色的偏好出现于心理性欲发展的**性器期**（phallic stage），这一时期，儿童开始模仿并认同他们同性别的父母。弗洛伊德声称，一个3~6岁的男孩

会内化男性化的特征和行为，因为他必须放弃想要与母亲乱伦的愿望，被迫通过认同父亲以减轻他的**阉割焦虑**（castration anxiety），消除他的**俄狄浦斯情结**（Oedipus complex；恋母情结）。但是，弗洛伊德也认为性别定型过程对一个女孩来说更困难，她缺少阴茎，感觉已被阉割了，并且会体会到巨大的恐惧，这会迫使她强烈地认同其母亲，从而消除她的**伊莱克拉特情结**（Electra complex；恋父情结）。为什么一个女孩会形成对女性角色的偏好呢？弗洛伊德做出了几种解释，其中之一是，父亲作为女孩的情感对象，可能会鼓励其女性化行为，这种行为可以增强其母亲的吸引力，而其母亲即成为女孩的女性化模型。因此，为了努力取悦她的父亲（或者在她认识到占有父亲不合情理之后，为了与其他男性建立关系而作准备），女孩试图学习母亲的女性化特征，并最终获得性别定型（Freud，1924/1961）。

### 对弗洛伊德理论的评价

虽然儿童在弗洛伊德所说的某个年龄很快地了解到性别角色刻板印象，并且形成了性别定型的玩伴与活动偏好，但弗洛伊德的性别定型精神分析理论还是有不足的地方。许多 4~6 岁的儿童并不在乎男性与女性生殖器之间的差异，也很难在大多 251
数男孩身上看到弗洛伊德所说的阉割焦虑，女孩身上也很少见到被阉割的感受（Bem，1989；Katcher，1955）。此外，弗洛伊德假定，男孩对其父亲的认同是建立在恐惧的基础上，但是大多数研究者发现，男孩更认同那些关爱和疼爱的父亲，而不是那些过度惩罚与威胁的父亲（Hetherington & Frankie，1967）。最后，关于父母 / 孩子相似性的研究揭示，学龄儿童与青少年在心理上与父母中的其一并非完全相似（Maccoby & Jacklin，1974）。很明显，这些发现有损于弗洛伊德关于儿童是通过自居作用，认同同性别的父母而获得重要的人格特质的看法。

下面介绍性别定型的社会学习理论，看看这种观点是否更有说服力。

## 社会学习理论

根据社会学习理论家如阿尔波特·班杜拉（Bandura，1989；Bussey & Bandura，1999）的观点，儿童通过两种方式获得他们的性别同一性与性别角色偏好，第一种是**直接指导**（direct tuition）（或有区别的强化，differential reinforce-ment），鼓励、奖赏儿童的性别适宜行为，而惩罚或不鼓励他们那些适合另一性别的行为。第二种是观察学习，儿童采纳了各种各样的同性别榜样的态度和行为。

### 性别角色的直接指导

父母会积极投入地教育男孩怎样成为男孩、女孩怎样成为女孩吗？是的，确实是这样（Leaper，Anderson，& Sanders，1998；Lytton & Romney，1991），而且他们对性别定型行为的塑造开始得更早一些。例如，贝弗里·法格特和玛丽·莱茵巴赫（Fagot & Leinbach，1989）发现，在儿童出生后的第二年，在他们获得基本的性别同一性或表现出对男性或女性活动的明显偏好之前，父母已经开始鼓励其适合性别的活动，而不鼓励其跨性别的游戏。在 20~24 个月前，女儿在跳舞、穿衣打扮（像女性那样）、跟随在父母周围寻求帮助以及玩娃娃等方面受到了一致的强化，她们一般不会被鼓励去摆弄物体、跑、跳和攀爬。相反，儿子经常会因为那些“女性化”行为，诸如玩偶游戏或者寻求帮助而受到斥责，而会因为玩一些男性化的物品如需要大肌肉活动的积木、卡车和推拉式玩具而受到积极的鼓励（Fagot，1978）。

儿童受其父母所提供的“性别课程”的影响吗？当然会！那些表现出最明显的区别强化的父母，其孩子较快地：（1）知道自己是男孩或女孩；（2）形成了较强的性别定型玩具与活动偏好；（3）能较快地理解性别角色刻板印象（Fagot & Leinbach，1989；Fagot，Leinbach & O’Boyle，1992）。并且父亲比母亲更可能鼓励“性别定型”行为，而不鼓励那些适宜另一性别的行为（Leve & Fagot，1997；Lytton & Romney，1991）。因此，儿童对于性别定型玩具与活动的早期偏好似乎是因为父母（特别是父亲）成功地强化了这些兴趣。

在整个学前期，父母在监督孩子的性别定型行为和分化地强化孩子的性别定型活动方面，愈来愈不认真（Fagot & Hagan，1991；Lytton & Romney，1991）。为什么呢？因为许多其他因素在协同发生作用以维持这些兴趣，不仅是兄弟姐妹与同性别同伴的行为（Beal，1994；Mchale，Crouter，& Tucker，1999）。甚至在他们建立
252 基本的性别同一性之前，两岁男孩经常会轻视或骚扰玩女孩玩具或与女孩玩耍的男孩，而两岁女孩会苛刻地对待跟男孩一起玩的女孩（Fagot，1985a）。因此，同伴开始有差别地强化性别定型的态度和行为，并在整个儿童期会继续发挥这种影响（Martin & Fabes，2001），而父母甚至都不需要这么做了。

### 观察学习

根据班杜拉的观点（1989），儿童通过观察与模仿各种各样的同性别榜样，获得许多性别定型的特征与兴趣。假设是，通过选择性地注意并且模仿各种各样的同性别的榜样，包括同伴、老师、哥哥姐姐和媒体偶像，以及母亲或者父亲（Fagot，Rodgers & Leinbach，2000），男孩就能看出来，哪些玩具、活动和行为“属于男孩”，而女孩则看出来哪些活动与行为“属于女孩”。

但是，在学前期，同性别榜样的影响有多重要，仍然有一些问题。因为研究者发现，3~6 岁儿童对两种性别榜样都会有所学习（Leaper，2000；Ruble & Martin，1998）。例如，有些儿童，母亲是职业女性（她担当男性化的工具性角色）或者父亲平时经常做一些女性化家务活，如做饭、清扫、照顾孩子，他们比那些来自传统家庭的儿童，更少意识到性别刻板印象（Serbin，Powlishta，& Gulko，1993；Turner & Gervai，

1995）。同样，有姐妹的男孩和有兄弟的女孩与只有同性别兄弟姐妹的儿童相比，其性别定型活动的偏好就不那么明显（Collley et al.，1996；Rust et al.，2000）。此外，约翰·马斯特斯等人（Masters et al.，1979）发现，学前儿童更关心所观察的行为的性别适宜性，而不是表现出行为榜样的性别。例如，4~5 岁的男孩会去玩那些被认为是“男孩的玩具”，甚至当他们看到一个女孩玩这些东西时也是这样。但是，这些幼儿不愿意玩“女孩的玩具”，即使这些玩具是一些男孩榜样们先前已经玩过的，并且他们认为其他男孩也会躲开那些被说成是女孩玩具的物品（Martin，Eisenbud，& Rose，1995）。因此儿童的玩具选择，更多的是受到与玩具相联系的标签的影响而不是榜样性别的影响。但是，到 5~7 岁，他们认识到性别是个人不可改变的特征时，儿童开始更有选择性地关注同性别的榜样，避免异性别榜样喜爱的玩具与活动（Frey & Ruble，1992；Ruble，Balaban，& Cooper，1981）。

**大众传媒影响**　儿童不仅通过观察与之交往的其他儿童和成人来了解关于性别角色的知识，而且还通过阅读故事与看电视来学习。虽然在过去 50 年中儿童读物中的性别歧视已有所减少，但是男主人公仍比女主人公更可能进行激烈的器械性的消遣活动，如骑自行车或制作物品，而女主人公则经常被描述为被动的依赖性的人，她们大部分时间是在室内安静地活动，并且“制造出一些需要男性化手段解决的问题”（Kortenhaus & Demorest，1993；Turner-Bowker，1996）。电视节目的情况也大致类似（Barner，1999；Furnham & Mark，1999）。男人通常承担有影响力的角色，从事专业性工作，而女人，尤其结了婚的女人，经常被描述为消极的、情绪化的女人，她们负责管家或者从事“女性化”的职业如护理（Signorielli & Kahlenberg，2001）。显然儿童受到了这些传统角色模式的影响，因为与较少看电视的同学相比，观看了大量电视节目的儿童更可能偏好性别定型的玩具与活动，他们对男人和女人持有更明确的社会刻板印象（McGhee & Frueh，1980；Signorielli & Lears，1992）。

总之，有大量的证据表明，有区别的强化与观察学习对性别角色的发展是有影响的。但是，在这个过程中，社会学习理论家常常把儿童描述为*被动接受者*：父母、
同伴和电视人物向他们展示各种行为，并且强化儿童做出那样的行为。这种观点忽 253
视了一个方面，那就是，儿童*自身*对其性别角色社会化的贡献？例如，请试想一下，一些儿童的父母是性别歧视者，常把带有性别刻板印象的东西强加给孩子，这些儿童并不总是收到过于性别化的圣诞礼物。许多父母宁愿购买性别中性化的或者具有教育性的玩具，而最终“放弃”给儿子买他们乞求的攻击性步枪，或者给女儿买她想要的一套茶具（Robinson & Morris，1986）。

## 柯尔伯格的认知发展理论

劳伦斯·柯尔伯格（Kohlberg，1966）提出了性别定型的认知理论，这一理论不

同于前述的几种理论，它可以帮助解释，为什么男孩和女孩会采纳传统的性别角色，即使他们的父母不想要他们那样做。柯尔伯格的主要观点是：

1. 性别角色发展取决于认知发展；在儿童受到其社会经验的影响之前，他们必须对性别有一定的理解。
2. 儿童积极地使自己社会化；他们不仅是社会影响的被动接受者。

根据精神分析理论与社会学习理论，儿童最初学会做“男孩”或者“女孩”的事，是因为父母鼓励他们这样做，慢慢地，他们认同或者习惯性地模仿同性别的榜样，因而形成稳定的性别同一性。与此相反，柯尔伯格提出，儿童首先确立稳定的性别同一性，然后积极寻求同性别的榜样，搜集其他信息来学习怎样做一个男孩或者女孩。柯尔伯格认为，这不是“因为我受到男孩的对待，所以我必须做一个男孩”（社会学习的立场）。而更像是“嗨，我是一个男孩，因此，我最好做我能做的像男孩的事情”（认知－自我－社会化的立场）

柯尔伯格认为，儿童要真正地理解男性和女性的含义，必须经过以下三个阶段：

1. **基本的性别同一性**（basic gender identity）。3 岁之前，儿童知道自己是男孩还是女孩。
2. **性别稳定性**（gender stability）。稍后，儿童理解了性别具有跨时间的稳定性。男孩都会变成男人，女孩都会成为女人。
3. **性别一致性**（gender consistency）。当儿童意识到一个人的性别也具有跨情境的稳定性时，性别概念就形成了。5~7 岁的儿童已经达到这一阶段，他们不再为外表所迷惑。例如，他们知道一个人的性别是不会随着穿异性的衣服或参与跨性别的活动而改变的。

儿童什么时候主动使自己社会化，即观察同性别的榜样并学着做出像男性或女性的行为？根据柯尔伯格的观点，自我社会化仅在儿童达到性别一致性阶段以后才开始。柯尔伯格认为，对性别的成熟理解：（1）促进了真正的性别定型；（2）是关注同性别榜样的原因而不是结果。

在大约 20 种不同的文化背景下进行的研究揭示出，学前儿童确实是按柯尔伯格所描述的顺序，依次经过性别同一性的三个阶段，并且性别一致性（或性别恒常性）的形成显然与认知发展的其他相关方面，如液体与质量守恒有关（Munroe，Shimmin，& Munroe，1984；Szkrybalo & Ruble，1999）。此外，已经形成性别一致性的男孩表现出较多的性别刻板化的游戏偏好（Warin，2000），他们较多地关注电视上同性别的榜样（Luecke-Aleksa et al.，1995），比起女性榜样喜欢的玩具，他们偏好男性榜样喜欢的新奇玩具。即使他们所拒绝的这些玩具更具有吸引力，他们也会
254 这样（Frey & Ruble，1992）。因此，这些已形成成熟的性别同一性的儿童（特别是男孩）常常可以自在地玩，选择同性别的其他人认为更适合他们的玩具和活动。

### 对柯尔伯格理论的批评

柯尔伯格理论的主要问题是，在儿童形成成熟的性别同一性之前，性别定型也在顺利地进行。例如，两岁男孩在达到基本的性别同一性之前就偏好男性化的玩具，3 岁的男孩和女孩已经知道了不少性别角色刻板印象，并且偏好同性别的活动和玩伴，很久以后他们才开始选择性地关注同性别的榜样。另外，儿童 3 岁以后已经把自己归为男孩或女孩（柯尔伯格的基本性别同一性阶段），此时性别矫正会极其困难。实际上，一个人的性别同一性水平可能既依赖于其社会经验，又依赖于认知发展，甚至那些经常看到另一性别成员赤身露体的 3~4 岁儿童，他们也可能在性别同一性测验中表现出性别一致性（Bem，1989）。因此，柯尔伯格过于夸大了这一事实：对性别的成熟理解是性别定型的必要条件。下一节我们将介绍，只要有基本的性别理解就可以让儿童获得性别刻板印象并且形成对性别定型玩具与活动的强烈偏好。

## 性别图式理论

凯罗尔·马丁和查尔斯·哈尔弗森（Martin & Halverson，1981，1987）提出了一种略有不同的性别定型认知理论（实际上是一种信息加工理论），它似乎很有前景。像柯尔伯格一样，马丁与哈尔弗森认为，儿童发自内心地获取与其“男孩”或“女孩”的自我意象一致的兴趣、价值观与行为。与柯尔伯格不同的是，他们认为这种“自我社会化”在儿童 2.5~3 岁形成基本的性别同一性时就开始了，到 6~7 岁时就已发展良好，这时儿童形成了性别一致性。

根据马丁与哈尔弗森的“性别图式”理论，基本性别同一性的确立激发儿童学习更多关于性别的知识，并把这些信息整合进**性别图式**（gender schemas），它是关于男性和女性的有组织的成套观念与期望，它们影响着儿童对各种信息的注意、加工和记忆。首先，儿童形成一种简单的“**性别内 / 性别外图式**”（in-group/out-group schema），据此把某些物品、行为和角色归为“男孩的”，其他的则归为“女孩的”（例如，卡车是给男孩的；娃娃是给女孩的；女孩可以哭但是男孩不应该哭，等等）。当研究儿童的性别刻板印象知识时，这是研究者通常会选择的一种信息。这种对物体与活动的最初分类明显地影响了儿童的思维。在一项研究中，向 4 岁和 5 岁的儿童展示一些不熟悉的中性化的玩具（例如，编钟、磁性航标仪），要么告诉儿童这些物品是“给男孩的”，要么说是“给女孩的”，然后让他们回答他们和其他男孩或女孩是否喜欢这些玩具。儿童明显地依赖成人所说的性别界定来引导自己的思维。例如，男孩比女孩更喜欢“男孩”物品，并且会认为，别的男孩也会比别的女孩更喜欢这些物品。但同样的物品被说成是“给女孩的”时，则会观察到一种相反的推理模式。如果被说成是给异性别成员的物品，即使具有很大吸引力的玩具也会很快失去它们的光彩（Martin，Eisenbud，& Rose，1995）。

此外，儿童会建构一种**自身性别的图式**（own-sex schema），根据它来表现出各种各样的性别一致性行为，并扮演性别角色。一个拥有基本性别同一性的女孩可能首先认识到缝纫是“女孩的事”，拼装飞机模型是“男孩的事”。那么，由于她是一

255 个女孩并且想要表现出与自我概念一致的行为，她就会搜集大量关于缝纫的信息，加到她自身的性别图式中，而有意忽略关于拼装飞机模型的信息（见图 8.5）。为了检验这一理论，布拉德巴德等人呈现给 4~9 岁的儿童几个装着中性化物品（如防盗警铃、比萨刀具）的盒子，要么告诉儿童这些物品是“男孩”物品，要么告诉他们这是“女孩”物品（Bradbard et al.,1986）。不出所料,男孩比女孩更多地探索“男孩”物品，但是，当这些物品被说成是女孩喜欢的东西时，女孩则比男孩更多地探索这些物品。一周后,男孩比女孩回忆了更多关于“男孩物品”的比较详细的信息。但是，如果同一物品被说成是“女孩物品”，女孩则比男孩回忆了更多关于这些物品的信息。如果儿童获取信息的努力以这种方式受到其自身性别图式的指引，我们就很容易看到，当他们发育成熟时，男孩和女孩将怎样去获取大量迥然不同的知识，并形成不同的兴趣与能力。

性别图式一旦形成，它会提供一个加工社会信息的框架，并据此“建构”经验。也就是说，儿童可能会编码和记忆与其性别图式一致的信息，遗忘与图式不一致的信息，或以另外的方式歪曲它，使之变得与其性别刻板印象一致（Liben & Signorells，1993；Martin & Halverson，1983）。当儿童到 6~7 岁时，他们的性别刻板印象知识与偏好已经成形并固定下来以后，这一过程更显著（Welch-Ross & Schmidt，1996）。对这一观点的支持可见专栏 8.2；回忆前面提到过的一些儿童，在他们听到的故事里，主人公表现出了非典型性的性别行为（一个女孩砍木头），他们往往能回忆起这一行为，但是会改变这一场景，以符合他们的性别刻板印象(说一个男孩在砍木头)。的确，遗忘或歪曲与性别刻板印象相反的信息的倾向有助于解释，关于男性和女性的无事实根据的观念为什么会消失得这么慢。

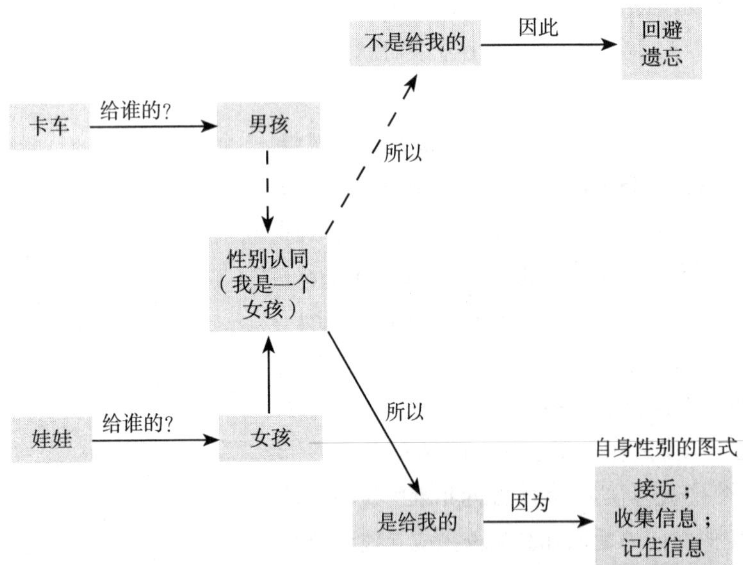


**图 8.5** 行为的性别图式理论。一个年幼女孩根据“性别内 / 性别外图式”把新信息归类为“男孩的”或者“女孩的”。关于男孩玩具与活动的信息被忽略，但是关于女孩玩具与活动的信息则与自身相关，因而被加入到更大一些的“自身性别图式”中。（资料来源：Martin & Halverson，1987.）

总之，马丁与哈尔弗森的性别图式理论是性别定型过程中的一种有趣的“新视点”。这一模型不仅描述了性别角色刻板印象是怎样产生并随时间推移而延续

的，而且也指明，在儿童意识到性别是一个不可改变的属性之前，这些不断出现的“性别图式”怎样影响儿童牢固的性别角色偏好与性别定型行为的发展。

## 一种整合理论

生物观、社会学习理论、认知发展理论和性别图式观中的每一种理论，都影响着对我们对性别差异与性别角色发展的理解（Ruble & Martin，1998；Serbin，Powlishta，& Gulko，1993）。事实上，不同的理论所强调的过程在不同的时期似乎都是特别重要的。生物学理论解释了出生前的主要的生物性发展，这些事件使人们把儿童命名为男孩或女孩，并以相应的方式对待他。社会学习理论家所强调的有区别的强化，可以更好地解释早期的性别定型过程：年幼儿童表现出与性别一致的行为，主要是因为别人鼓励这些活动，而不鼓励那些适合异性别的行为。由于早期社会化及分类技能的发展，2.5~3 岁的儿童形成了基本的性别同一性并开始建构性别图 256
式，这些性别图式告诉儿童：（1）男孩和女孩分别是什么样的；（2）作为男孩和女孩，他们应该怎样思考和行为。在 6~7 岁时，他们最终理解了性别不会改变，儿童开始越来越关注同性别的榜样，以判定哪些态度、活动、兴趣和行为是适合于本性别的（柯尔伯格的观点）。当然，以表 8.5 所示的整合模型来概述这些发展并不意味着生物因素在儿童出生后不再起作用；或者儿童形成了基本的性别同一性之后，有区别的强

**表 8.5**　整合论理论家对性别定型过程的观点

| 发展阶段 | 事件和结果 | 相关理论 |
|---|---|---|
| 出生前 | 胎儿形成男性或女性生殖器，孩子一出生，其他人就会对其做出反应 | 生物社会理论 |
| 0~3 岁 | 父母或其他人将儿童标识为男孩或女孩，用来提醒儿童的性别，开始鼓励儿童表现出与性别一致的行为，不鼓励儿童参与异性的活动。由于这些社会经验、神经系统和基本分类技能的发展，儿童形成了性别定型行为偏好，知道自己是男孩还是女孩（基本的性别身份）。 | 社会学习理论<br>心理生物社会理论 |
| 3~6 岁 | 一旦儿童形成了基本的性别身份，他们就开始寻求性别差异的信息，形成性别图式，自发地表现适合自己性别的行为。建立性别图式以后，儿童关注男女两方面的榜样。等到其性别图式稳固地建立起来，无论呈现给他们的榜样是男是女，儿童都倾向于模仿适合自己性别的行为。 | 性别图式理论 |
| 7 岁 ~ 青春期 | 儿童最终获得了基本的性别一致性，对他们自己的未来形成一种稳定的感受，即男孩一定会变成男人，女孩一定会变成女人。他们对性别图式的依赖减弱，开始关注同性榜样的行为，形成与男性或女性一致的方式和特质。 | 认知发展理论（柯尔伯格） |
| 青春期以后 | 青少年的生理巨变以及新的社会期望（性别差异加剧）的出现，使青少年重新审视其自我概念，形成了成人的性别同一性。 | 生物社会 / 心理生物社会理论<br>社会学习理论<br>性别图式理论<br>认知发展理论 |

化就不再影响儿童的发展。整合论理论家认为，3 岁以后，儿童就开始了积极的自我社会化，他们努力表现出那些他们认为与其男性或女性自我意象一致的男性或女性特性。这就是为什么那些不鼓励儿童适应传统性别角色的父母，常常会惊讶地发现，他们的儿子和女儿似乎变成了小小的“性别歧视论者”。

还要强调一点：性别角色发展的所有理论一致同意，儿童学到的关于男性或女性的知识，很大程度上取决于他所生活的社会以“性别课程”的方式提供给他们的内容。也就是说，我们必须从生态学的视角来看性别角色的发展，领会今天在我们的社会中所看到的关于男性与女性的发展模式不是不可避免的（可以回忆一下，米德在新几内亚的查姆布里部落发现的性别角色颠倒现象）。在另一个时代，在另一种文化背景中，性别定型过程能够创造出不同类的男孩和女孩。

257 在西方文化中，我们应该努力养育不同类的男孩和女孩吗？如我们在下一节会看到的，一些理论家对这一问题做出了肯定的回答！

## 心理上的雌雄同体：21世纪的一种预示

在本章中，我们使用了适合性别这个词形容社会所认为的适合某一性别而不适于另一性别的习性与行为。现在，许多发展心理学者认为，这些严格定义的性别角色标准实际上是有弊端的，因为它们限制了男性和女性的行为。例如，桑德拉·贝姆（Bem，1978）声明她研究性别角色的主要目的是“帮助那些局限于严格性别角色刻板印象桎梏中的人们得到个性解放，形成一个不受文化中关于男性化和女性化定义影响的心理健康概念”。

过去很多年中，心理学家都假定男性化与女性化处于一个单一维度的两端。如果一个人拥有高度男性化的特质，他必然是非女性化的；而高度女性化则意味着非男性化。贝姆（1974）向这种假定提出了挑战，她认为两种性别的人都可能成为心理上的**雌雄同体**（androgyny）——对受称许的男性化特质（例如果断、分析性、强有力和独立）与女性化特质（例如慈爱、热情、温柔和善解人意）加以平衡与中和。因此，在贝姆的模型中，男性化与女性化是人格的两个独立维度。一个男性或女性，若拥有许多男性化特质和很少的女性化特质，会被定义为男性化性别类型的人。一个拥有许多女性化社会刻板印象特质和很少的男性化社会刻板印象特质的人则被说成是女性化性别类型的人。双性化的人同时拥有男性化与女性化特质，而未分化的个体则同时缺乏这两种类别的特质（见图 8.6）。

| | | 女性化 | |
|---|---|---|---|
| | | 高 | 低 |
| 男性化 | 高 | 双性人 | 典型的男性特征 |
| | 低 | 典型的女性特征 | 未分化的 |

图 8.6　把男性化与女性化视作独立的个性维度的性别角色取向分类。

## 真的存在双性化的人吗

贝姆（1974）和其他研究者（Spence & Helmreich，1978）编制了自我知觉问卷，它包括一个男性化特征（或工具性特征）量表与一个女性化特征（或表达性特征）量表。他们在一个很大的大学生样本中进行测试（Spence & Helmreich，1978），发现大约66% 的参与者是“男性化”男人或者是“女性化”女人，约 30% 的参与者是双性化的人，其余 7~8% 的参与者则是未分化的或者是“性别倒错者”（男性化类型的女性或者女性化类型的男性）。你的性别角色取向是什么样的呢？可以回到专栏 8.1 中，看你在 1~16 项目上（所要求的男性化特征）的总分与 17~32 项目上（所要求的女性化特征）的总分，然后分别除以 16。虽然这些特质不等同于贝姆性别角色问卷中所描述的那些特质，但是如果你在两类特质上的平均分是 4.9 或者更高，那么在这一套测量工具中你很可能会被归为双性化的人。

虽然一些关于成人性别角色的问卷早在 20 世纪 70 年代就编制出来了，但直至今天它们仍然可以有效地测量性别角色（Holt & Ellis，1998）。但是，自 20 世纪 70 年代起，女性已表现出了相当多的那些受赞许的男性化特征（Spence & Buckner，2000）。在最近的一个研究中，多达 45% 的大学女性（与 34% 的男性相比）被归为
心理双性化个体（Morrison & Shaffer，2003）。贾内特（Janet Boldizar，1991）已经 258
开发了适用于小学儿童的一个性别角色问卷，发现近 25~30% 的 3~7 年级的儿童可以被归为双性化个体。因此真的存在双性化个体，并且数量相当大。

## 双性化个体有优势吗

如果一个人既果断又敏感，既独立又善解人意，我们禁不住会想，这样的双性化个体在心理上是健康的吗？贝姆（Bem，1975，1978）阐述了这样的观点，双性化的男人和女人与那些传统化性别类型的人相比，其行为更具有弹性。例如，与男性化性别类型的人一样，双性化的人能表现出“男性化的”工具性特征独立性，比如他们可以抵抗压力，不会像其他同伴那样认为一个很无趣的卡通片是有趣的。但是，他们也可能像女性化性别类型的人那样，表现出“女性化的”表达性特征和照顾性，比如主动与一个婴儿交流。双性化的人确实具有较强的适应性，他们能够调整自己的态度和行为以适应所处的情境（Harter et al.，1998；Morrison & Shaffer，2003；Shaffer，Pegalis，& Cornell，1992）。此外，大学生（无论男女）都认为理想的人是双性化的（Slavkin & Stright，2000），双性化的儿童和青少年显示出较高的自尊，与传统化性别类型的同伴相比，他们更受人欢迎，适应得更好（Allgood - Merten & Stockard，1991；Boldizar，1991；O’Heron & Orlofsky，1990）。

但是，在做出这样的结论，即双性化是每个人所应该努力获得的特征之前，我们必须指出，那些非常努力地表现出过多适合另一性别特质的儿童，很可能被同伴

拒绝，并会体验到低自尊（Lobel，Slone，& Winch，1997）。此外，与良好适应及高自尊相关的往往是男性化特质而不是双性化特质（Spence & Hall，1996；Whitley，1983）。在一项关于4~8年级儿童的性别角色与适应结果的研究中，苏珊·艾根与大卫·佩里（Egan & Perry，2001；Carver，Egan，& Perry，2004）发现，适应良好的男孩和女孩认为自己是同性别群体的典型成员，但是如果他们愿意，也可以自由地做出一些跨性别的选择。或许，一个人在儿童期必须先对典型的性别取向感到安全，感觉自己像一个男孩或女孩，后来才能从跨性别的活动中获益。

是否一个人（尤其是在儿童中期和青少年早期）在各方面都表现出双性化取向，肯定比单一地表现出男性化或女性化取向好？现在得出这样的结论恐怕还为时尚早。但是，考虑到双性化成人表现出的行为弹性，以及双性化对成人的自我价值知觉起着重要作用，那么我们能够有把握地做出这样的假定，即女孩和女人变得有一些“男性化”，男孩和男人变得有一点像女人是适应性的，不会有害处。

## 应用：改变性别角色的态度和行为

当今，许多人认为，如果性别歧视被消除，男孩和女孩不在压力之下接受约束，必须表现出“男性化”或“女性化”角色，那么世界会更美好。在一种无性别歧视的文化中，女人在各行各业的工作中都不再会缺乏果断性与自信，男人可以自由自在地表现他们的敏感、照顾性特质，这正是许多人在其“男性化”特质中所压抑的方面。我们可以怎样减少性别歧视，鼓励儿童在他们本可以表达的兴趣与特性方面变得更具弹性呢？

259 贝姆（Bem，1983，1989）认为，父母必须承担一个积极的角色，通过：（1）教给年幼儿童生殖解剖学的知识，告诉儿童，在生殖领域以外，一个人的生物性别并不重要；（2）鼓励交叉性别的和同性别的游戏，平等地分派家务（父亲时不时地做饭和打扫卫生，母亲给汽车抛光或者做一些修理工作），从而推迟儿童接触性别刻板印象的时间。如果学前儿童把性别看做一种纯粹的生物属性，经常看到自己及其父母表现出跨性别的兴趣，参与跨性别的活动，他们应该不会形成顽固的性别刻板印象，这种性别刻板印象可能在性别歧视的早期环境中逐步形成。研究表明，双性化的父母容易养育出双性化的孩子，这与贝姆所说的发生转变的预示相一致（Orlofsky，1979）。类似的发现还有，与那些父母持有传统性别角色态度和行为的儿童相比，其父母持有非传统性别角色态度、或其父亲日常承担“女性化”的家杂和照顾孩子任务的儿童，会很少意识到性别刻板印象或者不太可能表现出具有性别定型的兴趣与能力结构（Mchale，Crouter，& Tucher，1999；Tennenbaum & Leaper，2002；Turner & Gervai，1995）。

我们怎样去影响那些具有传统化背景的儿童呢？他们已经从家人、电视和同伴那里获得了大量的性别刻板印象信息。研究发现，向儿童说明跨性别合作的好处，鼓励他们玩另一性别的玩具，和异性玩伴一起玩，这些干预措施并不会产生长期的效应。在干预结束之后，儿童很快退回到同性别游戏，继续偏爱同性别的同伴（Maccoby，1998）。在一项比较大型的研究中（Guttentag & Bray，1976），研究者给幼儿园儿童、五年级和九年级学生提供专门设计的一些适合该年龄的读物与活动，让他们了解女性的才能，以及由社会刻板印象和性别歧视而产生的一些问题。这个方案对比较年幼的儿童非常有效，特别是对女孩，她们常常对所听说的性别歧视信息表达愤恨。但是，它在九年级男生身上却产生了一种相反的效果。他们似乎抵制教给他们的这些新想法，比起训练以前，他们在训练之后表达了更多的社会刻板印象的观点。虽然九年级女生会用心学习，但她们仍然认为，女性应该管家，男性应该负责养家糊口。

这一研究和其他研究（见 Katz & Walsh，1991，综述）表明，改变性别角色态度的努力对年幼儿童比对年长儿童更有效，对女孩比对男孩更有效。这一点是有意义的，在儿童的社会刻板印象稳固之前，早一些改变儿童的想法要容易一些；许多研究者现在赞同采用*认知干预*，直接抨击社会刻板印象，或者消除那些使儿童形成刻板性别图式的思维局限。如专栏 8.4 所说的那样，这些认知干预的效果很好。

最后，有证据表明，当负责人是男性时，为了修正儿童的性别刻板印象和行为而设计的一些方案可能比较有效（Katz & Walsh，1991）。为什么呢？可能因为男性区分“适合性别”与“不适合性别”的行为时，比女性更明确（Tennenbaum & Leaper，2002）；因此作为*变化的动因*，男性特别值得注意。换句话说，如果得到一位男性的鼓励（或者不打击），儿童可能会觉得一些跨性别的活动和志向是非常合理的。

因此，我们可以教给他们一些新的性别角色态度，但是，当这些态度没有受到家人或整个社会的强化时，我们还是要关注这些变化是否具有时间和空间上的持续性。在瑞典，人们强调两性平等：男人和女人有相同机会从事传统的男性化（或女性化）职业，父亲和母亲对家务劳动和照顾孩子有相同的责任。瑞典青少年仍然看重男性化
特性甚于女性化特性，但是，他们不像美国青少年那样坚定，而是更倾向于认为性别 260
角色是由专业训练获得的，而不是生物因素所预先决定的（Intons-Peterson，1988）。

虽然美国社会还没有像瑞典人那样拥有那种程度的性别平等，但是也正在慢慢变得比较平等，一些人认为这些变化在对儿童发生影响（Etaugh，Levine，& Mennella，1984；Tennenbaum & Leaper，2002）。朱蒂·洛贝尔（Lorber，1986，p.567）在她 13 岁的孩子对问题的回答中看到了希望。她问：他们认识的孕妇生的是一个男孩还是一个女孩，孩子反问道：“你为什么想知道这个呢？”

## 性特征与性行为 261

虽然一些学前儿童和许多小学儿童会自慰，参与其他的性尝试活动，如追逐接

## 专栏 8.4 应用发展研究

### 以认知干预抵御性别刻板印象

在学前阶段，当儿童建构自己的性别图式的时候，他们的思维往往是直觉的、单维的。当儿童遇到与自己的性别图式相反的信息，例如，看到一个男孩喜欢做饭时，他们不太会对这个信息进行加工和保留。他们单维度和直觉的思维方式使他们很难把性别定型活动（做饭）与性别分类（女孩）割裂开。因此，他们通常不会对这些信息进行加工，而是扭曲或遗忘了它们。

瑞贝卡·比格勒和琳恩·利本（Bigler & Liben，1990，1992）设计并比较了两种旨在减弱儿童对男性和女性应该从事什么职业所抱持的性别图式思维的干预方案。参与研究的 5~11 岁儿童被分成三组：

1. **规则训练**。通过一系列关于问题解决的讨论，教给儿童：（1）在决定谁会在传统的男性职业和女性职业，如建筑工人和美容师中表现更好时，要考虑的最重要的因素是人的兴趣和学习意愿；（2）性别与之无关。
2. **分类训练**。给儿童多重分类任务，让他们同时把对象归为两类（如从事男性活动和女性活动的男人和女人）。训练目的是告诉儿童，可以用许多方式来对对象分类，这种知识将帮助儿童理解职业分类有别于通常承担该角色的人的分类。
3. **控制组**。给儿童上课，告诉他们各种职业对社区的贡献。

与控制组的儿童相比，接受了规则训练或分类训练的儿童，其职业成见都明显下降。在接下来对儿童信息加工过程的测试表明，儿童的性别刻板印象减弱了。尤其是那些接受了规则训练或分类训练的儿童，比控制组的儿童能更好地回忆起与性别刻板印象相反的信息（例如，回忆起故事中收垃圾的是一个女人）。

展示男性和女性共同参与传统的男性职业或女性职业，这种干预可以有效地克服性别刻板印象。

可见，直接告诉正确知识（规则训练）或者提高儿童的认知技能（分类训练）都能修正儿童的性别刻板印象，帮助儿童认识到他们刻板的性别图式中的不正确之处。

遗憾的是，教师在儿童刚入学的几年里，通常按照儿童的年龄来分组，强调性别之间的差异，无形中助长了儿童的性别图式思维。在一项实验中，比格勒（Bigler，1995）随机抽取一些 6~11 岁的学生，分到“性别教室”里，老师公然将男生和女生分开，安排男生与男生一起坐，女生与女生一起坐，说话的时候经常把男生和女生分开（例如，“所有的男生都坐下”“所有的女生把气球抛到空中”）。其他一些儿童被分配到另外的教室里，教师直呼儿童的名字，把全班当作一个整体。四周之后，在“性别教室”里的儿童比控制班里的孩子表现出更多的性别刻板印象，尤其当他们的思维是单维时，很难理解一个人可以同时属于几个社会类别。因此，在低年级的儿童以单维的思维方式来建构刻板的性别图式时，如果教师不以儿童的性别来分组的话，有可能帮助儿童克服性别刻板印象。

吻游戏，扮演“医生”以帮助他们在以后的生活中建立性关系做好准备（Simon & Gagnon, 1998; Thorne, 1993），许多男孩和女孩在大约 10 岁的时候初次体验到性吸引。在这一时期，肾上腺开始分泌越来越多的雄激素（Herdt & McClintock，2000）。当儿童逐渐接近和进入青春发育期，性激素大量增加时，他们会体验到强烈的性吸引与性冲动，并逐渐意识到自己的**性特征**（sexuality），这是发展的一个方面，对青少年的自我概念有巨大影响。青少年面对的一个主要障碍是去领会怎样恰当地控制与表达他们的性感受，这在很大程度上受其所生活的社会和文化背景的影响。

## 文化对性特征的影响

很明显，不同的社会提供给儿童的性教育是不同的，并且在鼓励儿童成为成熟的性个体而做准备时付出了不同的努力（Ford & Beach，1951）。一些社会相当宽容地对待儿童期的性行为。在南太平洋的曼吉文化中，人们教给男孩一些手淫技巧并鼓励他们手淫；在 13 岁时，他们学习一些性技巧并且由一名年长妇女教他们怎样延迟射精，直到她能达到性高潮（Santrock，2002）。相反，限制型的社会则会压制性的表达。例如，新几内亚的苦美族儿童会因为性游戏受到惩罚，成人不允许他们触摸自己的生殖器。一个苦美族男孩若偶然出现勃起，他的阴茎很可能要遭受棍打！

美国与其他西方社会处于性宽容 – 性限制连续体的哪个位置上呢？在 24 个国家中进行的一项性态度调查（Widmer，Treas，& Newcomb，1998）显示，德国、瑞典与澳大利亚对十多岁儿童的性行为比较宽容，而美国、英格兰、北爱尔兰与波兰对青少年早期的性行为以及婚前性行为持非常保守和不许可的态度。荷兰、挪威、捷克、加拿大和西班牙是“宽容同性恋”的国家，对同性恋有相当高的容忍度。但是，在其他方面，这些国家与严格限制性行为的那些国家又比较相似。在限制型社会中，父母经常回避孩子提出的有关性的问题（Thorne，1993），并且把那些为建立性关系做准备的任务留给儿童自己。许多儿童和青少年最终是从他们的同伴那里学会应该怎样与异性建立关系（Whitaker & Miller，2000）。

## 青少年期的性态度与性行为

那些很少从成人那里得到指导的西方国家青少年是怎样学会控制性冲动，并把他们的性特征整合到自我概念中去的呢？这些任务从来都不容易，如专栏 8.5 中介绍的，对那些发现自己受到同性别成员吸引的青少年来说，要做到这些尤其困难。从建议来看，成人认为，现代的青少年因受到来势凶猛的激素的驱使，几乎被异性迷住了，并且觉得他们可以随心所欲地表达性行为。这种说法准确吗？

## 专栏 8.5 当前争论

### 性取向和同性恋的根源

一个人要确立性别同一性，其中一项任务就是形成自己的**性取向**（sexual orientation），即对同性或异性性伴侣的偏好。性取向是一个连续体，并不是所有的文化都像我们这样对性偏好进行分类（Paul，1993），但是在说起一个人的时候，我们通常说这个人是异性恋、同性恋或者双性恋。

绝大多数青少年不需要经过心灵探索就能形成其异性恋取向。有 3~6% 的青少年被同性吸引，他们要在消极的社会态度面前接受自己的同性恋取向，并建立起积极的同一性，这是一个很漫长而痛苦的过程（Hershberger & D'Augelli，1995；Patterson，1995）。这并不是说同性恋的青少年对自己特别苛刻，因为他们的一般自尊水平和异性恋同伴不相上下（Savin-Williams，1995）。但是他们对自己的同性恋取向还是会感到焦虑和抑郁，因为他们害怕一旦自己的性取向被人知道后，会遭到家人的拒绝或同伴的身体虐待和言语虐待（Dube & Savin-Williams，1999；D'Augelli，1998）。结果，许多同性恋者直到 16~19 岁（Savin-Willams，1998；Savin-Willams & Diamond，2000）才有勇气“说出真相”（主要是告诉朋友和兄弟姐妹），一两年之后才敢告诉父母。对于一个亚裔美籍青少年来说，面对任何人他们都很难启齿，因为他们的亚文化对同性恋的接受程度低于欧美国家（Dube，Savin-Williams，& Diamond，2001）。

青少年是怎样成为同性恋、双性恋和异性恋者的？一种看法是，这不是我们自己选择的，而是由生物原因所致，我们只是把这种生物倾向表现出来而已（Money，1988）。双性恋个体最终会选择一种性取向，要么是同性恋，要么是异性恋，即使他们对两种性别的人都有兴趣。此外，15~20% 的女同性恋者在成年之后爱上另一个女性之前，都认为自己是一个异性恋者（Diamond，2000；Kitzinger & Wilkerson，1995），有一些最初认为自己是同性恋的女性后来放弃了这种取向而变为异性恋者（Diamond，2003）。因此，至少有

---

### 性态度

在 20 世纪，青少年对性的看法变得逐渐开放，近年来的态度又略微回归保守，

262 因为他们害怕染上艾滋病（McKenna，1997）。显然，今天的青少年已经改变了他们对性的一些态度，同时也保留了父母和祖父母所持有的许多观点。

发生改变的是什么？首先，青少年现在确信，有爱的婚前性行为是可以接受的，同较早时期的人们一样，他们认为随意的性行为或滥交是错误的，即使他们也有过那样的一些经历( Astin et al.,1994 )。在一项调查中,仍然有少数性活动活跃的个体( 男性有 25%,女性有 48% )会把对伴侣的喜爱作为他们初次性行为的主要原因( Laumann et al.，1994）。

青少年性态度的第二个变化是其**双重标准**（double standard）下降了，该标准认为许多适合于男性的性行为（例如，婚前性行为、乱交）不太适合于女性。但双重标准并没有完全消失（Simon & Gagnon，1998）。20 世纪 90 年代早期的大学生仍然

| | 同卵双生子 | 异卵双生子 |
|---|---|---|
| 男性双生子中一人为同性恋或双性恋则另一人也是 | 52% | 22% |
| 女性双生子中一人为同性恋或双性恋则另一人也是 | 48% | 16% |

资料来源：Male figurer are from Balley & Pilard, 1991. Female figures are from Bailey et al., 1993.

一些同性恋者并非注定有或一直保持同性恋取向，就这一点而言，他们有一定的发言权。

对同性恋取向的部分解释可诉诸于遗传基因。麦克尔·贝利等人（Bailey & Pillard，1991；Bailey et al.，1993；Bailey，Dunne，& Martin，2000）发现，同卵双胞胎比异卵双胞胎在性取向上更相似。但是，如表格中的数据所示，只有一半的同卵双生子具有相同的性取向。也就是说，环境因素对性取向的影响与基因一样大。

哪些环境因素会决定一个有同性恋生物机制的个体是否被同性吸引呢？我们确实还不清楚。早期精神分析观点认为，男同性恋者主要是由于母亲太具支配性而父亲很软弱，但支持这种观点的证据很少（LeVay，1996）。大部分的同性恋者都是被异性恋的父母抚养长大的，没有证据表明同性恋父母会影响儿童的性别定型（Golobok et al.,2003）或他们最终的性取向（Bailey et al.，1995；Golommbok & Tasker，1996）。也没有证据支持同性恋者因遭到父亲的拒绝或受到年长者的诱惑而变成同性恋者（Green，1987）。一个比较有可能的假设是，出生前的激素水平有重要影响。例如，出生前母亲子宫里的男性激素水平较高，这位女性比其他女性更可能表现出双性恋或同性恋取向。该发现表明，出生前高水平的性激素至少会使一些女性产生同性恋取向（Berenbaum，2002；Meyer-Bahlberg etal.，1995）。此外，有证据表明，如果出生前母体内的男性激素水平较低，可能会使一些男孩先天的对男性表现出性吸引（Lippa，2003）。但是，需要进一步查明，究竟哪些产前因素和产后环境因素以及基因会影响同性恋取向（Herek，2000）。

相信，一个拥有多个性伴侣的女人比一个同样滥交的男人更不道德（Robinson et al.，1991）。但是，西方社会正在迅速地朝着同时适于男性和女性的单一性行为标准发展。 263

第三，性态度至今仍在不断地变化，并且反映出一种越来越混沌的性行为规则（Ponton，2001）。正如菲利普·德雷耶（Dreyer，1982）所说的那样，“有爱的性行为”的观点是非常模糊的：一个人必须真正地陷入爱河，还是互相喜欢就可以发生性行为？现在该由个人来决定了。但是做出这一决定是困难的，因为青少年从很多来源中接受了一些混乱的信息。一方面，他们经常受到父母、牧师和忠告者的告诫，要珍视处子之身，避免怀孕和患上性传播疾病；同时他们的自慰不受到鼓励，并且他们要因为自慰感到羞耻（Halpern et al.，2000；Ponton，2001）。另一方面，青少年被鼓励要受人欢迎和富有魅力，他们每年从电视中看到多达 12 000 次富于魅力的性暗示和性行为（许多节目以支持性的方式描述了乱交，以及发生于未婚伴侣之间的性行为），这使他们相信，性活动只是达到这些目的的一种手段。显然，哥哥姐姐的行为增加了这种混乱，因为对于其哥哥姐姐性活动较活跃的儿童来说，他们自己也

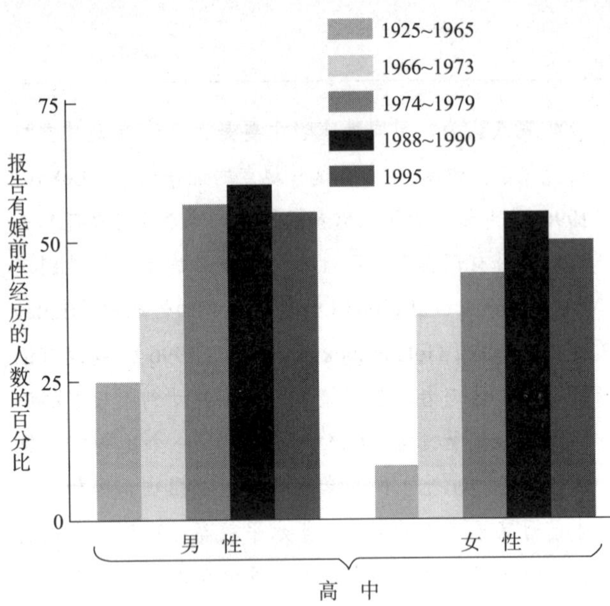


**图 8.7** 报告自己有婚前性行为的中学生的比例的变化。（前三个时间段的数据摘自 Dreyer，1982；最近的数据摘自 Baier，Rosenzweig，& Whipple，1991；Centers for Disease Control and Prevention，1992；Reinisch et al.，1992，McKenna，1997）。

倾向于性活跃，常会在比哥哥或姐姐更小的年龄发生性行为（East，1996；East & Jacobson，2001）。在过去几年中，适宜的性行为规则更简单了一些：如果你们结婚了（或订婚了），性行为就是恰当的，否则就要避免性行为。这并不是说我们的父母或者祖父母总是能抵制他们所面对的诱惑，但是他们在决定其所做的事情是否能被接受方面，可能比现在的青少年们面临更少的困难。

### 性行为

近年来，不仅性态度发生了改变，而且性行为方式也有一些改变，尤其是对女孩而言。一般来说，现代的青少年比过去的青少年在更早的年龄就参与到更多的亲密的两性活动中（爱抚、性交）。大约 20% 的欧裔美国青少年和 30% 的非裔美国青少年在 15 岁之前就有了性行为（Althaus，2001；DiIorio）。图 8.7 显示了不同历史时期所报告的曾经历婚前性行为的高中学生的百分比。注意，在高中阶段两性活动的长期增长可能已经达到顶峰，因为最近的数据（如图中）表明，约有 50% 的高中女孩（从 1990 的 55% 开始下降）和 55% 的高中男孩（从 1990 的 60% 开始下降）曾有过性交行为。这表明，性活动的下降趋势一直持续到今天（Centers for Disease Control and Prevention，2003）。（相形之下，70~80% 的大学生已经有过性行为。）

这样看来，假定当今的青少年很早就开始有性行为并且经常有性行为，只是一种无根据的推测。大多数性活跃的青少年是在青少年中期或后期才逐渐与一个单独的伴侣交往的。但是，女孩比男孩更可能坚持认为性与爱是不可分割的（Darling， 264
Davidson，& Passarello，1992；de Gaston，Weed. & Jensen，1996）。两性间的这种态度分歧会导致误解以及情感伤害，它能够部分地解释为什么女孩比男孩较少认为她们的第一次性经历是美好的（Darling，Davidson，& Passarello，1992；de Gaston，Jensen & Weed.，1995）。

**图片 8.6** 类似的两性活动是现在多数青少年所经历的。

总之，青少年的性态度和性行为在这个世纪发生了显著变化，以致现在的青少年们一般都经历过一些两性交往活动。在所有的种族群体和社会等级里都是如此，在不同社会群体中，两性活动的差异正在急剧缩小（Centers for Disease Control and Prevention，2003；Forrest & Singh，1990）。

## 青少年性行为的个人与社会后果

什么样的人可能在青少年早期变得性活跃？这种性活动有多大的风险？研究已经查明了导致早期性交往活动的许多因素。那些很早就有性交行为的青少年们往往早熟，他们中很多人来自没有父亲的低收入家庭，他们在学校的学习会遇到困难，他们的朋友是性活跃者，他们沾染了一些不良习惯，如酒精或物质滥用（Bingham & Crockett，1996；Capaldi et al.，2002；Ellis et al.，Miller，Benson，& Galbraith，2001）。研究发现，非裔美国青少年、美国土著青少年以及拉丁美洲裔青少年比其他族群的青少年更可能在较小的年龄有性交往活动，这很可能反映了：来自这些社会群体中的青少年，有不少是跟母亲一起过着贫困生活的，他们在学校有很多困难，拥有性活跃的朋友或者哥哥姐姐（Coley & Chase-Lansdale，1998；East，1996）。

令人遗憾的是，大多数性活跃的青少年没有有效地采取避孕措施（Kaplan et al.，2001），这在很大程度上是因为他们：（1）在生殖问题上的无知；（2）在认知上太不成熟而没有认真考虑其行为后果；（3）他们担心，如果他人看出自己对性行为有准备并"打定主意"发生性行为，他人（包括自己的父母）会反对自己（Coley & Chase-Lansdale，1998）。当然，这种不安全的性行为把他们置于两种风险之中：性传播疾病与青少年怀孕。

### 美国的性传播疾病情况

在性活动频繁的青少年中，大约五分之一的人会染上一种性病（STD）——梅毒、淋病、衣原体感染、生殖器疱疹，或者艾滋病，这种病若得不到治疗，会导致受感染者绝育甚至死亡，并导致其孩子的生殖缺陷和其他并发症（Cates，1995）。显然，那些未能有效地使用避孕套的青少年，以及那些与多个伴侣发生性行为的人感染上一种性传播疾病的风险是最高的（Capaldi et al.，2002）。

随着艾滋病病例的增长，人们也做出了一些努力，教育儿童和青少年怎样预防这种致命的疾病。在美国，13~19 岁青少年的艾滋病发病率增长最快，特别是来自城郊的非裔美国青少年和拉丁美洲裔青少年（Faden & Kass，1996）。目前，美国多数州在公立学校开展了各种形式的预防艾滋病的教育，并且有证据表明，这些方案能够加强小学儿童对这种疾病及其预防方法的了解(Sigelman et al.，1996）。但遗憾的是，
关于性传播疾病和艾滋病传播的知识以及相应的一些干预措施对矫正危险的性行为 265
影响甚微（Boyer，Tschann，& Shafer，1999；Wilcox & Wyatt，1997）。

### 青少年怀孕与分娩

性活动活跃的青少年面临着另一种风险：在美国，每年约有 10%（超过 100 万）的 15~19 岁的女孩怀孕（Ellis et al.，2003）。其中 70% 的怀孕以流产或堕胎而告终，在四年时间里，有 200 万美国婴儿是由青少年妈妈生出来的（Miller et al.，1990）。美国青少年怀孕的比率比加拿大及大多数欧洲国家高出一倍多，其中，加利福利亚高达 16% 的女青少年怀孕，美国印第安青少年女孩中怀孕的比率为 6%（Allan Guttmacher Foundation，from McKenna，1997）。婚外生育在处于经济劣势的群体，如非裔美国人、拉丁裔美国人及美国土著人中比较普遍，约三分之二的青少年妈妈选择生下孩子而不是流产。

**做青少年妈妈的后果** 对那些生育孩子的青少年妈妈来说，所面临的不幸后果很可能会是退学，失去与社会关系网络的联系，如果她是 50% 的失学者中的一个，那么低收入工作的生活会延续她不利的经济地位（Coley & Chase-Lansdale，1998）。另外，许多女青少年，特别是较年轻的女孩，在心理上还没作好当妈妈的准备，这会大大地影响其孩子的发展。

**青少年妈妈的孩子的发展后果** 对青少年妈妈，特别是那些经济处于劣势的青少年妈妈，与年长的妈妈相比，她们更可能会糟糕地养育孩子，她们在怀孕时滥用酒精和药物，没有获得足够的产前照顾。结果，许多青少年妈妈比那些年长妈妈患上了更多的产前以及生产并发症，并且更可能生下早产儿或低体重儿（Chomitz，Cheung，& Lieberman，2000）。

不仅她们的孩子会面对一个困难重重的开始，而且青少年妈妈也面临同样的处境，她们在智力上还没有成熟到可以担起做妈妈的责任，也很少从同样是青少年的爱人那里获得足够的经济和社会支持（Coley & Chase-Lansdale，1998）。与年龄较长的妈妈相比，青少年妈妈对儿童发展了解很少，认为她们的孩子较难抚养，体验到更大的抚养压力，对孩子的回应不敏感，对孩子缺少关爱（Miller et al.，1996）。但是，近期研究表明，年轻妈妈的这些不良养育实践，以及其自身和孩子的不良后果不是因这些妈妈的年轻：在那些未婚的青少年妈妈中，这些不良后果更加明显，她们处于不利的经济地位，在这样的情况下抚育孩子（不考虑妈妈的年龄）一般缺乏敏感，给予孩子的刺激也不够（Kalil & Kunz，2002；Turley，2003）。遗憾的是，这些处于不利境地的青少年妈妈的抚养模式会导致长期的不良后果，她们的孩子在学前期会表现出智力缺陷和情绪障碍，在儿童后期，其学习成绩糟糕，同伴关系不良，有异常行为（Hardy et al.，1998；Miller et al.，1996；Spieker et al.，1999）。青少年妈妈的处境与其孩子的发展过程可能会在后来有所改善，特别是当她返回学校读书，不再生更多的孩子时。但是，与那些直到 20 多岁才做父母的同伴相比，她（和她的孩子）可能仍然处于不利的经济地位（Hardy et al.，1998）。

## 应对青少年性行为的问题

怎样才能延迟性行为开始的时间，降低青少年怀孕以及感染性疾病的比率呢？许多发展心理学者认为，要达到这个目标，首先要从家庭开始。很多父母低估了青少年子女（特别是年龄较小的青少年）的性活动，不情愿与孩子交流，也没有机会 266
表达他们对青少年性行为有多反对（Jaccard，Dittus，& Gordon，1998）。但是，父母与其孩子（甚至青少年期之前的儿童）尽早的、直接的讨论这一问题会是一种重要的预防策略。最近的研究揭示了这一点，亲子间就性行为的危险性和安全套使用的交流，若是在青少年开始有性行为之前进行，则会取得以下的效果：（1）延迟性行为开始的时间；（2）促使青少年在性活跃时经常使用安全套（Miller et al.，1998；Whitaker & Miller，2000），进而可以明显地降低青少年怀孕或感染性疾病的可能性。与青少年进行这些讨论，同时认真地监控青少年的活动场所，监督他们怎样选择朋友，会进一步降低性活动与危险性行为的发生率（Capaldi et al.，2002；Miller，Forehand，& Kotchick，1999）。

一些比较有效的家庭之外的干预措施也在开始出现。一种是由私人基金赞助的青少年服务项目（Teen Outreach program），目前正在全美近 50 个地方机构中进行。该项目中的青少年从事一些志愿性的服务活动（例如同伴辅导和医务工作），参加定期的课堂讨论，讨论他们的志愿性工作、未来职业选择、当前和未来的关系等主题。在全国的 25 个网站上对“青少年服务项目”的一项评估揭示，女性参与者中的怀孕比率比社会和家庭背景相似、没有参加该项目的女孩低一半（Allen et al.，1997）。在墨西哥也开展了一个相似的项目，主要关注避孕和性行为的风险、交往、自我判定与做出社会决定等生活技能训练，与那些很少教青少年怎样控制和抵制性欲的传统性教育项目相比，它明显减少了危险的性行为和青少年怀孕（Pick，Givaudian，& Poortinga，2003）。如果青少年对自己的将来和处理人际关系的能力保持乐观，那他们就不太可能怀孕。

因此，超越了生物学意义上的生殖繁衍的正规性教育可以成为一种有效的干预手段。那些成功地延迟性活动和促使较年长的、性活跃的青少年避孕的项目，一般依赖两种方法：（1）说明和证实为什么避孕对处于青少年前期的儿童和年幼青少年是最好的；（2）给较年长的青少年提供大量关于避孕的知识，以及他们能够用来抵制性行为压力的策略（Frost & Forrest，1995；Lowy，2000）。从西欧社会的一些证据来看，安全套的免费发放并不会鼓励性活动不活跃的青少年变得活跃，美国的许多教育者正号召在美国进行相似的避孕项目（Lowy，2000）。那些赞成较早的性教育和免费获取避孕套的人认为，青少年性活动的不良后果是难以避免的，我们所能做的只是让更多的青少年延迟性活动的开始时间，从事较安全的性活动。

## 本章要点

✦ **性别定型**是儿童获得性别同一性，同时也获得其所在社会认可的适合于生物学性别成员的那些动机、价值观以及行为的过程。

### 男性与女性的分类：性别角色标准

✦ **性别角色标准**是认为较之于另一性别的成员而更适合于某一性别成员的一种动机、价值观或者行为标准。许多社会通过以性别为基础的劳动分配来界定它的特点，这些社会鼓励女性担当**表达型角色**，男性担当**工具型角色**。

### 关于性别差异的一些事实与构想

✦ 在关于言语能力的许多测试中，女孩都是优于男孩的，并且她们比男孩有更多的情绪性表达，更顺从，更羞怯。男孩比女孩更活泼，有更多身体和言语攻击，表现出了较高的自尊，在数学推理测试与**视觉/空间能力**测试中往往超过女孩。但是，总的来说，这些方面的性别差异是比较小的，男性和女性在心理上的相似远多于不同。

✦ 许多没有事实根据的传统性别角色刻板印象包括：与男性相比，女性比较善于社交，易于受暗示，缺乏逻辑性，缺少分析性和成就定向。这些“文化虚构”会导致**自我实现预言**，使男性和女性在认知上表现出现差异，并引导男性和女性朝着不同的职业道路发展。

### 性别定型的发展趋势

✦ 2.5~3 岁时，儿童可以很确定地称自己是男孩或女孩，这是他们**性别同一性**发展的第一步。在 5~7 岁期间，儿童逐渐意识到性别是自我的一个不可改变的方面。

✦ 在儿童表现出基本的性别同一性的时候，他们开始了解一些性别刻板印象。10~11 岁儿童关于男性和女性个性特质的刻板印象就可以与成人相比了。首先，社会刻板印象被视作一些强制规则，但是在儿童中期，儿童对性别的思考变得更具弹性，之后在**性别激化**的青少年期，他们的思想再一次变得刻板。

✦ 在形成基本的性别同一性之前，许多儿童就表现出了对性别定型玩具与活动的偏好。到 3 岁时，他们表现出**性别分化**，喜欢与同性别的同伴玩，逐渐形成了对异性同伴的偏见。男孩比女孩面临着更大的性别分化压力，他们较快地形成了性别定型玩具与活动偏好。

### 性别定型与性别角色发展的理论

✦ 进化论理论家认为，性别差异与以性别为基础的劳动分配随着时间变化而逐步形成，因为男性和女性在人类历史发展过程中面临着不同的进化压力和挑战。而**社会角色假说**的观点则把这些差异归因于男人和女人所担当的社会指定角色的差异。

✦ 莫尼与艾尔哈德的生物社会理论强调出生前的生物性发展及其对儿童社会化的影响。**双性化女性**的行为显示，出生前的激素水平可以解释在游戏形式和活动偏好方面的性别差异。但是，一些被当作异性（例如患有**睾丸雌性化综合征**的儿童）抚养的儿童的发展情况，以及一些跨文化比较结果揭示，社会命名与性别角色社会化在决定一个人的性别同一性与角色偏好方面发挥重要作用。新近一个**心理－生物－社会模型**解释了生物与社会影响怎样相互作用而导致了行为上的性别差异。

✦ 弗洛伊德认为，在发展的性器期，儿童以其同性别的父母自居，逐渐地性别定型，以摆脱**俄狄浦斯情结**或**伊莱克拉特情结**。但是，一些研究不支持弗洛伊德的理论。

✦ 与社会学习理论一致，通过**直接指导**（或有区别的强化），儿童形成了他们最早的一些性别定型玩具和活动偏好。当学前儿童注意到两个性别的榜样并逐渐意识到性别刻板印象时，**观察学习**也可以促进性别定型。

✦ 柯尔伯格的认知发展理论声称，儿童是自我社会化者，在获得**性别一致性**之前，他们必须经历**基本的性别同一性**和**性别稳定性**，这时，他们开始有选择性地注意同性别的榜样，并逐渐性别定型。

- 根据马丁与哈尔弗森的**性别图式**理论，已经建立基本的性别同一性的儿童会建构“**性别内 / 性别外图式**”与**自身性别的图式**，这些图式可以加工与性别相关的信息，使自己社会化而获得一种性别角色。与图式一致的信息被搜集和保留，与图式不一致的信息被忽略或歪曲，因而使那些无事实根据的性别刻板印象得以流传。
- 对性别定型的最好解释是一种折衷的、整合的理论，它承认在生物社会理论、心理生物社会理论、社会学习理论、认知发展理论以及性别图式理论中所强调的那些过程对性别角色发展都起作用。

### 心理上的雌雄同体：21 世纪的一种预示

- “男性化特征”和“女性化特征”的心理属性一般被认为处在一个单一维度的两端。关于性别角色的一个“新视点”认为，男性化特征与女性化特征是两个独立的维度，**双性化**的人有相当多的受称许的男性化特点和女性化特点。最近的研究表明，双性化的人确实存在，他们很受欢迎而且适应良好，和传统性别类型的人相比，他们可以适应更多样的环境要求。
- 通过强调一个人的性别与生殖意义之外的其他方面并无很大的关系，鼓励和模仿异性的与同性的活动，重视并讨论儿童已经获得的无根据的性别刻板印象的反面信息，父母和老师（特别是男性）可以阻止僵化的性别定型。

### 性特征与性行为

- 开始于青春期之前的激素变化促进了性驱力的增加以及恰当地控制性欲的需要，这个任务对那些被同性伙伴吸引的青少年来说尤其困难。近年来，性态度变得越来越自由化。大多数青少年认为，有爱的性是可以接受的，他们拒绝性行为的**双重标准**。青少年的性活动增加了，其中女孩的性行为比男孩的性行为变化更大。
- 大量的性活跃的青少年未能有效地采取避孕措施，他们处于感染性病或怀孕的风险中。
- 青少年怀孕和分娩是美国的一个主要社会问题。未婚青少年妈妈中，有许多人很贫穷，在心理上没有做好当妈妈的准备，她们常常会失学，经济上处于劣势。她们对孩子的不良养育造成孩子的很多情绪问题与认知缺陷。
- 在家庭中对性和生殖健康问题进行讨论，父母对青少年子女的活动进行合理监督，改进性教育与避孕服务，强调生活技能训练的青少年服务项目，这些都可以降低性行为风险和青少年怀孕的比率。

# 9 攻击性和反社会行为

- 什么是攻击性
- 关于攻击性的理论
- 攻击性的发展趋势
- 攻击性的性别差异
- 文化和亚文化对攻击性的影响
- 家庭对攻击性的影响
- 控制攻击和反社会行为的方法

1970年5月初的一个下午，天气晴朗，万里无云，但我突然发现自己正躺在地上，由于催泪瓦斯的作用而不停地咳嗽；我祈祷着，希望自己能挺过这严酷的煎熬。这一幕发生在肯特州立大学。就在几秒钟前，一队俄亥俄州国民警卫队员对路人开枪射击，造成四人死亡，多人受伤。令人吃惊的是，我周围的很多人对此并不感到恐惧，而是充满报复心理。几分钟内他们就开始沸沸扬扬地讨论怎样找到武器，怎样对国民警卫队员进行报复。很明显，一场潜在的、更加激烈的冲突一触即发。幸运的是，学校管理人员迅速地封了学校，阻止了更多流血事件的发生。 270

人类的攻击性和其他形式的反社会行为是一种普遍现象。我们只要看看晚间新闻，就能了解到众多残暴行为。绑架、枪战、谋杀，这些是在当地新闻电视网工作的丹·拉德尔和他的同事们每晚都会报道的。埃利奥特·阿隆森（1976）曾经介绍过一本书，这本书堪称是对世界历史最精辟的总结，它共有10~15页，按年代列举了人类历史上发生的最重要事件。也许你能猜到它是怎样描述的。正是如此：一场战争接着一场战争，中间或夹杂着其他一些事，诸如耶稣的诞生和印刷术的发明。如果地球外有其他智慧生命获得此书并破译它，这些外星人可能会得出结论，认为我们人类是极端敌意、反社会的生物，应该避而远之。

是什么使得人类具有攻击性？大多数脊椎动物都不会杀死同类，而我们人类却常常会。是不是攻击性倾向是人类本性的一部分，或者，这是儿童必须掌握的？有着不同利益冲突的人们，能否有希望达到和平共处？如果可以的话，怎样改善或控制攻击行为和其他反社会行为？这些是本章将要讨论的问题。

## 什么是攻击性

我们大多数人的内心都有一个攻击性的定义。每个人都会认为强奸是暴力和攻击行为，但是两厢情愿的伴侣之间强烈而充满激情的做爱则一般不被认为是攻击行为。当我在班上讲解攻击性这一主题时，我经常要求学生们用自己的语言来界定它。当我把这些定义写在黑板上时，学生之间总会争论和探讨什么是攻击性，以及哪些行为应该被看做攻击行为。社会科学家已经为类似的问题争论了六、七十年，这么看来，他们的争论也就不足为奇了。

### 攻击性是一种本能

攻击性有可能是一种本能吗，是人类本性的组成部分吗？至少弗洛伊德是这样认为的。他将其描述为**死的本能**（Thanatos），这一因素影响了每个人身上所产生的攻击性能量。弗洛伊德认为攻击性近似“水压”：当敌意的、攻击性的能量增长到某一关键水平后，会通过某种形式的暴力和毁坏性行为倾泄出来。

不止精神分析理论家持有此观点。著名的生态学家康拉德·洛伦兹（Konrad Lorenz，1966）把攻击性描述为一种搏斗本能，是由环境中的某些因素诱发的。在罗
271 伯特·阿德雷（Robert Ardrey）的著作《非洲人的起源》（1967）中，作者甚至提出人类“从本性上就是用武器杀戮的掠夺者”（p. 322）。虽然精神分析和生态学在攻击性问题上存在一些重要的差异，但两种理论学派都认为攻击性和反社会行为是由天生的暴力倾向造成的。

## 攻击性的行为界定

大多数行为主义（学习理论）理论家都反对用本能论来解释暴力和毁坏行为。他们把人类的攻击和反社会行为看成是一种特殊的目标驱动行为。阿诺德·巴斯（Buss，1961）提出的**攻击性的行为主义定义**（behavioral definition of aggression）常常被引用，他把攻击行为描述为“把有害刺激传送给另一个有机体的行为”。（p. 3）

可以看出，巴斯的定义强调行为的结果而非行为者的意图。根据巴斯的理论，任何把痛苦或不舒服传递给另一个生物的行为都被认为是攻击性的。但是，当牙医在我们的牙齿上钻孔，给我们带来痛苦时，我们中有多少人认为他们是攻击性的？当一个笨拙的舞伴踩到我们的脚时，我们能认为他是攻击性的吗？而当一个狙击手没有打中目标时，难道就因为他没有造成身体伤害而认为他不具有攻击性吗？

虽然你可以完全不同意以上说法，但多数人会认为狙击手的行为是攻击性的，而牙医和舞伴的行为是不小心或意外。在做此归因时，人们依赖于对**攻击性的意图定义**（intentional definition of agression），它隐含这样的意思，攻击行为是任何形式的有意伤害或损害另一生命的行为，而另一生命是力图避免这种遭遇的（Coie & Dodge，1998）。请注意，这种从意图上来界定的攻击性把一切故意造成伤害而未能达到目的的行为也定义为攻击行为（例如，没有击中目标的暴力踢打），同时排除了那些意外伤害或活动，例如在混战游戏中，参与者都乐在其中，没有任何伤害别人的意图。

攻击行为通常分为两类：**敌意性攻击**（hostile aggression）和**工具性攻击**（instrumental aggression）。如果攻击者的主要目的是伤害或损害受害者（无论是身体的、心理的伤害，还是毁坏他的成果或财物），他们的行为就是敌意性攻击。相反，工具性攻击指的是，一方只把伤害另一方作为一种获得非攻击性结果的手段（例如，在抢同学的糖果时把其撞倒）。很显然，同样的外显行为，根据情境可以归为敌意的，也可以归为工具性的攻击行为。如果一个小男孩殴打他的妹妹，并且奚落她，把她弄哭了，我们可能会认为这是敌意性攻击。但是如果这个男孩是要抢夺妹妹正在玩的玩具，那么同样的行为又可以被认为是工具性攻击（或是兼具敌意性和攻击性的攻击行为）。

有些人曾批判把攻击性划分为敌意性和工具性这一做法，因为常常很难分辨

大一点的孩子、青少年或成年人的攻击行为是敌意的还是攻击性的。例如，班杜拉（Bandura，1973）描述过一伙十几岁的少年经常在路上攻击无辜受害者的事件。但是，团伙成员并不是为寻求刺激而攻击他人（敌意性攻击），他们要求殴打至少 10 个人才能成为该团伙的“羽翼丰满的成员”（工具性攻击）。因此，即使有些看起来很明显的敌意攻击行为，实际上也可能被隐藏的目的所控制。

总之，敌意性攻击和工具性攻击之间的区别并不像我们认为的那样明显。虽然如此，它仍是有意义的划分，因为发展心理学者已经发现，两种攻击性是在不同时期出现的，经常有不同的发展前因，而且对个体未来的个人和社会适应也有不一样的意义（Coie & Dodge，1998）。

### 攻击性是一种社会判断 272

人们也许会认为，有一类人人都会说它是“攻击性”的故意行为，但这种想法却完全错了。班杜拉等人（Parke & Slaby，1983）令人信服地证明，“攻击性”实际上是一种社会命名，人们根据某行为对自身的意义，把它用到不同的行为上。人们对一种行为是否是攻击性行为的解释，取决于一系列的社会、个人和情境因素。例如我们自己对攻击性的认识（这会因我们的性别、文化、社会阶层和已有经验的不同而不同）、行为反应发生的情境、反应的强度、参与其中的人的特征和反应，等等。因此，一个高强度的反应，比如用右手对着某人的下巴重重一击比同样的但较温和的行为要更容易被定义为攻击性的，因为后一行为我们可能会解释为闹着玩甚至是一种情感表达（Costabile et al.，1991）。一个素食的和平主义者要比一个食肉国家的枪械协会会员，更容易认为射杀一头鹿是攻击性行为。对于儿童之间的扭打，如果某人受了伤，就更易被认为是攻击性的（Costabile et al.，1991）。我们可以从专栏 9.1 中看出，参与事件者的身份特征在我们判断其攻击性意图中起着主要作用。

总之，攻击性在很大程度上是一种社会判断，是我们对观察到或经历过的看似损伤或毁坏的行为做出的社会判断。我们仍可以继续认为攻击性是故意挫败、伤害或掠夺某人的行为，但是我们要意识到，对行为者是否有伤人意图的推断会因观察者、犯罪者、受害者和情境的不同而不同，因此，人们经常对发生了什么，以及是否具有攻击性持有不同观点。

## 关于攻击性的理论

现在你可能会估计，上述每一种攻击性定义都是基于某种理论的。下面，我们将介绍几种用来解释人类攻击性的理论。

## 专栏 9.1 研究聚焦

### 成年人对打闹游戏的反应：男孩就是男孩，女孩是攻击者

想象冬天一个下雪的午后，你正走在街上，碰巧看到一个孩子跑着、跳着向同伴扔雪球。你会怎样解释这件事？你的判断会受到扔雪球者和接雪球者身份的影响吗？如果都是男孩你会怎么想？都是女孩呢？一个男孩、一个女孩呢？

约翰·坎德利和大卫·罗斯（Condry & Ross，1985）做了一项很有趣的实验，想看看成年人会怎样解释不同性别孩子之间的打闹游戏。被试首先看一个录相，里面有两个孩子在雪地里玩，但是由于都穿着防雪装而分辨不出性别。游戏很快就变得很粗暴，一个孩子（目标儿童）向另一个孩子（接受儿童）猛烈地投雪球，扑向并击打那个孩子。在看录相之前，4组成年被试分别被告之，这些孩子：(1）都是男孩；(2）都是女孩；(3）目标儿童是男孩，接受儿童是女孩；(4）目标儿童是女孩，接受儿童是男孩。看完录相，让被试在两个维度上评价目标儿童的行为：(1）目标儿童向接受儿童发起的攻击行为的数量；(2）目标儿童的行为在多大程度上是积极的、嬉闹的和友好的。

结果很有趣。从下图可以看出，当把目标儿童和接受儿童都说成是男孩时，目标儿童的打闹行为很少被说成是攻击性的，反而被认为是一种友情的表示。平时，我们看到两个孩子在"打闹"，如果都是男孩，我们会说"男孩就是那样"，所以不去干预。相反，男孩和女孩之间的打闹行为肯定会被说成是攻击行为。注意，不管行为的接受者是女孩还是男孩，只要行为发出者是女孩，该行为都会被认为具有很强的攻击性！坎德利和罗斯总结这些数据后说，"这可能不公平，也的确不平等，但是从本研究的结果来看，人们对男孩和女孩攻击性的判断确实存在差异"（p. 230）。

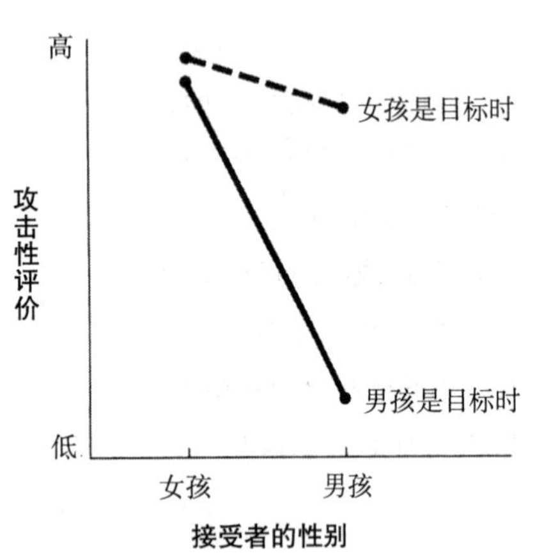


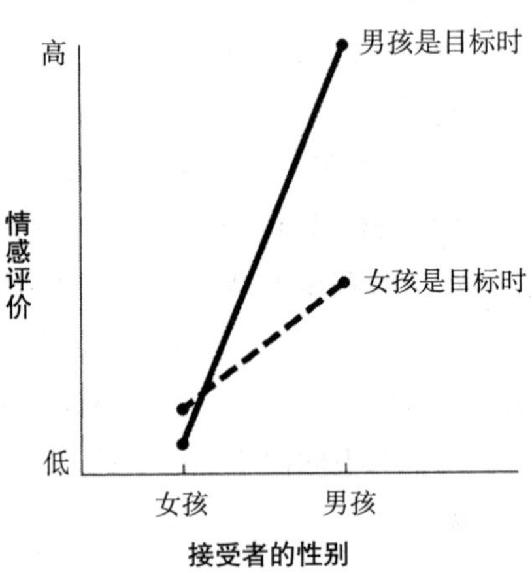


目标儿童和接受儿童的性别不同时，对目标儿童行为具有的攻击性和情感的评价。

（资料来源：Condry & Ross，1985.）

## 本能论

### 弗洛伊德的精神分析理论

通过回顾恐怖的第一次世界大战，弗洛伊德提出，人类生来就有死的本能（Thanatos），这种本能试图结束生命，它可以解释所有的暴力和毁坏行为。从食物中获取的能量有可能逐渐汇成了攻击能量，而这些强烈的攻击欲望必会定期发泄出来，以免它们增长到危险水平。根据弗洛伊德的理论，攻击能量可以通过社会接受的方式发泄出来，例如通过努力工作或是游戏，还可以通过令人不太愉快的方式，例如侮辱别人、打架或毁坏财物。弗洛伊德有一个很有趣的观点，他认为攻击能量有时会指向内部，导致某种形式的自我惩罚、自我毁坏甚至自杀。

大多数当代精神分析理论家仍然认为攻击性是一种本能驱力，但是不同意弗洛伊德所谓的人的内心藏有指向自己的死本能。当我们试图满足需要时受挫，或遭遇另一些阻碍自我功能发挥的威胁时，本能的攻击倾向就可能会出现。这样看来，攻击驱力具有*适应意义*：它们帮助个体满足基本需要，因而能促进生命而不是自我毁灭。

### 洛伦兹的习性学理论 273

关于攻击性的第二个本能论观点源自习性学家康拉德·洛伦兹。洛伦兹（Lorenz, 1966）认为，人和动物都有基本的指向同类的争斗（攻击）本能。像精神分析理论学家一样，他也把攻击性看成是一个能产生自身能量的水压式系统。但是他认为攻击驱力会一直增长，直到适当地*释放刺激*后才减缓。

什么样的刺激有可能引发攻击行为？这些攻击行为的作用又是什么？根据洛伦兹的理论，所有的本能，包括攻击性，都服务于一个基本的进化目的：*确保个体和种系的生存*。因此，当此动物进入彼动物的领地时会发生争斗，这种争斗就是适应性的；它使动物个体分散在广阔的领域，防止大量动物聚集在一处，那样会使食物资源耗尽，因饥饿而亡。动物也会为了保护它们的幼仔抵御外来入侵者，使它们生存、成熟和繁殖。最后，种系内部雄性间的争战决定了，哪些雄性能和有限的雌性结成配偶。由于强壮的雄性会赢得胜利，种系内的攻击性确保了群体中最强悍的成员会 274
成为再繁殖的对象。

从习性学角度看，攻击性可以帮助大多数种系获得生存，因为它们在进化中发展出“本能的抑制性”，防止同类自相残杀。例如，许多鱼类会进行一些“威胁性”的活动或仪式化的攻击活动，在这些活动中，其中一个参与者会在不严重伤害对手的情况下“获胜”。同类的鸟本可以轻易杀害另一方（或是把对方的眼睛啄瞎），但是鸟儿很少会这样做。狼在争斗时，失败的狼会把自己的脖子毫无保护地伸到赢方嘴边，以示战斗可以结束了。

根据洛伦兹的理论，人类杀害自己的同类，是因为人对攻击本能控制得很差。

根据洛伦兹的观点，人类是“毁灭性的”生物，因为他们对攻击本能的控制很差。

因为人类在史前时期缺乏先天的杀伤工具（如爪子或尖牙），很少需要进化出本能的抑制性来防止伤害其他人。但是人类的智力得到了进化，人类发明了毁灭性的武器，并且由于缺乏先天抑制性而乐此不疲地用这些致命武器击败敌人。洛伦兹指出，缺乏攻击抑制性，加上大量发展可能导致世界末日的武器，会给人道带来极其严重的挑战：我们现在必须非常努力地工作，把我们的攻击驱力导向社会接纳的理想和追求上来，否则我们就要面对灭种的可能。

### 对本能论的批判

人们常常认为，本能论对攻击性的解释不够充分。例如，本能论把一切攻击性都归于先天和本能，这种观点不能很好地解释为什么有些社会比另一些更具攻击性。在一些文化中，如新几内亚的阿拉佩什人，喜马拉雅山脉的雷布查人，刚果的俾格米人都使用武器获取食物，但是很少发生族内攻击。当外人入侵时，这些爱好和平的人会退到敌人难以接近的地区，而不是出来还击（Gorer，1968）。虽然这些发现不能排除生物因素对攻击性有影响的可能性，但是它们向认为人类天生就具攻击性的理论提出了质疑。

需要指出的是，没有神经生理学的证据表明，身体能产生或是积聚攻击能量（Gilbert，1994；Scott，1992）。也没有可靠证据说明人类具有如此广泛的攻击性是由于我们缺少天生的、本能的抑制性来阻止伤害他人。事实上，相反的证据倒有不少。例如，马丁·霍夫曼（Martin Hoffman，2000）认为，人的**共情**（empathy）能力及其促发的同情心本身就是人类进化的产物，而且是（或能够成为）抑制攻击性的有力因素。阿尔伯特·班杜拉（Albert Bandura，1973）也指出，人类不需要像动物那样以露出颈部或其他信号来平息攻击行为；人类进化出了更复杂的系统，即语言，用它来解决争端，而不是诉诸于攻击行为。

人类习性学家和现代进化论学者在能否控制人类的攻击性上一点也不像洛伦兹和弗洛伊德那样悲观（Buss，2000；Gilbert，1994）。对儿童游戏群体的习性学研究（Sluckin，& Smith，1977；Strayer，1980）显示，3~5 岁的孩子就已经形成了合理稳定的支配等级（根据在冲突情境中谁支配谁），而且知道在冲突中谁支配别人，谁被人支配。斯特拉耶（Strayer，1980）提出，这些支配等级的作用就是把攻击性减到最
275 小，猿和其他物种也有相似的等级制度，能把争斗减到最小，促进社会适应。显然斯特拉是耶正确的。在有这些支配等级特点的游戏群体中，受到攻击的儿童或是被

支配的儿童很少反击或求助于老师和同伴。相反，那些没有处在支配地位的儿童常常通过走开或向支配者做出某种和解动作来结束争端。例如，主动要求做对方的朋友，要求共享引起争端的财物，甚至友好地拍拍对手（Sackin & Thelen，1984）。因此，儿童不仅能够成功地在争端上升到暴力和相互攻击之前结束它，而且他们很早就精通于此了。

就算人类天性中有攻击性，个体的攻击倾向也有可能很快受到社会经验影响。如果看一看有关动物的文献，你会发现大多数人称猫捉老鼠的行为是本能行为。但是，当把小猫和老鼠一起喂养后，就算处在激烈的猫科动物残食鼠类的模式中，猫也很少会吃老鼠（Kuo，1930）。这一观察结果充分证明，通过社会学习，能够从本质上改善，甚至消除被认为是本能的攻击行为，其原因何在？现在许多理论家认为，不管人类的攻击行为源自何处，人们费尽心思地推断攻击行为可能具有的生物进化的重要性是毫无益处的，因为攻击行为是可以通过学习改变的（Bandura，1973；Baron & Richardson，1994）。

## 学习理论

耶鲁大学的约翰·多拉德（John Dollard）和他的同事不再着迷于攻击性的本能论，他们很早就提出了一个影响深远的学习理论，这就是著名的**挫折/攻击假说**（frustration/aggression hypothesis）（Dollard et al.，1939）。这一模型有两个基本命题：（1）受挫（目标导向行为的障碍）经常会导致某些形式的攻击性；（2）攻击性经常由某些形式的受挫引起。

这一简单模型很快就显露出了明显的问题。举个例子，第 4 章讲到，由于失去对物体控制的能力而受挫的小婴儿会变得非常愤怒，拼命挥动他们的四肢，但并没有伤害别人的意图（Sullivan，Lewis，& Alessandri，1992；Sullivan & Lewis，2003）。简言之，受挫并不总是导致攻击。甚至 3 岁的孩子受挫后也会是更多地发脾气，表现出愤怒，而不是出现攻击反应（Goodenough，1931）。那么，我们可以宣称所有的攻击行为都是由某种受挫引起的吗？莱昂纳德·贝尔科维茨（Leonard Berkowitz）肯定不这样认为。

### 贝尔科维茨修正后的挫折/攻击假说

贝尔科维茨（Berkowitz，1965）声称，受挫仅仅使我们愤怒并导致一种“攻击行为预备状态”。其他导致愤怒的很多因素，例如，被人挑衅或攻击以及以前形成的攻击习惯，这些都可能增强个体对攻击性的预备性。他指出，就算考虑到个体对攻击性的预备性，如果情境中没有“攻击性线索”，攻击反应也不会发生。攻击性线索是指一些“和当时或以前的愤怒诱发因素有关联的东西，……它们在一个已经预备

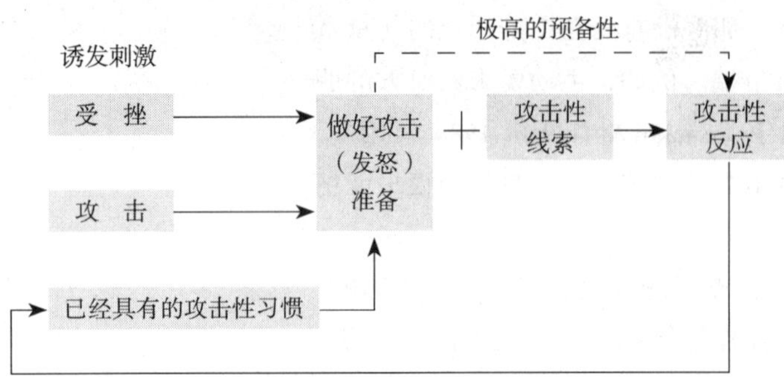


**图 9.1** 贝尔科维茨修正后的挫折/攻击假说。（资料来源：Berkowitz，1974，已经美国心理学会允许）

好了的人身上诱发出攻击反应”（1965，p. 308）。根据贝尔科维茨的假设，攻击性线索必须在愤怒的个体表现出攻击性之前出现。但是，我们在图 9.1 中看到，贝尔科维茨（Berkowitz，1974，1993）后来修正了他的观点，认识到不管是否存在攻击性线索，一个*极端*愤怒的人，都可能表现出攻击性。

请注意贝尔科维茨的理论所预期的个体在攻击性上的差异：当身处攻击性线索中时，那些攻击性已经根深蒂固的儿童，与还未很 276
好地建立起攻击习惯的儿童相比，更倾向于表现出攻击性。但是，到目前为止，贝尔科维茨最具争议性的观点是**“攻击性线索假设”**（“aggressive cues” hypothesis），这一线索意味着，以前处在和攻击性有关的事物或事件下的经历，都将会在以后起到一个线索的作用，从而增加年幼儿童之间的相互攻击。像枪、坦克、橡塑士兵及其他一些象征性的毁灭性玩具也有这些效果吗？

回答是肯定的。在一项经典研究中，赛莫尔·费什巴赫（Seymour Feshbach，1956）让 5~8 岁的儿童在教室参与结构化游戏。这些游戏情境有的是围绕*攻击性*主题的，例如海盗和士兵，有的是*中性*主题，如马戏团、农场活动和开商店。然后，在自由游戏时间，一位观察者记录这些孩子间攻击性的互动行为，并把每一种标为*主题攻击*（在早期游戏情境下的适当行为，例如挑战海盗）和*不适当的攻击*（言语辱骂或身体殴打之类超出一般游戏的行为）。不出所料，那些玩攻击性玩具的儿童的主题攻击行为最多。与玩中性玩具的同伴相比，这些儿童也做出了大量的不适当攻击（亦见 Turner & Goldsmith，1976；Watson & Peng，1992）。因此，那些鼓励攻击性的玩具的确能增加儿童在游戏中敌意、攻击性的互动。

**图片 9.1** 虽然这些年幼的男孩子玩得很开心，但是这些鼓励攻击性的玩具的确增加了儿童在游戏中出现敌意互动的可能性。

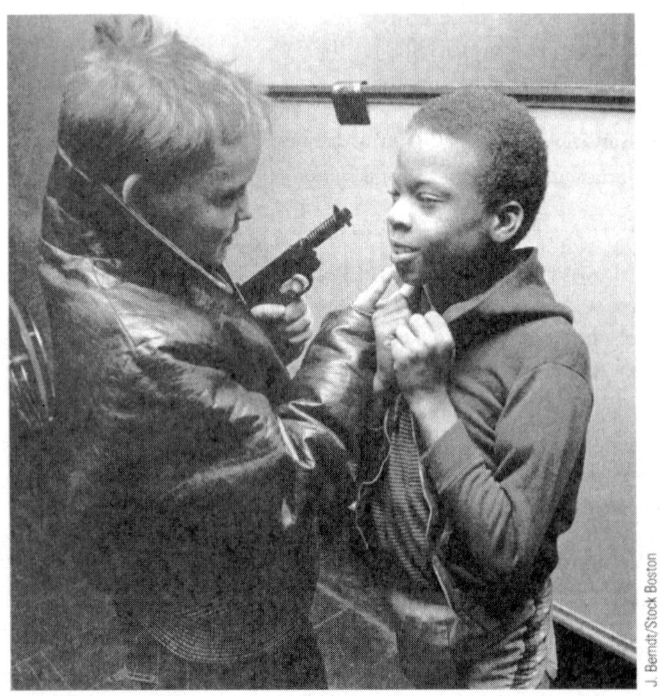


总之，贝尔科维茨修改后的挫折/攻击假说把攻击行为看成来源于内驱力（愤怒，攻击习惯）和外部刺激（攻击性线索）的结合。虽然这一理论有助于解释为什么一个愤怒的人会表现出攻击反应，但是它很少提及攻击习惯的发展情况，或不同刺激是怎样变成“攻击性线索”的。同时，一些理论家从根本上批判了贝尔科维茨的模型，他们指出，很多攻击行为并不是由于愤怒或生气，而仅仅是造成非攻击性结局的一个手段。而且，我们下面要讲到，攻击性线索对儿童行为的影响似乎更多地取决于儿童对这些刺激和事件的解释（认知因素），而不仅是线索的简单存在。

### 班杜拉的社会学习理论

班杜拉的关于攻击性的社会学习理论（Bandura，1973，1989）在很多方面都值得注意。该模型首次强调了认知对攻击性的影响。它把攻击性作为社会行为的一个类别，它的形成机制和其他类型的社会行为是相同的。当大多数理论家关注引起攻击性的因素时，班杜拉已经先人一步去探索攻击行为是怎样获得和保持的。

**攻击性是怎样获得的**　根据班杜拉的理论，攻击反应的获得有两条途径。首要的和最重要的方法是*观察学习*——一种认知过程，儿童关注并在记忆中保存他们所见的别人的攻击行为。第 2 章讲过，班杜拉的经典实验（1965）雄辩地证明了他的观点。 277
儿童看到一个成人榜样殴打玩具娃娃，就学会了他们所观察到的这种攻击反应，而且，只要他们没有看到榜样因攻击行为受到惩罚，就有可能对充气娃娃做出类似的行为。

儿童还可以通过*直接经验*习得攻击反应（或攻击习惯）。攻击行为受到强化的儿童更有可能在将来诉诸于攻击。例如，一个学前儿童发现，他可以通过制服同班同学，使他们屈服于自己的强压而轻易获得好玩的玩具。显然，由于这个儿童得到了他想要的东西，他的欺负行为就受到了强化。

**攻击性是怎样保持的**　根据班杜拉的理论（1973），当攻击行为有助于攻击者获得利益或是满足他 / 她的目的时，攻击行为就容易得到保持（还可能变成习惯）。换言之，爱打架的孩子慢慢就知道，运用武力是既管用又快捷的办法。

攻击性的儿童对武力带来的后果的确有更多的*积极预期*。和不爱打架的同伴相比，他们：（1）更加自信，攻击会带来切实的奖赏（例如拿到想要的玩具）；（2）更加确信，攻击使他们很容易且很成功地制止别人的有害行为；（3）更倾向于认为，攻击会增强他们的自尊，并且冷酷地认为，他们不会给受害者造成什么永久伤害（Crick & Dodge，1996；Frick et al.，2003）。而且，较之非攻击的儿童，攻击性的儿童更可能*夸耀*由攻击带来的结果，即他们会高估控制、操纵受害者的这种能力的重要性，而不关注他们可能给别人带来的痛苦，或他们可能被同伴拒斥（Boldizar，Perry，& Perry，1989；Crick & Dodge，1996；Frick et al.，2003；Zakriski & Coie，1996）。更有甚者，高攻击性的青少年容易聚集在一起，形成帮派或团伙，这就鼓励和*强化*了用攻击来解决冲突的行为（Dishion，Andrews，& Crosey，1995；Poulin & Boivin，2000；Tolan，Gorman-Smith，& Henry，2003），他们可能变得越来越习惯于操控别人（或试图去操纵别人），因此使得攻击性成为一种习惯性的和特别令其满意的行为。用班杜拉的理论说，这些攻击性个体"采用了一种*自我强化*系统，在该系统中，攻击行为是个人自豪感的源泉"（1973，p. 208）。托奇（Toch，1969）有一段文章精彩地描述了暴力是怎样自我强化的：

> 他说到“靠——你丫的！”那个蠢货站了起来，我们再次把他打倒在地。我们把他打成肉酱……一旦我们开始了，我们就会这样折磨这个蠢货……直到把他送到医院。那样，我感觉就像是一个国王，你知道，就是这种感觉，“我就是这样的人。你不配和我混在一起”……我喜欢每个人仰望我。（p. 91–92）

总之，班杜拉认为，攻击习惯能够得到保持是因为：（1）有助于满足其他目标，（2）能有效地作为结束别人有害行为的手段，（3）受到攻击性同伴的赞许，（4）说到底是有利于攻击者的。

**内部唤醒和攻击行为**　请注意，班杜拉和其他攻击性理论家在一个很重要的方面存有差异：他把人类描述为基本上尚讲究理性的动物，攻击的主要目的是满足重要的个人目标，而不是反应性的动物，只能被一些“内部”驱力，诸如本能、受挫或愤怒“驱使”。但是班杜拉承认，如果情境中有可获得的线索，并且该线索可能会导致个体把该唤醒解释为受挫或愤怒，那么任何内部的唤醒都能增加攻击的可能性。已
278 有的证据和班杜拉的这些观点相一致。当处在受辱或被挑衅情境时，较之没有被唤醒的被试，那些从练习或观看的色情作品中体验到非敌意形式唤醒的被试，更可能出现攻击性增强（Geen，1998；Zillmann，1989）。因此，各种形式的内部唤醒，都可能起到攻击性的催化剂作用，而不仅是煽动作用。

**对班杜拉理论的评价**　班杜拉是社会学习理论家，像其他学习理论家一样，他把攻击看成是对攻击者本身带有工具性意义的行为。他对人类攻击性研究的最大贡献在于他考察了：（1）攻击反应之获得和保持的过程，（2）从认知角度探讨攻击行为。特别是提出个体对社会情境的解释（包括解释个体经历过的有唤醒作用的情境线索）在决定个体是否会在该情境中表现出攻击起着重要作用。但是，班杜拉夸大了这一情况，即高攻击性的儿童之所以爱打架，是因为他们认为攻击是获得想要的东西的有效策略。

为了加以说明，后来的研究划分出两种高攻击性的儿童：主动型攻击者和反应型攻击者。较之非攻击性的青少年，**主动型攻击者**（proactive aggressors）自信攻击会带来切实利益（比如拿到争抢的玩具），而且他们相信，通过操控其他儿童能够提高自尊，因为这些儿童一般会在严重伤害发生前就俯首称臣（Crick & Dodge，1996；Frick et al.，2003；Quiggle et al.，1992）。因此，这些主动型攻击者很像班杜拉所描述的高攻击青少年，认为运用武力是实现个人目标的工具性策略。

相反，**反应型攻击者**（reactive aggressors）表现出较强的敌意和报复性攻击。这些青少年对人充满怀疑和警戒，常常认为别人是好斗的敌人，对他们就应该用武力（Astor，1994；Crick & Dodge，1996；Hubbard et al.，2001，2002）。这些鲁莽的青少年和班杜拉社会学习理论中的高攻击儿童不相符，因为那些儿童非常关注攻击性

的工具性价值。他们更像贝尔科维茨所说的愤怒型攻击者。

有趣的是，每一类高攻击儿童在影响其高攻击性的社会信息加工方面，都表现出截然不同的偏见。当前关于儿童攻击性的一种理论，*社会信息加工理论*可以预测并容易解释攻击行为的差异。下面就让我们进一步了解该理论。

## 道奇的社会信息加工理论

肯尼斯·道奇（Dodge，1986；Crick & Dodge，1994）构想出了一个社会信息加工模型，用来解释儿童为何喜欢用攻击或非攻击的方式解决问题。举例来说，请想象你是一个 8 岁的孩子，在某种模糊的情境下受到了伤害：一个同伴从你桌边走过，腿轻碰了一下桌子，把你花了好长时间、快要做完的拼图弄乱了，还说了句“哦！”。你被激怒了，但你对这件事为什么会发生确实知之甚少。你会做出什么反应？

道奇指出，儿童对上述情境的反应取决于六个认知步骤或过程（见图 9.2）。如图所示，受到伤害的青少年首先会*编码*和*解释*当时的线索（这一伤害具体是怎样造成的？制造伤害者的反应是什么？他是故意的吗？）。解释了线索之后，儿童必须*形*

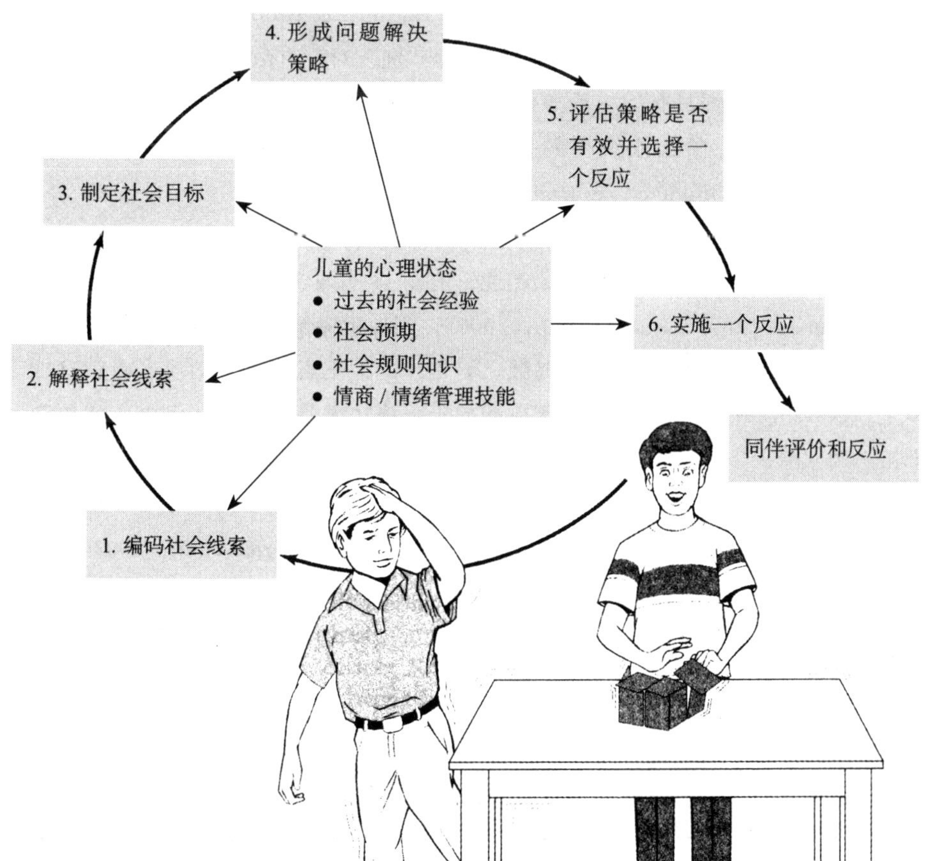


**图 9.2**　道奇的社会信息加工模型，描述了儿童在决定怎样对伤害事件或其他社会问题做出反应时经历的步骤。这个男孩的作品被一个经过他桌旁的男孩碰坏了，他必须编码和解释这一社会线索（即，他是故意的吗？还是不小心？），然后顺着下面的步骤形成并实施对这一伤害事件的反应。（资料来源：Crick & Dodge，1994；Lemerise & Arsenio，2000.）

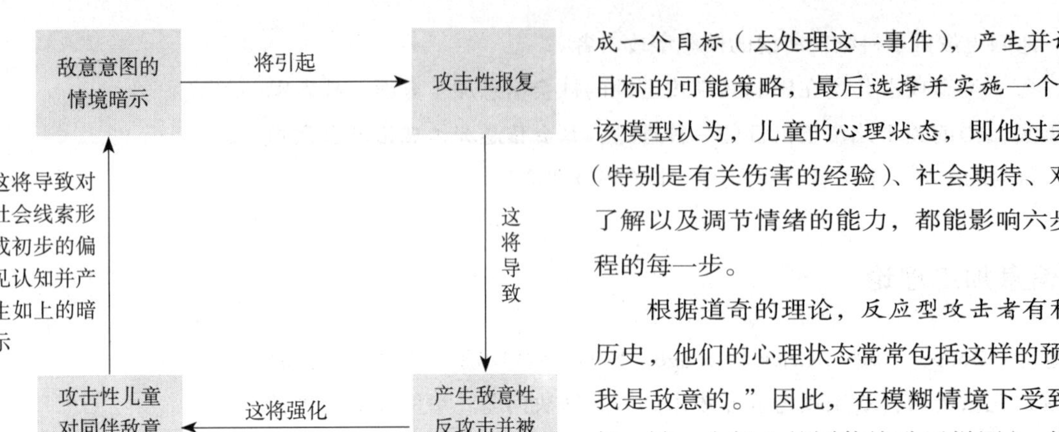


**图 9.3**　关于反应型攻击者对模糊情境的归因偏见的社会认知模型及其行为结果。

成一个目标（去处理这一事件），产生并评价实现这一目标的可能策略，最后选择并实施一个反应。注意，279
该模型认为，儿童的心理状态，即他过去的社会经验（特别是有关伤害的经验）、社会期待、对社会规则的了解以及调节情绪的能力，都能影响六步信息加工过程的每一步。

根据道奇的理论，反应型攻击者有和同伴争吵的历史，他们的心理状态常常包括这样的预期："别人对我是敌意的。"因此，在模糊情境下受到伤害时（比如，被一个粗心的同伴撞乱了拼图），他们较之非攻击的儿童会更加倾向于：（1）想到并找到和这一预期相符的线索；（2）把对方行为归为敌意的；（3）马上发火，迅速以敌意方式报复，而不去仔细想有什么更好的、非攻击的解决办法。研究一致证明，反应型攻击者的确有过多的敌意归因（Crick & Dodge，1996；Dodge，1980；Hubbard et al.，2001，2002），而且他们自身的敌意性报复会让老师和同伴逐渐不喜欢他们，使他们形成与老师、同伴交往的消极经验（Pellegrini，Bartini，& Brooks，1999；Poulin & Boivin，2000），这进一步强化了他们的预期，即"别人对我有敌意"（见图 9.3）。有趣的是，女孩和男孩一样具有反应攻击行为，表现出同样的**敌意性归因偏见**（hostile
280 attributional bias），对想象的或模糊的伤害事件做好了强烈的攻击准备（Crick & Dodge，1996；Crick，Grotpeter，& Bigbee，2002）。

主动攻击者表现出截然不同的社会信息加工方式。由于这些儿童没有感到自己特别不受欢迎，他们甚至可能很受欢迎，有好多朋友（LaFontana & Cillessen，2002；Farmer et al.，2003；Rodkin et al.，2000），当在模糊情境下有人对他们造成伤害时，他们不会迅速将其归因为故意捣乱。但是，这并不意味着主动攻击者就这样不了了之。这些儿童较之非攻击的儿童更倾向于形成工具性的目标（例如，我要教训那个粗心的家伙，以后小心点），而且会冷静而冷酷地决定做出攻击反应，认为这是实现目标的有效方法。主动攻击者似乎很擅长压制在模糊挑衅情境下可能体验到的愤怒（Hubbard et al.，2002），看起来几乎是冷酷无情的（Frick et al.，2003），虽然他们有时和同伴发生攻击性冲突时会表现出积极的情绪，如快乐或高兴（Arsenio，Cooperman，& Lover，2000）。他们内心是喜欢用攻击来解决冲突的，因为他们期待着用武力换回的积极结果，而且他们对操控对方相当自信（Crick & Dodge，1996）。

### 初步评价

上述研究为道奇关于攻击性的社会认知理论提供了有力的支持，令人印象深刻。

和班杜拉一样，社会信息加工理论家强调，儿童对挑衅和其他伤害事件的反应，往往取决于他们自己对情境的认知解释，而非伤害的客观数量和程度。但是，社会信息加工理论的观点又远远超越这一基本前提，它说明，有不同心理状态和社会信息加工偏见的儿童，对挑衅和其他伤害事件的解释和反应也可能千差万别。换言之，它既说明了贝尔科维茨的“愤怒”攻击，又说明了班杜拉所说的冷酷、精明的工具性攻击。

虽然社会认知模型很有道理，但仍然有一些不能回答的问题。例如，该模型恰当地描述了主动攻击、反应性攻击或非攻击性的儿童在信息加工策略上的差异，但是它没有考察这些儿童是怎样成为攻击性 – 非攻击性儿童的，或他们起先为什么有不同的信息加工偏见。幸好，社会性发展心理学者对儿童归因偏见的来源进行了更多的研究。例如，我们将在本章后面讲到，反应性攻击背后的敌意归因偏见是怎样在早期家庭中出现的。

综上所述，我们对有关攻击性的主要理论的回顾重点关注了本能、动机和攻击行为的保持，以及攻击行为的个体差异。现在，让我们更仔细地考察攻击性随年龄发生的变化，以及使攻击行为获得和保持的社会因素。

## 攻击性的发展趋势

儿童从什么时候开始表现出我们定义的攻击行为？这些攻击行为又是怎样随着年龄变化而变化的？这些就是本节要讨论的问题。

### 早期冲突和攻击性的起源 281

虽然很小的婴儿也会生气，甚至偶尔会打人，但是很难把这种行为看成是故意攻击。皮亚杰（Piaget，1952）描述过他儿子的一件事，一次，他把手挡在 7 个月的儿子劳伦特面前，不让他去碰有趣的玩具。劳伦特看都没看爸爸，就拍打皮亚杰的手，似乎它仅代表一个必须被移除的障碍。

但是，这一幕很快就改变了。玛勒妮・凯普兰和她的同事（Caplan et al.，1991）发现，1 岁的儿童在玩耍时就会因一方控制了另一方想要的玩具而变得非常强硬。凯普兰等人发现，一旦一个孩子占有了一个玩具，似乎这个玩具在别的孩子眼里变得更宝贵了（明显的社会影响），即使还有一模一样的玩具，12 个月的婴儿也会忽视这些玩具，起身和同伴争斗，以便抢到其他儿童正在玩的东西。显然，在这一争斗中的胁迫者把其他儿童看成敌人，而非无生命的障碍物。这一发现显示，工具性攻击的种子在孩子 1 周岁左右就已经种下了。

两岁儿童因玩具而发生的**冲突**（conflicts）和 1 岁时差不多（或多一些），但冲突和攻击并不是一回事，这对学步儿也是有差别的。凯普兰等人发现，2 岁儿童比 1 岁儿童更可能通过协商或分享，而非互相打斗来解决争执，特别是当玩具紧缺时。因此，也许不需要进行训练来防止儿童用互相攻击的方法解决早期冲突。冲突具有适应意义，它创设情境，让婴儿、学步儿和学前儿童学会在不诉诸武力的情况下协商并实现他们的目标，特别是当成人进行干预，鼓励和睦地解决冲突时（NICHD Early Child Care Research Network，2001a；Perlman & Ross，1977）。日本母亲特别不容忍伤害行为，他们鼓励孩子压抑愤怒以促进社会的和谐。因此，和美国儿童比起来，日本学前儿童很少因为人际冲突而愤怒，也很少以攻击的方式做出反应（Zahn-Waxler et al.，1996）。

## 攻击天性随年龄发生的变化

要想确定，随年龄增长，儿童攻击性是增强了还是减弱了并不容易，因为两岁儿童表现出来的攻击或反社会行为不能直接和 5 岁、8 岁儿童或青少年比较。因此，研究者在考察与年龄有关的变化时，既要考察攻击行为的形式，又要考察引发攻击或反社会行为的情境。

### 学前期的攻击性

我们所知的关于学前儿童攻击性变化的知识来自大量的研究。其中之一是由弗罗伦斯·古德伊诺夫所做的（Florence Goodenough，1931）。他让 2~5 岁孩子的妈妈用日记方式记录孩子表达的每一次愤怒、愤怒的原因以及结果。另一个追踪研究由马克·库明斯等人完成（Cummings et al.，1989）。他们记录一起玩耍的儿童之间的争吵，第一次是在儿童 2 岁时，第二次是 5 岁时，试图确定儿童攻击倾向跨时间的稳定性。这些研究以及一些观察研究，如对学步儿、学前儿童和一年级儿童在实验室（Rubin，Hastings et al.，1998）、看护中心（NICHD，Early Child Care Research Network，2001a），以及操场情境下（Hartup，1974）的观察共同发现：

**图片 9.2** 年幼儿童间的争吵通常围绕玩具、糖果或其他喜欢的物品，从性质上来说是工具型攻击。

1. 一般性的脾气暴躁在学前期减弱，4 岁后就不再普遍。
2. 武力反抗行为的发生率（攻击性）在 2~3 岁达到高峰，学前期逐渐下降。但是，儿童 3 岁后对挑衅行为的报复性反应倾向急剧增加。 282
3. 攻击性随年龄增长发生变化的方式至少有

两种。2~3 岁的儿童可能打、咬、踢对方。这个年龄段儿童间的争吵大多是关于玩具和所有物的，攻击通常是工具性的。大一点的幼儿园儿童（以及小学低年级儿童）表现出的身体攻击逐渐减少；取而代之的是嘲弄、奚落、散布谣言或是叫一些贬损性质的绰号。虽然大多数年长儿童的争执含有工具性目的（例如拿到玩具），但他们攻击冲突中那些敌意性质的活动（主要意图在于伤害别人）比率逐渐增高。

为什么 5、6 岁儿童间的攻击性互动没有 2~4 岁间的普遍？一种可能是父母、看护人员、幼儿教师积极为学前儿童进入结构化的学前班环境做了准备，他们不再容忍反社会行为，而鼓励亲社会反应，如合作和分享（Emmerich，1966）。其次，年长儿童也从个人经验中学到，较之运用武力的方式，协商和分享痛苦较小，能更有效地达到目的，还不会破坏和伙伴的关系（Fabes & Eisenberg，1992；NICHD Early Child Care Research Network，2001a）。

### 小学时期的攻击性

整个儿童中期，身体攻击和其他形式的反社会行为（例如不服从）继续减少，儿童逐渐能熟练地用友善方式解决争执（Loeber & Stouthamer-Loeber，1998；Shaw et al.，2003；Tremblayet al.，1999）。虽然工具性攻击和其他形式的任性行为减少了，但是敌意攻击（特别是男孩间的）显示出随年龄而增长的趋势。为什么敌意攻击会增长呢？哈图普（Hartup，1974）的解释非常简明且令人信服：年长儿童更精通于角色承担，能更准确地推断别人的动机和意图。所以，如果一个同伴表现出故意伤害，小学儿童比学前儿童更有可能觉察出这一攻击意图，并以敌意的方式报复对方。

有关儿童对伤害事件的认知的研究得出了和哈图普的观点基本一致的结果。虽然当相关线索很清晰、明显时，3~5 岁儿童可能会正确地推断行为者的攻击意图，但是他们无论如何都不会像年长儿童或青少年那样善于解释这些信息（Nelson-LeGall，1985）。在一项研究中（Dodge，Murphy，& Buchsbaum，1984），让幼儿园、二年级和四
283 年级儿童判断一个不小心弄坏同伴搭的积木宝塔的儿童的意图，选出敌意、和善或亲社会意图中的一种。结果：幼儿园孩子正确判断行为者真实意图的不到一半（42%），二年级儿童的正确率要高（57%），但是没有 4 年级儿童（72%）更善于察觉意图线索。

**图片 9.3**　随着儿童的逐渐长大成熟，敌意攻击的比率逐渐增大。

Catherine Ursillo/Photo Researchers

需注意的是，虽然 7~12 岁的儿童能够较容易地区分故意和非故意伤害（见 Dodge，1980），却仍可能对任何引发愤怒的

行为、甚至他们认为并非故意的行为做出攻击反应（Sancilio，Plumert，& Hartup，1989）。为什么？因为小学生（尤其是男孩）不愿意谴责**报复性攻击行为**（retaliatory aggression），而往往将其看成对挑衅的正常反应（虽然并不一定合乎道德）（Astor，1994；Coie et al.，1991）。因此，敌意攻击随年龄增加的另一个原因是，同伴约定俗成地赞许回击行为，他们将其看成是对伤害事件的正常反应。

## 儿童期攻击的作恶者和受害者

虽然随着年龄增长，多数儿童会变得较少参与攻击性互动，但是在世界上不同地区进行的追踪研究显示，一小部分的青少年，大约 4~7%，经常参与打斗或其他攻击活动（Brody et al.，2003；Nagin & Tremblay，1999；Shaw et al.，2003）。在 8~12 岁，一小部分儿童成为多数公开攻击事件的直接参与者。他们是谁？在很多群体中，参与者是一小撮高攻击性的作恶者和他们同学中 10~20% 经常受欺负的人（Olweus，1993；Perry，Kusel，& Perry，1988）。

我们都知道有一种受害者，他们经常成为其他儿童敌意行为的对象。这些儿童是谁，又是什么人把他们挑选出来作为虐待对象的呢？

美国目前正在进行一项全国性的研究，旨在对美国学校中的欺负和被欺负现象建档，该研究包括了 15000 多个六到十年级的学生（Nansel 等，2001），研究发现很值得关注：

1. 17% 的学生报告在上学期间至少“有时”被欺负，19% 的学生报告至少“有时”欺负别人。这些学生中，6% 的人报告既被别人欺负过也欺负过别人。
2. 男孩比女孩更可能成为欺负和被欺负的对象（虽然有研究者报告，在欺负和被欺负方面没有性别差异，见 Kochenderfer-Ladd & Skinner，2002）。
3. 男孩更可能遭受身体欺负，女孩更可能遭受言语欺负和其他心理虐待（例如社会排斥，遭受谣言和恶意流言攻击）。
4. 欺负在青少年早期最频繁（6~8 年级），并且在城市、郊区和农村都具有相同的普遍性。
5. 欺负者更可能会吸烟、喝酒，且学习差。

其他一些研究发现，欺负（和被欺负）在儿童早期比例更高，这种结果很难解释，因为 9 岁之前的儿童往往不能区分什么是欺负，什么是一般打斗（Smith et al.，2002）。欺负者经常和像他们一样爱打架的同伴在一起，这些同伴会怂恿甚至协助、强化他们的欺负行为（Espelage，Holt，& Henkel，2003）。许多欺负者相当受欢迎，同学认为他们很“酷”，有能力（有手腕）使受害者（或其他人）顺从他们（LaFontana & Cillessen，2002；Rodkin et al.，2000）。惯于欺负人的人常常在家里看见成人间的冲突和攻击行为（例如激烈争吵、夫妻间的虐待），但是自己很少成为被攻击或虐待的对象（Schwartz 等，1997）。他们在家里获得的经验告诉他们，攻击能给作恶者带来好处，他们逐渐把受害者看成是“容易被利用的傻瓜”，不经反抗就放弃自己的东西，屈服于他们的掌控。所以欺负者折磨别人似乎是由于个人或工具性的原因（Olweus，1993），并且常常被归为*主动型*攻击者。 284

长期受欺负的人一般都不受同伴的喜欢（Boivin & Hymel，1997），但他们之间也有不同。其中多数是**消极受害者**（passive victims），具有社交退缩、沉默、身体羸弱、不愿意反击、不敢招惹别人等特征（Boulton，1999；Olweus，1993）。消极受害者中的男孩经常和母亲有着亲密的、过分受保护的关系，他们被鼓励表达出害怕和自我怀疑的情感，这些会阻碍男孩的男子气和性别类型化，也使得他们不被同班的男生接受（Ladd & Kochenderfer-Ladd，1998）。消极受害者中那些向成人（或同伴）求助的男孩，容易被看成是在挑起冲突而不是有效地解决冲突，而且可能更加疏远同伴，并且继续受欺负（Graham & Juvonen，1998，2001；Kochenderfer-Ladd & Skinner，2002）。

在许多研究中，一小部分受害者（Egan & Perry，1998；Olweus，1993；Perry，Kusel，& Perry，1988）属于**主动受害者**（provocative victims），他们爱反抗、好动、性急暴躁、常常惹恼同伴、喜欢还击（不成功的），并表现出反应型攻击者常有的敌意归因偏见。主动受害者经常在身体和情感上受到过虐待或者是其他形式的虐待，他们从这些经历中学会了把别人看做充满敌意的对手（Schwartz et al.，1997）。

遗憾的是，很多长期受欺负的儿童和青少年，往往因为责备自己被欺负、没有朋友支持和帮助他们获得社会技能，不能形成积极的同伴知觉，所以他们受欺负的状况难以改善（Graham & Juvonen，1998；Hodges et al.，1999；Ladd & Troop-Gordon，2003；Schwartz et al.，2000）。受欺负的儿童有出现各种适应问题的危险，如孤独、焦虑、抑郁、自尊心下降，对学校越来越厌恶和逃避（Egan & Perry，1998；Hawker & Boulton，2000；Kochenderfer-Ladd & Wardrop，2001；Snyder et al.，2003）。如果这些结果还不足以让人清醒的话，那么再看看美国（包括哥伦比亚）发生的 37 件校园枪击案中，作案者的一项共同特征，他们都有过长期受同伴严重折磨和欺负的历史（U.S. Secret Service, cited in Crawford, 2002）。显然，我们迫切需要制订计划来阻止这些虐待行为。采取干预措施，不仅要设法阻止欺负行为，还要帮助受害儿童建立自尊，发展社会技能和支持性的同伴关系，改善他们在同伴中的地位，使他们不再成为欺负者的目标（Egan & Perry，1998；Hodges et al.，1999）。本章后面会介绍一些干预研究的早期结果，这些干预把以上目的都考虑了进去。

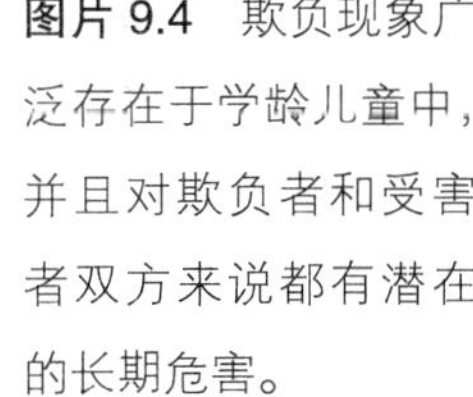

**图片 9.4**　欺负现象广泛存在于学龄儿童中，并且对欺负者和受害者双方来说都有潜在的长期危害。

Jonathan Nourok/PhotoEdit

### 青少年期的攻击性和反社会行为

目前有关攻击性发展趋势的观点认为，争斗和其他一些明显的、容易被觉察
285 到的攻击，其发生率均在从儿童中期到青少年期持续下降（Brody et al.，2003；Loeber & Stouthamer-Loeber，1998），这一趋势对男孩和女孩来说都一样（Stanger，Achenbach，& Verhulst，1997）。那么，我们怎样解释因暴力攻击或其他严重暴力行为而被捕的事件在青少年晚期和成年初期急剧增加的事实呢（Loeber & Farrington，1998；Snyder，2000；U.S. Department of Health & Human Services，2001）？这些看起来不一致的发现可能反映了这样的事实：（1）身体攻击最高的儿童中，5~10%的人有成为暴力青少年的危险（Broidy et al.，2003）；（2）在整个青少年期这些青少年通常表现出身体攻击的增加而非下降（Loeber & Stouthamer-Loeber，1998；Nagin & Tremblay，1999）。这些自控能力较差的个体变得很危险，因为随着年龄增长他们会变得更强壮，而且比儿童期有更多的途径接触到武器。因此，当他们表现出攻击倾向时，他们有可能造成前所未有的严重伤害（U. S. Department of Health & Human Services，2001）。

最后一点：虽然随着年龄增长，多数青少年的外显攻击性会明显减少，但他们的行为并不一定有多大改善。更多隐蔽的社会排斥形式在急剧增加，特别是女孩进入青春期后（Cairns et al.，1989；Crick et al.，1999；Galen & Underwood，1997），十几岁的男孩更容易利用偷窃、逃学、药物滥用、恶意破坏财物以及不正当性行为来直接表现他们的愤怒和沮丧（Broidy et al.，2003；Loeber & Stouthamer-Loeber，1998；U.S. Department of Health & Human Services，2001）。因此，那些外显攻击性减少的青少年可能只是转向了利用其他形式的反社会行为来表达他们的不满。

## 攻击性是一种稳定的特质吗

我们已经知道儿童表现出的攻击性 / 反社会行为的类型随时间的变化会发生明显的变化。但是攻击（或反社会）倾向又是怎样的呢？学前期就具有攻击性的儿童会在小学仍然保持较高的攻击性吗？小学时非常好斗的儿童会变成攻击、反社会的青少年和成人吗？

如果我们考虑到整体趋势，攻击性似乎的确是一个具有中等稳定性的特质。不仅爱攻击的学步儿童到 4、5 岁时仍然有攻击性（Cummings，Iannotti，& Zahn-Waxler，1989；Rubin et al.，2003），而且在芬兰、冰岛、新西兰和美国所做的追踪研究显示，儿童在 3~10 岁间表现出的喜怒无常、脾气暴躁和攻击行为的数量能很好地预测他们以后生活中的攻击或其他反社会行为（Hart et al.，1997；Henry et al.，1996；Kokko & Pulkkinen，2000；Newman et al.，1997）。例如，洛威尔·怀斯曼等人（Huesmann et al.，1984）对 600 个被试追踪了 22 年。如图 9.4 所示，8 岁时高攻

击的儿童常常在 30 岁时更具敌意，他们可能殴打配偶和孩子，有过犯罪记录。

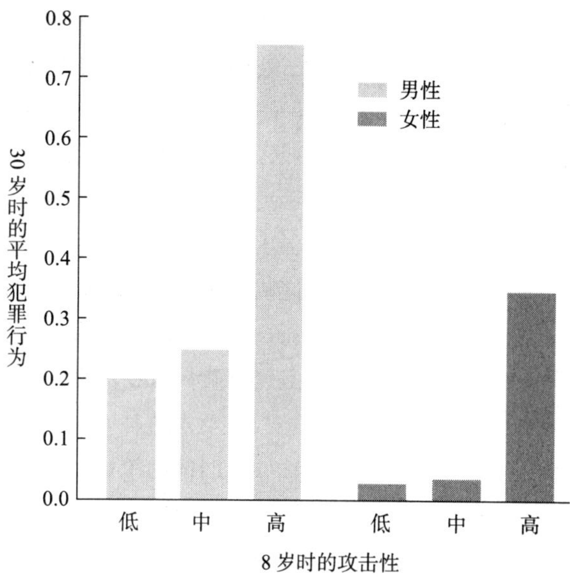


**图 9.4**　儿童期的攻击性对成年期犯罪行为的预测，包括男性和女性。(资料来源：Huesmann, et al., 1984.)

当然，这些发现反映的只是群体趋势，并不表明所有高攻击的儿童随时间的发展都将保持高攻击性，或非攻击的儿童会继续保持非攻击性。事实上，在个体水平存在很多差异，一些追踪研究报告了四种人
286 生发展轨迹（Broidy et al.，2003；Nagin & Tremblay，1999；Shaw et al.，2003；还可参见图 9.5）。少部分男孩（女孩更少）遵循**长期稳定轨迹**（chronic persistence trajectory），他们从儿童期到青少年期都表现出较高攻击性，并且攻击性水平逐渐提高。这些儿童最有可能在以后变得充满暴力或表现出其他反社会行为。另一些人遵循**高攻击－终止轨迹**（high-level desister trajectory），起初表现出很高水平的攻击性，随后随时间进展而降低。第三种是**中度攻击－终止轨迹**（moderate-level desister trajectory），起先表现出中度攻击性，从儿童期到青少年期，攻击和反社会行为逐渐减少。一些儿童（女孩多于男孩）表现出**无问题轨迹**（no-problem trajectory），从儿童期到青少年期都表现出较低水平的攻击和反社会行为。

有研究者描述了第五种类型，即**后发（或限于青少年）轨迹**（late-onset / adolescent-limited trajectory），该类型的人在儿童期相对平静，但是到青少年期变得攻击和反社会（Aguilar et al.，2000；Brennan et al.，2003；Loeber & Stouthamer-Loeber，1998；Moffitt，1993）。这些后发（青少年期才出现的）青少年中的许多人在同伴群体活动中参与有害的犯罪行为和其他反社会行为，但他们并不是很明显地脱离同伴文化，且可能随着时间的发展会远离犯罪活动（Moffitt & Caspi，2001；Patterson，Capaldi，& Bank，1991）。

总之，随着年龄增长，有些人的攻击性比另一些人更具稳定性，那些在生命早期就表现出最高和最低水平（占主导的）身体攻击的儿童的稳定性最高。对很多人来说，攻击性是一种相当稳定的特质，对此我们并不惊讶。后面将要讲到，某些家庭情境是怎样成为培养攻击习惯的“温室”的。如果儿童在家里学会了对冲突做出攻击反应，后来在学校遇到类似问题时，他就可能以武力手段对待同学，使自己的攻击性受到强化；有些儿童的攻击会招致责骂、

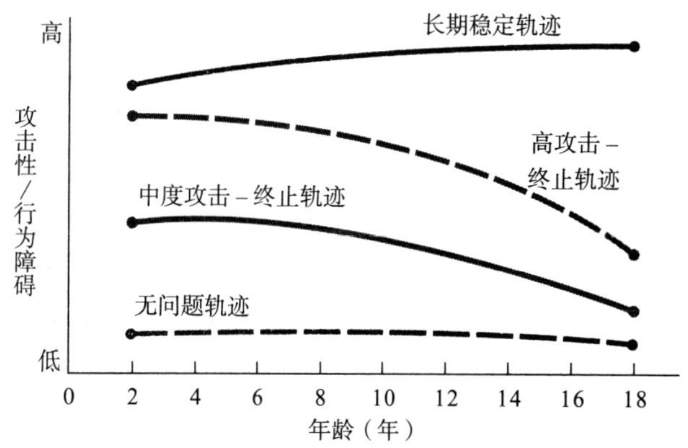


**图 9.5**　追踪研究报告的从儿童期到青少年期攻击性 / 行为障碍的四种发展轨迹。

排斥或还击，这些使他认定“同伴对我具有敌意”。不久以后，这些儿童会发现，自己处在一个恶性循环中，就像图 9.3 描述的那样，这一模式会使他们的攻击倾向一直保持。

另外，生物学上的易感性也许能帮助解释攻击性的跨时间稳定性。菲利普·鲁什顿（Rushton etal.，1986）发现，即使分开生活很多年，男性同卵双胞胎（$r = +0.40$）仍比异卵双胞胎（$r = 0.04$）在自我报告的攻击水平上更具一致性。解释这些发现须谨慎。这些数据只是口头报告的，也许能、也许不能正确反应双胞胎真实的攻击水平，而且并不是所有针对攻击性的双生子研究都得出了这么显著的结果（Green，1998）。虽然如此，这些发现仍提示我们，攻击倾向在某种程度上受到遗传基因的影响。

一个人的基因型对攻击性可能起什么作用？具体来说，基因型是怎样影响攻击性的跨时间稳定性的？也许影响的方式有很多种。例如，一个受基因影响的易怒或困难型气质的儿童可能经常诱发他人的的消极反应，这些反应反过来又会增强儿童的敌意和攻击反应（O’Connor et al.，1998）。回顾一下主动基因型与环境的相关概念（第 3 章），个体会创造或选择环境中某些适合自己基因型的机遇。也许有基因易感性的（气质特质）和开始表现出一些攻击习惯的儿童会选择那些和他们类似的人
287 在一起（即攻击性的同伴）。如果这样的话，他们就为自己创造了一种容易保持攻击倾向的环境（Rushton et al.，1986）。

## 攻击性的性别差异

虽然攻击性对许多人（无论男女）来说是相当稳定的特质，但是来自世界 100 多个国家的数据显示，男孩和男人比女孩和女人更具有外显攻击性（身体和言语的）（Harris，1992；Maccoby & Jacklin，1974）。在自然情境下，攻击性的性别差异大于在实验室情境下的差异（Hyde，1984）。为什么男性和女性在攻击性上存在差异？

### 生物学观点

根据麦考比和杰克林的理论（Maccoby，Jacklin，1974，1980），至少有 4 个理由可以使我们赞成生物因素对攻击性的性别差异有很大影响。首先，在所有参与研究的社会中，男性几乎都比女性的攻击性强。其次，攻击性在性别间出现的确切差异很早就出现了（大约 2~2.5 岁），很难将其完全归为社会学习或父母育儿方式的结果。第三，与我们最接近的种系，如狒狒和黑猩猩，雄性有更强的攻击性。第四，较高的雄性攻击性水平可以归因于雄性较高的睾丸激素水平，雄性性激素能增强活动，使人易愤怒，因此容易表现出攻击性。

动物实验为睾丸激素和攻击性之间的联系提供了有力的证据。出生前注射过睾

丸激素的雌性恒河猴，后来表现出更具雄性特征的社会行为模式：她们威胁其他猴子，发起打斗游戏，试图像雄猴子那样“骑在”同伴身上（Wallen，1996；Young，Goy，& Phoenix，1964）。相反，被阉割的雄性白鼠不能再分泌睾丸激素，会变得更消极被动，表现出雌性性行为（Beach，1965）。

人类又如何？丹·奥尔维斯等人发现（Olweus et al.，1980），那些认为自己具有身体和言语攻击性，且欺负过别人的 16 岁青少年，的确比那些认为自己不具有攻击性的男孩的睾丸激素水平更高。而且睾丸激素水平特别高的男性常有较多的犯罪记录以及虐待和暴力行为（Dabbs et al.，1995；Dabbs & Morris，1990）。但是，我们在解释这些数据时要谨慎。首先，人类经历了一段很长的社会化过程，不像动物那样完全受激素控制。阿兰·布斯等人（Booth et al.，2003）发现，那些和父母较亲密、被父母接纳的男孩，其睾丸激素水平和反社会行为没有关系。而那些感到和父母疏远的男孩，其较高水平的睾丸激素和反社会行为之间才有正相关。因此，社会化经历和激素共同影响行为。而且，一个人的激素水平可能取决于他的经验。为了加以说明，伊尔温·伯恩斯坦及其同事（Rose，Bernstein，& Gordon，1975）发现，当雄性恒河猴在争斗中获胜时，睾丸激素水平上升，输了则下降。同样，人类被试在竞争性游戏中打败对手后睾丸激素也有所上升，而失败者的激素水平则显示出明显下降（Green，1998）。这些发现表明，雄性性激素要么是敌对行为的原因，要么是其结果，很难得出结论说，这些激素直接导致了人的攻击性，也很难用激素来解释 288
攻击性的性别差异（Archer，1991）。

## 社会学习观

社会学习观的支持者们不仅反对用激素来解释攻击性的性别差异，而且指出，年幼男孩不总是比女孩更具攻击性（Hay，Castle，& Davies，2000）。玛勒妮·凯普兰及其同事（Marlene Caplan et al.，1991）发现，在 1 岁儿童的游戏中，当游戏群体由女孩控制时，他们更多地会采取武力和攻击方式解决玩具引起的争执。甚至在两岁，当玩具有限时，由男孩控制的群体比由女孩控制的更可能采取协商和分享的方式。直到两岁半和 3 岁，攻击性的性别差异才变得明显，显然，这期间有足够的时间使他们接受社会影响，从而引导男孩和女孩向不同方向发展（Fagot，Leinbach，& O'Boyle，1992；Loeber & Stouthamer-Loeber，1998）。

哪些社会因素可能会共同作用，使得男孩比女孩更具攻击性？其中之一是，父母和男孩间的游戏比和女孩间的游戏更激烈，对女儿攻击行为的反应要比对儿子的更负面（Ruble & Martin，1998；Parke & Slaby，1983）。此外，男孩经常收到一些礼物，像枪、坦克、导弹和其他象征破坏性的玩具，这又鼓励了攻击性并促进了攻击行为（Feshbach，1956；Watson & Peng，1992）。在学前期，儿童逐渐在他们的性别图式中把攻击性看成一种男性特质；到了儿童中期，男孩期望通过攻击行为来获得切实利益，而且他们因这些行为而从父母和同伴那里受到的谴责比女孩少（Hertzberger & Hall，1993；Perry，Perry & Weiss，1989）。因此，虽然生物因素可能起作用，但是，攻击性的性别差异在很大程度上取决于社会学习中的性别类型化和性别差异。

### 交互作用（或生物－社会）观

交互作用观的支持者认为，和性别相关的固有因素（生物因素）和社会环境因素交互作用，共同促进了攻击性性别差异的发展。从出生开始，男婴就比女婴更活跃、易发脾气和难以安抚。这些和性别相关的、受遗传影响的气质特点对发展有直接影响；但更可能的是，它们对养育者有间接的诱发作用。例如，父母可能更愿意和一个活泼的儿子玩比较激烈的游戏，而不是和一个恬静的女儿玩此类游戏；或者，他们更有可能对一个容易发脾气、难管、难安抚的儿子失去耐心。在第一种情况下，父母可能想鼓励男孩参与这种快节奏的、激烈的活动，在这些活动中，愤怒和攻击性可能会随时爆发。在第二种情况下，父母对儿子比对女儿有更多的不耐烦或是恼怒，这将促使男孩朝着更加易怒或对别人更加敌意、充满报复的方向发展。因此，攻击性性别差异（或其他社会行为方面的性别差异）不可能是自动自发的，或是“从生物学角度预先计划好的”。相反，似乎儿童的生物易感性有可能影响养育者和其他亲密陪伴者的行为，这又反过来引发儿童的某些行为反应，并影响儿童表现出来的行为和兴趣。由此得出的启示是，生物因素和社会影响复杂地交织在一起，二者对攻击性性别差异的形成都有重要作用。

289 最后一种看法：现在有些研究者认为，男孩比女孩攻击性更强，可能是因为研究者关注外显的、容易察觉的攻击行为，而没有考虑隐蔽的敌意行为，而这些行为在女孩中比在男孩中更普遍。专栏 9.2 中的研究结果明显地支持了这一观点。

我们知道，一个人的基因型与其他和性别有关的生物因素能够影响人的攻击和反社会行为的倾向性。但是，阿尔伯特·班杜拉、杰拉德·帕特森和许多其他攻击性理论家认为，一个人的绝对攻击性水平（即个体有可能表现出的最大程度的攻击和反社会水平）主要取决于他们成长的社会环境（Coie & Dodge，1998）。我们现在将要考察两个重要的社会影响因素，这将帮助解释为什么有些儿童和青少年比另一些更具攻击性：（1）他们所处社会和亚文化所推崇的规则和价值。（2）他们成长的家庭环境。

290

## 文化和亚文化对攻击性的影响

跨文化和人种学研究一致显示，有些社会和亚文化比另一些更具暴力和攻击性（Triandis，1994）。前面曾提到新几内亚的阿拉佩什人和锡金的德雷布查人，其社会

专栏 9.2　研究聚焦

## 为何说女孩比男孩更具攻击性

尼基·克里克和詹妮弗·格罗特皮特（Crick & Grotpeter，1995）认为，男孩和女孩都有很强的敌意和攻击性，但表现方式不同。男孩经常追求竞争性的、工具性的目标，有可能对那些惹恼他们或妨碍他们实现目标的人采取殴打、凌辱等攻击方式。相反，女孩更关注表现型或关系目标，即和别人建立亲密联系，而不想跟同伴竞争或控制他们。因此，克里克和格罗特皮特指出，女孩的攻击行为更多地和她们追求的社会目标一致，包括大量隐蔽的**关系攻击**（relational aggression），例如拒绝接纳对方，把她排除在个人社交圈外，采取某些破坏友谊或破坏对方在同伴群体中地位的行为（如散布谣言）。

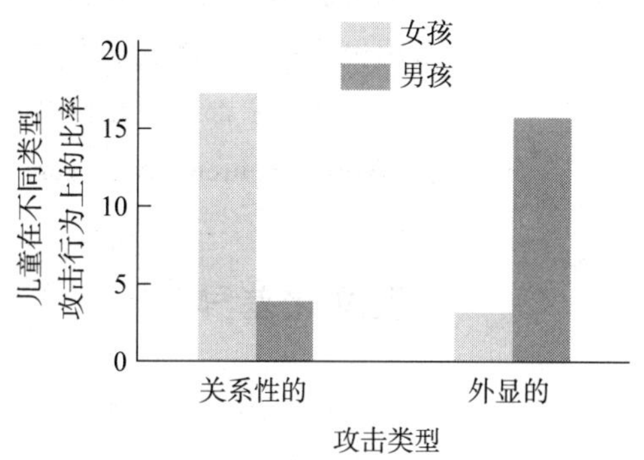


采用同伴提名法得出的男、女生在操纵关系行为和外显攻击行为（身体或言语攻击）上的比率，被试是 3~6 年级学生。（资料来源：Crick & Grotpeter，1995.）

为了验证这一假设，她们让 3~6 年级的学生进行同伴提名，选出谁经常表现出：（1）外显的攻击行为（如殴打、骂人）；（2）操纵关系的行为（如回绝、冷落怠慢或排斥别人）。如图所示，被提名具有高外显攻击性的男孩大大多于女孩，这一发现验证了以往的研究。但是，在关系攻击上，女孩大大多于男孩。很明显，这种圆滑、间接的敌意表达方式有时很难被受害者察觉，因此能使作恶者既表达了攻击性，又避免了公开冲突。3~5 岁的女孩就已经学会了这些，因为她们比学前男孩更喜欢排斥和挑衅她们的同伴而不是跟她打架（Crick，Casas，& Mosher，1997；Crick et al.，1998），并且采取操纵关系的方法来伤害某些同伴（Crick，Casas，& Ku，1999）。此外，具有较高关系攻击性的女孩，当她们觉出自己成为操纵关系行为的对象时做出的敌意归因偏见，和攻击性男孩在遇到模糊的工具性挑衅情境下做出的归因偏见是一样的（Crick，Grotpeter，& Bigbee，2002）。

其他儿童也会把这种降低个人地位、降低别人人际关系质量的行为看做攻击性吗？克里克等人（Crick et al.，1996）考察了这一问题，他们询问 9~12 岁的儿童，请他们说出男女同伴在想报复那些激怒他们的人或对他们“做些表示”时会采取哪些方式。绝大多数儿童说，男孩会打、骂他们的对手，而女孩最有可能的做法是降低对手的社会地位。显然，儿童的确认为这种操纵关系行为是有害的和有“攻击性”的，这一观点在青少年期更为明确（Galen & Underwood，1997）。在集体主义社会中，如印度尼西亚，关系型攻击在女孩中比在男孩中普遍，在这些国家，人们强调维持社会和谐（French，Jansen，& Pidada，2002）。而且，经常表现出关系攻击的女孩常常很孤独，被同伴排斥，这和具有高外显攻击性男孩的遭遇一样，他们的同伴关系也很差（McNeilly-Choque et al.，1996；Tomada & Schneider，1997）。

总之，男孩和女孩经常以不同方式表达他们的敌意。由于以往关于儿童攻击性的多数研究都集中于身体和言语攻击，很大程度上忽视了操纵关系行为，这显然低估了女孩的攻击倾向。

主张被动性、非攻击性，积极推崇集体主义价值观，强烈反对争斗和其他形式的人际冲突，当他们的领土被外人入侵时，会逃走而非战斗（Gorer，1968）。和这些群体截然相反，新几内亚的盖布西人（Gebusi）教育孩子要好战，对别人的需求要在情感上表示冷漠。他们的谋杀率比任何工业化国家都要高出 50 倍（Scott，1992）。美国也是一个“攻击性”的国家，从百分比来看，美国的强奸、谋杀和攻击事件比其他工业国家都高，在持械抢劫事件上仅次于西班牙（远远高于处在第三位的加拿大）（Wolff，Rutten，& Bayer，1992；参见图 9.6）。

## 亚文化差异

在英国、加拿大和美国做的一些研究还发现攻击性存在社会等级差别：社会经济地位较低的家庭的儿童和青少年（特别是来自大城市市中心的男性）比来自中产阶级的同龄人表现出更多的攻击和犯罪行为（Loeber & Stouthamer-Loeber，1998；Tolan，Gorman-Smith，& Henry，2003）。这一趋势在某种程度上归因于社会各阶层在育儿方面的差异。例如，较之中产阶级的父母，低收入家庭的父母更可能在孩子不顺从和表现攻击行为时采用体罚，他们试图压制这些行为，但同时却树立了一个攻击性榜样（Dodge，Pettit，& Bates，1994）。低收入的父母更倾向于用攻击方式
291 来解决冲突，并且鼓励孩子在被同伴挑衅时以武力回应（Dodge，Pettit，& Bates，1994；Jagers，Bingham，& Hans，1996），这些教养方式可能会促进高攻击性儿童经常表现出的敌意归因偏见的发展。最后一点，低收入父母自己的生活往往充满坎坷和压力，做各种不同的工作，要应对由低收入生活而带来的诸多压力，这就使他们很难去管理或监控孩子的行踪、活动和交友情况。令人遗憾的是，缺乏父母监管通

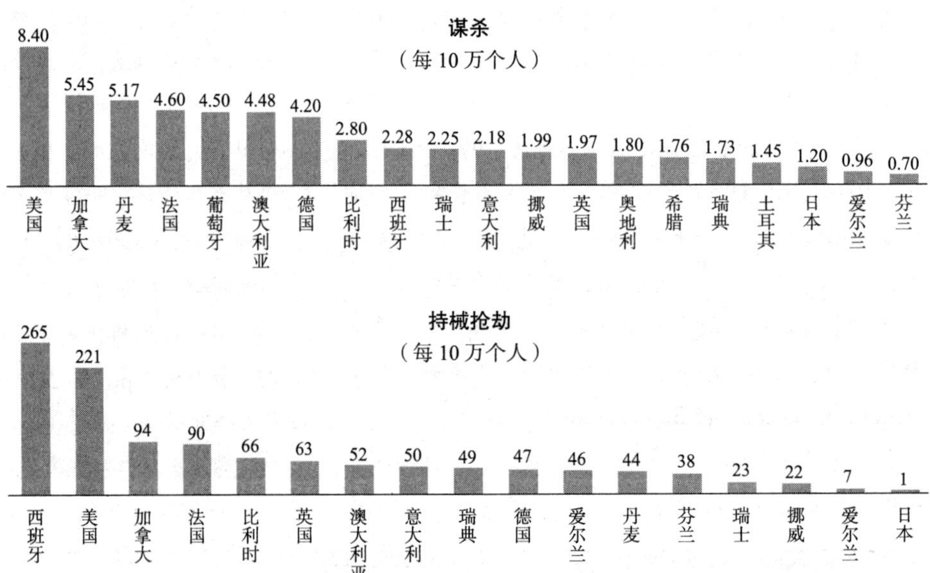


**图 9.6** 现代工业化国家两大主要的暴力犯罪频率。（资料来源：Wolff，Rutten，& Bayer，1992. © 1992 by Michael & Company, Inc. Originally appeared in *Where We Stand* by Michael Wolff et al., originally published by Bantam Books. Reprinted by permission of Curtis Brown, Ltd.）

常和打斗、毁坏财物、学校行为障碍、药物滥用和离家出走这些攻击行为或犯罪活动相联系（Kilgore，Snyder，& Lentz，2000；Laird et al.，2003）。

但是，低收入家庭青少年中常见的较高水平的攻击性、反社会行为和犯罪行为并不能完全归咎于父母。这些处于危险状态的青少年，很多居住在贫困的市区中心，社区中暴力犯罪和其他反社会行为很多，缺乏形成良好教养方式、保证青少年受到有效监管的社区服务，也缺乏**集体效力**（collective efficacy）或邻里间的相互联系，这种联系可使得居民能够监管邻居青少年的行为，维持社区公共秩序（Tolan，Gorman-Smith，& Henry，2003）。下面将讲到，儿童在家受到的教养对儿童远离还是趋向那些居住在高危社区的异常同伴（团伙）有重要影响。有证据表明，低收入家庭聚居的社区，低社会经济地位的儿童有较高水平的攻击性和反社会行为（Tolan，Gorman-Smith，& Henry，2003；Walker-Barnes & Mason，2001）。还有证据证明，在这样的社区，攻击和暴力是一种可接受的解决社会问题的方式（Guerra，Huesmann，& Spindler，2003）。

总之，人的攻击或反社会倾向在一定程度上取决于他所处的文化、亚文化和社区对这种行为的鼓励和容忍程度。但是并非所有处在崇尚和平主义社会的人都是善良、合作和乐于助人的，成长于“攻击性”的社会、亚文化或社区的多数人并不一定特别容易表现出暴力行为。为什么在各种社会背景之下，攻击性都存在巨大差异？其中一个原因是，儿童是在差别迥异的家庭里长大的。下一节，我们将介绍，家庭环境是怎样变成敌意、反社会行为的温床的。

## 家庭对攻击性的影响

家庭和家庭环境会怎样影响暴力和攻击行为？以下我们将考虑两条相互关联的影响途径：（1）具体教养方式的影响；（2）家庭环境对儿童攻击倾向的更广泛的影响。

### 父母的教养方式与儿童的攻击性

研究者探索攻击性的发展时，往往基于这一假设：父母的态度和教养方式在儿童攻击倾向的形成过程中起主要作用。这一假设显然有一定合理性。儿童教养的文献中最可靠的发现是，冷漠和拒绝型的父母采用**高压型管教**（power-assertive
discipline）（特别是体罚），而且反复无常，经常听任孩子表达攻击冲动，这些父母 292
可能会培养出充满敌意和攻击性的孩子（Dishion，1990；Dodge，Pettit，& Bates，1994；Olweus，1980；Rubin et al.，2003）。这些发现听起来确实有道理。冷漠和拒绝型的父母使孩子的情感需求受挫，并且由于自身的冷漠给孩子树立了一个对别人

**图片 9.5** 如果儿童惹恼别人时会受到打骂，他们就可能也去打骂那些惹恼他们的人。

缺乏关爱的榜样。因为忽视了孩子的许多爆发性的攻击行为，溺爱型的父母使好斗行为合法化，不能给孩子提供控制攻击冲动的机会。当攻击性上升到一定程度导致父母体罚孩子时，成人又在扮演榜样的角色，这个角色的行为正是他 / 她想要控制的行为。因此，我们会发现，那些凭借高压型管教控制攻击性的父母，其子女在家庭之外有很高的攻击性（DeKlyen et al.，1998；Patterson，DeBaryshe，& Ramsay，1989；Weiss 等，1992）。当一个孩子知道，惹父母不高兴会遭到痛打、踢打和推搡，那么他们在遇到惹自己不高兴的同伴时，也可能会采取相同的反应方式（Hart，Ladd，& Burleson，1990）。

### 儿童会影响父母吗

虽然教养态度和教养方式会对儿童的攻击和反社会行为有影响，但是影响的方向可能也会出现逆转，即孩子影响父母。丹·奥尔维斯发现（Olweus，1980），年幼男孩攻击性的最好预测源是：（1）父母对他们在儿童早期攻击行为的容许和宽容；（2）父母对他们的冷漠和拒绝。但是，第三个最好的预测因素并不是教养变量，而是儿童的气质冲动性（高活动性、冲动性的男孩常具有最高的攻击性）。根据奥尔维斯的观点，一个活跃、冲动的男孩可能会“使母亲精疲力竭，最后对儿子的攻击行为变得越来越容忍”（p. 658）。如果冲动的儿子真的惹怒了母亲，导致母亲对他的行为忍无可忍，母亲可能会大喊大叫地表达出她的愤怒情绪，或是采用体罚，以控制孩子，这就增加了儿子养成好战、粗暴行为模式的可能性。虽然当前理论家对气质在多大程度上影响攻击和反社会行为意见不一（Dodge，1990；Lytton，1990），但很显然，儿童（由于其气质）也参与创造了教养环境，该环境会影响他们的攻击倾向（Brennan et al.，2003；Frick，et al.，2003；Rubin et al.，2003）。

## 家庭氛围和儿童的攻击性

很久以来，发展心理学者就认为，家庭的情绪氛围能够影响儿童的适应。造成家庭环境不良的一个主要因素是充满冲突的夫妻关系。

### 父母间的冲突与儿童的攻击性

处于父母冲突中的儿童会受到怎样的影响？越来越多的证据显示，当父母打架时，儿童往往感到极度悲伤，家庭内部持续的冲突可能使儿童与兄弟姐妹、同伴形
293 成敌意、攻击的互动模式（Cummings & Davies，1994；Davies & Cummings，1998；

Harold et al., 1997)。当出现以下情况时，儿童尤其容易受到影响：(1)发生冲突的父母表现出互相攻击，且冲突后互相回避，儿童无法体验到父母和气而满意地解决激烈冲突(Katz & Woodin, 2002);(2)父母间的争斗损害了父母给予子女关爱和支持的能力(Frosch & Mangelsdorf, 2001; Katz & Woodin, 2002)。正如前面提到的，那些经常目睹父母间的争斗，但是自己没有被虐待的儿童常常认为，攻击会带来好处(对胜利者来说)，他们更有可能变成主动型攻击者，而那些自己也是家庭斗争受害者的儿童，会变得对人不信任，怀疑别人，变成反应型攻击者(Schwartz et al., 1997)。

充满敌意的家庭氛围到底是怎样促使儿童，特别是从未受到父母严厉责罚和虐待的儿童，产生强烈攻击倾向的？让我们看看发展心理学者在把家庭界定为一个复杂的社会系统后发现了什么。

### 高压型家庭环境是攻击性的"温床"

在过去25年里，杰拉德·帕特森等人(Patterson, 1982; Patterson, Reid, & Dishion, 1992)观察了家里至少有一个高攻击儿童的家庭的互动模式。帕特森的被试样本中，攻击性的儿童似乎是"失控的"，他们在家里和在学校经常打斗，不守纪律，不顺从，喜欢挑衅。他把这些家庭与其他有相同规模和社会经济地位、但没有问题儿童的家庭进行了比较。

帕特森发现，他不能仅仅用父母采用的教养方式来解释"失控的"行为。高攻击的儿童好像生活在一个不典型的家庭环境中，这种环境氛围是由儿童协助营造的。在大多数家庭中，人们经常表达赞同和关怀，而高攻击儿童所在的家庭则不同，家庭成员之间经常争吵。他们不愿意主动发起谈话，即使谈话，也常常话里带刺、威胁或是激怒其他家庭成员而非亲切温和的交谈。帕特森把这种环境称作**强制型家庭环境**(coercive home environment)，其中大部分互动都表现为，一个家庭成员试图强行制止另一个成员对他的激惹。他还注意到**负强化**(negative reinforcement)在维持这些强制活动中所起的重要作用：当一个家庭成员把另一个成员的生活搅得很不舒服时，第二个成员就学会发牢骚、大叫大嚷、嘲弄或打斗，因为这些行为常常能强迫对方停止某一行为(因此而受到强化)。请看看以下这些事件的结果，它们在强制型家庭环境中很常见：

1. 一个小女孩嘲弄他的哥哥，哥哥就冲她大叫，制止了她的嘲弄(大叫行为就被负强化了)。
2. 几分钟之后，这个小女孩叫哥哥的绰号。而哥哥就追打她。
3. 这个小女孩不再叫他的绰号了(这是对男孩追打行为的负强化)。她开始哭泣并回击哥哥，男孩就躲避(负强化了她的打斗行为)。接着，这个男孩又接近妹妹，打她，这一冲突逐步升级。

4. 就在这时母亲参与进来了。但是，孩子们情绪太激动了，无法静下来听她讲道理，因此她运用惩罚和强制手段来结束他们的争斗。
5. 争斗结束了（由此强化了母亲运用强制手段的行为）。但是，孩子很快开始向母亲哭诉、抱怨或是大声叫嚷。如果母亲妥协了或是为了平息争斗不惜任何代价，孩子们的这一反强制性策略就得到了强化。遗憾的是，妥协只是一个暂时的解
294 决方法。下一次如果孩子们又互相打斗，且冲突变得更加不可忍受时，母亲可能会采用更加强制性的手段来制止他们。孩子们又再一次运用他们的反强制策略来驱使她“就范”，这样，家庭氛围就逐渐变得令每个人都不快。

问题儿童的母亲很少采用赞赏的方法来控制行为，相反，她们非常忽视亲社会行为，把很多无关痛痒的行为说成是反社会的，在处理她们认为的不良行为时，几乎完全凭借强制手段（Nix et al.，1999；Strassberg，1995）。这些问题儿童在家里所受到的大量消极对待（包括父母把一些模棱两可或无关痛痒的事件定义为反社会行为）也许可以解释为什么他们不信任别人，为什么他们会表现出高攻击儿童常见的*敌意归因偏见*（Dishion，1990；Weiss et al.，1992）。具讽刺意义的是，来自高强制型家庭环境的儿童最后逐渐对惩罚变得具有抵抗力。他们学会用反强制来对抗强制，而且经常会这样挑衅和违抗父母，*反复表现出母亲正试图努力压制的行为*。为什么会这样？因为这是儿童能够引起那些很少表扬或表示关爱的成人注意的一种方法。无怪乎帕特森把这些儿童称作“失控的”儿童！与之相反，非强制型家庭的孩子从兄弟姐妹和父母那里得到了很多积极关注，因此他们不需要用激怒其他家人的方式引起别人注意。

由此可见，家庭环境的影响是*多方向的*：父母和子女间强制型的*互动*以及儿童本身都会影响*所有人*的行为，并促使一个充满敌意的家庭环境的形成，这种家庭环境是攻击性形成的真正“温床”（Garcia et al.，2000）。遗憾的是，如果得不到帮助，这些问题家庭可能永远也跳不出这种毁坏性的攻击和反攻击交往模式。在专栏 9.3 中，我们介绍了一种解决这一问题的有效方法，它关注整个家庭，把家庭看做一个社会系统，而不仅仅着眼于前来咨询的攻击性儿童。

### 对强制型教养方式反应的个体差异

帕特森的研究发现了一个有趣的现象，并不是所有居住在相同强制型家庭环境中的儿童都会表现出相同的“失控”行为，例如攻击模式或早期行为障碍。虽然帕特森知道，儿童对一个强制型家庭环境的形成有影响，但是他更关注教养方式和父母控制类型怎样影响儿童攻击性，而较少关注儿童的作用，以及兄弟姐妹间在适应强制型教养方式上的差异。

为什么有些儿童比另一些儿童更容易受到冷漠、拒绝和严厉的教养方式的不良影响？最近几年，这一问题有了越来越明确的答案。一些针对儿童攻击性、行为障

**专栏 9.3　应用发展研究**

## 帮助“失控的”儿童（和家长）

怎样矫正那些充满敌意、反抗和“失控的”问题儿童？杰拉德·帕特森（Patterson，1981，1982）的方法是矫正整个家庭，而不仅仅针对问题儿童。帕特森首先观察家庭内的互动，查明家庭成员是怎样强化相互间的强制行为的。接着，他们向家长分析问题的本质，教他们指导儿童行为的新方法。帕特森提出了如下的原则、技能和程序：

1. 不要向孩子的强制行为让步。
2. 当孩子出现强制行为时，你不要也提高自己的强制性水平。
3. 采用暂停法控制孩子的强制行为。把孩子送到他自己的房间（或其他地方）直到他能冷静下来，停止运用这种强制策略。
4. 找出孩子最令人愤怒的行为，建立一个积分系统，让孩子能够通过表现出可接受的行为或放弃不可接受的行为获得分数（或是奖励、特权）。对较年长的问题儿童，父母可以制定一个“行为契约”，具体规定他们期望孩子在家和在学校应该表现出的行为，以及违反规则将受到的惩罚。尽可能和孩子共同协商订立这一契约，让他们有发言权。
5. 发现孩子身上值得让你表示温情和关怀的亲社会行为。虽然对那些习惯于喝斥和强调消极方面的父母来说这常常很困难，但帕特森认为，父母的关爱和赞同将会强化好行为，最终引发儿童表现出关爱之情，这是家庭走向健康的明显信号。

很多问题家庭乐意接纳这些方法。结果不仅问题儿童变得不那么强制、反抗和攻击了，而且母亲的抑郁也逐渐消失，因为她们对自己、孩子及解决家庭危机的能力逐渐有了自信（Patterson，1981）。在有些问题家庭中，这一方法显示了出立竿见影的效果。在另一些家庭中，这种治疗逐渐有了反应，可能还需要定期地给予“强化”，即，治疗者亲自拜访家庭进行后继治疗，查明进展为何变慢（或停顿了），然后重新训练父母，或提出新方法来矫正没有解决的问题。很明显，这一治疗是有效的，因为它认识到“失控”行为是源于父母和儿童相互间的影响以及对敌意性家庭环境的形成起作用的家庭系统。仅仅关注问题儿童的治疗是不够的！

碍和违法犯罪的追踪研究一致得出结论：气质冲动、非抑制或胆大的儿童，如果他们冷漠无情，缺乏同情心，或者不能有效调节消极情绪，那么当他们受到冷漠、拒绝和高压的教养方式时，就最有可能表现出高水平攻击性（Brennan et al.，2003；Rubin et al.，2003；Shaw et al.，2003）。不仅如此，这样的气质特征还常常激怒父母，促使父母表现出冷漠和强制性控制策略。有研究发现，胆大、自我调节有困难的儿童，经常和父母、兄弟姐妹及同伴争斗，他们从没有学会同情别人，也从没有形成内化的道德控制，而这种道德控制能够缓和他们的攻击和反社会行为（Frick et al.，2003；Kochanska，1997；Shaw et al.，2003）。显然，危险气质和强制型教养方式结合起来之后就会把儿童置于危机中，因为：（1）那些气质良好的儿童在面对强制型 295
教养方式时，很少会表现出高水平的攻击和行为障碍（Brennan et al.，2003；Shaw et

al., 2003）;（2）那些气质上有危险的儿童，如果其父母是严格的、耐心的和支持型的父母（即在教养方式和儿童气质间形成了良好“匹配”），则这些儿童能够更好地顺从父母的规则和要求（Kochanska，1997），不大会变得（或维持）特别攻击和反社会（Rubin et al., 2003）。

## 强制型家庭环境对长期犯罪的影响

那些气质不佳且早期表现出行为障碍的儿童，如果一直处在强制型家庭环境中，情况会怎样呢？帕特森等人（Patterson et al.,1989）回顾了有关问题儿童的研究文献，得出了一些令人信服的结论。如图 9.7 所示，儿童早期的强制型教养方式会导致儿童形成敌意归因偏见、反抗和攻击行为，并普遍缺乏自制力。到了儿童中期，这些儿童受到学校同伴排斥，经常被老师批评，学业不良（Birch & Ladd，1998；Coie & Dodge，1998）。这些不良发展结果可能会导致父母减少对子女的投入，且更懒得认真监控他们的活动（Patterson et al.，1989；Vuchinich，Bank，& Patterson，1992）。

此外，问题儿童会体验到被同伴拒绝，在班级或学习小组中可能与其他学业不良儿童分在一起，这意味着，他们将会处于和他们相似的反抗、攻击和社会化不良
296 的儿童中。从 11~14 岁，这些学生主要和其他敌意的、攻击性的同学在一起，形成异常同伴小团体，这些小团体通常会贬低学习的意义、赞同用攻击解决冲突、从事不良的活动，如不良性行为、药物滥用、逃学以及其他反社会或犯罪行为（Poulin & Boivin，2000；Coie & Dodge，1998；Dishion，Andrews，& Crosby，1995）。如果这些青少年成为美国大约 31 000 个团伙中的成员，结果会更严重（Walker-Barnes & Mason，2001；另可参见专栏 9.4，进一步了解加入小团伙的情况）。回到前面提到的那个问题，帕特森指出，成长在强制型家庭环境中的确会面临严重威胁，因为这些经历常常是迈向长期攻击和犯罪的关键一步。

当然，并不是所有长期犯罪或反社会的个体都是由于强制型家庭环境造成的。温德尔夫妇在一项对 4 000 名越南老兵的研究中发现（Windle，& Windle，1995），这些老兵中，那些被认为具有高攻击的人，五个中就有一个是后发型的，即在成年

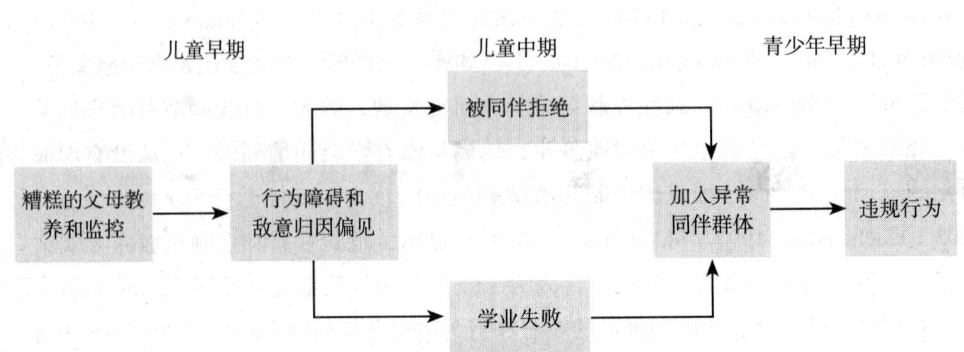


**图 9.7** 长期反社会行为发展模式图。（资料来源：Patterson, DeBaryshe, & Ramsey, 1989.）

## 专栏 9.4 发展问题

### 团伙和反社会行为

对青少年来说，最有可能给他们造成消极影响的同伴也许来自**团伙**（gangs）——由青少年和年轻成人组成的松散组织，其成员经常属于同一种族，对组织有认同感，可能会参与非法行为或其他反社会行为（例如，吸食或贩卖毒品、打架斗殴、抢劫、盗车等）。很多青少年在从初中进入高中时加入了团伙，这是因为他们：(1) 受到来自朋友的压力；(2) 期望获得友谊，有"归属感"，(3) 希望被强有力的团伙同伴保护（Decker，1996；Walker-Barnes & Mason，2001）。

团伙给很多少年提供了一种归属感，虽然其成员间的友谊通常很短暂。

加入团伙的青少年通常在加入之前就已经有过一些违法行为，并有同样的同伴。但是，加入团伙后，青少年犯罪行为的水平加强了（Lahey et al.，1999；Thornberry，1998）。在美国，严重的青少年犯罪多数是由团伙所为，大多数是男性（Thornberry，1998）。女性团伙成员面临很多自身危机：药物和酒精滥用，过早的性行为，乱交而没有任何保护措施以致染上性病，卖淫等（Harper & Robinson，1999）。任何地方都可能会产生团伙，但是最多的（最有影响力的）团伙产生于贫穷的市区中，这些地方缺少友好的邻里关系和集体效力，青少年大多无人监控，因此能够随心所欲，为所欲为（Brody et al.，2001；Tolan，Gorman-Smith，& Henry，2003）。

在评估团伙对青少年的影响时，区分团伙卷入和团伙犯罪很重要。很多市区中的青少年在青少年早期就卷入了团伙，和团伙成员混在一起，穿着团伙认可的服装，参加许多其他的同伙行为（例如，炫耀团伙成员手上的标志）。但是，研究者发现，团伙卷入随着时间发展会急剧下降，大多数团伙成员在团伙中待不到一年（Thornberry，1998；Walker-Barnes & Mason，2001）。当青少年逐渐参与合法的学业或课外活动后，象征性的团伙卷入就变得不那么重要了。只有那些感到和家庭很疏远、最具有犯罪危险、与团伙中的某人形成较强归属感的成员才会愈陷愈深，走向犯罪。

青少年是容易卷入团伙还是不会卷入团伙，父母的教养方式起重要作用。对于非裔美国青少年来说，严格而支持性的教养方式以及对儿童活动的精心监控能减少青少年前期的少年长期卷入违规同伴（Brody et al.，2001）和青少年长期卷入团伙（Tolan，Gorman-Smith，& Henry，2003；Walker-Barnes & Mason，2001）。但另一项研究显示，当父母较少采用严厉的行为监控而更多地采用严格、引发内疚的心理控制时，西班牙裔青少年最不可能深陷团伙中（Smith & Krohn，1995）。对非裔美国青年、西班牙裔和白人青少年来说，家庭中敌意的、高压的方式，加之松散的行为监控等因素都和较多的团伙卷入和团伙犯罪有关。对这些青少年中的大多数来说，团伙就相当于替代的家庭，为他们提供在家里得不到的情感支持（Walker-Barnes & Mason，2001），正是这种坚定的团伙卷入通常会在以后的岁月里引起麻烦和问题。

期变得具有攻击性，在儿童早期并未有攻击性或问题家庭生活的历史（还可参见Moffitt & Caspi，2001）。此外，一些涉及公开犯罪活动（偷窃、欺诈等）的青少年和成人罪犯并不是强制型家庭环境的产物。但是，多数暴力犯罪分子的确是从儿童早期的较少攻击性发展到初高中时期较严重的打斗，进而发展到青少年晚期和成年初期真正的暴力行为，如犯罪性袭击、强暴、抢劫和谋杀，遵循着与帕特森的高压型模式一致的发展过程（Loeber & Stouthamer，Loeber，1998）。

男孩比女孩更有可能遵循图 9.7 中所描述的持续发展路径（Broidy，et al.，2003；McFadyen- Ketchum et al.，1996），但违法犯罪行为的“性别差异”是很小的。男性罪犯仍然占暴力犯罪统计数据的主导地位，但是在盗窃、性犯罪和药物滥用上女性几乎和男性一样，并且她们更有可能由于身份犯罪而被捕，例如离家出走和卖淫（Uniform Crime Reports，1997）。也许促使女孩走向犯罪的家庭环境要更紊乱，但是女孩也可以和男孩一样长期反社会（Loeber & Stouthamer-Loeber，1998）。

毫不奇怪，反社会的男青年会倾向于和反社会的女性结成伴侣。这些处于高危状态的反社会夫妇不仅会经历充满敌意甚至是虐待的恋爱（Capaldi & Clark，1998；Murphy & Blumenthal，2000），他们还有可能较早地成为父母，而对这一角色他们准
297 备地还不够。事实上，这些年轻的反社会父母经常运用其父母在他们身上曾采用的冷漠无情和强制性的教养方法（Fagot et al.，1998；Serbin et al.，1998），故而使他们的子女处在充满愤怒、强制、敌意归因偏见及其所有伴随产物的家庭环境中（再次回顾图 9.7）。这就是敌意、反社会倾向代际相传的一种途径（Patterson，1998）。

专栏 9.3 中描述的家庭干预措施能够有效地改善青少年前期（以及更年幼）儿童的反社会倾向。但是，一旦早期反社会模式持续到青少年期，这时很多因素都相互协同作用，干预就常常不成功了（Kazdin，1995）。例如，从叛逆同伴或“家庭”式团伙那里获得情感支持的青少年，可能会排斥父母和其他已经确立的权威对自己的
298 影响。一项试图改善异常青少年团体反社会倾向的研究造成了相反的结果，提高了他们的反社会行为水平（Dishion，McCord，& Poulin，1999）。请注意：要应对长期攻击和犯罪问题，我们必须从预防性干预角度去思考，这些干预计划要：（1）教给父母更有效的管理子女的技巧；（2）培养儿童的社会技能，以免他们被同伴排斥；（3）提供学习辅导，帮助儿童跟上学业，减少他们陷入叛逆同伴团体或是高中辍学的可能性。当然，任何能减少攻击、反社会行为或使之失去吸引力的做法都是正确的。现在让我们来看看发展心理学者试图用来控制儿童敌意的一些措施。

## 控制攻击和反社会行为的方法

除了家庭治疗，还有哪些方法能够帮助家长和教师控制年幼儿童的攻击行为，以防止反社会行为变成解决冲突的习惯性方法呢？在过去几年里，人们提出了大量

的解决方法，包括创设非攻击的游戏环境，消除攻击性带来的好处，调节认知和情绪，如控制愤怒、移情能力以及角色承担能力，使这些儿童不把同伴行为归因为敌意的。但是很少有解决方法像我们提出的建议那样受欢迎，我们为孩子提供了无害地表达愤怒或沮丧的方法。让我们来看看这一“倍受欢迎”的方法。

## 宣泄：一种有争议的策略

西格蒙特·弗洛伊德认为，敌意、攻击驱力是随时间逐渐积累起来的，他力劝人们在这些驱力达到危险水平并引发暴力前去寻找无害的方式，及时地释放这些驱力（即宣泄）。这种**宣泄说**（catharsis hypothesis）给我们的启示是：如果我们鼓励年幼儿童把他们的愤怒或沮丧发泄在无生命的物体上，如充气娃娃，他们的攻击能量就会逐渐耗尽，不再伤害别人。

虽然这一**宣泄技术**（catharsis technique）曾经风靡一时，但它并没有起作用，甚至可能起反作用。一项研究（Walters & Brown，1963）发现，那些被鼓励去击打、拳击和踢打充气娃娃的儿童，与那些没有机会击打娃娃的儿童相比，在后来的同伴交往中攻击性更强。另一些研究者发现，那些起先被同伴激怒，然后有机会对一个无生命物体进行攻击的儿童，在面对原先激怒他们的同伴时，其攻击并没有减弱（Mallick & McCandless，1966）。因此宣泄技术并不能减少攻击驱力，无论对儿童还是对成人都是如此（Green，1998）。事实上，它们可能向敏感型的青少年暗示，击打和踢打是可接受的用来表达愤怒或沮丧的方法。

## 营造非攻击的环境

一种减少儿童攻击性的简便有效的方法是，营造一个尽量减少冲突发生的游戏
环境。例如，父母和教师可以拿走（或是拒绝买）一些具有“攻击性”的玩具，如 299
枪、坦克以及橡胶匕首等，这些玩具会激发暴力幻想和攻击行为（Dunn & Hughes，2001；Watson & Peng，1992）。提供足够的空间让他们进行激烈的游戏也有助于消除意外的碰撞、推挤和摔倒，而这些经常会升级为敌意行为（Hartup，1974）。此外，游戏材料的不足有时也会影响冲突和攻击性的发生；但是如果成人提供了足够的球、滑梯、秋千和其他玩具，以免他们为了有限的资源而竞争，那么儿童可能会很和谐地在一起玩耍（Smith & Connolly，1980）。

怎样教育那些已经具有高攻击性的儿童呢？现在的发展心理学者认识到，不同类型的攻击性需要不同类别的干预（Crick & Dodge，1996）。主动型攻击者凭借武力是因为它很容易实施，并且常常能使这些青少年实现个人目标。对这些儿童来说，一种有效的方法可能是告诉他们：攻击性不会带来回报，而亲社会反应，如合作和分享是实现目标的更好办法。相反，急躁的反应型攻击者可能更多地从社会认知干

预中受益，也就是，帮助他们控制愤怒，尽量使他们不要对招惹自己的同伴做出敌意归因。让我们进一步看看这两种干预手段。

## 消除攻击性带来的好处

父母和教师可以通过查明和消除攻击性的强化结果，鼓励儿童用其他手段实现个人目标，以此来减少主动攻击事件。例如，如果4岁的莱尼为了抢一个玩具而要打3岁的妹妹盖尔，莱尼的妈妈就可以把玩具拿回给盖尔，不让他得逞，同时告诉他，这种工具性攻击是不能获益的。但是，如果莱尼是一个不安全型儿童，他对妹妹的攻击是为了获取母亲的关注，那么这一策略就不会奏效。这种情况下，如果母亲走近他，就强化了他的攻击性。那么，她该怎样做呢？

一种已被证明有效的方法是**反向－反应技术**（incompatible-response technique）。它几乎忽视所有的严重行为，如莱尼的攻击行为（因而否认了他企图获得关注的意图），同时强化像合作和分享这样的与攻击性不相容的行为。采用这一策略的教师发现，它逐渐导致了儿童亲社会行为的增多和敌意行为的减少（Brown & Elliot，1965；Conduct Problems Prevention Research Group，1999）。

成人怎样才能既处理好严重的伤害行为，又不因他们的关注而“强化”这些行为呢？一种有效的方法是帕特森支持的**暂停技术**（time-out technique），成人把攻击者从强化攻击性的情境中带走（例如，把他送回自己的屋子，直到他已经能够自控和表现正常）。虽然这一方法可能导致一些愤恨，但是成人并没有在身体上虐待儿童，没有提供攻击榜样，也不会无意强化儿童企图获得关注的不良行为。当成人同时也在强化与攻击性不相容的合作或帮助行为时，暂停技术是控制儿童敌意行为的最有效方法（Parke & Slaby，1983）。

**图片9.6** 当成人在努力强化与攻击性不相容的行为时，暂停技术是控制儿童攻击性和其他不当行为的有效方法。

## 社会－认知干预

高攻击性的，尤其是高反应型攻击的青少年能够从社会认知干预中受益。这种干预帮助他们：（1）调节愤怒；（2）产生移情感受并站在别人角度 300
考虑问题，因而不容易对同伴做出敌意归因（Crick & Dodge，1996；Rabiner，Lenhart，& Lochman，1990）。在一项研究中（Guerra & Slaby，1990），一组有暴力犯罪的青少年接受了这种技能训练。他们：（1）寻找和伤害事件有关的非敌意线索；（2）控制自身的冲动（或愤怒）；（3）想出解决冲突的非攻击性策略。这些暴力犯罪者不仅解决社会问题的技能得到了明显改进，而且放弃了攻击性的想法，在与权威及其他狱友的相处中其攻击性变弱了。麦克尔·查恩德勒（Chandler，1973）在一组 11~13 岁的少年犯身上发现了类似效果。这些人持续 10 周参加了专门设计的课程，使他们更了解别人的意图和感受。结果他们的敌意社会认知和攻击行为都减少了。

## 应用：防止校园内的攻击和暴力

美国青年人中的暴力行为是一个重大的公共健康问题（U.S. Department of Health and Human Services，2001）。我们都听过一些令人揪心的事情，例如，充满怨恨的青少年带着枪支到学校射杀自己的同学和老师。虽然这种事件并不经常发生，且儿童在校内杀人的危险性较低，但美国的小学生和初中生是经受非致命性攻击和暴力欺负的高危人群（Kaufman et al.，2000；Singer et al.，1999），在过去的 30 天内曾把武器带到学校来的高中学生中，7% 拥有导致巨大伤害的器械（Kann et al.，2000）。在过去的 20 年里，各种暴力犯罪的确有所减少，但是激怒、煽动型的攻击这一在青少年中普遍存在的暴力形式，在今天比 1983 年高出 70%（U.S. Department of Health and Human Services，2001）。

毫不奇怪，对攻击和反社会行为感兴趣的社会性发展心理学者已经在设计干预措施，力图防止校园内发生攻击和暴力事件。这些研究者一般都喜欢综合性的预防措施，这些措施可以适用于所有的学生而不仅仅是高攻击的儿童，并且综合了各种预防策略，如强化亲社会行为，帮助儿童调节和控制愤怒，更好地理解别人的感受和意图，寻找解决冲突的非攻击方法。

在已通过审查评估的项目中，有一个被称作“和平营造者”，这是一个在学校里预防暴力的干预项目，该项目选用了亚利桑那州图森市从幼儿园到 5 年级的不同族裔儿童（Flannery et al.，2003）。“和平营造者”试图通过奖励亲社会行为，为儿童提 301
供策略以防止攻击等消极行为受到强化，来改变学校的氛围。儿童学习一些基本的规则：赞扬别人，避免贬损别人，改正错误行为，关注并改正伤害行为等等；另外，定期讲述一些新课程和方法，帮助儿童变得亲社会和较少敌意。起初的结果非常好。和未参加“和平营造者”项目的对照组同伴相比，参与了该项目的学生变得更加亲社会和较少攻击性，被教师评为更敏感、善于移情、合作以及自控力增强（Flannery et al.，2003）。此外，被干预儿童一年后取得的进步，在第二年的干预中仍然得到保持，在 3~5 年级学生中，那些一开始攻击性最高的儿童从该项目中受益最多。

在对纽约市和西雅图的两项针对低年级小学生进行的预实验项目进行审查时也发现，参与项目的儿童的攻击性显著少于那些未参加的对照组儿童。另外，项目参与者还显示出亲社会行为的增加、学业成绩提高以及内隐问题如焦虑和抑郁的减少（由教师评定）；并且参与该项目的时间越长，效果越好（Henrich，Brown，& Aber，

1999)。另一项在纽约市进行的干预研究显示，这种创造性地解决冲突的项目，强调劝导儿童进行沟通交流，控制愤怒，克服敌意归因偏见，并采用非攻击的方法解决人际冲突。该项目对青少年前期的5~6年级儿童有很大的影响，老师承认，他们比没参加项目的对照组儿童更加亲社会，具有更少攻击性（Aber，Brown，& Jones，2003)。但是必须注意，这一项目只有在教师提供定期的干预课程，并真正投入该项目（或熟练地实施干预）的情况下才能有效。

显然，有必要开展更多的研究，完善这些看似很成功的干预措施，并且评估它们的长期效果。早期的反馈结果非常鼓舞人心，每年每个儿童只要花费80~100美元（Henrich et al.，1999)，这是一种很经济的手段，社区可以用这些或其他类似的手段来帮助小学儿童形成最好的人际能力。

## 本章要点

### 什么是攻击性

- 人类的攻击性是一种普遍现象，对它的界定五花八门。弗洛伊德用**死的本能**来描述他所认为的与生俱来的攻击性和毁灭性本能。习性学家也把攻击性看做人类本性的一个基本成分。
- 学习理论家否认本能论的定义，而偏好**攻击性的行为主义定义**，目前又出现了**攻击性的意图定义**。攻击行为常常又被进一步的分为两类：**敌意性攻击**和**工具性攻击**。但是对于一个特定的行为是否真正具有攻击性，人们的意见不一，这反映了攻击性很大程度上是一种个体对伤害事件的社会判断，该判断基于伤害事件对他们自身的意义。

### 关于攻击性的理论

- 弗洛伊德提出，人类是由毁灭性本能驱动的，他认为死的本能是造成攻击性冲动的原因。习性学家把攻击性描述为一种由环境中特定激发线索引起的争斗本能。因而，这两种思想流派都把攻击性视为人类的本能。
- 从早期相当简单的挫折/攻击假说产生出了其他有关攻击性的学习理论。贝尔科维茨修正后的挫折/攻击理论声称，挫折、攻击以及先前习得的攻击习惯都增强了个体对攻击的预备性。但是，如果没有**攻击性线索**的诱发，攻击反应就不会发生。班杜拉的社会学习理论描述了个体是怎样通过直接经验和观察学习获得攻击反应，以及怎样保持下来成为习惯的。他还发表新论，认为：(1）任何形式的唤醒都能诱发攻击性；(2）人对伤害事件的认知解释比实际的伤害更能决定人的反应。
- 道奇的社会信息加工理论扩展了班杜拉对认知的重视，它描述了儿童在解释伤害事件和做出反应时可能经历的6个信息加工阶段。这一模型帮助我们区分**主动型攻击者**，对他们来说攻击通常是达到其他结果的手段；而**反应型攻击者**表现出**敌意性归因偏见**，而且在受到真实或想象的挑衅后会迅速做出报复反应。

### 攻击性的发展趋势

- 将近1岁的婴儿开始为了玩具或其他所有物和兄弟姐妹及同伴争吵，此时工具性攻击就出现了。
- 在整个儿童期，身体攻击逐渐减少，言语攻击逐渐增多，而且在某种程度上工具性变得较少而敌意或报复逐渐增多。到儿童中期，一小部分儿童造成了大多数的攻击性事件。在这些事件中参与者经常是欺负者和他们的**消极和 / 或主动受害者**。

- 除了那些攻击性最强的个体会变得真正暴力之外，公然的攻击行为在青少年期逐渐减少。但是，许多青少年一方面显示出攻击性的减少，另一方面转向用其他隐性或间接的方法表达愤怒和不满。
- 从整体水平上来考虑，对男性和女性来说，其攻击性都具有跨时间的中度稳定性。但是，个体的攻击水平存在差异。遵循**长期稳定轨迹**的儿童，在整个儿童期都有较高的攻击性，而那些表现出**高攻击 – 终止轨迹**的儿童在早期攻击性较高，随着时间发展攻击性减少。表现出**中度攻击 – 终止轨迹**的儿童，在儿童早期具有中度攻击性，但随年龄增长攻击性逐渐减少，而那些表现出**无问题轨迹**的儿童，从儿童期到青少年期攻击性都很低。但是其他青少年可能表现出**后发轨迹**，即儿童期较平和，到青少年和成年初期攻击性增强。遗传影响和环境因素对攻击性跨时间的稳定性起作用。

### 攻击性的性别差异

- 从绝对水平来看，男性比女性有更多的外显攻击性（包括身体和言语的）。这一已被人们接受的性别差异反映了生物和社会因素的交互作用。但是，这一观点可能低估了女性的攻击倾向，因为女孩经常比男孩有更多的**关系攻击**。

### 文化和亚文化对攻击性的影响

- 一个人的攻击倾向在一定程度上取决于他们所成长其中的文化和亚文化环境。来自不利环境的儿童和青少年更具攻击性，比中产阶级的同龄人表现出更高的犯罪率。其原因，部分是由于教养方式存在社会阶层差异，并且他们很可能居住在**集体效力**低的高危社区。

### 家庭对攻击性的影响

- 冷漠和拒绝型的父母依赖于**高压型管教**，并常常听任攻击行为，他们有可能培养出具有高攻击的儿童。但是，攻击性的社会化是一条双向路径，因为儿童本身的特征（如气质或对纪律要求的反应）也能影响父母的态度和教养方式。
- 充满冲突的家庭是培育攻击性和暴力的温床。许多高攻击的青少年生活在**强制型家庭环境**中，在这种环境中，争吵和打架这样的敌意行为受到了**负强化**。受强制型家庭氛围影响最大的儿童是那些容易冲动和胆大的儿童，他们不能调节消极情绪并常常挑起家庭成员敌意、强制性的反应。对这些失控的儿童，有必要进行家庭辅导，否则他们就有可能疏远老师和同伴，和叛逆同伴沦为一体，逐渐变得越来越反社会，有时甚至会参加不良团伙，参与暴力和其他严重犯罪。

### 控制攻击性和反社会行为的方法

- 和**宣泄说**相悖，**宣泄技术**并不是减少儿童敌意行为的有效方法。营造“非攻击”游戏环境是更有效的方法。
- 成人运用**暂停和反向 – 反应技术**可以帮助主动型攻击者了解攻击是没有好处的，非攻击的问题解决手段是实现目标的更佳办法。所有的攻击型的青少年，特别是急躁的反应型攻击者能够从社会认知干预中受益，这种干预能够帮助他们调节愤怒，使他们更善于对别人产生移情，并学会从别人的角度考虑问题，不再做出敌意归因。
- 以学校为基础的综合性干预措施，例如“和平营造者”和创造性解决冲突项目，在促进儿童社会能力和减少校园攻击方面取得了显著成效。

# 10 利他与道德发展

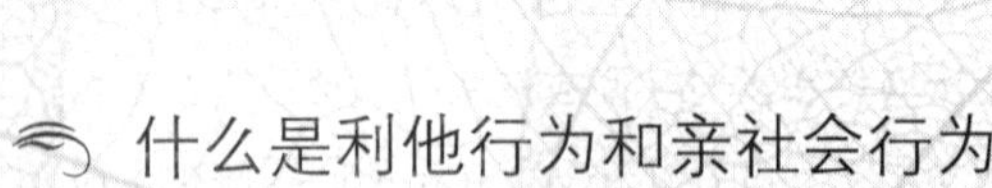

- 什么是利他行为和亲社会行为
- 利他和亲社会发展的理论
- 利他行为的发展
- 认知与情感对利他的影响
- 社会与文化对利他的影响
- 什么是道德
- 精神分析理论对道德发展的解释
- 认知发展理论：儿童是道德哲学家
- 道德是社会学习（与社会信息加工）的产物
- 什么人能培养出道德成熟的儿童

几年前，我实验班上的一名学生去访谈那些新生儿的父母，问他们：“你们认为 304
在儿童的社会性发展中什么是最重要的，你们最希望灌输给孩子的是什么？”以下是一个比较有代表性的回答的一部分。

**母亲：**哦……我希望他成为一个好孩子……不只是关心他自己和自己的需要，也关心其他的孩子。

**父亲：**亲爱的，他还得当心自己不要被利用；但（转向访谈者）他必须学会用正确的方式做事。

**访谈者：**您指的正确方式是什么？

**父亲：**我的意思是不能为了达到自己的目的而欺负其他的小孩。他必须学会在做自己的事的同时，如何和其他人友好相处，并能遵守规则。

**访谈者：**什么样的规则？

**父亲：**你知道的……不要伤害别人；知道去做父母和其他成年人认为正确的事；上课注意听讲；不惹麻烦……类似这些规则。

**母亲：**这还不够。我们还要让给他知道为什么要遵守规则，要让他在破坏规则时有羞耻感，这样我们就不需要时时在他身边监督他的行为。

也许有些令人惊讶，访谈样本中 74% 的父母的回答和上面这对父母的回答相似。这表明，父母首先希望他们的孩子能形成明确的道德感和是非观念，以指导他们的日常交往。在他们详细解释希望灌输给孩子的道德原则时，多数回答可以归入下列三类（这三类在上文所举的例子中都可看到）。

1. 不伤害别人。父母希望孩子有适当的自主性，能在不伤害别人的情况下，满足自身的需要。大多数父母都谈到，当他们向儿童灌输“故意伤害别人是不对的，是对别人权利的侵犯”的道德原则时，他们都会努力遏制儿童对他人无缘无故的和有意的伤害行为，或者说攻击行为。
2. 亲社会倾向。许多父母希望灌输的另一类价值观是利他意识，即对他人幸福的无私关注，并且希望他们以这一点作为其行动指针。在实际生活中，我们经常可以见到，当孩子还在襁褓时，很多父母便鼓励孩子的分享、安慰或助人这类利他行为。
3. 遵守道德规则的个人责任感。几乎所有的被调查者都强调了教育孩子遵守社会认可的行为准则，并监控孩子的行为，以保证他们遵守这些准则。他们感到，儿童道德社会化的最终目标是帮助儿童获得一套个人价值观或道德准则，使他们能够辨别是非，做“正确”的事情，甚至在没有其他人在场对他们的行为进行监督和评价时也能如此。

在第 9 章，我们已经讨论过攻击性的话题。本章要讨论的是，人们在判断一个人的道德品质时经常会遇到的、社会性发展中的另外两个相互关联的问题。首先是

与攻击性相对立的品质，亲社会（或利他）倾向的发展，我们会思考被公认为自私
305 的幼儿是怎样逐渐地学会牺牲自己并帮助他人。其次，我们要考察道德发展中更广泛的问题，追踪儿童从看似自我放纵且“无法无天”的动物如何成长为将各种道德原则加以内化、并依此来评价自己和他人的道德哲学家的变化历程。

现在，我们来考察儿童的亲社会倾向是怎样形成的。

## 什么是利他行为和亲社会行为

**亲社会行为**（prosocial behavior）*是有利于别人的行为*，例如与那些不如自己幸运的人分享东西，安慰或救助某个痛苦的人，与人合作、帮助别人实现某个目标，或通过赞美别人的外表、成就而使他们感觉良好。在进行讨论前，让我们先来看下面四个人的行为：

1. 约翰，一个百万富翁，为爱滋病研究捐款 5 万美元。
2. 奥德尔，因救助一个遭抢劫的年轻女子而被刺身亡。
3. 胡安，捐献了 1 品脱（473 毫升）血，为此收到 15 美元的报偿。
4. 山姆，为好友吉姆刷车库，以报答吉姆之前对他的好。

毫无疑问，绝大多数人会同意这些行为都是亲社会行为。但是，你是否认为上述每一种行为都是*利他行为*？我的学生经常在以上哪种行为是**利他行为**（altruism）上意见不一致。

大多数成人，包括我的学生，都赞成**利他动机 /（意图）**（motivational/intentional definition of altruism）的观点。按照这种观点，只有当行动者*主要的*动机是使他人受益或产生其他积极结果时，其友好行为才被看做是利他的。因此，利他就意味着对他人幸福的同情与关心。几乎没有成人会这样教育儿童：仅仅为了换得酬劳或他人的回报而去帮助他人是正确的行为。

但也有少数持怀疑论的成人，他们怀疑是否存在*只*以他人利益为动机而丝毫不考虑自己利益的亲社会行为。情境 1 中的约翰是真正的利他吗？如果你得知约翰自己是一个艾滋病患者时，你又会怎样想？甚至可以想象，在情境 2 中付出巨大牺牲的奥德尔，可能是为了获得他所救助的女孩的恭维（或他想要的别的好处）才那么做的。由于很难明确助人者潜在的助人意图，所以一些成人（和发展心理学家）都赞成**利他的行为定义**（behavioral definition of altruism），即利他行为就是对他人有益的行为，*而无论行为者的动机如何*。换句话说，可以笼统地把利他行为和亲社会行为看做同义的概念，因此，前四种情境中描述的行为都可以说是利他行为。

有趣的是，12 岁的儿童似乎也喜欢从行为的角度定义利他，而不区分是出于同情而助人，还是为回报他人或得到报酬而助人（Peterson & Gelfand，1984）。虽然父

母一般都赞成从动机角度给利他下定义，但无论是他们自己还是发展心理学家，在谈到儿童的助人行为或对这些行为做出回应时，都不会去严格区分是利他行为还是亲社会行为。原因之一是，生活在西方社会的人（即便是小学二年级学生）通常认为，与抑制伤害他人的行为和反社会行为相比（道德的消极方面），他们在友善对别人方面（道德的积极方面）所负有的义务更少（Grusec，1991；Kahn，1992）。换句话说，友善行为会得到社会的认可，但它是可以由个人自由选择的，因此不具有强制性。[1] 306
为了促进这类具有积极意义但非义务性的行为，父母和教师通常会把各种友好行为都当作“好”行为而加以表扬，即便这些行为并不是完全意义上的利他行为。

## 利他和亲社会发展的理论

利他行为是先天的还是习得的？在这个问题上，不同理论流派的观点不同。进化心理学家认为，亲社会性是人性的基本成分之一，它具有前适应和基因编程的特性，这些特性有助于种族的延续。相比而言，精神分析和社会学习流派则认为，儿童的亲社会倾向不是来自个体的基因或进化史，而是来自儿童社会经验的积累，也就是说，利他性是习得的。认知发展理论家当然同意后一种观点。不过，他们进一步指出，儿童亲社会行为的方式和多少，在一定程度上取决于个体的智力发展水平。

### 生物学流派：亲社会行为是“预先编程”的吗

1965 年，唐纳德・坎贝尔（Campbell，1965）指出，利他性在一定程度上是本能的，它是人性的一种基本成分。他的观点基于这样一种假设：无论人还是动物，个体如果生活在合作性的社会单元中，就更可能远离天敌的威胁，更好地满足基本的生存需要。如果这一假设正确，那么合作性的、利他的个体将更可能存活下来，把“利他的基因”传给下一代。因此，数千年的进化过程更有利于先天的亲社会动机的发展。坎贝尔指出，“很可能是在先验的基础上，群居的巨大生存价值使特有的社会性动机成为一种不受其他因素影响的动机。”（1965，p. 301）

那么，人类是怎样进化成为具有亲社会倾向的物种的呢？马丁・霍夫曼（Hoffman，1981，2001）认为，移情的能力，即我们被别人的情绪所激发，并能感同身受地体验别人情绪的能力，是利他倾向的生物基础。霍夫曼提出这样一个问题：如果不是因为具有分享他人情感、体验他人痛苦的能力，难道人还有别的理由置自私的动机于不顾，而去帮助他人或不去伤害他人吗？

---

1　本章中我们将会看到，与来自西方个人主义社会中的人们相比，集体主义社会和各种亚文化中的人们更多地把亲社会行为看做一种带有强制性的义务。

正如专栏 3.1 中指出的，当新生儿对其他婴儿的哭声感到不安时，他们可能表现出一种原始的移情反应。我们还可以从第 3 章了解到，移情是一种受基因影响的特性，在与移情有关的行为方面，同卵双生子比异卵双生子更相似（Matthews et al.，1981；Zahn-Waxler，et al.，1992）。我们很快就会看到，一个人的移情敏感性与其亲社会行为之间的关系非常明显。但是，天生的移情能力并不意味着利他性是“自动的”或“生物编程的”。就像霍夫曼（Hoffman，1981）所说的那样，移情易受环境的影响，并随儿童成长的社会环境的变化得到促进或抑制。先记住这个观点，让我们再来讨论其他一些强调环境影响儿童亲社会性发展的理论。

## 307 精神分析理论：以良心为向导

回顾第 2 章对精神分析理论的讨论，西格蒙德·弗洛伊德曾认为，幼儿是自私的，他们被寻求快乐的伊底（本能）冲动所支配。对人性的这种描述表明，利他概念向精神分析流派的人格发展理论提出了尖锐的挑战：一个自私的、自我中心的儿童怎么可能形成舍己为人的利他意识呢?

其实，这种挑战并不像乍看上去那样难以应对。支持精神分析理论的人认为，在超我发展的儿童期，除亲社会行为规则如**社会责任规则**（norm of social responsibility）和黄金准则之外，父母给孩子提供的很多规则和价值观都得到了内化。在本章后面讨论弗洛伊德的俄底浦斯情结时，我们再来考察超我发展的过程。

## 社会学习理论：我能从中学到什么

利他性为社会学习理论制造了一个有趣的悖论（Rosenhan，1972）。社会学习理论的一个核心前提是，人们会重复那些得到强化的行为，而避免重复那些要付出代价或受到惩罚的行为。但是，许多亲社会行为似乎与这种人性观背道而驰：利他主义者有时也会选择承担很大风险、放弃个人报偿、奉献出自己的宝贵资源（因此招致某种损失）来帮助别人。社会学习理论面对的挑战是解释自我牺牲倾向是怎样习得和维持的。

对这种挑战，社会学习理论家有各种不同的回应。在概念层面上，一些学习理论家认为：所有的亲社会行为，包括那些需要付出高昂代价的亲社会行为，都是由某种微妙的报偿或自我利益推动的。例如，我们可以认为，冒着生命危险从纳粹魔爪下挽救犹太人的德国公民是为了提升他们的自尊，赢得后人的赞誉，或者为了晚年能获得他人对有正义感的人的报答。这种解释的主要问题在于它的循环性：它假定，你做出了助人行为，就一定得到好的回报。

虽然利他行为并不一定伴有明显的报偿，但利他性仍然可能是社会学习和强化的结果。让我们看一看儿童习得“善有善报”观念的三种可能方式。

### 减轻痛苦

人们所具有的移情能力可能有助于解释，在没有明显的报偿来维持助人行为的情境中，我们为什么仍然会帮助别人，安慰别人，与别人分享。例如，一个对遭受痛苦的受害者产生移情、感同身受地体验受害者痛苦的人，会从过去的经验中了解到，如果他帮助或安慰受害者，不仅能减轻受害者的痛苦，也能减轻他自己的痛苦。因此，表面上看来，亲社会反应可能是一种自我牺牲，但实际上，由于亲社会行为能使助人者感觉变好，或减轻移情给助人者带来的痛苦，从而使助人者受到强化。

### 强化亲社会行为

学习理论家还认为，如果父母和教师经常宣扬亲社会的美德，赞赏那些表现出亲社会行为的儿童，以后，这些奖赏产生的积极影响就会与亲社会行为联系起来，这样，当儿童以亲社会的方式行动时，就会产生良好的感觉。换句话说，亲社会行为成为一种自我强化。因为他们的善行，儿童将会受到定期的表扬和认可。由此，
我们可以想象，亲社会行为是怎样保持它们“令人满意”的特性，直至不再消失的。 308

### 通过观察学会利他

阿尔波特·班杜拉（1989）认为，对儿童的亲社会倾向产生最普遍而深刻的影响的是他人的行为，即他们接触的社会榜样。这个观点也许有道理，正如我们所见，那些目睹了利他榜样的好行为的儿童，常常具有更强的亲社会倾向，甚至在榜样行为需要个人付出代价而且得不到什么好处时，也是如此（Eisenberg & Fabes，1998）。

总之，学习理论家对儿童自愿做出回报少而代价高的亲社会行为提供了几种合理的解释。在后面几节，我们将进一步考察这些观点，看看强化、移情与社会榜样等因素对儿童亲社会性发展的影响。

**图片 10.1** 儿童通过对利他榜样行为的观察学到很多利他知识。

### 利他的认知理论：成熟是中介

认知发展理论与社会信息加工理论都认为，合作、分享、安慰、主动帮助别人之类的亲社会行为在儿童期表现得越来越明显（Eisenberg，Lennon，& Roth，1983；Kohlberg，1969；Chapman et al.，1987）。这个预测的基础是：随着儿童的智力发展，他们也会获得重要的认知技能，这同时影响到他们对亲社会问题的推理和利他行为的动机。

认知理论家指出，亲社会性的发展可分为四个大的阶段。第一阶段从两岁开始，可以观察到某些分享和同情的表现。在这一阶段，学步儿看到他人的痛苦时，通常自己也因此感到不安（也就是能够移情），有时也会试着安慰正处于痛苦中的同伴。第二阶段与皮亚杰的前运算期（3~6 岁）大致对应。此时，幼儿仍然是自我中心的，在遇到亲社会问题（与实际的亲社会行为）时，常常是自私的或快乐主义的：如果对别人有利的行为也可以给自己带来好处，那么这些行为就被认为值得做。第三阶
309 段发生在儿童中期到前青少年期（相当于皮亚杰的具体运算阶段）。此时，儿童的自我中心倾向越来越弱，具有重要意义的角色承担技能逐渐形成，开始关注别人的合理需要，并将其作为亲社会行为的理由。在这一时期，儿童开始认为，大多数人认可的好行为就是“好的”，就应该去做。同样在这一阶段，移情或同情对利他性的发展发挥了重要作用。第四阶段出现在青少年期。这时，达到形式运算水平的青少年已能理解并认同抽象的亲社会规范，社会责任规则或黄金规则之类的普遍原则。这些原则将：（1）鼓励他们把友好行为推及到更多需要帮助的人身上；（2）激发他们把亲社会行为当作个人责任，如果他们漠视自己的义务，就会产生自责或内疚感（Chapman et al.，1987；Eisenberg，Lennon，& Roth，1983）。

倾向认知理论的多数研究者探讨的是特定的认知技能（如角色承担）与儿童亲社会行为之间的关系，很少有人去考察亲社会行为的发展阶段。但南希·艾森伯格与她的同事曾研究了儿童对亲社会问题的推理随年龄而发生的变化，结果的确很有趣。对于这两种取向的研究，我们在本章后面的内容中还会再次提到。

## 利他行为的发展

在本章开头我们提到，真正关心别人的幸福并自愿为之付出是绝大多数父母希望其孩子具有的品质。当孩子还在襁褓中的时候，许多父母就已经在鼓励分享、合作或助人这一类亲社会行为了。最近，有些儿童发展方面的研究者声称，这些用心良苦的父母实际上在浪费时间，因为婴儿是以自我为中心的，他们根本不可能考虑到除自己之外的他人的需要。但是，这些专家恰恰错了。

## 亲社会行为的起源

远在接受正规的道德或宗教训练之前，儿童就能表现出与年长者类似的亲社会行为。例如，12~18 个月的孩子有时会把玩具送给他们的同伴（Hay et al.，1991），甚至能帮父母干一些擦、扫之类的家务（Rheingold，1982）。婴幼儿表现出的亲社会行为中就已表现出某种“合理性”。例如，两岁的学步儿更可能在玩具少的时候把玩具让给同伴玩，而不是玩具多的时候（Hay et al.，1991）。

学步儿能对同伴表现出同情行为吗？答案是肯定的，这样的亲社会行为并不少见（Eisenberg & Fabes，1998）。卡罗琳·赞 - 韦克斯勒和她的同事（Zahn-Waxler et al.，1992）让 13~25 个月学步儿的妈妈观察并记录孩子对别人痛苦的反应，结果如表 10.1 所示。最小的学步儿出现最多的反应是自己也变得烦恼，转身离开伤心的同伴。如果一个 12~18 个月的学步儿确实认为需要给同伴一些安慰，那他更可能求助妈妈或其他成人去安慰同伴，而不是自己去安慰（Hoffman，2000）。但是到了 20~23 个月大时，学步儿更多地直接关心那些难过的同伴，常常是自己想办法去安慰，虽然那并不是由他们引起的。让我们看 21 个月的约翰对伤心的伙伴杰利的反应：

> 今天杰利脾气有点怪，他……大声哭喊，闹个不停。约翰走过来，给他玩具， 310
> 想让他高兴……他好像说了句“给你，杰利”一类的话。我对约翰说：“杰利很烦，他心情不好，今天他打针了。”约翰皱着眉头看看我，好像他真的理解了杰利哭是由于他不高兴……他走过去，抓着杰利的胳臂，说“杰利好”，并继续送给他玩具（Zahn-Waxler，Radle-Yarrow，& King，1979，pp. 321-322）。

显然，约翰很关心他的小伙伴，想方设法地让他高兴。

一些 2~3 岁的儿童常常安慰伤心的同伴，但另一些儿童则很少这样做。早期同情心的个体差异在某种程度上可以归因于气质的差异。比如，气质上胆怯、行为抑制的 2~3 岁的学步儿比胆大、非抑制的学步儿更可能对别人的痛苦感到高度紧张，从而离开那个痛苦的人，而去调整自己的紧张（Young，Fox，& Zahn-Waxler，1999）。

儿童早期同情心的个体差异，可能也受父母对儿童伤害别人的反应的影响。卡

**表 10.1** 母亲报告的学步儿对并非自己引起的别人的痛苦表现出同情、亲社会行为、攻击、和自我烦恼的比例

| 学步儿的反应 | 13~15 个月 | 18~20 个月 | 23~25 个月 |
|---|---|---|---|
| 同情 | 0.09 | 0.10 | 0.25 |
| 亲社会行为 | 0.09 | 0.21 | 0.49 |
| 攻击行为 | 0.01 | 0.01 | 0.03 |
| 自我烦恼 | 0.15 | 0.12 | 0.07 |

资料来源：Zahn-Waxler et al.，1992.

罗琳·赞–韦克斯勒等人（1979）发现，缺乏同情心的儿童，其母亲更多地使用训斥或体罚之类的强制性策略来管教孩子伤害别人的行为。反之，那些有同情心的儿童，他们的母亲经常采用**情感解释**（affective explanation）法教育孩子，培养儿童的同情心（有时是懊悔）。这种策略是通过帮助儿童理解他自己的行为与该行为引起的别人的痛苦之间的关系来实现的（例如，对孩子说："不要这样！你把道格弄哭了，咬人可不好！"）。

## 利他性随年龄发生的变化

虽然2~3岁的儿童会对伤心的同伴表现出某种同情和怜悯，但他们并不急着做出真正的*自我牺牲*行为，比如与同伴分享一件珍贵玩具。如果成人指导儿童考虑别人的需要，那么儿童就更可能表现出分享等友善行为（Levitt et al.，1985）。有时，一个孩子主动要求分享或发出某种威胁，也能诱发另一个孩子的分享行为，例如，"如果你不给我，我就不跟你好了"（Birch & Billman，1986）。但就总体而言，为别人做出*自发的*自我牺牲行为在婴儿和学前儿童中还比较少见（Eisenberg & Fabes，1998）。这是否因为幼儿意识不到别人的需要，认识不到可以从分享助人行为中得到好处？可能不是，因为至少有一项在幼儿园进行的观察研究已经发现，2.5~3岁半的儿童总是乐于在*假装游戏*中表演对别人友善的好行为。而4~6岁的儿童则更多表现出真实的助人行为，很少"假扮"利他主义者的角色（Bar-Tal，Raviv，& Goldberg，1982）。

311 在世界各国的不同文化中进行的研究都发现，从小学低年级以后，分享、助人和其他亲社会行为越来越普遍（参见 Eisenberg & Fabes，1998；Underwood & Moore，1982；Whiting & Edwards，1988）。实际上，这类研究主要是探究，*为什么*年长儿童和青少年会逐渐变得更具有亲社会倾向。在分析这些研究之前，我们先来看社会性发展研究者关注的另一个问题：利他性有性别差异吗？

### 性别差异

人们通常认为，女孩比男孩更（或逐渐变得更）乐于助人、慷慨或富有同情心。真是这样吗？这种社会刻板印象也许只对了一半。关于女孩在助人、安慰、分享方面的报告经常多于男孩，但二者间的差异并不大（Eisenberg & Fabes，1998；Russell et al.，2003），而且也不是在所有情境中都存在这种差异（Grusec，Goodnow，& Cohen，1996）。人们认为女孩比男孩更关心别人的幸福，善于用面部表情和语言表达更强烈的同情（Hasting et al.，2000）。但是这些发现是很难得到解释的，因为当遇到一个痛苦的人时，男孩体验到的心理唤醒程度和女孩差不多（Eisenberg & Fabes，1998）。研究者发现，男孩比女孩更不合作、更爱竞争。比如，一项研究发现，到儿童中期，男孩比女孩更多地在游戏中做一些妨碍别人获得奖励的事，即使别人表现如何根本不会对他们获得的奖励产生影响（Roy & Benenson，2000）。似乎有一个好看的外貌、拥有一定的地位或优势对男孩比对女孩更重要。

女孩比男孩需要更多的帮助吗？显然不是。有研究发现，从一年级到五年级，男孩和女孩在完成任务时，对别人帮助的依赖性都越来越小，他们都希望得到间接帮助来自己完成任务（Shell & Eisenberg，1996）。因此，没有别人的直接帮助女孩就很难完成任务的说法可能是一个误传，没有什么事实根据。

Mary Kate Denny/PhotoEdit

图片 10.2　学前儿童并不是很利他，往往需要引导才能与人分享。

## 认知与情感对利他的影响

我们在前面提到，利他的认知理论认为，儿童中期和青少年早期亲社会行为的增多与角色承担技能、亲社会道德推理、移情及对责任的深入理解等方面的发展有密切关系，这意味着，我们应当学会逐渐把自己看做乐于助人、富于同情心或者利他性的个体。我们看看是否存在支持这些假设的证据。

### 角色承担和利他

如果角色承担技能可以帮助儿童认识和理解是什么原因造成别人痛苦或不
幸，那么，我们就可以假定，熟练的角色承担者比不熟练的角色承担者更具有利他
性。这一假设得到很多研究的支持（Eisenberg & Fabes，1998；Eisenberg，Zhou，&
Koller，2001）。在一项研究中（Hudson，Forman，& Brian-Meisels，1982），先测量
二年级学生的角色承担技能，然后观察并记录这些学生指导幼儿园儿童完成绘画和 312
手工任务的过程，用来分析角色承担技能不同的小学生在他们指导的幼儿遇到困难
时是怎样做的。结果发现，无论角色承担能力高低，当幼儿直接请求帮助时，这些
小学生都很乐于助人。但是，如果幼儿的需要不太明显，或者间接地（例如，皱着
眉头盯着他们）请求帮助时，角色承担能力高的小学生能够理解他们，并提供必要
的帮助，而角色承担能力低的小学生只是对着他们笑一笑，继续干手里的活儿，并
不提供任何帮助。

这个研究充分证明了角色承担技能和亲社会行为间的正相关。在另一些研究中，**社会观点采择**（social perspective taking）（了解他人的感受、想法或目的）与利他性之间的因果联系更明确。这些研究表明，与没有接受角色承担技能训练的同龄伙伴

相比，接受角色承担技能训练的儿童和青少年会变得更富有宽容心，更具有合作性，也更关心别人的需要（Chalmers & Townsend，1990；Iannotti，1978）。角色承担只是有助于利他行为发展的几种个人品质之一。另外三个重要因素是儿童的**亲社会道德推理**（prosocial moral reasoning）水平、对别人痛苦的移情反应、形成一个把自己看做利他个体的自我概念。

## 亲社会道德推理

在过去的 25 年中，研究者描绘了儿童对亲社会问题推理的发展及其与利他行为的关系。例如，南希·艾森伯格和她的合作者向儿童呈现一些两难故事。故事中，亲社会行为需要付出较高的个人代价，主人公必须决定是否帮助或安慰别人。下面就是其中一个两难故事（Eisenberg-Berg & Hand，1979）：

> 一天，一个叫玛丽的女孩要去参加朋友的生日晚会。在路上，她看到一个女孩摔倒在地上，把腿摔伤了。这个女孩要玛丽去她家叫她的父母来带她去医院。但是，如果玛丽这样做，她就不能准时参加朋友的生日晚会，就会错过吃冰淇淋、蛋糕和玩各种游戏的机会。玛丽应该怎样办？

如表 10.2 所示，从儿童早期到青少年期，亲社会两难问题推理能力的发展依次经过 5 个水平。其中，学前儿童的反应常常是自私的：他们认为，玛丽应该去参加晚会，以免错过有趣的游戏。但是，随着儿童日渐成熟，他们对别人的需要和愿望的反应性也日渐增强，一些高中生感到，如果他们一味追求私利而无视需要帮助的人，

**表 10.2** 艾森伯格的亲社会道德推理水平

| 水　平 | 大约年龄 | 简要描述和典型反应 |
|---|---|---|
| 快乐主义 | 学前期和小学初期 | 关心自己的需要。如果对自己有利，就提供帮助。例如，“我不会帮助别人，因为那样做我就可能错过晚会。” |
| 以需要为导向 | 部分学前儿童和小学生 | 把别人的需要看做助人的合理根据，但是如果不能提供帮助，也不会产生同情或自责的表示。例如，“我帮助她，是因为她需要帮助。” |
| 社会刻板印象和赞许导向 | 小学生和部分中学生 | 别人对行为好坏的社会刻板印象和评价对个体的推理有重要影响。例如，“如果我帮助了别人，妈妈会拥抱我。” |
| 移情导向 | 小学高年级学生和中学生 | 判断中包含了同情，有时会模糊地提到个人的义务和价值。例如，“帮助别人让我感觉很好，因为她很痛苦。” |
| 内化价值观导向 | 部分中学生，无小学生 | 基于内化的价值观、规范、信念和责任来判断助人与否；违犯这些规则可能会伤害自尊。例如，“他们浪费了太多善款，而没有给那些需要的人，所以我拒绝捐款。” |

资料来源：Eisenberg，Lennon，& Roth，1983.

他们都无法再尊重自己（Eisenberg et al.，1983；Eisenberg，Miller，et al.，1991）。

儿童、青少年的亲社会道德推理发展水平能预测利他行为吗？答案是肯定的。与那些仍然以自私方式进行道德推理的学前儿童相比，亲社会道德推理达到可超越快乐主义以上水平的学前儿童更可能帮助别人，并自发地与同伴分享喜欢的物品（Eisen-berg-Berg & Hand，1979；Miller et al.，1996）。对那些比学前儿童年长的被试进行的研究也得到了类似结果。在中学生样本中，道德推理成熟的人会帮助他们并不喜欢但确实需要帮助的人，而道德推理不成熟的人则不理睬他们不喜欢的人的需要（Eisenberg，1983；Eisenberg，Miller，et al.，1991）。艾森伯格和她的同事（1999）从一项长达 17 年的追踪研究中发现，4~5 岁时自发分享行为较多、亲社会道德推理较成熟的儿童，在整个儿童期、青少年期和成年初期都有更多的助人行为、更关心别人、在亲社会问题和社会责任方面的推理也更复杂。实际上，那些在亲社会性上 313
同伴提名得分高的青少年形成了一种**善意归因倾向**（benign attributional bias），他们在对同伴的冒犯行为没把握时，倾向于做有利于冒犯者的归因，而不愿把这些行为看做是敌意的（Nelson & Crick，1999）。这种愿意看到别人积极一面的意愿本身就是亲社会的一种特征，它有助于亲社会的年轻人避免敌对、保持合作或关注到他人。总之，这些研究结果显示，亲社会倾向可以在儿童年幼时就形成，并具有一定的跨时间稳定性。

为什么道德推理成熟的人对他人、甚至他们不喜欢的人的需要如此敏感呢？艾森伯格认为，儿童日益成熟的移情能力大大推动了亲社会道德推理的发展，也有助于他们形成一种倾向，无私地关心那些需要帮助的人（Eisenberg et al.，1987；Eisenberg，Zhou，& Koller，2001）。现在，我们来看看研究者对移情与利他关系的研究。

## 移情：影响利他的重要情感因素

虽然婴儿和学步儿似乎都能发现同伴的痛苦，并对这种痛苦做出反应（移情）（Zahn-Waxler，Radke-Yarrow，& King，1979；Zahn-Waxler et al.，1992；参见专栏 3.1），但他们的反应并不一定具有助人性质。许多幼儿一见到别人遭受痛苦或不幸，就表现出明显的自己体验痛苦的迹象（这在个体生命早期也许是一种主要反应），他们可能会离开需要帮助的人，甚至攻击他，来缓解自己的不适。其他的儿童（甚至一些年龄很小的孩子）则更倾向于把移情式唤醒解释为对痛苦者的关心或同情。正是这种**同情的共情式唤醒**（sympathetic empathic arousal），而不是**指向自我的痛苦**（self-oriented distress），最终促进了利他性的发展（Batson，1991；M. L. Hoffman，2000）。

### 移情的社会化

在前面讨论婴幼儿同情心的起源时，我们提到，父母可以通过以下途径促进儿童的同情反应：（1）移情式关心的榜样作用；（2）教导孩子理解别人的情感，帮助孩子理解他们给别人造成的痛苦和伤害（Barnett，1987；Hastings et al.，2000；Zahn-Waxler，Radke-Yarrow，& King，1979；Zahn-Waxler et al.，1992）。另有研究
314 者（如 Zhou et al.，2002）发现，对孩子温和、精心呵护的父母，表达积极情绪多于消极情绪的父母，其孩子的移情和亲社会倾向更明显。接受这种教养方式的儿童体验到的是积极、支持的家庭气氛，在这样的家庭中，儿童的情绪需要能得到满足。这种情绪安全感有助于儿童克服从别人的不幸中体验到的任何焦虑，使他们倾向于把自己的移情唤醒解释为同情而不是个人的痛苦。

### 移情与利他之间的关系随年龄的发展趋势

移情与利他之间的关系如何？对这个问题的回答在一定程度上取决于移情的测量方法及所研究的被试的年龄。有的研究让儿童报告自己对故事中人物不幸遭遇的感想，以此来评价儿童的移情反应，结果没有发现利他和移情之间的联系。有的研究让教师评价儿童的移情敏感性和儿童对别人的不幸表现出的面部表情，结果发现，教师评价是儿童亲社会行为的更好的预测指标（Chapman et al.，1987；Eisenberg et al.，1990）。总体而言，对学前儿童和小学低年级儿童来说，移情与利他之间最多存在中等程度的相关，而对前青少年和成人来说，二者之间的相关则强一些（Underwood & Moore，1982）。

**图片 10.3** 随着儿童的成熟和形成更好的角色承担技能，他们就有可能同情痛苦的同伴，并为之提供安慰和帮助。

David Young-Wolff/PhotoEdit

对利他发展的这种年龄趋势，可以做这样的解释：随着时间的推移，儿童在调整消极情绪和抑制因别人的不幸而产生的个人痛苦方面会做得更好，所以他们表现得更富有同情心（Eisenberg，Fabes，et al.，1998）。在此过程中，社会认知的发展可能发挥了重要作用，较年幼的儿童缺乏角色承担技能和对自己情绪的领悟，而这些技能恰恰是：（1）充分理解和觉察别人为什么会痛苦；（2）自己为什么会动情的必要条件（Roberts & Strayer，1996）。例如，当幼儿园儿童看到幻灯片中一个男孩在小狗跑丢后十分伤心时，他们大多把男孩的烦恼归为外因（小狗失踪），而不是“个人”的或内部的因素，如男孩很想他的小狗（Hughes，Tingle，& Sawin，1981）。而且，虽然幼儿也表示，看到幻灯片后他们感到不安，但他们通常为自己的移情唤醒寻找自我中心的解释，这种解释似乎反映了他们亲身体验的痛苦（如，“我的小狗也可能会丢”）。但是，7~9 岁的儿童开始把自己的移情反应与故事中人物的情感联系起来，他们能够设身处地地推断人物痛苦的心理基础（如，“因为他伤心，我也伤心……因为，如果他真的喜欢那只小狗，那么……”）。

因此，一旦儿童能更熟练地推断他人的观点（角色承担），能理解他们自己的移情反应产生的原因（例如，“我伤心是因为他伤心），这些原因将有助于对苦恼或处境困难的同伴产生同情感，移情就可能对利他产生重要影响（Eisenberg，Gershoff et al.，2000；Robert & Strayer，1996）。

### “责任体验”假说

这里提出一个重要问题：移情到底是怎样促进利他发展的？显然，一个人即使没有感觉到必须帮助别人，也能对一个苦恼的人产生同情。那么，移情是怎样推动了利他行为的呢？

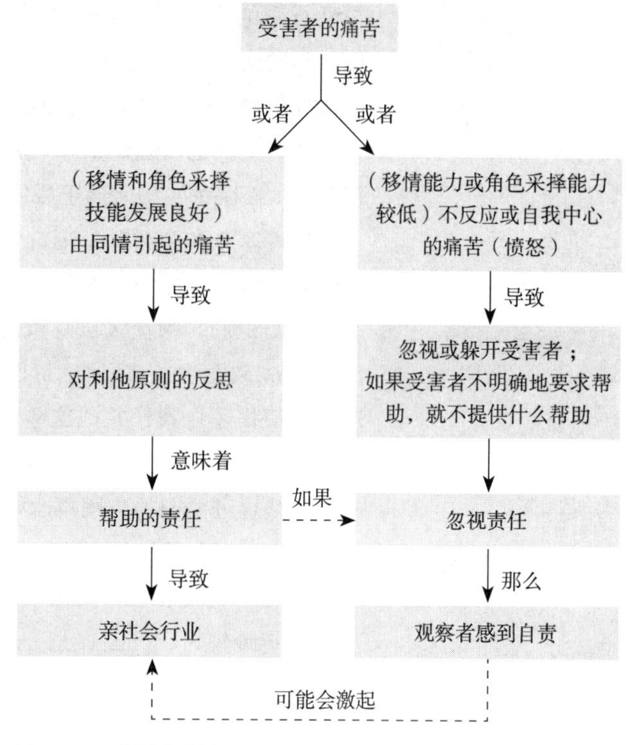


**图 10.1**　移情怎样促进了利他行为：“责任体验”的解释。

一种可能是同情的移情式唤醒促使儿童思考他曾经学到的利他方面的知识，如黄金规则，社会责任规则，还会想到帮助别人是人人称赞的行为。结果，儿童就可能承担起帮助痛苦的受难者的责任（见图 10.1），如果漠视这种责任就会有一种内疚感（Chapman，et al.，1987；Williams & Bybee，1994）。注意，这种**“责任体验”假说**（“felt responsibility” hypothesis）中所说的责任 315
体验处于艾森伯格亲社会道德推理发展的较高水平（见表 10.2），这有助于我们理解为什么利他与移情之间的联系随着年龄增长而增强。由于年长儿童比年幼儿童懂得（和内化）了更多的利他原则，当他们体验到移情式唤醒时就会有更多的思考。因此，与年幼儿童相比，他们更可能感受到自己帮助苦恼者的责任，并通过帮助那些需要帮助的人而坚守这一责任。

## 把自己看做利他主义者

一个人为帮助他人而做出牺牲的意愿，在很大程度上还取决于他对自己利他性的评价。虽然到目前为止心理学家还没有成功地确定一组利他性的人格特质（Myers，1999），但研究发现，与那些不认为自己非常善良、富有同情心、乐于助人的人相比，把亲社会倾向看做自我概念重要组成部分的青少年和成人，确实具有更强的亲社会倾向（Clary & Snyder，1991；Eisenberg et al.；Hart & Fegley，1995）。那么，如果我们能使年轻人相信自己是慷慨的乐于助人者，是否就能促进其利他性的发展呢？

琼·格鲁塞克和艾里卡·列德勒（Grusec & Redler，1980）曾试图回答这些问题。他们先让一些 5 岁和 8 岁的儿童做三件事：（1）向家境穷困的儿童捐赠玻璃球；（2）

与没有彩笔的同学共用彩笔；(3) 帮助实验者完成一件重复而乏味的任务。然后，把这些被试分为两组。对于实验处理组（自我概念训练组），如果儿童做了这三件事，就告诉他们，他们“待人友善”、“乐于助人”；对于控制组的儿童，即使他们做了这三件事，主试也不说什么。两周后，由另一个成人要求儿童捐赠绘画和工艺品材料，帮助当地医院中生病的孩子振作起来。

格鲁塞克和列德勒发现，自我概念训练对 8 岁儿童所产生的影响远比对 5 岁儿童的影响大。实验组的 8 岁儿童比控制组儿童更多地为生病的孩子画画，把自己的东西送给他们。为什么自我概念训练对 8 岁儿童的影响比对 5 岁儿童大得多呢？我们在第 6 章提到的一项研究可以给我们很好的启示。可想而知，8 岁儿童已开始用心理学术语描述自我，并把这些“特质”看做自己性格中稳定的方面。因而，当被告知他们“待人友好”、“乐于助人”时，8 岁儿童（不是 5 岁儿童）显然把类似特质的属性整合进他们的自我概念中去，并在别人需要帮助的时候主动提供慷慨的帮助，把这种更具有利他性的、新的自我意象转化为行动。

因此，鼓励年轻人把他们自己看做利他主义者，是促进利他行为的一种途径，至少在年龄较大、已能够充分理解特质属性的孩子当中是如此。下一节，我们将探讨与儿童利他性发展密切相关的社会、文化方面的影响因素。

316

## 社会与文化对利他的影响

### 文化影响

不同的文化对利他性的认同或鼓励程度是不同的。在一项有趣的跨文化研究中，比阿特利斯和怀廷（Beatrice & Whiting, 1975）观察了肯尼亚、墨西哥、菲律宾、冲绳、印度和美国这六种文化背景中 3~10 岁儿童的利他行为。如表 10.3 所示，非工业化社会中的儿童最具有利他性。在非工业化社会中，人们往往居住在大家庭中，按照传统，儿童也要为家庭的吃穿用有所贡献，他们要准备一日三餐、砍柴、提水、照看弟妹。

**表 10.3** 六种文化中的亲社会行为：每种文化中利他性得分在跨文化总样本平均分之上的儿童的比例

| 社会类型 | 利他性得分高的儿童 % | 社会类型 | 利他性得分高的儿童 % |
|---|---|---|---|
| 非工业化社会 | | 工业化社会 | |
| 肯尼亚 | 100 | 冲绳 | 29 |
| 墨西哥 | 73 | 印度 | 25 |
| 菲律宾 | 63 | 美国 | 8 |

资料来源：Whiting & Whiting，1975.

在西方工业化社会中，虽然儿童从事的家务劳动相对较少，但与那些以照顾自己（如清扫自己的房间）为主要责任的同龄儿童相比，被安排去做涉及全家人利益的家务的儿童会表现出较强的亲社会倾向（Grusec et al.，1996）。

导致西方工业化国家的儿童利他性得分较低的另一个原因是，这些个人主义社会非常强调竞争，强调个体而非集体的目标。相反，崇尚集体主义的社会（包括北美的美国土著或以色列集体农场这一类集体主义的亚文化）则教育孩子要抑制个人主义，强调合作，为集体利益着想，避免人与人之间的冲突（Triandis，1994，1995）。因此，对集体主义社会中的儿童来说，亲社会行为不像在个人主义社会中那样具有自由决定的特点，相反，为集体利益牺牲个人利益与不违反道德规则一样，是每个人理所当然的义务（Chen，2000；Triandis，1995）。在专栏 10.1 中会看到，中国（一个集体主义的国家）儿童的行为与他们强调亲社会的社会文化理想非常一致，他们认为，做了好事而想获取别人的关注是不合适的，他们甚至会否认自己曾经做过的好事。

虽然不同文化对利他性的强调各有侧重，但大多数文化中的大多数人都认可社会责任规则这一重要法则，即每个人都应当帮助那些需要帮助的人。下面，我们来探讨成人在说服儿童接受这一价值观，并使之更关注他人幸福时可能采取的一些方式。

## 对利他主义的强化

很多研究（如 Millers & Grusec，1989；Yarrow，Scott，&
Waxler，1973）发现，由儿童喜欢和尊敬的成人给予的言语强
317 化能促进儿童的亲社会行为。小小的表扬也能起很大的作用，
因为儿童希望按照他们喜欢和尊重的人制定的规则行事，伴
随好行为而来的表扬意味着儿童实现了这个愿望（Kochanska，
Coy，& Murray）。然而，那些因为表现出亲社会行为而受到实
物奖励的儿童并不特别地利他。为什么呢？这是因为他们倾向
于把自己的亲社会行为归因于为了获得奖励而不是因为关心别
人的幸福。一旦没有了奖励，与那些没有获得过奖励的同伴相比，
318 他们更不可能为了别人的利益而自我牺牲（Fabes et al.，1989；
Grusec，1991）。

**图片 10.4**　愿意做出亲社会行为的儿童，通常他们的父母总是鼓励儿童利他，并亲身实践利他的主张。

Elizabeth Crews/The Image Works

## 榜样的影响：利他的实践和宣扬

社会学习理论认为，鼓励利他并身体力行的成人对儿童的影响方式有两种：其一，通过利他行为，成人的榜样可以引导

## 专栏 10.1 文化影响

### 亲社会思维的文化差异

加拿大和美国等西方个人主义社会这样教育儿童：亲社会行为是值得倡导的，如果他们做了这样的事情应该感觉良好，自我牺牲行为应该得到崇高的荣誉。相反，在崇尚集体主义的中国文化中，儿童不仅学到亲社会行为是一种应尽的义务，他们受到的教育还要求他们谦虚，不自夸，不要因为做了一点好事就邀功求赏。实际上，承认做了好事或因为做了好事而寻求荣誉，被认为是有违中国传统文化和他们所强调的集体主义原则的。

这些教育对中国儿童的亲社会思维产生了怎样的影响呢？他们真想贬低自己的善行吗？他们会谦虚到做了好事而不承认（也就是说谎）的地步吗？

为了查明这些问题，李康与其同事（1997）进行了一项有趣的跨文化研究：让加拿大和中国的 7 岁、9 岁和 11 岁儿童评价四个简单的故事，比较加拿大儿童和中国儿童的亲社会思维。其中有两个故事是这样的：有一个孩子做了一件好事（例如，为一位因为没有钱不能去外地考察的同班同学匿名捐款），当老师问“你知道是谁做了这件好事”的时候，他或者承认是他做的，或者说谎（说“我没干这事”）。为了进行比较，还考察了儿童对不友好行为的看法。另外两个故事是这样的：一个孩子做了一件错事（例如，把一位同学撞伤），在老师调查此事时，他或者承认了自己的错误，或者撒谎说不是自己做的。听完故事后，每个儿童对故事中人物的行为，以及他在教师调查情况时的回答是否得当做出评价。

有趣的是，在评价行为者的不友好行为（被认为是很坏的行为）或他关于该行为者的回答时，两种文化间没有表现出很大差异。中国儿童和加拿大儿童都认为，做了错事能够承认很好，而说谎很不好。两国儿童也都对亲社会行为作出了积极评价，但两国儿童对做了好事是承认还是说谎的看法却显著不同。

如下图所示，三个年龄组的加拿大儿童都认为，做了好事的人应该乐意承认（也就是说出真相，并得到赞誉），如果撒谎说不是他干的则是不对的，或者愚蠢的。相反，随着年龄增长，中国儿童逐渐以更否定

儿童表现出相似的友好行为。其二，成人不仅做出榜样行为，并且经常向儿童做有关**利他的宣讲**（altruistic exhortations），帮助儿童内化社会责任规则等原则，从而促进儿童利他性的发展。

实验室实验一致表明，幼儿在观察了友善或助人的榜样行为以后，自己也会变得更友善，更乐于助人。特别是与他们建立了亲切友好关系的榜样能向他们说明友善行为的充分理由、并经常身体力行的时候（Rushton，1980；Yarrow et al.，1973）。在一项研究中（Midlarsky & Bryan，1972），向儿童呈现这样一个成人榜样：他玩了 10 轮游戏，5 次赢 5 次输。在赢的情况下，榜样或者表现得仁爱，把赢得的东西捐献给一项救助困难儿童的基金，或者表现得自私，把所有赢得的东西据为己有。在输的情况下，榜样或者宣讲仁爱，强调善良行为对受捐赠者的积极影响（“我知道我不必捐出去，但是捐献将使一些孩子非常幸福”）；或者鼓吹贪婪，强调善行令人不快的方面（“我本周真的又要花钱；得到捐赠也会使一些孩子很伤感”）。然后，儿童

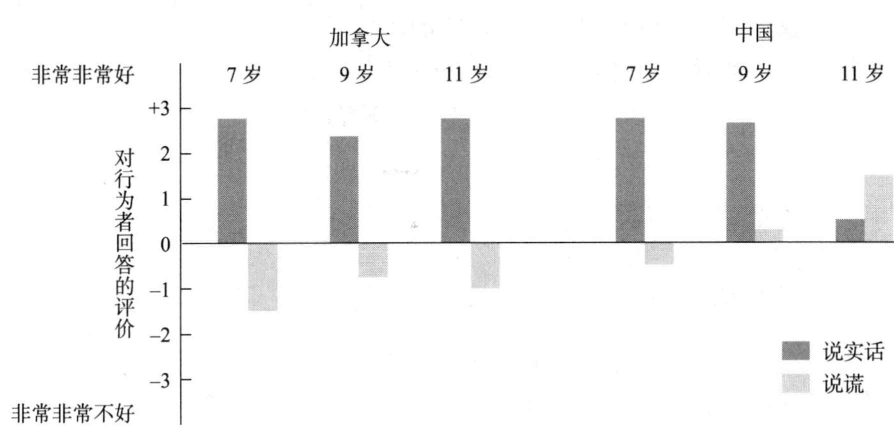


加拿大和中国儿童对做了好事说实话或说谎的评价（资料来源：Lee et al.，1997）

的态度来看待从亲社会行为中获取荣誉这件事，而以更肯定的态度看待掩盖自己做了好事的行为。对中国儿童来说，亲社会行为是符合期望的，不是可以自由选择的，也不值得为此获得表扬或认可。这种观点与加拿大儿童的看法恰好相反。确实，由于中国文化注重谦虚、不出风头，这使儿童最终能不顾对说谎的抵触而否认自己做过的好事，因此中国儿童逐渐认为，按照被期望的方式谦逊地做事，比做了点谁都会做的好事就大胆承认、引起人们的过分注意更值得表扬（Lee et al.，1997）。

总之，李的研究清楚地表明，影响人们对亲社会行为看法的那些价值观在不同文化之间可能具有很大的差异，也使“白人很少说谎”这一现象得到了恰当的解释。

开始玩游戏，赢五次，因而有五次机会可以以匿名的方式向困难儿童捐钱。

表 10.4 描述了研究的结果。不出所料，观察了仁爱榜样行为的儿童把他们赢的大部分钱（35.8%）捐献出去，比观察了自私榜样行为的儿童，捐赠的要多（14%）。而且，榜样的言语说教具有显著的效果，倡导仁爱的榜样引发的捐献（30.8%）比鼓吹贪婪的榜样引发的捐献（19%）要多。可见，向儿童强调、证实慈善行为对受捐赠

**表 10.4**　儿童目睹宣扬仁爱或贪婪的榜样表现仁爱或自私的榜样行为后捐献赢得物的比例

| | 榜样宣扬的观点 | | |
|---|---|---|---|
| **榜样的行为** | **仁爱** | **贪婪** | **行的平均数** |
| 仁爱的 | 44.0 | 27.5 | 35.8 |
| 自私的 | 17.5 | 10.5 | 14.0 |
| 列的平均数 | 30.8 | 19.0 | |

资料来源：Midlarsky & Bryan，“情感表达和儿童主动的利他行为”。人格实验研究 6：195-203，1972.

者的价值，就可以使儿童更慷慨。同时，宣扬慈善的仁慈榜样能使儿童做出较多捐献，这一结果说明如果我们把自己所主张的利他信念付诸行动，那么我们有关分享或其他亲社会行为的宣讲才是最有效的。

现在，让我们从有关儿童抚养的文献中来看一下，在实验室中有助于促进利他行为的变量，在自然环境中是否对儿童有同样效果。

## 什么人能培养出利他的儿童

### 对亲社会的积极分子的研究

对表现出高度仁爱的成人进行的研究表明，这些“利他主义者”与其父母之间往往充满关心和挚爱，他们的父母也往往高度关注别人的幸福。例如，二战期间，冒着生命危险从纳粹铁腕下援救犹太人的基督教徒自我报告说，他们与道德高尚的父母（和其他密友）保持着亲密联系，这些父母和朋友也总是恪守着道德原则（London，
319 1970；Oliner & Oliner，1988）。对60年代美国人权运动的积极参加者白色“自由骑士”的访谈发现，有两种亲社会的积极分子。一种是**全身心投入的积极分子**（放弃家庭和职业，把全部时间投入到这项事业中的志愿者），另一种是**部分投入（业余的）的积极分子**。全身心投入的积极分子和部分投入的积极分子的不同主要表现在：首先，他们更乐于和父母保持亲密的关系；其次，他们的父母也极力倡导利他主义，并且做了许多友善、富有同情心的善事，以支持这些利他主义的信条。相比之下，部分投入的积极分子的父母则常常鼓吹而不实践利他主义（Rosenhan，1970；另见 Clary & Snyder，1991）。显然，这些发现和实验室研究结果一致，两者均表明富有同情心的榜样宣扬和实践利他主义对激发年幼儿童的亲社会反应是非常有效的。

### 父母的管教行为

父母对孩子伤害别人的行为的反应，对儿童利他性的发展具有重要影响。前面说过，缺乏同情心的学步儿的母亲通常以惩罚或强制方式对儿童的伤害行为做出反应，富有同情心的学步儿的母亲则更多地使用非惩罚性的、表达对受害者同情的情感解释方法，她们劝导孩子为自己的错误承担责任，督促孩子去安慰或帮助受害者（Zahn-Waxler，Radke-Yarrow，1979；Zahn-Waxler et al.，1992）。对较年长儿童进行的研究也发现了类似结果：经常使用说理、非惩罚性教育方法的父母常常表现出对别人的同情和关心，通常能培养出富有同情心和自我牺牲精神的孩子；而经常使用强制和惩罚方法的父母则阻碍了孩子利他性的发展，而促进了其自我中心价值观的发展（Brody & Shaffer，1982；Eisenberg & Fabes，1998；Hastings et al.，2000；Krevans & Gibbs，1996）。

为什么重在说理、指向感情的理性训练方法能够促进儿童利他性的发展呢？可

能有很多原因。首先，它鼓励儿童去设想另一个人的观点（角色承担），体验这个人的痛苦（移情训练）；其次，它教会儿童去帮助或安慰别人，使自己和被帮助的人都感到高兴；第三，这些补偿性的反应还使儿童相信，他也能成为“富有同情心”或“乐于助人”的人，从而形成亲社会的自我概念，儿童为了使自己的行为符合这一概念，将会在日后表现出其他的友善行为。

下面，我们将介绍西格蒙德·弗洛伊德和其他早期学者（例如 McDougall，1908）所认为的社会化中最重要的方面：成熟的道德意识的形成。实际上，从第 9 章起，我们一直在讨论有关道德的话题，因为道德发展过程既包括亲社会价值观的形成，也包括敌意和反社会冲动的抑制。

## 什么是道德

320

在道德发展的过程中，大部分人会达到这样一个水平：他们希望负责任地做事，把自己看做（并且被别人看做）一个有道德的人（Blasi，1990；Hoffman，1988）。到底什么是**道德**（morality）？大学生普遍认为，道德意味着一种能力，它使人能够：（1）辨别是非；（2）有是非感地做事；（3）对自己符合道德的行为感到自豪，或对违背道德标准的行为感到羞耻和内疚（Quinn，Houts，& Grasser，1994；Shaffer，1994）。当研究者让西方（加拿大）的成年人说出道德成熟的人有哪些特征时，他们普遍认为道德成熟包括六个方面（见表 10.5）。

大学生认同的道德定义和成年人定义的道德特征维度都反映出，道德成熟的人屈从于社会规则，并不是因为他们期望从遵守道德的行为中获得实际报偿，或害怕因违法而受到制裁。确切地说，是因为他们最终内化了他们所学到的道德原则，愿意遵从于这些道德观念，即使没有权威人物在场的时候也是如此。当代所有的理论

**表 10.5**　加拿大成年人定义的道德成熟的六个维度

| 维　度 | 特　征 |
|---|---|
| 1. 有原则 – 理想主义 | 有清晰的价值观；以正确的方式行事；讲道德的；有高度发展的良心；遵守法律 |
| 2. 可靠 – 忠诚 | 负责任的；忠诚的；可靠的；忠诚于配偶；可敬的 |
| 3. 正直 | 表现一致的，有良心的；理性的；工作努力的 |
| 4. 有同情心 – 值得信任 | 诚实的；信任他人的；真诚的；友善的；体贴的 |
| 5. 公正 | 品德高尚的；公平的；有正义感的 |
| 6 自信 | 自强；自信的；信任自己的 |

资料来源：Walker & Pitts，1998.

家都认为，**内化**（internalization），即从外控行为向由内部标准和原则所控制的行为的转变，是通向道德成熟道路上的最重要的里程碑。

## 发展心理学家怎样看待道德

道德发展的理论探讨和实证研究都是围绕大学生对道德的一般定义中提到的三种道德成分展开的，这三种成分分别是：

1. *情感的*或情绪的成分，包括对正确或错误行为的感受（内疚感，对别人感受的关心等等），激发道德思想和行为的情感。
2. *认知*成分，其核心是我们获得是非概念及行为决策的方式。
3. *行为*成分，它反映了当人们面对说谎、欺骗或违反其他道德规则的诱惑时实际采取的行为方式。

不难发现，不同的道德发展理论其实只是强调了道德的不同成分。精神分析理论强调情感成分，或深刻的**道德情感**（moral affect）。他们认为，儿童之所以遵照他们的道德原则去行动，是为了体验自豪感等积极情感，避免内疚和羞愧等消极情感。
321 认知发展理论强调道德的认知方面，或**道德推理**（moral reasoning），他们认为，儿童是非判断的变化是随着儿童的成熟而急剧变化的。社会学习理论和社会信息加工理论的研究有助于我们理解，儿童是怎样学会抵制诱惑，抑制说谎、偷窃与欺骗这些违反道德规则的行为，而最终表现出**道德行为**（moral behavior）的 。

在考察每种理论及其相应研究的过程中，我们要着重讨论道德情感、道德推理和道德行为之间的关系，这将有助于我们判定，是否存在某种*普遍适用*的、具有跨时间和跨情境稳定性的“道德品质”。然后，我们要深入讨论不同的儿童教养方式是怎样影响儿童道德发展的，同时，我们也准备把前面讲过的许多知识融合进来。

# 精神分析理论对道德发展的解释

在第 2 章，我们曾讲到，精神分析学家认为成熟的人格由三种成分构成：非理性的*本我*，它寻求本能需要的即时满足；理性的*自我*，负责制定满足这些需要的与现实相符的计划；道德意义上的*超我*（或良心），它对自我的思想和行为的可接受性进行监控。弗洛伊德认为，婴儿和学步儿没有形成超我，如果父母不对他们的行为加以控制，他们就会根据自私的冲动去行事。但是，一旦超我出现，它就会成为*内部的检查员*，它能让儿童为其善行而自豪，为其道德越轨行为而羞耻或自责。因此，为了保持自尊，避免消极的道德情感体验，道德成熟的儿童通常能抵制违反道德规则的诱惑。

## 弗洛伊德的俄狄浦斯道德理论

Phil Martin/PhotoEdit

**图片 10.5** 对年幼儿童来说，抗拒诱惑是困难的，尤其是在身边没有人帮助他们进行意志力控制的情况下。

根据弗洛伊德（1935/1960）的观点，在性器期（3~6 岁），超我得到发展，这一时期儿童经历了与父母中同性别一方的情感冲突，冲突起源于儿童对父母中异性一方的性欲望。为了解决这种俄狄浦斯情结，男孩会认同和模仿父亲，特别是当父亲在男孩眼里构成威胁、激起恐惧时尤其如此。他不仅模仿父亲的男性角色，还会内化父亲的道德标准。与此相似，女孩会通过认同母亲、内化母亲的道德标准解决恋父情结。弗洛伊德认为，因为女孩没有对阉割的强烈恐惧，所以他们的超我强度比男孩弱得多。

### 对弗洛伊德学说的评价

弗洛伊德提出自豪、羞愧与自责这一类道德情感是决定道德行为的重要因素，道德原则的内化是通向道德成熟的重要一步，对这一观点我们会赞同，但在很大程度上不赞成其学说的一些“具体细节”。例如，经常使用威胁和惩罚的父母不仅培养不出道德上成熟的儿童，相反，他们的孩子常常品行不端，也很少为自己的行为感到内疚、懊悔、羞愧或自我批评（Brody & Shaffer，1982；Kochanska et al.，2002）。也没有证据表明，男孩超我的发展优于女孩。后来的研究表明，如果有区别的话，反倒是 3~5 岁的女孩比男孩更少违反道德规则，当她们认为自己做了错事的时候，比 322
男孩更感到内疚（Kochanska et al.，2002；Labile & Thompson，2002）。此外，弗洛伊德提出的道德随年龄发展的趋势过于悲观。13~15 个月大的一些学步儿已经能在没有外部监督的情况下不做禁止做的事（Kochanska，Tjebkes，& Forman，1998）。到 2 岁时，很多学步儿在违反道德规则时开始表现出明显的类似痛苦的迹象（Kochanska，Casey，& Fukumoto，1995；Kochanska et al.，2002），他们有时会努力补救他们认为由自己所造成的不幸，甚至在没有人让他们这样做的时候也是如此（Cole，Barrett，& Zahn-Waxler，1992）。另外，3 岁儿童已能表现出复杂的道德情感，当他们的行为符合要求时，他们看起来很自豪，当他们没有按要求做的时候，会表现出羞愧（Lewis Alessandri，& Sullivan，1992；Stipek Recchia，& McClintic，1992）。这些观察结果证明，道德内化过程可能在儿童体验了恋母或恋父情结，但还很少有人能解决之前就已经开始了。因此，即使弗洛伊德有关道德情感意义的理论有很多可取之处，但**俄狄浦斯道德理论**（Oedipal morality theory）也该退出历史舞台了。

## 良心早期发展的新观点

近年来，很多研究从社会学习或社会化的角度对良心的早期发展进行了新的探讨（Kochanska，Coy，& Muuray，2001；Kochanska & Murray，2000；Labile & Thompson，2000，2002）。这些研究发现了很多具有启发意义的结果：如果儿童能与父母建立安全依恋关系，他们在学步期就可以产生道德良心，这样的父母通常是温情的、高反应性的，能与儿童分享积极的情感，与儿童一起游戏时尊重儿童的想法，在孩子做了错事又不听话时，能严厉而平静且毫不隐瞒地表达自己的感受，明确地告诉孩子他的行为是错的，并向他解释为什么他应该为自己的行为感到不安。父母通过说理而不是威胁建立规则，对儿童的错误行为给出明确的评价，以互相理解的方式，使儿童知道什么可以接受，什么不可以接受，从而向儿童提供了一套可供内化的规则系统。温情、安全、**相互回应的亲子关系**（mutually responsive relationship）比由惧怕引发的关系更可能使儿童表现出**自觉的服从**（committed compliance）。在自觉服从的情况下，儿童：（1）遵从父母的安排、规则和要求的动机更高；（2）对父母发出的反映他们行为对错的情感信号很敏感；（3）开始内化父母对他们好行为、坏行为的反应，逐渐体验到自豪、羞愧和自责等道德情感，这些情感有助于他们评价和调节自己的行为（Kochanska，Coy，& Muuray，2001；Kochanska et al.，2002；Labile & Thompson，2000）。相反，冷淡的、缺乏耐心的父母，更多地依靠强权解决冲突，很少与孩子互相分享积极情感，更可能使孩子产生**情境性服从**（situational compliance），常常源于父母的强力控制而产生非对立的行为，而不是儿童对合作或服从的愿望。

良心早期发展的新观点得到越来越多研究支持。比如，与那些早期没有与母亲建立亲密的、相互回应的亲子关系的同龄儿童相比，在 2~2.5 时与冷静、理智地解决冲突的母亲建立起相互回应型亲子关系的学步儿，到 3 岁时更有可能抗拒诱惑，不去碰那些不让摸的玩具（Labile & Thompson，2000）；到 4.5~6 岁时，表现出更多道德高度内化的迹象（比如，成人不在场时也能服从规定，知道自己犯错后有明显的
323 内疚表现）（Kochanska & Muuray，2000）。另外，33 个月时对母亲表现出自觉服从的男孩，会把自己看做好孩子、讲道德的人（Konchaska，2002）。这一发现有助于解释，为什么自觉服从的孩子比那些对妈妈的顺从缺乏一致性、具有较多情境性的儿童，更乐意跟其他成人合作（如爸爸、托儿所老师、实验人员）（Feldman & Klein，2003；Konchaska，Coy，& Murray，2001）。

总之，近期研究证明了情绪氛围和儿童教养行为（特别是冲突解决策略）对良心内化的早期发展起抑制或促进的作用。但是，到目前为止，这些研究还很少涉及学前期之后的道德发展或道德推理的发展，这些是认知发展理论所强调的。

# 认知发展理论：儿童是道德哲学家

认知发展心理学家通过考察道德推理的发展来研究道德，道德推理就是儿童在判断各种行为的对错时的思维。认知发展理论家认为，认知发展与社会经验的积累有助于增进儿童对规则、法律和人际义务的理解。当儿童对这些概念的理解达到一个新水平时，他们也就在顺序不变的道德发展阶段上又前进了一步。道德发展的每个阶段都紧跟前一个阶段，并取代前一个阶段，形成比前一阶段更高级或更“成熟”的观点。本节，我们先考察让·皮亚杰（Jean Piaget）关于道德发展的理论，然后介绍劳伦斯·柯尔伯格对皮亚杰理论的修正和扩展。

## 皮亚杰关于道德发展的理论

皮亚杰关于儿童道德判断的早期工作重在研究道德推理的两个方面。他走上街头，挽起袖子，跟那些 5~13 岁的瑞士儿童一起玩弹子游戏，研究他们在遵守规则方面是如何发展的。在游戏过程中，皮亚杰向孩子们提出一些问题，如“这些规则是从哪里来的？每个人都必须遵守规则吗？这些规则可以改变吗？”为了考察儿童的公正观，皮亚杰思考一些道德判断故事。下面是一个例子：

> 故事 A：一个叫约翰的小男孩正在他的房间里，妈妈叫他去吃饭，他走进餐厅。门后有一把椅子，椅子上有一个盘子，盘子上有 15 个杯子。约翰不知道门后有这些东西。他走进屋开门时碰倒了盘子，打碎了 15 只杯子。
>
> 故事 B：有一个叫亨利的小男孩。一天，妈妈出去了，他想从橱柜里偷一些果酱吃。他爬到椅子上，伸着胳膊去拿，但是果酱放得太高，他够不着。他使劲够，结果碰掉了一个杯子，掉到地上摔碎了。（Piaget，1932/1965，p.122）

听完这些故事后，要求被试回答“哪个孩子的行为更不好？为什么？”“应该怎样惩罚这个孩子？”之类的问题。利用这些研究方法，皮亚杰提出了他的道德发展理论，认为道德发展包括一个前道德阶段和两个道德阶段。

### 前道德阶段

在皮亚杰看来，学前儿童几乎不关注规则，对规则的了解很少。处于**前道德阶段**（premoral）的儿童玩弹子游戏时，没有明确的获胜目的。相反，他们似乎是自己制定规则，对于他们来说，游戏的意义在于轮流玩，并从中获得乐趣。

丹尼斯："嘿！小心点，乔伊！上帝看着我们做的每件事，然后告诉圣诞老人！"



### 道德实在论或他律道德阶段 324

在 5~10 岁之间，儿童进入了皮亚杰所谓的**他律道德**（heteronomous morality）阶段（"他律"的意思是"受人管制"），形成了对规则的遵从。这一时期的儿童认为，规则是由上帝、警察或父母这样的权威人物制定的，是神圣不可改变的。试着以你的立场跟一个 6 岁的儿童讲开车超速的理由，你就会看到皮亚杰理论所讲的内容。即使你是因为送一个急症病人去医院而超速，这个阶段的儿童也会认为你违反了交通规则，这样的行为是不被接受的，应该受到惩罚。他律的儿童持一种规则绝对论。他们认为，任何道德问题都有对错之分，而"对"的总是要遵守的。

他律道德的儿童看重行为的客观后果，而不是行为者的意图。例如，许多 5~9 岁的儿童认为约翰的行为比亨利的行为更糟糕，虽然约翰没有什么坏意图，但是他打碎了 15 只杯子，而偷吃果酱的亨利却只打破了 1 只杯子。

在惩罚错误行为的方式上，他律阶段的儿童主张抵罪式惩罚，为了惩罚而惩罚，而不管惩罚与被禁止行为之间的关系。因此，6 岁的儿童可能更赞成用打屁股的方式来惩罚一个打碎了玻璃的孩子，而不是让这个孩子用他的零用钱进行赔偿。而且，他律阶段的儿童还相信**内在公正**（immanent justice），谁违犯了社会规则就难免要受到这样那样的惩罚（例如，卡通图中丹尼斯对乔伊的警告）。因此，如果一个 6 岁的男孩在偷吃点心时碰破了膝盖，他可能会想，受伤是对他错误行为的惩罚。对他律阶段的儿童来说，生活是公正的。

### 道德相对论或自律道德阶段

到 10~11 岁后，大多数儿童已经达到了皮亚杰理论所说的第二个道德阶段，道德相对论，或**自律道德阶段**（autonomous morality）。在这一阶段，年龄较大的、能够自律的儿童认识到，人们可以主观地制定社会规则，并可以挑战现有规则，在大家都同意的情况下，规则可以改变。他们认为，为了满足人的需要，有时可以违反既定的规则。这样，因急救而超速行驶的司机，就算违犯了法律，也没有什么不道德的。在这一阶段，判断行为对错的根据，主要是行为者欺骗或违反社会规则的主观动机，而不再是行为的客观后果。因此，10 岁的儿童会肯定地说，亨利因偷吃果酱而打碎 1 只杯子（坏的动机）的行为比约翰在去吃饭时打碎 15 只杯子（好的或中性的动机）的行为要坏得多。

在决定怎样惩罚违规行为时，道德自律的儿童通常赞成互惠的惩罚。也就是说，在处理错误行为时，应制定与行为者“罪行”相符的惩罚措施，这样可以使破坏规则者理解越轨行为的意义，避免以后重蹈覆辙。因此，道德自律的儿童认为，故意打碎窗户的儿童应该用自己的零用钱来赔偿（让他们知道修窗户是需要花钱的），而不是简单地打一顿屁股了事。此外，自律的儿童也不再相信内在公正，因为他们从经验中知道，只要不被察觉到违反了社会规则，就不会受到惩罚。

### 从他律道德到自律道德的发展

按照皮亚杰的观点，儿童从他律道德向自律道德的发展需要两个条件：一是角色承担技能（认知的成熟）的发展，二是重要的社会经验，如与同伴的平等交往。正如第 6 章讲到的，同伴交往之所以重要，是因为它促进了角色承担技能的发展： 325
儿童必须知道并接受同伴的不同看法，采取对双方都有利的方式解决分歧。这些经历有助于儿童理解：在应该怎么做、应该用什么规则约束行为上，没有什么绝对正确的观点（对规则的道德自律观），还有助于让他们了解：不需要成人的干涉，他们自己就有相当的能力来解决争论，调整自己的行为（Carpendale，2000）。

那么父母起什么作用呢？非常有趣，皮亚杰认为除非父母放弃自己的一些权利，否则他们就有可能因强调儿童对规则和权威的过分遵从，而延缓儿童的道德发展进程。例如，假若父母以威胁和声明的方式强迫儿童服从要求，如“必须这么做，因为我要求你这么做。”，那么，儿童就很可能得出这样的结论：规则是“绝对的”，其绝对性来自父母执行规则的权力。

## 对皮亚杰理论的评价

不同文化中的研究者采用皮亚杰的研究方法对儿童道德发展进行了考察，得出了与皮亚杰相同的结论。与年长儿童相比，全世界所有年幼儿童都更可能表现为他律道德，比如，相信内在公正，在判断行为对错时强调行为后果而不是行为意图（Jose，1990；Lapsley，1996）。另外，儿童道德判断的成熟与儿童的智商和角色承担技能等认知发展相关（Ambron & Irwin，1975；Lapsley，1996）。还有一些研究支持皮亚杰的“同伴参与”假设：受同伴欢迎的儿童经常参加同伴群体活动，在同伴中承担领导者角色，他们可能做出比较成熟的道德判断（Bear & Rys，1994；Keasey，1971）。

虽然有很多研究支持，但仍有证据表明，皮亚杰的理论低估了学前儿童和学龄儿童的道德推理能力。

### 年幼儿童会忽视行为者的意图吗？

皮亚杰认为，9 或 10 岁以下的儿童对行为的对错进行判断时，只考虑行为造成的后果，不考虑行为意图。遗憾的是，得出这一结论是因为皮亚杰所使用的道德判

**图 10.2** 尼尔森用来向学前儿童展示行为者意图的图样。（资料来源：Nelson，1980）

断故事本身的缺陷造成的。其缺陷表现在：（1）要求儿童回答，造成了较小危害但意图不好的人是否比意图好但却造成较大危害的人更不好，这样的提问混淆了意图和后果间的区别；（2）故事中，有关行为后果的信息比有关行为者意图的信息更明显。

沙龙·尼尔森（Nelson，1980）对 3 岁儿童进行的一项有趣的实验克服了这些缺陷。研究中，给每个儿童讲一个向游戏伙伴扔球的故事。扔球者的意图分别被描述为*好的*（他的朋友没有什么可玩）或*坏的*（他正对他的朋友发火），并且行为的后果也分为*积极的*（他的朋友接住了球，并且玩得很高兴）或*消极的*（球击中朋友的头，朋友被砸哭了）。为了保证这些 3 岁儿童能够理解行为者的意图，尼尔森向他们呈现了图 10.2 所示的图画，这些图画表达了投球者消极的意图。

这项研究中的 3 岁儿童认为，结果好的行为比结果坏的行为更好。但是，如图 10.3 所示，他们还认为，*无论行为结果好坏*，抱有好玩意图的孩子比那些想故意伤害朋友的孩子更好。我们在第 6 章讨论心理理论的发展时讲到，即使是 3 岁儿童，
326 对别人的意图也有所理解。大约到这个年龄，为了欺骗别人而*故意*提供虚假信息的说谎行为比诚实但犯了错误的行为更多地引起儿童的否定评价（Siegal & Peterson，1998）。到了 4 岁，儿童在获得观念–愿望心理理论，认识到人们的行为有时是基于他们的错误想法后，就有可能*有意*使用“我不是故意这么做的，妈妈！”这类借口，试图改变妈妈对他们行为的评价，从而逃避惩罚。因此，与皮亚杰的观点相反，学前儿童能明白地意识到行为者的意图是评价其行为的根据（Chandler，Sokel，& Wainryb，2000）。但是皮亚杰的理论也有正确的一点：虽然在评价别人行为时，年幼的和年长的孩子都能同时考虑结果和意图两个方面，但是，与年长的孩子相比，年幼的孩子更看重结果，而对意图的重视相对不够（Lapsley，1996；Zelazo，Helwig，& Lau，1996）。

### 年幼儿童尊重所有的规则（与成人权威）吗

在皮亚杰看来，幼儿认为规则和成人的命令是神圣且不可违抗的规定，是由受人尊重的权威人物制定的，不容置疑、不可改变。但是，埃利奥特·图列尔（Turiel，1983）指出，儿童实际生活中遇到的规则有三种。一种是**道德规则**（moral rules），它关注人的幸福和基本权利，如禁止打人、偷窃、说谎、欺骗或以其他方式伤害别人或侵犯别人权利的规定。另一种是**社会常规**（social-conventional rules），是由社会舆论决定的，负责调节人们在特定的社会情境中的行为。社会常规更像社会礼节，如游戏规则、上课时禁止吃零食或未经允许不得去厕所等学校规则。另外，成人经常试图控制或影响儿童的**个人选择**（personal choices），比如，告诉他们该和谁玩，

玩什么，吃什么，休闲时间该干什么，等等。儿童是否平等地看待这三种规则呢？

显然不是。朱蒂·斯美塔那（Smetana，1981，1985，Yau，& Smetana，2003）发现，在美国、韩国、中国，即使 2.5~4 岁的儿童也认为，像打人、偷窃、拒绝分享这类违背道德规则的行为，比在课堂上吃零食或要玩具时不说“请”这类违犯社会常规的行为更不好，更应受到惩罚。当被问及在没有相应规则可依时，是否可以接受某种不好的行为的时候，儿童认为，在没有明确规定的情况下，违背道德的行为总是错误的，但是，违反社会常规的行为就无所谓了。显然，父母们认为他们自己有责任强化合乎道德和社会常规的行为，但他们更关注违犯道德规则的行为，也更强调这些侵犯行为给别人造成的伤害（Nucci & Smetana，1996；Turiel，2002）。这也许能解释，为什么儿童在 2.5~3 岁时就能理解道德规则的必要性和重要性，这个年龄比皮亚杰说的年龄更早。

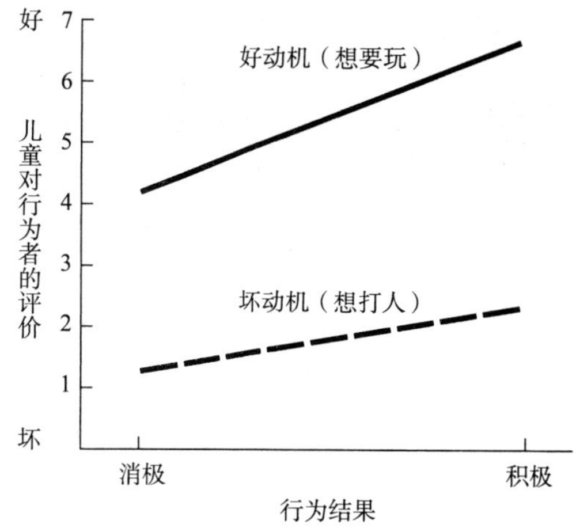


**图 10.3**　儿童对行为者行为好坏的评价的平均分，行为者的行为包括出于好的意图而产生积极或消极的后果、出于坏的意图而产生积极或消极的后果。（资料来源：Nelson，1980.）

其次，皮亚杰的理论还认为，与年幼儿童相比，处于他律道德阶段的 6~10 岁的儿童更尊重由成人制定的规则。但是，这个年龄的孩子已有相当的能力对成人的权威提出疑问。他们认为，父母极力反对偷窃和其他违反道德的行为是合理的；但是，如果父母专断地把规则强加给他们，限制他们选择朋友或休闲活动（他们认为是可以商量的或属于个人权利范围的事情），那么，父母就是滥用权威（Helwig & Kim，1999；Tisak & Tisak，1990）。研究发现，在哥伦比亚、中国、美国等多个国家里，甚至学前儿童也认为休闲活动和游戏伙伴的选择或吃什么点心，主要是个人的事情，不应该受成人的严格限制（Ardila-Rey & Killen，2001；Yau & 327
Smetana，2003）。较年长的他律道德的儿童并不一定被成人权威所慑服，对这一点最好的解释也许是，具有宗教观念的 10 岁儿童认为，并不会因为认同了上帝这样的最高权威，就会使违反道德的行为（如偷窃）变得正确（Nucci & Turiel，1993）。因此，即使在韩国、中国这样特别尊重权威的文化中，6~10 岁儿童也懂得合理的权威是由什么组成的。儿童的这些想法并不像皮亚杰所说的那样，仅以对成人的尊严或智慧的崇敬为唯一基础（Kim，1998；Yau & Smetana，2003）。

### 父母会阻碍儿童的道德发展吗

最后一点，皮亚杰认为父母是儿童道德社会化的动力有对有错。在皮亚杰看来，如果父母采用严厉、专制的教养方式，总是质疑儿童的道德推理，把他们自己的观点当做孩子的必学课程，像教条一样传达给儿童，就会阻碍儿童道德的发展，这些观点是正确的（Walker & Taylor，1991a）。但是，皮亚杰认为所有的父母都是以专制的方式与儿童讨论道德问题则是不正确的。6~7 岁的儿童，正处于皮亚杰所说的他律道德阶段，但只要他们的父母是自律道德的人，他们也常常做出自律的道德判断（Leon，1984）。这是什么原因呢？劳伦斯·沃尔克等人（Walker，Hennig，& Krettenauer，2000；Walker & Taylor，1991）的研究表明，父母只要谨慎地以适合于儿童理解力的方式进行道德推理，以支持的方式（而不是质疑方式）表达新的道德观点，就能不断促进孩子的道德发展。

发展心理学者要感谢皮亚杰，是他提出了儿童的道德推理呈阶段式发展，而这些阶段与认知发展紧密联系。即使在今天，他的理论仍然推动着相关研究的进行和新观点的涌现，如上述关于 10 岁以下儿童的道德推理发展比皮亚杰所设想的更复杂的研究，就是在其理论推动下进行的。但是，真的像皮亚杰所说的那样，到了 10 岁、11 岁，儿童的道德推理就得到充分发展了吗？劳伦斯·柯尔伯格断定，事情并非如此。

## 柯尔伯格关于道德发展的理论

柯尔伯格（1963，1984；Colby & Kohlberg，1987）吸取了皮亚杰道德发展理论的精华，并把它加以扩展。他采用故事法，分别要求 10 岁、13 岁和 16 岁的男孩解决一系列“道德两难问题”。每一个两难问题都要求被试在二者之间做出选择：（1）遵守规则、法律或权威人物；（2）为了满足人的某种需要而采取与这些规则和命令相冲突的行动。下面的故事是柯尔伯格道德两难故事中最著名的一个：

> 一位欧洲妇女患了一种特殊的癌症，快要死了。医生认为，只有一种药可以救她。它是一种镭，是住在同一个小镇上的一位药剂师最近发明的。这种药造价很高，药剂师为每一剂药（可能救活人的生命）开出的价格是 2000 美元，是造价的十倍。病人的丈夫海因茨，尽其所能只借到 1000 美元，这只是药价的一半。他和药剂师说，妻子快要死了，请求药剂师便宜些把药卖给自己，或者容他以后再还。药剂师回答：“不行，我发明了这种药，就是要用它来赚钱的。”海因茨非常绝望，半夜闯进药店里为他的妻子偷了一剂药。海因茨应该那样做吗？

**图片 10.6** 劳伦斯·柯尔伯格（1927~1987），创立了一个非常有影响的理论，改变了发展心理学家研究道德推理发展的方式。

柯尔伯格对被试的选择（海因茨应该怎样做）并不太感兴趣，而是对被试选择背后的理由或“思维结构”更感兴趣。如果一个被试说，海因茨应该偷药救他的妻子，那就必须说出为什么她的生命这么重要。是因为她可以为海因茨洗衣做饭？还是因为挽救妻子是丈夫的责任？或者因为挽救生命是 328
人性的最高价值？为了确定一个人道德推理的“结构”，柯尔伯格提出了下列探究性的问题：海因茨有义务去偷药吗？如果海因茨不爱他的妻子，他应该去偷药吗？海因茨应该为一个陌生人去偷药吗？人们尽其所能去挽救一个人的生命是否很重要？偷药是否违反法律？是否不道德？这些探究问题所考察的一方面是被试关于服从和权威的理由，另一方面是被试对人的需要、权利和特殊利益的推理。

通过这些精心设置的*临床访谈*，柯尔伯格首先发现，在青少年期和成年初期，个体的道德发展超越了皮亚杰提出的自律道德阶段，向着更复杂的水平发展。柯尔伯格在仔细地分析了被试对几个道德两难问题的反应之后得出以下结论：道德发展以*固定顺序*依次经历三个水平，逐步向前，每个水平又包括两个不同的道德阶段。根据柯尔伯格的观点，道德发展水平和阶段的顺序是不变的，因为特定的道德水平和阶段依赖于特定认知能力的发展，而认知能力发展的顺序又是不变的。像皮亚杰一样，柯尔伯格也认为，每一个阶段都从其前一阶段发展而来，并取代前一阶段；一旦个体道德推理的发展达到一个较高阶段，就不会再倒退到以前的阶段。

在考察柯尔伯格的道德发展阶段之前，应该指出，每个阶段都代表了一种特定的观点，或对于道德两难问题的*思维方法*，而不代表道德选择的特定形式。决策本身并不能提供太多的信息，因为在解决这些道德两难问题时，无论处于哪个道德发展阶段，人们都要在两种选择中认可其中之一（例如，偷或者不偷）。（但是，达到柯尔伯格最高道德水平的被试，通常赞成满足人性需要，这一点超过对服从规则或法律的赞成，虽然这可能有损于其他人的利益。）

柯尔伯格关于道德发展的三水平六阶段论的基本主题和特征如下：

### 水平 1：前约定俗成的道德

**前约定俗成的道德**（preconventional morality）规则是真实地存在于自身以外的东西，而不是内化的。儿童之所以遵守权威人物制定的规则，是为了避免惩罚，或者得到个人报偿。道德是自我服务的：正确的行为就是能避免惩罚或令个人满意的行为。

**阶段 1：惩罚和服从定向**　一种行为的好坏取决于它所导致的后果。儿童会遵从权威以避免惩罚，但是他们可能认为，一种行为如果没有被察觉、没有受到惩罚，该行为就不是错误的。行为所造成的伤害越大，或者受到的惩罚越严厉，那么，这种行为就越“坏”。下面两种反应就是对海因茨道德两难问题的“惩罚和服从”定向的反应：

> **赞成偷窃：**偷药并不是坏事——他一开始是想付钱的。他既不会破坏其他东西，也没偷走别的东西，他偷的药只值 200 美元，而不是 2000 美元。

> **反对偷窃：**海因茨偷药是没有得到允许的。他不能就那么去打破别人的窗户。如果造成这种损失，他就成了一个罪犯……偷走这么贵重的东西是严重的犯罪。

**阶段 2：天真的快乐主义** 处于这一阶段的人遵从规则是为了获得奖赏，或者实现个人目的。他们开始在某种程度上考虑别人的观点，但其他人定向的行为最终是希望获得回报，"一报还一报"是其主导哲学。下面是快乐主义的、自利的道德推理的例子（也可见卡通图中加尔文的道德哲学）：

329

**赞成偷窃：**海因茨偷药其实不会对药剂师造成任何损失，他总会还钱给他的。如果他不想失去妻子，他就应该去偷药。

**反对偷窃：**嘿！药剂师并没有错，他只是想像其他人那样赚钱。做生意的目的就是赚钱。

## 水平 2：约定俗成的道德

**约定俗成的道德**（conventional morality）这个阶段的个体为了获得别人的认可或维持社会秩序而努力遵守规则和社会规范。取得社会赞赏和避免遣责取代了具体的报偿和惩罚，成为道德行为的动机。此阶段的人能清楚地意识到别人的观点，并加以认真思考。

**阶段 3："好孩子"定向** 道德行为就是让人高兴、给人帮助或得到别人认可的行为。根据行为者的意图评价其行为。"他是好意的"是这个阶段表达道德认同的常用语。正如我们在下面回答中看到的，阶段 3 的被试就是希望被别人看做一个"好"人。

**赞成偷窃：**偷窃是不好的，但是海因茨只是在做他作为一个好丈夫理所应当做的事情。你不能谴责他，因为他只是出于对妻子的爱才做了这种事。如果他不去救他的妻子，反倒应该被谴责。

**反对偷窃：**如果海因茨的妻子死了，海因茨不会受到谴责。你不能因为他没有去偷药就说他没良心。药剂师是一个自私的、没有同情心的人。海因茨已经尽其所能了。

**阶段 4：维护社会秩序的道德**　在这个阶段，个体能够考虑多数人的观点，即反映在法律中的社会意志。正确的行为就是遵守由法定权威所制定的规则行为。遵从不是因为害怕惩罚，而是相信规则和法律能够维持那些值得维持的社会秩序。正如我们在下面回答中看到的，法律最终超越了特殊利益：

**赞成偷窃：**如果药剂师置人之生死于不顾，那就是药剂师的错，因此，挽救妻子的生命就成了海因茨的义务。但是，海因茨不能为此而违犯法律，他必须偿付药剂师的钱，并且为他的偷窃行为而接受惩罚。

**反对偷窃：**对海因茨来说，挽救妻子是理所当然的事情，但是偷窃总是错误的。 330
无论你的感受如何，或者情况如何特殊，你都必须遵守规则。

## 水平 3：后约定俗成的（或原则的）道德

达到道德推理的第三个水平**后约定俗成的道德**（postconventional morality）的个体能够用普适的公正原则判断是非。这些原则可能与当前的法律或权威人物的命令相冲突。道德上的正确与法律上的合法并不一定等同。

**阶段 5：社会契约定向**　第 5 阶段的个体把法律看做表达大多数人意愿、促进人性价值的工具。能够实现这些目标并能得到公正执行的法律被看做社会契约。人人都有义务遵守这些契约；但是，以牺牲人类权利或尊严为代价的、强加于人的法律，则被认为是非正义的、应该反对的法律。注意，在下面这个处于阶段 5 的被试对海因茨道德两难问题的回答中，合法与合乎道德的区分是怎样开始的：

**赞成偷窃：**必须在考虑了整个情境之后，我们才能说海因茨的偷窃在道德上是否错误。当然，闯入药店偷药显然是违法的。海因茨应该知道，他的行为并没有法律依据。但是，换了任何人，在那种情境中都有理由去偷药。

**反对偷窃：**我明白非法地偷走药的好处。但是，目的本身并不能使手段合法化。法律代表了人们对于应该怎样生活在一起而形成的一致意见，海因茨有义务尊重这些约定。不能说海因茨偷药是完全错误的，但即使是那样的情况，也不能说他的做法是对的。

**阶段 6：以良心为个人原则的道德**　在这个道德发展的“最高”阶段，个体根据自己选择的符合良心的道德原则来判断对错。这些原则并不像基督教“十诫”那样具体，它们是有关普遍公正（对全人类权利的尊重）的抽象道德方针或原则，这种普遍的公正超越了可能与之冲突的任何法律或社会契约。柯尔伯格（1981）把阶段 6 的思维描写为“动听的道德讲座”，一个面对道德两难问题的人能够考虑到每个人都是受其道德选择影响的，并能采纳他们的观点，最终形成所有人都认为“公正”的解决方案。以下是处于阶段 6 的被试对海因茨两难问题的两种回答：

> **赞成偷窃：** 如果一个人必须在违反法律和挽救生命之间做出选择，保护生命的更高原则就会使偷药在道德上成为正义的。
>
> **反对偷窃：** 由于癌症病人如此之多，药物如此之少，可能没有足够的药物满足每个病人的需要。一种做法只有在对所有相关的人都合适时，这种做法才是正确的。海因茨采取什么样的行动，应该以他自己认为的一个正义的人在这种情况下会怎么做为依据，而不是以情绪或法律为依据。

阶段 6 是柯尔伯格对理想道德推理的憧憬。但是，因为达到这一水平的人极少，而且实际上也没有人能够始终在这个水平上进行道德推理，柯尔伯格逐渐把它看做一种假设的结构。也就是说，如果人们在阶段 5 的基础上继续发展，他们就会不断进步，达到这个阶段。在柯尔伯格较晚一版的道德判断记分手册上，已不再测量阶段 6 的推理了（Colby & Kohlberg，1987）。

## 对柯尔伯格理论的支持

柯尔伯格认为，道德发展的各阶段遵循固定不变的、具有普遍性的顺序，这种
331 顺序与认知发展密切相关，但他也认为，认知发展本身并不能充分确保道德的发展。为了超越道德发展的前约定俗成水平，儿童就必须被置于可以引起认知失衡的人或情境中，认知失衡指的是现有的道德观念和驱使其对已有观念进行重新评价的新思想之间的冲突。因此，像皮亚杰一样，柯尔伯格也认为，认知发展和相关的社会经验一起成为道德推理发展的基础。

这些思想到底得到了多少研究支持呢？让我们先回顾与柯尔伯格所提出的发展顺序不变的假设有关的研究。

### 柯尔伯格的几个阶段的顺序是固定不变的吗？

如果柯尔伯格的三水平六阶段代表了一种真实的发展顺序，我们就应该在年龄和道德推理成熟度之间发现高相关。这正是研究者在美国、墨西哥、巴哈马群岛、中国台湾、土耳其、洪都拉斯、印度、尼日利亚和肯尼亚这些地区进行研究所得出的结论（Colby & Kohlberg，1987）。如果柯尔伯格道德推理的水平和阶段形成了一个发展序列的话，那么正如我们期望的，这几个水平和阶段是与年龄相关的“普遍”结构。但是，这些研究是否能表明柯尔伯格的各阶段的顺序固定不变这一观点呢？

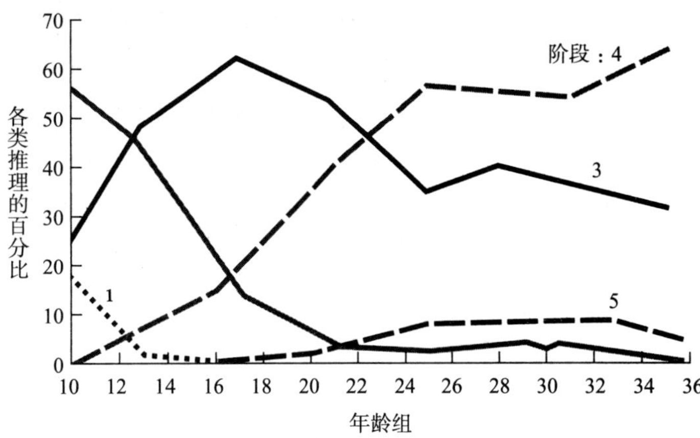


**图 10.4** 根据柯尔伯格道德阶段理论，对一些男性被试进行了持续 20 年（从 10~36 岁）的追踪研究。（资料来源：Colby et al., 1983. © 1983 by the Society for Research in Child Development. Reprinted by permission.）

答案是否定的。问题在于，这个横断研究中每个年龄阶段的被试都是不同的人。我们不能确定，一个达到阶段 5 的 25 岁的人是否按照柯尔伯格理论所规定的顺序依次通过了不同的发展水平和阶段。

**纵向研究的证据** 对于柯尔伯格的不变顺序的假设，最有说服力的证据是，每个儿童都真的按照柯尔伯格提出的顺序依次通过了不同的道德发展阶段。安・科尔比和她的同事（Colby et al.，1983）对柯尔伯格研究中的被试进行了 20 年的追踪，这些被试每隔 3~4 年接受一次回访，共接受了 5 次回访。如图 10.4 所示，道德推理是逐渐向前发展的。前约定俗成推理（阶段 1 和阶段 2）的使用在青少年期显著下降；同时，约定俗成推理（阶段 3 和阶段 4）的使用却在上升。在成年期，约定俗成水平的推理占主导地位，极少有被试达到后约定俗成水平（阶段 5）。但是，即使如此，科尔比等也发现，被试都是以柯尔伯格所预测的顺序经历了各个道德发展阶段，没有人曾跳过哪一个阶段。在其他几个国家所做的追踪研究也得出了相似结论（Colby & Kohlberg，1987；Rest et al.，1999）。需要指出的是，虽然人们的道德推理按照固定顺序发展到他们的最高阶段（Boom，Brugman，& van der Heijden，2001），但对世界上绝大部分人来说，阶段 3 或 4 是其发展的终点（Snarey，1985）。

### 道德发展的认知前提

依照柯尔伯格（1963）的观点，处于前约定俗成水平的幼儿进行道德推理时以自我为中心。处于阶段 1 的儿童认为，某些行为不好是因为它们受到了惩罚。处于阶段 2 的儿童对别人的需要、思想和意图了解不多，他们认为自我服务的行为是适当的。但是，约定俗成水平上的推理显然需要某些角色承担技能。例如，一个处于阶段 3 的人，必须能了解别人的观点，先知道别人想获得赞扬和在道德上被接受的意图，然后才能对这些观点进行评价。柯尔伯格指出，后约定俗成水平的道德推理 332
需要形式运算能力。达到阶段 5 的人进行道德判断的基础是抽象道德原则。他们必须能够进行抽象的推理，而不仅仅是遵守法律或具体的道德规则。

这些假设得到了大量的支持。例如，劳伦斯・沃尔克（Walker，1980）发现，在 10~13 岁的儿童中，所有达到柯尔伯格阶段 3（“好孩子”）的儿童都很精通角色承担，但不是所有精通角色承担的人都达到了阶段 3 的道德推理水平。同样，卡罗琳・托姆林森–基西和查尔斯・基西（Tomlinson-Keasey & Keasey，1974）及戴安娜・库恩等人（Kuhn et al.，1977）都发现：（1）所有达到后约定俗成推理水平的被试都达到了形式运算水平；（2）但是大部分达到形式运算水平者未达到后约定俗成道德推理水平。这些发现显示，良好的角色承担技能是约定俗成道德水平的必要条件但非充分条件，而形式运算能力是后约定俗成道德发展的必要条件但非充分条件。这种情况正是柯尔伯格所预期的，因为他只是把认知发展看做道德发展的一个前提。道德发展的另一个前提是相关的社会经验，也就是说，置身于促使人重新评价和改变其当前道德观点的人或情境之中。

## 支持柯尔伯格关于“社会经验”假设的证据

社会经验对促进道德发展起什么作用呢？最重要的一点就是为儿童提供与父母、同伴讨论日常道德问题的机会。

**父母和同伴的影响** 和皮亚杰一样，柯尔伯格也认为，同伴互动比与权威成人的单向讨论更有利于促进道德发展。沃尔克等人（Walker et al.，2000）让 11 岁和 15 岁的青少年分别和父母、朋友一起解决道德两难问题，并比较了父母和同伴对道德发展的不同影响。四年后，又让这些被试解决道德两难问题。被试早期与父母和同伴的讨论对四年后的道德发展都有影响，但影响方式有些不同。朋友比父母更可能对儿童或青少年的观点提出质疑并做出反驳，而这些质疑和反驳对道德发展有积极作用。其他支持这一结论的研究（Berkowitz & Gibbs，1983）发现，要求一组同伴就某个两难问题达成一致意见时，如果同伴的讨论是直率但非敌意的**谈判式互动**（transactive interaction）——讨论者相互交换对彼此观点的质疑，认真讨论彼此观点的不同，那么道德就会得到发展。这些重要发现有力地支持了柯尔伯格的观点：社会经验由于对个体当前的推理能力构成认知上的挑战而促进了道德的发展。

**图片 10.7** 和同伴就重大道德问题展开讨论往往能够促进道德推理的进步。

Bob Daemmrich/Stock Boston

相比之下，如果父母在和儿童讨论道德问题时以积极、支持的方式表达自己的观点，提一些温和的探究性问题，了解孩子是否明白了自己的观点，则对儿童的道德发展作用更大（Walker，Hennig，& Krettenauer，2000）。父母直接质疑的害处大于好处，因为儿童、青少年往往把父母的直接质疑看做敌意的批评，而从心理上进行防御。但同样是这种质疑，若来自社会地位相等的同伴，就很少具有威胁性。不但如此，青少年还会仔细聆听、接纳同伴的观点，因为他们强烈地希望与同伴建立并 333
维系良好关系。因此，皮亚杰和柯尔伯格强调同伴在道德社会化中的作用是正确的，但他们没能充分认识到父母可能发挥的积极作用。

**高等教育**　接受高等教育是促进道德发展的另一种社会经验。上过大学、受过多年教育的成人比受过较少教育的成人对道德问题的推理更复杂，这种差异具有稳定性（Speicher，1994）。大学生和没有上大学的同龄人在道德推理上的差异，随着大学学年数的增多而增大（Rest & Thoma，1985）。高等教育可以通过两种途径促进道德发展：（1）促进认知发展；（2）把学生置于可以引起认知冲突和自我反省的各种道德观点中（Kohlberg，1984；Mason & Gibbs，1993）。

**文化的影响**　只要是生活在复杂、多样、民主的社会中就能促进道德的发展。就像我们通过与朋友讨论问题而学会相互采纳对方的观点一样，我们也可以在多元的民主制度下了解到，对各种群体的观点必须仔细斟酌，法律反映的是多数公民的一致舆论，而不是独裁者的专制统治。跨文化研究表明，后约定俗成道德推理主要出现在西方民主社会，而在许多非工业化国家的农村则不存在（Harkness，Edwards，& Super，1981；Snarey & Keljo，1991）。生活在这些同质群体中的人们很少经历在多样化社会中才会发生的各种政治冲突和妥协，因此不必质疑约定俗成的道德标准。如果从背景观来看待道德发展，我们就可以理解，在那些强调集体合作和忠诚于自己所在群体的社会中，成年人的道德推理典型地表现为约定俗成水平的道德推理（主要是阶段 3），在这样的社会体系中，约定俗成的道德是具有适应性的道德，也是成熟的道德（Harkness，Edwards，& Super，1981）。

总而言之，柯尔伯格描绘了顺序不变的道德发展阶段，查明了决定个体在这一发展序列上能走多远的认知和环境因素。但是，批评家提出了很多质疑柯尔伯格理论的理由，指出他的理论远不是对道德发展的完美描述。

## 对柯尔伯格理论的批评

对柯尔伯格理论的批评集中在以下几个问题上：该理论是否可能偏向于特定群体？是否低估了幼儿道德的复杂性？是否对道德推理考虑过多，而对道德情感和道德行为考虑过少？

### 柯尔伯格的理论有偏见吗

**文化偏见**　虽然研究表明，许多文化中的儿童和青少年在柯尔伯格最初的三或四个阶段上是依次向前发展的，但我们已经发现，柯尔伯格所说的后约定俗成的道德在某些社会中是完全不出现的。批评家们指责说，柯尔伯格的最高阶段反映的是西方关于公正的理想，而对于西方社会之外的集体主义文化中的人们，或者对那些不看重个人主义和个人权利的价值、不想挑战社会规则的人们而言，柯尔伯格的阶段理论是有偏差的（Gibbs & Schnell，1985；Shweder，Mahaatra，& Miller，1990）。生活在集体主义社会中的人们，强调社会和谐，视群体利益高于个人利益，他们在柯

## 专栏 10.2 文化影响

### 道德推理的文化差异

下面的每一种行为都是错的吗？如果是错的，那么这种错误行为有多严重？

1. 一位年轻的已婚妇女没有得到丈夫允许就去看电影而被丈夫打得身上青一块紫一块，虽然他的丈夫一再被警告不得这样做。
2. 哥哥和姐姐决定结婚生孩子。
3. 在父亲死去的那一天，家中的长子去理了发，还吃了鸡肉。

以上是理查德·施维德、马纳马汗·马哈帕特拉和乔恩·米勒（Shweder，Mahapatra & Miller，1987）向印度和美国的5~13岁儿童和成人呈现的39种行为中的3种。你可能会奇怪，印度的儿童和成人把儿子在其父亲死后理发和吃鸡的行为看做是这39种行为当中最违背道德的行为，而认为丈夫打不听话的妻子根本不算什么错。美国的儿童和成人则认为，殴打妻子比违犯那些似乎有些主观的追悼规则更严重。虽然印度人和美国人都认为，像哥哥和姐姐乱伦这样的行为是严重违犯道德的，但是他们在其他许多方面的意见并不一致。

印度的儿童和成人还把禁止做出对已故父亲不尊重的行为看做一条普遍的道德规则。他们认为，如果世上的每个人都能遵守这条法则，那将是最好不过的。他们还强烈地反对这样一种观点：如果社会上大多数人要改变某种规则，这种主张就可以接受。印度人还认为，寡妇吃鱼或穿鲜艳的衣服，妇女在月经期为家里人做饭，都是严重违犯道德的行为。对于正统的印度人来说，反对这些行为的规则是天规，而不是由社会成员制定的主观契约。印度人还认为，一个男人为了尽到一家之主的义务而打妻子是合乎道德的。

这种文化信仰对道德发展有什么影响呢？如图所示，施维德在印度的研究中所发现的道德思维发展趋势与其在美国的研究中发现的发展趋势差别很大。随着年龄增长，印度儿童把越来越多的问题看做普适道德原则，而美国儿童所认为的普适道德原则却越来越少（也就是把越来越多的问题看做是社会常规，而社会常规在不同社会中是不同的）。

根据这些跨文化研究的发现，施维德对柯尔伯格的观点提出质疑。柯尔伯格认为，无论什么地方的儿童，只要年龄相近，都能建构相似的道德规则，柯尔伯格还认为存在某些普适的道德原则。施维德还对图列尔提出的所有儿童从很小就能区分道德规则和社会常规的观点提出质疑，因为他发现，有关社会常规的概念对于任何年龄的印度人都毫无意义。相反，施维德认

334 尔伯格的理论体系中可能被看做约定俗成水平的道德思维者，其实他们可能具有很复杂的公正观（Li，2002；Snarey & Keljo，1991；Vasudev & Hummel，1987），例如对个人权利和少数服从多数的民主原则的尊重（Helwig et al.，2003）。虽然道德发展的某些方面在所有的文化中几乎都是相同的，但是，正如专栏10.2中介绍的研究所显示的，道德发展的某些方面在不同的社会之间大相径庭。

**性别偏见** 批评家们还指责说，柯尔伯格的理论是从男性被试对具有男性特征的两难问题的判断中发展起来的，不能充分代表女性的道德推理过程。例如，卡罗尔·吉

335

为，文化准确地为儿童规定了在道德上哪些行为可以接受，哪些行为不可以接受，并帮助儿童接纳这样的观念。我们在专栏 10.1 中也可以看到关于这一作用的研究证据：在崇尚集体主义的中国文化背景下，儿童逐渐接受了他们所处社会对亲社会行为和谦虚态度的重视，具体来说，他们认为做了好事不承认要比做了好事到处宣扬并寻求别人的赞赏更恰当。

有趣的是，有些亚文化因素对道德推理也有重要影响。例如，与那些具有较高社会地位的同龄人相比，在其社会中处于从属地位的个体（例如处于较低社会经济地位的阿拉伯妇女和巴西儿童）更倾向于认为自己选择该怎么做事的机会很少，而遵从权威是一种道德义务（Nucci，Camino，& Sapiro，1996；Turiel & Wainryb，2000）。

这些研究结论对道德认知发展理论提出了挑战，该理论认为，道德发展在所有重要方面都是普遍的。而这些研究显示，儿童的道德判断是由他们所处的文化和亚文化决定的，所以这些研究者倾向于支持道德发展的环境观。例如，在加拿大，一个人要被人看做道德成熟的人，不一定要笃信宗教，也不一定非要相信灵魂（Walker & Pitts，1998）；而在印度，强大的灵魂意识和对“神性道德”的遵从是最重要的。这似乎能解释，为什么他们会把很多文化规则看做普适的道德法则（Shweder，1997）。我们对文化和道德推理应该作出怎样的结论呢？也许，像柯尔伯格所说的那样，到一定年龄后，全世界的儿童都会以较复杂的认知方式思考道德和公正问题；与此同时，像施维德及其他研究者所宣称的，他们也接受了不同的是非观（即个人选择还是道德义务）。

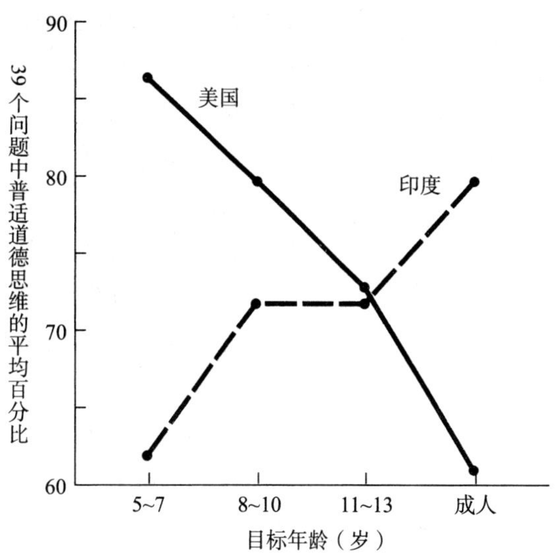


普遍道德思维倾向把行为规则看做普适且不可改变的，在印度和中国，这种思维倾向随儿童年龄的增加而增强，但在美国，则随年龄增加而减弱。道德发展过程在不同社会中可能是不同的。（资料来源：Shweder, Mahapatra, & Miller, 1987. Reprinted by permission of the University of Chicago Press.）

利根（Gilligan，1977，1982，1993）发现，在一些早期研究中，女性在道德推理上逊于男性，女性的道德推理主要处于柯尔伯格道德推理的第 3 阶段，而男性的道德推理则通常处于第 4 阶段。对此，她提出，由于性别差异，男孩和女孩具有不同的道德取向。根据吉利根的观点，在成长过程中，男孩接受很多关于独立和自信的训练，从而鼓励他们把道德两难问题看做个体间不可避免的利益冲突，法律和其他社会契约正是用来解决这些冲突的。她把这种取向称为**公正道德**（morality of justice），这种观点大约相当于柯尔伯格道德推理的第四阶段。相比而言，社会期望女孩慈爱、富有同情心、关心他人，简言之，就是要在人际关系中明确“善”的意义。因此，对女性而言，道德意味着对人类幸福的关怀和同情，这在柯尔伯格的理论中似乎是描述阶段三的关怀道德。但是，吉利根认为，女性所认同的**关怀道德**（morality of care），即便由于强调人际责任而被柯尔伯格归于道德推理的第三阶段，但仍然可以是相当抽象的、强有力的指导原则。

虽然吉利根的观点乍看上去很有道理，但是几乎没有研究支持她所说的柯尔伯格理论存在女性歧视的断言。在多数研究中，按照柯尔伯格的计分标准，女性对道德问题的回答和男性一样复杂（Jaffee & Hyde，2000；Walker，1995）。在解决真实生活中遇到的道德两难问题时，女性在某种程度上比男性更强调关怀及对别人的义务（Jaffee & Hyde，2000）。但这种性别差异很小，男性和女性一样，在考虑与人际关系有关的两难问题时，主要凭借以关怀为基础的推理，在考虑个人权利问题时，主要凭借以公正为基础的推理。道德两难问题的性质远比推理者的性别更重要（Walker & Krebs，1996）。支持吉利根关于男孩、女孩在道德社会化方面存在差异的研究少得可惜（Lollis，Ross，& Leroux，1996）。其实，无论男女，一般都会把与公正和关怀二者有关的特征看做道德成熟的核心因素（Walker & Pitts，1998；亦可见表 10.5）。

虽然公正取向的道德和关怀取向的道德并不像吉利根认为的那样具有特定的性别指向，但吉利根的研究也是很有价值的：它使我们更清醒地认识到，无论男女，人们在考虑道德问题，特别是现实中而非假想中的道德问题时，总是根据自己对别人幸福的责任进行道德判断。柯尔伯格只强调了一种以法律方式判断对错的方式。看来，探讨男性和女性公正取向的道德和关怀取向的道德发展是很有益处的（Brabeck，1983；Moshman，1999）。

## 柯尔伯格的理论是否不完整

对柯尔伯格理论另一种批评是，它过于注重道德推理，而忽视了道德情感和道德行为。确实，柯尔伯格在很大程度上忽略了像移情这样的道德情感。移情为人们提供了认真接纳他人观点、考虑他人需要、以不损害他人幸福的方式行动的动机（M. L.
336 Hoffman，2000）。他也几乎没有论述如骄傲、羞耻、内疚等有力地影响我们的思维和行动的情感（Hart & Chmiel，1992）。但是，柯尔伯格也曾做出这样的预言：成熟的道德推理者理应在行为上也是道德的；随着个体向更高道德理解水平的发展，道德推理和道德行为之间的联系会更为密切（Blasi，1990）。

**道德推理能预测道德行为吗** 现有的多数研究与柯尔伯格的观点是一致的，但也有少数例外（Kochanska，Padavich，& Koening，1996）。大部分研究者发现，在被引诱欺骗别人或违犯其他道德规则时，幼儿的道德判断并不能预测其道德行为（Nelson，Grinder，& Biaggio，1969；Santrock，1975；Toner & Potts，1981）。但是对较年长的学龄儿童、青少年和成年初期的个体进行的研究发现，与道德推理水平低的个体相比，达到较高道德推理水平的个体表现出较多的利他行为和符合良知的行为，如较多地遵守诺言，较少欺骗或违法犯罪（Judy & Nelson，2000；Midlarsky et al.，1999；Rest et al.，1999）。例如，柯尔伯格（1975）发现，如果在考试时有机会作弊，道德推理达到后约定俗成水平的大学生中只有 15% 的人在测验中作弊，而处于约定俗成水平的学生中作弊者达到 55%，处于前约定俗成水平的学生中作弊者则达到 70%。但是，道德推理阶段和道德行为之间最多具有中度的相关（Bruggerman & Hart，1996）。为什么会这样？其中一个原因是，人们在解决道德问题时是相当自动化的，是出于一种习惯（如，不加防护的性行为），而很少反映认知水平（Walker，2000）。另外，在日常生活中，情境因素（错误行为受到惩罚或危害他人的可能性）也是道德行为的一个影响因素。道德发展过程甚至可以归因于道德推理和道德行为间的矛盾。例如，斯蒂芬·托马斯和詹姆斯·莱斯特（Thomas & Rest，1999）发现，如果一个人从一个道德阶段向另一个阶段过渡时，一直反复审视（或经常怀疑）自己已有的道德准则，那么情境因素就会对道德行为有更大影响。

**柯尔伯格低估幼儿了吗**　最后一点，柯尔伯格重视涉及法律的两难问题，忽略了其他“非法律”的道德推理形式，而后者对学龄儿童的行为影响较大。例如，在解决艾森伯格的亲社会道德两难问题时，年幼的小学儿童通常会考虑别人的需要，做他们认为会受到赞扬的事情，即使这些小学生在柯尔伯格两难问题测验上依然停留在阶段 1（或阶段 2）。而且，达到阶段 1 的 8~10 岁的儿童对公平分配——怎样做才是对有限资源（如玩具、糖果等）“公平而正确的”分配——能够达到比较成熟的水平（Damon，1988；Sigelman & Waitzman，1991），而这种推理在柯尔伯格的理论中只字未提。甚至 6~10 岁的儿童也有相当的能力可以根据法律对个人权利和自由是否存在潜在危害而对其公正与否做出评价，在评价中，他们并没有表现出柯尔伯格所说的这个年龄儿童的“惩罚和服从”或“天真的快乐主义”特点（Helwig & Jasiobedzka，
337 2001）。与皮亚杰相似，柯尔伯格显然低估了学龄儿童的道德复杂性。

总之，我们有充分的理由可以认为，柯尔伯格关于道德发展的理论已经成为该领域的主导理论。它描绘了从儿童期到成年期道德推理变化的普遍顺序。而且，也有证据支持柯尔伯格关于认知发展和社会经验二者推动了道德发展的观点。虽然如此，有关批评仍然具有一定意义。柯尔伯格的理论并未完全考察生活在集体主义文化中的人们的道德状况，也未充分考察那些注重精神或关怀倾向，而不是注重个人

Robert Brenner/PhotoEdit

**图片 10.8**　虽然年幼儿童往往在柯尔伯格的法律两难问题上表现出前约定俗成水平的道德推理，但他们在分配的公平性问题上却有看合理而详尽的标准。

权利和公正的人们的道德状况。而且，它显然低估了幼儿的道德推理。由于柯尔伯格的理论过于集中在道德推理上，所以我们必须借助于其他理论，理解道德情感和道德行为是怎样发展的，思维、情感和行为是怎样相互作用，最终使大多数人都具有良好道德的。

下一节，我们将转向社会学习和社会信息加工观点，该理论试图阐明某些对儿童道德行为有重要影响的认知因素、社会因素和情感因素。

## 道德是社会学习（与社会信息加工）的产物

像阿尔伯特·班杜拉（Bandura，1986，1991）这样的社会学习理论家主要是对道德的行为成分，即人面对诱惑时的实际行为感兴趣。他们宣称，道德行为可以通过与学习其他社会行为相同的方式习得，这些方式包括不同的强化和观察学习。他们还认为，道德行为受人们认识到的自己所处的具体情境的很大影响。因此，他们说，一个人在一种情境中道德表现良好，在另一种情境中却违反道德，或者刚宣称诚实至高无上，转过头来就说谎骗人，这一点也不奇怪。

### 道德行为和道德品质一致吗

对儿童道德行为最深入、最早的研究之一，就是休·哈茨霍恩和马克·梅伊（Hartshorne & May，1928-1930）所做的品格教育调查。这项对 1 万名 8~16 岁儿童持续五年的研究，试图在不同情境中诱使他们说谎、骗人或偷窃，调查他们的道德“品质”。这项大规模研究最值得一提的结论是，儿童的道德行为有不一致的倾向；不能根据儿童在一种情境中欺骗的愿望预测他们在另一种情境中说谎、欺骗或偷窃的愿望。尤其令人感兴趣的是，他们发现，在特定情境中骗人的儿童与没有骗人的儿童一样都会说：骗人是错误的。哈茨霍恩和梅伊得出结论说，“诚实”主要是相对于特定情境而言的，不是一种稳定的人格特质。

但是，用现代更复杂的统计方法对品格教育调查数据的重新分析（Burton，1963）和一些新的研究（Hoffman，2000；Kochanska & Murray，2000）对哈茨霍恩和梅伊的**“特定情境说”**（doctrine of specificity）提出了质疑，发现一些特殊类型的道德行为（如考试中想不想作弊，是否与玩伴分享玩具）具有可靠的跨时间、跨情境的一致性。另外，道德情感（如内疚、同情）、道德推理和道德行为之间的相关随着年龄的增长而逐渐增强（Blasi，1990；Kochanska et al.，2002）。因此，随着年龄增长，道德品质终究还是有一定的一致性。但是，即使是道德上最成熟的人，我们
338 也不能期望他有跨越所有情境的完美一致性，因为说谎、欺骗、违反其他道德规则的意愿（或者一个人这么做的感受和想法）可能在某种程度上总是有赖于重要的情

境因素，如违反道德就有可能实现的目标的重要性，或违规行为是否受到怂恿等等。

**图片 10.9** 有时我们很难说儿童是否在一起学习，是否互相帮助，互相取长补短。虽然儿童的道德行为有一定的一致性，但是在一些特殊情况下，儿童的言行还是受到各种因素的影响，如违反道德规则才能达成目标的重要性，做错事时被抓住的可能性等。

## 学会抵制诱惑

从社会大众的观点看，衡量一个人道德水平的重要指标之一是个体能否抵制违犯道德规则的压力，*即使在没有检查和惩罚的时候也是如此*（Hoffman，1970）。一个在没有外部监督的情况下也能抵制诱惑的人，不仅掌握了道德规则，而且受到内在动机的激发。儿童是怎样习得道德规则的呢？是什么促使他们遵守这些习得的行为规范？社会学习理论试图通过探索强化、惩罚和社会性榜样对儿童道德行为的影响来回答这些问题。

### 决定道德行为的强化因素

我们已经在多种情况下看到，一种行为如果受到强化，该行为的发生率就可能提高，道德行为也不例外。如果和蔼、接纳型的父母为孩子制定了清楚而合理的标准，并在孩子做得好时经常*表扬*他们，那么，即使是学步儿也可能会迎合父母的期望，到 4、5 岁时表现出强烈的内化的良心（Kochanska et al.，2002；Kochanska & Murray，2000）。通常，儿童一般愿意服从于态度温和、能够提供社会性强化的成年人的愿望。与符合成人意愿的行为而同时出现的表扬等于告诉儿童，他们达到了成人的要求。

### 惩罚对确立道德禁令的作用

虽然对儿童好的表现给予强化可以有效地促进符合成人期望的行为，但是成人并不一定能察觉到儿童*抗拒*诱惑、值得表扬的行为。相反，成人在*惩罚*儿童的错误行为，让他们认识到自己的错误方面却反应很快。惩罚是否可以有效地促进**抑制性控制**（inhibitory control）的发展？这个问题的答案很大程度上取决于儿童对惩罚这一令其厌恶的体验的解释。

**早期的研究** 罗斯·帕克（Parke，1977）采用“*禁止玩的玩具*”范式考察了惩罚对儿童抵制诱惑的影响。在其经典实验的第一阶段，被试只要一碰那些好玩的玩具就会受到惩罚（听一种令人厌恶的嗡嗡声），而在玩那些不好玩的玩具时，就不给予惩罚。儿童知道了这个规则后，实验者就离开，暗中观察儿童是否玩那些禁止玩的玩具。

帕克发现，不是所有的惩罚在促进道德控制的发展中都有同样的作用。具体来说，由*态度和蔼*（而非冷漠的）的成人实施的*严厉的*（而非轻描淡写的）、*即时的*（而非延迟的）、*一致的*惩罚，对禁止不希望儿童出现的行为更有效。但帕克最重要的发现是，如果在惩罚的同时能配合讲道理，向犯了错的儿童说明禁止做某事的道理，那么，惩罚就会更有效。

339 **讲道理为什么重要：信息加工角度的分析** 为什么讲道理能提高惩罚的有效性，甚至那些本身没有道德限制作用的、轻微的或延迟的惩罚也有作用？根据马丁·霍夫曼（Hoffman，1988）的信息加工理论，讲道理之所以有效，是因为它阐明了为什么受到惩罚的行为是错误的，如果再做这样的事，为什么应该感到内疚、羞愧或龌龊。因此，如果儿童已经懂了为何不可以做禁止的事，那么，当他在未来某一时候做这样的事时，就会感到浑身不自在（这种感受源自以前受惩罚的经历），并对被唤醒的不适体验进行内部归因（例如，“如果我伤害了别人，我会感到内疚。”“如果这样做，会有损我的形象”），因此抑制自己做被禁止的行为，并对自己“成熟而负责”的行为感觉良好（见图 10.5）。相反，如果没有给儿童讲道理，或者在说理时强调他们注意以后再做错可能造成的消极后果（如，“以后再这么做，小心你的屁股”），那么，当他们想到以后再做那些禁止做的事时，他们同样会体验到不自在，但可能对这些被唤醒的不适体验（例如，“我担心被抓住，受到惩罚”）作出外部归因。这种归因使他们在权威人物在场的情况下能遵守道德规则，但在周围无人监督时，他们就不会抑制自己的违规行为。

当然，只有当儿童经历多次惩罚，同时伴随着成人的充分讲道理之后，儿童才能把自己体验到的不安和他们接受到的信息联系起来，表现出如模型所预期的那种内部归因。但是必须指出，仅仅是害怕被发现和被惩罚，并不足以引导儿童在没有外部监督的情况下抵制诱惑。为了培养真正内化的自我控制机制，成人必须为儿童创设出将恰当说理与惩罚相结合起来情形，向儿童说明为什么被禁止的行为是错误的，为什么如果重犯就应该感到内疚、羞愧或龌龊等情绪（Hoffman，1988）。显然，真正的自我克制主要受认知的控制，更依赖于儿童头脑中的想法，而不是他们内心有多么恐惧和不安。

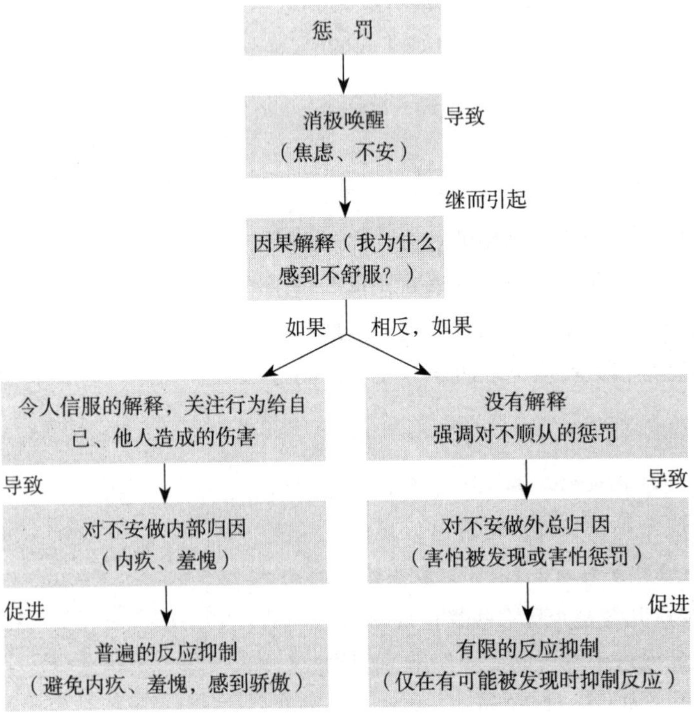

惩　罚
↓
消极唤醒（焦虑、不安） 导致
↓ 继而引起
因果解释（我为什么感到不舒服？）

如果 → 令人信服的解释，关注行为给自己、他人造成的伤害
导致 ↓
对不安做内部归因（内疚、羞愧）
促进 ↓
普遍的反应抑制（避免内疚、羞愧，感到骄傲）

相反，如果 → 没有解释 强调对不顺从的惩罚
导致 ↓
对不安做外总归因（害怕被发现或害怕惩罚）
促进 ↓
有限的反应抑制（仅在有可能被发现时抑制反应）

**图 10.5** 关于惩罚的抑制效果的社会信息加工模型。

**道德自我概念训练** 如果儿童对情感或行为进行内部归因真的能促进道德自我克制的形成，那么，我们就应该设法使儿童相信，他们能抵制破坏规则或违犯道德的诱惑，因为他们是“品德良好的”、“诚实的”或“有责任感的人”。这种道德自我概念训练确实有效。威廉·凯西和罗格·布尔顿（Casey & Burton，1982）发现，如果游戏之前强调“诚实”，那么，7~10 岁的儿童就会在游戏中表现得更诚实，并且学会提醒自己要遵守规则。但如果游戏中“诚实”不被重视，儿童就经常表现出欺骗行为。大卫·佩里等人（Perry et al.，1980）在他们所做的研究中，对一组 9~10 岁的儿童说：“你们是特别善于执行命令和遵守规则（道德自我概念训练）的孩子”，对另一组儿童什么也不说。
结果发现，前一组儿童在屈从于一个几乎无法抗拒的诱惑（放下已经许诺要做的令 340
人厌烦的任务，而去观看令人兴奋的电视节目）之后，他们的行为显著不同于第二组儿童的行为。经过道德自我概念训练的儿童更倾向于把他们执行令人厌烦的工作所得到的贵重礼品退回，以惩罚自己的错误行为。因此，给儿童贴上“好的”或“诚实的”标签，不仅能够提高他们抵制诱惑的可能性，而且在他们做了错事或破坏了好的自我形象时，还有助于儿童产生内疚或懊悔的感受。

总之，道德自我概念训练是替代惩罚、培养抑制性控制的有效途径之一，特别是在符合期望的行为出现给以即时表扬时，更是如此。这种方式有助于儿童相信“我正在抵制诱惑，因为我想这样做”，它导致了真正内化的控制的发展，而不仅是因为害怕被发现和害怕受惩罚才服从禁令。这种积极的非惩罚的方式不会产生惩罚经常会带来的负作用（如怨恨）。

### 社会榜样对儿童道德行为的影响

有些服从规则的行为是因为没能做成被禁止的事，是一种“被动”服从，儿童是否会受这种榜样的影响呢？研究表明，儿童只要意识到“被动”服从的榜样也是在抵制违犯规则的诱惑，他们就可能受影响。乔恩·格鲁塞克和她的同事（Grusec et al.，1979）发现，如果遵守规则的榜样能清楚地说出他在遵守某项规则，以及他不违规的理由，那么他就能有效地鼓励儿童表现出好行为。

内斯·托纳等人（Toner et al.，1978）发现，与其同龄伙伴相比，在研究者建议下，承担其他儿童的道德自律榜样的 6~8 岁儿童，更可能在后来的抵制诱惑测验中遵守其他规则。做榜样可能使儿童的自我概念发生了变化，导致他们把自己看做“遵守规则的人”。这些研究对教育儿童有明显的启发：通过鼓励孩子表现自己的成熟、建议他们成为弟弟妹妹自我克制的榜样，父母也许能在年长孩子身上有效地培养起抑制性控制。

## 什么人能培养出道德成熟的儿童

多年前，马丁·霍夫曼（Hoffman，1970）曾经回顾了有关儿童教养的文献，考察父母实际采用的教育方法能否对子女的道德发展产生影响。他比较了三种主要的方法：

1. **爱的收回**（love withdrawal）：在儿童做错事之后收回对他的关注、爱或赞许，也就是引起儿童失去疼爱的焦虑。
2. **强迫命令**（power assertion）：使用强权控制儿童的行为（如采用可能引起恐惧、生气、怨恨的强制性命令、身体限制、体罚和撤销孩子享有的特权）。
3. **引导**（induction）：强调行为给别人造成的后果，解释为什么某行为是错误的、应该改正的；通常会向儿童建议怎样才能弥补自己行为造成的伤害。

假设小香农在独立日那天逗弄家里的小猫，用点着的火柴吓唬它。如果使用*爱的收回法*，他的爸爸或妈妈会说“你怎么能这样做！走开！我不想再看到你。”如果使用*强迫命令法*，他的爸爸或妈妈就可能会打他的屁股，或者说“那好吧！这周六
341 别想看电影了。”如果使用*引导法*，他的爸爸或妈妈就可能说“快停下，香农！你看弗朗克有多害怕。你这么做会让它身上着火的，你知道，如果它被烧死，我们该多难过。”引导就是要讲道理，强调一个人的错误行为对自己或他人（这个例子中是小猫）所造成的后果。

虽然到 1970 年为止，有关儿童教养的研究不多，但是这些研究结果表明：（1）爱的收回和强迫命令对于促进道德成熟都没有明显效果；（2）引导可以促进道德情感、道德推理和道德行为三方面的发展（Hoffman，1970）。表 10.6 概括了父母的三种教育方法与儿童道德成熟度的各种测量之间的关系，该结果是从后来一项对更多研究进行的综述中获得的（Brody & Shaffer，1982）。这些数据证明了霍夫曼的结论：采用引导方式的父母，其孩子往往在道德上比较成熟，而父母使用强迫命令的次数与儿童在道德上的*不成熟*相关。能证明引导法与道德成熟无关的研究很少，而且这些研究中的被试都小于 4 岁。近来的研究表明，引导法对 2~5 岁的儿童具有很好的效果，可以促进儿童对别人的同情、怜悯以及服从父母的教导。反之，使用高压的强迫命令方法，如发火、身体约束、体罚，则与不顺从、反抗和缺少对别人的关心相联系，有可能助长这些坏习惯的养成（Crockenberg & Litman，1990；Kochanska et al.，2002；Kochanska & Murray，2000；Labile & Thompson，2000，2002；Zahn-Waxler，Radke-Yarrow，& King，1979；Zahn-Waxler et al.，1979，1992）。

引导式的教育为什么有效？霍夫曼认为有这样几个理由。首先，它为儿童提供了可以用来评价自己行为的*认知标准*（或理由）。其次，这种教育方式有助于儿童对

**表 10.6** 父母使用的三种教育方法与儿童道德发展之间的关系

| 父母教育方法与儿童道德成熟度的关系 | 教育类型 | | |
|---|---|---|---|
| | 强迫命令 | 爱的回收 | 引 导 |
| + 正相关 | 7 | 8 | 38 |
| – 负相关 | 32 | 11 | 6 |

注：表中的数字代表反映三种方法与儿童道德情感、道德推理或道德行为之间存在相关（正相关或负相关）的个案的数量。

*资料来源*：Brody & Shaffer，1982.

别人产生同情（Krevans & Gibbs，1996），能使父母与儿童谈论自豪、内疚和羞愧这类道德感。而爱的收回使儿童产生不安全感，强迫命令的方式则使儿童生气、产生怨恨，在这种情况下，父母很难与儿童谈论自豪、内疚、羞愧等情感。最后，使用引导式教育的父母可能会向儿童解释：（1）在面对违犯道德禁令的诱惑时应该怎么做；（2）为弥补自己所犯的过错，现在能够做些什么。引导之所以成为道德社会化的一种有效方法，是因为它唤起了儿童对道德的认知、情感和行为的注意，并把这三个方面整合起来。

最后还要指出，在道德教育中，几乎没有哪个父母是完全单独采用引导式、爱的收回或完全强迫命令式中的一种，多数父母是同时使用三种教育方式。霍夫曼（Hoffman，2000）指出，只要不引起太多的恐惧，一定的强迫命令有时也管用，因为它可以激发儿童密切关注教育中的指导成分。他认为，有效的教育公式应该是： 342
经常的引导 + 偶尔的强迫命令 + 很多的爱（p. 23）。这个描述与帕克（Parke，1977）在实验室里研究抵制诱惑时的发现很相似，帕克的最有效模式是“温和的教育者 + 说理 + 适度的惩罚”。

## 对霍夫曼教育方法的批评

一些研究者提出疑问：霍夫曼做出的引导式教育有效性的结论能否推广？例如，白人中产阶级母亲的引导式教育与儿童道德成熟间的相关具有一致性，但这一结论并不适用于其他社会经济地位的父母（Brody & Shaffer，1982；Grusec & Goodnow，1994）。一项研究发现，对欧裔美国儿童来说，父母采用强迫命令式管教法与儿童的攻击行为和反社会行为之间存在正相关，但这种关系在非裔儿童中不存在（Deater-Deckard & Dodge，1997；Walker-Barnes & Mason，2001）。显然，需要更多的研究来确定霍夫曼的主张在不同文化中的具体意义。

另外的批评是针对孰因孰果的问题：是父母引导式教育促进了儿童道德上的成熟，还是儿童道德上的成熟引发了父母更多的引导行为？因为有关儿童教养的研究获得的多为相关数据，所以，可以从这两种角度解释霍夫曼（Hoffman，1975）的研究结论。对此，霍夫曼认为，父母对孩子行为的控制远远多于儿童对父母行为的控制。也就是说，是父母的引导式教育促进了儿童道德上的成熟，而不是相反。有一些实验研究支持了霍夫曼的说法，在说服儿童遵守诺言、遵守由陌生成人制定的规则时，引导比其他教育方式都更有效（Kuczynski，1983）。

“如果你想往我脑子里灌输点什么东西，那你就做错了”。

Dennis the Menace © used by permission of Hank Ketcham and © North American Syndicate.

虽然如此，儿童仍然能影响父母使用什么样的教育方式。在学步期就学会了听话的儿童逐渐把自己看做“好孩子”、“有道德的人”，对引导式教育能做出恰当的回应，父母也常对他们使用引导的教育方式（Kochanska，2002）。相反，随着年龄增长，经常不听从父母管教的儿童会引发父母更多的强制性（但无效）管教（Stoolmiller，2001）。虽然大多数儿童对引导式教育的反应令人满意，但很显然，没有哪一种教育方式对所有儿童都是最管用的，最有效的方法是根据儿童特点和当时情境谨慎选择的方法（Grusec，Goodnow，& Kuczynski，2000）。例如，专栏 10.3 中提到的研究充分说明，要促进不同气质类型儿童的内在道德，各种不同的教育方式都是必要的。

家庭中的道德社会化过程是双向的：一方面，引导式教育确实能促进儿童的道德成熟；另一方面，那些对说理的、非惩罚的方法能做出恰当反应的儿童也更可能引导父母以这样的方式对待他们。

## 儿童眼中的教育方式

儿童是怎么看待各种教育方式的呢？他们也像许多发展心理学家一样，认为体
343 罚和爱的收回不能促进道德自律吗？他们赞同父母采用引导式教育、或对错误行为采取宽容态度吗？

麦克尔·塞戈尔和杨·科文（Siegal & Cowen，1984）对这个问题进行了探讨，他们向 4~18 岁的儿童和青少年讲了一些包含不同错误行为的故事，并让被试评价母亲对错误行为采取的教育方式。故事中的五种错误行为是：（1）一般的不听话（儿童拒绝打扫房间）；（2）给别人造成身体伤害（儿童打一个游戏伙伴）；（3）给自己造成身体伤害（不听话，非要去碰炉子）；（4）给别人造成心理伤害（捉弄身体残疾的人）；（5）毁坏了东西（在打闹时打碎了灯）。对这些错误行为，母亲使用的教育方法共有四种：引导（指出行为的有害后果，跟孩子讲道理）、体罚（打孩子）、爱的收回（说她再也不想和这个犯错的孩子一起干什么了）和宽容的非干预策略（忽视已发生的事情，认为儿童自己会从中获得教训）。每个故事反映一种错误行为和一种教育方式的组合，这样，每个被试都听到 20 个故事，听完每个故事之后，被试要指出，母亲对儿童行为问题的处理方式是“非常错误”、“错误”、“半对半错”、“正确”还是“非常正确”。

被调查的儿童对每种教育方式恰当性的判断因错误行为的不同而有些不同，但最有趣的发现是：（1）对各个年龄的被试（甚至学前儿童）来说，引导都是最受欢
344 迎的方法；（2）体罚的受欢迎程度仅次于引导。因此，所有的被试似乎都赞成重在说理、偶尔也辅以强迫命令的教育者。与此相反，爱的收回和宽容不被任何一个年龄组所赞同。实际上，在该研究中，4~9 岁儿童对母亲采取的任何一种教育方式的赞成，甚至爱的收回，都超过了对母亲宽容态度的赞成（他们认为这是“错误”或“非常错误”的）。很明显，年幼儿童能够理解成人为什么要干预和限制不适当的行为，

## 专栏 10.3　研究聚焦

### 气质、教养和道德内化

格拉吉娜·科罕斯卡（Kochanska，1993，1997）提出，最能促进道德内化的教养方式是基于儿童的气质采取的教养方式。一些儿童具有恐惧气质，他们在受到父母严厉训斥时，非常焦虑，嚎啕大哭。科罕斯卡认为，具有恐惧气质的儿童对温和的、充满感情的教育方式感到舒适，这种方式不采取强迫命令，与霍夫曼的引导法很相似。另一些儿童富于冲动性、胆大。科罕斯卡认为，温和的、充满感情的教育方法无法有效地唤醒这些情感反应很弱的儿童，促使他们去内化父母的规则，甚至做某件事时受到训斥，他们也不能停下来。在温和的方式没有效果时，父母往往采取强制的方式，但是科罕斯卡认为，强迫命令对胆大儿童的作用并不比对胆小儿童更有效。她指出，对胆大儿童来说，实现其道德内化的途径是父母和蔼、敏感的教养，这样可以促进安全依恋和相互合作的亲子关系的建立。她认为，安全、对等的积极互动，可以培养那些想与父母合作、想让父母高兴的儿童的主动顺从。

为了检验这一假设，科罕斯卡（Kochanska，1995，1997）把其样本中 2~3 岁的儿童分为恐惧型和胆大型两种气质类型，然后观察每个儿童与其母亲的互动，评价母亲的关爱和对社会性信号的反应性，以及母亲采用的教养方式。同时，获得关于儿童对母亲依恋的安全性的数据。在 2~3 岁、4 岁和 5 岁时三次评价了儿童道德内化的程度。在 2~3 岁时，道德内化的测量包括服从要求和遵守规则(不碰禁止玩的玩具)，4 岁和 5 岁时还测量了在游戏中拒绝骗人的情况及道德推理的成熟度。

显然该追踪研究的结果支持了科罕斯卡的理论。对恐惧型气质的儿童来说，在所有三个年龄阶段，非强制性的、温和的引导可以预测较高的道德内化水平。但同样的教养方式与胆大儿童所表现的道德内化水平没有什么关系。相反，对儿童的社会性信号保持高反应性的母亲与儿童之间的安全依恋可以预测胆大型儿童良心的发展程度。

这个例子证明，父母教养方式与儿童气质的“良好匹配”有利于培养儿童的良好品质。从有关儿童教养的文献来看，温和的、引导式的教育不但对恐惧程度较高的儿童实现道德内化很重要，而且也能导致大部分儿童充分的情绪唤醒，从而使他们习得道德知识。但是，使用相同的方式，对胆大的儿童就不恰当了。胆大的儿童更可能在安全的亲子关系中内化道德知识，这要求父母的教育比较严格，要经常提醒儿童注意保持他们所喜欢的关爱、合作的亲子关系。科罕斯卡等人（Kochanska et al.，1996，2002）还发现，母亲经常采用强迫命令与儿童在犯错后毫无内疚感、道德内化程度低相关，因此，这种教养方式不适合所有气质类型儿童。

---

当故事中的儿童总是不受成人约束，可以为所欲为时，他们感到不安。

总之，关于儿童教养的研究发现，儿童赞成的教育方式（引导同时辅以强迫命令）与道德成熟度的各种测量之间具有密切的相关，而在实验室研究中，这种方式与抗拒诱惑之间也有较高的相关。也许，引导式教育可以促进道德成熟的另一个原因只是，儿童把这种方式看做处理错误行为的“正确”方式，一个与儿童“世界观”相符的妈妈可能会有效地激发儿童接受她的影响。相反，那些赞同引导方式却常处于另一种教育方式之下的儿童，则不认为他应该接受父母的价值观和劝诫，并认为父母想要诱使他顺从的方法不明智、不公正，不值得他们尊重。

## 本章要点

### 什么是利他行为和亲社会行为

- 亲社会行为包括所有对别人有好处的行为。利他行为是一种亲社会行为，它可以从两个方面加以界定。**利他的动机/意图**定义认为，只有助人者的行为是出于对别人的关心，而不是对任何个人利益的考虑，这种行为才叫做利他行为。相比而言，利他的行为定义认为，利他行为就是能给别人带来好处的任何行为，而无论助人者的动机如何。

### 利他和亲社会发展的理论

- 进化理论认为，利他是一种因为促进了人类个体和物种的生存而得以进化了的、有预适应性的、在基因上预先编程的动机。与此相反，精神分析、社会学习和认知–发展理论认为，儿童必须通过学习才能获得与利他有关的知识。精神分析理论家认为，利他价值观通过内化成为人们超我的一部分。社会学习理论家认为，之所以能习得和保持利他的习惯，是因为儿童知道，亲社会行为在某些方面是受到强化的行为。认知–发展理论家认为，利他倾向的发展依赖于儿童期发生的认知变化，包括：(1) 自我中心性的逐渐下降；(2) 角色承担技能的发展；(3) 移情倾向和亲社会道德推理的发展。

### 利他行为的发展

- 像分享玩具、安慰伤心的同伴这类亲社会行为在婴儿期、学步期就已经出现了，尤其是当母亲把关心他人作为其教育策略的一部分时，他们的孩子会表现出更多的利他行为。
- 从学前期开始，分享、助人和其他亲社会行为越来越普遍。女孩倾向于比男孩更慷慨，更乐于助人，而较少竞争，但是这些性别差异很小，也不一定在所有文化中都存在。

### 认知与情感对利他的影响

- 利他倾向的发展与**社会观点采择技能**、**亲社会道德推理**、**同情的共情式唤醒**的发展及利他自我概念的形成相联系。虽然幼儿经常把移情式唤醒解释为个人的或指向**自我的痛苦**，他们最终会习得角色承担技能，把自己的体验解释为对他人的同情，观点采择技能通过引导儿童感受自己对他人的幸福负有的责任，促进利他性的发展（**“责任体验”假说**）。

### 文化与社会因素对利他的影响

- 与生活在个人主义社会中的人相比，集体主义社会中人的亲社会行为更明显，这些社会注重社会目标，使得亲社会行为几乎成为每个人的义务。而在个人主义社会中，个人对亲社会行为具有较大的自由决定权。
- 其他许多社会因素也会影响人的利他倾向。父母可以通过**利他的宣讲**，例如表扬孩子的友好行为、实践他们自己所倡导的亲社会道德主张等，来促进儿童的利他行为。另外，如果父母对儿童的错误行为进行非惩罚的情感性解释，向孩子指出其错误行为给受害者带来的消极后果，那么，他们培养出的孩子更可能具有同情心、自我牺牲精神、更关注他人的幸福。

### 什么是道德

- 虽然几乎所有人都同意，**道德**意味着一套内化了的原则或理想，它们帮助人明辨是非，按照对错标准去行动，但对道德的定义有很多不同的方式。道德有三种基本成分：**道德情感**、**道德推理**和**道德行为**。

### 精神分析理论对道德发展的解释

- 根据弗洛伊德的**俄狄浦斯道德理论**，儿童对父母中同性别一方的道德标准的内化出现在解决恋母或恋父情结，形成良心或超我的性器期。
- 始终有研究怀疑弗洛伊德的理论。不管怎样，新近的观点和研究认为，在温暖的、相互回应的亲子关系（在这种关系中，儿童表现出自觉服从而非情境顺从）的环境中，良心早在学步期就开始形成了。

### 认知发展理论：儿童是道德哲学家

- 认知发展理论家通过考察道德推理的发展强调道德的认知成分。让・皮亚杰根据儿童在规则概念和社会公正感方面的发展变化，提出了道德发展的两阶段模型。儿童从几乎不尊重任何规则的**前道德阶段**，逐渐发展到把规则看做绝对道德的、相信**内在公正的他律道德阶段**，最终发展到懂得规则的灵活性和公正的相对性的**自律道德阶段**。
- 皮亚杰查明了道德推理发展中的重要趋势。但是，他的研究方法存在一些缺点，他未能把**道德规则**和**社会常规**及**个人选择**加以区分，他低估了学前儿童和学龄早期儿童道德推理的复杂性。
- 劳伦斯·柯尔伯格修正和拓展了皮亚杰的理论，他认为，道德推理的发展按照不变的顺序经历了三个水平（**前约定俗成的道德**、**约定俗成的道德**和**后约定俗成的道德**），每个水平都包含两个不同的阶段。根据柯尔伯格的观点，发展的顺序是不变的，因为其中每种思维模式都部分地依赖于认知能力的发展，而认知能力也是以固定顺序向前发展的。另外，柯尔伯格还指出，在缺乏社会经验的情况下，道德难以发展，社会经验可以使一个人重新评价其已有的道德概念。
- 研究表明，柯尔伯格的道德发展阶段之间确实存在一种不变的顺序。而且，认知发展以及各种相关的社会经验，如在与父母、同伴、大学课堂、民主活动成员进行的**谈判式互动**中，面对各种不同的道德观点，确实可以促进道德推理的发展。但是，柯尔伯格的理论没有充分描绘非西方社会，以及强调**关怀道德**多于**公正道德**的社会中人们的道德状况。像皮亚杰一样，柯尔伯格低估了幼儿的道德推理能力。批评家认为，他的理论对道德情感和道德行为涉及太少。

### 道德是社会学习（与社会信息加工）的产物

- 虽然**特定情境说**有些言过其实，但是社会学习理论有助于理解儿童怎样才能抵制诱惑、抑制那些违犯道德规则的行为。表扬善行、惩罚错误行为并附以恰当的说理、道德自我概念训练、为儿童提供自我克制的道德榜样（或者让儿童自己充当榜样），都可以促进抑制性控制的发展。

### 什么人能培养出道德成熟的儿童？

- 关于儿童教养的研究一致表明，采用**引导**式教育可以促进道德成熟，而**爱的收回**则效果甚微，**强迫命令**则与道德上的不成熟相关。但引导的有效性也可能因儿童气质的不同而不同。儿童通常更喜欢引导式的教育，不喜欢其他方式，使用引导式教育的人更受儿童尊敬，儿童更愿意接受这样的教育。

# 11 家庭

- 什么是家庭
- 儿童期和青少年期的养育社会化
- 同胞和同胞关系的影响
- 家庭生活的多样性
- 当教养方式失常时：虐待儿童问题
- 对家庭的思考

1995年4月，95岁高龄的科拉·沙菲尔（Cora Shaffer）度过了自己75周年的 347
结婚纪念日，次日又参加了长子（时年73岁）50周年的结婚纪念庆典。此外，参加那次庆典的还有科拉其他健在的子女，8位孙子女中有4人、11位曾孙子女中有8人、11位玄孙子女中有9人也都到场。引人注目的是，科拉不仅可以轻而易举地背出所有子孙们最重要的纪念日（生日、结婚纪念日），而且能说出这些人近来所经历的重要事件（例如，最近在工作、求学或个人方面所取得的成绩）。当我问她是怎样记住所有这些家庭事务时，她哈哈大笑，告诉我，她自从1985年（那时她已经85岁！）退休以来就有了充裕的时间来参与家庭事务。她还风趣地说，"亚历山大·格雷厄姆·贝尔发明电话时，他肯定会想到像我这样的人。"她还能如数家珍一般，从头到尾地讲述她所认识的那些已过世的亲属的一生。其中有些亲属生于19世纪40年代初期，那时电话尚未发明（甚至连快马邮递都没有）。很显然，科拉·沙菲尔非常看重自己同沙菲尔家族过去、现在以及未来一代之间的亲情纽带。

我们中的大多数人都没有机会像我祖母那样了解和关心这么多代的亲属，但像她这样看重家庭亲情纽带的人却并不少见。美国99%以上的儿童，都是在某种形式的家庭中成长起来的（美国人口普查局，2002），而且所有社会的绝大多数儿童成长的家庭环境，都至少有生身父母之一或其他亲属陪伴。所以几乎每个人都肯定有他的家。我们在家庭中出生，在家庭中以我们的方式长大成人，开始我们的成人生涯，就是到了耄耋暮年，我们还是与家庭密不可分。我们是家庭的一部分，而家庭也是我们的一部分。

本章的核心思想是把家庭看做一个*社会系统*：一个既影响着年轻一代，也受年轻一代影响的机构。那么，什么是家庭？家庭都有哪些功能？孩子的出生对其他家庭成员会产生什么影响？家庭中其他成员之间关系的现状（或关系的变化）是否会影响孩子受到的养育和训练？教养方式是否有优劣之分？究竟是父母决定怎样养育孩子，还是孩子影响了父母的教养方式？家庭的文化传统和社会经济地位是否会影响教养方式和亲子互动？同胞在个体社会化过程中的重要程度如何？我们已经看到，当今的家庭生活越来越多样化，在同性恋父母的陪伴下长大，或不得不适应母亲外出工作，父母离异或者在单亲再婚后重归双亲家庭，这一切又会对儿童产生什么影响？此外，为什么有些父母会虐待自己的孩子？审视家庭在儿童、青少年的认知、社会性和情绪发展中所起的重要作用时，我们会考虑这些重要问题。

## 什么是家庭

从发展的角度来看，在所有的社会中，家庭最重要的功能就是养育后代，并使其社会化。**社会化**（socialization）是指儿童获得社会中年长成员所认为的那些重要和适宜的观念、动机、价值观以及行为的过程。世代传承的社会化至少对社会有三

**图片 11.1** 对许多家庭来说，宗教活动提供了重要的社会和情感支持，它可以增强家庭凝聚力，有助于促进健康的发展结果。

方面的意义。首先，它是规范儿童的行为、控制其不合期望的冲动的一种方式。其次，社会化可以促进个体的个人成长。儿童与其所处文化的其他成员进行交往，与他们越来越相似，在这个过程中他们所获得的知识、技能、动机和愿望，可以使他们适应自己所处的环境，在社会中很好地生活。
最后，社会化可以维系社会规范：社会化 348
良好的儿童会成长为有能力、适应性强、亲社会的成年个体，他们又会把自己学到的东西传给下一代。

当然，家庭只是社会化过程涉及的诸多机构之一。例如，宗教习俗可以提供重要的情感支持和促进道德社会化，它通常会增强家庭的凝聚力，并有助于健康的发展结果（Brody，Stoneman，& Flor，1996）。我们在第 12 章中还将看到，学校、大众传媒以及儿童团体（如童子军）之类的机构通常可以辅助家庭实现其培养儿童、提供情感支持的功能。不过，许多儿童在进入托儿所、幼儿园或者接受正规学校教育之前，很少有机会接触家庭以外的人。因此，在对儿童进行社会化教育方面，家庭要远早于其他社会机构。而且，人生最初几年的生活经历对儿童的社会性、情绪和智力的发展极为重要，因此，把家庭看做对儿童进行社会化的首要场所，可谓恰如其分。

## 家庭是社会系统

要给**家庭**（family）下一个适于所有文化、亚文化或历史年代的定义非常困难，因为人类的家庭历来存在多种形式，而且这些形式还将继续存在下去（Coontz，2000）。根据新近的一个定义，家庭是“因血缘、婚姻、收养或自愿选择而产生联系的两个或两个以上的个体”，他们存在情感的纽带，并对彼此负有一定责任（Allen，Fine，& Demo，2000，p.1）。

20 世纪 40、50 年代，发展心理学家刚开始研究社会化的时候，几乎完全只关注亲子关系，其研究都是基于如下假设：母亲（其次是父亲）塑造了儿童的行为和人格（Ambert，1992）。不过，现代的家庭研究者已经抛弃了这种简单的单向模型，支持一种更为全面综合的“系统”取向，类似于第 3 章中布朗芬布伦纳的生态系统论（Bronfenbrenner & Morris，1998）。系统取向也承认父母对孩子的影响，但它同时强调：（1）儿童会影响父母的行为和教养方式；（2）家庭是复杂的**社会系统**（social systems），由双向关系和同盟构成的、不断变化的网络，还受社会和文化因素的很大影响。下面来看看生态系统观的一些论点。

## 直接和间接影响

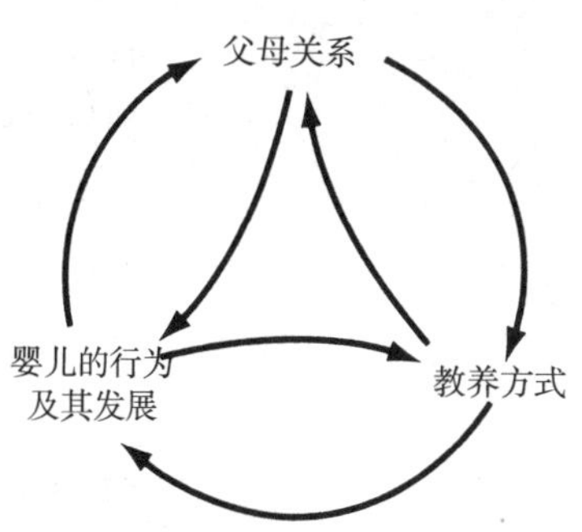


**图 11.1** 家庭的社会系统模型。如图所示，家庭大于各组成部分的加和。父母会影响婴儿，而婴儿同样也会影响到父母和他们之间的关系。当然，父母的关系也会影响他们的教养方式和婴儿的行为等。很明显，家庭是复杂的社会系统。再增加一个或两个孩子，家庭中的影响模式会是什么样子？作为练习，你可以重新画一张影响模式图加以说明。（资料来源：Belsky，1981. © 1981 by The American Psychological Assn. Reprinted by permission.）

怎样理解家庭是一个社会系统？对家庭系统理论者而言，家庭就像人的身体一样，是一个*整体结构*，由相互联系的各部分组成，各部分之间互相影响，每一部分均对整体的正常运行发挥作用（Fingerman & Bermann，2000）。

349 我们不妨以最简单的，由母亲、父亲、长子（女）组成的**传统核心家庭**（traditional nuclear family）为例加以说明。乔伊·贝尔斯基（Belsky，1981）认为，就连这种简单的父 – 母 – 婴“系统”也是一个复杂的组织。婴儿与母亲的交往就已经包含了*双向影响*过程，其表现正如我们日常所见，婴儿的微笑通常会让母亲以微笑回应，母亲忧虑的神情通常会使婴儿变得警觉。任何两个家庭成员之间的这种相互影响，都被称为**直接影响**（direct effect）。那么父亲加入之后，又会怎样？如图 11.1 所示，母 – 婴二元关系就会即刻转变成“*家庭系统*，（包括）夫妻关系、母婴关系和父婴关系”（Belsky，1981，p.17）。

把家庭看做一个系统，意味着任何两个家庭成员之间的交往都可能会受到第三个家庭成员的态度和行为的影响，这种现象称为**间接或第三方影响**（indirect，or third party，effect）。例如，父亲显然会影响母婴关系：与那些承受夫妻关系冲突或感到是自己一个人在养育孩子的母亲相比，那些与丈夫建立了亲密和支持性的关系、婚姻幸福美满的母亲，对孩子的反应往往会更耐心、更敏感（Cox et al.，1989，1992）。因而，她们的孩子更容易形成安全型依恋（Doyle et al.，2000）。同时，母亲也会直接影响父婴关系：当夫妻和睦（Kitzmann，2000）、两人经常谈论孩子（Levy-Shiff，1994）时，父亲在父婴关系中会更投入，更富于支持性。总之，当夫妻双方**共同养育**（coparenting）孩子，双方都支持对方的抚育行为、协同合作（而不是对抗）时，孩子的发展是最理想的。遗憾的是，那些关系不和睦、或承受着其他生活压力的夫妻，很难进行有效的共同养育（Kitzmann，2000；McHale，1995），而且他们在养育孩子问题上的争论也会特别激烈和有害（Papp，Cummings，& Goeke-Morey，2002），这种争论通常可以预测儿童期和青春期适应问题（除去可以归因于婚姻冲突中其他方面的那些问题）（Mahoney，Jourilies，& Scavone，1997）。显而易见，父亲和母亲可以通过他们之间的互动*间接地*影响孩子。

当然，孩子也会对父母产生直接和间接的影响。一个经常发脾气、不听话的孩子，他的任性迫使母亲对其采取惩罚、强制的手段（“儿童对母亲”的直接影响；Stoolmiller，2001），这种方式反过来又使儿童更加不顺从（“母亲对儿童”的直接影响；Crockenberg & Litman，1990；Donovan，Leavitt，& Walsh，2000）。由于对这种情况感到惊慌，怒气冲冲的母亲这时会转而责怪丈夫的袖手旁观，接着便陷入一场关于夫妻双方在抚育孩子这一问题上所担负责任与义务的、不愉快的争论（儿童的任性对夫妻关系的间接影响）。

简而言之，家庭中的每个人和每种关系都会直接和间接地影响到其他人和其他关系（如图 11.1 所示）。现在我们应该明白，想完全根据母子关系来了解家庭对儿童的影响，是过于天真了。

现在试想一下，家庭中第二个孩子的出生，以及随之而增加的同胞关系和亲子关系，会让整个家庭系统变得何等复杂。或者，考虑一下**大家庭**（extended family household）的复杂性。在某些文化中，父母、孩子会与其他亲属——祖父母（或外祖父母）、叔叔、阿姨、侄子、侄女居住在一起（或住得很近），大家庭是很普遍的习俗（Ruggles，1994）。在经济状况较差的美国黑人家庭中，这种家庭结构相当常见，而且已被证实非常适合：如果黑人母亲能从自己的母亲或其他亲属那里得到非常必要的、抚育孩子方面的帮助和社会支持，她们会更加敏感、反应性更强（Burton，
350 1990；Taylor，2000）。确实，经济状况不良的美国黑人学龄儿童和青少年，如果其家庭得到了亲友的大量支持，父母的教养方式就会更适当，进而孩子们也会有更多的积极发展结果，如自立感强、心理适应良好、学习成绩优异、问题行为较少（Taylor，1996；Taylor & Roberts，1995；Zimmerman，Salem，& Maton，1995）。以苏丹为例，在这类文化中，集体主义观念主导着社会生活，强调社会依存、代际和谐。所以，与那些已经被西化的、由双亲构成的核心家庭相比，在大家庭中长成的孩子通常会表现出更好的心理适应模式（Al Awad & Sonuga-Barke，1992）。由此看来，对孩子的发展而言，最健康的家庭在很大程度上取决于单个家庭的需要以及（特定文化和亚文化环境中的）多数家庭所倡导的价值观。

**图片 11.2** 大家庭中的长者有许多重要作用。祖母甚至曾祖母除了给年轻父母提供信息和情感支持外，在照料和教导孩子方面也发挥着非常重要的作用。

## 家庭是不断发展的系统

家庭不仅是复杂的社会系统，也是动态的系统。试想，每个家庭成员都是不断发展的个体，而夫妻关系、亲子关系、同胞关系的变化也会影响到每个成员的发展（Klein & White，1996）。这些变化当中很多是有计划的，如父母让学步儿自己去做更多的事情，以鼓励其自主性，增强其进取心。但是许多未曾规划或难以预料的变化（例如，同胞的夭折、夫妻关系的恶化甚至离婚），也会给家庭互动和孩子的成长造成不可忽视的影响。可见，家庭不仅是其成员发展的场所，它的发展特点也会随其成员的发展而变化。

## 家庭是蕴含式的系统

社会系统观还强调，所有的家庭都蕴含于更大的文化或亚文化环境中，而且每个家庭所处的社会生态小环境（如家庭的宗教信仰、社会经济地位，亚文化、社区乃至邻里中的主导价值观）都会影响家庭互动和儿童成长（Bronfenbrenner & Morris，1998）。在本章稍后我们将看到，经济困难会对教养方式产生重大的影响：如果父母常因经济状况而忧愁，他们就难以对孩子做到精心养育和关怀备至（Conger et al.，1992，2002；Mistry et al.，2002）。不过，如果经济拮据的父母与某个“团体”，如教会、志愿者组织或者朋友圈子联系紧密的话，他们在日常养育孩子上遇到的压力和混乱就少得多（Burchinal，Follmer，& Bryant，1996；MacPhee，Fritz，& Miller-Heyl，1996）。显而易见，家庭所处的社会大环境对家庭功能的实现影响很大。

综上所述，即使最简单的家庭也是一个活生生的社会系统，远大于各组成部分的简单相加。不仅每个家庭成员会影响其他所有成员的行为，而且任何两个家庭成员的关系，也会影响其他所有成员的互动和关系。如果考虑到家庭成员的关系会随着每个成员的发展而变化，家庭的所有变化都会受到家庭所处社会大环境的影响时，下面的事实就非常明显了：与其把家庭中的社会化过程比作父母与孩子间的双行道，不如把其视作多种影响途径组成的繁忙的十字路口。

## 变化的世界中变化的家庭系统 351

不仅家庭本身是一个复杂的、不断发展的系统，家庭存在与发展时所处的这个世界也一直在变化。20 世纪下半叶，许多重大的社会变迁影响了家庭的典型结构和家庭生活的特征。根据美国人口普查资料和其他调查，在此强调下列几个变化：

1. 单身成人增多。现在过着单身生活的成年人要多于以往。但是，婚姻并未“过时”，95% 的年轻人最终还是会结婚（美国人口普查局，2002）。
2. 晚婚。许多单身的年轻人为了追求学习和事业的发展目标，推迟了自己的婚姻生活。虽然在 20 世纪上半叶，初婚的平均年龄在不断降低；但是今天，女性的结婚年龄再次回升到 24 岁，男性则回升到 26 岁（美国人口普查局，2002）。
3. 出生率下降。今天的成人婚后要等待更长的时间才生孩子，而且孩子的数量也下降了，平均每对夫妇约有 1.8 个孩子（美国人口普查局，2002）。二战后的“婴儿潮”，是对家庭规模持续缩小这一趋势的偏离。今天，大概有 14% 的已婚（或有过婚史的）女性膝下无子，其中许多人是自愿的（美国人口普查局，2002）。
4. 职业女性增多。1950 年，孩子未满 6 岁的已婚女性中仅有 12% 在外工作，而今天这个比例上升到 63%，这一变化着实引人注目（美国人口普查局，2002）。现在，全职的家庭主妇越来越少。

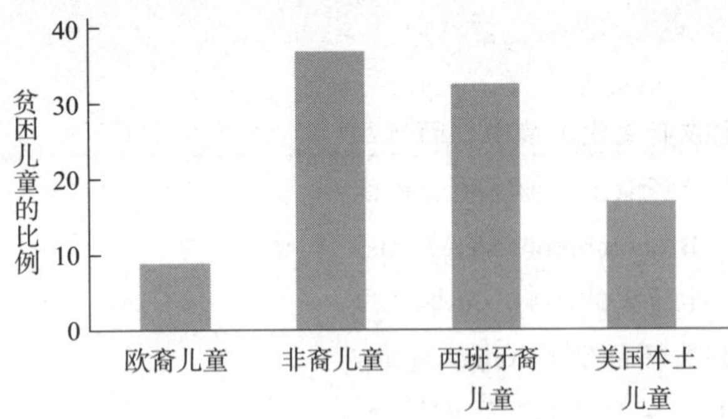


**图 11.2** 1999 年美国贫困儿童的比例。(资料来源：美国人口普查局，2000.)

5. 离婚率上升。离婚率在过去数十年内一直在上升，以至于每年新增的受父母离异影响的儿童已经达到了 100 万（Hetherington，Bridges，& Insabella，1998）。据最近的估算，有 40~50% 的新婚夫妇会离婚（Hetherington，Henderson，& Reiss，1999；Meckler，2002）。
6. 单亲家庭增多。由于未婚先孕者的增加或者离婚，如今有更多的儿童至少有一部分时间是在**单亲家庭**（single-parent family）中生活。1960 年，只有 9% 的儿童和父母中的一方生活在一起，而且通常是因为父母一方早逝。1998 年，18 岁以下的孩子中有 27% 和父母中的一方生活在一起，而且通常是由于父母离婚或未婚先孕（美国人口普查局，2002）。由父亲做户主的单亲家庭比以往更普遍，最近已占到所有单亲家庭的 17%（Cabrera et al.，2000）。
7. 贫困儿童增多。令人遗憾的是，单亲家庭数量的增加，在一定程度上导致了生活在贫困线以下的儿童比例上升。在今天的美国，贫困儿童的比例接近 1/5，而单亲家庭中的儿童则有 34% 生活在贫困当中（美国人口普查局，2002）。如图 11.2 所示，非裔和西班牙裔贫困儿童的比例是欧裔儿童的 3 倍。
8. 再婚率上升。因为离婚率越来越高，越来越多的人（约 66% 的离婚母亲和 75% 的离婚父亲）选择再婚，从而形成**混合或重组家庭**（blended，or reconstituted family），包括至少一个孩子及其生父（或生母）、继母（或继父），而且常常把来自两个家庭的多个孩子混合到新的家庭系统中去（Hetherington，Henderson，& Reiss，1999）。在美国约有 25% 的儿童会在继父（或继母）的家庭中生活一段时间（Hetherington & Jodl，1994）。

**图片 11.3** 由于离婚和再婚非常普遍，现在许多儿童和自己的继同胞一起生活在混合（或继父 / 母）家庭中。

9. 几代同堂的家庭增多。在当今的美国家庭 352
中，知道自己的祖辈乃至曾祖辈的儿童比以往多了，几代人之间的情感联系也变得更重要（Bengston，2001）。由于双职工家庭增多，生育率降低，现在豆荚式家庭（beanpole families）也在增多，这种家庭的典型特征为代数增多，每代的人数却减少了。

上述社会变迁告诉我们，现代的家庭模式比过去越来越多样化了（Demo，Allen，& Fine，2000）。我们关于典型家庭的刻板看法《反斗小宝贝》(译注：《反斗小宝贝》(Leave It to Beaver)，美国20世纪50年代著名电视剧，剧中的克利佛一家已经成为美国中产阶级、白人家庭的模范偶像。1997年《反斗小宝贝》被搬上银幕。)中那样的核心家庭，父亲在外挣钱养家，母亲在家操持家务，最少两个孩子，也只是人们的老眼光而已。据估计，1960年，这种“典型”家庭在美国占50%，而1995年则仅占12%(Hernandez，1997)。虽然现在家庭的影响力不减当年，但我们必须放宽视野，把双职工家庭、单亲家庭、混合家庭以及多代同堂家庭包括进来，因为这些家庭模式存在于当今社会，并且正在影响大多数儿童的发展。当我们把话题转入家庭生活、努力探寻家庭会怎样影响儿童的发展时，要始终记得这一点。

## 儿童期和青少年期的养育社会化

前几章，我们考查了大量研究结果，这些研究探讨了父母怎样影响婴儿和学步儿的社会性、情绪和智力的发展。回想一下，它们的结论非常一致：和蔼而敏感的父母会经常跟婴儿说话、设法激发他的好奇心，这些行为不仅有利于孩子建立安全型的情感依恋，还会激发孩子探索的欲望，促进其社会性及智力的发展。如果父母双方都敏感且反应敏锐，能在教养方式上达成一致并且彼此支持对方，也会非常有益。其实，乔伊·贝尔斯基(Belsky，1981)就曾指出，在婴儿期，父母的慈爱/敏感性“是婴儿(养育)中最具影响力的维度。在这一重要的发展期，它不仅能促进婴儿心理的健康发展，还给一个人的未来生活打好了基础”(p.8)。

在出生后第二年，父母继续担任养育者和玩伴的角色，同时也更加关注在各种情境中教孩子要怎么做(或不要做什么)(Fagot & Kavanaugh，1993)。按照艾里克森(Erikson，1963)的观点，个体在这一时期真正开始了社会化的过程。这时，父母必须驾驭孩子初露端倪的自主性，使其逐渐形成社会适宜感和自我控制感，同时又注意不去压抑他们的好奇心、主动性和个人胜任感。

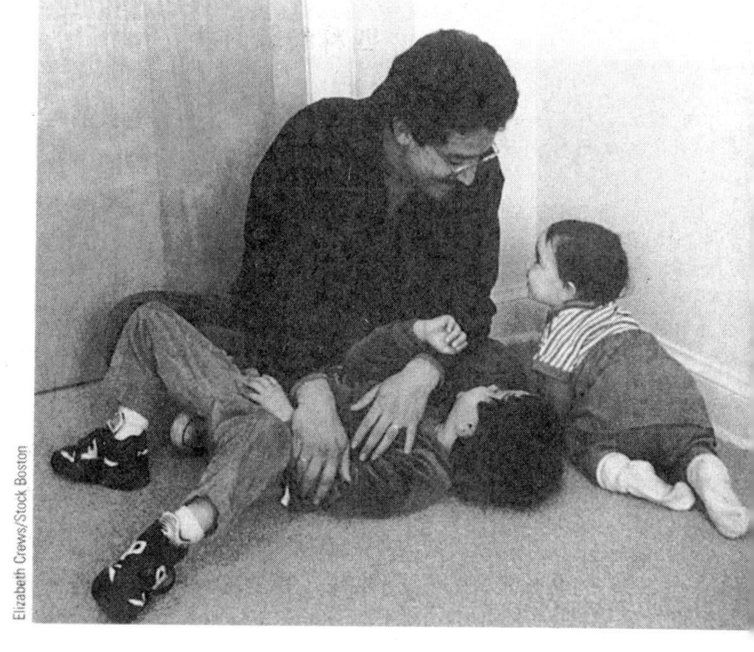

**图片11.4** 有效的教养方式中，温暖和关爱是至关重要的组成部分。

Elizabeth Crews/Stock Boston

### 教养方式的两大维度

艾里克森及其他的研究者(如Maccoby & Martin，1983)指出，从儿童期直至青少年期，教养方式的两个方面都是非常重要的：父母的接纳/反应性，父母的要求/控制性(有时也称“放

任 / 限制性”）。

353 **接纳 / 反应性**（acceptance/responsiveness）指父亲（或母亲）所表现出的支持、关爱程度。接纳反应型的父母会经常对孩子微笑、赞赏、鼓励，会表达大量的疼爱，虽然孩子犯错时他们也会相当严厉。相反，接纳性和反应性较低的父母经常动辄批评、贬损、惩罚或忽视孩子，他们也很少与自己所爱的孩子进行交流。

**要求 / 控制性**（demandingness/control）指父母对孩子的管束、监控程度。要求 / 控制型父母会限制孩子的表达自由：他们会提许多要求，并主动检查孩子的行为以确保这些规则得到了执行。而控制 / 要求性较低的父母对孩子的限制少得多，他们很少提要求，在孩子的兴趣爱好和决定自己的事情方面，给孩子相当大的自由。

你可以毫不费力地做出判断：父母的接纳和反应性优于拒绝和迟钝性。就像我们在本书中看到的一样，关爱而反应敏锐的教养方式和一些良好的发展结果存在稳定的联系，如安全型的情感依恋、亲社会的行为取向、良好的同伴关系、高自尊、强烈的道德感以及其他的优点。儿童通常都想取悦自己所钟爱的父母，受此驱使，他们会去做父母期望他们做的事，学习父母期望他们学习的东西（Forman & Kochanska，2001；Kochanska，2002）。相反，如果父母中的一方甚至双方认为孩子不值得自己关注和爱抚，孩子则会在之后的发展中出现同伴关系不良、临床抑郁症和其他适应问题（Ge et al.，1996；MacKinnon-Lewis et al.，1997；Scaramella et al.，2002）。如果经常被忽视或拒绝，儿童就很难健康成长。

那么，父母应该高度控制孩子，还是应该较少对孩子进行限制、给他们较大的自主权？要回答这个问题，需要仔细区分父母所表现出的不同控制的程度，并认真考查父母接纳性的各种模式。

## 四种教养方式

研究表明，教养方式的两大维度是各自独立的，由此可以列出接纳 / 反应性与控制 / 要求性的几种可能的组合方式（如图 11.3）。那么，这四种教养方式与儿童或青少年的社会性、情绪以及智力的发展存在什么关系呢？

### 鲍姆琳德的早期研究

教养方式领域最广为人知的研究，可能要数戴安娜·鲍姆琳德（Baumrind，1967，1971）对学前儿童及其父母所做的早期研究了。对样本中的每个儿童，鲍姆琳德都在幼儿园和家里的多种情境中进行了观察。这些数据被用来评价儿童在社交、
354 自立、成就、情绪稳定性和自我控制等多个方面的表现。鲍姆琳德还对儿童的父母进行了访谈，观察了父母在家中与孩子的互动。鲍姆琳德对父母的数据进行分析后发现，每个家长一般都会用到图 11.3 中所列的三种教养方式之一（样本中没有一个

父母属于“冷漠”型）。下面对三种教养方式加以描述。

**专制型教养方式**（authoritarian parenting）：严格限制的教养方式，父母设定很多规则，要求孩子严格遵守，很少（即便有过）向孩子解释为什么遵从这些规则是必要的，而且经常运用惩罚、强制策略（如宣示权力、收回关爱）以获得顺从。专制型的父母对孩子所持的与自己相左的观点不敏感，而是期望孩子把自己的话奉为金科玉律、尊重自己的权威。

**权威型教养方式**（authoritative parenting）：既有控制又有变通的教养方式，父母通常会对孩子提许多合理的要求。他们会认真地说明为什么要服从他们所设的限制，并确保孩子遵守这些原则。不过，与专制型的父母相比，权威型的父母对孩子的观点更为接纳、反应更为敏感，而且在家庭决策中还常常寻求孩子的参与。可见，权威型的父母对孩子施加控制的方式理智、民主（而非严厉、专制），赏识并尊重孩子的观点。

| 要求/控制性 \ 接纳/反应性 | 高 | 低 |
|---|---|---|
| 高 | **权威型**<br>要求合理适当，<br>执行始终如一，<br>对孩子敏感、接纳 | **专制型**<br>规则、要求繁多，<br>却很少做出解释，<br>对孩子的需求、观点不敏感 |
| 低 | **放任型**<br>规则、要求很少，<br>对孩子过于纵容，<br>给他们过多的自由 | **冷漠型**<br>规则、要求很少，<br>对孩子的需求漠不关心、<br>感觉迟钝 |

**图 11.3** 教养方式的两个维度。把两个维度相交叉，得到四种不同的教养方式：接纳 / 控制（或“权威型”），接纳 / 不控制（或“放任型”），冷淡 / 控制（或“专制型”），以及冷淡 / 不控制（或“冷漠型”）。你的父母采用的是哪种教养方式？（资料来源：Maccoby & Martin, 1983.）

**放任型教养方式**（permissive parenting）：接纳但过于宽松的教养方式，父母很少对孩子提要求，允许孩子自由表达自己的感受和欲望，不会密切监控孩子的活动，对他们的行为也很少进行严格的控制。

鲍姆琳德（Baumrind，1967）把这三种教养方式与接受这些教养方式的学前儿童联系起来，结果发现，权威型父母的孩子成长得非常好。他们快乐、有社会责任感、有成就导向、乐于跟成人和同伴合作。相反，专制型的父母儿童容易喜怒无常、常常闷闷不乐、易激怒、不友好、做事无目标，一般不太讨人喜欢。最后，放任型父母的儿童通常冲动而富攻击性，男孩尤其如此。他们专横跋扈、自我中心、缺乏自我控制、独立性差、学习成绩糟糕。

专制型和放任型父母的孩子最终会“树大自然直”吗？为了回答这个问题，鲍姆琳德追踪考察了这批儿童 8~9 岁时的情况。如表 11.1 所示，权威型父母的孩子在认知能力（如思维的原创性、高成就动机、喜欢智力方面的挑战）和社会技能（如乐群、友善、积极参加集体活动并在其中表现出领导才能）两方面依然保持了高水平，而专制型父母的子女一般在认知和社会技能两方面处于中等到中下水平，放任型父母的子女，这两个方面的能力都很差。实际上，接受权威型教育的儿童所具有的优势到青少年期依然显著：与接受专制型或放任型教育的青少年相比，权威型父母养育的青少年相当自信，成就导向和社会技能较好，与药物滥用和其他问题行为无缘（Baumrind，1991）。权威型的教养方式与积极发展结果之间的联系，在迄今为止美

**表 11.1** 教养方式与儿童中期、青少年期发展结果的关系

| | 发展结果 | |
|---|---|---|
| **教养方式** | **儿童期** | **青少年期** |
| 权威型 | 认知与社会能力高 | 高自尊，社会技能出色，强烈的道德 / 亲社会取向，学习成绩优异 |
| 专制型 | 认知与社会能力一般 | 学习成绩与社会技能一般，比放任型父母的孩子更为顺从 |
| 放任型 | 认知与社会能力低下 | 自控能力和学习成绩均较差，比权威型或专制型父母的孩子有更多的吸毒行为 |

资料来源：Baumrind，1977，1991；Steinberg et al.，1994.

国所有被研究的族裔群体中都存在（Glasgow et al.，1997；Steinberg et al.，1994），
355 在不同文化背景中也是如此（Chen，Hastings et al.，1998；Scott，Scott，& McCabe，1991）。

### 冷漠型教养方式

近年来如下事实已经变得相当明确：最不成功的教养方式就是所谓的**冷漠型教养方式**（uninvolved parenting），一种极端宽松、不闻不问的教养方式。这样的父母要么拒绝自己的孩子，要么整日被自己的压力和问题所困扰，没有时间或精力照顾孩子（Maccoby & Martin，1983）。其父母属于冷漠型的儿童，3 岁时就已经表现出相当高的攻击性和较多的外显问题行为，如发脾气（Miller et al.，1993）。进入儿童后期时，他们喜欢恶作剧，课堂表现很差（Eckenrode，Laird，& Doris，1993；Kilgore，Snyder，& Lentz，2000）；他们通常还会成为充满敌意、自私、桀骜不驯的青少年，缺乏有意义的长远目标，容易出现酗酒、吸毒、不正当性行为、各种犯罪活动等反社会行为和犯罪行为（Kurdek & Fine，1994；Patterson，Reid，& Dishion，1992；Pettit et al.，2001）。事实上，这些年轻人的父母通常都很冷漠（甚至麻木不仁），他们的行动（或者根本无动于衷）似乎告诉孩子，“我根本就不在乎你，也不在乎你做什么”。这样的信息无疑会滋长孩子的愤恨，激起他们对这些麻木不仁、冷漠无情的人和其他权威人物的报复心。

### 对权威型教养方式效果的分析

为什么权威型教养方式和良好的社会性、情绪及智力发展结果存在稳定的联系呢？可能有多种原因。首先，权威型的父母是和蔼而接纳的，他们所传达的充满爱心的关切，会驱使孩子听父母的话，冷淡而苛求（专制）的父母的孩子则不会这么做。其次，在控制孩子的方式上，专制型的父母会给孩子设定非常死板的标准并支配孩子，孩子可以表达的自由非常之少（即便有的话）；与此不同，权威型父母用理性的方式施加控制，认真解释自己的想法，同时也会考虑孩子的想法。来自关爱而接纳

的父母的公平合理而非武断蛮横的要求，很可能诱发自觉服从，而不是抱怨或反抗（Kochanska，2002）。再次，权威型的父母细心地根据孩子的能力提出要求，规范孩子的行为。换言之，他们设定的标准是孩子能实际做到的，同时给孩子一定的自由或自主权来决定怎样才能最好地实现这些期望。这种方式传达了重要信息，类似于："你是一个很有能力的人，我相信你可以自立，能够实现这些重要的目标"。当然，在前几章中我们已经看到，这种反馈在儿童期可以促进自立、成就动机和高自尊的 356
发展，这种支持可以让青少年安心地探索各种角色和想法，从而促进个体同一性的形成。

总之，权威型教养方式（关爱与适度、理性的控制相结合）是和积极的发展结果联系最紧密的教养方式。很显然，儿童需要爱，同时需要限制，也就是用一套规则帮助他们规范和评价自己的行为。没有这种引导，他们可能难以自控，变得自私、缺乏明确的成就目标，当父母也很冷淡或漠不关心时更是如此（Steinberg et al.，1994）。但是如果给孩子过多的引导，用刻板的限制束缚他们的手脚，孩子就很难自立，还可能对自己的决策能力缺乏自信（Grolnick & Ryan，1989；Steinberg et al.，1994）。

## 行为控制与心理控制

布里安·巴尔伯及其同事（Barber，1996；Barber，Olsen，& Shagle，1994）提出了关于父母实施控制的另一个重要问题，仅仅把父母划分成权威型、专制型、放任型和冷漠型，并不能完全解决这一问题。他们指出，父母可能在实施**行为控制**（behavioral control）方面存在差异，行为控制指的是通过坚决而合理的纪律和对孩子活动的监控，来管束孩子的行为。他们也可能在**心理控制**（psychological control）的实施上存在差异，心理控制指的是通过忽视或无视儿童的感受、暂停关爱或使其产生羞愧、内疚等心理手段，来影响儿童或青少年的行为。

根据本书所提到的研究结果，读者即可判定，哪种控制方式与比较好的发展结果有关。早在学前期就注重严格的行为控制、很少采用诱发心理愧疚手段的父母，其孩子在儿童期和青少年期往往行为良好，他们不会参与违规的同伴活动，通常不会惹麻烦；相反，父母过多地使用心理控制（或行为控制与心理控制的水平都很高）通常与孩子的焦虑、抑郁、加入不良同伴群体、反社会行为等消极发展结果有关（Barnes et al.，2000；Galambos，Barker，& Almeida，2003；Olsen et al.，2002；Pettit et al.，2001）。这些发展结果可能反映了如下的研究发现：那些对孩子实施行为控制的父母，通常表现出支持性而严格的（权威的）引导模式，而偏爱心理控制的父母则依赖苛刻的纪律，并试图破坏孩子的自主性（Barber & Harmon，2002；Pettit et al.，2001）。的确，当心理控制型父母频频传达如下信息，如"你居然不把我放在眼里，胡作非为，真是令人讨厌、可耻"时，孩子很难产生自主、自信和自立的感觉。这样的话往往会使孩子变得消沉或疏远父母，投入不良同伴群体的怀抱。

## 父母影响模式与儿童影响模式

社会–发展心理学家长期以来一直受**父母影响模式**（parent effects model）的影响，这种模式假设，家庭内的影响方式基本上是单向的，只是父母对孩子产生影响。这种观点的支持者会宣称，权威型教养方式可以促进（即导致）好的发展结果。相反，**儿童影响模式**（child effects model）则主张，儿童对其父母的影响是主要的。这种观点的支持者会宣称，权威型教养方式适应性如此之强，是因为随和、温顺、有能力的孩子使父母变得更具权威性。

戴安娜·鲍姆琳德（Baumrind, 1983, 1993）赞成父母影响模式。她指出，一开始，
357 权威型父母的孩子往往会反抗父母的要求。但是父母对自己所提的要求坚定不移，同时又有足够的耐心等到孩子变得顺从，而不会迁就孩子不合理的要求，也不会以势压人，长此以往，最终孩子就变得顺从了。确实，关于母亲对 1.5~3 岁的孩子所使用的早期控制策略的追踪研究，明确地支持鲍姆琳德的父母影响模式假说。具体来说，权威型母亲坚持要求孩子做出适当行为（或要做），坚决而耐心地对待不顺从行为，这样孩子在学步期会逐渐变得更顺从，问题行为也较少。相反，专制型母亲则强调不要做（不要摸、不要嚷），采用专制的、以势压人的控制策略，她们的孩子顺从性与合作性都较差，而且问题行为会随着年龄增长而增加（Crockenberg & Litman, 1990；Kuczynski & Kochanska, 1995）。

不过，也存在这种情况：极端倔强、任性的孩子，由于自制力很差，的确会引来更强制性的教养方式（Kuczynski & Kochanska, 1995；Stoolmiller, 2001），还可能会让父母筋疲力尽，变得越来越纵容、冷淡，甚至充满敌意、漠不关心（Lytton, 1990；Stoolmiller, 2001）。今天，大多数发展心理学家更赞同**相互影响模式**（transactional model），把社会化看做相互影响的过程（Collins et al., 2000）。追踪研究通常假定，教养方式对孩子的影响大于孩子对教养方式的影响（Crockenberg & Litman, 1990；Scaramella et al., 2002；Wakschlag & Hans, 1999）。但是，主张相互影响模式的心理学者相信：（1）儿童能够而且的确经常影响其父母，无论是好的还是坏的（Cook,

2001);(2)我们决不能像华生(John Watson，1928)所宣称的那样，想当然地认为，父母要为孩子向好的方向还是坏的方向成长负全责。

## 教养方式的社会阶层差异和族裔差异

在许多文化和亚文化中，都发现了权威型教养方式与良好心理发展之间的联系。不过，来自不同社会阶层和种族背景的人，需要面对的问题不同，追求的目标不同，在怎么做才能适应他们所处的环境方面所采取的价值观也不同，这些生态学因素都会影响他们的教养方式。

### 教养方式的社会阶层差异

那么，不同社会阶层的教养方式有哪些差异？与中产阶层父母相比，经济状况较差的父母以及工薪阶层父母通常：(1)强调对权威的服从和尊敬；(2)约束更多，更专制，更多地以势压人；(3)较少对孩子进行劝说；(4)较少对孩子表达温情和关爱(Maccoby，1980；McLoyd，1998)。

埃莉诺·麦考比(Maccoby，1980)称，在许多文化中以及美国的各族裔群体中，
都发现了教养方式存在社会阶层差异。不过要谨记，这里我们探讨的是群体趋势而 358
不是绝对差异：有些中产阶层父母的教养方式也是非常严厉、以势压人和冷漠无情的，而许多经济状况较差的父母和工薪阶层父母的教养方式很像中产阶层父母(Kelley，Power，& Wimbush，1992；Laosa，1981)。但平均而言，与中上等社会阶层的父母相比，社会经济地位较低的父母以及工薪阶层父母较严厉，惩罚较多，对不顺从的容忍度也较低。

### 对教养方式的社会阶层差异的分析

毫无疑问，是多种因素导致了教养方式的社会阶层差异，其中经济因素似乎首当其冲。例如，沃尼·麦克洛伊德(McLoyd，1989，1998)声称，经济困难会导致那些父母心理上的贫困，表现为对生活条件不满，更急躁、易怒，在各种消极生活事件面前更脆弱(包括每天关于养育孩子的争吵)，由此削弱了他们的温情、支持性以及深深介入孩子生活的能力。

其后，兰德·康杰等人(Conger et al.，1992，1995，2002；亦见 Mistry et al.，2002)为这一“经济贫困”假说提供了支持。他们的研究发现，在家庭经济困难、不关怀/冷漠型的教养方式、消极的儿童养育结果之间，存在明确的联系。如图 11.4 所示，事件之间的因果链如下：体验到经济压力或感到自己难以应对经济问题的父母会变得抑郁，进而使婚姻冲突增多。接下来，婚姻冲突又会损害父母的支持性和投入程度。而配偶之间相互支持、共同抚育子女的感觉，可以增强父母处理养

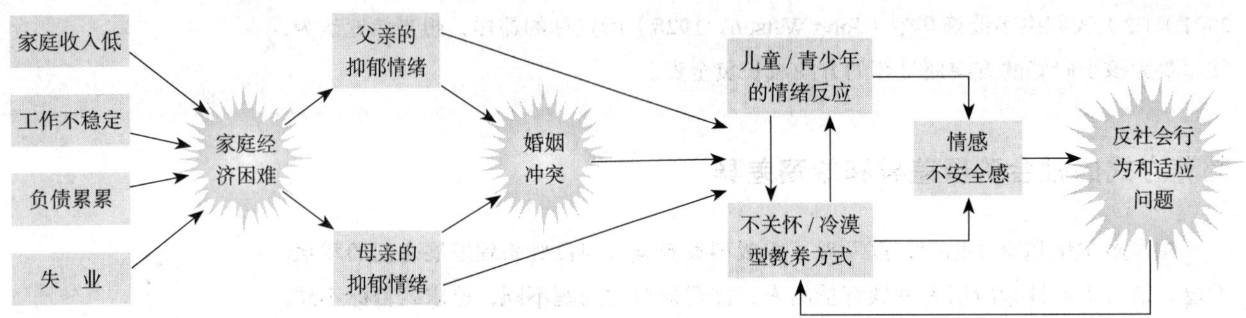


**图 11.4** 家庭经济困难、教养方式、儿童 / 青少年适应的关系模型。（资料来源：Conger et al.，1992；Davies & Cummings，1998.）

育问题的信心，或许婚姻冲突在很大程度上破坏了这种感觉（Gondoli & Silverberg，1997）。而且父母也有理由担心孩子的养育问题，因为孩子经常对婚姻冲突、漠不关心的教养方式做出消极反应，孩子会体验到情感安全感的缺失，进而出现自尊较低、学习成绩较差、同伴关系不良等儿童期和青少年期经常出现的问题，以及抑郁、敌意、反社会行为等问题行为（见 Davies & Cummings，1998）。由不关怀 / 强制型教养方式促成的这些儿童适应问题，可能会进一步激怒父母，导致父母愈加冷漠，对孩子生活的关怀和卷入程度更低（Rutter & Conger，1998；Vuchinich，Bank，& Patterson，1992）。特别是生活在贫困线以下的家庭，可能会经历康杰的**家庭贫困模型**（family distress model）所勾勒出的适应不良的家庭发展过程，而且贫困的程度越严重、持续得越久，儿童和青少年的成长前景越不容乐观（Duncan & Brooks-Gunn，1997，2000）。当然，我们要谨记，许多低收入的父母都有能力处理他们的问题，有效地养育孩子，尤其是当其经济和 / 或婚姻方面的困难并不持久，他们对养育孩子感到乐观和高度自信，他们从亲人朋友及其他成人那里可以获得情感和养育方面的支持时（Ackerman et al.，1999b；Brody，Murry et al.，2002；Livner，Brooks-Gunn，& Kohen，2002）。不过，麦考比和麦克洛伊德的假设似乎是对的：对于在低收入、经济困难的家庭中常常看到的比较冷漠和强制的教养方式，经济困难可能是一个重要影响因素。

对社会阶层和教养方式之间关系的另一种解释关注白领和蓝领所需技能的差异（Arnett，1995；Kohn，1979）。在社会经济地位较低及工薪阶层当中，蓝领工人占了相当大的比重，他们必须取悦上司，遵从其权威。所以，许多低收入的父母强调对权威的服从和尊敬，因为在他们看来，这些特质正是蓝领经济学中成功的关键。相反，
359 中上等阶层的父母会更多地对孩子进行劝说、协商，同时强调个体的主动性、好奇心和创造性，因为这些技能、特质和能力对于他们自己所处公司的主管、白领工人或专业人员等而言都是非常重要的（Greenberg，O'Neil，& Nagel，1994）。

最后，教养方式之外的许多环境因素共同促成了经济贫困儿童与经济状况较好的中产阶层、工薪阶层儿童之间的分化。例如，专栏 11.1 中介绍的研究说明了，来

自贫困家庭的儿童是怎样受到生活处境的消极影响的，而不论他们接受的是哪种教养方式。

### 教养方式的族裔差异

不同族裔的父母也会持有截然不同的养育观和价值观，这些都是他们的文化背景或所处小环境的产物（MacPhee，Fritz，& Miller-Heyl，1996；McLoyd & Smith，2002）。例如，与欧裔美国父母相比，美国土著和西班牙裔父母的文化背景有更多的集体主义文化特征，强调集体目标而非个人目标，他们更倾向于：（1）和许多亲属保持密切联系；（2）认为孩子应该镇定、举止得体、礼貌、非常尊重权威人物（尤其是父亲），而不是富于独立性和竞争性（Harwood et al.，1996；MacPhee，Fritz，& Miller-Heyl，1996）。墨西哥裔美国父母讲西班牙语，会体验到相当大的**文化适应压力**（acculturation stress），他们比欧裔美国父母表现出更强的控制性。不过，如果这种高控型教养方式与和蔼、情感支持加以结合，也是具有适应性的。因为对孩子而言，在不同往常的、极易使人困惑的新文化环境中，这种教养方式提供的选项较少（Hill，Bush，& Roosa，2003）。

亚洲父母和亚裔美国父母也倾向于强调自我约束和人际和谐，如果说有什么不同，那就是他们比其他族裔的父母指令性更强、控制更严格（Greenberger & Chen，1996；Uba，1994；Wu et al.，2002）。不过，对东亚血统的儿童和欧裔美国儿童而言，这种看似专制型的教养方式的内涵颇为不同。例如，露丝·赵（Chao，1994，2001）指出，中国儿童和华裔美国儿童在学校的表现都非常出色，虽然其父母都是高度专制型而非权威型的。在中国文化中，父母相信严加管教是表达对孩子的爱、并把他们培养成材的最佳方式；孩子们也接受服从长辈、尊重家庭这些源远流长的文化价值观。事实上，与其他族裔的儿童相比，华裔美国青少年参与的家庭活动更多，一般都能自如地平衡家庭责任与学习需要、同伴群体活动的关系，而不损及自身的心理健康（Fuligni，Yip，& Tseng，2002）。因而，对欧裔美国人来说的那种高控制、难以适用的“专制型”教养方式，在中国（美国的亚洲移民家庭中）却非常有效。 360

非裔美国家庭的教养方式是多样化的，很难概括。研究表明，城市中的非裔美国母亲（尤其是文化较低的单身母亲）倾向于要求孩子绝对顺从，而且为达此目的而采用强制性的管束（Kelley et al.，1992；Ogbu，1994）。如果我们不假思索地（正如研究者多年来所做的那样）假定某种特定的教养方式（权威型）优于其他所有的教养方式，那么我们势必断定，非裔美国家庭中经常看到的**严厉型教养方式**（no-nonsense parenting）是适应不良的。不过对于很多缺乏养育支持的年轻母亲而言，这种强制性和高控型的教养方式实际上是高度适应的，它可以保护居住在高危社区的孩子免于成为犯罪的受害者（Ogbu，1994）或结交反社会同伴（Mason et al.，1996）。事实上，对非裔美国青少年采用体罚等手段，并不会像对欧裔美国孩子

## 专栏 11.1 发展问题

### 家庭的不稳定性、无家可归与儿童发展

本书中多次指出，与经济需求得到满足的儿童相比，在经济贫困家庭中长大的孩子，特别是那些长期经受贫困折磨的孩子，更有可能出现各种低于标准水平的发展结果：儿童期的认知缺陷，学习成绩较差，焦虑、抑郁，自我价值感较低，出现品行障碍，以及青少年早期的攻击 / 反社会行为等。很明显，经济贫困家庭中经常看到的不关怀 / 冷漠型教养方式可以解释这些不良结果。不过，与经济贫困相关的其他因素也会牵涉其中。

#### 家庭不稳定

其中一个相关因素就是家庭不稳定。家庭不稳定指对儿童家庭生活的日常连续性及凝聚力造成威胁的情况：(1) 经常搬家；(2) 主要的养育者先后有多个亲密伴侣；(3) 生活在多种家庭环境中（如单亲家庭，与祖父母一起生活，在福利机构生活等）；(4) 经历过许多消极生活事件(如重病缠身，近亲去世，父母失业)。虽然任何社会阶层的各个家庭对自身“稳定性”的看法不尽相同，但家庭不稳定的上述指标在经济贫困群体中都比较普遍。

布里安·阿科尔曼等人（Ackerman et al.，1999a，2002）采用上述指标对大量经济贫困家庭的稳定性 / 不稳定性进行了评估。他们想测定，在控制了儿童接受的教养方式之后，家庭不稳定性是否仍与这些家庭中 5~9 岁儿童表现出的情感问题、品行障碍存在关联。研究结果明确显示，家庭不稳定是发展困难的潜在影响因素。具体讲，来自不稳定家庭的男孩会出现较多外显问题（攻击行为和反抗 / 反社会行为），而来自长期不稳定家庭的女孩则较多出现内隐问题（如焦虑、抑郁和社交退缩）。一项对女青少年的类似研究得出了相似的结果：即便控制了母女关系质量，那些经历过多次搬家、与母亲分离的女孩，出现的行为问题显著多于家庭生活同样贫困但是比较稳定的同龄人（Adam & Chase- Lansdale，2002）。有趣的是，一项研究发现，住所的不稳定性对情感反应性较强的儿童（他们容易出现各种问题行为）似乎没有什么影响，却与比较随和、反应性较弱的孩子的问题行为增多存在关联，这些孩子很难应对频繁搬迁带来的压力（Stoneman et

那样增强他们的攻击性或反社会行为，这可能是因为非裔美国儿童把这些手段看做父母对其关心爱护而非敌意的表现（Deater-Deckard & Dodge，1997；Spieker et al.，1999）。此外，这种介于专制型和权威型之间的“严厉型”教养方式，在其他方面也是适应的。在这种教养方式之下长大的非裔美国儿童，会成为认知和社会能力都很强的青少年，很少表现出焦虑、抑郁或其他的内隐障碍（Brody & Flor，1998），涉足（或一直参与）犯罪活动的可能性则较小（Walker- Barnes & Mason，2001）。

361 考虑到上述研究结果，我们一定不要想当然地仅仅因为“中产阶层”的权威型教养方式在大多数情况下都能促成良好发展结果，就推论它对于所有的小环境都是最具适应性的。没有哪一种教养方式对于所有的文化和亚文化而言都是最佳的。路易斯·洛萨（Laosa，1981，p.159）在 1981 年就提出了相同的观点，他指出“在世界各地土生

al.，1999）。因此，即使经济贫困家庭的儿童与监护人关系良好而且得到了充分的养育，如果他们的家庭生活不稳定，许多孩子仍有可能出现问题行为。

### 无家可归

有一种家庭不稳定的情况可能会让那些在稳定家庭长大的人感到震惊：这些人没有属于自己的、可以称为“家”的地方。美国每年有近70万的学龄儿童至少有一部分时间无家可归（U.S. Conference of Mayors，1998）。虽然我们都在电视上看到过，无家可归的一家人住在汽车里，或露宿在公园和高速公路服务区，但典型的无家可归家庭是20多岁的单身母亲带着她的一两个孩子住在公共收容所内。无家可归对儿童和青少年的成长有何影响呢？

约翰·布克纳等人（Buckner et al.，1999）比较了6岁及更大的无家可归儿童与其他经济贫困但有家的同龄人的各种行为。在控制了其他可能影响教养方式的变量（如母亲受到的压力）之后，布克纳等人发现，在焦虑/抑郁、社交退缩行为等内隐问题和身体疾病方面，居住在收容所里的无家可归儿童的得分明显高于有家的贫困儿童。无家可归促成这些内隐障碍，很可能是因为在收容所生活的儿童会痛苦地意识到与无家可归相联系的、负面的社会名声，为无家可归感到羞耻，并受到同伴的排斥，从而感到抑郁、自责以及自我价值感较低。此外，无家可归的青少年当中，有很多是被拒绝或虐待的父母赶出家门的，他们常常会加入帮派并参与贩毒、盗窃或卖淫等非法活动（Unger et al.，1998）。如果家庭确实是心灵的归宿，那么，对于无家可归的儿童和青少年，整个世界就是一片冷酷无情的荒漠。

简言之，对于经济贫困儿童常常表现出的低于常模的发展状况，家庭不稳定（包括无家可归）无疑是一个原因。遗憾的是，近来美国的许多政府援助项目都被以福利改革之名削减掉了，这一举措会导致贫困家庭中的经济贫困加剧、家庭不稳定性增大、无家可归者增多，特别是对于单身母亲家庭。布克纳等人（Buckner et al.，1999）指出，对贫困家庭提供足够的经济援助（如购粮卡、住房补贴，儿童护理从而使父母能保住工作），让更多的贫困儿童拥有稳定的家庭，可以更有效地防止在极端贫困的条件下成长带来的有害后果（亦见 Duncan & Brooks- Gunn，2000）。

土长的教养方式，代表了对各个民族互不相同的生活条件的良好适应。判断［成人］是不是‘好的（父母）’只能用那些相关的标准，即他们所处文化的标准。”

## 追求自主：青少年期的亲子关系

青少年面临的最重要的发展任务之一就是获得成熟而健康的**自主性**（autonomy）：在不过分依赖别人的情况下，对自己的事情做出决定、处理生活事务的能力。如果青少年打算像成人那样做事，他们就不能每次稍遇挫折后冲回家寻求慈爱的拥抱，他们也不能再依靠父母来监督自己按时完成作业，或者提醒他们自身的责任和义务。

随着儿童日趋成熟、行事越来越自主，家庭系统会发生什么变化？在中国和美国

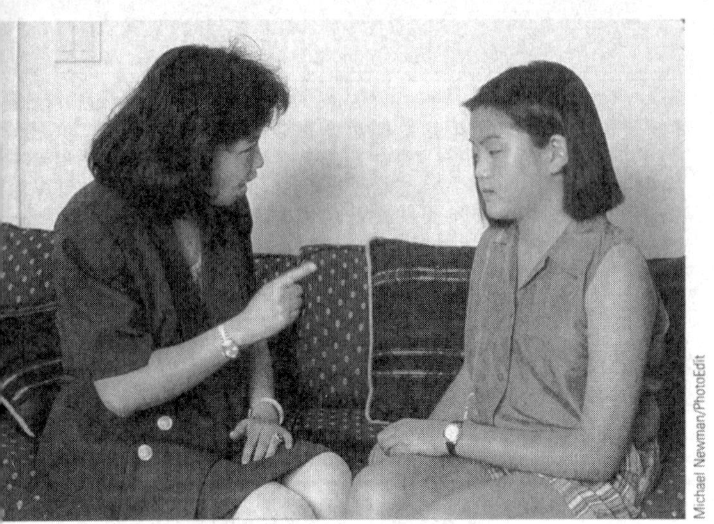


**图片 11.5** 随着青少年开始追求自主，他们与父母的冲突变得越来越常见。

这样差异悬殊的文化中，到青少年早期，父母和子女在自我管理问题上的冲突都是极为普遍的，随后冲突发生的频率（虽然强度并不一定）会逐渐降低（Laursen，Coy，& Collins，1998；Yau & Smetana，1996）。在来自集体主义文化的移民家庭和欧裔美国家庭中，这些争执发生的频率大致相同（见 Fuligni， 362
1998），它们通常既不持久也不严重，往往围绕青少年的仪表、择友、忽视功课和家务等问题展开。而且，多数的摩擦是源于父母和孩子的不同视角。父母从道德或社会－传统角度看待冲突，感觉自己有责任监控和管束孩子的行为；而那些强调寻求自主的青少年，则认为唠唠叨叨的父母侵犯了个人的权利和选择（Smetana & Daddis，2002）。随着青少年继续坚持己见、父母逐渐放宽限制，亲子关系通常会从父母主导向父母和青少年平等的情况演变（Steinberg，2002）。与欧裔美国父母相比，亚裔美国父母运用自己权威的时间要长得多（Greenberger & Chen，1996；Yau & Smetana，1996），这常常使亚裔美国青少年感到烦恼乃至沮丧（Greenberger & Chen，1996；Zhou & Bankston，1998）。

研究者曾经认为，青少年建立自主权的最佳途径是通过切断情感纽带来实现和父母的分离。实际上，对那些感到自己与父母之间的冲突很多、支持性很少的青少年而言，当他们适当疏远家人而且能够从老师、“大哥”或家庭以外的其他成年良师益友那里获得支持时，他们确实能适应得更好（Fuhrman & Holmbeck，1995；Rhodes，Grossman，& Resch，2000）。不过，对那些在家庭中得到温情接纳的青少年来说，切断情感纽带其实不明智。安全依恋型的青少年在和父母发生意见分歧，采取独立的立场，变得自主时，会感到更安心，而不必担心为此失去父母的温情和关爱（Allen et al.，2003）。而且总体而言那些适应得最好的青少年，仍然和父母保持亲密的依恋关系，即便他们已经获得了自主权并准备离开温暖的家时也是如此（Beyers & Goossens，1999；Steinberg，2002）。由此看来，既自主又依恋，或既独立又相互依赖，是最理想的。

### 鼓励自主

如果父母能够意识到并承认青少年对自主性有日益增大的需求，逐渐放宽限制，青少年就有可能形成适当的自主性、成就动机以及其他方面的良好适应。大量研究发现，父母应该始终不渝地执行一套合理的规定，同时要让孩子参与到关于自我管理问题的讨论和决策中来，监控他们的行踪，不要过多地诱发内疚感（或使用其他形式的心理控制），即便冲突不可避免地发生了，依然要保持关爱和支持（Barber

& Harmon，2002；Steinberg，2002）。这种教养方式听起来是不是很熟悉？理当如此。父母接纳和灵活控制（既不过于纵容、又不过分严厉）的这种完美结合，正是权威型教养方式，它在许多情况下都与健康的发展结果有关。受到这种对待的青少年，通常把父母关于自己活动及行踪的问询看做关爱的表现，父母也就不必为了获取他们的活动及行踪的信息而严加询问或四处打探（Kerr & Stattin，2000）。青少年体验到个人的苦恼和逆反情绪，不愿透露关于自己活动的信息并最终出现问题，主 363
要是因为父母抵制孩子寻求自主的努力，控制过多或过于纵容和漠不关心（Barber & Harmon，2002；Kerr & Stattin，2000；Laird et al.，2003）。当然我们必须提醒自己，家庭内的社会化是双向影响的过程，与粗鲁、充满敌意、不服管教的青少年相比，父母对有责任感、头脑清醒的青少年采取权威型教养方式要容易得多。

总而言之，青少年要想追求自主，冲突和争取权力的斗争就几乎不可避免。不过，随着对亲子关系的重新协调，从而使这种关系更为平等，大多数青少年及其父母能够解决双方的分歧，仍对彼此保持积极的情感（Furman & Buhrmester，1992）。结果是，追求自主的年轻人在变得越来越自立的同时，对父母的依恋也越来越趋于“朋友式”关系。

## 同胞和同胞关系的影响

虽然家庭的规模日渐缩小，但大多数美国儿童仍至少有一个同胞，人们也就少不了要对兄弟姐妹在儿童生活中扮演的角色进行探讨。许多父母为孩子们的打斗和争吵感到苦恼，通常担心这种对抗行为会影响儿童的亲社会取向以及他们与别人友好相处的能力。当前一个普遍共识是：独生子女很可能成为孤独的、娇生惯养的“小皇帝”，如果他们有同胞，就会让他们在社会性和情感方面都受益，明白他们远不像自己想的那样“特殊”（Falbo，1992）。

虽然同胞对抗司空见惯，但我们将会看到，同胞也可以在儿童生活中扮演非常积极的角色，也会充当看护者、老师、玩伴和密友。我们也将看到，独生子女远远不像人们普遍认为的那样，因为缺乏同胞关系而处于不利的境地。

Ursula Markus/Photo Researchers, Inc.

**图片 11.6**　同胞之间的强迫和对抗行为是家庭生活中的一种正常现象。

## 新生命的到来给家庭系统带来的改变

朱蒂·杜恩和卡罗尔·肯德里克（Dunn & Kendrick，1982；亦见 Dunn，1993）对长子（女）怎样适应弟弟妹妹的到来进行了研究，其结果并不是全然乐观的。弟弟或妹妹出生后，妈妈给予长子（女）的疼爱和关注通常会减少，对这种感知到的“忽视”，孩子的反应是变得难以管教、爱搞破坏、依恋的安全性降低，特别是如果他们当时已经两岁或更大，就会更容易察觉到自己与养育者之间的“排他性”关系已经被弟妹的到来破坏了（Teti et al.，1996）。显而易见，长子（女）通常会为失去妈妈的关注而不满，可能为弟弟妹妹夺走这种关注而耿耿于怀，而他们自己不服管教的行为则疏远了父母，使情况更加糟糕。

因此，**同胞对抗**（sibling rivalry）（同胞之间的竞争、嫉妒或怨恨）通常会随着
364 弟弟或妹妹的降生而出现。怎样才能减少这种对抗呢？如果长子（女）在弟弟妹妹到来之前已经和父母亲形成了安全依恋，之后仍然能保持密切的关系，适应过程会比较容易（Dunn & Kendrick，1982；Volling & Belsky，1992）。所以，建议父母继续给予长子（女）疼爱和关注，尽可能保持以往的生活习惯。鼓励长子（女）觉察宝宝的需要并帮助父母照看弟弟或妹妹，也是颇有帮助的（Dunn & Kendrick，1982；Howe & Ross，1990）。

## 整个儿童期的同胞关系

值得庆幸的是，大多数长子（女）能够迅速适应有了弟弟或妹妹的生活，他们的焦虑会大大减轻，最初表现出的那些问题行为也逐渐减少。但即便是在关系最好的同胞之间，冲突也是家常便饭。据朱蒂·杜恩（Dunn，1993）的报告，年龄很小的同胞之间的小冲突竟然可以多达每小时 56 次！同胞间的这些冲突通常主要围绕个人所有物和游戏的剧情安排展开（Howe et al.，2002；McGuire et al.，2000），随着年龄增长而减少，而且通常会以建设性的方式得到解决，特别是在同胞把双方的关系看做积极的而非消极的时候（Ram & Ross，2001）。长幼同胞在行为上存在一些可靠的差异：通常年长的会成为比较专横、更具攻击性的一方，年幼的则成为比较顺从的一方（Abramovitch et al.，1986；Erel，Margolin，& John，1998）。不过，年长的也会主动发起更多的帮助、嬉戏和其他亲社会行为，这一发现可能反映了父母给他们的压力，要通过照顾年幼的弟弟妹妹来表现出自己的成熟（Brody，1998）。

一般来讲，如果父母关系融洽，同胞之间和谐共处的可能性就大得多（Dunn，1993；Reese-Weber，2000）。婚姻中的冲突和不如意能很好地预测同伴交往中的嫉妒和对抗，特别是在年长的同胞与父母的一方或双方的依恋关系脆弱、不安全，而父母本身又采用强迫性的管教方法时（Erel，Margolin，& John，1998；Volling，McElwain，& Miller，2002）。婚姻冲突可能使儿童情绪紧张并直接造成不安全感

（Davies & Cummings，1998），而父母所用的强势管教方法又会告诉年长同胞，对冒犯自己的人（特别是年幼、弱小的）就要用强力策略。

如果父母努力监控孩子们的活动，同胞关系也会更友好。遗憾的是，如果父母听之任之，年幼学前儿童之间的一般冲突也会逐步升级为严重冲突（Kramer，Perozynski，& Chung，1999）。事实上，冷漠型教养方式之下，发生在同胞之间的激烈的、破坏性的打斗，是家庭之外的攻击和反社会行为的极为有力的预测指标（Garcia et al.，2000）。

最后一点，如果父母疼爱所有的孩子并做出敏感的回应，而不是长期厚此薄彼，同胞之间的冲突也会较少（Brody，1998；McHale et al.，2000）。年幼同胞对不平等的对待尤其敏感，如果他们感觉父母偏爱年长同胞，通常会做出消极反应并出现适应问题。这并不是说年长同胞不会受差别对待的影响，只是因为他们年龄较大，更容易理解长幼需求有所不同，懂得不平等对待是合乎情理的，父母有时会在一些方面偏向年幼的同胞（Kowal & Kramer，1997）。

但人们往往会过分强调同胞对抗。小学儿童比较重视自己与同胞的关系，即使他们之间存在很多冲突（Furman & Buhrmester，1985）。而青少则把同胞看做亲密伙伴，可以向其寻求陪伴和情感支持，虽然他们之间的关系也经常阴晴不定 365
（Buhrmester & Furman，1990；Furman & Buhrmester，1992）。那么，为什么同胞会如此看重这种经常充满冲突的关系？观察记录给出了一个答案：兄弟姐妹经常会为对方做好事并且善意地解决分歧，这些亲社会行为通常比憎恨、对抗和破坏行为多得多（例如，Abramovitch et al.，1986；Ram & Ross，2001）。

## 同胞关系的积极影响

同胞在相互的生活中可以扮演哪些积极的角色呢？年长同胞的一个重要贡献就是照看自己年幼的弟弟妹妹。一项针对186个社会的教养方式的调查发现，在57%的被研究群体中，年长儿童是婴儿和学步儿的主要看护者（Weisner & Gallimore，1977）。即便是在美国这样的工业化社会中，年长同胞（尤其是姐姐）也经常被要求照看弟弟或妹妹（Brody，1998）。当然，看护人的角色也让年长儿童能以多种方式影响自己的弟弟妹妹，例如成为他们的老师、玩伴和辩护人，给他们情感支持。

### 同胞可以提供情感支持

婴儿会不会对年长同胞产生依恋，并将其看做自己的安全基地？为了查明这个问题，罗伯特·斯特华德（Stewart，1983）将10~20个月的婴儿置身于一个修改版的爱因斯沃斯“陌生情境”中。每一个婴儿都和自己4岁大的同胞待在一个陌生房间里，随后一个陌生成人推门进入。当妈妈离开时，婴儿通常会有悲伤的表现；

而陌生人在身旁时，他们会非常警惕。斯特华德发现，这些悲伤的婴儿通常会靠近他们的年长同胞，尤其是陌生人第一次出现时。而且，大多数 4 岁儿童都会为自己的弟弟或妹妹提供一些安慰或看护，在以下情况下他们尤其会这样做：他们自己与母亲建立了安全型依恋关系（Teti & Ablard，1989），形成了观点采纳技能，能够理解弟弟或妹妹为什么会悲伤（Garner，Jones，& Palmer，1994；Stewart & Marvin，1984）。

随着年龄增长，同胞之间经常会互相保护，相互说心里话，一般比他们向父母说的心里话还要多（Howe et al.，2000），而且还可以从同胞的支持中获得力量。比方说，如果和同胞的关系非常亲密而富于支持性，那么，身患重病的儿童以及有酗酒或精神不正常的父（母）亲的儿童，出现的问题行为较少，发展结果也较好（Vandell，2000）。小学儿童受到同伴忽视或拒绝时，同胞之间坚强可靠的关系有助于减少他们通常会出现的焦虑和适应问题（Brody & Murry，2001；East & Rook，1992；Stormshak et al.，1996）。

### 同胞可以充当榜样和教师

除了提供看护和情感支持以外，年长同胞通常还可以通过示范或直接指导，向弟弟妹妹传授新的技能（Brody et al.，2003）。即便是学步儿也会很在意年长同胞，当他们主动参与同胞游戏、照看婴儿、做别的家务时，学步儿经常会模仿他们的行为（Maynard，2002）。年幼儿童通常比较崇拜他们的年长同胞，在整个儿童阶段，年长同胞都是他们重要的榜样和老师（Buhrmester & Furman，1990）。假如当儿童学习解决一个问题时，与有一个能力相当的年长同伴提供指导相比，有年长同胞从旁指导时，他们学到的更多（Azmitia & Hesser，1993）。为什么呢？原因在于：（1）如果较小的学生是自己的弟弟妹妹，那么年长儿童觉得更有责任进行指导；（2）与年长同伴相比，哥哥姐姐会提供更细致的指导和更多的鼓励；（3）较小的孩子更愿意让年长同胞来指导。这种非正式的教导显然颇有裨益：年长同胞和弟弟妹妹玩上学游戏，教他 366
们识字、数数，可以让弟弟妹妹更从容地学习阅读（Norman-Jackson，1982）。更重要的是，常常教导弟弟妹妹的年长同胞也可以从中受益，他们在学习能力倾向测验中的得分高于没有这种辅导经验的同伴（Paulhus & Shaffer，1981；Smith，1990）。

**图片 11.7** 年长同胞通常会充当弟弟妹妹的老师。

Dennis MacDonald/PhotoEdit

### 同胞可以促进社会认知能力的发展

同胞交往的频率和强度可以促进许多社会–认知能力的发展。例如，在第 6 章中我们了解到，同胞之间的游戏互动可以促进儿童对错误信念的理解和信念–愿望心理理论的出现。甚至同胞间的争吵也是很重要的：他们在表达自己的愿望、需要，以及对冲突的情感反应时毫不退缩，他们向对方提供的信息可以促进其观点采纳能力、情绪理解能力、协商与和解能力及更成熟的道德推理能力的发展（Bedford, Volling, & Avioli, 2000；Dunn, Brown, & Maguire, 1995；Howe, Petrakos, & Rinaldi, 1998）。显而易见，同胞之间的交往经验可以让儿童获益良多。

## 独生子女的特点

在没有同胞的环境中长大的“独生”子女真的像人们通常认为的那样娇生惯养、自私自利、骄纵任性吗？并非如此！两篇涵盖了数百个相关研究的综述发现，独生子女：（1）平均来讲，其自尊和成就动机都较高；（2）比有同胞的儿童更顺从、智力略高；（3）有可能和同伴建立非常好的关系（Falbo, 1992；Falbo & Polit, 1986）。

这些发现是否仅仅反映了如下事实：喜欢要一个孩子的父母在各个方面都不同于有多个孩子的父母？或许不是。1979 年，中国开始实行独生子女政策，以控制其日益膨胀的人口。所以，不管父母想生几个孩子，大多数的中国夫妇，最起码在城市里的夫妇，被限定只能生一个孩子。与许多批评家的担忧相反，没有任何证据表明，中国的独生子女政策造就了一代娇生惯养、自我中心的“小皇帝”。中国的独生子女与西方的非常类似，他们在智力和学习成绩测验中的得分略高于有同胞的儿童，在人格方面则不存在有实际意义的差异（Jaio, Ji, & Jing, 1996；Wang et al., 2000）。事实上，中国的独生子女实际报告的焦虑和抑郁少于有同胞的儿童。这一发现可能反映了中国对多子女家庭的社会谴责，而且独生子女可能会这样嘲讽有同胞的儿童：“你就不该来到这个世上”或“你父母应该只生一个孩子的”（Yang et al., 1995）。

因此，来自完全不同的文化背景的证据均表明，独生子女并没有因为缺少兄弟 367
姐妹而处于不利境地。许多独生子女能够通过友谊或同伴关系得到因缺少同胞而失去的东西。

# 家庭生活的多样性

正如本章前面指出的，现代家庭是如此多样化，以至于我们的大多数孩子都生活在双职工家庭、单亲家庭或混合家庭中，这和人们通常所认为的那种典型家庭（父母二人、两个或多个孩子，一人挣钱养活全家）极为不同。那么，我们就来看看几种不同的家庭生活方式。

## 收养家庭

如果夫妻一方没有生育能力，而又渴望天伦之乐，通常会设法收养一个孩子。绝大多数的养父母都能跟无血缘关系的养子女建立安全的情感联系（Levy-Shiff，Goldschmidt，& Har-Even，1991；Stams，Juffer，& van IJzendoorn，2002）；而且，用养育者的敏感性来预测依恋类型，对养子女和亲生子女而言是相同的。由此可见，对儿童的发展来说，成人做父母的渴望比他们和孩子的血缘关系重要得多。

不过，因为养父母与养子女没有共同的基因，所以养父母为养子女提供的成长环境，可能并不像亲生父母对亲生子女那样与其遗传倾向非常契合。环境方面的不相容性，加上许多儿童在被收养之前曾受到过忽视或虐待，或有其他特殊需要（Kirchner，1998），这些因素均可能有助于解释，为什么在儿童晚期和青少年期，收养儿童会比他们的非收养同伴表现出较多的学习困难、情绪问题和较高的犯罪率（Miller et al.，2000；Sharma，McGue，& Benson，1998）。

请不要误会。绝大多数被收养儿童都能适应得很好（Stams，Juffer，& van IJzendoorn，2002），而且在收养家庭中的成长远远好于看护中心，看护中心的看护者并不特别在意他们的现在和长远的未来（Brodzinsky，Smith & Brodzinsky，1998；Miller et al.，2000）。甚至对于那些来自社会经济地位较低群体的跨种族收养儿童，如果能在富于支持性、经济相对富裕的中产阶层家庭里成长，他们在智力和学习方面通常也会发展得很好，还会表现出健康的心理－社会适应模式（Brodzinsky et al.，1987；DeBerry，Scarr，& Weinberg，1996；Sharma，McGue，& Benson，1998）。由此可见，对大多数养父母及其养子女来说，收养是相当令人满意的安排。

美国的收养行为正在从秘密进行（即亲生母亲和养父母彼此不知道对方的身份）逐渐变得更开放（即允许亲生母亲与收养家庭的成员进行或多或少的直接或间接的接触）。被收养儿童通常会对自己的身世十分好奇，如果永远无法知道自己的亲生父母，他们就会心烦意乱，因此更开放的安排对他们有好处。事实上，美国及其他一些国家的研究表明，被收养儿童能获知亲生母亲的消息甚至和她建立联系时，他们会对自己的身世更好奇，对这些信息也更满意（综述见 Leon，2002）。更重要的是，
368 关于亲生父母的信息以及与血缘亲属的联系通常会帮助收养儿童认识到，养父母才是自己“真正”的爸爸和妈妈，而亲生父母则仅仅是“给予自己生命的人”（Leon，2002）。因此，并无证据表明，向被收养儿童提供亲生父母的信息会像开放收养政策的批评者曾担心的那样，使他们对收养的含义感到迷惑或伤其自尊。

## 精子捐赠家庭

一些无生育能力的夫妻没有选择收养，而是选择通过**精子捐赠**（donor insemination，DI）得到孩子，在此方式下，有生育力的女性在匿名捐赠者提供的精子的帮助下受孕。以这种方式建立的家庭引发了许多担忧。例如，伯恩斯（Burns，1990）认为，这类夫妇无法生育造成的压力，可能会导致不正常的教养方式。其次，以这种方式孕育的孩子与其父亲没有任何基因关系，比起有血缘关系的父亲，这些父亲会对孩子比较疏远，不如有血缘关系的父亲关心孩子（Turner & Coyle，2000）。那么，对精子捐赠儿童发展的担忧是否有道理呢？

答案是否定的。苏珊·高洛姆伯克和她的同事（Golombok et al.，2002）在英格兰做了一项长达 12 年的追踪研究。他们把由精子捐赠家庭养育的儿童的发展进程与收养儿童、亲生父母养育的儿童进行了比较。结果发现，12 岁时，与其收养同伴以及自然孕育的同伴相比，精子捐赠儿童并没有表现出更多的行为问题，在情绪、学习、同伴关系方面适应得同样良好。研究发现，与收养家庭的母亲以及自然受孕的母亲相比，精子捐赠儿童的母亲对孩子更疼爱，对孩子的需求也更敏感。另外，虽然精子捐赠家庭的父亲较少对儿童进行管束，但在其他方面的养育活动中参与得并不少，他们与孩子的关系和养父、生父与其孩子之间的关系同样亲密。虽然这是仅有的一项对精子捐赠家庭的研究，且样本量又比较小，但是研究进行得相当细致，其结果显示，对于那些真心想做父母又能坦然接纳精子捐赠的夫妇，我们无需担心他们以这种方式孕育的孩子会出现不利的发展结果。

## 同性恋家庭

在美国，有多达数百万为人父母的男 / 女同性恋者，其中大多数是通过之前的异性婚姻而生的孩子，也有一部分是通过收养或精子捐赠得到的孩子（Flaks et al.，1995；Chan，Raboy，& Patterson，1998）。在历史上，很多地方的法庭曾经极力反对同性恋者养育孩子，以至于完全根据父母的性取向，否决了某些同性恋父母在儿童监护权诉讼中的申诉。民众的担忧包括，同性恋父母的心理可能不健康，或许他们会骚扰自己的孩子，或许孩子因为自己父母的性取向而遭到同伴的侮辱。但最大的担忧是，害怕这些由同性恋父母养育的孩子日后也会成为同性恋（Bailey et al.，1995）。

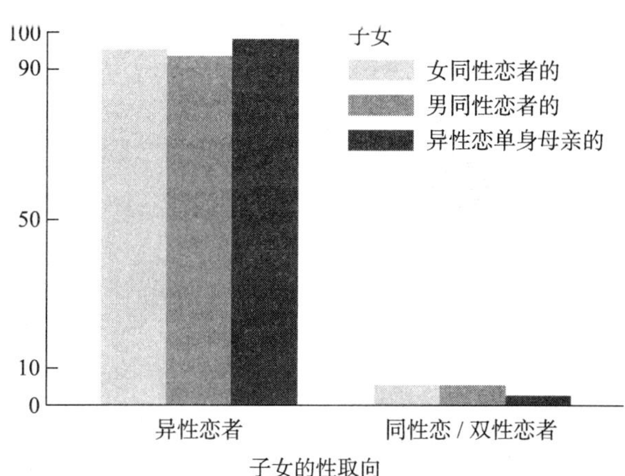


**图 11.5** 女同性恋、男同性恋以及异性恋单身母亲抚养的儿童成年后的性取向。（值得注意的是，同性恋父母的孩子表现出异性恋取向的可能性与异性恋父母的孩子相同。）（资料来源：Bailey et al.，1995；Golombok & Tasker，1996.）

有趣的是，这些想法实际上毫无根据。如图 11.5 所示，同性恋父母养育的孩子中，90% 以上成年后形成了异性恋取向，这一数据与异性恋父母养育出的异性恋者的比例没有显著差异。此外，平均而言，同性恋者的孩子在认知、情绪、道德的成熟以及其他方面的适应性都和异性恋者的孩子一样好（Chan，Raboy，& Patterson，1998；Flaks et al.，1995；Golombok et al.，2003）。为了考察“同性恋者的孩子的性取向可能不正
369 常”这一说法（Stacey & Biblarz，2001），苏珊·高洛姆伯克等人（Golombok et al.，2003）做了一项研究，她发现，那些来自单身母亲（大多数是异性恋者）家庭的男孩对传统的男性活动的偏好程度低于由双亲养育的男孩，而不论父母是同性恋还是异性恋者。同性恋父母对有效教养方式的认识程度与异性恋父母完全相同（Bigner & Jacobsen，1989；Flaks et al.，1995），而且同性恋父母中担任异性角色的一方通常也能与其孩子形成依恋，并履行一些养育的义务。

综上所述，并没有什么确凿的证据表明，仅仅根据一个人的性取向来剥夺他/她做父母的权利是合理的。实际上，在同性恋家庭中长大的儿童与在异性恋家庭中长大的儿童几乎毫无二致。

## 家庭冲突与离婚

之前我们曾提到，当今的婚姻中有40~50%以离婚告终，1990年和2000年出生的孩子中，超过一半会在单亲家庭中生活一段时间（平均约5年），通常是跟母亲生活（Hetherington，Bridges，& Insabella，1998）。离婚会给孩子的成长带来哪些影响？在讨论这个问题之前，首先需要指出，离婚不是一种单一的生活事件，它代表的是整个家庭的一系列充满压力的经历，通常开始于分居前的婚姻冲突，包括随后生活发生的诸多变化。正如玛玮丝·海瑟琳顿和凯斯琳·卡马拉（Hetherington & Camara，1984）所说，家庭必须经常应对“家庭资源匮乏、住所变更、承担新的角色和责任、形成新的（家庭）交往模式、重组日常习惯……以及（可能）在现有家庭中引入新的关系（继亲子关系和继同胞关系）等种种压力”（p. 398）。

**图片 11.8** 生活在冲突不断的核心家庭中的青少年，往往都会受到身心两方面的伤害。从长远来看，某些父母婚姻不幸却又“为了孩子着想”而没有分开，与处在这样的家庭中的儿童相比，离异家庭中的儿童往往适应得更好。

### 离婚之前：置身于婚姻冲突

离婚前的那段日子通常伴有频繁的家庭冲突，包括夫妻之间激烈的唇枪舌剑甚至身体暴力。婚姻冲突会给孩子带来哪些影响？越来越多的证据表明，这些孩子通常会变得非常抑郁，家中持续不断的冲突会使得儿童与同胞、同伴交往时更可能出现敌意和攻击行为（Cummings & Davies，1994）。此外，长期处于父母冲突中会导致儿童、青少年出现各种适应问题，

如焦虑、抑郁和外显品行障碍（Davies & Cummings，1998；Harold et al.，1997；Shaw，Winslow，& Flanagan，1999）。父母冲突对儿童和青少年既有*直接影响*，如使他们情绪紧张，阻碍其行为的成熟（Thompson，2000）；也有*间接影响*，如降低父母的接纳 / 敏感性和亲子关系质量（Davies et al.，2003；Erel & Burman，1995；Harold et al.，1997）。在处理父母冲突方面，具有安全依恋表征的儿童比具有不安全依恋表征的儿童表现略好（Davies & Forman，2002），或许是因为他们较少感觉自己应该为父母的冲突负责，也不太担心父母会不再爱他们（El-Sheikh & Harger，2001；Grych et al.，2000；Grych，Harold，& Miles，2003）。但是，对儿童或青少年的发展而言，剑拔弩张的家庭环境绝不是健康的环境。许多家庭研究者相信，如果儿童生活的家庭中冲突不断，那么从长远来看，父母分居或离婚后孩子会成长得更好（Amato， 370
Loomis，& Booth，1995；Hetherington，Bridges，& Insabella，1998）。不过，离婚本身也是一个令人不安的生活转折，往往会对所有家庭成员的幸福感造成影响。

## 离婚之后：危机与家庭重组

大多数离异家庭都会经历一年或更长时间的*危机期*，在此期间，所有家庭成员的生活都将受到严重破坏（Amato，2000；Hetherington，Bridges，& Insabella，1998）。典型的情况是，父母双方都会经历情感和实际生活两方面的困难。83% 的离异家庭是由母亲获得对某个孩子的监护权，虽然得以解脱，但她们会感到愤懑、抑郁、孤独、痛苦。父亲也可能会很痛苦，尤其是当他不想离婚，而且感觉自己跟孩子的联系被切断时。刚刚成为独身成人时，双方一般都会感到与以前的已婚朋友以及离婚前所依赖的其他社会支持都隔绝了。带孩子的离婚母亲通常还会面临另一个问题，即怎样用更少的钱度日。平均而言，她们的家庭收入只有离婚前的 50~75%（Bianchi，Subaiya，& Kahn，1997）。而且，如果她们被迫搬到一个收入较低的社区，努力工作，一个人抚养年幼的孩子，那她们的生活会变得尤其艰难（Emery & Forehand，1994）。

你可能这样想，一个痛苦不堪的人不会是优秀的父母。海瑟琳顿等人（Hetherington，1982；Hetherington & Kelly，2002）发现，拥有监护权的母亲会被养育孩子的责任和自己对离婚的情绪反应击倒，变得急躁、缺乏耐心、对孩子的需求感觉迟钝，结果，她们开始诉诸强制型的养育手段。事实上，离婚母亲往往会变得（至少对他们的孩子）敌意性更强、关爱更少（Fauber et al.，1990）。与此同时，没有监护权的父亲很可能向另一个方向变化，看望孩子时他们会变得有些过于放任和迁就。

孩子会怎样应对教养方式的这些变化？离异家庭的儿童往往因家庭破裂而焦虑、愤怒或抑郁，表现为爱发牢骚、喜欢争吵、不服管教、不讲礼貌。这一危机期内的亲子关系有一种恶性循环：孩子的痛苦情绪、问题行为与成人无效的教养方式相互激化，令所有人的生活都不愉快（Baldwin & Skinner，1989）。不过，儿童对离婚的最初反应会因其年龄、气质、性别的不同而略有差异。

**儿童的年龄** 年龄较小、认知发展不成熟的学前儿童和小学低年级儿童面对离婚时，他们的痛苦表现得最明显。他们还不懂为什么父母要离婚，当他们认为自己应该对家庭破裂负一定责任时，会产生负罪感（Hetherington，1989）。年长儿童和青少年能够较好地理解性格冲突与缺乏关爱导致父母选择离婚，也能较好地解决可能出现的忠诚冲突。但是，他们仍会对父母的离婚感到痛苦，还可能表现为：回避与家人交流，更多地参与同伴发起的不良活动如逃学、不当的性行为、物质滥用和其他犯罪行为（Amato，2000；Hetherington，Bridges，& Insabella，1998）。可见，虽然年长儿童和
371 青少年能够更好地理解父母离异的原因，而且较少感到自己应为之负责，但他们受到的伤害并不比年幼儿童少（Hetherington & Clingempeel，1992）。

**儿童的气质和性别** 与父母冲突和离婚相关的压力对困难型气质的儿童伤害尤其严重，他们因这些事件而出现的即时和长期的适应问题都多于易养型气质的儿童（Henry et al.，1996；Hetherington & Clingempeel，1992）。困难型气质儿童不稳定的行为通常会使缺乏耐心、痛苦不堪的父母采用更强制性的教养方式，这种方式与困难型儿童的高敏感性特点“格格不入”，从而促成了儿童在适应上的更大困难。

尽管不是普遍情况，但许多研究者报告，婚姻冲突和离婚对男孩的冲击比对女孩更强烈、更持久。在父母离婚之前，男孩表现出的外显行为问题就多于女孩（Block，Block，& Gjerde，1986，1988）。而且至少有两项早期的追踪研究发现，父母离异两年后，女孩已经基本上从社会和情感紊乱中得以恢复，而男孩虽然在这一时期也有明显改善，但是仍然会表现出情感压力的迹象，和父母、同胞、老师和同伴的关系仍然存在问题（Hetherington，Cox，& Cox，1982；Wallerstein，& Kelly，1980）。

但是，关于性别差异需要提醒几句。大多数早期研究关注的是由母亲做户主的家庭和容易测查的外显问题行为。后来的研究表明，如果父亲是监护人，男孩会发展得较好（Amato & Keith，1991；Clarke-Stewart & Hayward，1996），离异家庭中的女孩比男孩体验到更多内隐的痛苦，她们通常会变得退缩、抑郁，而不是把愤怒、害怕或失望诉诸行动（Chase-Lansdale，Cherlin，& Kiernan，1995；Doherty & Needle，1991）。更重要的是，来自离异家庭的女孩在青少年初期出现过早的性活动，其比例远远大于同龄人，而且她们在与男孩及成年后与男人的关系方面一直缺乏自信（Cherlin，Kiernan，& Chase-Lansdale，1995；Ellis et al.，2003；Hetherington，Bridges，& Insabella，1998）。可见，离婚对男孩、女孩都有深深的伤害，虽然伤害的方式不同。

### 离婚的长期后效

大多数父母离异的儿童和青少年最终都能适应家庭的这一变故，并表现出健康的心理适应模式（Hetherington & Kelly，2002）。但是，即便是适应良好的离异家庭

儿童，也会表现出一些持久的后效。一项对离异家庭儿童的追踪研究发现，父母离异 20 多年后对其进行访谈时，他们对离婚事件给自己生活造成的影响仍然做出非常负面的评价（Wallerstein & Lewis，引自 Fernandez，1997）。表示不满的一个主要原因是，感到自己失去了和父母，特别是和父亲的亲密关系（Emery，1999；Woodward，Fergusson，& Belsky，2000）。另一个有趣的长期后效是，相比来自非离异家庭的青少年，来自离异家庭的青少年更担心他们自己的婚姻不幸福（Franklin，Janoff-Bulman，& Roberts，1990）。这种担忧确有根据，因为相比来自完整家庭的成年人，来自离异家庭的成年人更有可能经历一段不幸的婚姻，或者离婚（Amato，1996）。

总之，离婚是一种最令人不安和痛苦的生活事件，没有哪个孩子对它有好的感受，哪怕事情已经过去了 20 年。虽然我们对离婚的描述是令人沮丧的，但还是有一些令人宽慰的研究结果。首先，研究者一致发现，与那些依然处在双亲冲突频繁的家庭中的儿童相比，那些生活在稳定的单亲（或继亲属）家庭中的儿童通常适应得更好。事实上，儿童在父母离异后所表现出的许多行为问题，早在离婚之前就已非常明显 372
了，与离婚事件本身相比，它们与旷日持久的家庭冲突的联系通常更密切（Amato & Booth，1996；Shaw，Winslow，& Flanagan，1999）。抛开通常与离婚有关的父母不和、教养方式的失效，虽然这种经历仍然是充满压力的，但不一定都是破坏性的。可见，在今天，传统的至理名言依然有效：如果夫妻矛盾难以调和，生活不幸福，为孩子着想，就应该离婚才对。换言之，如果结束这种风雨飘摇的婚姻能够减轻他们体验到的压力，并使得父母中的一方或双方对子女的需求更敏感、反应性更强，那么孩子很可能从中受益（Booth & Amato，2001；Hetherington，Bridges，& Insabella，1998）。

另一个令人宽慰的研究结果是，并非每个离异家庭都会遭遇上述所有困难。事实上，有些成人和儿童能够很好地应对这一转变，甚至还会从中获得心理上的成长。谁会成为这样的幸存者呢？专栏 11.2 探讨了可能会促进个体积极适应离婚的因素，可以给我们一些启示。

## 再婚和重组家庭

离婚之后 3~5 年内，约有 75% 的单亲家庭会经历又一个重大的变化：父母中拥有监护权的一方会再婚或与婚外伴侣同居，这样儿童开始拥有继父 / 母，或许还有新的同胞（Hetherington & Stanley-Hagan，2000）。再婚通常可以改善监护人的经济状况和生活状况，而且大多数刚刚再婚的成人报告，他们对自己的第二次婚姻是满意的。不过，重组家庭却给儿童带来了许多新的挑战，他们不但要适应一个不熟悉的成人的教养方式，还要适应继同胞（如果有的话）的行为，有监护权和没有监护权的双亲可能会减少对自己的关注（Hetherington & Stanley-Hagan，2000）。实际 373
上，与离婚后的生活相比，监护人再婚后家庭角色的重新稳定通常需要更长的时间（Hetherington，Henderson，& Reiss，1999）。此外，第二次婚姻以离婚告终的可能性

## 专栏 11.2 应用发展研究

### 铺平离婚后的恢复之路

一些人能够从容地适应离婚事件，另一些人则承受着消极而持久的后果。哪些人能够从容适应，哪些因素可以让离异家庭的成员更轻松地度过适应期？

#### 足够的经济支持

如果没有监护权的一方能够支付孩子的抚养费，家庭的资金宽裕，那么离婚后的家庭会适应得更顺利（Marsiglio et al.,2000）。1988年通过的《家庭支持法案》迈出了正确的一步，它旨在杜绝“赖账爸爸”，确保他们履行义务。但是，只有大约一半未获监护权的父亲确实支付了孩子的抚养费，由此导致许多离异家庭陷入贫困，为生存而挣扎（Sorensen，1997）。

#### 监护人良好的教养方式

在适应离婚的过程中，获得监护权的一方起着至关重要的作用。如果她或他能够继续采用疼爱、权威型的教养方式，孩子不大会出现严重问题（Hetherington，Bridges，& Insabella，1998）。显而易见，一个人紧张、抑郁时很难做到耐心、富于支持性，但是明白其中利害的父母能够更好地给予孩子所需要的疼爱与关注。而且，干预措施也可以帮助他们。例如，弗尔加奇和德加莫（Forgatch & DeGarmo，1999）发现，与控制组的离异母亲相比，那些被随机分配到一个养育技能项目（旨在防止使用强制手段）的离异母亲对强制手段的依赖确实较轻。而且，孩子在家里和学校的行为改善，得益于她们教养方式的积极改变。

#### 非监护人一方的社会/情感支持

如果父母在离婚后仍然争吵不休、互相敌视，不但双方都会心烦意乱，还会殃及有监护权一方的养育行为，儿童则会感到“夹在中间”，忠诚感遭到撕裂，很可能出现适应困难（Amato，1993；Buchanan，Maccoby，& Dornbusch，1991）。与未获监护权的父亲失去联系也会让孩子蒙受伤害，而与有监护权的母亲一起生活的青少年中，有1/4以上都是这种情况（Demo & Cox，2000）。不过，与父亲联系的质量远比数量重要得多。如果父亲是权威型的并设法支持母亲监护者的角色，儿童的适应会好得多（Coley，1998；Hetherington，Bridges，& Insabella，1998）。

要确保离异儿童不会与无监护权的一方失去联系，一种办法就是**实际共同监护权**，儿童在父母两家轮流生活。如果父母关系融洽，这种安排会相当有效

比第一次还要略大一些（Booth & Edwards，1992）。由此可以想见，当陷入结婚、婚姻冲突、离婚、单亲、再婚这一周而复始的怪圈时，家庭要承受多大的压力。研究表明，小学儿童经历的婚姻转变越多，他们的学习成绩和适应状况越差（Capaldi & Patterson，1991；Kurdek，Fine，& Sinclair，1995；亦见图11.6）。

那么，在比较稳定的继父/母家庭中，儿童的成长情况如何？这在一定程度上取决于儿童的年龄、性别以及组建这个新家庭的是母亲还是父亲。

### 生母/继父家庭

在经历一开始的家庭成员新角色形成过程中的破坏和混乱之后，男孩有一个

(Bauserman，2002)；但是如果他们互相敌视，孩子会感到“夹在中间”，这种感受会导致高压力及不良的适应(Buchanan，Maccoby，& Dornbusch，1991)。如果儿童被允许和父母**双方**保持亲密的情感联系，父母致力于**共同抚育**并且保护孩子免受他们之间持续冲突之害，那么是否实行共同监护就无关紧要了(Amato，1993；Coley，1998)。

## 其他社会支持

如果离婚后的成年人能够参加“无伴侣父母组织”(一个全国性组织，在美国各地设有分会，旨在帮助单身父母应对自己的问题)之类的支持性群体，或者有可以依靠的亲朋好友，他们的抑郁通常较轻(Emery，1988；Hetherington，1989)。亲密朋友的支持(Lustig，Wolchik，& Braver，1992)或者在学校参加同伴支持项目(鼓励离异家庭子女和同伴分享自己的感受，纠正自己的错误想法，学习积极的应对技能)也会让孩子从中受益(Grych & Fincham，1992；Pedro-Carroll & Cowen，1985)。总之，朋友、同伴、学校教师以及家庭以外的其他社会支持，都可以为家庭对离婚的适应提供很大帮助。

## 把额外压力减至最小

一般来讲，如果额外的不良影响被控制到最低限度。例如，父母不用经历繁琐的离婚诉讼和监护权听证会、寻找新的工作或住所、承受失子之痛等，家庭对离婚的反应会更积极。要实现上述目标，一种办法就是进行离婚调解。在离婚前进行会谈，由训练有素的专业人员帮助双方就存在争议的问题，如孩子的监护权和财产分配问题，达成友好的协议。离婚调解看起来确实是一种有效的干预措施，它不仅增加了庭外和解的可能性，而且可以增进离婚双方的好感，使未获监护权的父亲更可能支付孩子抚养费并继续关心孩子生活(Emery et al.，2001)。

上面提供的一些因素对于获得积极的离婚体验颇为有效，它们还可以帮助我们更好地理解为什么离婚事件对有些家庭更具破坏性。而且，这方面的研究对于阐释家庭是蕴含在更大的社会系统之中的社会系统也是很好的佐证。母亲、父亲、子女都会影响彼此对离婚的适应，而且家庭的境遇还取决于邻居、学校、社区和家庭成员自己的社会网络可提供的支持。

继父通常相比女孩会获益更多。男孩与作为监护人的母亲相处时可能会经历一个强制性怪圈，和气与接纳性强的继父可以使他们从中解脱出来，所以这些继子的自尊会大大增强，逐渐克服他们在母亲再婚之前表现出的许多适应问题(Hetherington，1989；Vucinich et al.，1991)。为什么女孩的发展不像男孩那么好呢？当然不是因为继父对待继女比对继子差；事实上，在再婚后的最初阶段，情况恰恰相反。有时，不管继父多么努力，继女依然冷漠、疏远。女孩通常把继父视为对自己与母亲关系的威胁，甚至还会因母亲再婚后对自己的关注减少而憎恨母亲(Hetherington，1989；Vucinich et al.，1991)。

374

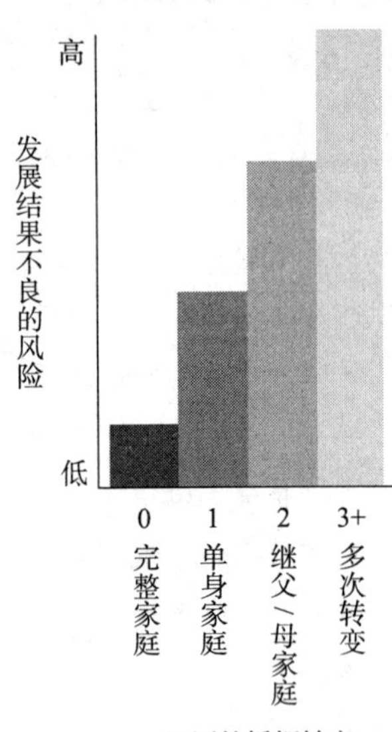


**图 11.6** 小学男孩适应不良的风险（即反社会行为、低自尊、同伴拒绝、吸毒、抑郁、学习成绩不良和加入不良同伴组织）随其经历的婚姻转变次数而变化。（资料来源：Capaldi & Patterson，1991.）

### 生父 / 继母家庭

儿童对继母的反应如何，我们还所知甚少，因为继母家庭比较少（目前只有 17% 的离婚家庭是由父亲获得监护权）。现有的研究表明，继母走进一个新家造成的负面影响，比继父要大一些。这在一定程度上是因为：（1）能够获得监护权的父亲通常与孩子的关系非常亲密，而继母可能会对其造成破坏（Mekos，Hetherington，& Reiss，1996）；（2）与继父相比，继母在监控和管束方面更积极（Hetherington，Bridges，& Insabella，1998）。此外，从父亲监护的单亲家庭向父母双全的继母家庭的转变过程中，女孩相比于男孩的适应性更困难，特别是当亲生母亲与孩子仍然保持密切联系时（Brand，Clingempeel，& Bowen-Woodward，1988；Clingempeel & Segal，1986）。女孩通常与生母的关系非常亲密，所以无论是继父和她竞争母亲，还是继母试图扮演替代母亲的角色，都会让女孩感到烦恼。不过，在稳定的继父 / 母家庭中，她们对生活的适应一般会随时间的推移而改善。玛玮丝 · 海瑟琳顿及其同事（Hetherington et al.，1999）对再婚后 5~10 年间的继父 / 母家庭进行的追踪研究发现，女孩不再因生活在继父 / 母家庭而表现出不良发展结果。事实上，她们比男孩的自主性和社会责任感更强，只是自尊感略低。

### 家庭构成与年龄

继父 / 母家庭的人员组成通常会影响儿童的适应情况。在**复杂的继父 / 母家庭**（complex stepparent home）中，各种问题都比较多，这是一种真正的"混合"家庭，双方至少把一个亲生子女带到这个新家庭中。在这种复杂的组合中，父母都容易表现出**嫡亲效应**（ownness effect），对自己的亲生子女比对继子女表现出更多的疼爱、支持和投入（Hetherington，Henderson，& Reiss，1999）。孩子们熟悉了这种差别对待之后，通常会做出消极反应，而且从长远来看，他们对待继亲属比对待血缘亲属要疏远，感情也较淡漠（Hetherington，Henderson，& Reiss，1999；Mekos，Hetherington，& Reiss，1996）。如果父母双方一直都偏爱自己的亲生子女，要达到有效的共同抚育就会更为困难。相反，共同抚育在**简单的继父 / 母家庭**（simple stepparent home）中比较容易做到，特别是当孩子进入青少年期之前家庭成员的角色就已经稳定下来时（Hetherington，Henderson，& Reiss，1999）。

由于青少年早期要经历很多转变（如青春期的各种变化、升学、对自主的需求增强），所以不用奇怪，相比年幼的儿童和年长的青少年，青少年早期的男孩和女孩似乎都更难适应父母的再婚。玛玮丝 · 海瑟琳顿和格兰 · 克林格姆皮尔（Hetherington & Clingempeel，1992）报告，父母再婚时处于青少年早期的孩子，其适应状况明显不如非离异家庭的同伴，而且在追踪的 26 个月里没有明显无改善。当然，许多早期青少年能很好地适应这一家庭转变，而且对于所有年龄段的继子女而言，继父 / 母家庭中的权威型教养方式均与更好的适应结果有关（Hetherington，Henderson，& Reiss，1999；Hetherington & Stanley-Hagan，2002）。不过，也有相当一部分（大约三分之一）青少年会脱离重组家庭，而且与来自非离异家庭的同龄人相比，来自继父 / 母家庭（尤其是复杂的继父 / 母家庭）的青少年出现学习问题、不当性行为和其他许多犯罪行为的比率更高（综述见 Hetherington，Henderson，& Reiss，1999）。

但是在我们过分担心继父 / 母家庭的青少年可能有的反社会倾向之前，应该首先说明一个重要事实：绝大多数经历过父母婚姻变化的青少年都是完全正常的，起初他们会经历一些适应问题，但不大可能出现持久的心理变态倾向（Emery & Forehand， 375
1994；Hetherington，Henderson，& Reiss，1999）。实际上，如果青少年不在家的时间是用于打工、参与课外活动、与成年良师益友或同伴形成建设性和支持性的关系，那么他们离开家庭未尝不是一件好事（Hetherington，Bridges，& Insabella，1998）。

## 职业母亲和双职工家庭面临的挑战

我们在第 5 章了解到，如今绝大多数美国母亲都已走出家门参加工作，这种做法不会而且通常也没有降低婴儿、学步儿及学前儿童的情感安全性。对再大一点的儿童的研究发现，母亲就业没有妨碍儿童社会性或智力的发展（Harvey，1999）。事实上，与那些母亲未就业的孩子相比，职业母亲的孩子（尤其是女孩）更独立、自尊更高，受教育水平和职业抱负更高，对男性和女性的刻板观念也较少（L. W. Hoffman，2000；Richards & Duckett，1994）。最近一项全国性的对低收入家庭样本的调查发现了母亲就业与儿童认知能力的关系：在数学、阅读以及语文成绩方面，母亲有正式工作的二年级小学生，均优于那些母亲较少（即便有）在外工作的学生（Vandell & Ramanan，1992）。

### 母亲就业与父亲的参与

为什么职业母亲的许多孩子会有良好的发展结果，而且社会性发展比较成熟？原因之一是，母亲因工作而导致的家庭养育中的缺位，通常会使父亲在儿童生活中发挥更重要的角色。母亲上夜班时，父亲会更多地照顾孩子（Cabrera et al.，2000；Coltrane，2000），对孩子的活动、去向、伙伴也会了解得更多（Crouter et al.，1999b）。父亲的这种参与（不管是因为母亲工作还是其他）会对

Michael Newman/PhotoEdit

**图片 11.9**　如果在外工作的父母都是权威型的，并且细心地监督孩子的活动，那么孩子在社会性和学习方面都会发展得相当好。

儿童产生非常积极的影响。研究一致表明，与父亲较少关心并参与其生活的同龄人相比，父亲在养育过程中付出关爱、支持、情感投入的小学儿童和青少年，平均而言其学习能力和社会技能都更强，出现问题行为和犯罪行为的可能性更小（Cabrera et al.，2000；Jaffee et al.，2003）。良好发展结果和积极的、支持性的父亲参与之间存在联系，这一点在美国所有的族群都存在（Rohner，2000），而且这种关系是独特的，控制了其他已知的影响儿童发展的变量，如家庭收入、母亲教养方式之后，这种联系依然存在（Black，Dubowitz，& Starr，1999；Cabrera et al.，2000）。因此，如果能促使敏感、支持性的父亲在儿童生活中起到更重要的作用，那么母亲就业是可以让儿童从中受益的。

当然，并非所有职业母亲和双职工家庭的孩子都能发展得这么好，特别是当父母感受到很多工作压力，且它们的影响蔓延到家庭中，降低了亲子交往质量（Crouter et al.，1999a；Greenberger，O'Neil，& Nagel，1994）且父母对儿童或青少年的活动、
376 去向缺乏监控时（Perry-Jenkins，Repetti，& Crouter，2000）。这类家庭要想成功地养育孩子，通常需要得到帮助。

## 高质量日托中心的重要性

除了配偶（或伴侣）的共同抚育，双职工父母所能指望的最有力的支持之一，就是高质量的日托。不妨回想一下，在人生初期进过高质量日托机构的儿童，从婴儿期一直到青少年早期，他们在社会性、情绪和认知方面都表现出良好的发展结果（Andersson，1989，1992；Broberg et al.，1997；Erel，Oberman，& Yirmiya，2000）。发现高质量日托机构可带来长远益处的研究大多来自西欧国家，那里的婴儿、学步儿、学前儿童日托机构通常是由政府资助，拥有训练有素、待遇优厚的儿童护理专业人员，其适当的收费（通常不到普通女性工资的 10%）也能够被所有公民广泛接受（Scarr，1998）。相比之下，美国日托机构之落后令人遗憾。美国的日托中心和日托家庭通常是营利性的，其保教人员收入微薄，幼儿教育方面的经验和训练不足，很少有人愿意长期从事这个职业，从而导致专业知识普遍较差（Scarr，1998；Zigler & Gilman，1993）。而且，美国的日托中心收费昂贵：在一个远远谈不上理想的日托中心，一个孩子每年的花费通常也会高达 4000~6000 美元，相当于最低收入者每年工资的 35~40%（美国人口普查局，2002）。1990 年，美国国会通过一项法案，同意给父母减税，以补偿孩子入托的费用。但是由于没有一项全国性的日托政策来保证所有需要这种服务的美国人能够以合理费用享受高质量的日托服务，美国的工作者不得不努力寻找其他看护方式并为其筹钱，尽力为孩子的发展创造理想条件（Scarr，1998）。

## 自我照管

一些发展心理学家开始担忧这一现象：越来越多的双职工家庭的孩子成为**自我**

**照管（或挂钥匙）的儿童**（self-care，or latchkey children），放学后自己照管自己，成人的直接监督则很少甚至没有（Zigler & Finn-Stevenson，1993）。这些孩子是否会受到伤害、被同伴带入歧途或出现其他不良的发展结果？

考察这一问题的研究所产生的结果并不一致。有些研究发现，自我照管的儿童比那些受到家人照料的孩子的焦虑程度高，学习成绩差，犯罪或反社会行为也较多（Marshall et al.，1997；Pettit et al.，1997），但另一些研究并未得出这种结果（Galambos & Maggs，1991；Vandell & Corasantini，1988）。为什么不一致呢？首先，对城区的低收入家庭的儿童来说，自我照管的风险更大。城区环境为无人监督儿童参与不良同伴群体、参与反社会活动提供了许多机会（Pettit et al.，1999；Posner & Vandell，1994）。而且不管住在什么社区，自我照管儿童怎样度过他们的课余时间都是最重要的。受到权威型教养，放学后被要求回家完成作业或做家务，通过电话受到远程监督的小学儿童和青少年，一般来讲责任感较强，适应良好。相反，无人监督、放学后在外“闲逛”的同龄人，更容易受同伴影响，卷入反社会或犯罪活动（Galambos & Maggs，1991；Pettit et al.，1999；Steinberg，1986）。

由此看来，双职工父母可以采取一些措施，尽量减少孩子放学后自我照管的潜在危险。例如，要求孩子一放学就回家，通过不在场的监督来确保他们按要求去做，同时对孩子采取权威型的教养方式。不过，让小于 8~9 岁的儿童照管自己，无异于自找麻烦（Pettit et al.，1997）。这种做法在许多州是违法的，何况 5~7 岁的儿童一般还缺乏足够的认知能力，不会回避游泳池、交通繁忙的街道等高危场所，也不会处 377
理受伤、火灾等紧急事件（Peterson，Ewigman，& Kivlahan，1993）。自我照管的年幼儿童也更容易受到性虐待或窃贼的侵扰（Zigler & Finn-Stevenson，1993）。

幸运的是，针对小学生的放学后的、有组织的课余照管项目在美国社区日趋普遍。这些项目的质量差异较大，有的只是提供基本无人监督的孩子的活动场所；有的是运作良好的项目，有训练有素的员工、合理的儿童 – 员工比例，提供体育、游戏、舞蹈、美术、音乐、计算机活动和学习辅导等丰富多彩的课程。儿童很喜欢高质量的课余照管项目（Rosenthal & Vandell，1996），而且通过这些项目能成长得更好。例如，吉尔・波斯纳和德波拉・凡德尔（Posner & Vandell，1994）发现，来自高危社区的 9 岁儿童，与放学后没有成人监督的同龄人相比，参加了有丰富娱乐活动和 / 或学习辅导的密切监督式课余照管项目的孩子，其学习能力较强，教师评定的适应状况较好，参与反社会活动的可能性也小得多。对这些被试的追踪研究表明，控制了三年级时的能力，在三到五年级期间花更多时间参与戏剧、音乐、舞蹈或其他学习活动等与项目相关活动的儿童，在由其五年级教师评定的情感适应状况以及学习成绩方面，都好于无人监管、大部分课余时间用于闲逛和看电视的同龄人（Posner & Vandell，1999）。不过，如果孩子参加的项目主要是看管，没有什么活动或成人指导，这种课余照管项目就没有上述那些益处（Pierce，Hamm，& Vandell，1999；Vandell，& Corasantini，1990）。可见，护理服务的质量对所有年龄段的孩子都很重要。鉴于波斯纳和凡德尔评估的这些公益基金项目获得了成功，我们应该鼓励政界人士和社区领导人认真地看待它们，将其作为一种可行的举措，从而：（1）使发展结果最优化；（2）避免更多孩子下午和傍晚被迫面对独处的危险。

## 当教养方式失常时：虐待儿童问题

家庭关系可以成为关怀和支持的最大源泉，也可以成为痛苦的重要来源。最明显的例子莫过于**虐待儿童**（child abuse）了。每天都有数以千计的婴儿、儿童和青少年遭受烧伤、擦伤、责打、挨饿、窒息、性骚扰或养育者的其他虐待。有些儿童虽不是上述“身体”虐待的对象，却成为父母拒绝、嘲弄、恐吓等各种*心理虐待*的受害者（Wiehe，1996）。有更多的儿童（见图 11.7）受到*忽视*，并被剥夺了他们正常发展所必需的基本护理和刺激。虽然毒打是最明显的虐待儿童的形式，同时也是非常可怕的，但现在许多研究者相信，从长远来看，严重而频繁的心理虐待和忽视对儿童的伤害更大（Erickson & Egeland，1996；Lowenthal，2000）。

378 虐待儿童是一个非常严重的问题。美国每年约有 300 万虐待儿童的申诉，其中大约有 1/3（即 100 万）被儿童保护机构证实为虐待（Emery & Laumann-Billings，1998）。由于许多虐待儿童案例从未被报告或被查明，上面的数字可能只反映了冰山一角。美国一项全国性家庭抽样调查发现，11% 的儿童报告自己在过去的一年里曾被父母踢、咬、推搡、痛打、用东西砸、持刀或持枪恐吓（Wolfner & Gelles，1993），而且每年约 40 万起性虐待案件中，有大量是亲属所为（通常是父亲、继父或年长同胞）并且从未被报告（Trickett & Putnam，1993；Finkelhor & Dziuba-Leatherman，1994）。这种状况令人担忧，不是吗？过去 20 年间报告的虐待儿童的数量增加，一部分原因是人们对这一问题的认识增强了，公民比过去更愿意举报可疑案件，但它也反映了非法药物服用的增多、贫困加剧、聚族而居式社区的解体以及家庭暴力的增多（Emery & Laumann-Billings，1998；Garbarino，1995）。

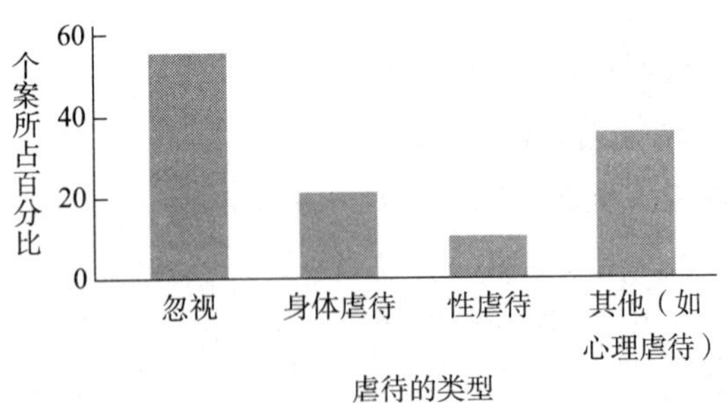


**图 11.7** 已经证实的各种类型的儿童虐待的分布。各类型的百分比之和超过 100%，因为儿童可能同时遭受多种虐待。（资料来源：Department of Health & Human Service，1999.）

虐待儿童这一普遍性的社会问题是由多种因素造成的。幸运的是，运用社会系统观，我们可以认识到：（1）某些成人可能更容易虐待儿童；（2）某些儿童可能更容易受到虐待；（3）在某些情境、社区、文化中更容易出现虐待，这使我们对虐待儿童的原因有了更深刻的理解。

### 谁是施虐者

研究发现，不能用单一的“虐待型人格综合征”准确刻画虐待儿童者的特征（Wiehe,1996）。在所有族群和社会阶层中都存在虐待儿童者，而且其中有好多人从表面看堪称典范、充满爱心，似乎决不会伤害自己的孩子。

不过，虐待儿童与不虐待儿童的父母还是有所不同的。首先，20~40% 的虐待型父母有酗酒或药物滥用问题，这些问题可预测虐待行为（Emery & Laumann-Billings，1998）。约有 30% 的受虐儿童做了父母之后也会虐待自己的孩子，可见，虐待型的教养方式会代代相传（Simons et al.，1991；van IJzendoorn，1992）。“曾经受虐”的虐待型父母中，有许多是遭受过毒打的女性，受过丈夫或情侣的虐待（Coohey & Braun，1997；Stith et al.，2000）。她们从自己作为被打的孩子或情侣的经历中认识到，暴力是遭遇挫折的常见反应。虐待型母亲通常比较年轻、贫困、文化水平很低，一个人抚育孩子而没有伴侣来分担重负（Wiehe，1996；Wolfner & Gelles，1993）。此外，许多虐待型的父亲或母亲是情感不安全的个体，发生自主权冲突时，他们会把孩子的易怒或独立理解为孩子不尊重或者拒绝自己（Bugental，2001）。此外，虐待型父母通常偏爱专制型的控制而非权威型的策略（他们认为这种办法基本没用），而且经常使用严厉的惩罚，如使劲揪头发、打耳光或者用物体痛打（Trickett & Susman，1988）。

总之，与非虐待型父母相比，虐待型父母往往压力很大，比较年轻，缺乏社会支持，自己有受虐经历，相信强制管束比说服有效，感到养育孩子是令人不愉快的、对自我构成威胁的事情。不过，许多非虐待型父母也具有上述所有特征，所以光凭这些条件并不能预测某人会不会成为虐待儿童者。

## 谁是受虐者 379

虐待型父母通常会选中家里的某一个孩子作为靶子，这意味着有些孩子会促使父母表现出丑恶的一面（Gil,1970）。当然，没有人会主张让孩子为这种虐待承担责任，不过一些儿童的确更容易受到虐待。例如，与那些安静、健康、反应敏感、容易照顾的孩子相比，情感反应冷漠、多动、易怒、任性或体弱多病的婴儿更容易受到虐待（Ammerman & Patz，1996；Belsky，1993）。但是必须强调：大多数“困难”型儿童从未受到虐待，但很多令人喜爱、看上去很随和的儿童却遭受虐待。正如养育者的特征无法完全预测或解释虐待发生的原因一样，儿童的特征也无法预测，很可能是高危父母遇到高危儿童导致了虐待的发生（Bugental Blue，& Cruzcosa，1989）。

即便是高危儿童与高危父母的组合，也并非一定会导致虐待儿童。家庭所处的大社会环境也有重要的作用。

## 环境诱发因素：虐待儿童的生态学

压力重重的家庭最有可能出现虐待儿童的问题。离婚、家人去世、失业或搬家等重大的生活变故都可能会破坏家庭中的社会、情感关系并促成忽视型或虐待型的

David Bulow/Corbis

**图片 11.10** 那些破败不堪的社区能够给经济困难的家庭提供的服务很少，社会支持也几乎没有，虐待儿童的发生率在那里相当高。

教养方式（Emery & Laumann- Billings，1998；Wolfner & Gelles，1993）。如果父母的婚姻不幸福，儿童遭到虐待或忽视的可能性也会大得多（Belsky，1993；Egeland，Jacobvitz，& Sroufe，1988）。

### 高危社区

家庭所处的大环境（即社区、社会和文化）也可能会影响儿童虐待的发生。有些居民区可以称作**高危社区**（high-risk neighborhoods），这些居民区中虐待儿童的发生率比具有相似人口统计特征的其他居民区高得多（Coulton et al.，1995）。这些社区往往破败不堪，家庭贫困潦倒，居民居住时间短暂，人们社交孤立，缺乏公共服务（如幼儿园、娱乐中心）和非正式的支持系统（Garbarino & Kostelny，1992）。这些社区中的成人没有发挥集体功效：不会彼此照看孩子，没有“养一个孩子需举全村之力”的观念（Korbin，2001）。因此，这种社区中社交孤立的父母在压力极大的时候，往往找不到可以获得帮助和服务的地方，最终他们往往把自己的挫折感发泄到孩子身上。

### 文化的影响

最后，家庭所处的大文化背景也会影响儿童受虐待的可能性。一些发展心理学者认为，虐待儿童在美国盛行，是因为美国社会中的人们：（1）对暴力持宽容态度；（2）普遍赞成把体罚作为控制儿童行为的一种手段（Whipple & Richey，1997）。这种观点确有一定道理，跨文化研究表明，有些社会反对使用体罚，倡导以非暴力手
380 段解决人际冲突，那里的儿童受到的虐待较少（Belsky，1993;Gilbert，1997）。例如，北欧一些国家的儿童很少受到虐待，这些国家已经把体罚定为非法，即便是父母也不例外（Finkelhor & Dziuba-Leatherman，1994）。

很显然，虐待儿童是一种非常复杂的现象，有许多原因和影响因素（见表 11.2）。要判定哪些人会虐待自己的孩子，哪些人不会，绝非易事；但是我们知道，当心理脆弱的父母面对难以克服的压力，又得不到足够的社会支持时，最容易出现虐待儿童问题（Wolfner & Gelles，1993）。

## 虐待和忽视的后果

受到忽视或虐待的儿童会表现出大量严重的问题，包括智力缺陷、学习困

**表 11.2** 导致虐待儿童和忽视儿童的影响因素

| 影响因素 | 例 证 |
|---|---|
| 父母特征 | 年轻（25 岁以下）；文化水平较低；患抑郁或其他心理障碍；受过拒绝或虐待；相信强制管束的有效性；缺乏安全感或有一种自我无能感；酗酒和 / 或吸毒 |
| 儿童特征 | 性情易怒或任性；多动；早熟；粗心；体弱多病或存在其他慢性发育问题 |
| 家庭特征 | 经济拮据或贫困；失业；经常搬家；婚姻不稳定；缺乏配偶支持；需要照看的孩子较多；离婚 |
| 社区 | 高危社区，缺乏公共服务，难以从亲友处获得非正式的社会支持 |
| 文化 | 赞同采用强制手段解决冲突，运用体罚管教儿童 |

难、抑郁、社会焦虑、低自尊以及与老师和同伴关系紊乱（Bagley，1995；Bolger，Patterson，& Kupersmidt，1998；Margolin & Gordis，2000）。受忽视而导致的行为，与其他虐待类型所导致的行为有所不同。与受到身体虐待或性虐待的儿童相比，受忽视的儿童更容易出现学习成绩不良（Eckenrode，Laird，& Doris，1993；Shonk & Cicchetti，2001）、亲密朋友少（Bolger，Patterson，& Kupersmidt，1998）。养育者本来可以促进孩子学习能力和社会技能的发展，但受忽视的儿童从他们那里得到的智力或社会性方面的帮助非常少（Golden，2000）。

相反，敌意、外显攻击行为、社会关系紊乱在遭受身体虐待的孩子中更普遍，他们在调节消极情绪方面存在困难（Maughan & Cicchetti，2002），经常违反学校纪律（Eckenrode，Laird，& Doris，1993），容易受到同伴的拒斥（Bolger，Patterson，& Kupersmidt，1998；Salzinger et al.，1993）。与遭受身体虐待相关的更失常的表现是，他们对同伴的悲伤缺乏正常的共情。玛丽·麦因和卡罗尔·乔治（Main & George，1985）观察了受虐和未受虐的学步儿对烦躁、哭泣的同伴的反应，结果发现，未受虐待的儿童大多会认真关注悲伤的同伴，表达关切，甚至试图安慰。但是，如图 11.8 所示，受虐待的儿童没有一个表现出适宜的关切；相反，他们会变得愤怒并攻击哭泣的同伴（亦见 Klimes-Dougan & Kistner，1990）。可见，受过身体虐待的儿童很可能变得具有虐待倾向，他们从个人经历中认识到，悲伤的表现特别容易激怒别人，会招致愤怒而非同情。虐待儿童的家庭中，其他形式的家庭暴力（如殴打配偶）也很普遍（McCloskey，Figueredo，& Koss，1995），所以受虐待者很少有机会来学习对别人的悲伤表示同情（Shields，Ryan，& Cicchetti，2001），却有很多机会去学习用攻击解决冲突（Bolger & Patterson，2001）。难怪这些儿童往往遭到同伴的拒斥。

性虐待的受害者往往难以调节情绪，体验到在情绪失调者身上常见的焦虑、抑郁、冲动、退缩以及学习困难等问题（Kendall-Tackett，Williams，& Finkelhor，1993；Shipman et al.，2000）。这些后续效应中，有许多最终

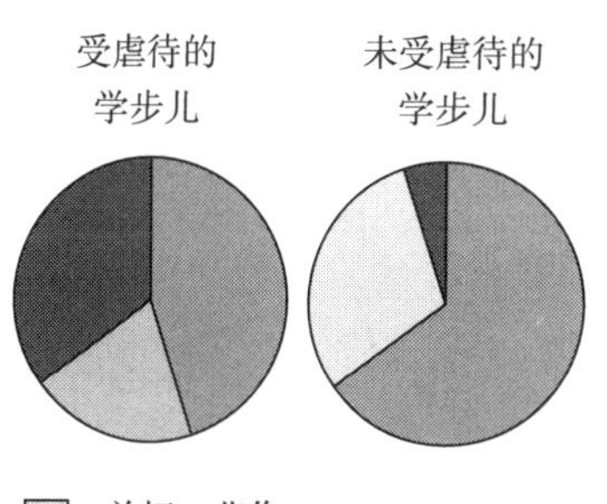


**图 11.8** 在日托机构中观察到的受虐待和未受虐待的学步儿对悲伤同伴的反应。（图中所示为 9 名受虐待学步儿和 9 名未受虐待学步儿各类反应的平均比例。）（资料来源：Main & George，1985.）

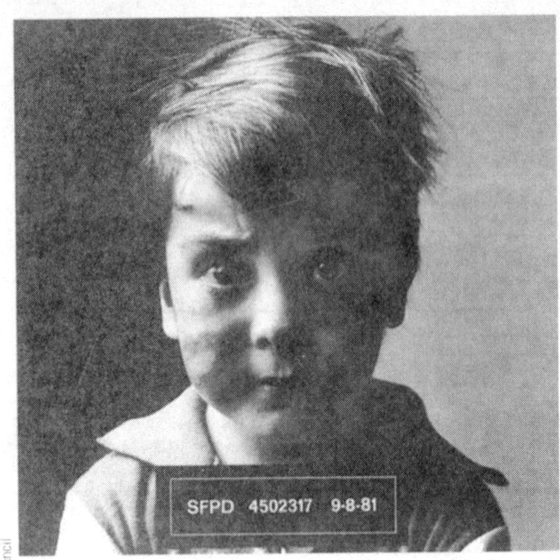


4 out of 5 convicts were abused children.

在美国，平均有 80% 的囚犯曾经是受虐待的儿童。正因如此，我们才会如此努力地来帮助今天的受虐儿童，以免他们日后对别人造成威胁。

有了您的支持，我们就可以拥有充足的训练有素的专业人员提供 24 小时服务。受虐待的儿童迫切需要我们！让我们帮助他们吧。（旧金山儿童虐待理事会宣传海报）

San Francisco Child Abuse Council, Inc.
4093 24th Street, San Francisco, CA 94114

San Francisco Child Abuse Council

**图片 11.11** 80% 的罪犯曾经是受虐待的儿童。

会导致强烈的羞耻感、缺乏自我价值感、悲观厌世、不愿信任别人（Bolger，Patterson，& Kupersmidt，1998；Feiring，Taska，& Lewis，2002；Wiehe，1996）。但是，有两个问题似乎与性虐待关系密切。第一，约有 1/3 的性虐待受害者会表现出“与性有关的行为”，把物体塞入阴道、当众手淫、举止轻佻，如果年龄再大一些，还会出现 381
性乱交（Kendall-Tackett，Williams，& Finkelhor，1993）。第二，约有 1/3 的性虐待受害者表现出**创伤后应激障碍**（posttraumatic stress disorder）的部分或全部症状，这种临床综合征的表现包括噩梦、创伤事件的回闪、面对威胁时的无助感和焦虑感（Kendall-Tackett，Williams，& Finkelhor，1993；Saywitz et al.，2000）。

令人悲伤的是，许多受虐待的儿童是多种虐待的受害者。长期遭受严重虐待的儿童可能出现上述各种后果，无论他们遭受的是哪种虐待（Bolger & Patterson，2001；Bolger，Patterson，& Kupersmidt，1998）。虐待和忽视在社会性和情绪方面造成的恶果相当持久，为了从自己的痛苦、焦虑、自我怀疑和不正常的社会生活中得到解脱，一些青少年会尝试自杀（Bagley，1995；Sternberg et al.，1993）。此外，儿时受过虐待的成人无论是在家里还是外面都更容易使用暴力，而且其犯罪活动、药物滥用、抑郁以及其他心理障碍的发生率也高于平均水平（Bagley，1995；Margolin & Gordis，2000）。

也有令人宽慰的研究结果，许多受过虐待或忽视的孩子的恢复能力相当强，特别是当他们能够与父母中非虐待的一方、祖父母或其他家庭成员建立温暖、安全和支持性的关系时（Bolger，Patterson，& Kupersmidt，1998；Egeland，Jacobvitz，& Sroufe，1988）。虽然受过虐待的儿童容易成为虐待型父母，但是，绝大多数的受虐者没有虐待自己的孩子。这些成功打破虐待怪圈的父母，与没有做到这一点的父母相比，可能是从父母（或扮演父母角色者）中非虐待的一方、治疗师或配偶那里得到了情感支持，而且在成年期没有遭遇严重压力（Egeland，Jacobvitz，& Sroufe，1988；Vondra & Belsky，1993）。

虽然我们对虐待儿童的成因有了更清楚的了解，也看到虐待常常造成的恶果可以减轻甚至克服，但是，我们离解决这一问题还有很长的路要走。不要以这样一个阴郁的音符作为结束！专栏 11.3 介绍了已经实施的帮助受虐待儿童及其虐待者的颇有效果的措施。

## 专栏 11.3 应用发展研究

382

### 反对虐待儿童

想到居然有这么多影响因素可造成虐待儿童，不禁令我们有些灰心。我们应该从哪里入手进行干预呢？到底要纠正多少问题，才能预防或杜绝暴力、阻止对儿童的忽视呢？虽然这个问题非常复杂，但是我们仍然取得了一些进展。

#### 预防虐待和忽视

首先来谈谈怎样将虐待儿童问题防患于未然。第一步，必须先找出高危家庭。此前我们回顾的各项研究很有帮助。例如，假如新生儿评估显示，婴儿非常易怒或反应迟钝，那么他有受虐待的危险，我们就可以帮助其父母察觉并诱发出婴儿的积极品质。在专栏 5.2 中我们已经得知，对高危婴儿的母亲进行干预，能够有效地提高母亲的敏感性，促进安全型亲子依恋的建立，促成积极的发展结果。

还可以针对高危父母实施预防虐待的干预措施。在美国，针对容易成为虐待者的贫困、年轻、单身母亲的家庭访问项目是首选的方法。一项名为“美国的健康家庭（Healthy Families of America）”的全国性家庭访问项目于 1992 年启动，如今已经在数百个社区实施（Emery & Laumann-Billings，1998）。家访员通常是训练有素的专业助手，在一名社会工作者督导之下开展工作。他们不但会传授养育技能，而且还能满足家庭的**养育需要**（如提供婴儿床、帮着搬东西等）、**心理需要**（如缓解压力的技能）以及**受教育需要**（如工作技能）。在降低虐待儿童的发生率方面，这些项目已经显示出有效性（Leventhal，2001）。

在社区层面，我们可以采取一些措施，评估政府或企业的举措可能给儿童带来的影响。比方，地方规划委员会决定对一个比较稳定的居民区进行重新分区或在那里兴建高速公路，这就会导致房产贬值，娱乐场所被拆除，把家庭与朋友、公共服务（可能已经不复存在）或其他社会支持源隔离开，最终导致一个高危社区的形成。詹姆斯·加尔巴利诺（Garbarino，1992，1995）和许多发展心理学家都认为，很多儿童之所以有被虐待的危险，正是因为某些政治或经济决策破坏了一些低危社区的健康和稳定。

#### 控制虐待行为

应该怎样对待那些有虐待行为的父母呢？显然，社会工作者的一两次家访不可能解决这一问题。一种更好的方法是父母互诫协会，它是基于嗜酒者互诫协会发展而来的自助式项目，旨在帮助养育者理解并解决其自身的问题，同时提供给他们通常缺乏的情感支持。但是，从根本上来说，全面综合的方法可能会更有效。虐待型父母既需要情感支持，也需要有机会学习有效的养育技能和应对技能，而虐待和忽视的受害者则需要一些活动丰富的幼儿园项目和有针对性的训练，帮助他们克服由虐待导致的认知、社会性以及情感方面的问题（Culp et al.，1991；Oates & Bross，1995；Wiehe，1996）。总之，预防或控制虐待儿童问题的根本目标是把病态的家庭转变成健康家庭。

有些家庭比另一些家庭表现出更严重的病态特征，干预措施对它们可能无济于事。令人震惊的是，执法机关和社会服务机构已知的反复虐待案例中，有 35~50% 的儿童被虐待致死。罗伯特·埃莫利和丽莎·劳曼 - 比林斯（Emery & Laumann-Billings，1998）的话代表了多数发展心理学者的心声，他们称：一些严重的反复虐待案件呼吁我们采取强制干预措施，检举施虐者，让受害者脱离虐待家庭。我们面临的巨大挑战是，要成功地预防和尽早控制虐待儿童事件。这样，我们就不会像现在这样经常面对艰难的抉择：是否应该把儿童与其父母分开？

## 对家庭的思考

詹姆斯·加尔巴利诺（Garbarino，1992）把家庭描述为“人类经验的基本单元”（p. 7）。为了充分认识家庭对儿童和青少年的极端重要性，让我们想一想，家庭无法实现它的重要功能时，会是多么糟糕的景象。假如一个受到忽视或身体虐待的婴儿，从未体验过任何类似于疼爱、敏感、反应性的教养方式，这个孩子怎能建立起安全依恋，为其日后的社会、认知能力的发展奠定基础呢？再想想，如果孩子的父母具有强烈的敌意，根本不给孩子任何教导，或者用各种规则把孩子束缚住，不能越雷池一步否则就大打出手，这个孩子又怎能学会关心别人，自觉遵守规则，形成适宜的自主性，去适应社会呢？

雷吉纳·坎波斯等人（Campos et al.，1994）考察了巴西无家可归的街头少年，他们以各种原因离开家庭，例如受到忽视、虐待或者被看做没用的人而遭到抛弃。这些无家可归的孩子是什么样子呢？与那些同样在街头游荡却住在家里的同龄人相比，“流浪街头”的青少年发展得非常糟糕。他们每天为生存而挣扎，常常为了度日而乞讨。而且，他们始终生活在被伤害的恐惧中，自己也大量参与卖淫、吸毒、偷
383 窃和其他犯罪活动（亦见 Whitbeck，Hoyt，& Bao，2000）。简而言之，这些没有家的青少年经历的是一种极其反常、离经叛道的生活方式，它会把他们带上通向心理变态的死路。从一个 16 岁少年对其日常生活的描述中，可以看到这一点：

> 早晨差不多 5 点钟开始睡觉，下午两三点钟醒来……起床，洗脸，有钱的话就吃点儿早饭（然后）出去偷东西，东西卖掉，换来的钱全都买了毒品，因为街上只有毒品！……然后开始飘飘欲仙，接着等慢慢平静下来就睡觉。（Campos et al.，1994，p. 322）

这些无家可归的街头少年长大成人后会是怎样呢？我们有理由相信，他们的发展结果会是非常可怕的，因为巴西的一个大城市里有 80% 的囚犯曾经是街头少年（Campos et al.，1994）。

你已经看到了关于家庭的整个图景。强调家庭的消极影响，正是为了说明它的极端重要性。幸运的是，我们当中大多数人的发展都要好于这种情形，虽然我们并不一定能意识到，家庭在保证我们成功发展方面的作用有多重要。所以，当你和自己最亲密的家人相聚时，可以回忆一下从本章中学到的东西。你会明白，为什么当要求儿童和成人回答，他们生活中最重要的是什么或谁时，他们几乎无一例外会提到自己的家庭（Furman & Buhrmester，1992；Whitbourne，1986）。当我们慢慢老去时，我们以及我们的家庭都会发生改变，但有一点永远都不会改变，那就是，我们永远不会停止爱别人，也不会停止被人爱，而这些人就是我们的“家人”。

## 本章要点

### 什么是家庭

- 家庭是个体完成社会化的首要场所。在家庭中，儿童开始获得其所在社会认可的信念、态度、价值观和行为方式。
- 不管是**传统核心家庭**还是**大家庭**，它们都是一个**社会系统**，每一个家庭成员都会对其他所有的家庭成员产生**直接影响**和**间接或第三方影响**。当家庭中的成人能够有效地进行**共同养育**、互相支持对方的养育行为时，儿童会成长得更好。
- 家庭也是不断发展的社会系统，它所处的社区和文化背景会影响到家庭功能的实现。
- 影响当今家庭生活的社会变迁包括：单身成人增多，晚婚，出生率下降，职业女性增多，离婚率上升，**单亲家庭**、**混合或重组家庭**，几代同堂家庭增多，贫困家庭增多。

### 儿童期和青少年期的养育社会化

- 父母在养育行为的两大维度，即**接纳/反应性**和**要求/控制性**上的表现会有所不同，同时考虑这两个维度就会得到教养方式的四种类型。一般来讲，接纳而要求严格（即**权威型**）的父母会通过说服来实现自己的要求，他们的孩子通常能力很强、适应良好。接纳性较低而要求过多（即**专制型**）的父母、接纳却不提要求（即**放任型**）的父母所养育的孩子，其发展结果较差；而不接纳、反应冷淡、无要求（即**冷漠型**）的父母所养育的孩子，几乎在所有的心理功能上都存在缺陷。
- 最近关于父母控制的研究明显支持采用**行为控制**而非**心理控制**的方法。
- 发展心理学家通常假设，父母的教养方式决定着儿童的发展结果（**父母影响模式**）。不过我们知道，儿童也会对父母的养育行为产生影响（**儿童影响模式**），所以，对家庭社会化的完整表述应该承认父母与孩子间的双向影响（**相互影响模式**）。
- 来自于不同的文化、亚文化和社会阶层的父母拥有不同的价值观、关注点以及生活态度，而这些因素都会影响到他们的养育行为。但是，来自所有社会背景的父母都强调在其各自的小环境中有助于促进他们所认为的成功的特征，所以，不宜妄下结论，认为某种特定的教养方式比其他所有的教养方式都“更好”或更成功。
- 当青少年开始寻求**自主性**时，需要在亲子关系方面与父母重新协调。虽然这一时期家庭冲突可能会升级，但是如果父母能够自愿地给孩子更多的自由，向孩子解释自己所定的规则和限制，更多地诉诸于行为控制而非心理控制的方法，而且能够一直扮演关爱和支持型的指导者，青少年就会形成适宜的自主性。

### 同胞和同胞关系的影响

- **同胞对抗**是家庭生活中的一个正常现象，从年幼同胞的降生就已开始。但是，同胞之间也可能会和谐相处并为对方做许多好事，尤其是当父母和睦、鼓励孩子友好地解决冲突，而且不一直偏爱某个孩子时。
- 同胞通常被看做能够相互支持的亲密伙伴。年长的同胞通常充当年幼儿童的养育者、安全基地、榜样和老师，他们通常也会从自己所提供的传授和指导中获益。但是，同胞关系并不是儿童正常发展所必需的。从总体来看，在社会性、情感、智力等方面，独生子女和有同胞的儿童能力相当（智力方面甚至略强）。

### 家庭生活的多样性

- 那些渴望做父母的无生育能力的夫妇和单身者，通常采取收养的方式来组建一个家庭。虽然收养儿童比亲生儿童会表现出更多的情感问题和学习问题，但是对大多数的养父母和收养儿童来说，收养是一种令人满意的方式。在开放的收养制度下，被收养儿童可以了解自己的身世，他们对其家庭生活会更加满意。
- 通过**精子捐赠**方式组建的家庭引起了许多担忧，但是总体而言，通过这种方式孕育的儿童的适应情况，和由亲生父母孕育的儿童一样好。

- 同性恋者可以和异性恋父母一样好地养育孩子。同性恋者的孩子通常会表现出良好的适应性，而且大多数都是异性恋取向。
- 离婚是家庭生活的重大变故，对儿童及其父母来说都是充满压力、令人不安的。儿童最初的反应通常包括愤怒、恐惧、抑郁和内疚等，这些感受可能会持续一年以上。由离婚导致的情感剧变通常会影响到亲子关系。儿童通常会变得易怒、不顺从或者出现其他问题，而作为监护人的母（父）亲则会突然变得更具惩罚性和控制性。由离婚带来的压力和这种新的强制型生活方式，通常会影响儿童的同伴关系和学习成绩。年幼儿童和困难型气质儿童的痛苦表现最明显。在单身母亲做户主的家庭中，女孩比男孩适应得更好。虽然离婚的某些影响在10~20年之后依然存在，但与仍然生活在硝烟弥漫的双亲家庭中的孩子相比，父母离异的儿童反而适应得更好。有助于儿童积极地适应离婚的因素包括：来自父母中非监护方的充分的经济和情感支持，其他（来自朋友、亲属和社区）对监护人及其孩子的社会支持，以及尽量减少与离婚有关的其他压力源。
- 单亲父母通过再婚（或同居）组建新家庭，对所有的家庭成员来说都是一个充满压力的转变。起初，对于有继父/母的生活，男孩比女孩适应得好，较年幼的儿童和较年长的青少年比早期青少年适应得好。在**简单的继父/母家庭**中的适应结果要好于**复杂的继父/母家庭**。虽然重组家庭中反社会行为的发生率更高，但是绝大多数的儿童和青少年都能较好地适应这一家庭转变，不会出现心理变态倾向。
- 母亲就业通常和儿童的许多积极发展结果有关，如自立、善社交、智力和学习成绩出色，对男性和女性的刻板观念较少，尤其是当母亲的就业能够诱发关爱而支持型的父亲更多地参与到孩子的生活中时。双职工父母所能期望的最有力的支持之一就是教育活动丰富的日托服务，与其他许多西方工业国家相比，美国的这一支持系统非常落后。在美国，大量小学儿童因为母亲在外工作，放学之后不得不自己照管自己。当权威型父母能够远距离地监控孩子的活动时，这些自我照管（或挂钥匙）的儿童通常发展良好。美国的课余日托项目日趋普遍，而且其中一些运作良好的项目能够给儿童提供一些有意义的活动，有利于儿童获得最佳的发展，同时能够降低母亲在外工作的孩子出现反社会行为的危险性。

### 当教养方式失常时：虐待儿童问题

- **虐待儿童**问题与家庭、社区以及文化的状况都有关。各个社会阶层、各行各业都有虐待儿童者，其中许多人都比较年轻，压力很大，喜欢采用强制性管教策略，自己儿时也曾受过虐待。与健康、性情平和、容易照顾的儿童相比，那些非常冲动的孩子和易怒、情感反应迟钝或体弱多病的儿童更可能受到虐待。当遭受巨大压力的养育者生活在高危社区中，与各种社会支持源相隔绝，或更广阔的文化氛围支持运用体罚或暴力解决冲突时，虐待儿童的发生率会更高。虐待的长期后果会相当严重而持久。一些旨在帮助受虐儿童和其施虐父母的项目，已经取得了令人瞩目的成果。但是要离彻底解决这一问题，我们还有很长的路要走。

12

# 家庭之外的影响（I）：电视、电脑和学校教育

- 早期窗口：电视对儿童和青少年的影响
- 电脑时代的儿童发展
- 学校是一个社会化的机构
- 对儿童的教育效果：跨文化比较

386 第11 章讨论了家庭这个社会化机构，以及父母和兄弟姐妹如何影响成长中的儿童。虽然家庭对年轻一代有巨大影响，但是其他的社会机构随后也会开始施加其影响。例如，当婴儿、学步儿和学前儿童的双职工父母把他们送到托儿所、幼儿园的时候，他们经常会接触照料人员和一大群新玩伴。即使那些被留在家里的学步儿童，一旦他们对电视产生了兴趣，就马上开始了解家庭以外的世界。到了 6~7 岁的时候，几乎所有西方社会的儿童都要上小学，学校需要他们跟同伴互动，遵守与家里完全不同的规则。

随着儿童的成长，他们日益熟悉外部世界，处于父母监护之下的时间也越来越少。这些经验是怎样影响他们的生活的呢？下面两章将探讨这一问题，我们将考查**家庭之外的影响**（extrafamilial influences）因素对发展所带来的影响：电视、电脑、学校（本章），以及同伴群体（第 13 章）。

## 早期窗口：电视对儿童和青少年的影响

55 年前，普通美国人还从来没见过电视，这听起来几乎是不可思议的。现在，超过 98% 的美国家庭拥有一台以上的电视机，3~11 岁的儿童平均每天收看 3~4 个小时电视（Bianchi & Robinson，1997；Comstock，1993；Huston et al.，1992）。图 12.1 显示，婴儿就开始看电视了，并且收看时间逐渐增加，直到 11 岁左右，之后在青少年期有所下降。澳大利亚、加拿大、日本、韩国和一些欧洲国家的发展趋势与美国的这个研究结论基本一致（Larson & Verma，1999）。在今天，一个儿童在 18 岁之前观看电视的时间，远远超过除睡觉以外的任何单项活动的时间（Liebert & Sprafkin，1988）。男孩看电视的时间比女孩长，生活在贫困中的少数族裔儿童更可能成为过度收看者（Huston et al.，1999）。是否如许多评论家所担忧的那样，所有这些花在荧屏前的时间正在损害儿童的认知、社会性和情感发展呢？让我们先来看看电视对儿童生活方式的影响，然后再回答这个问题。

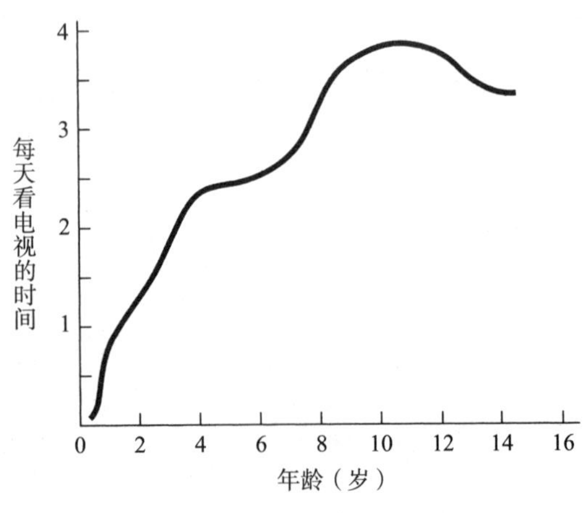


**图 12.1** 1987 年美国儿童和青少年平均每天收看电视的时间。（资料来源：Liebert & Sprafkin, 1988. Published by Allyn & Bacon, Boston, MA. Copyright © Pearson Education. Reprinted by permission.）

### 电视与儿童的生活方式

电视是否已经改变了儿童的生活方式和家庭生活的特点？从某些方面来看，确实如此。一项早期研究发现，买电视以后，大部分家庭改变了他们的作息模式和吃饭时间（Johnson，1967）。家里有电视还会减少父母与子女进行与电视无关的娱乐活动的时间，如游戏和家庭郊游。大部分父母至少偶尔会把电视作为“电子保姆”来使用。虽然家庭成员一起看电视的时候可能拥有许多亲密接触的时间，但是评论家认为，这种家庭成员的互动方式对年轻一代并不是很有意义，特别是当大人让他们在非广告时段安静地坐好、闭上嘴的时候。布朗芬布伦纳（Bronfenburenner，1970b）曾经指出：

> 虽然电视导致的行为确实存在危害，但是……电视……的主要危害在于， 387
> 它导致的行为并没有它阻碍的行为那么多，这些受阻的行为包括交谈、游戏、家庭节日和争论，而孩子的许多学习正是通过这些活动进行的，他的性格特点也通过这些活动形成。打开电视可能延缓儿童变为成人的进程。

那么，收看电视是否如早期批评者所认为的那样，会对家庭生活和社会发展有危害呢？评定电视综合作用的一种方法是，看看接触过电视这种媒体的儿童与那些生活在没有电视服务的偏远地区的儿童之间是否存在显著差异。一项针对加拿大儿童的研究为这个引人关注的问题提供了一些答案。在电视进入诺特尔这个与世隔绝的小镇之前，当地儿童在创造性和阅读熟练程度上的分数要高于那些生活在有电视服务的加拿大类似小镇上的同龄人。但是，在引入电视的 2~4 年后，诺特尔小镇上的儿童表现出阅读技能和创造力的下降（与其他小镇的同龄人水平相比），参与的社区活动减少，攻击性和性别角色刻板行为显著增加（Corteen & William，1986；Harrison & Williams，1986）。

虽然这些研究结果令人印象深刻，但是可能产生某种程度的误导。另一些研究者报告，电视的最大影响是，它使儿童用看电视替代了像听广播、看连环画和看电影之类的娱乐活动（Huston & Wright，1998；Liebert & Sprafkin，1988）。此外，还出现了一些季节性的变化：在天气不好又没有别的事可做的冬季，儿童看更多电视（McHale，Crouter，& Tucker，2001）。并且只要看电视的时间不是过长，儿童和青少年就不会表现出明显的认知不足或学业不良，与同伴游戏和交往的时间也不会变少（Huston，1999；Lieber & Sprafkin，1988）。一篇文献综述指出，儿童可能真的从电视上，特别是从教育节目中，获得了许多有用的信息（Anderson et al.，2001）。

看来，适当地看电视既不会损害年轻人的头脑，也不会削弱他们的社会性发展。但是，我们必须看到，电视这种媒介确实可能产生正面或负面影响，这关键取决于儿童看的内容以及他们理解和解释收看内容的能力。

## 电视理解力的发展

**电视理解力**（televisson literacy）指的是一个人对信息是怎么在小荧屏上进行传达的理解能力。它包括加工节目内容、从人物的活动和场景次序中建构出故事脉络的能力。它还包括解释各种信息的能力，这些信息包括变焦、渐隐、多画面和声效这样的节目制作特点，这些常常是理解一个节目的基础。

在 8~9 岁以前，儿童一部分一部分地加工节目内容。他们可能被变焦缩放、快节奏的动作、响亮的音乐和儿童（或者卡通人物）的声音所吸引，而出现成年男性和安静对话等慢节奏场景时，儿童则把注意转移到其他地方（Schmitt，Anderson，& Collins，1999）。因此，学前儿童常常不能建构出一个贯穿故事始终的因果链条。即使 6 岁儿童也很难回忆连贯的故事脉络，因为他们大多是去记故事中人物的行为，而不是人物的动机或追求的目标以及实现这些目标的事件（McKenna & Ossoff，1998；van den Broek，Lorch，& Thurlow，1996）。7 岁以下的儿童并不能充分把握电视节目的虚构本质，常常认为电视中的主人公在真实生活中仍然存在（并保持剧本中的特点）（Wright et al.，1994）。虽然 8 岁的儿童或许知道电视节目是虚构的，但是他们仍然将其视为对日常事件的一种*准确*描绘（Wright et al.，1995）。

388 从儿童中期到整个青少年期，儿童对电视节目的理解迅猛增长。看电视的经验帮助儿童恰当地解释变焦、渐隐、音乐和其他帮助观众推测人物动机、把断续的场景联系起来的节目制作特点。较年长的儿童和青少年越来越善于对时间跨度很大的场景进行准确的推断（van den Broek，1997）。如果一个人物角色打算好好表现，获取某人的信任以便后来欺骗他的话，一个 10 岁儿童就能识破这个角色的欺骗性意图，并认为他很坏。相反，一个关注具体行为比关注细微意图更多的 6 岁儿童，常常会把这个欺诈高手标榜为一个“好家伙”，而且可能对他后来的自私行为作出好的评价（van den Broek，Lorch，& Thurlow，1996）。

年幼儿童对行为的强烈关注和电视理解力的普遍缺乏，会使他们更多地模仿电视角色表现的那些特别生动的行为吗？是的，确实如此。这些模仿是有益的还是有害的，取决于儿童看到的*内容*。

## 电视暴力与儿童的攻击性

早在 1954 年，家长、教师和儿童心理专家的投诉促使时任美国参议院青少年犯罪小组委员会主席的埃斯特斯・基福弗（Estes Kefauver），对电视节目中的暴力情节提出质疑。但是，40 多年后，“全国电视暴力研究”（National Television Violence Study）这项为期两年，关于电视暴力的频率、特点及其有关情况的调查显示，美国电视节目依然保持了难以置信的暴力内容（Mediascope，1996；Seppa，1997）。从早 6 点到晚 11 点播出的电视节目中，有 58% 包含了公然的、*反复*的攻击行为，73% 包含有作恶者既不懊悔、也没受到惩罚或谴责的暴力。大部分暴力电视节目都是儿童片，特别是卡通片，而且电视中将近 40% 的暴力行为都是由“*恐龙战队*”之类的英雄或被说成是儿童偶像的其他角色实施的（Seppa，1997）。并且，儿童节目中将近三分之二的暴力事件都是以幽默的形式表现的。

## 有关媒体暴力的理论观点

过多接触媒体暴力会鼓励观众表现出攻击行为或参与其他形式的反社会行为吗？宣泄假设的支持者认为不会。赛莫尔·费什巴赫（Feshbach，1970）曾认为，人们往往只是在脑子里闪过攻击的念头（想象攻击）进行宣泄（一种攻击能量的排放）而已。如果这是真的，那么接触电视暴力应当能够减少攻击冲动，收看者能够使用电视提供的想象素材达到宣泄的目的。

相反，阿尔伯特·班杜拉（Bandura，1973）这样的社会学习理论家则就媒体暴力可能增强儿童的攻击性或反社会倾向提出了几种解释。首先，生理学证据证明，儿童看到别人搏斗时会产生情绪唤醒（Cline，Croft，& Courrier，1973），这种唤醒也可以解释为愤怒，并在儿童随后遇到暗示某种攻击性的情境中促成攻击行为的发生。其次，电视上饰演暴力分子的演员起到了*攻击性榜样*的作用，教给儿童一系列他们不知道或从未想过的暴力行为。罗伯特·莱伯特和乔伊斯·斯普拉弗金（Liebert & Sprafkin，1988）给出了一些生动的解释，以说明儿童在观看了电视中不同寻常的攻击行为之后是怎样学习和实施这些攻击行为的。例如：

> 在洛杉矶，一个女佣抓到一个 7 岁的男孩正在往家里的羊肉炖菜中撒地上
> 的碎玻璃碴。这种行为并没有恶意，纯粹是一个由好奇心驱使的试验，以了解 389
> 它是否真的像电视中演的那样（p. 9）。

还有一点，如果剧中的其他人对某一角色的攻击行为表示赞同（或者“没有不赞同”），电视暴力可能减弱儿童对攻击性的抑制。当警探哈里的暴力行为因他制服了卑劣的罪犯而获得表扬的时候，攻击被社会赞誉“合理化”，于是传递了一个信息：攻击性的问题解决方式是可以接受的，甚至可以被社会宽恕（Huesmann et al.，2003）。

总之，班杜拉关于电视暴力影响的观点与费什巴赫及宣泄假设的其他支持者截然相反。谁是正确的呢？要解决这一理论冲突，我们可求助于三类研究：（1）实验室实验，向被试呈现攻击性影片，并且随即让他们进入一个可能选择攻击行为的情境；（2）现场实验，在真实环境中对电视节目的内容加以操纵，考察电视节目对观众攻击倾向的影响；（3）相关检验，评估儿童的电视收看习惯与他们当前及未来的攻击行为间的关系。在对宣泄理论与社会学习理论的对错作出评判之前，先来看看三种研究的结果。

## 实验室实验的结果

一种评估电视暴力是否真能唆使（或者削弱）攻击的方法是，向儿童呈现暴力电视节目，然后给他们一次表现攻击行为的机会。截止到 1972 年，已经进行了 18 项类似的实验室研究，其中 16 项发现，儿童观看了电视暴力镜头之后会变得更具攻

击性（Libert & Baron，1972）。

虽然早期的实验研究得出了一致的结果，但是实验结论却受到批评，因为实验中人为的看电视经历促使儿童把全部的注意都集中到那些经过编辑、充满暴力情节的节目片断上，紧接着呈现一个为儿童量身定做的机会，让他们在一个非典型的实验室环境中表现攻击行为。在实验室环境中，观看不同寻常的暴力节目之后，即刻面临的任务“鼓励”了被试去表现攻击行为。那么，电视暴力的教唆效应有可能是短效的,并且只会在实验室环境中发生,是这样吗？莱伯特、尼尔和戴维德森（Liebert，Neale，& Davidson，1973）确认了这种可能性，他们指出，“我们从实验研究中知道了电视暴力与攻击性之间可能存在什么样的关系，但是不能完全肯定这种关系确实存在于行为自由变换的复杂世界之中”（p. 69）。但是，如专栏 12.1 所说的那样，看了未经剪辑、充满暴力的儿童节目的男孩子们，紧接着在自然环境中与同伴交往时确实表现出了更多的攻击性。

### 现场实验的结果

现场实验是一种用于评估电视暴力对观众行为影响的更好的方法，因为它把相关研究的自然主义取向与较严密的实验控制结合在一起。换句话说，一个控制良好的现场实验，能够查明现实生活中接触暴力电视节目是否增加了自然情境中攻击行为发生的几率。

**学前儿童实验** 在一个著名的现场实验中，琳特·弗里德里希和阿蕾莎·斯特恩（Friedrich & Stein，1973；Stein & Friedrich，1972）仔细观察了一个幼儿园儿童的样本，先确定每个孩子攻击性的基础水平。之后的一个月，儿童每天看暴力电视节目，如《蝙蝠侠》和《超人》；或看非暴力的节目，如《罗杰斯先生的邻居》。一个月之后的
390 两周里，每天观察所有儿童的行为，以考察电视节目的影响。结果很明显：观看暴力节目的儿童，在随后的同伴互动中，比没看暴力节目的儿童表现出更多的攻击性。虽然暴力节目的作用只在那些基础水平测量时攻击性高于平均水平的幼儿身上具有统计显著性，但是这些“最初具有攻击性”的儿童不是极端的或不正常的。他们仅代表了一所普通幼儿园内同伴群体中攻击行为较多的成员。斯特恩和弗里德里希提醒人们，“这种出现在‘现场自然情境’下的效应，排除了观看经验中时间和环境背景的影响。观看少量的暴力节目就会出现这些效应……并且在观看后持续存在”（Stein & Friedrich，1972，p. 247）。

**青少年实验** 专栏 1.3 中，我们曾讨论过一个以比利时青少年罪犯为被试的现场实验。在一周时间里，让一半罪犯每晚都观看不同的暴力电影，如《雌雄大盗》、《十二金刚》，另外一半观看无暴力的影片，如《丽莉》、《美国丽人》。与自身攻击性的基础水平相比，那些观看暴力电影的罪犯表现出更多的身体攻击行为，而那些观看非

专栏 12.1　研究聚焦

## 《恐龙战队》提高了儿童的攻击性吗

近年来，最流行、最具暴力性的儿童电视节目之一是《恐龙战队》，在许多频道该节目每周播 5~6 次，每小时包含 200 多个暴力行为。恐龙战队是一个多族裔的青少年组织，听命于乍得这个年长的领袖，他们会变成超级英雄与邪恶女王潘多拉魔女派到地球上的怪物进行战斗，后者企图控制地球。暴力不仅出现在正义与邪恶之间的战斗中，而且出现在少年英雄练习打斗的画面里。按照电视暴力国家联盟的说法，《恐龙战队》是调查过的最具暴力性的儿童电视节目（Kiesewetter, 1993），其中大部分暴力情节都势不两立，意图伤害或杀死对方。这一非常流行的电视节目未经剪辑的版本，是否会增加儿童在自然游戏时的攻击性呢？

克丽丝·伯雅齐斯等人（Boyatzis et al.，1995）以一个关于 5~7 岁儿童的有趣实验回答了该问题。研究随机选一半儿童，让他们在幼儿园看一段随机选择的、未经剪辑的《恐龙战队》，另一半儿童作为控制组不观看这个节目而参加其他活动。电视节目播放完毕之后，在游戏活动时间，观察并记录每个儿童一段时间内的攻击行为（如身体和语言攻击；通过武力得到想要的东西），然后把两组儿童的行为进行比较。

结果如下图所示。观看《恐龙战队》对女孩没有影响，可能是因为其中的主要人物都是男孩，年幼的男孩可能比年幼的女孩更强烈地认同恐龙战队。在自由游戏期间，看了这个节目的男孩表现出的攻击行为是没看该节目的男孩的 7 倍。

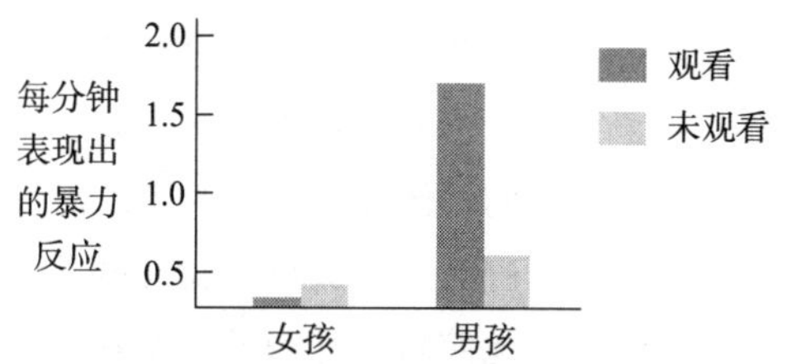


看和未看《恐龙战队》节目的女孩和男孩，在自由游戏中每分钟表现出的攻击性行为的平均数（资料来源：Boyatzis, Matillo & Nesbitt，1995）。

于是，一个令人惊奇的结果出现了，观看一个未经剪辑的、随机选择的、以男性角色为主的暴力性儿童节目的片段，大大地增加了男孩子在自然环境中的攻击行为。值得强调的是，变得更具攻击性的儿童是被随机安排观看《恐龙战队》的，他们并不是班上最具攻击性的男孩。后来的研究表明，电视理解力的缺乏可能极大地影响了这些结果。因为当询问 8~9 岁以下的儿童记住了什么时，他们通常会说“战斗”，而没有记起《恐龙战队》宣扬的亲社会目标（McKenna & Ossoff，1998）。无疑，伯雅齐斯等人的实验通过观察儿童收看节目之后随即的游戏活动，可能在某种程度上夸大了《恐龙战队》对年幼男孩的影响。但是，这一结果确实表明，不具备电视理解力的年幼观众反复收看这种流行的、可频繁看到的节目，能够并且可能确实增加了自然情境中同伴间的攻击行为，还可能引导儿童（特别是男孩）赞同攻击性的冲突解决方法。

暴力电影的罪犯则并非如此。与弗里德里希和斯特恩（Friedrich & Stein，1973）的实验结果一致，暴力电影明显地增加了那些在看电影之前就具有较高攻击性的罪犯的攻击性。这些看暴力电影的高攻击性罪犯在看电影后的一个星期内持续表现出言语攻击性的增多（Leyens et al.，1975；另见对美国青少年所做的另一个现场实验中报告的类似结果：Parke et al.，1977）。

虽然得出了这些令人震惊的研究结果，但是评论家对关于电视暴力作用的现场实验依然存有疑问。虽然结论都在预料中，但是几项研究结果的统计显著性非常弱（Geen，1998），最大的影响常常来自于矫正机构中“被迷住”的观众，即那些受暴力节目影响很深的人群（如 Freedman，1984）。但是，人们可能预期，在那些“不痴
391 迷”的观众中，结果就不这么明显。他们的背景并不重要，关键是不一定能控制他们看什么节目。例如，在弗里德里希和斯特恩（Friedrich & Stein，1973）的实验中，研究者能够指明幼儿园儿童在幼儿园看什么，却不能指明他们在家里看什么。如果他们对研究中的儿童在家里的看电视行为进行准确控制，她们的研究结果会更有说服力。

### 相关研究的结果

看暴力电视节目与自然情境中的攻击行为之间的正相关关系已经得到反复证实，研究对象包括美国的学前儿童、各年级在校生、高中生和成人，以及澳大利亚、加拿大、芬兰、英国、以色列、波兰等六国的小学生（Bushman & Huesmann，2001；Geen，1998）。当然，这些简单的关系来自相关数据，它只证实了看电视暴力节目与攻击行为增多之间可能有联系。

但是，*追踪*的相关研究更有说服力。洛威尔·胡斯曼等人（Huesmann et al.，2003）报告了一项包含 329 名被试的研究，追踪时间是从小学到他们 20 多岁，长达 15 年。收集的数据包括这些被试在儿童期和成年初期曾经看过的暴力电视节目的数量，他们在这两个时期对于这些暴力的解释，其攻击性水平以及家庭社会经济状况和家庭教育方式等。

**图片 12.1** 过多接触电视暴力可能钝化儿童对现实生活中攻击性的情绪反应，并且使其相信这个世界主要是一个充满敌意和攻击性的人所居住的暴力场所。

Arthur Tress/Magnum Photos

结果是非常有意思的。即便对儿童在学校中的攻击行为、社会经济状况、家庭教育方式都加以控制之后，在学校观看了较多暴力电视节目的男孩，在 15 年后的成年初期，比女孩表现出更多的攻击性（见图 12.2，图 A）。但是，童年的攻击性与成年时暴力电视节目的喜好之间仅有弱相关，由此表明，早期观看暴力电视节目与后来的攻击行为之间的联系，比早期攻击行为与后来的收看习惯之间的联系更密切。男孩在儿童期过多地观看暴力电视节目与成年后的身体攻击关系最密切，而对女孩而言，则是与成年后的身体攻击和关系攻击都密切相关。

从图 12.2 中还可以看到，把电视暴力当作现实（也就是把电视暴力当作对现实生活的准确描

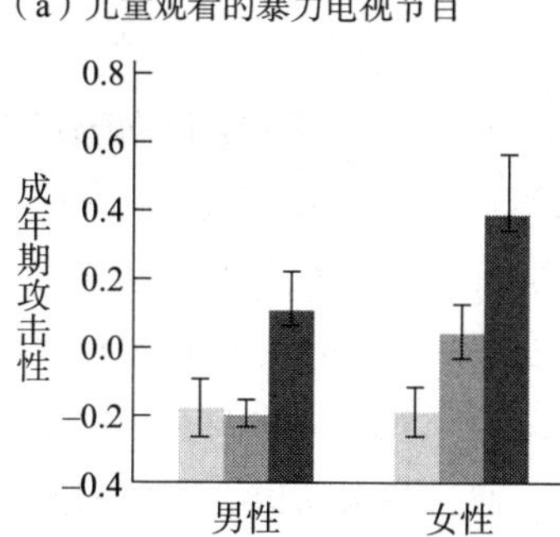


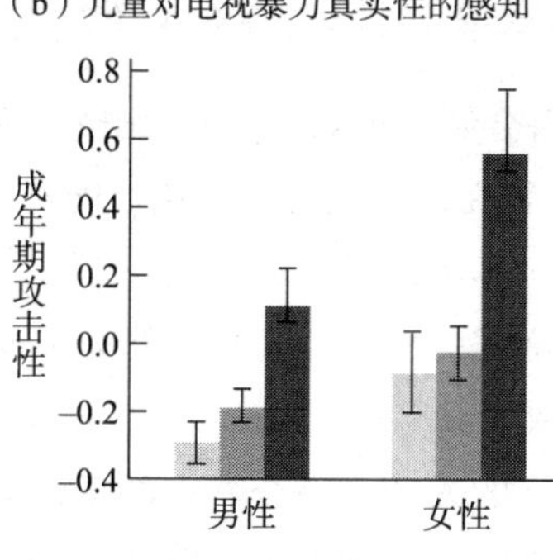


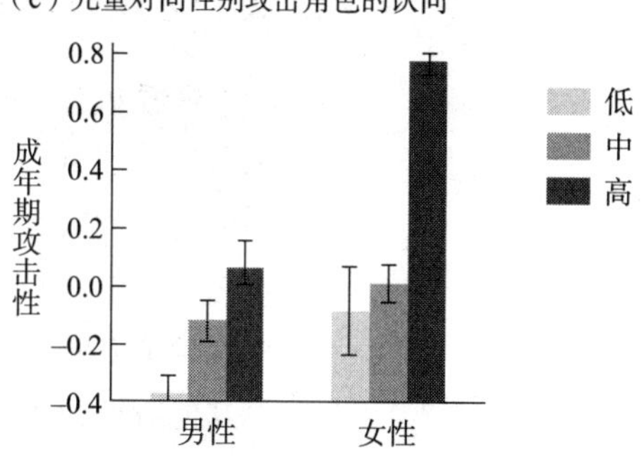


**图 12.2**　童年期收看电视暴力与成年期攻击性之间的关系（图 a），童年期对电视暴力真实性的感知对成年期攻击性的预测（图 b），儿童期认同同性别攻击角色对成年期攻击性的预测（图 c）。（资料来源：Huesmann et al.，2003；p. 211. © 2003 by the American Psychological Assn. Reprinted by permission.）

绘）的儿童和那些对同性别攻击罪犯有强烈认同的儿童，是那些受电视暴力影响最 392
严重者。虽然进行了许多控制，但这还是一个相关研究，不能明确地说明因果关系。但其结果完全支持这一论点，即早期观看大量的暴力电视节目能够导致敌意、反社会态度和行为的长期发展。

## 起脱敏作用的电视暴力

即便年轻观众没有表现出他们在电视上看到的攻击行为，他们也可能受到影响。例如，经常收看电视暴力节目可能灌输 **“丑陋世界观念”**（mean-world belief），这种观念认为世界是一个依靠攻击手段解决问题的暴力场所（Comstock，1993；Slaby et al.，1995）。实际上，对暴力电视表现出最大喜好的 7~9 岁儿童最有可能认为暴力节目是日常生活的真实写照（Huesmann et al.，2003）。

以同样的观点来看，经常观看暴力电视节目还能使儿童*脱敏*，他们因暴力行为而产生的不良情绪越来越少，并且更愿意容忍现实生活中的暴力行为。梅尔加莱特·托马斯和她的同事（Thomas et al.，1977；Drabman & Thomas，1974）以 8~10 岁儿童为被试对这一**脱敏假设**（desensitization hypothesis）进行了检验。每个被试观看一部暴力警探片或一部没有暴力但令人兴奋的体育节目，用生理描记仪记录他们的情绪
反应。然后，让被试从显示器上观察隔壁房间的两名幼儿园儿童，并向实验员反馈 393
是否有什么地方不对。预先准备好的影片播放的是两名幼儿进行一场激烈的打斗，激烈程度从开始到结束不断提高。与收看可产生同样生理唤醒却无暴力的体育节目的同伴相比，那些早前看过暴力节目的被试观看争斗产生的生理唤醒较弱，并且更能容忍之（长期看暴力电视的缓慢作用）。显然，电视暴力能够促使收看者对现实世界中的攻击事件脱敏。

### 我们可以对观看电视暴力下怎样结论的

观看暴力电视节目会诱发年幼儿童的攻击性，使他们形成攻击和反社会倾向吗？虽然经过了 40 多年的研究，但在这个问题上仍未达成共识。一些人因为某个研究或一种研究方法有缺点而不承认所有的研究证据。今天几乎没有社会性发展心理学者会把社会诟病归咎于这样的事实，即具有暴力和反社会性的成年人可能在青少年时期观看了电影《蝙蝠侠》或《第一滴血》，抑或宣称过多地看电视暴力本身会把一个在其他方面都适应良好的人变成一个暴力的反社会分子。通过相关研究、实验研究和现场实验研究来研究同一问题有着不同的优势，每一种研究取向都在很大程度上弥补了另外两种的弱点。对这些文献进行了详细全面回顾的研究者发现，从数据可归纳出如下结论：电视暴力的攻击性诱发作用（1）存在于男孩和女孩之中；（2）当暴力呈现出合理性的时候其作用最强；（3）对降低观众的暴力敏感度、产生丑陋世界观念、鼓励重度观看者的攻击习惯和反社会行为都具有足够的影响力（Bushman & Huesmann 2001；Coie & Dodge，1998；Geen，1998；Hearold，1986）。当然，我们应当留心研究者们发出的警告，他们强调，电视暴力只是影响儿童敌意和反社会行为的诸多影响因素之一，还无法和“在一个专制的家庭环境中成长”或者“认同不同寻常的、具有反社会倾向的同伴”这样的因素的影响力相提并论（Geen，1998；Huesmann et al.,，2003）。但是，很难讲观看大量电视暴力节目能否对某个人产生有益身心健康的长期效应，而它的危害则是主要的（Coie & Dodge，1998）。最后，让我们记住，几乎没有任何证据支持这一观点：即看暴力电视节目会使人得以宣泄，从而减弱观看者的攻击冲动。

## 电视的其他不良影响

除了具有诱发攻击行为和滋养敌意、反社会态度之外，看电视可能对年幼儿童产生一些其他的不良影响。让我们简要考查三种影响。

### 电视是社会刻板印象的来源之一

电视对儿童的另一个不良影响是，它强化了一些具有危害性的社会刻板印象（Huston et al.，1992）。在第 8 章，我们曾说过，性别角色刻板印象在电视中普遍存在，与较少看电视的同班同学相比，看过大量商业电视节目的儿童持有更传统的两性观。电视同样可能用于改变性别刻板印象。早期研究通过显示男性能胜任传统的女性活动，女性也能在传统的男性追求目标上取得一些成功，证实了这一点（Johnston & Ettema，1982；Rosenwasser，Lingenfelter，& Harrington，1989）。不过，如果这
394 些电视节目与第 8 章中所说的各种认知训练相结合的话，它们无疑会更有效地削弱女性刻板印象所依存的稳定的、错误的观念（Bigler & Liben，1990，1992）。

对少数族裔的成见在电视中也很普遍。由于民权运动，现在非裔美国人在电视上已占据了更广泛的领域，数量已经等同或超过他们在人口中所占的比例。但是，拉丁裔及其他少数族裔依然处于未被充分代表的情形。当黑人以外的少数族裔出现的时候，他们通常会遭遇厌恶的眼光，经常被形容为坏人或受害者（Liebert & Sprafkin，1988；Staples，2000）。

虽然证据不多，但是儿童的民族和种族态度似乎受到了有关少数族裔的电视节目的影响。非裔美国人早先被刻画成滑稽、无能或懒惰的人，这造成了消极的种族观念（Graves，1975；Liebert & Sprafkin，1988）。而在卡通作品和像《芝麻街》这样的教育节目中，对少数族裔的正面描述淡化了儿童的民族和种族刻板印象，增加了他们结交多种族朋友的可能性（Graves，1993；Gorn，Goldberg，& Kanungo，1976）。显然，电视有能力把不同民族和种族背景的人团结在一起，也有能力把他们分开，关键取决于电视节目怎样描绘这些社会群体。

### 儿童对商业广告的反应

在美国，每个儿童平均每年看到近 2 万个电视商业广告，许多广告夸耀的玩具、快餐和高糖食物都是成人不愿意购买的。但是，年幼儿童不断索要他们在电视上看到的产品，并且常常会在父母拒绝满足他们的要求时产生冲突（Atkin，1987；Kunkel & Roberts，1991）。幼儿可能坚持要买，因为他们不能理解广告所操控的销售意图，而把广告看做有帮助、能提供好消息的公众宣传（Liebert & Sprafkin，1988）。到 9~11 岁，大多数儿童懂得了广告是用来进行说服和销售的，到 13~14 岁，他们能对广告和产品宣传形成正确而合理的怀疑（Linn，de Benedictis，& Delucchi，1982；Robertson & Rossiter，1974）。但即使青少年也常被广告打动，特别是当产品代言人是名人，或产品具有欺骗性和误导性的时候（Cialdini，2001；Huston et al.，1992）。

因此，许多父母会关注商业广告对孩子的影响就不足为奇了。不只是儿童广告常常推广那些不安全的或者营养价值不高的产品，还有许多广告宣传非正规销售的药品和饮酒的好处，这些广告可能使儿童低估饮酒、自我药疗和吸毒之类危险行为的后果（Tinsley，1992）。美国电视改革基金是一个旨在改善儿童电视节目的家长组织，它认为电视广告的潜在危害远在电视暴力问题之上。

### 看电视与儿童健康

过多看电视可能会间接地伤害儿童的健康和幸福。近期有许多报告证实，美国大众正在变得过度肥胖。**肥胖症**（obese）是一个医学术语，专门用于描述那些体重超过理想重量的 20% 以上的人群，而所谓的理想体重是根据他们的身高、年龄和性别计算出来的。肥胖症显然是对身体健康的一大威胁，已成为影响心脏病、高血压和糖尿病的重要因素，而在所有的年龄组中肥胖症的比率正不断增加，包括幼儿

(Dwyer & Stone，2000)。肥胖症有许多影响因素，被提及最多的是遗传的易患病体质和不良饮食习惯。但是，许多人过度肥胖是因为他们缺乏充足的运动来消耗摄入的热量（Cowley，2001）。

遗憾的是，看电视是一件活动量很少的事情，与身体活动性游戏或家务劳动相比，
395 它不大可能帮助儿童消耗多余能量。有趣的是，未来肥胖的一个最有力的预测因素就是儿童看电视的时间（Anderson et al.，2001；Cowley，2001），每天看电视 5 小时以上、终日闲散在家的年轻人最有可能患肥胖症（Gortmaker et al.，1996）。除了限制儿童的身体活动以外，看电视还会造成不良的饮食习惯。儿童不但会在看电视的时候选择吃快餐，而且他们看到的广告中的食品（可能正在食用）大部分都是高热量食品，含有大量的脂肪、糖和较少的营养成分（Tinsley，1992）。

### 减轻看电视的危害

关心这个问题的家长该怎样减轻收看商业电视节目的危害性呢？表 12.1 列举了一些专家推荐的有效策略，包括监督儿童的收看习惯以减少他们与极端暴力节目或其他不良节目的接触，同时培养他们对亲社会或教育性主题节目的兴趣。专家认为可以从美国电视改革基金（National Foundation to Improve Television）获得不适合儿童的电视节目的有关信息，地址为波士顿第 60 大街，邮政编码是 MA 02109，电话是（617）523-6353。

虽然表 12.1 中的每一条指导原则都很好，但还要提两条建议。第一，锁定信号以控制电视播放内容的做法，其有效性从源头上就被削弱了。暴力节目的制作者设法确保以内容为基础来对电视节目进行评估，该系统仅仅是一种以年龄为导向的评

**表 12.1** 控制儿童收看电视的有效策略

| 策　略 | 具体做法 |
|---|---|
| 限制看电视 | 订立清晰的规则，限定儿童看电视的时间。不要把它当作电子保姆来使用，也不要把不让看电视当作一种惩罚方式，因为这种做法反而会增强它的吸引力。 |
| 鼓励恰当地看 | 鼓励儿童看适合儿童的信息性节目或者亲社会节目。利用缆线或者卫星系统和新型电视系统存在的锁定功能，限制儿童接触具有较多暴力或性内容的电视频道。 |
| 向儿童解释电视信息 | 和儿童一起看电视，指出他们可能漏掉的细微之处，比如说攻击者的反社会动机以及由他们的暴力行为可能导致作恶者自己遭受的不幸结果。围绕电视上展现的暴力和消极的社会原型展开批评性讨论，有助于儿童对他们所看到的内容进行评价，并较少认为它们是真实的。 |
| 建立良好的收看习惯 | 父母的收看活动影响儿童的收看活动，所以避免过多收看电视，特别是不适合儿童的节目。 |
| 权威性的父母教养 | 与合理、理性的限制相伴随的温和态度，使得儿童对于父母的控制具有更加积极的反应，包括对收看电视的限制。 |

资料来源：Slaby et al.，1995；Seppa，1997

估，这个评估系统不能让家长根据节目的性与暴力内容加以锁定（Huesmann et al.，2003）。而且遗憾的是，近来的非官方的电视内容指导纲领并没有被所有的广播电视网使用，也没有得到家长的理解（Bushman & Cantor，2003）。

第二，父母要帮助不具备电视理解力的子女评价他们所看的节目，这是特别重要的。年幼儿童对电视中的攻击性榜样反应非常强烈，一个原因是他们不能像成人那样来解释看到的暴力，经常漏掉细节，比如，一个攻击者的反社会动机和意图，或作恶者因为他们自己的攻击行为可能遭受的不愉快后果（Collins，Sobol，& Westby，1981；Slaby et al.，1995）。另外，年幼儿童强烈认同具有攻击性的英雄人物，他们的攻击行为得到了社会强化，这使年幼儿童更容易受到电视暴力诱发效应的影响，这是家长需要知道的事实（Huesmann，2003）。如果家长一边对作恶者的行为表示强烈不满，一边强调那些儿童漏掉的细节，同时还对这些打斗者（或者暴力英雄）应该怎样用建设性方式来解决矛盾提出建议，那么，儿童对媒体暴力就会有更深入 396
的了解，受到的影响就比较小（Collins，1983；Liebert & Sprafkin，1988）。遗憾的是，这是一个未加充分利用的策略，正如米切尔·圣·彼得和她的同事（St. Peter et al.，1991）指出的那样，父母与子女一起看的电视内容大部分不是冒险影片、极度暴力的节目，而是晚间新闻、体育赛事或黄金时段电视剧，但这些节目对年幼儿童却没有什么吸引力。

## 电视是一种教育手段

至此，我们都是以一种警惕的眼光来审视电视，谈的主要是它的危害。但是，这个“早期窗口”可能已经成为教授许多重要课程的相当有效的方法，当然，前提是它的内容必须变为这类信息。让我们来看看支持这种观点的证据。

### 教育性电视节目与儿童的亲社会行为

许多电视节目，尤其像《芝麻街》和《罗杰斯先生的邻居》这样在公共电视频道上播出的电视节目，是专门用于宣传合作、分享和安抚悲伤同伴这类亲社会行为的。对研究文献的概略回顾发现，那些经常观看亲社会电视节目的年幼儿童确实表现出更多的亲社会倾向（Hearold，1986）。但是，需要强调一点，如果缺乏长期性，这些节目的教育意义可能很小，除非有一个成人对播出的节目进行指导，并鼓励儿童去练习和实施他们学习到的这些亲社会课程（Friedrich & Stein，1975；Friedrich-Cofer et al.，1979）。当节目中没有那些吸引年幼儿童注意力的暴力行为时，儿童更可能加工和实施其中的亲社会课程。虽然存在这些限制，亲社会电视节目的正面效应显然大大超过负面作用，暴力电视节目可以增加攻击性，而亲社会性电视节目能在更大程度上促进亲社会行为的发生，特别是成人鼓励儿童关注那些强调解决人际冲突的建设性手段的情节时（Hearold，1986）。

### 电视是早期学习和认知发展的影响因素

虽然囿于婴儿和学步儿有限的认知和语言技能，研究者还是在努力探索电视在培养年幼儿童适应能力方面的潜力。现在已有一些值得注意的早期报告。例如，我们已从第 4 章中了解到，12 个月的婴儿能够从电视上学会社会推理，学会躲避一个把成人吓坏了的、具有明显危险性的物体（Mumme & Fernald，2003）。此外，乔治妮·特罗塞斯（Troseth，2003）发现，经常从电视上看到自己形象的两岁儿童，能够找到录像中成人藏在隔壁房间的玩具，这是象征性问题解决的一个标志，在两岁半至三岁以前很少看到。显然，这些两岁儿童已能从看到荧屏上的自己（和其他家庭成员）知道荧屏能够提供现实世界的信息，他们使用从荧屏上看到的信息来寻找藏起来的玩具。

当然，从年幼儿童身上发现的这些结果是一些早期的报告，之所以在此引用，是为了让大家看到电视在实际生活中可以促进儿童的适应能力。但是，探索电视在优化学前儿童发展潜能的尝试由来已久。1968 年，美国政府和许多私人基金提供资金创建了儿童电视工作坊（Children's Television Workshop，CTW），这个组织负责生产能够引起儿童的兴趣、促进智力发展的电视节目。CTW 的首个产品《芝麻街》成
397 为世界上最流行的儿童连续剧，大约一半的美国学前儿童每周平均收看 3 次，它还在世界上近 50 个国家播出（Liebert & Sprafkin，1988）。《芝麻街》的收视对象是 3~5 岁的儿童，试图培养他们重要的认知技能，比如记忆、再认和区分数字及字母，对物体进行排序和分类，解决简单的问题等。制作者希望能使处境不利儿童收看这个节目之后具备正常的教育基础，为学校教育做好准备。

**对《芝麻街》的评价** 在《芝麻街》播出的第一季，教育测量机构（Educational Testing Service）就对它的作用进行了评估。来自美国五个地区的 950 名 3~5 岁儿童参加了一个前测，接受认知技能的测量，判断其对字母、数字和几何形状的掌握情况。季末进行了再测，以检验他们都学到了什么。

经过数据分析，结果雄辩地证明《芝麻街》达到了它的目的。如图 12.3 所示，收看《芝麻街》最多的儿童（Q3 组和 Q4 组，每周收看 4 次以上）在全部测验分数上（图 A），以及字母测验（图 B）和写自己名字能力方面（图 C）都表现出最大的进步。3 岁儿童的收益大于 5 岁儿童，或许是因为年龄较小的儿童开始时所知甚少的缘故。第二项研究结果（Bogatz & Ball，1972）与第一项相似，但研究对象是城市处境不利的学前儿童，其他研究也发现，固定收看《芝麻街》与学前儿童语言和前阅读技能的明显进步密切相关（Rice et al.，1990）。后来经他们的一年级教师评定，经常收看《芝麻街》的处境不利儿童，比很少收看这个节目的儿童的学习基础更好，对学校活动更感兴趣（Bogatz & Ball，1972）。

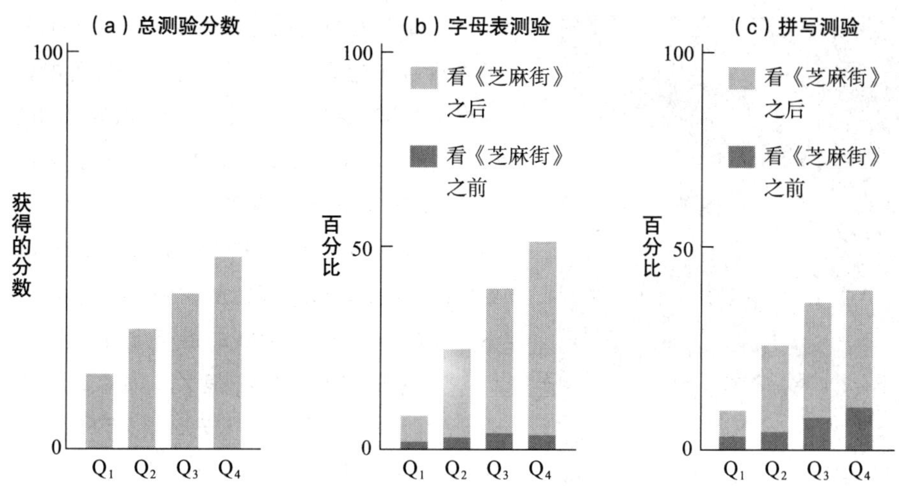


$Q_1$ = 很少看；$Q_2$ = 每周看 2~3 次；$Q_3$ = 每周看 4~5 次；$Q_4$ = 每周看 5 次以上

**图 12.3** 《芝麻街》的收看时间与儿童能力之间的关系：（1）根据收看时间划分的四个不同组中的儿童在所有测验分数上的进步情况；（2）四组中正确背诵字母表的儿童百分比；（3）四组中正确写出自己名字的儿童百分比。（*资料来源*：Libert & Sprafkin，1988.）

**其他教育节目** 《芝麻街》的成功鼓舞了 CTW 和其他非商业制作人去制作教给儿童阅读技能（《电力公司》）、数学（《兴趣魔方》）、逻辑推理（《想一想》）、科学（《接 398
触 *3-2-1*》）和社会调查研究（《蓝色大理石》）这类主题的节目。《电力公司》是专为 1~4 年级的小学生设计的，确实能促进阅读技能，但需要儿童在学校观看，这样教师能够帮助他们把学到的知识加以应用[1]（Ball & Bogatz，1973）。遗憾的是，虽然像《ABC 科学殿堂》和系列节目《儿童通俗力学》被认为获得了成功，但是，后来由商业电视网制作、针对年龄较大儿童的教育节目大部分未能成功吸引广泛的观众群（Farhl，1998）。

**对教育节目的毫无依据的忧虑及教育节目的长远益处** 有评论者指出，收看教育节目是一种被动的活动，它取代了许多更促进发展的、更有价值的活动，比如在成人指导下的阅读和主动学习（Singer & Singer，1990）。但是，现在对这一问题的担心是不成立的。学前期看一般电视节目较多与学前认知准备测验中的成绩较差密切相关，而收看较多的教育节目与学校学习技能较好密切相关（Anderson et al.，2001；Wright et al.，2001）。此外，鼓励孩子收看教育节目的家长往往会提供其他可替换电视的教育活动，即对儿童有促进作用的活动，同时也可约束孩子看一般电视节目的时间（Huston et al.，1999）。

---

1　1985年《电力公司》停播。但是节目录像仍然可供学校使用。

**图片 12.2** 儿童从《芝麻街》这样的教育电视节目中学习到许多有价值的课程。

一度令人担忧的是，如果中产阶层的儿童喜欢看《芝麻街》，那么这类节目可能真会扩大经济不利儿童与中产阶级儿童之间的智力差距（Cook et al., 1975）。不过近来的 399
研究发现，经济不利儿童不仅和中产阶级同伴一样经常收看《芝麻街》(Pinon, Huston & Wright, 1989)，而且从中学到的东西并不少（Rice et al., 1990）。更重要的是，这个节目的作用能够持续很久。追踪研究表明，学前阶段经常收看《芝麻街》可以预测10~13 年后较好的高中学习成绩，在较小程度上预测较多地参与创造性活动（Anderson et al., 2001）。所以，收看《芝麻街》对所有的学前儿童都是一种有价值的经验，并且它是一个廉价教育节目，每天只需几美分（Anderson et al., 2001）。艰巨的任务是使更多的家长相信《芝麻街》和其他教育节目的价值，他们和孩子们都不应当错过。

总之，电视是一种技术，既能造福儿童，又能给儿童带来危害，关键是儿童观看的内容。换句话说，重要的是信息，不是媒介。所以，我们能否改变电视节目，使它成为更有效的社会媒介，教儿童形成良好的态度、价值观和行为吗？答案是肯定的，只要我们愿意，我们就一定能做到。

## 电脑时代的儿童发展

和电视一样，电脑也是一种能影响儿童学习和生活方式的现代技术。但它是以何种方式影响儿童的学习和生活的呢？如果从好莱坞的电影中寻找线索，我们可能认为年轻的电脑使用者都将成长为聪明智慧、但却社会适应不良的人，就像电影《菜鸟大反攻》里那些古怪可爱的角色一样。确实，大多数教育者认为，电脑作为课堂教学的一种有效补充，对儿童的教育有积极影响，是一种帮助儿童学得更多，更快乐地学习的工具。到 1996 年，98% 以上的美国公立学校都在使用电脑作为教学辅导手段，到 2001 年，美国的家用电脑超过五千万台（U. S. Bureau of the Census, 1997；U. S. Department of Commerce eStats, 2000）。现在电脑已得到大范围普及，但是它真的有助于儿童的学习、思考和创造吗？年轻的“骇客”是否会沉迷于电脑技术，远离社会，变得社会技能低下并遭受同伴排斥呢？

## 教室里的电脑

电脑是教室里的一种有用的学习工具吗？教育测量机构（ETS）曾在 13000 名四年级和八年级的学生中对电脑使用与数学成绩进行了一次大规模的评估，结果表明**计算机辅助教学**（computer-assisted instruction，CAI）能够（但不总是能够）提高学习成绩（Wenglinsky，1998a）。对于这项研究中的四年级学生来说，花在电脑上的时间越多，数学成绩就较低。这些学生所做的大多是由电脑生成的简单、重复的练习，其他研究者也发现了这种练习的好处有限。不过，在装上高激发性的启发游戏（这种游戏允许儿童自行发现重要的数学概念），并且教师经过培训知道怎样在教室里有效地使用电脑的情况下，电脑对于数学成绩有积极影响，而且能促进更积极的学习态度（Wenglinsky，1998a）。

对八年级学生的研究结果在许多方面与四年级儿童相似。当电脑主要被用于激发学生从事应用性活动和模拟活动的兴趣时，数学成绩会改进，但是当电脑主要被
用于重复练习的时候，就会产生负面影响（Wenglinsky，1998a）。从电脑使用中受益 400
的学生主要是因为其教师经过培训，知道怎样在课堂上更好地使用电脑。因此，在恰当使用的情况下，电脑能够成为有用的辅助型教学手段。显然，教师培训是基础，如果我们要有效地利用计算机技术的教育潜能，就必须扩大教师培训。

### 计算机编程与认知发展

在一个经过良好培训的教师的指导下，教会学生计算机编程（让个人能够控制计算机），可以培养掌握动机和自我效能感，还可以促进新异思维模式的发展，而这在计算机辅助练习中是不存在的。道格拉斯·克莱门茨（Clements，1991，1995）在一项研究中对一年级和三年级学生进行了 Logo 语言的培训，这种计算机语言让儿童画出他们完成的蓝图，把它们转换成输入状态，之后在计算机显示器上重新生成他们的作品。虽然，克莱门茨的研究中学会 Logo 语言的儿童，与那些做了更多普通的计算机辅助练习的同龄儿童相比，在学习成绩上并没有什么差异，但是 Logo 使用者在皮亚杰的具体操作能力、数学问题解决策略和创造力测验上获得了较高的分数（Clements，1995；Nastasi & Clements，1994）。由于儿童必须发现错误并改正他们的 Logo 程序使其运行，所以编程促进了他们对自己思维的思考，从而与**元认知知识**（metacognition）的获得有机联系起来（Clements，1990）。另外，越来越多的高中教师和大学教授为他们的课程制作了网页，发起对教材的在线讨论。他们认为，这种做法将引导学生对教材做更具批判性和更深入的思考（Hara，Bonk，& Angeli，2000；Murray，2000）。显然，这些发现都是有意义的，它们意味着电脑不仅对传授理论概念有效，而且有助于儿童以新的方式进行思考。

Bob Daemmrich/Stock Boston

**图片 12.3** 使用电脑进行学习是对课堂指导的一种有效补充，也是一种教会儿童合作的途径。

#### 社会影响

年幼的电脑使用者是否如一些人所担心的那样，会成为隐居的、缺乏社会技能、不能适应社会的人呢？几乎不会如此！儿童往往把家用电脑作为一种吸引别人、与同伴聊天或者参与电脑游戏的设备来使用（Crook，1992；Colwell，Grady，& Rhiati，1995；Robert et al.，1999）。课堂上进行的现场研究表明，通过使用计算机或者借助计算机编程来学习解决问题的学生有两个特点：（1）可能会为他所面临的挑战寻求合作解决方案；（2）如果与同伴进行合作的话，会在解决问题之后更愿意继续保持合作（Nastasi & Clelments，1993，1994；Weinstein，1991）。合作双方对于怎样解决问题未能达成一致的时候可能产生矛盾冲突；但是合作双方在面临一个困难的编程任务时表现出的浓厚兴趣，往往会超越分歧，使冲突以友好方式解决（Nastasi & Clelments，1993）。所以，电脑似乎会促进（而不是阻碍）同伴互动，使交往更有趣、更富有挑战性，进而促进社会技能的发展。

### 对电脑的担忧

儿童使用计算机有什么危险信号？以下三个问题值得关注。

401 #### 对视频游戏的担忧

> 《侠盗猎车手：罪恶都市》是一个视频游戏，玩家可以与妓女做爱连跳分数，可以杀掉她获得加分。游戏中还有游戏角色把妓女殴打至死时女人身上鲜血四溅的场面。

一项全国性调查表明，80% 的美国青少年每周花 2 个小时以上的时间玩电脑游戏（Williams，1998），而且玩游戏是小学生在电脑上的主要活动（Subrahmanyam et al.，2000）。这项活动并非如许多家长所想的那样，肯定会把儿童的注意力从学校功课或同伴活动中移走；其实，电脑游戏通常是其他娱乐活动（最明显的是看电视）的一种替代品（Huston et al.，1999）。但是，评论家们担心，过多接触像《外星杀手》（Alien Intruder）、《魔宫帝国》（Mortal Kombat）和《侠盗猎车手》这些流行的、暴力的游戏，可能会像观看电视暴力一样诱发儿童的攻击性，导致他们的攻击行为。

评论家的担忧是有根据的。至少有 3 项关于 4~12 年级学生的研究发现，玩电脑游戏的时间与真实环境中的攻击行为之间存在着中等程度的正相关（Dill & Dill，1998）。实验研究证据更有说服力：一项有关三、四年级学生的研究（Kirsh，1998）和另一项关于大学生的研究（Anderson & Dill，2000）均发现，随机分配一些被试玩暴力视频游戏，与那些没有玩暴力游戏的对照组被试相比，对随后呈现的模糊挑衅表现出强烈的敌意归因偏见，他们明显表现出更多的攻击行为（也见 Bushman & Anderson，2002）。暴力游戏玩家积极主动地参与了攻击行为的计划和实施，并且他们这种成功的、符号化的暴力不断被强化。相形之下，看暴力电视节目的儿童只是被动地接触攻击性和暴力，所以有人认为，暴力视频游戏的攻击性诱发效应可能远远超过暴力电视节目的作用（Anderson & Dill，2000）。这些早期的报告揭示，家长至少应当像关注孩子看什么电视节目一样，关注他们玩什么视频游戏。

### 对社会不平等的担忧

另一些令人信服的评论是，计算机革命可能使某些族群的儿童发展比较迟缓，在我们这个越来越依赖计算机的社会中，缺乏一些所需要的技能。例如，来自经济贫困家庭的儿童在学校里使用电脑，但是回到家就没有电脑，而且他们所在的学校可能缺乏受过培训、能在课堂上有效使用电脑的教师（Becker，2000；Rocheleau，1995）。此外，在最初上电脑课的时候，男孩可能比女孩更感兴趣，更愿意报名参加电脑集训营。原因或许是，电脑被视为与数学这个传统的男性科目有关，现有的电脑游戏大多是为男孩设计的（Lepper，1985；Ogletree & Willams，1990）。但是，这种性别差异在美国基本上被消除了（Subrahmanyam et al.，2000），主要是因为在与聊天同伴的社会交往中和促进合作的课堂学习活动中加大了电脑的使用频率，而这些活动都是女孩喜欢参加的（Collis，1996；Rocheleau，1995）。

### 对上网的担忧

家用电脑和在线服务的激增，意味着世界上数以千万的儿童和青少年可以未经监督地接触互联网。显然，接触网页上有用的信息对学生搜寻与学校课业相关的主题可能是一种帮助。但是，许多家长和老师对不良网络影响忧心忡忡。例如，与网
友在线聊天的儿童和青少年已经被怂恿发展虚拟的性关系，并且偶尔会跟成年网友 402
约会或被其利用（Curry，2000；Donnerstein & Smith，2001）。此外，网络已成为“天堂之门”（Heaven’s Gate）之类的邪教组织的主要征募工具，像 3K 党这样的不良组织也是如此（Downing，2003）。所以，有理由怀疑未加限制的网络途径能够对一些儿童和青少年造成危害，亟需开展更多的研究，对这些风险进行评估。

总之，电脑与电视一样，对儿童、青少年成长的影响既可能是积极的，也可能是消极的，关键在于怎样使用它们。如果年轻人主要使用电脑来在线讨论不良话题，浪费学习时间，或者回避现实、打败外星杀手的话，那么结果可能是消极的。但是，

对于那些使用电脑进行学习、创造，或与同胞、伙伴在电脑上进行合作的儿童青少年，真的具有积极作用。

## 学校是一个社会化的机构

儿童在家庭以外的生活中接触到的所有机构中，很少有机构能像他们就读的学校一样影响其发展。从 5~6 岁开始，一个美国儿童每天在学校要度过大约 5 个小时的时间。现在，儿童在学校的时间比以前长得多。1870 年，美国只有 200 所公立高中，全美国儿童中只有一半有 3~5 个月的时间去上学。现在学校的学期长达 9 个月（180 个学日）；超过 75% 的美国青少年在 17 岁的时候仍然在上高中，近 50% 的美国高中毕业生继续接受各种高等教育。

如果要概括学校的使命，我们可以把学校看做一个儿童在其中获得基本知识和学习技能的场所。这些基本知识和技能包括阅读、写作、算术、操作计算机，以及后来的外语、社会研究、高等数学和科学。学校还教儿童**非正式课程**（informal curriculum），教会他们怎样适应并融入他们的文化。学生必须遵守规则，与同学合作，尊重权威，做一个好公民。此外，同伴对成长中儿童的主要影响发生在与学校有关的活动中，这些极大地取决于儿童就读学校的类型及其学校经历的质量（Brody & Dorsey et al.，2002）。因此，把学校看做一种社会化的机构是非常恰当的，它可能影响儿童的社会性与情感发展，传授知识，帮助学生为工作和经济自立做准备。

在本章的这一节，我们将集中探讨学校以哪些方式影响儿童。首先，我们将讨论正规的课堂学习能否促进儿童的智力发展。然后我们看看不同学校在其“有效性”上的显著差异。所谓的学校的有效性指的是学校完成课程目标和非课程目标的能力，即能否培养出“好公民”。在回顾有效学校的特点之后，我们将讨论一些有特殊需要的学生和不良少年在学校可能遇到的问题，以此来衡量我们的教育体系是否满足了儿童的需要。

### 学校教育能够促进认知发展吗

如果你已经完成了大学前两年的学习，那么你所掌握的生物、化学和物理知识可能已经远远超过了 100 年前的最聪明的大学教授。显然，学生从他们接受的学校
403 教育中获得了大量有关这个世界的知识。但是，当研究心理发展的学者提出疑问“学校教育是否能够促进认知发展”的时候，他们是想知道，正规教育是否加速了智力发展或者促进了思考的方式、问题解决的手段，而这些在缺乏学校教育的情况下是不大可能得到发展的。

为了说明这些问题，研究者有代表性地研究了发展中国家儿童的智力发展，那

里的学校教育是非义务性的或者尚未在整个社会开展义务教育。这类研究一般发现，上学的儿童比家庭背景相似但没上学的同龄人，更快地达到皮亚杰理论指出的各个阶段，并且能够更好地完成记忆和元认知测验（见 Rogoff，1990；Sharp，Cole，& Lave，1979）。儿童受的教育越多，他们的认知成绩就越好。我们来看弗里德里克・莫里森等人的研究（Morrison et al.，1995，1997），他们先把一些刚够上学年龄的小学一年级儿童的认知成绩与年龄小一点、还不能上学的幼儿园儿童的认知成绩作了比较。在学年末测验的时候，稍大一点的一年级儿童在阅读、记忆、语言和算术方面明显胜过那些差不多同龄的幼儿园儿童。在另外一项研究中，学期延长（全年 210 天）的美国在校儿童与那些起初具有同等能力的正常学期（全年 180 天）儿童相比，一年以后取得了更高的学习成绩并在一般认知能力测验分数上更高（Frazier & Morrison，1998）。再有，詹妮兰・胡腾洛切尔和她的同事（Huttonlocher et al.，1998）以 6 个月为间隔，对幼儿园儿童和小学一年级儿童的认知发展进行了追踪，发现儿童在头年 10 月至来年 4 月的上学高峰期内的认知增长显著高于接下来的 4 月至 10 月的上学低峰期内的认知增长。所以说，学校教育确实能通过传授知识、教给儿童一系列规则、策略和问题解决的技能（包括集中注意的能力和有意识地提取信息），并促进认知发展（Ceci，1991；Ceci & Williams，1997）。

这些发现是否意味着，在儿童较小的年龄就开始接受学校教育，能够很好地培养他们呢？如同专栏 12.2 中所看到的，较早入学既有优势，也有一些危害。

## 有效（和无效）学校教育的决定因素

在一个新的城镇寻找住处的时候，父母问的第一个问题往往是，住在哪里才能让我们的孩子受到最好的教育。这种关注反映了一个普遍的观念：一些学校比另一些更好、更有效。实际是这样的吗？

米歇尔・鲁特（Rutter，1983）确信这一点。他认为，**有效学校**（effective schools）的特征是，能够提高孩子的学习成绩，增强其社会技能，使其养成有礼貌的行为、培养积极的学习态度、较少旷课，对超过法定年龄者推行教育，使学生获得能够寻找并维持工作的能力。鲁特认为，无论学生的道德或社会经济背景如何，在实现这些目标时一些学校会比另一些学校更成功。让我们一起来看看支持这种观点的证据。

在一项大规模的研究中，鲁特和他的同事（1979）在英国伦敦的 12 所面向低收入或中低收入人群的中学进行了广泛的访谈和观察。他们在学生入学的时候进行了一系列的学习能力测验，以测量他们先前的学习成绩。在中学毕业前，对学生们进行了另外一项综合测验，以评估他们的学习进步情况。其他的信息同样可以使用，
如考勤和课堂行为的教师评定。数据分析显示，12 所学校在有效性上有区别：来自 404
“好”学校的儿童比来自低效能学校的学生表现出的问题行为少，上学更有规律，学习进步更大。从图 12.4 上我们可以对“学校有效性”的重要性有所了解。图上的线

## 专栏 12.2 当前争论

### 学前儿童应当接受教育吗

婴儿和学步儿童具有相当的学习能力，给宝宝朗读或者让他们接受音乐熏陶这样的活动能够刺激大脑发育和智力进步，在过去十几年，大众传媒已经使这一理念家喻户晓（Kulman，1997）。许多家长在这一理念中投入很多，并且接受“阅读起步走”这样的项目，这些项目宣称有助于父母提高 6~9 个月婴儿的前文字技能（Hall，2001）！并且已经有许多学前儿童每天在重视学习的托儿所和幼儿园中度过 4~8 个小时。这样做有益吗？

《教育误区：危机中的学前儿童》的作者大卫 · 艾尔金德（Elkind，1987）并不这样认为。他认为，当前越来越早的推广教育可能有点过了头（另见 Bruer，1999）。艾尔金德指出，许多家长没有给幼儿足够的时间让他们只是做一个孩子，按他们自己的意愿去游戏和社会化。艾尔金德担心，如果儿童的生活由不断逼迫他们取得进步的父母安排的话，儿童可能丧失学习的主动性和快乐。

一些近期研究（Hart & Burts et al.，1998；Marcon，1999；Stipek et al.，1995；Valeski & Stipek，2001）肯定了艾尔金德的担忧。在以学习为导向的幼儿园或学前班上学的 3~6 岁儿童，有时会在认识字母和阅读这样的基本学习能力方面表现出一些初始优势，但是这种优势常常在学前班末期就丧失殆尽。研究还证实，在这种强调高度结构化学习导向的幼儿园中的儿童，其创造力较差，对测验感到更大的压力和焦虑，对自己的成功较少感到自豪，对未来的成功缺乏自信心，并且一般都不大喜欢学校。而那些强调以儿童为中心的社会化课程和以发现为基础、灵活且重视培养动手能力的幼儿园的儿童，在上述各方面都胜出一筹。

很好地平衡了学前学习和社会活动的幼儿园能帮助儿童为上学做好准备。

所以，在学前阶段过分强调学习是有危害的。

另外，提供游戏与儿童自发的发现式学习相结合的学前课程对幼儿有益，特别是对处境不利儿童（Stipek，2002）。虽然大多数参加学前课程学习的儿童并不比待在家里的儿童在智力方面有什么优势，但是对处于不利地位的幼儿而言，参加了以儿童为中心的、专门为其上学做准备而设计的课程的幼儿，比没参加这种课程的幼儿，表现出更多的认知进步，入学以后的学习成绩更好（Compbell et al.，2001，Reynolds & Temple，1998；另见第 7 章）。其中一个原因是，参加这一课程的幼儿，其父母较多地参与到对他们的教育中（Renolds & Robertson，2003）。所以，只要学前课程留有足够的时间让儿童在群体社会互动的背景下进行游戏，增强技能，那么，这样的课程就能帮助儿童从中学到社会交往技能，认同常规和规则，这将使儿童更顺畅地从家中的个人学习向小学课堂上的群体学习过渡（Zigler & Finn- Stevenson，1993）。

条指的是学生刚上中学时的学习成绩（线条 3，低分者；线条 1，高分者）。在所有的三条线中，高效能学校的学生在最后评估的学习成绩上优于低效能学校的学生。更有启发性的发现是，在高效能学校上学的、起先资质较差的学生（线条 3）在最终的学习进步指数上与那些本来资质较好但进入最低效学校上学的学生（线条 1）恰好一样。针对美国小学和中学的其他大规模研究也获得了类似结果。即使是在控制了像学生团体的道德品质、社会经济背景和社区服务类型这样的因素之后，依然发现一些小学比另一些更有效（Brookover et al.，1979；Hill，Foster & Gendler，1990；Mac Iver，Reuman，& Main，1995）。

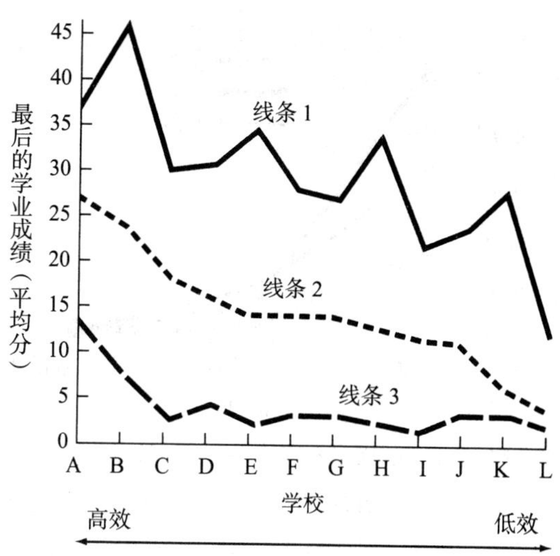


**图 12.4**　中学时的平均学业成绩是入学时的成绩（线条 1–3）和所在学校（学校 A–L）的函数。注意，如果学生所在的学校是高效的，那他们在最后的学业测量中就处于较高水平。另外，在高效学校和资质中等（线条 2）的学生最后的学习进步指数与线条 1 的学生一样；而在低效学校的学生（线条 2）最后的学习进步指数与线条 3 的学生一样。（资料来源：Rutter et al., 1979.）

405　所以，儿童所在的学校可能是差异的原因所在。你可能会很好奇是什么原因使得一所学校更有效。

## 对有效学校教育的一些错误概念

**财政支持**　有趣的是，一所学校的财政支持水平对学生所受教育质量的影响可能不像人们认为的那样大。资金赞助的严重缺乏可能降低教育质量；但是，一些研究表明，只要一所学校拥有合格的教师和一个合理水平的财政支持，那么花在每个学生身上的准确费用、学校图书馆的藏书数量、教师的工资和教师的资历在决定学生成就方面都是次要的（Hanushek，1997；Rutter，1983）。但是，另有研究表明，增加直接用于课堂指导的资源能够提高低年级学生的成绩（Wenglimski，1998b）。这说明，对学校的投资可能不会直接提高学校的有效性，除非是明智的投资。

**学校和班级的规模**　另一个对学校有效性影响相对较小的因素是班级的平均规模。在一个普通的小学和初中里，每个班学生人数在 20~40 之间，班级规模对学习成绩的影响很小，或者没有影响（Carlos & Howell，1999；Hanushek，1997；1998）。在低年级，一对一地指导学生或者以小组为单位指导学生，能够提高学生的阅读和算术成绩，特别是那些经济上处于不利地位或能力低下的儿童（Cooper et al.，2000；Odden，1990；Toch & Streisand，1997）。但是，像减小“学生 / 教师比”这一政策可能有好处一样，为减小“学生 / 教师比”花一大笔钱也可能得不偿失（Carlos & Howell，1999）。

有证据表明，年龄较大的学生所在学校的规模会影响他们对于结构性课外活动的参与，这样的活动强调合作、公平竞赛和正确对待竞争这些“非正式课程”。虽然规模较大的中学也能提供较多的课外活动，但是在规模较小的学校里，学生容易：（1）更深入地参与活动；（2）更可能处于承担责任的位置或领导地位；（3）更满意

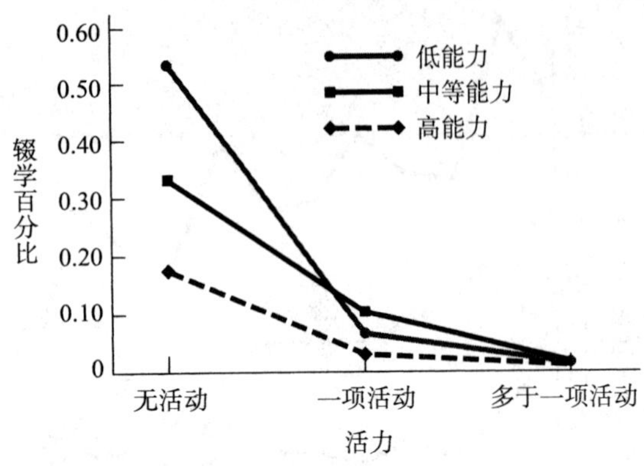


**图 12.5** 高中的辍学率是学生社会 / 学术能力和课外活动参与度的函数。很明显，如果低能力和中等能力的学生参与课外活动，并与同伴和学校环境保持积极而自愿的联系，则他们更可能留在学校里。（*资料来源*：Mahoney & Cairns, 1997.）

课外活动经验（Barker & Gump，1964；Jacobs & Chase，1989）。为什么呢？一个原因是，规模较大的学校里，学生参与活动时受到的鼓励较少，常常被湮没在人群中，会产生一种疏远感，与同伴及校园文化缺少联系。这确实是很遗憾的，因为近期的一项从七年级开始直到成年初期的追踪研究发现，那些社会技能较差的低能力学生，如果坚持参与一种或更多的课外活动，与学校环境保持自发的联系，他们就不大可能辍学或者参与反社会活动（Mahoney，2000；Mahoney & Cairns，1997；见图 12.5）。这些发现的含义很清楚：为了更好地完成教育学生并为他们的成人生活做好准备的使命，无论中学规模大小，它们都应当鼓励所有学生参与课外活动，不要因为学习成绩比较差而剥夺他们的这些机会。

**按能力分班** **按能力分班**（ability tracking）是指先把学生按智商或学习成绩进行划分，然后把“能力”相当的学生编成一个班进行教学，这
406 种做法多年来一直备受争论。一些教育者认为，当学生和同等能力的同伴在一起的时候学得更好。另一些人认为，按能力分班降低了能力较低的学生的自尊，导致他们的学习成绩差和辍学率高。

现有的研究表明，无论是按能力分班还是混合分班都没有明显的优点：两种方法在高效能和低效能学校都普遍存在（Betts & Shkolnik，2000；Rutter，1983）。但是有一些限定条件，如果能力强的学生接受的是根据其能力和学习需要，认真制定的挑战性课程，那么分班可能使他们受益（Fuligni，Eccles，& Barber，1995；Kulik & Kulik，1992）。但是，低能力学生不太可能受益，并且如果能力分班使他们得不到最好的指导，难以克服学习困难，被打上“笨蛋”烙印的话，他们可能会变得更糟（Mac Iver，Reuman，& Main，1995；Mehan et al.，1996）。休·梅恩等人（Mehan et al.，1996）认为：“不是笨孩子被分到慢班或低能力组中，而是被分到慢班或低能力组中使他们变笨”（p. 230）。

总之，我们讨论的上述因素似乎并不会对有效学校教育发挥什么作用。一所拥有充足的财政支持、学生在较大规模的班级学习并把学生混合在一起教学的学校，常常与另一所拥有丰富的资源、实行小班教学和能力分班的学校有同样的教育效果。

### 有效学校教育的影响因素

**学生的组成** 从某种程度上说，一所学校的“有效性”指的是，它在工作中能发挥既定的功能。一般说来，在经济不利学生占多数的学校中，学生的学习成绩是最差的；而如果在一所高智力学生集中的学校接受教育的话，似乎任何儿童都可能获得

学习进步（Brookover et al.，1979；Portes & MacLeod，1996）。但是，这并不意味着一所学校的好坏仅仅取决于它所教育的学生，因为许多从不利人群中大量招生的学校，在激励学生和为他们将来的就业或升学做准备方面都具有很高的效能（Reynolds，1992）。

**成功学校的学校气氛**　那么高效学校的学习环境该是什么样的呢？回顾文献（Mac Iver，Reuman，& Main，1995；Phillips，1997；Ruttor，1983），可归纳出在价值观和教育实践方面的以下特点：

1. 重视学习。有效学校非常关注学生的学习目标。经常给学生布置家庭作业，并且注重检查和批改，与学生进行讨论。
2. 课堂管理。在有效学校，教师在组织活动或解决令人困扰的纪律问题方面花的时间很少。课程能够按时开始和结束。教师明确地表达对学生的期望，并给他们及时、清楚的反馈。课堂气氛令人愉快；所有的学生都得到鼓励，发挥自己最大的潜能，并且老师会对好的表现给以充分的表扬。
3. 纪律。在有效学校中，全体教职员工都严格执行规定，当场处理问题而不是把犯错误的学生送到校长办公室。教师很少体罚（打耳光或打屁股）学生，那样会导致逃学、挑衅和紧张的课堂气氛。
4. 团队工作。有效学校的全体教职员工是一个工作团队，他们共同制定课程目标， 407
指导学生进步，统一在校长的积极有力领导之下。

总之，有效学校的环境是一个舒适且有条不紊的环境，在这种环境中，期望学生学习成功并且激励学生学习（Phillips，1997；Rutter，1983）。有效的教师在许多方面就像权威型的父母，对学生照顾、关心，严格且有所控制（Wentzel，2002）。研究一致表明，来自许多社会背景的儿童和青少年都愿意接受**权威型教学**（authoritative instruction），接受这种教学条件的学生，比那些接受**专制型教学**（authoritarian instruction）或**宽容型教学**（permissive instruction）的学生成长得更好（Arnold，McWilliams，& Arnold，1998；Lewin，Lippitt，& White，1939；Wentzel，2002）。

最后，无论怎么强调都不为过的是，有效学校对贫困学生是多么重要，他们不仅面临学习成绩低下的危险，而且可能生活在致使他们表现出行为问题、心理失调（例如焦虑、沮丧）和其他反社会行为的社区或家庭环境之中。例如，基尼·布罗迪等人（Brody，Dorsey et al.，2002）发现，创建有效课堂环境的教师可以帮助那些来自贫困家庭、单亲家庭且正处于危险期的 7~15 岁儿童应对他们所承受的压力，保证他们在学校的出勤率，消除经常在这类人群中观察到的内部和外部的失调。不仅如此，在这项研究中有效学校教育的这种稳定保护作用表现突出，即使在学生受到的父母教养不好（如缺乏关心和监护）的情况下也是如此（另见 Meehan，Hughes，& Cavell，2003，对非裔和拉丁裔攻击性学生的研究也获得了相似结论）。同样的，德波拉·奥顿内尔和她的同事（O’Donnell et al.，2002）发现，居住在暴力社区的高危险性青少年，当他们受到有效学校教师的支持和鼓励的时候，较少受到不良同伴的影响，较少参与吸毒和其他反社会行为。这些发现明确地显示，有效学校教育在社会化过程中有多重要，它对积极的社会性和情感发展以及良好的学习成绩具有实质性影响。

**学生和学校之间的良好匹配** 关于有效学校的另一个要点是，学生特点和学校环境特点常常相互作用共同影响学生的学习成绩，李·克伦巴赫和理查德·斯诺（Cronbach & Snow，1977）把这种现象称为**倾向－教学的相互作用**（aptitude-treatment interaction，ATI）。多年来，许多教育研究都以这一假设为基础，即一种特殊的教学方法、教育观念或组织系统将被证明对所有学生都是有效的，无论学生的能力、人格和文化背景如何。这种假设通常是错误的。相反，许多教育方法都是对某些学生很有效，对另一些学生基本上没什么效果。有效的秘诀是，寻找学习者与教育活动之间的恰当契合点。

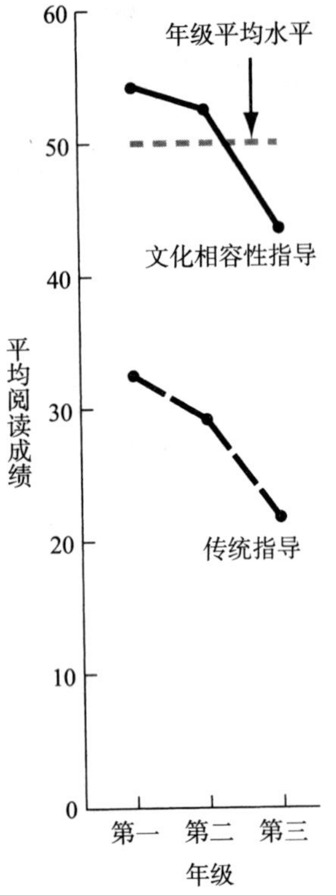

例如，教师为了让那些来自中产阶级家庭的能力强的学生发挥最大的潜力，往往采取快步教学法和高标准，经常使他们面临挑战。相反，对低能力和处境不利的学生，则多鼓励他们，使他们对老师产生积极的反应。为此老师往往给他们布置有兴趣的练习，给予关怀和鼓励，而不是打扰和要求（Good & Brophy，1994；Sacks & Mergendoller，1997）。

对学生的文化传统保持敏感也是制订有效教育计划的关键。欧裔美国学生来自于强调个人成就的文化，他们比较适应传统课堂上强调的个体为主导的教学。
相反，来自强调合作的集体主义文化的夏威夷学生和其他少数族裔学生，常常在 408
传统的西方式教学中遇到困难，他们很少注意老师或课程，而是花大量的时间寻求同学的注意。这些行为被老师误认为是对学校缺乏兴趣（Tharp，1989）。但是，当教学适合这些学生的文化时，如老师在这些小组中轮流指导每一个小组，并且鼓励小组成员集中讨论，互相帮助以实现学习目标，夏威夷儿童对学校的热情就会更高，学习上会取得更大进步（见图 12.6）。

**图 12.6** 夏威夷少数民族接受传统课堂教学和文化相容性课堂教学的 1~3 年级学生的阅读成绩。接受文化相容性教学的学生，其阅读成绩在年级平均水平左右，而接受传统教学的学生成绩较差。（资料来源：Tharp & Gallimore，1988.）

遗憾的是，如果青少年所在学校的环境和他们不断变化的发展需要之间产生了不相容，那么无论来自何种社会背景的学生都可能对学习失去兴趣，专栏 12.3 中介绍的研究发现证明了这一点。

总之，学生与课堂环境之间的匹配性是有效学校教育的一个重要方面。根据学生的文化背景、个人特点和发展需要精心设计的教育才有可能获得成功。

## 我们的学校是否满足了所有学生的需要

美国公共教育的诞生并非出自培养劳动力的愿望（19 世纪的大多数工人都是

农民或者文化程度很低的无技术劳工），而是出于把一个移民国家“美国化”的需要，把年轻一代融入美国的主流社会（Rudolph，1965）。所以，我们的公立学校是宣扬传统主流文化的中产阶级机构，是由秉持中产阶级价值观的白人教师实行教育。

但是，越来越多的公立学校的学生来自非白人社会背景。在加利福尼亚公立学校的学生中，多数属于“少数族裔”群体（Garcia，1993）。我们的学校对这些少数族裔学生的教育成功吗？现在的学校在满足有发展障碍和其他特殊需要的学生的要求方面又做得如何？

### 少数族裔的受教育经历

肯尼斯·克拉克（Clark，1965）在他的《黑色移民窟：社会权力的两难》中谈到，美国公立学校的课堂表现出一种“文化冲突”状态，认同中产阶级价值观的教师未能充分认识到少数族裔学生在适应这种安静、有序的欧式学校气氛时所遇到的困难。举一个关于语言习惯的例子，非裔美国儿童在家里被提问的机会比白人儿童少，而他们被问到的问题又都是那种典型的开放式问题，要求他们复述自己的知识或经验（Brice-Heath，1982，1989）。因此，这些儿童在学校里回答他们不熟悉的知识训练型问题（要求简洁、正确的答案）时，常常不知所措，可能因此被老师扣上“无知”或“不合作”的帽子。

不可否认，许多来自少数族裔群体的贫困家庭的孩子在学校里确实会遇到一些问题。第 7 章中曾指出，这些孩子容易成为学习成绩不良者，与欧裔学生相比，他们在标准化成就测验中获得较差的等级或者较低的分数。他们也比欧裔同学更可能受到老师的纪律惩罚，留级一次或几次，未完成高中教育就辍学（Associated Press，2002a；Dusek，1991；U.S Bureau of the Census，2001）。为什么会这样呢？让我们一起来看以下三种可能。

**图片 12.4**　如果儿童的父母重视教育，对学校活动感兴趣且积极参与，孩子就有可能在学校表现出色。

**父母参与**　把少数族裔学生的学习成绩不良归结为其父母在价值观教育或鼓励他们努力学习方面做得不够，曾经是一种很普遍的看法，但是，在第 7 章中我们了解到，这是一个非常错误的观念。[1] 回想一下，非裔和拉丁裔美籍父母至少与欧裔美

1　第 7 章曾分析，少数族裔学生学习成绩较差并不仅仅因为智力缺陷。即使智力（智商分数）相同，非裔学生、美国土著和拉丁裔学生也比欧裔和亚裔学生更倾向于在标准化成就测验中获得较低的等级和分数。

409

## 专栏 12.3 发展问题

### 向中学的艰难过渡

当前，教育者非常关注学生由小学升入初中时出现的很多不受欢迎的变化，包括丧失自尊和兴趣，留级，以及莫名其妙的捣乱行为（Eccles et al.，1996；Seidman et al.,1994）。为什么这是一个危险的转变呢？

这一过渡很艰难的一个原因是青少年，尤其是女孩，在小学升中学时正经历重大的生理、心理变化。例如，罗伯塔·西蒙斯和戴尔·布鲁斯（Simmons & Blyth，1987）发现，处于小升初过渡、又刚进入青春期的女孩，比那些在幼儿园－中学一贯制学校里上学的女孩更容易出现自尊下降和其他消极变化。学习和情感方面经历最大困难的是那些小升初前后还遭遇了其他生活变化的学生，比如，家庭矛盾和搬家（Flanagan & Eccles，1993）。如果这些遭遇青春期巨变的学生不被强制性地换学校，是否会有更多的人仍然可以保持学习兴趣并且适应得更好呢？这可能是美国初中（middle school，从 6~8 年级）发展起来的原因之一，这种学校比原来的中学（junior high school）更普遍（Braddock & McPartland，1993）。

但是，杰奎琳·艾克尔斯和她的同事（Eccles，Lord，& Midgley，1991；Roeser & Eccles，1998）报告说，学生不一定觉得向初级中学的过渡比向完全中学的过渡有什么更轻松之处。他们怀疑，青少年在什么时候升入新学校和他们升入什么中学并非同等重要。他们提出了一个“良好匹配”的假设，即，如果一所学校（无论是初级中学还是完全中学）不能满足青少年的发展需要，升入这所新学校后可能遇到困难。

不匹配指的什么呢？从小学到中学的过渡常常使学生从一个师生关系密切、学习活动丰富多彩以及纪律较宽松的小学，进入一个更大、更官僚主义的环境，那里的师生关系缺乏人情味，成绩至上，但很难获得好成绩，选择学习活动的机会有限，并且纪律严格。这一过程恰恰发生在青少年正在寻求更多自主性的时候（Andermann & Midgley，1997）。

艾克尔斯等人的研究证实，发展的需要与学校环境之间的“匹配性”是影响青少年学校适应的重要因素。一项研究发现（Mac Iver & Reuman，1988），向完全中学的过渡造成了内在学习兴趣的下降，出现这种情况的学生主要是那些想要更多地参与班级决策但却没有机会的学生。第二项研究解释了学生与学校良好匹配为什么重要：如果他们升入完全中学后，与数

410 国父母一样重视教育（Galper，Wigfield，& Secfeldt，1997），而且他们更愿意支持如学生能力测验改革和延长时间之类的改革（Stevenson，Chen，& Uttal，1990）。不过，少数族裔父母常常对学校不够了解，较少参加家长与教师的座谈、教师家长委员会的会议和学校发起的其他活动，而这些活动的缺失可能抵消了他们很看重学校教育的作用。如果少数族裔父母积极参与学校活动，他们的孩子就会在克服学习困难时感到更自信，而且容易在学校表现出色（Luser & McAdoo，1996；Reynold & Robertson，2003；Sui-Chu & Willims，1996）。因此，父母的积极参与能使情况变得不同。

**父母和同伴影响的相互作用** 虽然少数族裔父母在培养孩子的学校能力方面发挥着

学老师的关系缺乏人情味和支持性，他们的数学学习态度就会变得消极；但是，升入完全中学的少数学生遇到了更支持自己的教师，他们的学习兴趣实际上是增强了（Midgley，Feldlaufer，& Eccles，1989）。在第三项研究中的学生说，当他们感到学校鼓励所有学生努力学习，而不是注重分数竞争（以成绩为主要目标）的时候，他们在心理上和学习上发展得更好（Roeser & Eccles，1998）。

这些研究说明，当学生从小学升入中学的时候，学习动机和成绩的下降不是不可避免的。这些下降主要出现在学生与学校环境之间的匹配由好变坏的情况下。我们该怎样做到良好匹配呢？父母能够有所帮助，他们可以察觉孩子升学的困难性，然后把自己的想法与孩子交流。一项研究发现，父母协调其发展需要，并且在决策中培养其自主性的青少年，通常在小学向初中的过渡时适应良好，自尊方面也有提高（Lord，Eccles，& McCarthy，1994）。教师同样也能发挥作用，教师应该强调掌握目标，而不是分数，多征求父母对学校的意见，建议父母在孩子的过渡期内积极参与学校活动。无论如何，在小学向中学过渡的时候，父母和教师的合作关系会减少，青少年常会感受到新环境的压力，这个新环境很陌生，缺少人情味，学习难度增加，而且周围缺少社会支持（Eccles & Harold，1993）。实际上，为这些过渡期的青少年专门设计一些课程，给他们提供上述帮助，能够帮助他们适应学校，降低他们的辍学率（Smith，1997）。

Kira Godbe

从较小规模、师生关系密切的小学升入缺乏人情味、更官僚主义的初中，给青少年带来了压力，他们中的许多人失去了学习兴趣，变得更易受同伴群体的影响。

至关重要的作用，但是在不清楚同伴是怎样影响学习成绩的情况下，我们还不能充分了解家长的作用。劳伦斯·斯腾伯格等人（Steinberg et al.，1992）在非裔、拉美裔、亚裔、欧裔美国中学生中进行了一项大规模的学习成绩调查。他们发现，学业成功和良好的个人适应通常与权威型的父母教养有关，但是父母对学习成绩的这种积极影响能轻易地被非裔同伴的作用削弱，这些同伴常常贬低学习成绩的价值，迫使许多非裔学生在学业成功和同伴接受之间做出选择（另见 Arroyo & Zigler，1995；Ogbu，1994）。

拉美裔父母多采取严厉并略显专制的教养方式，而不是灵活可变的权威型教养方式。因此，许多拉美裔学生在家中自主行动和锻炼决策技能的机会较少，这使他们较难适应学校的个人主义情境（Steinberg，Dornbusch & Brown，1992）。并且，来自低收入地区的拉美裔学生容易跟那些不重视学习的同伴在一起，这些同伴可能削弱家长对学习的促进作用和影响。相反，欧裔学生比非裔学生或拉美裔学生更可能获得权威型的父母教养和有利于其教育活动的同伴支持。

有趣的是，学习成绩好的亚裔学生在家中大多接受限制性的专制型教养。但是这种高控的教养模式，加之父母非常重视教育，以及许多亚裔父母为孩子设定了很高的学习标准，确实造就了学习成功。为什么呢？如第 7 章中所分析的，亚裔儿童从很小就被教导要尊敬并服从长辈，而长辈有责任把他们训练成为对社会有责任、有能力的人（Chao，1994，2001；Zhou & Bangston，1998）。基于亚裔家庭都是这种社会化模式，那么亚裔同伴群体都强烈认同教育并且鼓励学业成功，就没有什么
411 可奇怪的了（Fuligni，1997）。结果如何呢？亚裔学生比其他学生花更多的时间学习，并且常常和他们的支持性朋友一起学习，这毫无疑问可以解释他们的学业成功（Fuligni，1997；Steinberg，Dornbusch，& Brown，1992）。

**教师的评估和期望** 教师通过他们解释和评估学生的行为，对学生的自我意识、学习成绩和社会地位产生巨大影响。首先让我们先分析一些教师如何影响学生的成绩，然后看看这些过程怎样影响少数族裔学生的学校适应。

首先，教师对学生在学校的能力会形成不同的印象，这种预期能够明显地影响学生的学习进步。在一项具有里程碑意义的研究中，罗伯特·罗森塔尔和雷诺·雅科布森（Rosenthal & Jacobson，1968）发现，教师对一个学生的期望能影响这个孩子的成就，即他们所说的**皮格马利翁效应**（Pygmalion effect），即一个学生如果被预期表现好，那么他的实际表现也就会更好，因此教师的期望可能成为学生自我实现的预言。为了证明这一点，罗森塔尔和雅科布森给研究中的每个小学老师一份名单，上面写着班里 5 个学生的名字，这 5 个人被断定学习成绩会有快速进步。其实，这 5 个人不过是从班级名册中随机挑选的。他们与其他学生的唯一不同是，老师对他们抱有更大的期望。而在一、二年级老师头脑里形成的这些高期望，足以使那些所谓的快速进步学生在智商和阅读成绩测验中比其他同学获得更好的成绩。

当然，教师心目中形成的对学生的积极或消极预期常常反映了真实的能力差异：那些过去被期望表现好（或差）的学生常常真的表现好（或差）。如果两个学生的态度和学习动机相同，那么老师对其期望较高的学生可能比老师对其期望较低的学生表现更好（Jussim & Eccles，1992）。皮格马利翁效应是怎么起作用的？教师好像更愿意让高预期学生解决难题，如果回答正确会表扬他们（这或许使得他们认为自己能力强）。当高预期的学生没有做出正确回答时，老师常常会换个提问方式，这样他们就能正确回答了，这暗示了失败是能够通过坚持和努力而战胜的（Dweck & Elliot，1983）。反之，低预期的学生接受挑战的机会较少，当他们回答不正确的时候很可能受到批评，这种经历可能使他们相信自己的无能，从而降低他们的成就动机（Brophy，

1983；Dweck & Elliott，1983）。教师对学生学习成绩的期望效应在低年级作用最大，特别是儿童受到持续地高期许和低期许时（Kuklinski & Weinstein，2000；2001）。这些期望最终影响了儿童的学业自我概念，使高期许和低期许儿童表现出的学习差异得以延续（Kuklinski & Weinstein，2001）。

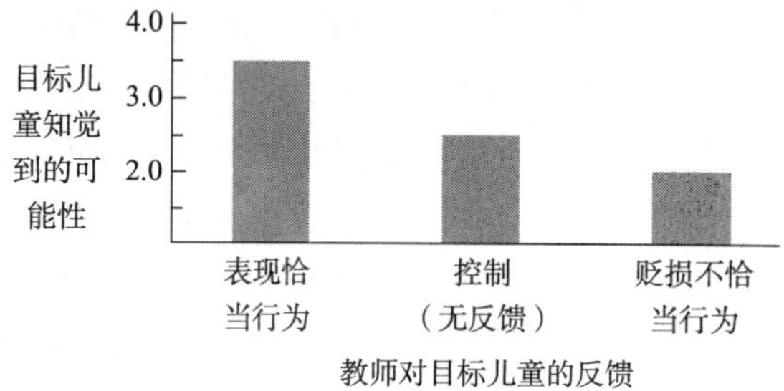


**图 12.7**　教师的言语反馈影响对捣乱儿童可爱度的平均估计值。（资料来源：White & Kistner, 1992. © 1992 by the American Psychological Assn. Reprinted by permission.）

此外，教师对学生学习以外的行为的评价和反馈能够明显地影响儿童在同伴中的地位。在一个有趣的实验中（White & Kistner，1992），让幼儿和一、二年级小学生看一段录像，录像里的孩子在班里的大部分时间都反应适度，偶尔搞些破坏（傻笑，投纸飞机）。在不同的录像版本中，教师对这个孩子的回应不同。一组儿童看到教师通过表扬儿童的恰当行为来强调积极面。第二组儿童看到教师通过贬损他的冒失行为（例如，“我受够了，比利！）来强调消极一面。控制组儿童听到教师对全班做了中性评价，不对这个孩子的行为做积极或消极评价。在分别看完录像之后，被试对目标儿童的可爱程度进行判断，并要求指出目标儿童 412
是否会表现出助人之类的亲社会行为和推搡其他孩子之类的反社会行为。

如图 12.7，结果非常有趣。与控制组的目标儿童相比，儿童认为教师表扬其恰当行为的目标儿童更可爱，并且更倾向于表现出助人之类的亲社会行为，而看到贬损反馈的儿童认为目标儿童不可爱，认为他会表现出打、推这样的反社会行为。在一个类似的研究中，加里·拉德等人（Birch & Ladd，1988；Ladd & Burgess，2001）发现，常被惩罚、与教师建立了冲突关系的捣乱幼儿，对同伴的攻击行为越来越多，亲社会行为越来越少，在幼儿园向小学过渡时，以及小学前两年里对学校的喜爱程度越来越低。

可见，小学教师既能提高一个儿童在同伴中的地位（通过表扬恰当的行为），也能降低其地位（通过贬损不恰当行为）。这种影响具有重要意义，我们将在第 13 章分析，在低年级就受到同伴拒绝的儿童常常会延续他们的被拒身份，并可能在以后的人生中经历各种适应问题（不只是学习成绩差和辍学）。教师或许会发现，对一个爱捣蛋的学生的行为不作回应是不可能的，但是他们可以通过矫正而不是批评不恰当行为，通过寻找机会赞扬这些孩子恰当的社会行为，帮助这些淘气的孩子（另见 Chang，2003）。[1]

**教师对学习成绩的种族间变异的影响**　一些少数族裔学生的学习成绩较差在一定程度上可以归咎于教师的不同对待，现在就来分析一下这种情况。根据社会刻板印象，

1　如果儿童把在课堂上捣乱当作一种寻求注意的手段，那么贬损式反馈甚至会强化不恰当行为。相反，矫正性反馈（如果必要可以采用“暂停”法）则较少关注一个淘气孩子，且结合了对努力学习行为的赞扬，它是相容性反应技术的一个例子，常常在纠正儿童的攻击行为方面起作用（见第 9 章）。

413 亚裔学生被认为是聪明的、勤奋的，而来自低收入社区的非裔学生、美国土著学生和拉丁裔学生被认为在学校表现较差。而教师很难不受这种刻板印象的影响。少数族裔学生常常感到白人教师不理解他们，如果他们能得到更多的尊重和理解，就能在学校里表现得更好（Ford & Harris，1996）。有证据表明，如果学生和老师有相同文化背景，学生的成绩会更好（Goldwater & Nutt，1999；Meehan，Hughes，& Cavell，2003）。在一项研究中，让教师从一列特质中选出那些能恰当描绘低收入少数族裔学生的特质。他们一致选择了懒惰、打闹和反叛这样的形容词，这表明，他们对这些学生不抱有很大的期望（Gottlieb，1966）。

你可能会看到，根据这些刻板印象形成期望的教师是怎样在无意中导致学习成绩的种族变异的。例如，他们可能很微妙地向一个亚裔学生传达了这样的观念，如果他没有正确回答问题，把问题换一种说法再问一遍，是希望这个孩子做得更好，从而告诉他坚持和不断地努力能够战胜失败。相反，一个来自低收入社区的墨西哥裔或非裔学生可能被老师认为能力较低，因此很少受到老师的挑战，老师甚至以令他自我怀疑的方式批评其失误。即使在学校表现很好的少数族裔学生，受到这种贬低后也会有变成差生的风险，到 6~10 岁时，他们已经非常了解大众广泛持有的对自己种族的消极刻板印象，并且已经开始经历“刻板威胁”（专栏 7.2），导致学习成绩下滑（McKown & Weinstein，2003）。

总之，家长的价值观和教养方式，同伴对学习成绩的支持，教师的期望和评价都可能对学习成绩的种族差异产生影响。一些理论家认为，来自低收入的少数族裔亚文化群的儿童，一进入中产阶级学校环境就迅速处于不利地位。如果想要激励并且更好地教育这些学生，学校必须有大的变化。如果学习成绩差的少数族裔学生在课堂上获得的经验（或者从教材中学到的经验）包括更多关于自己族群的信息，他们会在学校表现得更好（Kagan & Zahn，1975；Stevenson，Chen，& Uttal，1990），研究者提出这一观点已有多年。这也是近年来使学校教育在文化上与少数族裔学生联系更紧密的变革的主要理论依据。今天，我们看到的积极变化是越来越广泛的双语教学，专门用于满足美国来自 100 多个语种的儿童的需要（Winsler et al.，1999），多元文化教育课程把许多文化和亚文化族群的观念带入课堂，所有的学生在学校都感到更受欢迎（Banks，1993；Burnette，1997）。

### 对特殊学生的教育

教育者面临的另一项任务是成功地教育有特殊需要的学生，即学习能力低下、心理发展迟缓、有身体和感觉障碍以及其他发育障碍的学生。在美国国会 1975 年通过《残疾儿童教育法案》以前，这些残疾儿童曾被安置在单独的学校或班级，有一些残疾人被认为是不可教的而被公立学校拒绝。这项法案在 1990 年经过修订，要求学区为全体有特殊需要的学生提供与其他正常儿童相匹配的教育。法案的目的是尽可能确保有特殊需要的学生接受与普通公立学校学生相同的教育，帮助有特殊需要的学生做好进入社会的准备。这项法律的执行情况如何呢？许多学区选择了**包容**（inclusion，亦称“回归主流”），与把这些学生安置在特殊学校或特殊班级的做法相反，这种做法是让有特殊需要的学生全天或者大部分时间待在普通班级里。

包容是否达到目的了呢？遗憾的是，情况并不是很好。与单独进行特殊教育的其他有特殊需要的学生相比，这些回归主流的学生有时在学习上能够做得不错，特别是在残疾程度不很严重的情况下（Holahan & Costenbader，2000），但他们常常做不到这样（Buysse & Baily，1993；Hunt & Goetz，1997；Manset & Semmel，1997）。此外，他们的自尊往往会下降，因为同学可能会取笑他们，不愿意选择和他们做朋友或者一起玩（Guralnick & Groom，1988；Hunt & Goetz，1997；Taylor，Asher & Williams，1987）。

这些发现是否意味着包容失败了呢？从某种意义上说确实如此，因为我们已经知道，把特殊学生安排在普通班级的简单做法收效甚微。要想有效地发挥作用，包容必须确保来自不同背景、具有不同能力水平的学生在实际中能够积极地与其他学生互动，并且学到了安排他们学习的内容。应当怎样实现这些目标呢？

罗伯特·斯莱文等人（Slavin，1991，1996；Stevens & Slavin，1995a，1995b；Salend，1999）看到了**合作学习法**（cooperative learning method）的巨大成功，在这种学习中，一个有特殊需要的学生和几个同学组成一组，如果该小组表现好，就对全组学生进行表扬。例如，让一个数学小组的每一个成员去解决适合他能力水平的 414
问题。一个小组的成员彼此监督完成情况，在需要帮助的时候互相帮助。为了鼓励这种合作，完成数学题最多的小组将获得奖励。例如，授予“超级小队”的称号并颁发证书。同样，埃利奥特·阿伦森等人（Aronson，1978）设计了一种称为“拼图法”的教学方法，促进不同族裔的融合。根据这种方法，给学习小组的每个成员一部分材料，要求他把自己学的材料教给其他组员。同时有一套保证不同社会背景和能力水平的儿童在一起共同努力的规则，其中能力最差的组员的努力也对全组成功起重要作用。

**图片 12.5**　通过强调团队合作达成共同目标，合作学习活动包含了适合各个水平学生的更丰富的活动。

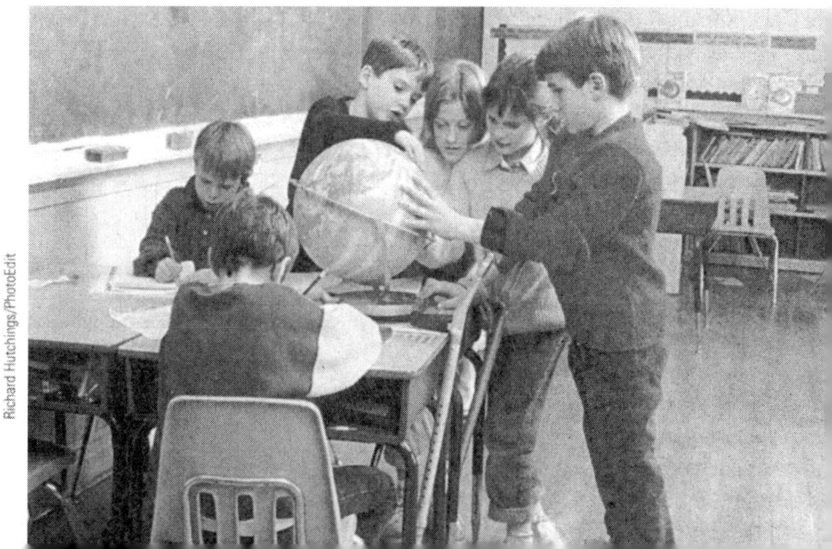

Richard Hutchings/PhotoEdit

显然，这些合作学习方法确实有效。有特殊需要的 2~6 年级学生在强调合作学习的班级中越来越喜欢学校，并且在语法、阅读、语言技能和元认知测验上超过了传统班级中的特殊学生，在合作学习的第二年比第一年表现出更大的优势（Stevens & Slavin，1995a）。不仅如此，特殊学生和天才儿童在合作学习的班级里一同茁壮成长，他们的自尊往往会得到提升，更容易被同伴接受（Stevens

& Slavin，1995b）。所以，只要教育者专门设计学习内容，鼓励来自不同社会背景和能力水平的学生为实现一个共同目标齐心协力，包容式教学就能取得成功。

## 对儿童的教育效果：跨文化比较

我们的学校在向学生传授学习技能方面是否成功？有关 9~17 岁美国学生的阅读、写作和数学成绩的大规模调查表明，他们中的大部分在小学阶段学习了阅读，并且在中学毕业时掌握了基本计算技能和读图能力等数学能力（Dossey et al.，1988；National Education Goals Panel，1992）。但是，只有大约四分之一的美国学生对阅读、数学和科学达到精通（Martin et al.，2000；National Assessment of Educational Progress，as cited in Greene，1997）。此外，美国青年的写作并不是很好，17 岁学生中有超过三分之一的儿童不能写出一篇结构合理、段落连贯的文章。这些结果是否应该引起我们警惕呢？

许多教育者认为理当引起重视（Short & Talley，1997；Tirozzi & Uro，1997），特别是儿童学习成绩跨国和跨地区研究的结果表明，与其他工业化国家学生的分数
415 相比，美国学生在数学、科学和言语技能上获得的平均分都较低，并且有时非常低（Martin et al.，2000；National Education Goals Panel，1992；Stevenson，Chen，& Lee，1993；另见表 12.2 八年级学生数学和科学成绩的跨国和跨地区比较）。

由哈罗德·史蒂文森等人所做的跨文化研究（Chen & Stevenson，1995；Stevenson，Chen，& Stigler，1986；Stevenson，Chen，& Lee，1993）得出确切的结论：中国台湾、中国大陆和日本的学龄儿童在数学、阅读和其他科目上的成绩超过了美国儿童。数学成绩的差距特别惊人。例如，在对 5 年级学生的测验中，只有 4% 的中国大陆学生和 10% 的日本学生在数学成绩测验中的分数与美国儿童的平均分数一样低（Stevenson，Chen，& Lee，1993）。这样的成绩差异在儿童刚入学时就很明显了，在儿童从 1 年级到 5 年级再到 11 年级的发展过程中，每一年都有所扩大（Geary et al.，1996；Stevenson，Chen，& Lee，1993）。为什么会有这些差距呢？对于改进美国教育，这些差距告诉我们什么？

**图片 12.6** 传统亚洲课堂上的学生，通常需要坐在自己的座位上完成作业，或者是积极关注老师。

Fujifotos/The Image Works

问题并不是美国学生智力差，因为他 416
们入学时的智商测验成绩和亚洲学生完全一样（Stevenson et al.，1985），他们至少在涵盖了学校教育未覆盖内容的一般信息测

**表 12.2**　一些国家或地区八年级学生的数学和科学平均成绩（1999 年的分数）

| 国家或地区 | 数学分数 | 国家或地区 | 科学分数 |
| --- | --- | --- | --- |
| 新加坡 | 604 | 中国台北 | 569 |
| 韩国 | 587 | 新加坡 | 568 |
| 中国台北 | 585 | 匈牙利 | 552 |
| 香港特别行政区 | 582 | 日本 | 550 |
| 日本 | 579 | 韩国 | 549 |
| 荷兰 | 540 | 荷兰 | 545 |
| 匈牙利 | 532 | 澳大利亚 | 540 |
| 加拿大 | 531 | 捷克共和国 | 539 |
| 斯洛文尼亚 | 530 | 英格兰 | 538 |
| 俄罗斯联邦 | 526 | 斯洛文尼亚 | 533 |
| 澳大利亚 | 525 | 加拿大 | 533 |
| 捷克共和国 | 520 | 香港特别行政区 | 530 |
| 马来西亚 | 519 | 俄罗斯联邦 | 529 |
| 美国 | 502 | 美国 | 515 |
| 英格兰 | 496 | 新西兰 | 510 |
| 新西兰 | 491 | 意大利 | 493 |
| 世界平均分 | 487 | 马来西亚 | 492 |
| 意大利 | 479 | 世界平均分 | 488 |
| 塞浦路斯 | 476 | 泰国 | 482 |
| 罗马尼亚 | 472 | 罗马尼亚 | 472 |
| 泰国 | 467 | 塞浦路斯 | 460 |
| 土耳其 | 429 | 伊朗 | 448 |
| 伊朗 | 422 | 土耳其 | 433 |
| 智利 | 392 | 智利 | 420 |
| 菲律宾 | 345 | 菲律宾 | 345 |
| 摩洛哥 | 337 | 摩洛哥 | 323 |
| 南非 | 275 | 南非 | 243 |

□平均分显著高于美国平均分
□平均分与美国无显著差异
□平均分显著低于美国

资料来源：Martin et al.，2000.

验上和日本、中国学生得分相同（Stevenson，Chen，& Lee，1993）。美国学生和亚洲学生之间的成绩差距主要反映了教育态度和实践活动方面的文化差异。例如：

1. 课堂指导。亚洲学生比美国学生接受更长时间的教育。亚洲国家的小学老师在主科教学上投入了更多的学时，例如，每周有 2~3 次的数学辅导，每次几个小时。亚洲的课堂是一个舒适且有条不紊的环境，很少浪费时间。亚洲学生把 95% 的时间花在课堂学习上，例如，听老师讲课，然后做练习，而美国学生只把大约

80% 的时间花在课业上（Stigler，Lee，& Stevenson，1987）。亚洲学生每天和每年上学的时间也比美国学生要长（常常是星期六还要上半天课）（Fuligni & Stevenson，1995；Stevenson，Lee，& Stigler，1986）。

2. *父母参与*。亚洲父母与学校教育关系密切。他们对孩子的期望比美国父母高，即使以美国的标准来看他们的孩子已经非常出色，但亚洲父母仍然比美国父母更少对孩子的学习成绩表示满意（Chen & Stevenson，1995；Stevenson，Chen，& Lee, 1993）。亚洲父母把家庭作业看得很重要，他们经常收到来自老师的信息，每个学生有一个教师家长联系本，学生每天带到学校再带回家里。这些沟通使亚洲父母能够密切追踪孩子的学习情况，并根据教师的建议，在家里鼓励和帮助孩子（Stevenson & Lee，1990）。相反，美国家长和教师的联络常常限于每年一次的家长 – 教师之间的简短的座谈会。
3. *学生参与*。亚洲学生不仅上学的天数和上课时间比较长，而且他们还得做很多家庭作业（Larson & Verma，1999;Stevenson，Chen，& Lee，1993）。在中学阶段，亚洲学生参与学校活动的时间更长，在兼职工作、约会或与朋友的社会交往上花的时间较少（Fuligni & Stevenson，1995）。亚洲学生和同伴进行的大部分社会互动都是围绕学习（例如一起学习）展开的，学习成绩是亚洲同伴群体中影响社会适应和受欢迎程度的重要条件（Chen，Chang，& He，2003）。
4. *非常强调努力学习*。亚洲学生勤奋学习的另一个原因是，他们的父母、教师和他们自己共同秉持着一个强有力的信念：所有的年轻人，只要付出足够的努力，都能学好。相反，美国学生则更多地认为，学习好坏反映了其他因素，如教师的教学质量（见图 12.8）或者个人的智力（Chen & Stevenson，1995；
417 Stevenson，Chen，& Lee，1993）。亚洲学生面临着巨大压力，他们必须在学校表现出色，因为他们能否上大学很大程度上取决于高考的结果。和美国学生相比，他们那种“努力学习终有好回报”的强大信念，使他们没有那么多的学校焦虑或其他心理失调问题（Chen，Chang，& He，2003；Chen & Stevenson，1995；Crystal et al.，1994）。

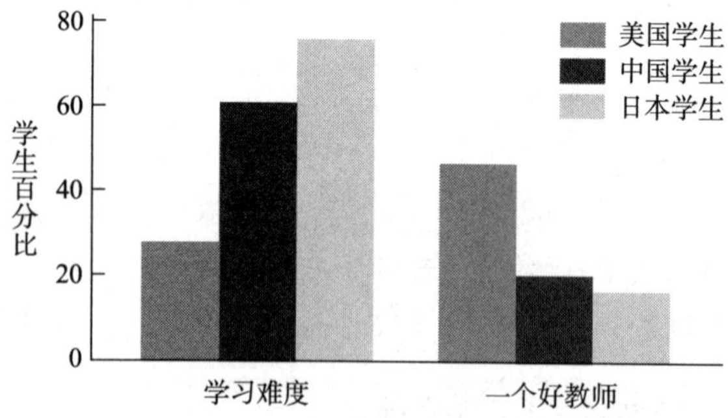

**图片 12.8** 中国、日本和美国中学生中，认为“努力学习”和“优秀教师”是影响数学成绩的最重要因素的百分比。（*资料来源*：Chen & Stevenson, 1995.）

因此，从中国和日本教育的成功中可以判断，有效教育的规则并不神秘。秘诀是让教师、学生和家长一起协作，使教育成为学生的先导，为学生确立高成就目标，鼓励学生为实现这些目标夜以继日的努力。针对美国学生被其他国家学生超越的事实，美国许多州和地方学区都在采取措施迎接这一挑战。他们通过加强课程，严格教师资格认证，提高毕业和升级的标准，实施灵活的学期，缩短假期的时间，增强学生对学过的教材的记忆，最重要的是，设法在小学和初中阶段让家长参与进来与老师协作，创造更有支持性的学习环境（Gonzalez，2000；Tirozzi & Uro，1997；Zigler，Finn-Stevenson，& Stern，1997）。这些教育改革都注意到，如果美国人想要在这个不断变化且竞争更激烈的世界上保持领导角色，改善美国下一代的学习和职业准备是至关重要的。

## 本章要点

✦ 本章探讨了家庭之外的三种影响成长中的儿童和青少年的因素：电视、电脑和学校教育。

### 早期窗口：电视对儿童和青少年的影响

✦ 虽然儿童看电视的时间比参加其他活动的时间更多，但是，适度地看电视并不能削弱他们的认知发展、学习成绩或同伴关系。

✦ 在八九岁以前，儿童容易被电视节目中视觉的或者形象的特征迷惑，他们可能在推断人物角色动机意图、重构连贯的故事脉络方面存在困难。但是，在儿童中期和青少年期，认知发展和看电视的经验导致了**电视理解力**的发展。

✦ 相关研究、实验室实验和现场实验三种证据综合起来，得到了这样的结论：过多地看暴力电视节目能够引发攻击行为、形成攻击习惯和**丑陋世界观念**，使收看者对真实世界的攻击性事件脱敏。这一证据支持了关于电视暴力作用的社会学习观，否定了宣泄假设。

✦ 除了电视暴力的伤害作用之外，商业电视节目向儿童呈现消极刻板印象，影响了儿童对少数族裔和性别问题的看法。儿童容易被那些推销其父母不愿购买的商品的电视广告所操纵。过多地收看电视限制了身体的活动，导致**肥胖症**并且影响了身体健康。

✦ 积极方面，儿童看到电视中的友好行为，可能会习得亲社会性，并把它们应用于实践。家长可以陪孩子一起看《罗杰斯先生的邻居》这样的节目，鼓励他们描述或者扮演所看到的亲社会角色。像《芝麻街》这样的教育节目在培养基本的认知技能方面效果很好，这些节目为儿童的入学作了准备。在成人与儿童一起观看，和他们讨论，帮助他们应用所学知识的情况下尤其如此。

### 电脑时代的儿童发展

✦ 无论是在智力上还是在社会性上，儿童都从电脑的使用中有所收益。知识丰富的教师能够给学生呈现可激发思考的高水平的学习游戏和刺激，**计算机辅助教学**能够提高儿童的学习成绩。学习计算机编程有助于促进认知和元认知的发展。此外，计算机还能够促进而不是抑制同伴间的社会互动。

✦ 对儿童使用电脑也有一些担忧：（1）研究表明暴力电脑游戏能够引发敌意归因偏见和攻击行为；（2）贫困儿童和女孩较少从电脑使用中受益；（3）危害还可能源自儿童、青少年在未加限制的情况下接触到互联网上的性骚扰和其他坏影响。

### 学校是社会化的机构

✦ 学校会影响儿童发展的许多方面。正规学校课程以传授知识为目的，通过教授规则和解决问题策略，促进认知和元认知的发展，这些规则和解决问题策略能够用于处理许多不同类型的信息。学校还有许多**非正式课程**，教给儿童具有文化价值的社会技能，帮助他们成为良好公民。

✦ 在努力争取低缺席率、热情的学习态度、良好的学习成绩、职业技能和符合社会期望的行为这些积极成果方面，一些学校比另外一些学校更有效。学校有效性并非取决于每个学生教育经费的多少和班级规模，也不取决于学校是实行**按能力分班**教学还是混合分班教学。**有效学校**是那些：(1) 教师能够创造舒适、任务集中、激发学生全力投入的课堂环境；(2) 激发学生努力学习；(3) 存在积极的**倾向－教学的相互作用**，即学生的个人或文化特点与他们接受的教学类型之间达到了良好匹配。在许多方面，有效教师就像权威型的父母，能够对学生的社会、情感发展和学习产生积极的影响。学生更喜欢这种**权威型教学**，而不是**专制型教学**或**宽容型教学**形式。

✦ 在学校适应和挑战学习困难方面的种族差异往往能追溯到父母和同伴的影响以及教师的不同对待，后者可以由教师对学生的不同期望来解释，也称为**皮格马利翁效应**。

✦ 就最好的情况看来，**包容**的教育形式既不能使特殊学生的学习成绩有微小的进步，也不能促进他们的自尊或同伴接受。在所有措施中最可能满足所有学生教育需要的是开设更全面的双语教学和多元文化课程，在课堂上更好地采用合作学习法。

**对儿童的教育效果：跨文化比较**

✦ 学习成绩的跨国调查显示美国学生“成绩低下”，特别是在数学和科学学科。美国学生与其他工业化社会的学生之间的这种成绩差距，与他们在教育态度、教育实践活动和家长、学生在学习过程中的参与度方面的文化差异有关。

13

# 家庭之外的影响（II）：同伴对社会化的影响

- 同伴是什么人，起什么作用
- 同伴交际性的发展
- 同伴接纳与受欢迎程度
- 儿童及其朋友
- 父母和同伴是影响源

420 在本书里，我们主要把成人作为社会化的影响源。作为父母、老师、教练、童子军团长以及宗教领袖，成人无疑代表了社会中的权力、权威和专家。但是，让·皮亚杰等理论家认为同伴与成人一样，会对儿童或者青少年的发展有重要（甚至更多）的贡献（Harris，1998，2000；Sullivan，1953；Youniss，Mclellan，& Strouse，1994）。他们认为，对儿童来说，存在着“两个社交世界”，一个是成人－儿童之间的世界，另一个是儿童同伴的世界，这两个社会系统以不同的方式影响儿童的发展。

当儿童上学之后，他们的绝大多数闲暇时间是在同伴的陪同下度过的。同伴对儿童或青少年的发展起着什么样的作用？如果我们设想自己可能会被流行小说、电影，如《蝇王》和《死亡诗社》所影响，我们可能认为，同伴会削弱成人为儿童制订的最优计划，引导儿童做出反抗和反社会行为，颠覆、破坏儿童的发展。但是，如今发展心理学者认识到，对同伴影响的这种认识是极度歪曲的，带有不正确的消极色彩（Hartup & Stevens，1997）。的确，同伴有时候会产生“坏影响”，但是很明显，他们也很可能以很多积极的方式来影响同伴。下面我们来看美国中西部的一个孤独的农民的观点，他自己的生活经历使他相信，同伴交往会促进健康的、适应性的发展结果。[1]

亲爱的摩尔先生：

我在10月30号的 _____ 杂志上看到了您有关独生子的报告。我是一个独生子，现在57岁了，我想跟您谈谈我的生活。我不仅是一个独生子，而且在我成长的那个乡村，周围没有小孩可以一起玩耍……从上一年级开始，我就被嘲笑，被捉弄……我特别害怕坐校车去上学，因为校车上别的孩子叫我“妈妈的宝贝”。二年级的时候，我听到男孩们开始说粗俗的话。我问他们这些词是什么意思，他们就嘲笑我。从此，我吸取了一个教训——不要问问题。这使我经常感到很困惑，因为我经常会听不懂别人的谈话，但是我又不敢去问是什么意思。

上学的时候，我从来没有跟女孩子出去过——事实上我几乎不跟她们说话。在我们学校，男孩和女孩不在一起玩。男孩在操场上的某个地方玩，女孩则在另一个地方玩。因此我不了解有关女孩的任何事情。当我上高中的时候，男孩和女孩开始约会，而我却只能听别人约会的故事。

我还有很多话要说，但我最想说也最重要的是，我从来没有结过婚，没有小孩。我在职场上也不是很成功。我认为我所遭遇的这些困难并不完全是由于独生子的缘故……但是，我认为你建议学龄儿童要有同伴，以及成人不要过于严厉地监管他们是正确的……独生子的父母应该尽量努力为孩子寻找同伴。

你真诚的朋友

1 这封信的引用得到了作者及收信人Shirley G. Moore先生的许可。

如果我们认为同伴是社会化过程的一个重要的影响源，那么有很多问题有待回答。例如，谁能够成为合格的同伴？同伴是怎样互相影响的？同伴的独特影响是什么？不良的同伴关系会导致什么后果？拥有特殊的友谊或者同伴群体是否很重要？最终同伴是否比父母或者其他成人的影响更大？我们将在下面的内容中探讨这些问题。

## 同伴是什么人，起什么作用 421

新韦氏词典把**同伴**（peer）定义为“与某人拥有同等身份的人”。发展心理学者认为，同伴是在社交中处于相同地位的个体，或者，至少在目前说来，是具有相似的行为复杂性的同辈或个体（Lewis & Rosenblum，1975）。根据这个以行为为基础的定义，那些在年龄上稍微有些差异的儿童仍可以称为“同伴”，只要他们在达成共同目标和兴趣的过程中能够根据各自的能力来调整自己的行为。

### 同伴互动的重要性

早期有关同伴影响的研究很大程度上受到习性学取向的理论家的影响，这些理论家试图确定儿童－儿童交往的适应性价值。回忆一下第 9 章和第 10 章里，当资源（玩具）缺乏的时候，同伴之间的冲突能够促使年幼儿童学会以友善的方式来解决他们之间的矛盾，从而帮助他们形成解决冲突的亲社会模式，比如分享（Caplan et al.，1991）。同样值得说明的是，即使是 3~5 岁儿童之间充满敌意的交流，也有其适应价值，因为它帮助儿童确立其在团体中的相对权力和地位，确立支配等级，使得同伴群体内发生攻击的可能性降到最小（Sackin & Thelen，1984；Strayer，1980）。在这些观察的基础上，习性学家提出，同伴交往可能是一种特殊的社会行为，这种行为经过千百年来代代相传，提高了适应性社会行为模式的发展。现在让我们来分析儿童－儿童交往可能会起到的特殊作用。

#### 同龄（或平等地位）伙伴的互动

比起儿童与父母的交往，我们对同龄伙伴交往的重要性有一些看法。儿童与父母的互动一般是不平等的，因为父母处于强势，儿童在家里则处于从属的地位，他们经常不得不服从成人权威。与此相反，同龄伙伴的地位比较平等，如果他们希望友好相处，或者达成一些共同目标，必须学会理解对方的观点，学会协商、让步和合作。因此，同伴间的平等交往对儿童的社会能力发展有重要贡献，而这些社会能力在不平等的家庭环境中是很难获得的。

图片 13.1 年长儿童和年幼儿童在与不同年龄伙伴交往中都可获益。

### 不同年龄的同伴互动

按照哈图普（Hartup，1983）的观点，不同年龄儿童之间的交往也为个性社会性发展提供了一个很关键很重要的背景。虽然**不同年龄之间的互动**（mixed-age interactions）往往会失衡，一个儿童（通常是年长儿童）往往比另外一个儿童拥有更多的权力，但是这种不平衡的交往可以帮助儿童获得某些社会能力。一项跨文化的调查发现，与年幼儿童的交往可以促进年长儿童的同情心、照料、亲社会倾向、果断性以及领导能力的发展（Whiting & Edwards，1988）。同时，年幼儿童也从与年长儿童的交往过程中获益不少，他们从年长儿童身上学得了许多新的技能，而且学会了怎样寻求帮助，怎样顺从那些强有力的伙伴（另见 Rubin，Bukowski，& Parker，1998）。通常是年长儿童主导着与年幼儿童的交往，并且他们会根据年幼同伴的能力来调整自己的行为。甚至两岁大的儿童就表现出这种领导力和适应能力，比起与同龄伙伴的交往，他们在与 18 个月的学步儿童交往的时候，更容易主动发起交往，制定出更简单和更容易重复的游戏规则（Brownell，1990）。

422 或许你已经注意到了，人们认为不同年龄的同伴互动给年长和年幼儿童带来的好处与兄弟姐妹之间交往带来的好处在很多方面是相似的（参见第 11 章）。但是，同伴交往和兄弟姐妹之间的交往有一个关键的区别，在兄弟姐妹中，长幼次序在出生时就决定了，但是儿童在同伴中的地位是更灵活的，这依赖于他选择的同伴。因此，不同年龄的同伴互动可能为儿童提供了他们在与兄弟姐妹互动中缺乏的经验。实际上，在这些互动背景下：（1）在家里习惯了作威作福的年长儿童（在与更年长的同伴交往时）学习与人协商、妥协；（2）在家里被压制的年幼儿童学习领导别人和表达自己的同情心（当他们与更年幼的孩子交往时）；（3）独生子（没有兄弟姐妹）获得上述两方面的社会能力。从这个角度看，不同年龄的同伴互动的确是一种非常重要的经验。

## 同伴交往的频率

在 2~12 岁之间，儿童花越来越多的时间与同伴在一起，而与成人在一起的时间越来越少（Rubin et al.，1998）。图 13.1 形象地描述了这种趋势，它概括了谢莉·爱丽丝及其同事（Ellis et al.，1981）观察 436 个儿童在家里和社区活动时的发现。有趣的是，这个研究也发现，在各年龄阶段，儿童与同龄伙伴（定义为年龄相差一岁之内）

的交往时间少于跟比他们大一岁多或小一岁多的孩子的交往时间。所以，我们要谨慎对待这种观点，即同伴是指平等的、而不是指年龄相仿的社交个体。

爱丽丝研究中的另外一个发现也很相似：即使是 1~2 岁的儿童，与同性别同伴交往的时间也要比与异性别同伴交往的时间多，随着年龄增长，这种性别分化越来越明显。一旦进入性别分化的世界，男孩和女孩也就会经历不同的社会关系。男孩倾向于形成“小圈子”，女孩则形成“一对一对的朋友”；也就是说，男孩大多在群体中进行竞争性的或者群体游戏，而女孩通常与一两个伙伴建立起长期合作关系（Benenson，Apostoleris，& Parnass，1997；Fabes，Martin，& Hanish，2003）。

总体来说，儿童花越来越多的时间与同伴在一起，这些同伴是与他们年龄相仿的且喜欢相同活动的同性儿童。

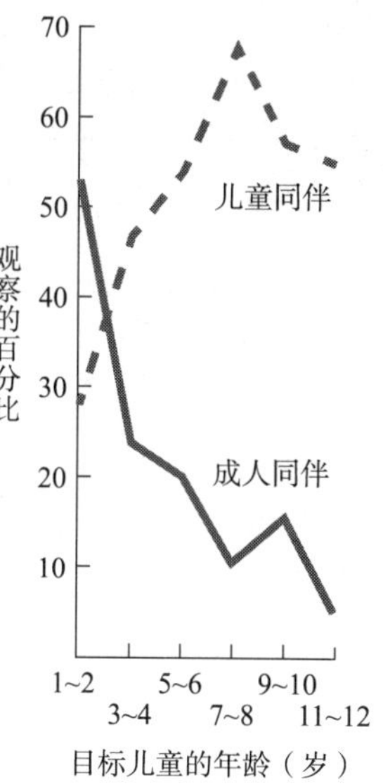


**图 13.1**　儿童和成人，以及其他儿童在一起的时间的发展变化。（资料来源：Ellis，Rogoff，& Cromer，1981.）

## 同伴影响的重要性

关于这一点，我们推测同伴交往可以促进个人能力和许多社交能力的发展，而这些能力在不平等的亲子交往中是不太容易获得的。这种观点有什么基础吗？如果是这样的话，那么这些同伴的影响有多重要？当发展心理学者了解了哈里·哈洛（Harry Harlow）的恒河猴实验时，他们对这些问题更感兴趣了。

### 哈洛对猴子的研究

与同伴没有交往或只有很少交往的儿童，是否会变得不正常或者功能失调呢？为了考察这个问题，哈洛及其同事（Alexander & Harlow，1965；Suomi，& Harlow，1978）把恒河猴及其母亲放在一起饲养，但是不给这些猴子与同伴交往的机会。这些**“只有母亲”的猴子**（“mother-only” monkeys）不能形成正常的社会行为模式。后来把它们放到同龄猴群中时，这些被剥夺了同伴的猴子往往躲避猴群。有时，当他 423
们接近同伴的时候，表现出很高的（不适当的）攻击性，他们的反社会倾向通常持续到成年阶段。

那么，同伴交往是正常的社会性发展的关键吗？不完全是。在后来的实验中，哈洛又把恒河猴跟它们的母亲分开饲养，让它们经常与同伴在一起。结果，这些**“只有同伴”的猴子**（“peer-only” monkeys）常常紧紧地粘在一起，形成了很强的双向依恋。但是，他们的社会性发展在某种程度上不正常，他们很容易被很小的压力或者挫折激怒（参见 Harlow et al.，1992），长大之后，他们对于自己群体外的猴子表现出很强的攻击性。

### 对人的类似研究

1951年，安娜·弗洛伊德（Anna Freud）和索菲·丹（Sophie Dann）报告了一例令人吃惊的、与哈洛的只有同伴的猴子相似的人类案例。1945年的夏天，在纳粹集中营发现了6个3岁的儿童，他们相依为命。他们出生不久，父母就被杀害了。他们从一些狱友那里得到一些微不足道的照料，这些狱友后来也都死了，事实上，这些孩子是自己活了下来。

当战争结束，他们被营救出来时，这6个孤儿被送到英格兰一家特殊治疗中心，在这里，人们试图想让他们恢复。这些“只有同伴”的孩子对治疗有什么反应呢？开始时，他们几乎毁掉了所有玩具，破坏了所有家具。此外，他们对中心的工作人员非常冷淡或公开表示敌意。与哈洛的猴子一样，这些儿童喜欢待在一起，当他们被分开的时候，哪怕只是一小会儿，他们也会被激怒。他们彼此之间则表现出相当的亲社会关注：

> 不需要催促这些孩子“轮流”做什么事情，他们自然就会这样做。他们对彼此的感受非常关注……吃饭的时候，把食物拿到同伴的面前比自己吃更重要。（Freud & Dann，1951，pp. 131−133）

虽然这些儿童表现出了很多焦虑症状，对外人高度怀疑，但在进入中心一年后，他们最终还是和成人养育者建立起了良好的关系，并且学会了一种新的语言。这个故事的结尾是令人欣慰的，35年之后，这些孤儿到了中年，他们过着充实的、建设性的生活（Hartup，1983）。

**图片 13.2** 那些只与同伴一起长大的猴子之间形成了强烈的双向依恋，经常攻击本群体外的猴子。

Harlow Primate Laboratory/University of Wisconsin

哈洛的恒河猴研究和弗洛伊德及丹对战争孤儿的观察表明，父母和同伴对儿童（或者猴子）的社会性发展都起着重要作用，但二者的作用是不同的、独特的。与敏感而富于反应性的父母经常接触，不仅使婴儿学会了基本交往技能，而且给他们提供了安全感。这种安全感使他们冒险去探索周围环境，他们将发现别的人是很有趣的同伴（Hartup，1989；Rubin et al.，1998）。相反，与同伴的交往让儿童（小猴子）调整他们的交往方式，在与自己多少有些相似的同伴交往时，他们逐渐形成胜任的、适应性的社会行为模式。事实上，哈洛的“只有同伴”的猴子缺乏母子关系中的安全感，这或许能解释，它们为什么彼此粘得那么紧，不愿意探索环境，容易受到外来者的惊吓（对他们也具有攻
击性）。但是在它们自己的同伴群体内，它们 424
形成起了胜任的交往方式，表现出了正常的社

会行为模式（Suomi & Harlow，1978）。

那么对于人类来说，建立、维持与同伴的和谐关系有多重要呢？显然这种关系是非常重要的。一项对 30 多项研究的综述表明，在学校里被拒绝的儿童比拥有良好同伴关系的儿童更容易辍学，也容易表现出过失行为和犯罪行为，在青少年期和成年初期表现出严重心理问题（Parker & Asher，1987；Parker et al.，1995；另见 Rubin et al.，1998）。因此，只与同伴接触本不足以保证正常的发展结果，跟同伴融洽地相处才是重要的。

总之，同伴的确是很重要的社会化代理人，在同伴面前表现出适宜的社交行为是一个非常重要的发展难题。朱蒂·哈里斯（Judith Harris）认为，在影响儿童或者青少年的发展结果方面，同伴和同伴交往比父母及其教养行为重要得多。在分析同伴交往及影响儿童交际性的因素之前，专栏 13.1 检验了哈里斯具有争议性的观点，以及人们对于她的批评。

## 同伴交际性的发展

**交际性**（sociability）这一术语描述了儿童在社会互动中与别人打交道、寻求别人注意和认同的意愿。在第 5 章中，我们注意到即使年幼的婴儿也是社会性的人：在他们首次形成依恋之前，他们就会笑、叫喊，甚至试着去吸引养育者的注意，当
成人把他们放下，或者成人离开让他们自己待着的时候，他们就会发出抗议（Schaffer 425
& Emorson，1964）。但是对于同伴（婴儿或者学步儿伙伴）他们会有这么积极的意愿吗？

### 婴儿期和学步期的同伴交往

从出生后的第一个月开始，婴儿就对其他孩子表现出兴趣，但他们直到 6 个月左右才开始真正的互动。到那时，婴儿会经常对小伙伴笑，咿咿呀呀地跟他们说话，发声，把玩具给小伙伴玩，互相做手势（Vandell & Mueller，1995；Vandell，Wilson，& Buchanan，1980）。快到 1 岁时，婴儿会模仿同伴玩玩具的简单动作，这意味着他们想理解、分享同伴的意图（Rubin et al.，1998）。但是，此时婴儿之间的许多善意的手势经常不被注意到，得不到回应。

在 12~18 个月之间，学步儿开始对彼此的行为给予更多的适当反应，经常进行复杂的交流，他们会轮流做一件事。这里有一个例子：

> 拉里坐在地板上，伯尼转过身看着他。伯尼挥着手，嘴里说道“da”，仍旧看着拉里。他重复发出了三遍这样的声音，拉里笑了。伯尼又发出了这样的声音，

## 专栏 13.1 当前争论

### 同伴比父母更重要吗

近年来，朱蒂·哈里斯（Harris，1995，1998，2000）的一些观点备受争议，她提出，相对于父母来说，同伴对儿童社会化的影响更重要。哈里斯声称：

1. 长期以来，发展心理学者认为，父母教养行为与儿童发展结果之间的相关归因于家庭内的父母影响，但事实上，这种相关在很大程度上归因于父母和儿童之间的共享基因。
2. 父母的影响局限于儿童在家里的行为，这种影响对于年幼儿童来说非常强大，但很少影响他们在家庭之外的行为。
3. 因为适应性的社会学习因特定情境而不同，因此在家庭之外的社会化过程中，同伴比父母更重要。

哈里斯认为，“如果把儿童在家庭外的生活保持恒定，让他们在学校或者跟邻居在一起，但是把他们的父母调换成别人，他们仍然会发展成相同类型的成人”（Harris，1998，p.359）。为了说明她的观点，哈里斯提到，移民儿童很快从同伴那里习得了一种新语言和新的文化传统，虽然他们的父母来自不同的文化，说着不同的语言。

哈里斯的观点深受本书第 3 章讨论过的行为遗传学研究的影响。她认为，那些宣称父母的某种教养方式（例如权威型教养方式）会促进良好结果的研究，没有控制基因的重要影响。例如，有些父母具有采用权威型教养方式的遗传倾向，他们的孩子会发展得比较好，这并非因为孩子所接受的教养方式，而是因为他们与其父母共享的基因促进了适应性的发展。此外，哈里斯注意到，同一个家庭长大的孩子往往很不相同，为什么？她认为，这是因为他们拥有不同的基因，遗传特征激发了父母不同的反应。实际上父母是在对儿童预先存在的遗传差异作出反应，而不是父母的教养方式造成了个体发展的差异（Reiss et al.，2000）。

哈里斯进一步声称，同伴社会化使得来自不同家庭的儿童变得很相似。当他们花更多的时间与同伴交往，决定归属于哪个社交群体（以性别、年龄和兴趣特征为基础）时，儿童逐渐希望与群体中的其他成员

---

拉里又笑了。这样的事情重复了 12 次之多，然后伯尼走开了（Mueller & Lucas，1975，p. 241）。

但是，问题是这种“行为 / 反应”事件能不能算是真正的社会交流。12~18 个月的孩子似乎常常把同伴当成了具有特殊反应性的“玩具”，他们用看、微笑、做手势、大笑来控制这些“玩具”（Brownell，1986）。

但是，到了 18 个月的时候，基本上所有的婴儿都开始表现出与同龄儿童间协调的互动，这种互动具有明显的社会性特征。他们兴奋地彼此模仿，当他们把模仿到
426 的行为带进社会游戏的时候，他们经常盯着同伴看，对同伴笑（Eckerman & Stein，1990；Howes & Matheson，1992）。研究发现，18 个月婴儿对同伴的行为高度关注，他们更可能模仿同伴的简单行为，而不是去模仿成人的同样行为（Ryalls，Gul，& Ryalls，2000）。

更相似。因此，他们小心留意其他儿童，采纳同伴群体里面流行的观点、说话方式、穿着和行为模式。最终，他们开始与那些心理上相似的个体交往，创造出和他们的遗传倾向相容的社交环境。因此，知识取向的人愿意跟有头脑的人交往（Lervolino et al.，2002），因而强化了他们追求知识的兴趣；相反，有攻击倾向的人与攻击性同伴交往，使得攻击倾向得以保持。哈里斯主张，随着年龄增长，父母教养行为的影响越来越小，遗传倾向和同伴影响最终决定着人的发展结果。

毫不奇怪，研究家庭的发展心理学者强烈地反对哈里斯的理论，认为她过分夸大了某些案例（Collins et al.，2002；Vandell，2000）。他们认为，哈里斯缺乏有力的证据证明：同伴是儿童和青少年发展的最主要影响源。此外，有相当坚实的证据证明，即使考虑了遗传的影响，父母的教养方式仍然会起作用。例如，我们在第 3 章里提到，如果受到父母不同的对待，同卵双生子会形成不同的发展模式，这种不同与父母教养方式的差异程度相仿（Asbury et al.，2003）。因为这些同卵双生子具有相同的基因，他们表现出来的不同应归因于不同的养育行为。再回忆第 5 章：养父母的养育敏感性（或缺乏敏感性）很大程度上决定了收养子女能否与他们形成安全型依恋（Stams，Juffer，& van Ijzendoom，2002）。这又一次反映了父母的影响，因为养父母和养子女之间没有共享基因。我们从专栏 5.2 中了解到，困难型气质婴儿的父母在经过帮助之后，变得更敏感，反应性更强，养育者敏感性的提高与婴儿形成的安全依恋之间存在着因果联系。此外，我们在本章里也了解到，父母不仅影响着儿童与同伴友善交往的能力，而且他们的养育行为也影响着儿童选择什么样的同伴与之交往。

总体而言，哈里斯以下的主张是正确的：（1）基因和同伴都对我们的个性 / 社会性发展有重要作用；（2）发展心理学者通常高估了父母在儿童青少年发展中的作用。但是，她有关教养方式不重要的结论是错误的。当我们从全书的角度来看的时候，父母和同伴，以及在特定文化和亚文化环境中的兄弟姐妹、老师和其他社会化影响源，都对人的发展起着重要作用（Collins et al.，2000；Vandell，2000）。

到 20~24 个月的时候，学步儿的游戏中有了很多言语成分：玩伴经常互相描述他们正在进行的活动（“我掉下来了”“我也是，我也掉下来了”）或者试图去影响同伴应该承担的角色（“你进到剧场里面去”）（Eckerman & Didow，1996）。这种同步的社交语言使得 2~2.5 岁的孩子更容易扮演互补性角色，比如在捉人游戏中，一个扮演被捉的人，一个扮演捉人者；或者互相合作达到一个共同目标，比如一个孩子操作把手，让另外一个孩子从容器里拿出一个有趣的玩具（Brownell & Carriger，1980）。

在头两年里，社会性和认知发展都会影响儿童同伴交际性的发展。在第 5 章，我们了解到，与非安全型依恋的儿童相比，与母亲建立起安全依恋的儿童一般都更外向，成为更有吸引力的玩伴，这表明，安全型依恋儿童所接受的敏感的、反应性的养育对**社交技能**（social skills）的发展起着积极作用。18~24 个月的儿童开始真正

**图片 13.3** 随着年龄增长，学步儿童之间的交往越来越自如和互惠。

表现出协调、互惠的交往，这一年龄段刚好是他们在涂红测验中表现出自我意识、能把自己的照片从同伴照片中区分出来的时间（见第 6 章）。这不是偶然的。塞莉娅·布朗奈尔和麦克尔·卡里戈尔（Brownell & Carriger，1990）提出，学步儿必须先意识到他们与同伴是自主的动因，能让某事发生，然后他们才能进行互补性的游戏，或协调他们的行为来达到某个目标。与他们的推理能力相一致，能合作达成一个目标的学步儿，在自我 – 他人区分测验中的成绩，要好于那些不善合作的儿童。这显示，早期交往技能很大程度依赖于社会认知的发展。其中，主体间性（与交往同伴互相理解对方意思的能力）对复杂的假装游戏活动非常重要，假装游戏在学前期出现并不断变得更复杂（Rubin et al.，1998）。

## 学前期的交际性

在 2~5 岁期间，儿童不仅变得外向，而且会向更多的观众做出社交手势。观察表明，2~3 岁的儿童比年长儿童更多地待在成人身边寻求身体接触，而 4~5 岁儿童的社交行为通常是向同伴发出游戏邀请来吸引注意或认同，而不是向成人（Harper & Huie，1985；Hartup，1983）。

在学前期，儿童表现出越来越明显的同伴取向，他们的交往特点也随之发生变化。在一个经典的研究中，米尔格莱·帕顿（Parten，1932）观察了幼儿园里 2.5~4 岁的儿童在自由游戏中的行为，考察儿童在同伴交往中的社交复杂性的发展变化。她发现，学前儿童的游戏可以分为四种，按照社交复杂性从低到高依次是：

427

1. **非社会性活动**（nonsocial activity）——儿童看着别人玩，或者自己单独玩，而不管别人在做什么。
2. **平行游戏**（parallel play）——儿童各玩各的，很少交流，也不想去影响别人。
3. **联合游戏**（associative play）——儿童分享玩具，交换材料，但是他们只关注自己的目标，不会合作实现共同目标。
4. **合作游戏**（cooperative play）——儿童从事假装游戏，担任互惠的角色，通过合作来实现共同目标。

如图 13.2 所示，单独游戏和平行游戏随着年龄增长而下降，联合游戏与合作游

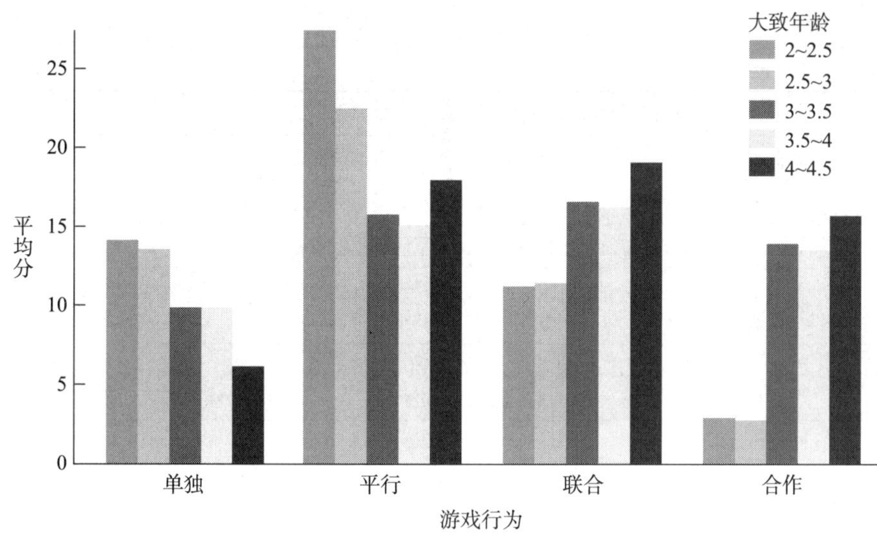


**图 13.2**　各个年龄阶段的学前儿童参与各种活动的频率。随着年龄的增长，单独游戏和平行游戏的频率越来越低，联合游戏与合作游戏的频率越来越高。（资料来源：Parten，1932.）

戏则越来越多。帕顿得出结论说，她的数据反映了三阶段的发展顺序，单独游戏最早出现，它是最不成熟的，接着是平行游戏，它最终让位于联合游戏与合作游戏这些更成熟的形式。

一些研究者对帕顿的结论提出了质疑，他们认为，单独游戏在整个学前期都很普遍，不一定是不成熟的（Hartup，1983；Rubin et al.，1983）。如果单独游戏在本质上只是机能性的，如来回滚一个球，在屋子里面跑圈这类认知上比较简单的重复活动，那么它可以被定义为是"不成熟的"（Coplan et al.，2001）。但是，学前期的大部分单独游戏本质上都有一定的认知复杂性和建构性，比如儿童单独搭一座高塔、画画、猜谜等。有趣的是，这些被动的、建设性的单独游戏，和幼儿园女孩的情绪适应和社交能力有相关，但在幼儿园男孩中没有发现这种关系，因为男孩通常是一起玩耍。单独游戏和一些比较沉默的旁观者行为，对老师和同伴来说可能是不同寻常的或者是反社会的，它可能反映了害羞和社交焦虑，这会导致男孩在前几年被忽视甚至被拒绝（Coplan et al.，2001；Hart et al.，2000）。那些表现出高水平单独游戏，但极端社交焦虑的女孩，可能难以学到重要的社交技能，最终被同伴排斥和拒绝（Spinrad et al.，2004）。

其他一些研究者认为，学前期游戏的"成熟性"更多地依赖于它的认知复杂性而不是它的社会特性或非社会特性。在一项长达 3 年的研究中，卡洛丽·豪斯和凯瑟琳·麦泽森每隔 6 个月观察一次 1~2 岁儿童的游戏活动（Howes & Matheson，1992），她们发现，随着年龄增长，游戏在认知上越来越复杂，如表 13.1 描述的六个阶段一样。此外，在儿童游戏的复杂性和儿童与同伴间的社交能力之间有很明显的联系：在任何一个年龄阶段，若儿童的游戏比较复杂，那么，在 6 个月之后的下一次观察中，他们的外向性得分就比较高，而且更具有亲社会倾向，表现较少攻击性 428

**表 13.1** 从婴儿期到学前期游戏活动的变化

| 游戏类型 | 出现的年龄 | 描 述 |
|---|---|---|
| 平行游戏 | 6~12 个月 | 两个儿童都进行相同的活动，彼此都不关注对方。 |
| 平行意识游戏 | 1 岁 | 儿童进行平行游戏，偶尔也会互相看一下，或者监控对方的活动。 |
| 简单假装游戏 | 1~1.5 岁 | 儿童进行相同的活动，说话、笑、分享玩具或进行其他交往。 |
| 互补游戏和互惠游戏 | 1.5~2 岁 | 在像你跑我追或躲猫猫等社会游戏中，儿童能够进行角色交换。 |
| 合作性社会假装游戏 | 2.5~3 岁 | 儿童会扮演一些互补性的想象角色或“假装”角色（如母亲和宝宝），但是对于这些角色的意义或者游戏以什么方式进行他们并没有进行讨论和计划。 |
| 复杂社会假装游戏（或社会戏剧游戏） | 3.5~4 岁 | 儿童主动的计划他们的假装游戏。他们会给每个角色命名并给每个游戏者分派一个角色，事先会计划好游戏的脚本，如果游戏进行不下去了，他们会停下来修改脚本。 |

资料来源：Howes & Matheson，1992.

和退缩。看来，儿童游戏的认知复杂性（尤其是假装游戏）是预测其同伴社交能力的一个可靠指标（见 Doyle et al.，1992；Rubin et al.，1998）。

### 文化影响

虽然在所有文化中，随着年龄增长，认知性的复杂社会假装游戏会越来越多，但学前儿童的游戏特点仍受到文化价值观的影响（Goencue，Mistry，& Mosier，2000）。有一项研究（Farber & Skin，1997）比较了美国和韩国学前儿童的假装游戏，结果发现，美国儿童喜欢扮演英雄，玩那些带有一定危险性的游戏，而韩国儿童喜欢扮演家庭角色，从事日常活动。美国儿童经常会在游戏中进行个体探索、指挥别人，韩国儿童则更关注同伴的活动，更倾向于合作。因此，在个人主义文化（美国）中，游戏教会儿童去张扬自己，而在集体主义文化（韩国）中，儿童学习控制他们的自我和情绪来保持群体的和谐。

### 假装游戏的功能

在学前期假装游戏有多重要？卡洛丽·豪斯（Howes，1992）认为，假装游戏至少有三种关键的发展性功能。首先，假装游戏帮助儿童与他们的社交伙伴互相理解。其次，当儿童在假装游戏中就谁来扮演什么角色以及游戏中应该遵循的规则进行协商的时候，游戏就给儿童提供了学习妥协、让步的机会。第三点很重要，社交语言使儿童表达出困扰他们的情绪、感受，给他们提供了一个好机会来理解自己（或同伴）的情绪危机，从同伴那里获得（或者提供）社会支持，发展信任感甚至与同伴建立起亲密的情感联结。因此假装游戏可能是影响交流技能、情绪理解、观点采纳和照顾能力等种种能力发展的一个重要因素。从这个角度来看，那些精通假装游戏的儿童会被更多的同伴喜欢、接受就不足为奇（Farber，Kim，& Lee-Shin，2000；Rubin et al.，1998）。

儿童的假装游戏内容也会导致情绪困扰，这时就需要成人的干预。例如，那些 429
坚持进行不成熟的、技能性的单独游戏的儿童将会出现一些问题行为，这些行为会导致他们被同伴拒绝（Coplan，2000；Coplan et al.，2001）。那些经常扮演暴力幻想角色的儿童同样也会遇到麻烦：他们常常表现出生气和攻击行为，而很少有亲社会行为（Dunn & Hughes，2001）。因此，早期游戏预示着哪些儿童将从旨在提高其同伴接受性的社交技能训练中获益（本章后面会有介绍）。

## 儿童中期和青少年期的同伴交际性

小学阶段，同伴交往越来越复杂。不仅合作式的复杂假装游戏越来越多，而且当儿童 6~10 岁的时候，他们越来越喜欢玩那些有正式规则的游戏（如 T 型球和“地产大亨”）（Hartup，1983；Piaget，1965）。

儿童中期同伴交往的另一个显著变化是 6~10 岁儿童的交往更多地发生在真正的**同伴群体**（peer group）中。当心理学家谈论同伴群体的时候，他们指的不只是一个同伴的集合体，而且是一个真正的联合体：（1）经常来往；（2）有归属感；（3）有他们自己的规则来指导成员该怎样穿衣、思考和行为；（4）形成了多层次的组织结构（例如，领导和其他角色），使群体成员能朝着一个共同目标努力。此外，小学儿童能很清楚地知道自己属于哪个群体，成为一个“童子军”、“蓝色骑士”或者“斯米梯的同伙中的一员”通常是一种骄傲。因此，在 6~10 岁时，儿童处于一种最有效的社交情境中（同伴群体），在同伴中他们发现团队协作的价值，形成忠诚感和对共同目标的承诺，也学习诸如社会组织怎样实现其目标等知识（Hartup，1983；Sherif et al.，1961）。

### 同伴小圈子的出现

到青少年早期，与父母、兄弟姐妹和其他的社会化影响者相比，青少年花更多的时间与同伴在一起，特别是跟一小部分朋友在一起，我们称之为**小圈子**（clique）（Berndt，1996；Larson & Richards，1991）。早期的同伴小圈子往往在儿童晚期形成，一般包括四至八名同性别的成员，他们有相似的价值观和爱好。早期的同性别小圈子的成员一般不大稳定，儿童或青少年，尤其是男孩，通常不只属于一个小圈子（Degirmencioglu et al.，

David Young-Wolff/PhotoEdit

**图片 13.4**　青少年与同伴在一起的时间比与父母和兄弟姐妹在一起的时间多。他们的大多时间是与同性伙伴在一起，他们真诚地喜欢对方，喜欢相同的活动。到青少年中期，这种同性别小圈子逐渐向跨性别小圈子过渡。

1998；Urberg et al.，1995）。到了青少年中期，男孩小圈子和女孩小圈子之间开始有较多的交往，最终形成了跨性别的小圈子（Dunphy，1963）。小圈子一旦形成，他们就有不同的衣着规范、语调和行为，这些规则使一个小圈子与另外一个小圈子相区别，帮助小圈子的成员建立起一种稳定的归属感或者群体同一性（Cairns et al.，1995）。

## 430 团伙的出现

到青少年中期，具有相似规则和价值观的小圈子会变成一个较大的、组织更松散的集合体，称之为**团伙**（crowd）（Connolly，Furman，& Konarski，2000）。团伙并没有取代小圈子，团伙中根据成员的声望进行社会分配，一个特定小圈子的成员可以属于（或被分配到）不同的团伙（Urberg et al.，1995）。团伙是根据其成员共同的态度和活动来界定的，他们在一起活动主要是为了在中学这个大的社会结构中确定自己的小环境，或者，偶尔也组织聚会、橄榄球比赛之类的社交活动。虽然名称不尽相同，但是很多学校都有诸如"智囊团"、"新人类"、"运动员"、"瘾君子"、"蹩脚货"、"土匪"、"终结者"之类的团伙，每个团伙都是由一些在基本行为方式上相似并且与其他团伙的成员不同的青少年组成的松散的集合体（Brown，Mory，& Kinney，1994；La Creca，Prinstein，& Fetter，2001）。中学里的每一个人似乎都懂这些不同："'智囊团'都戴眼镜，跟老师很'亲近'"（Brown，Mory，& Kenny，1994，p. 128）；"社交族比运动族更游手好闲，不务正业，但是他们不会像终结者一样醉醺醺地来到学校"（p.133）。同伴小圈子和同伴团伙在中学生里是一种比较常见的群体结构。虽然名称可能不一样，但那些在主流的欧裔美国人学校里发现的同伴团伙在大多数非裔美国人学校里也发现了（Hughes，2001），在中国上海的高一学生中也发现了一些兴趣和价值观各不相同的学生小圈子（更可能是团伙）（Chen，Chang，& He，2003）。

认同一个小圈子或者一个团伙可能是有害的，尤其是参加到一个鼓励饮酒、吸毒、性行为或者其他反社会不良行为的小圈子中（Brendgen，Vitaro，& Bukowski，2000；Urberg et al.，1995）。但是，这些同伴团伙同时也发挥一些有益的功能。当他们开始脱离家庭塑造自己的时候，同伴团伙不仅让青少年有机会尝试新角色，表达他们新的价值观，而且还为他们建立约会关系创造了条件（Brown，1990；Connolly，Furman，& Konarski，2000；Dunphy，1963）。在青少年早期，随着男孩和女孩小圈子的交往，性别界限开始被打破。同性别小圈子提供了一个"安全基地"，让青少年去尝试与异性相处：当你的弟兄在一旁的时候，你去跟一个女孩说话时感受到的威胁比你一个人的时候小得多。随着跨性别的同伴小圈子和团伙的建立，青少年有更多的机会在社交环境中了解异性成员，而不一定要跟他 / 她建立亲密关系。最终，异性朋友关系发展起来，两人关系形成，于是两个人约会，或者跟几对朋友在一起（Feiring，1996）。这时候，原先的小圈子或者团伙在帮助青少年确立了社会同一性，把男孩女孩拉到一起之后，就开始逐渐解体了（Brown，1990；Dunphy，1963）。

### 约会关系的建立及其功能

对大多数青少年来说，向约会关系的转变是同伴团伙活动的结果。坎迪·费林（Feiring，1996）对美国 15 岁青少年的典型约会经历做了一番有趣的描述。到 15 岁的时候，大约 90% 的青少年都有过约会的经历，但是只有 21% 的人正在约会。大多数是两个人约会，或者与一群朋友一起约会，几乎每天见面或者打电话（平均打 60 分钟）。这些约会关系是比较随意的，平均只持续四个月左右。虽然约会双方都被对方吸引，但是他们的关系更像是那种同性朋友间的亲密的友谊，而不是成人间的浪漫关系，与搭档的约会只扮演着一种同伴关系的功能，而不是爱或安全的对象。

到青少年后期，约会关系不再那么肤浅或短暂（Brown，Feiring，& Furman， 431
1999）。青少年首次关注这种关系所带来的地位，之后他们才会对某一个特定的搭档形成真正的依恋（Brown，1999）。青少年需要一段时间才能把他们对安全的需要（早期由父母满足）、对亲密的需要（早期从同性朋友那里获得）和对爱情与性的需要（一种新出现的需要）整合起来。

约会在发展方面扮演好几种功能。它帮助青少年从父母和同伴那里获得自主，获得一种成人地位，从进化的角度来说，它使得青少年与家庭成员分开，避免了乱伦关系（Gray & Steinberg，1999）。在对十年级和十一年级学生的追踪研究中，帕特里克·戴维斯和麦克尔·温德尔（Davies & Windle 2000）发现，拥有稳定的约会关系有利于个体的自尊，这样的人较少有酗酒之类的问题行为和过失行为，从这个意义上来说，约会对青年起保护作用。但是，那些拥有稳定关系的青少年，一旦这种关系破裂，他们就会觉得自己缺乏吸引力，感到抑郁。那些偶尔和人约会（或者不完全是约会）的青少年与同性朋友的关系更亲密，但他们的问题行为较多。研究发现，尽管稳定的约会关系会带来一些情绪上的危机，但约会青少年比不约会青少年的情绪适应要好些（Davues & Windle，2000）。

## 父母对同伴交际性的影响

一些儿童对同伴很有兴趣，对社会交往很有热情，而另外一些孩子则显得不爱交往，甚至退避三舍。回忆第 4 章，交际性是气质的一个基本成分，在一定程度上受到基因型的影响。也就是说，有些儿童天生就比另一些儿童更外向，更爱交际。但是，有一点也很清楚，好的或差的同伴关系通常开始于家庭中，父母可能促进也可能抑制同伴交际性。

## 父母是预约代理人、监护人和教练员

父母通过几种方式来影响儿童与同伴接触的数量。他们选择住处就是一个重要因素。如果父母选择住在一个有公园、操场和很多孩子的社区，其子女就有充足的机会和同伴交往。相反，如果他们选择住在一个空旷、住宅稀疏、孩子很少的社区，就会限制孩子和同伴的交往（Medrich et al.，1982）。

当儿童自己不能轻易地聚到一起的时候，他们与同伴的交往很大程度上取决于父母是否承担了同伴交往的“预约代理人”，就是说，他们是否帮孩子安排同伴间的拜访，是否把孩子送到托儿所或幼儿园，是否鼓励孩子参加一些为儿童举办的活动（Hart et al.，1997；Parke，& Kellum，1994）。有关托儿所和幼儿园的看护对儿童社交技能及同伴关系的影响目前还有争议。一项大型的、多地区参与的儿童早期教育研究网络的追踪研究发现，在托儿所和幼儿园里待的时间比较长的孩子和在这些机构待的时间短的孩子的同伴交往能力相差无几，前者略强些（NICHD，2001a）。但是，不利的一方面是，如果他们花了大量的时间待在这些机构里面，那么当他们 4 岁半的时候，会表现出更多的攻击、不顺从行为（NICHD，2003a）。果真如此，父母会犹豫要不要把孩子送到托儿所和幼儿园，从而给孩子提供与同伴接触的机会。但是，其他一些调查者调查了在一些质量较高的托儿所里长大的儿童，他们的同伴交往在敏感的保教人员的悉心看护之下与同伴交往，这些儿童往往表现出较多积极结果（Love et al.，2003）。此外，我们在专栏 12.2 里了解到，参加了重视社交活动
432 的学前课程的儿童，比待在家里的儿童更早地形成了社交技能。为什么呢？至少有以下三个可能的原因。首先，学前教师和有知识的托儿所保教者提供的指导，对提高儿童的社交技能发挥了一定作用（Howes，Hamilton，& Matheson，1994）。其次，儿童一般对关爱的、反应性强的老师和托儿所的保教者形成安全依恋，他们对这些人的积极的心理作用模型，鼓励他们在托儿所环境中（也就是跟他们的同伴在一起时）与其他人相处时表现得更外向。卡洛丽·豪斯等人（Howes et al.，1998）发现，与非安全依恋的儿童相比，对老师形成了安全型依恋的儿童不仅在学前阶段更容易形成亲密的朋友关系，而且在 5~7 年之后上小学时，更容易拥有亲密（与此相反的是不稳定的、非支持性的）的友谊。第三个不能忽略的可能是，幼儿园里的儿童因为与同伴越来越熟，所以变得更加善于交际，与同伴在一起时更自如。研究发现，与陌生同伴相比，当学前儿童彼此熟悉了以后，他们的游戏更具合作性、更复杂、社交技能更熟练（Brody，Graziano，& Musser，1983；Harper & Huie，1985；Rubin et al.，1998）。由于这些原因，父母把孩子送到一个高质量的托儿所，可能会提高他们的社交能力。

**父母的监控和教导** 父母安排同伴来家里玩也会影响到儿童，父母可以监控孩子与同伴交往，确保游戏顺利友好地进行，不发生大的冲突。这带给我们一个有趣的话题。

父母应该密切监控甚至打断幼儿之间顽皮的交往吗？加里·拉德和贝基·高尔

特（Ladd & Golter，1988）试图回答这个问题，他们询问学前儿童的父母，近期怎样监控孩子与同伴在家里的交往。一些父母报告说，他们密切监控孩子们的游戏活动，有时甚至参与其中（直接监控），另一些父母则报告，他们只是偶尔留意一下孩子们的活动，不打断他们或参与其中（间接监控）。哪种形式的监控与成功的、和谐的同伴交往有关呢？拉德和高尔特的发现显然支持父母的间接监控。图 13.3 显示，与被父母直接监控、甚至游戏经常被父母打断的学前儿童相比，被父母间接监控的学前儿童在幼儿园里更受同伴喜欢（更少被人不喜欢）。

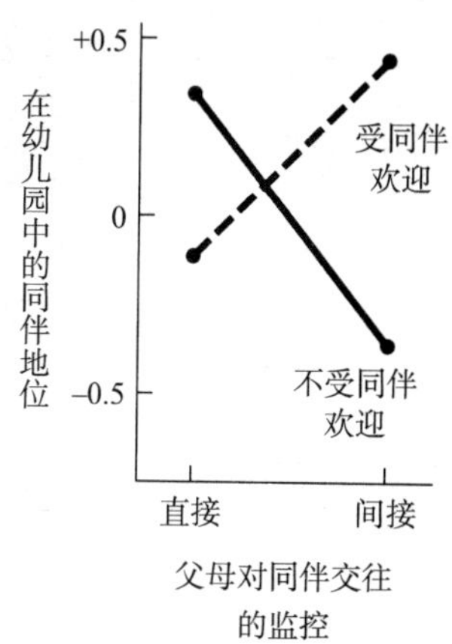


**图 13.3**　当父母间接监控儿童与同伴的交往时，儿童能在同伴中获得更加有利的地位。（资料来源：Ladd & Golter，1988.）

但是，这一结果可能有些片面。另一些研究发现，那些认为孩子社交技能不够好的母亲更容易打断儿童的游戏活动，这项发现显示，只有冲突性的同伴交往才会导致父母的直接监控，反之则不然（Mize，Pettit，& Brown，1995）。此外，多数母亲报告，当玩伴们表现出攻击性时，他们会进行干预，必要时甚至强制性地终止冲突（Colwell et al.，2002）。在促进儿童社交技能的发展方面，重要的不是父母监控和干预儿童游戏的多少，而是干预的质量。如果父母教导孩子以亲社会的策略来解决冲突，或者请求加入一群同伴的游戏中（例如，建议孩子怎样在不打扰同伴的情况下提出要求加入他们的游戏），如果这些教导是积极的、支持的和乐观的，孩子很可能形成一种亲社会定向，因而促进积极的同伴关系（Clark & Ladd，2000；Mize & Pettit，1997）。相反，那些易生气发怒，经常命令孩子怎么做，而不是寻求建设性的解决方法的父母，会招致孩子的消极反应，孩子们会继续表现出贫乏的社交技能和冲突性的同伴交往（Carson & Parke，　433
1996；Isley et al.，1999）。毋庸置疑，那些消极的、控制性的、经常命令孩子、不能抑制自己坏情绪的父母，通常会养育出不善于调节坏情绪的孩了，而不善丁调控情绪与同伴交往不和谐有很大关系（Denham et al.，2003；Fabes et al.，1999）。此外，这些父母通过教给孩子专制、独裁，也抑制了他们的同伴交际性，这种专制、独裁的行为方式会招致同伴的消极反应，进而使儿童觉得与同伴的交往一点也不愉快（Kochanska，1992；MacKinnon - Lewis，Rabiner，& Starnes，1999）。

总之，上述的研究发现显示，父母可以通过以下几种方式来促进儿童的社交技能和积极的同伴关系的发展：（1）平静地与孩子讨论基本的社交礼仪，教孩子采用亲社会的策略发起和维持和谐的社会交往（Clark & Ladd，2000；Landry et al.，1998；Mize & Pettit，1997）；（2）间接地（非打断性地）监控孩子与同伴的交往，确保他们遵循了已习得的社交礼仪；（3）给孩子一定的自由，玩他们自己的游戏，让他们自己解决小的争吵（Ladd & Hart，1992；Rubin et al.，1998）。

### 亲子关系和同伴交际性

父母除了要承担孩子与同伴交往的发起者和监控者角色，还要通过作为养育者、权威人物、训导者的行为间接影响孩子对同伴的反应。在第 5 章，我们了解到在生命的第一年里，不同的照料方式与不同的依恋类型有关。虽然依恋行为和同伴交际性代表着不同的社交系统，但依恋理论家（Ainsworth，1979；Bowlby，1988）认为，儿童早期依恋的质量会影响到他们以后对其他人的反应。与安全依恋的儿童相比，那些对一个或多个缺乏反应性的养育者形成了不安全依恋的儿童，在面对不熟悉的同伴时表现得更加焦虑和抑制，更不善交际。

目前的证据和这种观点一致。回忆一下第 5 章里的分析，与形成不安全依恋的儿童相比，那些在 12~18 个月时形成安全依恋的儿童在幼儿期、学前期、小学、青少年早期都表现出更多恰当的社交行为，在同伴中更有吸引力（Englund et al.，2000；Schneider，Atkinson，& Tardif，2001）。此外，与不安全依恋的儿童相比，安全型依恋的儿童在 3.5~6 岁的时候就能够以更积极的方式来知觉同伴，与同伴建立起更积极的友谊（Cassidy et al.，1996），那些回忆自己的早期依恋属于安全型的成人，比认为自己的早期依恋是非安全型的成人的孤独感要少，比较容易从同伴那里获得社会支持（Berscheid & Reis，1998；Kobak & Sceery，1998）。

为什么安全型依恋会促进同伴交际性和积极的同伴关系呢？鲍尔比（Bowlby，1988）的观点是，安全型依恋的年幼儿童对敏感的、反应性强的养育者形成了积极的心理作用模型，这反过来又使他们对其他人有一种预先的积极看法，认为别人会乐于接受他们的友好。但是，依恋安全性和同伴交际性之间得出的是相关数据，这就提供了其他的解释。一种解释是，容易型气质的儿童或社交技能较好的儿童容易形成安全型依恋，能够恰当地与同伴交往。但是凯利·波斯特等人（Bost et al.，1998）对 3~4 岁儿童进行的一项研究揭示：（1）儿童依恋的安全性能显著预测他们的社交支持网络的特征和他们与同伴交往的能力；（2）儿童与同伴交往时的社交能
434 力不能预测社交支持或他们与母亲的依恋质量。看起来，似乎是安全依恋增强了社交能力（以及与同伴的支持性关系），而不是社交技能比较好的儿童容易建立起安全依恋。

**教养方式类型和同伴交际性** 到目前为止，你已经从我们的讨论中总结出，那些有恰当社交能力的儿童，其父母往往是关爱、敏感的，他们有效地教导和培养了孩子的社交技能，以非强制方式监控孩子，使孩子有一定的自主权，在与同伴交往的情境中能恰当地运用他们习得的方法。很明显，这种关爱、敏感、适度控制的教养方式很像权威型教养方式，在本书里我们大力提倡这种教养方式，它与儿童有效的社交行为和同伴接纳有稳定的联系（Baumrind，1971；Hart，Newell，& Olsen，2003；Hinshaw et al.，1997；Mize & Pettit，1997）。相反，凭借强制性控制手段的高度专制（或非参与型）的父母所教养的孩子，通常具有攻击性，或者在与其他儿童交往时缺乏社交技能，可能被同伴拒绝（Dekovic & Janssens，1992；Hart et al.，1998；Yang et al.，2003）。很明显，有足够的证据证明积极（或消极）的同伴交往通常始于家庭。

## 专栏 13.2　文化影响

### 对父母教养方式和儿童社交技能的一项跨文化检验

专栏 4.3 里曾说到，害羞和社交抑制性行为在不同的文化中有不同的含义。在美国和加拿大等个人主义社会里，人们鼓励儿童自主，看起来要自信，要适当地果敢一些，而害羞以及在社交环境中缺乏主见被看做社交不成熟，被认为是心理失调。相反，在集体主义文化中，如中国大陆、中国台湾和韩国，人们鼓励儿童压抑自己的愿望来追求集体目标。儒家和道家的思想家都强调自我克制，试图灌输这种社会大同的取向，社交抑制性行为被认为是很重要的一种社交技能，而不是弱点。因此，如果权威型的教养方式或者它的成分（即关爱、指导以及非惩罚性的教养取向）提高了社交技能行为，那么那些表现出权威型教养方式的西方国家的父母会教养出不太害羞和非抑制的儿童，而采用这种教养方式的中国父母会教出保守抑制的儿童。

这些假设被陈欣银、陈会昌等人（Chen & Chen et al.，1998）在一项对中国和加拿大的两岁儿童及其母亲的跨文化研究中得到了证实。每个儿童被带到一个陌生的游戏室，里面有新奇玩具（例如一个能移动和发声的机器人）以及一个戴着面具的友好的陌生人，陌生人鼓励儿童跟她一起玩游戏。这些观察让研究者可以评价儿童在不熟悉的情境中有多警惕，据此计算出每个儿童的抑制性分数。此外，这些儿童的母亲也要完成一份问卷，评价其教养态度和教养行为。研究者感兴趣的方面是：（1）母亲对儿童的接受程度（疼爱）；（2）她对儿童的探索行为和成就行为的鼓励；（3）她的惩罚定向（即她采取强制管教让孩子听话的程度）。

从中国文化重视社会约束和加拿大文化对约束的贬低来看，我们可以预期，中国儿童比加拿大儿童更抑制，但事实不仅如此。陈欣银等人计算了母亲在教养方式的三个维度上的得分与儿童行为抑制性之间的相关，在两种文化中出现了不同模式。表格中的相关系数显示，在中国，关爱、接受、鼓励成就、不使用强权的母亲，其孩子在两岁时更多地属于抑制型，抑制在中国是被看重的；而在加拿大，这种母亲养出来的孩子更多地是非抑制的，在加拿大，人的力量不是来自抑制，而是来自独立自主。这一结果不仅与研究者的跨文化假设一致，而且也是一种警示：尽管培养良好社交技能的教养方式在不同文化中是相似的，但培养出的具体技能却因文化的不同而不同。

在中国和加拿大样本中，儿童养育态度 / 行为与学步儿童的行为抑制性之间的相关系数

| 儿童养育变量 | 中国 | 加拿大 |
|---|---|---|
| 对儿童的接受程度 | 0.17 | –0.22 |
| 鼓励成就 | 0.18 | –0.21 |
| 惩罚 | –0.15 | 0.22 |

注：正相关表示，在该项儿童养育变量上，得分高的母亲会养育出行为抑制的儿童，负相关表示在这一维度上得分高的母亲，其孩子是非抑制的。

资料来源：Chen et al.，1998.　402

最后一点，也是非常重要的一点：虽然权威型教养方式能够促进社交技能和积极的同伴关系的发展，但是专栏 13.2 告诉我们，随着文化的不同，它所促进的特殊技能也有显著不同。

## 同伴接纳与受欢迎程度

在儿童的社会生活中，或许没有什么比**同伴接纳**（peer acceptance）更引人注意了。同伴接纳程度指的是儿童在同伴心目中值得交往和受到喜爱的程度。你可能觉得，有很多因素决定着一个人在同伴眼里的价值，有些因素是与特定的群体或环境有关的。例如坚毅、对抗性、善于灵活驾驶摩托车的能力也许会使你成为一个“地狱天使”，但是这些品质能否提高你在俱乐部里的地位就令人怀疑了。显然，不同的群体重视不同的品质，那些被群体接受的人拥有他们的同伴群体所重视的特征。但是，即使不考虑群体成员的年龄、性别和社会文化背景等因素，仍然有很多因素影响着一个人在不同群体里的社会地位。当我们分析哪些因素影响着一个人在同伴中的地位时，有些品质值得关注。

### 测量儿童在同伴中的受欢迎程度

发展心理学者普遍采用**社会测量技术**（sociometric techniques）来评价儿童被同伴接纳的程度。这一技术要求儿童根据一些特定标准来选择群体成员。在大多数的社会测量调查中，让某一个班级里的每个儿童进行同伴提名，指出几个他喜欢的和几个他不喜欢的同学，或者在一个 5 点量表上（从“非常喜欢跟他 / 她玩”到“非常不喜欢跟他 / 她玩”）对班级里的每一个孩子的受欢迎程度做出评价（Cillessen & Bukowski，2000；Terry & Coie，1991）。即使 3~5 岁的儿童也能对社会测量做出恰当的反应（Denham et al.，1990），他们的选择（或评价）与老师报告的同伴接纳性能够恰当地对应，这表明社会测量法可以有效地测量儿童在同伴群体中的地位（Hymel，1983；Wu et al.，2001）。

Calvin and Hobbes　by Bill Watterson

### 同伴接纳程度的分类 435

对社会测量数据进行分析时，通常把儿童划分为五种类型。**受欢迎儿童**（popular children）被很多同伴喜欢，不喜欢他们的人很少。**被拒绝儿童**（rejected children），很多同伴不喜欢他们，喜欢他们的人很少。**被忽视的儿童**（neglected children）被提名为喜欢和不喜欢的次数都很少，他们的社会影响很小，其他同伴对他们视若无睹。**矛盾型的儿童**（controversial children）被很多同伴喜欢，但同时也有很多同伴不喜欢他们。总的来说，在一个普通的小学班级里，这四类儿童占到了总数的三分之二，剩下的三分之一属于**一般地位儿童**（average status children），喜欢和不喜欢的同伴提名比较平均（Coie，& Dodge，& Coppotelli，1982）。

### 社会地位的稳定性

根据社会测量划分的类型是否稳定？一个受欢迎的儿童是否一直受欢迎？曾经被拒绝的儿童后来能否变得招人喜欢？

在探讨这些问题时，我们先来关注一下矛盾型儿童，这些儿童到目前为止没有得到深入研究，因为这些儿童在一个普通的小学班级里只占 5%，而且他们的这种矛盾状况持续不了多久。一项研究发现，将近 60% 的起初被归为矛盾型的儿童在间隔 436
一个月之后其社会地位就变化了（Newcomb & Bukowski，1984）。

矛盾型儿童之所以矛盾是有原因的，他们表现出受欢迎儿童的积极行为特征（如合作、善交际性），同时也表现出一些消极行为（如攻击性、破坏性）（Bukowski et al.，1993）。矛盾型儿童经常被说成是傲慢的或势利的（Hatzichristou & Holf，1996）。有趣的是，具有这些“混合型”行为模式的儿童通常不被很多同伴喜欢，但是基于他们的社会影响和同伴交往的数量，很多人都把他们描述为“受欢迎的”，这导致一些研究者提出，社会地位（基于喜欢）和受同伴欢迎程度（基于谁被认为是“受欢迎的”）是不同的理论建构（LaFontana & Cillessen，2002）。

虽然受欢迎儿童不能永久保住他们的优势地位，但是在一年或更长时间里，那些被划分为受欢迎的儿童（从社会测量学的角度被多数人喜欢）以及一般地位的儿童基本保持着他们的地位（Newcomb & Bukowski，1984）。但是，被拒绝儿童的地位更稳定，他们年年保持着被拒绝的地位（Rubin et al.，1998）。一个原因是，同伴在对被拒绝儿童的行为归因时存在一种不利的偏向。他们往往把被拒绝儿童的反社会行为归为稳定的品质（例如，“她小气又下流”），而把他们的亲社会行为归为不稳定的环境因素（如“他妈妈让他邀请我去参加聚会”）。相反，那些被人喜欢的儿童的亲社会行为通常被归因为品质（“他邀请我是因为他喜欢我”），而他们的反社会行为被归因为不稳定的情境因素（“他没有邀请我是因为他的请贴发完了”）（Hymel，1986；Hymel et al.，1990）。因此，对于那些受欢迎儿童和一般地位的儿童来说，由于大家吃不准他们会不会对同伴做出消极反应，所以他们从中获益了，而那些不被喜欢的儿童一旦做出消极行为，人们都会归为其个人的责任，当他们做出了友好的行为时也得不到信任，这不利于他们克服自己的坏名声和低社会地位。这种同伴方面的社会认知偏向，以及被拒绝儿童经常表现出的令同伴苦恼和生气的行为，似乎解释了为什么被拒绝儿童长期被拒绝。

最后一点，虽然被拒绝和被忽视的儿童都不被他们的同伴接纳，但是被忽视并不像被拒绝那么糟。被忽视儿童不像被拒绝儿童那样孤独（Cassidy & Asher，1992；
437 Crick & Ladd，1993），与被拒绝儿童相比，当他们进入一所新学校或者一个新的游戏群体时，他们最终更可能获得有利的社会地位（Coie & Dodge，1993）。此外，被拒绝儿童在后来的生活中，将更有可能表现不正常、出现反社会的行为和其他严重适应问题（Dodge & Pettit，2003；Laird et al.，2001；Parker & Asher，1987）。

## 儿童为什么被同伴接纳、忽视或拒绝

在本书其他章节，我们曾讨论过几个因素，它们同样会影响儿童受欢迎程度和社交地位，主要有：

### 教养方式

如本章前面提到的，采用关爱、敏感和权威型教养方式的养育者，注重跟孩子讲道理而不是用强权来指导或控制儿童的行为，这样的父母教育出来的孩子多是安全型依恋的，成人和同伴都喜欢他们。相反，高度专制的或非参与型的父母主要靠权力作为控制手段，他们教育出来的孩子通常是不安全依恋类型的，乖戾、不合作、攻击性强，通常不被同伴喜欢。

父母会影响儿童社交技能这一事实说明，许多被拒绝儿童所表现出来的长期的适应问题可能既源于不良的同伴关系，也源于混乱的家庭生活。有证据表明，一旦儿童被拒绝，在同伴群体游戏活动中，其他儿童就开始捉弄或排挤被拒绝儿童。同伴的这种不友好的对待方式会使被拒绝儿童感到抑郁和孤独，使其采用攻击行为来进行报复，或者在同伴群体和班级活动中表现出退缩行为，以及学业失败（Buhs & Ladd，2001；Haselager et al.，2002；Ladd & Burgess，2001）。因此，同伴拒绝对不良适应结果的影响似乎超过了儿童在家中所经历问题的影响。

### 气质特点

儿童的某些气质特点与社会地位有关，而且毫无疑问会对社会地位产生影响。例如，在第 4 章里我们了解到，那些易激惹、易冲动的困难型儿童在同伴关系中将处于不良的境地，这可能导致他们被拒绝。而那些行为比较抑制或慢热型的、比较消极被动的儿童有被同伴忽视甚至拒绝的危险（至少在西方国家是这样）（Eisenberg et al.，1998；Hart，Newell，& Olsen，2003）。

### 认知技能

认知和社会认知技能都能预测儿童的同伴接纳程度。在 3~8 年级的小学生群体中，最受欢迎的儿童是观点采纳能力比较强的儿童（Kurdek & Krile，1982；LeMare & Rubin，1987），那些建立了亲密友谊关系的儿童比没有亲密朋友的儿童，在观点采纳上的得分要高（McGuire & Weisz，1982）。此外，与被拒绝的儿童和青少年相比，那些受欢迎、一般地位、被忽视的儿童的学习成绩较好，IQ 得分也较高（Bukowski et al.，1993；Chen，Chang，& He，2003；Chen，Rubin，& Li，1997；Wentzel & Asher，1995）。

此外，还有两类特征能够有效地预测儿童和青少年在同伴中的地位：身体特征和人际行为模式。

### 身体特征与同伴接纳程度的关系

**容貌的吸引力**　有一句格言，“美丽来自心灵”，但很多人似乎并不这样认为。甚至 6
个月的婴儿也能够区分有吸引力的和没有吸引力的面孔（Langlois et al.，1991），与 438
没有吸引力的陌生人相比，12 个月的婴儿更喜欢与有吸引力的陌生人交往（Langlois，Roggman，& Rieser-Danner，1990）。到了学前期，与吸引力不大的幼儿相比，同伴和老师以更积极的方式来描述有吸引力的儿童（如更友好、更聪明）（Adams & Crane，1980；Langlois，1986）。上小学以后，有吸引力的儿童一般比没有吸引力的儿童更受欢迎（Langlois et al.，2000）。当我们讨论有吸引力和缺乏吸引力的儿童怎样与同伴交往时，容貌吸引力和同伴接纳程度之间的联系就更显著了。有吸引力和没有吸引力的 3 岁儿童在社交行为上没有太大不同，但是到 5 岁的时候，与有吸引力的儿童相比，没有吸引力的儿童在游戏时更活跃，更吵闹，更多地对同伴做出攻击性反应（Langlois & Downs，1979）。因此，没有吸引力的儿童似乎会形成一种疏远其他儿童的社会交往模式。

为什么会这样呢？一些理论家认为，父母、老师和其他儿童可能会通过向有吸引力的儿童巧妙地（或者并不巧妙地）传达期望，使他们相信自己聪明，能在学校里表现好，做出让人高兴的事，讨人喜欢，从而使有吸引力的儿童形成一种自我实现的预言。这种信息无疑会对儿童产生影响：有吸引力的儿童会变得越来越自信、友好、外向，而缺乏吸引力的儿童可能对他们收到的不太有利的反馈心生怨恨，变得逆反和攻击。这就是“美的就是好的”的社会刻板印象是怎样变成现实的（Langlois & Downs，1979）。

**体　形**　体形（或体格）是影响儿童自我概念和受同伴欢迎程度的另一个身体特征。

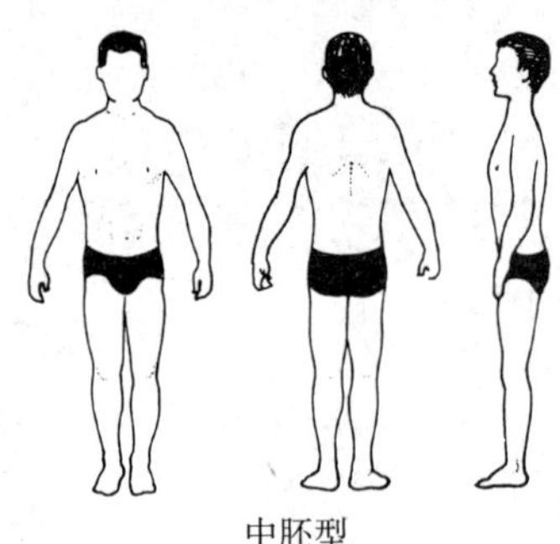

中胚型

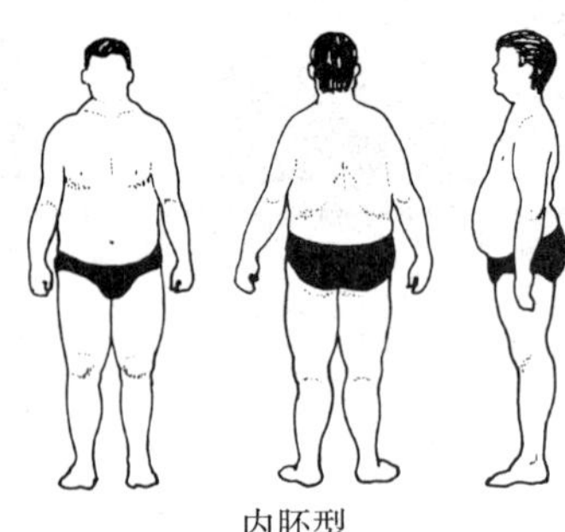

内胚型

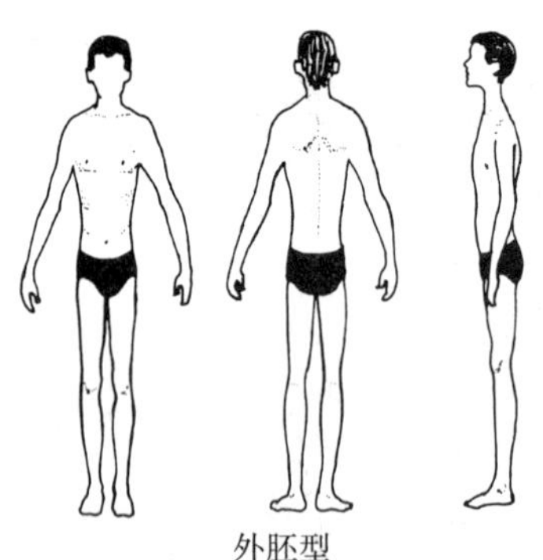

外胚型

**图 13.4** 在 Staffieri 的研究中使用的三种体型示意图。

在一项研究（Staffieri，1967）中，给 6~10 岁儿童看外胚型（瘦长）、内胚型（柔软、丰满、圆胖）和中胚型（运动型的、肌肉发达）的身体轮廓图（图 13.4）。先问儿童喜欢哪种体形，然后给儿童一张列有形容词的单子，让他们选择适合描述几种体形的形容词。最后，让儿童列出班里最好的五个朋友的名字以及三个不喜欢的同学的名字。

结果很明显。儿童不仅喜欢中胚型的身体轮廓，而且他们赋予这种体型积极的形容词：勇敢、强壮、灵活、乐于助人。相反，他们赋予外胚型和内胚型人物的形容词则没有这么积极。对于儿童，在体型和受欢迎程度之间有明确的关系：中胚型的儿童在班里最受欢迎，而内胚型儿童最不受欢迎（见 Sigelman，Miller，& Whitworth，1986）。今天，即使越来越多的美国儿童比以前更肥胖，内胚型儿童仍然会被同伴嘲笑和排斥（Davison & Birch，2002）。

现在，可以回想一下你自己的青少年时代，你的身体开始变化，你意识到自己正在迅速地变成年轻的男人或女人时的情形。相对于你的朋友而言，这些事在你身上来得是早还是晚？你是否认为，这些事件发生的时间会影响你的人格或社会生活？

青春期开始的时间确实有一些重要意义，虽然它的影响对男孩和女孩来说并不相同。

**青春期对男孩的影响** 加里福利亚大学进行的一些经典的追踪研究表明，与成熟较晚的男孩相比，成熟较早的男孩拥有很多社会优势。一项研究对 16 个早熟和 16 个晚熟的青春期男孩进行了长达 6 年的追踪，结果发现，与早熟男孩相比，晚熟男孩脾气更急躁，更焦虑，更希望引起别人的注意（也容易被老师评价为缺少男子气，缺乏身体吸引力）（Jones & Bayley，1950）。早熟者在社交环境中更加镇定自信，容易在运动会和学生选举中获胜。虽然这项研究只调查了加里福利亚的 32 个男孩，但其他一些研究也发 439
现早熟者往往容易被同伴接纳（或者受到同伴欢迎）（Bulcroft，1991）。同时，早熟者也有一些不利的方面：最近的研究表明，早熟男孩在学校更可能表现出行为失调、品行不良、酗酒或滥用其他药物，尤其是当他们居住在经济地位不利的社区并且父母采取严厉、专制的教养方式时（Ge et al.，2002；Tschann et al.，1994）。但是，有的研究持续关注晚熟男孩的社交不利，发现晚熟男孩往往觉得自己的社交行为不恰当或处于劣势地位（Duke et al.，1982；Livson & Peskin，1980）。与早熟男孩相比，晚熟男孩上学愿望不强烈，甚至在青春期早期就比早熟男孩在学校的成绩测验上得分低（Dubas，Graber，& Petersen，1991）。

为什么早熟男孩在社交中会处于优势地位呢？一个原因可能是其高大身材和强大力量使他成为一个有能力的运动员，因此容易得到成人和同伴的认可（Rodkin et al.，2000；Simmons & Blyth，1987）。早熟者成人化的外表可能使人们过高估计他们的能力，把一些年长者才拥有的特权和责任过早地赋予他们。研究证实，相对于晚熟的儿子，父母对早熟儿子的教育期望和成就期望都更高（Duke et al.，1982），他们与早熟儿子之间很少就几点睡觉和选择什么样的朋友发生冲突（Savin- Williams & Small，1986）。或许你已能理解，这种积极和谐的氛围是怎样促进早熟者的镇定和自信的，这种镇定和自信使得早熟者在同伴群体中比较受欢迎，通常可使他们担任领导角色。

Barbara Stitzer/PhotoEdit

**图片 13.5**　早熟的男孩在社交情境中更加镇定和自信，更受同伴欢迎。

早熟者和晚熟者之间的这种差异会持续到成人期吗？一般说来，它们随着时间的流逝会慢慢消失。有人报告，到 12 年级，早熟者和晚熟者在学习成绩方面的差异已经消失（Dubas，Graber，& Petersen，1991）。也有人发现（Jones，1965），与晚熟同伴相比，加里福利亚大学里早熟的男孩在 30 岁以后仍然更喜欢交际、自信、反应性更强。

**青春期对女孩的影响**　对女孩来说，早熟可能是不利的。几项研究发现，与处于前青春期的同学相比，早熟的女孩不够外向，也不那么受欢迎（Aro & Taipale，1987；Clausen，1975；Faust，1960），还有人报告说她们的焦虑和抑郁症状较多（Ge，Conger，& Elder，1996；Stice，Presnell，& Bearman，2001）。直观上看，这些发现有一定道理。一个早熟女孩可能看起来与班上的女生格格不入，这会招来女生的讽刺嘲笑，而班上的男孩一般要比女孩晚熟两到三年，因此他们对早熟女孩更加女性化的特征也不感兴趣（Caspi et al.，1993）。结果，早熟女孩经常寻找年长同伴（或被年长同伴选中），尤其是大男生，这些大男生会引诱早熟女孩放弃学业追求，从事一些不良活动，如吸烟、喝酒、药物滥用和性行为，而她们还没有做好应对这些活动的准备（Caspi et al.，1993；Dick et al.，2000；Stattin & Magnusson，1990）。实际上，有研究发现，当早熟女孩就读一所男女混校而且有很多男性朋友时，她们患心理抑 440
郁的危险性就增大了（Caspi et al.，1993；Ge et al.，1996）。

早熟的一些不利影响可能是长期的。例如，来自瑞士的一项研究发现，与晚熟或者适时成熟的女孩相比，早熟女孩在学校里表现一直不好，更有可能辍学（Stattin & Magnusson，1990）。但是，随着时间的推移，早熟女孩会有一些好的进展。有研究发现，到了 11~12 年级的时候，与其他女孩相比，早熟女孩不再像以前那样不受欢迎了（Hayward et al.，1997），而且一旦她的女同学们认识到早熟女孩更受男孩欢迎的话，那么早熟女孩甚至会被女同学羡慕（Faust，1960）。对于那些与不良同伴交往，涉足不良性活动和药物滥用的早熟女孩来说，会有非常明显的长期消极影响，这些行为本身就会带来有害的后果（Ge et al.，2002）。

总的来说，早熟的优势和晚熟的劣势对男孩都比对女孩大。但是，需要指出的一点是，早熟者和晚熟者之间在同伴接纳程度方面的差异并不大，而且对每个孩子来说都不一样，除了青春期到来的时间会影响这一阶段的顺利过渡以外，还有其他许多因素也在发挥作用。

## 行为与同伴接纳程度之间的关系

虽然青少年的体征和认知、学习、运动能力都与同伴接纳程度有关，但如果同伴认为某同学的行为不恰当或者是反社会时，即使最聪明、最有吸引力的儿童也可能不受欢迎（Dodge，1983）。什么样的行为特征对儿童在同伴中的地位发挥最重要的影响呢？

几项对幼儿园、小学和中学儿童进行的研究获得了相当一致的发现。受欢迎的儿童是那些冷静、外向、友好、支持性的同伴，他们能够成功地发起并维持交往，能够以友好的方式解决争端（Coie，Dodge，& Kupersmidt，1990；Denham et al.，1990；Ladd，Price，& Hart，1988）。在美国和中国，那些“社交明星儿童”一般来说都是关爱、友好、合作、富有同情心的人，他们表现出很多的亲社会行为，较少表现出破坏和攻击行为（Chen，Li et al.，2000；Rubin et al.，1998）。

**图片 13.6** 被忽视儿童通常很害羞，在群体周围徘徊，很少会努力加入群体。

Michael Newman/PhotoEdit

相反，*被忽视儿童*往往比较消极被动和害羞。他们不善言谈，与一般地位的儿童相比，他们不敢加入游戏群体，也很少吸引别人的注意力（Coie，Dodge，& Kupersmidt，1990；Harrist et al.，1997）。但是，与一般地位的儿童相比，这些被忽视儿童的社交技能并不差，他们并没有为自己的社交关系感到更多的孤独感或抑郁（Cassidy & Asher，1992；Wentzel & Asher，1995）。他们只是因为缺乏社交主动性而不被同伴注意。

*被拒绝儿童*可以被分成两类，他们各自的行为方式是不同的。第一类是**攻击–被拒绝儿童**（aggressive-rejected children），他们往往因为使用武力或攻击来领导同伴或达到自己的目的而被同伴疏远（Crick，1996；Hinshaw et al.，1997）。这些破坏性的、爱吹牛的学生常常在群体活动中表现得不合作、挑剔，很少表现出亲社会行 441

为（Newcomb，Bukowski，& Pattee，1993；Parkhurst & Asher，1992）。攻击－被拒绝儿童通常将他人的行为解释为敌意的，即使事实并不是如此；他们过高地估计自己的社会地位，经常称自己像多数儿童一样受欢迎甚至比多数人更受欢迎（Zakriski & Coie，1996）。这些青少年的处境是最不利的，他们将在很长时间里保持被拒绝的地位（Haselager et al.，2002），因此慢慢变得充满敌意，表现出外显行为问题，甚至在青少年后期和成人期可能出现暴力犯罪行为（Parker et al.，1995；Rubin et al.，1998）。

第二类是**退缩－被拒绝儿童**（withdrawn-rejected children），他们在社会交往中是笨拙的伙伴，表现出很多不寻常、不成熟的行为，对同伴的期望不敏感。与攻击－被拒绝儿童不同，退缩－被拒绝儿童常常有社交焦虑，他们预期自己会被拒绝，也清楚地知道同学不喜欢自己，当同伴在活动中有意排斥他们时，他们就开始退缩（Downey et al.，1998；Gazelle & Ladd，2003；Harrist et al.，1997；Hymel，Bowker，& Woody，1993；Zakriski & Coie，1996）。这些退缩型的被拒绝儿童感到格外孤独，还可能有低自尊、抑郁和其他内隐问题行为的危险（Hymel，Bowker，& Woody，1993；Rabiner，Keane，& MacKinnon-Lewis，1993）。由于他们行为异常，对批评过度敏感，缺乏亲密朋友支持他们，因此常常成为别人欺负的目标（Hodges et al.，1999；Ladd & Burgess，1999）。

**影响的方向问题**　现在让我们来讨论一个比较棘手的问题，即如何解释研究结果：儿童所表现出来的行为方式真会导致他们受欢迎、被拒绝，或被同伴忽视吗？比如，受欢迎儿童真的因为他们的友好、合作和非攻击性而受欢迎的吗？还是一个儿童受到欢迎之后才变得更友好、合作，更少攻击性？要检验这两个相反的假设，一种方法是把儿童放到一组陌生同伴中去，看他们表现出来的行为是否能预测他们最终在同伴群体中的地位。有几项此类型的研究（Coie & Kupersmidt，1983；Dodge，1983；Dodge et al.，1990；Ladd，Price，& Hart，1988）探讨了这个问题，结果相当一致：儿童表现出来的行为确实能预测他们在同伴中的地位。那些最终被陌生同伴接受的儿童，能够有效地发起社会交往，对别人的要求做出积极回应。例如，当他们想要参与一个群体活动的时候，这些有社交技能的、很快被接受的儿童往往先观察，努力弄清楚正在进行的活动，然后对活动的进展做出让人高兴的和建设性的评论，这时他们就很自然地融入到这个群体中去了。相反，那些被拒绝的儿童爱出风头，比较自私。他们喜欢批评或打断群体游戏，如果别人不让他们加入游戏，他们就威胁报复。那些被同伴忽视的儿童，往往在一个群体周围徘徊，不敢主动发起交往，当其他儿童把注意转向他们并提出要求时，他们往往害羞地走开。有趣的是，一些被熟悉同伴忽视的儿童有时候会突然变得爱和陌生同伴交往（Coie & Kupersmidt，1983），而那些极端退缩的被忽视儿童往往会继续处于这种地位，最后被同伴拒绝（French，1988；Rubin et al.，1998）。

但是，有一点需要着重指出，获得一种特殊的同伴地位对儿童未来的行为有一定的预示作用。例如，最近一项对在校男孩的追踪研究中，盖儿伯特·哈斯拉戈尔等人（Haselager et al., 2002）发现，那些攻击－被拒绝儿童在同伴接纳程度提高之后，他们的攻击行为有所下降，随着时间的推移，他们越来越被同伴接受。因此，一个人的社会测量地位不仅反映了先前的行为，也预示着未来的行为（Buhs & Ladd, 2001）。

442 **文化对同伴接纳程度的影响** 关于同伴接纳的影响因素和相关因素的研究大多是在美国和加拿大进行的，在世界上其他一些国家进行的研究也发现了与前面研究相似的结论。一般来说，在欧洲国家和中国，那些高攻击性和极端抑制的儿童有可能处于被同伴拒绝的不利境地，而那些友好、合作，或具有亲社会倾向的儿童通常被同伴接纳（Attili, Vermigli, & Schneider, 1997；Casiglia, Lo Coco, & Zappulla, 1998；Chen, Rubin, & Sun, 1992；Schwartz, Chang, & Farver, 2001）。

与各种社会测量地位最相关的行为在不同文化中有某些变化。例如，在专栏4.3里，我们了解到，害羞、优柔寡断的社交行为会使一个美国儿童处于被忽视（甚至被拒绝）的不利境地，但这种行为在中国往往会提高同伴接纳程度，因为在中国，恬静、保守、谦虚是社会期望的行为。同样，相对于美国儿童而言，学习成绩对中国儿童的同伴接纳程度影响很大，学习差的中国儿童会被排挤、拒绝，甚至被其他同伴伤害（Chen, Chang, & He, 2003；McCall, Beach, & Lau, 2000；Schwartz, Chang, & Farver, 2001）。

总的来说，同伴接纳程度受多种因素影响。脾气好、长相有魅力、学习能力强等特征对同伴接纳程度有帮助，但更重要的是表现出良好的社会认知技能，表现出本土文化认可的行为。需要注意的是，随着年龄增长，受欢迎行为的成分也有一些变化。例如，虽然高攻击性在任何年龄阶段都和不利的同伴地位相联系，但在儿童后期和青少年早期，至少有一部分认为自己很酷、很前卫、反社会的“捣蛋”的男孩，被男同学认为是受欢迎的（虽然他们并不总是被人喜欢），对女孩子来说也有吸引力（Bukowski, Sippola, Newcomb, 2000；Farmer et al., 2003；LaFontana & Cillwssen, 2002；Rodkin et al., 2000）。此外，在青少年阶段，与异性建立亲密关系会突然开始提升一个人受欢迎的程度，但在儿童期，频繁地与“敌人”结交，或违反性别界限的原则，会降低儿童在同伴中的地位（Kovacs, Parker, & Hoffman, 1996；Sroufe et al., 1993）。简而言之，情境因素在决定谁受欢迎、谁不受欢迎方面起着一定作用。

遗憾的是，一些被同伴拒绝的儿童会一直被拒绝，他们身上很可能会出现与同伴拒绝相关的各种适应问题（Brendgen et al., 2001；Coie, Dodge, & Kupersmidt, 1990）。现在让我们来看一些干预项目，它们能够帮助被拒绝儿童提高其社交技能、取得更好的心理发展结果。

## 提高被拒绝儿童的社交技能

同伴拒绝是当前和以后出现心理问题的一个强有力的预测因素，鉴于此，许多研究者设计了干预方案来提高不受欢迎儿童的社交技能。下面是几种比较有效的技术。

### 强化法和榜样法

早期的许多针对社交技能的训练方法都建立在学习理论基础上，例如：（1）强化（利用代币和表扬）儿童表现出的恰当社交行为，如合作和分享；（2）让儿童和有技能的社交行为榜样在一起。这两种方法在增加儿童有效的社交行为方面都很成功。当老师和同伴参与到干预方案中的时候，他们更容易注意到被拒绝儿童的行为变化，并且改变对他们的看法（Bierman & Furman，1984；White & Kistner，1992）。443
对于老师和成人来说，有好几种方法可以为被拒绝儿童设置有利于强化他们表现出恰当社交行为的游戏环境。例如，他们可以利用第 12 章说过的那些成功的合作策略，让年幼儿童完成一项任务或者达成一个共同目标，这项任务要求所有参与者通力合作。此外，如果榜样与目标儿童的某些地方相似，并且榜样在做出有技能的社交行为的同时伴随一些评论，把儿童的注意力集中到这些恰当行为的目的和好处上，那么，榜样的效果会更好（Asher，Renshaw，& Hymel，1982）。

### 社交技能的认知训练法

当伴以言语解释或讲道理的时候，榜样策略会更加有效，这一事实说明，能够帮助儿童想象有技能的社交行为带来的积极后果的干预方案会很有效。为什么？因为在社交技能训练中，儿童积极的认知参与能够增加他们对所教原则的理解和认同，有利于他们对这些原则加以内化，然后在与同伴交往时表现出来。

**教导**（coaching）是一种认知的社会学习技术，辅导者呈现一种或多种社交技能，详细解释为什么要使用这些技能，让儿童练习，然后告诉儿童怎样改进他们的表现。谢莉·奥登和斯蒂文·阿谢尔（Oden & Asher，1977）教给三、四年级被孤立的儿童四种重要技能：怎样加入到一个正在进行的游戏中去，怎样轮流和分享，怎样有效地交流，怎样给予同伴关注和帮助。这些儿童经教导后

Lori Adamski Peek/Stone/Getty Images

**图片 13.7**　教导法在提高被拒绝儿童的社交技能方面很有效。

不仅变得更加外向和积极，而且一年后的测量表明，这些以前被孤立的儿童的社交地位也有很大进步（另见 Mize & Ladd，1990；Schneider，1992）。

其他基于认知发展理论的认知干预方法包括增强儿童的观点采纳能力，提高其社会问题解决能力（Chandler，1973；Rabiner，Lenhart，& Lochman，1990）。这些方法对攻击－被拒绝儿童来说尤其有效，这些儿童经常表现出一种敌意的归因偏向（对同伴的意图作过多的敌意解释），这种偏向是他们从专制型父母那里学来的，他们不相信别人，并采用攻击性的问题解决策略（Keane，Brown，& Crenshaw，1990；Pettit，Dodge，& Brown，1988）。为了帮助这些攻击性的被拒绝者，训练方案不仅要向这些儿童强调攻击是不恰当的，而且还要帮助他们学习非攻击性的冲突解决方法。一个看起来比较有效的方法就是米尔娜·舒尔和乔治·斯皮瓦克（Shure & Spivack，1978；Shure，1989）设计的**社交问题解决训练**（social problem–solving training），这种方法帮助儿童产生比较友好的解决人际问题的方法并对其进行评价。在为期 10 周的时间里，儿童用木偶来扮演一个冲突场景，训练者鼓励他们讨论自己采取的解决方法对冲突中对方的感受会造成什么影响。舒尔和斯皮瓦克发现，儿童参与这个项目的时间越长，他们的攻击性解决方法就越少。此外，当儿童能够更好地思考自己行为的社会后果时，他们的班级适应能力（由教师评价得到）提高了（见 Vitaro et al.，1999）。

444

### 学习技能训练

学习成绩不良的儿童经常被班上的同学拒绝（Schwartz，Chang，& Farver，2001；Dishion，Andrews，& Crosby，1995）。我们能否通过提高这些儿童的学习成绩，让他们回到学校的主流活动中，从而提高他们的社交地位？一个研究小组对此进行了尝试，他们给那些成绩差、被拒绝的四年级儿童提供了大量的学习技能训练（Coie & Krehbiel，1984）。这些训练不仅提高了儿童的阅读和数学成绩，而且他们的社会地位也提高了。干预结束一年以后，这些以前被拒绝的儿童现在在同伴群体中具有一般地位了。

成人可以采用各种技术提高不受欢迎儿童的社交技能，帮助他们在同伴中获得更有利的地位。但是必须注意：如果儿童的父母是经常采用攻击性冲突解决方法的专制型、不信任的父母，或者他们的朋友是高攻击性的朋友，那么他们所学的新社交技能和问题解决策略就会被削弱，干预的长期效果就要大打折扣。由于这些原因，乔治·佩蒂特等人（Pettit & et al.，1988）赞同采用预防性干预，其特点是：（1）儿童与同伴间一出现问题就开始实施干预；（2）干预不仅局限于有问题的儿童群体。很遗憾，有一项针对一组 11~16 岁的攻击型－被拒绝儿童的辅导方案，由于没有吸收父母和其他一些被接纳的儿童参与进来，结果有些适得其反：参与者的社交地位有很小的改变，而问题行为和过失行为却有所增加（Dishion，McCord，& Poulin，

1999）。因此，社交技能训练课程开始得越早越好，最好在儿童还没有聚到一起、形成一个鼓励反社会行为的不正常小圈子之前就开始，那样效果会好一些（Dishion，McCord，& Poulin，1999；Kazdin，2000）。

## 儿童及其朋友

随着儿童变得越来越外向，他们跟越来越多的同伴接触，逐渐和一个或多个同学形成了亲密的联系，这种纽带我们称之为**友谊**（friendships）。回想第 6 章曾经提到的，儿童对于什么样的人才能成为朋友有很明确的观点。在 8 岁以前，朋友的主要基础就是*共同活动*：儿童认为朋友就是喜欢他们、并且愿意跟他们一起玩相同游戏的人。相形之下，8~10 岁的儿童具有了较强的观点采纳能力，他们认为，朋友是和自己在*心理上相似的人*，他们值得信任、忠诚、和善、合作，对彼此的感受和需要很敏感（Berndt，1996）。到青少年期，忠诚和共同的心理品质仍是朋友的特征，但青少年对朋友的理解更多地集中在*互惠的情感投入*。也就是说，朋友是亲密伙伴，能够真正理解彼此的力量，接受彼此的缺点，愿意分享他们内心深处的想法和感受（Hartup，1996）。

### 友谊的发展

虽然年幼儿童有很多玩伴，但是他们中只有很少人能够成为亲密朋友。友谊是怎样形成的呢？要搞清楚这个问题，一个方法就是把一些互相不认识的儿童随机配对，观察他们在几周时间里的游戏情况，这样就可以找到一些线索来解释为什么有些儿童能够成为朋友而另外一些则不能。约翰·高特曼（Gottman，1983）在一些最初不相识的 3~9 岁的儿童身上尝试了这种方法。在 4 周时间里，每一对伙伴都要在其中一个人的家里一起玩游戏。研究快结束时，请母亲填写了一份问卷，报告他们的孩子是否和新伙伴成了朋友。此外，观察者记录了儿童在游戏活动中的行为，希望用这些观察来确定成为朋友的儿童间的交往和没成为朋友的儿童间的交往有何不 445
同。

不出所料，高特曼发现，一些玩伴很快成了朋友，另一些则没有。他还发现，成为朋友和没成为朋友的儿童在游戏活动中有一些重要区别。首先，最终成为朋友的儿童，刚开始的时候并不一定能在玩什么这一问题上达成一致，但他们在*解决冲突和设立共同活动*方面（即，玩什么和怎么玩）比没有成为朋友的儿童好得多。最终成为朋友的儿童还能够更成功地进行*清晰的沟通和信息交流*。其中有一些信息是非常私人的，因为最后成为朋友的儿童比没成为朋友的儿童有更多的**自我表露**（self-disclosure）。因此，在高特曼看来，那些很早就能在玩什么游戏上达成一致且能和谐相处的儿童，后来变得爱表达自己的情感，愿意表达对同伴的认同，也愿意在同伴面前暴露自己的个人信息，这个过程使他们建立了友谊。

当然，儿童自身的特点也会在很大程度上影响他们交朋友的能力。朱蒂·杜恩及其同事（Dunn & Cutting，1999；Dunn，Cutting，& Fisher，2002）报告，那些有着稳固友谊的学前儿童在假装游戏中表现出高水平的合作行为和其他亲社会行为，他们往往表现出很高的社会理解水平：他们尊重规则，理解别人的情绪，善于读懂别人的心思（用心理理论任务来测量）。这些发现提醒我们回忆第 4 章提到的研究，该研究显示，善于理解别人情绪、调控自己情绪的学前儿童通常被老师认为是有社交能力的，对同伴来说是有吸引力的。此外，杜恩等人（Dunn et al.，2002）还发现，早期就形成亲密友谊的、社交能力强的 4 岁儿童，后来在学校里更容易结交新朋友。因此，儿童可能在学前阶段就形成了关于友谊的“心理作用模型”，这个模型将影响到后来的友谊质量或特征（见 Howes，1996，对这个问题有详尽的讨论）。

## 朋友之间和相识者之间的社会交往

早在 1~2 岁的时候，儿童就会对他们喜欢的游戏伙伴形成依恋，他们对这些“朋友”的反应方式与对其他人的反应很不一样（Howes，1996）。例如，与普通人相比，朋友间表现出更高级的假装游戏，同时也表现出更多的情感和赞同（Howes，Droege，& Matheson，1994；Whaley & Rubenstein，1994）。朋友之间经常做有益于对方的事，在学前期，许多利他行为通常都首先出现在朋友间。例如，弗里德里克·坎费尔等人（Kanfer et al.，1981）发现，如果能给朋友带来好处，3~6 岁儿童宁愿放弃他们自己宝贵的游戏时间去完成一项枯燥无味的任务；但是这种自我牺牲行为几乎从来没有发生在普通人之间。与普通人相比，年幼儿童对朋友的压力也表现出更多的同情，更愿意尽力减轻朋友的压力（Costin & Jones，1992；Farver & Branstetter，1994）。

人们通常说，亲密朋友之间有一种“化学作用”，好朋友之间很“合拍”。研究结果明确支持了这种观点。让一对六年级学生在一起自由谈话，如果他们是朋友的话，他们之间的谈话更有趣、更精彩和放松（Field et al.，1992）。谈话结束后对参与者唾液中的皮质醇（与压力有关的激素）水平的测试表明，普通人之间的谈话比亲密朋友间的谈话压力更大。即使在两个人合作完成一项学习任务的时候，与普通同伴相比，
446 朋友之间也显得更“同步”，更容易达成一致，花更多的时间“在任务上”（Hartup，1996）。朋友之间的交往之所以如此同步和富有成效，一个原因就是，与一般同伴相比，朋友之间在社会测量地位、人格、亲社会行为等方面更相似（Haselager et al.，1998）。因此，或许可以说，朋友之间的互动充满亲密感，互相尊重，他们在很多方面有相似性，相互之间确实有一种非常有利的“化学作用”。

儿童之间的友谊能够保持多长时间？即使是学前儿童的友谊通常也是相当稳定

的，这可能会让你很吃惊。例如，卡洛丽·豪斯（Howes，1988）发现，在同一所幼儿园里待过好几年的儿童的亲密关系通常会超过一年。中学阶段的亲密友谊虽然有时候会上下波动，但这种友谊一般是很稳定的（Berndt & Hoyle，1985；Cairns et al.，1995）。进入青少年期以后，他们的友谊网络（即被青少年称为朋友的所有人的名单）在数量上开始减少（Berndt，Hawkins，& Hoyle，1986；Berndt & Hoyle，1985）。朋友数量的减少说明青少年逐渐意识到，如果只选择一小群亲密朋友，他们就比较容易担负起友谊所带来的责任，包括亲密的信息交流和提供情感支持。

## 拥有朋友有好处吗

朋友在塑造儿童的发展方面能起到独一无二的作用吗？那些有足够多的同伴却没有亲密朋友的儿童，与那些只有一个或几个亲密朋友的儿童有差别吗？很少有控制严谨的追踪研究来回答这些问题（Hartup，1996），但我们可以对朋友在作为社会化动因方面所起的作用做一些试探性的讨论。

### 朋友能提供安全感和社会支持

朋友在儿童生活中起重要作用，有研究发现，如果拥有至少一个支持性的朋友，就能在很大程度上减少那些被同伴群体排挤以及不受欢迎儿童的孤独感和受伤害程度（Hodges，Malone，& Perry，1997；Hodges et al.，1999；Parker & Asher，1993；Schwartz et al.，2000）。与一个或几个朋友之间的亲密关系可以提供一种情绪上的安全网，这种安全感不仅帮助儿童建设性地面对挑战，而且使他们更容易承担其他生活压力（例如看待父母离婚或与一个拒绝型的父母在一起）。加里·拉德等人（Ladd et al.，1987，1990，1996）也发现，与没有朋友的儿童相比，和朋友们一起进入幼儿园的儿童似乎更喜欢学校，更少有适应问题。托马斯·本特等人（Berndt et al.，1999）发现，从小学到初中的转变对很多学生来说比较困难，但是如果有亲密朋友一起经历这个过渡，就更容易一些。对于来自缺乏教育、缺少内聚力、父母只知道使用严厉规则的儿童来说，亲密的支持性友谊对提高他们的社交能力起着非常重要的作用（Criss et al.，2002；Garze et al.，1996）；如果在这种混乱的家庭环境里成长的青少年失去了一个特别亲密的支
447 持性的朋友，那么他们的自我价值感会大幅度下降（Gauze et al.，1996）。

Frederick D. Bodin/Stock Boston

**图 13.8**　没有什么比朋友的安慰和鼓励更能让人安心。

因此朋友是安全感和**社会支持**（social support）的一个重要来源。随着儿童年龄增长，朋友的这种作用越来越重要。例如，四年级学生认为，父母是他们最重要的社会支持源，但是：（1）七年级的学生认为朋友跟父母一样具有支持性；（2）十年级学生认为，朋友提供了最多的社会支持（Buhrmester，1996；Furman & Buhrmester，1992）。尽管从朋友和同伴那里获得越来越多的社会支持这一趋势很正常，但有时候也会做得过了头。例如，大卫·杜伯伊斯等人（DuBois et al.，2002b）发现，从成人和同伴那里都得到了足够社会支持的青少年拥有很高的自尊，适应良好，而那些从朋友（以及其他同伴）那里得到绝大多数社会支持，而从父母（及老师）那里得到很少社会支持的青少年则面临着问题行为和情绪障碍的极大危险性（见 Seidman et al.，1999）。

### 朋友对社会问题解决技能的影响

友谊通常被认为是令人愉快和有回报的关系，是值得珍惜的，所以人们鼓励儿童尽力去解决与这些“特殊”伙伴间的冲突（Hartup，1996）。显然，从学前期开始，跟那些意见不一致的普通人相比，那些持不同意见的朋友能在争吵加剧之前离开，能做出让步，接受公平的结果，也能在冲突结束之后继续来往（Hartup et al.，1988；Laursen，Hartup & Koplas，1996）。在儿童中期，与普通同学相比，朋友在玩竞争性游戏时，能更好地遵守规则（不欺骗），在为解决争吵而进行协商时，能够尊重对方的观点、需要和希望（Fonzi et al.，1997；Nelson & Aboud，1985）。与朋友友好地解决冲突的能力无疑对形成成熟的社会问题解决技能（同伴社会地位的一个最强的预测因素）有重要影响（Rubin et al.，1998）。

### 友谊是成人浪漫关系的准备

从儿童中期到青少年期，亲密友谊的主要特征是日益增强的亲密感和交互性。这种对同性伙伴的亲密而强烈的情感联结，对稳定的成人爱情关系中的人际敏感性和承诺是必要的吗？哈里·斯塔克·沙利文（Sullivan，1953）认为是必要的。沙利文报告，他的许多遭受孤独困扰的心理病人在他们年轻时未能形成亲密的友谊，于是他得出结论：在青少年前期同性朋友（或“密友”）间形成的亲密的双向联结为自我价值感提供了基础，也为个体在日后建立与维持亲密爱情关系时所需要的关怀和同情态度奠定了基础。与沙利文的观点一致，与那些没有朋友的同学相比，那些在青少年前期就已经形成亲密的同性友谊的儿童更容易打破性别界限，与异性同伴形成亲密的联结（Connolly，Furman，& Konarski，2000；George & Hartmann，1996）。此外，温多尔·弗尔曼等人（Furman et al.，2002）发现，青少年对其情侣关系的看法和表征与他们对朋友的表征更相近，而不是与对父母的依恋表征更相近，这一发现与沙利文等人（如 Furman，1999）的观点一致，即同性友谊为儿童和青少年将来的亲密爱情关系做了准备。

但是，评论家可能会说，要对沙利文的理论进行有力的验证，需要做一个纵向的**前瞻性研究**（prospective study），考察那些在青少年前期缺少朋友的儿童与至少有一个亲密朋友的同学比起来，长大成人后是否有什么不同。凯瑟琳·巴格维尔及其同事（Bagwell et al., 1998）做了一项这样的研究。一群 11 岁的儿童完成了一项社 448
会测量，测查他们的社会地位，以及是否和一个最好的朋友建立起亲密的双向联结。12 年以后，这批参与者（23 岁）完成了一系列的问卷，测量他们的自我价值感，学校或工作成绩，抱负水平，与家庭成员的关系质量，知觉到的恋爱能力，抑郁和其他的病理心理症状。

这些结果为沙利文的理论提供了一些支持。与那些在青少年前期缺少朋友的儿童相比，在青少年前期拥有亲密的同性友谊的儿童，在成人之后，与亲密伙伴（家庭成员）相处时感觉更有能力，自尊心更强，抑郁症状较少。此外，这些发现只能归因于参与者早期的友谊而不是他们一般的同伴接纳程度。虽然在这项研究中，与那些没有朋友的儿童相比，那些在青少年前期拥有朋友的儿童在 12 年之后的爱情关系中并没有觉得自己更加有恋爱能力，但如果不是测量参与者本人，而是测量他们的伴侣，结果很可能会有所不同（毕竟，23 岁的成人谁会承认自己缺乏恋爱能力呢？）。

**朋友和同伴对适应结果的影响**　有趣的是，巴格维尔等人（Bagwell et al., 1998）的研究发现，一般的同伴接纳程度也可以预测适应结果，但是它所预测的结果不同于青少年前期的友谊状况所预测的结果。具体来说，与那些社会测量地位较高的同龄人相比，11 岁时处于被拒绝地位的儿童，在 12 年之后抱负水平更低，并且认为他们自己在学习和工作业绩上更缺少能力。这些结果是否意味着，在人的社会性发展中，朋友和同伴群体在某种程度上扮演着不同的、独特的角色？很可能是这样，但是现在这样说还为时尚早。最近对年幼儿童的研究一致发现，友谊状况和一般的同伴接纳程度都会影响许多适应结果，并且当儿童既被同伴接纳又拥有一份或多份亲密的、支持性的友谊的时候，总体上来说好像会适应得更好（Criss et al., 2002；Ladd & Burgess, 2001）。当然，巴格维尔等人的研究发现，早期同伴接纳和友谊状况对研究中被试的总体心理健康有很重要的影响，因此，在青少年前期被同伴拒绝和缺乏友谊的年轻人，更可能报告出现精神病症状。

## 异性友谊

青少年在其早期至中期正式开始结交较多的异性朋友，开始组成一个跨性别的小圈子。这些异性友谊与同性友谊相比有什么不同呢？露丝·沙拉巴尼及其同事（Sharabany et al., 1981）让五年级、七年级、九年级和十一年级的学生，从情绪亲密性角度，如信任、忠诚、对对方情感的敏感性、依恋情绪，来描述他们的同性和异性朋友。结果如图 13.5 所示，同性友谊在所有年龄阶段都被描述为高亲密性的，但

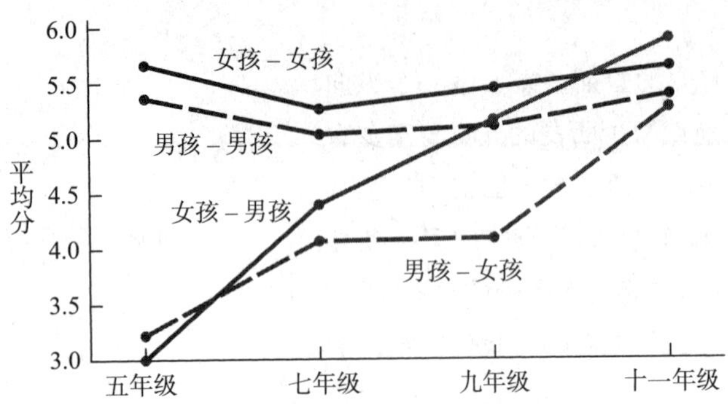


**图 13.5** 同性别和跨性别的友谊在青少年期发生了变化。“女孩－男孩”分数反映了女孩怎样评价自己与男孩关系中的亲密感；“男孩－女孩”的分数反映了男孩怎样评价自己和女孩的关系。跨性别的友谊在青少年阶段明显变得越来越亲密，通过这个发展阶段最终达到了同性别友谊的亲密程度。（资料来源：Sharabany，Gershoni，& Hoffman，1981.）

是异性友谊直到十一年级才达到同性友谊的水平。这些数据非常有趣，因为它们也支持了沙利文的观点，儿童先从同性友谊中学习亲密的同伴联盟关系， 449
然后把学到的东西运用到异性关系中去。

需要注意的是，无论是在同性友谊还是在异性友谊中，女孩都比男孩报告了更高水平的亲密性，有文献也报告了与此一致的研究结果（参见 Winstead & Griffin，2001，综述）。这可能解释了，为什么后来女孩比男孩更容易把恋爱关系中的“浪漫”与友谊联系起来，如分享亲密情感和提供情感支持（Feiring，1999）。

### 友谊质量和适应结果

虽然我们强调友谊能促进积极的发展结果，但是朋友也有可能把儿童或青少年引入歧途。一个原因是友谊的质量不同，有些儿童与父母建立了不安全依恋，受父母严厉控制或被父母忽视，或者被同伴拒绝，这些人很缺乏社交技能，他们拥有的朋友关系缺乏支持和相互信任（Capaldi et al.，2001；Dishion，Andrews，& Crosby，1995；Kerns，Klepec，& Cole，1996；Lieberman，Doyle，Markiewicz，1999；Parker & Asher，1993）。非安全型依恋的、抑郁的、缺乏社交技能的儿童，可能会选择那些消极看待他们的人做朋友，这使他们强化了消极的自我概念（Cassidy，Aikins，& Chernoff，2003）。更遗憾的是，低质量的友谊通常伴随着大量冲突，儿童会采取报复或敌对的行为来解决冲突，而不是以调和的方式对待朋友（Rose & Asher，1999）。儿童的友谊质量会影响他们的适应或发展结果吗？

回答是肯定的。针对幼儿园儿童（Ladd，Kochenderfer，& Coleman，1996）和七、八年级的青少年前期儿童（Berndt & Keefe，1995）的研究都发现，拥有亲密的、支持性友谊的儿童，进入学校一年后更喜欢学校，更多地参与到学校活动中去。而那些拥有敌对或冲突友谊的学生，对学校态度消极，不愿参加学校活动，破坏活动比较多。此外，那些与父母建立了非安全型依恋的或者被同伴团伙拒绝的儿童，如果他们的社会支持主要由朋友提供，那么他们更可能表现出不良的适应结果（Booth，Rubin，& Rose-Krasnor，1998；Rubin et al.，1998）。这个结果显示，这些儿童的友谊网络往往包含了其他一些社会技能欠缺的、反社会的同学，他们不是具有支持性的同伴，反而会鼓励适应不良的行为方式（Dishion，Andrews，& Crosby，1995；Dishion & Owen，2002；Rubin et al.，1998）。有研究证明，对于来自教养不良或失调家庭的儿童来说，只有最好的朋友是亲密的非冲突性的朋友时（Gauze et al.，1996），才能促进儿童的社会能力和自尊的发展。最后，拥有亲密、支持性同性朋友的青少年很可能建立相对亲密和非冲突性的恋爱关系（Connolly，Furman，& Konarski，2000），而那些拥有不正常的、非支持性的朋友的个体，将有殴打或以其他方式虐待恋人的危险（Capaldi et al.，2001）。

显然，这些结果都是相关数据，不能做出低质量友谊会导致适应问题和不良发展结果这一因果推论。事实上，纵向研究揭示了更多的交互作用的过程：社会技能缺乏的问题儿童往往聚集在一起，形成低质量的友谊，经常处在偏离正常轨道的圈子里，这又鼓励和强化了问题行为，这种**偏离行为训练**（deviancy training）加剧了儿童或青少年的适应问题。例如，在第 9 章中，我们了解到那些已经具有攻击性、反社会性的年轻人最容易与帮派成员搅在一起，这反过来又使他们的过失行为和反社会行为增多（Walker-Barnes & Mason，2001）。同样，那些吸烟和吸毒的青少年经常会选择吸毒的朋友，从而加重了毒品依赖（Dishion & Owen，2002）。有意思的 450
是（与友谊的交互模型相一致），如果周围的同伴中很少有人物质成瘾，青少年很少有机会来选择那些可能维持（或加重）他们滥用烟草、酒精或药物的人做朋友，那么青少年的物质成瘾就不太可能长时间保持下去（Cleveland & Wiebe，2003）。

总之，现在有充分的证据说明，拥有不值得信任的、非支持性的、冲突性的友谊会导致不良的发展结果。当我们把这些结果与那些亲密的、支持性的友谊在一个人一生中发挥的作用做对比的时候，很容易会发现，为什么一些研究者认为，我们对处境不利儿童和不受欢迎儿童的训练应该再扩大一些，还应该教他们怎样建立和维持这些亲密的情感纽带，以及进行一些更普通的社会技能训练。

## 父母和同伴是影响源

发展心理学者现在大多承认，随着儿童的成熟，同伴群体和友谊网络对儿童发展和成熟的影响越来越重要。专栏 13.1 中，朱蒂・哈里斯强烈主张，儿童主要是通过其同伴群体而接受所处文化的社会化，即使他们在不同的家庭中与不同父母生活在一起，他们也会成为相似的人。与她的观点相一致，对移民儿童的观察表明，他们很容易从同伴那里接受当地的文化传统和行为习惯，即使这些风俗与其父母的习俗很不相同（Fuligni，Tseng，& Lam，1999；Phinney，Ong，& Madden，2000）。

同伴以很多方式相互影响。他们强化特定的行为方式，劝阻或惩罚另一些行为方式。例如，我们在第 8 章中了解到，甚至学步儿童都会参加性别定型的游戏活动，破坏或以其他方式阻碍儿童与异性伙伴玩耍，或者玩与自己性别不符的玩具，从而强化了性别分化。儿童也可能会通过社会榜样和社会比较来互相影响。回忆第 6 章中讨论到的，学龄儿童往往把自己与同伴的行为和成绩做比较来确认自己的能力，这些能力对他们的自尊有很大的影响。同伴之间也通过批评和劝说互相影响。他们对有分歧的问题进行讨论和辩论，在这个过程中态度和行为都会发生改变。例如，

第 10 章曾讲到，当同伴之间发生分歧时，直接的挑战和讨论对道德推理的发展将会产生潜在的影响。

虽然直到今天，没有一个发展心理学者否定同伴群体对社会化的重要作用，但是许多人（包括我自己，见专栏 13.1）认为，一些理论家，如哈里斯，夸大了同伴的作用。之所以持这种观点，其中一个原因是，许多明显的同伴影响可能暗含着父母的影响，其实父母在儿童和青少年选择同伴方面起着重要作用。

## 越来越遵从同伴

同伴在社会化中所起的作用越来越重要的一个主要原因是，从儿童中期开始，越来越多的同伴交往发生在真正的*同伴群体*中，同伴联盟通过设定**规则**（norms）来影响群体成员，群体规则规定了群体成员应该怎样穿衣、打扮、思考及行动。随着年龄增长，儿童对规范性同伴压力的反应性也不断地增加，但他们并不像人们通常认为的那样盲目遵从。

在托马斯·本特（Berndt，1979）有关**同伴遵从**（peer conformity）的一个经典
451 研究中，他询问了三到十二年级的学生，当他们的同伴发起各种亲社会行为或反社会行为时，他们屈从于同伴压力的可能性。他发现在亲社会行为方面，屈从同伴压力的情况随着年龄的增长变化不大。相反，在*反社会*行为上，却有很显著的发展变化，服从同伴的人急剧增加。这种明知同伴的行为不对，却仍然接受的高峰出现在九年级（大约 15 岁左右，见图 13.6），到高中后逐渐下降（见 Brown，Clasen，& Eicher，1986；Steinberg & Silverberg，1986）。所以，当孩子长到 13~15 岁时，父母担心他们容易屈从同伴的压力，与一伙人混在一起而陷入困境，并非毫无依据。在这个年龄阶段各种同伴压力都尤其强烈（Gavin & Furman，1989），一个本不是稗草的人被别人看做一颗稗草，世上没有什么比这更糟糕了（Kinney，1993）。

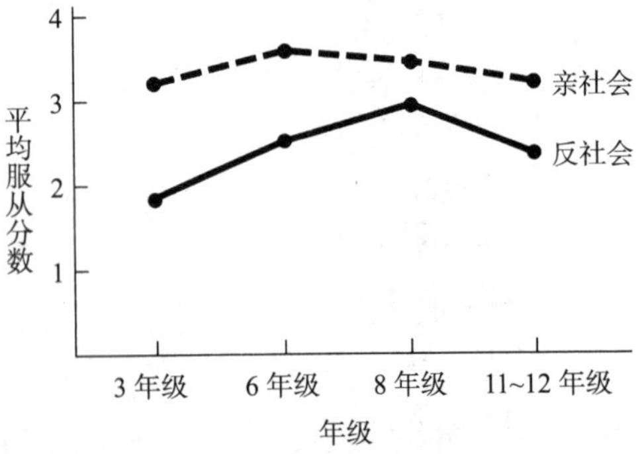

为什么盲目遵从同伴现象到高中后期会下降呢？可能这种趋势反映了，随着年龄的增长，青少年更追求自主：他们现在能更成熟地做出自己的决定了，很少再依赖父母或是同伴的意见了。根据劳伦斯·斯腾伯格和席尔瓦伯格（Steinberg & Silverberg，1986）的观点，在青少年早期，对同伴压力的屈从可能是自主性发展的一个必经阶段：青少年努力减少对父母的依赖，在他们有足够的自信坚持个人立场、忠于个人信念之前，可能需要同伴接纳来提供安全感。如果他们太遵从成人的规则和价值观，而没有跟同伴和谐相处，就不可能获得同伴接纳（Allen，Weissberg，& Hawkins，1989）。虽然这种观点不能安慰那些因为和朋友一起往邮箱里面投入樱桃炸弹或者给轮胎放气而被抓的青少年的父母，但是儿童在某一阶段对同伴的强烈

**图 13.6** 各年级在亲社会行为和反社会行为上屈从于同伴压力的平均分数。（Berndt，1979 年美国心理学会出版，引用得到许可。）

顺从，的确有可能为其以后的独立自主铺平道路。

全世界的儿童进入青少年期后都变得更容易受同伴群体的影响。但是我们在专栏 13.3 中可以看到，他们并不一定像美国同龄人一样，容易受同伴发起的坏行为的影响。

## 交叉压力是一个问题吗

在很长一段时间里，青少年期常常被比喻为暴风骤雨时期，这时青年人经历着**交叉压力**（cross-pressures），由于父母和同伴所提倡的价值观和习惯之间存在着差异而导致的激烈冲突。这种对青少年期生活状况的描述是否准确呢？对于某些青少年来说这个时期或许有价值，尤其是那些“被拒绝”的青少年，他们会形成一个不正常的同伴圈子，这个圈子认可甚至促进反社会行为，这些行为使他们疏远父母、老师和大多数同伴（Broidy et al.，2003；Dishion，Andrews，& Crosby，1995；Dishion，McCord，& Poulin 1999；Fuligni et al.，2001）。这些青少年经常通过拒绝主流的成人价值观，支持异常同伴所推崇的价值观，来摆脱他们所承受的交叉压力。至于为什么所谓的交叉压力“问题”对大多数青少年来说不是一个问题，有以下几个原因。

父母－同伴冲突一直都处于较低水平的一个原因是，父母和同伴往往在不同的领域施加他们的影响。例如，汉斯·塞巴尔德（Sebald，1986）曾询问青少年在各种不同的问题上向父母寻求建议或向朋友寻求建议的数量。在穿什么衣服，参加什么俱乐部，对社会事件的态度，业余爱好，以及其他娱乐活动的选择上，同伴的影响可能比父母的影响更大。但是，青少年称，他们在学习问题、职业目标或未来定向的决策上，较多地依赖父母。只要父母和同伴各自的主要影响领域不同，青少年就不可能被父母压力和同伴压力压垮。

父母－同伴之间的冲突处于较低水平的第二个且更重要的原因是，父母的教养 452
方式在很大程度上影响了儿童对同伴的选择（Collins et al.，2000；Scaramella et al.，2002）。权威型的父母是关爱的，既不过分控制又不过度放纵，而且他们在对儿童的要求也是前后一致的，他们通常会发现，子女对他们有强烈的依恋，而且内化了他们的价值观。这些青少年很少逆反或拼命地从同伴那里寻求接纳，因为他们在家里已经得到了足够多的关爱（Brown et al.，1993；Fuligni & Eccles，1993）。当然，他们倾向于结交有共同价值观的朋友，这些朋友使他们远离了不健康的同伴影响（Bogenschneider et al.，1998；Fletcher et al.，1995）。即使他们承受了不良的同伴压力，如果父母给予支持并且采用行为控制而不是心理控制的话，这些青少年就能够抵抗或克服消极的同伴影响，保持良好的行为（Galambos，Barker，& Almeida，2003）。

有趣的是，那些“掉进坏圈子里”，表现出反社会行为的青少年的问题往往要从家庭找源头。父母容易犯的一个错误是过于严格，不能适应青少年越来越强的自

图片 13.9 虽然青少年经常以疯狂和叛逆的形象出现，但他们的规范和价值观往往是成人社会的反映。

主需要。这导致青少年疏离父母，去接受消极的同伴影响，甚至把学习丢置脑后，或违反父母的规则来取悦朋友 453
（Fuligni & Eccles，1993；Fuligni et al.，2001）。父母容易犯的另一个错误是，要么过分纵容，要么对孩子采取敌视或漠视态度，要么过多地采用心理控制，而不是明察秋毫地监控孩子的活动和朋友的选择（Galambos，Barker，& Almeida，2003；Pettit et al.，2001；Scaramella et al.，2002）。因此，青少年最后是加入“好的”还是“坏的”群体，是处于健康的还是不健康的同伴压力下，父母的教养方式有非常重要的影响。

当然，即便父母把该做的事都做好了，也会在某些问题的看法上和孩子的大多数同伴不一致（例如，关于晚上几点睡觉，约会行为，对吸烟、酒精、毒品危害的观点）。但是，同伴群体的价值观很少像成人通常认为的那么差；哪怕是在青少年中期，消极的同伴压力最严重的时候，绝大多数青少年也都会报告说，他们的朋友和同伴会劝阻反社会行为，而不是宽恕这种行为（Brown et al.，1986；参见专栏 13.3）。在许多问题上，父母和同伴的规则似乎有冲突，此时，青少年的行为其实是父母和同伴二者共同影响的产物。举个例子。丹尼斯·康德尔（Kandel，1973）研究了一组青少年，这些人最好的朋友可能吸毒（大麻），也可能不吸毒，他们的父母可能吸毒，也可能不吸毒。在父母吸毒而朋友不吸毒的青少年中，仅有 17% 的人吸毒。父母不吸毒而最好的朋友吸毒的青少年中，56% 的人吸毒。从这个结果来看，我们可以认为，在吸食大麻问题上，同伴群体比父母的影响大。但是，吸食大麻的最高比率出现在父母和同伴都吸毒的青少年身上。在讨论父母和同伴在酒精、烟草和其他违规药物使用上对儿童的影响时，也发现了相似的情况（Bogenschneider et al.，1998；Chassin et al.，1996，1998；Newcomb & Bentler，1989）。

总之，青少年社会化不是父母对同伴的持久战争。相反，这两种重要的影响源总体上是互补的，而不是矛盾的（Bogenschneider et al.，1998；Collins et al.，2000）。绝大多数青少年与他们的父母保持愉快的关系，接受父母的许多价值观，不愿意结交那些极度偏离父母价值观的同伴。同样，绝大多数父母也知道，对儿童和青少年来说，与同伴建立亲密关系是非常重要的。他们似乎很欣赏本章开头那个孤独的农民提到的观点：许多服务于人的社会能力是亲密朋友和同伴联盟的硕果。

## 专栏 13.3　文化影响

### 同伴发起的不良行为的文化差异

我们在第 11 章中了解到，在许多文化中，当青少年期到来的时候，儿童对自主的要求越来越强烈，他们与父母的冲突也不断升级。当他们开始在家里与父母起争执的时候，全世界的青少年是不是都突然变得更容易受同伴不良行为的影响呢？

虽然很少有证据支持上述观点，但陈常生（Chen et al.，1998）的一项研究探讨了这一问题。来自美国、中国台湾和中国大陆的七年级和八年级学生参加了这项研究。在保密的情况下，每个青少年报告了自己从上学之后参与（1= 从不；2= 一两次；3= 三四次；4= 经常）20 种不良行为（考试作弊、打架、喝酒、破坏公共财务、对父母说谎）中的每种行为的频率。还在七点量表上评价了同伴对自己的这些行为的喜好程度：（1）钦佩不良行为或认同不良行为；（2）认为反社会行为是不好的。

这项研究的结果呈现在图中。图 a 显示，所有三种文化中的青少年所报告的不良行为水平相似。虽然与欧裔美国青少年相比，参加这项研究的中国大陆青少年的同伴群体更不认可这些行为（图 b），更多地反对这些不良行为，但三种文化中的青少年在这些行为上的水平仍然相似。虽然与美国青少年相比，中国大陆青少年不赞成这些行为，但似乎中国大陆和中国台湾青少年的行为并不比美国同龄人的行为好多少。

这项研究的一个局限是，在三种文化中都从中产阶级抽样，被试都报告了低到中等水平的不良行为（事实上，在总的不良行为量表上，不良行为得分可高达 80 分）。但是，结果发现，与美国儿童相比，虽然中国大陆和中国台湾儿童经历的同伴压力（更多的消极认同）要小，但是中国大陆和中国台湾儿童的行为跟美国儿童一样有害和反社会，这表明同伴会导致青少年行为不良的看法可能有些夸大。在本章的最后一部分，我们将提到另外一个研究，它用不同的方式探讨了这个问题。

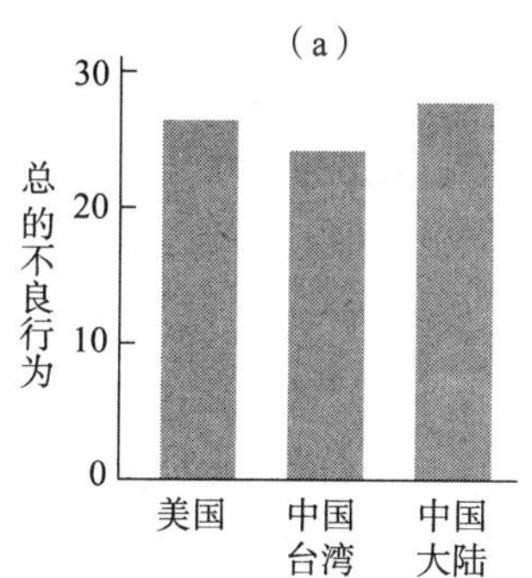


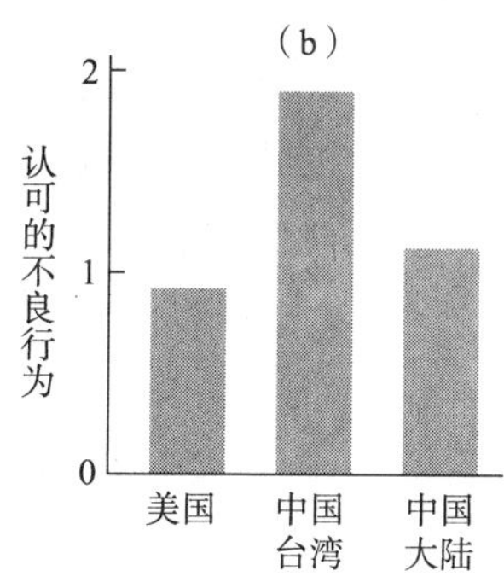


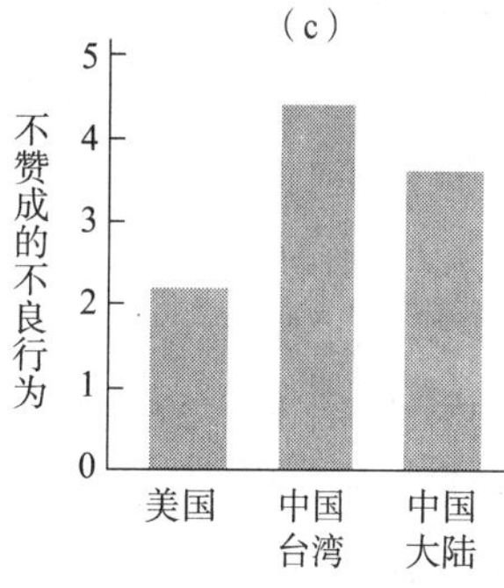


自我报告的不良行为的总分（a 图），知觉到的同伴认可水平（b 图），不赞成的不良行为（c 图）。上图中显示的是欧裔美国青少年的数据。（资料来源：Chen，Greenberger，Lester，Dong，& Guo，1998.）

## 本章要点

### 同伴是什么人，起什么作用

✦ **同伴**互动是儿童的第二世界，在这个世界里，他们之间的互动是平等的，完全不同于家庭环境里的不平等状况。但是，**不同年龄之间的**互动也是至关重要的社会化背景，年幼同伴和年长同伴都能从中获益。

✦ 随着年龄的增长，与同伴的互动也显著增多，在学前期和小学早期，儿童与同伴在一起的时间跟与大人在一起的时间相仿。这时候的“同伴群体”由同性别的、年龄稍有差异的同伴组成。

✦ 对**“只有母亲”的猴子**和**“只有同伴”的猴子**以及儿童的研究发现，同伴互动对能力和良好社会行为的发展有重要作用。未能与同伴建立和维持良好同伴关系的儿童，会在以后的生活中经历很多严重的适应问题。朱蒂·哈里斯假设同伴是比成人还重要的社会化因素。

### 同伴交际性的发展

✦ **同伴**交际性出现在6个月左右。大约在18~24个月之间，学步儿的交际性逐渐变得复杂和协调，他们经常模仿对方，在简单的社会游戏中承担互补性角色，偶尔也为达到共同目标而协调他们的活动。

✦ 在学前期，**非社会性活动**和**平行游戏**越来越少，**联合游戏**和**合作游戏**逐渐增多。假装游戏在许多方面促进了**社会技能**的发展，学前儿童游戏活动的成熟度预示着他们当前和今后在同伴中受欢迎的程度。

✦ 在儿童中期，很多同伴交往发生在同伴小圈子中，这是一种有规则的同伴集合体，它通常确定了群体归属感，形成了群体**规范**来指导群体成员怎样行事。在青少年早期，年轻人花更多的时间与同伴在一起，尤其是与他们**小圈子**里的亲密朋友，以及所谓**团伙**的大联盟。小圈子和团伙帮助青少年从家庭中分离出来形成自我同一性，为他们日后确立约会关系打下基础。早期的约会关系更像是友谊，通常会提高青少年的自尊。

✦ 父母对儿童同伴交际性的影响实质上是通过他们选择在哪个街区生活，是否愿意作为孩子与同伴交往的“预约代理人”，以及他们对孩子与同伴交往的监控来实现的。敏感、反应性的父母促进了安全依恋，这与积极的同伴关系有关。权威型的父母更可能培养出能与同伴建立良好关系的具有恰当社会能力的儿童，而专制型或非参与型的父母，尤其是把权力作为一种控制手段的父母，更可能培养出破坏性的、攻击性的、不被同伴喜欢的儿童。

### 同伴接纳与同伴受欢迎程度

✦ 儿童被同伴接纳的程度不同。同伴接纳指其他儿童认为自己受欢迎（或不受欢迎）的程度。利用**社会测量技术**，发展心理学者发现了同伴接纳的五种分类：(1)**受欢迎儿童**（很多人喜欢，很少人不喜欢）;(2)**被拒绝儿童**（很多人不喜欢，很少人喜欢）;(3)**矛盾型的儿童**（很多人喜欢，也有很多人不喜欢）;(4)**被忽视的儿童**（很少人喜欢，很少人不喜欢）;(5)**一般地位儿童**（被提名为喜欢或不喜欢的次数处于班里平均水平）。无论被忽视型儿童还是被拒绝儿童，都不能被同伴很好地接纳；但是，二者当中，被拒绝儿童是典型的孤独者，在以后的生活中可能经历严重的适应问题。

✦ 虽然体征、认知能力以及儿童接受的教养方式会影响一个儿童的社会测量地位，但社会行为方式是同伴接纳的更好预测源。受欢迎儿童一般是关爱的、合作的，对同伴富有同情心，经常表现出亲社会行为，很少破坏性和攻击性。被忽视儿童有足够的社会技能，但是他们害羞、封闭，经常徘徊在同伴群体活动的边缘。被拒绝儿童表现出许多令人不愉快和烦恼的行为，很少有亲社会行为。**攻击－被拒绝**儿童是敌对的、冲动的、非常不合作的并且具有攻击性，而**退缩－被拒绝**儿童一般有社交焦虑，易尴尬，不成熟，对同伴的批评过度敏感，可能成为同伴攻击的对象。虽然上述与社会地位分类最相关的行为在不同文化中有所差异，但是同伴接纳的相关因素仍具有跨文化的相似性。

✦ 增强被拒绝儿童的社会技能的训练计划中包括强化和

榜样辅导。社会认知干预方法，如**教导**和**社会问题解决训练**，还有学习技能训练，学习技能训练可以使儿童跟上学校的节奏，减少他们接触叛逆的、反社会的同伴的机会。社会技能训练计划对年幼儿童的效果好于对青少年的效果，当目标儿童的老师和同班同学都参与干预的时候效果更好。

## 儿童及其朋友

- ✦ 儿童一般都会与其游戏群体中的一人或多人形成亲密地联系，或者**友谊**。年幼儿童认为朋友是一个和谐的玩伴，而年长儿童和青少年则认为朋友是拥有相似的兴趣和价值观，并且可以给他们提供社会和情感支持的亲密同伴。
- ✦ 那些表现出较高的社会理解能力，能够在合作游戏中解决冲突、达成一致，愿意通过**自我表露**来交流信息的儿童在同伴中具有吸引力，很容易交到朋友。
- ✦ 相对于那些普通玩伴来说，朋友间的互动更温暖，更具合作性，更富有同情心，更加同步（但冲突不一定更少）。
- ✦ 亲密的支持性的友谊可以通过以下方式促进积极的发展结果，（1）给儿童和青少年提供安全感和**社会支持**；（2）提高社会问题解决技能和与人协商的能力；（3）培养一种很强的自我价值感以及富有爱心和同情心的态度，这些都是以后生活中亲密关系建立的基础。但是，友谊质量明显存在不同，儿童从冲突性、非支持性的友谊中获益非常少；事实上，与不良朋友相处会形成一种**偏离行为训练**，这种训练能够加剧适应不良的行为和反社会行为。

## 父母和同伴是影响源

- ✦ 随着儿童的成熟，同伴成为更加重要的社会化影响源。**同伴遵从**压力的高峰出现在青少年中期，这时青少年非常易受同伴群体**规范**的影响，包括那些提倡不良行为的规范。
- ✦ 对绝大多数已经和父母建立关爱关系，内化了父母价值观的儿童来说，**交叉压力**并不是一个问题。此外，同伴群体的价值观经常和父母的价值观相似，同伴更可能会反对反社会行为而不是宽恕这种行为。所以青少年的社会化过程并不是父母和同伴的持久战争；相反，这两种影响源更多地是互补而不是相矛盾。

# 14 结语：内容整合

人的社会性和人格发展中的主要问题

我们对一些主要理论和实证研究进行了总结和概括，这些总结和概括构成了社会性和人格发展的课程内容。本书的内容基于 10 000 多项对儿童和青少年的实证研究，而且在你导师要求阅读的著作中，或课堂练习呈现的一部分阅读中，你的知识基础无疑会得到进一步拓展。做到这一点之后，请花片刻时间反省一下你所学到的知识，想一想，当你作为父母、未来的父母或者一个有抱负的专业儿童教育者时，这些知识对你有什么启示。 457

假如我们从今天迅速推进到一年后，你会发现，自己在这门课程的期末考试中能回忆起的“知识”几乎不到一半。研究长时学习和记忆的心理学家告诉我们，这是意料之中的事，它并不能说明你在这门课程中没有受益。事实上，在这门课程即将结束的时候，我经常跟我的学生提到这一点，我跟他们讲，如果他们现在能够看到一幅“更广阔的画卷”，同时能够在今后生活中保留和使用这些知识，那么作为导师的我就觉得自己很成功了。但是这幅更广阔的画卷是什么呢？如果我们的希望是，在我们的指导下，儿童和青少年能够得到最好的发展，我喜欢把它界定为保持在我们头脑中的相对稳定的和极其重要的、与人的发展有关的一系列宽泛原理。我不打算把这些原理用一个详细的清单列出来。实际上，你们可以自己动手列出一个有关社会性和人格发展的重要原理的清单，然后看看你们的清单与这里所要讨论的清单是否一致。可能你们列出的一些东西没有出现在我的清单上。如果是那样的话，我想听听你们的见解，以便我（以及将来的学生）能够从你们的看法中获益。

## 人的社会性和人格发展中的主要问题

### 人的发展是一个整体规划

虽然这是一门聚焦于社会性和人格发展的中级水平的或“专业”的课程，但是我希望它已经很明确地表明，人的发展确实需要整体的努力。举个例子，7 个月大的婴儿开始对她的养育者产生依恋不仅仅是社会性发展的一个里程碑。这个婴儿已经形成了对熟悉面孔的*认知图式*，并且能够把他们从陌生人中区分出来。他也掌握了*运动技能*，这些运动技能可以使他爬向自己的依恋对象，来维持他所期望的亲近感。他拒绝与喜欢的人分离，部分原因是由于*客体恒常性*的发展，这种恒常性使他意识到，陪伴者从视野中消失后还将继续存在（因此可以召唤回来）。依恋关系的出现会影响其他方面的发展，例如，通过提供*安全感*和*社会技能*可以使学步儿童：（1）自信地探索他们周围的世界，从而发展他们的动作和问题解决能力，提高他们的自我效能感；（2）鼓励他们与别人建立起社会关系，这种社会关系可能以友谊的形式形成新的依恋。总之，我们一旦在身体、认知、社会性和情绪等方面得到发展，那么在一个人的整个发展中，所有的这些发展都交织在一起。

Addison Geary/Stock Boston

**图片 14.1** 人通过选择适合自己遗传倾向的环境，以及影响其所经历的社会环境的特征，主动地为自身发展做出贡献。

## 人是自身发展的积极贡献者

早期的发展理论家认为，人的发展是消极被动的、受不可控因素影响的。西格蒙特·弗洛伊德认为，儿童受生物本能的驱动，由早期的家庭经验塑造而成。约翰·华生及其 458
他学习理论家把新生儿说成是一块白板，究竟是朝积极方向还是消极方向发展，取决于父母怎样养育他们。让·皮亚杰强调，儿童积极地探索他们周围的环境，并且积极地建构他们对物体、事件以及周围人的新理解，这大大改变了儿童发展中的一些观点。其观点受到阿尔波特·班杜拉的认可（以不同的方式），他首次宣称，儿童自己的行为会影响父母怎样对待他们。行为遗传学家认为我们主动地选择对我们来说是“适当的”环境，因为这些环境与人们的遗传倾向是一致的。当然，我们也受到不经常与之交往的人们（如托儿所的保育员、教师、关系一般的同伴同学）的影响。但是，我们必定是自己创造了自己的环境，影响着我们周围的事物，并由此促进了我们自身的发展。能动的人与变化的环境之间的这种交流，彼此互相影响，并掌控着发展。

## 发展中存在着连续性和非连续性

发展心理学家在人发展的连续性和变化性上进行了旷日持久的争论。发展是分阶段的，还是小步前行的？早期的特质能否延续到后来的生活中？

一些研究支持皮亚杰和柯尔伯格等理论家的观点，他们认为认知发展、道德发展以及性别认同要经历几个截然不同的阶段。但是现在我们认识到，这些领域的发展是逐步发生的，从一个“阶段”到另一个“阶段”的转变不会突然爆发。此外，儿童顺利渡过一系列发展里程碑的速度在很大程度上取决于他们所处的环境。（回忆第 8 章的内容，例如，那些经常看到男女两性裸露身体的儿童，比从未有过这些经历的儿童提前两三年形成了成熟而持久的性别意识。）今天，许多发展心理学家承认，在一些特殊领域，发展可能存在着序列性（甚至阶段性），前一个阶段的发展是后一个阶段的前提。但是他们认识到，我们看到的那种“转变”（被认为是阶段的标志）反映的只是许多小阶段的积累，不断累积的变化促使儿童、青少年实现了那些转变。从这个角度看，人的发展似乎既是连续的又是非连续的。

当然，关于连续性和非连续性问题，还有另一番争论，其焦点是早期发展的结果能否预示个体后来会成为什么样的人。这里再强调一遍，文献中指的是发展的连续性和变化性。例如，在第 4 章，我们知道行为抑制性这种气质特征在儿童期有中度的稳定性，那些抑制的儿童在 8~10 年中经常表现出抑制行为，而非抑制的儿童经常表现出相对的非抑制行为。但是，我们也发现，这种发展的连续性非常明显地表现在 20~25% 的极端抑制（或者极端非抑制）的儿童身上，而其他 75~80% 的儿童大多在行为抑制性上表现出较大的波动——发展的一种非连续性。所以，如果从群体 459
趋势来看，发展往往是连续的，早期特质或早期发展结果可以预测后来。但是，在个体水平上，发展往往是不连续的，打算用某个人儿童时期的特征来预测他后来的性格特征必定存在风险。

## 人的发展有很大的可塑性

为什么早期特质或早期发展结果不能预测后来的结果？一个原因是，人是有弹性的有机体，他可以表现出很大的可塑性，即一种随着经验的不同而做出不同反应的能力。一岁时生活在人力、物力都很匮乏的公共保育机构中的婴儿，其社会性和智力发展都表现出滞后，如果把他放到有丰富刺激活动的家庭，从敏感的养育者那里获得丰富的情感和指导，那么，最初的发展缺陷可以在很大程度上得到弥补。第 13 章曾经分析，一个充满敌意的小学儿童，会遭遇同伴的疏远以及学业不良，如果对他实施学习辅导和社会技能训练，鼓励他回到校园并适应学校生活，他就能获得较高的社会测量地位。有关可塑性和在后来生活中发生改变的证据，使我们对促进健康发展充满了信心。与弗洛伊德的观点相反，早期经验很少能塑造或伤害一个人。相反，生活中有很多机会可以修复早期创伤，教给他新技能，使年幼的生命重新回到光明的发展道路上来。不利的早期经验如果持续下去或伴随其他不利经验，很可能会形成不良发展结果。但是如果一些破坏性经验被后来的良好经验所抵消，那么，我们可以预期，具有可塑性和弹性的年幼儿童，能够表现出一种强大的自我恢复力和适应性的发展结果。

## 天性和教养的区分是一种伪二分法

从某个重要意义来看，天性和教养的问题已经得到解决。我们现在已经很清楚，反映着天性和教养二者的多重推动力，小到细胞化学递质的变化，大到宏观经济甚至一种文化价值观的变化，协力引导着人的发展。

实际上，我们在第 3 章已经提到，遗传基因在很大程度上影响着人所生活的环境。也就是说，每个人表现出的受遗传影响的特征会引发别人（环境影响）的特定反应，反过来又影响自身的发展。人主动地寻求与他的遗传特征最相容的经验或小环境，并受到这些环境影响。同时，环境也能影响人的生物发展过程。例如，第 8 章曾讲到，在早期性别角色社会化过程中男孩和女孩的不同经历，可能会对发育中的大脑皮层联结产生影响。例如，由于男孩接受了更丰富的视觉和空间刺激，他们在加工空间信息的脑区形成了比女孩更多的突触联结。而女孩往往比男孩获得更多的言语刺激，她们在言语信息加工脑区形成了更多的突触联结。所以我们看到的视觉 / 空间或言语技能的性别差异，究竟在多大程度上取决于天性，多大程度上取决于教养呢？我们现在知道，这个问题几乎不可能得到回答。因为天性和教养的作用在这些领域（社会性和人格发展中的各个方面）盘根错节，剪不断，理还乱。这里有必要引用戴安
460 娜·哈尔佩恩（Halpern，1997）的非常有见地的观点：在人类发展的各个方面时，“生物因素和环境因素就像连体婴儿共同拥有一个心脏一样不可分割”（p.1097）。

得出这一结论以后，我希望修过这门课的人不要把你的儿子（或你的学生）的反抗和挑衅行为归咎为“坏种子”。诚然，基因可能影响我们对环境刺激的反应，但是它们不能决定某种行为，我们的社会引导很重要。社会行为经常反映了错综复杂的相互作用，这种相互作用引发了其他人对儿童遗传特点的各种反应，它促进了适应性和适应不良的反应。换一种说法，天性需要通过教养来表达行为，教养总是作用于天性，如果没有二者的共同作用，就不存在发展。

## 正常发展和异常发展都重要

在任何关于人的发展的教科书中都有一种趋向，那就是强调几乎所有人都会经历一种标准化的发展，也就是强调发展的规律性和普遍性。的确，我们每个人都经历了人类发展过程中的很多共同点。但是不要忽略一个事实，我们每个人都会表现出一种独特的（或特殊的）发展方式。实际上，人们表现出的发展多样性给人的印象非常深刻，以至于我们无法准确地来描述它们。

如果近距离观察每个儿童的气质、一天的节律以及发展的速度，你就会发现，个性从出生后就有所表现。但是，婴儿期差异性还没有完全表现出来，因为早期发展受到物种成熟蓝图的引导，这种蓝图以可预测的方式表达出来（McCall，1981）。例如，全世界绝大多数婴儿在前 10 个月中的动作技能的发展顺序是可预测的。1 岁左右，婴儿迈出第一步，说出第一个有意义的词，第 18 个月左右，他们与玩伴开始有一些互惠反应，能把词组合成简单的句子。到了学步儿后期，人的独特的遗传天资与周围的养育环境共同作用，使儿童开始更完全地表达自己。结果呢？只要知道年龄，我们就可以知道有关两岁儿童的很多事情。但是，如果只知道一个孩子的年龄是 8 岁，我们却对这个孩子还是所知甚少。因为多样性是随着年龄的增加而增加的，与 8 岁或 11 岁的孩子相比，青少年之间的相似性更低。

总之，我们不应期待任何一个孩子是父母或哥哥姐姐的复制品，哪怕是遗传基因相同的同卵双生子。发展总是按照正常和特殊的方向进行，而且从进化论角度来看，这种多样性是有适应价值的，因为高度多样性的物种才有可能在不断变化的危险环境中得以生存。要真实地解释人的发展，我们必须认识和接受发展的多样性，发现

并理解儿童、青少年身上的正常变化和特殊变化的潜力。只有做到这一点，我们才能回答我在第 1 章中提到的那个年轻的大学二年级学生的问题。她说，她上这门课是想知道，为什么人们如此相似，又如此不同。

## 人在文化和历史背景中发展

通过本书，我们已经知道，儿童、青少年深深地植根于社会文化背景中，这些社会文化背景影响着他们的发展。社会性和人格发展在不同文化、不同社会阶层以及不同人种和族群中呈现不同的形式。12 世纪和 19 世纪的发展不同于 21 世纪的发 461
展；每个人的发展都受他生活的时代的社会变革和历史事件的影响。这说明了什么？我们现有的关于人的发展的知识都有很大的文化局限性和时间局限性，因为这些知识都是建立在 20 世纪后半期对西方儿童、青少年研究的基础上，尤其是对中产阶级白人被试的研究。

发展心理学家对发展中的文化、亚文化及历史变迁的研究越透彻，他们就越发地认识到社会背景的重要性，认识到如布朗芬布伦纳的生态系统模型和维果茨基的社会文化理论的正确性，因为他们的理论都强调文化和历史的作用。我们知道，在中国强调集体目标而不是个体目标、抑制自我夸耀的文化中，害羞是一种社会力量而不是一种社会障碍。我们还知道，在低社会经济地位的非裔美国人家中看到的比较专制的、“严肃的”教养方式，比其他教养方式更适应非裔美国家庭，它可以避免孩子从同伴那里受到消极影响，而同伴的不良影响会导致学习成绩下降和反社会行为的增加。此外，我们认识到，家庭的变化、男性角色和女性角色正在发生的变化，以及正在到来的技术革命和社会变革，都可能导致人类在 21 世纪中叶的发展与今天大相径庭。我们必须去除一些教条主义和种族自我中心概念，不能认为某些特定的价值观、儿童教养方式或者发展模式对所有人都是“最优的”。恰当的发展模式是什么，是什么促进或者抑制了发展，这些都因文化及亚文化的不同而存在巨大差别，它永远是和时代紧密相关的。

**图片 14.2** 这个危地马拉女孩花几百个小时学习编织，因为这个民族的人是靠手工艺来维持生计。但是，这种编织对工业社会中的儿童来说非常陌生，工业社会的学校没有编织技能训练，因为他们根本不需要用编织来维持生计。显然，不同文化间的巨大差异导致了不同的适应性发展。

Bob Daemmrich/Stock Boston

## 从多个视角看待发展

本书中多次提到，许多学科都对全面理解社会性与人格发展有所贡献。例如，行为遗传学家和内分泌学家帮助我们了解，基因和激素是怎样影响我们的行为以及别人对我们行为的反应的，从而为人格发展创造了一个社会“环境”。心理学者和研究家庭的社会学者为我们理解关系和家庭社会系统做出了巨大贡献。家庭这一社会系统影响着儿童、青少年的发展，同时也受儿童、青少年发展的影响。而人类学家、社会学家、历史学家，甚至经济学家告诉我们经济变化和社会文化变化对人的发展的影响。

毋庸置疑，要理解社会性和人格发展这个复杂的问题，就需要采取折衷主义取向，承认理论各有其长，但没有一种理论是完全正确的。我曾经问过卡罗尔·琳·马丁（Carol Lynn Martin，第 8 章介绍的性别图式理论的提出者之一），她是否认为她的有关学前儿童性别角色的信息加工图式可以完美地解释儿童怎样形成对男性和女性角色的偏爱。她回答道："天哪，不能！"她告诉我，她认为自己的观点在某种程度上可能有创新，值得探究，同时她也从班杜拉、科尔伯格以及社会信息加工的早期理论中获益甚多，如果我们只了解她的理论，那么我们对性别类型的知识将会非常贫
462 乏。我对马丁博士的印象是，她对自己的评价既中肯又谦虚谨慎。她认为生物社会学、心理生物社会学、社会学习理论和认知发展理论等方面的学者与性别图式理论家都对性别角色发展方面的知识做出了贡献，这一点无疑是正确的（参见本书第 8 章表 8.5）。我们研究的各个发展领域都是如此，我们的知识总是在对各个学科和各种理论观点的整合中不断丰富起来的。

## 教养方式（和成人指导）的重要作用

在专栏 3.3 中，我们介绍了有关父母教养方式和儿童养育实践影响儿童青少年发展的有趣争论。行为遗传学家桑德拉·斯卡尔（Sandra Scarr，1992）认为，父母教养方式并不重要。很可能，人类的进化已经使他们能在较大范围的环境中适应，并对环境做出反应。因此，如果把儿童放在一个"平均水平"的家庭环境，即普通人的家庭环境，儿童将会表现出正常的适应性的发展结果，不管儿童父母（或者是其他抚养人）采用何种教养方式。朱蒂·哈里斯（Judith Harris）也认为，父母教养方式对儿童最终发展结果的影响很小。她认为，人的基因和同伴群体是影响社会性和人格发展的主要因素（参见专栏 13.1）。相反，像鲍姆琳德（Baumrind，1993）、马丁·霍夫曼（Hoffman，1998，2000）、以及肯尼斯·道奇（参见 Coie & Dodge，1998）等环境主义者则认为，父母教养方式和成人指导会导致儿童与青少年发展结果的很大差异，我们应该接受哪一种观点？

坦白地说，我的倾向已经有所流露，实证研究结果使我清楚地认识到教养方式的确起作用，而且对成长中的儿童和青少年具有重要影响。通过本书回顾的一些研究可以发现，对立双方的结论都是有研究支持的。

### 儿童需要爱和指导……也需要限制

在好几个领域，我都发现，如果成长中的儿童从养育者那里得到关爱，他们会发展得较好。相反，养育者的淡漠、冷漠（或拒绝）往往可以预测不良的发展结果。

关爱是有效的父母教养的重要组成部分（尤其是在学前期和小学低年级期间的教育和热心指导）。但是，仅有关爱和接纳，并不能充分保证取得良好的发展。我们只需要回忆那些放任型父母的孩子就可以，他们的发展结果远远不能令人满意。这些父母一般都接纳他们的孩子，但是却很少制定孩子的行为标准，很少提出要求，进行管教，也不去认真监控孩子的行为。

一般来说，能带来适应性发展结果的教养方式的特点是关爱，接纳，给儿童提供指导，确定标准，监控儿童和青少年的行为来确保他 / 她遵从父母的要求，实现父母的期望。换句话说，如果儿童在成长中得到关心其发展的父母的关爱、指导和限制，这些人将会发展得最好。权威型的儿童教养方式，强调给儿童一些自主权来决定怎样满足父母的期望，尤其是它把爱和指导结合起来，并合理地设置一些限制措施来促进适应性的发展结果，这对西方民主社会中的很多族群来说是非常有效的。但是，在其他文化、亚文化或生态小环境中，这些关爱、指导和限制的成功结合往往以其他方式产生作用。例如，“严肃的”的父母教养方式在社会经济地位较低的非裔美国 463
人家庭中较常见。这种教养方式介于鲍姆琳德提出的权威型和专制型教养方式之间，它可以非常有效地避免生活在危险环境中的儿童受到同伴的不利影响和其他形式的伤害。按照白人中产阶级的标准，“严肃”的教养方式在某种程度上可能是专制和不良的。这种教养方式对非裔美籍年轻人来说，并不会像在白人中那样导致攻击性和反社会行为。可能是因为，这种教养方式对非裔美国儿童来说意味着关心和照顾（而不是冷漠和敌意）（Deater-Deckard & Dodge，1997）。与此相似，按照西方的标准，中国和华裔美籍父母的高限制型教养方式，可能被认为是专制型的。但是，这种教养方式却能很好地预测中国儿童良好的发展结果，因为中国的文化价值观（被父母和他们的孩子所接受）强调 ：（1）关爱的父母有责任高度控制和限制他们的孩子，以便把他们训练成一个良好的集体主义社会成员 ；（2）儿童只有接受和遵守其父母的指导和限制，才称得上是尊重父母。这样一种过于严格的儿童教养方式不能在西方个人主义文化中发挥效用，但在其他文化背景下是非常有效的，很大程度上是因为这种教养方式巧妙地协调了成长中的个体需要的爱、指导以及限制与他们所处文化背景中的重要价值观（Chao，1994 ；2001）。

这些事实有什么启示？关爱和指导……以及限制都是有效教养方式的组成部分。但是，有多种方式可以把这些成分整合到父母（其他成人）的教养方式中来，最有效的教养方式很大程度上取决于一个家庭所处的文化背景和生态系统。劳萨（Laosa，1981）的观点显然是正确的，“在世界范围内，本土化的儿童养育方式代表了对生活状况的良好适应，生活状况是因人而异的。（成人）是不是好的（父母）只能以他们自己文化的相关标准来判断（p. 159）”。

### 父母自己必须有适应性

我们也要注意，要成功地养育一个孩子是一件艰苦的工作，而且没有一套魔法公式来绝对地保证子女的良好发展。为什么呢？或许主要原因是，每个儿童和青少年都是一个独特的个体，在一个人身上产生良好作用的教养方式，对另一个人身上可能是悲剧，即使在同一个家庭中由同样的父母抚养的兄弟姐妹之间也会有这样的情况。

在这方面有一个很好的例子，即我们在专栏 10.3 介绍过的格拉吉娜·科罕斯卡（Kochanska，1997）对气质和道德内化的研究。那些恐惧型气质的儿童，如果其父母采用温和、符合心理规律的指导方法，不采用高控的教养方式，他们将形成较强的内化了的良心。但是，同样的教养方式在那些高冲动型、非恐惧型的儿童身上，就不能起作用。对这些儿童来说，父母只有与他们建立关爱的、相互合作的关系来鼓励他们顺从，他们才会对父母做出积极的反应，这种关爱、合作的关系使儿童积极地跟父母合作，取悦父母，担心会破坏亲子之间令人满意的联系。

这方面的研究（我们在前面提到很多）雄辩地证明：当父母成功地适应了他们的孩子的时候，儿童才可能成长得更好，因为在父母教养方式和子女人格特点之间形成了良好匹配。当然，要形成这种良好匹配，有时候可能需要圣人般的耐心，尤其是当儿童经常任性、叛逆，或出现其他难以应对的行为时。现在，我们看到那些能够抛开事先的预期、敏感地适应子女难以管教的行为的父母，可以使其子女对他们产生安全依恋（Van Den Boom，1995），并且在儿童发展后期，不再出现难以管教
的行为（Chess & Thomas，1984；Rubin et al.，2003）。相反，如果父母没有调整自 464
己来适应子女的叛逆行为，而是缺乏耐心，过分苛求，强制性地要求孩子，困难型儿童的这种行为可能会持续。

**图片 14.3** 虽然家庭是社会化的最初环境，但是每个人都处于家庭之外的形形色色的环境中，这些环境在塑造人格和社会行为中发挥着重要作用。

总之，行之有效的父母能够敏感地针对孩子调整教养方式，在他们教养实践和孩子人格特点之间创造出一种良好的匹配方式。就像第 5 章中讲到的，养育者的敏感性可以预测安全型依恋（以及其他适应性的结果）的原因是，敏感的养育意味着养育者有能力根据儿童（或青少年）表现出来的特点调整自己的行为。

David Young-Wolff/PhotoEdit

## 多种社会力量共同促进了发展

最近的社会性与人格发展的社会

背景模型强调最多的就是呼吁人们关注家庭之外的影响。我们知道，学校是社会化的一个关键场所，儿童自身的背景因素或者发展需要与学校特征之间的适配程度会影响儿童的发展。文化和技术因素，如电视节目内容和对电脑的熟悉程度，以多种方式影响着成长中的儿童，一些影响是好的，另一些影响是不好的。从过去 30 年的实践中，我们也认识到，儿童的同伴是另一个重要的发展背景，同伴不仅影响着个体获得同伴看重的社会技能，而且也影响个体的亲社会特征、合作和团队工作精神、对竞争的健康态度、从家庭中分离出来之后的认同感和归属感以及自尊（这里列举的只是少数几个）等方面。虽然家庭是社会化的最初环境，但是每个人都直接或间接地处于家庭之外的形形色色的环境中，这些因素在塑造人格和社会行为方面起着重要作用。

## 来路已经很漫长，但前方仍然路漫漫

1979 年，我曾经“向那些致力于社会性与人格发展研究的一些学者”介绍本书第一版的内容，并且表达了儿童社会性发展这门学科的“时代已经来临”的想法。此后，出现了一些令人兴奋的突破，如：（1）鲍尔比 – 爱因斯沃斯有关依恋的习性学理论的出现，以及对安全和非安全依恋所进行的长期研究；（2）其他许多社会性发展研究者同时强调了同伴在社会化过程中所起的重要作用。那也正是布朗芬布伦纳（1979）首次提出*生态系统论*的时候。随着社会性发展研究者不断地把社会背景因素考虑进去，他们开始探讨过去不曾遇到过的一些新问题。例如，早期研究者认为，良好的同伴关系能够促进良好的发展结果，同伴拒绝会导致困难，这促使研究者超 465
越了同伴接纳，去考察特殊的同伴群体或者友谊关系是否对社会性和人格发展有独特影响（如防止那些社会测量地位较低的儿童出现不良适应，同伴拒绝通常会导致这种结果）。同时，布朗芬布伦纳强调的*中环境系统*的影响（连结如家庭和同伴群体这类微环境系统）促使研究者去探索这种联系，并且查明，积极的同伴关系和高质量的亲密关系的通常始于家庭。而且，当前文化对发展的影响，在过去的 15 年中已经走在了本学科的前沿，这在很大程度上是源于布朗芬布伦纳有关*大环境系统*对发展重要性的论述，以及一系列的观察结果。这些观察发现，导致西方社会白人中产阶级青少年各种发展结果的动因，并非在任何地方都起作用、而这些研究也源于研究者要探究问题原因的愿望。

显然，从 1979 年开始，我们已经走了一段很长的路。事实上，本书第五版引用了大量 1990 年之后的研究，这些知识在本书第一版出版的时候还不存在。当我们进入 21 世纪后，随着人类的知识每隔几年就有爆炸性的增长，社会性和人格发展领域无疑会成为一个生气勃勃的领域。作为正在发展中的事业，这一领域还远远没有成熟。

在过去的 10~15 年中，我们学习了很多有关社会性和人格发展的知识，我为什么还要说这些？因为对一个关注社会性发展的心理学者来说，他在某一个主题上了解得越多，他就越感到自己知识的不足。你如果读过重点学术期刊上的论文（我希望你们读一读），会发现论文作者对他们遇到的问题提供了五花八门的“答案”。每篇论文的讨论部分经常会引出许多他们的数据不能解释的有趣问题，需要更多的研究对这些问题做进一步的探讨。

对发展心理学者来说，问题永远多于答案。我发现这是一个既令人羞愧又令人鼓舞的想法。在我们完成“社会性与人格发展”课程的时候，我希望你们也会充满激情，为你们已经掌握的知识，也为了去探索更多的等待发现的知识。我真诚地希望，你们能用学过的知识（以及你在其他课程中学到的知识）来更深入地观察你自己和周围人的发展，使你自己和其他人的生活朝更健康的方向发展。

# 专业术语表

按能力分班

**ability tracking:** the educational practice of grouping students according to ability and then educating them in classes with students of comparable educational or intellectual standing.

接纳 / 反应性

**acceptance/responsiveness:** a dimension of parenting that describes the amount of responsiveness and affection that a parent displays toward a child.

顺　应

**accommodation:** Piaget's term for the process by which children modify their existing schemes in order to incorporate or adapt to new experiences.

文化适应压力

**acculturation stress:** anxiety or uneasiness that new residents may feel upon attempting to assimilate a new culture and its traditions.

成就预期

**achievement expectancies:** cognitive expectations of succeeding or failing at a particular achievement-related activity.

成就动机

**achievement motivation:** a willingness to strive to succeed at challenging tasks and to meet high standards of accomplishment.

成就训练

**achievement training:** encouraging children to do things well—that is, to meet or exceed high standards as they strive to accomplish various objectives.

成就价值

**achievement value:** perceived value of attaining a particular goal should one strive to achieve it.

主动基因型 – 环境相关

**active genotype/environment correlations:** the notion that our genotypes affect the types of environments that we prefer and seek out.

主动性 / 被动性

**activity/passivity issue:** debate among developmental theorists about whether children are active contributors to their own development or passive recipients of environmental influence.

适　应

**adaptation:** inborn tendency to adjust to the demands of the environment.

收养设计

**adoption design:** study in which adoptees are compared with their biological relatives and their adoptive relatives to estimate the heritability of an attribute.

成人依恋访谈

**Adult Attachment Interview:** clinical interview used with adolescents and adults to tap respondents' memories of their childhood relationships with parents to assess the character of respondents' attachment representations.

情感解释

**affective explanations:** discipline that focuses a child's attention on the harm or distress that his or her conduct has caused others.

"攻击性线索"假设

**"aggressive cues" hypothesis:** Berkowitz's notion that the presence of stimuli previously associated with aggression can evoke aggressive responses from an angry individual.

攻击 – 被拒绝儿童

**aggressive-rejected children:** a subgroup of rejected children who display high levels of hostility and aggression in their interactions with peers.

利　他

**altruism:** a selfless concern for the welfare of others that is expressed through prosocial acts such as sharing, cooperating, comforting others, or helping.

利他的宣讲
**altruistic exhortations:** verbal encouragement to help, comfort, share, or cooperate with others.

撒　娇
**amae:** Japanese term; refers to an infant's feeling of total dependence on his or her mother and presumption of the mother's love and indulgence.

双性化女性
**androgenized females:** females who develop malelike external genitalia because of exposure to male sex hormones during the prenatal period.

雌雄同体
**androgyny:** a gender-role orientation in which the individual has incorporated a large number of both masculine and feminine attributes into his or her personality.

倾向－教学的相互作用
**aptitude-treatment interaction (ATI):** phenomenon whereby characteristics of the student and of the school environment interact to affect student outcomes, such that any given educational practice may be effective with some students but not with others.

非社交性阶段（依恋）
**asocial phase (of attachment):** approximately the first six weeks of life, in which infants respond in an equally favorable way to interesting social and nonsocial stimuli.

同　化
**assimilation:** Piaget's term for the process by which children interpret new experiences incorporating them into their existing schemes.

联合游戏
**associative play:** form of social discourse in which children pursue their own interests but will swap toys or comment on each other's activities.

依　恋
**attachment:** a close emotional relationship between two persons, characterized by mutual affection and a desire to maintain proximity.

依恋的 Q 分类
**Attachment Q-set:** alternative method of assessing attachment security that is based on observations of the child's attachmentrelated behaviors at home; can be used with infants, toddlers, and preschool children.

归因再训练
**attribution retraining:** therapeutic intervention, in which helpless children are persuaded to attribute failures to their lack of effort rather than a lack of ability.

自律道德阶段
**autonomous morality:** Piaget's second stage of moral development, in which children realize that rules are arbitrary agreements that can be challenged and changed with the consent of the people they govern.

自主性
**autonomy:** the capacity to make decisions independently, to serve as one's own source of emotional strength, and to otherwise manage one's life tasks without depending on others for assistance; an important developmental task of adolescence.

专制型教学
**authoritarian instruction:** a restrictive style of instruction in which the teacher makes absolute demands and uses threats or force (if necessary) to ensure that students comply.

专制型教养方式
**authoritarian parenting:** a restrictive pattern of parenting in which adults set many rules for their children, expect strict obedience, and rely on power rather than reason to elicit compliance.

权威型教学
**authoritative instruction:** a warm but controlling style of instruction in which the teacher makes many demands but also allows some autonomy and individual expression as long as students are staying within the guidelines that the teacher has set.

权威型教养方式
**authoritative parenting:** flexible, democratic style of parenting in which warm, accepting parents provide guidance and unintrusive control while allowing the child some say in

deciding how best to meet challenges and obligations.

一般地位儿童

**average-status children:** children who receive an average number of nominations as a liked and/or a disliked individual from members of their peer group.

回避型依恋

**avoidant attachment:** an insecure infant/caregiver bond, characterized by little separation protest and a tendency of the child to avoid or ignore the caregiver.

婴儿传记

**baby biography:** a detailed record of an infant's growth and development over a period of time.

基本的性别同一性

**basic gender identity:** the stage of gender identity in which the child first labels the self as a boy or a girl.

攻击性的行为主义定义

**behavioral definition of aggression:** any action that delivers noxious stimuli to another organism.

利他的行为定义

**behavioral definition of altruism:** behavior that benefits another person, regardless of the actor's motives.

行为比较

**behavioral comparisons phase:** the tendency to form impressions of others by comparing and contrasting their overt behaviors.

行为控制

**behavioral control:** attempts to regulate a child's or an adolescent's conduct through firm discipline and monitoring of his or her conduct.

行为遗传学

**behavioral genetics:** the scientific study of how genotype interacts with environment to determine behavioral attributes such as intelligence, personality, and mental health.

行为抑制

**behavioral inhibition:** a temperamental attribute reflecting the fearful distress children display and their tendencies to withdraw from unfamiliar people and situations.

行为图式

**behavioral schemes:** organized patterns of behavior that are used to represent and respond to objects and experiences.

行为主义

**behaviorism:** a school of thinking in psychology that holds that conclusions about human development should be based on controlled observations of overt behavior rather than speculation about unconscious motives or other unobservable phenomena; the philosophical underpinning for social-learning theories.

信念－愿望的心理理论

**belief-desire theory:** theory of mind that develops between ages 3 and 4; the child now realizes that both beliefs and desires may determine behavior and that people will often act on their beliefs, even if they are inaccurate.

善意归因倾向

**benign attributional bias:** tendency to give the benefit of the doubt to peers rather than quickly assuming that their displeasing actions reflect a hostile or antisocial intent.

混合（或重组）家庭

**blended (or reconstituted) families:** new families resulting from cohabitation or remarriage that include a parent, one or more children, and step-relations.

养育行为假说

**caregiving hypothesis:** Ainsworth's notion that the type of attachment an infant develops with a particular caregiver depends primarily on the kind of caregiving he or she has received from that person.

个案研究

**case study:** a research method in which the investigator gathers extensive information about the life of an individual and then tests developmental hypotheses by analyzing the events of the person's life history.

阉割焦虑

**castration anxiety:** in Freud's theory, a young boy's fear that his father will castrate him as punishment for his rivalrous conduct.

类别自我

**categorical self:** a person's classification of the self along socially significant dimensions such as age and sex.

宣泄说

**catharsis hypothesis:** the notion that aggressive urges are reduced when people witness or commit real or symbolic acts of aggression.

宣泄技术

**cathartic technique:** a strategy for reducing aggression by encouraging children to vent their anger or frustrations on inanimate objects.

因果归因

**causal attributions:** conclusions drawn about the underlying causes of our own or another person's behavior.

聚焦性思维

**centered thinking (centration):** the tendency to focus on only one aspect of a problem when two or more aspects are relevant.

虐待儿童

**child abuse:** term used to describe any extreme maltreatment of children, involving physical battering, sexual molestation, psychological insults such as persistent ridicule, rejection, and terrorization, and physical or emotional neglect.

儿童影响模型

**child effects model:** model of family influence in which children are believed to influence their parents rather than vice versa.

长期稳定轨迹

**chronic persistence trajectory:** growth curve of children who are highly aggressive early in life and who display the same high (or escalating) levels of aggression throughout childhood and adolescence.

时间系统

**chronosystem:** in ecological systems theory, changes in the individual or the environment that occur over time and influence the direction development takes.

临床法

**clinical method:** a type of interview in which a participant's response to each successive question (or problem) determines what the investigator will ask next.

小圈子

**clique:** a small group of friends that interacts frequently.

教 导

**coaching:** method of social-skills training in which an adult displays and explains various socially skilled behaviors, allows the child to practice them, and provides feedback aimed at improving the child's performances.

强制型家庭环境

**coercive home environment:** a home in which family members often annoy one another and use aggressive or otherwise antisocial tactics as a method of coping with these aversive experiences.

认知发展

**cognitive development:** age-related changes that occur in mental activities such as attending, perceiving, learning, thinking, and remembering.

认知操作

**cognitive operation:** an internal mental activity that one performs on objects of thought.

年龄群效应

**cohort effect:** age-related difference among cohorts that is attributable to cultural/historical dfferences in cohorts' growing-up experiences rather than to true developmental change.

合作（指导）学习

**collaborative (guided) learning:** process of learning or acquiring new skills that occurs as novices participate in activities under the guidance of a more skillful tutor.

集体效力

**collective efficacy:** term used to describe neighborhoods in which residents are well connected, neighborly, and tend to monitor events in the neighborhood (including activities of neighborhood youth) to maintain public order.

集体主义（或公共）社会

**collectivist (or communal) society:** society that values cooperative interdependence, social harmony, and adherence to group norms. These societies generally hold that the group's well-being is more important than that of the individual.

自觉的服从

**committed compliance:** compliance based on the child's eagerness to cooperate with a responsive parent who has been willing to cooperate with him or her.

补 偿

**compensation:** the ability to consider more than one aspect of a problem at a time (also called decentration).

补偿式干预

**compensatory interventions:** special educational programs designed to further the cognitive growth and scholastic achievements of disadvantaged children.

复杂的继父 / 母家庭

**complex stepparent home:** family consisting of two married (or cohabiting) adults, each of whom has at least one biological child living at home.

计算机辅助教学

**computer-assisted instruction (CAI):** use of computers to teach new concepts and practice academic skills.

一致率

**concordance rate:** the percentage of cases in which a particular attribute is present for one member of a twin pair if it is present for the other.

具体运算阶段

**concrete-operational stage:** Piaget's third stage of cognitive development, lasting from about age 7 to age 11, when children are acquiring cognitive operations and thinking more logically about tangible objects and experiences.

冲 突

**conflict:** circumstance in which two (or more) persons have incompatible needs, aesires, or goals.

混淆变量

**confounding variable:** some factor other than the independent variable that, if not controlled by the experimenter, could explain any differences across treatment conditions in participants' performance on the dependent variable.

先天性肾上腺素增生

**congenital adrenal hyperplasia (CAI-I):** a genetic anomaly that causes one's adrenal glands to produce unusually high levels of androgen from the prenatal period onward; often has masculinizing effects on female fetuses.

守 恒

**conservation:** the recognition that the properties of an object or substance do not change when its appearance is altered in some superficial way.

一致性图式

**consistency schema:** attributional heuristic implying that actions that a person consistently performs are likely to be internally caused (reflecting a dispositional characteristic).

建构者

**constructivist:** one who gains knowledge by acting or otherwise operating on objects or events to discover their properties.

环境论模型

**contextual model:** view of children as active entities whose developmental paths represent a continuous, dynamic interplay between internal forces (nature) and external influences (nurture).

连续性 / 不连续性

**continuity/discontinuity issue:** debate among theorists about whether developmental changes are best characterized as gradual and quantitative or abrupt and qualitative.

矛盾型儿童

**controversial children:** children who receive many nominations as a liked and many as a disliked individual.

约定俗成的道德

**conventional morality:** Kohlberg's term for the third and fourth stages of moral reasoning, in which moral judgments are based on a desire to gain approval (Stage 3) or to uphold laws that maintain social order (Stage 4).

聚合思维

**convergent thinking:** thinking that requires one to generate the single correct answer to a problem; what IQ tests measure.

合作学习法

**cooperative learning methods:** an educational practice whereby children of different backgrounds or ability levels are assigned to teams; each team member works on problems geared to his or her ability level, and all members are reinforced for "pulling together" and performing well as a team.

合作游戏

**cooperative play:** true social play in which children cooperate or assume reciprocal roles while pursing shared goals.

共同养育

**coparenting:** circumstance in which parents mutually support each other and function as a cooperative parenting team.

相关系数

**correlation coefficient:** a numerical index, ranging from -1.00 to+1.00, of the strength and direction of the relationship between two variables.

相关设计

**correlational design:** a type of research design that indicates the strength of associations among variables; though correlated variables are systematically related, these relationships are not necessarily causal.

创造力

**creativity:** the ability to generate novel ideas, works, or solutions that are useful and valued by others.

跨文化比较

**cross-cultural comparison:** a study that compares the behavior and/or development of people from different cultural or subcultural backgrounds.

跨代问题

**cross-generational problem:** the fact that long-term changes in the environment may limit conclusions of a longitudinal project to that generation of children who were growing up while the study was in progress.

交叉压力

**cross-pressures:** conflicts stemming from differences in the values and practices advocated by parents and those advocated by peers.

横断设计

**cross-sectional design:** a research design in which subjects from different age groups are studied at the same point in time.

团 伙

**crowd:** a large, reputationally based peer group made up of individuals and cliques that share similar norms, interests, and values.

延迟模仿

**deferred imitation:** reproduction of a modeled activity that has been witnessed at some point in the past.

要求 / 控制性

**demandingness/control:** a dimension of parenting that describes how restrictive and demanding parents are.

因变量

**dependent variable:** the aspect of behavior that is measured in an experiment and assumed to be under the control of the independent variable.

脱敏假设

**desensitization hypothesis:** the notion that people who watch a lot of media violence will become less aroused by aggression and more tolerant of violent and aggressive acts.

愿望理论

**desire theory:** an early theory of mind in which a person's actions are thought to be a reflection of her desires rather than other mental states such as beliefs.

发展阶段

**developmental stage:** a distinct phase within a larger sequence of development; a period characterized by a particular set of abilities, motives, behaviors, or emotions that occur together and form a coherent pattern.

偏离行为训练

**deviancy training:** interactions among deviant peers that perpetuate and intensify a child's behavior problems and antisocial conduct.

困难型气质

**difficult temperament:** temperamental profile in which the child is irregular in daily routines and adapts slowly to new experiences, often respondmg negatively and intensely.

直接影响

**direct effect:** instances in which any pair of family members affects and is affected by each other's behavior.

直接指导

**direct tuition:** teaching young children how to behave, by reinforcing "appropriate" behaviors and by punishing or otherwise discouraging inappropriate conduct.

**分化情绪理论**

**discrete emotions theory:** a theory of emotions specifying that specific emotions are biologically programmed, accompanied by distinct sets of bodily and facial cues, and discriminable from early in life.

**失　衡**

**disequilibriums:** imbalances or contradictions between one's thought processes and environmental events; by contrast, equilibrium refers to a balanced, harmonious relationship between one's cognitive structures and the environment.

**混乱型 / 迷恋型依恋**

**disorganized/disoriented attachment:** an insecure infant/caregiver bond, characterized by the infant's dazed appearance on reunion or a tendency to first seek and then abruptly avoid the caregiver.

**发散思维**

**divergent thinking:** thinking that requires one to generate a variety of ideas or problem solutions when there is no one correct answer.

**特定情境说**

**doctrine of specificity:** a viewpoint shared by many social-learning theorists, which holds that moral affect, moral reasoning, and moral behavior may depend on the situation one faces as much as or more than on an internalized set of moral principles.

**精子捐赠**

**donor insemination (DI):** process by which a fertile woman conceives with the aid of sperm from an unknown donor.

**双重标准**

**double standard:** the view that sexual behavior that is appropriate for members of one sex is less appropriate for the other.

**容易型气质**

**easy temperament:** temperamental profile in which the child quickly establishes regular routines, is generally good-natured, and adapts easily to novelty.

**折衷主义者**

**eclectics:** those who borrow from many theories in their attempts to predict and explain human development.

**生态系统论**

**ecological systems theory:** Bronfenbrenner's model emphasizing that the developing person is embedded in a series of environmental systems that interact with one another and with the person to influence development (sometimes called bioecological theory).

**生态效度**

**ecological validity:** state of affairs in which the findings of one's research are an accurate representation of processes that occur in the natural environment.

**有效学校**

**effective schools:** schools that are generally successful at achieving curricular and noncurricular objectives, regardless of the racial, ethnic, or socioeconomic background of the student population.

**自　我**

**ego:** psychoanalytic term for the rational component of the personality.

**自我中心主义**

**egocentrism:** the tendency to view the world from one's own perspective while failing to recognize that others may have different points of view.

**恋父情结**

**Electra complex:** female version of Oedipus complex, in which a 3-to 6-year-old girl was believed to envy her father for possessing a penis and to seek him as a sex object in the hope of sharing the organ that she lacks.

**情　绪**

**emotion:** a motivational construct that is characterized by changes in affect (or feelings), physiological responses, cognitions, and overt behavior.

**情绪上的联结**

**emotional bonding:** term used to describe the strong affectional ties that parents may feel toward a neonate; some theorists believe that the strongest bonding occurs shortly after birth, during a sensitive period.

情绪能力

**emotional competence:** abilities to display predominantly positive (rather than negative) emotions, to correctly identify others' emotions and respond appropriately to them, and to adjust one's own emotions to appropriate levels of intensity in order to achieve one's goals.

情绪表达规则

**emotional display rules:** culturally defined rules specifying which emotions should or should not be expressed under which circumstances.

情绪自我调节

**emotional self-regulation:** the process of adjusting one's emotions to appropriate levels of intensity in order to accomplish one's goals.

共情关注

**empathic concern:** a measure of the extent to which an individual recognizes the needs of others and is concerned about their welfare.

共 情

**empathy:** the ability to experience vicariously the same emotions that someone else is experiencing.

能力实体观

**entity view of ability:** belief that one's ability is a highly stable trait that is not influenced much by effort or practice.

环境决定论

**environmental determinism:** the notion that children are passive creatures who are molded by their environments.

生的本能

**Eros:** Freud's name for instincts such as respiration, hunger, and sex that help the individual (and the species) to survive.

种族同一性

**ethnic identity:** sense of belonging to an ethnic group and committing oneself to that group's traditions or culture.

人种学方法

**ethnography:** method in which the researcher seeks to understand the unique values, traditions, and social processes of a culture or subculture by living with its members and making extensive observations and notes.

习性学

**ethology:** the study of the bioevolutionary bases of behavior and development.

唤起基因型 – 环境相关

**evocative genotype/environment:** correlations the notion that our heritable attributes affect others' behavior toward us and thus influence the social environment in which development takes place.

外系统

**exosystem:** social systems that children and adolescents do not directly experience but that may nonetheless influence their development; the third of Bronfenbrenner's environmental layers, or contexts.

实验控制

**experimental control:** steps taken by an experimenter to ensure that all extraneous factors that could influence the dependent variable are roughly equivalent in each experimental condition; these precautions must be taken before an experimenter can be reasonably certain that observed changes in the dependent variable were caused by the manipulation of the independent variable.

实验设计

**experimental design:** a research design in which the investigator introduces some change in the participant's environment and then measures the effect of that change on the participant's behavior.

表现型角色

**expressive role:** a social prescription, usually directed toward females, that one should be cooperative, kind, nurturant, and sensitive to the needs of others.

大家庭

**extended family household:** a group of blood relatives from more than one nuclear family (for example, grandparents, aunts, uncles, nieces, and nephews) who live together, forming a household.

持久的自我

**extended self:** more mature self-representation, emerging between ages 31/2 and 5 years, in which children are able to integrate past, present, and unknown future self-representations into a notion of a self that endures over time.

家庭之外的影响

**extrafamilial influences:** social agencies other than the family that influence a child's or an adolescent's cognitive, social, and emotional development.

外部定向

**extrinsic orientation:** a desire to achieve in order to earn external incentives such as grades, prizes, or the approval of others.

错误信念任务

**false-belief task:** method of assessing one's understanding that people can hold inaccurate beliefs that can influence their conduct, wrong as these beliefs may be.

虚假自我行为

**false self-behavior:** acting in ways that do not reflect one's true self or the "true me."

可证伪

**falsifiability:** a criterion for evaluating the scientific merit of theories; a theory is falsifiable when it is capable of generating predictions that could be disconfirmed.

家 庭

**family:** two or more persons, related by birth, marriage, adoption, or choice, who have emotional ties and responsibilities to each other.

家庭贫困模型

**family distress model:** Conger's model of how economic distress affects family dynamics and developmental outcomes.

家庭社会系统

**family social system:** the complex network of relationships, interactions, and patterns of influence that characterize a family with three or more members.

"责任体验"假说

**"felt responsibility" hypothesis:** the theory that empathy may promote altruism by causing one to reflect on altruistic norms and thus to feel some obligation to help others who are distressed.

田野实验

**field experiment:** an experiment that takes place in a naturalistic setting such as the home, the school, or a playground.

固 着

**fixation:** arrested development at a particular psychosexual stage, often as a means of coping with existing conflicts and preventing movement to the next stage, where stress may be even greater.

同一性早闭

**foreclosure:** identity status characterizing individuals who have prematurely committed themselves to occupations or ideologies without really thinking about these commitments.

形式运算阶段

**formal-operational stage:** Piaget's fourth and final stage of cognitive development, from age 11 to 12 and beyond, when the individual begins to think more rationally and systematically about abstract concepts and hypothetical events.

友 谊

**friendship:** a strong and often enduring relationship between two individuals, characterized by loyalty, intimacy, and mutual affection.

挫折 / 攻击假说

**frustration/aggression hypothesis:** early learning theory of aggression, holding that frustration triggers aggression and that all aggressive acts can be traced to frustrations.

机能主义模型

**functionalist approach (to emotions):** a theory specifying the major purpose of an emotion is to establish, maintain, or change one's relationship with the environment to accomplish a goal; emotions are not viewed as discrete early in life but as entities that emerge with age.

团 伙

**gangs:** loosely organized groups of adolescents who hang out, identify as a group, and often partake in delinquent or criminal activies.

性别一致性

**gender consistency:** the stage of gender identity in which the child recognizes that a person's gender is invariant despite changes in the person's activities or appearance (also known as gender constancy).

性别同一性

**gender identity:** one's awareness of one's gender and its implications.

性别激化过程

**gender intensification:** a magnification of sex differences early in adolescence; associated with increased pressure to conform to traditional gender roles.

性别角色标准

**gender-role standard:** a behavior, value, or motive that members of a society consider more typical or appropriate for members of one sex.

性别图式

**gender schemas:** organized sets of beliefs and expectations about males and females that guide information processing.

性别分化

**gender segregation:** childrens tendency to associate with same-sex playmates and to think of the other sex as an out-group.

性别稳定性

**gender stability:** the stage of gender identity in which the child recognizes that gender is stable over time.

性别定型

**gender typing:** the process by which a child becomes aware of his or her gender and acquires motives, values, and behaviors considered appropriate for members of that sex.

基因型

**genotype:** the genetic endowment that an individual inherits.

良好匹配模型

**"goodness-of-fit" model:** Thomas and Chess's notion that development is likely to be optimized when parents' child-rearing practices are sensitively adapted to the child's temperamental characteristics.

习 惯

**habits:** well-learned associations between stimuli and responses that represent the stable aspects of one's personality.

遗传力

**heritablity:** the amount of variability in a trait that is attributable to hereditary factors.

遗传力系数

**heritability coefficient:** a numerical estimate, ranging from .00 to +1.00, of the amount of variation in an attribute that is due to hereditary factors.

他律道德

**heteronomous morality:** Piaget's first stage of moral development, in which children view the rules of authority figures as sacred and unalterable.

启发性价值

**heuristic value:** a criterion for evaluating the scientific merit of theories. An heunstic theory is one that continues to stimulate new research and new discoveries.

高攻击－终止轨迹

**high-level desister trajectory:** growth curve of children who are highly aggressive early in life but who gradually become less aggressive throughout childhood and adolescence.

高危社区

**"high-risk" neighborhood:** a residential area in which the incidence of child abuse is much higher than in other neighborhoods with the same demographic characteritics.

整体性视角

**holistic perspective:** a unified view of the developmental process that emphasizes the interrelationships among the physical/biological, mental, social, and emotional aspects of human development.

HOME 调查

**HOME inventory:** a measure of the amount and type of intellectual stimulation provided by a child's home environment.

敌意性攻击

**hostile aggression:** aggressive acts for which the perpetrator's major goal is to harm or injure a victim.

敌意性归因偏见

**hostile attributional bias:** tendency to view harm done under ambiguous circumstances as having stemmed from a hostile intent on the part of the harmdoer; characterizes reactive aggressors.

假 说

**hypothesis:** a theoretical prediction about some aspect of experience.

假设演绎推理

**hypothetico-deductive reasoning:** a style of problem solving in which all possible solutions to a problem are generated and then systematically evaluated to determine the correct answer(s).

本 我

**id:** psychoanalytic term for the inborn component of the personality that is driven by the instincts.

自居作用

**identification:** Freud's term for the child's tendency to emulate another person, usually the same-sex parent.

同一性

**identity:** a mature self-definition; a sense of who one is, where one is going in life, and how one fits into society.

同一性获得

**identity achievement:** identity status characterizing individuals who have carefully considered identity issues and have made firm commitments to an occupation and ideologies.

同一性危机

**identity crisis:** Erikson's term for the uncertainty and discomfort that adolescents experience when they become confused about their present and future roles in life.

同一性扩散

**identity diffusion:** identity status characterizing individuals who are not questioning who they are and have not yet committed themselves to an identity.

假想观众

**imaginary audience:** allegedly a form of adolescent egocentrism that involves confusing one's own thoughts with those of a hypothesized audience and concluding that others share your preoccupations.

内在公正

**immanent justice:** the notion that unacceptable conduct will invariably be punished and that justice is ever-present in the world.

印 刻

**imprinting:** an innate or instinctual form of learning in which the young of certain species will follow and become attached to moving objects (usually their mothers).

包 容

**inclusion:** the educational practice of integrating special needs students into regular classrooms rather than placing them in segregated special education classes.

反向 – 反应技术

**incompatible-response technique:** a nonpunitive method of behavior modification in which adults ignore undesirable conduct while reinforcing acts that are incompatible with these responses.

能力增长观

**incremental view of ability:** belief that one's ability can be improved through increased effort and practice.

独立性训练

**independence training:** encouraging children to become self-reliant by accomplishing goals without others' assistance.

自变量

**independent variable:** the aspect of the environment that an experimenter modifies or mampulates in order to measure its impact on behavior.

间接，或第三方影响

**indirect, or third party, effect:** instances in which the relationship between two individuals in a family is modified by the behavior or attitudes of a third family member.

个人主义社会

**individualistic society:** society that values personalism and individual accomplishments, which often take precedence over group goals.These societies tend to emphasize ways in which individuals differ from each other.

引 导

**induction:** a nonpunitive form of discipline in which an adult explains why a child's behavior is wrong and should be changed by emphasizing its effects on others.

非正式课程

**informal curriculum:** noncurricular objectives of schooling such as teaching children to cooperate, to respect authority, to obey rules, and to become good citizens.

性别内/性别外图式

**"in-group/out-group" schema:** one's general knowledge, of the mannerisms, roles, activities, and behaviors that characterize males and females.

抑制性控制

**inhibitory control:** an ability to display acceptable conduct by resisting the temptation to commit a forbidden act.

性本善

**innate purity:** the idea that infants are born with an intuitive sense of right and wrong that is often misdirected by the demands and restrictions of society.

内部实验

**inner experimentation:** the ability to solve simple problems on a mental, or symbolic, level without having to rely on trial-and-error expenmentation.

内部言语

**inner speech:** internalized private speech; covert verbal thought.

悟 性

**insightfulness:** caregiver capacity to understand an infant's motives, emotions, and behaviors and to take them into account when responding to the infant; thought to be an important contributor to sensitive caregiving.

本 能

**instinct:** an inborn biological force that motivates a particular response or class of responses.

工具性攻击

**instrumental aggression:** aggressive acts for which the perpetrator's major goal is to gain access to objects, space, or privileges.

工具型角色

**instrumental role:** a social prescription, usually directed toward males, that one should be dominant, independent, assertive, competitive, and goal-oriented.

攻击性的意图定义

**intentional definition of aggression:** any action intended to harm or injure another living being who is motivated to avoid such treatment.

内 化

**internalization:** the process of adopting the attributes or standards of other people-taking these standards as one's own.

内部心理作用模型

**internal working models:** cognitive representations of self, others, and relationships that infants construct from their interactions with caregivers.

亲密对孤独

**intimacy versus isolation:** the sixth of Erikson's psychosocial conflicts, in which young adults must commit themselves to a shared identity with another person (that is, intimacy) or else remain aloof and unconnected to others.

内部定向

**intrinsic orientation:** a desire to achieve in order to santisfy one's personal needs for competence or mastery.

内向/外向

**introversion/extroversion:** the opposite poles of a personality dimension: Introverts are shy, anxious around others, and tend to withdraw from social situations; extroverts are highly sociable and enjoy being with others.

直觉思维

**intuitive thought:** Piaget's term for reasoning that is dominated by appearances (or perceptual characteristics of objects and events) rather than by rational thought processes.

恒定的发展顺序

**invariant developmental sequence:** a series of developments that occur in one particular order because each development in the sequence is a prerequisite for the next.

创造力投资理论

**investment theory of creativity:** theory specifying that the ability to invest in innovative projects and generate creative solutions depends on a convergence of creative resources, namely background knowledge, intellectual abilities, pertinent personality traits, motivation, and environmental support and encouragement.

共同注意

**joint attention:** the act of attending to the same object at the same time as someone else; a way in which infants share experiences and intentions with their caregivers.

血亲关系

**kinship:** the extent to which two individuals have genes in common.

后发（或）限于青少年轨迹

**late-onset (or adolescent-limited) trajectory:** growth curve of individuals who become more aggressive, usually for a limited time, during adolescence or young adulthood after having been relatively nonaggressive during childhood.

习得性无助

**learned helplessness:** the failure to learn how to respond appropriately in a situation because of previous exposures to uncontrollable events in the same or similar situations.

习得性无助定向

**learned helplessness orientation:** a tendency to give up or to stop trying after failing because these failures have been attributed to a lack of ability that one can do little about.

学习目标

**learning goal:** state of affairs in which one's primary objective in an achievement context is to increase one's skills or abilities.

控制点

**locus of control:** personality dimension distinguishing people who assume that they are personally responsible for their life outcomes (internal locus) from those who believe that their outcomes depend more on circumstances beyond their control (external locus).

追踪设计

**longitudinal design:** a research design in which one group of subjects is studied repeatedly over a period of months or years.

镜像自我

**looking-glass self:** the idea that a child's self-concept is largely determined by the ways other people respond to him or her.

爱的收回

**love withdrawal:** a form of discipline in which an adult withholds attention, affection, or approval in order to modify or control a child's behavior

宏系统

**macrosystem:** the larger cultural or subcultural context in which development occurs; Bronfenbrenner's outermost environmental layer, or context.

掌握动机

**mastery motivation:** an inborn motive to explore, understand, and control one's environment.

掌握定向

**mastery orientation:** a tendency to persist at challenging tasks because of a belief that one has the ability to succeed and/or that earlier failures can be overcome by trying harder.

母亲剥夺假说

**maternal deprivation hypothesis:** the notion that socially deprived infants develop abnormally because they have failed to establish attachments to a primary caregiver.

丑陋世界观念

**mean-world belief :** a belief, fostered by televised violence, that the world is a more dangerous and frightening place than is actually the case.

机械论模型

**mechanistic model:** view of children as passive entities whose developmental paths are primarily determined by external (environmental) influences.

中系统

**mesosystem:** the interconnections among an individual's immediate settings, or microsystems, the second of Bronfenbrenner's environmental layers, or contexts.

元分析

**meta-analysis:** statistical procedure for combining and analyzing the results of several studies on the same topic to test hypotheses and draw conclusions.

元认知

**metacognition:** one's knowledge about cognition and about the regulation of cognitive activities.

微观发生学设计

**microgenetic design:** a research design in which participants are studied intensively over a short period of time as developmental changes occur; attempts to specify how or why those changes occur.

微系统

**microsystem:** the immediate settings (including role relationships and activities) that the person actually encounters; the innermost of Bronfenbrenner's environmental layers, or contexts.

不同年龄之间的互动

**mixed-age peer interaction:** interactions among children who differ in age by a year or more.

中度攻击 – 终止轨迹

**moderate-level desister trajectory:** growth curve of children who are moderately aggressive early in life but who gradually become less aggressive throughout childhood and adolescence.

道德情感

**moral affect:** the emotional component of morality, including feelings such as empathy, guilt, shame, and pride in ethical conduct.

道德行为

**moral behavior:** the behavioral component of morality; actions that are consistent with one's moral standards in situations in which one is tempted to violate them.

道　德

**morality:** a set of principles or ideals that help the individual to distinguish right from wrong, to act on this distraction, and to feel pride in virtuous conduct and guilt (or shame) for conduct that violates one's standards.

关怀道德

**morality of care:** Gilligan's term for what she presumes to be the dominant moral orientation for females, an orientation focusing more on compassionate concerns for human welfare than on socially defined justice as administered through law.

公正道德

**morality of justice:** Gilligan's term for what she presumes to be the dominant moral orientation of males, focusing more on socially defined justice as administered through law than on compassionate concerns for human welfare.

道德推理

**moral reasoning:** the cognitive component of morality; the thinking that people display when deciding whether various acts are right or wrong.

道德规则

**moral rules:** standards of acceptable and unacceptable conduct that focus on the rights and privileges of individuals.

同一性延缓

**moratorium:** identity stares characterizing individuals who are currently experiencing an identity crisis and are actively exploring occupational and ideological positions in which to invest themselves.

"只有母亲"的猴子

**"mother-only" monkeys:** monkeys who are raised with their mothers and denied any contact with peers.

利他动机 / 意图

**motivational/intentional definition of altruism:** beneficial acts for which the actor's primary motive or intent was to address the needs of others.

追求成功的动机

**motive to achieve success ($M_s$):** Atkinson's term for the disposition describing one's tendency to approach challenging tasks and to take pride in mastering them; analogous to McClelland's need for achievement.

避免失败的动机

**motive to avoid failure ($M_{af}$):** Atkinsons term for the disposition describing one's tendency to shy away from challenging tasks so as to avoid the embarrassment of failing.

相互回应的亲子关系

**mutually responsive relationship:** parent-child relationship characterized by mutual responsiveness to each other's needs and goals and shared positive affect.

自然观察

**naturalistic observation:** a method in which the scientist tests hypotheses by observing people as they engage in everyday activities in their natural habitats (for example, at home, at school, or on the playground).

自然（准）实验

**natural (or quasi) experiment:** a study in which the investigator measures the impact of some naturally occurring event that is assumed to affect people's lives.

自然选择

**natural selection:** an evolutionary process, proposed by Charles Darwin, stating that individuals with characteristics that promote adaptation to the environment will survive, reproduce, and pass these adaptive characteristics to offspring; those lacking these adaptive characteristics will eventually die out.

天性对教养问题

**nature versus nurture issue:** debate within developmental psychology over the relative importance of biological predispositions (nature) and environmental influences (nurture) as determinants of human development.

成就需要

**need for achievement (n Ach):** McClelland's depiction of achievement motivation as a learned motive to compete and to strive for success in situations in which one's performance can be evaluated against some standard of excellence.

消极同一性

**negative identity:** Erikson's term for an identity that is in direct opposition to that which parents and most adults would advocate.

负强化物

**negative reinforcer:** any stimulus whose removal or termination as the consequence of an act will increase the probability that the act will recur.

被忽视儿童

**neglected children:** children who receive few nominations as either a liked or a disliked individual from members of their peer group.

新生儿

**neonate:** a newborn infant from birth to approximately one month of age.

严厉型教养方式

**no-nonsense parenting:** a mixture of authoritative and authoritarian parenting styles that is associated with favorable outcomes in African-American families.

缺乏代表性的样本

**nonrepresentative sample:** a subgroup that differs in important ways from the larger group (or population) to which it belongs.

非共享环境影响

**nonshared environmental influence (NSE):** an environmental influence that people living together do not share and that should make these individuals different from one another.

非社会性活动

**nonsocial activity:** onlooker behavior and solitary play.

无问题轨迹

**no-problem trajectory:** growth curve of children who are low in aggression throughout childhood and adolescence.

社会责任规范

**norm of social responsibility:** the principle that we should help others who are in some way dependent on us for assistance.

规　则

**norms:** group-defined rules or expectations about how the members of that group are to think or behave.

肥胖症

**obesity:** a medical term describing individuals who are at least 20% above the ideal weight for their height, age, and sex.

客体永久性

**object permanence:** the realization that objects continue to exist when they are no longer visible or detectable through the other senses.

观察学习

**observational learning:** learning that results from observing the behavior of others.

观察者影响

**observer influence:** tendency of participants to react to an observer's presence by behaving in unusual ways.

俄狄普斯道德

**Oedipal morality:** Freud's theory that moral development occurs during the phallic period (ages 3 to 6) when children internalize the moral standards of the same-sex parent as they resolve their Oedipus or Electra conflicts.

恋母情结

**Oedipus complex:** Freud's term for the conflict that 3- to 6-year-old boys experience when they develop an incestuous desire for their mothers and, at the same time, a jealous and hostile rivalry with their fathers.

操作学习

**operant learning:** a form of learning in which voluntary acts (or operants) become either more or less probable, depending on the consequences they produce.

运算图式

**operational schemes:** Piaget's term for schemes that utilize cognitive operations, or mental "actions of the head," which enable one to transform objects of thought and to reason logically.

机体论模型

**organismic model:** view or children as active entities whose developmental paths are primarily determined by forces from within themselves.

组 织

**organization:** an inborn tendency to combine and integrate available schemes into coherent systems or bodies of knowledge.

原罪说

**original sin:** the idea that children are inherently selfish egoists who must be controlled by society.

嫡亲效应

**ownness effect:** tendency of parents in complex stepparent homes to favor and be more involved with their biological children than with their stepchildren.

自身性别图式

**own-sex schema:** detailed knowledge or plans of action that enable a person to perform gender-consistent activities and to enact his or her gender role.

平行游戏

**parallel play:** largely noninteractive play in which players are in close proximity but do not often attempt to influence each other.

父母影响模型

**parent effects model:** model of family influence in which parents (particularly mothers) are believed to influence their children rather than vice versa.

简 约

**parsimony:** a criterion for evaluating the scientific merit of theories; a parsimonious theory is one that uses relatively few explanatory principles to explain a broad set of observations.

特定性发展

**particularistic development:** developmental outcomes that vary from person to person.

被动型基因－环境相关

**passive genotype/environment correlations:** the notion that the rearing environments that biological parents provide are influenced by the parents' own genes, and hence are correlated with the child's own genotype.

消极受害者

**passive victims (of aggression):** socially withdrawn and anxious children whom bullies torment, even though they appear to have done nothing to trigger such abuse.

同伴接纳

**peer acceptance:** a measure of a person's likeability (or dislikeability) in the eyes of peers.

同伴遵从

**peer conformity:** the tendency to go along with the wishes of peers or to yield to peer-group pressures.

同伴群体

**peer group:** a confederation of peers that interact regularly, defines a sense of membership, and formulates norms that specify how members are supposed to look, think, and act.

"只有同伴" 的猴子

**"peer-only "monkeys:** monkeys who are separated from their mothers (and other adults) soon after birth and raised with peers.

同 伴

**peers:** two or more persons who are operating at similar levels of behavioral complexity.

成绩目标

**performance goal:** state of affairs in which one's primary objective in an achievement context is to display one's competencies (or to avoid looking incompetent).

宽容型教学

**permissive instruction:** a lax style of instruction in which the teacher makes few demands of students and provides little or no active guidance.

放任型教养方式

**permissive parenting:** a pattern of parenting in which otherwise accepting adults make few demands of their children and rarely attempt to control their behavior.

个人作用感

**personal agency:** the recognition that one can be the cause of an event or events.

个人选择

**personal choices:** decisions about one's conduct that are (or should be, in the persons view) under personal jurisdiction and not regulated by rules or authority figures (e.g., choice of friends or leisure activities).

个人神话

**personal fable:** allegedly a form of adolescent egocentrism in which the individual thinks that he and his thoughts and feelings are special or unique.

个人（或特质）表扬

**person (or trait) praise:** praise focusing on desirable personality traits such as intelligence; this praise fosters performance goals in achievement contexts.

性器期

**phallic stage:** Freud's third stage of psychosexual development (from 3 to 6 years of age), in which children gratify the sex instinct by fondling their genitals and developing an incestuous desire for the parent of the other sex.

未分化的依恋阶段

**phase of indiscriminate attachments:** period between 6 weeks and 6-7 months of age in which infants prefer social to nonsocial stimulation and are likely to protest whenever any adult puts them down or leaves them alone.

多重依恋阶段

**phase of multiple attachments:** period when infants are forming attachments to companions other than their primary attachment object.

特定性依恋阶段

**phase of specific attachment:** period between 7 and 9 months of age when infants are attached to one close companion (usually the mother).

表现型

**phenotype:** the ways in which a person's genotype is expressed in observable or measurable characteristics.

受欢迎儿童

**popular children:** children who are liked by many members of their peer group and disliked by very few.

后约定俗成的道德

**postconventional morality:** Kohlberg's term for the fifth and sixth stages of moral reasoning, in which moral judgments are based on social contracts and democratic law (Stage 5) or on universal principles of ethics and justice (Stage 6).

创伤性应激障碍

**posttraumatic stress disorder:** a psychological syndrome involving flashbacks to traumatizing events, nightmares, and feelings of anxiety and helplessness in the face of threats; common among soldiers in combat and sexually abused children.

强迫命令

**power assertion:** a form of discipline in which an adult relies on his or her superior power (e.g., by administering spankings or withholding privileges) to modify or control a child's behavior.

预适应特征

**preadapted characteristic:** an innate attribute that is a product of evolution and serves some function that increases the chances of survival for the individual and the species.

前约定俗成的道德

**preconventional morality:** Kohlberg's term for the first two stages of moral reasoning, in which moral judgments are based on the tangible punitive consequences (Stage 1) or rewarding consequences (Stage 2) of an act for the actor rather than on the relationship of that act to society's rules and customs.

前道德阶段

**premoral period:** in Piaget's theory, the first 5 years of life, when children have little respect for or awareness of socially defined rules.

前运算阶段

**preoperational stage:** Piaget's second stage of cognitive development, lasting from about age 2 to age 7, when children are thinkmg at a symbolic level but are not yet using cognitive operations.

当前的自我

**present self:** early self-representation in which 2- and 3-year-olds recognize current representations of self but are largely unaware that past self-representations or self-relevant events have implications for the future.

初级循环反应

**primary circular reaction:** a pleasurable response, centered on the infant's own body, that is discovered by chance and performed over and over.

初级（或基本）情绪

**primary (or basic)emotions:** the set of emotions present at birth or emerging early in the first year that some theorists believe to be biologically programmed.

私人自我

**private self (or I):** those inner, or subjective, aspects of self that are known only to the individual and are not available for public scrutiny.

个人言语

**private speech:** Vygotsky's term for the subset of a child's verbal utterances that serve a self-communicative function and guide the child's activities.

主动型攻击者

**proactive aggressors:** highly aggressive children who find aggressive acts easy to perform and who rely heavily on aggression as a means of solving social problems or achieving other personal objectives.

过程表扬

**process praise:** praise of effort expended to formulate good ideas and effective problem-solving strategies; this praise fosters learning goals in achievement contexts.

本体感受的反馈

**proprioceptive feedback:** sensory information from the muscles, tendons, and joints that help one to locate the position of one's body (or body parts) in space.

亲社会行为

**prosocial behavior:** actions, such as sharing, helping, or comforting, that benefit other people.

亲社会道德推理

**prosocial moral reasoning:** the thinking that people display when deciding whether to help, share with, or comfort others when these actions could prove costly to themselves.

前瞻性研究

**prospective study:** study in which the suspected causes or contributors to a developmental outcome are assessed earlier to see if they accurately forecast the developments they are presumed to influence.

主动受害者

**provocative victims (of aggression):** restless, hot-tempered, and opposition, al children who are victimized because they are disliked and often irritate their peers.

心理生物社会模型

**psychobiosocial model:** perspective on nature/nurture interactions specifying that specific early experiences affect the organization of the brain which, in turn, influences one's responsiveness to similar experiences in the future.

心理比较

**psychological comparisons phase:** tendency to form impressions of others by comparing and contrasting these individuals on abstract psychological dimensions.

稳定心理结构

**psychological constructs phase:** tendency to base one's impressions of others on the stable traits these individuals are presumed to have.

心理控制

**psychological control:** attempts to regulate a child's or an adolescent's conduct by such psychological tactics as withholding affection and/or inducing shame or guilt.

精神分析理论

**psychosexual theory:** Freud's theory that states that maturation of the sex instinct underlies stages of personality development, and that how parents manage children's instinctual impulses will determine the traits children come to display.

心理社会理论

**psychosocial theory:** Erikson's revision of Freud's theory that emphasizes sociocultural (rather than sexual) determinants of development and posits a series of eight psychosocial conflicts that people must resolve successfully to display healthy psychological adjustment.

公开自我

**public self (or me):** those aspects of self that others can see or infer.

惩 罚

**punisher:** any consequence of an act that suppresses that act and/or decreases the probability that it will recur.

皮格马利翁效应

**Pygmalion effect:** the tendency of teacher expectancies to become self-fulfilling prophecies, causing students to perform better or worse depending on their teacher's estimation of their potential.

随机分配

**random assignment:** a control technique in which participants are assigned to experimental conditions through an unbiased procedure so that the members of the groups are not systemaucally different from one another.

反应型攻击者

**reactive aggressors:** children who display high levels of hostile, retaliatory aggression because they overattribute hostile intents of others and can't control their anger long enough to seek nonaggressive solutions to social problems.

反应性依恋障碍

**reactive attachment disorder:** inability to form secure attachment bonds with other people; characterizes many victims of early social deprivation and/or abuse.

交互决定论

**reciprocal determinism:** the notion that the flow of influence between children and their environments is a two-way street; the environment may affect the child, but the child's behavior will also influence the environment.

强化物

**reinforcer:** any consequence of an act that increases the probability that the act will recur.

被拒绝儿童

**rejected children:** children who are disliked by many peers and liked by few.

关系攻击

**relational aggression:** acts such as snubbing, exclusion, withdrawing acceptance, or spreading rumors that are aimed at damaging an adversary's self-esteem, friendships, or social status.

关系自我价值

**relational self-worth:** feelings of self-worth within a particular relationship context (for example, with parents, with male classmates); may differ across relationship contexts.

信 度

**reliability:** the extent to which a measuring instrument yields consistent results, both over time and across observers.

压 抑

**repression:** a type of motivated forgetting in which anxiety-provoking thoughts and conflicts are forced out of conscious awareness.

拒绝型依恋

**resistant attachment:** an insecure infant/caregiver bond, characterized by strong separation protest and a tendency of the child to remain near but resist contact initiated by the caregiver, particularly after a separation.

报复性攻击

**retaliatory aggression:** aggressive acts elicited by real or imagined provocations.

可逆性

**reversibility:** the ability to reverse or negate, an acuon by mentally performing the opposite action.

角色承担

**role taking:** the ability to assume another person's perspective and understand his or her intentions, thoughts, feelings, and behaviors.

胭脂测验

**rouge test:** test of self-recognition that involves marking a toddler's face and observing his or her reaction to the mark when placed before a mirror.

**脚手架**

**scaffolding:** process by which an expert, when instructing a novice, responds contingently to the novice's behavior in a learning situation, so that the novice gradually increases his or her understanding of a problem.

**图 式**

**scheme:** an organized pattern of thought or action that a child constructs to make sense of some aspect of his or her experience; Piaget sometimes uses the term cognitive structures as a synonym for schemes.

**精神分裂症**

**schizophrenia:** a serious form of mental illness characterized by disturbances in logical thinking, emotional expression, and interpersonal behavior.

**科学方法**

**scientific method:** an attitude or value about the pursuit of knowledge that dictates that investigators must be objective and must allow their data to decide the merits of their theorizing.

**次级循环反应**

**secondary circular reaction:** a pleasurable response, centered on an object external to the self, that is discovered by chance and performed over and over.

**次级（或复杂）情绪**

**secondary (or complex) emotions:** self-conscious or self-evaluative emotions that emerge in the second and third years, and depend, in part, on cognitive development (sometimes called self-conscious emotions).

**次级强化物**

**secondary reinforcer:** an initially neutral stimulus that acquires reinforcement value by virtue of its repeated association with other reinforcing stimuli.

**安全依恋**

**secure attachment:** an infant/caregiver bond in which the child welcomes contact with a close companion and uses this person as a secure base from which to explore the environment.

**安全基地**

**secure base:** use of a caregiver as a base from which to explore the environment and to which to return for emotional support.

**选择性流失**

**selective attrition:** nonrandom loss of participants during a study, resulting in a nonrepresentative sample.

**选择性育种实验**

**selective breeding experiment:** a method of studying genetic influences by determining whether traits can be bred in animals through selective mating.

**自 我**

**self:** the combination of physical and psychological attributes that is unique to each individual.

**自我照料（或挂钥匙）的儿童**

**self-care (or latchkey) children:** children who care for themselves after school or in the evenings while their parents are working.

**自我概念**

**self-concept:** one's perceptions of one's unique combination of attributes.

**自我意识情绪**

**self-conscious emotions:** see secondary (or complex) emotions.

**自我表露**

**self-disclosure:** the act of revealing private or intimate information about oneself to another person.

**自 尊**

**self-esteem:** one's evaluation of one's worth as a person based on an assessment of the qualities that make up the self-concept.

**自我实现预言**

**self-fulfilling prophecy:** phenomenon whereby people cause others to act in accordance with the expectations they have about those others.

**指向自我的痛苦**

**self-oriented distress:** feeling of *personal* discomfort or distress that may be elicited when we experience the emotions of (that is, empathize with) a distressed other; thought to inhibit altruism.

**自我认识**

**self-recognition:** the ability to recognize oneself in a mirror or a photograph, coupled with the conscious awareness that the mirror or photographic image is a representation of "me."

**敏感期**

**sensitive period:** period of time that is optimal for the development of particular capacities, or behaviors, and in which the individual is particularly sensitive to environmental influences that would foster these attributes.

**感知运动阶段**

**sensorimotor stage:** Piaget's first stage of cognitive development, from birth to 2 years, when infants are relying on behavioral schemes to adapt to the environment.

**分离焦虑**

**separation anxiety:** a wary or fretful reaction that infants and toddlers often display when separated from persons to whom they are attached.

**序列设计**

**sequential design:** a research design in which subjects from different age groups are studied repeatedly over a period of months or years.

**序 列**

**seriation:** a cognitive operation that allows one to order a set of stimuli along a quantifiable dimension such as height or weight.

**性取向**

**sexual orientation:** one's preference for sexual partners of the same or other sex; often characterized primarily as heterosexual, homosexual, or bisexual

**性特征**

**sexuality:** aspect of self referring to erotic thoughts, actions, and orientation.

**共享环境影响**

**shared environmental influence (SE):** an environmental influence that people living together share and that should make these individuals similar to one another.

**同胞对抗**

**sibling rivalry:** the spirit of competition, jealousy, and resentment that may arise between two or more siblings.

**简单的继父/母家庭**

**simple stepparent home:** family consisting of a parent, his or her biological children, and a stepparent.

**单亲家庭**

**single-parent family:** a family system consisting of one parent (either the mother or the father) and the parent's dependent child (ren).

**情境性服从**

**situational compliance:** compliance based primarily on a parent's power to control the child's conduct.

**慢热型气质**

**slow-to-warm-up temperament:** temperamental profile in which the child is inactive and moody and displays mild passive resistance to new routines and experiences.

**交际性**

**sociability:** one's willingness to interact with others and to seek their attention or approval.

**社会认知**

**social cognition:** the thinking that people display about the thoughts, feelings, motives, and behaviors of themselves and other people.

**社会比较**

**social comparison:** the process of defining and evaluating the self by comparing oneself to other people.

**社会能力**

**social competence:** the ability to achieve personal goals in social interactions while maintaining positive relationships with others.

**社会常规**

**social-conventional rules:** standards of conduct determined by social consensus that indicate what is appropriate within a particular social context.

**社会信息加工(或归因)理论**

**social information-processing (or attribution) theory:** social-cognitive theory stating that the explanations we construct for social experiences largely determine how we react to those experiences.

**社会化**

**socialization:** the process by which children acquire the beliefs, values, and behaviors considered desirable or appropriate by their culture or subculture.

**社会观点采择**

**Social perspective-taking:** the ability to infer others' thoughts, intentions, motives, and attitudes.

**社交问题解决训练**

**social problem-solving training:** method of social-skills training in which an adult helps children (through role playing or role-taking training) to make less hostile attributions about harmdoing and to generate nonaggressive solutions to conflict.

**社会参照**

**social referencing:** the use of others' emotional expressions to gain information or infer the meaning of otherwise ambiguous situations.

**社会角色假说**

**social-roles hypothesis:** the notion that psychological differences between the sexes and other gender-role stereotypes are created and maintained by differences in socially assigned roles that men and women play (rather than attributable to biologically evolved dispositions).

**社交技能**

**social skills:** thoughts, actions, and emotional regulatory activities that enable children, to achieve personal or social goals while maintaining harmony with their social partners.

**社会性微笑**

**social smile:** smile directed at people; first appears at 6-10 weeks of age.

**社会刺激假说**

**social stimulation hypothesis:** the notion that socially deprived infants develop abnormally because they have had little contact with companions who respond contingently to their social overtures.

**社会支持**

**social support:** tangible and intangible resources provided by other people in times of uncertainty or stress.

**社会文化理论**

**sociocultural theory:** Vygotsky's perspective on development, in which children acquire their culture's values, beliefs, and problem-solving strategies through collaborative dialogues with more knowledgeable members of society.

**社会经济地位**

**socioeconomic stares (SES):** one's position within a society that is stratified according to status and power.

**社会测量技术**

**sociometric techniques:** procedures that ask children to identify those peers whom they like or dislike or to rate peers for their desirability as companions; used to measure children's peer acceptance (or nonacceptance).

**社会刻板印象威胁**

**stereotype threat:** a fear that one will be judged to have traits associated with negative social stereotypes about one ethnic group.

**陌生人焦虑**

**stranger anxiety:** a wary or fretful reaction that infants and toddlers often display when approached by an unfamiliar person.

**陌生情境**

**Strange Situation:** a series of eight separations and reunion episodes to which infants are exposed in order to determine the quality of their attachments.

**结构访谈或结构问卷**

**structured interview or structured questionnaire:** a technique in which all participants are asked the same questions in precisely the same order so that the responses of different participants can be compared.

**结构观察**

**structured observation:** an observational method in which the investigator cues the behavior of interest and observes parrlcipants' responses in a laboratory.

**超 我**

**superego:** psychoanalytic term for the component of the personality that consists' of one's internalized moral standards.

**符号机能**

**symbolic function:** the ability to use symbols (for example, images and words) to represent objects and experiences.

**符号表征**

**symbolic representations:** the images and verbal labels that observers generate in order to retain the important aspects of a model's behavior.

符号图式

**symbolic schemes:** internal mental symbols (such as images or verbal codes) that one uses to represent aspects of experience.

同情的共情式唤醒

**sympathetic empathic arousal:** feelings of sympathy or compassion that may be elicited when we experience the emotions of (that is, empathize with) a distressed other; thought to become an important mediator of altruism.

同步活动

**synchronized routines:** generally harmonious interactions between two persons in which participants adjust their behavior in response to the partner's actions and emotions.

白　板

**tabula rasa:** the idea that the mind of an infant is a "blank slate" and that all knowledge, abilities, behaviors, and motives are acquired through experience.

电视理解力

**television literacy:** one's ability to understand how information is conveyed in television programming and to interpret this information properly.

气　质

**temperament:** a person's characteristic modes of emotional and behavioral responding to environmental events, including such attributes as activity level, irritability, fearful distress, and positive affect.

气质假说

**temperament hypothesis:** Kagan's view that the Strange Situation measures individual differences in infants temperaments rather than the quality of their attachments.

三级循环反应

**tertiary circular reaction:** an exploratory scheme in which infants devise new methods of acting on objects to reproduce interesting results.

睾丸雌性化综合征

**testicular feminization syndrome (TFS):** a genetic anomaly in which a male fetus is insensitive to the effects of male sex hormones and will develop femalelike external genitalia.

死的本能

**Thanatos:** Freud's name for inborn, self-destructive instincts that were said to characterize all human beings.

理　论

**theory:** a set of concepts and propositions designed to organize, describe, and explam an existing set of observations.

心理理论

**theory of mind:** an understanding that people are cognitive beings with mental states that are not always accessible to others and that often guide their behavior.

暂停技术

**time-out technique:** a form of discipline in which children who misbehave are removed from the setting until they are prepared to act more appropriately.

时间取样

**time sampling:** a procedure in which an investigator records the frequencies with which individuals display particular behaviors duringthe brief time intervals that each participant is observed.

青春期来临的时间

**timing of puberty effect:** the finding that people who reach puberty late perform better on visual/spatial tasks than those who mature early.

智力适应工具

**tools of intellectual adaptation:** Vygotsky's term for methods of thinking and problem-solving strategies that children internalize from their interactions with more competent members of society.

传统核心家庭

**traditional nuclear family:** a family unit consisting of a wife/mother, a husband/father, and their dependent child(ren).

特　质

**trait:** a dispositional charactenistic that is stable over time and across situations.

相互影响模型

**transactional model:** model of family influence in which parent and child are believed to influence each other reciprocally.

谈判式互动

**transactive interactions:** verbal exchanges in which individuals perform mental operations on the reasoning of their discussion partners.

传 递

**transitivity:** the ability to infer relations among elements in a serial order (for example, if A>B and B>C, then A>C).

信任对不信任

**trust versus mistrust:** the first of Erikson's eight psychosocial stages, in which infants must learn to trust their closest companions or else run the risk of mistrusting other people later in life.

双生子设计

**twin design:** study in which sets of twins that differ in zygosity (kinship) are compared to determine the heritability of an attribute.

两代干预

**two-generation interventions:** interventions with goals of (1) stimulating children's intellectual development and readiness for school through preschool day care and education and (2) assisting parents to gain parenting skills and to move out of poverty.

无意识动机

**unconscious motives:** Freud's term for feelings, experiences, and conflicts that influence a person's thinking and behavior, but lie outside the persons awareness.

冷漠型教养方式

**uninvolved parenting:** a pattern of parenting that is both aloof (or even hostile) and overpermissive, almost as if parents neither cared about their children nor about what they may become.

普遍性的发展

**universal development:** normative developments that all individuals display.

效 度

**validity:** the extent to which a measuring instrument accurately reflects what the researchers intended to measure.

语言中介

**verbal mediator:** in Bandura's theory, a verbal encoding of modeled behavior that the observer stores in memory.

视觉 / 空间能力

**visual/spatial abilities:** the ability to mentally manipulate or otherwise draw inferences about pictorial information.

退缩 – 被拒绝儿童

**withdrawn-rejected children:** a subgroup of rejected children who are often passive, socially anxious, socially unskilled, and insensitive to peer-group expectations.

X 连锁隐性特征

**X-linked recessive disorder:** an attribute determined by a recessive gene that appears only on X chromosomes; since the gene determining these characteristics is recessive (that is, dominated by other genes that might appear at the same location on X chromosomes), such characteristics are more common among males, who have only one X chromosome; also called sex-linked trait.

最近发展区

**zone of proximal development:** Vygotsky's term for the range of tasks that are too complex to be mastered alone but can be accomplished with guidance and encouragement from a more skillful partner.

# 参考文献


Aber, J. L., Brown, J. L., & Jones, S. M. (2003). Developmental trajectories toward violence in middle childhood: Course, demographic differences, and responses to school-based intervention. *Developmental Psychology, 39,* 324–348.

Aboud, F. E. (1988). *Children and prejudice.* New York: Blackwell.

Aboud, F. E. (2003). The formation of in-group favoritism and out-group prejudice in young children: Are they distinct attitudes? *Developmental Psychology, 39,* 48–60.

Abramovitch, R., Corter, C., Pepler, D. J., & Stanhope, L. (1986). Sibling and peer interaction: A final follow-up and a comparison. *Child Development, 57,* 217–229.

Abravanel, E., & Sigafoos, A. D. (1984). Exploring the presence of imitation during early infancy. *Child Development, 55,* 381–392.

Ackerman, B. P., Brown, E. D., Schoff D' Eramo, K., & Izard, C. E. (2002). Maternal relationship instability and school behavior of children from disadvantaged families. *Developmental Psychology, 38,* 694–704.

Ackerman, B. P., Kogos, J., Youngstrom, E., Schoff, K., & Izard, C. (1999a). Family instability and the problem behaviors of children from economically disadvantaged families. *Developmental Psychology, 35,* 258–268.

Ackerman, B. P., Schoff, K., Levinson, K., Youngstrom, E., & Izard, C. E. (1999b). The relations between cluster indexes of risk and promotion and the problem behaviors of 6- and 7-year-old children from economically disadvantaged families. *Developmental Psychology, 35,* 1355–1366.

Adam, E. K., & Chase-Lansdale, P. L. (2002). Home sweet home(s): Parental separations, residential moves, and adjustment problems. *Developmental Psychology, 38,* 792–805.

Adams, G. R., Abraham, K. G., & Markstrom, C. A. (1987). The relations among identity development, self-consciousness, and self-focusing during middle and late adolescence. *Developmental Psychology, 23,* 292–297.

Adams, G. R., & Crane, P. (1980). An assessment of parents' and teachers' expectations of preschool children's social preference for attractive or unattractive children and adults. *Child Development, 51,* 224–231.

Adams, R. E., & Passman, R. H. (1980, March). *The effects of advance preparation upon children's behavior during brief separation from their mother.* Paper presented at annual meeting of the Southeastern Psychological Association. Washington, D C.

Adams, R. E., & Passman, R. H. (1981). The effects of preparing two-year-olds for brief separations from their mothers. *Child Development, 52,* 1068–1071.

Adler, A. (1964). *Problems of neurosis.* New York: Harper & Row. (Original work published 1929)

Aguilar, B., Sroufe, L. A., Egeland, B., & Carlson, E. (2000). Distinguishing the life-course-persistent and adolescent-limited antisocial behavior types: From birth to 16 years. *Development and Psychopathology, 12,* 109–132.

Ahnert, L., Ricket, L., & Lamb, M. E. (2000). Shared caregiving: Comparison between home and child-care settings. *Developmental Psychology, 36,* 339–351.

Ainsworth, M. D. S. (1967). *Infancy in Uganda: Infant care and the growth of love.* Baltimore: Johns Hopkins University Press.

Ainsworth, M. D. S. (1979). Attachment as related to mother-infant interaction. In J. S. Rosenblatt, R. A. Hinde, C. Beer, & M. Busnel (Eds.), *Advances in the study of behavior* (Vol. 9). Orlando, FL: Academic Press.

Ainsworth, M. D. S. (1989). Attachments beyond infancy. *American Psychologist, 44,* 709–716.

Ainsworth, M. D. S., Blehar, M. C., Waters, E., & Wall, S. (1978). *Patterns of attachment: A psychological study of the strange situation.* Hillsdale, NJ: Erlbaum.

Al Awad, A. M. H., & Sonuga-Barke, E. J. S. (1992). Childhood problems in a Sudanese city: A comparison of extended and nuclear families. *Child Development, 63,* 906–914.

Albert, R. S. (1994). The achievement of eminence: A longitudinal study of exceptionally gifted boys and their families. In R. F. Subotnik & K. D. Arnold (Eds.), *Beyond Terman: Contemporary studies of giftedness and talent* (pp. 282–315). Norwood, NJ: Ablex.

Alessandri, S. M., & Lewis, M. (1996). Differences in pride and shame in maltreated and nonmaltreated toddlers. *Child Development, 67,* 1857–1869.

Alexander, B. K., & Harlow, H. F. (1965). Social behavior in juvenile rhesus monkeys subjected to different rearing conditions during the first 6 months of life. *Zooloqische Jarbucher Phvsioloqie, 60,* 167–174.

Alexander, G. M., & Hines, M. (1994). Gender labels and play styles: Their elative contribution to children's selection of playmates. *Child Development, 65,* 869–879.

Alexander, K. L., & Entwisle, D. R. (1988). Achievement in the first two years of school: Patterns and processes. *Monographs of the Society for Research in Child Development, 53* (2, Serial No. 218).

Alfieri, T., Ruble, D. N., & Higgins, E. T. (1996). Gender stereotypes during adolescence: Developmental changes and the transition to junior high school. *Developmental Psychology, 32,* 1129–1137.

Allen, J. P., McElhaney, K. B., Land, D. J., Kuperminc, G. P., Moore, C. W., O'Beirne-Kelly, H., & Kilmer, S. L. (2003). A secure base in adolescence: Markers of attachment security in the mother-adolescent relationship. *Child Development, 74,* 292–307.

Allen, J. P., Moore, C., Kuperminc, G., & Bell, K. (1998). Attachment and adolescent psychosocial functioning. *Child Development, 69,* 1406–1419.

Allen, J. P., Philliber, S., Herrling, S., & Kuperminc, G. P. (1997). Preventing teen pregnancy and academic failure: Experimental evaluation of a developmentally based approach. *Child Development, 68,* 729–742.

Allen, J. P., Weissberg, R. P., & Hawkins, J. A. (1989). The relation between values and social competence in early adolescence. *Developmental Psychology, 25,* 458–464.

Allen, K. R., Fine, M. A., & Demo, D. H. (2000). An overview of family diversity: Controversies, questions, and values. In D. H. Demo, K. R. Allen, & M. A. Fine (Eds.), *Handbook of family diversity.* New York: Oxford University Press.

Alley, T. R. (1981). Head shape and the perception of cuteness. *Developmental Psychology, 17,* 650–654.

Allgood-Merten, B., & Stockard, J. (1991). Sex role identity and self-esteem: A comparison of children and adolescents. *Sex Roles, 25,* 129–139.

Altermatt, E. R., Pomerantz, E. M., Ruble, D. N., Frey, K. S., & Greulich, F. K. (2002). Predicting changes in children's perceptions of academic competence: A naturalistic examination of evaluative discourse among classmates. *Developmental Psychology, 38,* 903–917.

Althaus, F. (2001). Levels of sexual experience among U.S. teenagers have declined for the first time in three decades. *Family Planning Perspectives, 33,* 180.

Alvarez, J. M., Ruble, D. N., & Bolger, N. (2001). Trait understanding or evaluative reasoning? An analysis of children's behavioral predictions. *Child Development, 72,* 1409–1425.

Amabile, T. M. (1996). *Creativity in context: Update to "The social psychology of creativity."* Boulder, CO: Westview.

Amabile, T. M., Hennessey, B. A., & Grossman, B. S. (1986). Social influences on creativity: The effects of contracted-for reward. *Journal of Personality and Social Psychology, 50,* 14–23.

Amato, P. R. (1993). Children's adjustment to divorce: Theories, hypotheses, and empirical support. *Journal of Marriage and the Family, 55,* 23–38.

Amato, P. R. (1996). Explaining the intergenerational transmission of divorce. *Journal of Marriage and the Family, 58,* 628–640.

Amato, P. R. (2000). The consequences of divorce for adults and children. *Journal of Marriage and the Family, 62,* 1269–1287.

Amato, P. R., & Booth, A. (1996). A prospective study of divorce and parent-child relationships. *Journal of Marriage and the Family, 58,* 356–365.

Amato, P. R., & Keith, B. (1991). Parental divorce and the well-being of children: A meta-analysis. *Psychological Bulletin, 110,* 26–46.

Amato, P. R., Loomis, L. S., & Booth, A. (1995). Parental divorce, marital conflict, and offspring well-being during early childhood. *Social Forces, 73,* 895–915.

Ambert, A. (1992). *The effect of children on parents.* New York: Haworth.

Ambron, S. R., & Irwin, D. M. (1975). Role-taking and moral judgment in five- and seven-year-olds. *Developmental Psychology, 11,* 102.

Ammerman, R. T., & Patz, R. J. (1996). Determinants of child abuse potential: Parent and child factors. *Journal of Clinical Child Psychology, 25,* 300–307.

Andermann, E. M., & Midgley, C. (1997). Changes in achievement goal orientation, perceived academic competence, and grades across the transition to middle level schools. *Contemporary Educational Psychology, 2,* 269–298.

Anderson, C. R., & Dill, K. E. (2000). Video games and aggressive thoughts, feelings, and behavior in the laboratory and in life. *Journal of Personality and Social Psychology, 78,* 772–790.

Anderson, D. R., Huston, A. C., Schmitt, K. L., Linebarger, D. L., & Wright, J. C. (2001). Early childhood television viewing and adolescent behavior. *Monographs of the Society for Research in Child Development, 66* (1, Serial No. 264).

Andersson, B. (1989). Effects of public day-care: A longitudinal study. *Child Development, 60,* 857–866.

Andersson, B. (1992). Effects of day-care on cognitive and socioemotional competence of thirteen-year-old Swedish schoolchildren. *Child Development, 63,* 20–36.

Archer, J. (1991). The influence of testosterone on human aggression. *British Journal of Psychology, 92,* 1–28.

Archer, J. (1992). *Ethology and human development.* Hertfordshire, England: Harvester Wheatsheaf.

Archer, S. L. (1982). The lower age boundaries of identity development. *Child Development, 53,* 1551–1556.

Archer, S. L. (1992). A feminist's approach to identity research. In G. R. Adams, T. P. Gullotta, & R. Montemayor (Eds.), *Adolescent identity formation* (Advances in Adolescent Development, Vol. 4). Newbury Park, CA: Sage.

Archer, S. L. (1994). *Interventions for adolescent identity development.* Thousand Oaks, CA: Sage.

Ardila-Ray, A., & Killen, M. (2001). Colombian preschool children's judgements about autonomy and conflict resolution in the classroom setting. *International Journal of Behavioral Development, 25,* 246–255.

Ardrey, R. (1967). *African genesis.* New York: Dell.

Aries, P. (1962). *Centuries of childhood.* New York: Knopf.

Arnett, J., & Balle-Jensen, L. (1993). Cultural bases of risk behavior: Danish adolescents. *Child Development, 64,* 1842–1855.

Arnett, J. J. (1995). Broad and narrow socialization: The family in the context of a cultural theory. *Journal of Marriage and the Family, 57,* 617–628.

Arnold, D. H., McWilliams, L., & Arnold, E. H. (1998). Teacher discipline and child misbehavior in day care: Untangling causality with correlational data. *Developmental Psychology, 34,* 267–287.

Aro, H., & Taipale, V. (1987). The impact of timing of puberty on psychosomatic symptoms among fourteen- to sixteen-year-old Finnish girls. *Child Development, 58,* 261–268.

Aronson, E. (1976). *The social animal.* New York: W. H. Freeman.

Aronson, E., Blaney, N., Stephan, C., Sikes, J., & Snapp, M. (1978). *The jigsaw classroom.* Beverly Hills, CA: Sage.

Aronson, J., Fried, C. B., & Good, C. (2002). Reducing the effects of stereotype threat on African American college students by shaping theories of intelligence. *Journal of Experimental Social Psychology, 38,* 113–125.

Arroyo, C. G., & Zigler, E. (1995). Racial identity, academic achievement, and the psychological well-being of economically disadvantaged adolescents. *Journal of Personality and Social Psychology, 69,* 903–914.

Arsenio, W. F., Cooperman, S., & Lover, A. (2000). Affective predictors of preschooler's aggression and peer acceptance: Direct and indirect effects. *Developmental Psychology, 36,* 438–448.

Asbury, K., Dunn, J., Pike, A., & Plomin, R. (2003). Nonshared environmental influences on individual differences in early behavioral development: A monozygotic twin differences study. *Child Development, 74,* 933–943.

Asendorph, J. B., & Baudonniere, P. (1993). Self-awareness and other-awareness: Mirror self-recognition and synchronic imitation among unfamiliar peers. *Developmental Psychology, 29,* 88–95.

Asendorph, J. B., Warkentin, V., & Baudonniere, P. (1996). Self-awareness and other awareness II: Mirror self-recognition, social contingency awareness, and synchronic imitation. *Developmental Psychology, 32,* 313–321.

Asher, S. R., Renshaw, P. D., & Hymel, S. (1982). Peer relations and the development of social skills. In S. G. Moore (Ed.), *The young child: Reviews of research (Vol. 3).* Washington, DC: National Association for the Education of Young Children.

Associated Press (1999, January 10). TV sex rampant, critics say. *Atlanta Constitution*, pp. D1, D3.

Associated Press (2002a, October 11). Hispanic dropout rate soars. *Athens Banner Herald*, p. D6.

Associated Press (2002b, December 21). Video game warning. *Athens Banner Herald*, p. C1.

Astin, A. W., Korn, W. S., Sax, L. J., & Mahoney, K. M. (1994). *The American freshman: National norms for Fall 1994.* Los Angeles, CA: Higher Education Research Institute, University of California at Los Angeles.

Astor, R. A., (1994). Children's moral reasoning about family and peer violence: The role of provocation and retribution. *Child Development, 65*, 1054–1067.

Atkin, C. (1978). Observation of parent-child interaction in supermarket decision-making. *Journal of Marketing, 42*, 41–45.

Atkinson, J. W. (1964). *An introduction to motivation.* Princeton, NJ: Van Nostrand.

Attili, G., Vermigli, P., & Schneider, B. H. (1997). Peer acceptance and friendship patterns among Italian school children within a cross-cultural perspective. *International Journal of Behavioral Development, 21*, 277–288.

Aviezer, D., Sagi, A., Joels, T., & Ziv, Y. (1999). Emotional availability and attachment representations in kibbutz infants and their mothers. *Developmental Psychology, 35*, 811–821.

Azmitia, M. (1988). Peer interaction and problem-solving: When are two heads better than one? *Child Development, 59*, 87–96.

Azmitia, M. (1992). Expertise, private speech, and the development of self-regulation. In R. M. Diaz & L. E. Berk (Eds.), *Private speech: From social interaction to self-regulation.* Hillsdale, NJ: Erlbaum.

Azmitia, M., & Hesser, J. (1993). Why siblings are important agents of cognitive development: A comparison of siblings and peers. *Child Development, 64*, 430–444.

Bagley, C. (1995). *Child sexual abuse and mental health in adolescents and adults.* Aldershot, England: Ashgate Publishing Company.

Bagwell, C. L., Newcomb, A. F., & Bukowski, W. M. (1998). Preadolescent friendship and peer rejection as predictors of adult adjustment. *Child Development, 69*, 140–153.

Baier, J. L., Rosenzweig, M. G., & Whipple, E. (1991). Patterns of sexual behavior, coercion, and victimization of university students. *Journal of College Student Development, 32*, 310–322.

Bailey, J. M., Browbow, D., Wolfe, M., & Mikach, S. (1995). Sexual orientation of adult sons of gay fathers. *Developmental Psychology, 31*, 124–129.

Bailey, J. M., Dunne, M. P., & Martin, N. G. (2000). Genetic and environmental influences on sexual orientation and its correlates in an Australian twin sample. *Journal of Personality and Social Psychology, 78*, 524–536.

Bailey, J. M., & Pillard, R. C. (1991). A genetic study of male sexual orientation. *Archives of General Psychiatry, 48*, 1089–1096.

Bailey, J. M., Pillard, R. C., Neale, M. C., & Agyei, Y. (1993). Heritable factors influence sexual orientation in women. *Archives of General Psychiatry, 50*, 217–223.

Baker, D. P., & Jones, D. P. (1992). Opportunity and performance: A sociological explanation for gender differences in academic mathematics. In J. Wrigley (Ed.), *Education and gender equality.* London: The Falmer Press.

Baker, L. A., & Daniels, D. (1990). Nonshared environmental influences and personality differences in adult twins. *Journal of Personality and Social Psychology, 58*, 103–110.

Baker, L. A., Mack, W., Moffitt, T. E., & Mednick, S. (1989). Sex differences in property crime in a Danish adoption cohort. *Behavior Genetics, 19*, 355–370.

Baldwin, D. A., & Moses, L. J. (1996). The ontogeny of social information gathering. *Child Development, 67*, 1915–1939.

Baldwin, D. V., & Skinner, M. L. (1989). Structural model for antisocial behavior: Generalization to single-mother families. *Developmental Psychology, 25*, 45–50.

Ball, S., & Bogatz, C. (1973). *Reading with television: An evaluation of The Electric Company.* Princeton, NJ: Educational Testing Service.

Bandura, A. (1965). Influence of models' reinforcement contingencies on the acquisition of imitative responses. *Journal of Personality and Social Psychology, 1*, 589–595.

Bandura, A. (1973). *Aggression: A social learning analysis.* Englewood Cliffs, NJ: Prentice-Hall.

Bandura, A. (1977). *Social learning theory.* Englewood Cliffs, NJ: Prentice- Hall.

Bandura, A. (1978). The self system in reciprocal determinism. *American Psychologist, 33*, 344–358.

Bandura, A. (1986). *Social foundation of thought and action: A social cognitive theory.* Englewood Cliffs, NJ: Prentice-Hall.

Bandura, A. (1989). Social cognitive theory. In R. Vasta (Ed.), *Annals of child development* (Vol. 6, pp. 1–60). Greenwich, CT: JAI Press.

Bandura, A. (1991). Social cognitive theory of moral thought and action. In Kurtines, W. M., & Gewirtz, J. L. (Eds.), *Handbook of moral behavior and development* (Vol. 1, pp. 45–103). Hillsdale, NJ: Erlbaum.

Bandura, A. (1992). Perceived self-efficacy in cognitive development and functioning. *Educational Psychologist, 28*, 117–148.

Banks, J. A. (1993). Multicultural education: Historical development, dimensions, and practice. *Review of Educational Research, 19*, 3–49.

Barber, B. K (1996). Parental psychological control: Revisiting a neglected construct. *Child Development, 67*, 3296–3319.

Barber, B. K., & Harmon, E. (2002). Violating the self: Parental psychological control of children and adolescents. In B. K. Barber (Ed.), *Intrusive parenting: How psychological control affects children and adolescents* (pp. 15–52). Washington, DC: American Psychological Association.

Barber, B. K., Olsen, J. E., & Shagle, S. C. (1994). Associations between parental psychological and behavioral control and youth internalized and externalized behaviors. *Child Development, 65*, 1120–1136.

Barden, R. C., Ford, M. E., Jensen, A. G., Rogers-Salyer, M., & Salyer, K. E. (1989). Effects of craniofacial deformity in infancy on the quality of mother-infant interactions. *Child Development, 60*, 819–824.

Bardwell, J. R., Cochran, S. W., & Walker, S. (1986). Relation of parental education, race, and gender to sex-role stereotyping in five-year-old kindergartners. *Sex Roles, 15*, 275–281.

Barenboim, C. (1981). The development of person perception in childhood and adolescence: From behavioral comparisons to psychological constructs to psychological comparisons. *Child Development, 52*, 129–144.

Barglow, P., Vaughn, B. E., & Molitor, N. (1987). Effects of maternal absence due to employment on the quality of infant-mother attachment in a low-risk sample. *Child Development, 58*, 945–954.

Barker, R. G., & Gump, P. V. (1964). *Big school, small school.* Stanford, CA: Stanford University Press.

Barner, M. R. (1999). Sex-role stereotyping in FCC-mandated children's educational television. *Journal of Broadcasting & Electronic Media, 43,* 551–564.

Barnes, G. M., Reifman, A. S., Farrell, M. P., & Dintcheff, B. A. (2000). The effects of parenting on the development of adolescent alcohol misuse: A six-wave latent growth model. *Journal of Marriage and the Family, 62,* 175–186.

Barnett, M. A. (1987). Empathy and related responses in children. In N. Eisenberg & J. Strayer (Eds.), *Empathy and its development.* New York: Cambridge University Press.

Barnett, W. S. (1993). Benefit-cost analysis of preschool education: Findings from a 25-year follow-up. *American Journal of Orthopsychiatry, 63,* 500–508.

Baron, R. A., & Richardson, D. (1994). *Human aggression.* New York: Wiley.

Baron-Cohen, S. (1995). *Mindblindness: An essay on autism and theory of mind.* Cambridge, MA: MIT Press.

Baron-Cohen, S. (2000). Theory of mind and autism. In S. Baron-Cohen, H. Tager-Flusberg, & D. Cohen (Eds.), *Understanding other minds: Perspectives from developmental cognitive neuroscience* (2nd ed., pp. 3–20). Oxford: Oxford University Press.

Barry, H., III, Bacon, M. K., & Child, I. L. (1957). A cross-cultural survey of some sex differences in socialization. *Journal of Abnormal and Social Psychology, 55,* 327–332.

Bar-Tal, D., Raviv, A., & Goldberg, M. (1982). Helping behavior among preschool children: An observational study. *Child Development, 53,* 396–402.

Bartholomew, K., & Horowitz, L. M. (1991). Attachment styles among young adults: A test of a four-category model. *Journal of Personality and Social Psychology, 61,* 226–244.

Bates, J. E., Pettit, G. S., Dodge, K. A., & Ridge, B. (1998). Interaction of temperamental resistance to control and restrictive parenting in the development of externalizing behavior. *Developmental Psychology, 34,* 982–995.

Batson, C. D. (1991). *The altruism question: Toward a social-psychological answer.* Hillsdale, NJ: Erlbaum.

Battle, E. S. (1966). Motivational determinants of academic competence. *Journal of Personality and Social Psychology, 4,* 634–642.

Bauer, P. J., & Mandler, J. M. (1989). One thing follows another: Effects of temporal structure on 1- to 2-year-olds' recall of events. *Developmental Psychology, 25,* 197–206.

Baumrind, D. (1967). Child care practices anteceding three patterns of preschool behavior. *Genetic Psychology Monographs, 75,* 43–88.

Baumrind, D. (1971). Current patterns of parental authority. *Developmental Psychology Monographs, 4* (1, Part 2).

Baumrind, D. (1973). The development of instrumental competence through socialization. In A. Pick (Ed.), *Minnesota symposium on child psychology* (Vol. 7). Minneapolis: University of Minnesota Press.

Baumrind, D. (1977, March). *Socialization determinants of personal agency.* Paper presented at the biennial meeting of the Society for Research in Child Development, New Orleans, LA.

Baumrind, D. (1983). Rejoinder to Lewis's reinterpretation of parental firm control effects: Are authoritative families really harmonious? *Psychological Bulletin, 94,* 132–142.

Baumrind, D. (1991). Effective parenting during the early adolescent transition. In P. A. Cowan & E. M. Hetherington (Eds.), *Family transitions.* Hillsdale, NJ: Erlbaum.

Baumrind, D. (1993). The average expectable environment is not good enough: A response to Scarr. *Child Development, 64,* 1299–1317.

Bauserman, R. (2002). Child adjustment in joint-custody versus sole-custody arrangements: A meta-analytic review. *Journal of Family Psychology, 16,* 91–102.

Beach, F. A. (1965). *Sex and behavior.* New York: Wiley.

Beal, C. R. (1994). *Boys and girls: The development of gender roles.* New York: McGraw-Hill.

Bear, G. G., & Rys, G. S. (1994). Moral reasoning, classroom behavior, and sociometric status among elementary school children. *Developmental Psychology, 30,* 633–638.

Becker, H. J. (2000). Who's wired and who's not: Children's access to and use of computer technology. *The Future of Children, 10,* 44–75.

Bedford, V. H., Volling, B. L., & Avioli, P. M. (2000). Positive consequences of sibling conflict in childhood and adulthood. *International Journal of Aging and Human Development, 51,* 53–69.

Beilin, H. (1992). Piaget's enduring contribution to developmental psychology. *Developmental Psychology, 28,* 191–204.

Bell, R. Q. (1979). Parent, child, and reciprocal influences. *American Psychologist, 34,* 821–826.

Belsky, J. (1981). Early human experience: A family perspective. *Developmental Psychology, 17,* 3–23.

Belsky, J. (1993). Etiology of child maltreatment: A developmental ecological analysis. *Psychological Bulletin, 114,* 413–434.

Belsky, J. (1996). Parent, infant, and social-contextual antecedents of father-son attachment security. *Developmental Psychology, 32,* 905–913.

Belsky, J., Garduque, L., & Hrncir, E. (1984). Assessing performance, competence, and executive capacity in infant play: Relations to home environment and security of attachment. *Developmental Psychology, 20,* 406–417.

Belsky, J., Gilstrap, B., & Rovine, M. (1984). The Pennsylvania Infant and Family Development Project, I: Stability and change in mother-infant and father-infant interaction in a family setting. *Child Development, 55,* 692–705.

Belsky, J., Rosenberger, K., & Crnic, K. (1995). Maternal personality, marital quality, social support, and infant temperament: Their significance for mother-infant attachment in human families. In C. Pryce, R. Martin, & D. Skuse (Eds.), *Motherhood in human and nonhuman primates* (pp. 115–124). Basel, Switzerland: Kruger.

Belsky, J., & Rovine, M. (1988). Nonmaternal care in the first year of life and the security of infant-parent attachment. *Child Development, 59,* 157–167.

Belsky, J., Rovine, M., & Taylor, D. G. (1984). The Pennsylvania Infant and Family Development Project, III: The origins of individual differences in infant-mother attachment—Maternal and infant contributions. *Child Development, 55,* 718–728.

Belsky, J., Spritz, B., & Crnic, K. (1996). Infant attachment security and affective-cognitive information processing at age 3. *Psychological Science, 7,* 111–114.

Bem, S. L. (1974). The measurement of psychological androgyny. *Journal of Consulting and Clinical Psychology, 42,* 155–162.

Bem, S. L. (1975). Sex-role adaptability: One consequence of psychological androgyny. *Journal of Personality and Social Psychology, 31,* 634–643.

Bem, S. L. (1978). Beyond androgyny: Some presumptuous prescriptions for a liberated sexual identity. In J. A. Sherman & F. L. Denmark (Eds.), *The psychology of women: Future directions in research.* New York: Psychological Dimensions.

Bem, S. L. (1983). Gender schema theory and its implications for child development: Raising gender aschematic children in a gender-schematic society. *Signs: Journal of Women in Culture and Society, 8,* 598–616.

Bem, S. L. (1989). Genital knowledge and gender constancy in preschool children. *Child Development, 60,* 649–662.

Benbow, C. P., & Arjimand, O. (1990). Predictors of high academic achievement in mathematics and science by mathematically talented students: A longitudinal study. *Journal of Educational Psychology, 82,* 430–441.

Bendig, A. W. (1958). Predictive and postdictive validity of need achievement measures. *Journal of Educational Research, 52,* 119–120.

Benenson, J. F., Apostoleris, N. H., & Parnass, J. (1997). Age and sex differences in dyadic and group interaction. *Developmental Psychology, 33,* 538–543.

Bengston, V. (2001). Beyond the nuclear family: The increasing importance of multigenerational bonds. *Journal of Marriage and the Family, 63,* 1–16.

Benoit D., & Parker, K. C. H. (1994). Stability and transmission of attachment across three generations. *Child Development, 65,* 1444–1456.

Berenbaum, S. A. (1998). How hormones affect behavioral and neural development: Introduction to the special issue on "Gonadal hormones and sex differences in behavior." *Developmental Neuropsychology, 14,* 175–196.

Berenbaum, S. A. (2002). Prenatal androgen and sexual differentiation of behavior. In E. A. Eugster & O. H. Pescovitz (Eds.), *Developmental Endrocrinology: From research to clinical practice* (pp. 293–311). Totowa, NJ: Humana Press.

Berenbaum, S. A., & Snyder, A. (1995). Early hormonal influences on childhood sex-typed activity and playmate preferences: Implications for the development of sexual orientation. *Developmental Psychology, 31,* 31–42.

Bergen, D. J., & Williams, J. E. (1991). Sex stereotypes in the United States revisited: 1972–1988. *Sex Roles, 24,* 413–424.

Berkowitz, L. (1965). The concept of aggressive drive: Some additional considerations. In L. Berkowitz (Ed.), *Advances in experimental social psychology* (Vol. 2). Orlando, FL: Academic Press.

Berkowitz, L. (1974). Some determinants of impulsive aggression: Role of mediated association with reinforcement for aggression. *Psychological Review, 81,* 165–176.

Berkowitz, L. (1993). *Aggression.* New York: McGraw-Hill.

Berkowitz, M., & Gibbs, J. C. (1983). Measuring the developmental features of moral discussion. *Merrill-Palmer Quarterly, 29,* 399–410.

Bernal, M. E., & Knight, G. P. (1997). Ethnic identity of Latino children. In J. G. Garcia & M. C. Zea (Eds.), *Psychological interventions and research with Latino populations.* Boston: Allyn & Bacon.

Berndt, T. J. (1979). Developmental changes in conformity to peers and parents. *Developmental Psychology, 15,* 608–616.

Berndt, T. J. (1989). Friendships in childhood and adolescence. In W. Damon (Ed.), *Child development today and tomorrow.* San Francisco: Jossey-Bass.

Berndt, T. J. (1996). Friendship quality affects adolescents' self-esteem and social behavior. In W. M. Bukowski, A. F. Newcomb, & W. W. Hartup (Eds.), *The company they keep: Friendship during childhood and adolescence* (pp. 346–365). New York: Cambridge University Press.

Berndt, T. J., Hawkins, J. A., & Hoyle, S. G. (1986). Changes in friendship during a school year: Effects on children's and adolescents' impressions of friendship and sharing with friends. *Child Development, 57,* 1284–1297.

Berndt, T. J., Hawkins, J. A., & Jiao, Z. (1999). Influence of friends and friendships on adjustment to junior high school. *Merrill-Palmer Quarterly, 45,* 13–41.

Berndt, T. J., & Hoyle, S. G. (1985). Stability and change in childhood and adolescent friendships. *Developmental Psycholoqy, 21,* 1007–1015.

Berndt, T. J., & Keefe, K. (1995). Friends' influence on adolescents' adjustment to school. *Child Development, 66,* 1312–1329.

Berndt, T. J., & Perry, T. B. (1990). Distinctive features and effects of early adolescent friendships. In R. Montemayor, G. R. Adams, & T. P. Gulotta (Eds.), *From childhood to adolescence: A transitional period.* Newbury Park, CA: Sage.

Berry, J. W. (1967). Independence and conformity in subsistence-level societies. *Journal of Personality and Social Psychology, 7,* 415–418.

Berry, J. W., Poortinga, Y. H., Segall, M. H., & Dasen, P. R. (1992). *Cross-cultural psychology: Research and applications.* New York: Cambridge University Press.

Berscheid, E., & Reis, H. T. (1998). Attraction and close relationships. In D. T. Gilbert, S. T. Fiske, & G. Lindzey (Eds.), *Handbook of social psychology* (Vol. 2, pp. 193–281). New York: McGraw-Hill.

Berzonsky, M. D., & Adams, G. R. (1999). Reevaluating the identity status paradigm: Still useful after 35 years. *Developmental Review, 19,* 557–590.

Best, D. L., & Williams, J. E. (1997). Sex, gender, and culture. In J. W. Berry, M. H. Segall, & C. Kagitcibasi (Eds.), *Handbook of cross-cultural psychology: Vol. 3. Social behavior and applications.* Boston: Allyn & Bacon.

Best, D. L., Williams, J. E., Cloud, J. M., Davis, S. W., Robertson, L. S., Edwards, J. R., Giles, H., & Fowlkes, J. (1977). Development of sex-trait stereotypes among young children in the United States, England, and Ireland. *Child Development, 48,* 1375–1384.

Betts, J. R., & Shkolnik, J. L. (2000). The effects of ability grouping on student achievement and resource allocation in secondary schools. *Economics of Education Review, 19,* 1–15.

Beyers, W., & Goossens, L. (1999). Emotional autonomy, psychosocial adjustment, and parenting: Interactions, moderating, and mediating effects. *Journal of Adolescence, 22,* 753–769.

Beyth-Marom, R., Austin, L., Fischoff, B., Palmgren, C., & Jacobs-Quadrel, M. (1993). Perceived consequences of risky behaviors: Adolescents and adults. *Developmental Psychology, 29,* 549–563.

Bianchi, S. M. (1995). The changing economic roles of women and men. In R. Farley (Ed.), *State of the union: America in the 1990s.* New York: Russell Sage.

Bianchi, S. M., & Robinson, J. (1997). What did you do today? Children's use of time, family composition, and the acquisition of social capital. *Journal of Marriage and the Family, 59,* 332–344.

Bianchi, S. M., Subaiya, L., & Kahn, J. (1997, March). *Economic well-being of husbands and wives after marital disruption.* Paper presented at the annual meeting of the Population Association of America, Washington, DC.

Bierman, K. L., & Furman, W. (1984). The effects of social skills training and peer involvement on the social adjustment of preadolescents. *Child Development, 55,* 157–162.

Biernat, M. (1991). Gender stereotypes and the relationship between masculinity and femininity: A developmental analysis. *Journal of Personality and Social Psychology, 61,* 351–365.

Bigler, R. S. (1995). The role of classification skill in moderating environmental influences on children's gender stereotyping: A study of the functional use of gender in the classroom. *Child Development, 66,* 1072–1087.

Bigler, R. S. (1999). The use of multicultural criteria and materials to counter racism in children. *Journal of Social Issues, 5,* 687–705.

Bigler, R. S., & Liben, L. S. (1990). The role of attitudes and interventions in gender-schematic processing. *Child Development, 61,* 1440–1452.

Bigler, R. S., & Liben, L. S. (1992). Cognitive mechanisms in children's gender stereotyping: Theoretical and educational implications of a cognitive-based intervention. *Child Development, 63,* 1351–1363.

Bigler, R. S., & Liben, L. S. (1993). A cognitive-developmental approach to racial stereotyping and reconstructive memory in Euro-American children. *Child Development, 64,* 1507–1518.

Bigner, J. J., & Jacobsen, R. B. (1989). Parenting behaviors of homosexual and heterosexual fathers. *Journal of Homosexuality, 18,* 173–186.

Bingham, C. R., & Crockett, L. J. (1996). Longitudinal adjustment patterns of boys and girls experiencing early, middle, and later sexual intercourse. *Developmental Psychology, 32,* 647–658.

Birch, L. L., & Billman, J. (1986). Preschool children's food sharing with friends and acquaintances. *Child Development, 57,* 387–395.

Birch, S. H., & Ladd, G. W. (1998). Children's interpersonal behaviors and the teacher-child relationship. *Developmental Psychology, 34,* 934–946.

Biringen, Z. (1990). Direct observation of maternal sensitivity and dyadic interactions in the home: Relations to maternal thinking. *Developmental Psychology, 26,* 278–284.

Bjorklund, D. F. (2000). *Children's thinking: Developmental function and individual differences* (3rd ed.). Pacific Grove, CA: Brooks/Cole.

Bjorklund, D. F., & Bjorklund, B. R. (1992). *Looking at children.* Pacific Grove, CA: Brooks/Cole.

Bjorklund, D. F., & Pellegrini, A. D. (2002). *The origins of human nature: Evolutionary developmental psychology.* Washington, DC: APA Books.

Black, M. M., Dubowitz, H., & Starr, R. H., Jr. (1999). African-American fathers in low income urban families: Development, behavior, and home environment of their three-year-old children. *Child Development, 70,* 967–978.

Black-Gutman, D., & Hickson, F. (1996). The relationship between racial attitudes and social-cognitive development in children: An Australian study. *Developmental Psychology, 32,* 448–456.

Blakemore, J. E. O. (2003). Children's beliefs about violating gender norms: Boys shouldn't look like girls, and girls shouldn't act like boys. *Sex Roles, 48,* 411–419.

Blakemore, J. E. O., Berenbaum, S. A., & Liben, L. S. (in preparation). *Gender development.*

Blakemore, J. E. O., LaRue, A. A., & Olejnik, A. B. (1979). Sex-appropriate toy preference and the ability to conceptualize toys as sex-role related. *Developmental Psychology, 15,* 339–340.

Blasi, A. (1990). Kohlberg's theory and moral motivation. In D. Schrader (Ed.), *New directions for child development* (No. 47, pp. 51–57). San Francisco: Jossey-Bass.

Block, J. H. (1976). Issues, problems, and pitfalls in assessing sex differences: A critical review of *The psychology of sex differences. Merrill-Palmer Quarterly, 27,* 283–308.

Block, J. H., Block, J., & Gjerde, P. F. (1986). The personality of children prior to divorce: A prospective study. *Child Development, 57,* 827–840.

Block, J. H., Block, J., & Gjerde, P. F. (1988). Parental functioning and the home environment of families of divorce: Prospective and current analyses. *Journal of the American Academy of Child and Adolescent Psychiatry, 27,* 207–213.

Bogatz, G. A., & Ball, S. (1972). *The second year of Sesame Street: A continuing evaluation.* Princeton, NJ: Educational Testing Service.

Bogenschneider, K., Wu, M., Rafaelli, M., & Tsay, J. C. (1998). Parental influences on adolescent peer orientation and substance use: The interface of parenting practices and values. *Child Development, 69,* 1672–1688.

Bohlin, G., & Hagekull, B. (1993). Stranger wariness and sociability in the early years. *Infant Behavior and Development, 16,* 53–67.

Boivin, M., & Hymel, S. (1997). Peer experiences and social self-perceptions: A sequential model. *Developmental Psychology, 33,* 135–145.

Bokhurst, C. L., Bakermans-Kranenburg, M. J., Pasco Fearon, R. M., van Ijzendoorn, M. H., Fonagy, P., & Schuengel, C. (2003). The importance of shared environment in mother-infant attachment security: A behavioral genetic study. *Child Development, 74,* 1769–1782.

Boldizar, J. P. (1991). Assessing sex-typing and androgyny in children: The children's sex-role inventory. *Developmental Psychology, 27,* 505–515.

Boldizar, J. P., Perry, D. G., & Perry, L. C. (1989). Outcome values and aggression. *Child Development, 60,* 571–579.

Bolger, K. E., & Patterson, C. J. (2001). Developmental pathways from child maltreament to peer rejection. *Child Development, 72,* 549–568.

Bolger, K. E., Patterson, C. J., & Kupersmidt, J. B. (1998). Peer relationships and self-esteem among children who have been maltreated. *Child Development, 69,* 1171–1197.

Boom, J., Brugman, D., & van der Heijden, P. G. M. (2001). Hierarchical structure of moral stages assessed by a sorting task. *Child Development, 72,* 535–548.

Boone, R. T., & Cunningham, J. G. (1998). Children's decoding of emotion in expressive body movement: The development of cue attunement. *Developmental Psychology, 34,* 1007–1016.

Booth, A., & Amato, P. R. (2001). Parental predivorce relations and offspring postdivorce well-being. *Journal of Marriage and the Family, 63,* 197–212.

Booth, A., & Edwards, J. N. (1992). Starting over: Why remarriages are more unstable. *Journal of Family Issues, 13,* 179–194.

Booth, A., Johnson, D. R., Granger, D. A., Crouter, A. C., & McHale, S. (2003). Testosterone and child adolescent adjustment: The moderating role of parent-child relationships. *Developmental Psychology, 39,* 85–98.

Booth, C. L., Rubin, K. H., & Rose-Krasnor, L. (1998). Perceptions of emotional support from mother and friend in middle childhood: Links with social-emotional adaptation and preschool attachment security. *Child Development, 69,* 427–442.

Bornstein, M. H., & Haynes, O. M. (1998). Vocabulary competence in early childhood: Measurement, latent construct, and predictive validity. *Child Development, 69,* 2910–2929.

Bornstein, M. H., Haynes, O. M., Pascual, L., Painter, K. M., & Galperin, C. (1999). Play in two societies: Pervasiveness of process, specificity of structure. *Child Development, 70,* 317–331.

……

如需更多参考文献，请登陆本公司网站 www.ncc-pub.com 下载。

# 人名索引*



---

* 注：本索引中的页码是英文原书的页码，它对应于正文中页边处的页码；本索引的中文翻译请在正文中详查。

# 主题索引 *



* 注：本索引中的页码是英文原书的页码，它对应于正文中页边处的页码；本索引的中文翻译请在正文中详查。

## 心理学教材中译本系列

心理学与生活（第 16 版），菲利普·津巴多、理查德·格里格 著，王垒 等译
教育心理学（第 7 版），罗伯特·斯莱文 著，姚梅林 等译
社会心理学（第 8 版），戴维·迈尔斯 著，侯玉波、乐国安、张智勇 等译
组织行为学（第 11 版），弗雷德·鲁森斯 著，王垒 等译
人力资源管理（第 7 版），劳埃德·拜厄斯、莱斯利·鲁 著，李业昆 等译
人力资源管理（第 10 版），韦恩·蒙迪 著，谢晓非 等译
异常与临床心理学，保罗·贝内特 著，陈传锋、严建雯、金一波 等译
理解孩子的成长（第 4 版），彼得·史密斯 等著，寇彧 等译
心理学（第 7 版），戴维·迈尔斯 著，黄希庭 等译
健康心理学（第 3 版），简·奥格登 著，严建雯、陈传锋、金一波 等译
自我，乔纳森·布朗 著，陈浩莺、薛贵、曾盼盼 译
决策与判断，斯科特·普劳斯 著，施俊琦、王星 译
亲密关系（第 3 版），莎伦·布雷姆 等著，郭辉、肖斌、刘煜 译
态度改变与社会影响，菲利普·津巴多、迈克尔·利佩 著，邓羽、肖莉、唐小艳 译
影响力心理学，菲利普·津巴多、迈克尔·利佩 著，邓羽、肖莉、唐小艳 译
管理决策中的判断（第 6 版），马克斯·巴泽曼 著，杜伟宇、李同吉 译
阅读障碍与阅读困难——给教师的解释，达斯 著，张厚粲、徐建平、孟祥芝 译
APA 出版手册（简明版），美国心理学会 编著，周晓林、叶铮、张旋、曹琳 译
心理学与我们（第 7 版），罗伯特·费尔德曼、黄希庭 著，黄希庭 等译
心理学实验的设计与报告（第 2 版），彼得·哈里斯 著，吴艳红 译
心理学研究方法（第 7 版），约翰·肖内西 著，张明、吴艳红、郭秀艳 等译
危机中的青少年（第 3 版），麦克沃特 等著，寇彧 等译
心理学精要（第 5 版），戴维·迈尔斯 著，黄希庭 等译
跨文化社会心理学，史密斯 等著，严文华 等译
心理统计导论（第 9 版），理查德·鲁尼恩 等著，林丰勋 译
改变心理学的 40 项研究（第 5 版），罗杰·霍克 著，白学军 译
像心理学家一样思考（第 2 版），唐纳德·麦克伯尼 著，王伟平 译
亲密关系（第 5 版），罗兰·米勒 等著，王伟平 译
心理学史（第 4 版），戴维·霍瑟萨尔 著，郭本禹、魏宏波、朱兴国、王申连 等译
人格心理学（第 2 版），兰迪·拉森、戴维·巴斯 著，郭永玉 等译
生物心理学（第 10 版），詹姆斯·卡拉特 著，苏彦捷 等译，彩印精装
孩子的世界：0~3 岁（第 11 版），黛安娜·帕帕拉 等著，陈福美 等译，彩印精装
对“伪心理学”说不（第 8 版），基思·斯坦诺维奇 著，窦东徽、刘肖岑 译
50 位最伟大的心理学思想家，诺埃尔·希伊 著，郭本禹、方红 译
认知心理学及其启示（第 7 版）， 约翰·安德森 著，秦裕林、程瑶、周海燕、徐玥 译
社会性与人格发展（第 5 版），戴维·谢弗 著，陈会昌 等译

## 心理学英文影印版系列

（教育部高等学校心理学教学指导委员会推荐用书）

心理学与生活（第 18 版），理查德·格里格、菲利普·津巴多 著
普通心理学（第 6 版），罗伯特·费尔德曼 著，黄希庭教授推荐
心理学实验的设计与报告（第 2 版），彼得·哈里斯 著，沈模卫教授推荐
心理统计（第 9 版），理查德·鲁尼恩 等著，张厚粲教授推荐
心理学研究方法（第 6 版），约翰·肖内西 等著，周晓林教授推荐
社会心理学（第 8 版），戴维·迈尔斯 著，彭凯平教授推荐
发展心理学（第 9 版），黛安娜·帕帕拉 等著，林崇德教授推荐
变态心理学（第 9 版），劳伦·阿洛伊 等著，王登峰教授推荐
心理测验与评估（第 6 版），罗纳德·科恩 等著，彭凯平教授推荐
认知心理学基础（第 7 版，双语版），里德·亨特 等著，傅小兰教授推荐
心理测验与评估学习指南，罗纳德·科恩 著
心理统计学习指南（双语版），戴维·皮滕杰 著，林丰勋教授译注
异常与临床心理学，保罗·贝内特 著，陈传锋教授推荐
人格心理学（第 2 版，双语版），兰迪·拉森 等著，郭永玉教授推荐
生物心理学（第 9 版），詹姆斯·卡拉特 著，苏彦捷教授推荐
心理测验：历史、原理及应用（第 5 版），罗伯特·格雷戈里 著，闫巩固教授推荐
英汉对照心理学大词典（第 3 版），阿瑟·雷伯 等著，王垒 等译注
变态心理学（第 13 版），詹姆斯·布彻 等著，贾晓明教授推荐
社会研究方法（第 6 版），威廉·纽曼 著，辛涛教授推荐
如何成为质性研究专家（第 3 版），科琳·格莱斯 著，刘力教授推荐
改变心理学的 40 项研究（第 5 版），罗杰·霍克 著，白学军教授推荐
这才是心理学（第 8 版），基思·斯坦诺维奇 著，杨中芳教授推荐
当代组织行为学，莉·汤普森 著，谢晓非教授推荐
教育心理学（第 7 版，双语版），罗伯特·斯莱文 著，姚梅林 等译注